普通高等教育"十一五"国家级规划教材

有机化学

Organic Chemistry

第三版·上册

王积涛 王永梅 张宝申 胡青眉 庞美丽 / 编著

南开大学出版社

内容提要

本书为大学本科基础有机化学教材。共分二十三章,以官能团为主线,采用脂肪族和芳香族混合体系编写,较系统地介绍了基本类型有机化合物的结构、合成、反应及其有关机理,介绍了已广泛用于鉴定有机化合物结构的红外光谱、核磁共振等现代物理分析方法。在糖、蛋白质、杂环化合物、萜类和甾体等章节中较多地引入了与有机化学关系密切的生物化学内容。在第一、二版的基础上,新增了一些有机合成反应。本书每一章还增加了一定数量的问题和习题,并在书后附有问题的参考答案。每一章后还增加了文献题目。

本书适用于大学化学、生物、医学、环境科学及材料等专业的本科教学,是理、工、农、医及师范院校的可选教材,也可作为相关人员的参考用书。

图书在版编目(CIP)数据

有机化学 / 王积涛等编著.—3 版.—天津:南开大学出版社,2009.12(2025.5 重印)
ISBN 978-7-310-03300-3

Ⅰ.有… Ⅱ.王… Ⅲ.有机化学-高等学校-教材
Ⅳ.062

中国版本图书馆 CIP 数据核字(2009)第 206814 号

有机化学(第三版)
YOUJI HUAXUE (DI-SAN BAN)

南开大学出版社出版发行
出版人:王 康
地址:天津市南开区卫津路 94 号 邮政编码:300071
营销部电话:(022)23508339 营销部传真:(022)23508542
https://nkup.nankai.edu.cn

河北文曲印刷有限公司印刷 全国各地新华书店经销
2009 年 12 月第 3 版 2025 年 5 月第 37 次印刷
260×185 毫米 16 开本 53.125 印张 1350 千字
定价:98.00 元

如遇图书印装质量问题,请与本社营销部联系调换,电话:(022)23508339

第三版前言

我们编写的《有机化学》经历了再版及多次重印，受到了全国许多读者的关注和欢迎，被教育部列为"十一五"国家级教材规划项目。为了跟上有机化学的进展及教学工作的不断改革更新的要求，我们对原有教材内容进行了必要的补充，陈旧的部分作了精简，进行第三次再版。著名的有机化学家王积涛先生是本书的策划者，并组织了第一、二版的编写工作。2006年王积涛先生因病不幸逝世，我们以此书第三版的出版来完成先生的生前愿望。

本版新增了一些在有机合成上有较大意义的反应，包括：烯烃的复分解反应、Suzuki反应、硅醚作为保护基的应用反应、Birch还原反应、硫叶立德反应及磷叶立德反应的新进展、氨基酸的手性合成反应、天然产物和萜类化合物的合成反应等，这些内容补充了原有教材中的不足，丰富了教材内容。

在内容上我们增加了化学键的类型、价键理论；增加了酸碱理论的发展及完善过程；丰富了硼、硅、磷等非金属元素及过渡金属有机化合物的内容；系统地介绍了氨基酸等电点的计算；介绍了富勒烯、燃烧冰、同位素效应等。

我们还针对不同章节补充了一些新的习题，并在每一章的后面增加了文献题。通过解答这些题目一方面可提高学生查阅文献资料的能力，另一方面培养学生理论联系实际的能力。

另外，对全书的核磁及红外谱图进行了更新，核磁全部采用300MHz或400MHz的谱图，红外采用了新的傅立叶变换谱图。

前两版的优点，如理论难点分解、循序渐进、反应机理有概括性、习题有代表性等在这一版中继续予以保留。

王永梅教授对全书的修改作了策划，并修改了第二章至第八章和第二十章，为各章选取了文献题目；张宝申教授修改了第九章至第十九章和第二十一章；庞美丽副教授修改了绪论、第二十二章和第二十三章并参与了作图工作。必须指出，胡青眉教授曾参与过本书第一版的编写，对很多章节付出了辛勤劳动。张宝申教授读了其中部分章节，最后由王永梅教授通读全书后定稿。

在第三版的编写过程中得到了南开大学化学院有机教研室各位老师的支持与帮助，在此表示衷心感谢。

编　著

2009年6月

第二版前言

进入 21 世纪，《有机化学》迎来了再版。在这本教材用过 10 年，重印多次之后，我们根据教学经验，总结了第一版的不足，予以整理、删改、充实和提高。本书对第一版的内容进行了补充，对各章有错误的地方作了改正，该淘汰的东西予以删去。

我们认为在先行课程中已经介绍过的理论和事实可以精简，例如绪论中有关有机化合物的通性、可燃性、水不溶性、低熔点之类，学生已有感性知识，而且这些通性也不能涵盖所有的有机化合物，故在绪论中删去了这些内容，突出了有机化合物中碳的四面体构型和键的极性，碳氢化合物及其衍生物，因为这些与无机化合物的不同之处更有启发作用。

第一版对酸碱理论未作概括介绍，电子在结构中的重要性未予强调，在新版绪论中加以补充。

新版添加了一章杂原子及金属有机化合物。杂原子及金属有机化合物有许多特性，而且已成为当代有机试剂和催化剂常用的工具，有的已是高分子单体。在我们生活中遇到的农药含有杂原子，这也是化学常识，故而把硼、硅、磷等非金属和过渡金属有机物择其要者加以介绍。

在涉及与生命有关或生物活性的有机化合物时，这一版尽可能把它们与生化作用一起简单介绍。第二版里增加了与糖相关的一些天然产物、酶的催化特点、酶催化反应的区域选择性和酶催化的立体专一性。核酸对生命遗传现象等的重要性已是尽人皆知的事实，新版增加了 DNA 碱基序列测定，与核糖、脱氧核糖相关的生物分子、糖蛋白及低聚糖的固相合成等内容。在介绍脂肪、萜和甾族天然化合物时强调了它们的生理作用。

第一版的优点，如理论难点分散、循序渐进、反应机理有概括性、习题具有代表性等等继续予以保留。新版还增加了习题。

另外，为了用书的方便，新版《有机化学》书后列出了重要的词条索引，对外国科学家注释了简要经历，对诺贝尔化学奖获得者的主要成就加以说明，以便读者了解他们对有机化学的贡献。

新版《有机化学》由王积涛教授作全书的修改策划，增补了前言、绪论、第二十二章、第二十三章；张宝申教授修改了第九章至第十九章和第二十一章；王永梅教授修改了第二章至第八章和第二十章。必须指出，第一版作者胡青眉教授曾参予过本书的编写，对很多章节付出了辛勤劳动。第一版出版以后有机化学随着新世纪的来临有了许多新进展，再版对诸多不足之处予以补充，但挂一漏万，难免该写的部分没有写进去，不该写的内容却加进去了，不周之处请读者谅解。

在新版的编写过程中，庞美丽副教授在制图方面给予了很大帮助，也得到南开大学化学院有机教研室各位老师和南开大学教务处的支持与帮助，在此表示衷心感谢。

编 者

2002 年 10 月

第一版前言

20世纪90年代是我国进入更深层次的改革开放时期。教育战线的改革正在蓬勃发展，教材建设一直是教育改革中的重要方面。目前国内已出版了多种类型的《有机化学》教科书，且都各有其长处和优点，但为了适应新形势下全国有机化学重点学科建设的需要，本着鼓励教师编写不同风格和特点的教材的精神，在南开大学教务处、化学系的支持下，我们编写了这本《有机化学》。本书是在我们原有讲稿、讲义的基础上，经过精心整理、删改、充实、提高，并吸取了国内外同类教材的优点而写成的。它是我们多年有机化学教学经验的结晶，也是我系有机化学重点学科建设的成果。我们期望本书的出版不仅会促进南开大学有机化学教学质量的不断提高，而且能通过它与同行交流，并在全国高等院校的有机化学教学中起到积极的作用。

出版一本取材恰当、内容精练、由浅入深、循序渐进、重点突出、说理清楚、通俗易懂、内容具有一定的广度和深度的《有机化学》是我们努力的目标。本书的特色也主要体现在这些方面。

有机化学发展非常迅速，所涉及的材料特别丰富，作为基础有机化学教科书，在篇幅和学时有限的情况下，内容如何安排和取舍是至关重要的问题。本书以官能团为主线，采用脂肪族和芳香族混合体系编写，可避免某些官能团化学的重复。在材料取舍方面，着重删减一般性的反应，加强有代表性的典型反应，摒弃陈旧内容，增加反映有机化学发展的新内容，对与有机化学密切相关的生物化学，不仅在天然有机化合物各章节中有较多的介绍，而且在前边基础章节中就开始引入。我们将传统的《有机化学》上、下册合为一本，压缩到一百万字左右。内容除旧推新、少而精是本书的第一个特点。

我们在保持有机化学一定系统性的基础上，把理论性较强的章节与以记实材料为主的章节交叉安排，这样做既可以分散难点，又可以使内容由浅入深，循序渐进。在各章节的内容处理上，注意突出重点。例如卤代烃一章把亲核取代和消除反应作为重点，讨论得比较透彻，在后续章节中遇到类似反应的问题，就迎刃而解了。分散难点、突出重点是本书的第二个特点。

在收集记实材料方面，对重要的有机反应，较广泛地列举了典型实例，大都附有反应产率数据，能给学生以量的概念和实实在在的感觉。随着有机化学的迅速发展，对于有机反应的认识已不再满足于从反应物到产物的简单过程，还要求深入了解反应的机理，本书对许多重要的有机反应机理都作了适度介绍，并注意列举实验事实，分析结构特点，进行逻辑推理，培养学生建立一种从反应机理来理解、掌握反应的基本思想，以便更好地去找出貌似千差万别的各种反应的共同特征和规律。这样不仅使学生避免了硬背书本，而且可以增强他们学习的兴趣，提高分析问题和解决问题的能力。本书在保证基本内容、收集记实材料方面有一定的广度，在理论阐述方面有一定的深度，这是第三个特点。

本书的另一个特点是在介绍重要有机反应时，强调它们的适用范围和限制条件。根据我们的教学经验，这正是学生非常需要而在一般教科书中不易找到的知识。如果缺乏这些知识，则在运用有机反应时，极易出现各种错误。在有机化学的学习中，有机合成往往是学生感到头痛的难题，本书对一些典型的合成方法进行了较详细的反推法剖析，这在一定程度上为学生解开难题提供了一些可用的钥匙。

随着近代物理化学方法的发展,在基础有机化学中,不仅要掌握结构、反应、合成等方面的基本知识,而且要学会鉴定、表征有机化合物。本书在专设的红外和紫外光谱、核磁共振和质谱章节中,着重讨论了这些物理方法在有机化学中的应用,即如何识谱、如何通过谱图分析来推断有机化合物的结构。

本书较系统地介绍了各类有机化合物的英文命名法,并适当引入专业英语词汇,这可为提高学生的专业英语阅读能力打下基础。本书除在每章末附有一定数量的习题外,在适当位置还加设了与前述内容有密切关系的思考问题。这些经过编者精心选择的习题和问题可以帮助学生熟练掌握、灵活运用所学的知识。

我们在突出本书上述主要特色方面做了一定的努力,在某些方面可能是成功的,在某些方面可能还不令人满意。由于编者水平有限,时间仓促,书中不妥之处和错误也在所难免,请同行及读者批评指正。

参加本书编写的是南开大学化学系多年从事有机化学教学的教师:王积涛教授(第一章、第二十二章),胡青眉副教授(第八章、第九章、第十章、第十一章、第二十一章),张宝申副教授(第十二章、第十三章、第十四章、第十五章、第十六章、第十七章、第十八章、第十九章),王永梅副教授(第二章、第三章、第四章、第五章、第六章、第七章、第二十章)。全书由王积涛教授通读定稿。

本书在编写过程中得到了南开大学化学系有机化学教研室各位教师的支持和帮助,化学系一些研究生、本科生阅读了本书的部分初稿,提出了不少宝贵意见,解涛副教授在制图方面给予了很多帮助,本书的出版得到了南开大学教务处的资助,在此一并致谢。

编 者
1993 年 4 月

目　　录

第一章 绪 论

1.1 有机化学的发展

有机化学是研究碳氢化合物的化学。在 18 世纪,人们从动植物内分离得到一些化合物,其性质和组成不同于从矿物中得到的化合物,称之为"有机化合物"。以后,人们发现这些有机化合物都含有碳、氢元素,有的还含有氧、氮、硫、磷和卤素。这些元素的种类虽然远不如无机化合物所含的多,但是有机化合物的种类却远比无机化合物繁多,性质也有较大的差异。有机化合物的种类不仅因元素组成不同而异,即使元素组成相同,它们也往往呈现不同的性质。这一现象使早期的化学研究工作者大为困惑。

无机化学家认识化学世界起始于对矿物的分离、提炼和分析。瑞典化学家贝采里乌斯(J. J. Berzelius,1779—1848)利用溶解、熔融、蒸发、结晶等手段,分离无机化合物。英国化学家戴维(H. Davy,1778—1829)通过电解制取活泼金属元素。19 世纪分光仪发明后,人们用光谱识别各种金属元素。上述手段也曾用于研究有机化合物。虽然分离得到一些纯有机化合物,但是无法仅仅从所含元素种类的不同去识别它们。德国化学家李比希(J. von Liebig,1803—1873)率先使用碳氢分析仪测定化合物中碳、氢的百分含量,并在原子—分子论的基础上确定分子中各元素原子的相对个数。原子—分子论在有机化学中发挥了巨大作用。意大利物理学家阿佛加德罗(A. Avogadro,1776—1856)继承、发展了英国化学、物理学家道尔顿(J. Dalton,1766—1844)的原子论和法国化学家盖·吕萨克(J. L. Gay-Lussac,1778—1850)的气体反应定律,把化合物的最小单元称为分子,将挥发性有机化合物分子中各种元素的质量比视为分子中不同原子的相对数目。结合有机化合物的元素分析的结果,在 19 世纪初,人们已经能够知道一个有机化合物分子中含有的碳、氢、氧等元素的原子数。

但是,化学家在知道有机物分子的原子组成之后,最感困惑的是,这些原子在分子中是怎样连接起来的。贝采里乌斯根据一系列有机酸的分析结果,将柠檬酸($C_6H_6O_7$)写成 $H+C+O$,酒石酸($C_4H_6O_6$)写成 $5H+4C+5O$,琥珀酸($C_4H_6O_4$)写成 $4H+4C+3O$。他认为没有必要去研究各个原子的结合方式,只要把碳、氢看做正性元素,氧看做负性元素,把有机化合物比做无机化合物,同样由两类元素结合成为化合物,这就是化学中的电化二元理论。

后来人们发现了油脂、糖和胺类的化学组成,并且陆续由无机化合物合成出有机化合物。其中著名的有,德国化学家维勒(F. Wöhler,1800—1882)由氰酸铵合成尿素,法国化学家贝特罗(M. E. P. Berthelot,1827—1907)成功地合成油脂,俄国化学家布特列洛夫(A. M. Бутлеров,1828—1886)用多聚甲醛与石灰水合成糖类物质。有机化合物再也不仅仅是有生命的动植物的产物。神秘的生命力创造有机物的传统观念动摇了。但是有机化学真正成长为重要的科学分支,则是在一系列理论的发展和技术的进步实现以后的事。

在 19 世纪 30 年代,维勒和李比希提出有机化合物的基团理论,认为在有机物中有一部分不变化的组分,即有机基团,一些基团连接在一起组成分子。基团理论归纳并解释了一些有机化学事实,促进了有机化学的发展,但仍然没能揭示基团的本质,也未说明基团是怎样形成的。按照这一理论,基团应该像硫酸根、硝酸根那样稳固,在化学反应中保持不变,但人们没有找到稳定的有机基团。即使如醋酸根、有机铵正离子可以看做基团,但在某些反应中,它们会加热分解或被别的原子部分取代。

　　早期研究得比较深入的取代反应是卤代反应。法国化学家杜马(J. B. A. Dumas,1800—1884)发现醋酸中正电性的氢可被负电性的氯取代,而产物的性质却没有多大改变。他提出的取代理论推翻了贝采里乌斯的电化二元论,因为后者主张正性的氢是不可能被氯取代而不改变化合物的性质。取代意味着氢与氯在某种意义上的相当。基团理论想像的独立存在的基没有找到,于是杜马把有机化合物划分为数种不同类型。同一化学类型是指不仅化学式相似,性质也相似,例如醋酸($C_4H_2H_6O_4^*$)和氯代醋酸($C_4H_2Cl_6O_4^*$)属于同一化学类型;沼气($C_2H_2H_6^*$)和氯仿($C_2H_2Cl_6^*$)也属于同一化学类型。杜马提出的取代学说和类型论,总结了有机取代反应的一些实验规律,并对有机化合物的分类做了初步尝试,但是他确定化学式时没有考虑分子量,而且同一化合物可以从不同的角度分类。对于多官能团的化合物,类型论又不能同时把它们归属于两个或多个类型。类型论的弱点日益明显地暴露出来。

　　有机化学进一步向前发展,要求抛弃类型论,以建立起更符合客观实际的正确理论,这就是有机化合物的结构理论。

1.2　化学键

一、化学键的形成及表示方法

1. 化学键的形成——八隅体规则

　　1915 年,G. N. Lewis 提出描述原子和原子之间如何形成化学键、构成稳定分子的规则。该规则指出,当原子核最外层的电子壳层结构刚好被填满,达到与 He、Ne、Ar 等惰性气体结构相同的电子排布时,该体系特别稳定。对于元素周期表中第二周期的元素,其外层电子刚好被填充满时,其结构与 Ne 的电子结构相同,含有 8 个电子,因此又称为八隅体规则(Octet Rule)。原子和原子之间形成化学键,总是倾向于失去电子、得到电子或者原子和原子之间共享电子,使每个原子周围都达到一个稳定的惰性气体结构(noble-gas configuration)。

2. 离子键

　　原子和原子之间相互成键,有两种途径可使各个原子外层电子都满足惰性气体结构。其中一种是发生电子转移,电子由一个原子转移到另一个原子上。如 Li 原子与 F 原子形成化学键:

$$Li^\cdot \ + \ \overset{\cdots}{\underset{\cdot\cdot}{F}}\colon \ \longrightarrow \ Li^+ \ + \ \colon\!\overset{\cdots}{\underset{\cdots}{F}}\colon^- \ \longrightarrow \ Li^+ \colon\!\overset{\cdots}{\underset{\cdots}{F}}\colon$$

He构型　　Ne构型　　　离子键

　　Li 原子最外层有一个单电子($2s^1$),F 原子最外层有 7 个电子($2s^2 2p^5$),其中有一个未成对的 p 电子。Li 和 F 进行化学反应,Li 原子最外层失去一个电子,转移到 F 原子最外层的 p

---

　　* 杜马提出的化学式。

轨道中。Li 失去一个电子后外层电子排布变为 $1s^2$，与 He 原子的电子结构相同，带有一个正电荷；F 原子得到一个电子后外层电子排布变为 $2s^2 2p^6$，与 Ne 原子的电子结构相同，带有一个负电荷。Li 正离子和 F 负离子之间通过静电引力相互吸引，形成离子键（ionic bond）。离子键一般存在于无机化合物中，在有机化合物中存在相对较少。离子键化合物一般不形成单分子形式，而是通过一个离子与周围几个相反电性离子之间的静电吸引，共同形成一个大的晶体堆积结构。

3. 共价键

另一种使各个原子外层电子都满足惰性气体结构的成键方式是共价键（covalent bond），这是有机化合物中普遍存在的连接方式。在该连接方式中，原子和原子之间并不发生电子的转移，而是两个原子相互接近，通过电子的共用（share of electrons），使每个原子周围都达到惰性气体结构。例如 Cl 原子和 Cl 原子形成共价键：

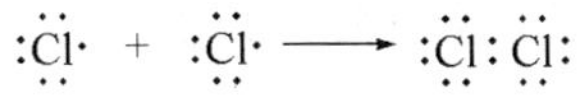

$$:\overset{..}{\underset{..}{Cl}}\cdot \ + \ \cdot\overset{..}{\underset{..}{Cl}}: \longrightarrow :\overset{..}{\underset{..}{Cl}}:\overset{..}{\underset{..}{Cl}}:$$

Ar 构型

Cl 原子最外层电子排布为（$3s^2 3p^5$），含有一个未成对的 p 电子。两个 Cl 原子相互接近，两个未成对的单电子相互配对形成共价键，该共价键的电子不单独属于任何一个 Cl 原子，而是处于两个 Cl 原子之间，为两个 Cl 原子共用，这样每个 Cl 原子都可以满足惰性气体 Ar 的电子结构。

4. 八隅体规则的例外

原子和原子之间共享电子，不仅仅是为了达到与惰性气体结构相同的稳定电子排布，另外一个原因是通过共享电子增加相邻原子核与原子核之间的电子云密度，从而使得原子之间通过"原子核－电子－原子核"的形式结合在一起，其结合动力是原子核与电子之间像糨糊（glue）一样的正负电荷相互吸引作用。元素周期表中第二周期元素形成的化合物大部分满足正常的八隅体规则，其原因是该周期的元素最外层只有 2s 和 2p 轨道，电子全部配对填充，刚好满足八隅体稳定结构。元素周期表中第三周期及以后的元素，其最外层有 d 或 f 轨道，当其形成共价键的壳层结构时，有更多的轨道可以容纳成键电子，因此原子周围的成键电子数经常超过 8 个，例如以下 PCl_5、SF_6、SO_4^{2-} 的结构：

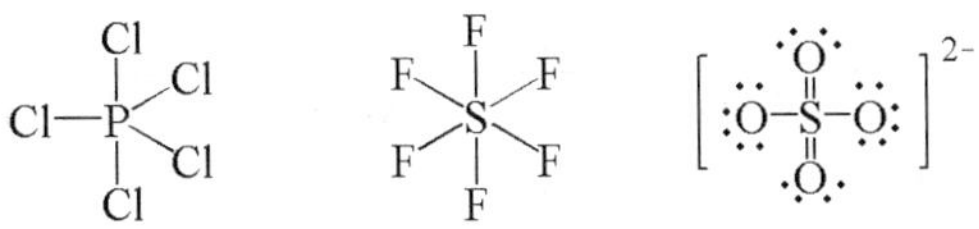

对于硼原子（B）和铍原子（Be），其情况又有所不同，这两个原子形成的化合物具有高的反应活性，原子最外层电子数小于 8，具有一定的缺电子性。其结构如下所示：

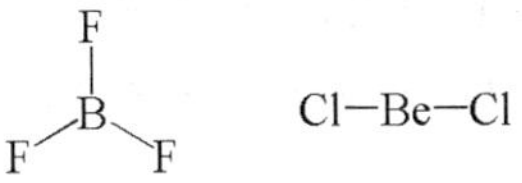

5. 共价键的表示方法

通常用路易斯结构（Lewis structures）来表示共价分子的结构，例如下式所示：

$$
\begin{matrix}
& \ddot{H} & & & H & \\
H & \!:\!\ddot{C}\!:\! & H & & H\!-\!\!\overset{|}{\underset{|}{C}}\!-\!H & \\
& \ddot{H} & & & H &
\end{matrix}
$$
甲烷的路易斯结构

在路易斯结构表示法中，用一个圆点代表一个电子，用一对圆点表示一对成对电子，成对电子也可以用短线（—）来代替。书写路易斯结构时，要尽量安排原子和电子之间的相对位置，使每个原子周围电子排布都尽可能地达到与惰性气体相同的稳定结构，如 H 原子周围为 2 个电子，第二周期元素原子周围为 8 个电子等。在路易斯结构的书写中，有的原子和原子之间有电子的共用，但是有的元素，例如 O、N、S、X（卤素）等，在原子核外有一些没有与其他原子共用的成对电子，这样的电子对称为未共用电子对（nonbonding electrons）或者孤对电子（lone pair），这些孤对电子与带有这些杂原子的化合物反应活性密切相关。严格来讲，正确的路易斯结构式应该把所有的孤对电子都一一画出，但是在有机化学中，为了书写的方便，经常只画出部分的孤对电子，或者把孤对电子完全省略。例如：

甲醇的路易斯结构

当一个原子和另一个原子之间共用的电子对超过一对时，形成多重化学键（multiple bond），例如共用两对电子形成双键（double bond），用 ＝ 表示；共用三对电子形成叁键（triple bond），用 ≡ 表示。例如：

甲醛的路易斯结构　　丙炔的路易斯结构

原子与其他原子之间形成化学键的数目称为该原子的价态（Valence）。在有机化合物中几种常见原子的价态及所含孤对电子数目见表 1-1。

表 1-1　一些原子的价态和所含孤对电子数

原子	$-\overset{\|}{\underset{\|}{C}}-$	$-\overset{\|}{\ddot{N}}-$	$-\ddot{\ddot{O}}-$	$-H$	$-\ddot{\underset{\cdot\cdot}{X}}:$
原子名称	carbon	nitrogen	oxygen	hydrogen	halogens
价态	4	3	2	1	1
孤对电子数	0	1	2	0	3

记住常见原子的价态，就可以很容易地指导我们写出正确的路易斯结构。同时利用原子价态，根据如下的公式，可以计算有机分子的不饱和度（不饱和度表示有机分子中含有多重键，或者环的多少。一个双键为一个不饱和度，一个叁键为两个不饱和度，一个环为一个不饱和度）。根据化合物的化学式及不饱和度，可为化合物结构推断提供非常有用的信息。

$$u = 1 + n_4 + 0.5(n_3 - n_1)$$

其中 u 为不饱和度，n_4 为四价态原子的个数，n_3 为三价态原子的个数，n_1 为一价态原子的个数，二价态原子，例如氧原子，对不饱和度不产生影响。

对于结构比较复杂的有机化合物分子,用路易斯结构表示不是很方便,这时可采用缩减式(condensed structural formulas)或线角式(又称骨架结构,line-angle formulas or skeletal structure)来表示。缩减式是在路易斯结构的基础上,省略了其中的电子对或化学键,将原子或原子团依次写出,用下角标表示相同原子或原子团的个数,缩减式表示法主要在开链化合物中应用较多。在缩减式表示法中,如果有机化合物结构中含有多重键,一般应按照路易斯结构的方法将多重键画出。另一种线角式通常应用于环状体系,在有些开链化合物中也可以应用。在该种表示方法中,用线代表化学键,两条线的交点默认为碳原子,N、O、S、X 等杂原子一般要标记出来,但是氢原子大部分情况下省略不写,除非氢原子与需要标记的 N、O、S、X 等杂原子直接相连。缩减式与线角式的实例如下:

乙醇的路易斯式　　　乙醇的缩减式　　　环己酮的路易斯式　　　环己酮的线角式

二、共价键的属性

共价键的属性是指共价键本身具有的一些固有性质,例如键长、键角、键离解能和键能等。

1. 键长(Bond Length)

键长是指形成共价键的两个原子核之间的距离。键长与原子类型、成键轨道类型、共价键多重度均有关系。键长的单位通常用纳米(nm,10^{-9} m)或皮米(pm,10^{-12} m)表示。一般成键原子之间的键长越短,键能越高,化学键越稳定;成键原子之间的键长越长,键能越低,化学键越不稳定。有机化合物中一些常见的共价键键长列于表 1-2 中。

表 1-2　一些共价键键长

共价键	键长(nm)	共价键	键长(nm)
C—C	0.154	C—I	0.214
C—H	0.109	C=C	0.134
C—N	0.147	C≡C	0.120
C—O	0.143	C=O	0.122
C—F	0.141	C≡N	0.115
C—Cl	0.176	N—H	0.103
C—Br	0.194	O—H	0.097

相同的化学键处在不同的化学环境中,其键长也各不相同。例如下面的 C—C 单键,在不同的化学环境中,呈现出不同的键长。

$$CH_3 \overset{\downarrow}{-} CH_3 \qquad\qquad 0.153\ nm$$

$$CH_3 \overset{\downarrow}{-} CH=CH_2 \qquad\qquad 0.150\ nm$$

$$CH_3 \overset{\downarrow}{-} C\equiv CH \qquad\qquad 0.146\ nm$$

2. 键角(Bond Angle)

键角是指任意一个两价的原子与其他原子所形成的两个共价键之间的夹角。例如正四面体结构的甲烷中,任意两个 C—H 键之间的夹角都是 $109°28'$,又如水 H—O—H 键角为 $104.5°$,甲醛 H—C—H 键角为 $118°$,H—C≡O 键角为 $121°$。

3. 键离解能与键能(Bond Dissociation Energy and Bond Energy)

键离解能是指某个化学键成键时体系放出的能量或断键时体系吸收的能量。对于双原子分子,键的离解能就是其键能,而对于多原子分子,键能通常是键离解能平均值。对于甲烷分子,其各级离解能如下所示:

$$CH_4 \rightarrow \cdot CH_3 + H \cdot \qquad E_d(CH_3 - H) = 435 \text{ kJ} \cdot \text{mol}^{-1}$$

$$\cdot \overset{\cdot}{C}H_3 \rightarrow \cdot \overset{\cdot}{C}H_2 + H \cdot \qquad E_d(\overset{\cdot}{C}H_2 - H) = 444 \text{ kJ} \cdot \text{mol}^{-1}$$

$$\cdot \overset{\cdot}{C}H_2 \rightarrow \cdot \overset{\cdot}{C}H + H \cdot \qquad E_d(\cdot \overset{\cdot}{C}H - H) = 444 \text{ kJ} \cdot \text{mol}^{-1}$$

$$\cdot \overset{\cdot}{C}H \rightarrow \cdot \overset{\cdot}{C} \cdot + H \cdot \qquad E_d(\cdot \overset{\cdot}{C} - H) = 339 \text{ kJ} \cdot \text{mol}^{-1}$$

可见,甲烷分子各级离解能各不相同。甲烷分子 C—H 键的键能($415.5 \text{ kJ} \cdot \text{mol}^{-1}$)是以上四个键离解能的平均值。有机化合物中一些常见的共价键键能列于表 1-3 中。

表 1-3　一些键的键能

共价键	键能($\text{kJ} \cdot \text{mol}^{-1}$)	共价键	键能($\text{kJ} \cdot \text{mol}^{-1}$)
C—C	347	C—I	218
C—H	414	C≡C	611
C—N	305	C≡C	837
C—O	360	C≡O	728
C—F	485	C≡N	874
C—Cl	328	N—H	389
C—Br	285	O—H	464

相同化学键,如果处于不同的化学环境,其键能也各不相同。根据键能数据可以估计反应的热效应。从实验测得的反应热和已知键能的值,也能计算化合物中未知键能的值。另外,根据键能还可以判断物质的热稳定性。在卤化物中,氟化物的键能最大,碘化物的最小,因此氟化物常有最高的热稳定性,不易分解。相反,碘化物的热稳定性最低,容易分解。

三、共价键和分子的极性

两个相同原子共用电子对形成的共价键称为非极性共价键(nonpolar covalent bond),例如 H_2 分子中的 H—H 键和烷烃分子中的 C—C 键等。两个原子完全相同,共用电子不偏向于任何一方,电子云密度主要分布在两个原子中间的位置。两个不同原子共用电子对形成的共价键称为极性共价键(polar covalent bond),例如 C—F 键、C—O 键等。组成极性共价键的两个原子具有不同的电负性(electronegativity),电负性强的元素吸引电子能力较强,电负性弱的元素吸引电子能力相对较弱,在极性共价键中,电子云强烈偏向于电负性大的原子一侧。电子云偏移的结果使电负性大的原子带有部分负电荷(δ^-),而电负性小的原子带有部分正电荷(δ^+)。一些常见元素的电负性数据如表 1-4 所示。

表 1-4　一些元素的电负性

元素	H	Li	Be	Na	Mg	Al	K	B	C
电负性	2.2	1.0	1.6	0.9	1.3	1.6	0.8	1.8	2.5
元素	N	O	F	Cl	Br	I	Si	P	S
电负性	3.0	3.4	4.0	3.2	3.0	2.7	1.9	2.2	2.6

从上表可以看出,对同一周期元素,从左至右,电负性逐渐增加;对同一主族元素,从上到下,电负性逐渐降低。一般 N、O、S、X 等非金属原子等电负性都较强,而 Li、Na、Mg 等金属原子电负性较弱。C 原子(电负性 2.5)与氢原子(电负性 2.2)是有机化合物中存在最广的两种原子,其电负性相差不大,通常都忽略其电负性的差异,将其近似认为是非极性的共价键。

共价键极性的方向用带短横线的箭头表示,箭头的方向由正电中心指向负电中心。例如:

共价键的强弱用键偶极矩(bond dipole moment,μ)表示,其定义如下式所示:

$$\mu = \delta \times d$$

其中 μ 代表偶极矩,其单位通常为德拜(D,debye),$1D = 3.34 \times 10^{-30} C \cdot m$(D 表示德拜,C 表示库仑,m 表示米)。假定一个质子和一个电子(其电荷数为 $1.60 \times 10^{-19} C$)之间距离为 $1 Å(10^{-10} m)$,则其偶极矩为:

$$\mu = \delta \times d = (1.60 \times 10^{-19} C) \times 10^{-10} m = 1.60 \times 10^{-29} C \cdot m$$

将其换算为德拜为单位的偶极矩:

$$\mu = (1.60 \times 10^{-29} C \cdot m)/(3.34 \times 10^{-30} C \cdot m/D) = 4.8D$$

通常偶极矩的计算可采用如下公式方便地进行计算:

$$\mu(以德拜 D 为单位) = 4.8 \times \delta(电子电荷数) \times d(以 Å 为单位)$$

有机化合物中,共价键极性从 0D(非极性共价键)到 3.6D(强极性的多重键,例如 C)之间都有,表 1-5 列出了有机化合物中常见共价键的偶极矩数据。

表 1-5　一些共价键的偶极矩

化学键	偶极矩 μ/D	化学键	偶极矩 μ/D	化学键	偶极矩 μ/D
C—N	0.22	C—Br	1.48	H—O	1.53
C—O	0.86	C—I	1.29	C=O	2.40
C—F	1.51	H—C	0.30	C≡N	3.60
C—Cl	1.56	H—N	1.31		

偶极矩是一个矢量,既有方向又有大小。分子中每一个共价键偶极矩的矢量和,就代表整个分子极性的方向和大小。对于双原子分子,其共价键的偶极矩就是分子的偶极矩。对于多原子分子,分子整体偶极矩的大小跟分子的空间构型和共价键的极性强弱均有关。例如甲醛 HCHO 含有一个 C=O 键,其分子偶极矩 $\mu = 2.3D$;CO_2 含有两个 C=O 键,表面上看其分子

极性应该更强,但实际上由于 CO_2 为线型结构,两个 C=O 键偶极矩方向相反,大小相同,其矢量和刚好为零,因此 CO_2 分子整体上没有极性,分子偶极矩 $\mu=0D$。

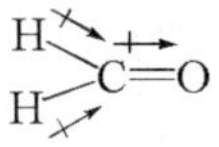

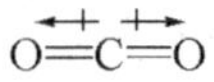

$$\mu=2.3D \qquad \mu=0D$$

其他几个常见分子的偶极矩及极性示意图如下所示:

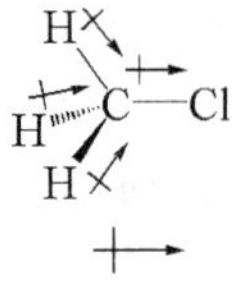

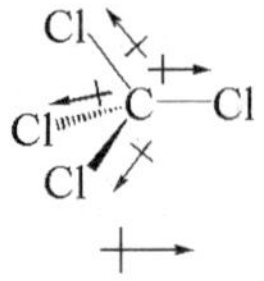

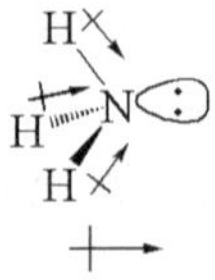

$$\mu=2.3D \qquad \mu=0D \qquad \mu=1D$$

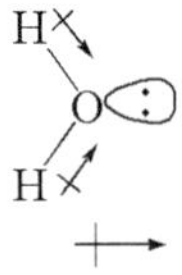

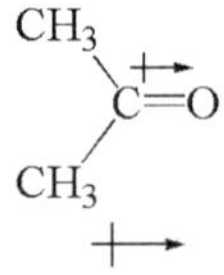

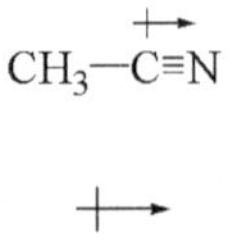

$$\mu=1.9D \qquad \mu=2.9D \qquad \mu=3.9D$$

分子的极性直接影响到其物理性质,例如:H_2O 和 NH_3 都是**极性**分子,分子的正负两极意味着电荷是偏向电负性较大的元素原子一端,分子和分子之间的正负极有一定相互吸引余力,从而影响分子的性质。水分子通过氢键互相缔合,使水的沸点升高,如 CO_2 的相对分子质量为 44,水的单个分子只重 18,前者为气体,后者则为 100 ℃沸腾的液体,在物理性质上两者显示很大差别。

分子的极性表现在**溶解性**方面:极性分子溶解于极性溶剂,如乙醇 C_2H_5OH 与水一样都有 OH,它有极性,能溶于水(见第九章)。甲烷 CH_4 是四面体构型,分子没有极性,不能溶解在水中,能溶解于非极性的石油。可以看出:相似的分子溶于相似的溶剂中,这个"相似"指的是分子极性的相似和分子结构的相似。

氯甲烷分子有极性,它的偶极矩为 8.5D,分子的结构与甲烷相似,它能溶于烃类溶剂中,而不溶于水。

氨 NH_3 是极性分子,它能与水无限量地溶解,它可接收水分子的一个质子,形成 NH_4^+:

$$NH_3 + H_2O \rightleftharpoons NH_4^+ + OH^-$$

铵离子周围可吸引不少 H_2O 分子;同样 OH^- 也是能水合的:

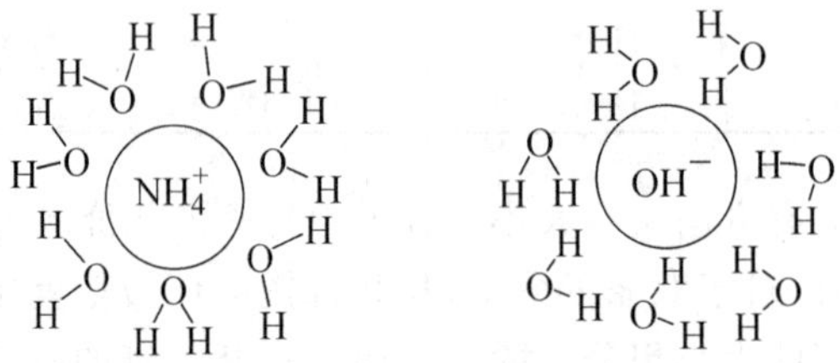

NH_4^+ 和 OH^- 吸引水分子

氢是一个极活泼的元素,它的带正电的离子(质子)极易与电负性大的元素的原子成键,所成的键叫做氢键。我们将在后面的章节中介绍一些化合物具有氢键的例子。水分子和醇分子的分子之间都有氢键,它指的是在极性官能团中的氢能在分子间与 F、O、N 等形成氢键(见第二章)。

四、价键理论

1. 电子配对理论(VB)

上文所述的两个原子相互成键,通过电子配对,在两个原子之间共用电子,形成化学键的理论称为电子配对理论。电子配对理论在早期解释了许多分子的结构,但对有些问题还不能得到很好的解决,例如为什么原子外层符合惰性气体电子结构时更稳定? 为什么有的化学键强,有的化学键弱? 多重键成键情况是怎么样的? 以上这些问题都需要发展更成熟的化学键成键理论来加以解决。

2. 分子轨道理论(Molecular Orbitals Theory,MO)

1920 年前后,Heisenberg、Schrödinger 和 Dirac 分别独立地提出了原子轨道理论(atomic orbitals theory)。[Wernerkarl Heisenberg (1901—1976),德国慕尼黑大学教授,1932 年诺贝尔物理学奖得主;Erwin Schrödinger (1887—1961),爱尔兰都伯林大学教授,1933 年诺贝尔物理学奖得主;Paul Dirac (1902—1984),美国佛罗里达州立大学教授,1933 年诺贝尔物理学奖得主。]该理论以量子力学为基础,将电子围绕原子核运动的过程用波函数来表示,波函数的解即称为原子轨道(atomic orbitals)。原子轨道描述了电子在空间某一个区域出现几率的大小。原子轨道的形状跟电子的能量有关。常见的几种原子轨道表示如图 1-1。

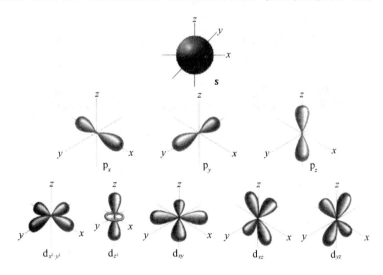

图 1-1　常见的几种原子轨道

原子轨道与通常波函数的表达形式类似,具有正相部分和负相部分,如图 1-2 所示。正相和负相部分交界的位置称为节面(nodes),在节面处电子出现的几率为零。当一个原子轨道的正相部分和另一个原子轨道的正相部分发生同相相互交盖,相互叠加,线性组合形成成键分子轨道(bonding molecular orbital),电子在两个原子之间出现的几率最大,体系能量降低;当一个原子轨道的正相部分和另一个原子轨道的负相部分发生反相相互交盖,相互减弱或抵消,

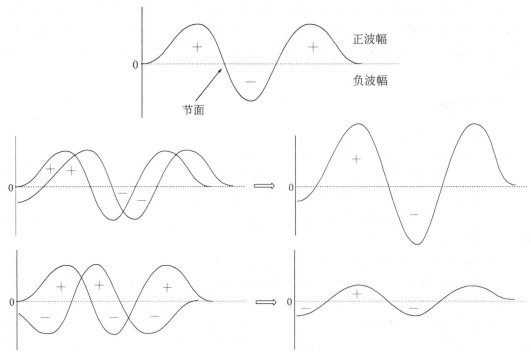

图 1-2　原子轨道波函数

线性组合形成反键分子轨道(antibonding molecular orbital),电子在两个原子之间出现的几率最小,体系能量升高。成键之后的电子填充遵循以下两个原则:(1)低能级分子轨道比高能级分子轨道优先被填充;(2)按照 Pauli 不相容定理,每个分子轨道中填充两个自旋方向相反的电子。当分子轨道中成键轨道刚好被填充满时,该体系最稳定。例如 H_2 成键情况如图 1-3 所示。

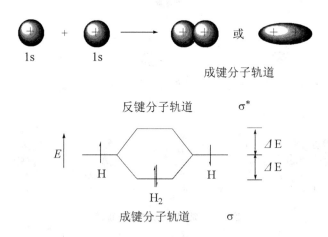

图 1-3　H_2 分子成键情况示意图

　　原子轨道根据轨道重叠方向的不同,通常可形成 σ 键和 π 键。原子轨道头对头相互交盖,电子云重叠程度最大,形成 σ 键。σ 键围绕成键键轴可 360°自由旋转,电子云重叠程度不发生变化,不破坏化学键。σ 键可由 s−s(H_2)、s−p(HCl)、p−p(Cl_2)等几种形式重叠形成,如图 1-4所示。

s—s σ键　　　　　　　s—p σ键　　　　　　　p—p σ键

图 1-4　σ 键成键情况示意图

当 p 轨道和 p 轨道肩并肩相互交盖时,形成 π 键(图 1-5)。这种重叠方式电子云交盖程度没有 σ 键高,不能自由旋转。一旦沿着键轴旋转一定的角度,轨道之间的重叠程度减小,π 键开始发生断裂。当两个 p 轨道旋转至相互垂直的位置时,两个 p 轨道之间完全没有重叠,π 键完全断裂。π 键旋转的结果必然导致旧化学键的断裂和新化学键的生成。

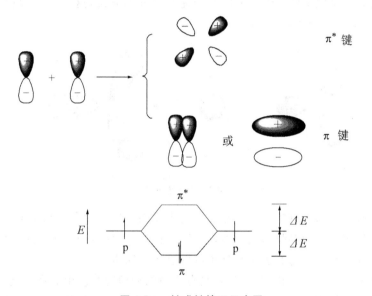

π* 键

或　　　　π 键

图 1-5　π 键成键情况示意图

分子轨道理论是从分子的整体出发去研究分子中每一个电子的运动状态,认为形成化学键的电子是在整个分子中运动的。分子轨道理论认为,每一个分子轨道都是由两个或多个原子轨道线性组合生成;线性组合之前原子轨道的数目等于线性组合之后形成分子轨道的数目;成键之前原子轨道总能量与成键之后形成非分子轨道总能量相同;电子在分子轨道中的排布按照洪特规则(Hund Rule),由能量低的成键轨道开始从低往高排列。

由原子轨道组成分子轨道时,必须符合三个条件:

(1)对称性匹配——即组成分子轨道的原子轨道的符号(位相)必须相同;

(2)原子轨道的重叠具有方向性;

(3)原子轨道能量相近。

3. 杂化轨道理论(Hybridized Orbitals Theory)

杂化轨道理论可用来解释一些更为复杂的分子的成键情况。

对 BeF_2 结构的解释:按照电子排布规则,Be 电子排布为 $1s^2 2s^2$,所有的电子均配对,似乎不能再与其他电子配对形成化学键。在形成化学键时,2s 轨道上的 1 个电子在能量激发下跃迁至 2p 轨道,然后 2s 轨道和 1 个 2p 轨道经过一个称为杂化的过程,能量平均分配,同时重新调整轨道方向,形成 2 个 sp 杂化轨道。每个 sp 杂化轨道中含有 50% 的 s 成分和 50% 的 p 成分。2 个 sp 杂化轨道中各容纳一个单电子,可与 2 个氟原子中的 2p 轨道中的成单电子头对头相互交盖,生成 2 个完全等同的 σ 键,这 2 个 σ 键在空间排布的最优取向是线型结构(linear structure),如图 1-6 所示。

图 1-6　BeF₂ 成键情况示意图

BH₃ 的结构同样可根据杂化轨道理论来解释:B 电子排布为 $1s^2 2s^2 2p^1$,在形成化学键时,2s 轨道上的 1 个电子在能量激发下,跃迁至 2p 轨道,然后 1 个 2s 轨道和 2 个 2p 轨道杂化,形成 3 个 sp^2 杂化轨道,每个 sp^2 杂化轨道中含有 33.3% 的 s 成分和 66.7% 的 p 成分。3 个 sp^2 杂化轨道分别与 3 个氢原子的 s 轨道形成 3 个完全等同的 σ 键,这 3 个 σ 键在空间成平面三角形(trigonal structure)分布,如图 1-7 所示。

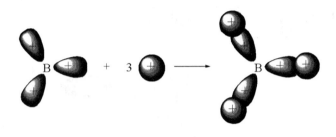

图 1-7　BH₃ 成键情况示意图

碳是所有有机化合物都有的元素。它在宇宙中相当普遍地存在。在宇宙中它以二氧化碳形式在有些行星外表运行,它偶而也在彗星中被发现。人们常常把宇宙间有无单质的碳或它与氢的化合物的存在与否作为有无生命现象的踪迹进行探索。

在地球上碳的存在可以说相当普遍,凡是有生命的动植物都是由碳和氢化合的组成,地球表面大气层中含二氧化碳,地层岩石中含其氧化物的矿物质。单质碳主要以**无定形碳**、**金刚石**、**石墨**和最近发现的球碳——**富勒烯**分散在矿石和外层空间中。

碳(carbon)原子电子构型排布是 $1s^2 2s^2 2p^2$,在能量激发下 1 个 2s 轨道电子跃迁至 2p 轨道,电子排布变为 $1s^2 2s^1 2p^3$,然后进一步进行杂化和成键。用杂化轨道理论解释碳化合物成键,有以下三种情况。

对饱和烷烃分子,例如甲烷(CH₄),碳原子电子激发后,1 个 2s 轨道和 3 个 2p 轨道杂化形成 4 个 sp^3 杂化轨道,每个 sp^3 杂化轨道中含有 25% 的 s 成分和 75% 的 p 成分。4 个 sp^3 杂化轨道分别与 4 个氢原子的 s 轨道头对头形成 4 个完全等同的 σ 键,这 4 个 σ 键在空间成正四面体(tetrahedral structure)分布,C—H 键之间的键角均为 109.5°,如图 1-8 所示。

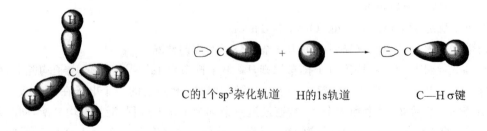

C 的 1 个 sp³ 杂化轨道　　H 的 1s 轨道　　C—H σ 键

图 1-8　CH₄ 成键情况示意图

对于烯烃分子,例如乙烯(C_2H_4),烯碳原子中的电子激发后,1 个 2s 轨道和 2 个 2p 轨道杂化形成 3 个 sp^2 杂化轨道,每个 sp^2 杂化轨道中含有 33.3% 的 s 成分和 66.7% 的 p 成分。2 个烯碳原子中的各自 1 个 sp^2 杂化轨道头对头形成 1 个 C—C σ 键,剩余 2 个 sp^2 轨道分别同 2 个氢原子的 s 轨道头对头形成 2 个 C—H σ 键,烯碳原子上 3 个 σ 键之间的键角近似为 120°。两个烯碳原子还分别剩余 1 个未参加杂化的 2p 轨道,这 2 个 2p 轨道肩并肩形成 π 键,如图 1-9 所示。

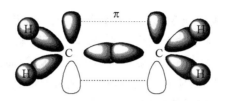

图 1-9　C_2H_4 成键情况示意图

对于炔烃分子,例如乙炔(C_2H_2),炔碳原子中的电子激发后,1 个 2s 轨道和 1 个 2p 轨道杂化形成 2 个 sp 杂化轨道,每个 sp 杂化轨道中含有 50% 的 s 成分和 50% 的 p 成分。两个炔碳原子中的各自一个 sp 杂化轨道头对头形成 1 个 C—C σ 键,剩余 1 个 sp 轨道同 1 个氢原子的 s 轨道头对头形成 1 个 C—H σ 键,炔碳原子上 2 个 σ 键之间的键角为 180°。2 个炔碳原子还分别剩余 2 个相互垂直、未参加杂化的 2p 轨道,它们肩并肩相互交盖,形成 2 个相互垂直的 π 键,如图 1-10 所示。

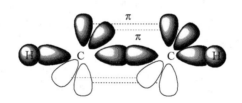

图 1-10　C_2H_2 成键情况示意图

1.3　酸碱理论

从经典的阿累尼乌斯(Arrhenius)酸碱定义出发,酸是能在水中电离出氢离子的化合物,碱是能在水中电离出氢氧根离子的化合物。这样的定义只适用于在水中的反应,无法说明在非水体系中的一些有机化合物所表现出的酸碱性质,因此需要更广泛的酸碱定义。目前,在有机化学中应用最广泛的是勃朗斯台—洛瑞(Brönsted-Lowry)酸碱质子论和路易斯(Lewis)酸碱电子论。[勃朗斯台(Brönsted),荷兰化学家,1923 年与美国化学家洛瑞(Lowry)同时提出酸碱是 H^+ 的夺取和放出的理论,简称质子酸碱理论。路易斯(G. N. Lewis,1875—1946),美国物理化学家,1902 年提出了化学键理论和主族元素外层电子数为 8 可达到稳定的原子模型,著有《化合价与原子、分子的结构》等著作。]

一、勃朗斯台—洛瑞(Brönsted-Lowry)质子酸碱理论

按照该理论,可以给出质子的物质称为酸(acid),可以接受质子的物质称为碱(base)。当一个酸给出一个质子后,就变成碱,这个碱称为该酸的共轭碱(conjugate base);同样,当一个碱接受一个质子后，就变成酸，这个酸称为该碱的共轭酸(conjugate acid)。共轭酸碱的化学组成只相差一个氢质子，相差一个氢质子的中性分子或离子互为共轭酸碱关系。

例如如下的酸碱反应：

$$CH_3-\overset{\overset{\displaystyle O}{\|}}{C}-O-H + OH^- \Longleftrightarrow CH_3-\overset{\overset{\displaystyle O}{\|}}{C}-O^- + H-OH$$

$$\text{酸} \qquad\qquad \text{碱} \qquad\qquad\qquad \text{共轭碱} \qquad \text{共轭酸}$$

乙酸在反应中失去一个氢质子变成乙酸根负离子，乙酸根负离子是乙酸的共轭碱；反之，对该反应的逆反应，乙酸根负离子加上一个氢质子，又变回原来的乙酸，因此乙酸也是乙酸根负离子的共轭酸。同理，中性水分子是氢氧根负离子的共轭酸，而氢氧根负离子是中性水分子的共轭碱。共轭酸的酸性越强，对应共轭碱的碱性越弱；同理，共轭碱的碱性越强，对应共轭酸的酸性越弱。只有强酸强碱反应才能生成弱酸和弱碱。

值得注意的是，水既可以作为酸，也可以作为碱，如下式所示：

$$H_2O + HCl \Longleftrightarrow H_3^+O + Cl^-$$

$$H_2O + NaNH_2 \Longleftrightarrow NaOH + NH_3$$

盐酸水溶液中，水分子接受盐酸离解出的氢质子，产生水合氢质子 H_3^+O(Hydronium)，水分子的性质表现为碱；当水分子遇到强碱氨基钠时，水分子离解出一个氢质子，与 NH_2^- 结合产生氨气，同时释放出 OH^-，水分子的性质表现为酸。

酸性或碱性的强度可定量地通过测定电离常数的方法来测定，例如电位滴定法或电导法。质子酸离解平衡过程如下所示：

$$HA + H_2O \Longleftrightarrow H_3^+O + A^-$$

$$K_a = K_{平衡}[H_2O] = \frac{[H_3^+O][A^-]}{[HA]}$$

一般强酸平衡强烈偏向于右方，具有较大的 $K_{平衡}$，而较弱的酸则只有一个较小的 $K_{平衡}$。K_a 值的波动范围很大，一般最强的酸其 K_a 值可高达 10^{13}，而最弱的酸则低至 10^{-60}。由于水的量是大大过量的，一般将水的浓度假定为常数，同时为了简化，认为 $[H_3^+O]=[H^+]$，则有如下推导关系：

$$pK_a = -\lg K_a = -\lg\frac{[H_3^+O][A^-]}{[HA]} = pH - \lg\frac{[A^-]}{[HA]}$$

同理可推导出碱水解过程的类似关系式：

$$B + H_2O \Longleftrightarrow BH^+ + OH^-$$

$$K_b = K_{平衡}[H_2O] = \frac{[BH^+][OH^-]}{[B]}$$

$$pK_b = -\lg K_b = -\lg\frac{[BH^+][OH^-]}{[B]} = pOH - \lg\frac{[BH^+]}{[B]}$$

将 pK_a 与 pK_b 相加,酸碱浓度刚好可抵消,则有如下关系:

$$pK_a + pK_b = pH - \lg\frac{[A^-]}{[HA]} + pOH - \lg\frac{[BH^+]}{[B]} = pH + pOH = pK_w$$

其中 K_w 为水的离解常数,其值在 25 ℃时为 10^{-14},p$K_w = 14$。以上推导过程可将碱的 pK_b 值转化成其对应共轭酸的 pK_a 值。一般 pK_a 值越小,酸性越强;pK_b 值越小,碱性越强。但习惯上更多地也用共轭酸的 pK_a 值来表示对应共轭碱的碱性强弱,对应共轭酸的 pK_a 值越小,则该共轭碱的 pK_b 值越大,因此碱性越弱。表 1-6 列出了一些常见的有机酸和无机酸的 pK_a 值。其他含有各种官能团的有机化合物的酸性比较,将在以后各个章节中分别讲述。

表 1-6 常见酸的 pK_a 值及其共轭碱

	酸	pK_a	共轭碱	
强酸	$HSbF_6$	< -12	SbF_6^-	弱碱
	HI	-10	I^-	
	H_2SO_4	-9	HSO_4^-	
	HBr	-9	Br^-	
	HCl	-7	Cl^-	
	$C_6H_5SO_3H$	-6.5	$C_6H_5SO_3^-$	
	$(CH_3)_2OH^+$	-3.8	$(CH_3)_2O$	
	$(CH_3)_2C=OH^+$	-2.9	$(CH_3)_2C=O$	
	$CH_3OH_2^+$	-2.5	CH_3OH	
	H_3O^+	-1.74	H_2O	
	HNO_3	-1.4	NO_3^-	
	CF_3CO_2H	0.18	$CF_3CO_2^-$	
	HF	3.2	F^-	
	H_2CO_3	3.7	HCO_3^-	
	CH_3CO_2H	4.75	$CH_3CO_2^-$	
	$CH_3COCH_2COCH_3$	9.0	$CH_3COCH^-COCH_3$	
	NH_4^+	9.2	NH_3	
	C_6H_5OH	9.9	$C_6H_5O^-$	
	HCO_3^-	10.2	CO_3^{2-}	
	$CH_3NH_3^+$	10.6	CH_3NH_2	
	H_2O	15.7	OH^-	
	CH_3CH_2OH	16	$CH_3CH_2O^-$	
	$(CH_3)_3COH$	18	$(CH_3)_3CO^-$	
	CH_3COCH_3	19.2	$CH_3COCH_2^-$	
	$HC\equiv CH$	25	$HC\equiv C^-$	
	H_2	35	H^-	
	NH_3	38	NH_2^-	
	$CH_2=CH_2$	44	$CH_2=CH^-$	
弱酸	CH_3CH_3	50	$CH_3CH_2^-$	强碱

来源:Solomons,T.,W. Graham. Organic Chemistry, 7th ed. John Wiley & Sons, Inc. p103.

二、路易斯(Lewis)电子酸碱理论

1923 年路易斯提出更广义的电子酸碱理论:凡是能够接受电子对的任何分子、离子或原子团统称为酸,又称为电子对受体;凡是含有可给出电子对的分子、离子或原子团统称为碱,又称为电子对给体。路易斯酸碱反应的本质是形成配位键,产生加合物。例如下面反应:

$$H\text{-}N\text{H}_2 + B(Me)_3 \longrightarrow H\text{-}N\text{H}_2\text{:}B\text{-}Me_2$$

硼原子周围有 6 个电子,不满足 8 电子稳定结构,原子核外层有空的 p 轨道;而氮原子核外有一对未共用的孤对电子,因此可作为电子给体给出一对孤对电子进入硼原子的空轨道中,形成一个含有配位键的加合物。氨分子给出一对电子,称为 Lewis 碱;三甲基硼接受一对电子,称为 Lewis 酸。其他类似的酸碱反应举例如下:

$$(CH_3CH_2)_2O\text{:} + BF_3 \longrightarrow (CH_3CH_2)_2O\text{:}BF_3$$

$$C_5H_5N\text{:} + SO_3 \longrightarrow C_5H_5N\text{:}SO_3$$

$$(CH_3)_3N\text{:} + AlCl_3 \longrightarrow (CH_3)_3N\text{:}AlCl_3$$

其中的三氟化硼、三氧化硫、三氯化铝的共同特点是不满足 8 电子稳定结构,具有空的 p 轨道;或者为过渡金属盐,核外具有空的 d 轨道,有空轨道可接受一对电子的进入,为 Lewis 酸。乙醚、吡啶、三甲胺的共同特点是带含有孤对电子的杂原子,可给出一对电子,为 Lewis 碱。常见的 Lewis 酸有 SO_3、BF_3、$AlCl_3$、$SnCl_4$、$FeCl_3$、$ZnCl_2$、H^+、Ag^+、Ca^{2+}、Cu^{2+} 等;常见的 Lewis 碱有 C_5H_5N(Pyridine)、$(C_2H_5)_2O$、NH_3、$(CH_3)_3N$、$C_6H_5NH_2$、OH^-、CO_3^{2-}、HCO_3^-、SH^-、$CH_3CO_2^-$ 等。Lewis 电子酸碱理论扩大了酸碱的种类和范围,在有机化学中得到了更广泛的应用。

含有杂原子的有机化合物,例如醚、醛、酮、酯、胺、硫化物等与质子酸离解出的 H^+ 进行的加合反应,也可看作是电子转移的 Lewis 酸碱反应。例如:

$$(CH_3CH_2)_2O\text{:} + HBr \rightleftharpoons (CH_3CH_2)_2\overset{+}{O}\text{-}H + Br^-$$

$$H_3C\text{-}CO\text{-}CH_3 + H_2SO_4 \rightleftharpoons H_3C\text{-}\overset{+}{C}(OH)\text{-}CH_3 + HSO_4^-$$

甚至一般的有机酸,遇到无机的强酸,也可以发生类似的酸碱反应。例如:

$$H_3C\text{-}CO\text{-}O\text{-}H + H_2SO_4 \rightleftharpoons H_3C\text{-}CO\text{-}\overset{+}{O}(H)_2 + HSO_4^-$$

三、软硬酸碱理论(HSAB)

Brönsted-Lowry 质子酸碱理论涉及的酸碱反应有一个共同的特点,即都包含了氢质子的转移,因此可以用 pK_a 值定量表示酸碱的强度。但是 Lewis 电子酸碱理论定义更广泛,涉及电子转移的酸或碱的结构可能很不相同,很难用同一个标准来定量表示其酸碱强度,因而需要用软硬酸碱理论(the Hard and Soft Acids and Bases theory,HSAB)来定性说明酸碱相互作用的优先程度。

1963 年皮尔逊(R. G. Pearson)首次将 Lewis 酸碱分别分为硬软两类。具有接受电子对能力的原子或原子团半径小,正电荷集中,可极化程度低,对外层电子抓得紧,这样的酸称为硬酸;反之,原子或原子团半径大,正电荷数较低或等于零,可极化程度高,对外层电子抓得松,这样的酸称为软酸。具有给电子能力的原子或原子团,可极化程度低,电负性强,难以氧化,对外层电子抓得紧,不容易失去电子,这样的碱称为硬碱;反之,可极化程度高,电负性低,易被氧化,对外层电子抓得松,容易失去给出电子,这样的碱称为软碱。常见的一些软硬酸碱分类见表 1-7 和表 1-8。

表 1-7　一些软硬酸的分类

硬酸(h_a)	交界酸	软酸(s_a)
H^+, Li^+, Na^+, K^+	Fe^{2+}, Co^{2+}, Ni^{2+}, Cu^{2+}, Zn^{2+}	$Co(CN)_5^{3-}$, Pd^{2+}, Pt^{2+}, Pt^{4+},
Be^{2+}, Mg^{2+}, Ca^{2+}, Sr^{2+}, Mn^{2+}	Rh^{3+}, Ir^{3+}, Ru^{3+}, Os^{2+}	Cu^+, Ag^+, Au^+, Cd^{2+}, Hg^+,
Al^{3+}, Cr^{3+}, Co^{3+}, Fe^{3+}, Ga^{3+}, In^{3+}	$B(CH_3)_3$, GaH_3	Hg^{2+}, CH_3Hg^+
$Al(CH_3)_3$, $AlCl_3$, AlH_3	R_3C^+, $C_6H_5^+$	BH_3, $Ga(CH_3)_3$, $GaCl_3$, $GaBr_3$,
BF_3, BCl_3, $B(OR)_3$	Pb^{2+}, Sn^{2+}	GaI_3, Tl^+, $Tl(CH_3)_3$
Si^{4+}, Sn^{4+}, CH_3Sn^{3+}, $(CH_3)_2Sn^{2+}$	NO^+, Sb^{3+}, Bi^{3+}	CH_2(取代碳烯)
RCO^+, CO_2, NC^+	SO_2	π 接受体:三硝基苯、醌类、四氰基乙烯等
N^{3+}, As^{3+}, RPO_2^+, $ROPO_2^+$		HO^+, RO^+, RS^+, RSe^+, Te^{4+},
RSO^{2+}, $ROSO^{2+}$, SO_3		RTe^+
Cl^{5+}, Cl^{7+}, I^{5+}, I^{7+}		Br_2, Br^+, I_2, I^+, ICN
HX(能形成氢键的分子)		O, Cl, Br, I, N, $RO\cdot$, $RO_2\cdot$
		M^0(金属原子)

来源:R. G. Pearson. J. Chem. Educ., 45(581), 1968.

表 1-8　一些软硬碱的分类

硬碱(h_b)	交界碱	软碱(s_b)
NH_3, RNH_2, N_2H_4	$C_6H_5NH_2$, C_5H_5N	H^-
H_2O, OH^-, O^{2-}	N^{3-}, N_2	R^-, C_2H_4, C_6H_6
ROH, RO^-, R_2O	NO_2^-, SO_3^{2-}	CN^-, RNC, CO
CH_3COO^-, CO_3^{2-}, NO_3^-	Br^-	SCN^-, R_3P, $(RO)_3P$, R_3As
PO_4^{3-}, SO_4^{2-}, ClO_4^-		R_2S, RSH, RS^-, $S_2O_3^{2-}$
F^-, Cl^-		I^-

来源:R. G. Pearson. J. Chem. Educ., 45(581), 1968.

Pearson 总结出软硬酸碱相互作用的经验性规律为:硬亲硬,软亲软,硬软交界就不管。硬酸和硬碱可结合生成离子键、高极性键或稳定络合物;软酸和软碱可结合生成共价键或稳定络合物;软酸和硬碱或者硬酸和软碱只能形成弱的化学键,或者不稳定的络合物;交界的酸碱跟软或硬的碱酸都能发生反应,所生成的络合物的稳定性差别不大。硬酸与硬碱、软酸与软碱反应速度较快;软酸与硬碱、硬酸与软碱反应速度较慢;交界酸碱反应速度适中。目前软硬酸碱理论只是一个定性的描述,也存在一些例外,但该规则首次将 Lewis 酸碱的许多反应事实总结归纳起来,得出了一定的规律,因而在有机化学中得到了比较广泛的应用。利用软硬酸碱理论,可以预测化学反应的反应活性,反应方向的选择性,以及反应产物的稳定性。

1. 预测化学反应的反应活性

例如下面的亲核取代反应：

$$CH_3-Cl + RS^- \longrightarrow CH_3-SR + Cl^- \qquad k_{rel} = 100$$

$$\quad s_a \qquad\quad s_b \qquad\qquad s_a \quad s_b$$

$$CH_3-Cl + RO^- \longrightarrow CH_3-OR + Cl^- \qquad k_{rel} = 1$$

$$\quad s_a \qquad\quad h_b \qquad\qquad s_a \quad h_b$$

其中 k_{rel} 代表相对反应速率常数。甲基为软酸，烷硫基为软碱，甲基跟烷硫基的结合为软软结合，亲核取代反应速度快；烷氧基为硬碱，跟甲基的结合为硬软结合，亲核取代反应速度慢。

2. 预测反应方向的选择性

例如下面的酯水解反应：

$$\underset{h_b\quad\; s_a}{R-\overset{\overset{\displaystyle O}{\|}}{C}-O-CH_3} + \underset{h_a\; s_b}{Li-I} \longrightarrow \underset{h_b\quad h_a}{R-\overset{\overset{\displaystyle O}{\|}}{C}-O^-\,Li^+} + \underset{s_a\; s_b}{CH_3-I}$$

羧酸甲酯在水解之前为软酸－硬碱方式结合，在 LiI（硬酸－软碱）催化下，很容易发生水解反应，在该水解过程中，硬碱（羧酸根负离子）和硬酸（锂正离子）结合成离子键，软酸（甲基）和软碱（碘负离子）结合成共价键，因而该反应很容易发生。

又如硫氰酸根（SCN^-）具有双重反应性能，如下所示：

$$\underset{s_b\; h_b}{SCN^-} + \underset{s_a}{CH_3-I} \longrightarrow \underset{s_a\quad s_b}{CH_3-SCN}$$

$$\underset{s_b\; h_b}{SCN^-} + \underset{h_a}{CH_3-\overset{\overset{\displaystyle O}{\|}}{C}-Cl} \longrightarrow \underset{h_a\quad h_b}{CH_3-\overset{\overset{\displaystyle O}{\|}}{C}-NCS}$$

硫氰酸根具有 S 和 N 的双重反应性能，S 端为软碱，N 端为硬碱。硫氰酸根与碘甲烷反应时，软酸甲基选择跟软碱 S 端发生反应（软－软结合）；而硫氰酸根与乙酰氯反应时，硬酸酰基选择跟硬碱 N 端发生反应（硬－硬结合）。

3. 预测反应产物的稳定性

利用 HSAB 理论可以预测许多有机化合物的相对稳定性。例如酰基正离子（RCO^+）是个硬酸，它与硬碱（如 OH^-、RO^-、NH_2^-）结合，可形成稳定性良好的分子 RCOOH（羧酸）、RCOOR（酯）、$RCONH_2$（酰胺）；而当其与软碱（如 RS^-、I^-）结合时，只能得到不稳定的化合物 RCOSR（硫酯）、RCOI（酰碘）。

另外，例如异腈在加热条件下很容易重排，是因为异腈结构为软酸（烃基）与硬碱（N 端）的软－硬结合，因而异腈结构不稳定；加热条件下很容易重排称为腈的结构，在该结构中软酸（烃基）与软碱（C 端）为软－软结合，因而具有较好的稳定性，如下式所示：

$$R-N\equiv C \xrightarrow{\triangle} R-C\equiv N$$

$$s_a \quad h_b \qquad \quad s_a \quad s_b$$

随着科学的不断发展,越来越多的化学反应将会被纳入到广义酸碱反应的范畴之中,对酸碱理论的系统性认识和总结,有助于加深我们对许多的有机化学反应性的认识,实现从分析反应结果到根据反应条件预测反应结果的跨越。

参考文献

1.任有达.酸碱理论及其在有机化学中的应用.北京:人民教育出版社,1979
2.何子乐.有机化学中的硬软酸碱原理.北京:科学出版社,1987
3.张永敏.物理有机化学.上海:上海科学技术出版社,2001
4.R. G. Pearson. J. Chem. Educ.,45(581),1968

1.4 有机化合物和有机化学反应的一般特点

有机化合物通常是指含碳元素的化合物,但一些简单的含碳化合物,如一氧化碳、二氧化碳、碳酸盐、碳化物、氰化物等除外。除含碳元素外,绝大多数有机化合物分子中含有氢元素,有些还含氧、氮、卤素、硫和磷等其他元素。

为什么把含碳原子的化合物单独列为有机化合物? 这是因为有机化合物具有自己的特点。其特点如下:

(1)有机化合物数量多。已知的化合物有一千多万种,其中有机化合物占绝大多数,而其余九十多种元素组成的无机化合物不过几十万种。而且每年还要新合成和发现几万到几十万种有机化合物。为什么有机化合物数量如此之多呢? 有两个原因:

其一,组成有机化合物的碳原子可以是一个碳原子到几十甚至几百万个碳原子;

其二,有机化合物普遍存在异构现象使其数量大大增加。比如,含有 8 个碳原子为主的汽油,已经确认的碳氢化合物就有 200 种以上。

(2)有机化合物普遍存在异构现象。虽然无机化合物也有异构现象,但是没有有机化物普遍和复杂。

(3)有机化合物大多数不溶于水。当然这是对大多数有机化合物而言,也有的有机化合物与水混溶。

(4)大多数有机化合物熔点较低,超过 300 ℃的很少。无机化合物熔点通常都比较高,例如常见的无机化合物 NaCl 的熔点高达 800.8 ℃。

(5)大多数有机化合物分解温度比较低,超过 400 ℃的很少。当然有例外,如碳纤维3 000 ℃还稳定。

有机化学反应具有如下的特点:

(1)大多数有机化合物发生的有机化学反应速度比较慢,需要几小时、几天,甚至几个月才能完成。而大部分的无机反应,例如 NaOH 和 HCl 的酸碱反应,$AgNO_3$ 和 NaCl 的沉淀反应等,可以瞬间完成。当然有的有机反应速度也很快,如烷烃的热裂解和三硝基甲苯的爆炸都是瞬间完成的。

(2)大多数有机化学反应都有副反应,反应不是定量进行的,所以一般情况下有机化学反应式不用配平,只要写出主要产物就可以。

(3)大多数有机化合物易燃烧。也有例外,比如四氯化碳,不但不燃,而且可以灭火。

1.5 有机化合物的分类

有机化合物可按照如下几种方式进行分类:按照有机化合物碳骨架的不同,可分为开链化合物、碳环化合物和杂环化合物。根据不饱和程度的不同,可分为饱和脂肪族化合物、不饱和脂肪族化合物和芳香族化合物。还可根据有机化合物中所含官能团进行分类,如表1-9所示。

表1-9 有机化合物按官能团的分类

化合物类型	官能团构造式	官能团名称
烯烃	C=C	双键
炔烃	C≡C	叁键
卤代烃	X(F、Cl、Br、I)	卤素
醇和酚	OH	羟基
醚	—O—	醚氧
醛	CHO	醛基
酮	C=O	羰基
羧酸	COOH	羧基
腈	C≡N	氰基
胺	NH_2	氨基
硝基化合物	NO_2	硝基
磺酸	SO_3H	磺酸基

1.6 有机化合物的研究手段

有机化学研究的三项内容是:分离、结构、反应和合成。分离主要是从自然界或反应产物中,通过蒸馏、结晶、吸附、萃取、升华等操作分离出单一纯净组分的有机物;结构主要是对已经分离出的有机物进行化学和物理行为的了解,阐明其结构和特性;反应和合成主要是从某一有机化合物(反应原料)出发,经过一系列反应,转化成另一个已知的或者新的有机化合物(反应产物)。

有机化学一般的研究手段有以下几个步骤:

(1)分离提纯

通过各种分离手段从混合物中分离出单一组分的有机化合物。

(2)纯度的检验

通过熔点、沸点、薄层色谱、液相色谱、气相色谱等各种纯度检测手段对化合物的纯度进行表征。

(3)实验式和分子式的确定

①通过元素定性分析,判断分子中存在哪几种原子;

②通过元素定量分析,判断各种原子的相对数目,计算得到化合物的经验式(实验式)。

③通过分子量测定,确定各种原子的确实数目,计算得出分子式。

④近年来发展起来的高分辨质谱可精确测定样品的分子量,准确度达±0.000 1,结合各种元素原子精确质量,可推算出化合物精确的元素组成及确定的分子式。与传统测定元素组成的元素分析法相比,高分辨质谱需要的样品量少,对样品纯度要求不如元素分析苛刻,测试重现性好,在科学研究工作中已经得到了广泛的应用。

（4）结构式的确定

①官能团分析

通过各种官能团的特征反应,或者分析某些官能团的特征物理化学性质,判断化合物中可能存在何种类型的官能团。

②化学降解及合成

对化合物进行化学降解,得到其小分子片段;或者通过化学合成,得到其易分析的衍生物。通过降解或衍生物的结构分析,倒序推导出原化合物的结构。

③波谱分析

根据红外光谱、紫外光谱、核磁共振波谱、质谱等波谱方法,结合官能团分析,以及化学降解及合成的分析结果,推导拼合出原化合物的结构。分子的结构包括分子的构造、构型和构象。构造是分子中原子的连接方式和顺序(在不涉及构型和构象时也称为结构)。构型是原子在空间实际所处的位置。构象是由于 σ 键的旋转,导致分子在某一瞬间产生的某种空间形象。近年发展起来的单晶 X 射线衍射分析法,是测定分子结构的一般方法。该方法可用于测定各种有机物(不含蛋白质、核酸等大分子化合物)单晶体的晶胞参数、晶系、空间群、晶胞中原子的三维分布,成键和非键原子间的距离和夹角,价电子云分布,原子的热运动振幅,分子的构型和构象,绝对立体构型等,在分子和原子水平上提供晶态物质的微观结构信息。

（5）人工合成

对有机化合物的结构和物理化学性能有了充分的认识后,可根据需要,对化合物结构进行逆合成分析,从廉价易得的有机小分子出发,通过适当的合成路线,人工合成目标有机化合物分子。迄今为止已知的化合物种类已经超过了 2 000 万种,主要都是通过人工合成得到,其中绝大多数都是有机化合物。

习　题

1. 写出下列化合物的共价键(用短线表示)并表示其极性的方向。
   (1)氯仿 $CHCl_3$　　(2)硫化氢 H_2S　　(3)甲胺 CH_3NH_2
   (4)甲硼烷 BH_3　　(5)二氯甲烷 CH_2Cl_2　　(6)乙烷 C_2H_6

2. 已知 σ 键是原子之间的轴向电子分布,具有圆柱状对称,π 键是 p 轨道的边缘交盖,π 键与 σ 键的对称性有何不同?

3. 丙烷 $CH_3CH_2CH_3$ 的分子形状按碳的四面体成键分布,试画出各原子的分布示意。

4. 只有一种结合方式:2 个氢,1 个碳,1 个氧(H_2CO)。试把分子中的电子画出来。

5. 丙烯 $CH_3CH{=\!\!=}CH_2$ 的碳,哪个是 sp^3 杂化,哪个是 sp^2 杂化?

6. 试写出丁二烯分子中的键型:$CH_2{=\!\!=}CH{-}CH{=\!\!=}CH_2$。

7. 试写出丙炔 $CH_3C{\equiv}CH$ 中碳的杂化方式。你能想象 sp 杂化的形式吗?

8. 二氧化碳的偶极矩为零,这是为什么? 如果 CO_2 遇水后形成 HCO_3^- 或 H_2CO_3,这时它们的偶极矩能保持为零吗? 碳酸分子为什么是酸性的?

9. 用 δ^+/δ^- 符号对下列化合物的极性作出判断。

(1)$H_3C—Br$ (2)$H_3C—NH_2$ (3)$H_3C—Li$

(4)$H_2N—H$ (5)$H_3C—OH$ (6)$H_3C—MgBr$

10. NH_2^- 是一个比 OH^- 更强的碱,对它们的共轭酸 NH_3 和 H_2O,哪个酸性更强?为什么?

11. $HCOOH$ 的 $pK_a=3.7$,苦味酸的 $pK_a=0.3$,哪一个酸性更强些?你能画出苦味酸的结构吗?苯酚 C_6H_5OH 的酸性比上述两者是弱还是强?

12. 氨 NH_3 的 $pK_a=36$,丙酮 $CH_3—\overset{\overset{O}{\|}}{C}—CH_3$ 的 $pK_a=20$。下列可逆平衡往哪个方向为优先?

$$H_3C—\overset{\overset{O}{\|}}{C}—CH_3 \ + \ Na^+NH_2^- \ \rightleftharpoons \ H_3C—\overset{\overset{O}{\|}}{C}—\overset{..}{\overset{-}{C}}H_2 Na^+ \ + \ NH_3$$

13. 利用表 1-6 中 pK_a 的值,预测下列反应的走向。

(1)$HCN \ + \ CH_3COONa \ \rightleftharpoons \ Na^+CN^- \ + \ CH_3COOH$

(2)$CH_3CH_2OH \ + \ Na^+CN^- \ \rightleftharpoons \ CH_3CH_2O^- \ Na^+ \ + \ HCN$

第二章　烷　烃

2.1　结构及表示式

由碳、氢两种元素组成的化合物称为烃（音 ting）。**烷烃**（alkane）属于烃（hydrocarbon）的一种。

甲烷是烷烃中最简单的一个，分子式为 CH_4。甲烷大量存在于自然界中，它是植物腐烂的最终产物，是石油气、天然气和沼气的主要成分。甲烷是无色无味的可燃性气体，沸点－164 ℃，微溶于水，溶于有机溶剂。主要用做燃料。

近年来人们发现甲烷与水可形成水合物，学名"天然气水合物"，这种水合物看起来像冰霜，但在常温常压下它会分解成水和甲烷，可燃烧，因此又称为"可燃冰"。可燃冰的结构就像若干水分子组成的一个一个笼子，每一个笼子里"关"着一个气体分子，在标准状态下，$1m^3$ 甲烷水合物含有 $120\sim150m^3$ 的甲烷气体，燃烧时放出的能量比甲烷气多一百多倍。甲烷燃烧产生二氧化碳和水无残留，对空气不造成污染，因此又是绿色能源。可燃冰存在于 $300\sim500m$ 海洋深处的沉积物中和寒冷的高纬度地区，据估算，它的存储足够人类使用 1 000 年，因此科学家们一致认为可燃冰可能成为人类新的后续能源，帮助人类摆脱日益临近的能源危机。目前，各国科学家正着手解决开采中涉及的复杂的技术问题，估计需要 $10\sim30$ 年的时间。

甲烷分子中的碳以 sp^3 杂化形成四个成键轨道，指向四面体的四个角，分别与氢的 s 轨道形成完全等同的四个 σ 键。在分子的立体结构中，碳位于四面体的中心，四个氢位于四面体的角上（见图 2-1(a)）。甲烷的这种结构已由电子衍射光谱所证实（见图 2-1(b)）。其 H—C—H 键角为 109°28′，C—H 键长 0.110nm。

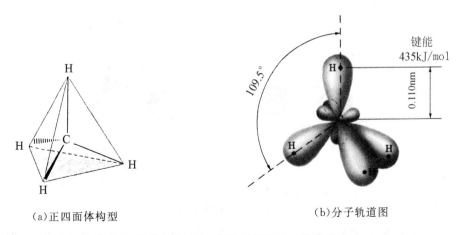

（a）正四面体构型　　　　　　　　（b）分子轨道图

图 2-1　甲烷分子的正四面体构型和分子轨道图

甲烷中的一个氢被碳取代,形成 C—C 键,剩余的键为氢饱和,得到仅比甲烷大的烷烃乙烷。由电子衍射光谱的研究获得乙烷结构如图 2-2 所示。其中 H—C—C 和 H—C—H 键角均为 109.5℃,C—H 键长 0.110nm,C—C 键长0.153nm。类似的研究表明,不同烷烃中的键角和键长仅有微小差别。因此这些键长及键角是烷烃的特征性数据。

（a）成键轨道　　　　　　　　　　　　　　　　　　　　（b）键长和键角

图 2-2　乙烷分子的成键轨道及键长、键角

碳链增长得到更高级的烷烃,其中的碳均为 sp³,除形成碳碳链外,剩余的键为氢所饱和,因此烷烃也称为饱和烃(saturated hydrocarbon)。

烷烃由 C—H 及 C—C 两种共价键组成,C—H 键是由碳原子的 sp³ 杂化轨道和氢原子的 s 轨道交盖而成,C—C 键是由碳原子的 2 个 sp³ 杂化轨道交盖而成,如图 2-3 所示。这两种键都是以键轴为对轴而交盖的共价键,统称为 σ 键。σ 键电子云交盖程度较大,键比较牢固;σ 键电子云呈轴对称,可以绕轴旋转而不影响原子轨道的重叠。

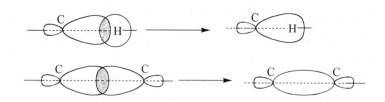

图 2-3　由 sp³-s 和 sp³-sp³ 形成的 σ 键

烷烃的立体构型常用两种模型表示:一种是棍球模型,也叫 Kelulé 模型;另一种为比例模型,也叫 Stuart 模型。图 2-4 是乙烷的两种模型。

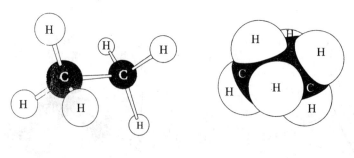

（a）棍球模型　　　　　　　　　　（b）比例模型

图 2-4　乙烷的两种模型

烷烃的立体构型怎样在平面上表示呢? 常用的形式有**电子式**和**平面投影式**(即构造式)。

构造式中用一条短线表示一对共用电子,或省略其中的短线,写成构造简式。例如:

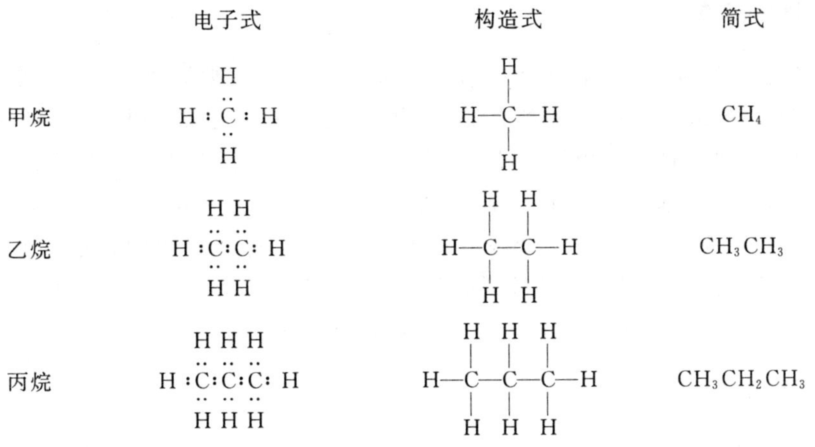

	电子式	构造式	简式

甲烷 的电子式、构造式和简式为 CH_4

乙烷 的电子式、构造式和简式为 CH_3CH_3

丙烷 的电子式、构造式和简式为 $CH_3CH_2CH_3$

由于轴对称的 σ 键可自由旋转,因此丙烷的平面投影还可表示为:

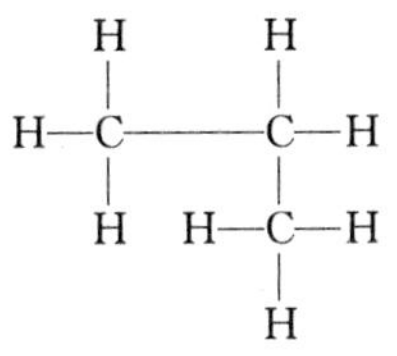

这两种表示方式是完全等同的。

烷烃中的碳为 sp^3 杂化,烷烃不是直线型的。X 射线研究证明,高级烷烃晶体的碳链是锯齿形的。

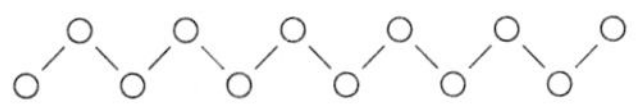

但在气态或液态,碳链可有不同的形式,如戊烷:

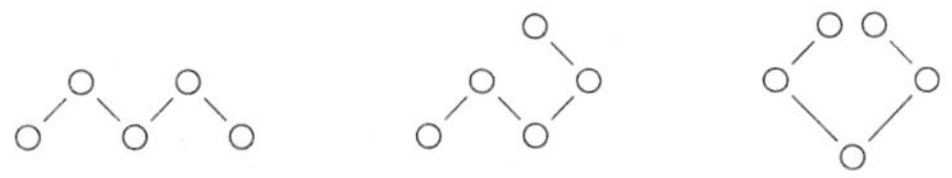

问题2-1 下列构造式中哪些代表同一化合物?

(1) $CH_3C(CH_3)_2CH_2CH_3$

(2) $CH_3CH(CH_3)CH_2CH_2CH_3$

(3) 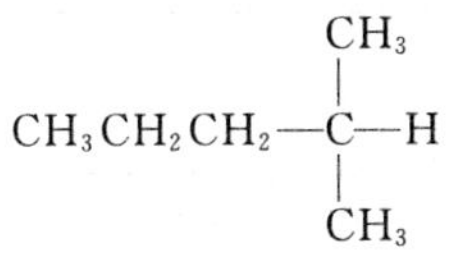 $CH_3CH_2CH_2{-}\overset{\displaystyle CH_3}{\underset{\displaystyle CH_3}{C}}{-}H$

(4) $CH_3CH_2CH(CH_3)CH_2CH_3$

(5) $(CH_3)_2CHCH_2CH_2CH_3$

(6) 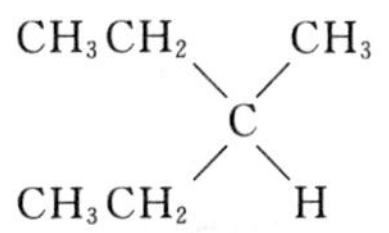 $\underset{CH_3CH_2}{\overset{CH_3CH_2}{}}{C}\underset{H}{\overset{CH_3}{}}$

2.2　同系列和同分异构现象

一、同系列和同系物

烷烃中碳和氢的数目有一定的关系。假如碳原子数目为 n，则氢原子数目一定为 $2n+2$。我们用通式 C_nH_{2n+2} 来表示它们。考查烷烃的分子式，可以看出乙烷比甲烷多一个 CH_2，丙烷比乙烷多一个 CH_2。推而广之，相邻烷烃之间都相差一个 CH_2。把这些在组成上具有一个通式，结构相似，化学性质也相似，相邻成员的差为一定值的一系列化合物称为**同系列**（homologous series），同系列是有机化学中的普遍现象。同系列中的化合物称为**同系物**（homologs）。同系物具有许多类似的性质，因此只要研究同系列中的一个或几个化合物，就能了解其他成员的基本性质，这给我们的研究带来不少方便。

二、同分异构现象

按照烷烃的通式，丁烷的分子式为 C_4H_{10}。丁烷中的碳可有两种不同的排列方式：

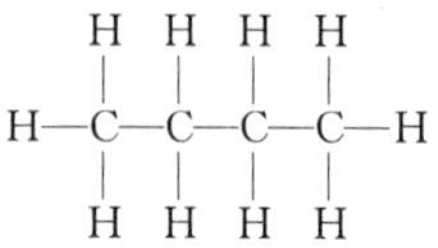

正丁烷 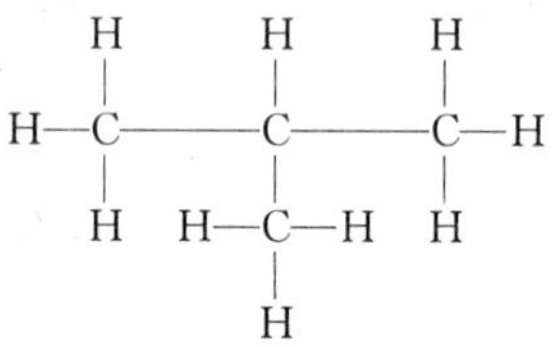　　　　　　　　　　　异丁烷

正丁烷和异丁烷具有相同的分子式，但属于不同结构的物质，它们彼此是**同分异构体**。这种异构是由于分子中碳原子的排列方式不同引起的，称为**构造异构**（constitutional isomerism）。

戊烷比丁烷多一个 CH_2，它有三种异构体：正戊烷，异戊烷，新戊烷。

正戊烷　　　　　　　　异戊烷 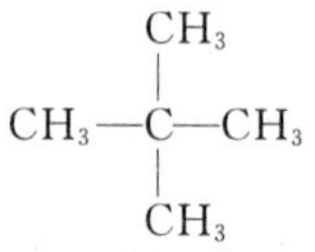　　　　　　　　新戊烷

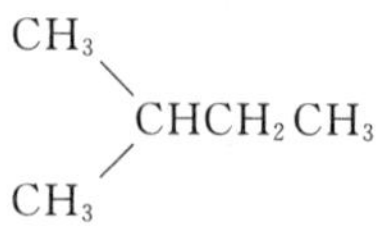

可以预料，随着碳原子数的增加，烷烃的异构体的数目也迅速增加（见表 2-1）。

表 2-1　烷烃构造异构体的数目

碳　　数	6	7	8	9	10	20
异构体数	5	9	18	35	75	366 319

问题2-2　写出己烷五种异构体的构造式。

2.3　烷烃的命名

有机化合物的数目繁多，结构比较复杂，因此认真学习每一类化合物的命名是学习有机化学中的一项重要内容。学习有机化合物的命名法的基本要求是：看到一个名称能写出它的结

构;反之,给出一个构造式又能叫出它的名称。烷烃的命名法是有机化合物命名法的基础,在学习时要特别重视。

本书在介绍中文命名的同时,也介绍相应的英文命名,以利于读者熟悉、掌握一些专业的词汇及名称。

一、普通命名法

较简单的烷烃往往采用普通命名法。含 $1\sim10$ 个碳的烷烃,词首采用甲、乙、丙、丁、戊、己、庚、辛、壬、癸表示。从十一起用数字表示,称十一烷,十二烷等(见表 2-2)。

表 2-2 直链烷烃的名称

烷　烃	中文名	英文名	烷　烃	中文名	英文名
CH_4	甲烷	methane	C_7H_{16}	庚烷	heptane
C_2H_6	乙烷	ethane	C_8H_{18}	辛烷	octane
C_3H_8	丙烷	propane	C_9H_{20}	壬烷	nonane
C_4H_{10}	丁烷	butane	$C_{10}H_{22}$	癸烷	decane
C_5H_{12}	戊烷	pentane	$C_{11}H_{24}$	十一烷	undecane
C_6H_{14}	己烷	hexane	$C_{12}H_{26}$	十二烷	dodecane

烷烃的英文名称是以"ane"为词尾。前十个烷烃的英文词首与各类化合物的碳数是密切联系的。烷烃与其他化合物之间的不同,一般是词尾的变化,如丙烷(propane)、丙烯(propene)、丙炔(propyne),分别以"ane"、"ene"、"yne"为烷、烯、炔的词尾。读者务必记住头十个烷烃的中、英文名称。

从丁烷起,烷烃就有同分异构体。对于简单的异构烷烃,往往采用正(normal),异(iso),新(neo)的词头表示。英文词头"normal"和"iso"一般简写为"n"和"i"。如戊烷的异构体分别表示为:

$$CH_3CH_2CH_2CH_2CH_3$$

正戊烷
n-pentane

$$\begin{array}{c} CH_3 \\ | \\ CH-CH_2CH_3 \\ | \\ CH_3 \end{array}$$

异戊烷
i-pentane

$$\begin{array}{c} CH_3 \\ | \\ CH_3-C-CH_3 \\ | \\ CH_3 \end{array}$$

新戊烷
neopentane

正(n)表示直链烷烃,异(i)表示一端具有 $CH_3{-}\!\!\underset{\underset{CH_3}{|}}{CH}{-}$ 结构的烷烃,如果分支不在第二个碳上就不称为异,新(neo)表示含有 $CH_3{-}\!\!\underset{\underset{CH_3}{|}}{\overset{\overset{CH_3}{|}}{C}}{-}CH_2{-}$ 结构的烷烃。

问题2-3 用普通命名法命名下列化合物(中、英文):

(1) $CH_3(CH_2)_4CH_3$　　(2) $CH_3\underset{\underset{CH_3}{|}}{CH}CH_2CH_2CH_3$　　(3) $CH_3{-}\underset{\underset{CH_3}{|}}{\overset{\overset{CH_3}{|}}{C}}{-}CH_2CH_3$

二、烷基

烷基(alkyl group)是烷烃去掉一个氢剩下的原子团,其通式为 $C_nH_{2n+1}—$,常用 R— 表示。如甲烷去掉一个氢得到甲基 $CH_3—$,乙烷去掉一个氢得到乙基 $C_2H_5—$。较复杂的烷烃中的氢并不完全等同,而与相应的碳原子种类有关。通常直接和一个碳原子相连的碳称为伯(primary)碳,又称第一($1°$)碳,直接和二个碳原子相连的碳称为仲(s-或 sec-即 secondary)碳,又称第二($2°$)碳,直接和三个碳原子相连的碳称为叔(t-或 $tert$-即 tertiary)碳,又称第三($3°$)碳,直接和四个碳原子相连的碳称为季(quaternary)碳,又称第四($4°$)碳。下列分子标出了几种不同类型的碳。

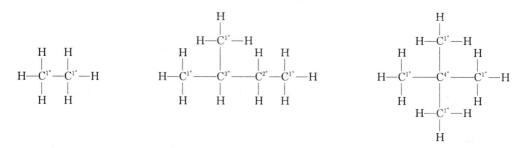

与伯($1°$)、仲($2°$)、叔($3°$)碳相连的氢分别称为伯($1°$)氢、仲($2°$)氢、叔($3°$)氢。

问题2-4 用不同符号标出下列化合物中的伯、仲、叔、季碳原子。

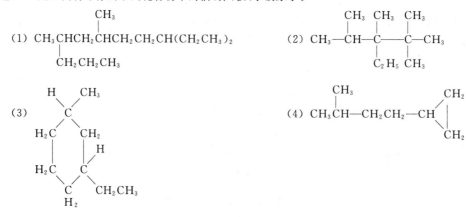

烷基可根据烷烃去掉氢的种类来命名,相应的英文只需将词尾"ane"改为"yl"(见表2-3)。

表 2-3　烷基的名称

烷　基	中文名	英文名	常用符号
$CH_3—$	甲基	methyl	Me—
$CH_3CH_2—$	乙基	ethyl	Et—
$CH_3CH_2CH_2—$	正丙基	n-propyl	n-Pr—
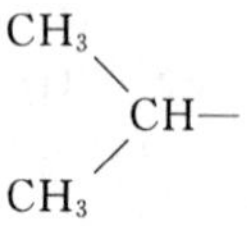 $\begin{matrix}CH_3\\\ CH—\\\ CH_3\end{matrix}$	异丙基	i-propyl	i-Pr—

烷　　基	中 文 名	英 文 名	常用符号
$CH_3CH_2CH_2CH_2-$	正丁基	*n*-butyl	*n*-Bu—
$CH_3-CH-CH_2-$ $\quad\quad\; \vert$ $\quad\quad CH_3$	异丁基	*i*-butyl	*i*-Bu—
$CH_3-CH_2-CH-CH_3$ $\quad\quad\quad\quad \vert$	仲丁基	*s*-butyl	*s*-Bu—
$\quad\quad\quad CH_3$ $\quad\quad\quad \vert$ CH_3-C- $\quad\quad\quad \vert$ $\quad\quad\quad CH_3$	叔丁基	*t*-butyl	*t*-Bu—
$\quad\quad\; CH_3$ $\quad\quad\; \vert$ CH_3-C-CH_2- $\quad\quad\; \vert$ $\quad\quad\; CH_3$	新戊基	neopentyl	

三、IUPAC 命名法

对于较复杂的烷烃,简单命名法已不适用,目前采用的是 IUPAC 系统命名法。它是由国际纯粹与应用化学联合会(International Union of Pure and Applied Chemistry)讨论制订并通过多次修改确定的。我国的命名法是以 IUPAC 命名法为原则,结合我国文字特点拟定的,也称系统命名法。其原则如下:

(1)直链烷烃命名时不需要加正字,根据碳原子的个数叫某烷,如$CH_3CH_2CH_2CH_3$叫丁烷(butane)。

(2)把支链烷烃作为直链烷烃的衍生物命名。选择最长的碳链为主链,看做母体,称为某烷。主链外的支链作为取作基。

选择主链时要注意碳原子的四面体结构在纸上的平面投影可以是转弯的。例如:

$$CH_3CH_2-CH-CH_3$$
$$\quad\quad\quad\quad \vert$$
$$\quad\quad\quad\quad CH_2CH_3$$

正确的选择是虚线内的五碳链,而不是直线所代表的四碳链。

如果出现两个等长的碳链,则选择取代基多的为主链。例如:

$$C-C-C-C-C \quad\quad\quad C-C-C-C-C-C$$
$$\quad\quad \vert \quad\quad\quad\quad\quad\quad\quad\quad \vert$$
$$\quad\quad C-C \quad\quad\quad\quad\quad\quad\quad C-C$$
$$\quad\quad \vert \quad\quad\quad\quad\quad\quad\quad\quad \vert$$
$$\quad\quad C \quad\quad\quad\quad\quad\quad\quad\quad\quad C$$

1 **2**

正确的选择是 **2** 不是 **1**。

(3)从最接近取代基的一端开始,用阿拉伯数字(1,2,3 等)对主链碳进行编号,使取代基编号依次最小。例如下面两种编号中:

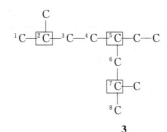

3 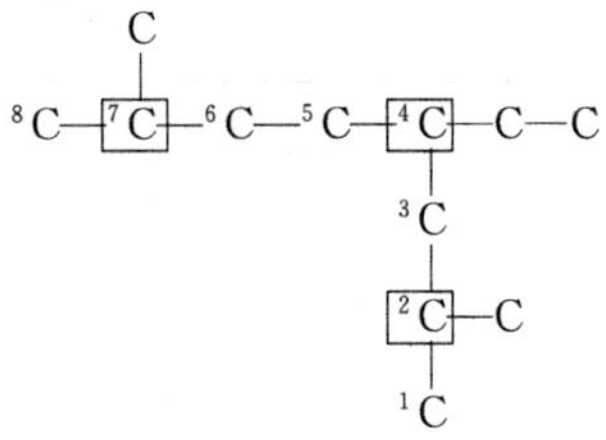　　　　　　　　　　　　　　　　　　　　**4**

在 **3** 中的编号,取代基的位置为 2,5,7。

在 **4** 中的编号,取代基的位置为 2,4,7。

按照取代基编号依次最小规则,在 **4** 中的编号是正确的。

又如:

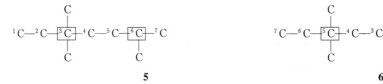

5　　　　　　　　　　　　　　　　　　　　**6**

在 **5** 中的编号,取代基的位置为 3,3,6。

在 **6** 中的编号,取代基的位置为 2,5,5。

按照取代基编号依次最小规则,在 **6** 中的编号是正确的。

(4)名称的排列顺序是将母体名称放在取代基后面,称为×基×烷。例如:

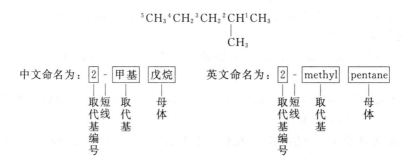

如果分子中有多种取代基,在中文命名中简单的放在前面,复杂的放在后面[根据中国化学会《有机化学命名原则》(1980)的规定,按"定序规则","较优先"的基团放在后面。详见 4.2节]。而英文命名中是按字母表先后顺序排列。例如:

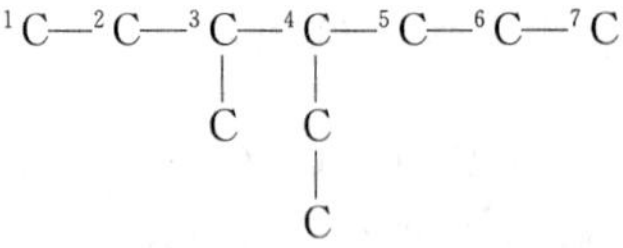

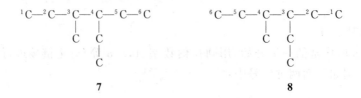

3- 甲基 -4- 乙基庚烷
4-ethyl-3-methylheptane

下面的特别情况,两种编号方式都符合编号原则:

^{1}C—^{2}C—^{3}C—^{4}C—^{5}C—^{6}C 　　　　^{6}C—^{5}C—^{4}C—^{3}C—^{2}C—^{1}C
　　　　|　　|　　　　　　　　　　|　　|
　　　　C　　C　　　　　　　　　　C　　C
　　　　　　　|　　　　　　　　　　　　|
　　　　　　　C　　　　　　　　　　　　C

7　　　　　　　　　　　　　　　　　　　　**8**

中文命名时,给小的取代基较小的编号,选择 **7**,命名为:3-甲基-4-乙基己烷。英文命名时,将名称中字母在前的侧链,给予较小的编号,选择 **8**,命名为:3-ethyl-4-methylhexane。

(5)每一个分支都要用编号来标明它的位置。当两个取代基在同一个碳上,每一个都要用相同的编号标明它们的位置,如:

```
              C        C—C
              |        |
 ¹C—²C—³C—⁴C—⁵C—⁶C—⁷C—⁸C
           |
        C—C—C—C
```

3-甲基-5-乙基-4-仲-丁基辛烷
4-*sec*-butyl-5-ethyl-3-methyloctane

分子中同一取代基不止一次出现时,则用词头二、三、四等标明。英文命名时则采用相应的词头"di","tri","tetra"等表示。例如:

```
           C        C—C
           |        |
 ⁸C—⁷C—⁶C—⁵C—⁴C—³C—²C—¹C
              |        |
              C        C
```

2,4,6-三甲基-4-乙基辛烷
4-ethyl-2,4,6-trimethyloctane

又如:

```
        C
        |
 ¹C—²C—³C—C—C
     |  |
     C ⁴C
        |
       ⁵C
        |
       ⁶C
        |
       ⁷C
```

2,2-二甲基-3-乙基庚烷
3-ethyl-2,2-dimethylheptane

上面的英文名称是将取代基按字母顺序排列好,然后插入表示个数的词头,即表示数字的字母不参与排列顺序。

英文命名中,表示烃基位置的字头"*sec*-""*tert*-"不参加排序,只有"iso""neo"与取代基连为一体,作为一整体参与排序。如:

```
          C  C
          |  |
 ¹C—²C—³C—⁴C—⁵C—⁶C—⁷C
       |  |
       C  C—C—C
```

4-isopropyl-2,4,5-trimethylheptane
2,4,5-三甲基-4-异丙基庚烷

```
      C        C—C
      |        |
 ¹C—²C—³C—⁴C—⁵C—⁶C—⁷C—⁸C—⁹C—¹⁰C
              |
           C—C—C
              |
              C
```

6-*tert*-butyl-5-ethyl-2-methyldecane
2-甲基-5-乙基-6-叔丁基癸烷

(6)如果烷烃比较复杂,在支链上连有取代基,可用带撇的数字标明取代基在支链中的位次,或把此支链的全名放在括号中。例如:

```
             ¹'C
              |
         ¹'C—C—C—C
              |
 ⁹C—⁸C—⁷C—⁶C—⁵C—⁴C—³C—²C—¹C
              |
              C
```

3-甲基-5-1′,1′-二甲基丙基壬烷
或 3-甲基-5-(1,1-二甲基丙基)壬烷

化合物的命名与文献查阅的关系：在这里我们详细地叙述了烷烃的中文和英文命名，它是其他有机化合物命名的基础，也是本章的重点之一，因为它在今后的研究及学习工作中具有重要的意义。我们的研究工作离不开化学文献（Chemical Literature），它是化学工作者在研究工作中发表的论文、科技报告、学位论文，会议资料及专利说明等。要查阅或通过计算机检索有关内容，需首先查阅化学文摘（Chemical Abstracts，简称 CA）。要顺利进行这项工作必须了解化合物的正确命名。因此学好化合物的命名，尤其是英文命名是十分重要的。

问题2-5 写出下列化合物的构造式。

(1) 3,3-二乙基戊烷　　(2) 2,4-二甲基-3,3-二异丙基戊烷　　(3) isohexane

(4) 3-乙基-5-叔丁基壬烷　　(5) tetramethylbutane　　(6) 4-isopropyl-5-propyloctane

问题2-6 用系统命名法（中、英文）命名。

(1) $(CH_3)_2CHCH_2CH_2CH(CH_3)_2$

(2)
$$CH_3CH_2CHCH_2CH_2\overset{\overset{\displaystyle CH_3}{|}}{\underset{\underset{\displaystyle CH_3}{|}}{C}}CH_2CH_3$$
$$CH_3CHCH_3$$

(3)
$$CH_3CH-\overset{\overset{\displaystyle CH_3}{|}}{\underset{\underset{\displaystyle CH_2}{|}}{C}}-\overset{\overset{\displaystyle CH_3}{|}}{\underset{\underset{\displaystyle CH_2}{|}}{C}}-CH_3$$
$$CH_2 \quad CH_2 \quad CH_2$$
$$CH_3 \quad CH_3 \quad CH_3$$

(4)
$$CH_3CHCH_2CH_2CH_2CH-CHCH_2CH_3$$
$$CH_3 \quad\quad CH_3 \ CH_3$$

(5) $(CH_3CH_2)_4C$

问题2-7 正丙基氯和异丙基氯的 IUPAC 的名称是 1-氯丙烷和 2-氯丙烷，这里面是把氯作为取代基，按照这一方法命名一氯代戊烷的八个异构体并写出其结构。

2.4　构象

烷烃中的碳为 sp^3 杂化，分子是立体的，图 2-5 为乙烷的两个棍球模型。

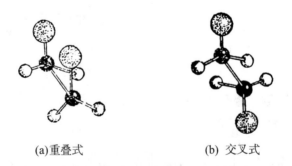

(a)重叠式　　　　　　　(b) 交叉式

图 2-5　乙烷的棍球模型

为了直观地表示烷烃的立体形象，常用**透视式**和**纽曼（Newman）式**表示。例如乙烷的透视式（图 2-6），透视式 **9**，用实线表示在纸平面上的键，虚线表示在纸平面后方的键，楔形表示在纸前面的键。透视式的另一种书写方式为 **10**。

把乙烷的模型放在纸面上，使 C—C 键与纸面垂直，沿着 C—C 键轴的方向投影，用三个键的交点表示前面的碳原子,用圆圈表示后面的碳原子,与圆圈相连的三根键表示后面原子上的键,则得到纽曼投影式(图2-7)。

既然σ键可自由旋转,那么烷烃的立体投影式一定会有许多其他形式。这种由于σ键的自由旋转而产生的无数空间形象,称为**构象**(conformation)。它们形成的异构体,称为构象异构体。

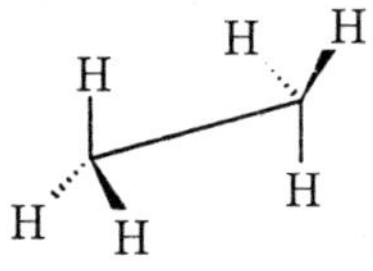

(a)楔形透视式

9

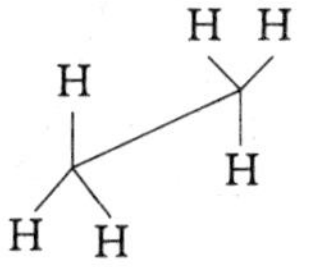

(b)透视式

10

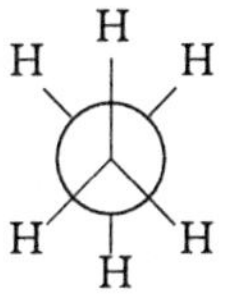

图2-6 乙烷的透视式 图2-7 乙烷的纽曼式

图 2-8 是乙烷的两种典型构象:交叉式(staggered conformer)和重叠式(eclipsed conformer)。

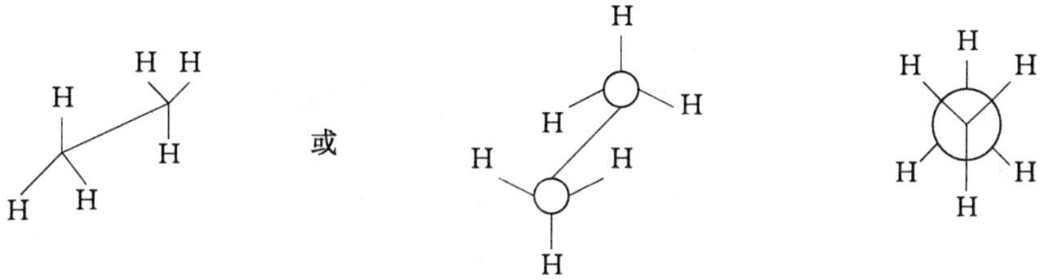

(a)交叉式

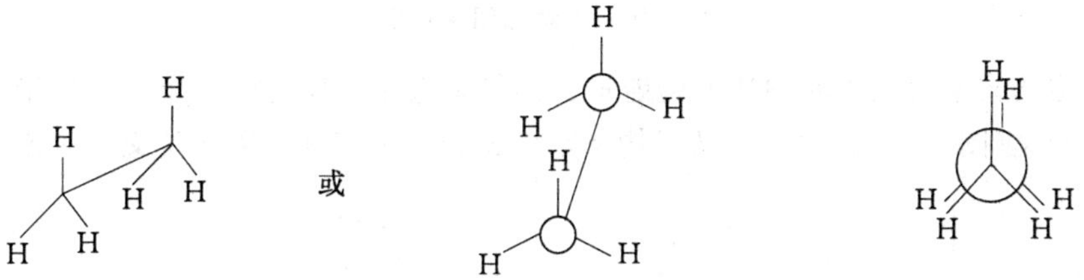

(b)重叠式

图2-8 乙烷的两种典型构象

尽管图 2-8 所示的两种构象都是乙烷的实际构象,但是这两种构象之间存在一个能量差。在重叠式中,重叠的碳氢 σ 键之间电子云的相互排斥作用产生一个扭转张力(torsional strain),使其能量比交叉式高出12.5 kJ/mol(图2-9),因此大多数乙烷分子处于最稳定的交叉构象。但这个能量差很小,完全可以通过室温下分子的热运动来提供,所以在常温下两种构象异构体是可以相互转化的。

研究丁烷的构象如图2-10所示。

由于丁烷结构($^1CH_3$$^2CH_2$—$^3CH_2$$^4CH_3$)较乙烷复杂,$C^2$—$C^3$ 键旋转时有四种典型的构象。有两个交叉式,其中甲基处于对位的称为反式交叉(anti conformation),甲基处于邻位的称为邻位交叉(gauche conformation);有两个重叠式,其中甲基重叠在一起称为顺叠重叠,甲基和氢重叠在一起称为反错重叠。

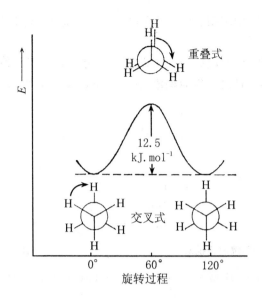

图 2-9　乙烷分子中碳碳键旋转引起的位能变化曲线

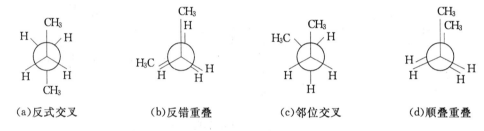

(a)反式交叉　　　(b)反错重叠　　　(c)邻位交叉　　　(d)顺叠重叠

图 2-10　丁烷的四种构象

四种典型的构象代表了四种典型的能量。其能量大小顺序为顺叠重叠＞反错重叠＞邻位交叉＞反式交叉(图 2-11)。两种交叉式构象都无扭转张力存在，但邻位交叉构象中甲基与甲

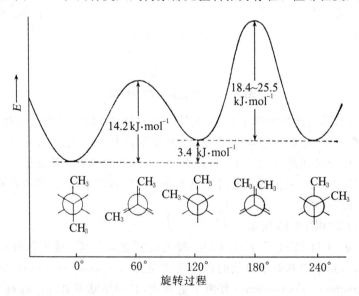

图 2-11　丁烷中间两个碳原子的 σ 键旋转引起的位能变化曲线

基挤在一起,它们之间的距离比范德华半径之和要小,因此有范德华斥力的作用,能量比反式交叉约高 3.4 kJ/mol。与扭转张力相比,这种作用较小。两种重叠式构象都存在扭转张力,能量比交叉式构象约高出 11～29 kJ/mol。顺叠重叠构象中两个体积较大的甲基相遇,扭转张力增大,范德华斥力最大,因此能量最高。能量最小的构象是最稳定的构象,在常温下丁烷主要以反式交叉的构象存在。尽管丁烷的几种构象有较大的能量差,但它们仍可以通过分子的热运动实现它们间的相互转化。

问题2-8 写出戊烷的主要构象式,推断能量的顺序。

问题2-9 写出 1,2-二氯乙烷的典型纽曼构象式,指出最稳定的一种。

2.5 烷烃的物理性质

一、烷烃的物理性质

有机化合物的物理性质通常是指它的物态、密度(ρ)、相对密度(d)、沸点(bp)、熔点(mp)、溶解度(s)、折光率(n_D^t)等。这些性质往往可提供结构的线索。反之,了解一些化合物的结构又能预料它的一些物理性质。

在常温常压下,$C_1 \sim C_4$ 的烷烃为气体,$C_5 \sim C_{16}$ 的直链烷烃为液体,C_{17} 及以上的烷烃为固体(表 2-4)。

表 2-4 正构烷烃的物理常数

状态	名 称		熔点/℃	沸点/℃	密度/10^3 kg · m^{-3}(20 ℃时)
气态	甲 烷	methane	−183	−162	
	乙 烷	ethane	−172	−88.5	
	丙 烷	propane	−187	−42	
	丁 烷	butane	−138	0	
液态	戊 烷	pentane	−130	36	0.626
	己 烷	hexane	−95	69	0.695
	庚 烷	heptane	−90.5	98	0.684
	辛 烷	octane	−59	126	0.703
	壬 烷	nonane	−54	151	0.718
	癸 烷	decane	−30	174	0.730
	十一烷	undecane	−26	196	0.740
	十二烷	dodecane	−10	216	0.749
	十三烷	tridecane	−6	234	0.757
	十四烷	tetradecane	5.5	252	0.764
	十五烷	pentadecane	10	266	0.769
	十六烷	hexadecane	18	280	0.775
固态	十七烷	heptadecane	22	292	0.778
	十八烷	octadecane	28	308	0.777
	十九烷	nonadecane	32	320	0.777
	二十烷	icosane	36	343	0.789

直链烷烃的沸点随碳原子数增加而升高。除低级烷烃外,每增加一个 CH_2,沸点升高约 $20\,℃\sim30\,℃$。

具有相同碳数的不同结构的烷烃,沸点仅有较小的差别(表 2-5)。支链化作用使沸点降低。

表 2-5 戊烷的沸点和熔点

名　　称	构　造　式	沸点/℃	熔点/℃
正戊烷	$CH_3CH_2CH_2CH_2CH_3$	36	−130
异戊烷	$CH_3CHCH_2CH_3$ 　　$\vert$ 　　CH_3	28	−160
新戊烷	CH_3 　　$\vert$ CH_3-C-CH_3 　　$\vert$ 　　CH_3	9.5	−17

二、分子间的作用力

物质的结构决定了它们的物理性质。这些性质是由于它们在固态或溶液中分子间弱相互作用的结果。**分子间**的作用力有三种类型:偶极间静电引力的作用力、范德华(van der Waals)力和氢键。

1. 偶极间的作用力

极性分子有正极和负极,正负极之间相互吸引,增强了分子间的相互作用。这种较强的相互作用使分子的蒸气压降低,使分子具有较高的沸点。例如:丙烷和乙醛有相同的分子质量,但沸点相差较大。这是由于乙醛为极性分子,分子间有偶极和偶极间的相互作用,而丙烷为非极性分子没有这种作用力存在。

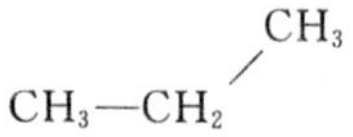

丙烷　　　　　　　乙醛
偶极距＝0　　　偶极距＝2.7D
沸点−42 ℃　　　沸点 20 ℃

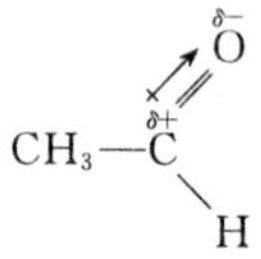

2. 色散力

色散力又称范德华引力。它是由于分子中电子运动产生瞬间相对位移,引起正负电荷中心暂时不重合,从而产生瞬间偶极,瞬间偶极影响邻近分子的电子分布,诱导出一个相反的偶极,相反的偶极之间微小的作用就是色散力。如下图:

分子靠近　　　　　　　　电子云极化产生弱作用

非极性分子之所以能液化和固化,正是由于分子间存在色散力。烷烃是非极性分子,分子间只有范德华引力。当烷烃分子质量增大,分子间相互作用的碳原子和氢原子数增加,色散力增大,沸点升高。例如:己烷比戊烷多一个亚甲基,沸点比它高 33 ℃。

$$CH_3CH_2CH_2CH_2CH_3 \qquad\qquad CH_3CH_2CH_2CH_2CH_2CH_3$$

戊烷 　　　　　　　　　　　　　己烷
bp 36 ℃ 　　　　　　　　　　　bp 69 ℃

色散力只有在近距离才能有效地起作用,支链烷烃受支链分子的阻碍,不能紧密地靠在一起,因此沸点低于直链烷烃。例如:

$$CH_3CH_2CH_2CH_2CH_3 \qquad\qquad CH_3-\overset{\overset{\displaystyle CH_3}{|}}{\underset{\underset{\displaystyle CH_3}{|}}{C}}-CH_3$$

戊烷 　　　　　　　　　　　　　新戊烷
bp 36 ℃ 　　　　　　　　　　　bp 10 ℃

这里提到的范德华引力,和在 2.4 节中提到的范德华斥力,统称为范德华力。每一个原子对于不与之成键的别的原子(不论它在另一个分子或在同一个分子的另一部分中)都有一个有效的"大小",称为范德华半径。当两个不成键的原子靠近时,它们之间的吸引逐渐增强,当它们正好"接触"时,也就是说核之间距离等于两者的范德华半径之和时,吸引力达到最大。如果迫使原子进一步靠拢,范德华吸引力立即被范德华斥力所替代。所以,不成键的原子倾向于相互接触,但是不倾向挤在一起。

3. 氢键

氢原子同电负性较强同时体积又较小的氮、氧或氟结合成极性共价键时,这三个元素具有足够的电负性,电子云偏向它们,负电荷集中在它们小小的原子上,使与之结合的氢核暴露而具有足够的正性,这时暴露的氢核受到另一分子中电负性极强、体积又小的氮、氧或氟原子的强烈吸引形成氢键。它的强度约在 20 kJ/mol,比共价键弱很多,但比其他的非键合的原子之间的作用强得多。例如:尽管氟化氢(bp 19.9 ℃)比氯化氢(bp −85 ℃)相对分子质量小,但氟化氢存在分子间的氢键,而氯化氢分子间仅存在偶极和偶极之间的作用,其沸点比氯化氢高100 ℃左右。

HF----HF

通常用虚线表示氢键。氢键对相对分子质量较小的化合物的物理性质往往有较大的影响。例如:

$$CH_3CH_2CH_2CH_2OH \qquad\qquad CH_3CH_2OCH_2CH_3$$

丁醇 　　　　　　　　　　　　　乙醚
bp 117.7 ℃ 　　　　　　　　　　bp 36 ℃

丁醇和乙醚有相同的相对分子质量,但沸点相差很远,这是由于丁醇有极性的羟基,存在分子间的氢键,使其沸点明显比乙醚高。

$$CH_3CH_2CH_2CH_2-\overset{..}{\underset{..}{O}}\cdots\cdots H-\overset{\overset{\displaystyle H}{|}}{\underset{..}{O}}-CH_2CH_2CH_2CH_3$$

在某些情况中,分子内存在两个处于适当位置的基团,可形成五元环或六元环的分子内氢键。例如:

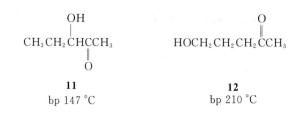

11
bp 147 ℃

12
bp 210 ℃

化合物 **11** 可形成分子内氢键,如图 2-12。而化合物 **12** 由于两个基团的位置不合适,只能形成分子间氢键,分子内氢键的形成使化合物 **11** 的沸点明显降低。这些特点常用于化合物的分离提纯。

图 2-12 化合物 11 的
分子内氢键图

非键合原子之间的相互作用即分子之间的作用,本质上是静电引力。这些作用不但影响了物质的物理性质,如:沸点、熔点、溶解度等,在生物体中也具有十分重要的意义。它在决定生物体内的大分子的形状方面起着关键的作用。例如:氢键决定了核酸的双螺旋结构,这是分子能自我复制而进行遗传的基础(参见 21.5 节);氢键还决定了蛋白质的多级构象(参见 21.3 节),使蛋白质具有不同的结构和性能。范德华力在活细胞膜中的磷脂质的非极性链之间起着"胶泥"的作用。

熔点不仅与分子间的作用力大小有关,而且也与分子晶格堆积的紧密程度有关。熔点随相对分子质量增加、分子之间作用力加大而升高,但不如沸点变化(见表 2-4)那样有规律。表 2-5 中列出正戊烷的熔点为 -130 ℃,异戊烷 -160 ℃,新戊烷 -17 ℃,这是由于新戊烷分子结构对称,能紧密堆砌在晶格中,因此熔点大大提高。

与"相似相溶"规律一致,烷烃不溶于强极性的水中,但溶于苯、乙醚、氯仿等溶剂。烷烃本身也是一种良好的溶剂,石油醚是几种烷烃的混合物,是实验室常用的溶剂之一。

烷烃的密度小于 1,都比水轻。

由于烷烃比水轻,又不溶于水,因此开采石油时往往采取注水的方法来托出低层的油。

问题2-10 以戊烷和己烷沸点为依据,估计庚烷的沸点。

问题2-11 预计下列有机化合物哪些可形成氢键。

(1)CH_3OH (2)CH_3OCH_3 (3)CH_3F (4)CH_3Cl

(5)$(CH_3)_3N$ (6)CH_3NH_2 (7)$(CH_3)_2NH$

问题2-12 正丁醇的沸点(117.7 ℃)比它的同分异构体乙醚的沸点(36 ℃)高得多,但是这两个化合物在水中的溶解度相同(每 100 克溶解 8 克),怎样解释这些事实。

问题2-13 有些分子邻位交叉构象可以形成分子内氢键,因此以邻位交叉式构象存在,写出:

(1)$HOCH_2CH_2OH$ (2)$ClCH_2CH_2OH$

的优势构象。

2.6 烷烃的化学性质

烷烃是饱和烃,具有较低的反应活性,化学性质呈惰性,它不与一般的强酸、强碱、强氧化剂、强还原剂作用。烷烃的稳定性也是相对的,在一定的条件下,如温度、压力、火花等作用下,烷烃可发生卤代、燃烧等反应。

一、卤代反应

1. 甲烷的氯代

烷烃与氯气在光照或加热条件下，可剧烈反应，生成氯代烷烃及氯化氢。例如，甲烷与氯反应，生成氯甲烷（methyl chloride）和氯化氢。

$$CH_4 \ + \ Cl_2 \ \xrightarrow[\text{或}\triangle]{h\nu} \ CH_3Cl \ + \ HCl$$
氯甲烷

反应式中的"$h\nu$"表示光照，"$\triangle$"表示加热。

甲烷的**氯代反应**（chlorination）较难停留在一取代阶段。氯代烷可继续氯代生成二氯甲烷（methylene chloride）、三氯甲烷（氯仿，chloroform）、四氯化碳（carbon tetrachloride）。

$$CH_4 \ \xrightarrow[h\nu]{Cl_2} \ CH_3Cl \ \xrightarrow[h\nu]{Cl_2} \ CH_2Cl_2 \ \xrightarrow[h\nu]{Cl_2} \ CHCl_3 \ \xrightarrow[h\nu]{Cl_2} \ CCl_4$$

	一氯甲烷	二氯甲烷	氯仿	四氯化碳
bp	$-24.2\ ℃$	$40.2\ ℃$	$61.2\ ℃$	$76.8\ ℃$

这些氯代烷的混合物在工业上常作为溶剂或有机合成原料。利用它们沸点上的差别，进行精馏，制得纯品。其中二氯甲烷、氯仿、四氯化碳是实验室常用溶剂。如想得到其中单一产物，也可采用不同比例的反应物进行反应。例如：要使反应限制在一氯代阶段，可采用极过量的甲烷。

$$CH_4 \ + \ Cl_2 \ \xrightarrow{400\ ℃\sim450\ ℃} \ CH_3Cl \ + \ HCl$$
10 : 1   一氯甲烷

调整比例，可使产物主要为四氯化碳：

$$CH_4 \ + \ Cl_2 \ \xrightarrow{\sim400\ ℃} \ CCl_4 \ + \ HCl$$
0.263 : 1   四氯化碳

2. 反应机理

一般有机反应比较复杂，它并不是由反应物到产物的一步反应，反应历程描述了反应所经历的一步步的过程，是了解有机反应的重要内容，反应历程也称**反应机理**（reaction mechanism）。了解反应历程，可使我们认清反应本质，从而达到控制和利用反应的目的。了解反应历程还可以帮助我们认清各种反应之间的内在联系，以利于归纳、总结和记忆大量的有机反应。

反应机理是在综合实验事实后提出的理论假说。如果一个假说能完满地解释观察到的实验事实和新发现的现象，同时根据这个假说所作的推断被实验所证实，它与其他有关反应的机理又没有矛盾，这个假说则称为反应机理。

氯与甲烷反应有如下的实验现象：

(1) 甲烷与氯的反应在室温及暗处不能进行。

(2) 只有在光照或加热的情况下才能进行。

(3) 当反应由光引发时，体系每吸收一个光子，可产生许多（几千个）氯甲烷分子。

(4) 有少量氧存在会使反应推迟一段时间。在这段时间后，反应又正常进行。

为了解释这些现象，化学家对氯与甲烷反应过程提出了如下的假设：

A. $Cl : Cl \xrightarrow[\text{或}\triangle]{h\nu} 2Cl\cdot$ 链引发

B. $Cl\cdot + CH_4 \longrightarrow CH_3\cdot + HCl$
    甲基自由基

C. $CH_3\cdot + Cl_2 \longrightarrow CH_3Cl + Cl\cdot$
    氯甲烷

链增殖

再重复 B、C 步骤：

D. $CH_3\cdot + Cl\cdot \longrightarrow CH_3Cl$

E. $CH_3\cdot + CH_3\cdot \longrightarrow CH_3CH_3$ 链终止

F. $Cl\cdot + Cl\cdot \longrightarrow Cl_2$

反应第一步(A)是氯分子均裂为两个氯原子。如同任何键的断裂一样,它需要能量。这个能量由光或热提供。因此在常温或暗处这种裂解是不能进行的。

$$\ddot{\underset{..}{Cl}} : \ddot{\underset{..}{Cl}} : \ + \ 能量 \ \longrightarrow \ \ddot{\underset{..}{Cl}}\cdot \ + \ \ddot{\underset{..}{Cl}}\cdot$$

裂解后的两部分各保留一个电子,这种裂解称为**均裂**(homolytic fission)。裂解所得的带有单(不成对)电子的原子或原子团称为**自由基**(free radical)。在书写时用"·"表示单电子,如甲基自由基表示为 $CH_3\cdot$,烷基自由基表示为 $R\cdot$。凡是有自由基参加的反应均称为**自由基反应**(free radical reaction)。

自由基在离解时获得能量,它的单电子又有强烈的配对倾向,因此自由基非常活泼,在反应中只能短暂存在,它是一种反应活性中间体(reactive intermediate)。甲烷碳周围有 4 个氢原子,活泼的氯原子与甲烷碰撞,夺取甲烷分子中的氢形成氯化氢分子,甲烷转变为甲基自由基(B)。一般的情况下,自由基总是夺取分子中的一价原子。甲基自由基也十分活泼,当它与氯分子碰撞时,夺取一个氯原子,形成氯甲烷,同时释放出一个新的氯原子(C)。新产生的氯原子重复上面的步骤,反复进行反应,整个反应就像一个锁链,一经引发,就一环扣一环地不断进行,因此自由基反应又称为**链式反应**(chain reaction)。在氯与甲烷的反应中,体系只要吸收一个光子,反应反复进行,可产生许多(几千个)氯甲烷分子。这是反应的第二步(包括 B 和 C)。

这个反应是不是会无限制地进行下去呢?不是的。活泼的、低浓度的自由基也有相互碰撞的机会,这种碰撞一旦发生,链的反应就终止了。由于反应(E)的存在,反应产物中总有一定比例的乙烷,这是反应的第三步(包括 D、E、F)。

链式反应是自由基反应的共同特点,整个过程可分为三个阶段:第一步 A 是链的引发步骤(chain initiation step),就是产生自由基的阶段;第二步 B 和 C 为链的传递或链的增殖(chain propagation step),这个阶段不断产生新的自由基,不断形成产物,整个过程循环进行,是自由基反应最重要的阶段;第三步 D、E 和 F 为链的终止步骤(chain termination step),这些步骤使自由基消失,因而使反应终止。

如果体系中存在少量的氧,则氧与甲基自由基生成的新的自由基 $CH_3—O—O\cdot$:

$$CH_3\cdot \ + \ \cdot\ddot{\underset{..}{O}} : \ddot{\underset{..}{O}}\cdot \ \longrightarrow \ CH_3—O—O\cdot$$

其活性远远低于甲基自由基,几乎使链反应不能进行下去。因此只要发生一个这样的反应,就终止了一条链锁反应,不再形成几千个氯甲烷分子,大大减慢反应速度。但如果外界条件依然存在,过一段时间,氧完全消耗,反应又能继续进行。反应停滞的时间与体系中氧的多少有关。这种抑制作用是自由基反应的一个特征。

这种只要有少量存在,就会使反应减慢或停止的物质称为**抑制剂**(inhibitor)。抑制剂常被利用来抑制不需要发生的自由基链式反应,或以此为依据确定反应是否是自由基历程。常用的自由基抑制剂有 2,4,6-三叔丁基苯酚 (HO—〈 〉—) 、硝基甲烷(CH_3NO_2)等。

甲烷氯代不仅可以得到一氯代产物,而且可以得到二氯代、三氯代与四氯代产物。它们的链增殖步骤如下:

$$CH_3Cl + Cl\cdot \longrightarrow \cdot CH_2Cl + HCl$$
$$\cdot CH_2Cl + Cl_2 \longrightarrow CH_2Cl_2 + Cl\cdot$$
$$CH_2Cl_2 + Cl\cdot \longrightarrow \cdot CHCl_2 + HCl$$
$$\cdot CHCl_2 + Cl_2 \longrightarrow \cdot CCl_3 + HCl$$
$$\cdot CCl_3 + Cl_2 \longrightarrow CCl_4 + Cl\cdot$$

因此甲烷氯代产物较复杂。但由于 CH_3Cl、CH_2Cl_2、$CHCl_3$、CCl_4 的沸点差距较大,可以用分馏方法将它们分开,所以工业上仍用此法生产氯甲烷。

以上假说很好地解释了实验现象。近年来随着仪器分析方法的发展,自由基反应已不再是一种设想,利用电子顺磁共振光谱(ESR)可捕捉到反应过程中自由基信息,证实了自由基历程的真实性。

问题2-14 解释甲烷氯代反应中观察到的现象。

(1)将氯气先用光照射,然后在黑暗中与甲烷混合,可以得到氯代产物。

(2)将氯气用光照射后在黑暗中放一段时间再与甲烷混合,不发生氯代反应。

(3)将甲烷先用光照射后,在黑暗中与氯气混合,不发生氯代反应。

---

3. 氟里昂自由基反应对臭氧层的影响

二氟二氯甲烷通常称为氟里昂,它易压缩成不燃性液体,当压力降低后立即气化,同时吸收大量的热,因此常作为致冷剂,也用于制造火箭推进器的喷雾剂。近年来的科学研究证明:由于氟里昂的大量使用,破坏了大气层中的臭氧层,从而引发了温室效应,使地球的生态平衡受到了一定的影响,引发了各种自然灾害;同时日光中的紫外线大量地照射到地球上,破坏了生物的 DNA 结构,引起了各种疾病,特别是使皮肤癌的发病率明显上升。氟里昂对臭氧层的破坏过程实际上是一个自由基反应。反应过程如下:

$$CF_2Cl_2 \xrightarrow{h\nu} Cl\cdot + \cdot CF_2Cl$$
$$Cl\cdot + O_3 \longrightarrow ClO\cdot + O_2$$
$$ClO\cdot + O \longrightarrow Cl\cdot + O_2$$

首先氟里昂中的碳氯键在紫外光的照射下发生均裂,产生氯自由基;氯自由基夺取臭氧中的氧原子,产生 $ClO\cdot$ 自由基放出氧气;$ClO\cdot$ 与氧原子结合放出氧气又得到氯自由基,使反应循环进行,最后结果是臭氧层受到破坏。据估计一个氯原子可与 10^5 个 O_3 发生链反应,因此,即使大气层中进入微量的氯氟烃也能导致臭氧层的严重破坏。在第三步中的氧原子来源于臭氧层在紫外光照射下产生的变化：

$$O_3 \xrightarrow{h\nu} O_2 + O$$
$$O_2 + O \longrightarrow O_3 + 热量$$

臭氧在紫外光的作用下分解成氧气和氧原子，它们之间相互作用又结合成臭氧分子，并放出热量，这个平衡的存在保持了臭氧层的稳定。氟里昂的作用消耗了原子氧，破坏了这个平衡，从而破坏了臭氧层。

为了保护环境，世界上已开始禁止用氟里昂作为致冷剂。而用不含氯的 F32、F125、F134a 和 F143a 等代替氟里昂。

4. 烷烃的氯代反应　反应活性

烷烃的氯代反应与甲烷的氯代反应一样，也属自由基反应历程。决定反应速度的步骤是氯原子夺取烷烃中氢的一步：

$$RH + Cl\cdot \longrightarrow R\cdot + HCl$$

由于结构的原因，产物较甲烷复杂。例如丙烷与氯的反应，由于丙烷分子中存在两种氢——伯氢和仲氢，因此得到两种不同的氯代产物——1-氯丙烷和2-氯丙烷，其比例如下：

$$CH_3CH_2CH_3 \xrightarrow[h\nu]{Cl_2} CH_3CH_2CH_2Cl + CH_3\underset{\underset{Cl}{|}}{CH}CH_3$$

1-氯丙烷　　　　　　2-氯丙烷
45%　　　　　　　　55%

丙烷分子中有 6 个伯氢和 2 个仲氢，氯原子与伯氢相遇的机会为仲氢的 3 倍，但一氯代产物中2-氯丙烷反而比 1-氯丙烷多，说明仲氢比伯氢活性大，更容易被取代。排除碰撞几率因素的影响，计算出伯氢和仲氢反应的相对活性：

$$\frac{伯氢的速率}{仲氢的速率}=\frac{45\%/6}{55\%/2}=1:3.7$$

其活性比为 1 : 3.7。这里相对活性是指有机化合物分子中不同位置对同一试剂的反应活性。

氯与异丁烷的反应也产生两种产物，产物比例如下：

$$CH_3\underset{\underset{CH_3}{|}}{\overset{\overset{CH_3}{|}}{C}}H \xrightarrow[h\nu]{Cl_2} CH_3\underset{\underset{CH_2Cl}{|}}{\overset{\overset{CH_3}{|}}{C}}H + CH_3\underset{\underset{CH_3}{|}}{\overset{\overset{CH_3}{|}}{C}}Cl$$

异丁烷　　　　　　2-甲基-1-氯丙烷　　　　　　2-甲基-2-氯丙烷
　　　　　　　　　　63%　　　　　　　　　　　37%

计算出伯氢与叔氢的活性比为 1 : 5。

$$\frac{伯氢的速率}{叔氢的速率}=\frac{63\%/9}{37\%/1}=1:5$$

许多实验表明，氢原子的反应活性主要取决于它的种类，而与它所连接的烷基无关。例如丙烷的伯氢几乎与正丁烷或异丁烷中的伯氢活性相同。基于上述实验事实，可得出三种氢的反应活性比为：

$$\text{伯氢：仲氢：叔氢} = 1：3.7：5$$

　　在实验室中，总是需要纯的化合物，因此要尽可能选择生成高产率的单一化合物的反应。在烷烃的氯代反应中，尽管氯原子对三种氢原子有选择性，但选择性不高，因此，常常得到不容易分离提纯的混合物，在制备上用处不大。如果分子中只有一种氢，则生成的一氯代物与多氯代物比较容易分离，此反应可用于合成。或者通过控制反应物比例，取得比较纯的产物。例如，新戊烷的氯代：

$$(CH_3)_4C \quad + \quad Cl_2 \quad \xrightarrow{h\nu} \quad (CH_3)_3CCH_2Cl \quad + \quad HCl$$
　　　新戊烷（过量）　　　　　　　　　　氯代新戊烷

　　将等摩尔的甲烷和乙烷混合与少量的氯气反应，相应得到的氯乙烷约为氯甲烷的 400 倍。

$$CH_3Cl \quad \xleftarrow[h\nu,25\,^{\circ}C]{CH_4} \quad Cl_2 \quad \xrightarrow[h\nu,25\,^{\circ}C]{CH_3CH_3} \quad CH_3CH_2Cl$$
　　　1　　　　　　　　　　　　　　　　　　　　　　　400

除去几率因子的影响，可知乙烷上伯氢比甲烷上的氢活泼 267 倍。这里采用竞争法来测定不同有机化合物对同一试剂的反应活性。

$$\frac{\text{乙烷上伯氢}}{\text{甲烷氢}} = \frac{400/6}{1/4} = 267：1$$

烷烃在氯代反应中不同氢的反应活性顺序可扩大为：

$$\text{叔氢} > \text{仲氢} > \text{伯氢} > CH_4$$

　　研究反应活性是有机化学的重要内容。所谓反应活性就是指反应速度。到目前为止已研究了两种应用广泛的反应活性：

　　①有机分子中的不同位置对同一试剂的反应活性。用于反应的取向，及判断反应产物。

　　②在同一条件下不同有机物对同一试剂的反应活性。用于比较类似的有机物的反应活性。

问题2-15　丁烷氯代可得 1-氯丁烷和 2-氯丁烷。其比例如下：

$$CH_3CH_2CH_2CH_3 \quad + \quad Cl_2 \quad \xrightarrow[h\nu]{25\,^{\circ}C} \quad CH_3CH_2CH_2CH_2Cl \quad + \quad CH_3CH_2\overset{\underset{|}{Cl}}{C}HCH_3$$

　　　　　　　　　　　　　　　　　1-氯丁烷　　　　　2-氯丁烷
　　　　　　　　　　　　　　　　　28%　　　　　　　72%

计算伯氢和仲氢的相对反应活性。

问题2-16　在氯代反应中，等摩尔的乙烷和新戊烷的混合物所产生的新戊基氯与氯乙烷呈 2.3：1 的比例，比较新戊烷中伯氢与乙烷中伯氢的活性。

问题2-17　从 2-甲基丙烷的氯代反应中可得到多少种二氯代物？

问题2-18　乙烷氯代有多少种一、二、三氯代物，写出产物并命名。

---

　　5. 反应活性与自由基稳定性的关系　自由基的结构

　　上面列出了烷烃在氯代反应中不同氢的反应活性顺序，怎样解释这个活性顺序呢？反应中的能量变化是关键。

下面列出不同氢的均裂能：

$$CH_4 \longrightarrow CH_3 \cdot + H \cdot \qquad\qquad \Delta H = 435 \text{ kJ/mol}$$
甲基自由基

$$CH_3CH_2CH_3 \begin{cases} \xrightarrow{\text{伯氢}} CH_3CH_2CH_2 \cdot + H \cdot & \Delta H = 410 \text{ kJ/mol} \\ & \text{伯自由基} \\ \xrightarrow{\text{仲氢}} CH_3\overset{\cdot}{C}HCH_3 + H \cdot & \Delta H = 397 \text{ kJ/mol} \\ & \text{仲自由基} \end{cases}$$

$$CH_3-\underset{\underset{H}{|}}{\overset{\overset{CH_3}{|}}{C}}-CH_3 \xrightarrow{\text{叔氢}} CH_3-\overset{\overset{CH_3}{|}}{C}-CH_3 + H \cdot \qquad \Delta H = 381 \text{ kJ/mol}$$
叔自由基

不同的氢均裂能不同。均裂能较小，形成自由基需要的能量也较少，也就是说相对于原有的烷烃更稳定。自由基的稳定性也可用电子效应来解释（见第四章4.4节）。

形成类似的自由基所需的能量基本上是相同的，因此可得出自由基稳定性顺序为：

$$\text{叔}(3°) > \text{仲}(2°) > \text{伯}(1°) > CH_3 \cdot$$

越是稳定的自由基，越容易形成，与之相应的氢越活泼。

甲烷去掉一个氢原子，形成甲基自由基。

$$H:\overset{\overset{\displaystyle H}{\cdot\cdot}}{\underset{\underset{\displaystyle H}{\cdot\cdot}}{C}}:H \longrightarrow H:\overset{\overset{\displaystyle H}{\cdot\cdot}}{\underset{\underset{\displaystyle H}{\cdot\cdot}}{C}}\cdot + H\cdot$$
甲基自由基

图2-13 甲基自由基

甲基自由基最外层有7个电子，其中6个电子处于三个成键轨道中，剩下1个未成对的孤电子，整个质点呈中性。为了使三个成键轨道远离，设想碳为 sp^2 杂化，三个键键角为120°，在同一平面，剩下的一个孤电子在垂直于这个平面的p轨道中，自由基的四个原子处于一个平面上（图2-13）。甲基自由基的平面结构已为光谱研究进一步证实。其他的烷基自由基结构与甲基自由基类似，为平面或近乎平面的浅锥形结构。

6. 键离解能

上面讲到的自由基反应的活性与分子中化学键的离解能有关。**键离解能**（bond dissociation energy）就是将有机化合物分子中共价键连结的原子或原子团，拆开成原子或自由基状态时所吸收的能量（A—B $\longrightarrow$ A·＋B·）。键的离解能的大小表示两个原子结合的程度，结合愈牢固，强度愈大，键能愈高。如：

$$\begin{array}{ll} Cl-Cl \longrightarrow 2Cl\cdot & H-CH_3 \longrightarrow \cdot H + CH_3 \cdot \\ 243 \text{ kJ/mol} & 435 \text{ kJ/mol} \end{array}$$

由于氯中Cl—Cl键能比甲烷中H—C的键能低许多，因此氯气在加热或光照下即离解，而甲烷中的C—H键离解很难。

表2-6列出了一些常见共价键的离解能，虽然其值可能因实验的差别或改进有所变动，但

整个趋势是清楚的。

表 2-6 常见共价键的离解能

共价键	离解能 /kJ · mol^{-1}	共价键	离解能 /kJ · mol^{-1}	共价键	离解能 /kJ · mol^{-1}
H—H	436	CH_3—F	452	CH_3—H	435
F—F	159	CH_3—Cl	351	C_2H_5—H	410
Cl—Cl	243	CH_3—Br	293	$(CH_3)_2CH$—H	397
Br—Br	192	CH_3—I	234	$(CH_3)_3C$—H	381
I—I	151	CH_2=CH—Cl	377	CH_2=CH—H	461
H—F	565	CH_2=CHCH$_2$—Cl	285	CH_2=CHCH$_2$—H	360
H—Cl	431	⬡—Cl	402	⬡—H	465
H—Br	368	⬡—CH_2—Cl	301	⬡—CH_2—H	368
H—I	297				

问题2-19 利用键能判断下列自由基的稳定性,并把它插入上述自由基稳定性的顺序中去。

(1)乙烯基自由基 CH_2=CH· (2)烯丙基自由基 CH_2=CHCH$_2$· (3)苄基自由基 $C_6H_5CH_2$·

问题2-20 离解 2,4-二甲基戊烷的 C—H 键可得多少种碳自由基,写出其结构,并指出哪个自由基最稳定。

---

7. 过渡态 活化能

化学反应是参加反应的分子或原子的重新组合,反应时反应物之间相互作用。体系的势能不断升高,当达到反应物与产物间势能最高点时,这个状态的结构称为过渡态(transition state)。经过能量最高点新键进一步形成,旧键逐步断裂,体系势能下降,产物生成。

反应进程中的能量关系可以反应进程为横坐标,反应物、过渡态、中间体及产物的位能为纵坐标来作图表示,称这种图为反应的位能图(图 2-14)。图中过渡态与反应物之间的能量差称为**活化能**(activation energy),用 $E_活$(或 E_{act})表示。活化能是反应中必须越过的最高能垒,它决定了反应的速度,是衡量反应活性的标准。

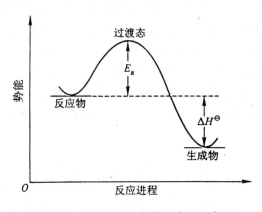

图 2-14 反应进程中的势能变化示意图

我们以甲烷氯代为例，说明整个反应的进程。在反应中具有足够能量的氯原子与甲烷分子碰撞时，它们相互作用，使微粒的动能转变为势能，C—H 键开始拉长，并未断裂，H—Cl 键逐步形成，还未完成；同时 H—C—H 键角逐步增大，甲基部分地但并未完全变成扁平，键角大于 109.5°、小于 120°，碳的构型介于 sp^3 与 sp^2 杂化之间，这时氯自由基的电荷分布在碳氯之间。这种介于反应物和生成物之间，既具有反应物的性质，又具有自由基的某些特性的中间状态，占据能量最高点，就是过渡态(如图 2-15)随着反应进行，甲基自由基、卤化氢形成，体系能量下降(如图 2-16)。

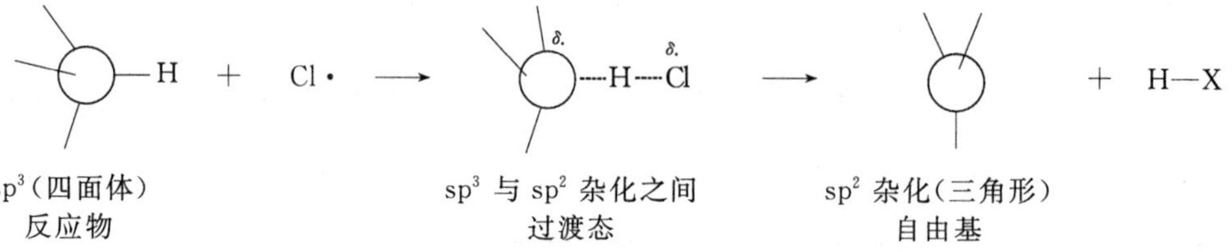

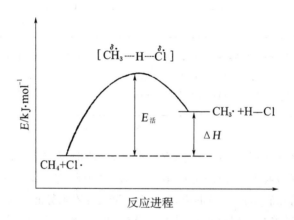

图 2-15　甲烷氯代的中间步骤

其中虚线表示部分断裂或部分形成的键。

图 2-16　$CH_4 + \cdot Cl \longrightarrow CH_3 \cdot + HCl$ 的位能图

8. 卤素的活性　反应选择性

研究卤素与甲烷的相对反应活性结果表明，卤素与甲烷反应的相对活性顺序为：$F_2 > Cl_2 > Br_2 > I_2$。氟反应激烈无法控制，以致爆炸，碘基本不反应，氯和溴居中。

卤素与甲烷反应活性有如此大的差别，究竟是什么因素在起作用呢？从上面的叙述中可知反应的活性主要取决于决定速度步骤中反应的活化能，活化能越高反应越难进行，相反，反应活化能越低反应活性越高。我们利用离解能计算氯与甲烷反应过程中的能量变化，用符号 ΔH 表示，ΔH 也称**反应热**或**热焓**。负号(—)表示放热，正号(+)表示吸热。

① $Cl : Cl \longrightarrow Cl\cdot + Cl\cdot$ 　　　　　　　　　　　　$\Delta H_1 = +243\ kJ/mol$

② $Cl\cdot + \underset{435}{H—CH_3} \longrightarrow CH_3\cdot + \underset{431}{H—Cl}$ 　　　　$\Delta H_2 = 435 - 431 = +4\ kJ/mol$

③ $CH_3\cdot + \underset{243}{Cl—Cl} \longrightarrow CH_3—Cl + \underset{351}{Cl\cdot}$ 　　$\Delta H_3 = 243 - 351 = -108\ kJ/mol$

总反应：

$$CH_3-H + Cl-Cl \longrightarrow CH_3-Cl + H-Cl \qquad \Delta H_总 = (435+243)-(351+431) = -104 \text{ kJ/mol}$$

435　　243　　　　351　　431

第一步氯分子裂解成氯原子的离解能等于氯分子的键能。第二步断裂一个 C—H 键吸收 435 kJ/mol 的能量，形成一个 H—Cl 放出 431 kJ/mol 的能量，假如放出的热量完全为断键所吸收，则还需补充 4 kJ/mol 的能量。第三步断裂 Cl—Cl 键，形成 CH₃—Cl 键，共放出 108 kJ/mol 的能量。总反应是一个放热反应。一般说来，放热反应速度快，吸热反应速度慢。

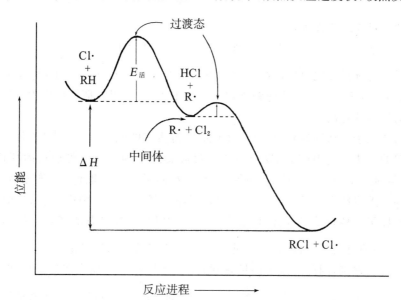

图 2-17　烷烃与氯反应的位能图

从图 2-17 看出，烷烃的自由基取代在链传递中分两步进行，存在两个过渡态，第一步所需的活化能高，因此整个反应中第一步是决速步骤。下面列出不同卤素与甲烷反应的反应热与活化能：

$$X\cdot \ + \ CH_3-H \longrightarrow CH_3\cdot \ + \ H-X$$

X	$\Delta H/\text{kJ}\cdot\text{mol}^{-1}$	$E_活/\text{kJ}\cdot\text{mol}^{-1}$
F	-128.9	$+4.2$
Cl	$+7.5$	$+16.7$
Br	$+73.2$	$+75.3$
I	$+141.0$	$>+141.0$

在决速步骤中，氟仅需很小的活化能（+4.2 kJ/mol），但大量放热，使生成的氟甲烷转变为碳和氟化氢；碘反应需大量能量，反应几乎不进行；氯只需吸收少量的热（+16.7 kJ/mol），反应立即进行，溴相对反应较困难，因此活性顺序为：

$$F_2 > Cl_2 > Br_2 > I_2$$

由此可知，实际运用的卤代反应，主要是氯代和溴代，下面重点讨论同一烷烃在氯代和溴代反应时的活性的差别。在本节前面得出烷烃氯代时不同类型的氢的反应活性比为：

伯氢∶仲氢∶叔氢＝1∶3.7∶5

但烷烃溴代时，溴原子对伯、仲和叔三种氢原子的选择性较高。例如：

$$CH_3CH_2CH_3 \xrightarrow[h\nu,146\,°C]{Br_2} CH_3CH_2CH_2Br + \underset{Br}{CH_3\overset{|}{C}HCH_3}$$

3%   97%

$$\underset{CH_3}{\overset{CH_3}{|}}CH-CH_3 \xrightarrow[h\nu,146\,°C]{Br_2} CH_3-\underset{|}{\overset{CH_3}{|}}CH-CH_2Br + CH_3-\underset{\underset{Br}{|}}{\overset{\overset{CH_3}{|}}{C}}-CH_3$$

痕量   >99%

三种氢溴代的相对反应活性为:

叔氢:仲氢:伯氢=1 600:82:1

为什么溴代反应的选择性比氯代的高?这是由于溴原子活性比氯原子小,绝大部分溴原子只能夺取较活泼的氢,这也是一个普遍的规律。一般地说,在一组相似的反应中,试剂越不活泼,它在进攻时的选择性越高。

溴原子与氯原子的活性差别,也反应在相应的过渡态的能量上。哈蒙特(Hammond)假说认为,"在简单的一步反应中(基元反应),该步过渡态的结构与能量更接近的那边类似"。例如,当氯原子与溴原子同丙烷反应时,氯原子活性较高,反应活化能低,过渡态早到达,过渡态的能量与结构接近原料丙烷(图 2-18(a)),因此两种过渡态能量差别小(仅 4.2 kJ/mol),反应选择性低。溴原子活性较差,反应活化能高,过渡态迟到达,过渡态的能量与结构接近于自由基中间体,有较多的自由基特性,而丙烷形成的两种自由基($CH_3CH_2CH_2\cdot$ 和 $CH_3\overset{\cdot}{C}HCH_3$)结构和能量上都有差别,因此过渡态能量差别大(12.6 kJ/mol),反应选择性高(图 2-18(b))。

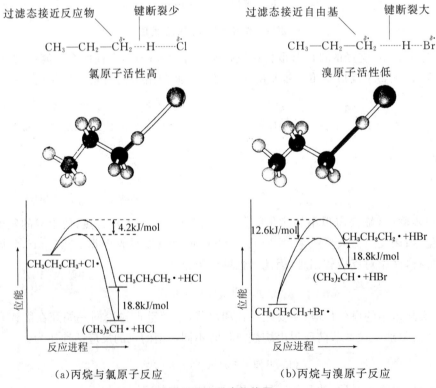

(a)丙烷与氯原子反应   (b)丙烷与溴原子反应

图 2-18　反应位能图

二、氧化反应

烷烃在空气中燃烧生成二氧化碳和水,并放出大量的热,烷烃主要用做燃料。

$$C_nH_{2n+2} + \frac{3n+1}{2}O_2 \longrightarrow nCO_2 + (n+1)H_2O + 热能$$

如果控制适当的反应条件,在金属氧化物或金属盐催化下进行**氧化**(oxidation),则可得部分氧化的产物。整个反应十分复杂,常常得到一系列的酸(RCOOH)和酮($R\overset{O}{\underset{\|}{-}}C-R'$)。如:

$$CH_3CH_2CH_3 + O_2 \xrightarrow[350\ ℃,170MPa]{金属氧化物} HCOOH + CH_3COOH + CH_3\overset{O}{\underset{\|}{C}}CH_3$$

甲酸　　　　乙酸　　　　丙酮

这些产物都是有机工业的原料。

高级烷烃(石蜡 $C_{20}\sim C_{30}$)氧化得高级脂肪酸等,高级脂肪酸可代替动植物油制肥皂。

$$RCH_3 + O_2 \xrightarrow[110\ ℃]{MnO_2} RCOOH \qquad R=C_{20}\sim C_{30}$$

高级脂肪酸

可见部分氧化反应提高了烷烃的经济价值,它是多年来研究的课题。

三、热裂反应

化合物在高温和没有氧气存在下所发生的分解反应称为**热裂**(pyrolysis)。烷烃的热裂是一个复杂的自由基反应,由于烷烃离解能很大,C—C 键约在 347 kJ/mol,C—H 键约在 414 kJ/mol。因此裂解时所需温度很高,往往在 500 ℃~700 ℃,而且需一定的压力。烷烃热裂成小分子烃,也可脱氢转变为烯烃和氢。其历程如下:

$$CH_3(CH_2)_2CH_3 \xrightarrow{\triangle} \begin{matrix} CH_3CH_2CH_2CH_2\cdot + H\cdot \\ CH_2CH_2CH_2\cdot + CH_3\cdot \\ CH_3CH_2\cdot + CH_3CH_2\cdot \end{matrix} \longrightarrow \begin{matrix} CH_3CH_2CH=CH_2 + H_2 \\ CH_3CH=CH_2 + CH_4 \\ CH_2=CH_2 + CH_3CH_3 \end{matrix}$$

热裂反应主要用于生产燃料。

近年来热裂已为**催化裂化**所代替。工业上利用催化裂化把高沸点的重油转变为低沸点的汽油,从而提高石油的利用率,增加汽油的产量,提高汽油的质量。通过催化裂化反应还可获得重要的化工原料"三烯"(乙烯、丙烯和丁二烯)。

2.7　烷烃的工业来源

工业来源与实验室制备不同。工业制法必须以尽可能低的价格提供大量的产品。因此往往更注重反应的成本而不是产物的纯度。而在实验室中,总是尽可能选择一个能生成高产率单一化合物的反应。在学习有机化学时,要把注意力放在通用的实验室制法而不是工业制法上。但了解一些工业制法可增加我们的实际知识。

烷烃的工业来源主要是石油,以及与石油共存的天然气。石油经分馏成各种馏分(表2-7)。

表2-7　石油各馏分的组成

名　称		主要成分	沸点或凝固点范围
石油气		$C_1 \sim C_4$ 的烷烃	常温常压下为气体
汽　油		$C_5 \sim C_{12}$ 的烷烃	40 ℃~200 ℃
煤　油		$C_{11} \sim C_{16}$ 的烷烃	200 ℃~270 ℃
柴油	轻柴油 重柴油	$C_{15} \sim C_{18}$ 的烷烃	270 ℃~340 ℃
重油	润滑油 石　蜡	$C_{16} \sim C_{20}$ 的烷烃与环烷烃 $C_{20} \sim C_{30}$ 的烷烃	凝固点在 50 ℃以上
渣油	地蜡 沥青	$C_{30} \sim C_{40}$ 的高级烷烃	固体

煤是烷烃的潜在的第二来源,现在正在寻找一些方法使煤经过氢化转变成汽油、燃料油和合成气,以解决世界上石油资源的紧缺状况。

习　题

1. 写出庚烷的同分异构体的构造式,用系统命名法命名(汉英对照)。

2. 写出下列化合物的汉英对照的名称。

   (1)$(CH_3)_2CHCH_2CH_2CH_3$
   (2)$(C_2H_5)_2CHC(CH_3)_2CH_2CH_3$

   (3)$(CH_3)_2CHCH(CH_3)CH_2CH_2C(C_2H_5)_2CH_3$
   (4)

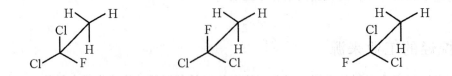

3. 不要查表,试将下列烃类化合物按沸点降低的次序排列。

   (1)3,3-二甲基戊烷　　(2)正庚烷　　(3)2-甲基庚烷　　(4)正戊烷　　(5)2-甲基己烷

4. 写出下列化合物一氯代时的全部产物的构造式及比例。

   (1)正己烷　　(2)异己烷　　(3)2,2-二甲基丁烷

5. 写出下列各取代基的构造式。

   (1)Et-　(2)*i*-Pr-　(3)*i*-Bu-　(4)*s*-Bu-　(5)异戊基　(6)新戊基　(7)三级戊基

6. 写出乙烷氯代的自由基历程。

7. (1)把下列三个透视式写成纽曼投影式,它们是不是相同的构象?

(2)把下列纽曼投影式写成透视式,它们是不是相同的物质?

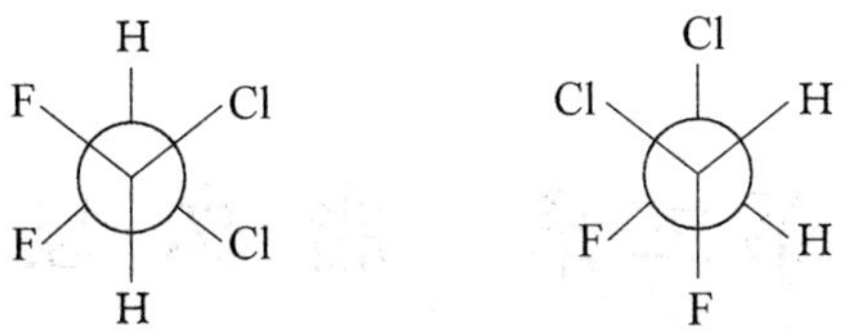

8. 叔丁基过氧化物是一个稳定而便于操作的液体,可作为一个方便的自由基来源:

$$(CH_3)_3CO\!-\!OC(CH_3)_3 \xrightarrow[\text{或光}]{130\ ^\circ C} 2(CH_3)_3CO\cdot$$

异丁烷和 CCl_4 的混合物在 130 ℃~140 ℃时十分稳定。假如加入少量的叔丁基过氧化物就会发生反应,主要生成叔丁基氯和氯仿,同时也有少量的叔丁醇 $(CH_3)_3COH$,其量相当于所加的过氧化物。试写出这个反应的可能机理的所有步骤。

9. 2,4,6-三叔丁基苯酚 是一常用的抗氧化剂,解释其能抗氧化的原因。

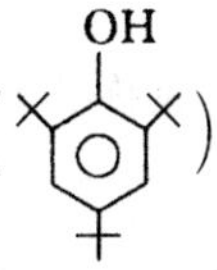

10. 三正丁基锡化氢 (Bu_3SnH) 是一个很好的还原卤代烃的试剂,它也是通过自由基历程进行反应的,它在有机合成上十分有用,试写出它还原卤代烃的历程。

$$RX \;+\; Bu_3SnH \;\longrightarrow\; RH \;+\; Bu_3SnX$$

文献题:

解释以下反应产物比例。

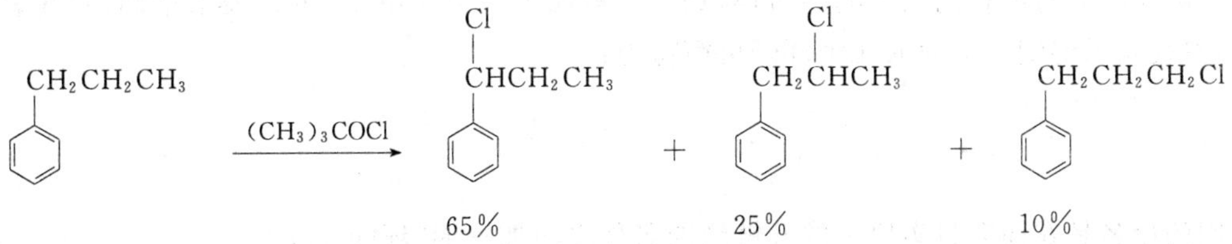

来源:

C. Walling, B. B. Jacknow. J. Am. Chem. Soc. , 1960,82:6108.

第三章 脂 环 烃

3.1 分类和命名

脂环烃（alicyclic hydrocarbons）是指碳原子成环的烃，其性质和开链的饱和及不饱和的烃类相似。

脂环烃分为饱和的脂环烃和不饱和的脂环烃。饱和的脂环烃称为环烷烃，不饱和的脂环烃称为环烯烃和环炔烃。例如：

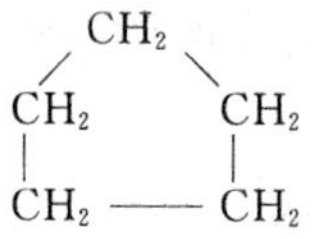

环戊烷	环戊二烯	环辛炔
（cyclopentane）	（cyclopentadiene）	（cyclooctyne）

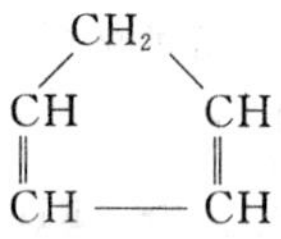

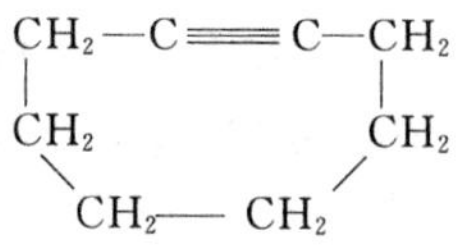

碳环可简写成相同大小的多边环，每一个角代表一个亚甲基，单线表示单键，双线表示双键，叁线表示叁键。上面的几个环烃可简写为：

它们的命名是在同数目碳原子的开链烃的名称之前加一词"环（cyclo）"。

带有取代基的环烷烃，命名时要使取代基编号最小。侧链也可用折线表示。例如：

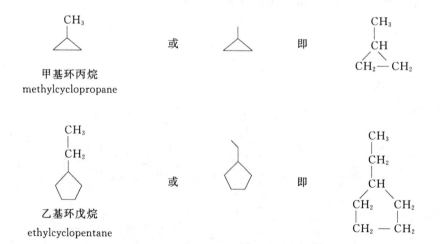

甲基环丙烷
methylcyclopropane

或 即

乙基环戊烷
ethylcyclopentane

或 即

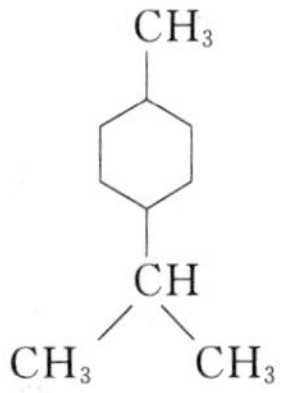

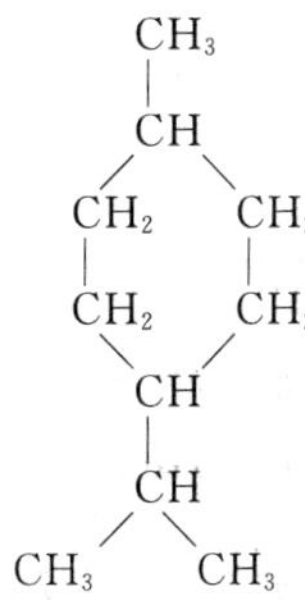

1-甲基-4-异丙基环己烷

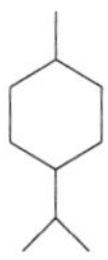

1-isopropyl-4-methylcyclohexane

取代的不饱和环烃,要从不饱和键开始编号,在此基础上使取代基有较小位次。例如:

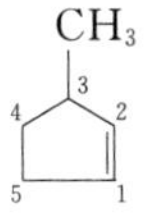

3-甲基环戊烯

3-methylcyclopentene

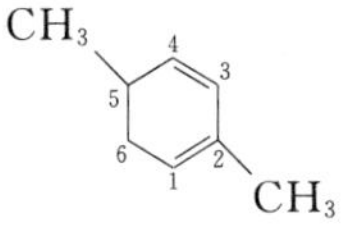

2,5-二甲基-1,3-环己二烯

2,5-dimethyl-1,3-cyclohexadiene

1,4-二甲基环己烷中,两个甲基可在环平面的一边,也可不在一边,可表示为:

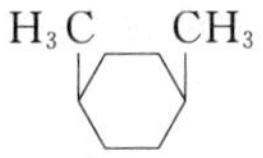

熔点 −87.4 ℃　沸点 124.3 ℃

顺(*cis*)-1,4-二甲基环己烷

cis-1,4-dimethylcyclohexane

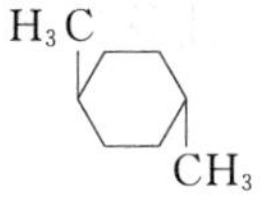

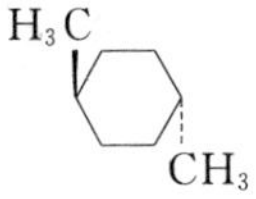

熔点 −37.1 ℃　沸点 119.4 ℃

反(*trans*)-1,4-二甲基环己烷

trans-1,4-dimethylcyclohexane

它们的互相转化会引起键的断裂,它们互为异构体。这种异构称为顺、反异构(*cis*-、*trans*-isomers)。

多环烃是指环之间有共同碳原子的多环化合物。根据环中共有碳原子的不同可分为螺环烃、稠环烃、桥环烃。它们广泛存在于自然界中。

脂环烃中两个碳环共有一个碳原子的称为螺环烃(spiro hydrocarbons),例如:

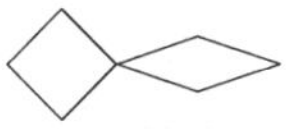

螺[3.3]庚烷

spiro[3.3]heptane

脂环烃中两个碳环共有两个碳原子的称为稠环烃(fused polycyclic hydrocarbons),例如:

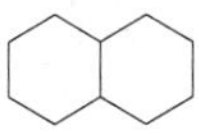

双环[4.4.0]癸烷

十氢化萘

decalin

脂环烃分子中两个或两个以上碳环共有两个以上碳原子的称为桥环烃(bridged cyclohydrocarbons)。例如,许多天然存在的萜类化合物。

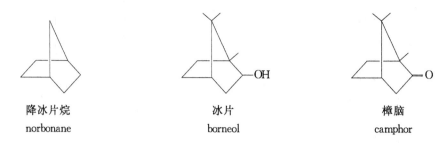

降冰片烷	冰片	樟脑
norbonane	borneol	camphor

螺环化合物命名时,在螺环化合物的名称前加一个螺(spiro)字,表示类型,用方括号中的阿拉伯数字表示每个环中碳的数目(共有原子除外),数字间用小黑点隔开,并按由小到大的顺序排列,母体名称由环中所含碳原子的总数表示。例如:

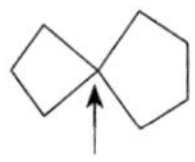

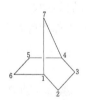

螺原子
螺[3.4]辛烷
spiro[3.4]octane

编号从螺原子(公用原子)旁的一个碳原子开始,首先沿较小的环编号(如果存在),然后通过螺原子循第二个环编号。在此编号规则基础上使取代基及官能团编号较小。例如:

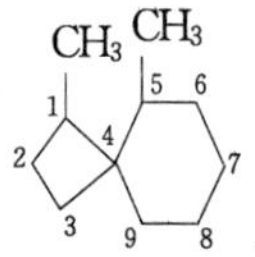

1,5-二甲基螺[3.5]壬烷
1,5-dimethylspiro[3.5]nonane

稠环化合物是桥环化合物的特例,命名法归属于桥环化合物。降冰片烷的系统命名为双环[2.2.1]庚烷,现以它为例说明桥环化合物的命名法则。

双环[2.2.1]庚烷
bicyclo[2.2.1]heptane

(1)词头双环(bicyclo)有时也称二环,表示它含有两个环,环数根据一个环状化合物转变成开链化合物时需断开的碳碳键数来确定。

(2)公有的碳原子称为桥头(1,4),一般是分支最多的碳。方括号中由大到小排列的数字表示通过桥头的碳链中的碳数,用黑圆点把它们分开。

(3)庚烷表示环中碳原子总数。

(4)编号从一桥头开始,沿最长的桥到另一桥头,再沿次长的桥到第一桥头,最后编最短的桥。在此编号的原则上使官能团或取代基编号最小。例如:

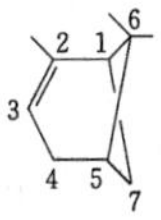

α-蒎烯（松节油主要成分）

2,6,6-三甲基双环[3.1.1]-2-庚烯

2,6,6-trimethylbicyclo[3.1.1]-2-heptene

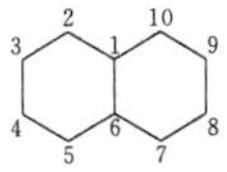

十氢化萘

双环[4.4.0]癸烷

bicyclo[4.4.0]decane

没有通过桥头的碳链,用数字标明它的位置,数字用逗号分开,例如:

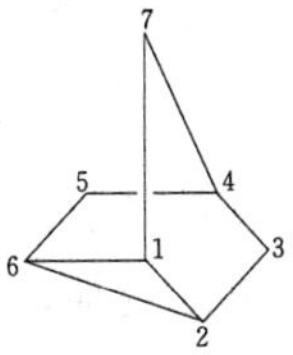

三环[2.2.1.0²,⁶]庚烷

tricyclo[2.2.1.0²,⁶]heptane

近年来合成出许多结构奇特的环状化合物,对结构理论提出挑战,引起有机化学家的极大兴趣。常用简称来称呼这些环状化合物,例如:

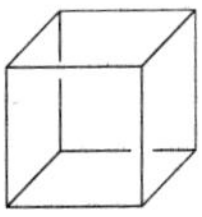

立方烷

cubane

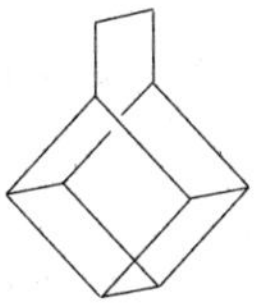

篮烷

basketane

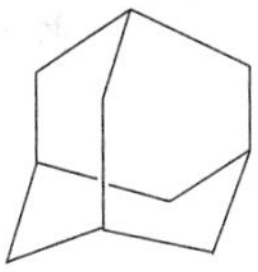

金刚烷

adamantane

问题3-1 用中英文命名下列化合物或写出结构。

(1)

(2)

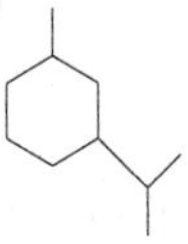

(3)

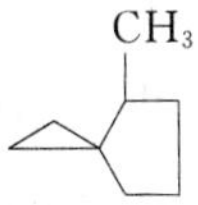

(4)

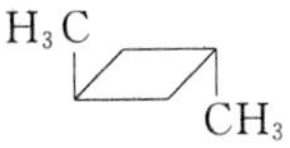

(5)

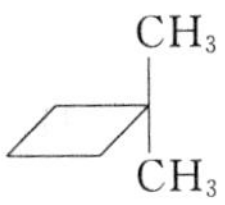

(6)

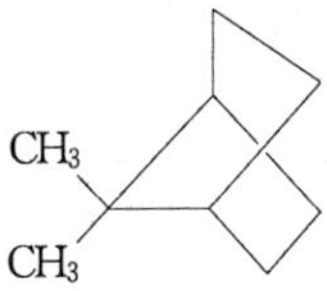

(7) bicyclo[2.2.2]2-octene

(8) bicyclo[1.1.0]butane

(9) spiro[4.5]decane

(10) camphor

3.2 脂环烃的化学性质

脂环烃性质与开链烃的类似,但也有一些特殊性。

环烷烃与烷烃类似,主要进行自由基取代反应。例如:

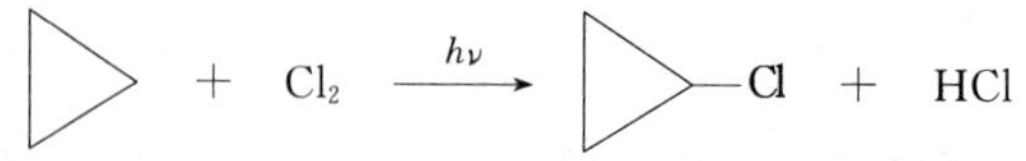

环丙烷　　　　　　　　　　　　　　氯代环丙烷

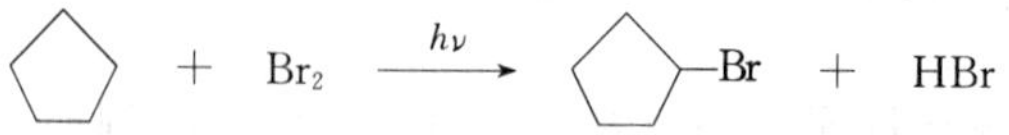

环戊烷　　　　　　　　　　　　　　溴代环戊烷

可见,分子中只有一种氢被取代,产物单一。反应可用于合成。

三元和四元的小环化合物不稳定,其 σ 键具有部分 π 键性质(参见 3.3 节),容易开环,它们某些性质与烯烃类似,但与卤素及卤化氢的反应活性不如烯烃。

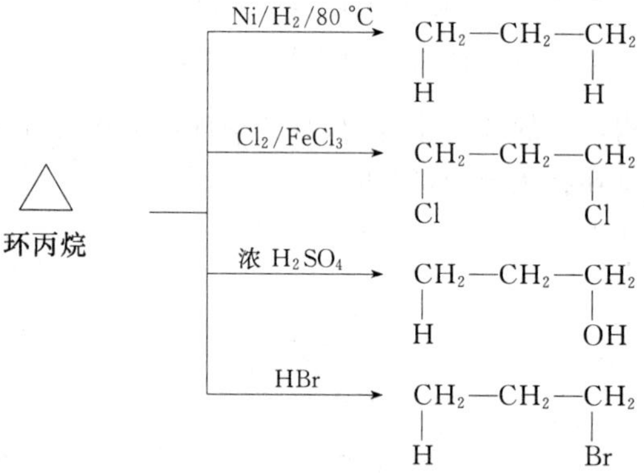

取代环丙烷与氢卤酸加成符合马氏规则,氢加在含氢较多的碳上。

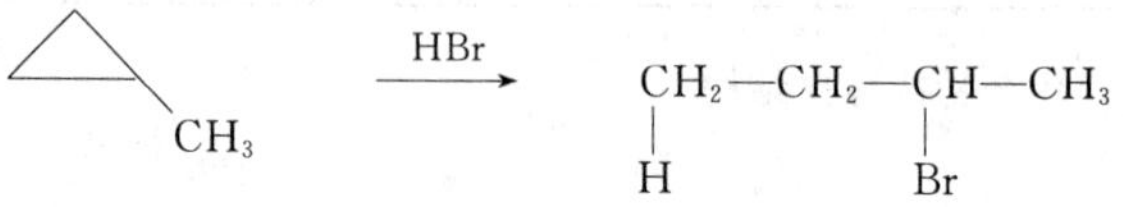

1-甲基环丙烷　　　　　　　　　　　　2-溴丁烷

环丁烷较环丙烷稳定,在较强烈的条件下被氢化,但在常温时甚至在催化剂作用下都不与氢卤酸或卤素起开环反应。

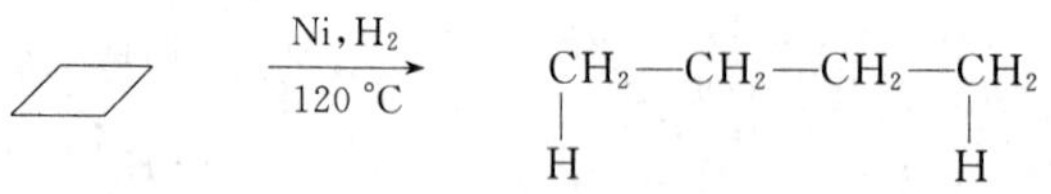

环丁烷　　　　　　　　　　　　　　丁烷

五元、六元环很稳定,不易开环。

环丙烷与烯烃既类似又有区别,它有抗氧化性,不使高锰酸钾水溶液褪色,可用此性质区分它与不饱和烃。

环丙烷也不易臭氧化。含三元环的多环化合物氧化时,反应发生在三元环的 α 位,三元环保持不变,例如:

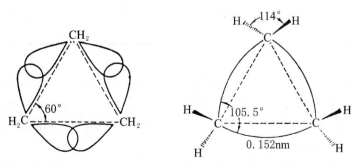

（图示反应：环的氧化 + O_2 →）

问题3-2 完成下列反应。

(1) ［三角形环丙烷带 CH_3］ $\xrightarrow{\text{HI}}$

(2) ［多环结构］ + Br_2 $\xrightarrow{\text{低温}}$

(3) ［三角形环丙烷带 CH_2CH_3］ $\xrightarrow[\text{光}]{Br_2}$

问题3-3 用简单方法区分 2-戊烯、1,2-二甲基环丙烷和环戊烷。

3.3 拜尔(Baeyer)张力学说

为什么环丙烷及环丁烷易开环,而环戊烷及环己烷却相对稳定呢? 为了解释这些现象,1885 年拜尔(J. Baeyer,1835—1917)提出张力学说(strain theory),认为 sp^3 杂化的碳与其他四个原子成键的角度应是 109.5°,而三角形的环丙烷键角只能是 60°,正方形的环丁烷键角应为 90°,它们与正常键角的差分别是(109.5°－60°＝49.5°及 109.5°－90°＝19.5°),因此成环时需压缩正常键角以适应环的几何形状。压缩产生角张力,使环不稳定,易开环。拜尔对小环化合物性质的解释迄今仍是正确的,但对角张力的解释现已更换新的内容。

近年来根据量子力学计算及对 X 射线衍射的电子云密度图的研究表明:环丙烷的电子云的重叠不在相连碳原子的轴线上,而在环外,形成一个弯曲的键(图 3-1)。C—C—C 键角105.5°,H—C—H 键角 114°,C—C 键长比正常的键(0.153nm)略短,为 0.152nm。这是由于环烷烃的碳是 sp^3 杂化轨道成键的,两个键之间的夹角为 109.5°时,碳与碳的 sp^3 杂化轨道才能达到最大的重叠。环丙烷的几何形状要求碳原子之间的夹角必须是 60°,这时的 sp^3 杂化轨道不能沿键轴进行最大的重叠,环碳之间只得形成一个弯曲的键,使整个分子像拉紧的弓一样有张力,具有此张力的环易开环,恢复正常键角。这种力称为角张力。

图 3-1 环丙烷中的键

弯键比沿键轴重叠的 σ 键弱,又有别于肩并肩重叠的 π 键,它界于二者之间,更接近于 π 键。因此具有某些 π 键的性质,主要发生类似于烯的反应,也发生类似烷烃的取代反应。

环丁烷的结构与环丙烷的类似,它的原子轨道重叠也互成角度,但其程度不及环丙烷,C—C—C 键角约为 115°,因此活性不如环丙烷明显。

根据拜尔张力学说推断:环戊烷与正常键角差别最小为($109.5°-108°=1.5°$),应最稳定,环己烷为($109.5°-120°=-10.5°$),有一定的张力。环增大张力也增大,因此大环化合物很难合成。这些结论都是错误的!因为这些错误的结论是在假设环状化合物是平面结构的基础上得出的。

近代测试结果表明,五碳及其以上的环中碳碳键的夹角都是 109.5°,组成环的碳原子不是处在一个平面上,因此它们几乎不存在角张力。

表 3-1 中列出一系列环烷烃的**燃烧热**(heat of combustions)。所谓燃烧热是指纯粹的烷烃完全燃烧所放出的热,燃烧热可以精确测定,是重要的热力学数据。烷烃(环烷烃)燃烧都生成二氧化碳和水,同时放出热量。比较燃烧一个 CH_2 放出的热量可知,放出热量越多,与之相应的环内能越大,越不稳定。

表 3-1 环烷烃的燃烧热

$$(CH_2)_n + \frac{3}{2}nO_2 \longrightarrow nCO_2 + nH_2O$$

名 称	英文名称	环大小	每个 CH_2 的燃烧热 /kJ·mol^{-1}	与开链烷烃燃烧热的差 /kJ·mol^{-1}
环丙烷	cyclopropane	3	697.1	38.5
环丁烷	cyclobutane	4	686.2	27.4
环戊烷	cyclopentane	5	664.0	5.4
环己烷	cyclohexane	6	658.6	0
环庚烷	cycloheptane	7	662.4	3.8
环辛烷	cyclooctane	8	663.6	5.0
环壬烷	cyclononane	9	664.1	5.5
环癸烷	cyclodecane	10	663.6	5.0
环十一烷	cycloundecane	11	664.5	5.0
环十二烷	cyclododecane	12	659.9	1.3
环十三烷	cyclotridecane	13	660.2	1.7
环十四烷	cyclotetradecane	14	658.6	0
环十五烷	cyclopentadecane	15	659.0	0.4
环十六烷	cyclohexadecane	16	658.7	0.1

开链烷烃每个 CH_2 的燃烧热为 658.6 kJ/mol。

从表 3-1 中的数据看出,三元环的内能比正常的开链烷烃高 $3×38.5=115.5$ kJ/mol,其中有 6 个重叠的碳氢键,扭转张力(见 2.4 节)为 $6×4.2=25.5$ kJ/mol,角张力为 $115.5-25.5=90$ kJ/mol,约为扭转张力的 3 倍。四元环与三元环类似,也有较高的内能,不稳定;其余环的内能与开链烷烃接近,较稳定。

现在的问题是,既然大环化合物稳定,为什么又难于合成呢?一个化合物难以合成并不意味着它是不稳定的。开链化合物闭合成环要求链的两端彼此接近到足以成键。环越大,链越长,链两端接近的可能性就越小,往往得到分子间结合的产物。设想溶液浓度越低,分子间成键的机会越小,因此科学工作者在高度稀释的溶液中,成功地合成了大环化合物。

有机化学中最常碰到并最易合成的环是五元及六元环,因为它们大到足以不具有角张力,同时又小到足以使闭环成为可能。

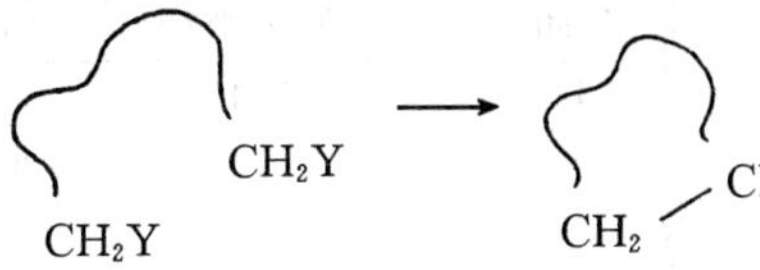

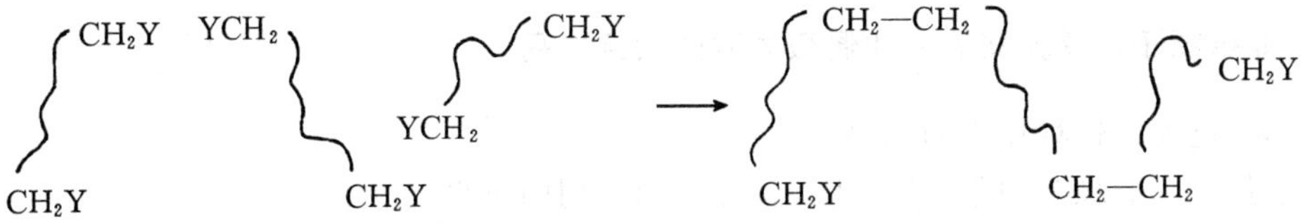

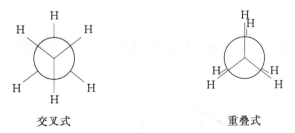

3.4 影响环状化合物稳定性的因素和环状化合物的构象

既然 $n \geqslant 5$ 的环状化合物的键角为 $109.5°$,为什么它们的稳定性也有差异? 这说明影响环的稳定性的因素不是单一的,那么究竟哪些因素影响环的稳定性呢?

一、角张力

如前所述,任何与正常键角的偏差,降低轨道重叠性而引起的张力,称角张力。

环丙烷和环丁烷的角张力是由分子特定的几何形状引起的,角张力反映在键能上。在正常环中,角张力很小。

二、扭转张力

乙烷由交叉式构象转变为重叠式构象,内能升高。这是因为重叠式中,前后两个 C—H 键之间有电子云的斥力,这种斥力是由于键的扭转而产生的,故称为扭转张力。

交叉式　　　　　　　　重叠式

一般地说,在两个 sp^3 杂化的碳原子之间,任何与稳定的构象交叉式的偏差(不单指重叠式),都会使稳定性下降,引起扭转张力。

三、范德华(van der Waals)张力

当两个不成键的原子靠近时,它们之间的吸引力逐渐增强,当原子之间距离等于范德华半径之和,吸引力达到最大,这种分子中非键原子相互吸引的力是范德华引力的一种。表 3-2 列出一些基团的范德华半径。如果迫使原子进一步接近,则范德华引力立即被范德华斥力所代替,这个斥力称为范德华张力或空间张力。

表 3-2　范德华半径(nm)

基团	范德华半径	基团	范德华半径	基团	范德华半径
H	0.12	P	0.19	I	0.215
N	0.15	S	0.185	CH_2	0.20
O	0.14	Cl	0.18	CH_3	0.20
F	0.135	Br	0.195		

四、非键原子或基团间偶极和偶极之间的相互作用

例如氢键就是这种作用的结果。

环状化合物的稳定构象,是上述四种力共同作用的结果。

平面型的环戊烷虽有较小的角张力,由于所有的碳氢键都处于重叠式,却有很大的扭转张力。环戊烷较稳定的构象是一角略往上的信封式。虽然增加了角张力,却部分解除了扭转张力。

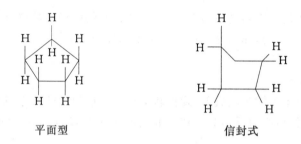

平面型　　　　　　　　　信封式

同样原因,环丁烷采用蝶式构象,"两翼"上下摆动,两个构象迅速变换。

较大的环是折叠的,由于分子内氢原子较为拥挤,存在着范德华斥力,因此燃烧热比直链烷烃略高。

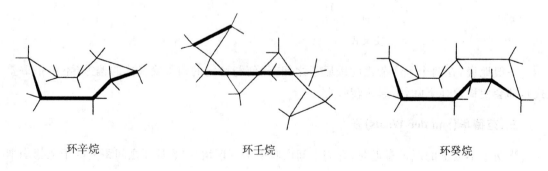

环辛烷　　　　　　　　环壬烷　　　　　　　　环癸烷

3.5 环己烷的构象 横键和竖键

环己烷及其衍生物是自然界存在最广泛的脂环化合物。环己烷内能低与它的构象有关。椅式构象(chair form)是环己烷的最稳定构象,故名思义它就像一把椅子,其形状如下:

互相翻转的两个椅式构象

椅式构象由三组平行线组成,我们先画一组平行线表示"椅座";在 C^2 的右上方画 C^1,用斜线把它与 C^2、C^6 连接,看做"椅背";再在与 C^1 对应的 C^5 的左下方标出 C^4,用斜线与 C^5、C^3 连接,像"椅腿";两组线与 C^1 到 C^2、C^6 的线平行,这样得到与平衡式左边等同的椅式构象。平衡式右边椅式构象可用相同的方法画出。我们可把椅式构象中的任何一组平行线作为"椅座"另外两组平行线作为"椅背"和"椅腿",因此环己烷中的 6 个碳都是等同的。

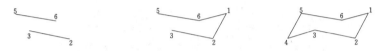

环己烷的 C—H 键分为两组:一组垂直于碳原子所在的平面,称为**竖键**(或**直立键**),也称 a 键。a 键是英文 axial(轴向)bond 的第一个字母。另一组与这个平面大致平行,称为**横键**(或**平伏键**),也称 e 键,e 是英文 equatorial(赤道)bond 的第一个字母。

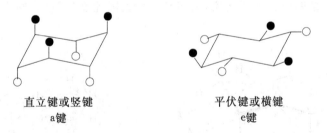

直立键或竖键
a键

平伏键或横键
e键

十二个碳氢键中,六个在环平面上方,六个在环平面下方。上面的构象中,黑球连着向上伸的键,圈连着向下伸的键。

在画直立键时,首先在 C^1 上画一直立键,然后在相邻碳的反位画一直立键,C^1、C^3、C^5 上的直立键在环的上方,C^2、C^4、C^6 上的直立键在环的下方,如下图:

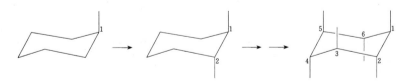

平伏键的画法比直立键难一些。我们把环上的平伏键分为三组,先画 C^1、C^4 上的 C—H 平伏键,除两者互相平行外,它们还与 C^2—C^3、C^5—C^6 的键平行,如下图:

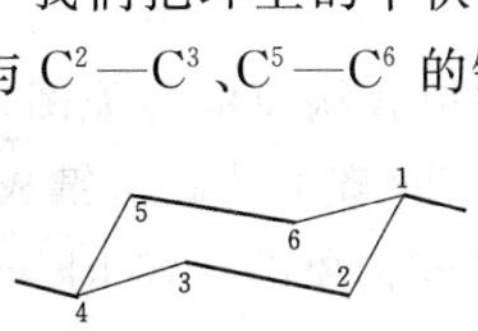

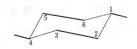

再画 C^2、C^5 上的 C—H 平伏键，C^2 上的平伏键平行于 C^1—C^6、C^3—C^4，C^5 上的 C—H 平伏键除平行于 C^2 上的平伏键外也要平行于 C^1—C^6、C^3—C^4，如下图：

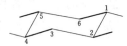

最后画 C^3 上的 C—H 平伏键，它平行于 C^1—C^2 及 C^4—C^5；C^6 与 C^3 上的 C—H 平伏键互相平行，也平行于相应环上的键。如下图：

最后得到由三组六条平行线组成的完整的表示平伏键的图。

在室温下，由于分子的热运动，环迅速翻转，由一种椅式构象转变为另一种椅式构象。当环翻转时，与碳相连的键的相对位置不变，但直立键转变为平伏键，平伏键转变为直立键。

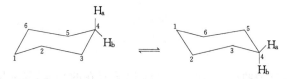

椅式构象能量最低，其键角均为 109.5°，无角张力，也无范德华斥力（见 3.6 节）。我们从 C^2 看到 C^3 和从 C^6 看到 C^5（从别的角度，结果相同）做出它的纽曼式投影，C^4 和 C^1 亚甲基类似丁烷（见 2.4 节）是邻位交叉式构象，无扭转张力。因此能量最低，燃烧热与开链烷烃完全相同。

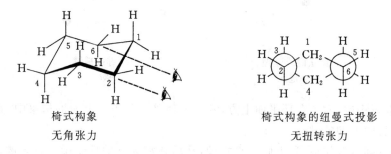

椅式构象
无角张力

椅式构象的纽曼式投影
无扭转张力

椅式构象可翻转为另一椅式构象，其中经过半椅式（half chair form），扭船式（twist boat form）和船式（boat form）构象。

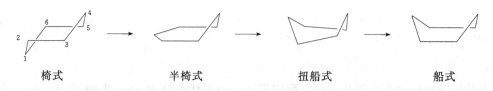

椅式　　　　　　半椅式　　　　　　扭船式　　　　　　船式

图 3-2 为一椅式构象翻转为另一椅式构象的位能图。椅式构象的一端 C^1 向上翘成半椅式。半椅式中五个碳在一个平面上，五个碳上的碳氢键成重叠式，有较大的扭转张力，同时环有角张力，它有最高的能垒，内能比椅式构象的高 46 kJ/mol。

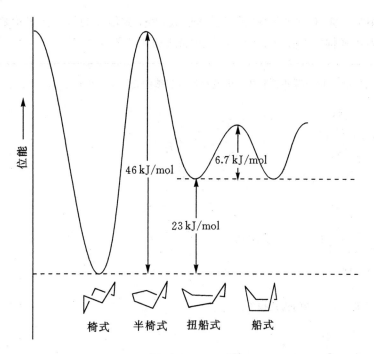

图 3-2 环己烷由椅式转变为船式过程中位能的变化

C^1 再往上翘,带动平面上原子运动,重叠的碳氢键错开 $30°$ 的距离,缓解了扭转张力及角张力,内能有所下降,成为扭船式,其能量仅比椅式构象的高 23 kJ/mol。

扭船式中 C^1 继续往上翘成船式构象。船式构象中船底四个碳在一平面,相邻的碳原子为重叠式构象,有较大的扭转张力。船头的两个"旗杆"氢靠得近,其距离为 0.183 nm,比范德华半径(0.24 nm)小,有空间张力。它的能量比扭船式的大 6.7 kJ/mol,介于扭船式和半椅式之间。

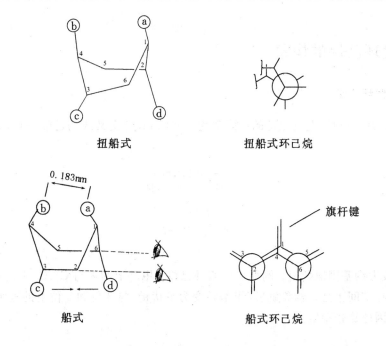

船式构象中另一角（C^4）往下翻，再经过扭船式,半椅式转变为另一椅式构象。

整个平衡中椅式构象约占 99.9%,它与扭船式的比是 10 000:1。

问题3-4 试指出下列化合物中哪些是顺式? 哪些是反式? 哪些是 aa、ee 和 ae?

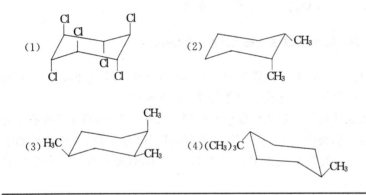

问题3-5 写出下列化合物翻转的椅式构象。

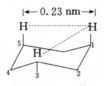

3.6 取代环己烷的构象

一、一取代环己烷

环己烷 C^1、C^3 和 C^5 上直立键的氢距离为 0.23 nm,与交叉式的乙烷一样,几乎没有空间张力。

如果用一个较大的基团取代氢,例如 1-甲基环己烷,甲基上的氢与 C^3、C^5 上的氢距离小于范德华半径,存在空间张力。构象翻转,甲基转变为平伏键,与 3 位和 5 位上的氢距离增大,不存在空间张力,因此比较稳定。

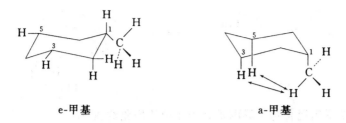

e-甲基   a-甲基

从平伏键的甲基椅式构象做它的纽曼式构象,从 C^1 看到 C^2、C^3 上的亚甲基与平伏键的甲基处于对位交叉;从 C^1 看到 C^6、C^5 上的亚甲基与平伏键的甲基也处于对位交叉,也就是说它与两个相邻的亚甲基都是对位交叉式。

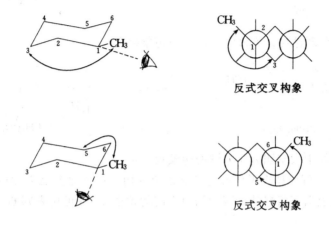

反式交叉构象

反式交叉构象

从直立键的甲基椅式构象做它的纽曼式构象,从 C^1 看到 C^2、C^3 上的亚甲基与直立键的甲基处于邻位交叉;从 C^1 看到 C^6、C^5 上的亚甲基与直立键的甲基也处于邻位交叉,也就是说它与两个相邻的亚甲基都是邻位交叉式。

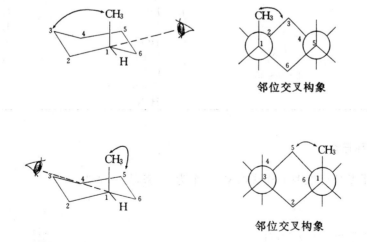

邻位交叉构象

邻位交叉构象

从扭转张力看,甲基处于平伏键有最稳定的反式交叉构象,而甲基处于直立键,相邻碳为较不稳定的邻位交叉构象。从空间张力与扭转张力看都是甲基处于平伏键时稳定,因此在平衡混合物中 e-甲基构象占 95%,占有很大的优势,因此稳定构象也称优势构象。

异丙基环己烷平衡混合物中异丙基处于 e 键的构象约占 97%。

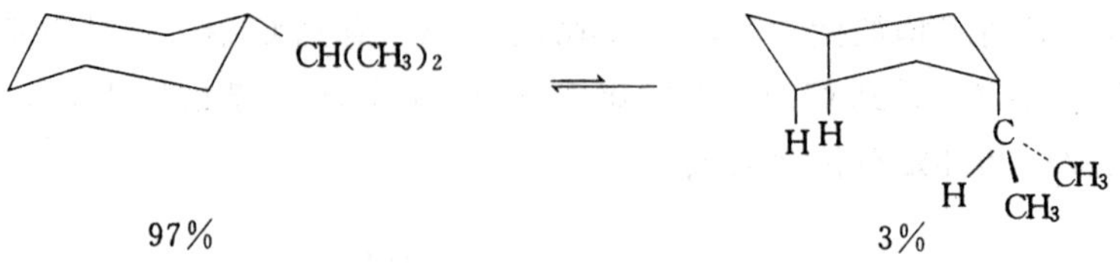

大的叔丁基取代环己烷差不多完全以一种构象存在。

可见在 1-取代环己烷中大基团处于 e 键的构象较稳定。

根据平衡常数 k，可换算出平伏键与直立键两种构象位能之差 ΔG^0（$\Delta G^0 = -RT\ln K$）（见表 3-3）。由表中的数据可粗略估计两种构象之间的位能差，并可用来判断多取代环己烷不同构象的稳定性。

表 3-3 一取代环己烷平直键构象间的位能差

基　团	$-\Delta G^0 /\text{kJ} \cdot \text{mol}^{-1}$	基　团	$-\Delta G^0 /\text{kJ} \cdot \text{mol}^{-1}$
CH_3-	7.1	$F-$	1.0
CH_3CH_2-	7.5	$Cl-$	2.1
$HC\equiv C-$	1.7	$Br-$	2.1
$(CH_3)_2CH-$	8.8	$I-$	1.9
$(CH_3)_3C-$	20.9～25.1	$HO-$	4.2
C_6H_5-	13.0	CH_3O-	2.3
		$CN-$	0.8
		$COOH-$	5.9
		H_2N-	～6.3

二、二取代环己烷

反-1,2-二甲基环己烷两个椅式构象：一个为 ee 型，另一个为 aa 型。

ee型 　　　　　　　　　　　　　　　aa型

据表 3-3 的数值计算，它们的能量差应为 $7.1 \times 2 = 14.2$ kJ/mol。计算时把甲基作为孤立的基团来对待,没有考虑到两个相邻基团的相互作用。

如果沿 C^1—C^2 看去,则可得到它们的纽曼投影式:

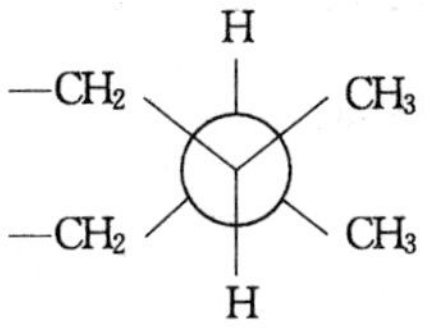

ee型
两个甲基为邻位交叉

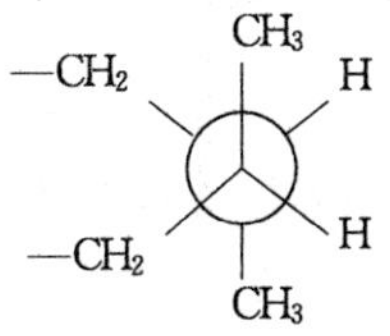

aa型
两个甲基为反式交叉

ee 型两个甲基为邻位交叉,aa 型两个甲基为反式交叉。它们的差别类似于正丁烷的两种构象的能量差,其值约为 3.3 kJ/mol。

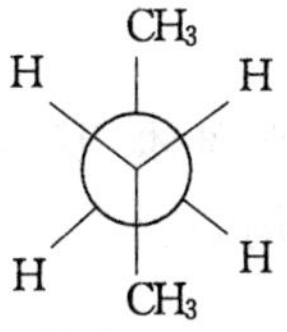

正丁烷反式交叉

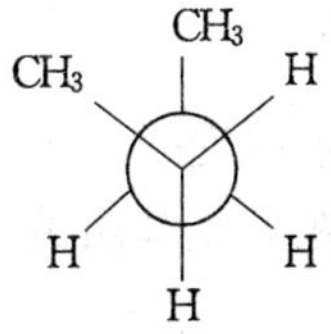

正丁烷邻位交叉

因此两个构象的能量差应为:14.2-3.3=10.9 kJ/mol,ee 型比 aa 型稳定。

顺-1,2-二甲基环己烷两个椅式构象为 ae 型和 ea 型,它们具有相等的能量及相同的稳定性。

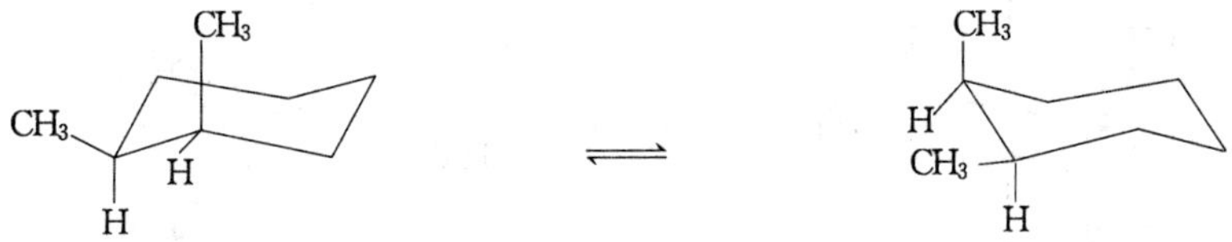

ae 型

ea 型

顺-1,2-二甲基环己烷与反-1,2-二甲基环己烷之间的能量差应为甲基的直立键及平伏键之间的能量差,其值为 7.1 kJ/mol。与实测值 6.4 kJ/mol 十分接近。

顺-1,2-二甲基环己烷(ae 型)

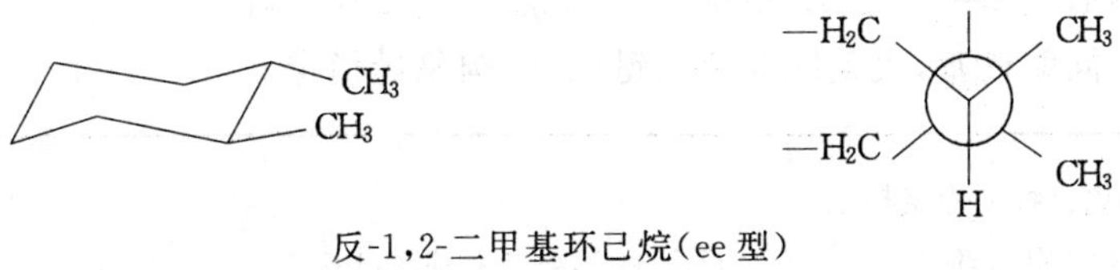

反-1,2-二甲基环己烷(ee 型)

顺-1,2-二甲基环己烷与反-1,2-二甲基环己烷不能互相转化,其能量差是指它们的内能差。切记不可与构象异构混淆。

顺-4-叔丁基甲基环己烷的构象,由于叔丁基庞大,它总是处于 e 键。

1

2

1 和 **2** 两个构象的能量差约为 $23.0-7.1=15.9$ kJ/mol,**1** 为优势构象。

通常环己烷上的叔丁基总是以平伏键与环相连接,因此可把叔丁基作为控制环构象的操纵基团,用以研究环上平伏键及直立键的物理及化学性质。

三、多取代环己烷

多取代环己烷命名时选择一个编号最小的基团作为对照基团,其他取代基以此为标准来决定顺和反。命名时在对照基团编号的前面加一个字母 r,例如:

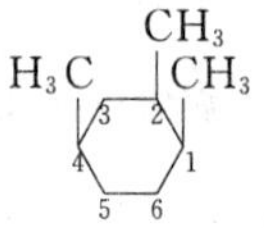

r-1,顺-2,顺-4-三甲基环己烷 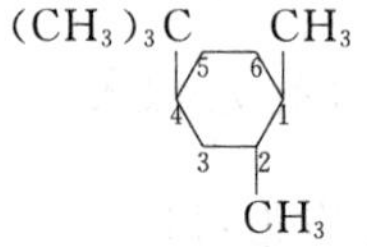   r-1,反-2-二甲基-顺-4-叔丁基环己烷

r-1,顺-2,顺-4-三甲基环己烷的稳定构象为 **4**。**3** 与 **4** 能量差为 7.1 kJ/mol。

3
(aae)

4
(eea)

r-1,反-2-二甲基-顺-4-叔丁基环己烷的稳定构象为 **5**。

5

6

5 与 **6** 的能量差约为 $23.0-7.1\times2=8.8$ kJ/mol。

从许多实验事实可总结出如下规律:

(1)具有相同取代基的环己烷,平伏键(e)最多的构象最稳定。

(2)环上有不同取代基,大基团在平伏键(e)的构象最稳定。

问题3-6 写出下列化合物的稳定构象。

(1)反和顺-1,3-二甲基环己烷   (2)反和顺-1,4-二甲基环己烷

(3) 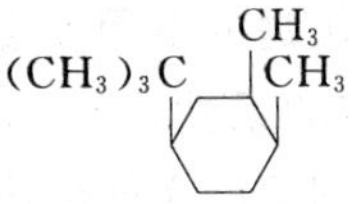 $(CH_3)_3C$ —[环己烷, CH₃/CH₃取代]   (4) 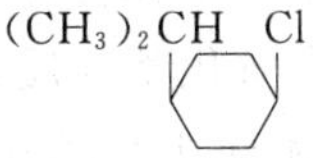 $(CH_3)_2CH$ —Cl [环己烷取代]

问题3-7 杀虫剂六六六(六氯环己烷 [结构式:六氯环己烷] 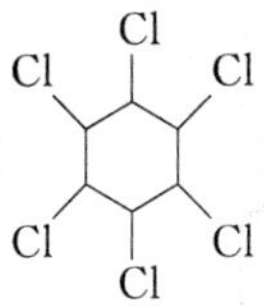)应有八种异构体,它是由苯在紫外光照射下与氯加成产生

的。其中最稳定的是 β-异构体,但杀虫效能差,杀虫效能最高的是 γ-异构体([结构式]),含量约 15%。

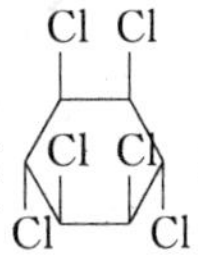

(1) 写出 β-异构体的构型式及稳定构象。

(2) 写出 γ-异构体的稳定构象。

3.7 十氢化萘的构象

十氢化萘有顺反异构:

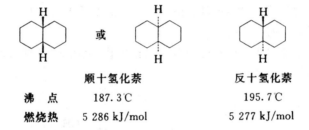

	顺十氢化萘	反十氢化萘
沸 点	187.3℃	195.7℃
燃烧热	5 286 kJ/mol	5 277 kJ/mol

桥头上的氢可省去,用圆点表示向上方伸出的氢:

顺十氢化萘   反十氢化萘

从燃烧热可以看出反十氢化萘较稳定,它的稳定性从分子的键能得不到解释,这是由分子内的非键张力引起的,与自身构象的稳定性有关。

顺、反十氢化萘都由两个椅式构象组成。如果把一个环当做另一环的取代基。则顺十氢化萘两环以 ae 键相连,反十氢化萘以 ee 键相连,反十氢化萘比顺十氢化萘稳定。

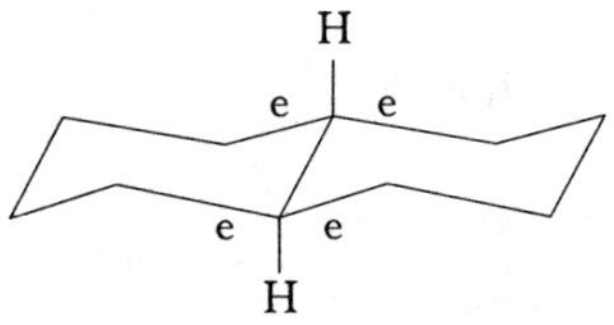

反十氢化萘 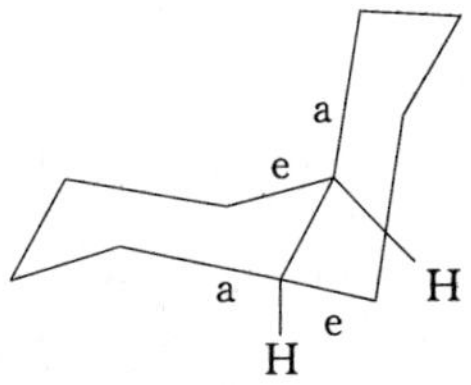   顺十氢化萘

反式的十氢化萘是刚性的结构,它不易发生翻转,因翻转后 2 个平伏键的亚甲基变成 2 个直立键的亚甲基,能量增加很多。顺式的十氢化萘与反式的相比有一定的柔性,当 1 个环发生翻转时,2 个亚甲基变化不大,仍为平伏键和直立键,2 个构象能量基本相同,这种情况类似于 1,2-二甲基环己烷,因此 2 个构象可互相转化。

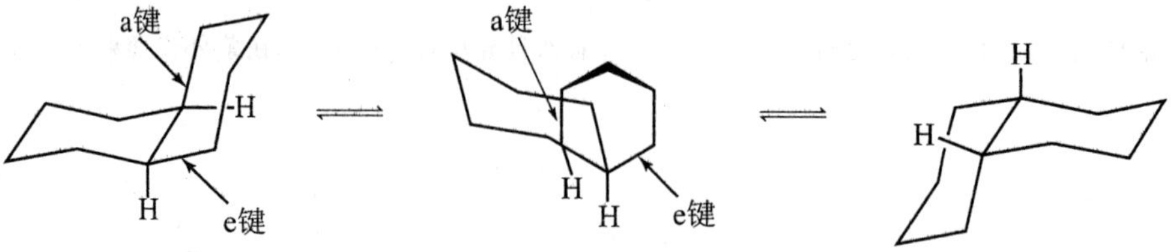

问题 3-8 写出下列化合物可能的稳定构象。

(1) 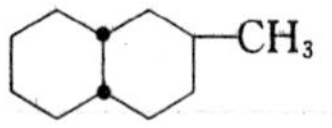   (2)

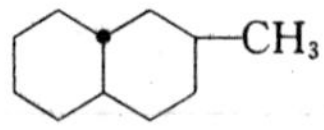

3.8 脂环烃的工业来源

五元、六元环烃存在于石油中,如环己烷、甲基环己烷、甲基环戊烷等。粗苯中存在环戊二烯。这些环烃可从石油产品中直接获得。

来源于植物的香精油主要有脂环烃及其含氧衍生物(见第 22 章萜),例如:

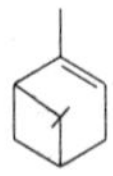

α-蒎烯
(存在于松节油中)

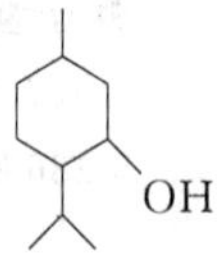

薄荷醇(menthol)
(存在于薄荷油中)

工业上也常用芳香化合物的还原来制备环己烷及其衍生物,例如:

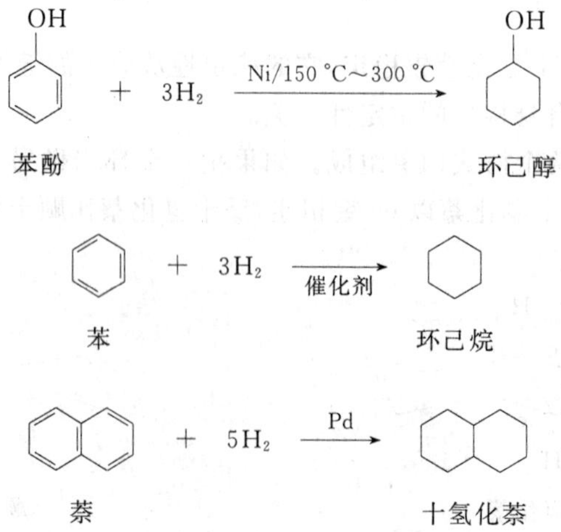

苯酚   +   3H₂   Ni/150 ℃～300 ℃   环己醇

苯   +   3H₂   催化剂   环己烷

萘   +   5H₂   Pd   十氢化萘

3.9 脂环烃的制备

狄尔斯—阿德尔反应是合成六元环及桥环化合物的重要反应(见 18.2 节),例如:

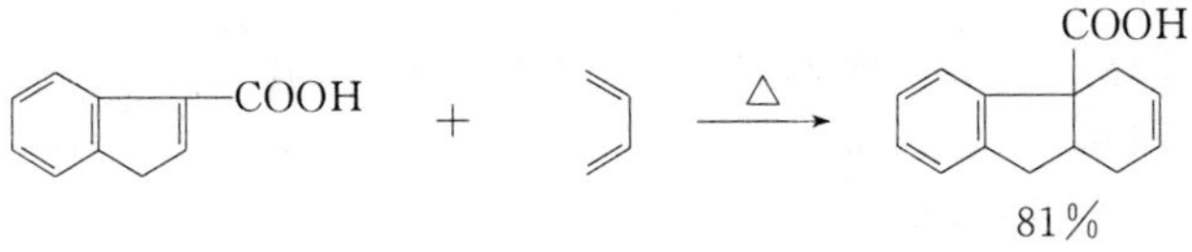

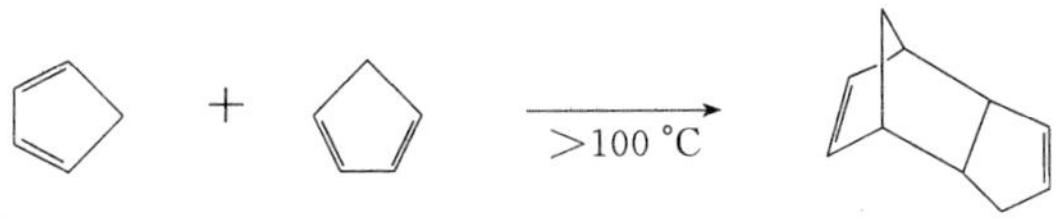

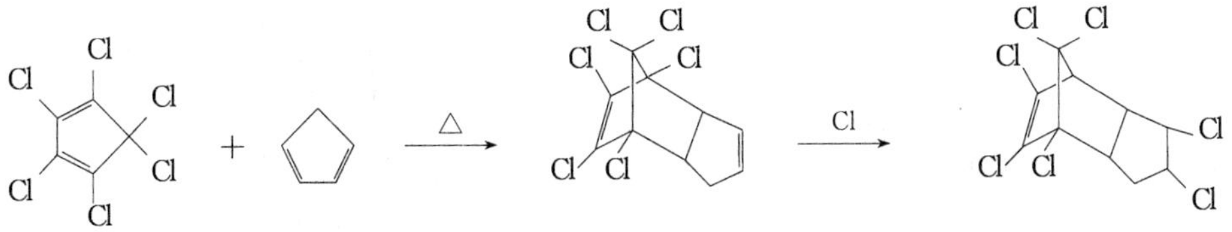

杀虫剂氯丹(chlorodane)

烯可由邻二卤代物脱卤制备:

$$CH_3-\underset{X}{CH}-\underset{X}{CH}-CH_3 \xrightarrow{Zn} CH_3CH{=}CHCH_3 + ZnX_2$$

如果两个卤素连在 C^1 和 C^3 上,用锌粉脱卤素得到环丙烷,这是制备环丙烷的方法。

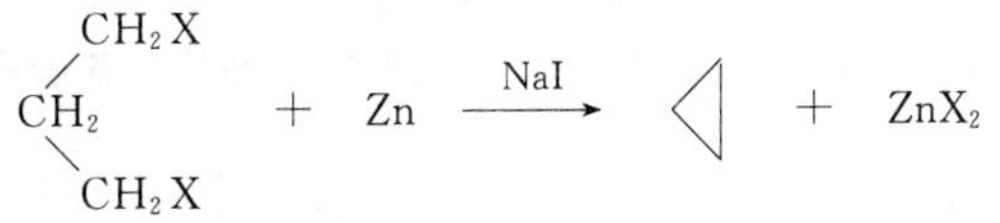

此方法也可用于制备四元环,但要制备五元以上的环,产率很低,无合成价值。

1959 年西蒙斯—史密斯(Simmons-Smith)提出了一个合成环丙烷的好方法,即在锌—铜合金存在下,二碘甲烷与烯作用生成环丙烷及衍生物。

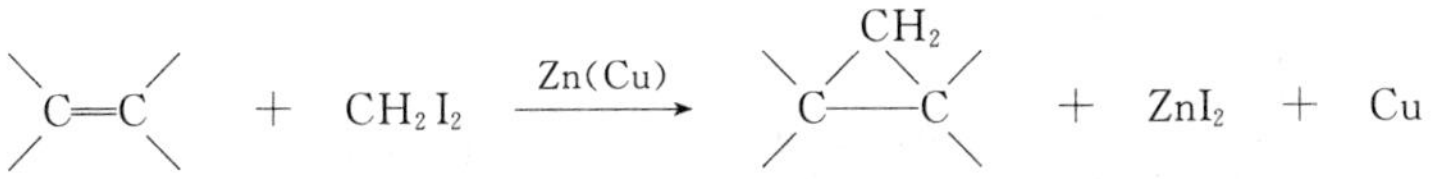

实际的反应试剂是由二碘甲烷与锌生成的有机锌化合物(ICH_2ZnI),它在与烯加成的反应中提供了亚甲基。亚甲基是卡宾中间体,在此反应中并未完全游离出来,因此称为类卡宾试剂。反应为一步历程,因此加成立体化学为顺式加成。

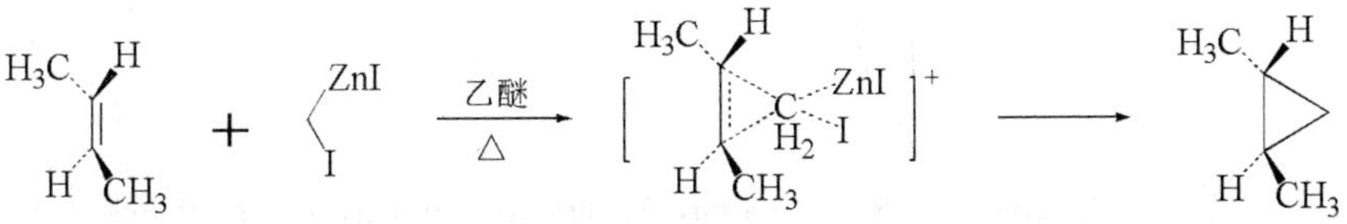

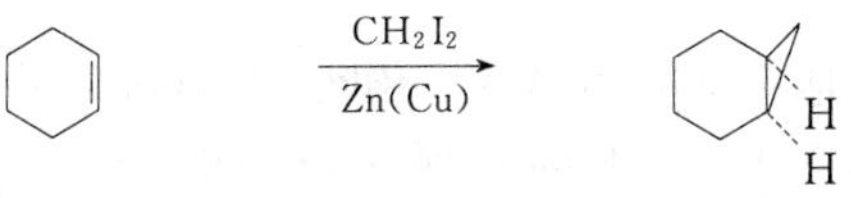

习　　题

1. 试写出下列化合物的结构式。

　(1)1-氯双环[2.2.2]辛烷　　　(2)环戊基乙炔　　　(3)反-1,3-二氯环丁烷

　(4)1-isopropyl-4-methyl-bicyclo[3.1.0]2-hexene　　(5)3-methyl cyclopentene　　(6)bicyclo[3.2.1]octane

2. 命名下列化合物(后三种包括英文命名)。

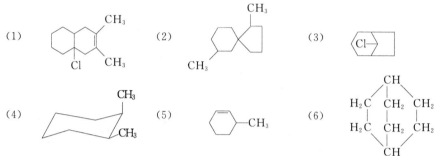

3. 写出下列化合物的最稳定的构象。

　(1)反-1-乙基-3-叔丁基环己烷　　　　　　　　　　(2)顺-4-异丙基氯代环己烷

　(3)1,1,3-三甲基环己烷　　　　　　　　　　　　　(4) $(CH_3)_3C$ 　 Cl / CH_3

4. 化合物 **A** 分子式为 C_4H_8，它能使溴溶液褪色，但不能使高锰酸钾溶液褪色。1mol **A** 与 1mol HBr 作用生成 **B**，**B** 也可以从 **A** 的同分异构体 **C** 与 HBr 作用得到。化合物 **C** 分子式也是 C_4H_8，能使溴溶液褪色，也能使高锰酸钾(酸性)溶液褪色。试推测化合物 **A**、**B**、**C** 的构造式，并写出各步反应式。

5. 完成下列反应：

　(1) $\underset{}{}$C=C$\underset{}{}$ $\xrightarrow{\text{KMnO}_4}$　　　　(2) $\overset{C_2H_5}{\underset{H}{}}$C=C$\overset{H}{\underset{C_2H_5}{}}$ ＋ CH_2I_2 $\xrightarrow{\text{Zn—Cu}}$

　文献题：三元环合成的一个重要方法是卡宾对烯烃的加成，并在实际中得到广泛的应用，完成下列反应：

　(1) $\xrightarrow[\text{50\%aqNaOH}]{\text{CHBr}_3\ n\text{-Bu}_3\text{N}}$ 天然产物 Ishwarone 关键中间体

　(2) $\xrightarrow[\text{50 h}]{\text{CH}_2\text{I}_2/\text{Zn—Cu/Et}_2\text{O}}$　　(3) $\xrightarrow[\substack{\text{K}_2\text{CO}_3/\text{THF}\\ \text{回流 20 h}}]{\text{CH}_2\text{I}_2/\text{Zn—Cu}}$

来源：

(1)R. M. Cory, D. M. T. Chan, F. R. McLaren, M. H. Rasmussen, R. M. Renneboog. Tetrahedron Lett., 1979,43:4133.

(2)G. Mehta, A. N. Murthy, D. S. Reddy, A. V. Reddy. J. Am. Chem. Soc., 1986,108:3443.

(3)E. A. Mash, J. A. Fryling. J. Org. Chem., 1987,52:3000.

第四章 烯 烃

4.1 烯烃的结构和异构

烯烃(alkene)通常是指分子中含有一个碳碳双键 $\diagdown C = C \diagup$ 的烃类化合物。烯烃比相应的饱和烷烃少两个氢原子,因此又称它为**不饱和烃**(unsaturated hydrocarbon),通式为 C_nH_{2n}。

乙烯是最简单的烯烃,分子式为 C_2H_4。乙烯中的碳为 sp^2 杂化,它形成的三个 sp^2 杂化轨道与碳处于同一平面,任何一对轨道之间夹角均为 $120°$(图 4-1)。

乙烯的两个碳各以一个 sp^2 轨道相互结合,形成一个 C—C σ 键,其余两个轨道与氢的 s 轨道结合形成两个 C—H σ 键。分子中六个原子及所形成的五个 σ 键都处在同一平面(图 4-2)。

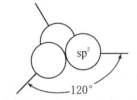

图 4-1 原子轨道:sp^2 杂化轨道

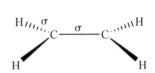

图 4-2 乙烯分子:只表示出 σ 键

剩下的 2p 轨道垂直于 sp^2 杂化轨道所在的平面,两个 p 轨道平行重叠,形成一种新的键,称为 π 键。π 键由两部分组成,一部分电子云在原子平面的上方,另一部分电子云在原子平面的下方(图 4-3)。构成 π 键的电子云称为 π 电子云。

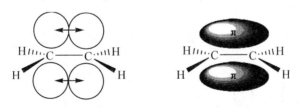

图 4-3 乙烯分子:碳碳双键

乙烯的结构已为电子衍射和光谱研究所证实(图 4-4)。乙烯是一个平面分子,H—C—C 的键角接近于 $120°$,碳碳双键键长 0.134nm。

丙烯(图 4-5)与乙烯结构十分接近,C=C 键长也是 0.134nm,键角接近 $120°$。C—C 单键长 0.150nm,比乙烷中 C—C 单键(0.153nm)略短。

一种解释认为这种关系是由于碳的杂化不同而引起的,烯中碳为 sp^2 杂化,轨道 s 成分大,核对电子云束缚紧,键能增强,键长缩短。另一种解释认为是烷基的给电子作用引起的。

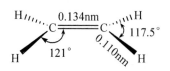

图 4-4　乙烯分子:形状和大小

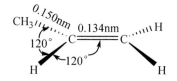

图 4-5　丙烯分子

碳碳双键是由一个 π 键及一个 σ 键组成,这两种键成键的方式不同。σ 键是轨道沿键轴方向进行重叠,电子云呈轴对称,重叠程度大,碳碳结合较紧,键能较高。而 π 键是 p 轨道肩并肩重叠,电子云成平面对称,重叠程度小,π 键键能比 σ 键小(图 4-6)。

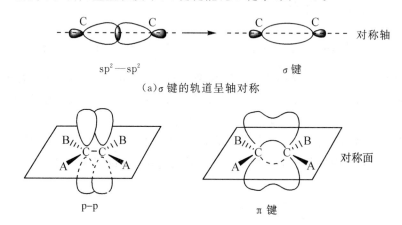

(a)σ 键的轨道呈轴对称

(b)π 键的轨道呈平面对称

图 4-6　σ 键和 π 键的轨道对称性

但是双键由 σ 键与 π 键组成,因此双键比单键的键能大,但其强度又不是单键的两倍:

$$C—C \qquad 361.0 \text{ kJ/mol}$$
$$C=C \qquad 612.5 \text{ kJ/mol}$$

π 键键能约为 $612.5 - 361.0 = 251.5$ kJ/mol,比 σ 键键能小 $361.0 - 251.5 = 109.5$ kJ/mol。π 键的电子受核的束缚小,具有较大的流动性及反应活性,因此烯烃具有较活泼的化学性质。

π 键的成键方式决定它不能像 σ 键那样沿键轴自由旋转,因为旋转结果重叠变小甚至键断裂(图 4-7)。

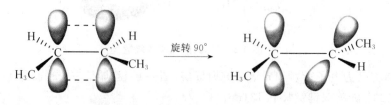

图 4-7　碳碳双键旋转将使 p 轨道间不能重叠,破坏 π 键

π 键旋转受阻产生烯烃的另一种异构现象——**几何异构**(geometrical isomerism)。例如 2-丁烯有两种不同的空间排列方式。其中两个相同基团在异侧的称为**反式**(*trans*),两个相同基团在同侧的称为**顺式**(*cis*)。

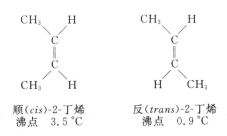

顺(cis)-2-丁烯　　　　　反(trans)-2-丁烯
沸点 3.5°C　　　　　沸点 0.9°C

　　顺-2-丁烯和反-2-丁烯是两种物质,具有不同的沸点及物理性质,由于旋转受阻,除非键断裂,否则两个异构体不能相互转化。

　　是不是任何烯烃都有几何异构呢? 观察乙烯、丙烯、2-甲基-2-丁烯可以发现,它们只有一种排列方式,并无顺、反异构的区别。

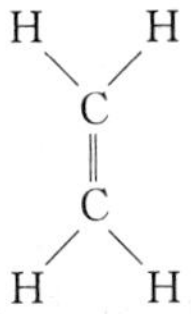

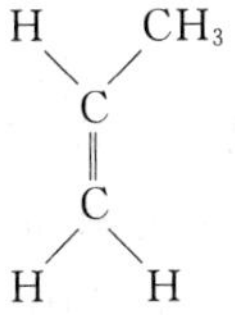

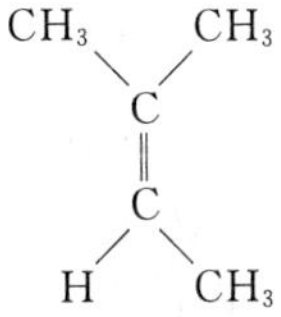

乙烯　　　　　　丙烯　　　　　　　2-甲基-2-丁烯

　　由此可见并不是所有的烯烃都有几何异构,只有当与双键相连的两个碳原子上均带有不同的原子或原子团时才有几何异构现象。例如:

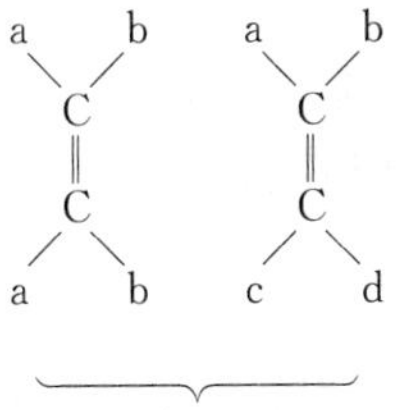

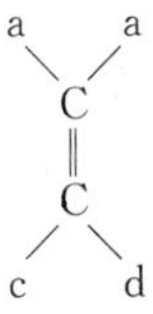

有几何异构　　　　　　　　无几何异构

4.2　烯烃的命名

　　烯烃很少用普通命名法。英文中乙烯$CH_2＝CH_2$ ethylene(＝ethene),丙烯$CH_3CH＝CH_2$ propylene(＝propene)和异丁烯

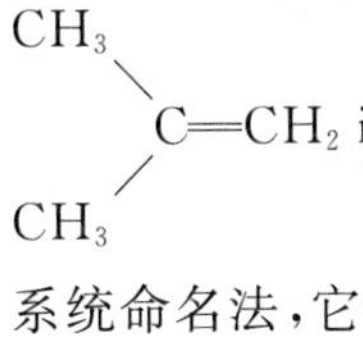

$$\begin{matrix}CH_3\\ \quad\quad\quad\quad C＝CH_2\\ CH_3\end{matrix}$$

isobutylene(＝isobutene)常用普通命名。

　　一般的烯烃都采用 IUPAC 系统命名法,它们的命名原则和烷烃相似。

一、选主链

选择含双键的最长碳链为主链,看做母体,称为某烯。

二、编号

从靠近双键的一端起进行编号,以确定取代基和双键的位置。

注意双键的位置用双键两个碳原子中编号较小的一个标明,放在烯烃名称的前面。例如:

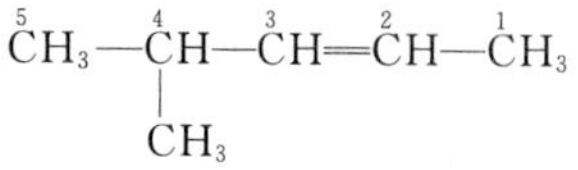

$$\overset{5}{C}H_3-\overset{4}{C}H-\overset{3}{C}H=\overset{2}{C}H-\overset{1}{C}H_3 \quad \text{（正确编号）} \qquad \overset{1}{C}H_3-\overset{2}{C}H-\overset{3}{C}H=\overset{4}{C}H-\overset{5}{C}H_3 \quad \text{（错误编号）}$$
$$\underset{CH_3}{|} \qquad\qquad\qquad\qquad\qquad \underset{CH_3}{|}$$

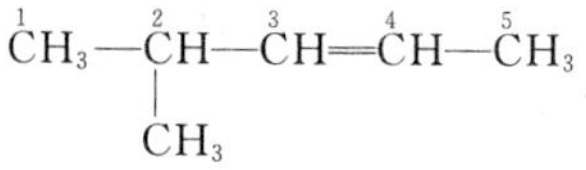

4-甲基-2-戊烯

4-methyl-2-pentene

相应的英文命名与烷烃相似,只要把烷烃的词尾"ane"改为"ene"即可。

三、几何异构的表示

4.1 节中我们用词头顺(cis)和反($trans$)表示烯烃的几何异构,但对于如下的一些烯烃如:

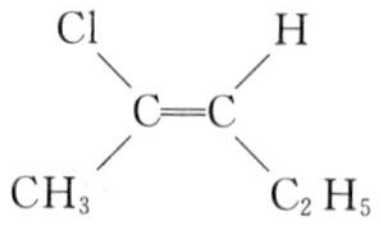

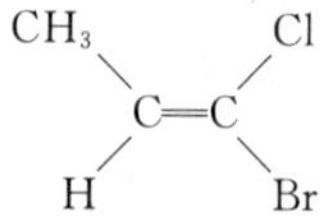

不能用顺、反的方法来说明构型。对于这类烯烃,在 IUPAC 命名中,采用字母"Z"和"E"来表示构型。"Z"表示在碳碳双键上的优先基团在双键同一侧,"E"表示它们在相反的两侧。"Z"和"E"分别来自德文 Zusammen(意为"一起")和 Entgegen(意为"相反")。那么什么是优先基团呢? 基团的优先次序又是怎样排定的呢? 化学家们是用"定序规则"定序的,其内容如下:

(1)如果与双键中某一个碳相连的原子是不相同的,先后次序取决于原子序数,原子序数较大的原子较优先。若是同位素则质量大的优先。

$$Br>Cl>O>N>C>H \qquad\qquad D>H$$

(2)如果相连的两个基团的第一个原子相同,则应把与第一个原子相连的其他原子序数逐个比较,按照原子序数大小排出优先顺序。如果仍相同,则依大小顺序比较各支链,直到有差别为止。

例如 $=C\begin{matrix} CH_3 \\ \\ CH_2CH_3 \end{matrix}$,甲基、乙基的第一个原子都是碳,因此需要往下比,与甲基中碳相连的原子是 H、H、H,在乙基中是 C、H、H,因此乙基优先于甲基。

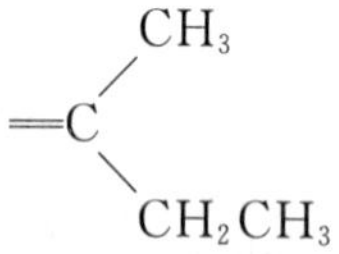

比较异丙基和叔丁基,异丙基中 $-\overset{(1)}{C}H\begin{matrix} CH_3 \\ \\ CH_3 \end{matrix}$ 与 C^1 相连的原子是 C,C,H;叔丁基中

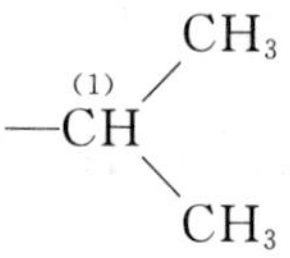

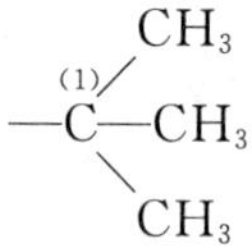

$-\overset{(1)}{\underset{CH_3}{\overset{CH_3}{C}}}-CH_3$ 与 C^1 相连的原子是 C,C,C;因此叔丁基优先。

几种常见的烃基优先顺序为:

$$(CH_3)_3C->(CH_3)_2CH->CH_3CH_2->CH_3-$$

值得注意的是,优先顺序是由原子序数决定的,而不是由体积大小决定的。如:

$$-CH_2Cl \quad > \quad -\overset{CH_3}{\underset{CH_3}{C}}-CH_3$$

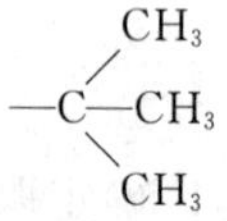

$$(Cl,H,H) \qquad (C,C,C)$$

氯甲基优先于叔丁基。

（3）对含有双键或叁键的原子团，当做两个或三个 C—C 单键看待。仅在构型上有差异的烯 $Z>E$，例如：

$$-CH=CH_2 \quad 当做$$

$$\begin{array}{cc} H & H \\ | & | \\ -C & -C-H \\ | & | \\ (C°) & (C°) \end{array}$$

$$-C\equiv CH \quad 当做$$

$$\begin{array}{cc} (C°) & (C°) \\ | & | \\ -C & -C-H \\ | & | \\ (C°) & (C°) \end{array}$$

比较乙烯基和异丙基

$$-CH=CH_2 \quad 即$$

$$\begin{array}{cc} H & H \\ | & | \\ -C^1 & -C^2-H \\ | & | \\ (C°) & (C°) \end{array} \quad C^1(C,C,H), C^2(C,H,H)$$

$$\begin{array}{c} {}^2CH_3 \\ | \\ -{}^1CH \\ | \\ CH_3 \end{array} \quad C^1(C,C,H), C^2(H,H,H)$$

可得出

$$-CH=CH_2 > \begin{array}{c} CH_3 \\ | \\ -CH \\ | \\ CH_3 \end{array}$$

根据定序规则，下列化合物可命名为：

$$\begin{array}{c} CH_3 \quad CH_2CH_3 \\ \quad | \quad \quad | \\ {}^4C={}^3C \quad {}^1CH_3 \\ {}^6CH_3{}^5CH_2 \quad \quad {}^2CH \\ \quad \quad \quad \quad | \\ \quad \quad \quad \quad CH_3 \end{array}$$

$$\begin{array}{c} CH_3 \quad {}^1CH_3 \\ \quad | \quad \quad | \\ {}^3C={}^2C \\ {}^5CH_3{}^4CH_2 \quad \quad Cl \end{array}$$

(Z)或(反)-2,4-二甲基-3-乙基-3-己烯   (Z)或(顺)-3-甲基-2-氯-2-戊烯

(Z)或(*trans*)-3-ethyl-2,4-dimethyl-3-hexene   (Z)或(*cis*)-2-chloro-3-methyl-2-pentene

注意 Z 和 E、顺和反是两种不同的表示烯烃构型的方法。一般在二取代乙烯中 Z－顺或 E－反是一致的，在许多情况下则不同。

和烷基相似，烯烃失去一个氢剩下的原子团是烯基。一些简单烯基的中英文名称如下：

$$CH_2=CH-$$ $$CH_3CH=CH-$$ $$\begin{array}{c} CH_3 \\ | \\ CH_2=C- \end{array}$$ $$CH_2=CH-CH_2-$$

乙烯基   丙烯基   异丙烯基   烯丙基
vinyl   1-propenyl   isopropenyl   allyl

问题4-1 命名下列化合物（汉英对照）。

(1)

$$\begin{array}{c} CH_3\\ |\\ CH\\ CH_3 \quad / \quad CH_3\\ \backslash / \\ C=C\\ / \quad \backslash\\ H \quad CH_3 \end{array}$$

(2)

$$\begin{array}{c} CH_3CH_2 \quad CH_2CH_3\\ CH_3 \quad \backslash \quad / \\ \backslash \quad C=C\\ CH \quad / \quad \backslash \quad CH_2CH_2CH_3\\ |\\ CH_3 \end{array}$$

(3)

$$\begin{array}{c} CH_3 \quad CH_3\\ \backslash \quad / \\ C=C\\ / \quad \backslash\\ CH_3 \quad H \end{array}$$

(4)

$$\begin{array}{c} CH_3 \quad Br\\ \backslash \quad / \\ C=C\\ / \quad \backslash\\ Br \quad CH_3 \end{array}$$（溴：bromo-）

问题4-2 写出下列化合物的构型式。

(1) 2,3-二甲基-2-丁烯　　　(2) 顺-2-甲基-3-庚烯　　　(3) E-2-chloro-2-butene

4.3 烯烃的物理性质

烯烃和烷烃具有基本相似的物理性质（表4-1）。在室温下 $C_2 \sim C_4$ 的烯烃为气体，$C_5 \sim C_{15}$ 为液体，高级烯烃为固体。它们都不溶于水，易溶有机溶剂。密度小于1，但比相应的烷烃略大。烯烃与烷烃类似，沸点随碳原子数的增加而升高。支链化使沸点降低（表4-2）。

表 4-1　烯烃的物理常数表

名　　　称		熔点/℃	沸点/℃	密度/10^3 kg·m^{-3}(20 ℃)
乙　烯	ethene 或 ethylene	−169	−102	
丙　烯	propene 或 propylene	−185	−48	
1-丁烯	1-butene	−184	−6.5	
1-戊烯	1-pentene	−138	30	0.643
1-己烯	1-hexene	−138	63.5	0.675
1-庚烯	1-heptene	−119	93	0.698
1-辛烯	1-octene	−104	122.5	0.716
1-壬烯	1-nonene		146	0.731
1-癸烯	1-decene	−87	171	0.743

表 4-2　丁烯的物理常数

名　　称	构　型　式	熔点/℃	沸点/℃	偶极矩(D)
1-丁烯	$CH_3CH_2CH=CH_2$	−184	−6.5	
顺-2-丁烯	$\begin{array}{c}CH_3 \quad CH_3\\ \backslash \quad /\\ C=C\\ / \quad \backslash\\ H \quad H\end{array}$	−139	4	0.33
反-2-丁烯	$\begin{array}{c}CH_3 \quad H\\ \backslash \quad /\\ C=C\\ / \quad \backslash\\ H \quad CH_3\end{array}$	−106	1	0
异丁烯	$\begin{array}{c}CH_3\\ \backslash\\ C=CH_2\\ /\\ CH_3\end{array}$	−141	−7	

烯烃的极性很弱。但由于双键上有结合得较松的 π 电子,容易流动,因此偶极矩比烷烃的大。从表 4-2 可知,顺-2-丁烯有一定的偶极矩($\mu=0.33D$),这是由于与双键相连的烷基有一定的给电子作用引起的。反-2-丁烯分子两侧都有一个甲基和一个氢,极性方向相反,极性抵消,因此偶极矩为零($\mu=0$)。

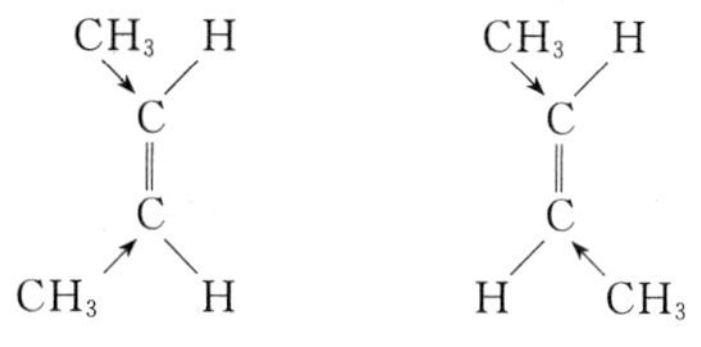

$$\mu=0.33D \qquad\qquad \mu=0$$

从极性大小可推测,在顺、反异构体中,顺式异构体极性较大,沸点通常比反式的高,但它的对称性较差,晶格中分子间距离较大,故熔点较低,表 4-2 中的数据证实了这个推测,当然也不乏例外。

4.4 烯烃的化学性质

烯烃的化学性质与烷烃的不同,非常活泼。它的活泼性主要体现在碳碳双键 $C=C$ 上。明显的原因是碳碳双键由一个 σ 键和一个 π 键组成,其中 π 键较弱,容易被打开,它是反应中心。

为了检验乙烯,通常把它通入溴水,溴水很快褪色,生成无色的 1,2-二溴乙烷。

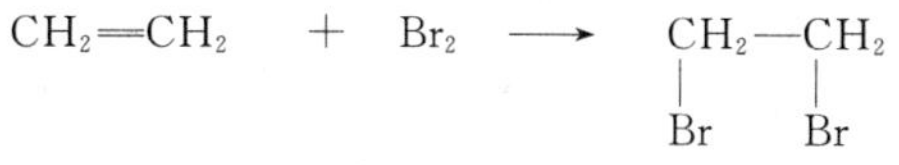

$$CH_2=CH_2 \quad + \quad Br_2 \longrightarrow \quad \begin{array}{c} CH_2-CH_2 \\ | \qquad | \\ Br \quad\; Br \end{array}$$

1,2-二溴乙烷

反应中 π 键被打开,形成两个 σ 键,不饱和的烯变成了饱和的取代烷烃。我们把这类反应称为**加成反应**(addition reaction)。加成反应是烯烃的主要反应。

一、亲电加成反应

烯烃的加成反应,是 π 电子与试剂作用的结果。π 键较弱,π 电子受核的束缚较小,结合较松散,因此可作为电子的来源,给别的反应物提供电子。反应时,把它作为反应底物,与它反应的试剂应是缺电子的化合物,俗称**亲电试剂**(electrophilic reagent)。这些物质有酸中的质子、极化的带正电的卤素如 $Br^{\delta+}—Br^{\delta-}$ 等,因此烯烃与亲电试剂加成称为**亲电加成反应**(electrophilic addition reaction)。常用的亲电试剂是卤化氢、水、卤素等。

1. 加卤素(亲电加成历程)

烯烃与卤素加成生成邻二卤代物,反应在常温下就可迅速、定量进行,这是制备邻二卤代物的最好方法。

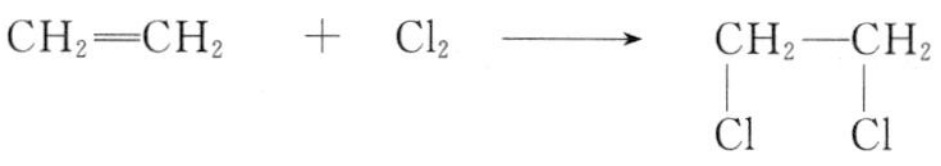

$$CH_2=CH_2 \quad + \quad Cl_2 \longrightarrow \quad \begin{array}{c} CH_2-CH_2 \\ | \qquad | \\ Cl \quad\; Cl \end{array}$$

1,2-二氯乙烷

乙烯与氯加成生成的 1,2-二氯乙烷是很好的溶剂及重要的工业原料,从它可制氯乙烯,氯乙烯是合成塑料聚氯乙烯的原料。

$$\underset{\underset{Cl}{|}}{CH_2}-\underset{\underset{Cl}{|}}{CH_2} \quad \xrightarrow[\text{或加 NaOH}]{\text{加热裂解}} \quad \underset{\underset{Cl}{|}}{CH_2}=CH \quad + \quad HCl$$

氯乙烯

乙烯加溴,现象明显,溴的红棕色迅速褪去,生成无色的 1,2-二溴乙烷,实验室和工业上常利用溴的四氯化碳溶液与烯作用来鉴别烯烃。例如:

$$(CH_3)_2CHCH=CHCH_3 \quad + \quad Br_2 \quad \xrightarrow[0\,℃]{CCl_4} \quad (CH_3)_2CH-\underset{\underset{Br}{|}}{CH}-\underset{\underset{Br}{|}}{CH}-CH_3$$

4-甲基-2-戊烯   2-甲基-3,4-二溴戊烷

100%

氟与烯烃反应太激烈,得到的大部分是分解物。

卤素与烯烃加成活性顺序为:

$$F > Cl > Br \gg I$$

卤素与烯烃加成,形成二卤化物,这两个卤原子是同时加上去的,还是分两步加上去的呢?这可通过实验确定。

将乙烯通入含氯化钠的溴水溶液中,所得的产物除预期的 1,2-二溴乙烷外,还有 1-氯-2-溴乙烷及 2-溴乙醇。

$$CH_2=CH_2 \quad \xrightarrow[H_2O/NaCl]{Br_2} \quad \begin{cases} \underset{\underset{Br}{|}\quad\underset{Br}{|}}{CH_2-CH_2} & \text{1,2-二溴乙烷} \\[2ex] \underset{\underset{Br}{|}\quad\underset{Cl}{|}}{CH_2-CH_2} & \text{1-氯-2-溴乙烷} \\[2ex] \underset{\underset{Br}{|}\quad\underset{OH}{|}}{CH_2-CH_2} & \text{2-溴乙醇} \end{cases}$$

如果加成是一步进行,即两个溴原子同时加上去,产物只有 1,2-二溴乙烷。

$$\underset{Br——Br}{\overset{CH_2=CH_2}{\vdots\quad\vdots}} \quad \longrightarrow \quad \underset{\underset{Br}{|}\quad\underset{Br}{|}}{CH_2-CH_2}$$

现产物中有 1-氯-2-溴乙烷及 2-溴乙醇,说明反应是分步进行的。

既然反应是分步进行的,那么首先加上去的是正离子还是负离子呢?这与烯的 π 键性质有关。烯中的 π 电子是一个电子源,它作为一个碱,首先与卤素正离子反应,难以理解的是卤素是一个非极性化合物,怎么能离解出卤素正离子(X^+)呢?

实验证明,烯烃和溴在干燥的四氯化碳中反应慢,要几小时,甚至几天才能完成;置于涂有石蜡的玻璃器皿中更难反应,但在溶液中加入少量极性分子,例如水,反应迅速进行,即刻完成,可见反应需要极性条件。

在极性的环境中,烯中的 π 电子容易极化,极化后双键的一个碳原子带微量正电荷(δ^+,

$\overset{\delta+}{CH_2}=\overset{\delta-}{CH_2}$),当溴接近 π 键时,受到极化的 π 键的影响,也发生极化($Br^{\delta+}$—$Br^{\delta-}$),极化的溴分子中的正端与 π 电子结合,形成碳正离子,溴上的未共用电子对与碳正离子的空轨道结合形成含溴的带正电的三元环中间体称为溴鎓离子(cyclic bromonium),反应是亲电的。溴鎓离子不稳定,受到溴负离子从背面的进攻,形成二溴代物,两个溴分别从双键的两侧加上,称这种加成为**反式加成**(图 4-8)。式中的弯箭头"⌒"表示电子转移的方向,这是有机化学中用于表示电子转移的符号。溴鎓离子与氯负离子结合,形成 1-氯-2-溴乙烷。与水结合再去质子形成 2-溴乙醇。

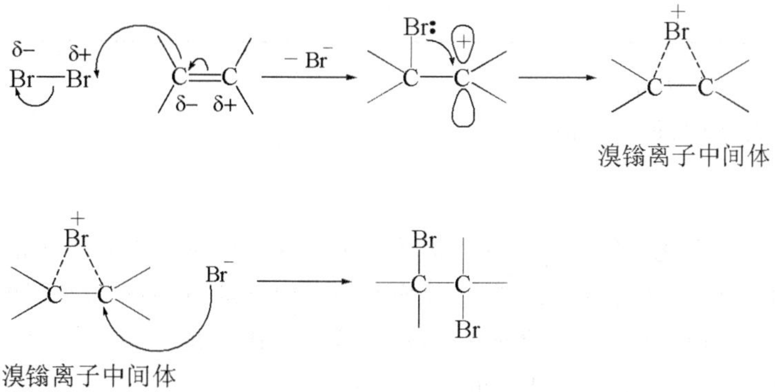

图 4-8 烯烃加溴的历程

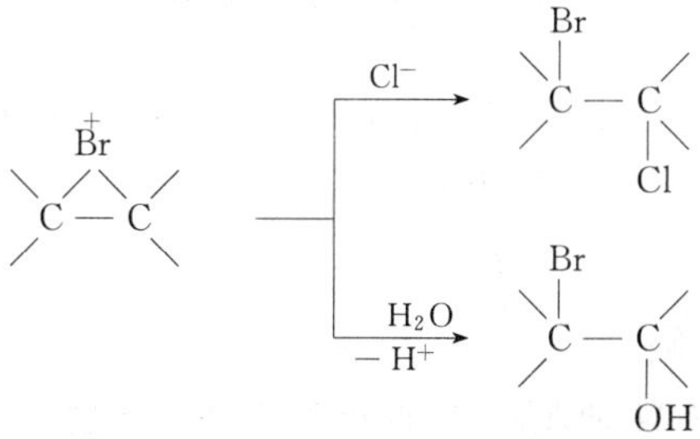

尽管反应中得到三个产物,但这三个反应具有相同的速率,说明亲电加溴的第一步是决速的慢步骤。

乙烯与氯化钠水溶液不反应,说明无论是氯负离子或水分子都不能代替溴与烯作用,首先加上去的离子不是负离子,而是溴正离子,进一步证明加成是亲电的历程。反式加成可从环己烯与溴的加成中直观地观察到。

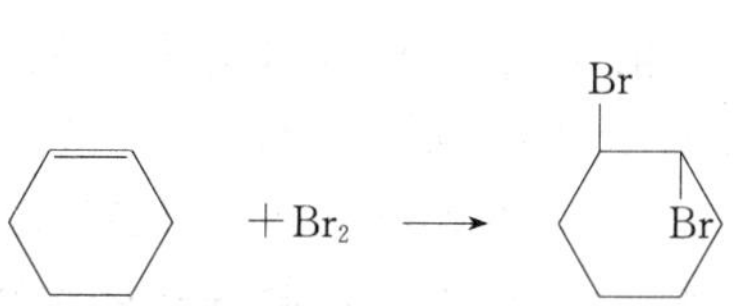

把溴与烯的加成扩大到卤素,综上所述得出如下结论:卤素与烯的加成是亲电的两步历程。第一步,卤素正离子与烯加成,得三元环的卤正离子(活性中间体),这是决速步骤;第二步,带负性的部分从三元环的反面进攻,得加成产物,加成是反式的。

问题4-3 在甲醇溶液中,溴与乙烯加成不仅产生 1,2-二溴乙烷,还产生 $BrCH_2CH_2OCH_3$,怎样解释反应结果?写出反应历程。

问题4-4 完成下列反应。

(1) ⬠ + Br_2 ⟶

(2) △ + Br_2 ⟶

(3) $\underset{H}{\overset{CH_3}{C}}=\underset{CH_3}{\overset{H}{C}}$ $\xrightarrow{Br_2}$

(4) $\underset{H}{\overset{CH_3}{C}}=\underset{H}{\overset{CH_3}{C}}$ $\xrightarrow{Br_2}$

问题4-5 列出下列烯烃与溴加成的活性顺序，并简单解释。

$CH_3CH=CH_2$ $\quad$ $(CH_3)_2C=CH_2$ $\quad$ $H_2C=CH_2$ $\quad$ ⬡—$CH=CH_2$ $\quad$ $(CH_3)_2C=C(CH_3)_2$

---

2. 加卤化氢（加成取向和重排）

烯烃与卤化氢加成，得到一卤代烷。

$$CH_2=CH_2 \quad + \quad HX \quad \longrightarrow \quad CH_3CH_2X$$

通常是将干燥的卤化氢气体直接通入烯烃中进行这个反应。浓的氢碘酸和氢溴酸也能进行这个反应，但浓盐酸需加三氯化铝催化，反应常用二硫化碳、石油醚或冰醋酸作为溶剂。

乙烯同卤化氢反应，首先氢离子进攻 π 键，形成一个碳正离子中间体，然后再与卤负离子结合形成一卤代物，这是制取一卤代物的重要方法。

$$CH_2=CH_2 \quad + \quad H^+ \xrightarrow{\text{慢}} CH_3—CH_2^+ \xrightarrow[\text{快}]{X^-} CH_3CH_2X$$

反应是亲电的分步历程。亲电的 H^+ 进攻烯烃的一步是决速步骤，因此反应活性与酸的强度密切相关，烯与卤化氢反应活性顺序：

$$HI > HBr > HCl$$

(1) 加成取向——马氏规则

丙烯和卤化氢加成预计有两种取向，因此能产生两种产物：1-卤代烷及 2-卤代烷。

$$CH_3—CH=CH_2 \longrightarrow CH_3CH_2CH_2X \qquad \text{1-卤代烷（次）}$$
$$\overset{\frown}{H—X}$$

$$CH_3—CH=CH_2 \longrightarrow CH_3—\underset{X}{CH}—CH_3 \qquad \text{2-卤代烷（主）}$$
$$X—H$$

对于不对称烯的加成方向，俄国化学家马尔柯夫尼柯夫〔马尔柯夫尼柯夫（Vladimir Markownikoff, 1839—1904），俄国化学家，生于高尔基。1856 年入喀山大学法律系，为布特列洛夫学生，毕业后留校任教。1873 年起任莫斯科大学教授，他发现了氢卤酸加在双键上的位置规律，后人称之为马氏加成规律。〕指出：**在不对称烯烃的加成中，氢总是加在含氢较多的碳上。** 通常称这个取向规则为马尔柯夫尼柯夫规则，简称**马氏规则**。

根据马氏规则，异丁烯与溴化氢加成的主要产物为 2-甲基-2-溴丙烷。

$$CH_3—\underset{CH_3}{\overset{CH_3}{C}}=CH_2 \xrightarrow{HBr} \begin{cases} \xrightarrow{\text{快}} (CH_3)_2\underset{Br}{C}CH_3 \quad (90\%) \quad \text{2-甲基-2-溴丙烷} \\ \\ \xrightarrow{\text{慢}} (CH_3)_2CHCH_2Br \quad (10\%) \quad \text{2-甲基-1-溴丙烷} \end{cases}$$

与实验结果一致,这种只生成或差不多只生成一个产物的反应称为**区域选择性反应**（regioselective reaction）。

下面是几个有代表性的烯烃同氯化氢的加成反应,其取向符合马氏规则:

A.
$$CH_3-CH=CH_2 \xrightarrow{HCl}$$
丙烯

快 → $CH_3\overset{+}{C}HCH_3$　2°碳正离子 $\xrightarrow{Cl^-}$ CH_3CHCH_3 | Cl　2-氯丙烷（主）

慢 → $CH_3CH_2\overset{+}{C}H_2$　1°碳正离子 $\xrightarrow{Cl^-}$ $CH_3CH_2CH_2Cl$　1-氯丙烷（次）

B.
$$CH_3-C=CH_2 \quad | \quad CH_3 \xrightarrow{HCl}$$
异丁烯

快 → $CH_3-\overset{+}{C}-CH_3$ | CH_3　3°碳正离子 $\xrightarrow{Cl^-}$ $CH_3-\overset{Cl}{\underset{CH_3}{C}}-CH_3$　2-甲基-2-氯丙烷　100%

✗ → $CH_3-CH-\overset{+}{C}H_2$ | CH_3　1°碳正离子 $\xrightarrow{Cl^-}$ $CH_3-CH-CH_2Cl$ | CH_3　2-甲基-1-氯丙烷　0%

C.
$$CH_3-CH=C-CH_3 \quad | \quad CH_3 \xrightarrow{HCl}$$
2-甲基-2-丁烯

快 → $CH_3CH_2-\overset{+}{C}-CH_3$ | CH_3　3°碳正离子 $\xrightarrow{Cl}$ $CH_3CH_2-\overset{CH_3}{\underset{Cl}{C}}-CH_3$　2-甲基-2-氯丁烷（主）

慢 → $CH_3\overset{+}{C}H-\overset{CH_3}{\underset{H}{C}}-CH_3$　2°碳正离子 $\xrightarrow{Cl^-}$ $CH_3\overset{Cl}{C}H-\overset{CH_3}{\underset{H}{C}}-CH_3$　2-甲基-3-氯丁烷（次）

加成反应的取向,实质上是个反应速度问题。在加成反应的两步历程中,第一步即形成碳正离子的一步是速度决定步骤,它的快慢决定了加成的取向,如丙烯与氯化氢加成(反应 A),产物主要是 2-氯丙烷,说明氢离子加在 C^1 上形成 2°碳正离子的速度快,而氢离子加在 C^2 上形成 1°碳正离子的速度慢。

$$CH_3\overset{2}{C}H=\overset{1}{C}H_2 \quad \underset{H^+}{\quad} \longrightarrow CH_3\overset{+}{C}HCH_3 \quad 快$$
2°碳正离子

$$CH_3\overset{2}{C}H=\overset{1}{C}H_2 \quad \underset{H^+}{\quad} \longrightarrow CH_3CH_2\overset{+}{C}H_2 \quad 慢$$
1°碳正离子

同理从反应 B 可知,形成 3°碳正离子比形成 1°碳正离子的速度快,从反应 C 可知形成 3°碳正离子的速度比形成 2°碳正离子的速度快,总的顺序为 3°＞2°＞1°。

为什么会有这样的速度顺序呢？这与碳正离子的结构及其稳定性有关。

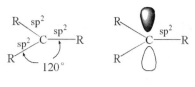

图 4-9　碳正离子

碳正离子(carbonium ion)与自由基一样，是一个活泼中间体。碳正离子带有一个正电荷，最外层有 6 个电子。带正电荷的碳原子以 sp^2 杂化轨道与 3 个原子(或原子团)结合，形成 3 个 σ 键，与碳原子处于同一平面(图 4-9(a))。碳原子剩余的 p 轨道与这个平面垂直(图 4-9(b))。碳正离子是平面结构。

1963 年有报道，直接观察到简单的碳正离子，证明了它的平面结构，为碳正离子的存在及其结构提供了实验依据。

自由基除去一个电子形成一个碳正离子所需的能量称为电离势。

$$R\cdot \longrightarrow R^+ + e \qquad \Delta H = 电离势$$

许多自由基的电离势已经测定出来。例如：

$$CH_3\cdot \longrightarrow CH_3^+ + e \qquad \Delta H = 958 \text{ kJ/mol}$$

$$CH_3CH_2\cdot \longrightarrow CH_3CH_2^+ + e \qquad \Delta H = 854 \text{ kJ/mol}$$

$$\underset{\cdot}{CH_3CHCH_3} \longrightarrow \underset{+}{CH_3CHCH_3} + e \qquad \Delta H = 761 \text{ kJ/mol}$$

烷烃的能量几乎是相同的，那么可得出烷基碳正离子的相对稳定性如图 4-10 所示。

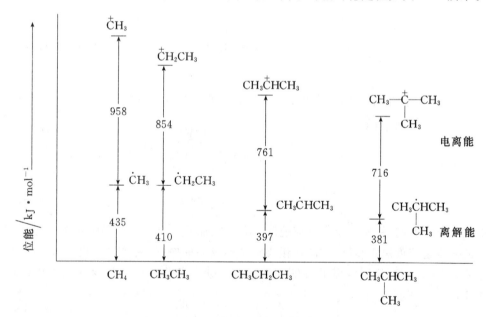

图 4-10　烷基碳正离子的相对稳定性

$$\underset{\overset{|}{\cdot}}{CH_3-\overset{\overset{\textstyle CH_3}{|}}{C}-CH_3} \longrightarrow \underset{\overset{|}{+}}{CH_3-\overset{\overset{\textstyle CH_3}{|}}{C}-CH_3} + e \qquad \Delta H = 716 \text{ kJ/mol}$$

由图 4-10 可明显地看出碳正离子的稳定性顺序为：

$$3° > 2° > 1° > {}^+CH_3$$

碳正离子越稳定,能量越低,形成越容易,加成速度也越快,可见碳正离子的稳定性决定烯烃加成的取向。因此,马氏规则从本质上讲为:**不对称烯烃的亲电加成总是生成较稳定的碳正离子中间体。**例如:

$$CH_3CH_2CH=CH_2 \xrightarrow{H^+}$$

1-丁烯

快 → $CH_3CH_2\overset{+}{C}HCH_3$　较稳定的仲碳正离子　$\xrightarrow{Br^-}$　$CH_3CH_2\underset{|}{\overset{Br}{C}}HCH_3$　80%(主)

慢 → $CH_3CH_2CH_2\overset{+}{C}H_2$　较不稳定的伯碳正离子　$\xrightarrow{Br^-}$　$CH_3CH_2CH_2CH_2Br$　20%(次)

$$CH_3CH=CHCH_2CH_3 \xrightarrow{HI}$$

2-戊烯

$CH_3CH_2\overset{+}{C}HCH_2CH_3$　仲碳正离子(2°)　$\xrightarrow{I^-}$　$CH_3CH_2\underset{|}{\overset{I}{C}}HCH_2CH_3$　3-碘戊烷

$CH_3\overset{+}{C}HCH_2CH_2CH_3$　仲碳正离子(2°)　$\xrightarrow{I^-}$　$CH_3\underset{|}{\overset{I}{C}}HCH_2CH_2CH_3$　2-碘戊烷

等量

2-戊烯加 H^+ 形成的两种碳正离子都是 2°,稳定性差不多,得到几乎等量的两种加成产物。

碳正离子之间的能量差比自由基大得多,例如,叔碳正离子的能量与伯碳正离子的能量差为 167 kJ/mol,而叔碳自由基与伯碳自由基的能量差仅为 29 kJ/mol。

我们也可以从结构的角度来解释碳正离子的稳定性。碳正离子是带电的活性中间体,它的稳定性取决于正电荷的分散程度。下面是几种类型的碳正离子:

$\overset{+}{C}H_3$ 甲基碳正离子　　$CH_3\overset{+}{C}H_2$ 伯碳正离子　　$CH_3\overset{+}{C}HCH_3$ 仲碳正离子　　$CH_3-\underset{\overset{|}{CH_3}}{\overset{\overset{CH_3}{|}}{\overset{+}{C}}}-CH_3$ 叔碳正离子

它们的区别仅在于与碳正离子相连的烷基数不同,相连的烷基数目越多,相应的碳正离子越稳定,可见烷基能分散部分正电荷,它是**推电子基团**(electron-releasing group)。

怎样解释烷基的这种推电子性呢? 与烷基相连的碳正离子为 sp^2 杂化,它有一空的 p 轨道,烷基的 C—H σ 键与空的 p 轨道发生重叠,结果 C—H 键中的电子部分离域到空的 p 轨道中(图 4-11),分散了正电荷,稳定了碳正离子。这种电子离域现象称为**共轭**(conjugation)。由 σ 轨道参与的共轭称为**超共轭**(hyper-conjugation)。

叔丁基碳正离子有 9 个 C—H σ 键参与超共轭,因此最稳定,异丙基碳正离子有 6 个 C—H σ 键参与超共轭,稳定性次之,乙基碳正离子只有 3 个 C—H σ 键参与超共轭,稳定性又低些。

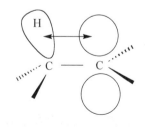

图 4-11　C—H σ 键的超共轭

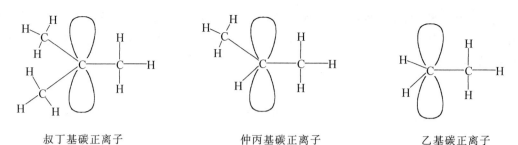

叔丁基碳正离子   仲丙基碳正离子   乙基碳正离子

甲基碳正离子上所连的 C—H σ 键与 p 轨道处于垂直的方向,不能发生重叠,所以没有超共轭,因此甲基碳正离子最不稳定。

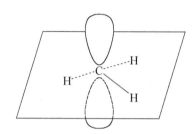

甲基碳正离子

可见参与超共轭的 σ 键越多,正电荷越分散,碳正离子就越稳定。

上一章学习的自由基是另一种缺电子的中间体。它与碳正离子的结构类似,也受到 C—H σ 键的超共轭作用而稳定(图 4-12)。其稳定性顺序:$3° > 2° > 1° > CH_3·$,是由参与共轭的 C—H σ 键的数目所决定的。

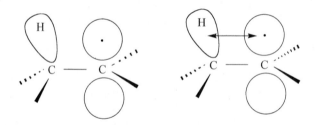

图 4-12　烷基自由基的超共轭

越稳定的碳正离子越容易形成。说明碳正离子的稳定性(及能量)与过渡态的稳定性(及能量)是一致的。怎样解释这种一致性呢? 看看碳正离子形成的过程:

$$\underset{\diagdown}{\diagup} C = C \underset{\diagdown}{\diagup} + H^+ \longrightarrow [—\underset{\underset{H^{\delta+}}{|}}{C} \cdots\cdots C_{\delta+} —] \longrightarrow —\underset{\underset{H}{|}}{C} — \underset{+}{C} —$$

过渡态　　　　　　中间体

一开始反应物中正电荷全部在氢离子上,形成中间体后,正电荷集中在碳上,过渡态中碳氢键部分形成,而双键部分断裂,结果是正电荷分散于碳碳氢之间。推电子的烷基稳定了碳正离子,也稳定了过渡态中早期的碳正离子,降低了活化能。

图 4-13 是丙烯同卤化氢反应的进程图,表明了过渡态稳定性与碳正离子能量高低的一致性。因此,越是稳定的碳正离子形成越快。

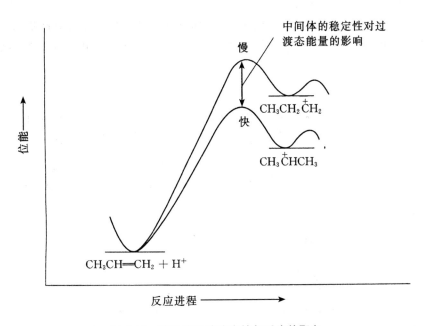

图 4-13　碳正离子的稳定性与反应的取向

（2）碳正离子的重排

某些烯烃同卤化氢的加成有一些特殊的现象,例如 3,3-二甲基-1-丁烯与氯化氢加成,预期得到 2,2-二甲基-3-氯丁烷,实际上加成的主要产物是 2,3-二甲基-2-氯丁烷。

$$CH_3-\underset{\underset{CH_3}{|}}{\overset{\overset{CH_3}{|}}{C}}-CH=CH_2 \xrightarrow{HCl} CH_3-\underset{\underset{Cl}{|}}{\overset{\overset{CH_3}{|}}{C}}-\underset{\underset{CH_3}{|}}{CHCH_3} \quad + \quad CH_3-\underset{\underset{CH_3}{|}}{\overset{\overset{CH_3}{|}}{C}}-\underset{\underset{Cl}{|}}{CH}-CH_3$$

3,3-二甲基-1-丁烯 　　　　　2,3-二甲基-2-氯丁烷 　　　　　2,2-二甲基-3-氯丁烷

　　　　　　　　　　　　　　　62%（主） 　　　　　　　　　　38%（次）

把原料 $CH_3-\underset{\boxed{CH_3}}{\overset{\overset{CH_3}{|}}{C}}-CH=CH_2$ 与产物 $CH_3-\underset{\underset{Cl}{|}}{\overset{\overset{CH_3}{|}}{C}}-CH\,\boxed{CH_3}$ 进行比较,发现甲基的位置发生

了变化,怎样解释这个奇怪的现象呢? 分析反应历程,不难找出合理的答案。反应第一步氢离子加在 C^1 上形成仲碳正离子,与 C^2 相邻的 C^3 上的甲基受到正电荷的吸引,为了减小空间拥挤,带着一对电子迁移到 C^2 上,自身（C^3）形成一个新的叔碳正离子,新形成的叔碳正离子比原有的仲碳正离子稳定。这个新的叔碳正离子结合氯负离子形成主要产物——2,3-二甲基-2-氯丁烷。

$$CH_3-\underset{\underset{CH_3}{|}}{\overset{\overset{CH_3}{|}}{\underset{3}{C}}}-\underset{2}{CH}=\underset{1}{CH_2} \xrightarrow{H^+} CH_3-\underset{\underset{CH_3}{|}}{\overset{\overset{CH_3}{|}}{C}}-\overset{+}{CH}-CH_3 \longrightarrow CH_3-\overset{\overset{CH_3}{|}}{\underset{+}{C}}-\underset{\underset{CH_3}{|}}{CH}-CH_3 \xrightarrow{Cl^-} CH_3-\underset{\underset{Cl}{|}}{\overset{\overset{CH_3}{|}}{C}}-\underset{\underset{CH_3}{|}}{CH}-CH_3$$

　　　　　　　　　　　仲碳正离子 　　　　　　　　叔碳正离子

这种邻近原子之间的迁移称为 1,2 迁移(1,2-shift),这是常见的迁移。通常把基团的迁移称

为**重排**(rearrangement)。一般在生成碳正离子中间体的反应中,相邻有拥挤基团且有生成更稳定碳正离子的可能,这种 1,2 重排均可发生。氢也可带着一对电子发生类似碳的重排,例如:

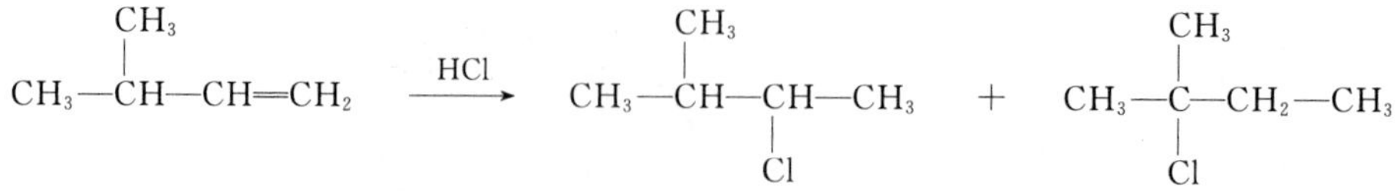

2-甲基-3-氯丁烷   2-甲基-2-氯丁烷
40%   60%

其重排过程如下:

仲碳正离子   叔碳正离子

重排的动力总是倾向形成一个较稳定的碳正离子,在烯烃同卤化氢的加成中,常伴随有重排反应发生。

问题4-6 写出下面重排反应的历程。

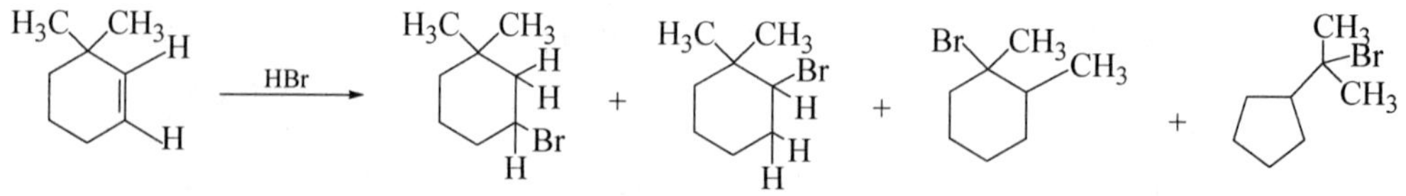

问题4-7 下列化合物与碘化氢进行加成反应时主要产物是什么?
(1)异丁烯   (2)3-甲基-1-丁烯   (3)2,4-二甲基-2-戊烯

---

3. 加浓硫酸(烯烃对酸的反应活性)

烯烃与冷硫酸加成生成硫酸氢酯(alkyl hydrosulfate)。

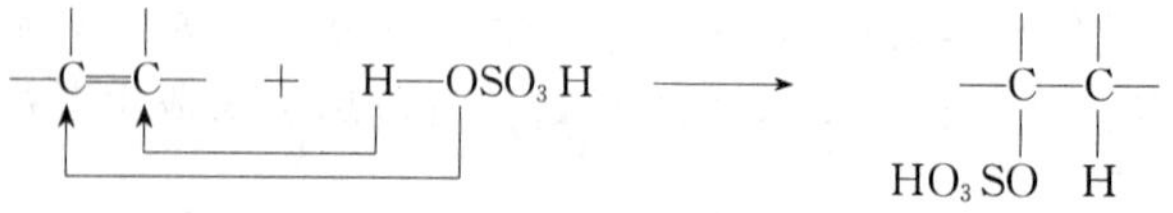

硫酸氢酯

硫酸氢酯溶于硫酸,所以可用浓硫酸除去烷烃中的烯烃杂质。

硫酸氢酯进一步水解得醇,这是合成醇的方法。

$$CH_2{=}CH_2 \xrightarrow{98\% H_2SO_4} CH_3CH_2OSO_3H \xrightarrow[\triangle]{H_2O} CH_3CH_2OH$$

乙醇

烯与硫酸的加成也遵循马氏规则,因此用此方法合成的醇除乙烯外均为仲醇与叔醇。下面是几种烯同硫酸的反应。

$$CH_2{=}CH_2 \xrightarrow{98\%\ H_2SO_4} CH_3\overset{+}{C}H_2 \xrightarrow{HSO_4^-} CH_3CH_2OSO_3H \xrightarrow[\triangle]{H_2O} CH_3CH_2OH$$

乙烯　　　　　　　　1°碳正离子　　　　　　　　　　　　　　　　　　　　乙醇(伯醇)

$$CH_3CH{=}CH_2 \xrightarrow{80\%\ H_2SO_4} CH_3\overset{+}{C}HCH_3 \xrightarrow{HSO_4^-} \underset{OSO_3H}{CH_3CHCH_3} \xrightarrow[\triangle]{H_2O} \underset{OH}{CH_3CHCH_3}$$

丙烯　　　　　　　　2°碳正离子　　　　　　　　　　　　　　　　　　　　异丙醇(仲醇)

$$CH_3{-}\underset{}{\overset{CH_3}{C}}{=}CH_2 \xrightarrow{63\%\ H_2SO_4} CH_3{-}\overset{CH_3}{\underset{}{\overset{+}{C}}}{-}CH_3 \xrightarrow{HSO_4^-} CH_3{-}\overset{CH_3}{\underset{OSO_3H}{C}}{-}CH_3 \xrightarrow[\triangle]{H_2O} CH_3{-}\overset{CH_3}{\underset{OH}{C}}{-}CH_3$$

异丁烯　　　　　　　　3°碳正离子　　　　　　　　　　　　　　　　　　叔丁醇(叔醇)

从上面的反应可以看出,不同的烯烃同硫酸反应,所需的硫酸的浓度不同。换句话说,不同的烯烃与硫酸反应的活性不同,其中异丁烯最快,丙烯次之,乙烯最慢。反应的活性是由反应中产生的碳正离子中间体稳定性决定的。

烯烃与酸的加成反应活性顺序如下:

$$CH_3{-}\overset{CH_3}{\underset{}{C}}{=}CH_2 > CH_3CH{=}CHCH_3,\ CH_3CH_2CH{=}CH_2,\ CH_3CH{=}CH_2 > CH_2{=}CH_2$$

烯烃也可在酸催化下与水加成直接生成醇,这是工业上大规模合成醇的一种重要的方法,常用的酸有稀硫酸和磷酸,如:

$$CH_2{=}CH_2 + H_2O \xrightarrow[300\ ^\circ C]{H_3PO_4} CH_3CH_2OH$$

问题4-8 预计下列各对烯烃与硫酸加成的反应活性。
(1) 丙烯,2-丁烯　　(2) 2-丁烯,异丁烯　　(3) 1-戊烯,2-甲基-1-丁烯　　(4) 丙烯,3,3,3-三氯丙烯

问题4-9 完成下列反应。

(1) $HO\diagdown\diagup\diagdown\diagup\diagdown\diagup\ \xrightarrow{H_2SO_4}$　　(2) $H_2C{=}CH_2 + CH_3COOH \xrightarrow{H^+}$

---

4. 与卤素水溶液的反应

烯烃与氯或溴的水溶液加成,生成 α-卤代醇。反应总的结果相当于加上一个次卤酸分子($HO{:}X^+$),因此通常称为次卤酸加成。

$$\text{环戊烯} \xrightarrow{Cl_2/H_2O} \text{反-2-氯环戊醇}$$

环戊烯　　　　　　　　　反-2-氯环戊醇

反应历程如下:

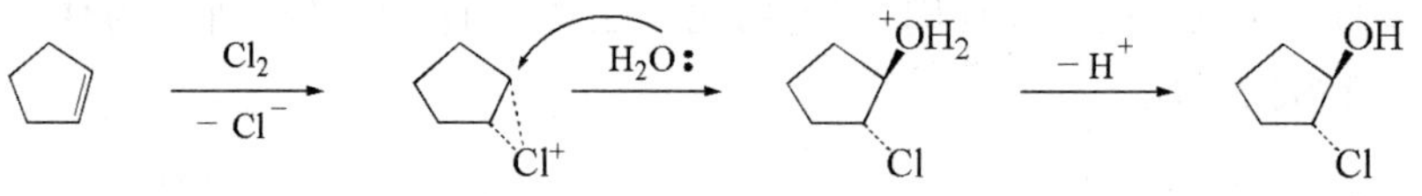

环戊烯　　　　　　　　氯鎓离子　　　　　　　钅羊盐　　　　　　反-2-氯环戊醇

反应第一步是烯加上一个氯正离子,生成含氯的正离子中间体(环状氯正离子,称氯鎓离子)。第二步为水从碳正离子背面进攻,形成钅羊盐,钅羊盐去质子得反-2-氯环戊醇。钅羊盐是羟基氧上的孤对电子($\ddot{O}H$)结合质子形成的盐,加成是反式的。

不对称烯烃同卤素水溶液加成,例如:

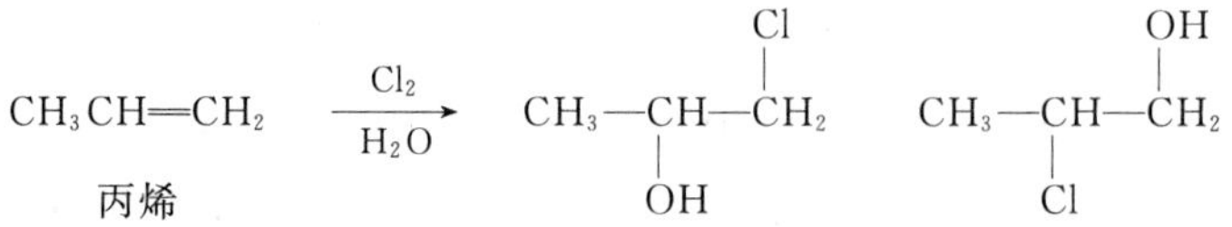

丙烯　　　　　　　　　　　　　　　1-氯-2-丙醇　　　　　2-氯-1-丙醇
　　　　　　　　　　　　　　　　　　91%　　　　　　　　　9%

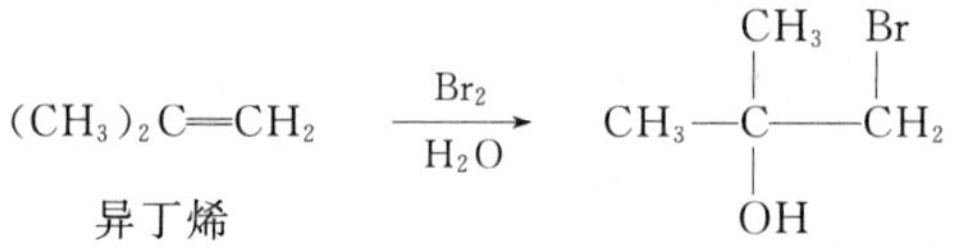

异丁烯　　　　　　　　　　　　2-甲基-1-溴-2-丙醇
　　　　　　　　　　　　　　　　　　77%

加成的取向为卤素加在含氢较多的碳上。

为什么会有这样的取向呢,因为中间体氯鎓离子、溴鎓离子的电荷主要集中在氯和溴上,但也有部分正电荷分散在组成三元环的两个碳上,当两个碳原子不同时,它们分散的电荷也不等,取代多的碳分散的正电荷多,更容易被水进攻。例如:第一个反应中的仲碳正离子和第二个反应中的叔碳正离子都更容易被水进攻,它们决定了反应的取向,主要产物是带正电的卤素加在含氢较多的碳上。

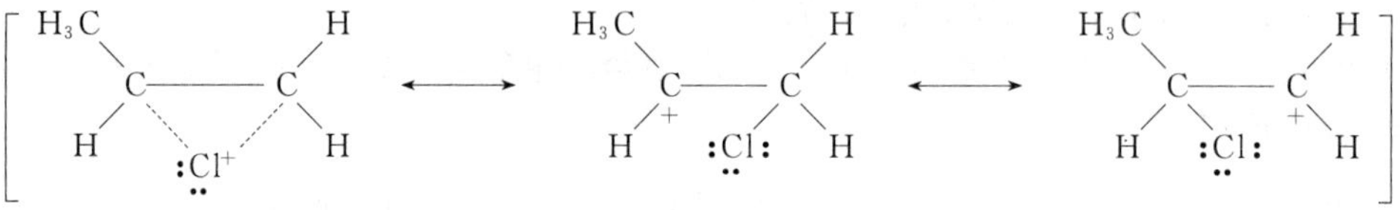

较稳定

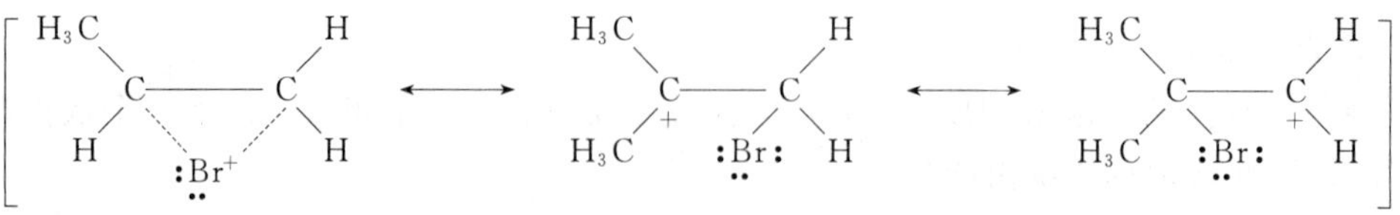

较稳定

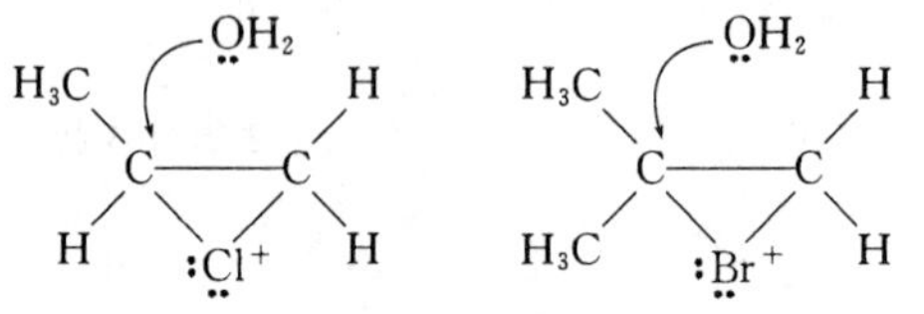

因此马氏规则也可表述为:**带正电性的部分加在含氢较多的碳上。**

碳正离子为什么会同中性的水结合呢? 因为碳正离子是缺电子的,水中氧上的孤对电子($H_2\overset{..}{O}$)是电子给予体,它作为一个碱与碳正离子结合。溶液中的氯负离子也能与碳正离子结合,生成二卤代物。

$$CH_3-\overset{+}{C}H-CH_2\overset{\cdot\cdot\cdot}{\cdot}Cl \quad\xrightarrow[\substack{-H^+ \\ Cl^-}]{H_2\overset{..}{O}}\quad \begin{array}{l} \overset{\displaystyle OH}{CH_3CH-CH_2Cl} \\[2mm] CH_3-CH-CH_2Cl \\ \qquad\qquad\underset{\displaystyle Cl}{|} \end{array}$$

为了避免生成二卤代物的副反应,工业上往往将乙烯通入大量的水中以减少碳正离子与氯负离子相遇的机会。

此反应产生的氯乙醇是制备重要有机原料——环氧乙烷的中间体。

$$\underset{\underset{\displaystyle Cl\ \ HO}{|\quad\ \ |}}{CH_2-CH_2} \quad\xrightarrow{Ca(OH)_2}\quad \underset{\underset{\displaystyle O}{\diagdown\ /}}{CH_2-CH_2} \ +\ H_2O$$

环氧乙烷

问题4-10 完成下列反应。

(1) $CH_3-CH=CH_2\ +\ \overset{\delta+}{I}\overset{\delta-}{Cl}\ \longrightarrow$ (2) $CH_3-CH=CH_2\ +\ HOBr\ \longrightarrow$

(3) $+\ H_2O/Cl_2\ \longrightarrow$ (4) $+\ Br_2/H_2O\ \longrightarrow$

---

5. 硼氢化—氧化(hydroboration-oxidation)

硼烷与烯烃加成,所生成的烷基硼化合物不用分离,直接在碱的存在下用过氧化氢氧化,得到醇。总的结果相当于给烯烃双键加上一分子水。

$$CH_3(CH_2)_3CH=CH_2 \quad\xrightarrow[2)H_2O_2/OH^-]{1)B_2H_6}\quad CH_3(CH_2)_3CH_2CH_2OH$$

得到的醇是反马氏加成的产物,与烯烃的酸催化水合及羟汞化—脱汞互补,是制备醇的一种重要的方法(见9.4节)。

硼氢化是加 BH_3(或 B_2H_6)到烯上,得到三烷基硼。整个过程分三步进行,BH_3 每次与一个烯反应,直到硼上的氢被全部用完。例如硼烷与乙烯的反应:

$$\underset{\underset{\displaystyle H}{|}}{\overset{\overset{\displaystyle H\quad\ H}{\diagdown\ /}}{B}} \quad\xrightarrow{CH_2=CH_2}\quad CH_3CH_2\overset{\overset{\displaystyle H}{|}}{\underset{\underset{\displaystyle H}{|}}{B}} \quad\xrightarrow{2CH_2=CH_2}\quad (CH_3CH_2)_3B$$

硼最外层有 3 个电子,它以 sp^2 的形式与 3 个氢结合,最外层有 6 个电子及一个空的 2p 轨道,它是一个缺电子的体系。因此硼烷往往不能得到纯的单体,它总是以二硼烷的形式存在(B_2H_6)。二硼烷是一种有毒的气体,在空气中自燃。然而硼烷可以络合物的形式稳定存在于醚的溶液中,例如四氢呋喃(THF)溶液中,它的 THF 溶液作为方便的试剂有出售。

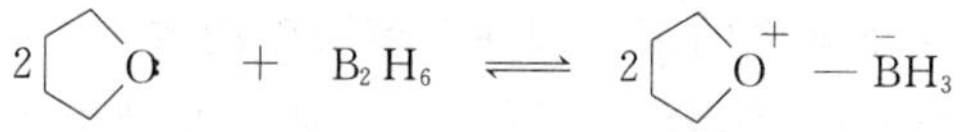

$$2\ \text{(cyclopentyl)O} + B_2H_6 \rightleftharpoons 2\ \text{(cyclopentyl)O}^+ - \overset{-}{B}H_3$$

因此在反应中硼烷既可表述为 B_2H_6 形式也可写为 BH_3 形式。

在氧化过程中三烷基硼被过氧化氢的碱性溶液氧化得到一个醇。

$$(CH_3CH_2)_3B \xrightarrow[OH^-]{H_2O_2} 3CH_3CH_2OH + H_3BO_3$$

氧化的过程是一个重排的过程。过氧化氢在碱的作用下产生过氧化氢负离子：

$$HOOH + OH^- \longrightarrow HOO^- + H_2O$$

缺电子的硼与过氧化氢负离子结合成一络合物,烷基带着一对电子重排到氧上,促进氢氧根离子离去。重排的过程是协同的,其烷基构型不会发生变化。

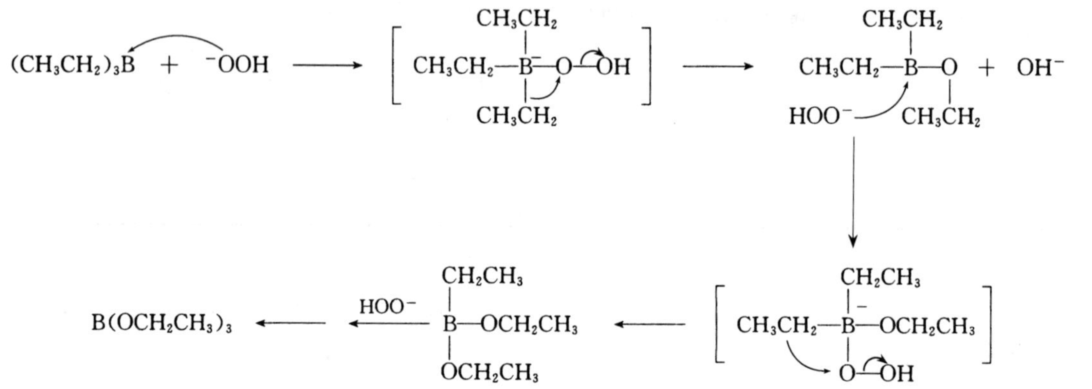

经历 3 次类似的重排,得三烷基硼酸酯,经水解得醇：

$$(CH_3CH_2O)_3B + 3NaOH \longrightarrow 3CH_3CH_2OH + Na_3BO_3$$

不对称的烯烃经硼氢化—氧化得一反马氏加成的醇,加成是顺式的,并且没有重排,这是硼氢化—氧化反应的突出的 3 个特点。例如：

$$CH_3CH_2CH\!=\!CH_2 \xrightarrow{BH_3} \xrightarrow{H_2O_2/OH^-} CH_3CH_2CH_2CH_2OH$$

$$93\%$$

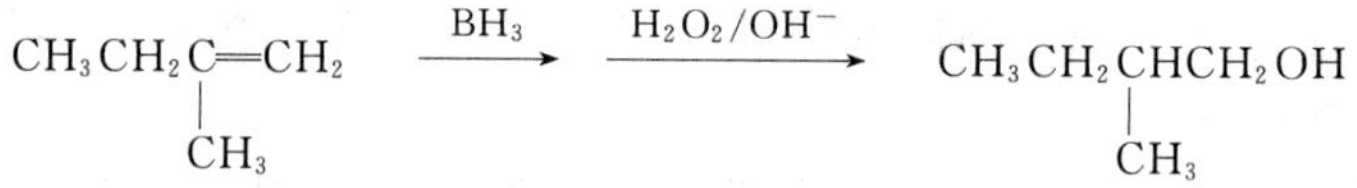

$$\underset{\underset{CH_3}{|}}{CH_3CH_2C}\!=\!CH_2 \xrightarrow{BH_3} \xrightarrow{H_2O_2/OH^-} \underset{\underset{CH_3}{|}}{CH_3CH_2CHCH_2OH}$$

$$99\%$$

得到反马氏加成的伯醇,并且有极高的收率及区域选择性。是用于制备伯醇的十分有效的方法。特别是它加成的立体化学为顺式加成,这样可得到顺式加成的产物,用于制备所需的某些立体特定的醇。

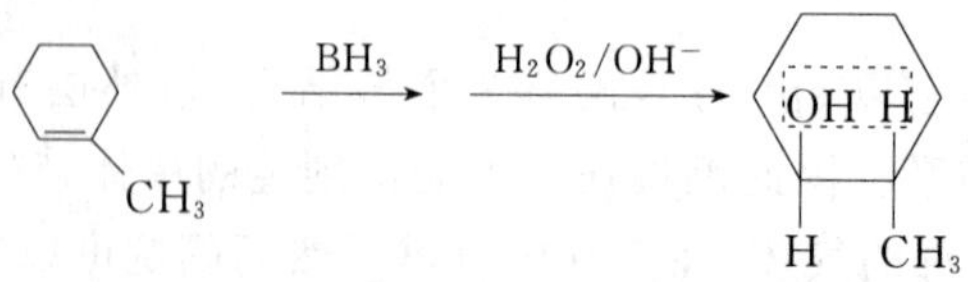

$$83\%$$

为什么硼氢化—氧化具有这样鲜明的特点呢？这与硼烷的性质及反应的历程有关。我们首先讨论硼氢化的取向，它受电子效应和空间因素的影响。从电子效应分析：硼的电负性(2.0)比氢(2.1)略小，所以氢原子带部分负电荷，而硼原子带部分正电荷，又因为硼原子最外层只有 6 个电子，有空的 2p 轨道，是路易斯酸，它有接受 π 电子的能力，具有亲电性。从空间效应的影响来看：硼是试剂中体积较大的部分，而氢的体积较小。综合两方面的因素，在加成时硼原子接近含氢较多的双键碳原子(烯烃中位阻较小的一边)，与烯中的 π 电子结合，类似于质子(H^+)对烯烃的加成，失去 π 电子的烯在过渡态形成过程中发展出部分正电荷，与略带负电的氢结合，形成一个四元环的过渡态。

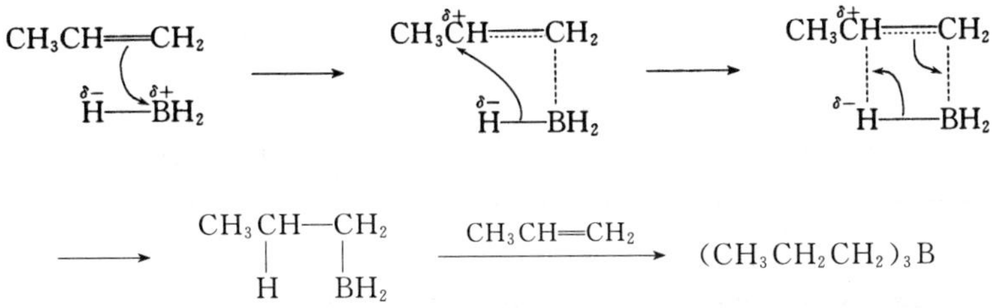

$$CH_3CH=CH_2 \quad \longrightarrow \quad CH_3\overset{\delta+}{CH}\text{---}CH_2 \quad \longrightarrow \quad CH_3\overset{+}{CH}\text{---}CH_2$$
$$\overset{\delta-}{H}\text{---}\overset{\delta+}{BH_2} \qquad\qquad \overset{\delta-}{H}\text{---}BH_2 \qquad\qquad \overset{\delta-}{H}\text{---}BH_2$$

$$\longrightarrow \quad \underset{H \quad BH_2}{CH_3CH\text{---}CH_2} \quad \xrightarrow{CH_3CH=CH_2} \quad (CH_3CH_2CH_2)_3B$$

从反应历程中可见硼原子和氢原子是从烯烃的同侧加上去的，称为**顺式加成**。第二步的氧化重排是一个协同过程，因此碳原子的构型保持不变，其顺式加成的立体化学的结果不受影响。

顺式加成是指加成的两部分从烯烃的同一侧面加上去：

例如上面讲到的硼氢化—氧化反应，及本章后面要学习的催化—氢化反应、烯烃的双羟基氧化反应均为顺式加成。

与顺式加成相对应，反式加成是指加成的两部分从烯烃的异侧加上去：

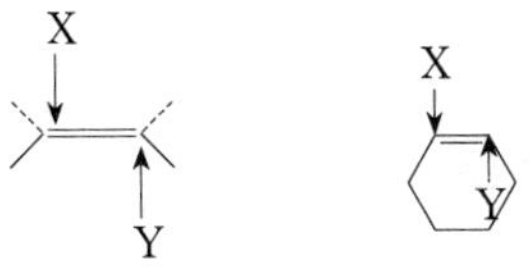

如已学习过的烯烃与卤素及卤素水溶液的加成等。

最后要指出的是，在整个反应历程中，没有独立的碳正离子生成，所以不发生重排。用硼氢化—氧化方法不受重排干扰，得到较为单一产物。例如：

$$(CH_3)_3CCH=CH_2 \quad \xrightarrow{BH_3} \quad \xrightarrow{H_2O_2/OH^-} \quad (CH_3)_3CCH_2CHOH$$

硼氢化—氧化反应是著名化学家布朗发现的，他为有机合成作出了突出成绩。[布朗(H. C. Brown)美国化学家。1912 年出生于英国，1936 年在芝加哥大学取得学士学位，1938 年又在该校取得博士学位。为施莱辛格的学生。他发现了著名的硼氢化反应，除此之外，他还使大量制取二硼烷的方法取得成功，并由此发现了硼氢化钠及其生产方法。由于在研究硼氢方面的出色工作，获得 1979 年的诺贝尔化学奖，1981 年获得美国化学会普里斯莱奖金化学奖。]

问题4-11 从异丁烯出发制备下列化合物。

(1) $(CH_3)_2CHCH_2OH$ (2) $(CH_3)_2CH(OH)CH_3$ (3) 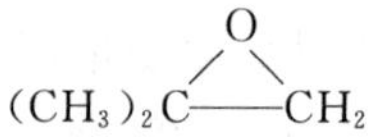 $(CH_3)_2C\overset{O}{\overbrace{\quad}}CH_2$ (4) $(CH_3)CHBrCH_3$

问题4-12 完成下列反应。

(1) 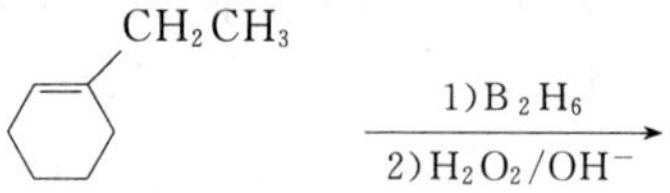 $\xrightarrow[\text{2)H}_2\text{O}_2/\text{OH}^-]{\text{1)B}_2\text{H}_6}$ (2) $\xrightarrow[\text{2)H}_2\text{O}_2/\text{OH}^-]{\text{1)B}_2\text{H}_6}$

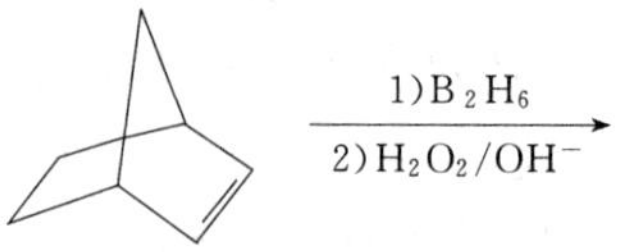

(3) 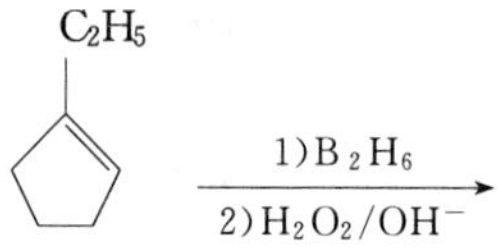 $\xrightarrow[\text{2)H}_2\text{O}_2/\text{OH}^-]{\text{1)B}_2\text{H}_6}$ (4) 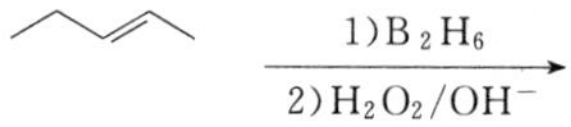 $\xrightarrow[\text{2)H}_2\text{O}_2/\text{OH}^-]{\text{1)B}_2\text{H}_6}$

---

6. 烯烃的二聚（碳正离子反应）

烯烃可在硫酸或磷酸的催化下转变成二聚的烯烃。

异丁烯在硫酸的作用下生成两个二聚烯烃。

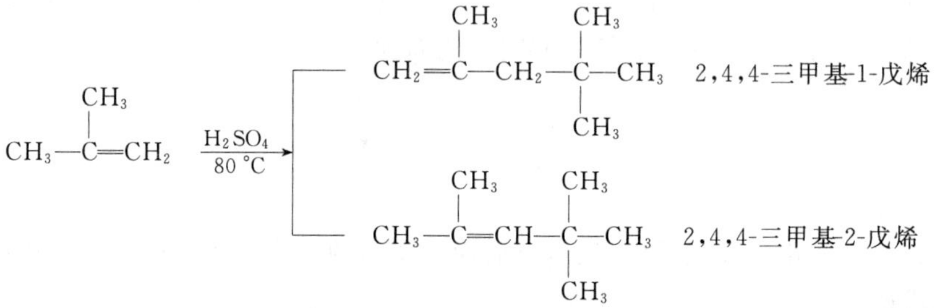

反应按亲电历程进行。烯与质子加成生成叔丁基碳正离子，该碳正离子缺电子，作为一个亲电试剂与另一分子中的烯烃进行亲电加成，产生新的碳正离子。

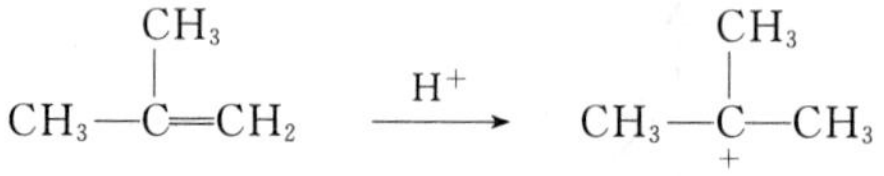

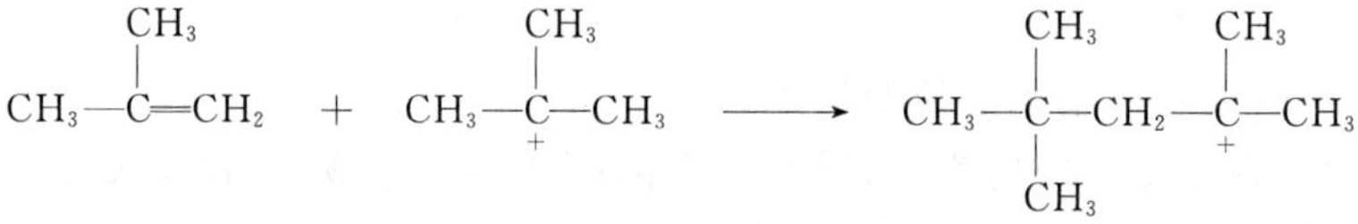

当然在较低温度下（-100 ℃），二聚碳正离子仍可与烯烃进行加成，加成的结果生成高分子的聚异丁烯，这是一个离子型的高分子聚合反应。产物为异丁橡胶。但在通常的反应条件下活泼的碳正离子容易在邻近的碳上失去质子，形成八个碳的烯。

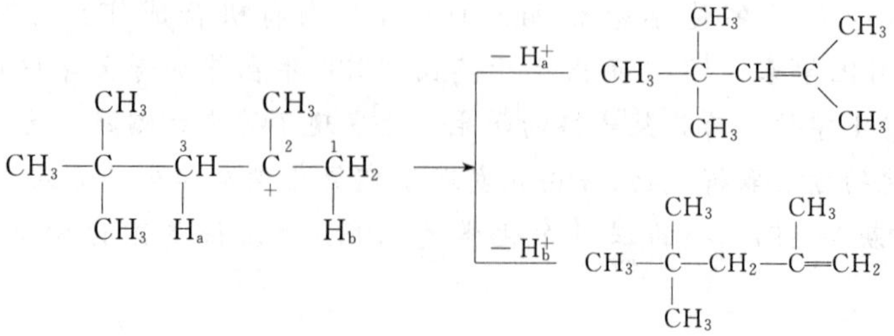

因为与 C^2 邻近的碳有两种氢(H_a 及 H_b），因此可生成两种产物。

碳正离子是一个十分重要的反应活性中间体，到目前为止我们已接触到有关它的几种反应,现归纳如下：

A. 消去邻近碳上一个质子成烯。

B. 与一个负离子或其他碱性分子结合。

C. 作为一个亲电试剂进行反应。

D. 重排成较稳定的碳正离子。

可以看出，碳正离子的反应都是亲电试剂的反应，以上几种反应，最终使它形成一个八隅体的稳定结构。

问题4-13 完成下列反应。

(1) 1-丁烯 ＋ H_2O $\xrightarrow{H^+}$?　　(2) 3,3-二甲基-1-丁烯 ＋ HI ⟶ ?

(3) 3-甲基-1-丁烯 ＋ H_2SO_4 $\xrightarrow{H_2O}$?　　(4) 2-甲基丙烯 ＋ Br_2/H_2O ⟶ ?

问题4-14 写出下列反应历程。

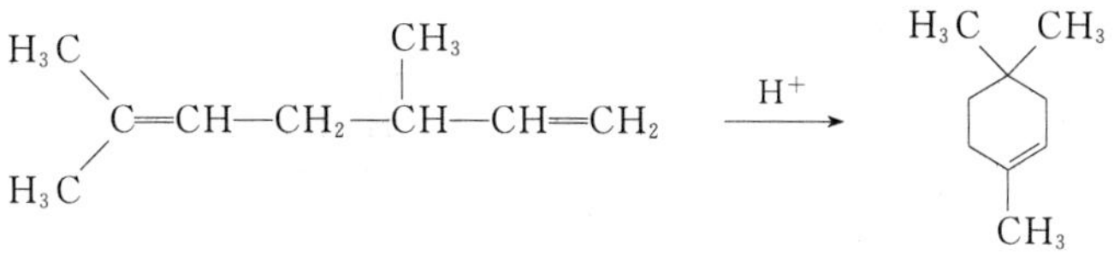

二、催化氢化、催化剂、氢化热及烯烃的稳定性

烯烃在铂(Pt)、钯(Pd)、镍(Ni)的催化下加氢,生成相应的烷烃。这是由烯制备烷烃的方法。铂和钯催化时常温下即可加氢，但成本较高。镍催化性最差，但价格便宜，近来发现骨架镍[又称蓝尼(Raney)镍]具有较强的催化性能，它是由烧碱溶液处理镍铝合金，溶解铝后得到的催化性能较高的灰黑色多孔状镍粉，在中压(4～5MPa)和常温(<100 ℃)情况下就能使烯氢化。

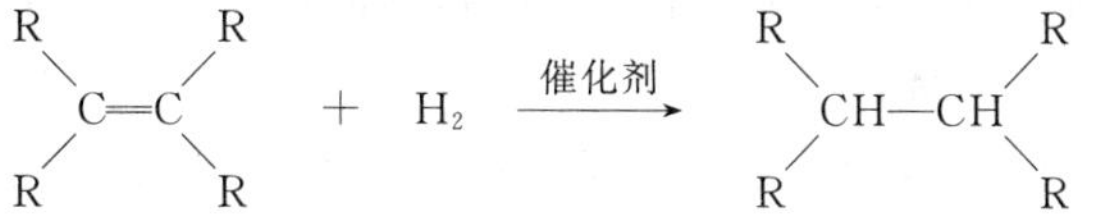

公认的催化加氢历程如下：催化剂将氢及烯吸附在它的表面上，这种吸附是一种化学吸附。吸附后氢分子的原子之间的 σ 键变弱，氢几乎以原子状态被吸附在催化剂表面，烯的 π 键打开，即与金属表面成键，氢逐步转移到烯上，氢是在烯烃被吸附的一侧加上去，加成是顺式的。

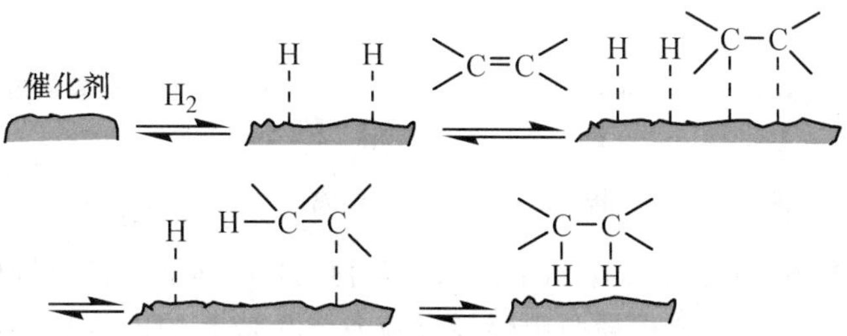

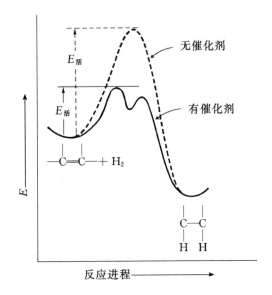

催化剂降低反应的活化能,使反应在较温和的条件下进行(图 3-14)。

图 3-14　催化剂对烯烃氢化中活化能的影响

催化剂降低反应的活化能,但不能改变反应的平衡位置,可以预料它同样降低了逆反应的活化能,因此在适当的条件下,它也可以作为脱氢催化剂(dehydrogenation catalyst)。

烯的加氢是放热反应,可逆的脱氢是吸热反应。

在较低的温度下,大量氢存在下,烯被氢化。在较高的温度下,用氮气不断带走体系中及吸附在金属表面的氢,烷烃脱氢成烯。

在食品加工业中,可把含多个双键的液态植物油经催化氢化转变为饱和的固态黄油,用作奶油的代用品,但用固态油脂脱氢来制备不饱和的植物油却未成功。因为天然植物油中的不饱和键都是顺式的,用脱氢得到的双键往往是反式的,而反式的结构对人体是有害的。

氢化反应是一个放热反应,因为形成两个 C—H σ 键所放出的能量比断裂一个 H—H σ 键及一个 $\diagup\!\!\!\diagdown C{=}C\diagdown\!\!\!\diagup$ π 键所吸收的能量大。

可见烷烃比它相应的烯烃稳定。1 摩尔不饱和化合物氢化时所放出的热量称为氢化热。

顺(反)-2-丁烯及顺(反)-2-戊烯两组烯烃反应各自生成相同的烷烃,但顺、反异构体的氢化热却有一定的差距,顺式的氢化热大于反式,换句话说,反式异构体比顺式稳定。

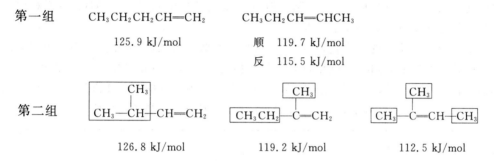

ΔH(kJ/mol)

顺-2-丁烯	反-2-丁烯	顺-2-戊烯	反-2-戊烯
119.7	115.5	119.7	115.5

可见氢化热与烯烃的构型有关。为什么反式异构体比顺式稳定呢?因为顺式异构体中,两个大基团靠得近,具有较大的范德华斥力,使分子不稳定。

烯烃的稳定性还与双键的位置有关,比较下面的两组烯烃,它们的氢化热值分别为:

第一组 $CH_3CH_2CH_2CH=CH_2$ $CH_3CH_2CH=CHCH_3$

125.9 kJ/mol   顺 119.7 kJ/mol

反 115.5 kJ/mol

第二组 $CH_3-CH\!-\!CH=CH_2$ (CH$_3$) $CH_3CH_2-C=CH_2$ (CH$_3$) $CH_3-C=CH-CH_3$ (CH$_3$)

126.8 kJ/mol   119.2 kJ/mol   112.5 kJ/mol

发现各组异构体氢化后虽然都生成相同的烷烃,但它们的氢化热却与双键碳原子上所连烷基的数目有关,连接在双键碳原子上的烷基数目越多,烯烃就越稳定。

一般烯烃稳定性顺序如下:

$$R_2C=CR_2 > R_2C=CHR > R_2C=CH_2 \sim RCH=CHR > RCH=CH_2 > CH_2=CH_2$$

三、自由基加成反应

烯烃与溴化氢加成,随反应条件的不同取向不同:若无过氧化物存在,则取向符合马氏规则;若有过氧化物存在,则取向反常。

$$CH_2=CHCH_2CH_3 \xrightarrow{HBr}$$
1-丁烯

无过氧化物 → $CH_3CHCH_2CH_3$ (Br)   2-溴丁烷 90%

有过氧化物 → $BrCH_2CH_2CH_2CH_3$ 1-溴丁烷 95%

这种因过氧化物存在而引起的溴化氢加成的反马氏取向,叫做过氧化物效应(peroxide effect)。

过氧化物中存在过氧链—O—O—,过氧链不稳定,很容易均裂形成自由基,自由基的存在引发了自由基反应,使反应按自由基历程进行。

(1) $R-O-O-R \longrightarrow 2RO\cdot$（自由基）　　⎫
(2) $RO\cdot + H:Br \longrightarrow ROH + Br\cdot$　　⎬ 链引发
(3) $Br\cdot + CH_2=CH_2 \longrightarrow BrCH_2CH_2\cdot$　　⎫
(4) $BrCH_2CH_2\cdot + H:Br \longrightarrow BrCH_2CH_3 + Br\cdot$　　⎬ 链传递
(5) $Br\cdot + BrCH_2CH_2\cdot \longrightarrow BrCH_2CH_2Br$　　链终止

　　不对称烯烃与溴化氢进行自由基加成时有两种取向，反应主要生成较稳定的自由基中间体。而烯与溴化氢的亲电加成，主要生成较稳定的碳正离子中间体。由于两者的加成历程不同，因此产物也不同。例如：

$$CH_3CH=CH_2 \xrightarrow{HBr}
\begin{cases}
\xrightarrow[\text{过氧化物}]{Br\cdot} CH_3\dot{C}HCH_2Br \xrightarrow{HBr} CH_3CH_2CH_2Br \quad \text{反马氏加成产物}\\
\xrightarrow[\text{无过氧化物}]{H^+} CH_3\overset{+}{C}HCH_3 \xrightarrow{Br^-} CH_3CHCH_3 \quad \text{马氏加成产物}\\
\end{cases}$$

　　过氧化物引发自由基反应，氧则抑制。但少量氧也是自由基引发剂，HBr 与不对称烯加成如有少量氧存在也发生反马氏加成取向。

　　上面反复提到溴化氢的过氧化物效应，那么与它类似的氯化氢、碘化氢是不是也有类似的效应呢？回答是否定的，氯化氢，碘化氢无过氧化物效应。因为氯化氢中 H—Cl 键牢固，其中的氢不能被自由基夺去而产生氯自由基，所以不能引发自由基反应；H—I 键虽弱，容易生成碘自由基，但碘的自由基活性较低，很难与碳碳双键加成，不能进行链传递反应。

问题4-15　丙烯与四氯化碳在过氧化物存在下进行自由基加成反应：

$$CH_3CH=CH_2 + CCl_4 \xrightarrow{R-\overset{O}{\underset{}{C}}-O-O-\overset{O}{\underset{}{C}}-R} \begin{array}{c} CH_3CH-CH_2 \\ | \quad\quad | \\ Cl \quad CCl_3 \end{array}$$

试写出此加成反应的历程。

问题4-16　补充下列反应中的条件。

(1) $\begin{array}{c} CH_3-C=CH_2 \\ | \\ CH_3 \end{array} \xrightarrow{\ ?\ } \begin{array}{c} Br \\ | \\ CH_3-C-CH_3 \\ | \\ CH_3 \end{array}$

(2) $\begin{array}{c} CH_3-C=CH_2 \\ | \\ CH_3 \end{array} \xrightarrow{\ ?\ } \begin{array}{c} Br \\ | \\ CH_3-CH-CH_2 \\ | \\ CH_3 \end{array}$

(3) $\begin{array}{c} CH_3-C=CH_2 \\ | \\ CH_3 \end{array} \xrightarrow{\ ?\ } \begin{array}{c} Br\ \ Br \\ |\ \ \ | \\ CH_3-C-CH_2 \\ | \\ CH_3 \end{array}$

四、自由基聚合反应

　　自由基加成的另一个例子是聚合反应。它在高分子工业中起了关键的作用。乙烯在高压下,在体系中的少量氧的引发下,进行自由基加成的链式反应,碳链不断增长,最后形成大分子聚乙烯。聚乙烯是用做食品包装和地膜的原料。

$$n\ CH_2{=}CH_2 \xrightarrow[\text{O}_2(\text{微量})]{200\ ^\circ C,200MPa} {+}CH_2{-}CH_2{\big)}_n$$

乙烯　　　　　　　　　　　　　聚乙烯

这个由许多小分子连结在一起聚合成大分子的过程称为**聚合**(polymerization),聚合得到的大分子称为聚合物(polymer),简单的分子称为单体(monomer)。

自由基聚合反应的历程与一般的自由基反应的历程类似,也经过链引发、链传递、链终止的阶段。

(1) ROOR $\longrightarrow$ 2RO·

(2) RO· + $CH_2{=}CH_2$ $\longrightarrow$ $ROCH_2CH_2$· ⎱ 链引发

(3) $ROCH_2CH_2$· + $CH_2{=}CH_2$ $\longrightarrow$ $ROCH_2CH_2CH_2CH_2$· 链传递

(3)反复进行,得到高分子的聚合物。

当链增长到一定程度,两个大分子自由基接触机会增加,它们可相互结合终止反应,或一个高分子自由基被夺去一个氢原子转变成烯,另一分子转变为烷。

$$\sim\sim\sim CH_2CH_2\cdot\ +\ \cdot CH_2CH_2\sim\sim\sim \longrightarrow \sim\sim\sim CH_2{-}CH_2{-}CH_2{-}CH_2\sim\sim\sim$$

$$\sim\sim\sim CH_2{-}CH_2\cdot\ +\ \cdot CH_2{-}\overset{\text{H}}{\underset{\ }{CH}}\sim\sim\sim \longrightarrow \sim\sim\sim CH_2CH_3\ +\ CH_2{=}CH\sim\sim\sim$$

自由基聚合反应是聚合反应的一种。前面提到的正离子聚合反应是另一种离子型聚合反应。这几种类型的聚合反应采用了不同的引发剂,不同的反应条件,因此有不同的历程。

配位络合聚合反应是用金属有机络合物作催化剂引起的聚合反应。配位络合催化剂首先由德国化学家齐格勒(K. Ziegler,1898—1973)和意大利化学家纳塔(G. Natta,1903—1979)在20世纪50年代发明的,因此又称为齐格勒—纳塔催化剂。他们因这一卓越贡献,获得了1963年诺贝尔化学奖。

把三乙基铝和三氯化钛加入氢化的饱和汽油中作催化剂,钛与三乙基铝结合。由于钛是过渡金属,有许多空的 d 轨道,烯烃 π 电子与空的 d 轨道络合,使双键活化,插入到金属与烷基之间,这个过程反复进行,最后生成大分子的聚合物。

问题4-17 试写出制备下列聚合物最可能的单体结构。

(1) 奥纶"Orlen"(纤维织物),$\sim\sim\sim CH_2CH(CN)CH_2CH(CN)\sim\sim\sim$

(2) 莎纶"Saran"(包装薄膜、座垫罩),$\sim\sim\sim CH_2CCl_2CH_2CCl_2\sim\sim\sim$

(3) 特氟隆"Teflon"(耐化学品制品)，～～～$CF_2CF_2CF_2CF_2$～～～

五、α卤代反应

烯烃的性质集中表现在双键的加成上。烯上的烷基也具有烷的性质，在烷基上的反应主要是α卤代反应。

当烯同卤素反应时，卤素既可以进攻双键发生加成反应，也可以进攻烷基发生取代反应。卤素同双键进行亲电加成反应，卤素同烷基进行自由基取代反应。采用不同的反应条件可得到不同的结果。

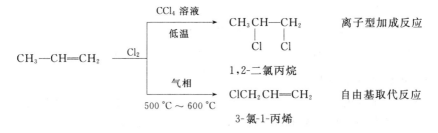

一般在低温中进行离子型加成反应，在高温或光照下发生自由基取代反应。

高温的取代反应是一个自由基的取代反应。反应具有较强的选择性，取代总是发生在与碳碳双键相连的烯丙位的碳上。这个碳俗称α碳，与α碳相连的氢亦称α氢。α氢易被取代是一普遍现象，不但在烯中，也体现在各类官能团的反应中。

为什么取代容易发生在α位呢？从取代中形成的几种自由基的均裂能来看：

$$CH_3CH=CH_2 \begin{cases} \cdot CH_2—CH=CH_2 & \text{烯丙基自由基} & 360 \text{ kJ/mol} \\ CH_3—\overset{\bullet}{C}=CH_2 \\ CH_3—CH=CH\cdot \end{cases} \text{烯基自由基} \quad 435 \text{ kJ/mol}$$

烯丙基自由基比烯基自由基稳定得多，它甚至比叔丁基自由基(离解能 381 kJ/mol)还稳定。乙烯基自由基的稳定性较差，近乎甲基的均裂能。因此自由基稳定性的顺序应扩大为：

$$\text{烯丙基型} > 3° > 2° > 1° > CH_3 \cdot \sim \text{乙烯型}$$

从结构上看，烯丙位上的自由基的 p 轨道与 π 键平行，轨道之间有较大的重叠，π 电子离域，使单电子分散在三个碳原子上，且主要分散在 C^1 和 C^3 上，有较大的稳定作用(图 4-15)。

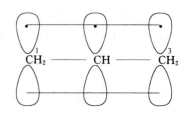

图 4-15 烯丙基自由基
p 轨道与 π 键轨道重叠

我们称这种电子的离域为 p-π 共轭，一般来说共轭效应比超共轭效应影响大。

既然反应中有卤素自由基存在，为什么只发生取代而不发生加成呢？

研究卤素与丙烯在高温下的反应发现，卤素自由基与丙烯加成得到的仲自由基不如它夺取 α 氢得到的烯丙基自由基稳定，因此加成速度较取代速度慢。另一方面即使加成得到仲自由基，由于稳定性差，在高温下也会在可逆的平衡中转变成较稳定的烯丙基自由基。

$$X\cdot + CH_3—CH═CH_2 \rightleftharpoons \underset{\text{仲自由基}}{CH_3\dot{C}HCH_2X} \xrightarrow{X_2} CH_3\underset{X}{CH}—\underset{X}{CH_2} + X\cdot$$

$$X\cdot + CH_3—CH═CH_2 \longrightarrow HX + \underset{\text{烯丙基自由基}}{\dot{C}H_2—CH═CH_2} \xrightarrow{X_2} XCH_2CH═CH_2 + X\cdot$$

如果在反应中，降低卤素的浓度，有利于仲自由基转变为原料，进一步转变为烯丙基自由基，可使反应在较低的温度下进行。

烯丙位上的溴代常采用试剂 N-溴代丁二酰亚胺（简称 NBS），如：

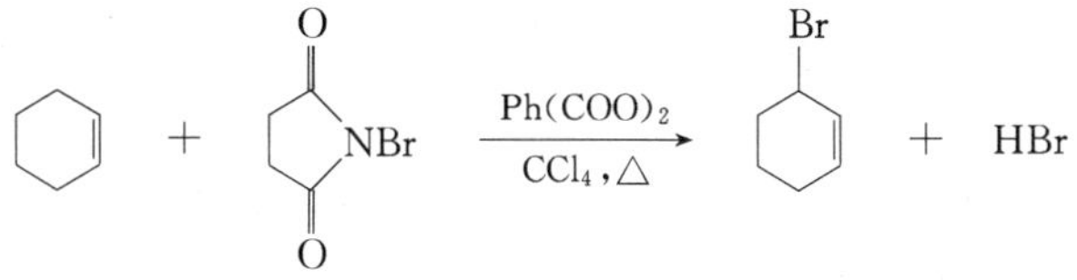

NBS 与取代中生成的溴化氢反应，提供恒定的低浓度的溴，在过氧化物催化下，进行自由基反应。

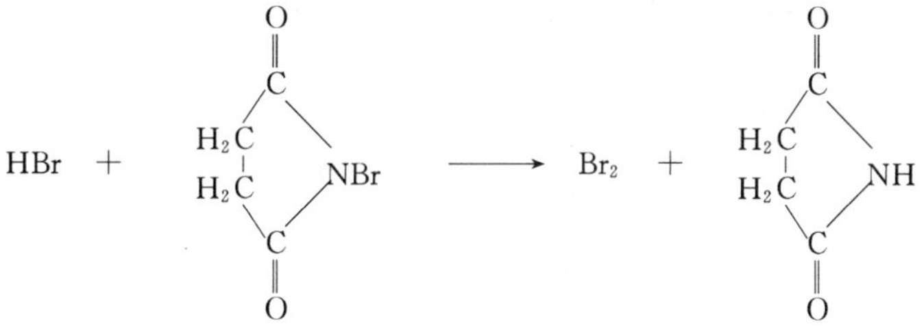

N-溴代丁二酰亚胺　　　　丁二酰亚胺

在加成与取代的竞争中，加成中产生的较不稳定的自由基，因缺少与之反应的溴而分解为原料，进一步转化成烯丙基自由基，从而达到降低反应温度，提高产率的目的。

某些不对称烯烃取代中，往往得到混合物，如：

$$CH_3CH_2CH═CH_2 \xrightarrow[CCl_4,\triangle]{NBS\ Ph(COO)_2} CH_3\underset{Br}{CH}CH═CH_2 + CH_3CH═CHCH_2Br$$

这是由于反应开始形的自由基 $CH_3\dot{C}HCH═CH_2$ 中存在 p-π 共轭，自由基的孤对电子主要分散在 p-π 共轭体系中两端的碳上，$CH_3\dot{C}HCH═CH_2 \longleftrightarrow CH_3CH═CH\dot{C}H_2$，因此得到混合物。

问题4-18　写出 6-甲基-2-庚烯的结构式，标出各组氢原子以说明它们对氯原子的相对反应活性。简述原因。

问题4-19　试说明下列反应结果（* 表示 ^{13}C）。

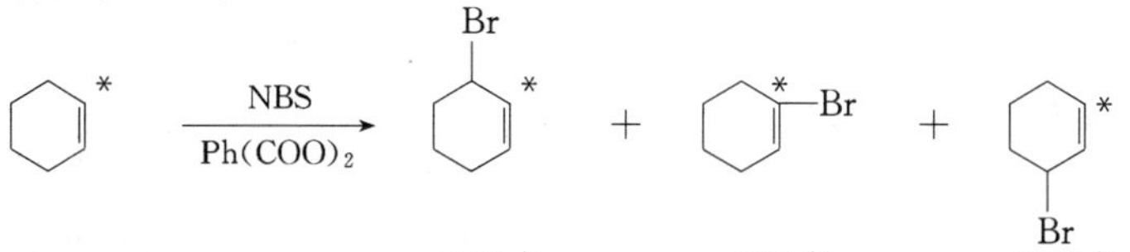

（50%）　　（25%）　　（25%）

六、烯烃的氧化

烯烃可看做一个电子源，它容易给出电子，自身被氧化。不同的试剂，不同的条件会得到不同的产物。

1. 被高锰酸钾氧化

烯烃被冷的、稀的高锰酸钾水溶液氧化，生成邻二醇。

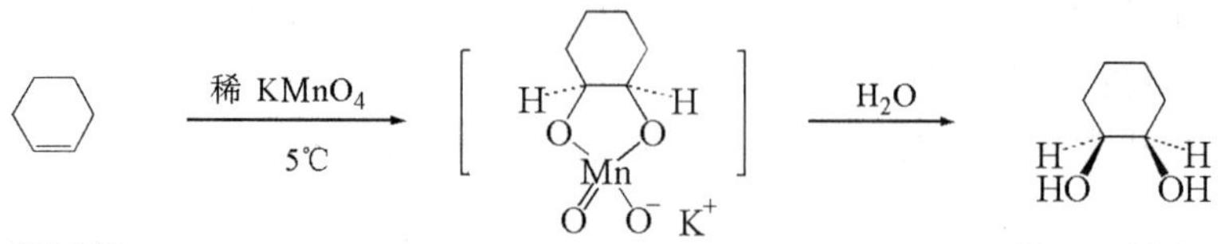

环己烯　　　　顺-1,2-环己二醇

反应中形成的环状锰酸酯中间体，水解得二元醇，因此得到的是顺式加成物。OsO_4 也有同样的作用，得到几乎定量的产率，但 OsO_4 贵且有毒。

如果反应条件更强烈，用酸性、热或浓的高锰酸钾溶液，氧化更快、更彻底，生成低级的酮或羧酸，末端的$=CH_2$ 基团被氧化成二氧化碳。

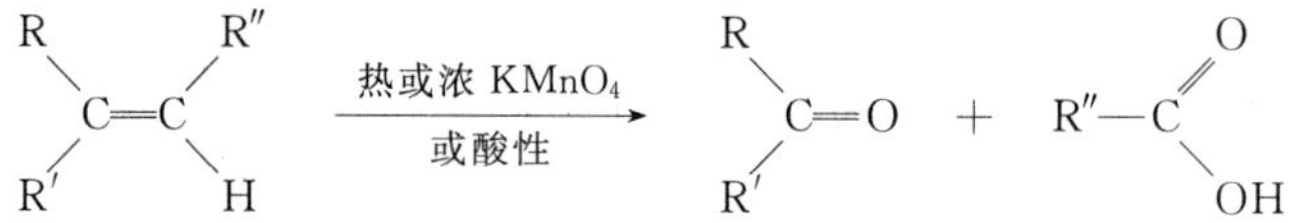

例如：

$$CH_3(CH_2)_{10}CH{=}CH_2 \xrightarrow[2)\,H_3^+O]{1)\,KMnO_4} CH_3(CH_2)_{10}\overset{\displaystyle O}{\overset{\|}{C}}{-}OH + CO_2$$

月桂酸　84%

氧化反应中高锰酸钾紫色消褪，有棕色的二氧化锰沉淀，现象十分明显，故此反应可用于鉴定烯烃。

2. 臭氧化反应

将含有 6%～8%臭氧的氧气在低温下(−86 ℃)通入烯烃的四氯化碳(二氯甲烷、乙酸乙酯)溶液中，臭氧迅速地定量氧化烯烃，生成臭氧化物(ozonide)。这个反应称为**臭氧化反应**(ozonization)。

反应分两步进行。第一步臭氧与烯烃加成，第二步重排生成臭氧化物。臭氧化物不稳定，容易发生爆炸，因此一般不分离，而是直接在溶液中进行水解：

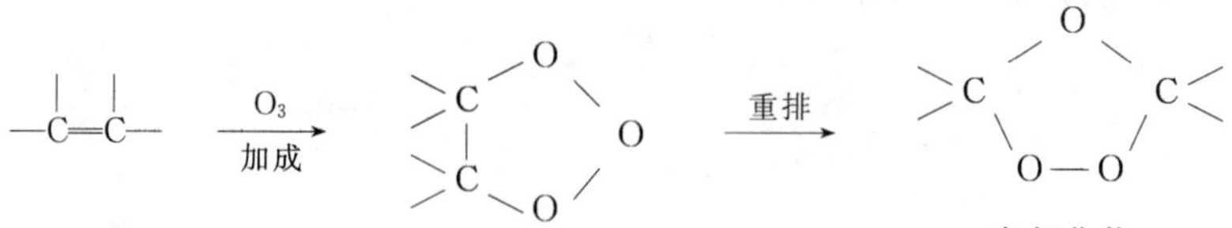

臭氧化物

臭氧化物水解得到醛或酮及过氧化氢，如产物中有醛，过氧化氢可将醛进一步氧化成酸。

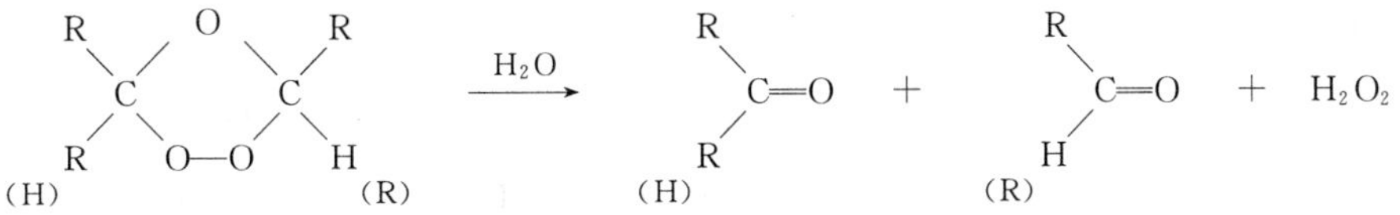

臭氧化物　　　　　　　　酮(或醛)　　　　　　醛(或酮)

为防止氧化，水解时加入还原剂，常用的还原剂是锌粉。

烯烃经臭氧化还原水解，得到醛酮。醛酮的结构容易鉴定。因此，可由反应得到的醛酮的结构，推出原料烯烃中双键的位置及碳架的结构。

例如一未知烯烃臭氧化后还原水解，得到等摩尔的丙醛和甲醛，说明双键在链端为1-丁烯。

$$\underset{\text{丙醛}}{CH_3CH_2CH{=}O} + \underset{\text{甲醛}}{O{=}CH_2} \xleftarrow{Zn/H_2O} \xleftarrow{O_3} \underset{\text{1-丁烯}}{CH_3CH_2CH{=}CH_2}$$

如果氧化产物中含两个羰基，说明原料的一环烯，如：

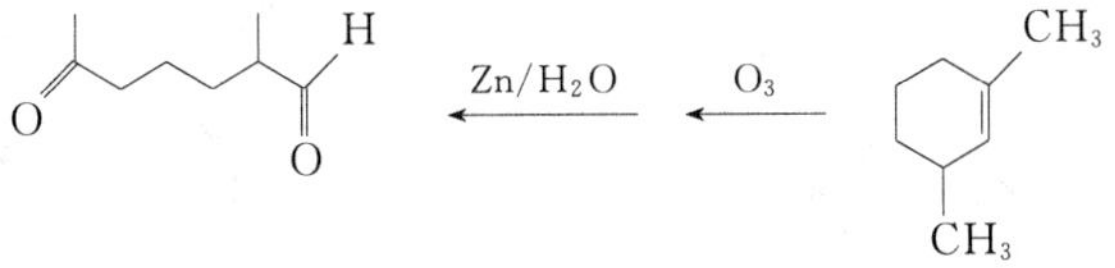

又如，一未知烯烃经臭氧化、还原水解后只生成丙酮，可推知双键在碳链中间，为四取代的对称烯。

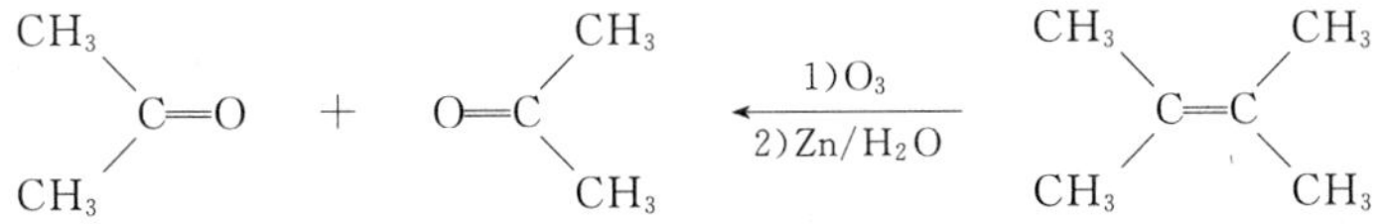

丙酮　　　　　　　　　　　　2,3-二甲基-2-丁烯

反应通过臭氧化、还原水解(俗称臭氧化分解，ozonalysis)把已知物断裂成若干较小的更容易鉴定的碎片，测定未知物的结构，这种方法称为**降解**(degradation)。

臭氧化反应有较高的产率(60%～70%)，也可用于合成，即从烯烃合成醛酮。如：

$$\underset{\text{6-甲基-1-庚烯}}{(CH_3)_2CH(CH_2)_3CH{=}CH_2} \xrightarrow[-78\,^\circ C/\text{二氯乙烷}]{O_3} \xrightarrow[50\%\text{乙酸}]{Zn} \underset{\text{5-甲基己醛}}{(CH_3)_2CH(CH_2)_3CHO}$$

问题4-20　一些烯烃经臭氧化和还原水解后，生成下面的产物，试推测原烯烃的结构。

(1) $CH_3CH_2CH_2CHO$，HCHO　　(2) CH_3CHO，HCHO，$OHCCH_2CHO$

(3) 只有 CH_3CH_2CHO　　(4) 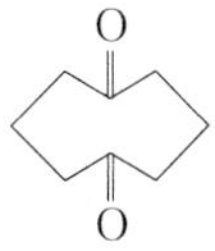

---

3. 过氧酸氧化

烯烃被过氧酸(peroxycarboxylic acid)氧化生成环氧乙烷(oxirane)及同系物

（见 10.6 节）。

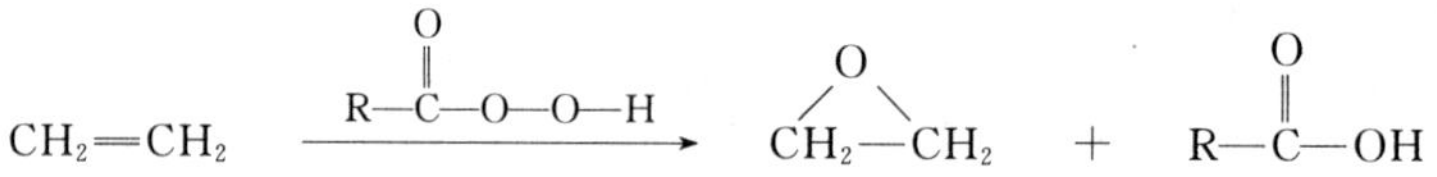

CH₂=CH₂
R—C(=O)—O—O—H
CH₂—CH₂
R—C(=O)—OH

环氧乙烷

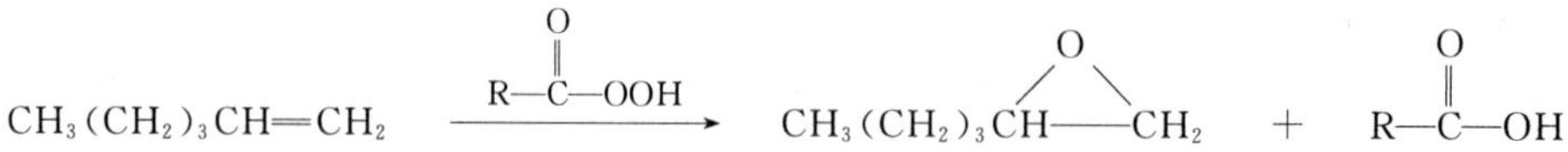

CH₃(CH₂)₃CH=CH₂
R—C(=O)—OOH
CH₃(CH₂)₃CH—CH₂
R—C(=O)—OH

1-己烯　　　　60%

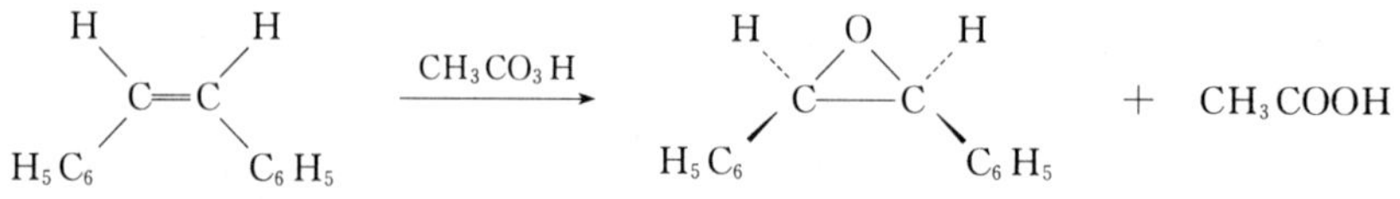

CH₃CO₃H
CH₃COOH

顺-1,2-二苯乙烯　　　　78%～83%

过氧酸氧化烯烃的历程如下：

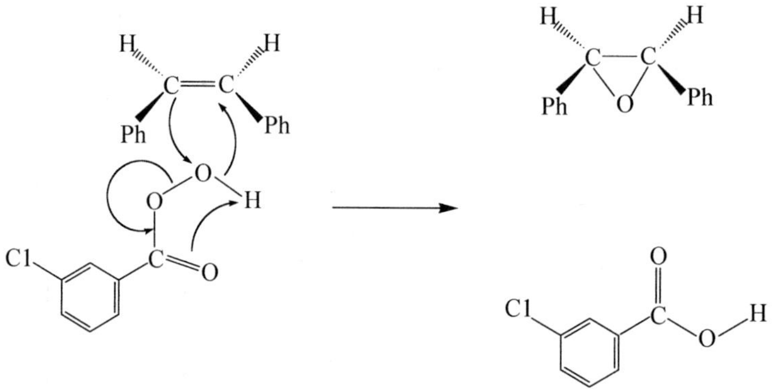

过氧键能量低不稳定，由于羰基拉电子，很容易发生异裂，电正性的氧原子插入烯的 π 键，整个过程是一个协同的、亲电的、顺式的氧化过程。例如：

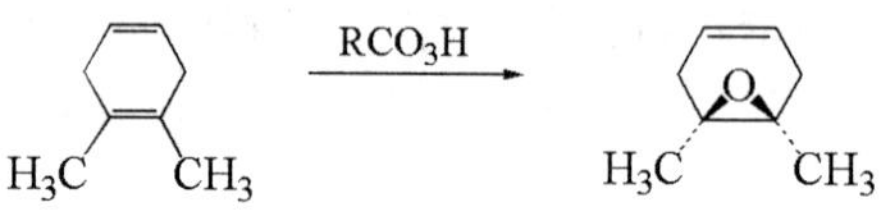

RCO₃H

多取代的双键容易被氧化。

问题4-21　完成下列反应

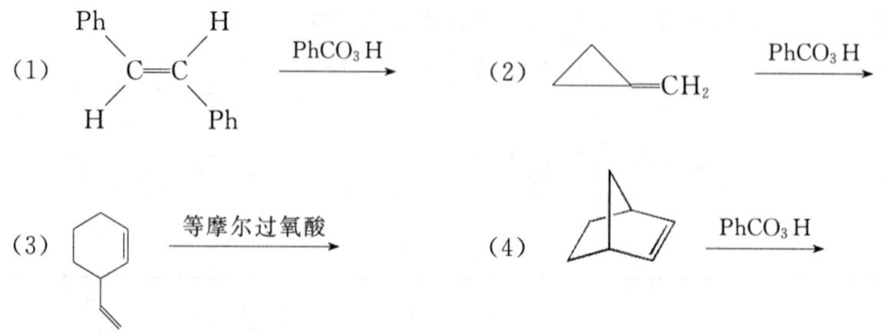

(1)
PhCO₃H
(2)
PhCO₃H
(3)
等摩尔过氧酸
(4)
PhCO₃H

4.5　乙烯的工业来源与用途

低级烯烃主要靠石油裂解制取。以生产乙烯为目的的裂解气中主要含有氢气及 $C_1 \sim C_4$ 的馏分，它们都是气体。分离时首先低温（$-100\ ℃$）加压（$3 \sim 4$MPa），使裂解气大部分液化，分离出不易液化的氢气及甲烷气，再根据各组分相对挥发度的差异将它们分离。分离得到的乙烯气纯度可达 99.5% 以上。这种方法称为深冷分离法。

在工业上，目前丙烯、丁烯是作为乙烯的副产品得到的。

乙烯是目前生产量最大的有机化工产品。乙烯最重要的工业用途是制聚乙烯。在高压下得到低密度聚乙烯，主要用于生产薄膜；低压下得到的高密度聚乙烯用吹塑及注塑的方法生产各种日用品。此外，乙烯还用做合成环氧乙烷、乙醛、乙酸乙烯酯、乙醇、苯乙烯、氯乙烯等产品的原料。目前乙烯系列产品，在国际市场上占全部石油化工产品产值的一半左右，因此往往以乙烯生产水平衡量石油化工的发展水平。近年来，我国已陆续建成了上海、大庆、齐鲁、扬子等多个 30 万吨乙烯工程，标志着我国石油化学工业已达到一个新的水平。

4.6　烯烃的制法

除乙烯、丙烯等低级烯烃外，较复杂的烯轻可用如下的方法制备：

一、卤代烷脱卤化氢

从卤代烷中消除一分子卤化氢，即消除一分子的酸，因此反应要在强碱条件下进行。一般在卤代烷中加入氢氧化钠（或氢氧化钾）的醇溶液加热，反应消除卤素及 β 位上的氢得烯烃。

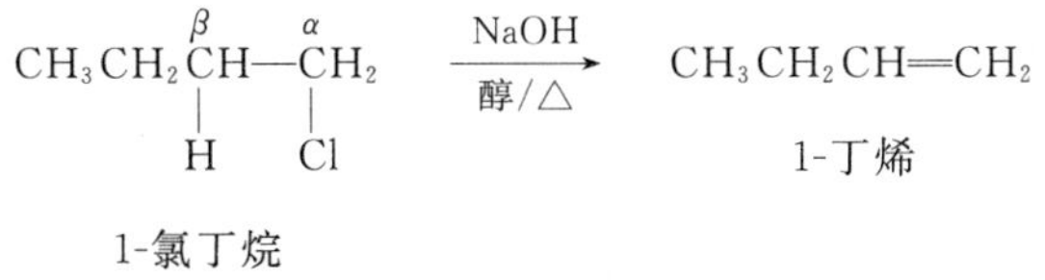

$$
\underset{\text{1-氯丁烷}}{CH_3CH_2\overset{\beta}{\underset{H}{C}}H\overset{\alpha}{\underset{Cl}{C}}H_2} \xrightarrow[\text{醇}/\triangle]{NaOH} \underset{\text{1-丁烯}}{CH_3CH_2CH=CH_2}
$$

在一些卤代烷中，有两种 β 氢，因此反应有两种可能的产物，如 2-溴丁烷在消除反应后主要得到 2-丁烯，2-甲基-2-溴丁烷消除反应后主要得到 2-甲基-2-丁烯。

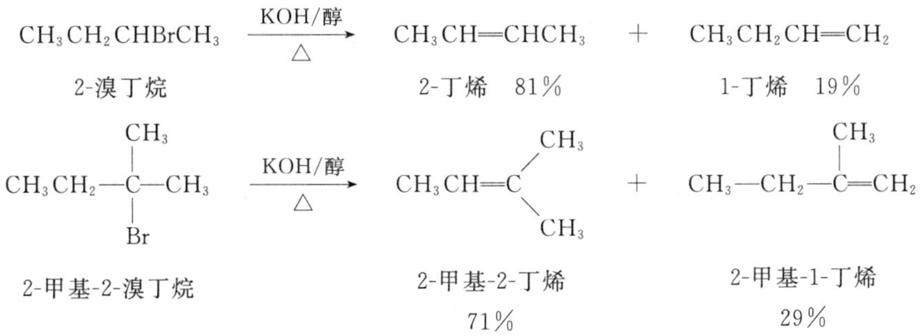

$$
\underset{\text{2-溴丁烷}}{CH_3CH_2CHBrCH_3} \xrightarrow[\triangle]{KOH/\text{醇}} \underset{\underset{\text{2-丁烯　81%}}{}}{CH_3CH=CHCH_3} \quad + \quad \underset{\underset{\text{1-丁烯　19%}}{}}{CH_3CH_2CH=CH_2}
$$

$$
\underset{\text{2-甲基-2-溴丁烷}}{CH_3CH_2\overset{CH_3}{\underset{Br}{C}}CH_3} \xrightarrow[\triangle]{KOH/\text{醇}} \underset{\underset{\substack{\text{2-甲基-2-丁烯}\\71\%}}{}}{CH_3CH=C\overset{CH_3}{\underset{CH_3}{}}} \quad + \quad \underset{\underset{\substack{\text{2-甲基-1-丁烯}\\29\%}}{}}{CH_3-CH_2-\overset{CH_3}{C}=CH_2}
$$

许多实验结果表明，卤代烃脱卤代氢主要生成双键上烷基较多的（即稳定性比较大的）烯烃。这个规律又称萨伊切夫（А. Зайчев）规则（见第八章）。

二、醇脱水

醇在酸催化下加热脱水成烯，常用硫酸、磷酸等作为催化剂。如：

$$CH_3CH_2OH \xrightarrow[170\ ℃]{\text{浓 } H_2SO_4} CH_2{=}CH_2$$

乙醇   乙烯

$$(CH_3)_2C{-}CH_3 \xrightarrow[85\ ℃]{20\% H_2SO_4} (CH_3)_2C{=}CH_2$$

$$\underset{叔丁醇}{\overset{|}{OH}} \qquad\qquad \underset{84\%}{异丁烯}$$

其历程如下:

$$CH_3CH_2\ddot{O}H \xrightarrow{H^+} CH_3CH_2\overset{+}{O}H_2 \xrightarrow{-H_2O} CH_3\overset{+}{C}H_2 \xrightarrow{-H^+} CH_2{=}CH_2$$

醇羟基上的孤对电子结合质子,形成锌盐,锌盐脱水得到碳正离子,碳正离子脱去邻位碳上的质子成烯。

不对称的醇脱水与卤代烃一样,符合萨伊切夫规则,生成较稳定的烯烃。例如:

$$CH_3CH_2\underset{\overset{|}{OH}}{CHCH_3} \xrightarrow[100\ ℃]{60\% H_2SO_4} CH_3CH{=}CHCH_3 \ + \ CH_3CH_2CH{=}CH_2$$

$$\underset{2\text{-丁醇}}{} \qquad\qquad \underset{80\%}{2\text{-丁烯}} \qquad\qquad \underset{20\%}{1\text{-丁烯}}$$

$$CH_3CH_2{-}\underset{\overset{|}{OH}}{\overset{\overset{\displaystyle CH_3}{|}}{C}}{-}CH_3 \xrightarrow[80\ ℃]{H_2SO_4} CH_3CH{=}C(CH_3)_2 \ + \ CH_3CH_2\underset{\overset{|}{}}{\overset{\overset{\displaystyle CH_3}{|}}{C}}{=}CH_2$$

$$\underset{2\text{-甲基-2-丁醇}}{} \qquad\qquad \underset{90\%}{2\text{-甲基-2-丁烯}} \qquad\qquad \underset{10\%}{2\text{-甲基-1-丁烯}}$$

醇脱水有重排现象。例如:

$$CH_3{-}\underset{\overset{|}{CH_3}}{\overset{\overset{\displaystyle CH_3}{|}}{C}}{-}\underset{\overset{|}{OH}}{CH}{-}CH_3 \xrightarrow[\triangle]{H_3PO_4} (CH_3)_3CCH{=}CH_2 \ + \ (CH_3)_2C{=}C(CH_3)_2 \ + \ CH_2{=}\underset{\overset{|}{}}{\overset{\overset{\displaystyle CH_3}{|}}{C}}{-}\underset{\overset{|}{}}{\overset{\overset{\displaystyle CH_3}{|}}{CH}}{-}CH_3$$

$$\underset{3,3\text{-二甲基-2-丁醇}}{} \qquad \underset{3\%}{3,3\text{-二甲基-1-丁烯}} \qquad \underset{64\%}{2,3\text{-二甲基-2-丁烯}} \qquad \underset{33\%}{2,3\text{-二甲基-1-丁烯}}$$

$$CH_3CH_2CH_2CH_2OH \xrightarrow[\triangle]{H_2SO_4} CH_3CH{=}CHCH_3 \ + \ CH_3CH_2CH{=}CH_2$$

$$\underset{1\text{-丁醇}}{} \qquad\qquad \underset{(主)}{2\text{-丁烯}} \qquad\qquad \underset{(次)}{1\text{-丁烯}}$$

醇脱水经过碳正离子中间体,伯碳正离子不稳定,重排成较稳定的仲碳正离子,仲碳正离子脱质子得到较稳定的烯。

$$CH_3CH_2CH_2CH_2\ddot{O}H \xrightarrow{H^+} CH_3CH_2CH_2CH_2\overset{+}{O}H_2 \xrightarrow{-H_2O}$$

$$CH_3CH_2\overset{H}{\overset{|}{C}H}{-}\overset{+}{C}H_2 \longrightarrow CH_3CH_2\overset{+}{C}HCH_3 \xrightarrow{-H^+} CH_3CH{=}CHCH_3$$

$$\underset{伯碳正离子}{} \qquad\qquad\qquad \underset{仲碳正离子}{}$$

为了减少反应副产物,常把伯醇转变为伯卤代物再进行消除,这样可以得到较单一的产物(见

第九章)。

为了减少酸对设备的腐蚀,避免重排,工业上常采用 Al_2O_3 作为催化剂,在较高的温度下气相脱水,制备烯烃。例如:

$$CH_3CH_2OH \xrightarrow[350\,°C\sim360\,°C]{Al_2O_3} CH_2{=}CH_2$$
乙醇 　　　　　　　　　　　乙烯　98%

$$CH_3CH_2CH_2CH_2OH \xrightarrow[350\,°C\sim400\,°C]{Al_2O_3} CH_3CH_2CH{=}CH_2$$
乙醇 　　　　　　　　　　　　　　1-丁烯　100%

三、邻二卤代物脱卤

邻二卤代物在金属锌的作用下,脱去卤素转变为烯。

$$\underset{X\ \ X}{-\overset{|}{C}-\overset{|}{C}-} \xrightarrow[乙醇]{Zn} \underset{}{-\overset{|}{C}{=}\overset{|}{C}-} + ZnX_2$$

但邻二卤代物往往是由烯制成的,因此这个反应实际上用处不大,有时用于烯的保护。当分子中除双键之外的其他部分进行反应时,可以首先把烯转变成二卤化物,然后再用锌处理得烯烃,这个步骤称为双键的保护。

问题4-22　写出下列反应历程。

$$CH_3{-}\underset{\underset{CH_3}{|}}{\overset{\overset{CH_3}{|}}{C}}{-}\underset{\underset{OH}{|}}{CH}{-}CH_3 \xrightarrow[\triangle]{H_3PO_4} (CH_3)_3CCH{=}CH_2 + (CH_3)_2C{=}C(CH_3)_2 + CH_2{=}\underset{}{\overset{\overset{CH_3\ CH_3}{|\ \ \ |}}{C}{-}CH}{-}CH_3$$

　　　　　　　　　　　　　　　　　　　　　3%　　　　　　64%　　　　　　33%

问题4-23　完成下列转化。

(1) $CH_3{-}CH_2{-}CH{=}CH_2 \longrightarrow CH_3CH{=}CHCH_3$

(2) $CH_3{-}CH_2{-}CH_2{-}CH_2Br \longrightarrow CH_3{-}CH_2{-}\underset{\underset{Br}{|}}{\overset{\overset{Br}{|}}{CH}}{-}CH_3$

(3) ⬡ $\longrightarrow$ ⬡ (带 Br 取代)

习　　题

1. 给出下列化合物的构型式。

　(1)异丁烯　　　(2)(Z)-3-甲基-4-异丙基-3-庚烯　　　(3)(Z)-3-chloro-4-methyl-3-hexene

　(4)2,4,4-trimethyl-2-pentene　　　(5)trans-3,4-dimethyl-3-hexene

2. 用英汉对照命名下列化合物。

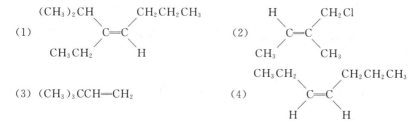

(3) $(CH_3)_3CCH=CH_2$

3. 写出 1-甲基环己烯与下列试剂反应所得产物的构造式和名称(如果有的话)。

(1)H_2,Ni　　(2)Cl_2　　(3)Br_2　　(4)I_2　　(5)HBr　　(6)HBr(过氧化物)　　(7)HI

(8)HI(过氧化物)　　(9)H_2SO_4　　(10)H_2O,H^+　　(11)Br_2,H_2O　　(12)Br_2+NaI(水溶液)

(13)O_3;然后 Zn,H_2O　　(14)RCO_3H　　(15)冷、碱高锰酸钾　　(16)热的高锰酸钾

4. 试画出 Br_2 和丙烯加成反应的能量—反应进程图。

5. 3,3,3-三氟丙烯和 HCl 加成时生成 $CF_3CH_2CH_2Cl$,为什么反应不服从马氏规则?

6. 化合物 AC_7H_{14}经浓 $KMnO_4$ 氧化后得到的两个产物与臭氧化—还原水解后的两个产物相同,试问 A 有怎样的结构?

7. 化合物 A、B、C 均为庚烯的异构体,A 经臭氧化还原水解成 CH_3CHO 和 $CH_3CH_2CH_2CH_2CHO$,用同样的方法处理 B,生成 CH_3CCH_3 和 $CH_3CH_2CCH_3$,用同样的方法处理 C,生成 CH_3CHO 和 $CH_3CH_2CCH_2CH_3$,试写出 A、B、C 的构造式或构型式。
（其中各酮的羰基以 $\overset{\displaystyle O}{\underset{\displaystyle \|}{}}$ 表示）

8. 比较下列各组烯烃与硫酸的加成活性。

(1)乙烯,溴乙烯　　(2)丙烯,2-丁烯　　(3)氯乙烯,1,2-二氯乙烯

(4)乙烯,$CH_2=CH—COOH$　　(5)2-丁烯,异丁烯

9. 在痕量过氧化物存在下,1-辛烯和 2-甲基-1-庚烯能与 $CHCl_3$ 作用分别生成 1,1,1-三氯壬烷和 3-甲基-1,1,1-三氯辛烷。

(1)试写出这个反应的历程。

(2)这两个反应哪个快? 为什么?

10. 某工厂要生产杀根瘤线虫的农药二溴氯丙烷,$BrCH_2CHBrCH_2Cl$,试问要用什么原料? 怎样进行合成?

　　关于合成的练习,要求选用能给出较高产率与相当纯度的产品的方法。它是一个综合的练习,需要把学过的几种不同类型的化合物的知识汇总,综合利用。目前阶段还限于书本。注意满足题目限制的条件(如原料)。

　　书写时不必完成和平衡每一个反应式,只要写出有机化合物的结构,并在箭头上写出必要的试剂和必需的条件。例如: $CH_3CH_2OH \xrightarrow{H^+,加热} CH_2=CH_2 \xrightarrow{H_2,Ni} CH_3CH_3$

11. 试略述下列化合物的一种可能的实验室合成法(只能用指定的原料,其他溶剂和无机试剂任选)。

(1)自乙烷合成乙烯　　(2)自丙烷合成丙烯　　(3)自丙烷合成 1,2-二溴丙烷

(4)自丙烷合成 1-溴丙烷　　(5)自 2-溴丙烷合成 1-溴丙烷　　(6)自 1-碘丙烷合成 1-氯-2-丙醇

(7)自丙烷合成异丙醇 $CH_3\overset{\displaystyle OH}{\underset{\displaystyle |}{C}}HCH_3$　　(8)自正丁醇合成 2-碘丁烷

(9)自 $(CH_3)_2C(OH)CH_2CH_2CH_3$ 合成异己烷

(10)自 3-氯-2,2-二甲基丁烷合成 2,2-二甲基丁烷　　(11)自 2-丁醇合成正丁醇

12. 写出下列反应历程。

$CH_3\overset{\displaystyle CH_3}{\underset{\displaystyle \|}{C}}=CH_2 + (CH_3)_3CH \xrightarrow{H^+} CH_3\overset{\displaystyle CH_3}{\underset{\displaystyle |}{\underset{\displaystyle CH_3}{C}}}-CH_2\overset{\displaystyle CH_3}{\underset{\displaystyle |}{C}}HCH_3$

13. 橙花醇($C_{10}H_{18}O$)在稀 H_2SO_4 存在下转变成 α-萜品醇($C_{10}H_{18}O$)。运用已学过的知识,为反应提出一个机理。

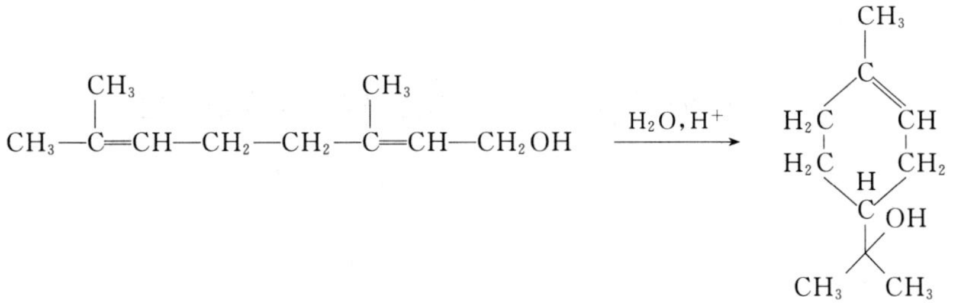

α-萜品醇

文献题:

写出下列反应历程。

(1)

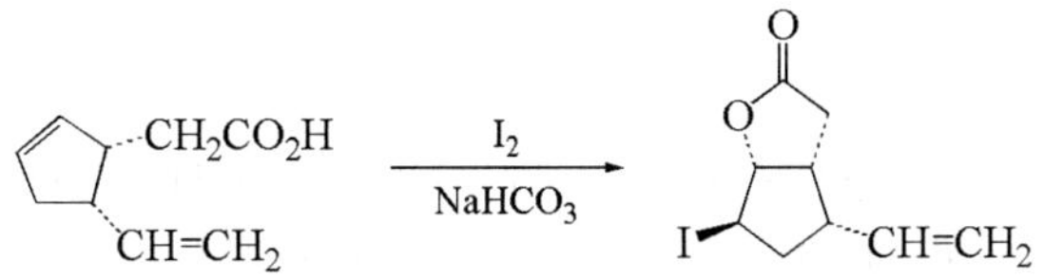

(2)

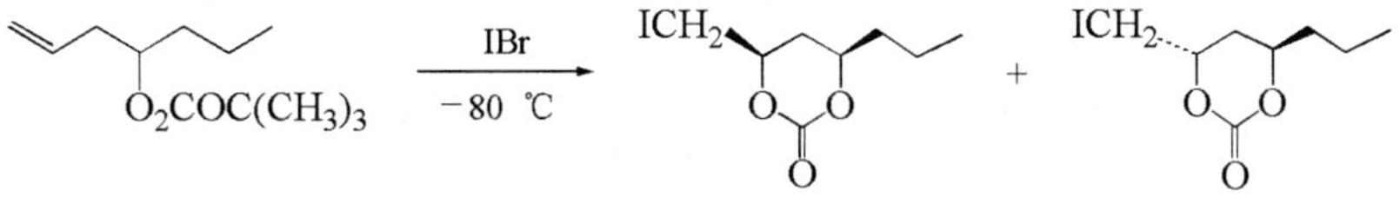

95% (25.8:1)

(3)

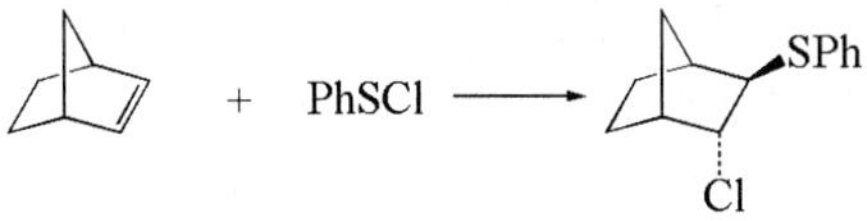

(4)

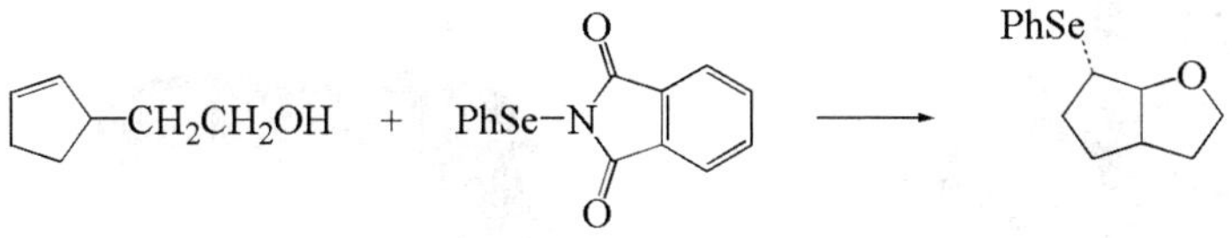

来源:

(1)L. A. Paquette, G. D. Crouse, A. K. Sharme. J. Am. Chem. Soc. , 1980,102:3972.

(2)J. J.-W. Duan, A. B. Smith. J. Org. Chem. , 1993,58:3703.

(3)W. H. Mueller, P. E. Butler. J. Am. Chem. Soc. , 1968,90:2075.

   G. H. Schmid, D. I. Macdonald. Tetrahedron Lett. , 1984,25:157.

(4)K. C. Nicolaou, R. L. Magolda, W. J. Sipio, W. E. Barnetter, Z. Lysenko, M. M. Joullie. J. Am. Chem. Soc. , 1980,102:3784.

第五章　炔烃和二烯烃

分子中含有碳碳叁键的烃叫做**炔烃**(alkyne),分子中含有两个碳碳双键的烃叫做**二烯烃** (alkadiene)。炔烃和二烯烃具有相同的通式 C_nH_{2n-2},但有不同的官能团,因此具有不同的性质。炔烃和二烯烃也是不饱和烃,它们比相应的烷烃少四个氢,其不饱和度为 2。

5.1　炔烃的结构及命名

炔烃中最简单的成员是乙炔(acetylene)。分子式 C_2H_2。构造式 $HC{\equiv}CH$。乙炔中的碳为 sp 杂化,两个碳各以一个 sp 轨道互相重叠,形成一个 C—C σ键。每个碳又各以一个 sp 轨道分别与氢的 1s 轨道重叠,形成两个 C—H σ键。分子中四个原子处于一条直线上(图 5-1)。

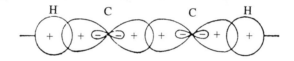

图 5-1　乙炔分子的 σ键

每个碳剩下的两个 p 轨道的轴除互相垂直外,还与 sp 杂化轨道的对称轴互相垂直。因此四个 p 轨道可在各自的侧面平行重叠,形成两个互相垂直的 π键(图 5-2)。

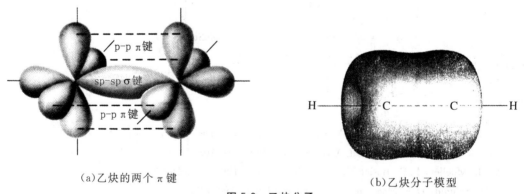

(a)乙炔的两个 π键　　　　　　　　(b)乙炔分子模型

图 5-2　乙炔分子

π电子云围绕连核的直线,形成一个中空的圆柱体(图 5-3)。

可见乙炔的碳碳叁键是由一个较强的 σ键及两个较弱的 π键组成。叁键的键能为 837 kJ/mol,比碳碳双键(612.5 kJ/mol)及碳碳单键(361.0 kJ/mol)的键能大。这大致符合 $361.0(\sigma)+251.5(\pi)+251.5(\pi)=864$ kJ/mol 的关系。

用电子衍射光谱测得乙炔为一直线分子。碳碳叁键之间的距离为 0.121 nm,碳氢键之间的距离为 0.108 nm(图 5-4)。直线形的炔烃没有几何异构体,因此异构现象比烯烃的简单。

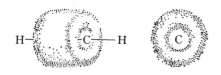

(a)乙炔的 π 电子
云形状

(b)π 电子云的
截面形状

图 5-3 乙炔的电子云

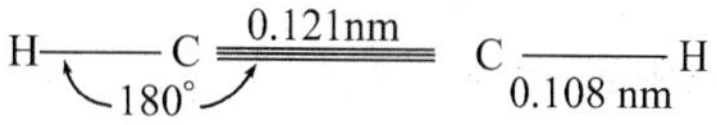

H —— C $\underset{180°}{\overset{0.121nm}{=\!=\!=}}$ C $\underset{0.108\ nm}{=\!=\!=}$ H

图 5-4 乙炔的结构

炔烃的命名方法有两种。一种是把乙炔作为母体,其同系物的炔烃作为乙炔的衍生物来命名。例如:

CH$_2$=CH—C≡CH　　　CH$_3$—C≡C—CH$_3$　　　CH$_3$—C≡C—CH(CH$_3$)$_2$
乙烯基乙炔　　　　　　二甲基乙炔　　　　　　甲基异丙基乙炔
vinylacetylene　　　　dimethylacetylene　　　isopropylmethylacetylene

较复杂的炔烃采用 IUPAC 命名法,规则与烯烃的相似,也是取含叁键最长的链为主链,编号由距叁键最近的一端开始,但结尾用炔代替烯。英文命名将相应烯的"ene"词尾改为炔的"yne"。例如:

$\overset{1}{CH_3}$—$\overset{2}{CH_2}$—$\overset{3}{C}$≡$\overset{4}{C}$—$\overset{5}{CH}$—CH$_3$
　　　　　　　　　　 |
　　　　　　　　 $\overset{6}{CH_2}$
　　　　　　　　　 |
　　　　　　　　 $\overset{7}{CH_3}$

5-甲基-3-庚炔
5-methyl-3-heptyne

(CH$_3$)$_2$CHC≡CH

3-甲基-1-丁炔
3-methyl-1-butyne

乙炔及乙烯的英文名称,习惯采用俗名。

ethane　　　ethylene　　　acetylene
乙烷　　　　乙烯　　　　　乙炔

分子中同时含有双键和叁键的分子称为烯炔(enyne)。它的命名是选取含双键和叁键最长的链为主链,编号从靠近双键或叁键的一端开始,使不饱和键的编号尽可能小。例如:

$\overset{5}{CH_3}$—$\overset{4}{CH}$=$\overset{3}{CH}$—$\overset{2}{C}$≡$\overset{1}{CH}$

3-戊烯-1-炔
3-penten-1-yne

$\overset{5}{CH_3}$—$\overset{4}{C}$≡$\overset{3}{C}$—$\overset{2}{CH}$=$\overset{1}{CH_2}$

1-戊烯-3-炔
1-penten-3-yne

如果两个编号相同,则使双键具有最小的位次。例如:

$\overset{1}{CH_2}$=$\overset{2}{CH}$—$\overset{3}{CH_2}$—$\overset{4}{C}$≡$\overset{5}{CH}$

1-戊烯-4-炔
1-penten-4-yne

问题5-1　写出炔烃 C$_6$H$_{10}$ 的各种异构体,并用 IUPAC 命名法写出相应的汉英名称。

5.2 炔烃的物理性质

炔烃是低极性的化合物,它的物理性质与烷、烯的相似。炔烃的沸点比含相同碳原子的烯烃约高 10 °C～20 °C。乙炔、丙炔和 1-丁炔在室温下为气体。叁键在中间的炔烃比叁键在末端的炔烃沸点和熔点都高。表 5-1 是一些炔烃的熔点和沸点。

表 5-1 炔烃的熔点和沸点

中文名称	英文名称	构造式	熔点/°C	沸点/°C
乙 炔	acetylene	$HC\equiv CH$	−82	−75
丙 炔	propyne	$CH_3C\equiv CH$	−101.5	−23
1-丁炔	1-butyne	$CH_3CH_2C\equiv CH$	−122	9
2-丁炔	2-butyne	$CH_3C\equiv CCH_3$	−24	27
1-戊炔	1-pentyne	$CH_3CH_2CH_2C\equiv CH$	−98	40
2-戊炔	2-pentyne	$CH_3CH_2C\equiv CCH_3$	−101	55
3-甲基-1-丁炔	3-methyl-1-butyne	$CH_3\underset{\underset{CH_3}{\vert}}{C}HC\equiv CH$	−89.7	29
1-己炔	1-hexyne	$CH_3CH_2CH_2CH_2C\equiv CH$	−124	74
2-己炔	2-hexyne	$CH_3CH_2CH_2C\equiv CCH_3$	−92	84
3-己炔	3-hexyne	$CH_3CH_2C\equiv CCH_2CH_3$	−51	81

炔烃在水中的溶解度很小,但易溶于石油醚、四氯化碳、苯等有机溶剂。炔烃的密度小于 $10^3 kg/m^3$。

乙炔沸点 −75 °C,纯净的乙炔是无色无臭的气体。常用的从电石加水发生的乙炔气有难闻的臭味,这是因为它含有磷化氢、硫化氢等杂质。乙炔在水中的溶解度是 1∶1(体积)。它在丙酮($CH_3\overset{O}{\overset{\|}{C}}CH_3$)中的溶解度很大,1L 丙酮在 25 °C、0.1MPa(1atm)下可溶解 29.8L 乙炔。在 1.2MPa 下,1L 丙酮可溶解 300L 乙炔。乙炔在压力下很易发生爆炸,但乙炔的丙酮溶液在压力下是比较稳定的。因此储存乙炔的钢瓶中常填以用丙酮饱和的多孔物质,如硅藻土、石棉、活性炭等,再将乙炔在 1～1.2MPa 下压入钢瓶,使之溶于丙酮。

5.3 炔烃的反应

炔烃具有不饱和的叁键,它与烯烃一样可进行加成、氧化等反应。不同的是炔烃分子中碳碳叁键上的氢具有微弱的酸性,可以成盐,进行烷基化。

一、端基炔氢的酸性

乙炔与金属钠作用放出氢气并生成乙炔钠,其反应如下:

$$2Na \ + \ 2HC\equiv CH \ \xrightarrow{110\ ℃} \ 2HC\equiv CNa \ + \ H_2\uparrow$$
$$乙炔钠$$

与过量的钠在更高的温度下反应,可生成乙炔二钠。

$$HC\equiv CH \quad + \quad 2Na \xrightarrow{\;190\ ^{\circ}C\sim 200\ ^{\circ}C\;} \quad NaC\equiv CNa \quad + \quad H_2\uparrow$$
$$\text{乙炔二钠}$$

反应类似于酸或水与金属钠的反应,说明乙炔具有酸性,乙炔的酸性既不能使石蕊试纸变红,又没有酸味,它只有很小的失去氢离子的倾向。

$$\underset{\substack{\text{乙炔}\\\text{弱酸}}}{HC\equiv CH} \quad \Longleftrightarrow \quad H^+ \quad + \quad \underset{\substack{\text{乙炔负离子}\\\text{强碱}}}{{}^{-}\!:C\equiv CH}$$

可见乙炔是一个很弱的酸,而它的共轭碱乙炔负离子是一个很强的碱。

乙炔的酸性究竟有多大呢? 把它与熟悉的水进行比较。乙炔钠与水反应,可生成氢氧化钠和乙炔。

$$\underset{\text{较强的碱}}{HC\equiv CNa} \quad + \quad \underset{\text{较强的酸}}{H_2O} \quad \longrightarrow \quad \underset{\text{较弱的碱}}{NaOH} \quad + \quad \underset{\text{较弱的酸}}{HC\equiv CH}$$

根据较强的碱和较强的酸反应,可生成较弱的碱及较弱的酸的规律。反应中乙炔钠作为碱夺取水中的质子生成乙炔,可见乙炔酸性比水弱。

液氨与金属钠作用,生成氨基钠和氢气。

$$NH_3(\text{液}) \quad + \quad Na \xrightarrow{\;-40\ ^{\circ}C\;} NaNH_2 \quad + \quad H_2\uparrow$$
$$\text{氨基钠}$$

氨也具有酸性。它的共轭碱氨基钠是很强的碱。

将乙炔通入氨基钠的乙醚溶液,产生氨及乙炔钠:

$$\underset{\substack{\text{氨基钠}\\\text{较强的碱}}}{NaNH_2} \quad + \quad \underset{\substack{\text{乙炔}\\\text{较强的酸}}}{HC\equiv CH} \quad \longrightarrow \quad \underset{\substack{\text{乙炔钠}\\\text{较弱的碱}}}{NaC\equiv CH} \quad + \quad \underset{\substack{\text{氨}\\\text{较弱的酸}}}{NH_3}$$

反应中乙炔把质子给了氨基钠,说明乙炔的酸性比氨强。这也是制取炔基钠的方法。

总的来看,乙炔的酸性介于水及氨之间:

$$H_2O > HC\equiv CH > NH_3$$

其余的端基炔氢也显示类似的酸性。为什么炔氢具有酸性,而乙烷、乙烯的氢却没有酸性? 这是因为乙炔中的碳为 sp 杂化,轨道中的 s 成分较大,核对电子的束缚能力强,电子云靠近碳原子,使 $H—\overset{..}{C}\equiv\overset{..}{C}—H$ 分子中碳氢键的极性增加,氢具有酸性,离解后的乙炔负离子 ${}^{-}C\equiv CH$ 较稳定。

根据乙炔、乙烯,乙烷碳氢键中 s 成分的多少,推测它们应有如下的酸性顺序,这与测得的 pK_a 的数据是一致的。

酸性顺序	$HC\equiv CH$	>	$CH_2\!=\!CH_2$	>	CH_3CH_3
轨道杂化形式	sp		sp^2		sp^3
轨道中的 s 成分	$\dfrac{1}{2}$	>	$\dfrac{1}{3}$	>	$\dfrac{1}{4}$
pK_a 值	25		44		50

端基炔氢酸性的另一个例子是炔氢能与某些重金属离子反应，生成不溶性的炔化物。例如把乙炔通入硝酸银的氨溶液，析出白色的乙炔银沉淀：

$$HC\equiv CH \xrightarrow[NH_3]{AgNO_3} AgC\equiv CAg\downarrow$$
乙炔银（白）

1-丁炔与亚铜氨盐的碱性水溶液反应：

$$CH_3CH_2C\equiv CH \xrightarrow[OH^-]{Cu(NH_3)_2^+} CH_3CH_2C\equiv CCu\downarrow$$
1-丁炔　　　　　　　　　　　　　1-丁炔亚铜（紫红色）

可生成紫红色的炔化物的沉淀。

这两个反应灵敏，现象明显，可用于鉴别乙炔及 $RC\equiv CH$ 型的炔烃，也可用来从混合物中分离末端炔烃，得到的铜或银的炔化物可以用氰化钠水溶液使它复原。

$$RC\equiv CAg + 2CN^- + H_2O \longrightarrow RC\equiv CH + Ag(CN)_2^- + OH^-$$

银和铜的炔化物在水中很稳定，但干燥时受热或震动易发生爆炸；因此试验完毕后，需用硝酸温热，或用浓盐酸处理使它破坏或分解，以免发生危险。

$$RC\equiv CAg \xrightarrow{HNO_3} RC\equiv CH + AgNO_3$$

$$CuC\equiv CCu \xrightarrow{浓 HCl} HC\equiv CH + Cu_2Cl_2\downarrow$$

问题 5-2　当 1-己炔加到正丙基锂（$CH_3CH_2CH_2Li$）溶液中，放出一种气体，你能预测它是什么气体吗？写出相应的化学反应式。

问题 5-3　排出 $HC\equiv CNa$、$NaOH$、$NaNH_2$ 的碱性顺序，说出你的根据。

问题 5-4　用化学方法鉴别化合物戊烷、1-戊炔和 1-戊烯。

二、还原成烯烃

炔烃催化氢化时得到烷烃，反应一般不能停留在烯烃阶段。

$$-C\equiv C- \xrightarrow[Pd 或 Ni]{H_2} \underset{\text{H H}}{-C=C-} \xrightarrow[Pd 或 Ni]{H_2} \underset{\text{H H}}{\overset{\text{H H}}{-C-C-}}$$

为使反应停留在烯烃阶段，可采用活性较低的林德拉（Lindlar）催化剂或 P-2 催化剂。林德拉催化剂是把钯沉积在碳酸钙上用醋酸铅处理，使钯部分中毒，活性降低。也可用硫酸钡做载体，加入喹啉，达到同样的效果。P-2 催化剂为硼化镍（Ni_3B），是用醋酸镍及硼氢化钠反应制得。

$$(CH_3COO)_2Ni \xrightarrow[乙醇]{NaBH_4} Ni_3B$$
醋酸镍　　　　　　　　　　P-2 催化剂

这两种催化剂不仅可使炔烃的还原停留在烯烃阶段，更重要的是由此得到的是有一定立体构型的顺式烯烃。例如，

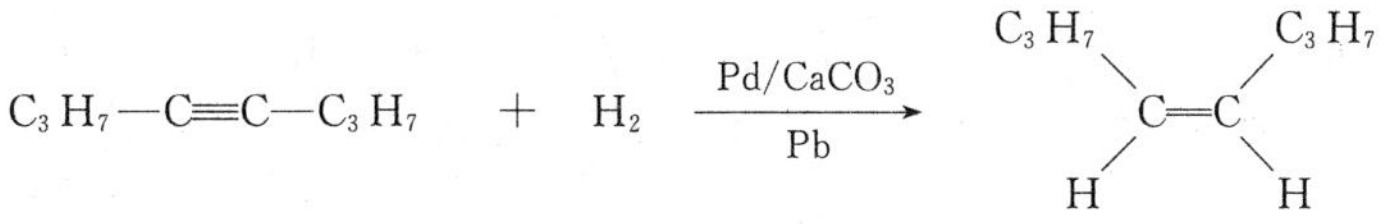

$$C_3H_7-C\equiv C-C_3H_7 \quad + \quad H_2 \quad \xrightarrow[Pb]{Pd/CaCO_3} \quad \underset{H}{\overset{C_3H_7}{}}C=C\underset{H}{\overset{C_3H_7}{}}$$

90%

$$C_2H_5-C\equiv C-C_2H_5 \quad + \quad H_2 \quad \xrightarrow{Ni_3B} \quad \underset{H}{\overset{C_2H_5}{}}C=C\underset{H}{\overset{C_2H_5}{}}$$

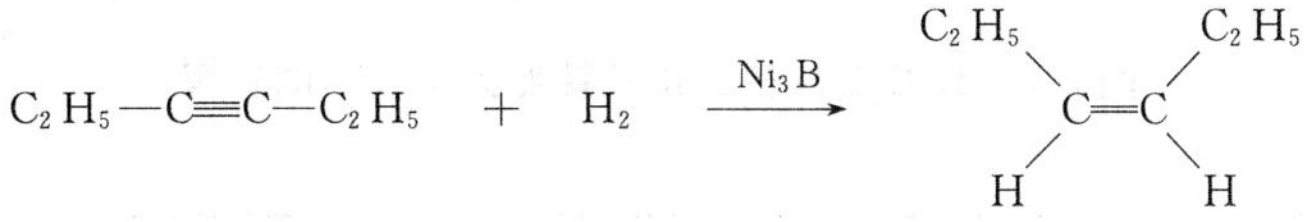

98%～99%

炔与烯的催化氢化具有相似的历程。

用钠或锂在液氨中进行化学还原,可将炔烃还原为反式烯烃。

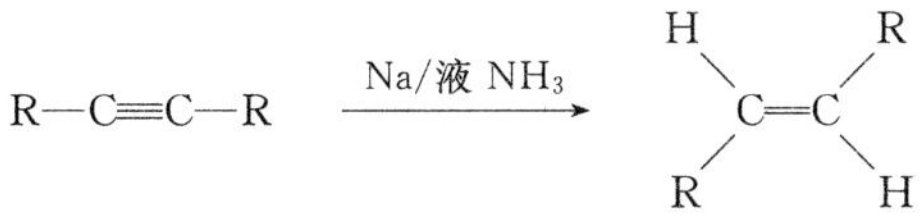

$$R-C\equiv C-R \quad \xrightarrow{Na/液\ NH_3} \quad \underset{R}{\overset{H}{}}C=C\underset{H}{\overset{R}{}}$$

反式烯烃

例如:

$$CH_3CH_2C\equiv CCH_2CH_3 \quad \xrightarrow[液\ NH_3]{Na} \quad \underset{CH_3CH_2}{\overset{H}{}}C=C\underset{H}{\overset{CH_2CH_3}{}}$$

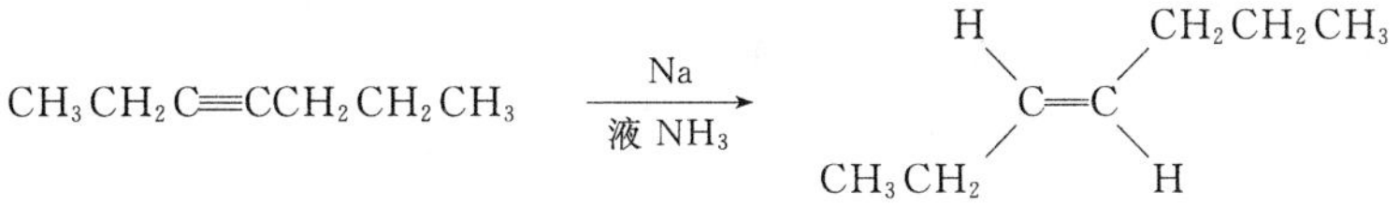

97%～99%

该反应历程如下:反应一开始,炔从钠接受一个电子,生成负离子自由基(radical anion),负离子自由基有很强的碱性,从氨中夺取一个质子转变为乙烯型自由基(vinyl radical)。

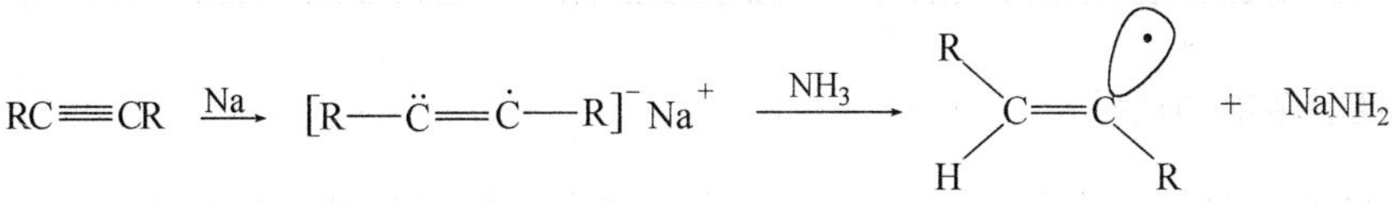

$$RC\equiv CR \quad \xrightarrow{Na} \quad [R-\ddot{C}=\dot{C}-R]^-\ Na^+ \quad \xrightarrow{NH_3} \quad \underset{H}{\overset{R}{}}C=C\underset{R}{\overset{\bullet}{}} \quad + \quad NaNH_2$$

负离子自由基   反式乙烯型自由基

乙烯型自由基有两种构型(图 5-5),这两种构型可迅速互变,但反式较稳定,因此主要以反式存在。

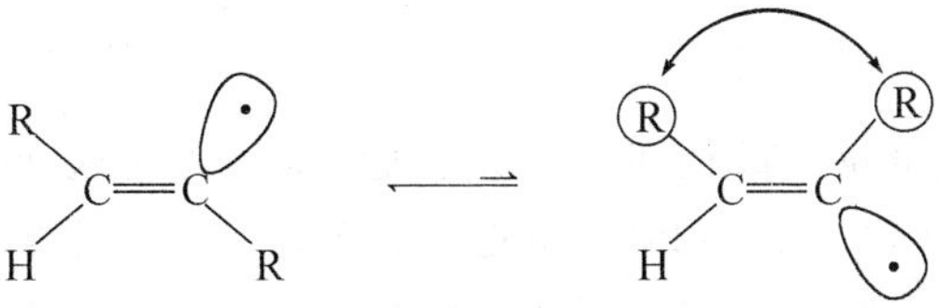

反式   顺式

图 5-5　顺、反乙烯型自由基的互变

活泼的自由基从金属钠中夺取一个电子,生成较稳定的反式乙烯型负离子(vinyl anion)。乙烯负离子是很强的碱,立即夺取氨中的氢,转变为反式的烯烃(图 5-6)。

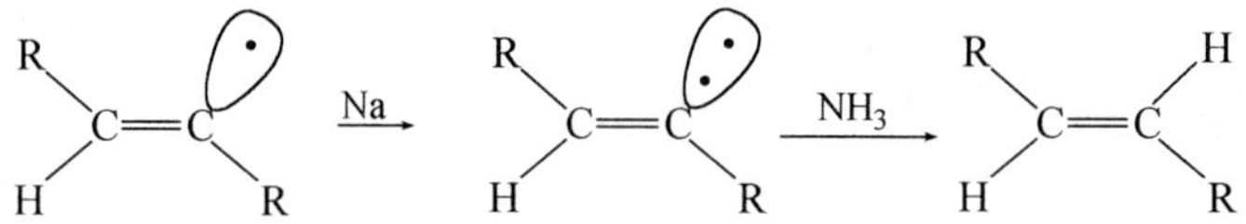

反式乙烯型自由基　　反式乙烯型负离子　　反式烯

图 5-6　反式乙烯型自由基转变为反式烯的过程

问题5-5　根据给出的相应化合物的 pK_a 值判断它们的酸性大小顺序。

	H_3N	$HC\equiv CH$	$RHC=CHR$
pK_a	34	～25	～44

完成下列反应：

(1) $HC\equiv CH + NaNH_2$

(2) $NH_3 + CH_3CH=\bar{C}HNa^+$

(3) $CH_3\bar{C}H_2\overset{+}{M}gCl + HC\equiv CH$

问题5-6　标出完成下列反应的条件。

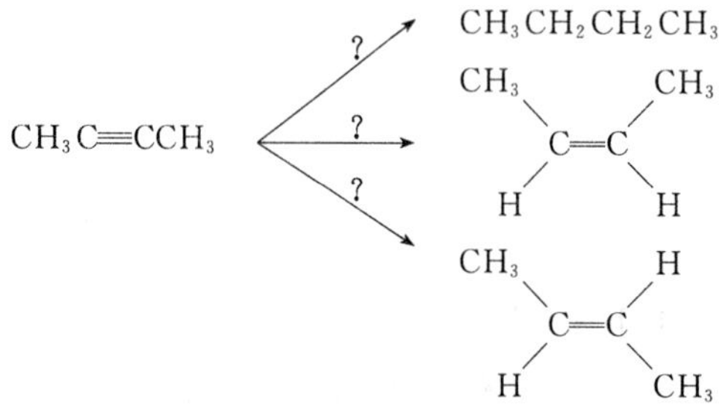

三、炔烃的亲电加成反应

炔烃与烯烃一样可以进行亲电加成反应，但它的亲电加成活性比烯的小一些。例如，烯炔加卤化氢首先加在双键上。

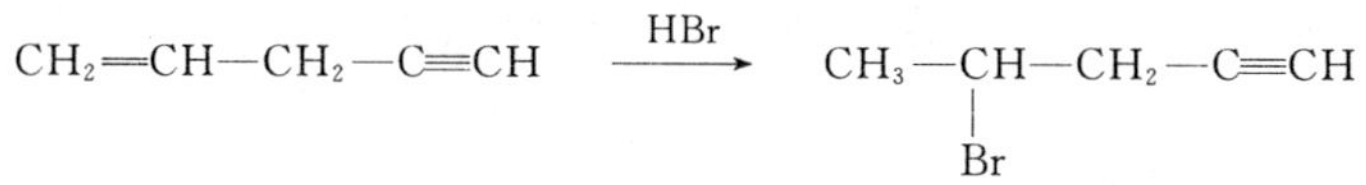

1-戊烯-4-炔　　4-溴-1-戊炔

这是由于炔加成形成的烯基碳正离子的稳定性较差。因为这种碳正离子的空 p 轨道与 π 键的 p 轨道相互垂直，得不到 π 键的共轭，也得不到叁键上另一个碳的 σ 键的超共轭，只能和取代烷基上的 σ 键超共轭(图 5-7)，所以与相应烯加成形成的烷基碳正离子中间体相比，稳定性较差(图 5-8)。

烯基碳正离子　　烷基碳正离子

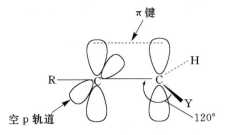

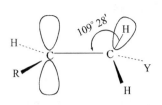

图 5-7 炔烃亲电加成形成
的碳正离子中间体

图 5-8 烯烃亲电加成形成
的碳正离子中间体

由此得出碳正离子的稳定性顺序为：$R_3\overset{+}{C} > R_2\overset{+}{C}H > R\overset{+}{C}H_2 > R\overset{+}{C}=CH_2 > RCH=\overset{+}{C}H$，这与电离得出的碳正离子的稳定性顺序一致。

1. 加卤素

炔烃加卤素首先生成卤代烯，再生成卤代烷。

乙炔与溴反应，先形成 1,2-二溴乙烯，进一步反应形成 1,1,2,2-四溴乙烷。炔烃与溴的反应可用于炔烃的鉴定。

$$HC\equiv CH \xrightarrow{Br_2} \underset{Br}{\underset{|}{HC}}=\underset{Br}{\underset{|}{CH}} \xrightarrow{Br_2} \underset{Br}{\underset{|}{\overset{Br}{\overset{|}{HC}}}}-\underset{Br}{\underset{|}{\overset{Br}{\overset{|}{CH}}}}$$

乙炔   1,2-二溴乙烯   1,1,2,2-四溴乙烷

反应能不能停留在烯的一步呢？从 1,2-二溴乙烯的结构可以看出，在烯的两侧连接两个拉电子的卤素，烯的活性减小，所以加成可停留在第一步。

炔烃加卤素历程与烯烃类似，首先加上一个卤正离子，形成三元环的中间体，然后卤素负离子从反面进攻三元环，得到反式加成产物。例如：

$$CH_3CH_2C\equiv CCH_2CH_3 + Br_2 \longrightarrow \underset{Br}{\overset{CH_3CH_2}{C}}=\underset{CH_2CH_3}{\overset{Br}{C}}$$

3-己炔   (E)-3,4-二溴-3-己烯
                              90%

$$CH_3CH_2CH_2CH_2C\equiv CH + Br_2 \xrightarrow{CH_3CO_2H-H_2O}$$

1-己炔

$$\underset{Br}{\overset{CH_3CH_2CH_2CH_2}{C}}=\underset{Br}{\overset{H}{C}}$$ 顺-1,2-二溴-1-己烯 28%

$$+$$

$$\underset{Br}{\overset{CH_3CH_2CH_2CH_2}{C}}=\underset{H}{\overset{Br}{C}}$$

反-1,2-二溴-1-己烯 72%

但两者中间体的稳定性不同,炔烃形成的三元环中间体有较大的张力,稳定性较烯烃中间体低,因此反应较烯烃慢。

烯烃形成的三元环中间体　炔烃形成的三元环中间体
　　稳定　　　　　　　　　稳定性较低

2. 加卤化氢

炔烃与等摩尔卤化氢加成,生成卤代烯烃。进一步加成,形成偕二卤代物(偕表示两个卤素连在一个碳原子上)。反应符合马氏规则。

乙炔与氯化氢反应,首先生成氯乙烯。氯乙烯不活泼,反应可停留在第一步。在较强烈的条件下,氯乙烯进一步加成生成 1,1-二氯乙烷。

$$HC\equiv CH \xrightarrow[\text{HgCl}_2]{\text{HCl}} H_2C=CHCl \xrightarrow{\text{HCl}} CH_3CHCl_2$$

$$\qquad\qquad\qquad\quad\text{氯乙烯}\qquad\qquad\quad\text{1,1-二氯乙烷}$$

不对称的炔与卤化氢加成符合马氏规则,氢加在含氢较多的碳上。这与形成的碳正离子中间体的稳定性一致。形成碳正离子的稳定性 $R\overset{+}{C}=CH_2 > RCH=\overset{+}{CH}$。例如:

$$CH_3C\equiv CH \xrightarrow{\text{HBr}} CH_3-\underset{\underset{Br}{|}}{C}=CH_2 \xrightarrow{\text{HBr}} CH_3-\underset{\underset{Br}{|}}{\overset{\overset{Br}{|}}{C}}-CH_3$$

$$\qquad\qquad\qquad\qquad\text{2-溴丙烯}\qquad\qquad\qquad\text{2,2-二溴丙烷}$$

炔烃加卤化氢大多为反式加成。例如:

$$CH_3CH_2C\equiv CCH_2CH_3 \quad + \quad HCl \xrightarrow[\text{CH}_3\text{COOH,25 ℃}]{\text{Cl}^-}$$

3-乙炔

$$\begin{array}{c} CH_3CH_2 \quad\quad Cl \\ \diagdown \quad\diagup \\ C=C \\ \diagup \quad\diagdown \\ H \quad\quad CH_2CH_3 \end{array}$$

(Z)-3-氯-3-己烯
97%

3. 催化加水

乙炔在硫酸汞、硫酸的催化下与水加成,产物是乙醛(CH_3CHO)而不是预期的乙烯醇。

$$CH\equiv CH \quad + \quad HOH \xrightarrow[\text{H}_2\text{SO}_4]{\text{HgSO}_4} \left[\begin{array}{c} CH=CH_2 \\ | \\ OH \end{array}\right] \xrightarrow{\text{重排}} CH_3CHO$$

$$\qquad\qquad\qquad\qquad\qquad\qquad\qquad\text{乙烯醇}\qquad\qquad\quad\text{乙醛}$$

炔烃的水合符合马氏规则,只有乙炔的水合生成乙醛,其他炔烃都生成相应的酮。例如:

$$CH_3CH_2CH_2C\equiv CCH_2CH_2CH_3 \quad + \quad H_2O \xrightarrow[\text{HgSO}_4]{\text{H}_2\text{SO}_4} CH_3CH_2CH_2CH_2\underset{\underset{O}{\|}}{C}CH_2CH_2CH_3$$

4-辛炔

4-辛酮
89%

$$CH_3(CH_2)_5C\equiv CH \quad + \quad H_2O \xrightarrow[HgSO_4]{H_2SO_4} CH_3(CH_2)_5\overset{O}{\underset{\|}{C}}CH_3$$

1-辛炔　　　　　　　　　　　　　　2-辛酮

91%

二价汞在此处起着催化剂的作用。它可能是先与炔键发生加成,再被氢质子置换成烯醇。

$$CH_3C\equiv CH \xrightarrow{Hg^{2+}} CH_3-\overset{+}{C}=\overset{Hg^+}{\underset{H}{C}} \xrightarrow{H_2O} \underset{H_2\overset{+}{O}}{\overset{CH_3}{C}}=\overset{Hg^+}{\underset{H}{C}}$$

带正性部分加在含
氢较多的碳上

$$\xrightarrow{-H^+} \underset{HO}{\overset{CH_3}{C}}=\overset{Hg^+}{\underset{H}{C}} \xrightarrow{H^+} \left[\underset{HO}{\overset{CH_3}{C}}=\overset{H}{\underset{H}{C}} \right] \longrightarrow CH_3\overset{O}{\underset{\|}{C}}CH_3$$

烯醇

羟基直接连在双键碳的结构称为烯醇(英文为 enol,其中 en 表明烯,ol 表示醇)。实验表明烯醇化合物不稳定,它总要发生分子内重排转变为相应的醛或酮。

$$-\overset{|}{C}=\overset{|}{C} \rightleftharpoons -\overset{|}{\underset{H}{C}}-\overset{|}{C}=O$$

烯醇式　　　　　　　酮式

烯醇式与酮式之间的变化是可逆的,一般平衡倾向于酮式。通常称这种异构为互变异构(tautomerism)。

问题5-7 3-庚炔的水合产物几乎是等量的 3-庚酮 $(CH_3CH_2\overset{O}{\underset{\|}{C}}CH_2CH_2CH_2CH_3)$ 和 4-庚酮 $CH_3CH_2CH_2\overset{O}{\underset{\|}{C}}CH_2CH_2CH_3)$,试解释之。

问题5-8 制备 2-戊酮 $(CH_3CH_2CH_2\overset{O}{\underset{\|}{C}}CH_3)$ 选用什么炔?

问题5-9 完成下列反应。

(1) $C_2H_5-C\equiv C-C_2H_5 \xrightarrow[2)H_2O_2/OH^-]{1)BH_3}$

(2) $CH_3(CH_2)_3C\equiv CH \xrightarrow[H_3O^+,Hg^{2+}]{1)BH_3;2)H_2O_2/OH^-}$

四、炔烃的亲核加成

炔烃与烯烃的另一个差别是它能与乙醇、氢氰酸、乙酸这一类试剂进行亲核加成,而简单的烯烃却不行。

乙炔在醋酸锌催化下与醋酸加成,生成醋酸乙烯酯。

$$HC\equiv CH \ + \ CH_3-\underset{OH}{\overset{O}{\underset{\|}{C}}} \quad \xrightarrow[210\,{}^\circ C\sim250\,{}^\circ C]{\text{醋酸锌}} \quad CH_2=CH-O-\overset{O}{\overset{\|}{C}}-CH_3$$

醋酸   醋酸乙烯酯

醋酸乙烯酯可聚合成聚醋酸乙烯酯,市售的乳胶粘合剂主要就是由它制得的。聚醋酸乙烯酯醇解成聚乙烯醇,现常用的胶水就是用它做的。

$$CH_2=CH \atop OCCH_3 \atop \overset{\|}{O} \quad \xrightarrow{\text{引发剂}} \quad \text{—(}CH_2-CH\text{—)}_n \atop OCCH_3 \atop \overset{\|}{O} \quad \xrightarrow{CH_3OH} \quad \text{—(}CH_2-CH\text{—)}_n \atop OH \quad + \ CH_3COOCH_3$$

聚醋酸乙烯酯   聚乙烯醇

聚乙烯醇再与甲醛缩合成聚乙烯醇缩甲醛,维尼纶合成纤维就是由它做的。

$$\text{—(}CH_2-CH\text{—)}_n \atop OH \quad \xrightarrow[H^+]{HCHO} \quad \text{—(}CH_2-CH-CH_2-CH\text{—)}_{n/2}$$

聚乙烯醇缩甲醛

乙炔在氯化铵—氯化亚铜水溶液中可与氢氰酸加成得到丙烯腈。

$$HC\equiv CH \ + \ HCN \quad \xrightarrow{NH_4Cl,Cu_2Cl_2\ \text{溶液}} \quad CH_2=CHCN$$

氢氰酸   丙烯腈

丙烯腈聚合成聚丙烯腈。聚丙烯腈用来制取人造羊毛。

$$CH_2=CHCN \quad \xrightarrow{CH_3-\underset{CN}{\overset{CH_3}{\underset{|}{C}}}-N=N-\underset{CN}{\overset{CH_3}{\underset{|}{C}}}-CH_3} \quad \text{—(}CH_2-CH\text{—)}_n \atop CN$$

聚丙烯腈

乙醇在碱催化下与乙炔反应,生成乙烯基乙醚。

$$HC\equiv CH \ + \ C_2H_5OH \quad \xrightarrow[150\,{}^\circ C\sim180\,{}^\circ C/\text{压力}]{\text{碱}} \quad H_2C=CH-OC_2H_5$$

乙醇   乙烯基乙醚

五、炔烃的氧化

炔烃可被高锰酸钾氧化,生成羧酸或二氧化碳。一般"RC≡"部分氧化成羧酸;"≡CH"氧化为二氧化碳。

$$RC\equiv CH \quad \xrightarrow{KMnO_4} \quad [R-\overset{O}{\overset{\|}{C}}-\overset{O}{\overset{\|}{C}}-CH] \quad \xrightarrow{KMnO_4} \quad R-COOH \ + \ CO_2$$

羧酸

反应中高锰酸钾颜色消褪,可用于炔烃的鉴定。

炔烃也能被臭氧氧化,水解后得到酸。根据酸的结构,可确定叁键的位置。

$$RC\!\!\equiv\!\!CR' \xrightarrow[2)H_2O]{1)O_3} RCOOH + R'COOH$$

六、乙炔的聚合

乙炔的聚合与烯烃的不同,一般不聚合成高聚物。在不同的条件下它可二聚成乙烯基乙炔,三聚成苯或二乙烯基乙炔,四聚成环辛四烯。

$$2\ HC\!\!\equiv\!\!CH \xrightarrow[NH_4Cl]{Cu_2Cl_2} CH_2\!\!=\!\!CH\!\!-\!\!C\!\!\equiv\!\!CH$$
乙烯基乙炔

$$3\ HC\!\!\equiv\!\!CH \xrightarrow{Cu_2Cl_2/NH_4Cl} CH_2\!\!=\!\!CH\!\!-\!\!C\!\!\equiv\!\!C\!\!-\!\!CH\!\!=\!\!CH_2$$
二乙烯基乙炔

$$3\ HC\!\!\equiv\!\!CH \xrightarrow[\text{或金属羰基化合物}]{\text{高温}}$$ 
苯

$$4\ HC\!\!\equiv\!\!CH \xrightarrow{Ni(CN)_4}$$ 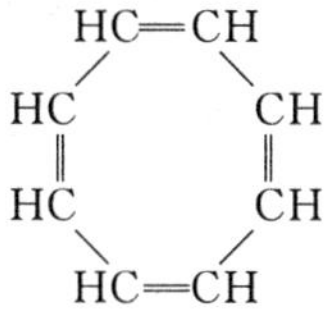
环辛四烯

5.4 炔烃的制备

一、乙炔的工业来源

乙炔是工业上最重要的炔烃。自然界中没有乙炔存在,通常用电石水解法制备。电石是碳化钙的俗名。

$$CaC_2 + 2\ H_2O \longrightarrow Ca(OH)_2 + HC\!\!\equiv\!\!CH$$
电石   乙炔

电石是由煤、生石灰在 2 000 ℃高温的电炉中反应生成的。

$$CaO + 3\ C \xrightarrow[\text{电炉}]{2\,000\,℃} CaC_2 + CO$$

此法虽原料易得,但耗电量大。

生产乙炔的另一个方法是由高温控制下的甲烷部分氧化。

$$6\ CH_4 + O_2 \xrightarrow{500\,℃} 2\ HC\!\!\equiv\!\!CH + 2\ CO + 10\ H_2$$

近年来用轻油和重油裂解在适当的条件下可得到乙炔和乙烯。

二、炔烃的制法

1. 二卤代烷脱卤化氢

烯和卤素反应形成邻二卤代物

$$\overset{\displaystyle H\quad H}{\underset{}{-C=C-}} \xrightarrow{\ X_2\ } \overset{\displaystyle H\quad H}{\underset{\displaystyle X\quad X}{-\overset{|}{C}-\overset{|}{C}-}}$$

邻二卤代物在强碱的醇溶液中可脱去一分子的卤化氢,得到不饱和的卤代物。

$$CH_3CH_2\underset{\underset{Cl}{|}}{CH}-\underset{\underset{Cl}{|}}{CH}CH_2CH_3 \xrightarrow[\text{丙醇}]{KOH,90\ ℃} CH_3CH_2CH=\underset{\underset{Cl}{|}}{C}CH_2CH_3$$

　　　3,4-二氯己烷　　　　　　　　　　　　　3-氯-3-己烯
　　　　　　　　　　　　　　　　　　　　　　　　　90%

这个卤化物中的卤原子直接连在双键的碳上,通称乙烯型卤。乙烯型卤非常不活泼,因此反应可停留在这一步,这是制备不饱和卤代烃的方法。进一步的消除需更强烈的条件,常用热的氢氧化钾(或氢氧化钠)醇溶液,或用更强的碱 $NaNH_2$。

　　制末端炔烃一般采用 $NaNH_2$。例如:

$$CH_3(CH_2)_7\underset{\underset{Br}{|}}{CH}CH_2Br \xrightarrow[\triangle]{NaNH_2} CH_3(CH_2)_7C\equiv CNa \xrightarrow{H_2O} CH_3(CH_2)_7C\equiv CH$$

　　1,2-二溴癸烷　　　　　　　　　　　　　　　　　　　　　1-癸炔
　　　　　　　　　　　　　　　　　　　　　　　　　　　　　54%

如果采用热的氢氧化钾醇溶液,则总得到中间的炔。因为此时端基炔会发生重排。例如:

$$CH_3CH_2C\equiv CH \xrightarrow[\triangle]{KOH\ 醇} CH_3C\equiv CCH_3$$

　　偕二卤代物脱卤化氢也得到炔。偕二卤代物可由醛或酮与五氯化磷反应得到。

$$CH_3-\overset{\displaystyle O}{\overset{\|}{C}}-CH_3 \xrightarrow{PCl_5} CH_3-\overset{\overset{\displaystyle Cl}{|}}{\underset{\underset{Cl}{|}}{C}}-CH_3$$

　　　　丙酮　　　　　　　　　　　2,2-二氯丙烷(偕二卤代物)

$$(CH_3)_3CCH_2CHCl_2 \xrightarrow[\triangle]{NaNH_2} \xrightarrow{H_2O} (CH_3)_3CC\equiv CH$$

　3,3-二甲基-1,1-二氯丁烷　　　　　　　　3,3-二甲基-1-丁炔
　　　　　　　　　　　　　　　　　　　　　　50%～60%

2. 伯卤代烷与炔钠的反应

　　末端炔氢被金属取代,形成的炔基负离子可与卤代烃 R—X 进行取代反应,结果形成新的碳碳键,使一个低级炔烃转变成高级炔烃。

　　从乙炔出发,可得一取代乙炔,也可得二取代乙炔。例如:

$$HC\equiv CH + NaNH_2 \xrightarrow[-33\,℃]{液氨} HC\equiv C^- \; Na^+ \xrightarrow{n\text{-}C_4H_9Br} CH_3(CH_2)_3C\equiv CH$$

乙炔   1-己炔
                       89%

可上两个相同的取代基：

$$HC\equiv CH \xrightarrow[液氨]{2NaNH_2} \xrightarrow{2n\text{-}C_3H_7Br} CH_3CH_2CH_2C\equiv CCH_2CH_2CH_3$$

                   4-辛炔
                  60%～66%

也可上两个不同的取代基：

$$HC\equiv CH \xrightarrow[2)CH_3CH_2Br]{1)NaNH_2} CH\equiv CCH_2CH_3 \xrightarrow[2)CH_3Br]{1)NaNH_2} CH_3C\equiv CC_2H_5$$

           1-丁炔   2-戊炔
                    81%

  反应中只能采用伯卤（与伯碳相连的卤原子）代烃，简单的解释是叔卤代烃或仲卤代烃得不到或很少得到预期的产物，它将按消除反应方式进行。也不能用不活泼的乙烯型卤代烃 $RCH\equiv CHX$ 来进行此反应。

问题5-10 完成下列转化（可为多步）。

(1) $CH_3CH_2CH_2CH\equiv CH_2 \longrightarrow CH_3CH_2CH_2C\equiv CH$

(2) $CH_3CH\equiv CH_2 \longrightarrow CH_3C\equiv C-CH_2-CH\equiv CH_2$

(3) $CH_3CH_2OH \longrightarrow CH_3CH_2C\equiv CCH_2CH_3$

5.5　二烯烃的分类及命名

  二烯烃是指分子中含有两个碳碳双键的化合物，根据双键的排列方式可分为以下三类：

一、共轭二烯烃

  共轭二烯烃（conjugated diene）是指分子中双键和单键相互交替的二烯。即含有 $C=C-C=C$ 体系的二烯烃。所谓"共轭"就是指单键、双键相互交替的意思。

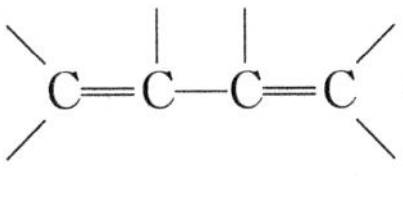

二、孤立二烯烃

  孤立二烯烃（isolated diene）分子中两个双键被两个或两个以上的单键隔开。例如，$C=C-C-C=C$ 与 $C=C-C-C-C=C$。双键被多个单键分开，它们之间不发生影响，因此孤立双烯的性质与一般烯烃的相似。

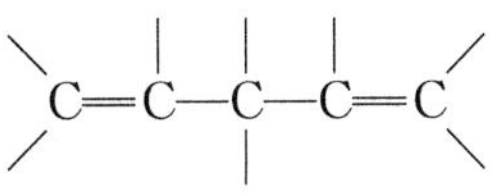

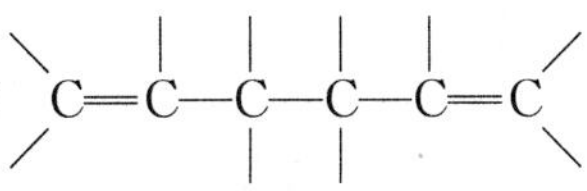

三、累积双烯

累积双烯（cumulative diene）的两个双键集中在一个碳原子上。如丙二烯 $CH_2＝C＝CH_2$。该烯分子中间的碳为 sp 杂化，三个碳原子在一条直线上，两边碳为 sp^2 杂化，它们的 p 轨道分别与中间碳原子两个互相垂直的 p 轨道重叠，形成两个互相垂直的 π 键（图 5-9(a)），两个亚甲基 $＝C{<H \atop H}$ 位于互相垂直的平面上（图 5-9(b)）。

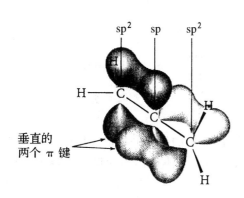

(a)分子轨道模型　　　　　　　　(b)立体形象

图 5-9　丙二烯的结构

由于两个 π 键集中在同一碳原子上，因此丙二烯是一个不稳定的化合物。

三类二烯中重点讨论共轭双烯。

二烯烃的 IUPAC 命名与烯烃相似，但词尾用二烯代替烯（英文词尾"ene"改为"adiene"），并用两个数字表示双键的位置。例如：

$$CH_2＝CH－CH＝CH_2$$
1,3-丁二烯
(1,3-butadiene)

简写：

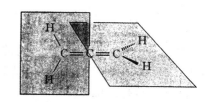

反式构象
s-反

顺式构象
s-顺

（其中 s 表示两个双键中的单键）

多烯的几何异构可用顺、反或 Z、E 表示。例如：

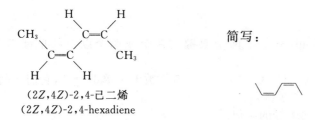

(2Z,4Z)-2,4-己二烯
(2Z,4Z)-2,4-hexadiene

简写：

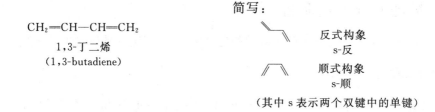

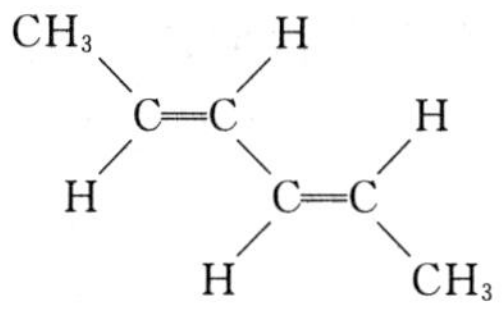

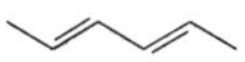

(2E,4E)-2,4-己二烯
(2E,4E)-2,4-hexadiene

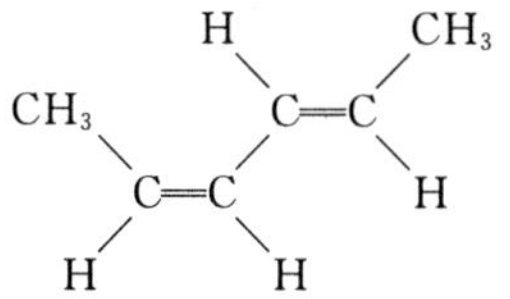

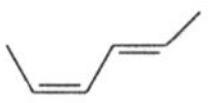

(2Z,4E)-2,4-己二烯
(2Z,4E)-2,4-hexadiene

问题5-11 写出分子式为 C_6H_{10} 的 12 个共轭烯烃的构型式,并用汉英对照命名。

5.6 共轭双烯的稳定性

烯烃的氢化热反映出烯烃的稳定性。如果一个分子含有多个双键,可以预计它的氢化热应是各个双键氢化热的总和。例如:

	$CH_3CH_2CH=CH_2$		$CH_2=CHCH_2CH=CH_2$
	1-戊烯		1,4-戊二烯
氢化热	125.9 kJ/mol	预计	$2×125.9$ kJ/mol$=251.8$ kJ/mol
		实测	254.4 kJ/mol
	$CH_3CH_2CH_2CH_2CH=CH_2$		$CH_2=CHCH_2CH_2CH=CH_2$
	1-己烯		1,5-己二烯
氢化热	125.9 kJ/mol	实测	253.1 kJ/mol

从以上数据可以看出,对孤立双烯来说,预计与实测基本吻合。它的稳定性与一般烯烃相同。

	$CH_3—CH=CH_2$		$CH_2=C=CH_2$
	丙烯		丙二烯
氢化热	125.2 kJ/mol	预计	$125.2+136.5=261.7$ kJ/mol
	$CH_2=CH_2$		
	乙烯	实测	298.5 kJ/mol
氢化热	136.5 kJ/mol		

累积双烯的氢化热比预计的要高,说明它不如一般烯烃稳定。

	$CH_3CH_2CH=CH_2$		$CH_2=CH—CH=CH_2$
	1-丁烯		1,3-丁二烯
氢化热	126.8 kJ/mol	预计	$126.8×2=253.6$ kJ/mol
		实测	238.9 kJ/mol

共轭的 1,3-丁二烯,实测值比预计值小。

253.6－238.9＝15.7 kJ/mol,这意味着共轭双烯具有较低的内能,比一般烯烃稳定。

1,4-戊二烯及 1,3-戊二烯氢化后生成具有相同能量的戊烷。可是它们的氢化热却相差 28 kJ/mol(图 5-10),说明共轭的 1,3-戊二烯比孤立的 1,4-戊二烯稳定,其位能差为 28 kJ/mol。

为什么共轭烯烃较稳定呢?这与它的特殊结构有关。以 1,3-丁二烯为例,分子中的四个碳原子都为 sp^2 杂化,处于同一平面,它们的 p 轨道相互平行,虽然在两个双键之间隔有一个单键,但由于位置较近,两个 π 键的电子云可以在一定程度上相互作用发生重叠(图 5-11)。

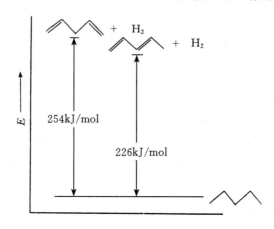

图 5-10　1,3-戊二烯、1,4-戊二烯和正戊烷之间的位能关系

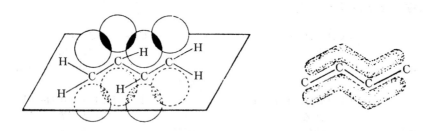

图 5-11　1,3-丁二烯中 p 电子和大 π 键示意图

这时 π 电子不是定域在两个碳原子之间,而是发生离域(delocalization),分布在四个碳原子上。每一个电子不只受到两个核的束缚,而是受到四个核的束缚,因此增强了分子的稳定性。通常把这种涉及 π 键之间的共轭称为 π-π 共轭,把由于共轭作用降低的能量称为共轭能或共振能(resonance energy)。这个特殊的体系称为共轭体系(conjugation system)。共轭实际上形成了一种新的化学键,有些书上称之为大 π 键。

近年发展起来的分子轨道理论认为:1,3-丁二烯的四个 p 轨道组成四个分子轨道如图 5-12 所示。其中两个成键轨道 π_1、π_2,两个反键轨道 π_3^*、π_4^*。π_1 中没有节面,π_2、π_3^*、π_4^* 分别有 1、2、3 个节面,轨道节面越多能级越高,π_1、π_2 的能级低于原子轨道,π_3^*、π_4^* 能级高于原子轨道。在基态下四个 π 电子分别填充在两个成键轨道中。从图 5-12 中可以看出,填充在 π_1 轨道中的 π 电子分布在四个碳原子上,π_2 有一个节面,π 电子分布在 C^1—C^2 及 C^3—C^4 之间,总的结果是,所有的键都有 π 键性质,但 C^1—C^2 及 C^3—C^4 之间具有较强的 π 键性质。

电子衍射法测定 1,3-丁二烯的结构有如下的结果,C—C 单键(0.148nm)比普通的 C—C

单键(0.153nm)短,双键变化不大。说明 C—C 单键已具有某些双键的性质。这是分子中 π 电子离域的结果。同时由于 π 电子离域,又使整个体系能量降低,比较稳定。这些都是共轭体系的特点。

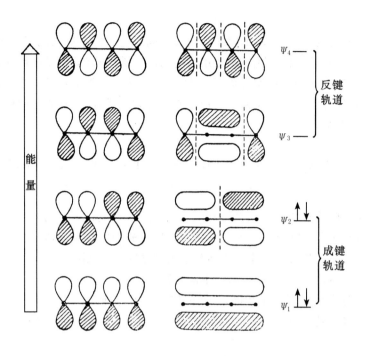

图 5-12　1,3-丁二烯分子轨道图形

5.7　共振论

丁二烯的经典价键结构 $CH_2 \!=\! CH \!-\! CH \!=\! CH_2$ 不能表示出丁二烯分子中 π 电子的离域。

更典型的例子是醋酸根的结构。电子衍射光谱测定醋酸根中两个 C—O 键等长,负电荷均匀分布在两个氧上,因此醋酸根的经典表达式 **1** 或 **2** 已不能准确地表达它的真实结构。

$$CH_3-C\begin{smallmatrix}O\\\\O^-\end{smallmatrix}\qquad\qquad CH_3-C\begin{smallmatrix}O^-\\\\O\end{smallmatrix}$$

1　　　　　　　　**2**

它的真实结构是 **1** 和 **2** 的杂化和叠加,因此可用共振式(经典结构式)**1** 和 **2** 共同表示:

$$\left[\,CH_3-C\begin{smallmatrix}O\\\\O^-\end{smallmatrix}\quad\longleftrightarrow\quad CH_3-C\begin{smallmatrix}O^-\\\\O\end{smallmatrix}\,\right]$$

但要注意:杂化和叠加形成的杂化体是单一物,**1** 和 **2** 只是它的纸上表达式,它只有一种结构,而不是几个极限式的混和物。

共振杂化体也可采用电子离域式 **3** 表示:

$$CH_3—C\begin{cases} O \\ \\ O \end{cases}—$$

3

式 **3** 用虚线表示了负电荷的离域,用虚线和实线共同表达了两个等长的 C—O 键。

一般地说,一个分子(或一种结构)能用不同的经典结构式(即电子定域式)表示,而这些经典结构式只有电子排列的不同,没有原子位置及未成对电子数的改变,则分子(结构)存在共振。又例如,烯丙基自由基可用 **4** 和 **5** 两种经典结构式表示,而 **4** 和 **5** 之间仅有电子排列的不同,因此烯丙基自由基存在共振。

$$\left[·CH_2—CH=CH_2 \quad \longleftrightarrow \quad CH_2=CH—CH_2· \right] \quad 或 \quad \overset{\delta·}{CH_2}\!=\!\!=\!\!=\!CH\!=\!\!=\!\!=\!\overset{\delta·}{CH_2}$$
$$\quad\quad\quad\quad\textbf{4} \quad\quad\quad\quad\quad\quad\quad\quad \textbf{5} \quad\quad\quad\quad\quad\quad\quad\quad\quad \textbf{6}$$

烯丙基自由基的共振结构既可以用括号中的共振式 **4** 和 **5** 表示,也可用电子离域式 **6** 表示。连接 **4** 和 **5** 之间的双箭头"$\longleftrightarrow$",并不表示两个共振式的平衡或振动,它仅把共振式联系起来,表示它们共同组成一个共振杂化体。不能与平衡符号"$\rightleftharpoons$"混淆。

共振式的书写不是任意的,应遵循如下的规则:

1. 共振式中原子的排列完全相同,不同的仅是电子的排布。

例如乙烯醇与乙醛间的互变异构就不是共振的关系,因为在互变异构中氢原子位置发生了变化。

$$CH_2=CH—OH \quad \overset{×}{\longleftrightarrow} \quad CH_3\dot{C}H=O$$

2. 共振式中配对的电子或未配对的电子数应是相等的。

例如:

$$\left[CH_2=CH—CH_2· \quad \longleftrightarrow \quad ·CH_2—CH=CH_2 \right]$$

均有一对配对电子和一个独电子,为共振式。

$$CH_2=CH—\dot{C}H_2 \quad \overset{×}{\longleftrightarrow} \quad \dot{C}H_2—\dot{C}H—\dot{C}H_2$$

后一个式子有三个独电子,没有配对电子,它们不是共振式。

因此用弯箭头表示电子转移的方向,可从一个经典结构式推出另一个。例如:

$$\left[CH_3—C\overset{O}{\underset{O}{\diagup}} \quad \longleftrightarrow \quad CH_3—C\overset{O^-}{\underset{O}{\diagup}} \right]$$

乙酸根共振式

$$\left[{}^-O—C\overset{O^-}{\underset{O}{\diagup}} \quad \longleftrightarrow \quad {}^-O—C\overset{O}{\underset{O}{\diagup}} \quad \longleftrightarrow \quad O=C\overset{O^-}{\underset{O^-}{\diagup}} \right]$$

碳酸根共振式

3. 中性分子也可表示为电荷分离式,但电子的转移要与原子的电负性吻合。

例如:

$$\left[\begin{array}{c} CH_2{=}CH{-}\overset{O}{\underset{CH_3}{C}} \end{array} \quad \longleftrightarrow \quad \begin{array}{c} +CH_2{-}\bar{C}H{-}\overset{O^-}{\underset{CH_3}{\overset{+}{C}}} \end{array} \right]$$

共振杂化体比任何一个共振式都稳定,其稳定性大小与共振式的结构有关。

1)具有相同稳定性的共振式,参与形成的共振杂化体往往特别稳定。例如,烯丙基自由基:

$$[\cdot CH_2{-}CH{=}CH_2 \quad \longleftrightarrow \quad CH_2{=}CH{-}CH_2 \cdot] \quad 或 \quad \overset{\delta}{C}H_2{=\!=\!=}CH{=\!=\!=}\overset{\delta}{C}H_2$$

共振式稳定性相同

烯丙基碳正离子:

$$[{}^+CH_2{-}CH{=}CH_2 \quad \longleftrightarrow \quad CH_2{=}CH{-}\overset{+}{C}H_2] \quad 或 \quad \overset{\delta+}{C}H_2{=\!=\!=}CH{=\!=\!=}\overset{\delta+}{C}H_2$$

共振式稳定性相同

二者能量都特别低。

2)越是稳定的共振式,对共振杂化体的贡献越大。与共振杂化体结构越接近,参与形成的共振杂化体越稳定。

如何估计共振式的相对稳定性呢? 大致有如下的规则:

(1)满足八隅体的共振式比未满足的稳定。例如:

$$[H_2C{=}\ddot{O}H \quad \longleftrightarrow \quad {}^+CH_2{-}\ddot{O}H]$$

较稳定(八隅体)　　　　　贡献较小
贡献较大

$$[CH_3{-}\overset{+}{C}H{-}\ddot{C}l\!: \quad \longleftrightarrow \quad CH_3{-}CH{=}\ddot{C}l\!:]$$

贡献较小　　　　　　较稳定(八隅体)
贡献较大

由此可见与碳正离子相邻的杂原子有稳定碳正离子的作用。

(2)没有正负电荷分离式的共振式比电荷分离的共振式稳定。例如:

$$\left[\begin{array}{c} CH_3{-}\overset{O}{\underset{}{C}}{-}\ddot{O}H \\ \mathbf{7} \end{array} \quad \longleftrightarrow \quad \begin{array}{c} CH_3{-}\overset{O^-}{\underset{}{C}}{=}\overset{+}{\ddot{O}}H \\ \mathbf{8} \end{array} \right]$$

较稳定(无电荷分离)　　　　　贡献较小
贡献较大

乙酸分子有共振,其中没有电荷分离的 **7** 更稳定,与共振杂化体的结构更接近,通常用它表示乙酸的结构。但是第二个共振式 **8** 也有贡献,由于带正电的氧的拉电子,使氢具有较强的酸性。

同理可知 1,3-丁二烯的共振式中，

$$[CH_2{=}CH{-}CH{=}CH_2 \quad \longleftrightarrow \quad \overset{+}{C}H_2{-}CH{=}CH{-}\overset{-}{C}H_2 \quad \longleftrightarrow \quad \overset{-}{C}H_2{-}CH{=}CH{-}\overset{+}{C}H_2]$$

9   **10**   **11**

较稳定(无电荷分离)

9 最稳定,对 1,3-丁二烯的贡献最大,通常用它表示 1,3-丁二烯的结构。但 **10** 和 **11** 也有贡献,因此丁二烯中 C^2—C^3 之间的键比一般的 C—C 单键短,而具有某些双键的性质。

3)在满足八隅体电子结构,但有电荷分离的共振式中,电负性大的原子带负电荷,电负性小的原子带正电荷的共振式比较稳定。如:

$$\left[\, \overset{\cdot\cdot}{:}\overset{-}{C}H_2{-}\overset{+}{N}{\equiv}N\overset{\cdot\cdot}{:} \quad \longleftrightarrow \quad CH_2{=}\overset{+}{N}{=}\overset{\cdot\cdot}{\underset{\cdot\cdot}{N}}: \,\right]$$

贡献较小   较稳定(氮电负性比碳大)

贡献较大

4)共振式越多,参与形成的共振杂化体越稳定。例如仲丙基碳正离子 $CH_3\overset{+}{C}HCH_3$ 有七个共振式,乙基伯碳正离子 $(CH_3\overset{+}{C}H_2)$ 有四个共振式,因此仲丙基碳正离子比乙基伯碳正离子稳定。乙基伯碳正离子的共振式如下:

$$\left[\; \overset{H_A}{\underset{H_C}{H_B{-}\overset{|}{\underset{|}{C}}{-}\overset{+}{C}H_2}} \quad \longleftrightarrow \quad \overset{H_A}{\underset{H_C}{H_B^+{-}\overset{|}{\underset{|}{C}}{=}CH_2}} \quad \longleftrightarrow \quad \overset{H_A^+}{\underset{H_C}{H_B{-}\overset{|}{\underset{|}{C}}{=}CH_2}} \quad \longleftrightarrow \quad \overset{H_A}{\underset{H_C^+}{H_B{-}\overset{|}{\underset{|}{C}}{=}CH_2}} \;\right]$$

由于 C—H σ 键的电子离域到空的 p 轨道上,碳与氢之间不再存在键,因此 C—H σ 键的超共轭又称为无键共振。若把 4 个共振式结合起来,则可认为乙基碳正离子中 C^2 上的碳氢键削弱了,碳碳(C^1—C^2)键有一些双键的性质。电荷不再集中在 C^1 上而是部分地分散到 C^2 的三个氢上。

在有机化学中常利用共振式来定性地比较化合物或反应的活性中间体的稳定性,从而判断反应的取向。例如,氯乙烯与碘化氢加成有两种可能的取向,产物主要为 1-氯-1-碘乙烷。

$$\underset{2\ \ \ 1}{CH_2{=}CH{-}Cl} \xrightarrow{\ HI\ } \begin{cases} CH_3{-}\overset{+}{C}H{-}Cl \xrightarrow{\ I^-\ } CH_3{-}\underset{\underset{I}{|}}{CH}{-}Cl \quad \text{1-氯-1-碘乙烷} \\[2ex] \overset{+}{C}H_2{-}CH_2Cl \quad\times \end{cases}$$

这说明氢离子加在 C^2 上形成的碳正离子 $CH_3\overset{+}{C}HCl$ 比较稳定。

怎样解释这种取向呢? 这是由于缺电子的碳与氯上未共用电子共振,形成了稳定的八隅体。

$$[CH_3{-}\overset{+}{C}H{\frown}\overset{\cdot\cdot}{Cl} \quad \longleftrightarrow \quad CH_3CH{=}Cl^+]$$

而另一种碳正离子没有这种共振存在($\overset{+}{C}H_2CH_2Cl$)。加之氯诱导的拉电子效应,中间体稳定性不如前者。

这种共轭也称为 p-p 共轭效应,即杂原子上的未共用电子对部分转移到碳的空的 p 轨道

中 $\left[\begin{array}{c} CH_3-CH-Cl \end{array}\right]$，一般的杂原子(如 O、S、N 等)也有这种效应，如：

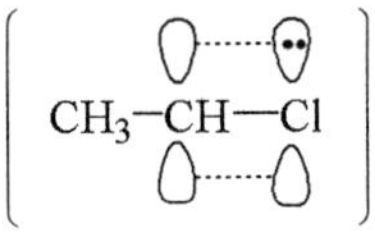

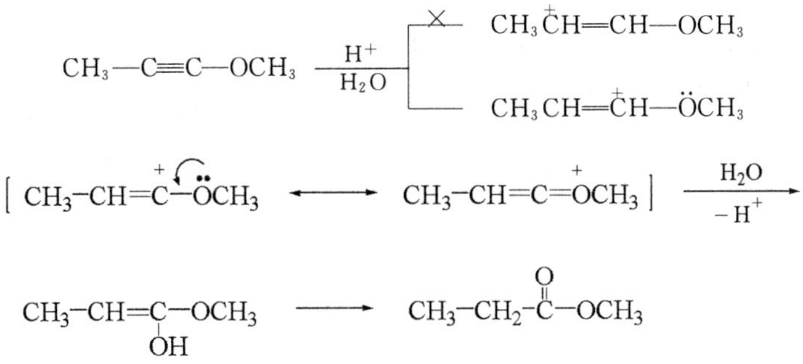

$$CH_3-C\equiv C-OCH_3 \xrightarrow[H_2O]{H^+} \begin{array}{c} CH_3\overset{+}{C}H=CH-OCH_3 \\ \\ CH_3CH=\overset{+}{C}H-\overset{..}{O}CH_3 \end{array}$$

$$\left[CH_3-CH=\overset{+}{C}-\overset{..}{O}CH_3 \longleftrightarrow CH_3-CH=C=\overset{+}{O}CH_3 \right] \xrightarrow[-H^+]{H_2O}$$

$$CH_3-CH=C-OCH_3 \longrightarrow CH_3-CH_2-\overset{\overset{O}{\|}}{C}-OCH_3$$
$$\qquad\qquad\quad |$$
$$\qquad\qquad\ OH$$

电子效应是影响化合物性质的重要因素。电子效应包括诱导效应(14.2 节)、共轭效应、超共轭效应(4.4 节)和场效应(14.2 节)。共轭效应是指在共轭体系中，由于原子相互影响导致体系中 π 电子(或 p 电子)分布发生变化的一种效应。

共轭效应归纳为：π-π 共轭(5.5 节)、p-π 共轭(4.4 节)、p-p 共轭效应，如下图所示。

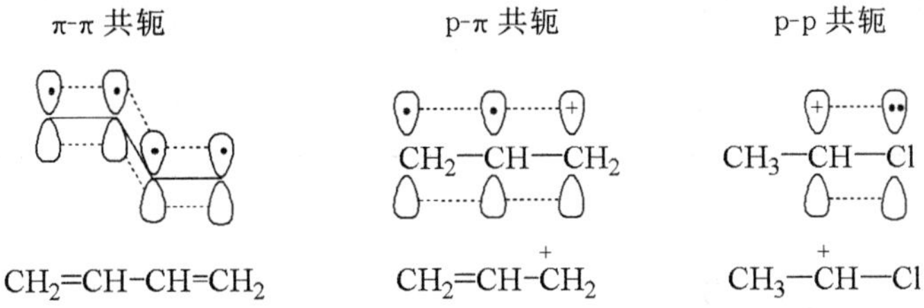

$$\begin{array}{ccc} \text{π-π 共轭} & \text{p-π 共轭} & \text{p-p 共轭} \end{array}$$

$$CH_2=CH-CH=CH_2 \qquad CH_2=CH-\overset{+}{C}H_2 \qquad CH_3-\overset{+}{C}H-Cl$$

共振论是 1931 年由美国化学家鲍林[Linus Carl Pauling，1901 年生于美国。毕业于加利福尼亚大学，曾留学欧洲，后在加利福尼亚大学任教授。1954 年因在蛋白质的结构和免疫化学等生物化学方面的贡献获诺贝尔化学奖。另外，他是著名的反战活动家，为此 1963 年获得诺贝尔和平奖，1994 年逝世。]提出的。它不同于经典的价键理论。它反映了有机化学中的共轭效应、电子离域、电荷分布、σ 键长变化与稳定性增加等事实，因此可定性地解释与预测许多现象，是经典价键理论的补充和发展。它的表达式借助经典表达式中的"—"及"·"和弯箭头，比较简单、直观。分子轨道理论以量子力学为基础，有比较充足的理论根据，并有定量的计算作依据，理论上比共振论完善，但它的表达方式不够直观。分子轨道理论和共振论在研究反应的机理、解释实验现象及分子结构上都发挥了重要的作用。但往往在不同的场合，针对不同的问题，采用不同的理论，扬长避短，互相补充。随着有机结构理论的发展，相信将会有一个更加完善的科学的统一的理论产生。

问题5-12　下列共振式中，哪一个经典结构"贡献"较大？

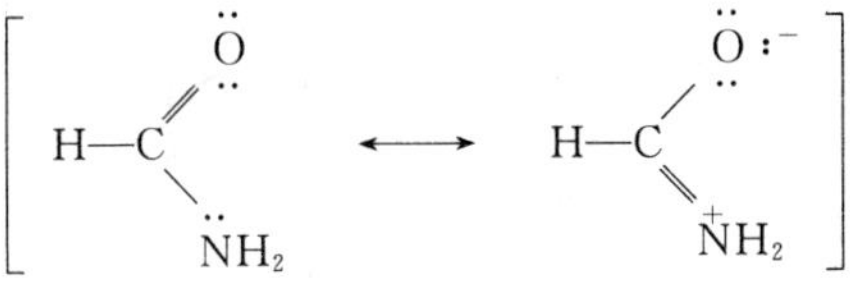

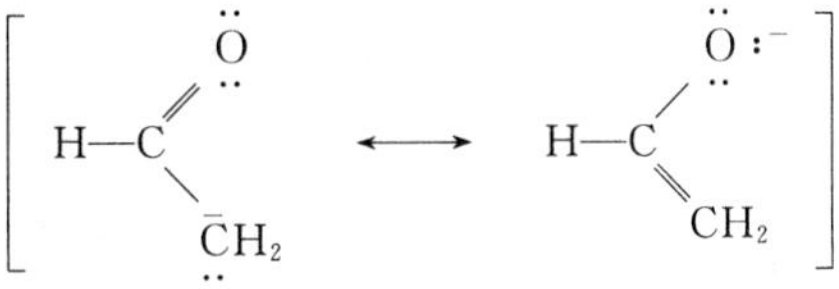

(3)
$$\left[\begin{array}{c} \text{H—C} \overset{\ddot{\ddot{O}}:}{\nparallel} \\ \underset{\underset{\ddot{H}}{|}}{\overset{}{\underset{N}{|}}}\text{—H} \end{array} \longleftrightarrow \begin{array}{c} \text{H—C} \overset{\ddot{\ddot{O}}:^{-}}{\nparallel} \\ \underset{\overset{+}{\underset{\ddot{}}{N}}H}{\overset{\|}{}} \end{array}\right]$$

问题5-13 下列共振式中哪些是错误的? 哪些是正确的?

(1) $[\text{CH}_2\text{=C=CH}_2 \longleftrightarrow \text{HC=C—CH}_3]$

(2) $\left[\bigcirc\!\!=\!\text{O} \longleftrightarrow \overset{+}{\bigcirc}\!\!-\!\text{O}^{-} \right]$

(3) $[:\overset{\ddot{}}{\text{O}}\!-\!\overset{+}{\overset{\ddot{}}{\text{O}}}\!\!=\!\overset{\ddot{}}{\text{O}}: \longleftrightarrow :\text{O}\!\!=\!\overset{+}{\overset{}{\text{O}}}\!\!=\!\overset{\ddot{}}{\text{O}}:^{-}]$

(4) $[\text{CH}_3\!-\!\overset{\ddot{}}{\text{N}}\!\!=\!\text{C}\!\!=\!\overset{\ddot{}}{\text{O}} \qquad \text{CH}_3\!-\!\overset{+}{\overset{}{\text{N}}}\!\!=\!\text{C}\!\!=\!\overset{\ddot{}}{\text{O}}:^{-}]$

(5) $[\overset{-}{\text{CH}_2}\!-\!\overset{+}{\text{N}}\!\!=\!\text{N}: \longleftrightarrow \text{CH}_2\!\!=\!\overset{+}{\text{N}}\!\!=\!\overset{}{\text{N}}:^{-} \longleftrightarrow \overset{-}{\text{CH}_2}\!-\!\text{N}\!\!=\!\text{N}:^{+}]$

问题5-14 用共振论解释为什么氯乙烯分子中$(\text{CH}_2\!=\!\text{CH}\!-\!\text{Cl})\text{C}\!-\!\text{Cl}\ \sigma$键稳定,较一般的 C—Cl 键短。

问题5-15 写出下列反应的主要产物,并简单解释之;比较它们与乙烯的活性;说明反应中活性主要由哪种效应控制? 是诱导效应还是共轭效应? 反应取向受哪种效应控制?

(1) $\text{CH}_3\text{CH}\!=\!\text{CH}_2 \ + \ \text{HCl}$

(2) $\text{CH}_2\!=\!\text{CHCl} \ + \ \text{HCl}$

(3) $\text{CH}_3\text{OCH}\!=\!\text{CH}_2 \ + \ \text{HCl}$

(4) $\text{CF}_3\text{CH}\!=\!\text{CH}_2 \ + \ \text{HCl}$

(5) $\bigcirc\!\!-\!\text{CH}\!=\!\text{CHCH}_3 \ + \ \text{HCl}$

5.8　丁二烯的亲电加成

用溴处理1,4-戊二烯,首先得到4,5-二溴-1-戊烯,加更多的溴可得到1,2,4,5-四溴戊烷。

$$\underset{\text{1,4-戊二烯}}{\text{CH}_2\!=\!\text{CH}\!-\!\text{CH}_2\!-\!\text{CH}\!=\!\text{CH}_2} \xrightarrow{\text{Br}_2} \underset{\text{4,5-二溴-1-戊烯}}{\text{CH}_2\!=\!\text{CH}\!-\!\text{CH}_2\!-\!\underset{\underset{\text{Br}}{|}}{\text{CH}}\!-\!\underset{\underset{\text{Br}}{|}}{\text{CH}_2}} \xrightarrow{\text{Br}_2} \underset{\text{1,2,4,5-四溴戊烷}}{\text{CH}_2\!-\!\underset{\underset{\text{Br}}{|}}{\text{CH}}\!-\!\text{CH}_2\!-\!\underset{\underset{\text{Br}}{|}}{\text{CH}}\!-\!\underset{\underset{\text{Br}}{|}}{\text{CH}_2}}$$

反应中两个双键独立地进行反应,如同在两个分子中一样,这是孤立双烯的典型性质。

一、共轭烯烃的 1,2 和 1,4 加成

共轭的1,3-丁二烯在相同的条件下进行反应时得到的产物不仅有预期的3,4-二溴-1-丁烯,还有1,4-二溴-2-丁烯。

$$\underset{\text{1,3-丁二烯}}{{}^{1}\text{CH}_2\!=\!{}^{2}\text{CH}\!-\!{}^{3}\text{CH}\!=\!{}^{4}\text{CH}_2} \xrightarrow{\text{Br}_2}$$

1,2 加成

$$\underset{\text{3,4-二溴-1-丁烯}}{\underset{\underset{\text{Br}}{|}}{\text{CH}}\!-\!\underset{\underset{\text{Br}}{|}}{\text{CH}}\!-\!\text{CH}\!=\!\text{CH}_2}$$

1,4 加成

$$\underset{\text{1,4-二溴-2-丁烯}}{\underset{\underset{\text{Br}}{|}}{\text{CH}_2}\!-\!\text{CH}\!=\!\text{CH}\!-\!\underset{\underset{\text{Br}}{|}}{\text{CH}_2}}$$

前一个反应溴加到 C^1、C^2（相邻的）上称为 1,2 加成，后一种反应溴加到 C^1、C^4 上（共轭体系的两端），双键转移到中间，称为 1,4 加成。

　　1,3-丁二烯与氯化氢加成，与加卤素类似，也有 1,2 和 1,4 加成两种产物。可见 1,2 和 1,4 加成是共轭体系的特点。反应第一步加上一个质子，生成碳正离子，由于烯丙基碳正离子比伯碳正离子稳定，无论是 1,2、还是 1,4 加成，质子（或亲电试剂）都加在链端：

$$CH_2=CH-CH=CH_2 + HCl \longrightarrow$$

$$\overset{+}{C}H_2-CH_2-CH=CH_2$$
伯碳正离子

$$CH_3-\overset{\delta+}{C}H\text{====}CH\text{====}\overset{\delta+}{C}H_2$$
烯丙基碳正离子

烯丙基碳正离子也可用两个共振式表示：

$$[CH_3-\overset{+}{C}H-CH=CH_2 \longleftrightarrow CH_3-CH=CH-\overset{+}{C}H_2]$$

12　　　　　　　　　　　　　　　　　**13**

共振式 **12** 为仲碳正离子，**13** 为伯碳正离子，**12** 比 **13** 稳定，但二者又都为烯丙型碳正离子，结构十分接近，因此由它们参与形成的烯丙基碳正离子 $CH_3\overset{\delta+}{C}H\text{====}CH\text{====}\overset{\delta+}{C}H_2$ 有较大的稳定性，结构与二者类似，电荷主要分布在 C^2 和 C^4 上，C^2 上正电荷更稳定，氯负离子进攻 C^2 和 C^4，分别生成 1,2 和 1,4 加成的产物。

$$\underset{1}{CH_3}-\underset{2}{\overset{\delta+}{C}H}\text{====}\underset{3}{CH}\text{====}\underset{4}{\overset{\delta+}{C}H_2} \quad \xrightarrow{Cl^-}$$

进攻 C^2
$$CH_3-\overset{\overset{\textstyle Cl}{|}}{C}H-CH=CH_2$$
1,2 加成产物

进攻 C^4
$$CH_3-CH=CH-CH_2Cl$$
1,4 加成产物

二、动力学控制和热力学控制

　　1,2 加成产物和 1,4 加成产物的比例取决于反应条件，一般在较高的温度下以 1,4 加成产物为主，较低的温度以 1,2 加成产物为主。例如：

$$CH_2=CH-CH=CH_2 + HCl \longrightarrow \overset{\overset{\textstyle |}{CH_2}-\overset{\textstyle |}{CH}-CH=CH_2}{\underset{\textstyle H \quad\quad Cl}{}} + \overset{\overset{\textstyle |}{CH_2}-CH=CH-\overset{\textstyle |}{CH_2}}{\underset{\textstyle H \quad\quad\quad\quad Cl}{}}$$

	1,2 加成产物	1,4 加成产物
$t<20\ ℃$	75%～80%	20%～25%
$t>20\ ℃$	25%	75%

$$CH_2=CH-CH=CH_2 + HBr \longrightarrow \overset{\overset{\textstyle |}{CH_2}-\overset{\textstyle |}{CH}-CH=CH_2}{\underset{\textstyle H \quad\quad Br}{}} + \overset{\overset{\textstyle |}{CH_2}-CH=CH-\overset{\textstyle |}{CH_2}}{\underset{\textstyle H \quad\quad\quad\quad Br}{}}$$

	1,2 加成产物	1,4 加成产物
$-80\ ℃$	80%	20%
$40\ ℃$	20%	80%

　　为什么反应温度不同 1,2 加成与 1,4 加成产物的比例不一样？从共振式 **12** 和 **13** 可

看出,C^2 上正电荷比 C^4 上的更稳定,因此负离子与 C^2 形成的过渡态比与 C^4 形成的过渡态稳定些,所以 1,2 加成比 1,4 加成快些(图 5-13)。这种由反应速率控制产物比例的现象称为速度控制,或动力学控制。在 40 ℃时,溴化氢与 1,3-丁二烯加成产物的比例与低温时完全不同,这可通过一个辅助实验来解释:

$$CH_3-\underset{\underset{Br}{|}}{CH}-CH=CH_2 \rightleftharpoons CH_3-\overset{\delta+}{CH}\!=\!=\!CH\!=\!=\overset{\delta+}{CH_2} \rightleftharpoons CH_3-CH=CH-\underset{\underset{Br}{|}}{CH_2}$$

1,2 加成产物　　　　　　　　　中间体　　　　　　　　1,4 加成产物

在较高温度下两个加成产物能通过共同的中间体烯丙基碳正离子而相互转化,达成新的平衡。1,4 加成产物比 1,2 加成产物稳定,平衡向右移动,1,4 加成产物增加(图 5-13)。

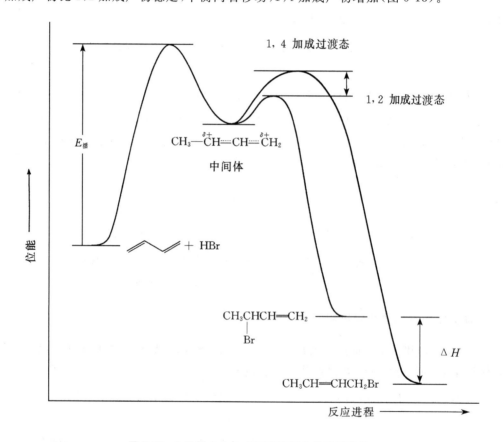

图 5-13　1,2 与 1,4 加成反应进程中的势能变化

在一些反应中,产物在一定条件下能相互转化达成平衡,产物的组成受产物的稳定性的控制,此种现象称为热力学控制或平衡控制。

共轭烯烃加卤素也有类似的情况:

$$CH_2=CH-CH=CH_2 \xrightarrow{Cl_2} CH_2-CH-CH=CH_2 + CH_2-CH=CH-CH_2$$

	1,2 加成产物	1,4 加成产物
$t<0$ ℃	67%	33%
$t>200$ ℃	30%	70%

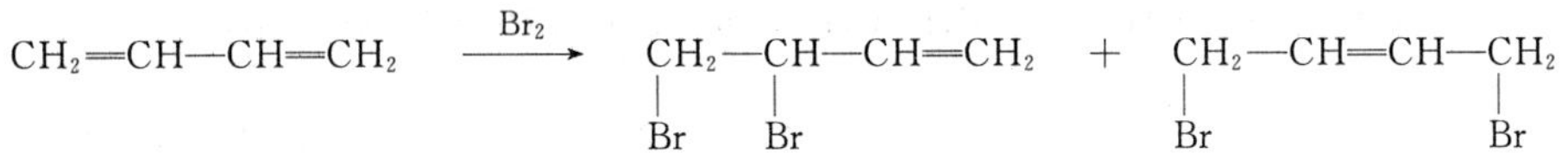

$$CH_2=CH-CH=CH_2 \xrightarrow{Br_2} \underset{Br}{CH_2}-\underset{Br}{CH}-CH=CH_2 + \underset{Br}{CH_2}-CH=CH-\underset{Br}{CH_2}$$

<table>
<tr><td></td><td>1,2 加成产物</td><td>1,4 加成产物</td></tr>
<tr><td>−15 ℃</td><td>55%</td><td>45%</td></tr>
<tr><td>60 ℃</td><td>10%</td><td>90%</td></tr>
</table>

问题5-16 完成下列反应。

(1) 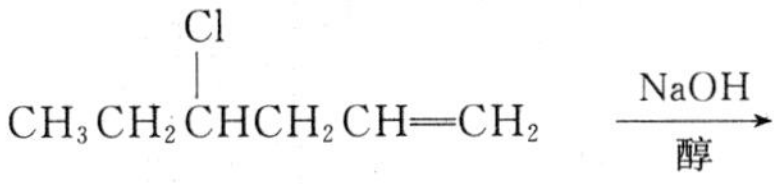 $CH_3CH_2\underset{Cl}{CH}CH_2CH=CH_2 \xrightarrow[醇]{NaOH}$

(2) $H_2C=\underset{CH_3}{C}-CH=CH_2 \xrightarrow{HBr}$

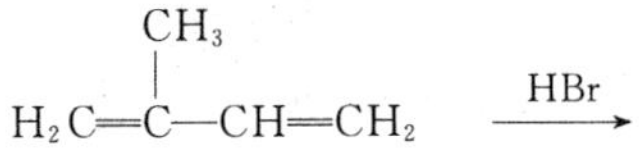

(3) $CH_2=CH-CH=CH-CH=CH_2 \xrightarrow{HBr}$

(4) $CH_3CH=CH-CH=CHCH_3 \xrightarrow{HCl}$

5.9 自由基聚合反应

共轭双烯容易聚合,有重要用途的是 1,3-丁二烯和 2-甲基-1,3-丁二烯(又称异戊二烯),它们是合成橡胶的原料。

1,3-丁二烯在常温下为气体,沸点 4.41 ℃,1,3-丁二烯的聚合以 1,4 为主,产物为聚丁二烯。

$$CH_2=CH-CH=CH_2 \xrightarrow{催化剂} \{CH_2-CH=CH-CH_2\}_n$$

1,3-丁二烯　　　　　　　　　　聚丁二烯

聚丁二烯链中的烯有顺式和反式两种构型。

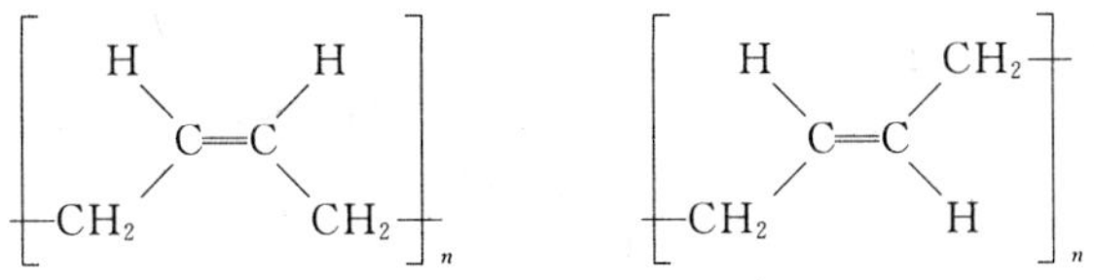

顺-1,4-聚丁二烯　　　　反-1,4-聚丁二烯

构型对聚合物的性质有很大的影响,顺式构型弹性大、强度较小,反式构型强度较大但弹性较小。

用配位络合物催化剂如 $(RCOO)_2Ni/AlR_3/BF_3$ 乙醚引发得到的聚合物主要是顺-1,4-聚丁二烯,它是合成橡胶的原料。它经硫化使分子链间产生一些交联,可大大改进橡胶的机械强度,可用来加工轮胎等。

$$\sim\sim CH_2-CH=CH-CH_2-CH_2-CH=CH-CH_2\sim\sim$$
$$\sim\sim CH_2-CH=CH-CH_2-CH_2-CH=CH-CH_2\sim\sim \xrightarrow[催化剂]{S}$$

顺-1,4-聚丁二烯

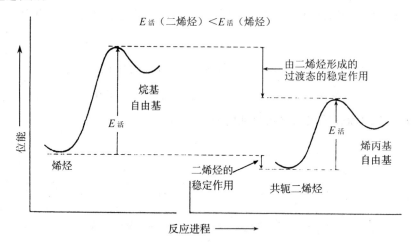

交联-顺-1,4-聚丁二烯

天然橡胶的成分是顺-1,4-聚异戊二烯,由它制成的橡胶是综合性能最好的。

异戊二烯通过 $TiCl_4/AlEt_3$ 作催化剂可得到称为合成天然橡胶的顺-1,4-聚异戊二烯。

$$
\begin{array}{c}
CH_3\\
|\\
CH_2{=}C{-}CH{=}CH_2
\end{array}
\xrightarrow{TiCl_4/AlEt_3}
\left[
\begin{array}{c}
CH_3\qquad H\\
\diagdown\;\;C{=}C\;\;\diagup\\
\diagup\qquad\qquad\diagdown\\
CH_2\qquad\quad CH_2
\end{array}
\right]_n
$$

异戊二烯　　　　　　　　　　　　　　顺-1,4-聚异戊二烯

问题5-17　1,3-丁二烯在过氧化物 $(Ph{-}\overset{\displaystyle O}{\overset{\|}{C}}{-}O{-}O{-}\overset{\displaystyle O}{\overset{\|}{C}}{-}Ph)$ 引发下与 $BrCCl_3$ 进行自由基加成,得到1,2及1,4两种加成产物 $Cl_3C{-}CH_2{-}\underset{\underset{\displaystyle Br}{|}}{CH}{-}CH{=}CH_2$ 及 $Cl_3CCH_2{-}CH{=}CH{-}CH_2Br$。

(1)写出加成的自由基历程。

(2)共轭二烯烃比简单烯烃要稳定,光根据这一点,共轭二烯烃加成预期比简单烯烃来得慢。但事实是共轭二烯烃比简单烯烃有较大的反应活性。这与反应中形成的中间体的稳定性有关。图 5-14 是二者反应进程图。

$E_活$（二烯烃）$<E_活$（烯烃）

图 5-14　共轭二烯烃与烯烃反应进程比较

二者的加成中,哪一个因素更重要?（必须注意它并不适用于所有的情况。）

(3)比较下列烯烃自由基加成的活性。

$$CH_2{=}CH_2 \qquad CH_3CH{=}CH_2 \qquad CH_2{=}CH{-}CH{=}CH_2 \qquad \begin{array}{c}CH_3\\|\\CH_2{=}C{-}CH{=}CH_2\end{array}$$

问题5-18　杜仲胶是一种天然存在的聚合物,与天然橡胶有相同的分子式 $(C_5H_8)_n$,但性能与天然橡胶有明显的区别,它强度大,弹性小,写出它可能的结构。

5.10   狄尔斯—阿德尔(Diels-Alder)反应

丁二烯和顺丁烯二酸酐在苯溶液中加热可以生成环状的 1,4 加成产物。这个反应叫狄尔斯—阿德尔反应。〔O. P. H. Diels(1876—1954)德国化学家。K. Alder(1902—1958)出生于波兰,后移居德国,在 Diels 名下获博士学位。1928 年他们发现了 Diels-Alder 反应,并因双烯合成的研究成果获 1950 年诺贝尔化学奖。〕

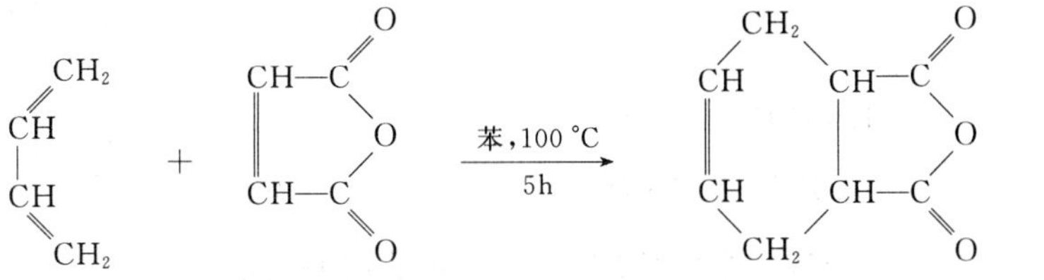

顺丁烯二酸酐   1,2,3,6-四氢化苯二甲酸酐

该反应产率高,产物可结晶,是重要的增塑剂。此反应常用于共轭双烯的鉴定和分析。

狄尔斯—阿德尔(Diels-Alder)反应是 1,4 加成反应,产物为六元环的化合物,反应在加热条件下进行,是合成六元环的重要方法(见 18.2 节)。反应物分两个部分,其一是共轭双烯(称双烯体),另一个为含烯键的化合物,称为亲双烯体(dienophile),所以反应又称双烯合成。一般亲双烯体上带有拉电子基团时,具有较高的反应活性。例如:

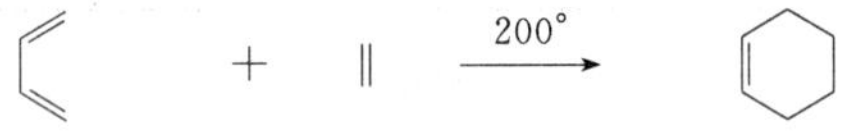

1,3-丁二烯   乙烯   环己烯   20%

反应产率较低。但改用丙烯醛,产率为 100%。

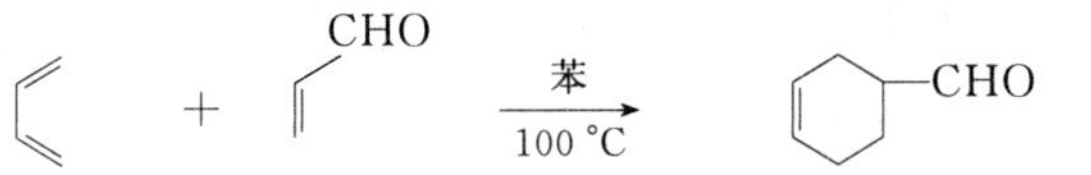

丙烯醛   环己烯-4-甲醛   100%

常见的亲双烯体有:氯乙烯 CH_2=CHCl(),丙烯醛 CH_2=CH—CHO(),丙烯

酸酯 CH_2=CH—COOR(),顺丁烯二酸酐 。以及不饱和二酸酯,

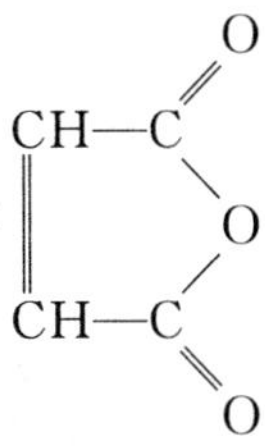

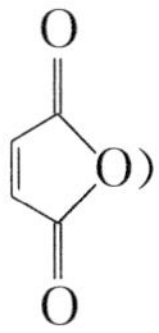

如顺丁烯二酸酯 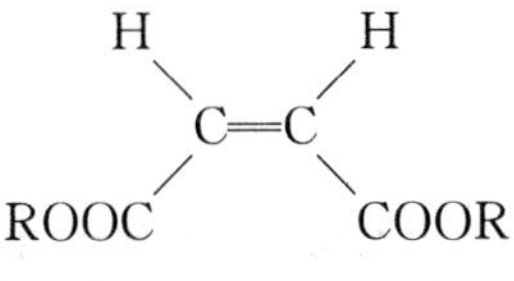 (),反丁烯二酸酯

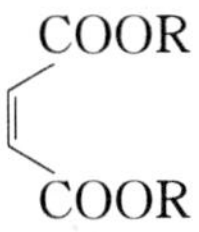

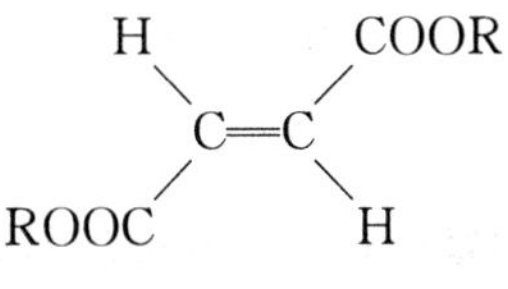

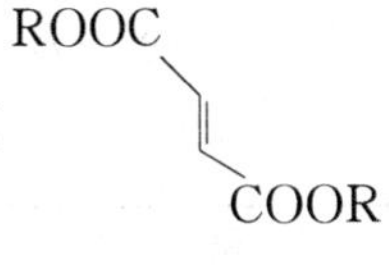

()等。

狄尔斯—阿德尔反应是顺式(同面、同面)加成,加成产物仍保持双烯和亲双烯体原来的构型。例如:

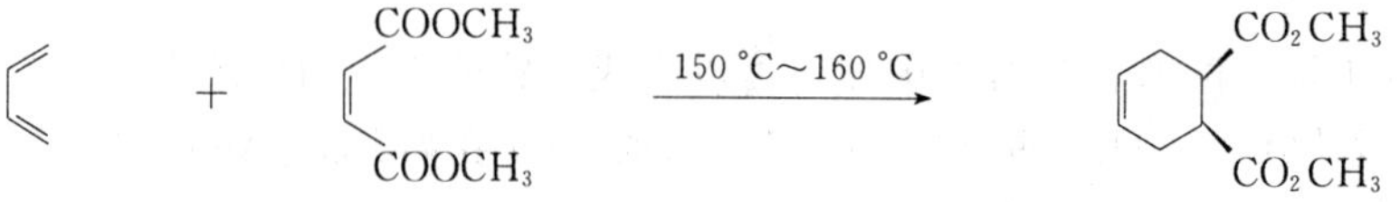

1,3-丁二烯　　　顺丁烯二酸二甲酯　　　　　　　　　顺—环己烯-4,5-二甲酸二甲酯

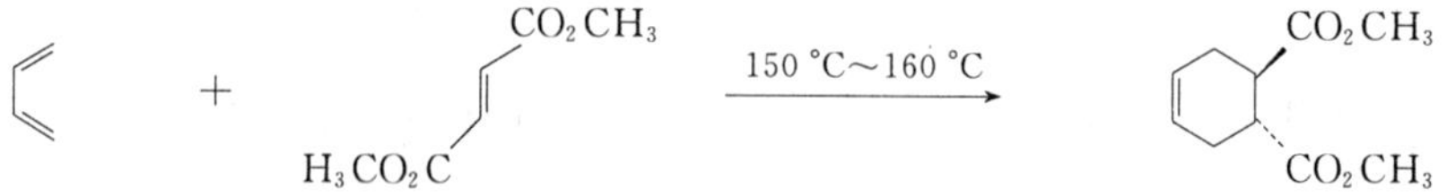

1,3-丁二烯　　　反丁烯二酸二甲酯　　　　　　　　　反-环己烯-4,5-二甲酸二甲酯

反应中的 1,3-丁二烯以 s-顺构象参加反应,如果二烯的构型固定为 s-反式,则双烯烃不能进行双烯加成反应。如:

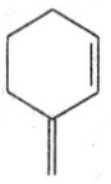

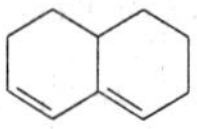

均不能进行双烯加成反应。

狄尔斯—阿德尔反应是可逆的,在一定条件下可开环转变为双烯和亲双烯体。如:

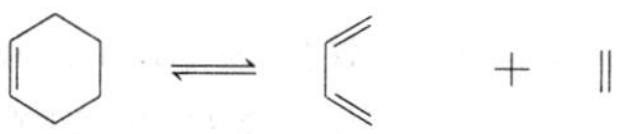

问题5-19　以乙炔及必要无机试剂为原料合成

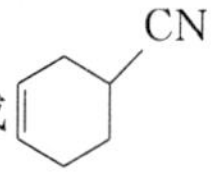

。

问题5-20　完成下列反应(条件为加热)。

(1) ? ＋ ?

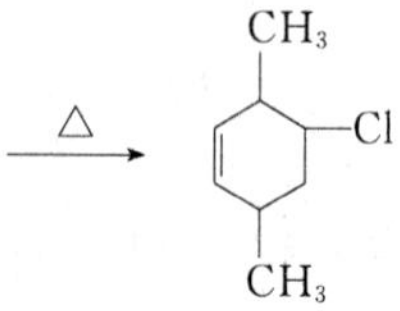

(2) ? ＋ ?

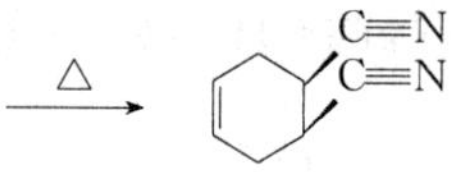

(3) ? ＋ ?

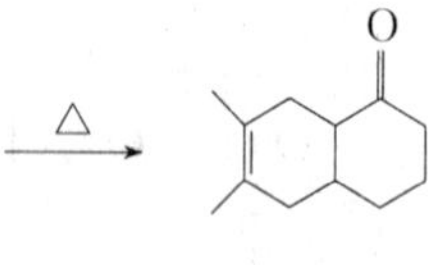

(4) $CH_3CH=CH-CH=CH_2$ ＋

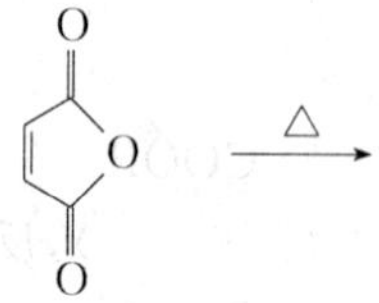

问题5-21　丁二烯聚合时除生成高分子化合物之外,还有一种环形结构的二聚体生成,该二聚体能发生下列诸反应:(1)还原生成乙基环己烷;(2)溴化时可加上四个溴原子;(3)氧化时生成 β-羧基己二酸,试推测该二聚体的结构。

习　　题

1．下列化合物中哪些是共轭化合物？哪些有顺、反异构体？试画出它们顺、反异构体的构型式并命名。

(1) $CH_3CH{=}CHCH_2CH_2CH{=}CH_2$ 　　　　(2) $CH_3CH{=}CHCH_2C{\equiv}CH$

(3) $CH_3CH{=}CHC(CH_3){=}CHCH_3$ 　　　　(4) $(CH_3)_2C{=}CHC{\equiv}CCH_3$

2．下列化合物和 1 摩尔溴反应生成的主要产物是什么？

(1) $(CH_3)_2C{=}CHCH_2CH{=}CH_2$ 　　　　(2) $CH_3CH{=}CHCH_2C{\equiv}CH$

(3) $CH_3CH{=}CHCH{=}CH_2$ 　　　　(4) $CH_3CH{=}CHCH{=}CHCH{=}CH_2$

(5) $CH_2{=}C(CH_3)CH{=}CH_2$

3．写出下列化合物的构造式或命名。

(1) 3,5-二甲基庚炔　　(2) methylpropylacetylene　　(3) $CH_2{=}C{-}C{\equiv}C{-}CH_3$
$\qquad\qquad\qquad\qquad\qquad\qquad\qquad\qquad\qquad\qquad\quad |$
$\qquad\qquad\qquad\qquad\qquad\qquad\qquad\qquad\qquad\quad HC{-}CH_2CH_3$
$\qquad\qquad\qquad\qquad\qquad\qquad\qquad\qquad\qquad\qquad\quad |$
$\qquad\qquad\qquad\qquad\qquad\qquad\qquad\qquad\qquad\qquad\;\; CH_3$

(4) 1,5-己二烯-3-炔　　(5) $CH_3{-}C{\equiv}C{-}C{=}CH{-}CHCH_2CH_3$
$\qquad\qquad\qquad\qquad\qquad\qquad\qquad\qquad\qquad\qquad |\qquad\quad |$
$\qquad\qquad\qquad\qquad\qquad\qquad\qquad\qquad\qquad\;\; CH_3\quad CH{-}CH_3$
$\qquad\qquad\qquad\qquad\qquad\qquad\qquad\qquad\qquad\qquad\qquad\qquad |$
$\qquad\qquad\qquad\qquad\qquad\qquad\qquad\qquad\qquad\qquad\qquad\;\; CH_3$

(6) (2E,4Z)-3-t-butyl-2,4-hexadiene

4．用反应式表示 1-丁炔与下列试剂的反应。

(1)1mol H_2,Ni　　(2)2mol H_2,Ni　　(3)1mol Br_2　　(4)2mol Br_2　　(5)1mol HCl

(6)2mol HCl　　(7)H_2O,Hg^{2+},H^+　　(8)$Ag(NH_3)_2^+OH^-$　　(9)$NaNH_2$

(10)(9)的产物+C_2H_5Br　　(11)O_3,然后水解　　(12)热的 $KMnO_4$ 水溶液

5．用 1,3-丁二烯代替 1-丁炔进行第 4 题中的反应。如果有反应，写出反应式。

6．(1)乙炔的氢化热(转变成乙烷)为 314 kJ/mol,乙烯的氢化热为 137 kJ/mol,计算乙炔氢化到乙烯的 ΔH。

(2)试比较炔烃相对于烯烃的稳定性与烯烃相对于烷烃的稳定性。仅以此预期甲基自由基($CH_3\cdot$)加到乙炔上比加到乙烯上是快还是慢？

(3)已知($CH_3\cdot$)加到乙炔上比加到乙烯上慢,试问这里的稳定性和自由基的稳定性,二者中哪一因素更为重要？

7．(1)写出下列化合物的共振式。

a. $CH_2{=}CH{-}CH{-}\ddot{\ddot{O}}$: 　　　　b. $CH_3{-}\ddot{\ddot{O}}{-}CH{=}CH_2$

(2)写出 b 与溴化氢加成的主要产物。

8．有一烃 A,相对分子质量 81±1,能使 Br_2/CCl_4 溶液褪色,但不与 $Ag(NH_3)_2^+$ 作用,经臭氧化还原水解生成 $H{-}C{=}O$ 及 $CH_3{-}C{-}C{-}CH_3$,问 A 是哪一个烃。
$\qquad\qquad\qquad\qquad\qquad\qquad\qquad\qquad\qquad\qquad\qquad\quad |\qquad\qquad\qquad\qquad |\;\;\; |$
$\qquad\qquad\qquad\qquad\qquad\qquad\qquad\qquad\qquad\qquad\quad H\qquad\qquad\qquad O\;\; O$

9．试推测在臭氧分解时,生成下列化合物的不饱和烃(非芳烃)的可能结构。
$\qquad\qquad\qquad\qquad O$
$\qquad\qquad\qquad\quad\;\; ||$
(1)只产生 CH_3CCH_3　　(2)产生 CH_3COOH 和 CH_3CH_2COOH
$\qquad\qquad\qquad\qquad O\qquad\qquad\qquad O\qquad\qquad\qquad\qquad\qquad O\qquad\qquad\qquad\quad O$
$\qquad\qquad\qquad\qquad ||\qquad\qquad\qquad ||\qquad\qquad\qquad\qquad\qquad ||\qquad\qquad\qquad\quad ||$
(3)产生 HCHO,CH_3CCH_3 和 CH_3CCHO　　(4)只产生 $CH_3CCH_2CH_2CCH_3$

10．根据沸点,一个未知物可能是下面四种化合物中的一种。

正戊烷,36 ℃　　2-戊烯,36 ℃　　1-戊炔,40 ℃　　1,3-戊二烯,42 ℃

试设计一个系统的化学检验方法来确定该未知物。

11. 完成下列转化。

(1)  $HC{\equiv}CCH_3$ $\longrightarrow$ $CH_3-\overset{\overset{\displaystyle Cl}{|}}{\underset{\underset{\displaystyle I}{|}}{C}}-CH_3$

(2) 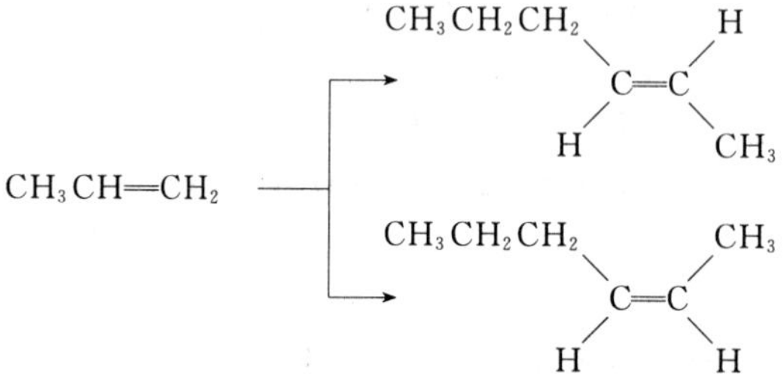 $CH_3CH{=}CH_2$ $\longrightarrow$

(3) $CH_3CH_2C{\equiv}CH$ $\longrightarrow$ $CH_3\overset{\overset{\displaystyle O}{||}}{C}CH_2CH_3$

12. (1) 当 1-辛烯和 N-溴代丁二酰亚胺作用时,不仅得到 3-溴-1-辛烯,也得到 1-溴-2-辛烯。对此你如何解释。

(2) 带有 ^{13}C 标记的丙烯($CH_3CH{=}\overset{13}{C}H_2$)经自由基溴化反应转化成 3-溴丙烯,推测产物中的标记原子 ^{13}C 的位置将在哪里?

文献题:

解释下列实验现象。

(1) 1,2-戊二烯与 DCl 反应,生成的产物中(E)-4-氯-5-氘-2-戊烯多于(E)-4-氯-1-氘-2-戊烯,解释之。

(2) 在酸催化下,丙二烯水合得到丙酮,不生成烯丙醇和丙醛,为什么?

来源:

(1) J. E. Nordlander, P. O. Owuor, J. Am. Chem. Soc., 1979, 101:1288.

(2) P. Cramer, T. T. Tidwell, J. Org. Chem., 1981, 46:2683.

第六章　芳　烃

有机化合物可分为脂肪族化合物(aliphatic compounds)和芳香族化合物(aromatic compounds)两大类。**脂肪族化合物**是指开链化合物或性质与之类似的环状化合物,如烷烃、烯烃、炔烃和脂环烃等。**芳香族化合物**是指苯(benzene)及化学性质类似于苯的化合物。

最简单又最重要的芳烃是苯。

6.1　凯库勒(Kekulé)式

苯的分子式 C_6H_6,具有如下性质:

(1)易取代,不易加成;

(2)一取代物只有一种;

(3)邻二取代物只有一种。

为了解释这些现象,1865 年凯库勒[凯库勒(F. A. Kekulé,1829—1896),德国化学家,生于达姆施塔特,1847 年入吉森大学学习建筑,后受李比希的影响转向化学。1858 年在比利时根特(Ghent)大学任教授,在 1866 年因发表了苯的结构而名扬于世。]提出苯是碳碳链首尾相连的环状结构,环中三个单键、三个双键相间。

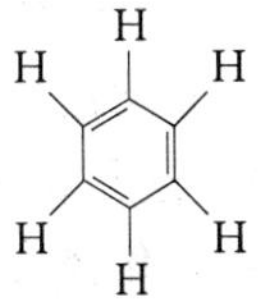

苯环上的六个氢是等同的,因此只有一种一取代物,一种邻二取代物:

A　　　　　　　　B

但 A 中两个取代基与单键相连,B 中两个取代基与双键相连。从上列结构看来 A 和 B 似乎不是同一物质。

为了解释这个问题,凯库勒提出苯中的双键没有固定的位置,它在不断地转移,因此不能分离出两个邻二卤代物,实际上它们是等同的。

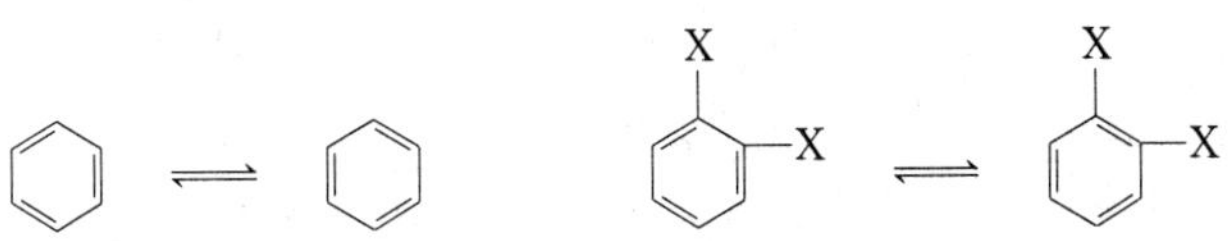

这种解释当时看来似乎是荒唐的,但是这种由化学家的化学直觉产生出的想像,正是对电子离域概念的一种朦胧的想法。

为什么苯分子的不饱和度(4)如此之大,却不发生类似于不饱和烯烃和炔烃的加成反应呢?凯库勒提出的环己三烯的结构对此不能作出很好的解释。因此它并不完善,需要补充修改。

6.2 苯的稳定性、氢化热和苯的结构

苯容易发生取代反应,产物中仍保留了苯环,说明苯具有特殊的稳定性。

苯的稳定性可从氢化热上定量地计算出来。环己烯、环己二烯及苯氢化后都产生环己烷,它们的氢化热如下:

	实测值/kJ·mol^{-1}	估计值/kJ·mol^{-1}	差值/kJ·mol^{-1}
	-119.5		
	-231.8	$-119.5 \times 2 = -239.0$	7.2
	-208.5	$-119.5 \times 3 = -358.5$ (设想的环己三烯)	150

从氢化热的数据可看出,苯比设想的环己三烯稳定,其能量差为 150 kJ/mol。如果苯与氢加成形成环己二烯,它不但不会放出能量,还要吸收 23.3 kJ/mol 的能量。

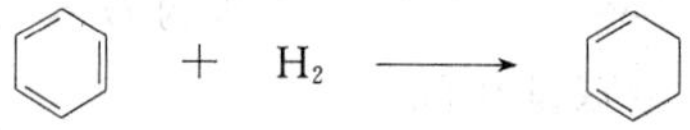

$$\Delta E = -208.5 - (-231.8) = 23.3 \text{ kJ/mol}$$

可见加成反应会破坏苯的稳定性,因此苯不易加成。

为什么苯环会有如此特殊的稳定性呢?这是由于苯是由两个完全等价的共振杂化而成。用经典式表示的两个共振式稳定性相同,对杂化体参与程度也相等,所以共振引起的稳定作用应是很大的。

苯环可用两个等同的共振式表示:

也可用一个带圆圈的正六边形表示:,其中直线代表单键,圆圈表示六个离域的 π 电子。六边形每一个角上连有一个氢原子。

但用单双键交替的共振式来研究苯取代反应机理,表示反应中间体的结构更直观,因此仍为化学家采用。当然这时的共振式已不再代表环己三烯的结构,而是共振杂化体的简写。例如:

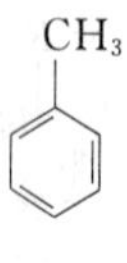

CH$_3$　　代表

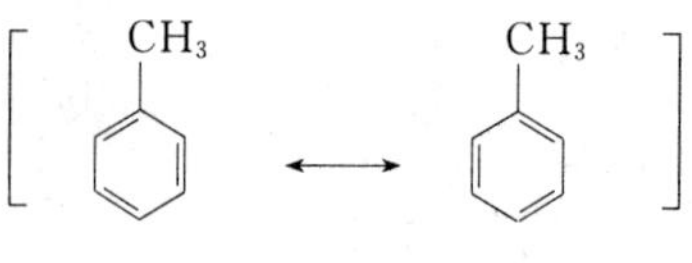

用现代技术测定苯的结构,证明苯是一个平面分子,它有六个等长的 σ 键,六个 σ 键组成正六边形,键角为 120°,键长 0.139nm(图 6-1),键长介于碳碳单键及碳碳双键之间,完全平均化。

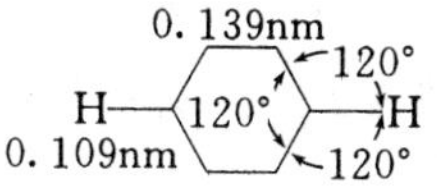

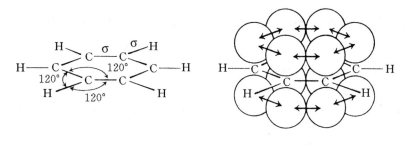

图 6-1　苯分子的平面结构

这与由分子杂化轨道理论推断出的苯的结构相吻合。杂化轨道理论认为,苯环中的六个碳均为 sp² 杂化。杂化形成的三个 sp² 杂化轨道,其中两个与相邻碳的 sp² 杂化轨道重叠形成 C—C σ 键,另一个与氢的 s 轨道重叠,形成 C—H σ 键,键角均为 120°,正好与正六边形的内角吻合,因此所有的原子均在一个平面上(图 6-2(a))。每个碳上剩下的 p 轨道垂直于环所在的平面,相互平行,可在各个方向进行重叠,重叠结果形成一个闭合的环状的大 π 键(图 6-2(b))。

(a)只表示出 σ 键	(b)p 轨道交叠成 π 键

图 6-2　苯分子

每个 p 轨道上有一个 p 电子。六个 p 电子离域,均匀分布在六个碳上,形成的 π 电子云像两个连续的面包圈,一个位于平面的上方,一个位于平面的下方(图 6-3)。

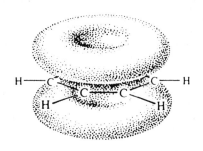

图 6-3　苯分子的 π 电子云

6.3　苯衍生物的命名

许多苯的衍生物把苯作为母体命名。如 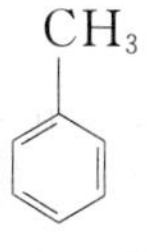
$$\text{CH}_3$$
 称甲苯(通常省略"基"字)。在英文名称中保留了一些专门名称,如甲苯不称 methylbenzene 而称 toluene。我们在介绍命名时将引用一些重要的专用名称,以利于查阅文献。

芳香烃(arene)中少一个氢原子而形成的基团称为芳香基或芳基(aryl),简写为(Ar-)。苯去掉一个氢剩下的原子团称苯基(phenyl),简写为 Ph-或 Φ-。甲苯分子中苯环去掉一个氢,得到甲苯基,如 CH₃─⟨⟩─ 称对甲苯基(*p*-tolyl),甲苯甲基上去掉一个氢剩下的原子团 ⟨⟩─CH₂─ 为苄基(benzyl),简写为 Bz-或 Bn。

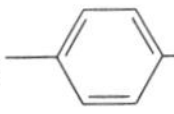

一取代苯无异构。烷基取代的苯通常称为某烷基苯,"基"字一般常省略。如:

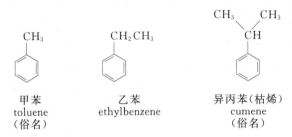

甲苯
toluene
(俗名)

乙苯
ethylbenzene

异丙苯(枯烯)
cumene
(俗名)

取代基为烯或炔等不饱和基团,一般作为取代烯或炔来命名,偶尔也作为取代苯命名。如:

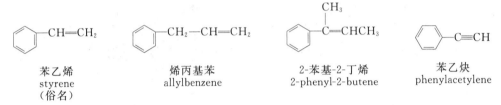

苯乙烯
styrene
(俗名)

烯丙基苯
allylbenzene

2-苯基-2-丁烯
2-phenyl-2-butene

苯乙炔
phenylacetylene

较复杂的烃基或含一个以上苯环的化合物,以烃为母体来命名。如:

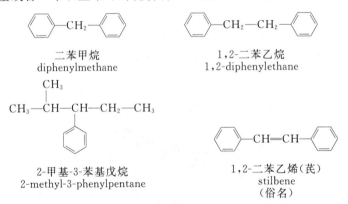

二苯甲烷
diphenylmethane

1,2-二苯乙烷
1,2-diphenylethane

2-甲基-3-苯基戊烷
2-methyl-3-phenylpentane

1,2-二苯乙烯(芪)
stilbene
(俗名)

二取代苯有三种异构体,通常用邻或 *o*(ortho),间或 *m*(meta),对或 *p*(para)表示,也可用编号表示。例如:

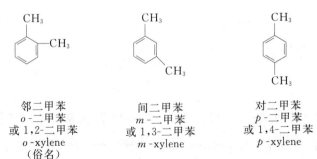

邻二甲苯
o-二甲苯
或 1,2-二甲苯
o-xylene
(俗名)

间二甲苯
m-二甲苯
或 1,3-二甲苯
m-xylene

对二甲苯
p-二甲苯
或 1,4-二甲苯
p-xylene

对保留俗名的芳烃,如甲基、枯烯(异丙苯)可作为母体来命名其衍生物。如:

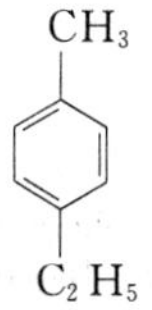

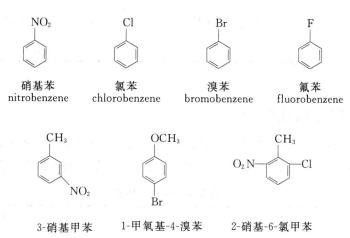

4-乙基甲苯
或 对乙基甲苯
p-ethyltoluene

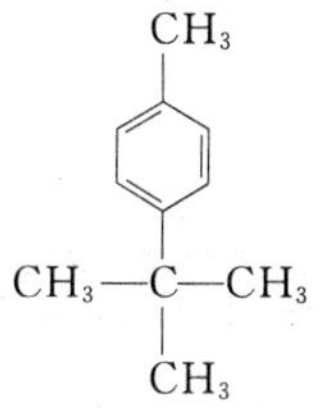

4-叔丁基甲苯
或 对叔丁基甲苯
p-*tert*-butyltoluene

当引进的取代基相同时,则作为苯的衍生物命名,即不再使用俗名,如二甲苯。

三取代或多取代苯以苯为母体,用编号表示取代基位置,遵守烷烃命名编号原则(使取代基编号依次最小)。但若取代基中能给分子以专门名称的(如甲基、异丙基、羟基、羧基等),习惯上把该基团放在位置1。如:

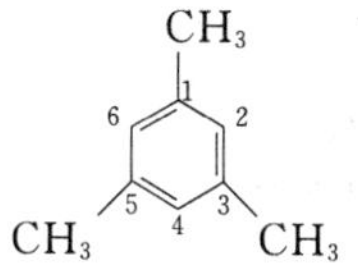

1,3,5-三甲苯(菜)
或均三甲苯
mesitylene
(俗名)

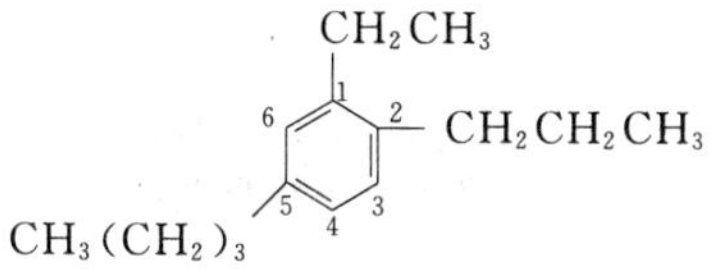

1-乙基-2-丙基-5-丁基苯
5-butyl-1-ethyl-2-propylbenzene

在了解苯的性质时,还要接触到由各种基团取代的苯的衍生物,它们命名与前面的原则类似。如:

硝基苯
nitrobenzene

氯苯
chlorobenzene

溴苯
bromobenzene

氟苯
fluorobenzene

3-硝基甲苯

1-甲氧基-4-溴苯

2-硝基-6-氯甲苯

如取代基为官能团如—NH_2、—OH、—COOH 等,则把官能团作为母体命名,如:

苯胺
aniline

苯酚
phenol

苯甲酸
benzoic acid

苯磺酸
benzene sulfonic acid

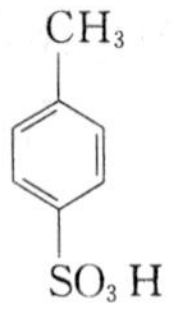

对甲基苯磺酸（简写 TsOH）　　　间氯苯酚
p -methylbenzene sulfonic acid　　m -chlorophenol

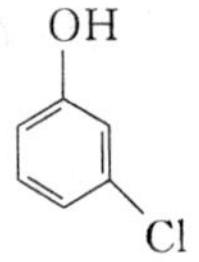

如环上有多种官能团，则首先选好母体，使母体编号最小。常见官能团优先顺序如下：

$$-COOH > -SO_3H > -COOR > -CONH_2 > -CN > -CHO > \overset{\overset{\displaystyle O}{\|}}{-C}-R > -OH > -NH_2$$

　　　　　　　　（酯）　　（酰氨）　　（氰基）　（醛）　　（酮）

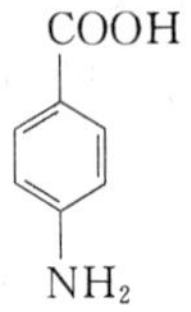

对氨基苯甲酸　　　　对氨基苯酚
p -aminobenzoic acid　　p -aminophenol

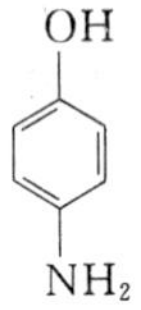

问题6-1　写出下列化合物的构造式。

(1) 顺二苯乙烯　　(2) 环己基苯　　(3) 对溴苯乙烯　　(4) t -butylbenzene

(5) 2-chloro-1-nitrobenzene　(6) 2-苯基乙醇　　(7) 苄氯　　(8) o -chlorotoluene

问题6-2　分别用中文和英文命名下列化合物。

(1) 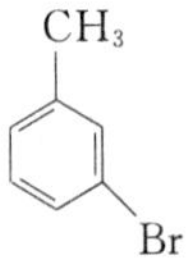 　　(2) 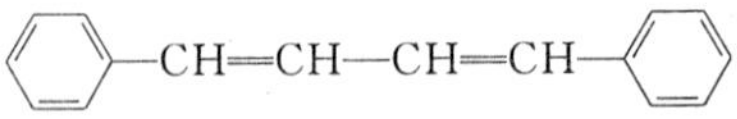 　　(3)

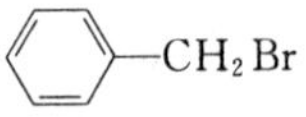

6.4　苯衍生物的物理性质

苯的同系物多数为液体，有芳香的气味，不溶于水，易溶于石油醚、四氯化碳、乙醚等有机溶剂，液态芳烃自身也是一种良好的溶剂。表 6-1 是苯及其衍生物的物理性质。

表 6-1　苯及其衍生物的物理性质

名　　称	结构式	熔点/℃	沸点/℃	密度/10^3kg·m^{-3} (20 ℃)
苯 benzene		5.5	80	0.879
甲苯 toluene	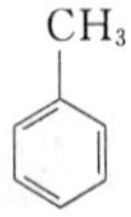	−95	111	0.866

名　称	结构式	熔点/℃	沸点/℃	密度/10^3 kg·m^{-3} (20 ℃)
乙苯 ethylbenzene	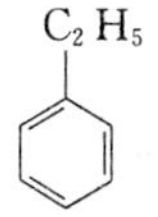 C$_2$H$_5$	−95	136	0.867
丙苯 propylbenzene	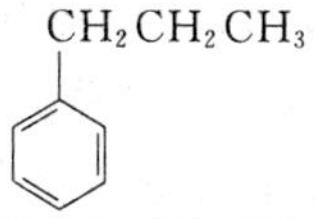 CH$_2$CH$_2$CH$_3$	−99	159	0.862
异丙苯（枯烯） （cumene）或 isopropylbenzene	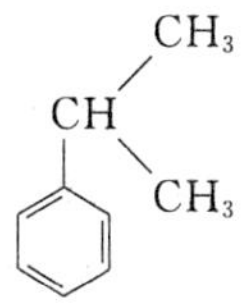 CH CH$_3$ CH$_3$	−96	152	0.862
邻二甲苯 *o*-xylene	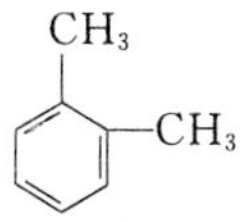 CH$_3$ CH$_3$	−25	144	0.880
间二甲苯 *m*-xylene	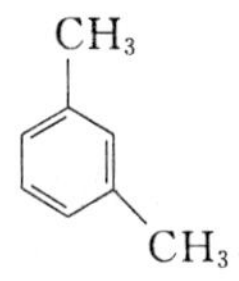 CH$_3$ CH$_3$	−48	139	0.864
对二甲苯 *p*-xylene	 CH$_3$ CH$_3$	13	138	0.861
苯乙烯 styrene	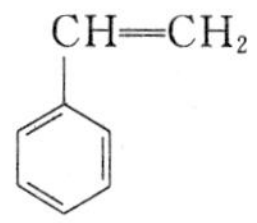 CH=CH$_2$	−31	145	0.906
苯乙炔 phenylacetylene	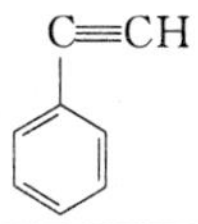 C≡CH	−45	142	0.930

从表 6-1 可见,在苯的同系物中每增加一个 CH$_2$,沸点增加 20 ℃～30 ℃。碳原子数相同的异构体,其沸点相差不大。如二甲苯的三种异构体,它们的沸点分别为 144 ℃、139 ℃、138℃,仅相差 1 ℃～6 ℃,很难用蒸馏方法分开,所以工业二甲苯通常是混合物。

分子的熔点不但与相对分子质量有关,还与分子的结构有关,分子越对称熔点越高。如:

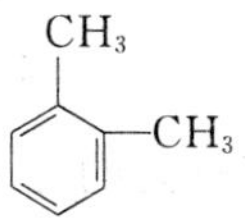

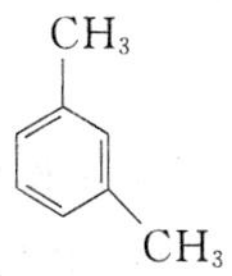

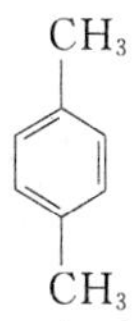

熔点　−25 ℃　　　　　−48 ℃　　　　　13 ℃

对二甲苯的熔点比邻二甲苯和间二甲苯高出许多。

苯与甲苯相比尽管甲苯的相对分子质量比苯的大,但它的熔点却比苯的低近 100 ℃,这是因为引入甲基,破坏了苯的高度对称性。

熔点　5.5 ℃　　　　　　−95 ℃

苯十分稳定,在人体中很难代谢,它进入人体后在人的细胞中累积。它可被细胞色素 P-450 酶氧化生成环氧化物,再重排为有害人体健康的苯酚。这些芳香氧化物与人体中的蛋白质、DNA 和 RNA 反应,引起疾病如白血病。甲苯在人体内也会被氧化,最终生成苯甲酸,它的水溶性增加了很多,可被人体排除,危害比苯小。

问题6-3　室温下,四甲苯的两个异构体是液体,第三个异构体是固体。写出第三个异构体的结构式。

6.5　芳烃的还原反应

一、Birch 还原

Birch 还原即是芳香族化合物在液氨介质中,在质子供给体醇(乙醇、异丙醇等)存在下,用碱或碱土金属部分还原芳烃成 1,4-环己二烯类化合物的反应。如苯被还原:

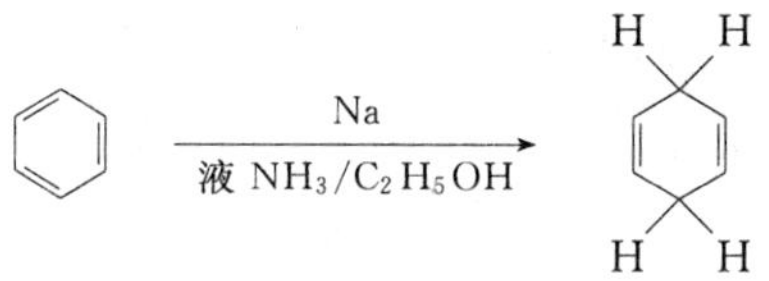

其反应机理如下:

$$Na + NH_3(液) \rightleftharpoons Na^+ + (e^-)NH_3$$

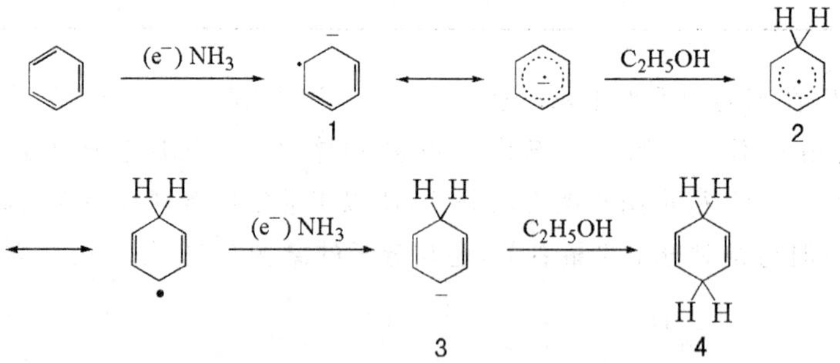

首先碱金属溶于液氨生成蓝色溶液,溶液有顺磁性和较高的导电性,这是由于体系中形成了氨合电子。然后氨合电子还原苯环为自由基负离子得到 **1**;**1** 从醇中夺取质子得到 **2**,**2** 为苯基自由基;它进一步被还原为苯基负离子 **3**;**3** 从醇中得质子,最后得到 1,4-环己二烯 **4**。

Birch 还原是对苯的 1,4-还原,而不是全部还原,在有机合成中十分有用。

单取代苯经过 Birch 还原得到的产物与苯环上原有取代基的性质有关。推电子基有利于生成 1-取代-1,4-环己二烯;吸电子基有利于生成 3-取代-1,4-环己二烯。例如:

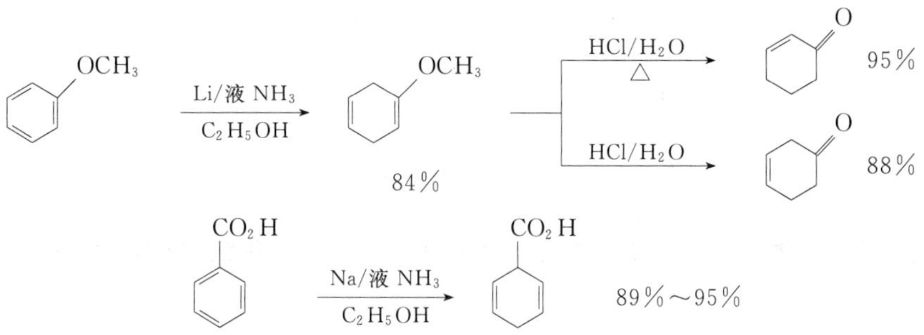

問題6-4 完成下列反应。

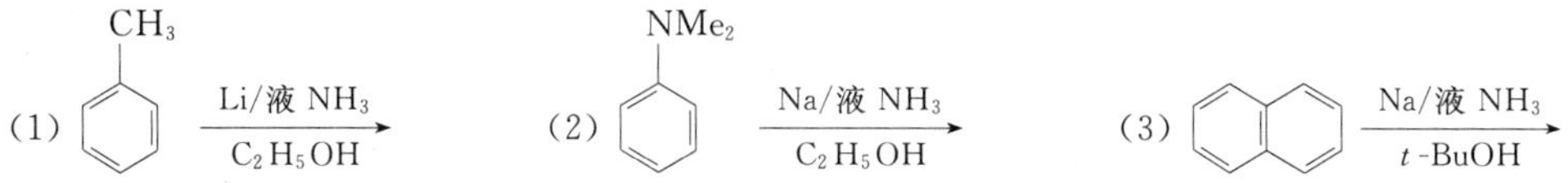

二、催化氢化

苯不易氢化,但催化氢化时只得到彻底氢化的环己烷:

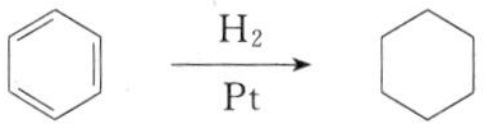

6.6 苯的亲电取代反应

苯环平面的上下方有π电子云,与σ键相比,平行重叠的π电子云结合较疏松,因此在反应中苯环可充当一个电子源,与缺电子的亲电试剂发生反应,类似于烯烃中π键的性质。但是苯环中π电子又有别于烯烃,π键共振形成的大π键使苯环具有特殊的稳定性,反应中总是保持苯环的结构。苯的结构特点决定苯的化学行为,它容易发生**亲电取代反应**(electrophilic substitution reaction)而不是加成反应。

苯典型的亲电取代反应包括:卤代、硝化、磺化、烷基化和酰基化反应,此类反应可直接在苯环上引入基团,在有机合成中占有重要地位。

苯亲电取代反应历程大致相同,其过程如下:

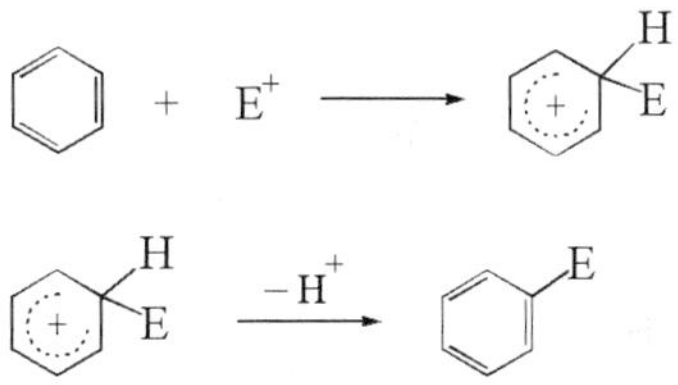

第一步亲电试剂进攻苯环,形成苯基正离子中间体,通常是慢步骤。
第二步去质子,得取代产物。

一、卤代

苯与卤素作用,在三卤化铁的催化下,得到卤代苯,同时放出卤化氢,如:

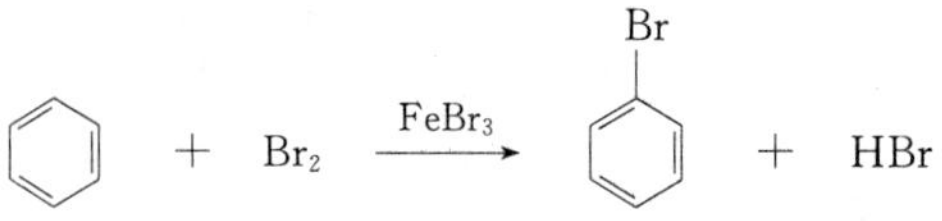

$$\text{（苯）} + Br_2 \xrightarrow{FeBr_3} \text{（溴苯）} + HBr$$

溴苯
75%

实际反应中往往加入少量铁屑,铁屑与卤素反应产生三卤化铁,起到同样的作用。

$$Br_2 + Fe \longrightarrow FeBr_3$$

碘活性不够,只有与非常活泼的芳香化合物才能发生取代反应。目前采用氧化剂,如硝酸、砷酸、醋酸银等,将碘氧化为碘正离子后直接引入苯环,如:

$$\text{（苯）} + I_2 \xrightarrow{HNO_3} \text{（碘苯）}$$

碘苯
86%

但反应较慢,实际合成中往往采用别的办法(参见 17.5 节)。

氟太活泼,氟代反应激烈不易控制,一般不直接引入(参考 17.5 节)。

苯与氯、溴的取代反应应用十分广泛。其公认的反应历程如下:

首先缺电子的三卤化铁与卤素络合,促进卤素之间 σ 键的极化、异裂。

$$FeX_3 + X_2 \rightleftharpoons X^+ + FeX_4^-$$

带正电的卤素进攻苯环的 π 电子,形成苯碳正离子中间体,类似于烯烃的亲电加成,这一步是速度决定步骤。

$$\text{（苯）} + X^+ \longrightarrow \text{（碳正离子中间体）}$$

碳正离子中间体

苯的碳正离子中间体既可与卤素负离子结合成二卤代烃。

$$\text{（中间体）} + X^- \longrightarrow \left[\text{（二卤代物）}\right]$$

或在碱作用下夺去质子,恢复苯的骨架。苯的稳定性起了决定作用,得到取代而不是加成产物。

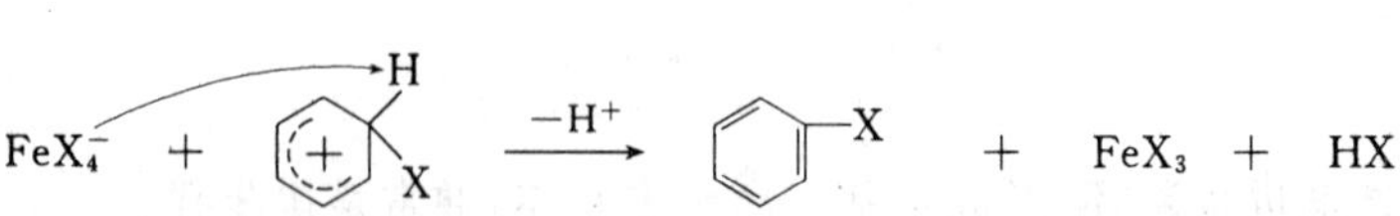

$$FeX_4^- + \text{（中间体）} \xrightarrow{-H^+} \text{（卤苯）} + FeX_3 + HX$$

(此过程释放出催化剂)

二、硝化

苯与浓硝酸和浓硫酸的混合物(称混酸)反应,生成硝基苯。

· 150 ·

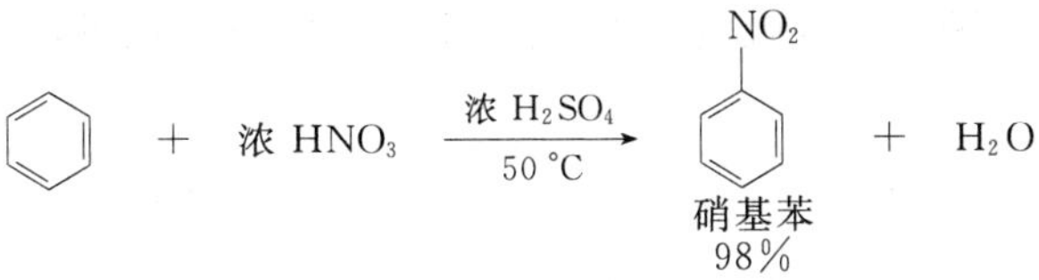

其反应历程如下：

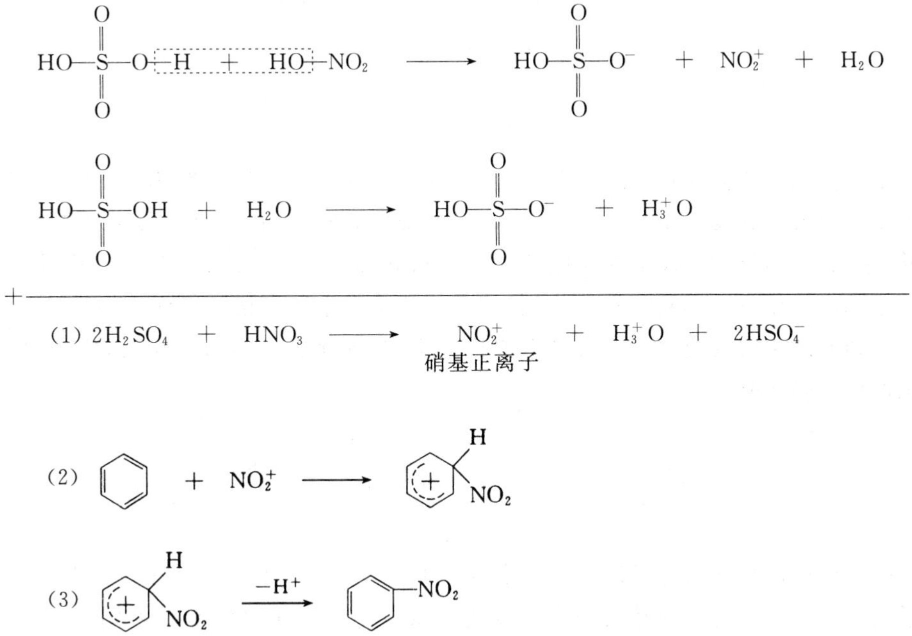

(1) $2H_2SO_4 + HNO_3 \longrightarrow NO_2^+ + H_3^+O + 2HSO_4^-$
          硝基正离子

(2)

(3)

浓硫酸的酸性比硝酸的强，它作为酸提供质子（H^+），硝酸作为碱提供氢氧根（OH^-），去掉一分子水，产生硝基正离子，硝基正离子具有很强的亲电性，与苯发生亲电取代反应。若采用浓硝酸，则反应速度明显减慢，这是由于浓硝酸中仅存在少量的硝基正离子。

三、磺化

不同浓度的硫酸与苯反应的速度不同，浓度越高反应越快。含三氧化硫的发烟硫酸反应最快，在常温下即可与苯发生磺化反应，生成苯磺酸。

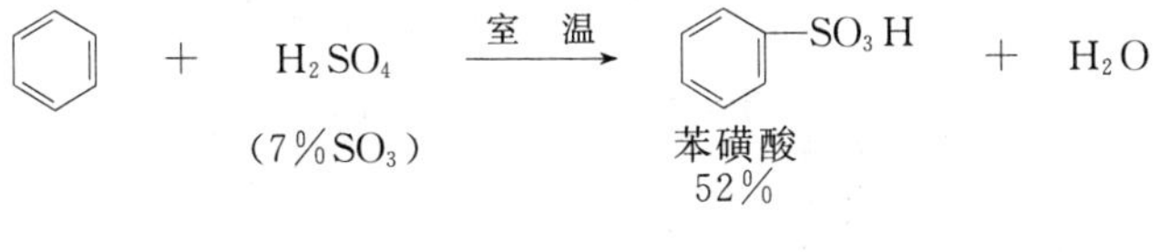

磺化反应也是亲电取代反应，通常认为亲电试剂是三氧化硫。三氧化硫虽然不带电荷，但硫原子最外层只有六个电子 $\left[\begin{array}{c} :\ddot{O}: \\ :\ddot{O}:\ddot{S}:\ddot{O}: \\ :\ddot{O}: \end{array}\right]$ 是缺电子的酸，它作为亲电试剂与苯进行反应。

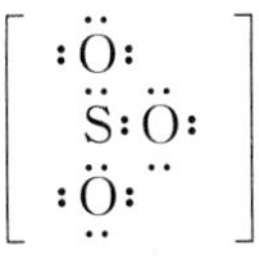

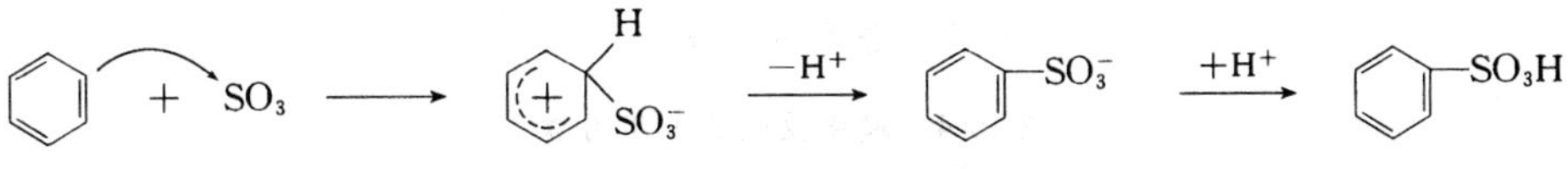

如反应采用浓硫酸,两分子浓硫酸脱水,也产生亲电的三氧化硫,但反应速度不如发烟硫酸快。

$$2H_2SO_4 \rightleftharpoons H_3^+O + SO_3 + HSO_4^-$$

磺化反应与硝化、卤代反应不同,是可逆反应。

$$H_2SO_4 + \text{(挥发)} \rightleftharpoons \text{(不挥发)} + H_2O$$

要使反应向某一方向进行,需采用不同的条件。苯磺酸与稀硫酸加热至 100 ℃~175 ℃时,转变为苯及硫酸。在反应中常通入过热水蒸气,带出挥发性的苯,使平衡移向左边。如要制备苯磺酸,常加入过量的苯,反应时不断蒸出苯—水共沸物,利于正反应进行。磺化反应的可逆性在合成苯的衍生物中起到特殊的作用,在今后的学习中还会遇到这样的例子。

苯磺酸的水解反应是又一类亲电取代反应,与磺化反应的历程相反,质子（H^+）作为亲电试剂取代了磺酸基。

$$\text{—SO}_3^- \xrightarrow{H^+} \text{（中间体）} \xrightarrow{-SO_3} \text{（苯）}$$

磺化反应的如此特点是因为三氧化硫（SO_3）及质子（H^+）都是好的离去基团。中间体正离子去掉质子转变为苯磺酸与脱去三氧化硫恢复为苯所越过的能垒差别不大（图6-4）。反应的方向与外加条件有关。

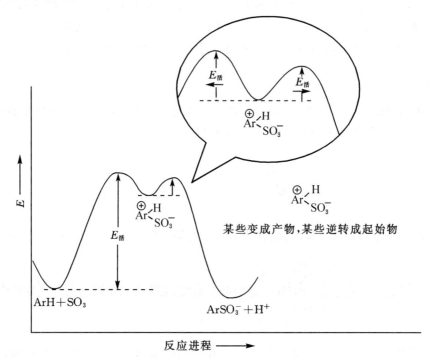

图 6-4　磺化反应的可逆历程

硝化反应(如图 6-5)及卤代反应,碳正离子形成后只能脱去质子,要脱除硝基正离子不行,所有碳正离子都转变成产物,反应是不可逆的。

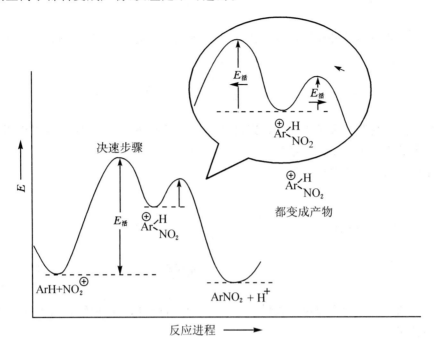

图 6-5 硝化反应的不可逆性

四、傅—克(Friedel-Crafts)反应

在路易斯酸(Lewis acid)存在下芳烃与烷基卤和酰卤的反应叫做傅—克反应。[C. Friedel(1832—1899)出生于法国,曾任巴黎大学的一个研究所所长,化学教授。J. M. Crafts(1839—1917)出生于美国,毕业于 Harvard 大学,曾任 Cornell 大学和麻省理工学院教授。他们两个在 1877 年共同发现傅—克反应。]

1. 傅—克烷基化反应

氯乙烷在三氯化铝催化下与苯发生取代反应,生成乙苯,放出氯化氢。

$$\text{苯} + CH_3CH_2Cl \xrightarrow[0\,^\circ C \sim 25\,^\circ C]{AlCl_3} \text{乙苯}(CH_2CH_3) + HCl$$

乙苯
76%

反应历程如下:

(1) $CH_3CH_2Cl + \overset{Cl}{\underset{Cl}{\ddot{A}l:Cl}} \rightleftharpoons CH_3\overset{+}{C}H_2 + \left[\overset{Cl}{\underset{Cl}{Cl:\ddot{A}l:Cl}} \right]^-$

(2) $CH_3\overset{+}{C}H_2 + \text{苯} \rightleftharpoons$ 络合物

(3) 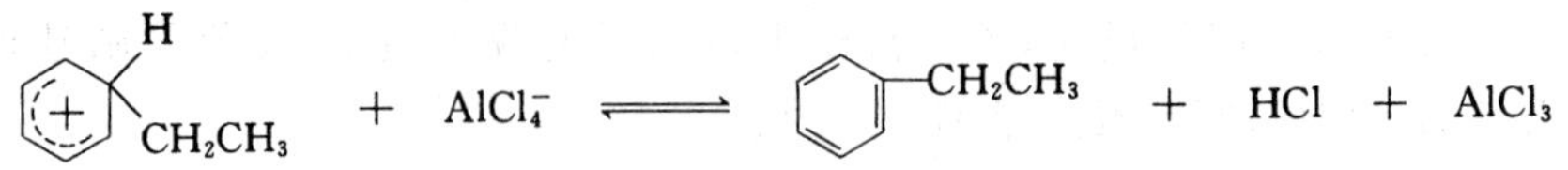

三氯化铝是傅—克反应的催化剂，$FeCl_3$、BF_3、HF 等也可作为催化剂，但催化活性不如三氯化铝，如：

$$R:\ddot{\underset{..}{X}}: + H:\ddot{\underset{..}{F}}: \rightleftharpoons R^+ + :\ddot{\underset{..}{X}}:\cdots H:\ddot{\underset{..}{F}}:^-$$

反应中产生的烷基正离子中间体是亲电试剂。可以预料，反应将伴随着碳正离子特征的重排反应。实验事实证实了这种推测。

苯与正丙基氯反应主要生成异丙苯。

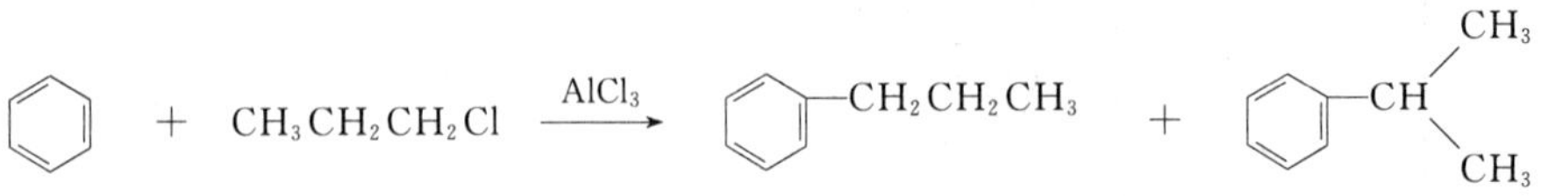

正丙苯 30%～35%　　异丙苯 65%～69%

这是由于碳正离子与苯的反应速度较慢，反应中形成的较不稳定的伯碳正离子进行重排，生成较稳定的仲碳正离子。

$$CH_3CH_2CH_2Cl + AlCl_3 \rightleftharpoons \underset{\text{伯碳正离子}}{CH_3CH_2\overset{+}{C}H_2} + AlCl_4^-$$

$$CH_3-\underset{\substack{|\\H}}{CH}-\overset{+}{C}H_2 \xrightarrow{\text{重排}} \underset{\text{仲碳正离子}}{CH_3-\overset{+}{C}H-CH_3}$$

仲碳正离子作为亲电试剂与苯进行反应，得到异丙苯。由于它的活性不如伯碳正离子，因此产物中仍有一定数量的直链烷基苯。

烷基化反应中，碳正离子中间体的重排是普遍现象，例如：

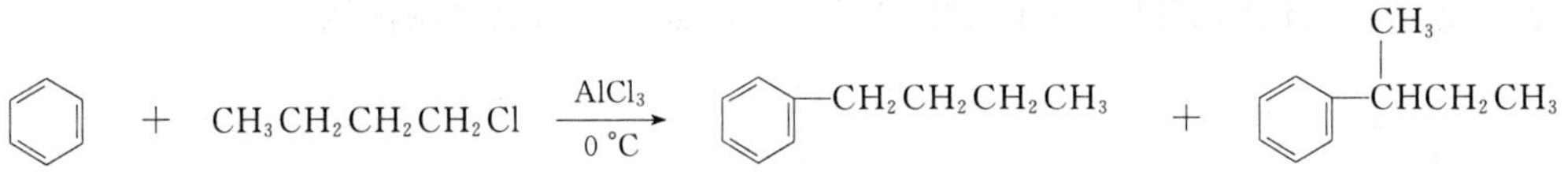

正丁基氯　　正丁苯 34%　　仲丁苯 66%

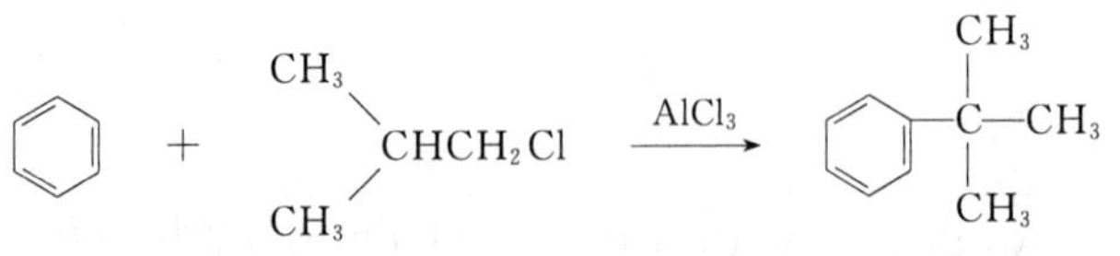

异丁基氯　　叔丁苯（唯一产物）

傅—克烷基化反应是可逆反应，催化剂也会催化逆反应。二取代烃基苯与三氯化铝在苯中回流，可得一取代苯，例如：

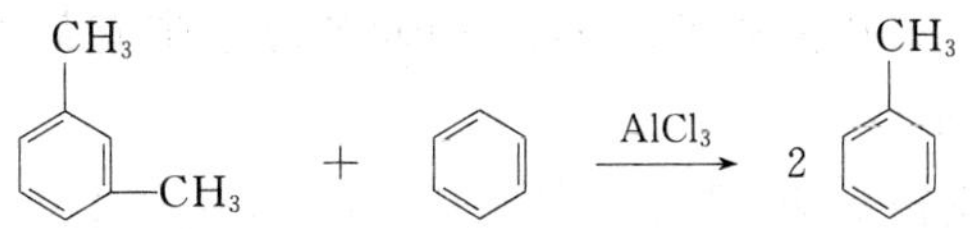

环上带有的烷基,起超共轭给电子效应使环活化,因此傅—克烷基化反应往往得到多取代的产物。

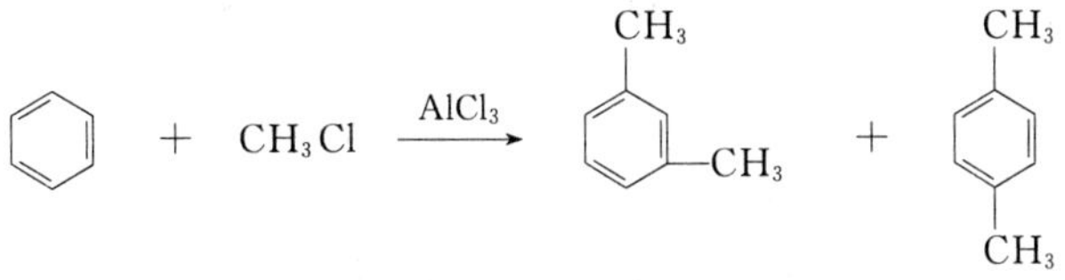

为了避免多取代产物,采用过量的苯,一方面减少多取代的几率,另一方面在大量苯存在下,多取代产物与苯作用也会转变为一取代产物。

既然傅—克反应中碳正离子是亲电试剂,那么能产生碳正离子的其他物质也可作烷基化试剂。如醇和烯在酸的催化下可产生碳正离子。

$$ROH + AlCl_3 \xrightarrow{-HCl} ROAlCl_2 \longrightarrow R^+ + {}^-OAlCl_2$$

$$ROH + H^+ \rightleftharpoons \overset{+}{R}OH_2 \rightleftharpoons R^+ + H_2O$$

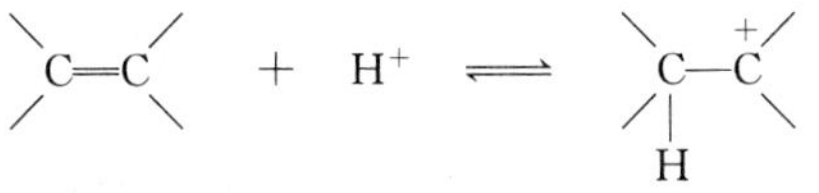

（三氯化铝也可作烯的催化剂）

醇和烯可作烷基化试剂。

工业上采用易得的醇及烯代替较昂贵的卤代烃制备烷基苯,如:

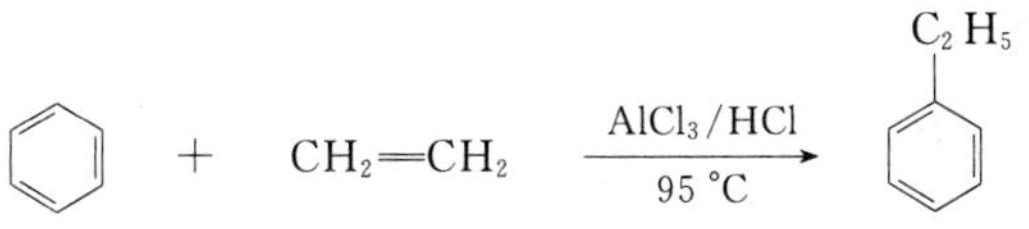

乙烯　　　　　　　　　乙苯

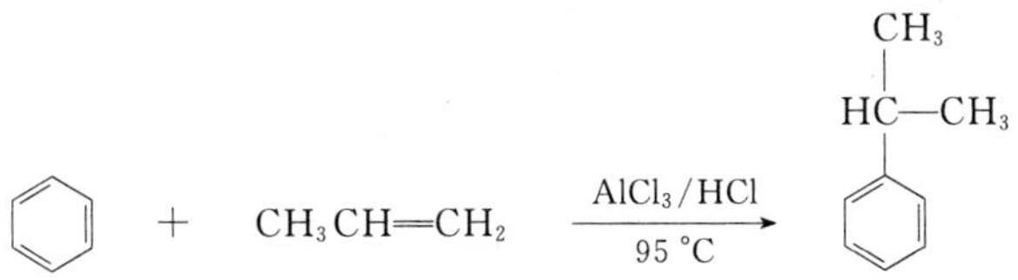

丙烯　　　　　　　　　异丙苯

用醇及烯作烷基化试剂的反应中,也伴随着碳正离子的重排反应,如:

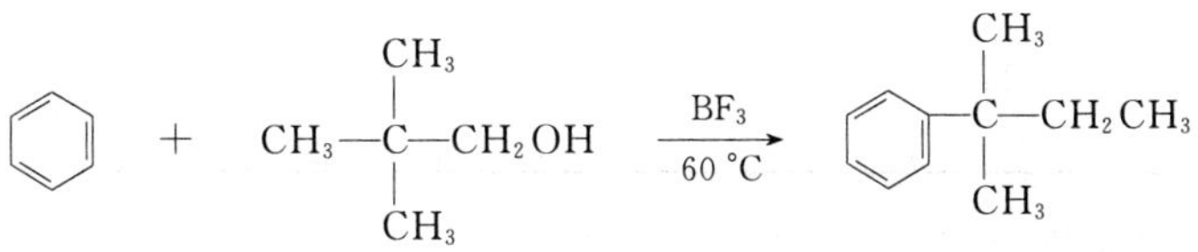

新戊醇　　　　　　　　叔戊基苯
　　　　　　　　　　　（唯一产物）

碳正离子的亲电性不如硝基正离子及 SO_3，因此苯环上带有某些拉电子基团，如硝基等，傅—克反应不能发生，或很难发生。

尽管傅—克烷基化反应较复杂，又有一定限制，但能在苯环上直接引入烃基，产生碳碳键，故仍是一个应用十分广泛的反应。

多卤代烷与苯可制备多苯基的烷烃。如：

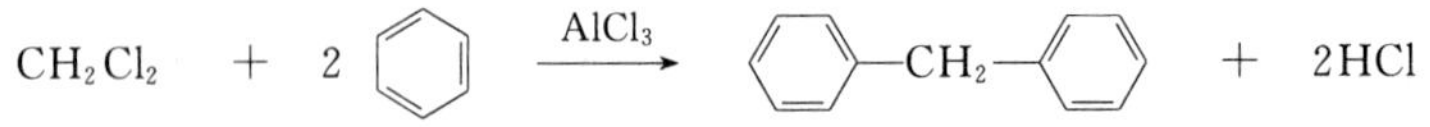

$$CH_2Cl_2 \quad + \quad 2 \; \bigcirc \quad \xrightarrow{AlCl_3} \quad \bigcirc\!-CH_2\!-\bigcirc \quad + \quad 2HCl$$

二氯甲烷   二苯甲烷

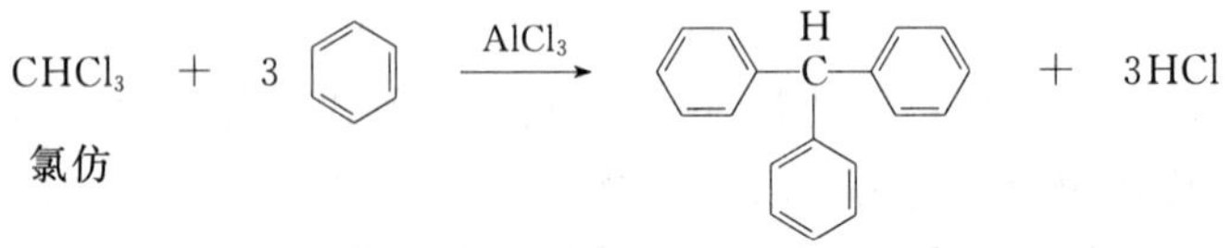

$$CHCl_3 \quad + \quad 3 \; \bigcirc \quad \xrightarrow{AlCl_3} \quad \overset{H}{\underset{|}{C}}(\bigcirc)_3 \quad + \quad 3HCl$$

氯仿   三苯甲烷

$$CCl_4 \quad + \quad \bigcirc \quad \xrightarrow{AlCl_3} \quad \overset{Cl}{\underset{|}{C}}(\bigcirc)_3 \quad + \quad 3HCl$$

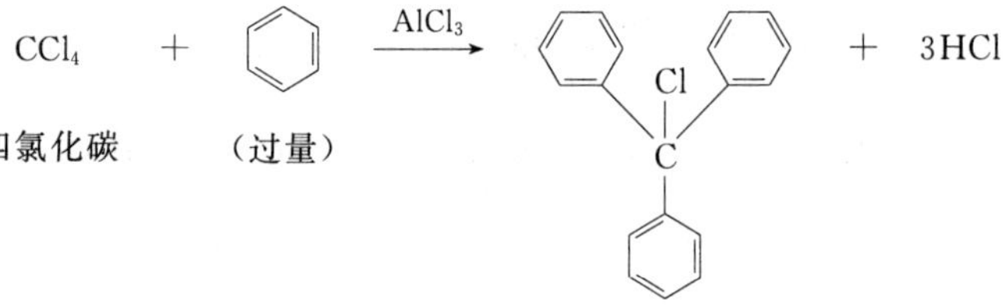

四氯化碳   （过量）   三苯基氯化甲烷
             84%～86%

四氯化碳与苯反应，由于位阻效应只有三个卤素被取代。

问题6-5 写出下列反应历程。

(1) 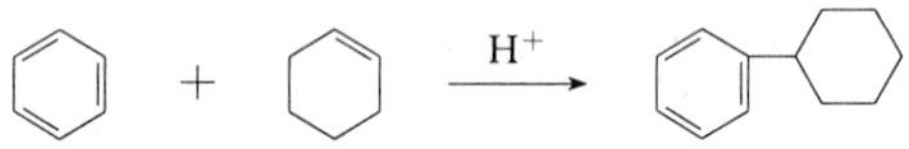 $\bigcirc$ + （环己烯） $\xrightarrow{H^+}$ $\bigcirc\!-$（环己基）

(2) 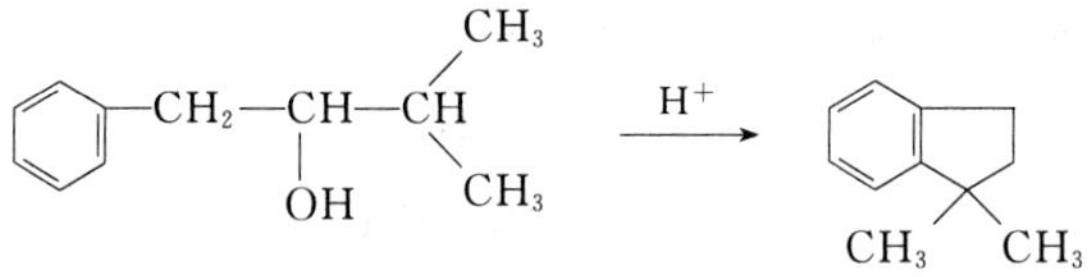 $\bigcirc\!-CH_2\!-\underset{OH}{\overset{|}{C}}H\!-CH(CH_3)_2$ $\xrightarrow{H^+}$ （2,3-二氢-1,1-二甲基茚）

问题6-6 完成下列反应。

(1) 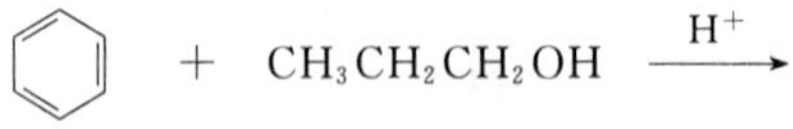 $\bigcirc$ + $CH_3CH_2CH_2OH$ $\xrightarrow{H^+}$

(2) 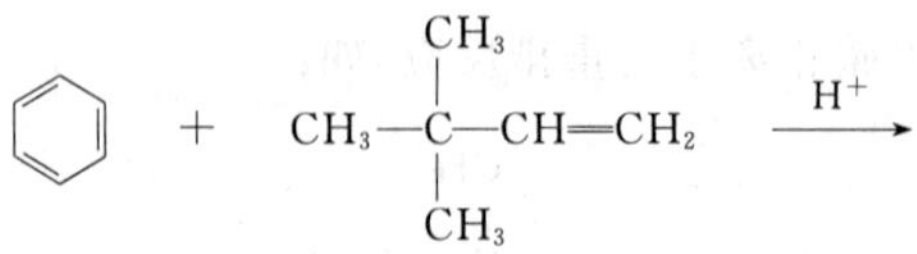 $\bigcirc$ + $CH_3\!-\underset{CH_3}{\overset{CH_3}{\underset{|}{\overset{|}{C}}}}\!-CH\!=\!CH_2$ $\xrightarrow{H^+}$

---

2. 傅—克酰基化反应

苯与酰卤或酸酐在三氯化铝的催化下反应生成芳酮，例如：

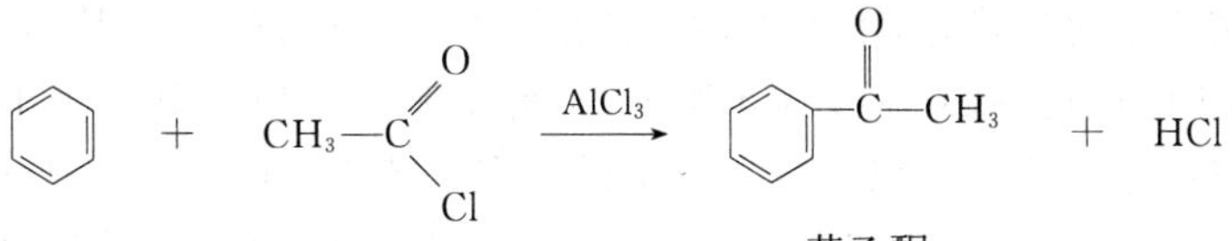

乙酰氯 $\qquad$ 苯乙酮 97%

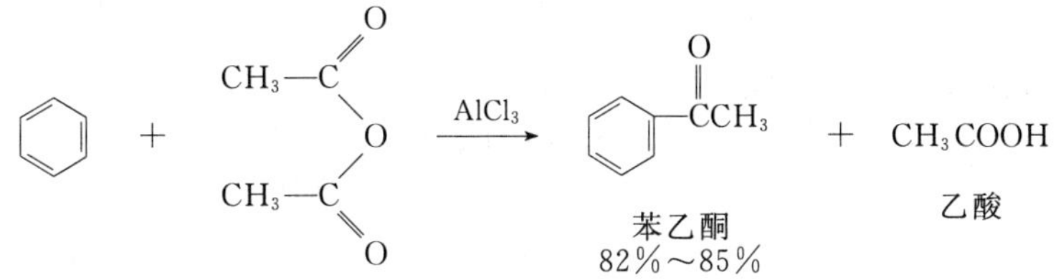

乙酸酐 $\qquad$ 苯乙酮 82%～85% $\qquad$ 乙酸

这是制备芳香酮的重要方法。

反应的历程与烷基化反应类似。

(1) 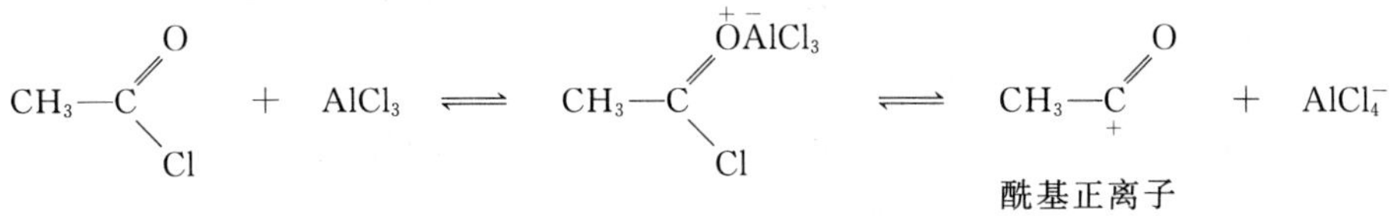 $CH_3-C(=O)Cl + AlCl_3 \rightleftharpoons CH_3-C(Cl)=\overset{+}{O}\overset{-}{AlCl_3} \rightleftharpoons CH_3-\overset{+}{C}=O + AlCl_4^-$

酰基正离子

(2)

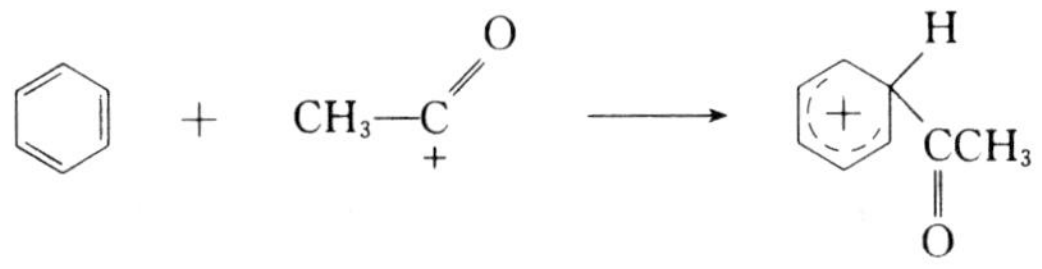

(3)

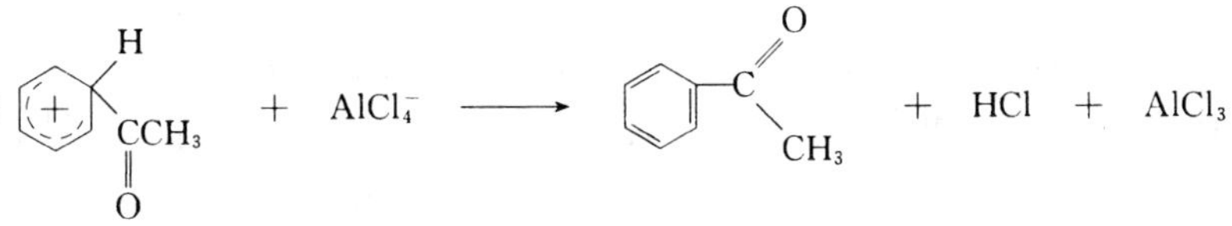

(4)

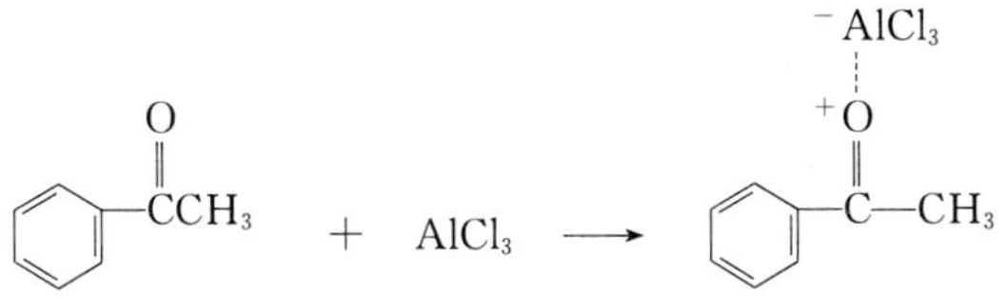

反应中三氯化铝与酰氯的羰基络合,促进酰氯离解,产生亲电的酰基正离子(在极性溶剂中可被检测),三氯化铝起了催化的作用。但取代反应后释放的三氯化铝会进一步与生成的芳酮络合(4),因此三氯化铝的用量应略高于酰氯的摩尔数。如用酸酐代替酰氯,反应中产生的羧酸也会与三氯化铝络合,这时三氯化铝的用量应略高于酸酐摩尔数的两倍。

生成的络合物需进行水解,释放出酮。

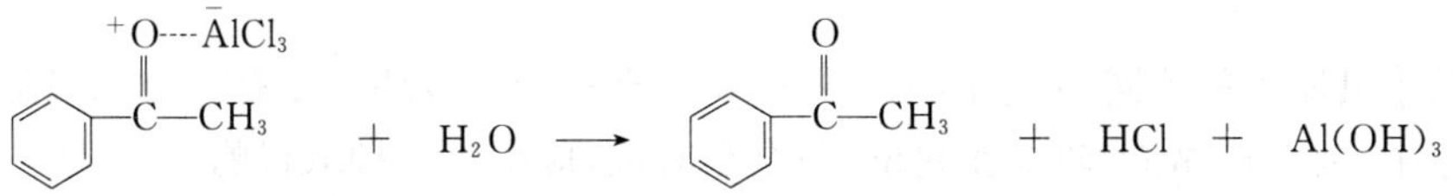

$\qquad + H_2O \rightarrow \qquad + HCl + Al(OH)_3$

亲电的酰基正离子比较稳定,不重排;生成的芳酮中羰基为拉电子基团,使苯环的活性降低,不致发生进一步的取代;酰基化反应不可逆,因此酰基化反应得到的是单取代的无重排的产物,产物单一,反应比较简单。以上三方面是傅—克酰基化与傅—克烷基化反应的差别。

由于酰基化反应无重排,如把得到的芳酮进一步还原,则可得到直链取代的烷基苯,作为傅—克烷基化反应的补充,在 11.3 节中有更详细的介绍。如:

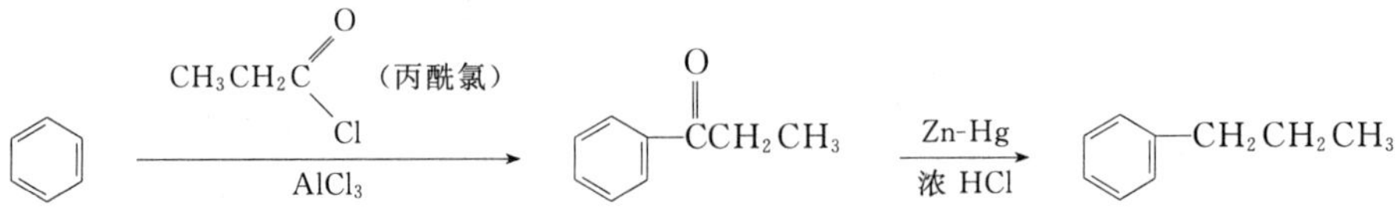

苯丙酮　　　　　　　　　　　正丙苯

环酐与苯的反应可制备双官能团的化合物,在合成上十分重要。例如:

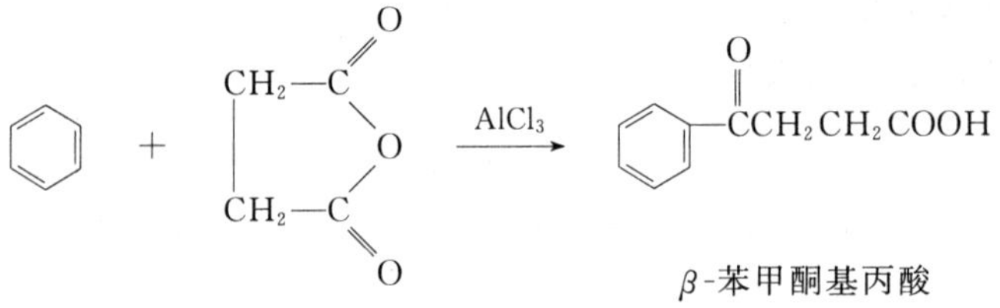

丁二酸酐　　　　　　　　　　β-苯甲酮基丙酸

问题6-7 完成下列反应。

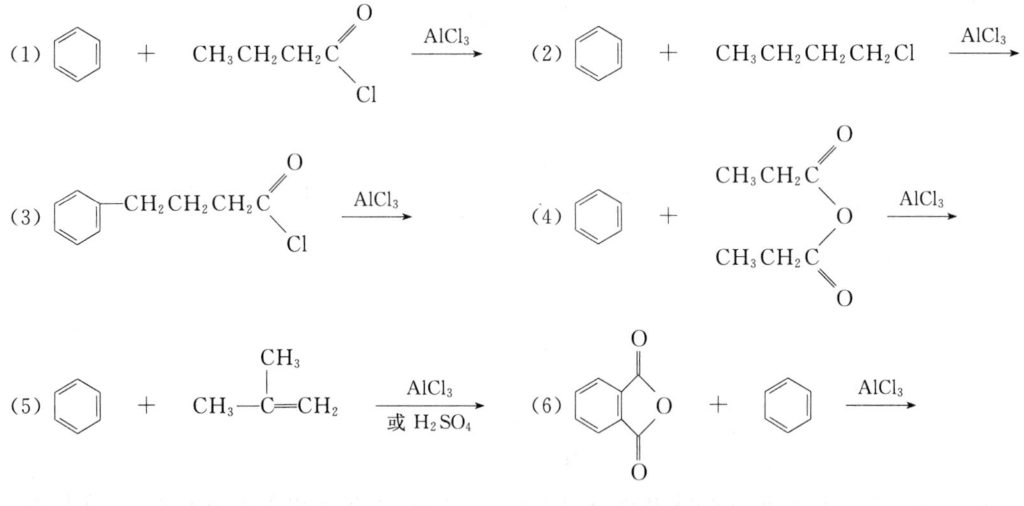

6.7　苯环上取代反应的定位效应及反应活性

一、定位效应

苯上六个氢原子是等同的,它的一取代产物只有一种。苯环上已有一个取代基,环上剩余的五个氢原子,两个在邻位,两个在间位,一个在对位,应生成三种取代物。

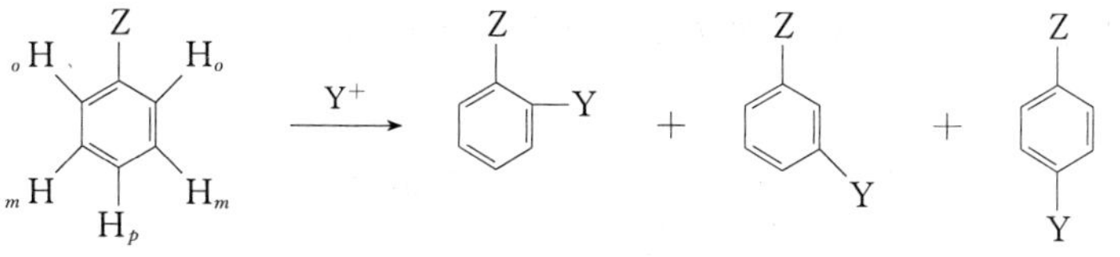

邻　　　间　　　对

如果五个位置的反应速度相同，则其二取代物的比例应为：邻∶间∶对＝2∶2∶1。实际情况如何呢？甲苯与硝基苯硝化时：

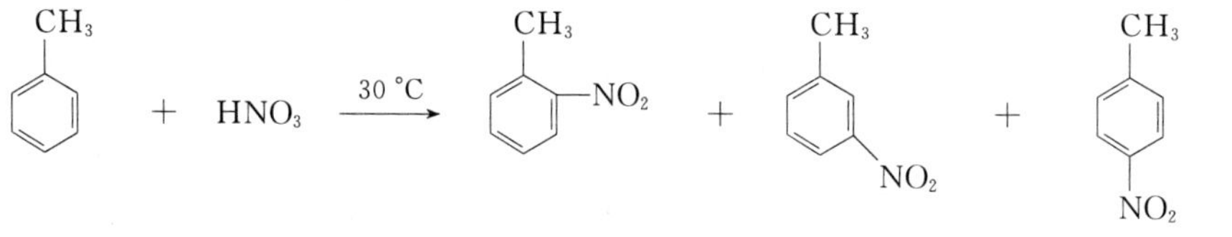

邻硝基甲苯 63%　　间硝基甲苯 3%　　对硝基甲苯 34%

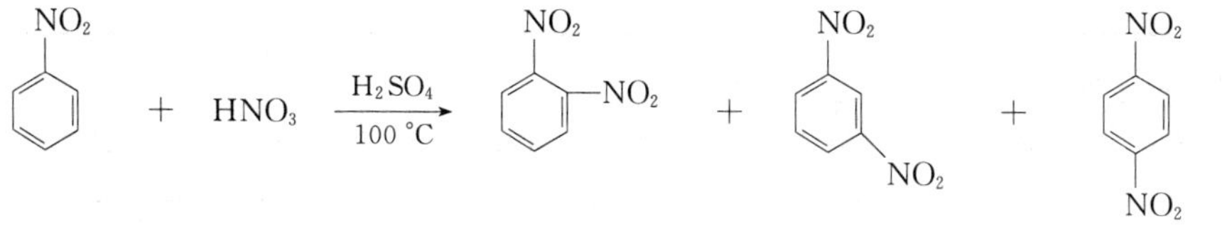

邻二硝基苯 6%　　间二硝基苯 93%　　对二硝基苯 1%

甲苯主要生成邻对位取代产物（邻＋对＞90%），硝基苯主要生成间位取代产物（间＞90%）。磺化、卤代等取代反应中也有类似的规律。可见第二个取代基进入的位置，与亲电试剂的类型无关，仅与环上原有取代基的性质有关，受环上原有取代基的控制。我们称这种效应为**定位效应**（orientation effect）。

由表 6-2 中产物的比例可见，取代基效应大致可分为两类：

(1)邻对位定位基

第一类定位基为邻对位定位基，它们使第二个取代基主要进入它的邻对位。常见的邻对位定位基有：

$-NR_2$，$-NHR$，$-NH_2$，$-OH$，$-NH-\overset{\overset{O}{\|}}{C}-R$（酰胺基），$-OR$（烷氧基），$-O\underset{\underset{O}{\|}}{C}R$，$-R$，$-Ar$，$-X$(F、Cl、Br、I)

这类基团一般与苯以单键相连，除烃基外，通常与苯相连的原子如 $\ddot{N}$，$\ddot{O}$，$\ddot{X}$ 带有未成键的电子对。

(2)间位定位基

第二类定位基为间位定位基，它们使第二个基团主要进入它的间位。常见的第二类定位基有：

$-\overset{+}{N}R_3$，$-NO_2$，$-CF_3$，$-CCl_3$，$-CN$，$-SO_3H$，$-CHO$（醛基），$-COR$（酮基），$-COOH$，$-\overset{\overset{O}{\|}}{C}-OR$（酯基）

这些基团与苯环相连的原子上有极性双键,或带有正电荷。另一些强拉电子基团如—CF$_3$,—CCl$_3$,也是第二类定位基。

表 6-2 某些一取代苯硝化产物的比例(%)

取代基	o -	m -	p -	$o+p/m$
—OH	55	痕量	45	100/0
—NHCOCH$_3$	19	1	80	99/1
—CH$_3$	63	3	34	97/3
—Cl	30	1	69	99/1
—Br	37	1	62	99/1
—NO$_2$	6	93	1	7/93
—CO$_2$C$_2$H$_5$	28	68	4	32/68
—$\overset{+}{N}$(CH$_3$)$_3$	0	89	11	11/89
—COOH	19	80	1	20/80
—SO$_3$H	21	72	7	28/72
—CF$_3$	0	100	0	0/100

问题6-8 写出下列化合物环上溴代的主要产物。

(1) 仲丁苯　　(2) 苯甲腈　　(3) 苯乙酮　　(4) 乙氧基苯　　(5) 氯苯　　(6) 苯甲酸

二、活化与钝化作用

甲苯及硝基苯硝化时除产物不同外,它们进行亲电取代的活性也不同。甲苯硝化的速度为苯的 25 倍,硝基苯继续硝化的速度为苯的 6×10^{-8} 倍(表 6-3)。甲基使苯环活化,硝基使苯环钝化。

表 6-3 一取代苯硝化的相对速度

取代基	相对速度	取代基	相对速度
—N(CH$_3$)$_2$	2×10^{11}	—Cl	0.033
—OCH$_3$	2×10^5	—Br	0.030
—CH$_3$	24.5	—NO$_2$	6×10^{-8}
—C(CH$_3$)$_3$	15.5	—$\overset{+}{N}$(CH$_3$)$_3$	1.2×10^{-8}
—H	1.0		

从表 6-3 中的数据可见,基团对苯环的影响十分明显。—N(CH$_3$)$_2$ 取代的苯比苯约活泼二千亿倍,而硝基苯活性仅约为苯的六亿分之一。

根据实验数据将取代基对苯环活性影响的能力排列如下:

强烈活化　—NH$_2$,—NHR,—NR$_2$,—OH

中等活化　—NHCOR,—OR,—OCOR

弱活化　　—R,—Ar

弱钝化　　—F,—Cl,—Br,—I

钝　化　　—$\overset{+}{N}$R$_3$,—NO$_2$,—CF$_3$,—CN,—SO$_3$H,—CHO,—COR,—COOH,
　　　　　—COOR,—CONR$_2$

从排列的顺序可见,第一类定位基除卤素外,均使苯环活化。第二类定位基使苯环钝化。注意! 苯环上带有第二类定位基不能进行傅—克反应,卤素比较特殊,为弱钝化的第一类定位基。

所谓活化及钝化,是指取代苯与苯在取代反应中的相对速度。甲基活化苯环,表示甲苯反应速度比苯快。硝基钝化苯环,表示硝基苯反应速度比苯慢。反应的速度与反应的历程密切相关。在苯的亲电取代反应的两步历程中,一般来说,亲电试剂进攻苯环,形成碳正离子中间体的一步是速度决定步骤。

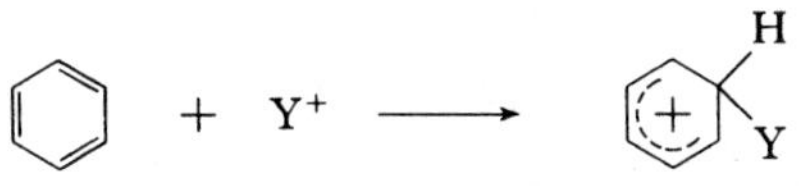

速度决定步骤

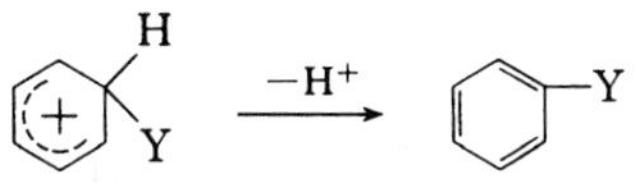

取代苯进一步反应形成碳正离子中间体,其稳定性与原有取代基的性质有关。

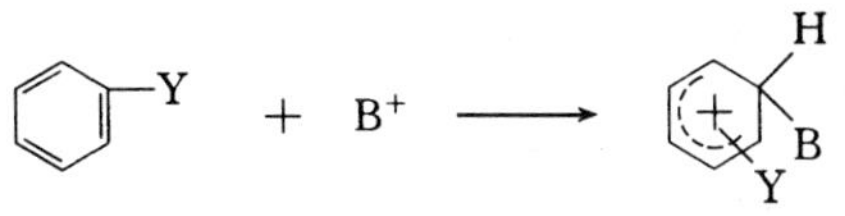

比较苯、甲苯、硝基苯取代反应中间体的稳定性,顺序为 2>1>3。

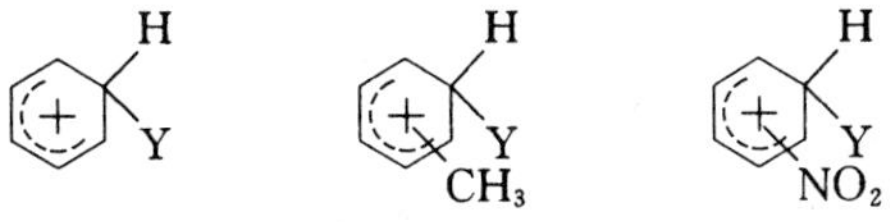

1　　　　**2**　　　　**3**

甲基为给电子基团,可分散环上的正电荷,其中间体 **2** 的稳定性比 **1** 大,因此反应速率比苯大。硝基为拉电子基团,增加环上的正电荷,其中间体 **3** 的稳定性比 **1** 小,反应速率比苯差。

一般地说,推电子基团使环活化,吸电子基团使环钝化。

问题6-9 完成下列反应,写出主要产物。

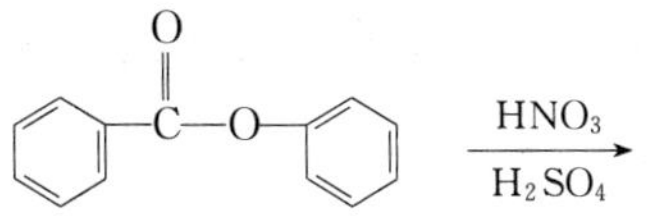

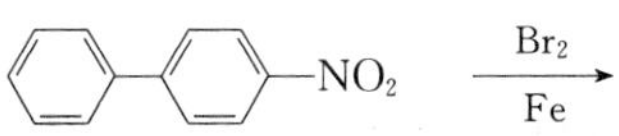

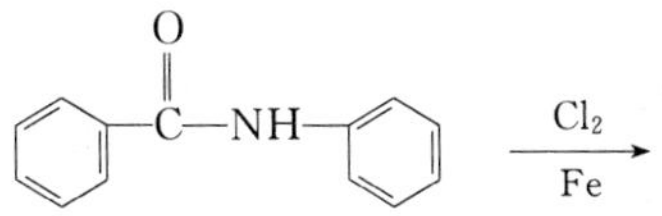

三、定位效应及活化作用的解释

定位效应与活化作用一样,也涉及反应速度问题。它是指在取代苯上不同位置反应的相对速度。

第一类定位基(除卤素)是给电子基团,可活化苯环,但它对邻对位的活化作用大于间位,因此邻对位的反应速度比间位的快,它是邻对位定位基。

第一类定位基有两种类型,一类原子上带有未成键电子对,如:

$$-\ddot{N}R_2, -\ddot{N}HR, -\ddot{N}H_2, -\ddot{O}H, -\ddot{N}HCR, -\ddot{O}R, -\ddot{O}COR, -\ddot{X}$$
$$\overset{\|}{O}$$

另一类是烃基。

已知烃基是给电子基团,它可稳定碳正离子,使环活化。但为什么它对邻对位的作用更大呢? 可从反应中生成的几种碳正离子中间体的稳定性来分析。

甲苯取代可生成三种碳正离子中间体,它们的共振式分别为:

进攻邻位:

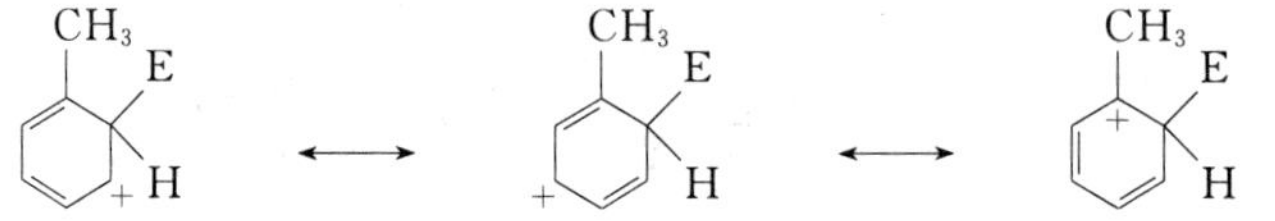

特别稳定

进攻间位:

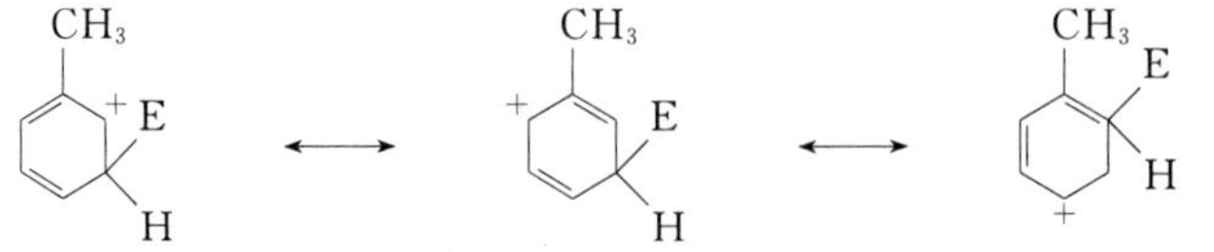

进攻对位:

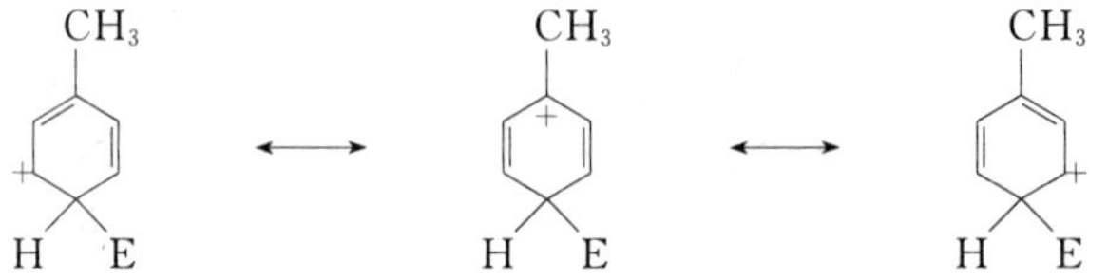

特别稳定

虽然每种位置都有三种共振式,但在邻对位取代的中间体的共振式中,都有一个特别稳定的共振式。它们的共同特点是,甲基与碳正离子直接相连,这时甲基对碳正离子的稳定作用最大,它们是十分稳定的叔碳正离子。由它们参与形成的共振杂化体比间位稳定,因此邻对位反应速度比间位快,产物的相对比例大。

另一类带有孤对电子的原子团,如—$\ddot{N}H_2$,—$\ddot{O}H$。氧与氮电负性比碳大,它们具有诱导的拉电子作用,那么怎么解释它们对环的强烈的活化作用呢? 下面以苯酚的取代反应为例说明原因。

苯酚邻位取代中间体有四个共振式:

4　　　　　**5**　　　　　**6**　　　　　**7**

特别稳定

其中 **7** 特别稳定。在 **7** 中,氧上的孤对电子转移给带正电荷的苯环,这种共振的给电子作用大大超过了诱导的拉电子作用。两种矛盾的电子效应总的结果是,羟基是给电子基团,它活化苯环。7 特别稳定的一个更重要的原因是,在这个结构中,氧与苯以双键相连,式中所有的原子(除氢外)都是八隅体,具有稳定的惰性气体电子层结构。(例如铵离子 NH_4^+ 能以一个带正电荷的、独立的、稳定的原子团存在,是因为氮是稳定的八隅体。)

在对位和间位取代的中间体的共振式中,

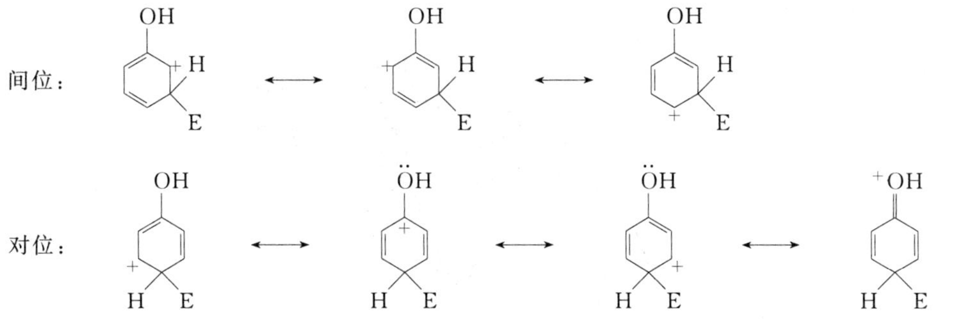

间位仅有三个,其中没有特别稳定的共振式,对位与邻位情况类似。因此邻、对位取代速度大大地超过间位,羟基强烈活化邻对位。

与羟基类似的基团都有这种作用,它们通过孤对电子与苯环的共振形成八隅体,稳定碳正离子,这种稳定作用比烃基与苯环的超共轭作用大得多,因此它们对苯有较强的致活作用。

第二类定位基是使苯环钝化的间位定位基。$-\overset{+}{N}(CH_3)_3$ 或 $-CF_3$ 类基团都是强拉电子的。含极性双键的基团,如 $-NO_2$,由于极性双键的拉电子作用,使与苯相连的原子上带有正电荷,它们也是拉电子的。这几类基团均使苯环钝化,但它们对苯环邻对位的钝化作用大于间位,相比之下间位取代速度比邻对位快。下面结合硝基苯的反应,说明这种影响的差别。

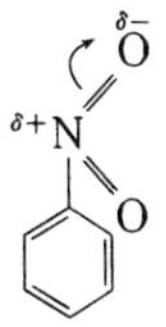

硝基苯受亲电试剂进攻,有三种位置:

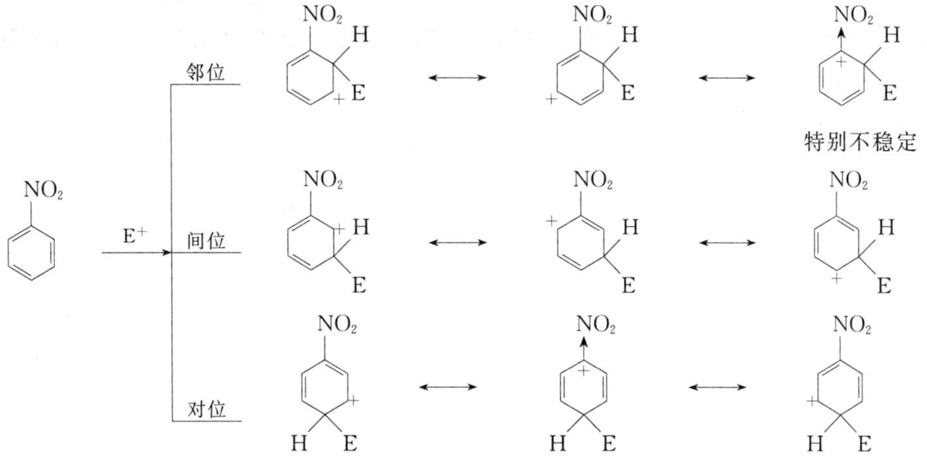

虽然每种位置都有三个共振式,但在进攻邻或对位时,都有一个特别不稳定的共振式。它们之

所以不稳定,是由于带正电荷的碳与拉电子的硝基直接相连,其他的共振式总是相隔一个或两个碳。由它们参与组成的邻对位的共振杂化体的稳定性不如间位(如图 6-6)。换句话说,硝基对间位的钝化作用小于邻对位,因此间位反应速度快,硝基是间位定位基。

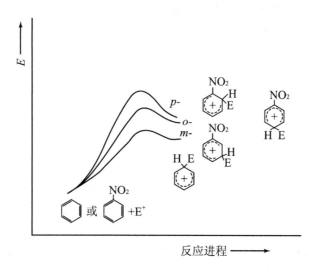

图 6-6　硝基苯的亲电取代反应能量图

卤素比较特殊,它是起钝化作用的邻对位定位基。卤素的电负性比碳的大,它具有较强的拉电子作用。卤代苯进行亲电取代时,卤素诱导的拉电子作用,使形成的碳正离子中间体稳定性不如苯。

卤素使苯环钝化。这是卤素的拉电子效应引起的。那为什么卤素不是间位定位基,却是邻对位定位基呢? 这与卤素的结构特点有关,卤素 p 轨道上有孤对电子,孤对电子可与苯环共振,因此卤素除有拉电子的诱导效应,还有给电子的共振效应。下面以氯苯为例说明共振效应在控制定位中的作用。

亲电试剂进攻氯苯的邻位:

8

特别稳定

进攻间位:

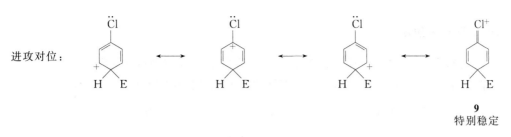

进攻对位:

9
特别稳定

在进攻邻位和对位时,氯上的 p 电子可与苯环共振,形成特别稳定的共振式 8 和 9,8 和 9 中原子(除氢外)都是八隅体,这种共振作用在进攻间位时不存在。共振结果 p 电子转移到苯环的邻位和对位,部分抵消了诱导的拉电子效应,因此卤素对邻对位的钝化作用小于间位,它是邻对位定位基。共振效应控制了卤代烃的取向。

问题6-10 下面四个亲电取代反应能量图,各代表下面物质中的哪一个?(虚线表示苯的亲电取代反应能量图,另两条曲线分别代表该化合物的 m- 或 o-,p-取代时的反应能量图。)

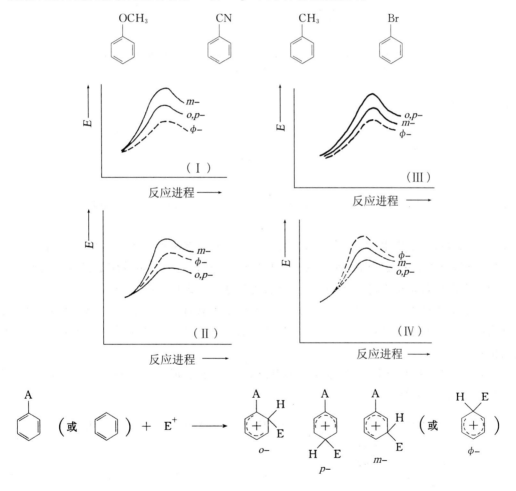

问题 6-11 (1)写出乙烯、氯乙烯与溴化氢加成产物;

(2)比较反应活性,指出是哪种效应控制反应活性;

(3)写出氯乙烯加成时形成的可能的中间体正离子,指出是哪种效应控制加成的取向?

四、二取代苯的定位

二取代苯的定位效应比较复杂,但在许多情况下,仍可作出明确的预测。

1)两个定位基定位效应一致,第三个基团进入它们共同确定的位置。例如:

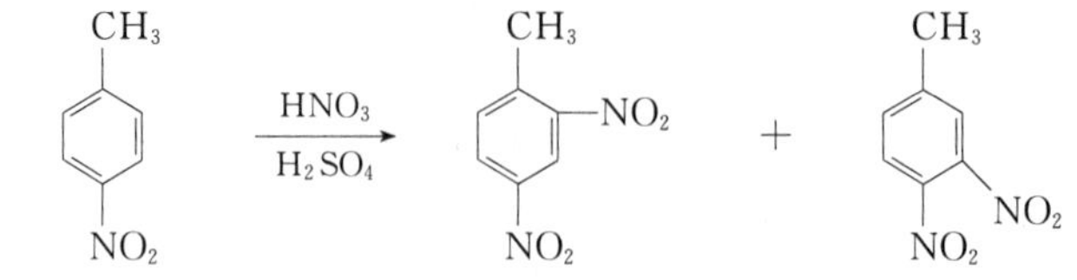

对硝基甲苯　　　　2,4-二硝基甲苯　　　　3,4-二硝基甲苯
　　　　　　　　　　　>99%　　　　　　　　　<1%

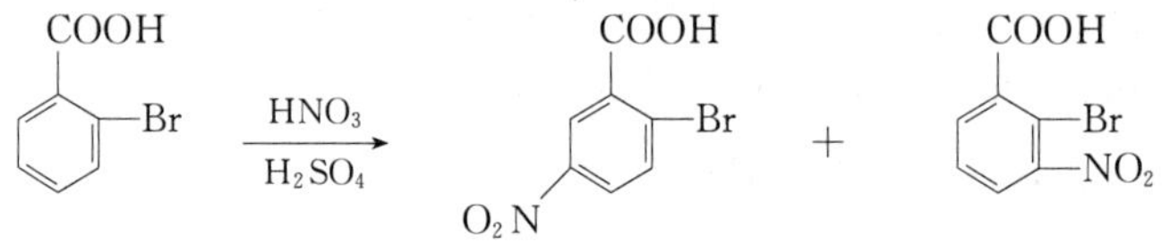

2-溴苯甲酸　　　　5-硝基-2-溴苯甲酸　　　3-硝基-2-溴苯甲酸
　　　　　　　　　　　80%　　　　　　　　　20%

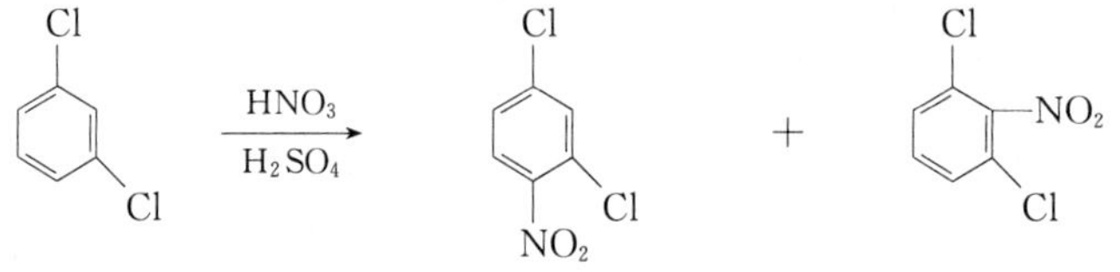

间二氯苯　　　　1-硝基-2,4-二氯苯　　　2-硝基-1,3-二氯苯
　　　　　　　　　　96%　　　　　　　　　4%

在间二氯苯的取代反应中,尽管符合间二氯苯的定位效应有两种位置,但由于两个氯原子的位阻,第三个基团很难进入它们之间,因此产物主要为一种。这种位阻效应是普遍的现象。

2)两个取代基定位效应相矛盾,第三个取代基进入什么位置呢?

定位效应本质上是反应速度问题,致活基团加快取代速度,致钝基团减慢反应速度,可以预计当两个取代基定位效应相矛盾时,一般可根据基团的致活能力顺序来判断第三个基团取代的位置。

(1)两个取代基不同类,定位效应受邻对位取代基控制,但产物主要在间位定位基的邻位,而不是它的对位,例如:

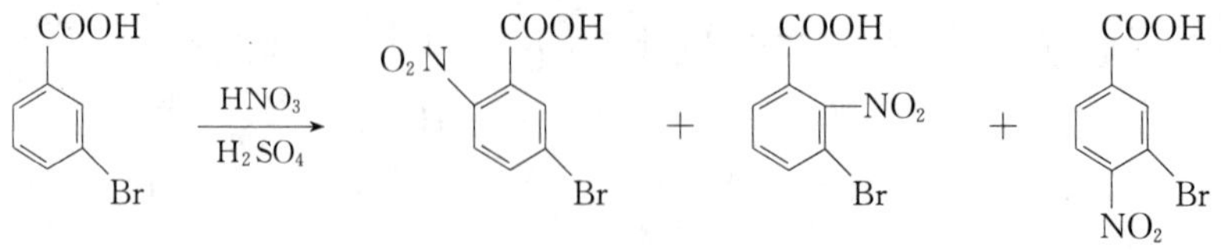

　　　　　　　　　　87%　　　　　　13%　　　　　　0%

称这种现象为**邻位效应**,原因尚不清楚。

(2)两个取代基为同一类,定位效应受致活能力较强的基团的控制,例如:

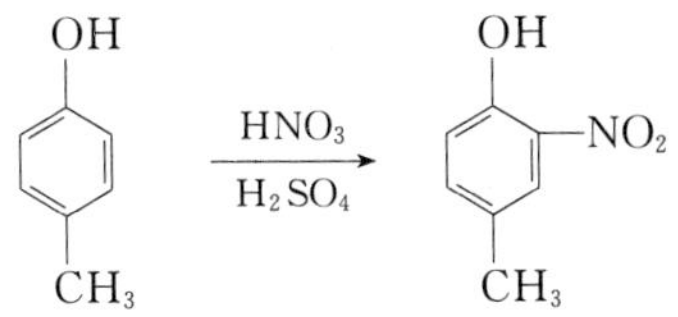

100%

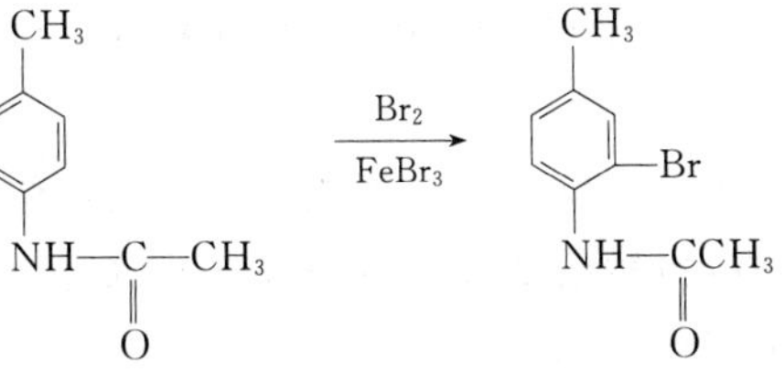

主要

如致活能力差别不大，就很难预测主要产物，如：

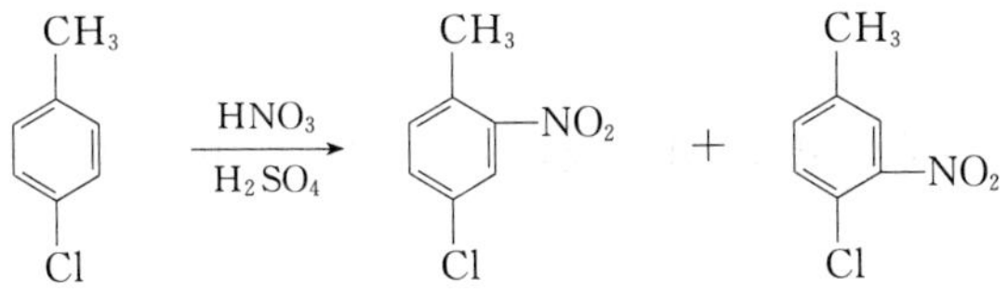

58%   42%

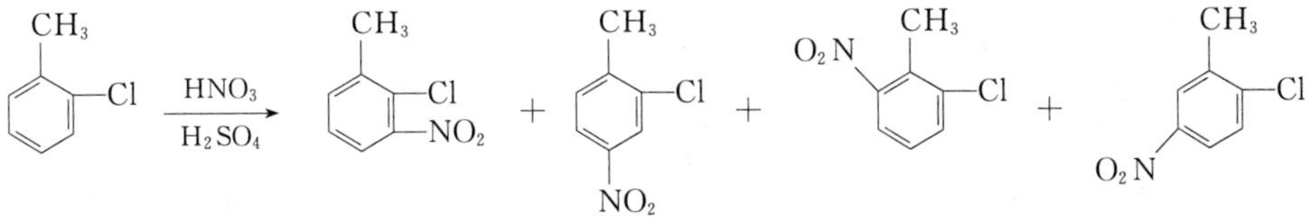

19%   17%   21%   43%

五、定位效应在合成中的应用

有机合成的目的是要制备一个纯净的化合物，为了合成含多个取代基的纯净的芳香化合物，需运用定位效应，设计合理的路线。例如：以苯为原料合成间硝基溴苯时，需先硝化后溴代。硝基是间位定位基，主要得到间位取代产物。

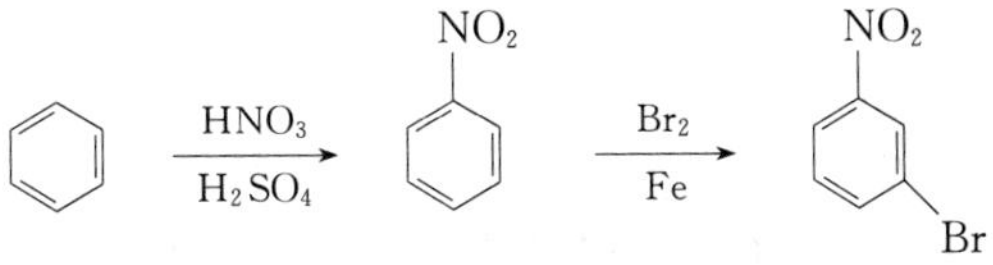

60%~75%

如要制对硝基溴苯，则需利用溴的定位效应，先溴代后硝化。

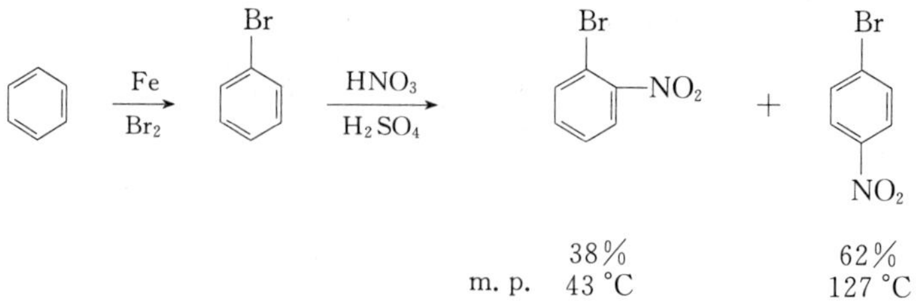

$$38\% \qquad 62\%$$
$$\text{m. p.} \quad 43\ ^\circ\text{C} \qquad 127\ ^\circ\text{C}$$

这里涉及邻、对位异构体的分离,对位产物对称性强,往往熔点较高,可用重结晶的方法进行分离,邻位产物分离较困难。

　　某些反应受条件限制,如傅—克反应环上不能带第二类定位基,在设计合成路线时需全面考虑。例如合成间硝基苯乙酮,虽然硝基及乙酰基都是间位定位基,无论先上哪一个基团都符合定位效应,但实际上只能先酰化后硝化。

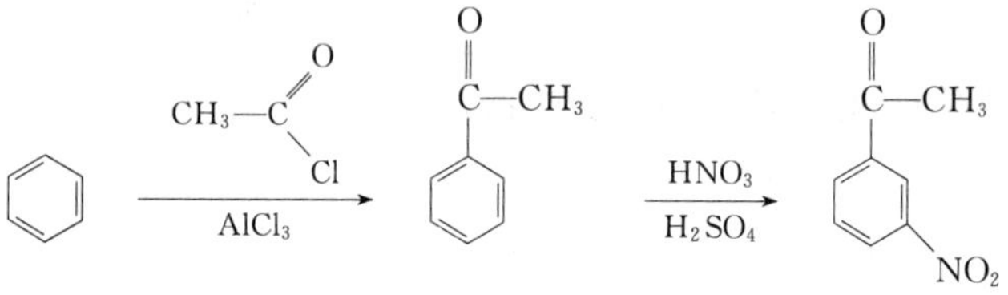

如果先硝化,则环上带有强钝化基团,酰化反应不能进行。由于这个原因,硝基苯可作傅—克反应的溶剂。

　　N-乙酰苯胺硝化时,由于位阻效应,取代主要发生在对位。

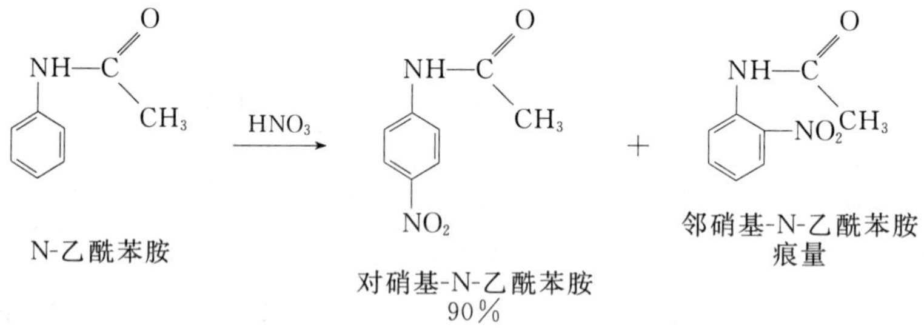

可逆的磺化反应在合成中应用也十分广泛。如要制备邻位取代产物,则可先磺化,后硝化,最后水解去掉磺酸基。

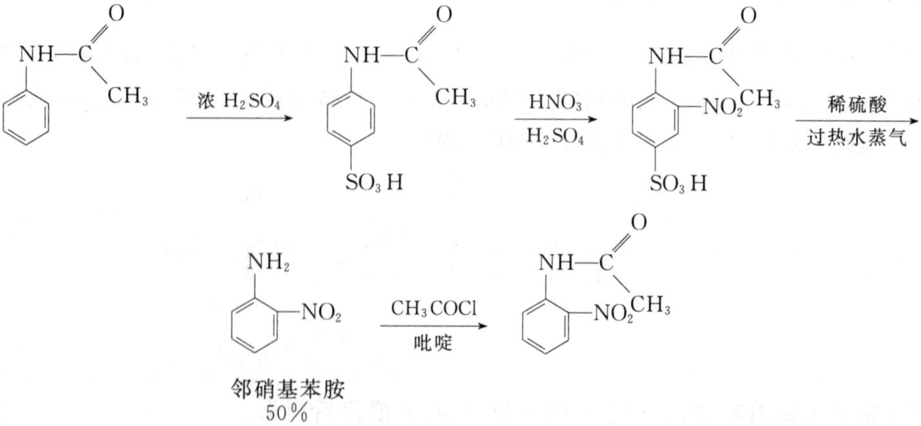

问题6-12 以苯或甲苯为原料合成下列化合物。

(1) 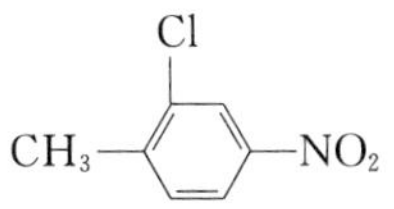 2-氯-4-硝基甲苯结构   (2) 对氯苯乙酮结构   (3) 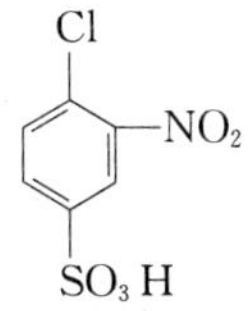 氯硝基苯磺酸结构

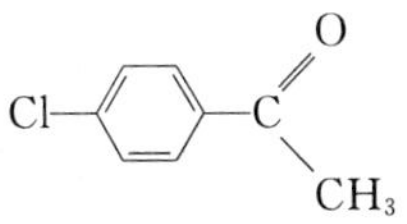

问题6-13 选择溶剂。

(1) 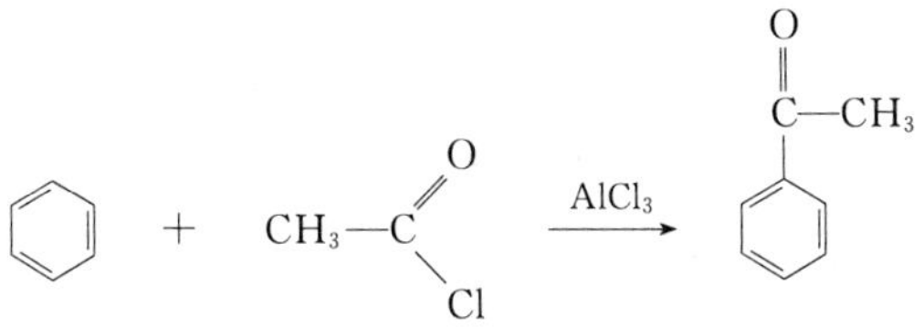 苯 + 乙酰氯 $\xrightarrow{AlCl_3}$ 苯乙酮   甲苯;氯苯;硝基苯;苯乙酮。

(2) 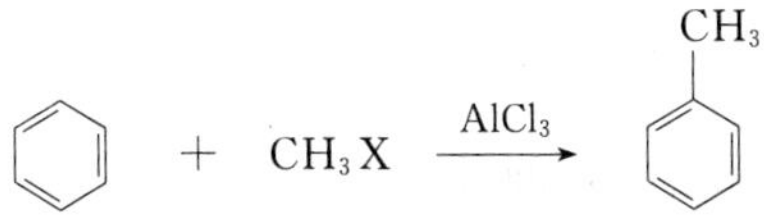 苯 + CH_3X $\xrightarrow{AlCl_3}$ 甲苯   甲苯;苯;氯苯。

6.8 烷基苯侧链的反应

一、烷基苯的氧化

烷烃和苯环对氧化剂很稳定,但烷基在苯环的影响下可被强的氧化剂,如高锰酸钾、重铬酸钾、硝酸氧化,生成苯甲酸。如:

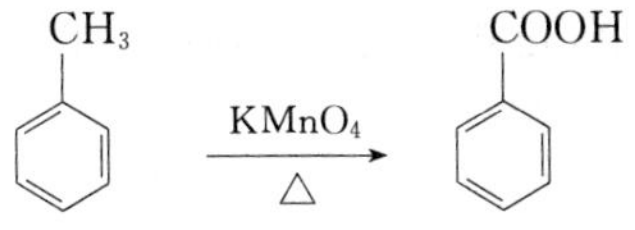

甲苯 $\xrightarrow[\triangle]{KMnO_4}$ 苯甲酸

烃基苯(除叔丁基)无论链多长,氧化后都生成苯甲酸。这是合成苯甲酸的重要方法。

侧链氧化与侧链的 α 氢有关,叔丁苯没有 α 氢,它抗氧化。条件强烈时苯环被氧化,生成三甲基乙酸。

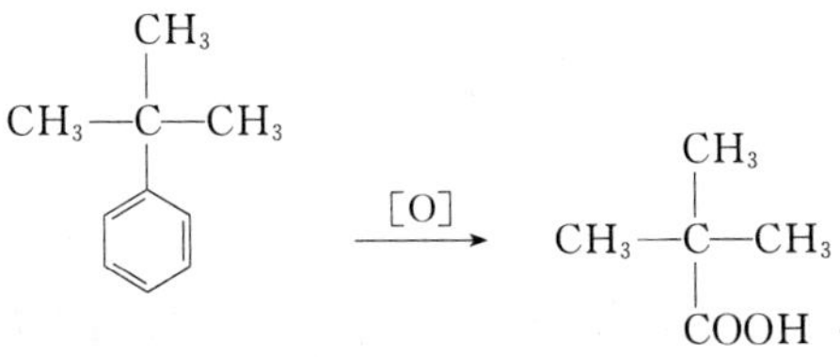

叔丁苯 $\xrightarrow{[O]}$ 三甲基乙酸

对二甲苯被高锰酸钾氧化,生成对苯二甲酸,对苯二甲酸是合成涤纶的原料。

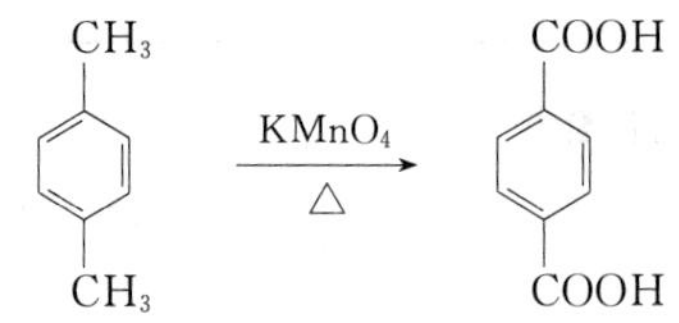

对二甲苯   对苯二甲酸

苯环在一般条件下不被氧化,但在有特殊催化剂的情况下,它被氧化成顺丁烯二酸酐(简称顺酐)。这是工业上合成顺酐的方法。

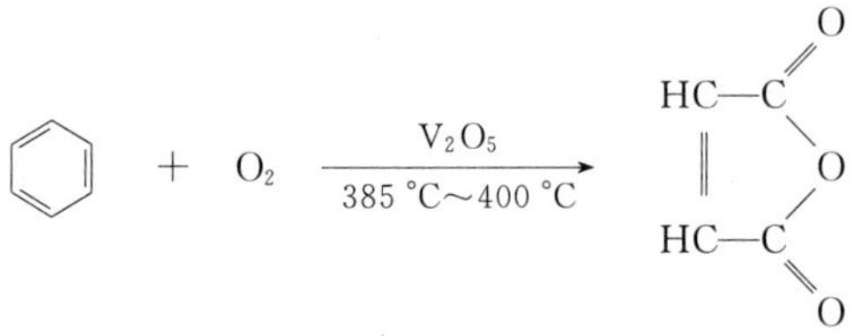

顺酐

顺酐也称马来酐,它是重要的工业原料,用于合成玻璃钢、黏合剂等。

问题6-14 以甲苯为原料合成下列化合物。

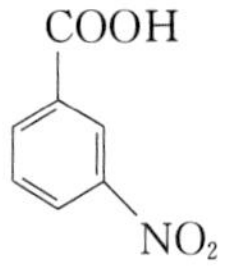

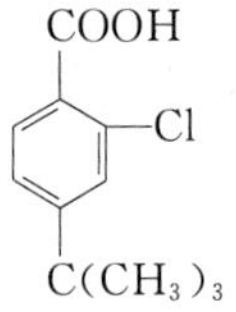

二、侧链卤代

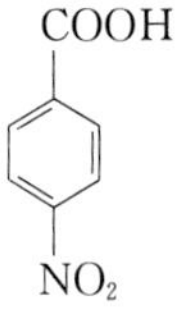

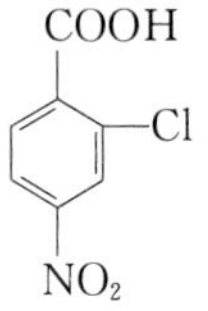

烷基苯的卤代可发生在苯环上,也可发生在侧链上,控制不同的条件,可得到不同的取代产物,例如:

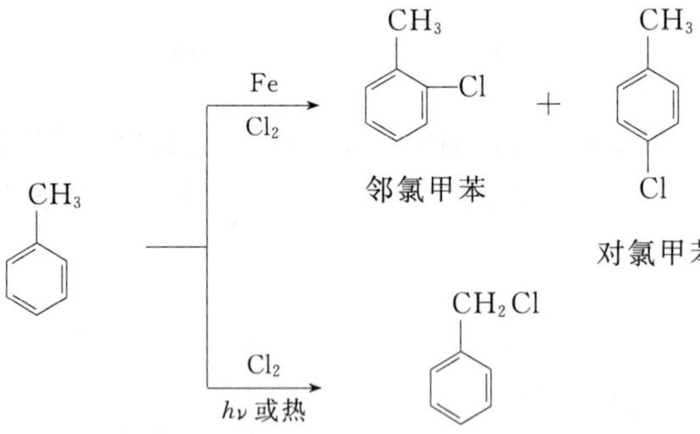

邻氯甲苯   对氯甲苯

氯化苄

环上的取代是亲电历程,需卤化铁催化产生卤素正离子。侧链的取代是自由基历程,类似于烷烃的自由基取代历程如下:

$$Cl_2 \xrightarrow[\text{或}\triangle]{h\nu} 2\,Cl\cdot$$

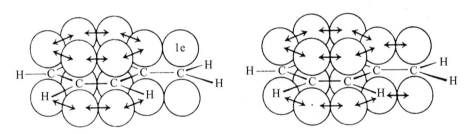

$$Cl\cdot + \underset{}{\bigcirc}CH_3 \longrightarrow \underset{\text{苄基自由基}}{\bigcirc}CH_2\cdot + HCl$$

$$\underset{}{\bigcirc}CH_2\cdot + Cl_2 \longrightarrow \underset{\text{氯化苄}}{\bigcirc}CH_2Cl + Cl\cdot$$

氯化苄可进一步取代,生成 α,α-二氯甲苯、α,α,α-三氯甲苯。

$$\underset{\text{甲苯}}{\bigcirc}CH_3 \xrightarrow[\text{光或热}]{Cl_2} \underset{\text{氯化苄}}{\bigcirc}CH_2Cl \xrightarrow[\text{光或热}]{Cl_2} \underset{\alpha,\alpha\text{-二氯甲苯}}{\bigcirc}CHCl_2 \xrightarrow[\text{光或热}]{Cl_2} \underset{\alpha,\alpha,\alpha\text{-三氯甲苯}}{\bigcirc}CCl_3$$

控制氯气用量,可使反应停留在一取代阶段。这三种卤代物是合成醇、醛、酸的重要中间体。

乙苯溴代全部生成 α 溴代产物,说明 α 位(苄位)的自由基是十分稳定的。

$$\underset{}{\bigcirc}CH_2CH_3 \xrightarrow[h\nu]{Br_2} \underset{100\%}{\bigcirc}CHBrCH_3$$

为什么苄位的自由基特别稳定呢? 这是因为苄位的自由基与苯环共振,孤单电子分散到苯环上(图 6-7)。它的稳定性与烯丙基自由基类似。

图 6-7 苄基自由基中孤单电子所占据的 p 轨道与环的 π 电子云交叠

自由基稳定性的顺序应扩展为:

$$\genfrac{}{}{0pt}{}{\text{苄基}}{\text{烯丙基}} > \text{叔} > \text{仲} > \text{伯} > \text{甲基} > \text{乙烯基}$$

苯基自由基与乙烯型自由基类似,稳定性小,因此卤代发生在侧链而不是环上。苯难以发生自由基取代,但苯在紫外光照射下与氯进行加成反应,不能停止在二氯或四氯阶段,产物是六氯合苯,又名"六六六",它是老一代的杀虫剂,由于它污染环境,现已很少使用。

$$\bigcirc + Cl_2 \xrightarrow{\text{紫外光}} \quad \text{六六六(六氯合苯 } C_6H_6Cl_6)$$

问题6-15 完成下列反应。

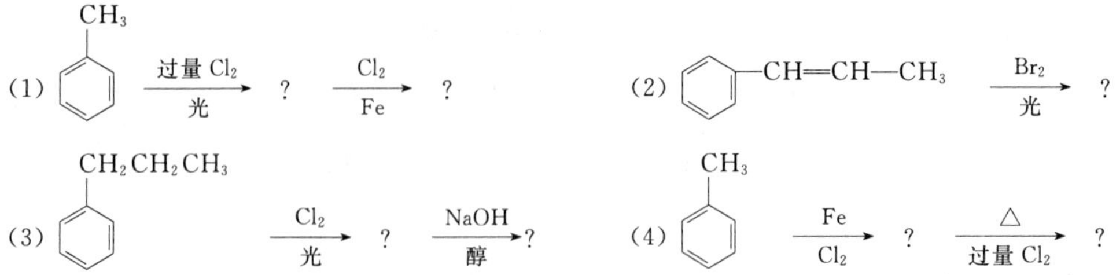

(1) 甲苯 $\xrightarrow[\text{光}]{\text{过量 } Cl_2}$? $\xrightarrow[\text{Fe}]{Cl_2}$?

(2) C_6H_5—CH=CH—CH$_3$ $\xrightarrow[\text{光}]{Br_2}$?

(3) C_6H_5—CH$_2$CH$_2$CH$_3$ $\xrightarrow[\text{光}]{Cl_2}$? $\xrightarrow[\text{醇}]{NaOH}$?

(4) 甲苯 $\xrightarrow[Cl_2]{Fe}$? $\xrightarrow[\text{过量 } Cl_2]{\triangle}$?

问题6-16 比较 CH$_3$—⬡—CH$_2$—⬡—CH$_2$CH$_2$CH$_3$ 中各碳原子上氢被溴取代的难易。

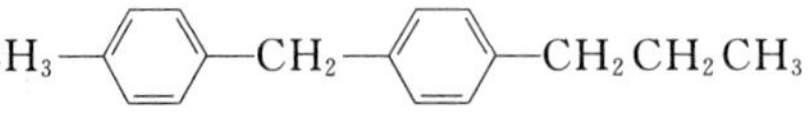

6.9 烯基苯

一、烯基苯的制法

烯基苯侧链带有双键,其中最重要的成员苯乙烯是无色、带有辛辣气味的易燃液体。沸点 145.2 ℃,密度 0.906×10^3 kg/m^3,难溶于水。苯乙烯是生产聚苯乙烯、丁苯橡胶、离子交换树脂等的重要化工原料的单体。

工业上用苯与乙烯反应制乙苯,乙苯催化脱氢制取苯乙烯。

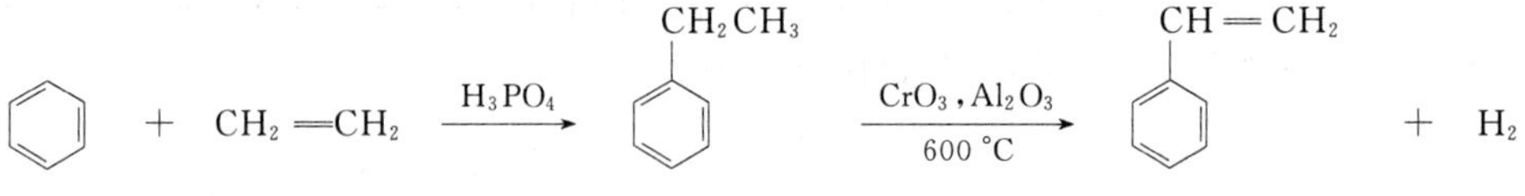

实验室是用脱卤化氢或脱水反应制烯基苯,如:

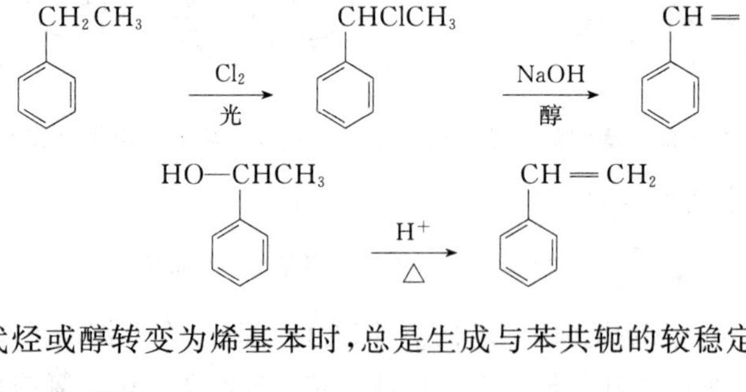

不对称的卤代烃或醇转变为烯基苯时,总是生成与苯共轭的较稳定的烯,如:

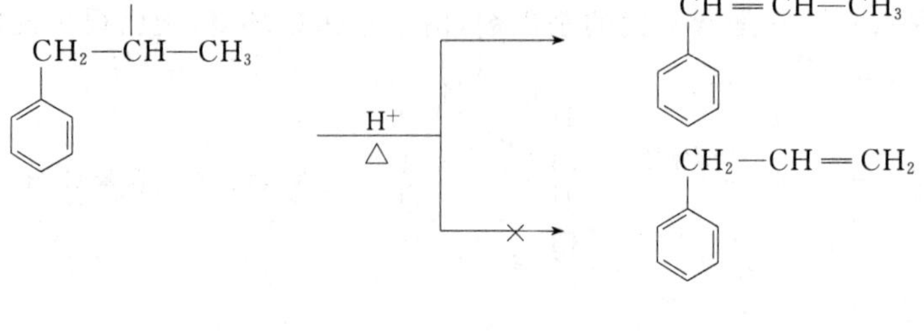

二、烯基苯的反应

烯基苯侧链含有双键，它既能发生双键特有的加成反应，又能进行环上的取代反应。由于苯环的稳定性，反应总是首先发生在侧链上。

1. 双键的加成

与苯环共轭的双键受苯环的影响，活性增加。例如苯乙烯在温和条件下转变成乙苯，条件强烈时，进一步转变为乙基环己烷。

$$\text{苯乙烯} \xrightarrow[\substack{20\,^{\circ}\text{C},2\sim3\text{MPa}\\25\text{min}}]{H_2/Ni} \text{乙苯} \xrightarrow[\substack{110\text{MPa},100\text{min}}]{H_2/Ni \quad 125\,^{\circ}\text{C}} \text{乙基环己烷}$$

1-苯丙烯与溴化氢加成无论是亲电历程还是自由基历程都比丙烯快，这是由于在自由基加成中，生成十分稳定的苄基自由基，从而增加了烯的反应活性。在亲电加成中，生成的苄基碳正离子因苯环上的电子离域而稳定，因此亲电加成活性比单纯的烯明显增加。苄基碳正离子的稳定性相当于叔碳正离子。

反应历程示意：

$$\text{C}_6\text{H}_5\text{-CH=CH-CH}_3 \xrightarrow[\text{亲电加成}]{HBr} \overset{+}{\text{C}_6\text{H}_5\text{-CH-CH}_2\text{-CH}_3}\ (\text{苄基碳正离子}) \xrightarrow{Br^-} \text{C}_6\text{H}_5\text{-CHBr-CH}_2\text{-CH}_3\ (\alpha\text{-溴代正丙苯})$$

$$\text{C}_6\text{H}_5\text{-CH=CH-CH}_3 \xrightarrow[\text{自由基加成}]{HBr/\text{过氧化物}} \overset{\cdot}{\text{C}_6\text{H}_5\text{-CH-CHBr-CH}_3}\ (\text{苄基自由基}) \xrightarrow{HBr} \text{C}_6\text{H}_5\text{-CH}_2\text{-CHBr-CH}_3 + Br\cdot\ (\beta\text{-溴代正丙苯})$$

问题6-17 以苯为原料合成下列化合物。

(1) 4-氯苯乙烯（对氯苯乙烯，$CH=CH_2$，苯环对位 Cl）

(2) 4-硝基苯丙炔（$C≡C-CH_3$，苯环对位 NO_2）

(3) 顺-1-苯丙烯（C_6H_5 与 CH_3 顺式，$\begin{matrix} H & H \\ C=C \\ C_6H_5 & CH_3 \end{matrix}$）

问题6-18 完成下列反应。

(1) $C_6H_5\text{-CH=CHCH}_3 \xrightarrow{Cl_2/H_2O}$

(2) $C_6H_5\text{-C≡CCH}_3 \xrightarrow[H_2SO_4/H_2O]{Hg^{2+}}$

(3) $C_6H_5\text{-CH}_2\text{CHClCH}_3 \xrightarrow[\text{醇}]{NaOH}$

(4) $C_6H_5\text{-CH=CH}_2 \xrightarrow{KMnO_4}$

---

2. 聚合和离子交换树脂

苯乙烯易聚合成聚苯乙烯,因此储存时往往加入阻聚剂(如对苯二酚)。

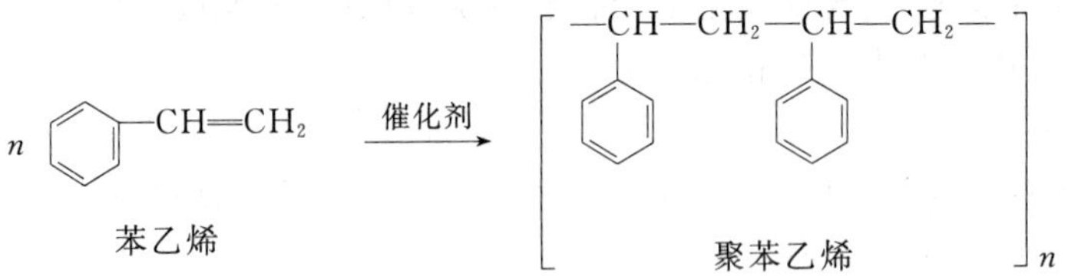

$$n \overset{CH=CH_2}{\bigcirc} \xrightarrow{\text{催化剂}} \left[\overset{-CH-CH_2-CH-CH_2-}{\underset{\bigcirc \qquad \bigcirc}{}} \right]_n$$

苯乙烯   聚苯乙烯

苯乙烯与丁二烯共聚制取丁苯橡胶,丁苯橡胶耐磨,常用来制作汽车外胎。

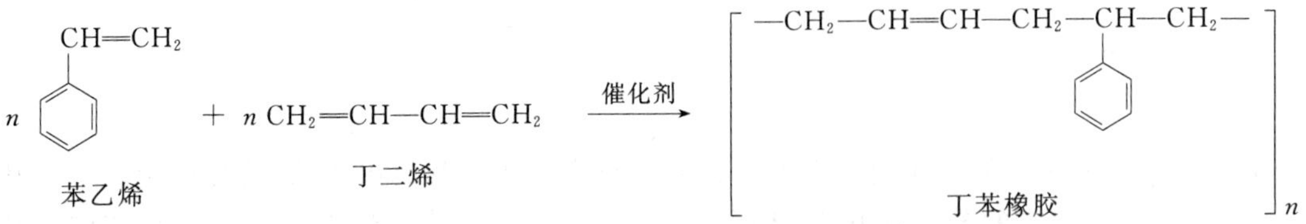

$$n \overset{CH=CH_2}{\bigcirc} + n\,CH_2=CH-CH=CH_2 \xrightarrow{\text{催化剂}} \left[-CH_2-CH-CH-CH_2-CH-CH_2- \atop \bigcirc \right]_n$$

苯乙烯   丁二烯   丁苯橡胶

苯乙烯与二乙烯苯共聚可得具有交联(聚合物间有化学键相连)结构的聚苯乙烯,它是不熔化不溶解的高聚物,具有相当的硬度。

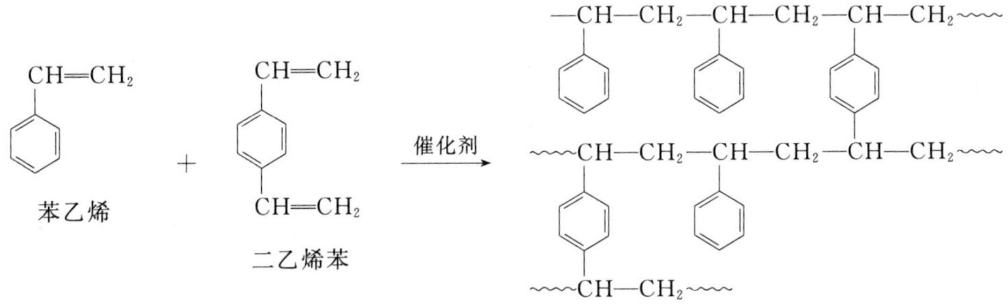

交聚的聚苯乙烯

如在此聚合物的苯环上引入各种基团,如磺酸基、氨基等,则在水相中可与某些正的或负的离子进行交换,而聚合物成为电性相反的物质。因此称为离子交换树脂。

例如在苯环上引入磺酸基,制成磺酸离子交换树脂。

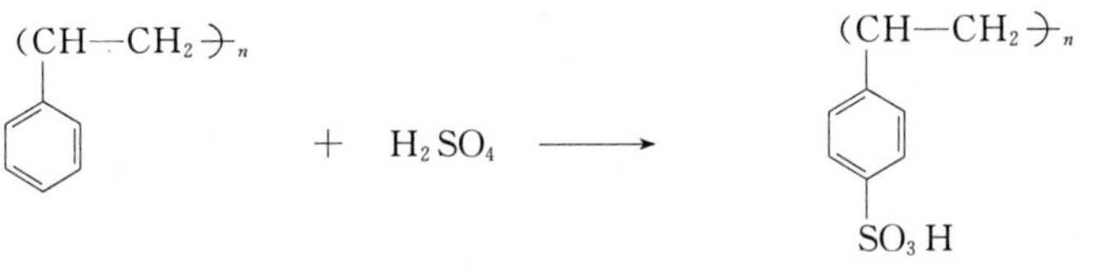

磺酸型阳离子交换树脂

当磺酸型离子交换树脂浸入水中,磺酸离解释放出氢离子,与水中的其他阳离子进行交换,因此,称为阳离子交换树脂。

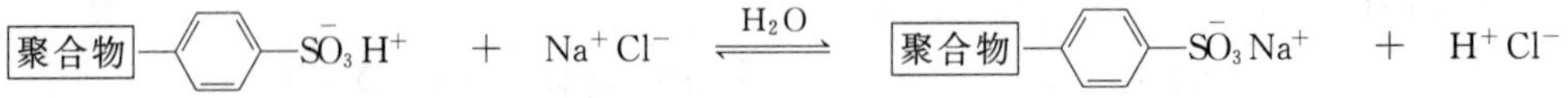

$$\boxed{聚合物}-\overset{}{\bigcirc}-SO_3^-H^+ + Na^+Cl^- \underset{H_2O}{\overset{}{\rightleftharpoons}} \boxed{聚合物}-\overset{}{\bigcirc}-SO_3^-Na^+ + H^+Cl^-$$

如果在共聚物上引入氯甲基,再与三甲胺反应,则制得季铵型的离子交换树脂,可与阴离子进行交换,因此属于阴离子交换树脂。

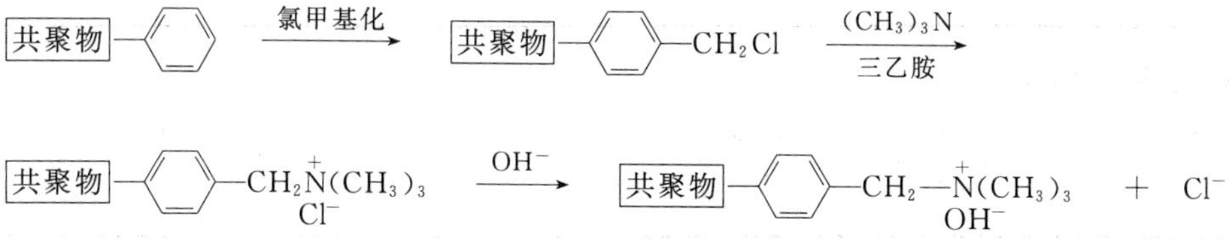

季铵型阴离子交换树脂

树脂中的季铵碱是强碱,强度与氢氧化钾相当,可与水中的阴离子进行交换,如:

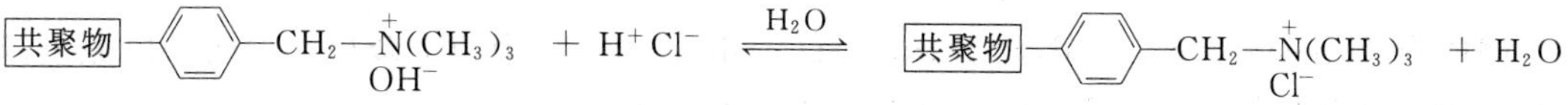

　　实验室和工业上常需用无离子水。为了制备无离子水,通常让含有金属离子和 HCO_3^-、HSO_4^- 等负离子的普通水通过强酸性阳离子交换树脂,水中的金属离子与树脂上的氢离子交换,流出的水含有碳酸根或硫酸根,然后将含有这些酸根的水再通过强碱型阴离子交换树脂,则阴离子被除去,得到无离子水。

　　树脂的交换性失效后,再用酸或碱处理,进行逆交换,可使树脂交换能力再生。

　　离子交换树脂类型很多,它不但可用于水处理,还可用来提取稀有元素,分离氨基酸,催化有机反应等,因此它是高分子化学领域中重要的研究课题之一。

6.10　联苯

　　联苯(biphenyl)为无色晶体,熔点 70 ℃,不溶于水而溶于有机溶剂。联苯对热十分稳定,它与二苯醚(〈〉—O—〈〉)的混合物工业上称为联苯醚,是用于高温的传热液体。

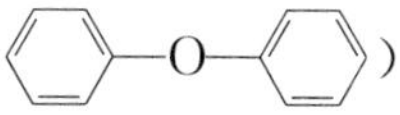

　　联苯的系统命名是以联苯为母体,分别从两个苯相连处开始编号,例如:

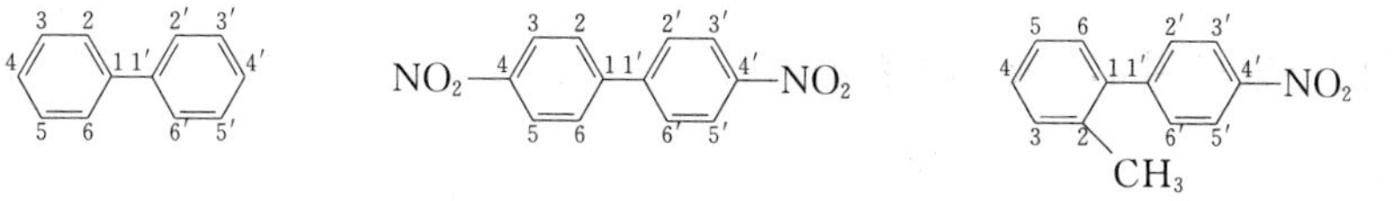

联苯
biphenyl

4,4'-二硝基联苯
4,4'-dinitrobiphenyl

2-甲基-4'-硝基联苯
2-methyl-4'-nitrobiphenyl

工业上用苯在高温下反应制联苯。

实验室用碘苯与铜粉加热等方法制备。

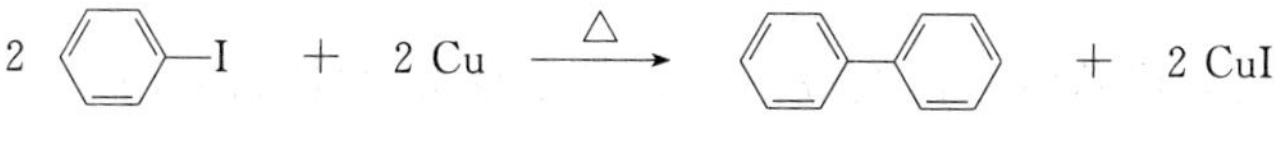

碘苯　　　　　　　　　　80%

　　联苯的化学性质与苯相似,由于苯是给电子基团,使另一苯环活化,因此联苯的亲电取代比苯容易。苯的体积大,有位阻,联苯取代产物除在醋酸酐中硝化时生成邻硝基苯外,其他取代反应基本都发生在对位。

问题6-19 完成下列反应。

(1) 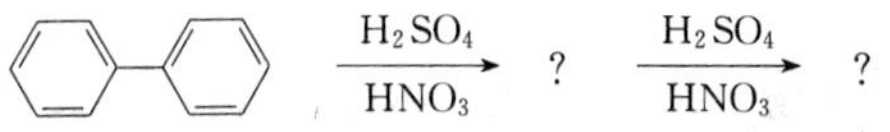 $\xrightarrow[\text{HNO}_3]{\text{H}_2\text{SO}_4}$? $\xrightarrow[\text{HNO}_3]{\text{H}_2\text{SO}_4}$?　(2) —CH_3 $\xrightarrow[\text{Fe}]{\text{Br}_2}$ 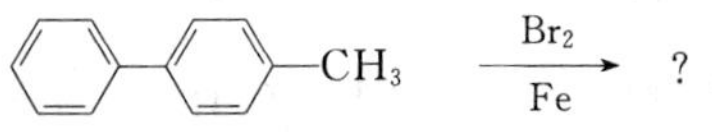 ?

6.11　稠环芳烃

稠环芳烃[fused(condensed)ring aromatic hydrocarbons]中两个苯环共用两个碳原子,我们称这种现象为稠合。例如萘、蒽、菲等就是稠环化合物。

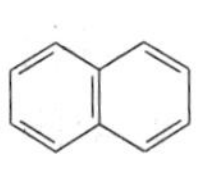

萘　　　　　　蒽　　　　　　　　　菲
naphthalene　anthrecene　　　　phenanthrene

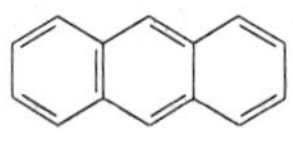

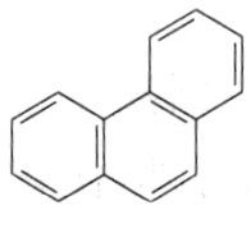

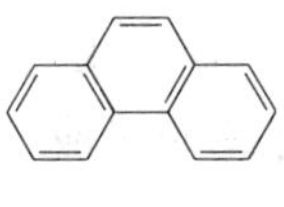

一、萘

萘来自煤焦油,是煤焦油中含量最多的一种稠环芳烃(5%)。萘是无色晶体,有特殊气味,熔点 80.3 ℃,容易升华,是制取染料中间体等的重要的化工原料。

1. 萘衍生物的命名

萘环中有两种等同的位置

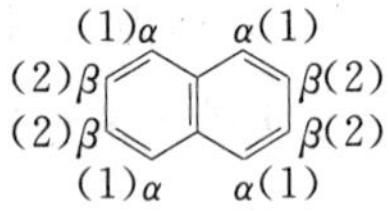

一取代萘的位置可用 α,β 或 1,2 表示,如:

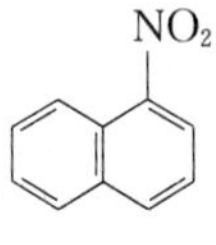

α-硝基萘　　　　　　　β-萘磺酸
或 1-硝基萘　　　　　　或 2-萘磺酸

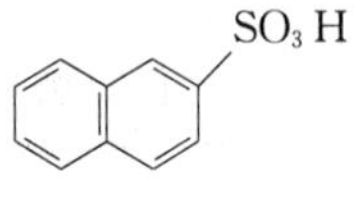

多取代萘要用数字表示取代基的位置,环固有的编号如下(1 可起始于任何一个 α 位):

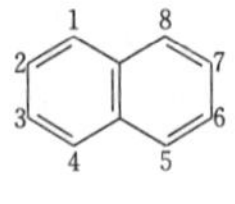

以此为基础,应使取代基编号依次最小。如有官能团,则使官能团编号尽可能小,如:

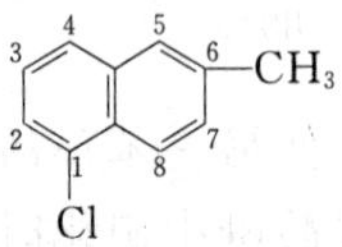

6-甲基-1-氯萘 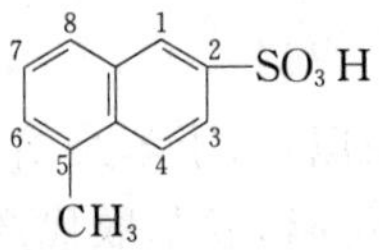　　　　　5-甲基-2-萘磺酸

问题6-20 命名下列化合物。

(1) 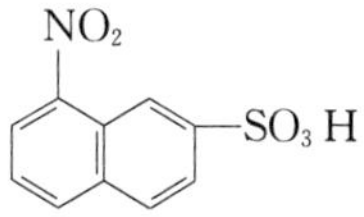 (2)

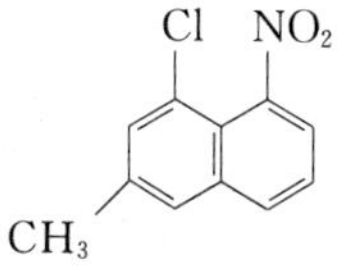

2. 萘的结构

X 射线分析指出:萘($C_{10}H_8$)的十个碳原子和八个氢原子都处于同一平面。萘的双键共振,可写成三个共振式:

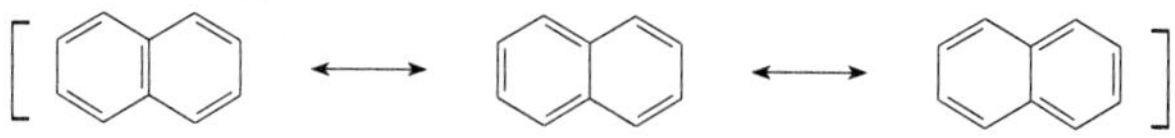

三个共振式参与形成的共振杂化体可表示为: 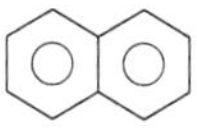 。为解释反应方便也可表示为:

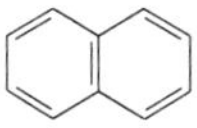

。

由于共振,萘的键长平均化,但又不完全等同,测定结果如下图。

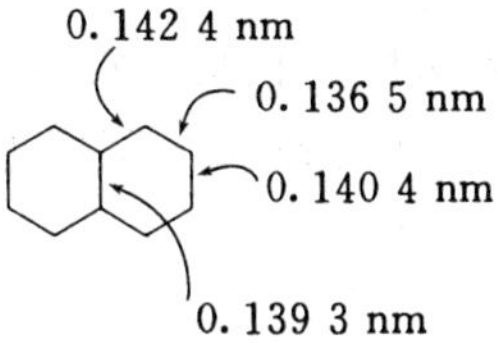

实测萘的共振能为 255.4 kJ/mol,比两个苯共振能之和低($150.7 \times 2 = 301.4$ kJ/mol)。可以预计萘与苯类似,具有芳香性,但比苯活泼。

3. 萘的化学性质

(1)亲电取代反应

萘具有芳香性,可进行亲电取代反应。萘的 α 位和 β 位不等同,单一取代产物有两种。两种位置取代的速度也有差异。对 α 位的进攻,可形成两个保留苯环的较稳定的共振式,而对 β 位的进攻,只有一个较稳定的共振式。

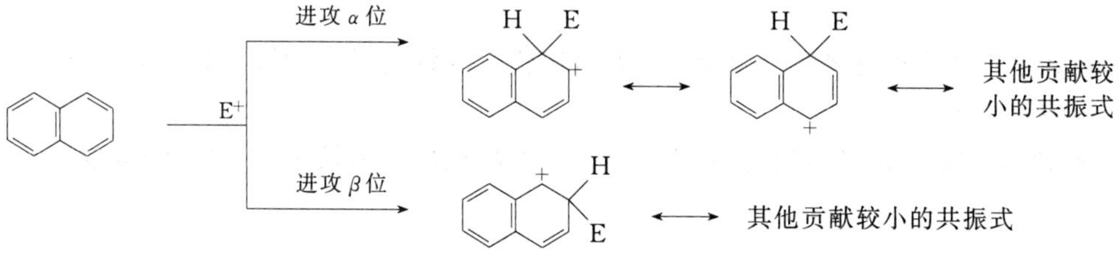

可见进攻 α 位形成的共振杂化中间体较稳定,α 位的取代速度快,萘的亲电取代主要发生在 α 位。

与苯相比,无论是 α 位或是 β 位都有较稳定的保留苯环的共振式,因此它们的取代活性比苯大,取代的反应条件比苯温和。

A. 卤代　萘氯代用苯作溶剂。碘作催化剂:

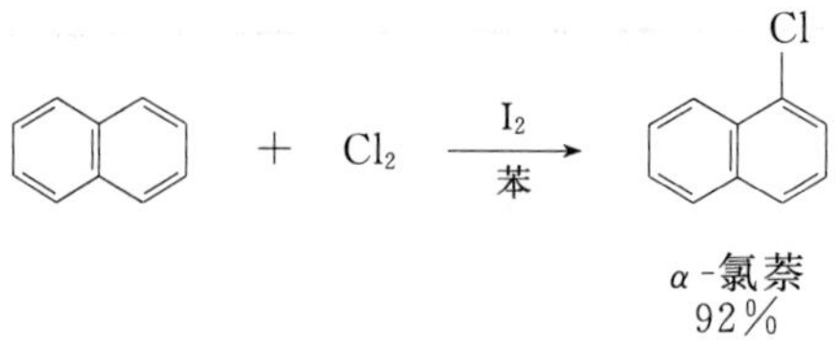

α-氯萘
92%

溴代时可不用催化剂。

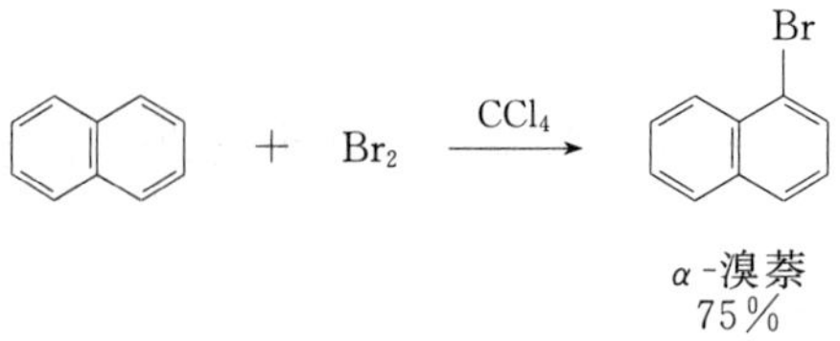

α-溴萘
75%

B. 硝化

α-硝基萘　　　　β-硝基萘
95.5%　　　　　　4.5%

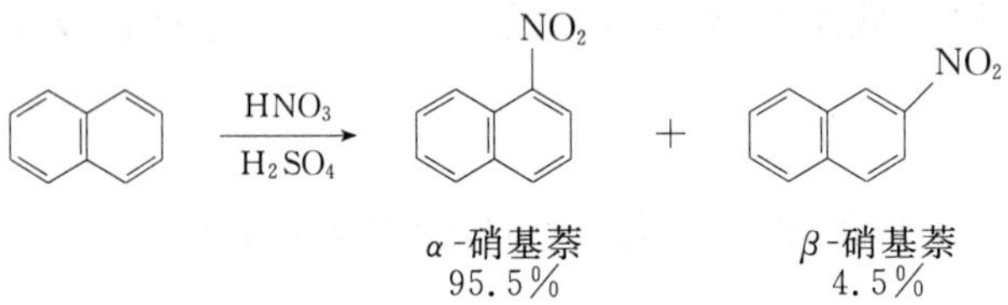

C. 磺化　萘的磺化反应有许多特殊性。它是一可逆反应,在较低温度主要生成 α-萘磺酸,较高温度主要生成 β-萘磺酸。磺酸基可被某些基团取代,因此从 β-萘磺酸可制备 β-取代物。

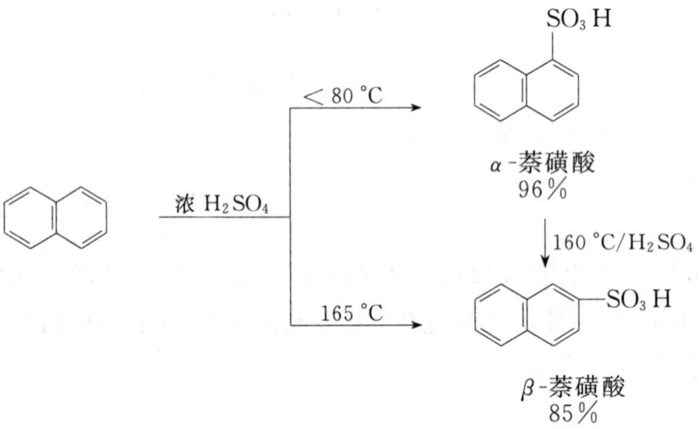

α-萘磺酸
96%

β-萘磺酸
85%

为什么会出现这种情况呢? 由于 α 位亲电取代速度较快,低温时,主要生成 α-萘磺酸,这是动力学控制产物。

但 β-萘磺酸较 α-萘磺酸稳定,在它的分子中基团间的斥力较小,去磺化的速度比 α-萘磺酸慢。

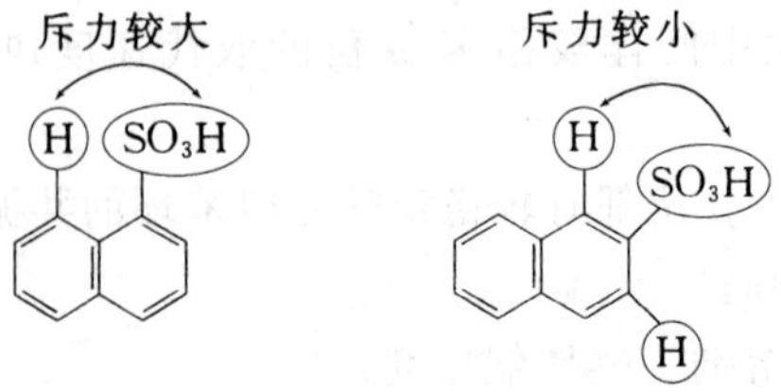

斥力较大　　　　　斥力较小

温度升高,去磺化的速度加快,α-萘磺酸逐渐转变为较稳定的β-萘磺酸,这是热力学控制产物。

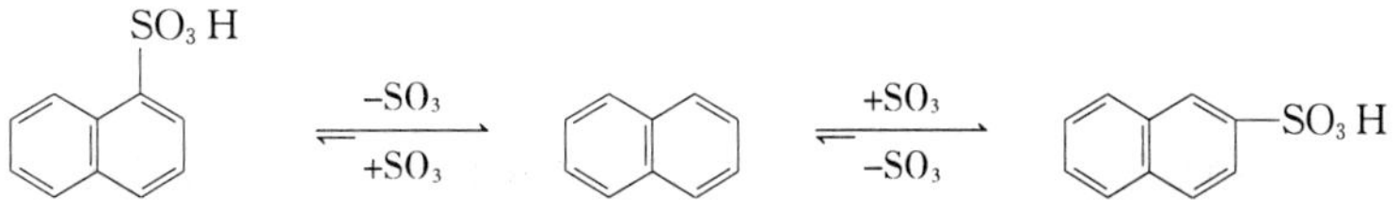

去磺化 速度快　　　　去磺化 速度慢

D. 傅—克酰基化反应　萘比较活泼,傅—克烷基化产物比较复杂,因此用处不大。萘的傅—克酰基化反应产物较单一,但定位效应与溶剂有关,以 CS_2 或四氯乙烷为溶剂,主要生成 α 取代产物;以硝基苯为溶剂,主要生成 β 取代产物。

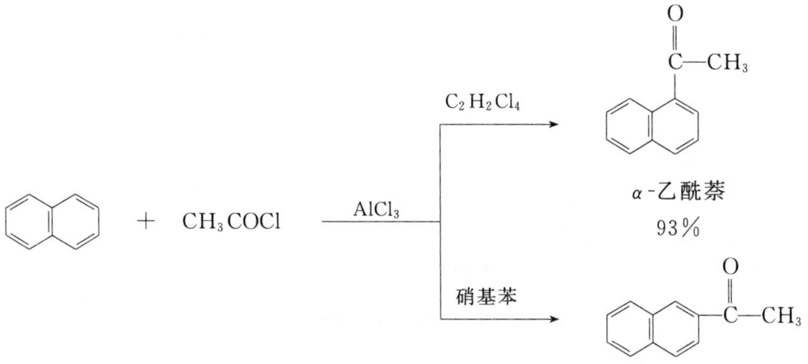

α-乙酰萘 93%

β-乙酰萘 90%

E. 一取代萘的定位效应　萘取代容易发生在 α 位,除此之外,一取代萘的定位效应也受环上原有取代基的控制。

当取代基是邻对位定位基时,它们使环活化,取代发生在同环。若取代基在 1 位,则进一步取代主要在 4 位;若取代基在 2 位,则进一步取代主要在 1 位。1 位和 4 位都是同环的 α 位。例如:

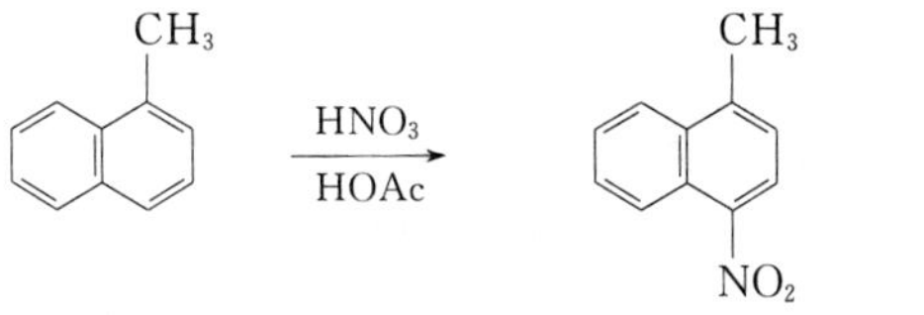

1-甲基萘　　　　4-硝基-1-甲基萘(主)

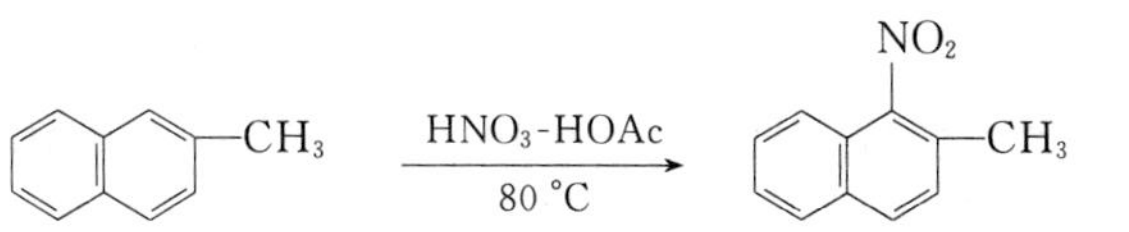

2-甲基萘　　　　2-甲基-1-硝基萘 70%~80%

间位定位基使环钝化,无论原有取代基在 1 位或 2 位,第二个取代基都进入异环的 8 位及 5 位(即异环的 α 位)。例如:

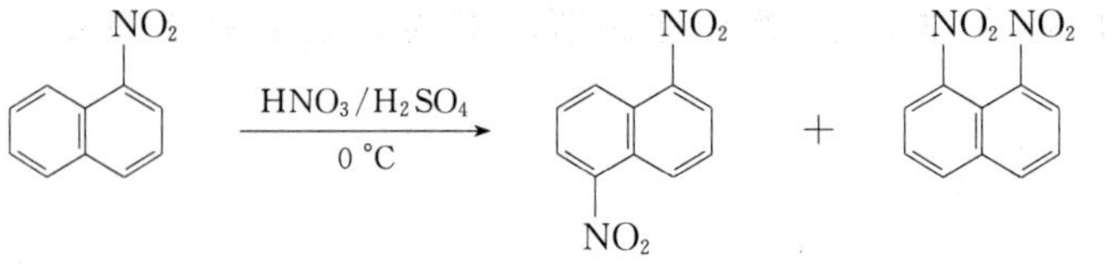
NO2
HNO3/H2SO4
0 °C
NO2
NO2
+
NO2 NO2

1-硝基萘　　　　1,5-二硝基萘　　1,8-二硝基萘

在磺化反应中,这些规律并不十分有效,这是由于磺化反应与反应温度有关,因此在研究磺化反应时,应联系它们自身的反应特点。例如:

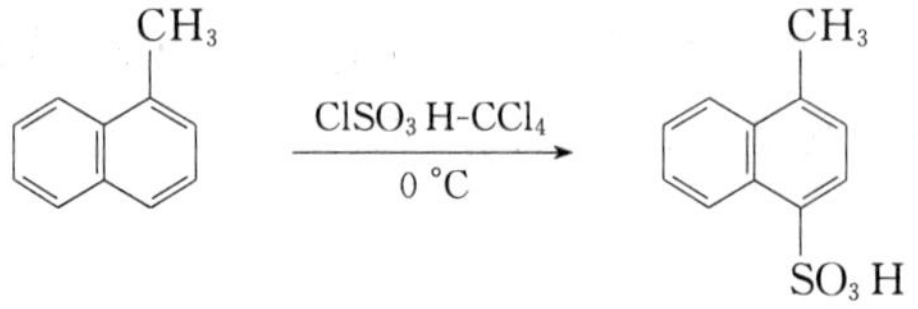
CH3
ClSO3H-CCl4
0 °C
CH3
SO3H

4-甲基-1-萘磺酸
80%

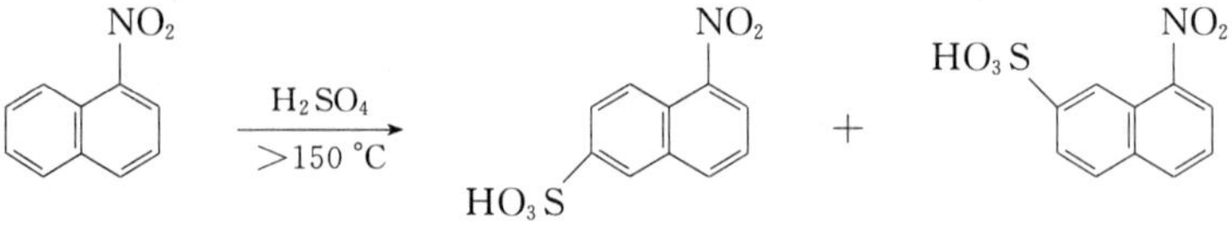
NO2
H2SO4
>150 °C
NO2
HO3S
+
HO3S
NO2

5-硝基-2-萘磺酸　　8-硝基-2-萘磺酸

问题6-21　完成下列反应。

(1) α-萘磺酸＋Br_2　　(2) α-甲基萘＋Br_2

(3) β-甲氧基萘＋Br_2　　(4) β-萘甲酸＋Br_2

---

(2)萘的氧化和还原

萘的活性还体现在它比苯易氧化和还原上。萘氧化生成1,4-萘醌,一般不能用侧链氧化的方法来制备萘甲酸。例如:

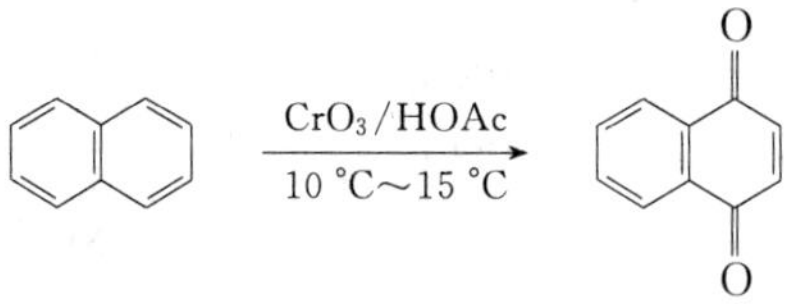
CrO3/HOAc
10 °C～15 °C
O
O

1,4-萘醌

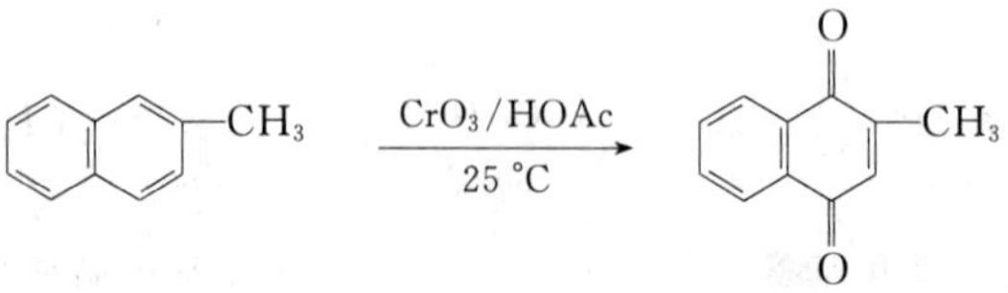
CH3
CrO3/HOAc
25 °C
O
CH3
O

2-甲基-1,4-萘醌
70%

工业上以五氧化二钒(V_2O_5)催化,用空气在高温下氧化萘,制取邻苯二甲酸酐。

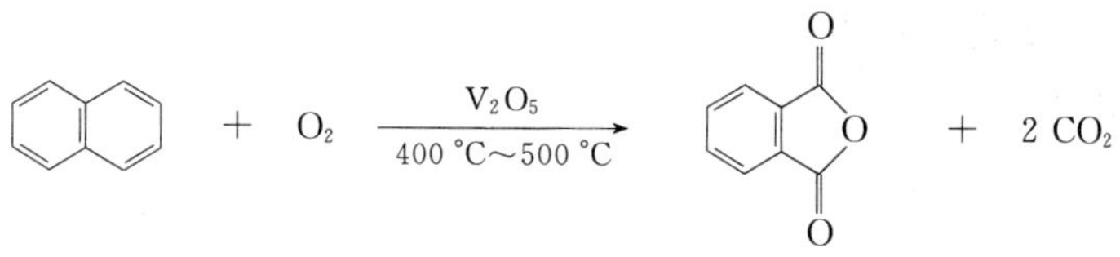

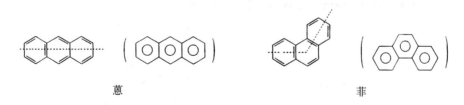

（图：萘 + O₂ 在 V₂O₅ 400℃~500℃ 条件下生成邻苯二甲酸酐 + 2 CO₂）

邻苯二甲酸酐

邻苯二甲酸酐是重要的化工原料，用于制造油漆、增塑剂、染料等。

　　萘也可发生 Birch 还原反应，生成 1,4-二氢化萘，较高温度可还原成四氢化萘。

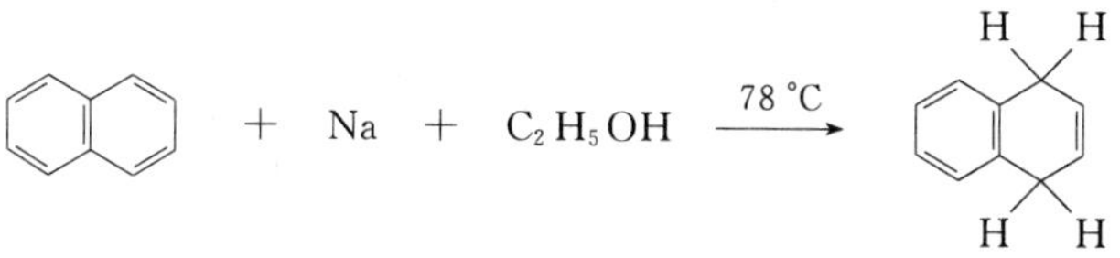

（反应式）萘 + Na + C_2H_5OH $\xrightarrow{78\,^\circ C}$ 1,4-二氢化萘

1,4-二氢化萘

（反应式）萘 + Na + C_2H_5OH $\xrightarrow{150\,^\circ C}$ 四氢化萘

四氢化萘
tetralin

进一步还原需用催化氢化的方法。

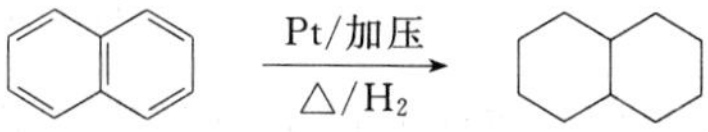

（反应式）萘 $\xrightarrow[\triangle/H_2]{Pt/加压}$ 十氢化萘

十氢化萘
decalin

四氢化萘和十氢化萘为高沸点液体，是良好的溶剂。

二、蒽和菲

　　蒽和菲是同分异构体，它们都是由三个苯环稠合而成的。三个苯环都在同一平面，不同的是蒽的三个苯环在同一直线，菲却不在同一直线上。

（结构式）蒽　　　　　　　　　　　　菲

蒽　　　　　　　　　　　　　　　　　菲

蒽和菲都存在于煤焦油中，为无色的晶体。命名、编号及物理常数如下：

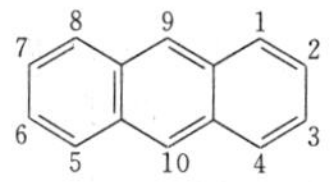

（蒽结构编号图）
m. p.　216 ℃
b. p.　340 ℃
淡蓝色荧光的片状结晶

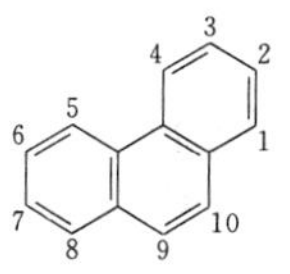

（菲结构编号图）
m. p.　101 ℃
b. p.　340 ℃
蓝色荧光片状结晶

蒽和菲具有芳香性，它们比苯活泼。可发生加成、氧化、还原、取代等反应。试剂主要进攻

9,10 位,以保持两个稳定的苯环不变。

蒽和菲易氧化还原。

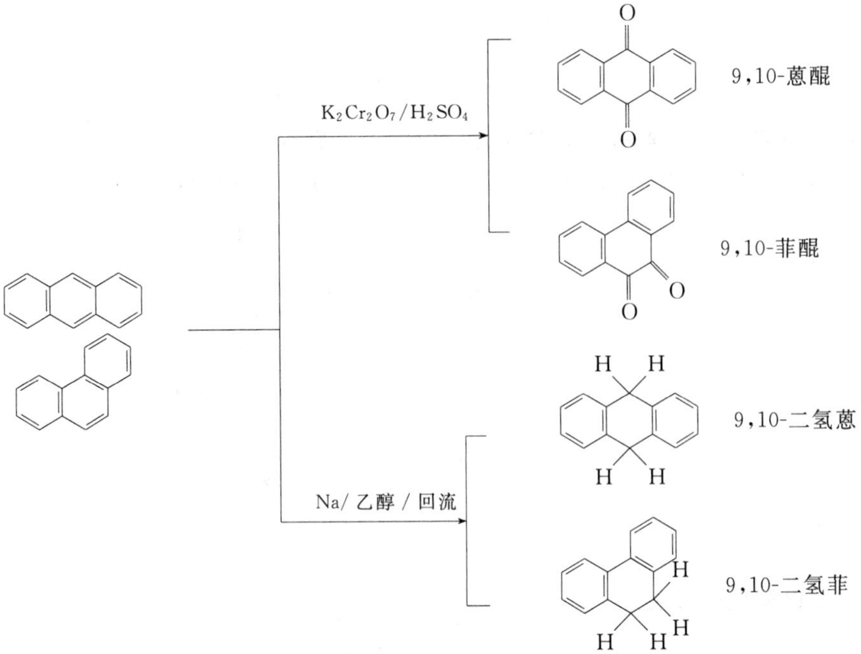

蒽醌是重要的蒽醌染料中间体,工业上往往通过苯与邻苯二甲酸酐反应来制取。

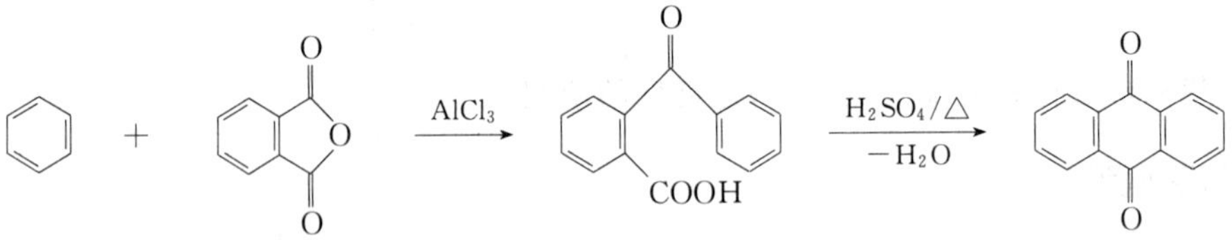

蒽醌可进一步加工成茜素、标准还原蓝(阴丹士林蓝)等染料。

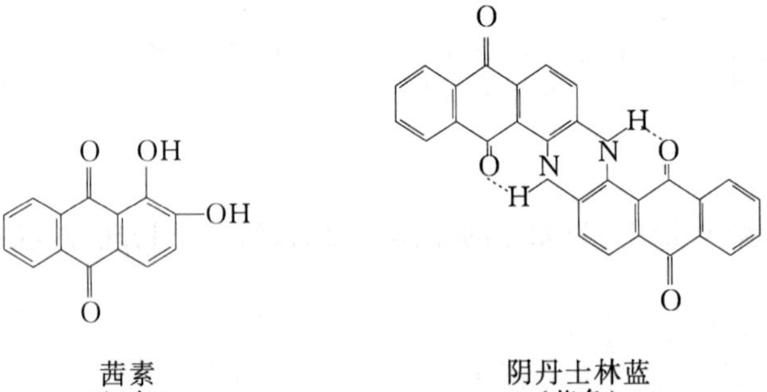

菲醌是一种农药,可防止小麦锈病、红薯黑斑病等,目前菲在工业上的应用还有待进一步开发。

蒽和菲在 9、10 位上也可发生亲电取代反应,但取代往往伴随有加成和多取代产物,因此很少有合成价值。

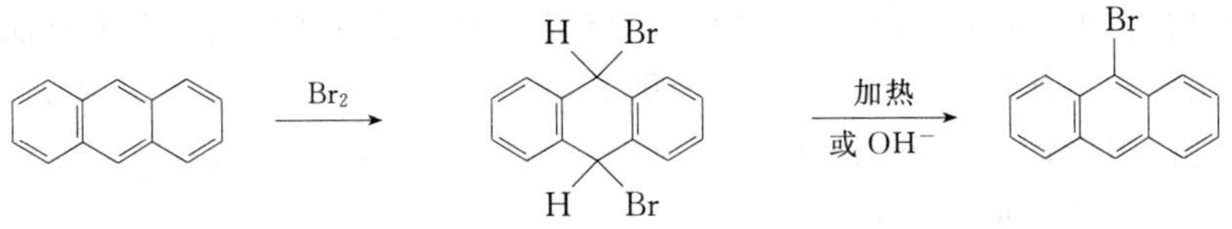

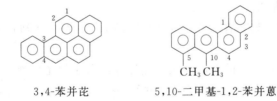

9,10-二溴-9,10-二氢蒽
加成产物

9-溴蒽
取代产物

蒽在 9、10 位上的活性,还体现在它可与马来酐发生 Diels-Alder 反应。

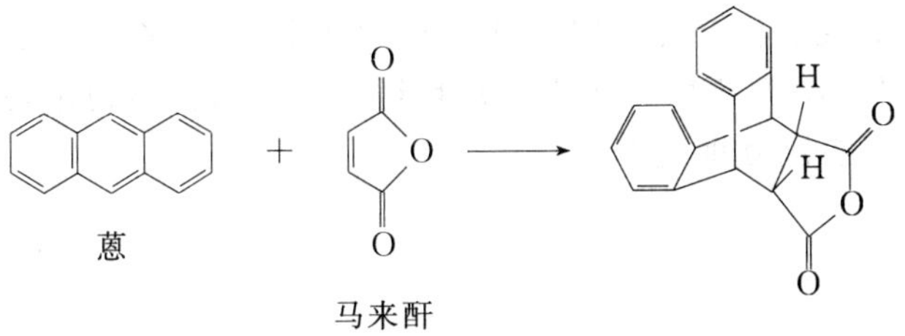

蒽 + 马来酐 →

问题6-22 完成下列反应。

(1)蒽醌磺化　　　(2) ⟶（丁二酸酐）? ⟶（$H_2SO_4/\triangle$）?

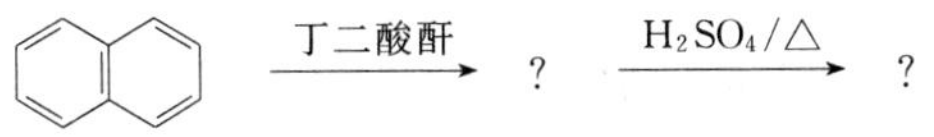

问题6-23 为什么蒽磺化生成 2-蒽磺酸?

三、致癌芳烃

最初发现,接触煤焦油多的工人皮肤较易生癌,后来研究发现复杂多核芳烃中多种化合物有致癌性。如 3,4-苯并芘和 5,10-二甲基-1,2-苯并蒽等。研究指出,这些烃不直接引起癌变,而是经过体内生物化学过程使之变为活泼物质,这些物质与 DNA 结合引起细胞变异。

3,4-苯并芘　　　　　5,10-二甲基-1,2-苯并蒽

在汽车排放的废气和石油、煤等未燃烧完全的烟气中,以及柏油马路散发出的蒸气中往往含有这些物质。因此检测这些致癌烃的踪迹,治理废气,保护环境,减少污染是保护人们身体健康的重要方面。

6.12　芳香性和休克尔(Hückel)规则

一、芳香性

以上讨论了苯、萘、蒽、菲等含苯环的化合物,它们与苯具有类似的性质,称为芳香化合物,或者说它们具有芳香性。芳香化合物具有如下的共同性质:

(1)芳香化合物是环状化合物,比相应的开链化合物稳定,环不易被破坏。

（2）芳香化合物虽是高度不饱和的，但它们与亲电试剂容易进行取代而不是加成反应。

（3）芳香化合物是环状的平面的（或近似平面）分子。为一闭合的共轭体系，具有 π 的环电流与抗磁性（这些内容将在第十二章核磁共振中介绍）。较强的环电流及抗磁性可由核磁共振鉴别出来，这是芳香性的重要标志。

二、(4n＋2)规则

π 电子离域是苯、萘、蒽等化合物结构的共同特点。依据这一设想，化学家们试图合成一些新的类型的具有芳香性的化合物。1912 年合成的环辛四烯，形式上是一个共轭体系，可性质上与苯截然不同，具有明显的烯的性质。尤其是环丁二烯极不稳定，只有在 5K 的超低温下，才能分离出来，温度升高立即聚合。

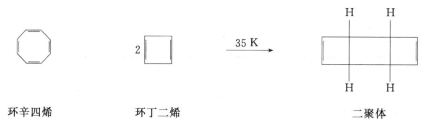

环辛四烯   环丁二烯   二聚体

它们都不具有芳香性。可见对于芳香族化合物来说，仅有 π 电子的离域作用还是不够的。

1931 年休克尔［Erich Hückel，德国化学家，1896 年生于柏林。在 Local 大学读物理两年后转入 Gottingen 大学学习应用机械工业。他通过对芳香性的研究，于 1930 年提出著名的休克尔(4n＋2)π 电子规则；1931 年他又提出分子轨道的简化方法（HMO）。］用分子轨道法计算环的稳定性，得出结论：一个具有同平面的、环状闭合共轭体系的单环烯，只有当它的 π 电子数为(4n＋2)时，才具有芳香性。这个规则称为休克尔(4n＋2)规则。其中 n 是整数，即 0，1，2，3 …。(4n＋2)表示环状共轭体系中的 π 电子数，换言之，只有当这种体系中 π 电子数为 2，6，10，…时，体系才具有芳香性。

(4n＋2)这个魔法般的数字表示什么含义呢？如果把它与分子轨道中的电子数联系起来，不难看出它的真实意义。

人们发现一种有趣的、简单的表示环状共轭烯烃的分子轨道能级的方法，即以 2β 为半径画圆，再画顶角朝下的各种大小的圆内接正多边形（表示环系大小），圆内接正多边形与圆的交点正好表示了体系的分子轨道能级（图 6-8）。π*、π 分别代表反键和成键轨道。

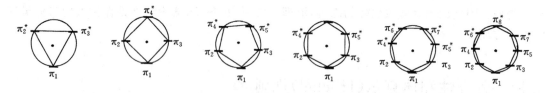

图 6-8　平面单环体系 C_nH_m 的分子轨道能级

图 6-8 中圆心的位置表示未成键的原子轨道的能级（即非键轨道），圆心以下的位置表示成键轨道的能级，圆心以上的位置表示反键轨道的能级，其精确度不低于计算值。由图 6-8 还可知，当成键轨道填满时，π 电子数分别为 2，6，10…刚好为(4n＋2)。这时，电子为稳定的闭壳层结构，类似于惰性气体的原子核外电子的排布。

苯成键轨道有 6 个 π 电子,符合(4n+2)规则,苯具有芳香性。扩展到多环化合物如:含苯的化合物萘、蒽、菲等为稠环芳香化合物。其中每一环的电子数符合(4n+2),整个环周边的电子数也符合(4n+2)。例如:萘

每环六电子　　　　　　周边十电子

环辛四烯为 8 电子结构,不符合(4n+2)规则,没有芳香性。X 射线衍射测定结果表明,环辛四烯分子中碳原子不在同一平面上,它具有一般烯烃的性质。

环辛四烯

环丁二烯为 4 电子结构,不符合(4n+2)规则,不具有芳香性。分子中 4 个 p 电子填充在一个成键轨道及两个非键轨道中(如图 6-9),为双自由基结构,因此特别不稳定。而开链的 1,3-丁二烯的 4 个 π 电子填充在成键轨道中,因此环丁二烯能量高于 1,3-丁二烯。

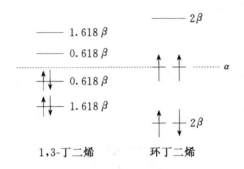

图 6-9　环丁二烯和 1,3-丁二烯的分子轨道能级

具有环闭合共轭体系的单环化合物,若它的能量高于相应的开链共轭多烯,则这个化合物具有反芳香性。环丁二烯是一个典型例子。

6.13　非苯芳香化合物

还有一些不含苯环的环烯,电子数符合(4n+2),因此也具有芳香性,这类化合物称为非苯芳香化合物(non-benzenoid aromatic compounds)。

一、环丙烯基正离子

环丙烯基正离子 π 电子数为 2,符合(4n+2)(n=0)规则,是最简单的带电荷的非苯芳香体系。1957 年以后合成了一些含有取代基的环丙烯正离子的盐,例如:

1959 年合成了环丙烯酮及其衍生物。环丙烯酮是一个典型的 2π 电子体系芳香化合物，虽然张力很大，但在熔点温度以下（$-29\,^\circ\text{C} \sim -28\,^\circ\text{C}$）稳定，可以保存数周。

二、环戊二烯基负离子

环戊二烯分子中亚甲基上的氢具有酸性。

$$（pK_a = 16）$$

其酸性相当于醇或水。它可与金属钠反应，放出氢气。

$$\bigcirc + Na \longrightarrow \ominus Na^+ + H_2\uparrow$$

也可与三乙胺作用成盐：

$$\bigcirc + (C_2H_5)_3N \longrightarrow \ominus \overset{H}{\underset{+}{N(C_2H_5)_3}}$$

环戊二烯基负离子是闭合的环状共轭体系，π 电子数（6）符合 $4n+2$（$n=1$），具有芳香性。

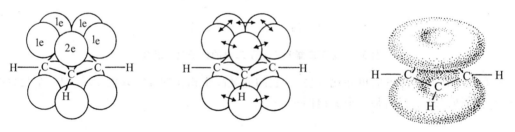

环戊二烯基负离子可与二价铁离子络合，生成高度稳定的化合物，称为二茂铁。

$$2 \ominus Na^+ \xrightarrow{FeCl_2} Fe$$

二茂铁

二茂铁是一具有夹层结构的橙色固体，熔点 $174\,^\circ\text{C}$，$100\,^\circ\text{C}$升华。具有芳香族化合物的性质，可在环上进行磺化、傅—克酰基化等反应。

三、环庚三烯正离子

环庚三烯与溴作用生成二溴化物，二溴化物受热失去溴化氢生成溴化䓬：

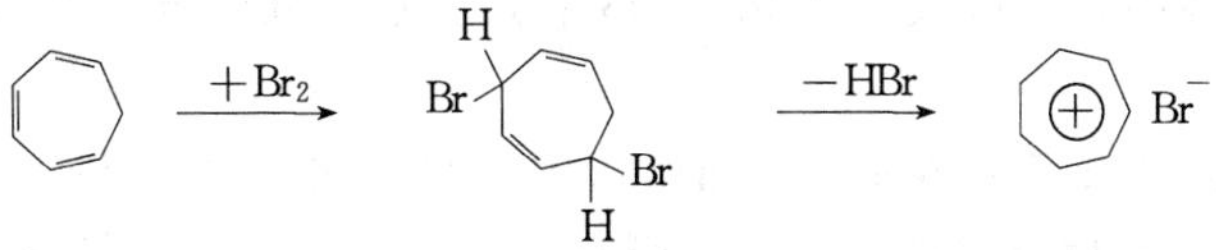

溴化䓬为黄色片状结晶,熔点 203 ℃。它具有许多与一般有机化合物不同的性质。溴化䓬不溶于乙醚,能溶于水,水溶液与硝酸银作用立即产生溴化银沉淀,像一种盐类。这是由于溴化䓬含有䓬离子(即环庚三烯正离子),䓬离子中有 6 个 π 电子,符合(4n+2)规则,具有芳香性。

环庚三烯酚酮(tropolone)最早只是一个为了解释某些天然产物的性质而设想出来的结构式,现已被证实,并合成。

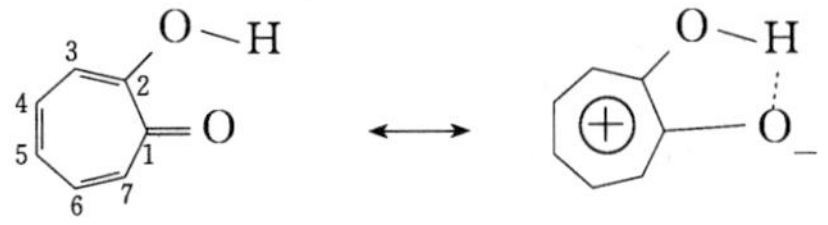

环庚三烯酚酮

环庚三烯酚酮是一种无色针状结晶,熔点 50 ℃~51 ℃,易溶于水。它的羟基和酚羟基一样,显酸性并能与三氯化铁发生显色反应(深绿色)。可是它的羰基却和一般的不饱和酮不同,不能和羰基试剂作用,这是由于羰基极化形成了稳定的䓬离子。因此环庚三烯酚酮具有芳香性,可进行亲电取代反应。

四、环辛四烯双负离子

环辛四烯分子中的原子不在一个平面上,但环辛四烯在四氢呋喃溶液中与金属钾反应,生成两价碳负离子:

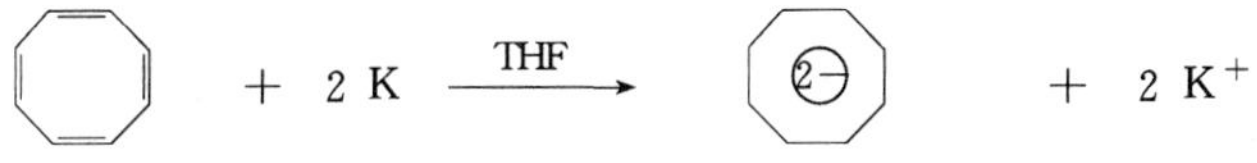

环辛四烯　　　　　　　　　　　　环辛四烯双负离子

环辛四烯双负离子为平面结构,有 10 个 π 电子,符合(4n+2)(n=2),具有芳香性。它也可与金属络合成类似于二茂铁的夹心结构的化合物。

五、轮烯

具有交替的单双键的单环多烯烃,通称为轮烯(annulenes)。如[18]-轮烯就是具有环状闭合共轭体系的 18 个碳的单环化合物。由于它具有 18 个 π 电子,符合休克尔(4n+2)(n=4)规则,有芳香性。

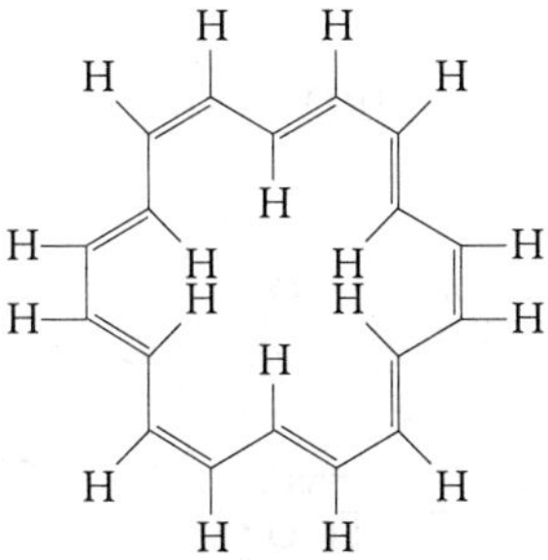

[18]-轮烯

经 X 射线衍射证明,环中碳碳键长几乎相等,整个分子基本处于同一平面上,可发生溴代、硝化等反应。

[16]-轮烯分子中碳原子不在同一平面内,碳碳单键和双键的键长分别为 0.146nm 和 0.134nm,没有芳香性,但与金属钾反应能生成有芳香性的两价碳负离子。

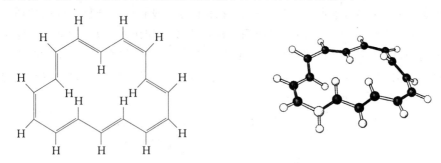

[16]-轮烯

[10]-轮烯 π 电子数符合($4n+2$)规则,但由于分子中环内氢原子具有强烈排斥作用,致使不能在同一平面上,故没有芳香性。

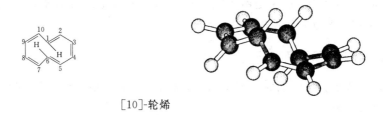

[10]-轮烯

六、䓛

䓛(azulene)是天蓝色片状晶体,熔点 99 ℃,其偶极矩 1.08D。䓛分子式 $C_{10}H_8$,是萘的同分异构体,它是由五元环的环戊二烯和七元环的环庚三烯稠合而成的。

䓛　　　　$\mu=1.08D$

䓛含 10 个 π 电子,符合($4n+2$)规则,具有芳香性,可发生亲电取代反应,主要生成 1 或 3 取代产物。

七、富勒烯（Fullerenes）

1985 年由美国化学家 H. W. Kroto(University of Sussex)、R. E. Smalley 和 R. F. Curl (Rice University)及其合作者采用质谱仪研究激光蒸发石墨电极粉末,获得碳原子的团簇化合物,发现其中 C_{60}、C_{70} 具有较高的稳定性。1990 年 Wolfgang Krätschmer(Max Planck Institue of Nuclear Physics in Heidelberg)、Donald Huffman(University of Arizona)及其合作者采用石墨棒作电极,在直流电作用下发生电弧放电,首次合成出 C_{60}。C_{60} 具有 60 个(C)顶点和 32 个面,12 个面为正五边形,20 个面为正六边形,其大小仅为 0.71nm,整个分子形似足球,因此被称为足球烯(foot ballene)。

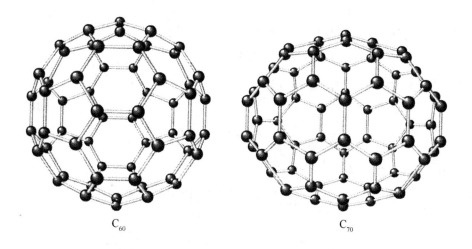

C_{60} C_{70}

碳簇化合物是继碳元素的两个同素异构体之后的第三种异构体,并且具有芳香性,使人们对芳香性的认识又进了一步,芳香性不仅限于平面结构,具有三维空间结构的化合物如 C_{60} 及富勒烯系列中的许多化合物也具有球芳性。

问题6-24　二茂铁可与下列试剂反应,试写出反应的主要产物。

(1) $CH_3COCl/AlCl_3$ (2) HNO_3 (3) 先 BuLi,后 CO_2,再用 H_3^+O 处理

问题6-25　下面化合物是否有芳香性?

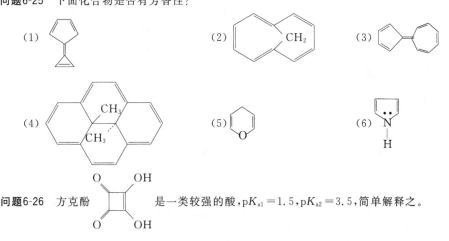

问题6-26　方克酚　是一类较强的酸,$pK_{a1}=1.5$,$pK_{a2}=3.5$,简单解释之。

习 题

1. 写出下列化合物的结构式。

(1)4-甲基-5-(对溴苯基)-1-戊炔　　(2)2,4,6-三硝基甲苯　　(3)2-chloro-1-methylnaphthalene

(4)cyclohexylbenzene　　(5)1,5-diphenylpentane　　(6)benzyl chloride　　(7)对二氯苯

(8)1-氟-2,4-二硝基苯　　(9)对氨基苯磺酸　　(10)2-氨基-3-硝基-5-溴苯甲酸

2. 用中英文命名下列化合物。

(1) CH_3, H_3C, CH_3

(2) H_3C, CH_3, H_3C, CH_3

(3) CH_3 (naphthalene)

(4) CH_3—⟨⟩—$CH_2CH=CH_2$

(5) ⟨⟩—$CH_2CH(CH_3)_2$

(6) H_3C, CH_3 (naphthalene)

(7) Br—⟨⟩—CH_3

(8) CH_3—⟨⟩—$CH(CH_3)_2$

3. 试写出下列诸反应的主要产物。

(1) (tetralin) $\xrightarrow[\triangle]{KMnO_4}$

(2) ⟨⟩—$CH_2CH_2CHCH_3$ (Cl) $\xrightarrow{AlCl_3}$

(3) (cyclohexyl with phenyl and CH_2COCl) $\xrightarrow{AlCl_3}$

(4) (naphthalene) $+$ $2[H]$ $\xrightarrow[C_2H_5OH]{Na/NH_3}$

(5) ⟨⟩—$CH=CH—CH_3$ $+$ HBr $\xrightarrow{过氧化物}$

(6) ⟨⟩—$CH=CH—CH_3$ $+$ HCl $\longrightarrow$

(7) (o-substituted: CH_2⟨⟩ and $C(CH_3)_2$ OH) $\xrightarrow{H_2SO_4}$

(8) ⟨⟩—CH_2—⟨⟩—NO_2 $\xrightarrow[Fe]{Br_2}$

(9) ⟨⟩—$\overset{O}{\overset{\|}{C}}$—$OC_2H_5$ $\xrightarrow[H_2SO_4]{HNO_3}$

4. 预测下列化合物溴代的主要产物。

(1)对氯硝基苯　　(2)间二硝基苯　　(3) H_2N—⟨⟩—CH_3　　(4)o-$ClC_6H_4COCH_3$

(5)m-$CH_3C_6H_4CN$　　(6) H_2N—⟨⟩ (NO_2)　　(7)p-$ClC_6H_4COCH_3$　　(8) CH_3, ⟨⟩(NO_2)

(9) OH, OCH_3 (benzene)　　(10) OH, CH_3 (benzene)　　(11) ⟨⟩—$\overset{+}{N}H_3 HSO_4^-$　　(12) ⟨⟩—CF_3

5. 甲、乙、丙三种芳烃的分子式都是 C_9H_{12},氧化时甲得一元酸,乙得二元酸,丙得三元酸,进行硝化时甲和乙分别主要得到两种一硝基化合物,而丙只得到一种一硝基化合物,推断甲、乙、丙的结构。

6. 比较下列各组化合物进行硝化反应的活性顺序。

(1)苯　1,3,5-三甲苯　甲苯　间二甲苯　对二甲苯

(2)苯　溴苯　硝基苯　甲苯

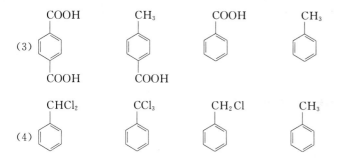

7. 苯乙烯与稀硫酸一起加热,生成两种二聚物:

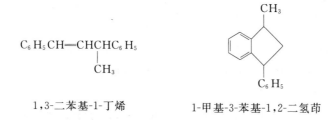

1,3-二苯基-1-丁烯　　　1-甲基-3-苯基-1,2-二氢茚

推测可能的反应机理。2-苯基丙烯在同样的反应条件下可能生成什么产物?

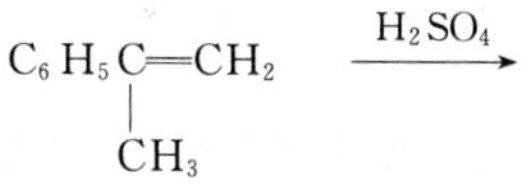

$$C_6H_5\underset{\underset{CH_3}{|}}{C}=CH_2 \xrightarrow{H_2SO_4}$$

2-苯基丙烯

8. 当甲苯和 $CBrCl_3$ 的混合物在紫外线照射下,反应生成等量的溴苄和氯仿。

(1)写出这个反应的历程。

(2)反应中还分离到少量的 HBr 和 C_2Cl_6。这些产物是怎样形成的。

9. 一化合物 $A(C_{16}H_{16})$ 能使 Br_2/CCl_4 和 $KMnO_4$ 水溶液褪色,常压氢化时只吸收 $1mol$ H_2,当它用热而浓的 $KMnO_4$ 氧化时只生成一个二元酸 $C_6H_4(COOH)_2$,后者溴化时只生成一个单溴代二羧酸,试写出 A 的结构式,其中还有什么结构问题没有解决吗? 它可用什么方法来肯定。

10. 下列化合物中哪些有芳香性? 并简要说明理由。

(1)C_9H_{10} 单环　　　(2)$C_9H_9^+$ 单环　　　(3)$C_9H_9^-$ 单环　　　(4)  [image: 环状结构] $\overset{\cdot\cdot}{O}$

11. 写出下列合成中 $G\sim I$ 的结构。

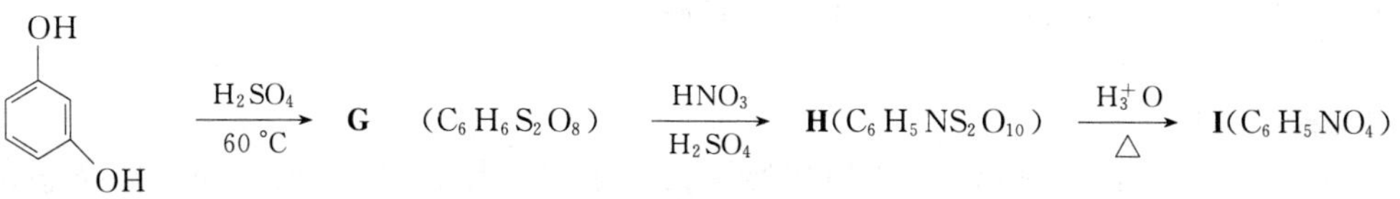

[化学结构: 间苯二酚] $\xrightarrow[60\,℃]{H_2SO_4}$ G $(C_6H_6S_2O_8)$ $\xrightarrow[H_2SO_4]{HNO_3}$ $H(C_6H_5NS_2O_{10})$ $\xrightarrow[\triangle]{H_3^+O}$ $I(C_6H_5NO_4)$

12. 完成下列转化。

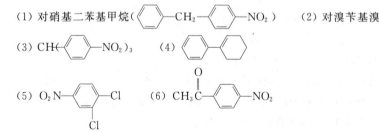

(1)

(2)

(3) (有两种方法,哪种方法好?)

13. 预测下列化合物质子化的位置,并简单解释。

(1) PhCH= $\underset{S}{\overset{S}{\diagdown}}$ Ph   (2)

14. 预测下列各反应的主要产物。

(1)$(CH_3)_3\overset{+}{N}CH=CH_2 + HI$ (2)$CH_2=CHCF_3 + HBr(AlBr_3)$

(3)$p\text{-}CH_3OC_6H_4CH=CHC_6H_5 + HBr$

15. (1)立体异构的1,2-二苯基乙烯的氢化热:顺式为110kJ/mol,反式为86.2kJ/mol。哪个异构体较稳定?

(2)顺式-1,2-二苯乙烯可借下列两法转变为反式(但反过来不行):可在光照下和少量 Br_2 作用,也可在过氧化物存在下和少量 HBr 作用(但 HCl 不行)。导致转变的可能因素是什么?你能提出一个发生转变的过程吗?

(3)为什么反式的 1,2-二苯基乙烯不能转变为顺式 1,2-二苯基乙烯?

16. 从苯、甲苯、环己烯开始,用恰当的方法合成下列化合物。(可用任何需要的脂肪族或无机试剂。)

(1) 对硝基二苯基甲烷($\diagdown$—CH_2—$\diagdown$—NO_2)   (2) 对溴苄基溴

(3) $CH(\diagdown$—$NO_2)_3$ (4)

(5) O_2N—$\diagdown$—$\overset{Cl}{\underset{Cl}{|}}$ (6) $CH_3\overset{O}{\overset{\|}{C}}$—$\diagdown$—$NO_2$

17. 写出萘与下列试剂反应所得主要产物的构造式和名称。

(1)CrO_3,CH_3COOH (2)O_2,V_2O_5 (3)Na,CH_3CH_2OH (4)Na,$C_5H_{11}OH$

(5)H_2,Ni (6)HNO_3,H_2SO_4 (7)Br_2 (8)浓 H_2SO_4,80 ℃

(9)浓 H_2SO_4,160 ℃   (10)CH_3COCl,$AlCl_3$,CS_2 或 $C_2H_2Cl_4$

(11)CH_3COCl,$AlCl_3$,$C_6H_5NO_2$ (12)己二酸酐,$AlCl_3$,$C_2H_2Cl_4$

文献题:

(1)在二溴甲烷中用1摩尔的溴化铝处理产物 **A**,可得到唯一产物 **B**,产率78%;若用3摩尔的溴化铝处理时,化合物 **C** 和 **D** 却有97%的总收率。试对此作出解释。

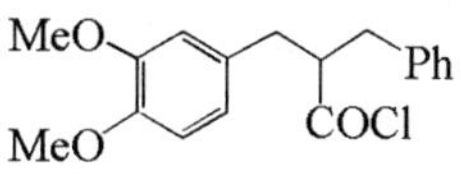

A 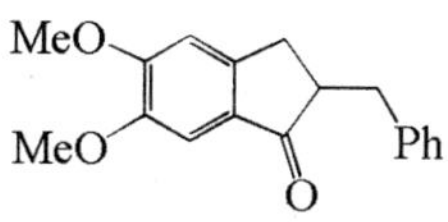　　　　　　　　**B** 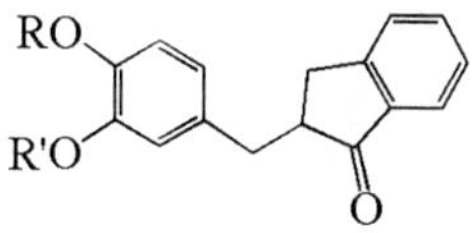　　　　　　　　**C**: R = Me, R' = H
　　　　　　　　　　　　　　　　　　　　　　　　D: R = H, R' = Me

(2)当化合物 **B** 在 -78 ℃溶于 FSO_3H 中,核磁共振显示有一个碳正离子生成。如将此溶液升温至 -10 ℃,生成另一种碳正离子。第一种离子可给出化合物 **C**(用碱淬灭冷却),而第二种离子则给出 **D**。这两种碳正离子的结构是什么？为什么在淬灭后得出不同产物？

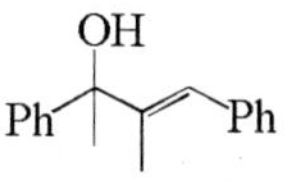

B 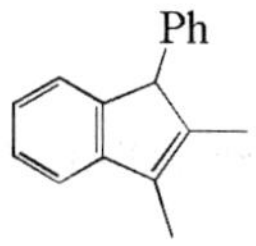　　　　　　　**C** 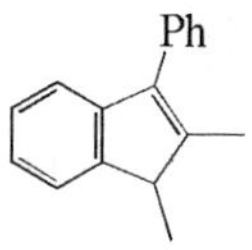　　　　　　　**D**

来源:

(1)T. F. Buckley，Ⅲ，and H. Rapoport. J. Am. Chem. Soc. ,1980，102:3056.

(2)W. G. Miller，C. U. Pittman. J. Org. Chem. ,1974,39:1955.

第七章 立 体 化 学

7.1 异构体的分类

具有相同分子式,但结构不同的化合物称为异构体,异构体主要可分为两大类:**构造异构**和**立体异构**。

一、构造异构

构造(constitution)**异构**是指具有相同的分子式,而分子中原子结合的顺序不同而产生的异构,构造异构可分为:

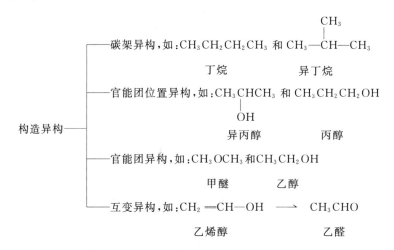

构造异构用构造式表示。

二、立体异构

许多分子具有三维空间结构,研究分子的立体结构,及其立体结构对其物理性质及化学性质影响的部分叫做立体化学(stereochemistry),立体异构是立体化学的一个重要方面。

立体异构(stereoisomerism)是指具有相同的分子式,相同的原子连接顺序,不同的空间排列方式引起的异构。立体异构用构型式表示,如1,4-二甲基环己烷的立体异构可表示为:

顺-1,4-二甲基环己烷   反-1,4-二甲基环己烷

换言之,立体异构是具有相同的构造、不同的构型的异构。立体异构包括:

(1)顺反异构　如:顺-和反-2-丁烯,亦称 Z-和 E-2-丁烯。

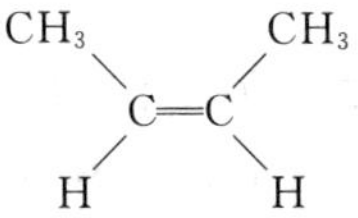

$$CH_3 \quad CH_3$$
$$C=C$$
$$H \quad H$$

顺-2-丁烯

$$CH_3 \quad H$$
$$C=C$$
$$H \quad CH_3$$

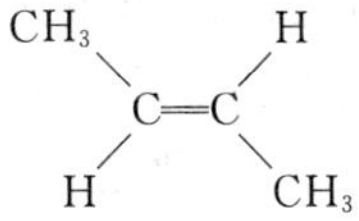

反-2-丁烯

烯烃的异构及上面提到的环烷烃的异构,都是由于共价键的旋转受到阻碍而引起的。

(2)构象异构　是指分子内单键旋转角度不同而产生的异构,如丁烷的反式交叉式及顺叠重叠式构象:

反式交叉式　　　　　　　　顺叠重叠式

1-甲基环己烷中甲基分别处于 a 键和 e 键时的两种椅式构象:

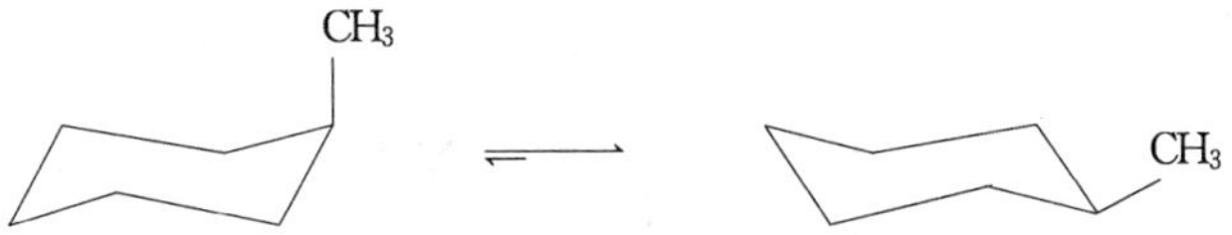

a键　　　　　　　　　　　　e键

构象异构可通过单键的旋转互相转化,两种异构体之间存在平衡,最稳定的构象占有较大的比例,它们很难分离,实际上都代表一种物质,可见具有相同构型的化合物可以以不同的构象存在。

(3)对映异构　碳为正四面体构型。如果一个碳上连有四个不同的基团,我们做成一个模型,设想面前有一面镜子,然后再制作它的镜像,得到如下的两个模型:

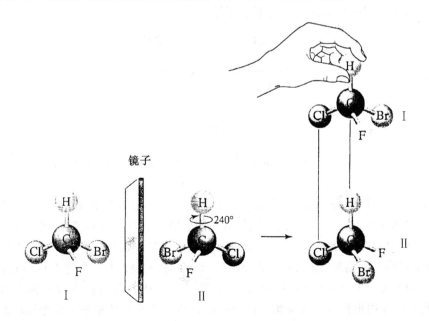

镜子

结果发现两个化合物不能重叠,可见镜影不是分子自身,它们是一对异构体。二者互为实物和镜像的关系,因此称为对映异构(enantiomerism)。

对映异构好比人的左手和右手的关系,左手和右手互为镜像,它们不能重合,就像左手的手套戴在右手上总是不合适,为此把实物和镜像不能重合的现象称为**手性**(chirality)。

2-丁烯水合,分离出两种 2-丁醇

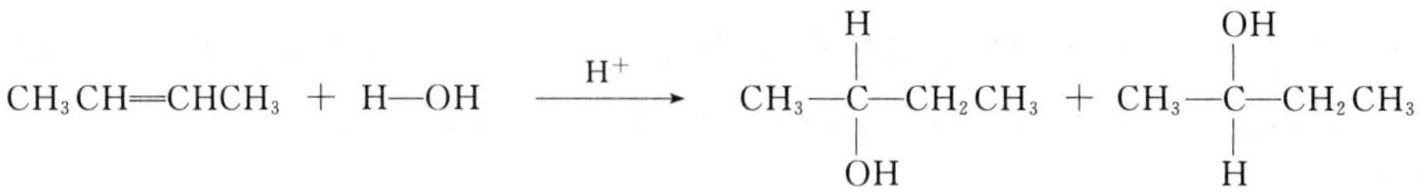

$$CH_3CH=CHCH_3 + H-OH \xrightarrow{H^+} CH_3-\underset{OH}{\overset{H}{C}}-CH_2CH_3 + CH_3-\underset{H}{\overset{OH}{C}}-CH_2CH_3$$

二者互为镜像关系,不能重合,它们是一对对映体,或者说具有手性。具有手性的分子称为手性分子(chiral molecule)。2-丁醇模型图如下:

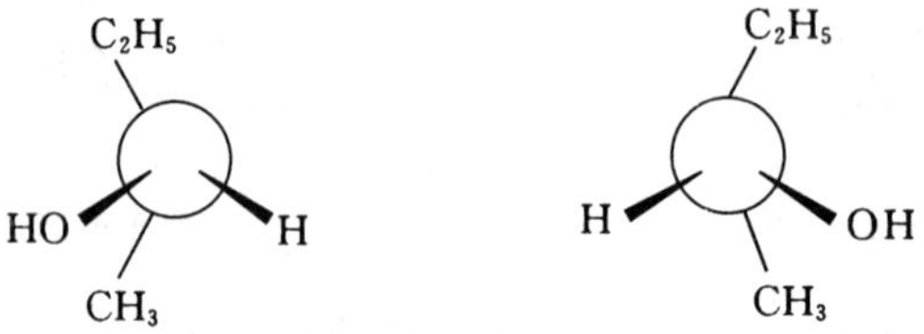

也可用楔形式表示其构型。

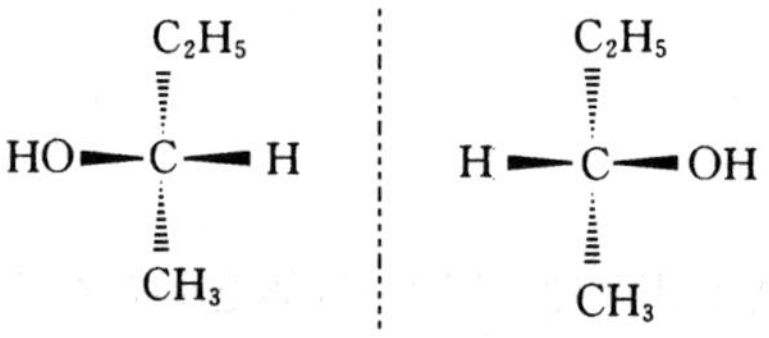

镜子

其中实楔表示指向纸前面,虚楔表示指向纸后面。

又如 2-氯丁烷 $CH_3CHClC_2H_5$ 也具有手性。

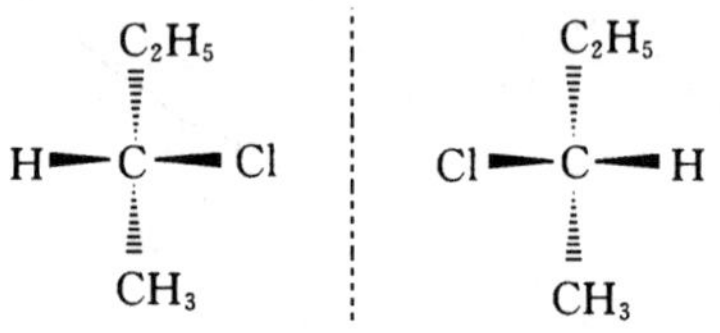

镜子

值得注意的是,任何化合物都有镜像,但多数实物和它的镜像都能重合,例如:乙醇(图见下页)。

如果实物和它的镜像能重合,则实物与镜像为同一物质,它是非手性的(achiral),无对映体。

两个对映体结构差别很小,因此它们具有相同的沸点、熔点、溶解度等,当不存在外界手性影响时,化学性质也基本相同,很难用一般的物理及化学方法区分。但它们对平面偏振光的作用不同:一个可使平面偏振光向右旋(dextrorotation),符号为(+),称为右旋体;另一个可使平面偏振光向左旋(levorotation),符号为(-),称为左旋体。其向右及向左旋转的角度基本相同,因此对映异构也称为**旋光异构**(optical isomer)。 物质能使平面偏振光旋转的性质称为

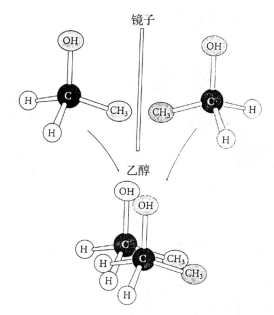

旋光性或光学活性(optical activity)。具有旋光性的物质称为光学活性物质,例如 2-丁醇有一对对映体,各具有旋光性,为光学活性物质,其比旋光度分别为－13.52°和＋13.52°。

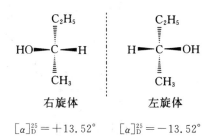

右旋体   左旋体

$[\alpha]_D^{25}=+13.52°$ $[\alpha]_D^{25}=-13.52°$

若从有无光学活性的角度来看立体异构,则又可分为两大类:有旋光性和无旋光性的立体异构。

把手性、对映异构、旋光活性联系起来,可得出如下的结论:实物与镜像不能重合,则物质具有手性,有对映异构现象,具有光学活性。反之实物和镜像能重合,此物质是非手性的,无对映体,无旋光活性。可见镜像的不重合性是产生对映异构现象的充分必要条件。

具有光学活性的物质可使平面偏振光旋转,那么什么是平面偏振光呢? 化合物的旋光性又是怎样测得的?

问题7-1 解释下列各项的含义。

(1) 旋光性 (2) 对映体 (3) 构造、构型及构象 (4) 手性

7.2 偏振光和比旋光度

一、偏振光

光波是一种电磁波,光振动方向与它前进的方向垂直(图 7-1(a))。普通光可在垂直于它

的传播方向的各个不同的平面上振动(图 7-1(b))。

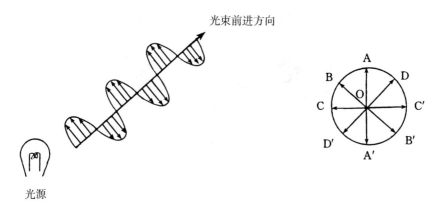

（a）光前进方向与振动方向垂直　　　　（b）普通光线的振动平面

图 7-1　光的传播

普通光通过尼可尔棱镜(Nicol prism)或人造偏振片,一部分光线被阻挡,只有在与棱镜晶轴平行的平面上振动的光线才能通过(图 7-2)。

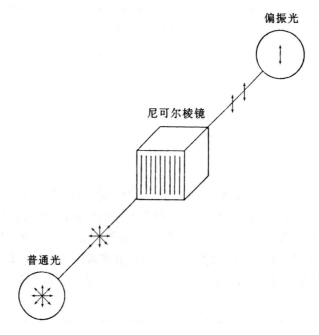

图 7-2　普通光与偏振光

这种通过尼可尔棱镜的光线叫做平面偏振光(plane-polarized light),简称偏振光。

二、旋光仪和比旋光度

实验室利用旋光仪测定化合物的旋光性,旋光仪组成如图 7-3 所示。

图中 B 为起偏镜,它固定不动,使普通光转变为偏振光,C 是检偏镜,与刻度盘 E 相连,可以转动,用以测定偏振光偏转的角度及方向。

测定时,先调节两个棱镜的晶轴,使其相互平行,作为零点,从目镜中可观察到最大的光量。把被测样品(液体或配成的溶液)放入盛液管中,如果被测物质不影响光亮,则这个物质是

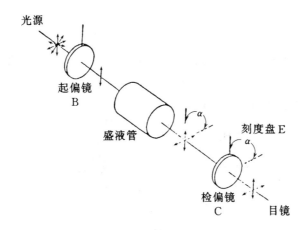

图 7-3　旋光仪组成

无旋光性的。如被测物质有旋光性,则偏振光经过盛液管会发生偏转,目镜中观察到的光线变暗。旋转检偏镜,使其透过的光线重新获最大量,这时,刻度盘标明的旋转度数,就是这种物质的旋光度,通常用 α 表示。α 是角度,刻度盘顺时针旋转为右旋(+),逆时针旋转为左旋(-)。

　　旋光性是由旋光物质的分子引起的,与分子的多少有关,因此旋光仪测定的旋光度 α 的大小与盛液管的长度、溶剂的性质及溶液的浓度有关。如果溶液的浓度增加一倍,或盛液管的长度增加一倍,则所测定的旋光度 α 也会增加一倍。

　　排除这些因素的影响,用**比旋光度**(specific rotation)$[\alpha]_\lambda^t$ 表示旋光物质特性,比旋光度与旋光仪的读数 α 有如下的关系:

$$[\alpha]_\lambda^t = \frac{\alpha}{l \times c}$$

l：　盛液管长度,用 dm 表示

c：　溶液浓度 g/mL

λ：　光源的波长

t：　温度

比旋光度表示:1mL 含 1g 旋光性物质的溶液,放在 1dm 长的盛液管中,利用一定波长的入射光(常用钠单色光,以 D 表示),测得的旋光度。比旋光度与沸点、熔点一样,是旋光性物质的物理常数。如葡萄糖水溶液在 20 ℃时,用钠光灯作光源,其比旋光度为+52.5°。表示为:

$$[\alpha]_D^{20} = +52.5°(水)$$

问题7-2　溶于氯仿中的胆甾醇的浓度是每 100mL 溶液溶解 6.15g。(1)一部分放在 5cm 长的旋光管中,所观察到的旋光度是-1.2°,试计算胆甾醇的比旋光度。(2)同样的溶液若放在 10cm 长的旋光管中时,预测其旋光度。(3)如果把 10mL 溶液稀释到 20mL,然后放在 5cm 长的旋光管中,预测其旋光度。

7.3　分子的手性和对称因素

　　分子与其镜像是否能重叠,即分子是否具有手性,决定于它本身的对称性。下面介绍几种与分子手性有关的对称因素。

一、对称面

假如有一个平面可以把分子分割成两部分,而一部分正好是另一部分的镜像,这个平面就是分子的对称面(用 σ 表示)。

例如:1,1-二氯乙烷分子有一个对称面。

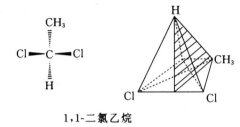

1,1-二氯乙烷

异丙醇也有一个对称面。

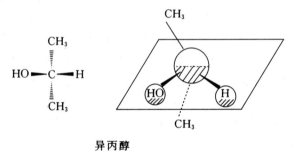

异丙醇

它的实物和镜像能够重合,分子无手性。

平面分子无手性,这个平面就是分子的对称面,如 E-1,2-二氯乙烯。

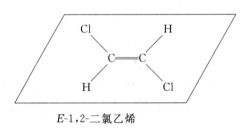

E-1,2-二氯乙烯

二、对称中心

若分子中有一点 P,通过 P 点画任何直线,如果在离 P 点等距离的直线两端有相同的原子,则点 P 称为分子的对称中心(用 i 表示)。例如下面分子具有对称中心 i。它的实物和镜像能够重合,分子无手性。

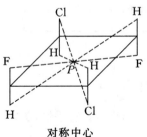

对称中心

三、四重交替对称轴

如果一个分子沿轴旋转 90°(360°/4)，这个轴是四重轴，再用一面垂直于该轴的镜子将分子反射，所得的镜像如能与原物重合，此轴即为该分子的四重交替对称轴(用 S_4 表示)。例如，下面化合物具有四重交替对称轴。

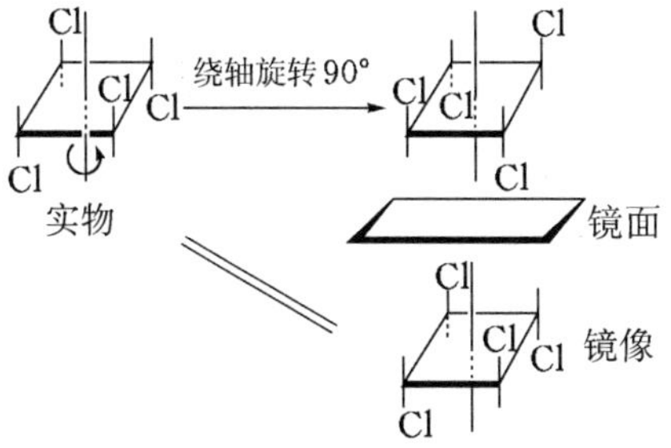

这个化合物与镜像能够重合，分子无手性。

总的来说，一个分子如具有对称面，或对称中心，或四重交替对称轴，则这个分子无手性。反之，一个分子若无对称面，无对称中心，也无四重交替对称轴，则这个分子有手性，即有旋光性。

一般情况下，四重交替对称轴往往和对称面及对称中心是同时存在的，例如，上述化合物就存在对称面，而且具有四重交替对称轴的化合物是极少见的，因此如分子没有对称面和对称中心，一般就可断定它有旋光性。

如乳酸分子无对称面，无对称中心，所以乳酸有手性，具有旋光性。

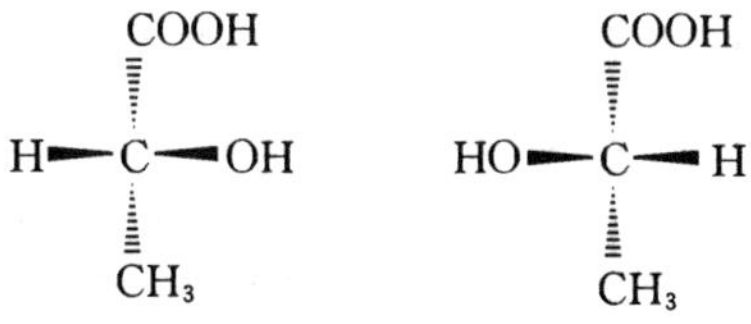

乳酸

与之类似，氯碘甲基磺酸、2-氯丁烷分子也有手性，有旋光性。

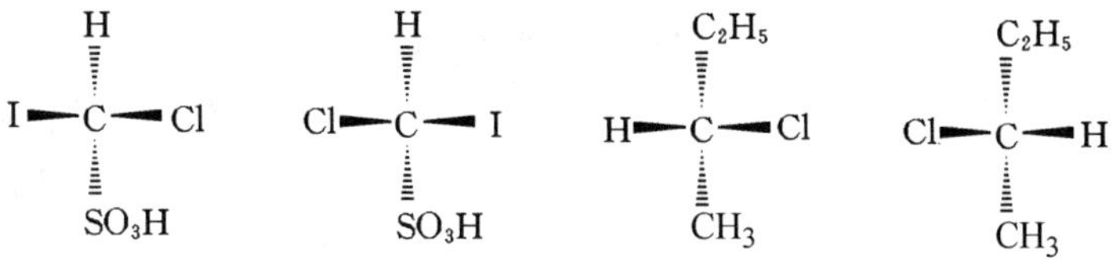

氯碘甲基磺酸　　　　　　　　　　2-氯丁烷

从上面的三个例子可以看出，如果碳周围的四个基团都不相同，就找不到对称面、对称中心，分子有手性。通常称这个碳为手性碳(chiral carbon)或手性中心，以前称为不对称碳(asymmetric carbon)，在结构式中常用" * "标出。如乳酸的结构式中的手性碳可表示为：

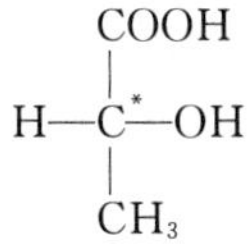

乳酸(中间 C* 为手性碳原子)

问题7-3 用"＊"标出下列化合物中的手性碳原子。

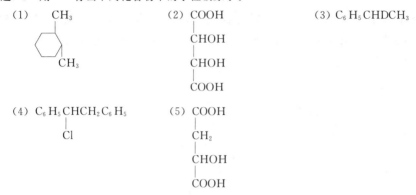

(1) CH₃ —〇— CH₃

(2) COOH—CHOH—CHOH—COOH

(3) C₆H₅CHDCH₃

(4) C₆H₅CHCH₂C₆H₅
 Cl

(5) COOH—CH₂—CHOH—COOH

问题7-4 判断下列化合物有无手性。

(1) 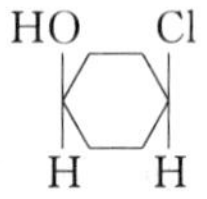 HO—Cl（环己烷，H H）

(2) CH₃CHClCH₃

(3) OH Cl（环己烷）

(4) CH₃ CH₃ C=C H CHClCH₃

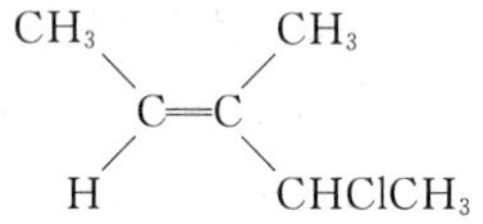

7.4 含有一个手性碳原子的化合物

乳酸是含有一个手性碳原子的化合物,它有手性,具有旋光性,有一对对映体。

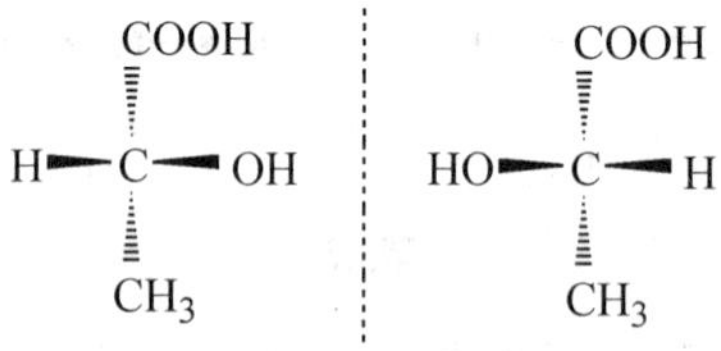

$$
\begin{array}{ccc}
& \text{COOH} & \text{COOH} \\
\text{H—C—OH} & \big| & \text{HO—C—H} \\
& \text{CH}_3 & \text{CH}_3
\end{array}
$$

发酵得到的乳酸是左旋的,其比旋光度为$[\alpha]_D^{20}=-3.8°$(水);肌肉运动产生的乳酸是右旋的,其比旋光度为$[\alpha]_D^{20}=+3.8°$(水)。从酸奶中得到的乳酸无旋光性,它是等量的左旋乳酸及右旋乳酸的混合物,称为外消旋体(racemic form),常用"±"或"dl"表示。外消旋体是一混和物,之所以无旋光性,是由于一个异构体分子引起的旋光为其对映分子所引起的等量的相反的旋光所抵消。

乳酸分子可用棍球立体形式及透视式等方式表示。

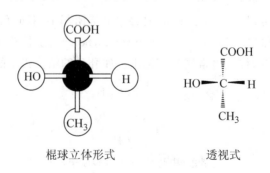

棍球立体形式　　　　　透视式

虽然这类形式可清楚地表示出分子中原子的立体关系,但不利于书写,为了方便,一般采用费歇尔(Fischer)投影式,其投影规则是:投影时将与手性碳原子相连的横着的两个键朝前,竖着的两个键向后。书写时用横线和竖线垂直的交点代表手性碳原子,例如:乳酸

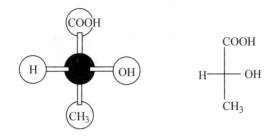

费歇尔投影式是一平面式,根据投影原则,它的立体形象应为:两条直线的交点为碳,它位于纸平面上,与横线相连的基团伸向纸前面,与竖线相连的基团伸向纸后面。例如:2-甲基-1-丁醇:

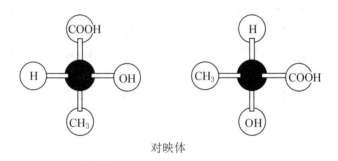

不同的摆法可得不同的投影式,尽管其实质相同,但一般将碳链放在竖直方向,把氧化数最高的基团放在上面。

如将投影式在纸面上旋转 90°,得到它的对映体。(做出模型不难看出)

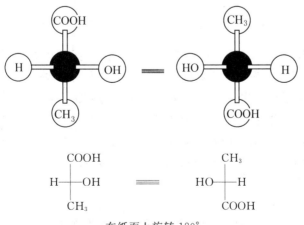

对映体

旋转 180°,即两个 90°,投影式保持不变。

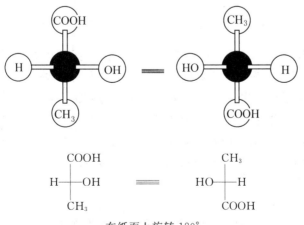

在纸面上旋转 180°

若将投影式中与手性碳原子相连的任意两个原子或原子团对调,对调一次(或奇数次)转变为它的对映体,对调两次(或偶数次)仍是原化合物,例如:

$$
\begin{array}{ccccc}
\text{COOH} & & \text{COOH} & & \text{CH}_3 & & \text{COOH} \\
\text{H}-\!\!\!-\text{OH} & \xrightarrow{\text{对调一次}} & \text{HO}-\!\!\!-\text{H} & \xrightarrow{\text{再对调一次}} & \text{HO}-\!\!\!-\text{H} & \xrightarrow[\text{旋转180°}]{\text{在纸面上}} & \text{H}-\!\!\!-\text{OH} \\
\text{CH}_3 & & \text{CH}_3 & & \text{COOH} & & \text{CH}_3
\end{array}
$$

对映体   原化合物

7.5 构型和构型标记

一、D, L 标记法

构型是指立体异构体中原子在空间的排列顺序,例如实验表明甘油醛有两个立体异构体,它们的费歇尔投影式如下:

$$
\begin{array}{ccc}
\text{CHO} & \qquad & \text{CHO} \\
\text{H}-\!\!\!-\text{OH} & & \text{HO}-\!\!\!-\text{H} \\
\text{CH}_2\text{OH} & & \text{CH}_2\text{OH}
\end{array}
$$

D-(＋)-甘油醛   L-(－)-甘油醛

其中一个使偏振光向右旋,另一个使偏振光向左旋。但究竟哪一个构型是左旋体,哪一个构型是右旋体,这个问题在旋光异构体发现及其以后的一百多年中都未能确定,为了研究的方便,以甘油醛作为标准,人为地规定羟基在右边的为右旋的甘油醛,定为 D 构型,因此它的对映体就是左旋的,定为 L 构型。

以甘油醛为基础,通过化学方法合成其他化合物,如果与手性碳原子相连的键没有断裂,则仍保持甘油醛的原有构型,例如:

$$
\begin{array}{ccccccc}
\text{CHO} & & \text{COOH} & & \text{COOH} & & \text{COOH} \\
\text{H}-\!\!\!-\text{OH} & \xrightarrow{\text{Br}_2/\text{H}_2\text{O}} & \text{H}-\!\!\!-\text{OH} & \xrightarrow{\text{PBr}_3} & \text{H}-\!\!\!-\text{OH} & \xrightarrow{\text{Zn/H}^+} & \text{H}-\!\!\!-\text{OH} \\
\text{CH}_2\text{OH} & & \text{CH}_2\text{OH} & & \text{CH}_2\text{Br} & & \text{CH}_3
\end{array}
$$

D-(＋)-甘油醛   D-(－)-甘油酸   D-(－)-3-溴-2-羟基丙酸   D-(－)-乳酸

D-(＋)-甘油醛转变为 D-(－)-乳酸,在转变过程中得出一系列以甘油醛为标准的 D 系列化合物。我们把这种以甘油醛作为参照物标记出的构型称为相对构型。

直到 1951 年用 X 射线测定了(＋)-酒石酸铷钠的绝对构型,千万个旋光化合物的构型才得以确定,幸运的是人为规定的 D-(＋)-甘油醛的构型就是其真实的结构。

D, L 标记法本身不完善,除在糖类、氨基酸类等化合物中仍沿用外,近年来已为新的 R, S 标记法代替。R, S 标记法可标记出手性碳原子的绝对构型。

二、R, S 标记法

R, S 标记法分两步,第一步将与手性碳原子相连的四个原子或原子团根据定序规则排列,较优先基团在前,如 a>b>c>d,基团优先顺序的规定与用 Z,E 标记几何异构的规定相同。第二步把最小的(d)放在观察者对面,其余三个基团指向观察者,沿着 d 的方向看去,如 a→b→c 是按顺时针方向排列,则构型为 R(来自拉丁文 rectus,右的意思),如 a→b→c 是按反时针方向排列,则构型为 S(来自拉丁文 sinister,左的意思)。

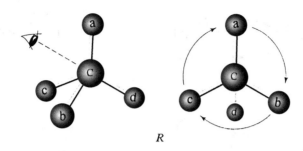

R

这个形象类似于汽车的方向盘,最后的原子 d 在方向盘的连杆上,其余的三个原子或原子团 a,b,c 在圆盘上。

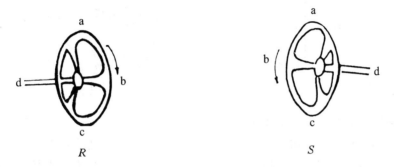

R S

例如:氯溴碘甲烷

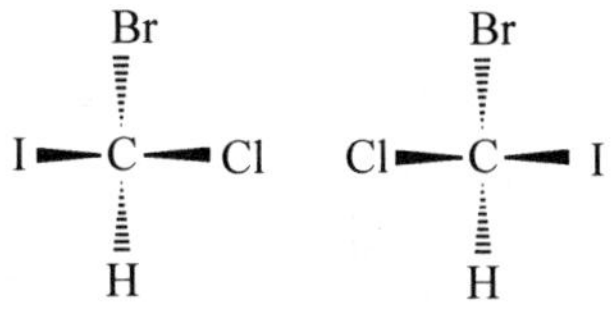

基团优先顺序为:I>Br>Cl>H。用 R,S 标记法判断其左为 R,右为 S。

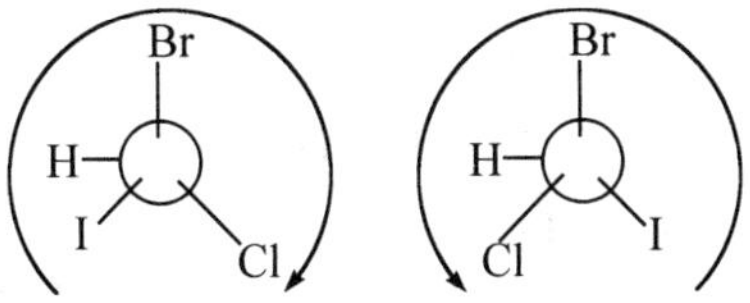

R S

对于平面的费歇尔投影式,判断构型时需记住它的立体形象。当按顺序规则排在最后的原子或原子团在竖线上,即在纸后时,直接根据另外三个基团判断。例如:(＋)-2-氯丁烷

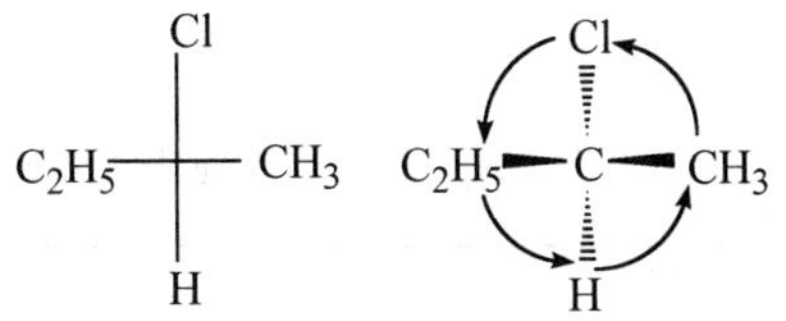

Cl>C₂H₅>CH₃为 S 构型,其全名为(S)-(+)-2-氯丁烷。

当按顺序规则排在最后的原子或原子团在横线上,即在纸面的前面,例如,甘油醛

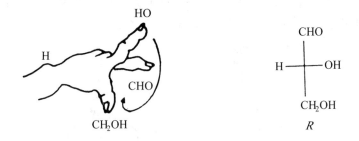

伸出左手,把手臂作为氢(最小的基团),竖起食指表示(—OH),大姆指表示(—CH₂OH),中指表示(—CHO),按照(OH→CHO→CH₂OH)方向旋转,顺时针为 R-甘油醛。

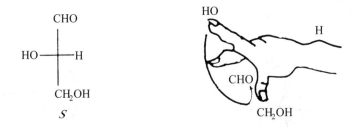

确定它的对映体的构型时,用右手代替左手。

值得注意的是,化合物的构型 R,S 或 D,L 和旋光方向(±)是没有联系的,因为旋光方向是化合物的固有的性质,而对化合物构型的标记是人为的规定。但有一点却是肯定的,对映体中一个化合物是左旋的,另一个必定是右旋的;一个构型为 R,它的对映体构型必然是 S。

问题7-5　标明下列化合物的 R,S 构型。

(1) $\begin{array}{c} \text{COOH} \\ \text{H}-\!\!\!-\text{NH}_2 \\ \text{CH}_3 \end{array}$　　(2) $\begin{array}{c} \text{CH}_3 \\ \text{Cl}-\!\!\!-\text{H} \\ \text{C}_2\text{H}_5 \end{array}$　　(3) $\begin{array}{c} \text{COOH} \\ \text{H}-\!\!\!-\text{OH} \\ \text{CH}_2\text{OH} \end{array}$

(4) $\begin{array}{c} \text{Cl} \\ \text{CH}_3\!\!-\!\!\overset{|}{\underset{|}{\text{C}}}\!\!-\!\!\text{Br} \\ \text{H} \end{array}$　　(5) $\begin{array}{c} \text{CH}_3 \\ \text{H}-\!\!\overset{|}{\text{C}}\!\!-\!\!\text{CH}=\text{CH}_2 \\ \text{CH}_2\text{CH}_3 \end{array}$　　(6) $\begin{array}{c} \text{OH} \quad \text{O} \\ \text{H}-\overset{|}{\text{C}}-\overset{\|}{\text{C}} \\ \bigcirc \qquad \text{OH} \end{array}$

问题7-6　判断下列化合物哪些是相同的?哪些是异构体?

(1) $\begin{array}{c} \text{COOH} \\ \text{HO}-\!\!\!-\text{H} \\ \text{CH}_3 \end{array}$　(2) $\begin{array}{c} \text{COOH} \\ \text{HO}-\!\!\!-\text{CH}_3 \\ \text{H} \end{array}$　(3) $\begin{array}{c} \text{HO} \\ \text{H}-\!\!\!-\text{COOH} \\ \text{CH}_3 \end{array}$　(4) $\begin{array}{c} \text{COOH} \\ \text{CH}_3-\!\!\!-\text{H} \\ \text{OH} \end{array}$

问题 7-7　写出化合物 CH₃CH =CHĊHClCH₃ 的全部立体异构体并命名。

7.6 含有两个手性碳原子的化合物

一、两个不同手性碳原子的化合物

2,3,4-三羟基丁醛$HOCH_2$—$\overset{*}{C}H(OH)$—$\overset{*}{C}H(OH)$—CHO(丁醛糖)含有两个不同的手性碳原子,它有四个立体异构体,组成两对对映异构:

CHO	CHO	CHO	CHO
H—OH	HO—H	H—OH	HO—H
H—OH	HO—H	HO—H	H—OH
CH₂OH	CH₂OH	CH₂OH	CH₂OH
1	**2**	**3**	**4**
(2R,3R)	(2S,3S)	(2R,3S)	(2S,3R)
$[\alpha]_D$ −21.5°	+21.5°	−29.1°	+29.1°

1 和 **2**,**3** 和 **4** 互为实物和镜像关系,二者不重合,是对映体。**1** 和 **3** 及 **4** 也不重合,它们是立体异构,但不是镜像关系,这种不是镜像的立体异构称为**非对映异构**(diasteroisomer)。非对映异构体具有不同的物理性质。例如:对映体 **1** 和 **2** 在室温下是液体并且非常容易溶解在乙醇中;对映体 **3** 和 **4** 是固体,熔点为 130° 而在乙醇中很难溶解。因此人们常利用这些性质上的差异,把对映异构体转变为非对映异构体进行分离。

分子中有两个手性中心,最多可产生四个立体异构,有三个手性中心,最多可产生八个立体异构,假如以 n 代表分子中手性碳原子数目,那么立体异构的最高总数应是 2^n 个。

二、两个相同手性碳原子的化合物

酒石酸分子$[HOOC\overset{*}{C}H(OH)\overset{*}{C}H(OH)COOH]$中含有两个相同的手性碳原子,下面是它的四个立体异构体:

COOH	COOH	COOH	COOH
HO—H	H—OH	H—OH	HO—H
H—OH	HO—H	H—OH	HO—H
COOH	COOH	COOH	COOH
5	**6**	**7**	**8**

发现 **5** 和 **6** 互为镜像关系,二者不能重合,它们是一对对映体。**7** 和 **8** 也互为镜像关系,但能重合,它们是同一种物质。这是由于 **7** 和 **8** 分子中有一个对称面,因此分子无手性。

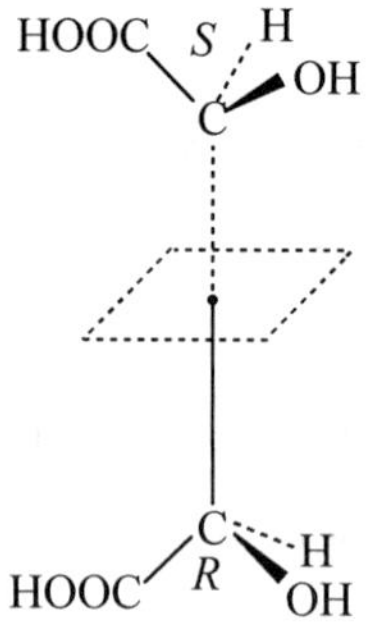

这种有手性中心,但无手性的化合物叫做**内消旋**(meso)化合物(注意区分手性中心和手性两个不同的概念)。可见分子有手性中心,分子不一定有手性,这是由于分子中一部分引起的旋光被作为镜像的另一部分所抵消。

等量的 **5** 和 **6** 的混合物为外消旋体,也无旋光性,但外消旋混合物在性质上不同于内消旋化合物(见表 7-1)。

表 7-1　酒石酸的物理性质

化合物	熔点/°C	$[\alpha]_D^{25}$(20%水溶液)	溶解度(克/100 克水)	pK_{a_1}	pK_{a_2}
(+)-酸	170	+12°	139	2.93	4.23
(—)-酸	170	−12°	139	2.93	4.23
(±)-酸	206	—	20.6	2.96	4.24
meso-酸	140	—	125	3.11	4.80

酒石酸有三个立体异构体。对于含有相同手性碳原子的化合物,立体异构数目总是小于 2^n。

含有两个(或多个)手性碳的化合物也用 R,S 标记,其费歇尔投影式中与竖线相连的基团伸向纸平面后,与横线相连的基团伸出纸平面。其投影式是用重叠式投影得到的。

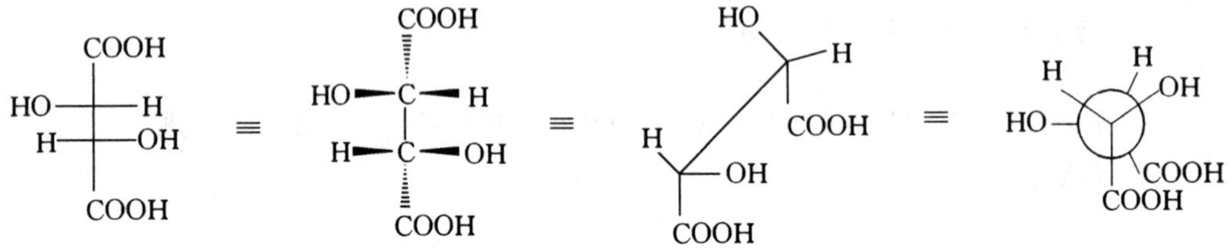

含多个手性碳原子的化合物的 R,S 标记是分别看各个手性碳原子的构型,如酒石酸中 C^2 上的四个基团优先顺序为 —OH > —COOH > —CH—COOH > —H, C^3 上的四个基团
|
OH

优先顺序也为 —OH > —COOH > —CH—COOH > —H,因此可标记如下:
|
OH

内消旋酒石酸两个手性碳原子具有相反的构型(*R*,*S*),这是判断这类分子是否为内消旋体的可靠依据(而不是表面的)。注意,这只适用于含两个相同手性碳的分子。

2*R*,3*S*(meso)

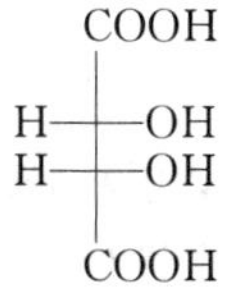

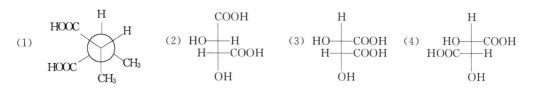

问题 7-8 判断下列化合物哪些具有光学活性,并用 *R*,*S* 标记手性碳原子。

(1) (2) (3) (4)

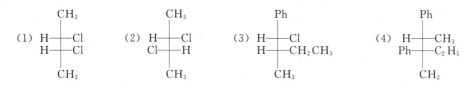

问题7-9 命名下列化合物,并把费歇尔投影式改写为透视式及纽曼式。

(1) (2) (3) (4)

7.7 含有三个手性碳原子的化合物

含有三个不相同的手性碳原子的化合物有八个异构体(2^3)。如果三个手性碳原子中有两个相同,则只有四种异构体。如 2,3,4-三羟基戊二酸有四个异构体:

	9	10	11	12
	(2*R*,4*R*)	(2*S*,4*S*)	(2*R*,3*R*,4*S*) 内消旋	(2*R*,3*S*,4*S*) 内消旋
熔点	127 ℃	127 ℃	170 ℃	190 ℃

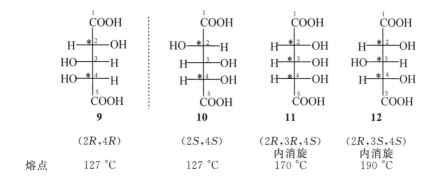

在 **9**、**10** 分子中 C^3 上连有两个相同的基团(2*R*,4*R*)和(2*S*,4*S*),C^3 不是手性中心,但 C^2,C^4 两个手性碳不是镜像关系,整个分子无对称面也无对称中心,**9**、**10** 为手性分子。**11**、**12** 分子内都有一对称面,均为内消旋化合物。虽然在 **11**、**12** 分子中 C^3 上连有两个构型不同的基团(2*R*,4*S*),C^3 为手性碳(定序时 *R*>*S*),但 C^2(*R*)及 C^4(*S*)成镜像关系,整个分子有对称面,**11** 及 **12** 都是内消旋化合物,无手性,文献上称这种碳(C^3)为假手性碳。

7.8 环状化合物的立体异构

环状化合物的立体异构比较复杂,往往顺反异构和对映异构同时存在。

1,2-环丙烷二甲酸分子中两个羧基可以在环的同侧,也可在环的两侧,组成了顺反异构体。顺-1,2-环丙烷二甲酸分子中虽有两个手性碳,但有一对称面,因此没有手性,为内消旋化合物;反-1,2-环丙烷二甲酸分子中无对称面,也无对称中心,有手性,为一对对映体。

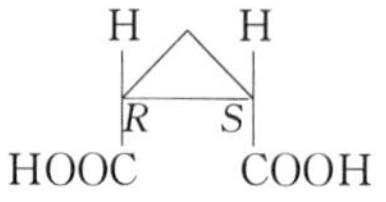

	13	**14**	**15**
	顺-1,2-环丙烷二甲酸 无手性(内消旋)	反-1,2-环丙烷二甲酸 一对对映体	
熔点	135 ℃	$(1R,2R)$ 175 ℃	$(1S,2S)$ 175 ℃

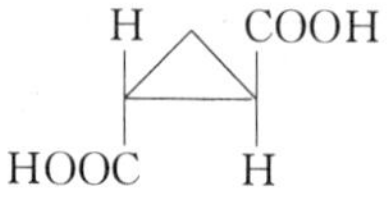

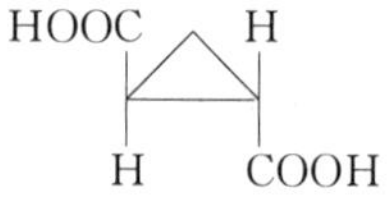

对于具有手性的环状化合物,仅用顺、反标记已不能表明其构型,必须采用 R,S 标记。如:反-1,2-环丙烷二甲酸的命名,不能区分两个对映体,应采用 R,S 标记法,**14** 表示为 $(1R,2R)$-1,2-环丙烷二甲酸,**15** 为 $(1S,2S)$-1,2-环丙烷二甲酸。顺式和反式异构体互为非对映异构体,属于非对映异构体中的一个特殊类别。

环己烷一般处于椅式构象,取代环己烷的椅式构象可能引起手性现象。例如平面结构的顺-1,2-二甲基环己烷有一对称面,无手性。

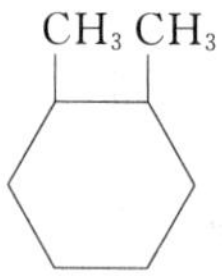

顺-1,2-二甲基环己烷

但它的椅式构象与镜像不能重合,它们是一对对映体。这对对映体可通过构象的翻转而互相转化,它们不能拆分(除非低温),无旋光性。这是构象异构与其他立体异构的区别。

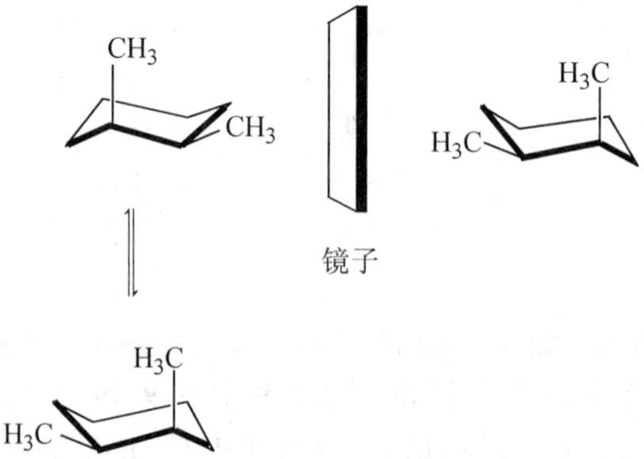

镜子

反-1,2-二甲基环己烷既无对称中心,又无对称面,它具有手性,有一对对映异构体。

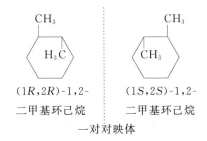

(1R,2R)-1,2-
二甲基环己烷

(1S,2S)-1,2-
二甲基环己烷

一对对映体

二者的构象不能重合,但与顺-1,2-二甲基环己烷的构象不同,它们不能通过环的翻(旋)转变成其对映体。

　　环己烷一般处于椅式构象,而且可以和它翻转的椅式构象相互转换,但并不影响取代环己烷的构型,所以表示取代环己烷的构型,常将环己烷作为一平面结构来考虑,以利于研究环己烷类型化合物的手性。

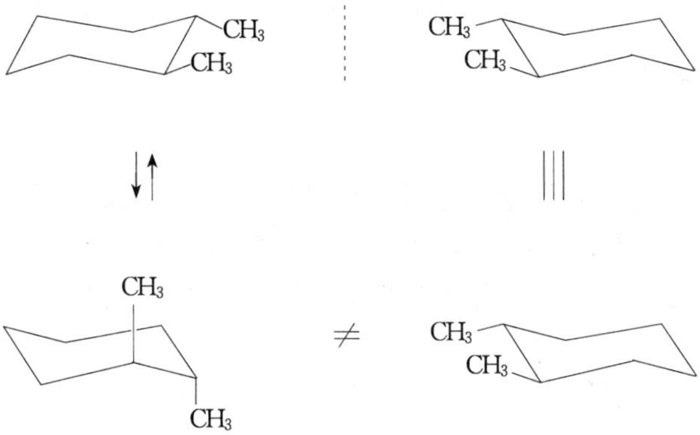

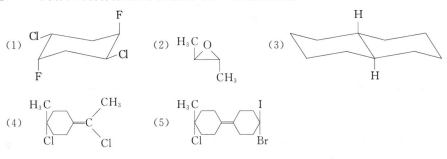

问题7-10　判断下列化合物有无手性,并正确命名。

(1)

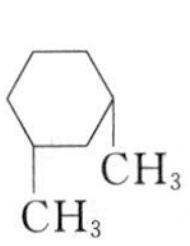

(2)

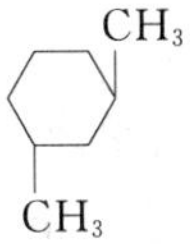

(3)

(4)

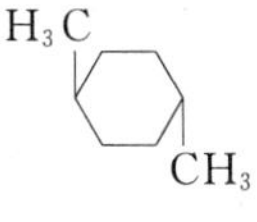

问题7-11　判断下列化合物有无手性,如有手性,写出其对映体。

(1)

(2)

(3)

(4)

(5)

问题7-12　樟脑的结构中有两个手性碳原子,但是它只有一对对映体,你如何解释这个现象?

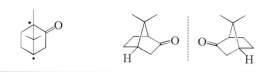

7.9 不含手性碳原子化合物的旋光异构

有机化合物中,大部分旋光性物质含有手性碳原子,但有些含有手性碳原子的化合物不具有旋光性,如内消旋化合物。而有些旋光性物质分子中并不含有手性碳原子,如下面要讲到的丙二烯型化合物及联苯型化合物。可见分子中是否含有手性碳原子并不是分子具有手性的充分必要条件。

判断一个化合物是否具有手性,最可靠的方法是做出分子及镜像的模型,看它们是否重合,这对初学者十分必要。另一种简便方法是判断分子是否具有对称面和对称中心。

含手性轴的旋光异构体

1. 丙二烯型化合物

丙二烯端基的碳为 sp^2 杂化,每一个端基碳提供一个 $2p$ 轨道与中间的碳形成双键。中间的碳必须是 sp 杂化,它除与两边的基团形成一个 σ 键外,还要提供 2 个 $2p$ 轨道与端基的碳形成 2 个互相垂直的 π 键。2 个 CH_2 处于互相垂直的两个平面,其结构如下图。

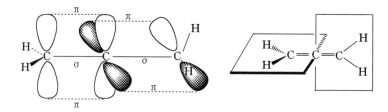

范霍夫(Van't Hoff)预言,如果取代丙二烯中同一碳上的两个基团不同,此化合物应具有旋光异构。例如:**16**、**17** 分子没有对称面,也无对称中心,分子与镜像不能重合,分子有旋光性。

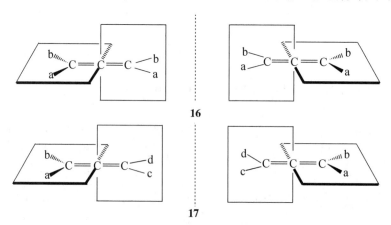

密尔斯(Mills W. H.)于 1935 年首次合成了光学活性的 1,3-二苯基-1,3-二(α-萘基)丙二烯,使范霍夫的预言得到证实。

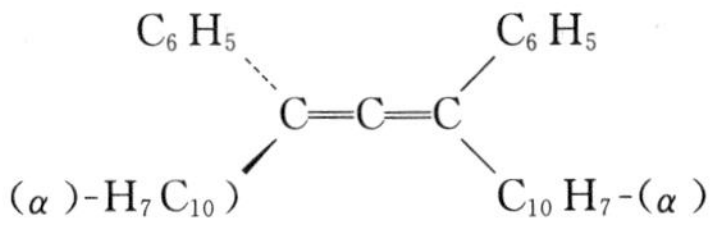

$$C_6H_5 \quad\quad C_6H_5$$
$$C=C=C$$
$$(\alpha)\text{-}H_7C_{10} \quad\quad C_{10}H_7\text{-}(\alpha)$$

1,3-二苯基-1,3-二(α-萘基)丙二烯

与之类似的化合物,如 4-甲基亚环己基醋酸,早在 1909 年就被成功地分离得到其对映体。

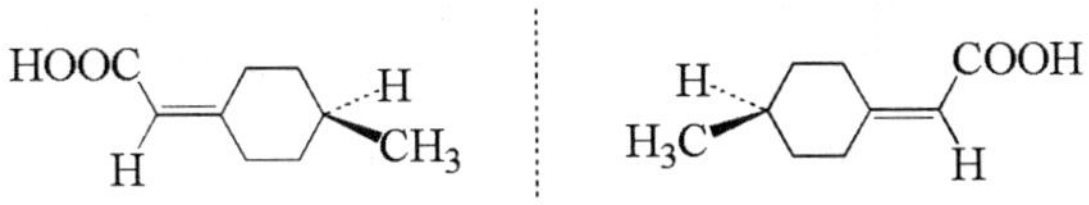

S-4-甲基亚环己基醋酸　　　　R-4-甲基亚环己基醋酸

螺环化合物也可看做丙二烯型的化合物,当两个环上都带有不同的取代基时,分子也具有手性,如:8-甲基-8-硝基螺[3,5]壬烷-2-羧酸

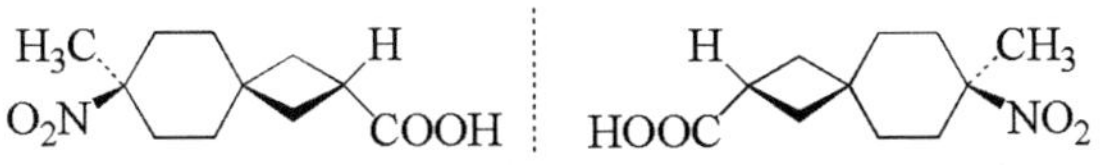

周其林设计并合成具有螺二氢茚结构的手性单磷配体 SIPHOS 和双膦配体 SDP,这些手性螺环配体在许多不对称催化反应中都得到好的结果。

SIPHOS　　　　　　SDP

2. 联苯型化合物

在联苯分子中两个苯环以单键相连,两个苯环可沿单键旋转。但是如果 $2,2'$ 和 $6,6'$ 位置上的氢被较大的基团取代,则苯环绕单键旋转受到阻碍,两个苯环成一定的角度,如:

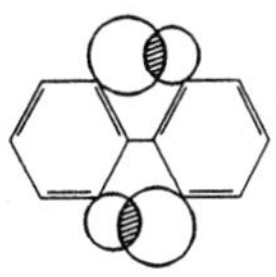

两个苯环不能在同一平面内 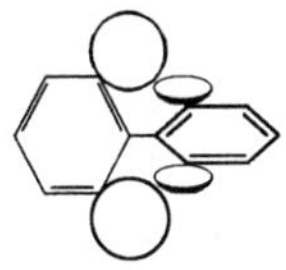　　　　两个苯环成一定的角度

如果同一苯环上所连的两个基团不同,整个分子既无对称面,也无对称中心,具有旋光性。这类化合物中首先拆分得到的旋光对映体是 $6,6'$-二硝基联苯-2,2'-二甲酸。

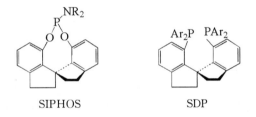

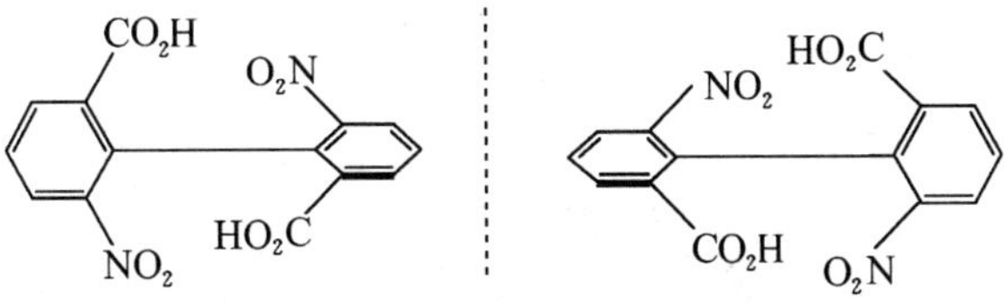

6,6′-二硝基联苯-2,2′-二甲酸

目前已合成出了许多手性的联萘配体,如 BINOL、BINAP,后者由 2001 年诺贝尔化学奖获得者 Noyori 教授等合成,具有里程碑式的意义。

BINOL   BINAP

BINAP 与金属配位得到的催化剂被成功地用于薄荷醇、氨基酸等生产中,对映选择性高达 100%ee。

问题7-13 判断下列化合物有无手性。

(1)

(2)

(3)

(4)

(5)

(6)

---

3. 含手性面的旋光异构体

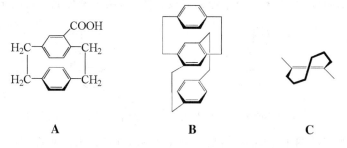

A   B   C

化合物 **A**、**B**、**C** 是面手性化合物。

问题7-14 回答下列问题。

(1)化合物 **A** 在加热时消旋化。

A

(2)化合物 **B**。当 $n=8$ 时,可得到一对稳定的对映异构体;当 $n=9$ 时,在室温可得到一对对映体,但在 100 ℃左右放置 7h 左右体系的旋光度变为 0;当 $n=10$ 时,在室温得到的化合物无旋光性。画出 $n=8$ 时的一对对映体。

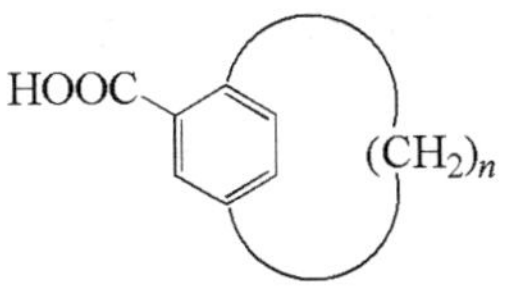

B

7.10　旋光异构与生理活性

旋光异构体的物理性质除旋光方向外,在非手性溶剂中的溶解度和比旋光度、熔点、沸点等都完全相同。

旋光性物质与非手性试剂反应时也是完全相同的,但在与手性试剂或存在手性催化剂或在手性溶剂中反应时,其反应速度则不同。为了便于理解,打一个通俗的比方:人手是一对对映体,去拿无旋光性的球,无论哪只手都是一样的(喜欢用哪只手,是个习惯),但与人的右手握手时,一定伸出右手,而绝不是左手,这涉及手的立体结构上的差异。

生物体中产生的化合物,往往是一对对映体中的一个,这是由于生物体内的酶,和由酶催化产生的底物是有旋光性的。例如:淀粉在酵母发酵时只形成(－)-2-甲基-1-丁醇,肌肉收缩时只产生(＋)-乳酸($CH_3\overset{*}{C}HCOOH$),从水果中只得到(－)-苹果酸($HOOCCH_2\overset{*}{C}HCOOH$)

$\overset{|}{O}H$ 　　　　　　　　　　　　　　　　　　　$\overset{|}{O}H$

因此一对对映异构体与生物作用时,生理活性有很大的差别,例如:在生命中起重要作用的葡萄糖,只有右旋体才能在动物体内代谢,才能发酵。手性药物的两个对映体往往具有不同的药理活性,与人体的作用会导致不同的结果,这可用在 20 世纪 60 年代发生在欧洲的一个悲剧来说明:外消旋的沙利度胺(thalidomide)曾是有力的镇静剂和止吐药,尤其适合在早期妊娠反应中使用。不幸的是,曾服用过这种药的孕妇产下了畸形的婴儿,因此很快就发现它是极强的致畸剂。进一步的研究表明,其致畸性是由药物(S)-异构体引起,而(R)-异构体不但不致畸还有很好的镇静止吐作用。这类例子不胜枚举。因此制备纯的旋光异构体具有十分重要的意义。

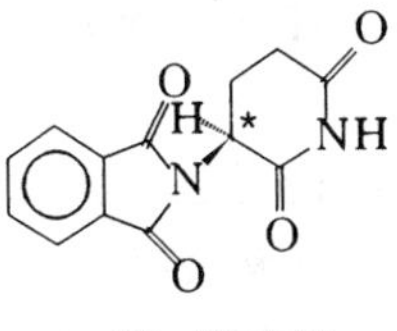

(S)-致畸剂 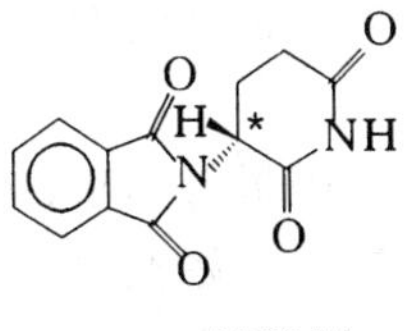　　　　　　(R)-镇静剂

7.11　制备手性化合物的方法

制备手性化合物的方法有三种:由天然产物中提取,外消旋化合物的拆分,手性合成。

一、由天然产物中提取

许多天然产物都是手性化合物,其中有许多是有用的药物,如治疗痢疾的黄连素(见20.8节),治疗疟疾的奎宁(见20.8节),治疗糖尿病的胰岛素,近年来发现治疗乳腺癌的紫杉醇等,都是首先从天然产物中分离得到的。

二、外消旋化合物的拆分

人工合成的手性化合物(除不对称合成),都是外消旋体。要得到纯的异构体需经过**拆分**(resolution)。但对映体的一般的物理性质及化学性质(除与手性试剂作用)都相同,因此很难用一般的方法,如蒸馏、结晶、色层分离、生成衍生物等方法进行分离。

上面提到的非对映异构体之间物理性质的差别,及对映体与手性化合物反应速度不同,这些都是拆分外消旋体的根据。

1. 化学分离法

让对映体与某种旋光性化合物反应,生成非对映体,利用非对映体物理性质(沸点、溶解度等)的差别,通过分馏或分步结晶进行分离,然后再除去拆分剂,得到纯的旋光异构体。例如:要拆分外消旋的酸,把它与旋光性碱混合,生成两种盐,其中酸部分是对映的,但碱部分不呈镜像关系,所以这两种盐是非对映体,可利用这些盐在某些溶剂中溶解度的不同,用分步结晶法进行分离。分离后,用酸处理,得到旋光性的酸:

$$(\pm)酸 + (-)碱 \longrightarrow \begin{cases} (+)-酸-(-)-碱盐 \xrightarrow{H^+} (+)-酸 \\ (-)-酸-(-)-碱盐 \xrightarrow{H^+} (-)-酸 \end{cases}$$

非对映异构体

常用的生物碱是从天然植物中分离出的,例如:(-)-番木鳖碱,(-)-奎宁,(-)-马钱子碱和(+)-辛可宁。

随着近代技术的发展,用色层分离法进行拆分更简便,色层分离是利用旋光性化合物对对映体的吸附速度不同来进行分离,如用淀粉(有旋光性)充填的柱,拆分外消旋的苯丙氨酸,用纸(纤维素有旋光性)层析分离半胱氨酸。利用高效液相色谱法拆分一对对映体是近年来的新技术,可广泛地用于各种类型化合物的拆分(见17.3节)。

2. 生物分离法

生物体中的酶及细菌等具有旋光性,当它们与外消旋体作用时,具有较强的选择性。如在外消旋酒石酸中培养青霉素,只消耗(+)-酒石酸,剩下(-)-酒石酸。近年来有些抗生素和某些药物等的生产就采用微生物拆分的方法,但这种方法往往要损失一半的原料,并因加入营养物质给纯化带来困难。

酶催化的专一性也可用于拆分,例如乙酰水解酶(猪肾脏内提取)只水解 L-(+)-乙酰丙氨酸。拆分时先把外消旋的丙氨酸乙酰化,用乙酰水解酶处理,得到 L-(+)-丙氨酸及 D-(-)-N-乙酰丙氨酸,利用二者在乙醇中溶解度的差别进行分离。

$$(\pm)\text{-}CH_3CHCOOH \xrightarrow{\text{乙酰化}} (\pm)\text{-}CH_3\text{-}CH\text{-}COOH \xrightarrow[\text{水解酶}]{\text{乙酰}} \text{...}$$

L-(+)-丙氨酸 溶于乙醇 D-(-)-N-乙酰丙氨酸

3. 光学纯

通过手性合成和拆分得到的化合物一般不纯，人们采用光学纯（optical purity）作为衡量其纯度的标准。光学纯是指一种化合物对另一种化合物过量的百分数，例如：一对混合物中 80% 为 S 构型，20% 为 R 构型，其 S 构型的光学纯为 $(80-20/100)\times100\%=60\%$。测定的经典方法是用旋光仪测定不纯样品的比旋光度，用其值与纯的标准值相比。例如：用（＋）-的辛可宁碱拆分外消旋的酒石酸，经处理后测得其酒石酸的比旋光度为 $9°(H_2O)$，与它的标准值（$12°$）相比光学纯为：$(9°/12°)\times100\%=75\%$。

三、手性合成

手性合成也叫不对称合成。一般是指在反应中生成的对映体或非对映体的量是不相等的。手性合成的方法很多，原则上是要在手性环境中进行反应，例如：采用手性底物，手性催化剂，手性试剂等。

例 1 采用手性的（—）-α-蒎烯作底物，通过硼氢化氧化合成手性的（＋）-异松茨醇。由于受到前面四元环的阻拦，硼氢化反应从环后面进攻，得手性醇。

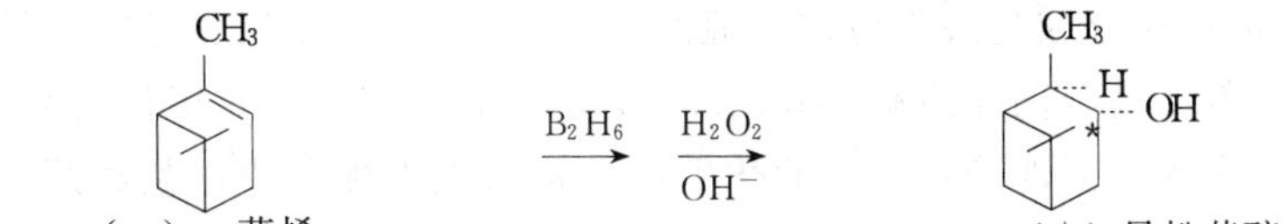

（—）-α-蒎烯
（松节油的主要成分）

（＋）-异松茨醇
光学纯 85%

例 2 用上面部分硼氢化的中间物作手性试剂，对烯烃进行硼氢化氧化加成反应：

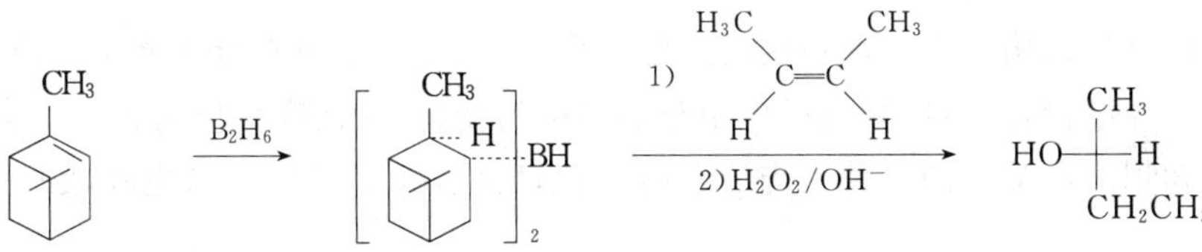

（—）-α-蒎烯
（松节油的主要成分）

（—）-2-丁醇
光学纯 $70\%\sim90\%$

加成的过渡态的两种可能，表示如下：

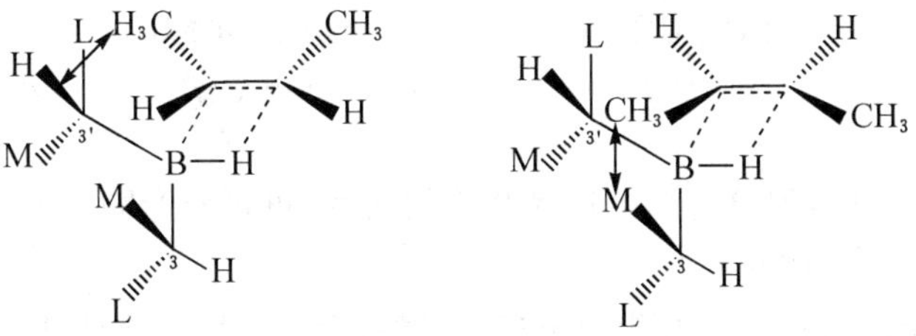

A　　　　　　　　**B**

过渡态 **A** 中，顺-2-丁烯的甲基与 $C^{3'}$ 上的 H 在空间上较为接近，而在 **B** 中则与 M 基团较为接近，由于 M＞H，所以 **A** 的能量比 **B** 低，产物以通过 **A** 过渡态形成的（—）-2-丁醇为主。

例 3 采用铑—膦催化剂合成药物多巴（控制帕金森病的特效药）。

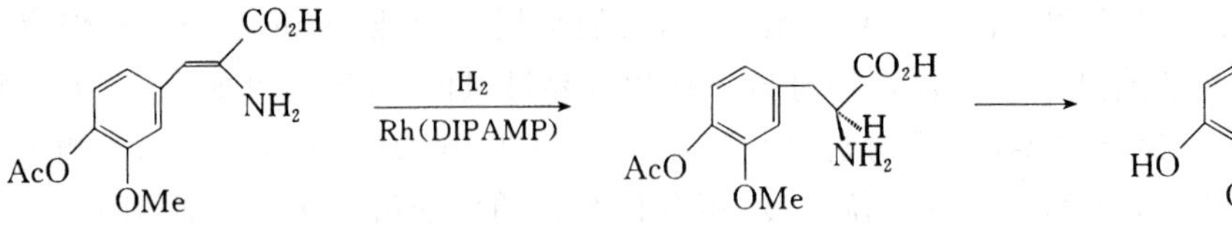

$$\text{光学纯 95\%} \qquad L\text{-}(-)多巴(\text{dopa})$$

(RR)-DIPAMP：

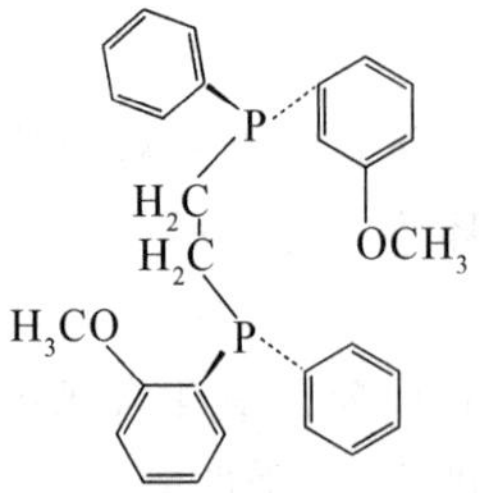

利用手性催化剂的手性合成是最有应用价值的方法之一，它可以从少量的手性试剂出发得到大量的手性产物。例 3 是美国孟山都（Monsanto）公司在 20 世纪 70 年代研究的，并成功地推向工业化，第一个实现了手性药物的工业化生产。氨基酸手性合成也是利用手性催化剂的方法，该部分内容参阅21.1节。

7.12　旋光异构在研究反应历程上的应用

分子的立体结构特点体现在它的光学性质上，反过来通过对分子光学性质的研究，又可推测分子的立体结构，从而推测出反应中分子结构的变化，为研究反应历程提供旁证。下面应用立体化学知识对已学过的两种反应历程（自由基反应，卤素对烯的亲电加成）进行进一步的研究和考证。

一、自由基取代反应

正丁烷溴代可得 2-溴丁烷：

$$CH_3CH_2CH_2CH_3 \xrightarrow{\ Br_2\ } CH_3\overset{*}{C}HBrCH_2CH_3$$
$$\text{丁烷} \qquad\qquad\qquad \text{2-溴丁烷}$$

2-溴丁烷有一手性碳，但分离出的产品却无旋光性，可判断产物为外消旋体。
为什么会产生外消旋体呢？
这是由于溴同烷烃的自由基取代的历程中，溴自由基夺取丁烷仲碳上的一个氢，形成仲丁基自由基。

$$CH_3CH_2CH_2CH_3 \xrightarrow{\ Br\cdot\ } CH_3\overset{\cdot}{C}HCH_2CH_3 \ + \ HBr$$
$$\text{丁烷} \qquad\qquad\qquad \text{仲丁基自由基}$$

仲丁基自由基具有对称的平面结构,是非手性的,在下一步与溴的反应中,溴从平面两侧进攻的机会均等,因此得到的两个对映体是完全等量的。

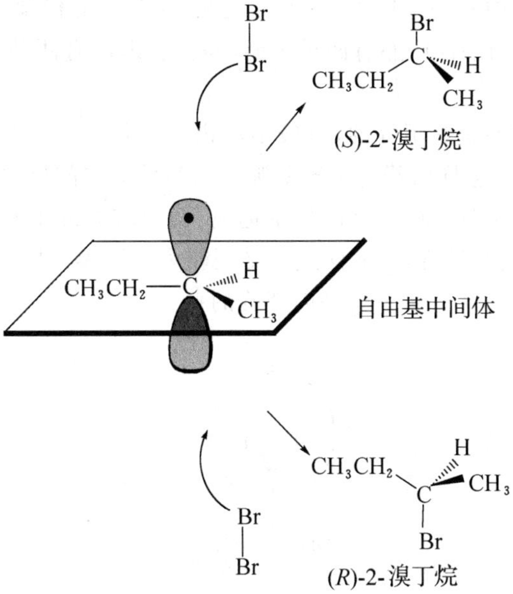

(S)-2-溴丁烷

自由基中间体

(R)-2-溴丁烷

立体化学的结果为自由基取代历程提供了旁证。这个反应也包含了一个普遍的原则,即从非手性化合物合成手性化合物(无论通过什么历程),总是得到外消旋体。换言之,无旋光性的反应物生成无旋光性的产物(或内消旋,或外消旋)。

由非手性的丁烷中的亚甲基与溴的取代反应产生了一个手性中心,我们称这个亚甲基碳为前手性碳原子或前手性中心(prochiral center)。

一般来说:当一个碳原子连有两个相同的和两个不同的原子或原子团时(CX_2YZ),这个碳原子具有前手性。前手性原子中的相同基团(X)被不同的原子或原子团(W)取代时,就产生一个手性中心($^*CXYZW$),得到手性化合物。上述丁烷中的亚甲基就是前手性中心。

拆分 2-溴丁烷,得到 2 个光学纯的化合物,取其中的一个(如 S 构型)进一步取代,又产生一个手性中心,得到 2,3-二溴丁烷。

$$CH_3\overset{*}{C}HBrCH_2CH_3 \xrightarrow{Br_2} CH_3\overset{*}{C}HBr\overset{*}{C}HBrCH_3$$

2-溴丁烷   2,3-二溴丁烷

2,3-二溴丁烷有三个异构体:

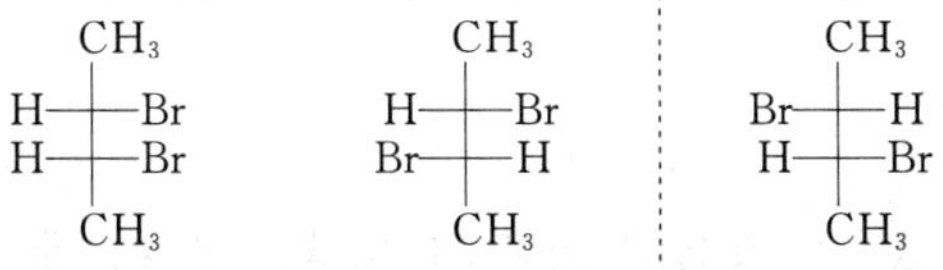

内消旋(meso)   一对对映体

(2S,3R)   (2S,3S)   (2R,3R)

分析上面反应结果,只有两个产物,一为有旋光活性的(2S,3S)-2,3-二溴丁烷,另一个为内消旋的(2S,3R)-2,3-二溴丁烷,总的产物显示一定的旋光性。

为什么会有这样的结果呢?

这是由于反应物分子中有一手性碳,具有旋光性,这个碳的构型在反应中不会发生变化,仍是 S。而反应中新产生的手性中心有两种可能的构型,因此有两种非对映异构的产物(S,R 或 S,S)。

实验表明这两种产物的量是不等的,有较多的内消旋体(S,R)及较少的(2S,3S)-2,3-二溴丁烷,其比例为 71:29。怎样解释这个现象呢?这与反应中间体自由基的构象及不对称性有关。自由基的稳定构象是分子中大基团尽量远离,两个较大的甲基处于反位。溴从自由基的两边进攻,由于自由基具有手性,从 a 面进攻受到较大基团溴的阻碍,得到较少的 S,S 的产物,从 b 面进攻位阻较小,因此产物主要是内消旋的。

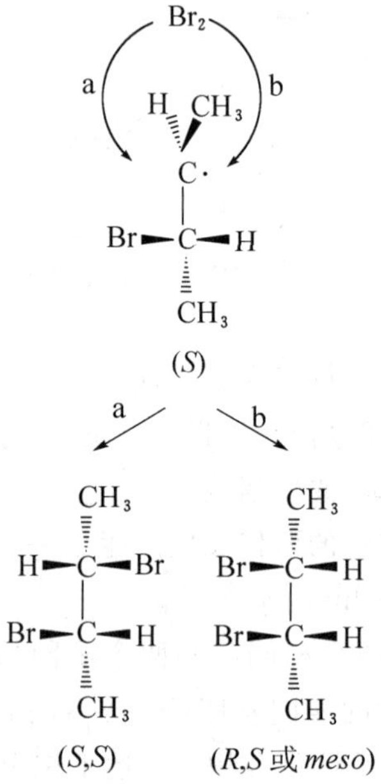

此反应从手性底物出发,进行自由基取代反应,得到具有手性的非对映体,此反应是 7.11 节提到的手性合成的又一实例。

问题7-15 丙烷氯代已分离出二氯代物($C_3H_6Cl_2$)的四种异构体。

(1) 写出它们的构型,指出哪个有光学活性。

(2) 有光学活性的二氯丙烷进一步氯代所得到的三氯化合物中,有一个具旋光活性,另两个无旋光活性,它们的构型是什么?

二、卤素与烯烃的加成

前述溴与烯烃的加成,是一个亲电的、分步的、反式的过程。学习了反应的立体化学,对非手性的整个反应会有更全面、深入的了解。例如溴与顺-2-丁烯反应,第一步加上一个溴正离子,形成溴𬂰离子;第二步溴负离子从三元环反面进攻,由于进攻三元环两端的机会均等,因此得到外消旋的产物。

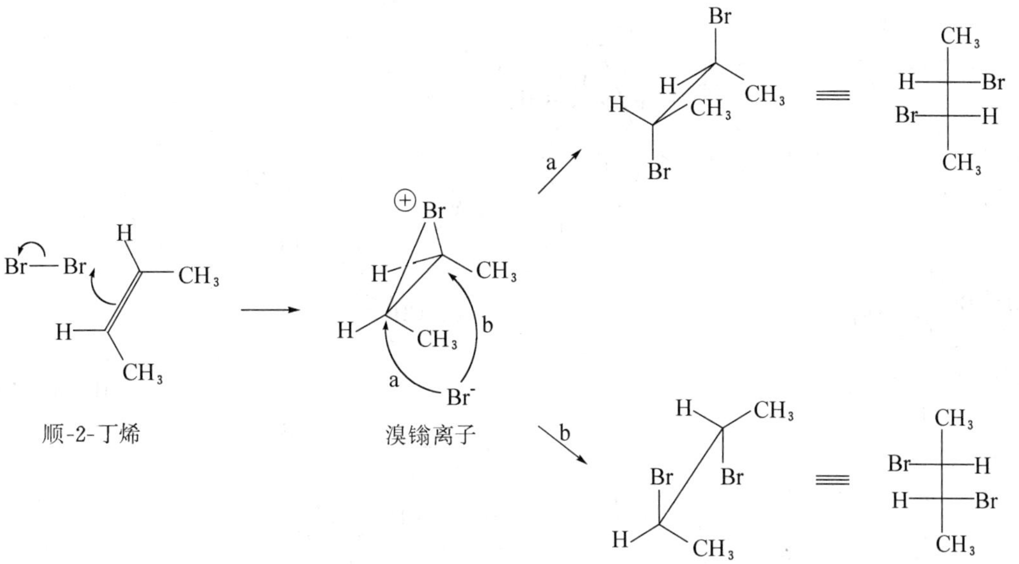

把透视式改写成费歇尔投影式时,需把交叉式构象旋转成重叠式构象,并使碳碳键在一个平面,然后按投影要求写出相应的费歇尔投影式,

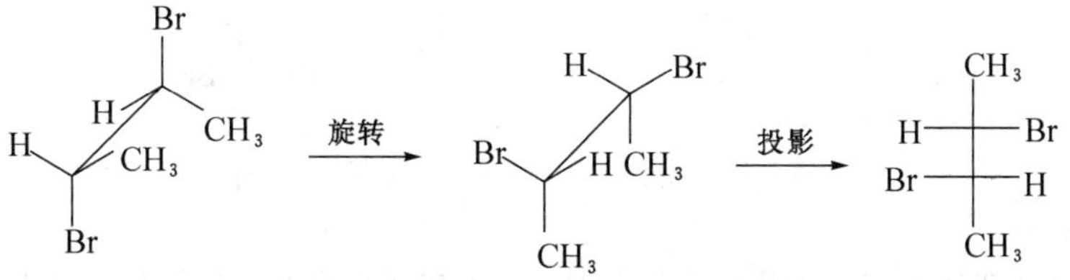

或判断每一个手性碳的 R,S 构型,以此为据写出相应的费歇尔投影式,例如:

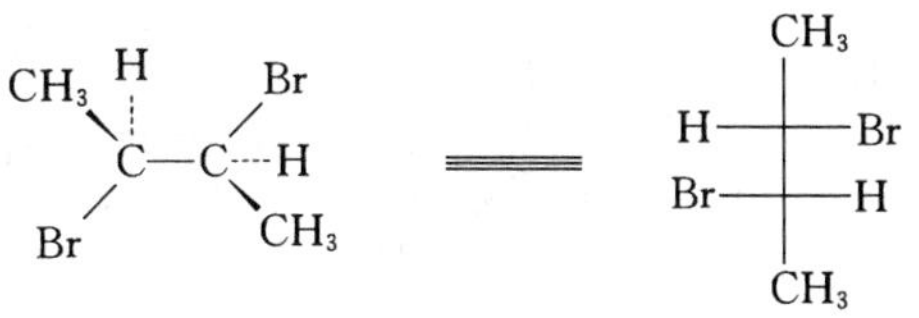

$(2S, 3S)$ $(2S, 3S)$

反-2-丁烯与溴加成,形成的溴𬂰离子有手性,因此得到一对外消旋的中间体。它们进一步与溴负离子结合,得到内消旋的 2,3-二溴丁烷。

这种从不同的立体异构体得到立体构型不同的产物的反应叫做**立体专属反应**(stereo specific reaction)。

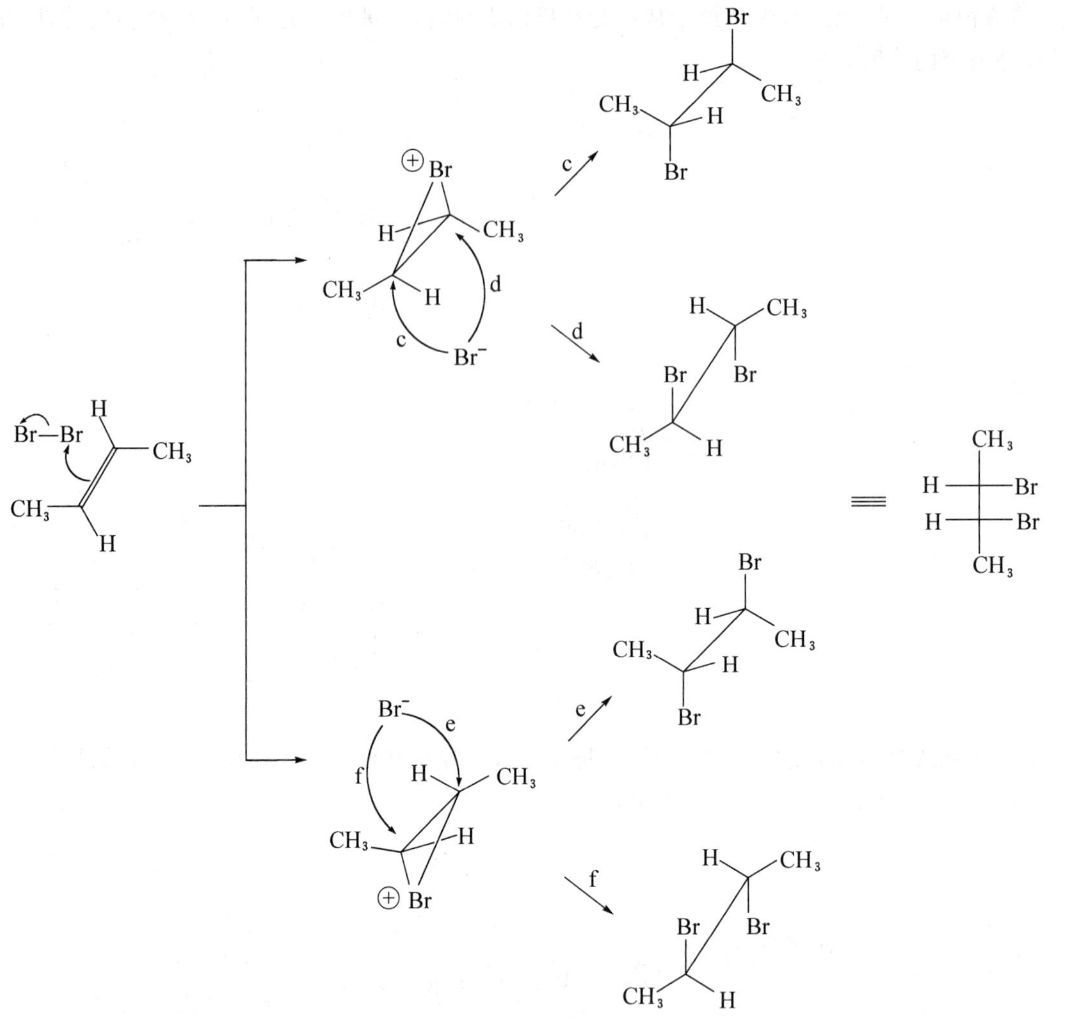

最初提出的机理认为,溴与顺-2-丁烯加成,溴正离子首先加在烯键一端,形成一个开链的碳正离子中间体,

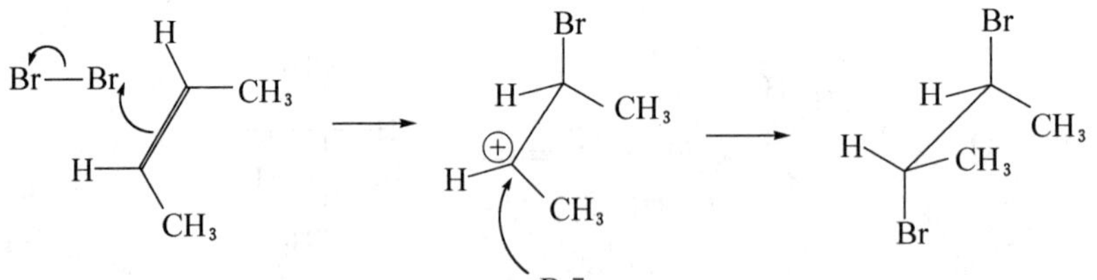

顺-2-丁烯　　　　　　　开链的碳正离子

然后溴负离子进攻碳正离子。由于手性的碳正离子中间体中,溴有较大的体积,故阻碍了溴负离子从上面的进攻,主要得到反式加成的产物。这种选择性是假设单键不能旋转,实际上碳碳单键可以旋转,旋转后得到更加稳定的构象,溴负离子从下面进攻,主要产物是内消旋的 2,3-二溴丁烷,这与实验事实不符,说明原有的反应历程并不完善。

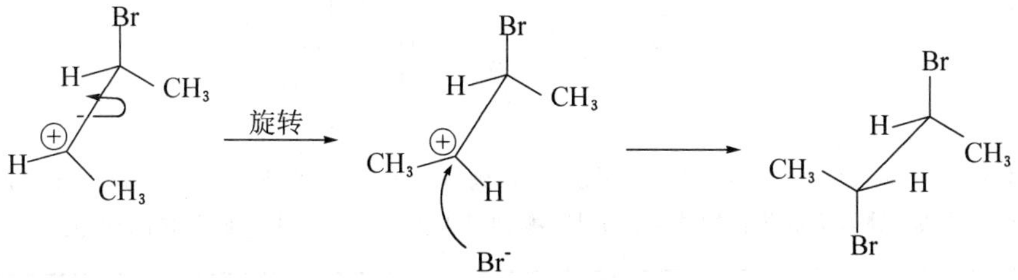

为了克服这个矛盾，1937 年有人提出，反应不经过开链的碳正离子，而是形成环状的溴鎓离子中间体。这个环状的溴鎓离子($\overset{Br^+}{\underset{}{C\!-\!C}}$)阻止了碳碳单键的旋转，保证溴从三元环的背面进攻，完满地解释了实验的立体化学结果。这体现了立体化学在研究反应历程中的重要性。

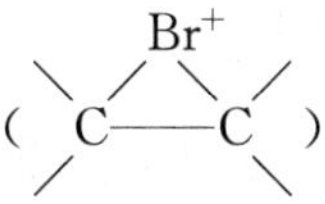

环状的溴鎓离子最初是作为对反应立体化学的一种解释提出的，后来分离得到某些溴鎓离子，证实了这种设想的正确性。

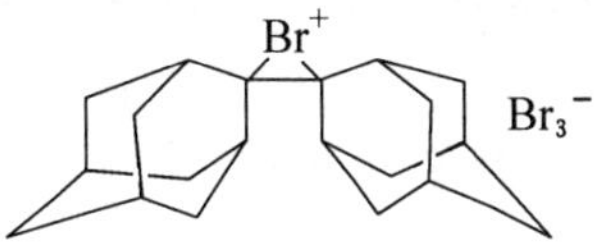

从结构的角度来看，三元环的溴鎓离子的形成是合理的。溴正离子与烯加成后，仍留有未成键的 p 电子对，可与碳正离子的空的 p 轨道重叠，形成较稳定的八隅体，比开链的碳正离子稳定。

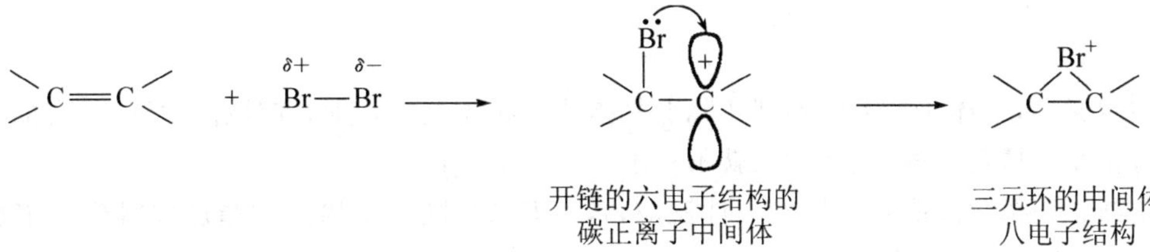

开链的六电子结构的
碳正离子中间体

三元环的中间体
八电子结构

问题7-16 顺-2-丁烯同溴水加成，得到一外消旋的混合物，写出反应历程。

问题7-17 完成下列反应，写出产物的构型式。

(1)  + Br_2

(2) 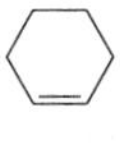 + $KMnO_4$ $\xrightarrow{\text{冷,碱}}$

(3) 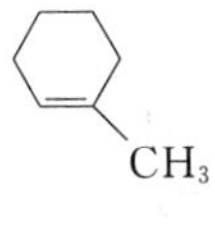 + RCO_3H

(4)  + Cl_2/H_2O

(5) $CH_3C\!\equiv\!CCH_3$ + ? $\xrightarrow{\ ?\ }$? $\xrightarrow{Br_2}$

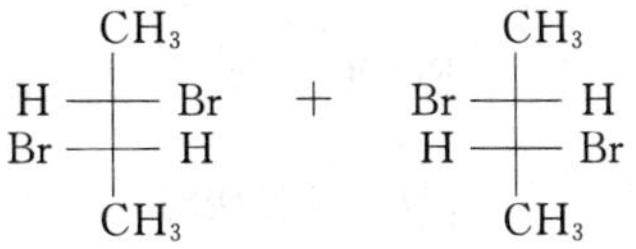

(6) 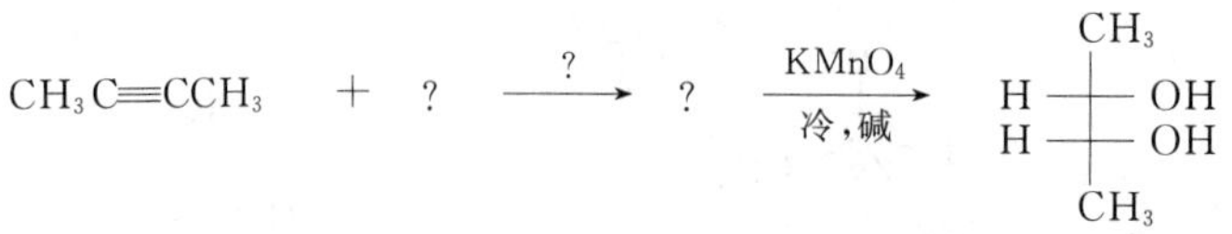 $CH_3C\equiv CCH_3$ + ? $\xrightarrow{\quad ? \quad}$? $\xrightarrow[\text{冷,碱}]{KMnO_4}$

问题7-18 用 $KMnO_4$ 碱性溶液（冷）与顺-2-丁烯反应,得到熔点为 32 ℃的邻二醇,而与反-2-丁烯反应则得到熔点为 19 ℃的邻二醇,所得两种醇均无旋光性,哪种可以拆分? 并写出它们各自的构型式。

7.13 立体专一性和立体选择性反应

如前所述,凡是由构型不同的反应物在一反应中产生出不同的立体异构产物,就叫立体专一反应。例如反-2-丁烯和溴加成得内消旋 2,3-二溴丁烷,而顺-2-丁烯在同样条件下反应,则得外消旋的 2,3-二溴丁烷。

凡是在一个反应中,一个立体异构体的产生超过(一般是大大地超过)另外其他可能的立体异构体,就叫做**立体选择反应**(stereo selective reaction)。例如顺和反-2-溴-2-丁烯同溴化氢的自由基加成时,都形成 75% 的外消旋体和 25% 的内消旋体。

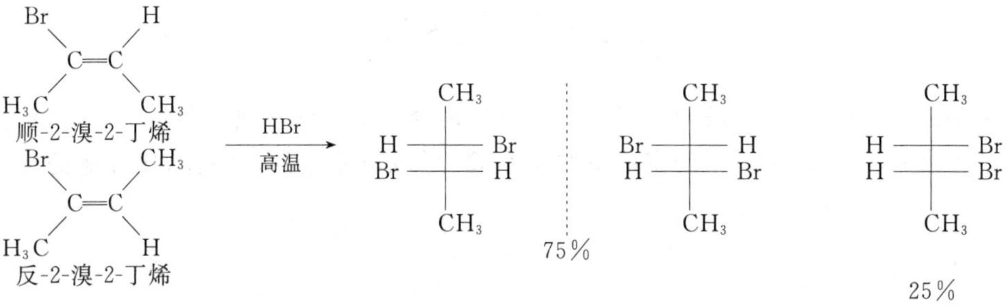

上述定义中,立体化学上的差别实际上是指非对映体上的差别。应该注意到,所有的立体专一反应都是立体选择的,但反过来就不对了。

狄尔斯—阿德尔反应是立体专一性反应,1,3-丁二烯同顺丁烯二酸酯加成得到内消旋的产物,同反丁烯二酸酯加成得到外消旋产物。

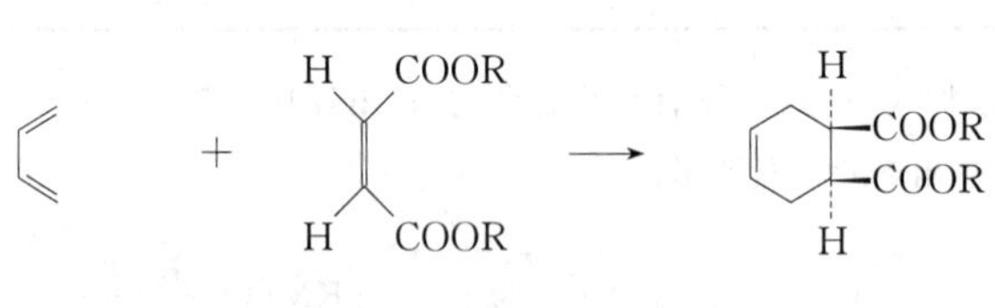

1,3-丁二烯　　　顺丁烯二酸酯　　　内消旋

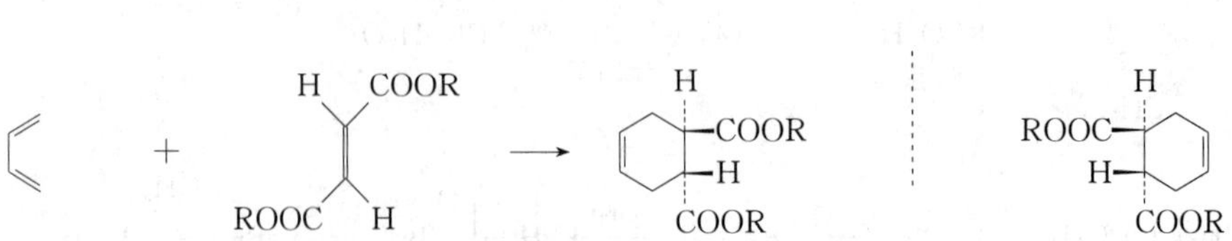

1,3-丁二烯　　　反丁烯二酸酯　　　　　外消旋

7.14 主体—客体概念

立体化学的发展涉及反应的立体选择性和立体专一性,前面是从反应的机理阐述加成反应和取代反应的立体结果。复杂有机化合物的生理活性与它们的立体结构有关,左旋体药物有药效,右旋体可能没有,这是为什么? 这是因为药物的生理作用是与机体内生化作用、代谢方式紧密联系在一起的,机体内的生化反应依靠酶的作用,而酶是有高度立体组织的蛋白质。它的高效催化性促进了生命过程中绝大多数的化学转换反应。酶是通过使反应分子的瞬时中间产物稳定化而起作用的。

对于大分子酶的三维结构可以通过 X 光衍射法测定,这种结构与底物的关系好像是锁和钥匙的匹配,酶的一部分链段包围了底物,要得到最佳匹配,底物才能被酶所活化。下边是酶水解多肽的示意:

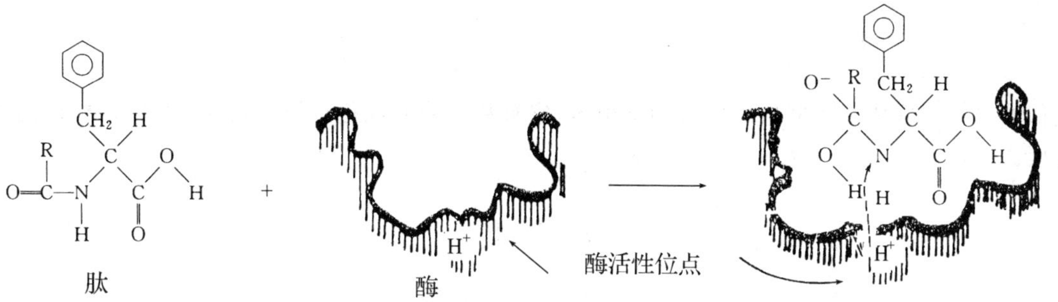

酶的活性位点的质子把肽链迅速水解并断裂肽键,分解出端头的芳香氨基酸(在上图中分出的氨基酸为苯丙氨酸)。

克拉姆(Cram)从酶—底物的相互关系发展出主体—客体概念。他认为酶的催化作用是酶为主体,底物为客体,合适的主—客关系才能起催化作用。彼得森(Peterson)较早就发现了冠醚能包容金属正离子,例如 18-冠-6 络合 K^+,15-冠-5 络合 Na^+,剩下它们的负离子 X^-。在溶液中 X^- 由于脱离了正离子的束缚,活性大大加强。冠醚能作为相转移催化剂是基于促进油/水溶液中负离子的加成或取代反应(见 10.5 节)。这一理论用主—客体概念解释,主体为冠醚,客体为金属正离子。

主—客体概念涉及两类物质大小的相容性,18-冠-6 有较大孔径可以络合 K^+,15-冠-5 的孔径较小能络合 Na^+,而不容 K^+。酶的催化特异性也是由于底物的几何形状而只被某一种酶活化。20 世纪 70 年代人们发现环糊精是一种很好的主体(见 19.6 节)。它的结构像一只上窄下宽的开口桶,外侧边框是亲水的,内侧是亲油的,可以在空腔中容纳许多有机和无机化合物。那些与空腔几何形状或基团的大小相匹配的分子,就能进入环糊精分子内。要附带说明的是:常见的环糊精是由 6 个、7 个或 8 个葡萄糖单元首尾成环的,分别称为 α-、β-和 γ-环糊精。α-环糊精容纳尺寸较小的分子,γ-环糊精可容纳分子尺寸大的;而 β-环糊精则介于 α-和 γ-类之间,可以容纳中等大小的分子,例如芳香衍生物。重氮苯的还原反应是一个自由基去氮反应,可由次磷酸还原实现(见 17.5 节)

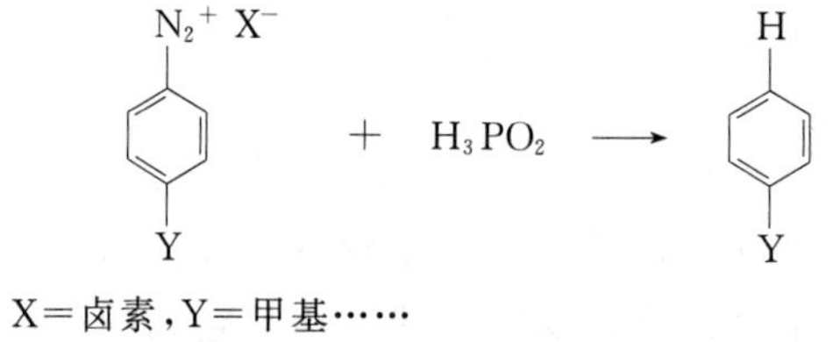

X＝卤素，Y＝甲基……

反应产率低于 70％。

如果用环糊精催化还原,则产率大大提高,可达 80％ 以上。由于反应过程中生成的芳香自由基包容在环糊精空腔内,故它很容易从主体上夺取 H 而成为 Ar－H,从而大大减少了偶联等副反应:

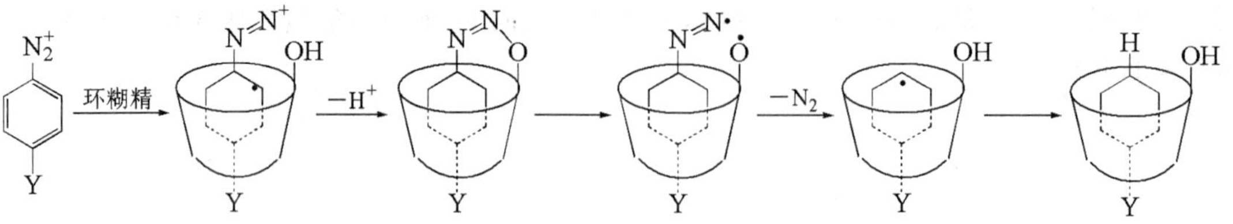

类似的主体—客体关系催化反应的例子很多,它解释了酶的催化特异性,也推动了立体化学的发展。

习　题

1. 区别下列各组概念并举例说明。
   (1)手性和手性碳　　　　(2)旋光度和比旋光度　　　(3)对映体和非对映体
   (4)内消旋体和外消旋体　(5)构型与构象　　　　　　(6)左旋与右旋
   (7)构造异构和立体异构

2. 什么是手性分子?下面哪些是手性分子,写出它们的构型式,并用 R,S 标记它们的构型。
   (1)3-溴己烷　　　　　　　(2)2-甲基-3-氯戊烷　　　　(3)1,3-二氯戊烷
   (4)1,1-二氯环丙烷　　　　(5)1,2-二氯环丙烷　　　　(6)3-氯-3-甲基戊烷
   (7)1-甲基-4-异丙烯基环己烷

3. 下列化合物哪些有旋光性?为什么?

(1)

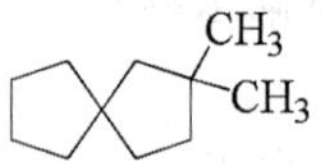

(2)

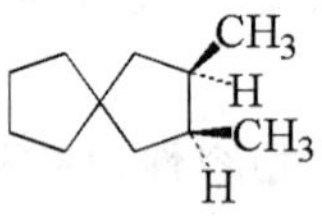

(3)

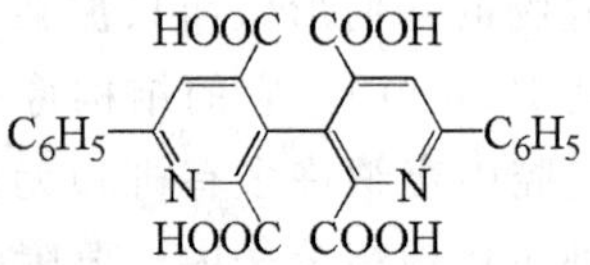

(4)

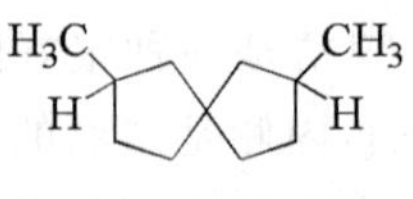

(5)

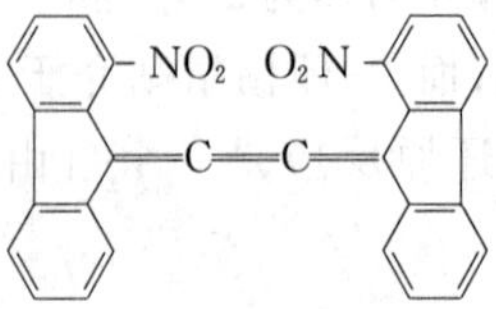

(6)

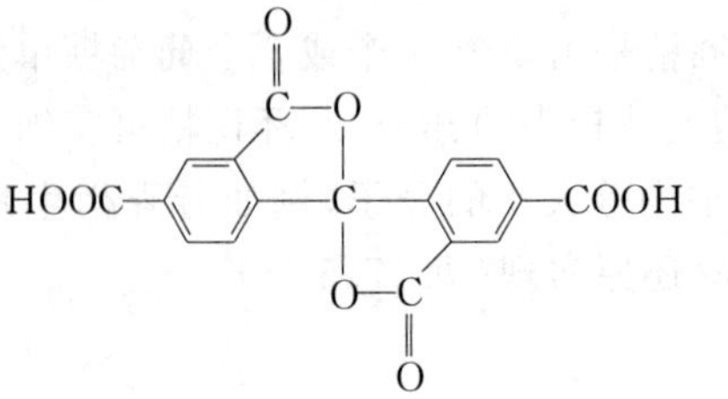

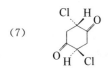

(7)   (8)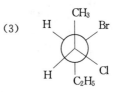

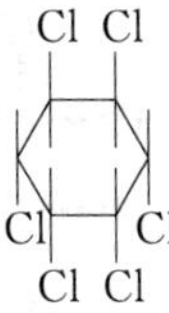

4.命名下列化合物。

(1) 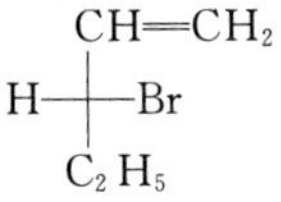   (2) 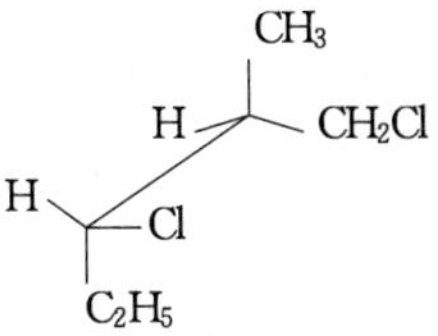   (3)

(4) 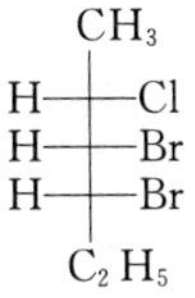   (5)

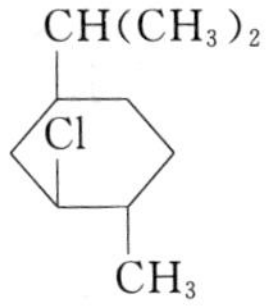

5.写出下列化合物的构型式(立体表示或投影式)。

(1)(S)-(−)-1-苯基乙醇   (2)(R)-(−)-1,3-丁二醇

(3)(2S,3S)-(＋)-2-甲基-1,2,3-丁三醇   (4)(4S,2E)-2-氯-4-溴-2-戊烯

(5)(2R,3R,4S)-4-氯-2,3-二溴己烷   (6)(S)-(＋)-1-苯基-2-甲基丁烷

(7)(1S,3S,4R)-3-甲基-4-乙基环己醇

6.写出下列化合物的所有立体异构体;并用 R,S 及 Z,E 标明构型。

(1) 2,4-二溴戊烷   (2) 1,2-二苯基-1-氯丙烷

(3) 1-甲基-2-乙叉基环戊烷(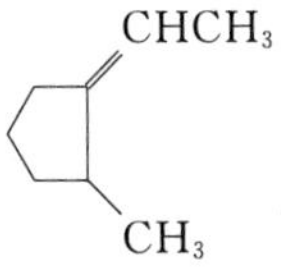)

(4) 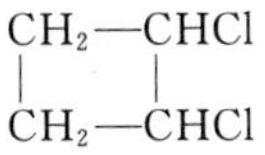   (5) 1-氘-1-氯丁烷

7.写出下列化合物的费歇尔投影式,并用 R 和 S 标定不对称碳原子。

(1) 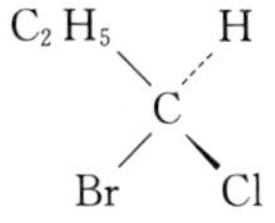   (2) 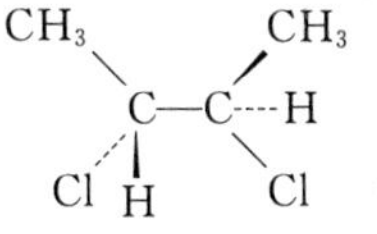   (3)

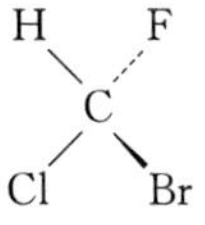

(4) 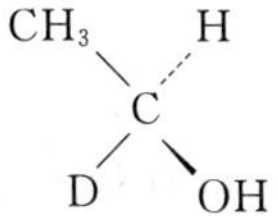   (5) 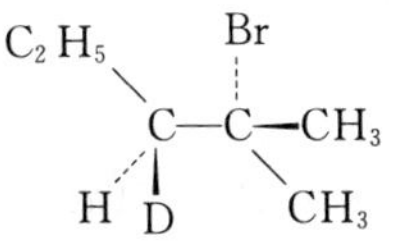   (6)

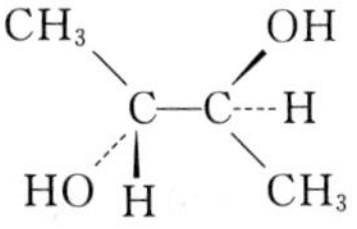

(7) 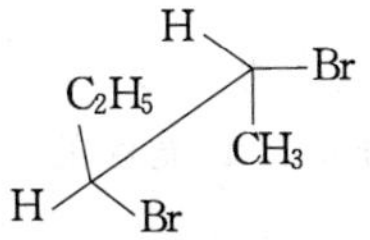   (8)

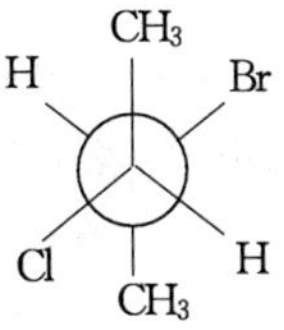

8.下列各对化合物哪些属于非对映体,对映体,顺反异构体,构造异构体或同一化合物。

(1) 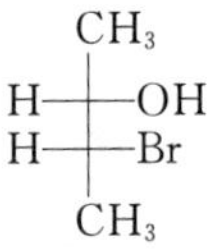 (2) 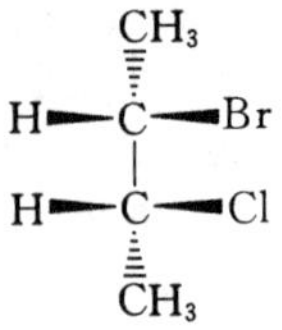 (3) 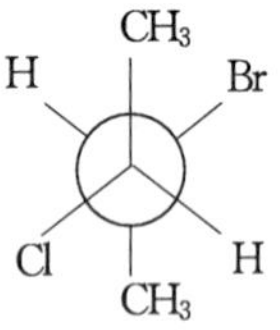 (4) 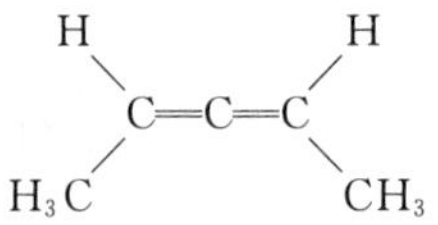 (5) 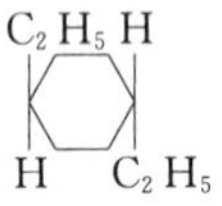 (6) 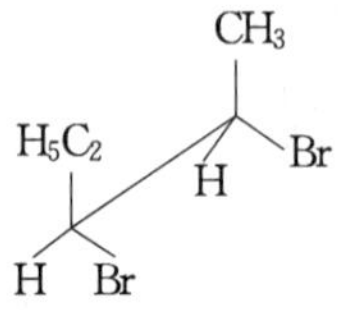 (7) 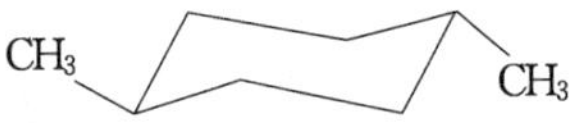 (8)  各立体结构式

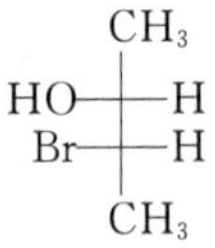

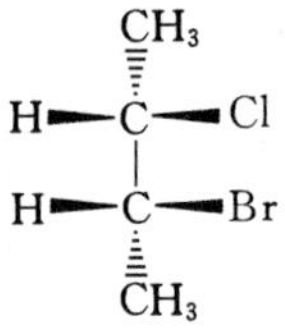

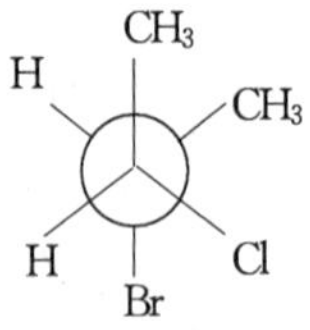

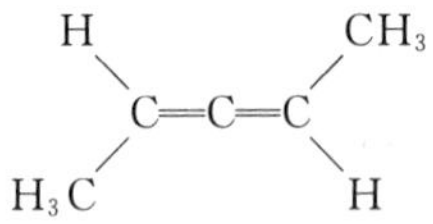

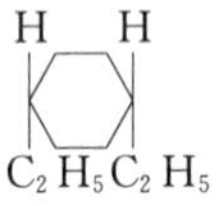

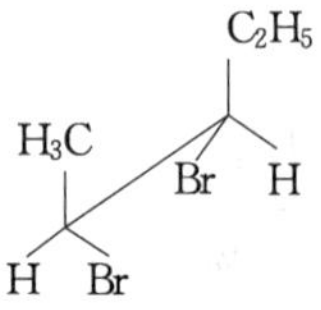

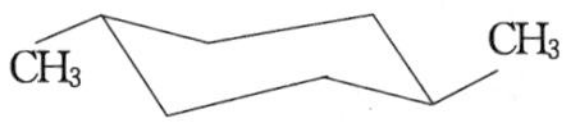

9. 异戊烷进行自由基氯化后，小心地分馏所得到的产物。

(1)预计将获得多少个分子式为 $C_5H_{11}Cl$ 的馏分？试写出这些馏分化合物的构造式或构型式。

(2)其中有光学活性(有旋光)的馏分吗？

(3)无旋光性的馏分是外消旋体、内消旋体还是无手性碳原子的化合物？

(4)假使有外消旋体，那么它是怎样形成的？

10. (1)指出

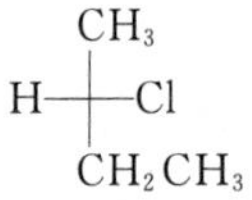

的构型是 R 还是 S？

(2)在下列各构型式中哪些是与上述化合物的构型相同？哪些是它的对映体？

(a) 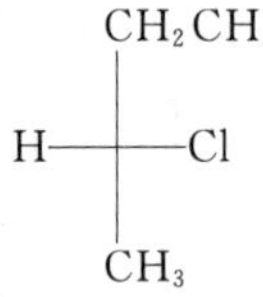 (b)

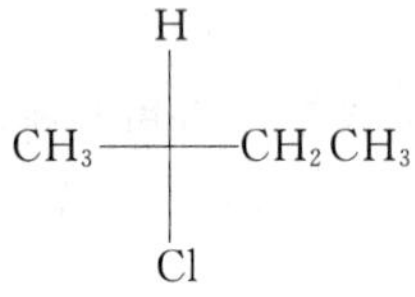

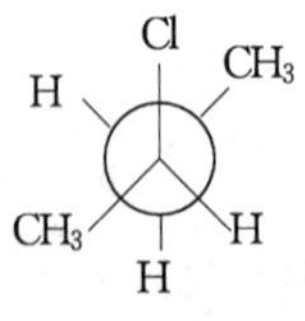

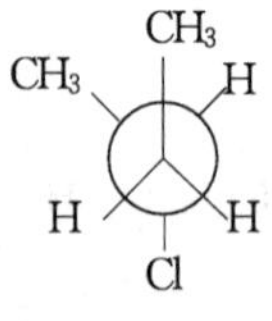

11. 家蝇的性诱剂是一个分子式为 $C_{23}H_{46}$ 的烃类化合物，加氢后生成 $C_{23}H_{48}$；用热而浓的 $KMnO_4$ 氧化时，生成 $CH_3(CH_2)_{12}COOH$ 和 $CH_3(CH_2)_7COOH$。它和溴的加成物是一对对映体的二溴代物。试问这个性诱剂可能具有何种结构？

12. 进行下列各反应以后，通过仔细分馏或再结晶将产物分开，试说出在各反应中会收集到多少个馏分，画出组成各馏分的化合物的立体化学式，并以 R/S 标记，再说出收集到的馏分是有旋光性的，还是无旋光性的。

(1)(R)-仲丁基氯在 300 °C 的二氯代反应；

(2)外消旋仲丁基氯在 300 °C 的二氯代反应；

(3)外消旋 1-氯-2-甲基丁烷在 300 ℃的二氯代反应；

(4)溴与(S)-3-溴-1-丁烯的加成。

13.一旋光化合物 C_8H_{12}(**A**)，用铂催化剂加氢得到没有手性的化合物 C_8H_{18}(**B**)，**A** 用林德拉催化剂加氢得到手性化合物 C_8H_{14}(**C**)，但用金属钠在液氨中还原得到另一个没有手性的化合物 C_8H_{14}(**D**)。试推测 **A** 的结构。

文献题：

判断下列化合物的构型(R、S)。

(1)

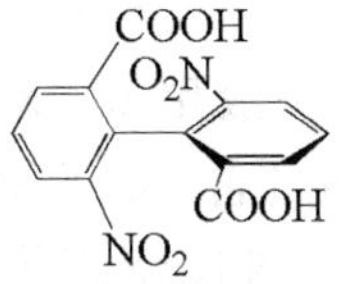

(2)

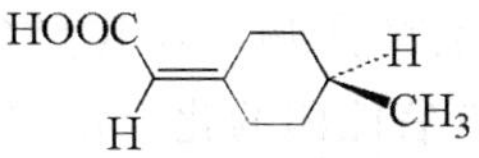

(3)

(4)

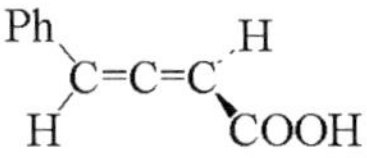

来源：

王永梅,张文昊,翟玉平.大学化学,2007,22(4):52−57.

第八章 卤 代 烃

烃分子中的氢被卤素取代后的产物叫卤代烃(halo hydrocarbon)，一般用 R—X(X＝F、Cl、Br、I)表示。卤代烃可看作含官能团的化合物，具有很强的反应性，通过它可以合成许多含其他官能团的化合物，因此在有机化学中占有重要位置。本章重点讨论氯代烃、溴代烃和碘代烃。

8.1 分类和命名

一、分类

根据分子中所含卤原子数目可分为一卤代烃、二卤代烃和多卤代烃。对一卤代烃而言，根据卤原子所连的碳的结构特点可分为与饱和碳相连的卤代烃和与不饱和碳相连的卤代烃。卤素与饱和碳相连的卤代烃中，若卤原子与伯、仲、叔碳相连，则称为伯、仲、叔(一级、二级、三级)卤代烃。若卤原子所连碳处于碳碳双键和苯环的 α 位，则称为烯丙型卤代烃和苄型卤代烃。

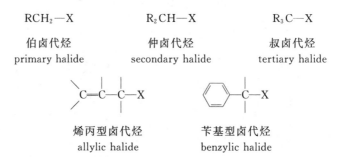

卤原子与不饱和碳相连的卤代烃最常见的是乙烯型卤代烃和卤代芳烃。

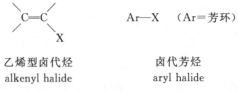

以上卤代烃，由于卤原子所连不同结构特点的碳，表现出不同的化学反应性。在继后关于卤代烃化学反应的讨论中将会看到它们不同的反应特点，并深入理解结构和性质的关系。

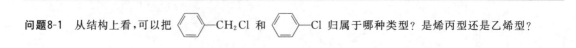

问题8-1　从结构上看，可以把〈〉—CH₂Cl 和〈〉—Cl 归属于哪种类型？是烯丙型还是乙烯型？

二、命名

1.普通命名法

普通命名法是按与卤素相连的烃基名称来命名的,称为"某基卤"。例如:

CH₃CH₂CH₂CH₂Br	CH₂=CHCH₂Cl	—CH₂Cl
正丁基溴	烯丙基氯	苄基氯
n-butyl bromide	allyl chloride	benzyl chloride

也可在母体烃名称前面加上"卤代",称为"卤代某烃","代"字常省略。例如:

CH_3CHCH_3
     |
     Br
	$CH_2=CHCl$	—Br

溴代异丙烷	氯乙烯	溴苯
bromoisopropane	chloroethene	bromobenzene

2.系统命名法

对于较复杂的卤代烃,由于叫不出与卤原子相连的烃基名称,必须采用系统命名法。以相应烃为母体,把卤原子作为取代基。命名的基本原则、方法与一般烃类的相同。例如:

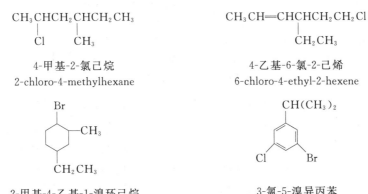

4-甲基-2-氯己烷
2-chloro-4-methylhexane

4-乙基-6-氯-2-己烯
6-chloro-4-ethyl-2-hexene

2-甲基-4-乙基-1-溴环己烷
1-bromo-4-ethyl-2-methylcyclohexane

3-氯-5-溴异丙苯
3-bromo-5-chloroisopropylbenzene

有些多卤代烃常常有其特殊的名称,例如 $CHCl_3$,$CHBr_3$,CHI_3 分别称为氯仿,溴仿,碘仿。

8.2 卤代烃的物理性质

卤素的电负性比碳大,C—X 键有一定的极性。一些一卤代烃的偶极矩见表 8-1。

当分子中引入卤素后,一般都会使沸点升高,密度增加。卤代烃的沸点比同碳数的相应烷烃的高;在烃基相同的卤代烃中,碘代物的沸点最高,氟代烃的沸点最低。在室温下,除氟甲烷、氟乙烷、氟丙烷、氯甲烷、溴甲烷是气体外,常见的卤代烃均为液体。一卤代烃的密度大于同碳原子数的烷烃,随着碳原子数的增加,这种差异逐渐减小。分子中卤原子增多,密度增大。一些一卤代烃的沸点和密度见表 8-2。

尽管卤代烃有一定的极性,但卤代烃不溶于水,这可能是由于它们不能和水分子形成氢键的缘故。卤代烃可溶于醇、醚、烃类等有机溶剂。某些卤代烃本身常作为优良的有机溶剂使用。

卤代烃一般都是无色的,但是碘代烃易分解而产生游离的碘,所以碘代物常带棕色,一般在使用前需重新蒸馏。某些久置的溴代烃也因分解而带有一定的颜色。

表 8-1　一些一卤代烃的偶极矩(气态,D)

X	CH_3X	CH_3CH_2X	$CH_2{=}CHX$	$CH{\equiv}CX$	C_6H_5X
F	1.85	1.94	1.43	0.73	1.60
Cl	1.87	2.05	1.45	0.44	1.69
Br	1.81	2.03	1.42	0	1.70
I	1.62	1.91	1.26	—	1.70

表 8-2　一些一卤代烃的沸点和密度

烷　基	氯代物		溴代物		碘代物	
	沸点 /°C	密度* /10^3 kg·m^{-3}	沸点 /°C	密度* /10^3 kg·m^{-3}	沸点 /°C	密度 /10^3 kg·m^{-3}
$CH_3{-}$	−24.2		3.56	1.676	42.4	2.279
$CH_3CH_2{-}$	12.27		38.40	1.440	72.3	1.933
$CH_3CH_2CH_2{-}$	46.60	0.890	71.0	1.335	102.45	1.747
$CH_3CH_2CH_2CH_2{-}$	78.44	0.884	101.6	1.276	130.53	1.617
$(CH_3)_2CH{-}$	35.74	0.861 7	59.38	1.223	89.45	1.705
$(CH_3)_2CHCH_2{-}$	68.90	0.875	91.5	1.310	120.4	1.605
$CH_3CH_2\overset{\vert}{C}HCH_3$	68.25	0.873 2	91.2	1.258	120	1.595
$(CH_3)_3C{-}$	52	0.842 0	73.25	1.222	100(分解)	
环 —$C_6H_{11}{-}$	143	1.000	166.2	1.336	180(分解)	1.624
$CH_2{=}CH{-}$	−13.4	0.911	15.8	1.493	56	2.037
$CH_2{=}CHCH_2{-}$	45	0.938	71	1.398	103	
$C_6H_5{-}$	132	1.106	156	1.495	188	1.831
CH_2X_2	40	1.327	97	2.490	180(分解)	3.325
HCX_3	62	1.483	151	2.980	升华	4.008
CX_4	77	1.594	189.5	3.420	升华	4.230
XCH_2CH_2X	83.5	1.235	132	2.180	(分解)	3.325

* 20 °C时。

8.3　卤代烃的化学性质

一、亲核取代反应

由于卤素的电负性较强,C—X 键的一对电子偏向于卤原子,使碳原子上带部分正电荷,容易接受负离子或带有未共用电子对的试剂进攻,卤素则带着电子离开,从而被其他基团取代。这个卤代烃的基本反应称作**亲核取代**(nucleophilic substitution)反应。卤代烃可与多种试剂发生亲核取代反应生成各种化合物,因此它不但在理论研究中占有重要地位,而且在合成上也被广泛应用。

1. 水解

活泼卤代烃与水共热,卤原子被羟基取代,生成相应的醇。例如:

$$H—\overset{..}{\underset{..}{O}}H + (CH_3)_3C—Br \xrightarrow{\triangle} (CH_3)_3COH + HBr$$

$$H—\overset{..}{\underset{..}{O}}H + C_6H_5CH_2—Br \xrightarrow{\triangle} C_6H_5CH_2OH + HBr$$

该反应称为卤代烃的水解(即卤代烃被水分解)。卤代烃的水解是一个可逆反应,为了使反应向生成醇的方向进行,通常都用 NaOH 水溶液代替水,这样生成的 HX 可被 NaOH 中和而使反应趋于完全。实际上在 NaOH 水溶液中,直接进攻 RX 分子的不是 H_2O,而是 OH^-。

$$HO^- + R—X \longrightarrow \underset{醇}{HOR} + X^-$$

与水解类似,卤代烃与硫氢化钠反应则生成硫醇:

$$HS^- + R—X \longrightarrow \underset{硫醇}{HSR} + X^-$$

不活泼的乙烯型卤代烃水解比较困难,欲使它们发生反应,必须提供强烈条件,例如:

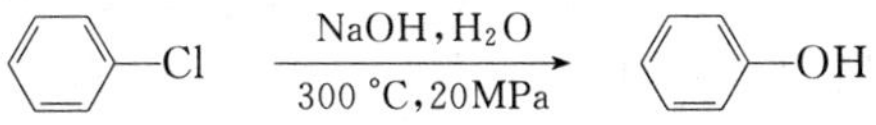

$$\text{(C}_6\text{H}_5)—Cl \xrightarrow[300\,^\circ C,20MPa]{NaOH,H_2O} \text{(C}_6\text{H}_5)—OH$$

2. 醇解

卤代烃和醇钠作用,卤原子被烷氧基取代,生成相应的醚,该反应可称为醇解(卤代烃被醇分解)。

$$R'O^- + R—X \longrightarrow \underset{醚}{R'—O—R} + X^-$$

与醇解类似,卤代烃与硫醇钠反应则生成硫醚。

$$R'S^- + R—X \longrightarrow \underset{硫醚}{R'—S—R} + X^-$$

3. 氰解

卤代烃与氰化钠在乙醇溶液中反应,卤原子被氰基(CN)取代而生成腈,该反应称为卤代烃的氰解。

$$CN^- + R—X \xrightarrow{乙醇} \underset{腈}{RCN} + X^-$$

4. 氨解

卤代烃与氨(NH_3)作用生成有机胺,卤原子被氨基(NH_2)取代,因此常称为氨解反应。

$$H-\overset{\cdot\cdot}{N}H_2 \quad + \quad R-X \quad \longrightarrow \quad RNH_2 \quad + \quad HX(或 R\overset{+}{N}H_3X^-)$$

$$\text{胺} \qquad\qquad \text{铵盐}$$

因为胺具有碱性,它可与同时生成的 HX 形成铵盐。在这里氨解反应还可按如下形式继续进行。

$$R-\overset{\cdot\cdot}{N}H_2 \quad + \quad R-X \quad \longrightarrow \quad R_2NH \quad + \quad HX(或 R_2\overset{+}{N}H_2X^-)$$

$$\xrightarrow{RX} R_3N \quad + \quad HX(或 R_3\overset{+}{N}HX^-)$$

所以在氨解(胺解)反应中,往往得到各种胺的混合物。当 NH_3 大大过量时,则主要生成 RNH_2

5. 酸解

卤代烃与羧酸钠反应生成酯,卤原子被羧酸根($RCOO^-$)取代,对应于前述几个取代反应,可称之为酸解。

$$R'COO^- \quad + \quad R-X \quad \longrightarrow \quad R'COOR + X^-$$

$$\text{酯}$$

卤代烃的这些取代反应被广泛地应用于有机合成。通过水解、醇解、氰解、氨解、酸解反应,分别可以制得相应的醇(硫醇)、醚(硫醚)、腈、胺和酯。但要注意,所用原料 RX 必须是伯卤,否则当用仲卤或叔卤进行上述反应时,由于"消除"副反应的参与而得不到产率较高的取代产物(详见 8.5 节中的讨论),所以不适用于制备。

乙烯型卤代烃,由于卤素的 p 轨道与烯的 π 轨道共轭,增强了 C—X 键的强度,不易发生断裂,从而使其很难发生上述反应。

6. 与炔钠反应

卤代烃与炔钠反应生成炔烃:

$$R'C≡C^- Na^+ \quad + \quad R-X \quad \longrightarrow \quad R'C≡CR \quad + \quad NaX$$

这是由低级炔烃制备高级炔烃的重要方法。与前述几个取代反应一样,所用的 RX 也必须是伯卤代烃。仲卤、叔卤与炔钠反应主要生成相应的消除产物。

乙烯型卤也不与炔钠反应。

7. 卤素交换反应

氯代烃和碘化钠在丙酮中反应,可生成相应的碘代烃和氯化钠:

$$NaI \quad + \quad R-Cl \quad \xrightarrow{丙酮} \quad RI \quad + \quad NaCl\downarrow$$

在这里氯原子被碘原子取代,进行了两种卤原子的交换,因此称为卤素交换反应。卤素交换是可逆反应,选用丙酮作溶剂,可以使反应从左至右进行到底。因为 NaI 在丙酮中溶解度较大,生成的 NaCl 不溶于丙酮而沉淀出来。NaBr 和 NaCl 一样,也不溶于丙酮,所以溴代烃也可进行类似的卤素交换反应:

$$RBr \ + \ NaI \ \xrightarrow{\text{丙酮}} \ RI \ + \ NaBr\downarrow$$

卤素交换是由比较便宜的氯代烃或溴代烃制备碘代烃的常用方法,操作方便,产率高。

8. 与 $AgNO_3$ 酒精溶液作用

卤代烃与 $AgNO_3$ 酒精溶液作用,生成硝酸酯和卤化银沉淀:

$$AgO^-NO_2 \ + \ R\!-\!X \ \xrightarrow{\text{酒精}} \ RONO_2 \ + \ AgX\downarrow$$

由于生成 AgX 沉淀,因此该反应可用来鉴别卤代烃。不同结构的卤代烃与 $AgNO_3$ 反应的速度有明显差异。烯丙型卤(包括苄卤)、三级卤代烃和一般碘代烃在室温下就能和 $AgNO_3$ 酒精溶液迅速作用而生成 AgX 沉淀。一级、二级氯代烃,溴代烃要在加热下才能起反应,生成 AgX 沉淀。而乙烯型卤(包括卤苯)即使加热也不发生反应。所以用 $AgNO_3$ 酒精溶液可以鉴别活性不同的卤代烃。

将上述各种取代反应归纳起来,可表示如下:

试剂		取代产物	
Na^+	^-OH	ROH	醇
Na^+	^-SH	RSH	硫醇
Na^+	$^-OR'$	ROR'	醚
Na^+	$^-SR'$	RSR'	硫醚
Na^+	^-CN	RCN	腈
H	$^-\ddot{N}H_2$	RNH_2	胺
Na^+	$^-OOCR'$	$ROOCR'$	酯
Na^+	$^-C\equiv CR'$	$RC\equiv CR'$	炔
Ag^+	$^-ONO_2$	$RONO_2(AgX\downarrow)$	硝酸酯
Na^+	I^-(丙酮)	RI	碘代烃

$RX +$ （上列试剂） $\longrightarrow$ （上列产物）

二、消除反应

消除反应(elimination)是卤代烃的另一类重要反应。根据卤代烃的结构和反应条件,可以从卤代烃分子中脱去卤化氢,也可以脱去卤素。

1. 脱卤化氢

在脱卤化氢的反应中有两种消除方式:β-消除和 α-消除。前者指的是卤原子与 β-碳原子上的氢(称 β-H)一起脱掉生成烯烃或炔烃,后者指的是卤原子与 α-碳原子上的氢一起脱掉生成卡宾(carbene)。β-消除是最常见的消除反应。

(1)β-消除

$$R\!-\!\overset{\beta}{C}H\!-\!\overset{\alpha}{C}H_2 \xrightarrow[\text{乙醇}]{NaOH} RCH\!=\!CH_2 \ + \ HX$$
$$\underset{\boxed{H \quad X}}{} \qquad\qquad \text{烯烃}$$

这是由卤代烃制备烯烃的重要方法之一。反应一般在强碱条件下进行,最常采用的碱是 NaOH 或 KOH 的醇溶液,但伯卤代烃消去时一般采用体积较大的叔丁醇钠,这样可尽量避免取代产物的生成。

$$CH_3CH_2CH_2CH_2X \xrightarrow[HOC(CH_3)_3]{NaOC(CH_3)_3} CH_3CH_2CH=CH_2$$

当卤代烃有多种 β-H 时,其消除方向遵循萨伊切夫(Зайцев)规律,即卤原子总是优先与含氢较少的 β-碳上的氢一起消除,主要生成双键碳上取代较多的烯烃产物。例如:

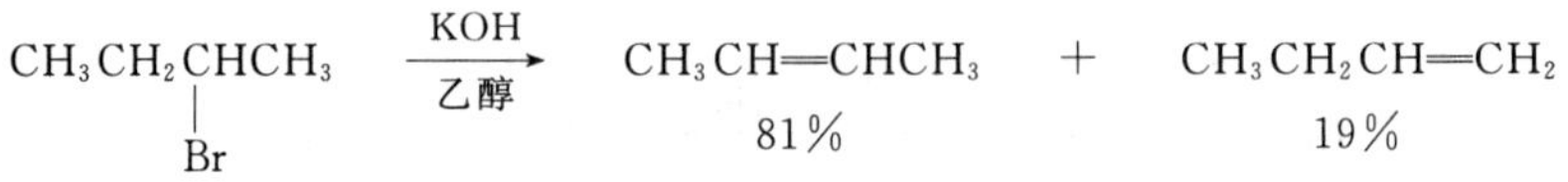

卤代烯烃脱卤化氢时,消除方向总得倾向于生成稳定的共轭二烯。例如:

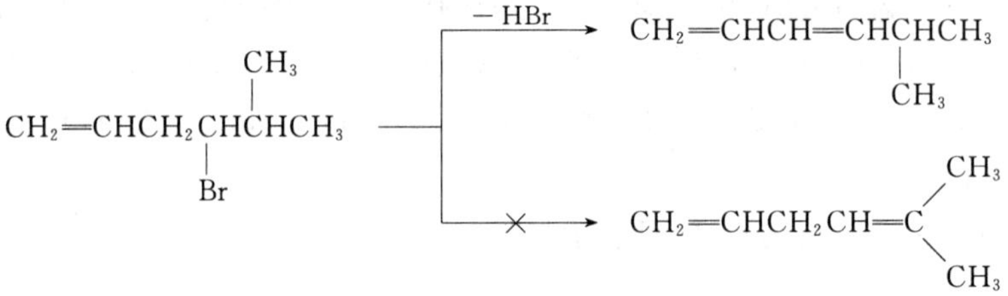

邻二卤代物或胞二卤代物在 KOH 酒精溶液作用下加热可脱掉两分子卤化氢,生成炔烃。

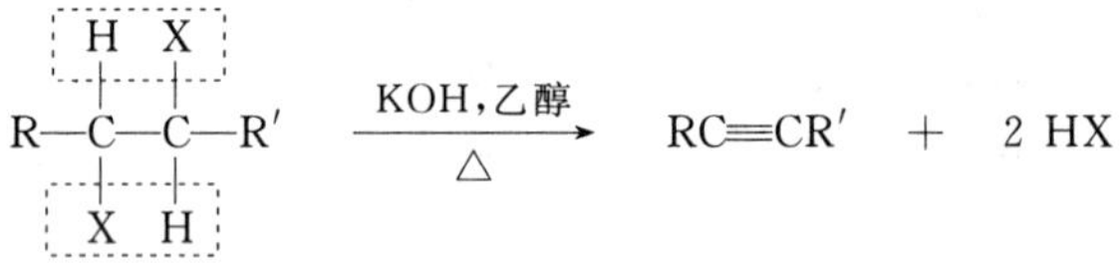

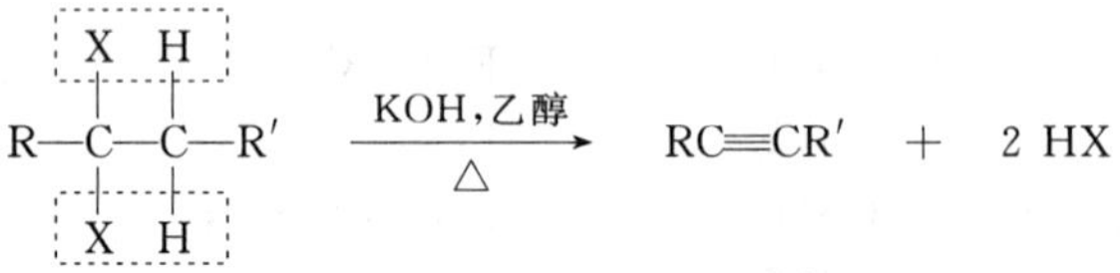

脂环烃二卤代物脱卤化氢则主要生成共轭双烯:

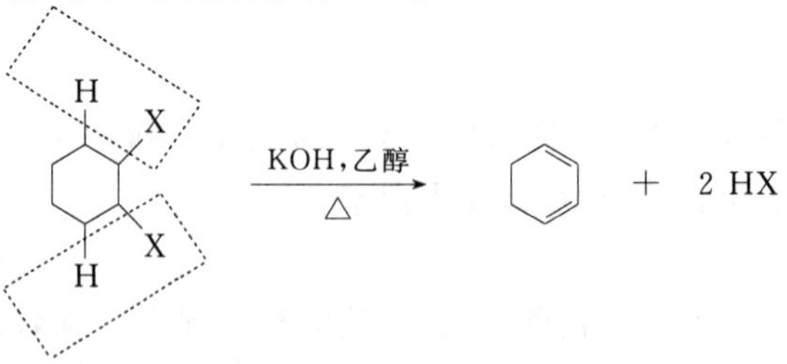

乙烯型卤代烃脱卤化氢比较困难,如果用更强的碱(如 $NaNH_2$),则效果较好。

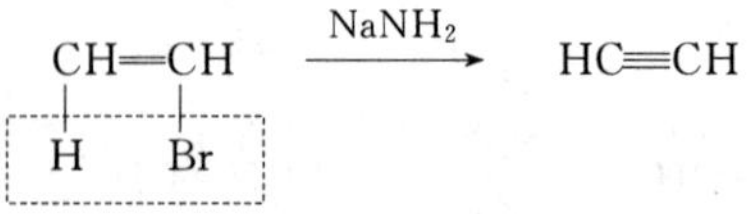

在卤代烃中,叔卤的消除活性很高,非常容易发生消除。在弱碱或上述取代条件下都主要

生成消除产物。例如：

$$CH_3-\underset{\underset{CH_3}{|}}{\overset{\overset{CH_3}{|}}{C}}-Cl \xrightarrow[H_2O]{Na_2CO_3} \begin{cases} \times\to CH_3-\underset{\underset{CH_3}{|}}{\overset{\overset{CH_3}{|}}{C}}-OH \\ \\ \to \underset{CH_3}{\overset{CH_3}{}}C=CH_2 \end{cases}$$

$$CH_3-\underset{\underset{CH_3}{|}}{\overset{\overset{CH_3}{|}}{C}}-Br \xrightarrow[C_2H_5OH]{NaCN} \begin{cases} \times\to CH_3-\underset{\underset{CH_3}{|}}{\overset{\overset{CH_3}{|}}{C}}-CN \\ \\ \to \underset{CH_3}{\overset{CH_3}{}}C=CH_2 \end{cases}$$

(2) α-消除

氯仿（CHCl$_3$）在 NaOH 作用下生成二氯卡宾是卤代烃 α-消除的典型实例：

$$H-\underset{\underset{Cl}{|}}{\overset{\overset{Cl}{|}}{C}}-Cl \xrightarrow{NaOH} \quad :CCl_2 \quad + \quad HCl$$
$$\text{二氯卡宾} \qquad\qquad \underset{NaOH}{\big\downarrow}$$
$$NaCl \quad + \quad H_2O$$

α-消除并不多见，因为只有当 α-H 有足够的活性（酸性）时才发生这种消除。在这里，由于氯仿分子中三个氯原子的吸电子作用，使氢原子具有较强的酸性。在碱的作用下，氯仿先脱掉质子生成碳负离子 $\bar{C}Cl_3$，后者再失去 Cl^- 而得到二氯卡宾 $:CCl_2$（dichlorocarbene）。

$$H\overset{\frown}{O}H\overset{\frown}{\ }CCl_3 \xrightarrow{H\bar{O}} \bar{C}Cl_3 \xrightarrow{-Cl^-} :CCl_2$$

卡宾是一种重要的活泼中间体，除 $:CCl_2$ 外，还有 $H_2C:$，$ClHC:$，$R_2C:$ 等。卡宾虽然是中性粒子，但中心碳原子外层只有六个电子，处于缺电子状态，具有亲电性。卡宾可以发生多种反应，其中比较重要的是对烯烃的插入，生成三元环化合物。例如：

$$\text{C}_6\text{H}_5-CH=CH_2 \quad + \quad :CCl_2 \longrightarrow \text{C}_6\text{H}_5-\underset{\underset{\underset{Cl}{}\underset{Cl}{}}{C}}{\overset{CH-CH_2}{}}$$

2. 脱卤素

邻二卤代物在锌粉作用下加热，脱掉卤素而生成烯烃：

$$-\underset{\underset{X}{|}}{\overset{|}{C}}-\underset{\underset{X}{|}}{\overset{|}{C}}- \xrightarrow[\text{乙醇}]{Zn,\triangle} \quad C=C \quad + \quad ZnX_2$$

1,3-二卤代物脱卤可生成环丙烷衍生物：

$$\underset{\text{RCH}}{\overset{\displaystyle CH_2Br}{\diagdown}}\quad \xrightarrow[\triangle]{Zn} \quad RCH\diagup \overset{CH_2}{\underset{CH_2}{|}}$$

1,4-、1,5-、1,6-二卤代物脱卤则生成相应的环丁烷、环戊烷、环己烷衍生物。二卤代物脱卤是制备脂环烃的基本方法之一。

问题8-2 写出 $CH_3CH_2CH_2Br$ 与下列试剂反应的产物。

(1) $NaOH(H_2O)$ (2) $NaOC_2H_5$ (3) NaI(丙酮)   (4) NH_3(过量)

(5) $NaSH$ (6) $NaC \equiv CCH_3$ (7) CH_3COONa (8) $NaCN$(乙醇)

问题8-3 写出下列反应产物。

(1) $\xrightarrow[\text{乙醇}]{NaOH}$?   (2) $\langle\!\!\!\!\!\!\bigcirc\!\!\!\!\!\!\rangle$—$CH_2CH\underset{\underset{Br}{|}}{C}H_2CH_3$ $\xrightarrow[\text{乙醇}]{NaOH}$?

问题8-4 用简单的化学方法鉴别下列化合物。

(1) C_2H_5I (2) $CH_2{=}CHCH_2Cl$ (3) $CH_2{=}CHCH_2CH_3$ (4) C_2H_5Br

---

三、与活泼金属反应

卤代烃的另一重要性质是与活泼金属反应，生成金属有机化合物（organometallic compound）。

1. 与金属镁作用

卤代烃与金属镁在无水乙醚中反应生成金属镁有机化合物（RMgX）：

$$RX \;+\; Mg \;\xrightarrow{\text{无水乙醚}}\; \underset{\text{烃基卤化镁}}{RMgX}$$

法国著名化学家格林雅［F. A. V. Grignard(1871—1935)法国有机化学家。生于法国瑟堡，1935年卒于里昂。1893年在里昂大学学习数学，毕业后改学有机化学，1901年获博士学位。1919年起任里昂大学教授，1926年当选为法国科学院院士。他在当研究生时发现烷基卤化物在醚中与镁反应可以把羰基化合物缩合为醇，称为格氏反应，镁有机试剂称为格氏试剂。因其广泛的有机合成用途，在1912年与萨巴蒂埃分获诺贝尔化学奖。］首先发现这种制备有机镁化合物的方法，并成功地应用于有机合成。烃基卤化镁RMgX常称为格林雅试剂（简称格氏试剂）。

格氏试剂的结构尚未完全肯定，一般认为它是烃基卤化镁、二烃基镁、卤化镁的平衡混合物：

$$2\,RMgX \;\rightleftharpoons\; R_2Mg \;+\; MgX_2$$

溶剂乙醚可以与RMgX发生络合：

$$\begin{array}{c} H_5C_2 \qquad C_2H_5 \\ \diagdown \;\; \diagup \\ \ddot{O} \\ | \\ R{-}\overset{\displaystyle |}{Mg}{-}X \\ | \\ \ddot{O} \\ \diagup \;\; \diagdown \\ H_5C_2 \qquad C_2H_5 \end{array}$$

这样可使格氏试剂以稳定的络合物形式而溶于乙醚中。

　　制备格氏试剂的卤代烃活性为：$RI > RBr > RCl$。与卤素相连的烃基不同，反应难易有一定的差异。如烯丙型、苄基型卤代烃反应很容易，而乙烯型氯代物必须选择沸点更高的溶剂四氢呋喃（ $\diagdown\diagup_{O}$ ，THF）在较高的温度下才能反应：

$$\underset{Cl}{\overset{Br}{\bigcirc}} \quad + \quad Mg \quad \xrightarrow[\triangle]{乙醚} \quad \underset{Cl}{\overset{MgBr}{\bigcirc}} \qquad （注意：乙烯型溴代物在乙醚中可以反应）$$

$$\underset{Cl}{\overset{Br}{\bigcirc}} \quad + \quad Mg \quad \xrightarrow[\triangle]{THF} \quad \underset{MgCl}{\overset{MgBr}{\bigcirc}}$$

　　在这里要特别指出的是，制备格氏试剂并不是卤代烃的活性越高越好。因为 RMgX 与过量的 RX 之间还会发生偶联反应：

$$R\!\!\mid\!\!MgX + X\!\!\mid\!\!R \longrightarrow R\!\!-\!\!R \quad + \quad MgX_2$$

卤代烃活性越高，这种偶联副反应的倾向越大。所以制备格氏试剂一般都选择活性适中、比较便宜的溴代烃。当然也可以用氯代烃（更便宜一些），只是活性稍低。制备甲基格氏试剂常用 CH_3I，因为 CH_3Br，CH_3Cl 都是气体，在实验室使用不太方便。此外，为了防止偶联副反应，在实验中都是将卤代烃慢慢往镁的乙醚溶液中滴加，这样可以减少生成的 RMgX 与 RX 接触的机会。

　　制备格氏试剂必须用无水乙醚，仪器绝对干燥，反应最好在氮气保护下进行。这是因为格氏试剂容易被水分解，与氧发生作用。

$$R\!\!\mid\!\!MgX + HO\!\!\mid\!\!H \longrightarrow RH \quad + \quad HOMgX$$
$$RMgX \quad + \quad O_2 \longrightarrow 2\,ROMgX$$

格氏试剂被水分解可以看成是一种酸碱复分解反应，即强酸把弱酸从它的盐中置换出来。

$$R\!\!-\!\!MgX \quad + \quad HOH \longrightarrow RH \quad + \quad Mg\diagdown_{OH}^{X}$$
$$\;\;\;\text{盐（较强碱）}\qquad\text{较强酸}\qquad\qquad\text{较弱酸}\qquad\text{盐（较弱碱）}$$

由此可以推断，凡是比 RH 酸性强的化合物都能分解格氏试剂。例如 ROH，$RC\!\equiv\!CH$，NH_3，HX 等。

$$RMgX \quad + \quad \begin{matrix} H & OR' \\ H & C\!\equiv\!CR' \\ H & NH_2 \\ H & OCR' \\ & \quad\; \underset{O}{\|} \\ H & X \end{matrix} \longrightarrow RH \quad + \quad \begin{matrix} MgX(OR') \\ R'C\!\equiv\!CMgX \\ MgX(NH_2) \\ R'COMgX \\ \underset{O}{\|} \\ MgX_2 \end{matrix}$$

这就是通常所说的,凡是含有活泼氢的化合物(酸性比 RH 强)都能分解格氏试剂。其中 RMgX 与 1-炔烃的反应是制备炔基格氏试剂的方法。

这里主要讨论了制备格氏试剂的方法和要注意的问题。格氏试剂可以和多种化合物发生反应,广泛地用于有机合成。有关内容将在后面的章节陆续介绍。

2. 与金属钠作用

卤代烃在乙醚等惰性溶剂中与金属钠共热时,发生偶联而生成高级烷烃。反应可能先形成有机钠化合物,活性很高的有机钠化合物再与第二分子卤代烃作用:

$$R{-}X \ + \ 2\,Na \ \longrightarrow \ R{-}Na \ + \ NaX$$

$$R{-}Na + X{-}R \ \longrightarrow \ R{-}R \ + \ NaX$$

$$2\,R{-}X \ + \ 2\,Na \ \longrightarrow \ R{-}R \ + \ 2\,NaX$$

该偶联反应俗称武兹(Wurtz)反应,曾被用来合成高级烷烃。但因产率很低,现在已很少使用。仲卤、叔卤用于这种偶联反应往往伴随生成较多的烯烃,更无制备价值。

3. 与金属锂作用

卤代烃与金属锂作用生成锂有机化合物。例如:

$$CH_3CH_2CH_2CH_2Br \ + \ 2\,Li \ \xrightarrow[-10\,^{\circ}C]{乙醚} \ CH_3CH_2CH_2CH_2Li \ + \ LiBr$$
$$80\% \sim 90\%$$

$$+ \ 2\,Li \ \xrightarrow{乙醚} \quad + \ LiCl$$

有机锂是一个重要的金属有机试剂,其制法、性质与格氏试剂十分相似。

有机锂与碘化亚铜反应可生成另一个重要的试剂——二烷基铜锂 R_2CuLi:

$$2\,RLi \ + \ CuI \ \xrightarrow[乙醚]{0\,^{\circ}C} \ R_2CuLi \ + \ LiI$$

二烷基铜锂与卤代烃反应生成烷烃:

$$R_2CuLi \ + \ R'X \ \longrightarrow \ R{-}R' \ + \ RCu \ + \ LiX$$

在这里,虽然 $R'X$ 仅限于用伯卤,但在 R_2CuLi 分子中的 R 可以为仲烃基或伯烃基,而且 R,R' 都可为乙烯基型的烃基。因此可用二烃基铜锂试剂来合成各种结构的高级烷烃、烯烃或芳烃。例如:

$$(CH_3)_2CuLi \ + \ CH_3CH_2CH_2CH_2CH_2I \ \longrightarrow \ CH_3CH_2CH_2CH_2CH_2CH_3$$
$$98\%$$

$$(CH_3)_2CuLi \ + \quad \longrightarrow \quad$$
$$75\%$$

$$(CH_3CH_2CH{-})_2CuLi \ + \ CH_3CH_2CH_2CH_2Cl \ \longrightarrow \ CH_3CH_2CHCH_2CH_2CH_2CH_3$$
$$84\%$$

$$(CH_2\!\!=\!\!\underset{CH_3}{\underset{|}{C}}\!\!)_2CuLi \;+\; Br\!-\!\!\bigcirc\!\!-\!CH_3 \longrightarrow CH_2\!\!=\!\!\underset{CH_3}{\underset{|}{C}}\!\!-\!\!\bigcirc\!\!-\!CH_3$$

$$80\%$$

这个方法俗称考雷—豪斯(Corey-House)合成法。

前已提到格氏试剂和 RX 的偶联一般都作为副反应来加以防止。但在某些情况下也可用于合成。例如活泼卤代烃和 RMgX 偶联产率较高,可以作为制备烃的方法：

$$RMgX \;+\; ClCH_2CH\!\!=\!\!CH_2 \longrightarrow R\!-\!CH_2CH\!\!=\!\!CH_2$$

$$\bigcirc\!\!-\!MgBr \;+\; ClCH_2\!\!-\!\!\bigcirc \longrightarrow \bigcirc\!\!-\!CH_2\!\!-\!\!\bigcirc$$

在这里,与格氏试剂发生偶联的是活泼卤代烃。对一般卤代烃来说,因偶联产率较低,不适于制备。

四、还原反应

卤代烃可被多种试剂还原,生成烷烃。

$$RX \;+\; \begin{cases} Zn + HCl \\ Na + 液\,NH_3 \\ H_2\text{-}Pd \\ LiAlH_4 \end{cases} \longrightarrow RH$$

卤代烃还原成烷烃作为一种合成的方法并不重要,因为原料卤代烃往往比相应烷烃还贵。但必须了解卤代烃能够被多种试剂还原的性质,以便在涉及卤代烃的合成中注意卤素对所用还原反应的干扰。如果采用某种合成路线时,在还原步骤中有卤素干扰,则必须改换其他的路线。

以上介绍了卤代烃的主要化学反应。通过这些反应可以把卤代烃转化成多种类型的其他化合物。在有机合成中,卤代烃往往能起到承上启下的纽带作用,它是原料和目标化合物之间的重要桥梁。

卤代烃不仅在有机合成中有广泛的应用,而且在有机化学的理论研究方面也占有很重要的地位。下面将进一步讨论卤代烃取代反应和消除反应的机理。这些内容和有关规律是整个有机化学基本理论的重要组成部分。它不仅对进一步了解、掌握和应用卤代烃的化学性质是必要的,而且对学习有机化学中其他的取代及消除反应也很有帮助。

问题8-5 制备格氏试剂时,如何选择卤代烃? 如果卤代烃太活泼,容易产生什么副产物? 如果卤代烃活性太低(如 $\bigcirc\!\!-\!Cl$),应采取什么措施?

问题8-6 完成下列反应式中的"?"号。

(1) $CH_3CH_2CH_2CH_2Br \xrightarrow{\text{Mg,乙醚}} \xrightarrow{\text{D}_2\text{O}}$?

(2) $HOCH_2CH_2\underset{\underset{O}{\parallel}}{C}CH_3 \;+\; CH_3MgI(1mol) \longrightarrow$?

问题8-7 完成下列转化。

(1) $\text{C}_6\text{H}_5-\text{CH}_2\text{Cl} \longrightarrow \text{C}_6\text{H}_5-\text{CH}_2\text{CH}_2\text{CH}=\text{CH}_2$

(2) $\text{Br}-\text{C}_6\text{H}_4-\text{CH}_3 \longrightarrow \text{CH}_3\text{CH}_2\overset{\displaystyle |}{\underset{\displaystyle \text{CH}_3}{\text{CH}}}-\text{C}_6\text{H}_4-\text{CH}_3$

8.4 亲核取代反应机理

在讨论卤代烃取代反应机理之前,先用以下实例介绍几个常用名词。

$$\text{CH}_3\text{CH}_2\text{CH}_2\text{—Br} + \overset{-}{\text{OCH}}_3 \longrightarrow \text{CH}_3\text{CH}_2\text{CH}_2\text{OCH}_3 + \text{Br}^-$$

1-溴丙烷是主要作用物,一般称为**反应底物**(substrate)。进攻反应底物的试剂 $\overset{-}{\text{OCH}}_3$ 是带着电子对与碳原子结合的,它本身具有亲核性,称为**亲核**(nucleophile)试剂。亲核试剂一般都是负性基团或者能提供电子对的中性分子。反应底物上的溴原子带着电子对从碳原子离开,所以 Br^- 称为**离去基团**(leaving group)。取代反应是在与溴相连的那个碳原子上进行的,常称为**中心碳原子**(center atom)。这种由亲核试剂进攻中心碳原子而引起的反应称为**亲核取代**(nucleophilic substitution)反应。在亲核取代反应中是一个负性基团(亲核试剂)取代另一个负性基团(离去基团)。长期以来,人们对卤代烃取代反应的机理研究得比较充分,积累了大量的资料,为我们的学习提供了丰富的内容。

一、两种主要的机理(S_N1 和 S_N2)

用不同卤代烃进行水解反应,发现它们在动力学上有不同的表现,例如氯代叔丁烷在氢氧化钠的丙酮和水的混合溶液(OH^- 为 0.05M)中水解的速度与它在纯水(OH^- 为 10^{-7})中,水解速度是相同的,说明水解速度只与氯代叔丁烷本身的浓度成正比。而与碱(OH^-)的浓度无关,在动力学上称为**一级反应**(first order kinetics)。

$$(\text{CH}_3)_3\text{C}-\text{Cl} + \text{NaOH} \xrightarrow[\text{丙酮}]{\text{H}_2\text{O}} (\text{CH}_3)_3\text{C}-\text{OH} + \text{NaCl}$$

$$v = k[(\text{CH}_3)_3\text{C}-\text{Cl}]$$

而溴甲烷在碱性条件水解时,反应速度既与溴甲烷的浓度成正比,也与 OH^- 浓度成正比,在动力学上称为**二级反应**(second order kinetics):

$$\text{CH}_3\text{Br} + \text{NaOH} \xrightarrow{\text{H}_2\text{O}} \text{CH}_3\text{OH} + \text{NaBr}$$

$$v = k[\text{CH}_3\text{Br}][\text{OH}^-]$$

为什么氯代叔丁烷水解速度与碱的浓度无关,而溴甲烷水解速度与碱的浓度有关呢? 为了解释这种现象,英国伦敦大学休斯(Hughes)和英果尔德(Ingold)教授早在 20 世纪 30 年代就提出了单分子亲核取代和双分子亲核取代机理。

1. 单分子亲核取代机理(S_N1)

氯代叔丁烷水解反应速度只决定于氯代叔丁烷本身的浓度,而与碱的浓度无关,这就是

说,在整个反应过程中决定反应速率的关键步骤(慢步骤)与 OH⁻ 无关。由此可以推想,氯代叔丁烷的水解是按如下机理进行:

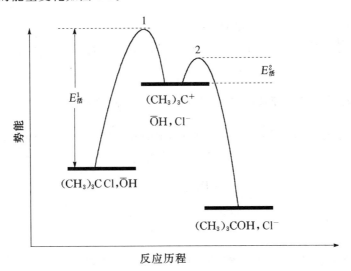

整个反应分为两步,第一步氯代叔丁烷解离,氯原子带着电子对逐渐离开中心碳原子,C—Cl 键部分断裂,经由过渡态 **1**,当 C—Cl 键完全断裂时而形成碳正离子中间体;第二步是碳正离子和亲核试剂 OH⁻ 结合,经由过渡态 **2** 而生成取代产物叔丁醇。

反应过程中的能量变化如图 8-1。

图 8-1 S_N1 反应势能图

反应从 C—Cl 键的断裂开始。随着 C—Cl 键的逐渐伸长,键的极性增加,中心碳原子上的正电荷量和氯原子上负电荷量逐渐增加,这种键的部分断裂使体系能量上升。由于反应一般都是在溶剂中进行,所以反应物溶剂化程度也随之增加。带电质点的溶剂化将释放出能量,因此 C—Cl 键极化到一定程度后,体系能量开始下降。能量曲线上的第一个高峰就是过渡态 **1**。当生成的碳正离子要与 OH⁻ 结合时,必须脱掉部分溶剂分子,因此体系能量再度上升。当达到第二个高峰(过渡态 **2**)后,随着 C—O 键的逐渐形成,体系能量又开始下降,一直降至最终生成的取代产物的能量。

中间体碳正离子是处在两个能量高峰之间的谷底。从反应中能量变化曲线可以看出,第一个过渡态与反应物之间的能量差为第一步的活化能($E_{活}^1$),第二步过渡态与叔碳正离子中间体的能量差为第二步的活化能($E_{活}^2$)。因为 $E_{活}^1 > E_{活}^2$,所以决定整个反应速度的是第一步,即难于进行的慢步骤。实际上 $E_{活}^1$ 就是整个反应的活化能。由于在决定反应速度的关键步骤（第一步）中发生键的断裂，参与形成过渡态的只有氯代叔丁烷一个分子，所以称这种反应为**单分子亲核取代**（unimolecular nucleophilic substitution），用 S_N1 表示。也正是由于在决定反应速度步骤中，不涉及 OH^-，所以反应速度与 OH^- 浓度无关，在动力学上是一级反应。

在 S_N1 反应中由于生成了碳正离子中间体，所以重排是这种反应的重要特征。例如新戊基溴和 CH_3CH_2OH 反应，几乎全部得到重排产物：

$$CH_3-\underset{\underset{CH_3}{|}}{\overset{\overset{CH_3}{|}}{C}}-CH_2Br \ + \ C_2H_5OH \ \xrightarrow{S_N1} \ CH_3-\underset{\underset{OC_2H_5}{|}}{\overset{\overset{CH_3}{|}}{C}}-CH_2CH_3$$

该反应按 S_N1 机理进行，首先生成的伯碳正离子很容易重排为较稳定的叔碳正离子，后者再与亲核试剂（C_2H_5OH）结合，去掉质子而得到重排产物。

$$CH_3-\underset{\underset{CH_3}{|}}{\overset{\overset{CH_3}{|}}{C}}-CH_2-Br \ \rightleftharpoons \ CH_3-\underset{\underset{CH_3}{|}}{\overset{\overset{CH_3}{|}}{C}}-\overset{+}{C}H_2 \ \longrightarrow \ CH_3-\overset{+}{\underset{\underset{CH_3}{|}}{C}}-CH_2CH_3$$

$$\xrightarrow{HOC_2H_5} \ CH_3-\underset{\underset{CH_3}{|}}{\overset{\overset{\overset{+}{HOC_2H_5}}{|}}{C}}-CH_2CH_3 \ \xrightarrow{-H^+} \ CH_3-\underset{\underset{CH_3}{|}}{\overset{\overset{OC_2H_5}{|}}{C}}-CH_2CH_3$$

烯丙型卤代烃进行 S_N1 反应时，往往会发生烯丙重排，例如：

$$CH_3CH_2CH=CHCH_2-Cl \ \xrightarrow[S_N1]{NaOH,H_2O} \ CH_3CH_2CH=CH\overset{+}{C}H_2 \ \longleftrightarrow \ CH_3CH_2\overset{+}{C}H-CH=CH_2$$

$$\downarrow OH^- \qquad\qquad\qquad\qquad \downarrow OH^-$$

$$CH_3CH_2CH=CHCH_2OH \qquad CH_3CH_2\underset{\underset{OH}{|}}{C}HCH=CH_2$$

正常取代产物（较少）　　　　　　重排产物（较多）

重排是 S_N1 反应的特征，也是支持 S_N1 机理的重要实验根据。如果一个亲核取代反应中有重排现象，那么这种取代一般都是 S_N1 机理。但要注意，如果某亲核取代反应中没有重排，则不能否定 S_N1 机理存在的可能性。因为并不是所有的 S_N1 反应都会发生重排。

2.双分子亲核取代机理 S_N2

与氯代叔丁烷不同，溴甲烷的水解速度同溴甲烷及碱（OH^-）的浓度都成正比关系。这个事实使我们想到在决定反应速度步骤中一定包含有两种粒子的碰撞，反应按另一种机理进行：

$$HO^- \ + \ \underset{\underset{H}{|}}{\overset{\overset{H}{|}}{C}}-Br \ \longrightarrow \ \left[HO^{\delta-}\cdots\underset{\underset{H}{|}}{\overset{\overset{H}{|}}{C}}\cdots Br^{\delta-}\right] \ \longrightarrow \ HO-\underset{\underset{H}{|}}{\overset{\overset{H}{|}}{C}} \ + \ Br^-$$

反应物　　　　　　　　过渡态　　　　　　　　产物

对反应过程可以这样来描述：亲核试剂 OH^- 首先从离去基团（Br）的背面进攻中心碳原

子,在这同时,溴原子携带电子逐渐离开。中心碳原子上的三个氢由于受 OH⁻ 进攻的影响而往溴原子一边偏转。当它们处于同一平面,且 OH⁻、Br 和中心碳原子处在垂直该平面的一条直线上时,即达到所谓的过渡态。这时 O—C 键部分形成,C—Br 键部分断裂。接着亲核试剂 OH⁻ 与中心碳原子的结合逐渐加强,而溴原子带着电子逐渐远离,最后得到取代产物。反应中能量变化如图 8-2 所示。

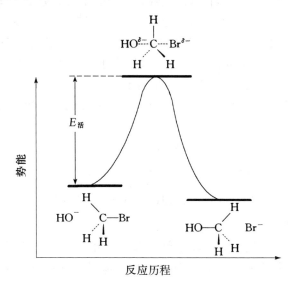

图 8-2　S_N2 反应势能图

　　OH⁻ 从背面接近碳原子,要克服氢原子的阻力,体系能量升高。达到过渡态时,五个原子同时挤在中心碳原子周围,使体系能量达到最高点。随着 C—O 键的生成,释放出能量;溴原子逐渐离开,张力减小,使体系能量逐渐降低,一直降到最终生成取代产物的能量。

　　在这种反应中,反应物是通过一个过渡态而转化成产物的,没有任何中间体生成,属一步反应。因为有两种分子参与过渡态的形成,所以称该反应为**双分子亲核取代**(bimolecular nu-cleophilic substitution)机理,用 S_N2 表示("2"代表双分子)。显然,反应速度和 CH_3Br、$O\overline{H}$ 的浓度都有关系,在动力学上为二级反应。

　　在 S_N2 反应中,没有碳正离子中间体生成,所以不发生重排。这是 S_N2 和 S_N1 反应机理的重要区别。

二、影响反应机理及其活性的因素

　　前面我们介绍了卤代烃亲核取代一般有两种主要的机理:S_N1 和 S_N2。接下来读者所关心的问题可能是:不同结构的卤代烃,其亲核取代反应的相对活性如何? 它们到底按哪种机理进行反应? 有什么一般的规律? 等等。对于这些问题很难给予简单的回答。因为影响因素很多,情况比较复杂。以下先分别讨论不同因素对反应机理及其活性的影响,然后概括地进行总结,读者可从中找到某些答案。

　　1.烃基结构的影响

　　卤代烃分子中的烃基结构主要通过电子效应和空间效应影响亲核取代反应的活性。而这两种效应在不同的反应机理中所起的作用往往是不同的,因此烃基结构对反应活性的影响与反应机理密切相关。

（1）在 S_N1 反应中

在 S_N1 反应中，决定反应速度步骤是 C—X 键断裂生成碳正离子，反应活性的高低主要决定于碳正离子生成的难易。

从电子效应（σ-p 超共轭）看，不同碳正离子的相对稳定性是：$(CH_3)_3C^+ > (CH_3)_2\overset{+}{C}H > CH_3\overset{+}{C}H_2 > \overset{+}{C}H_3$。从空间因素分析，在叔卤代烃分子中的中心碳原子上连有三个烃基，比较拥挤，当它们解离成碳正离子后，变为平面三角构型，三个烃基与中心碳原子的键互成 120° 角，彼此距离较远，互相排斥较小。也就是说，从四面体构型的 sp^3 碳变为平面构型的 sp^2 碳可以缓解基团的拥挤，松弛分子内部的张力。这对碳正离子的生成是一种空助效应（不是空间障碍，而是空间帮助）。显然由叔卤解离成叔碳正离子的空助效应最强。

由此可见，在 S_N1 反应中，电子效应和空间效应对卤代烃相对活性的影响是一致的。S_N1 反应活性：

$$\text{叔卤} > \text{仲卤} > \text{伯卤}$$

例如，溴代烃在甲酸水溶液中水解反应的 S_N1 相对速度为：

	$(CH_3)_3CBr$	$(CH_3)_2CHBr$	CH_3CH_2Br	CH_3Br
相对速度：	10^8	45	1.7	1.0

烯丙型（包括苄基型）卤代烃的 S_N1 活性和叔卤的相当。因为烯丙型碳正离子有特殊的稳定性。对苄基型碳正离子来说，芳环上连有给电子基团，可进一步提高其稳定性；而吸电子基团则降低稳定性。

（2）在 S_N2 反应中

S_N2 是一步反应，反应速度主要决定于过渡态的相对稳定性（过渡态的能量决定反应的活化能）。从反应物到过渡态，中心碳原子由四价态变为五价态，空间排布变得更加拥挤，所以卤代烃分子中烃基的空间因素对反应活性有重要影响。

中心碳原子上所连烃基数目越多，体积越大，过渡态就越拥挤，能量就越高，S_N2 反应活性就越低。由上式可以看出，在从反应物到过渡态，中心碳原子的电荷没有明显的变化。所以卤代烃分子中 α- 或 β- 位上所连基团的电子效应对反应速度的影响不大。

烃基对 S_N2 反应的空间效应也可以用另一种方式加以说明。在进行 S_N2 反应时，亲核试剂需要主动进攻中心碳原子，如果中心碳原子上连有多个烃基（体积比氢大），显然会阻碍亲核试剂与中心碳的接近，因而不利于反应。中心碳上所连烃基越多，体积越大，这种阻碍作用就越突出，S_N2 反应活性就越低。不同卤代烃的 S_N2 相对活性顺序为：

$$\text{甲基卤} > \text{伯卤} > \text{仲卤} > \text{叔卤}$$

例如，下列溴代烃在丙酮-KI 作用下，相对速度（S_N2）如下：

	CH_3Br	CH_3CH_2Br	$(CH_3)_2CHBr$	$(CH_3)_3CBr$
相对速度：	150	1	0.01	0.001

当伯卤代烃 β-位上有侧链时,S_N2 反应速度也有明显下降。表 8-3 列出了一些 β-取代的伯卤在 $NaOC_2H_5$-HOC_2H_5 中的相对反应速度。

烯丙型和苄基型卤代烃在 S_N2 反应中所形成的过渡态可以通过邻近 π 键对它们起稳定作用(图 8-3)。

表 8-3 一些伯卤的 S_N2 相对速度(55 ℃)

卤代物	CH_3CH_2Br	$CH_3CH_2CH_2Br$	$(CH_3)_2CHCH_2Br$	$(CH_3)_3CCH_2Br$
相对速度(S_N2)	1	0.28	0.03	$4.2×10^{-6}$

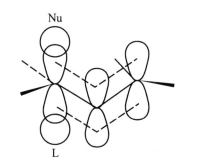 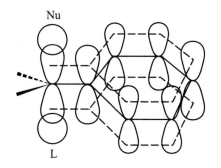

图 8-3 烯丙基和苄基的 S_N2 过渡态电子示意图

所以烯丙型和苄基型卤代烃与叔卤不同,它们在 S_N2 反应中活性也很高。例如 3-氯丙烯在 KI-丙酮溶液中被碘代的速度比氯乙烷快 33 倍。氯化苄比氯乙烷快 93 倍。

总的来说,不同烃基的卤代烃的相对活性规律是:在 S_N1 反应中,叔卤＞仲卤＞伯卤＞甲基卤;在 S_N2 反应中,叔卤＜仲卤＜伯卤＜甲基卤。

$$\begin{array}{c} \underrightarrow{\quad S_N1\ 增大 \quad} \\ RX = \quad CH_3X, \quad 1°, \quad 2°, \quad 3° \\ \overleftarrow{\quad S_N2\ 增大 \quad} \end{array}$$

以下再来讨论不同卤代烃选择两种机理的倾向。各种卤代烃总是优先选择对自己有利的途径进行反应。一般情况下,叔卤倾向于按 S_N1 机理反应;甲基卤,伯卤倾向于按 S_N2 机理反应;仲卤居中,或者按 S_N1,或者按 S_N2,或者兼而有之,主要决定于反应条件。

$$\begin{array}{cccc} CH_3X & RCH_2X & R_2CHX & R_3X \\ 选择机理的倾向: \quad S_N2 & S_N2 & S_N1,S_N2 & S_N1 \end{array}$$

由于烯丙型和苄基型卤代烃在 S_N1 和 S_N2 反应中活性都比较高,所以它们选择哪种机理,主要是决定具体反应条件。但二苯基卤代烷($(C_6H_5)_2CHX$),三苯基卤代烷($(C_6H_5)_3CX$)一般都以 S_N1 机理进行反应。

在这里还要指出的是,卤原子连在桥头的桥环化合物无论按 S_N1 还是 S_N2 机理,其活性都非常低,很难发生亲核取代反应。例如,7,7-二甲基-1-氯双环[2.2.1]庚烷与硝酸银的醇溶液回流 48 小时,或与 30%KOH 醇溶液回流 21 小时,都看不出有氯原子被取代的反应发生。该化合物如果按 S_N1 机理反应,则首先必须离解成碳正离子,但由于桥环系统的牵制,桥头碳不能伸展成平面构型,因此很难形成桥头碳正离子,即很难发生 S_N1 反应。如果选择 S_N2 机理,则亲核试剂必须从背面进攻中心碳原子,而卤原子的背面是一个环,对亲核试剂进攻的位阻很大,所以也不容易发生 S_N2 反应。

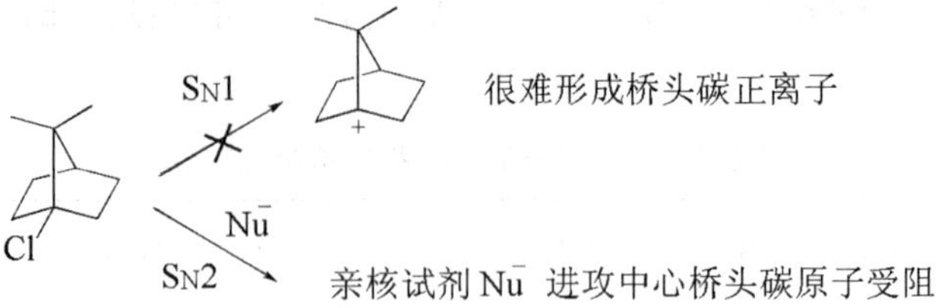

很难形成桥头碳正离子

亲核试剂 $\overline{Nu}$ 进攻中心桥头碳原子受阻

问题8-8 按 S_N1 活性顺序排列下面化合物。

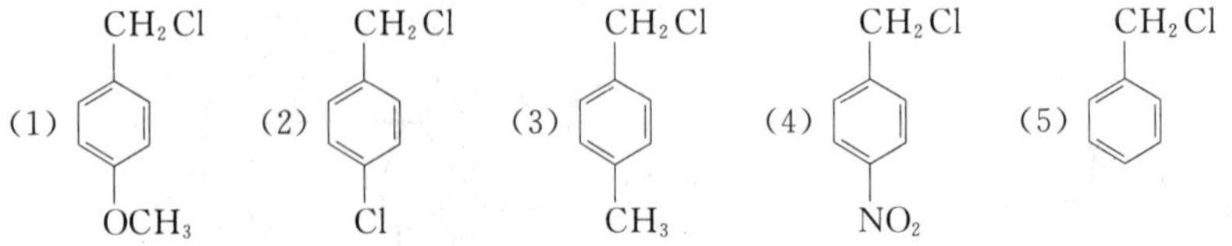

$$(1) \qquad (2) \qquad (3) \qquad (4) \qquad (5)$$

问题8-9 为什么烯丙型(苄基型)卤代烃,其 S_N1 和 S_N2 的反应活性很高?而桥卤代烃的 S_N1、S_N2 活性都低?

问题8-10 空助作用和空间障碍有什么不同?

2.离去基团的影响

在卤代烃的亲核取代反应中,带着电子对从中心碳原子离开的卤负离子是离去基团。一般来说,离去基团的碱性弱(不易给出电子,有较强的承受负电荷的能力),离开中心碳原子的倾向强(称为较好的离去基团),亲核取代反应的活性高。反之,离去基团碱性强,离开中心碳原子的倾向小(称为较差的离去基团),亲核取代反应的活性就低。

离去基团的好差可以根据它们的碱性强弱来判断。但由于各种负离子(包括中性分子)的碱性不容易直接辨认,因此往往需要比较它们的共轭酸的酸性。X^- 的共轭酸为 HX,酸性顺序为:$HI>HBr>HCl>HF$。那么 X^- 的碱性顺序则是:$F^->Cl^->Br^->I^-$。X^- 作为离去基团的离去倾向为:$I^->Br^->Cl^->F^-$。所以卤代烃的亲核取代反应相对活性是:

$$RI>RBr>RCl>RF$$

碘代物的亲核取代活性较高,就是因为 I^- 是一个较好的离去基团。

从总的看来,较好的离去基团对亲核取代反应都是有利的,而较差的离去基团常常使亲核取代反应难于进行。但在不同的反应机理中,影响的程度有所不同。在 S_N1 反应中,决定反应速度的关键步骤是离去基团从中心碳原子上解离下来,所以离去基团的好差对其活性有着重要的影响。在 S_N2 反应中,离去基团离开中心碳原子与亲核试剂的进攻是协同进行的,所以离去基团的好差对 S_N2 活性的影响不十分明显。在反应机理的选择上,离去基团起一定的作用。一般来说,好的离去基团倾向于 S_N1 机理;较差的离去基团倾向于 S_N2 机理。

3.亲核试剂的影响

在 S_N1 反应中,反应速度只决定于 RX 的解离,而与亲核试剂无关。因此亲核试剂的性质对 S_N1 的反应活性无明显影响。而在 S_N2 反应中,亲核试剂的亲核性越强,浓度越大,其反应速度就越快。

一般来说,试剂的亲核性主要与以下几个因素有关。

(1)试剂的碱性

试剂的亲核性指的是提供电子对,与带正电荷碳原子结合的能力。试剂的碱性指的是提供电子对与质子(或其他路易斯酸)结合的能力。由于它们都是提供电子,和一个带正电荷实体相结合的能力,所以在很多情况下,试剂的亲核性和碱性是一致的。即试剂的碱性强,其亲核性也强;反之亦然。因此我们常常可以根据碱性强弱来判断它们亲核性的强弱。例如在下列两种情况下,亲核性顺序和碱性顺序总是一致的。

A. 具有相同进攻原子的亲核试剂

$$\begin{matrix}\text{碱} \quad \text{性}\\ \text{亲核性}\end{matrix}: \quad C_2H_5O^- > HO^- > C_6H_5O^- > CH_3COO^-$$

$$\begin{matrix}\text{相应共轭}\\ \text{酸} \quad \text{酸性}\end{matrix}: \quad C_2H_5OH < H_2O < C_6H_5OH < CH_3COOH$$

B. 同周期元素组成的负离子试剂

$$\begin{matrix}\text{碱} \quad \text{性}\\ \text{亲核性}\end{matrix}: \quad R_3C^- > R_2N^- > RO^- > F^-$$

$$\begin{matrix}\text{相应共轭}\\ \text{酸} \quad \text{酸性}\end{matrix}: \quad R_3CH < R_2NH < ROH < HF$$

C. 相同进攻原子的负离子和中性分子,前者的亲核性大于后者。例如:

$$RO^- > ROH; \quad HO^- > H_2O; \quad \overline{N}H_2 > NH_3$$

(2)试剂的可极化性

亲核试剂的可极化性是指它的外层电子在外界电场作用下电子云发生变形的难易程度。亲核试剂的可极化性越大,它进攻中心碳原子时,其电子云就越易变形而伸向中心碳。试剂的可极化性越大,其亲核性就越强。

试剂的可极化性与进攻原子的体积有密切关系。原子的体积越大,其核对外层电子的束缚越小,在外电场作用下,电子云就越容易发生变形。所以对同主族元素来说,从上至下,试剂的亲核性随着增大。例如:

$$RS^- > RO^-; \quad RSH > ROH$$

(3)溶剂的影响

亲核试剂的强弱与溶剂还有一定的关系,这主要是溶剂化作用的影响。例如卤负离子(X^-)在非质子性溶剂二甲基甲酰胺(DMF)中,亲核性顺序与它们的碱性是一致的:

碱　性: $F^- > Cl^- > Br^- > I^-$ （注意:由于可极化性的影响,它

亲核性: $F^- > Cl^- > Br^- > I^-$ 们之间亲核性的差异比碱性的小）

但在质子性溶剂(如乙醇,水)中,则改变了它们的亲核性顺序:

亲核性: $F^- < Cl^- < Br^- < I^-$

这主要是由于在质子性溶剂中,体积小的 F^- 易于形成氢键(溶剂化)而被溶剂包围。这样就大大降低了它的亲核性。相反,体积大,电荷分散的 I^- 溶剂化程度最小,其亲核性最强。Cl^-、Br^- 居中。

卤代烃的亲核取代反应一般是在质子性溶剂中进行,所以常常说 I⁻ 是较强的亲核试剂。如前所述,I⁻ 又是一个好的离去基团。也就是说,I⁻ 既容易进攻中心碳原子,又容易从中心碳原子上离开(易上易下)。在许多卤代烃的反应中,我们一般都用便宜易得的氯代烃、溴代烃为原料,加入少量 NaI,利用 I⁻ 的高亲核性,很快与氯代烃、溴代烃发生卤素交换而生成碘代烃。再利用 I⁻ 是好的离去基团,易于和其他试剂作用以提高反应速度。

综合各种因素对试剂亲核性的影响,在质子性溶剂中亲核性的强弱顺序是:

$$RS^- > ArS^- > CN^- \approx I^- > RO^- > HO^- > Br^- > ArO^- > Cl^- > \text{（）}N > CH_3COO^- > H_2O$$

在卤代烃的亲核取代反应中,用强的亲核试剂倾向于 S_N2 机理;用弱的亲核试剂倾向于 S_N1 机理。例如,新戊基溴与 $NaOC_2H_5$ 反应是 S_N2 机理,而与 HOC_2H_5 反应则是 S_N1 机理。强亲核试剂(如 $\overline{O}C_2H_5$)可把卤素从分子中推开(S_N2),而弱亲核试剂(如 C_2H_5OH)则等待着被请进去(S_N1)。

问题8-11 一些烷氧负离子的碱性顺序为:$(CH_3)_3CO^- > C_2H_5O^- > CH_3O^-$;而亲核性顺序却是:$CH_3O^- > C_2H_5O^- > (CH_3)_3CO^-$。为什么?

问题8-12 新戊基溴在乙醇钠酒精溶液中按 S_N2 机理反应,而在纯酒精中则按 S_N1 机理反应,为什么?在后一情况下,主要产物是什么?

问题8-13 一般来说,在 X^- 中,I^- 既是一个好的离去基团,又是一个最强的亲核试剂,为什么?在什么情况下,I^- 的亲核性比 Br^-,Cl^-,F^- 的都小。

问题8-14 1-溴戊烷在含水乙醇中与 NaCN 反应,如加入少量 NaI,反应速度加快,为什么?

---

4. 溶剂效应

溶剂对亲核取代反应的影响也随不同的反应机理而异。在 S_N1 反应中,从反应物至碳正离子的变化过程中,正负电荷集中,使体系极性增强,所以极性溶剂有利于稳定它们的过渡态,降低活化能,使反应速度加快。

使用不同溶剂不仅影响 S_N1 和 S_N2 反应的活性,有时甚至能够完全改变它们的机理。例如,氯化苄在水中水解按 S_N1 机理,而在丙酮中水解则按 S_N2 机理:

$$C_6H_5CH_2Cl + \overline{O}H \quad \begin{array}{c} \xrightarrow[S_N1]{H_2O} C_6H_5CH_2OH \\ \\ \xrightarrow[S_N2]{\text{丙酮}} C_6H_5CH_2OH \end{array}$$

至此已分别讨论了烃基的结构、离去基团、亲核试剂和溶剂对卤代烃亲核取代反应机理及其活性的影响,并简单概括了一般的规律。这些规律基本上也适合于有机化学中其他的亲核取代反应。

三、S_N2 和 S_N1 的立体化学

1. S_N2 的立体化学

英果尔德(C. Ingold,1893—1970)等用旋光性的 2-碘辛烷与放射性碘负离子进行卤素交换反应,发现在反应过程中外消旋化的速度是同位素交换速度的 2 倍。由此可以说明,亲核试

剂 I^{*-} 是背面进攻（如同前边对 S_N2 过程的描述那样）。

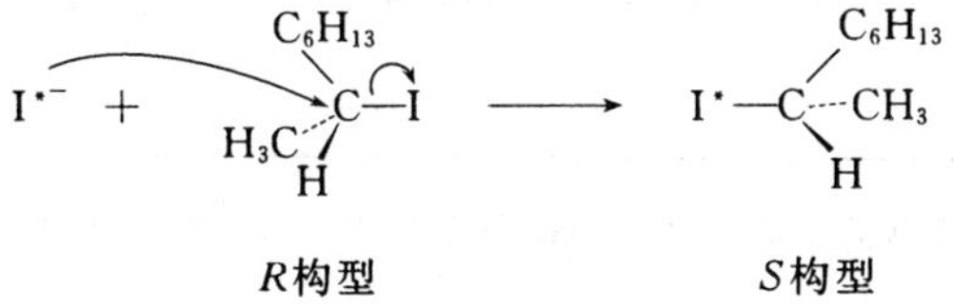

R 构型　　　　　　　　　　　　S 构型

在这里，每反应一分子，就发生一次同位素交换。每交换一次，就有一个 R 构型分子转化成 S 构型分子。所产生的 S 构型分子与另一个未反应的 R 构型分子组成一个外消旋体而发生消旋化。也就是说，每交换一次，就有两个外消旋分子产生。当交换进行到一半时，其旋光性全部消失（即外消旋化全部完成）。所以外消旋速度是同位素交换速度的 2 倍。

可以设想，如果 I^{*-} 是前面进攻（即从离去基团的同面接近中心碳原子），反应产物是保持构型，不会发生消旋。如果 I^{*-} 的背面进攻和前面进攻的机会均等，那么，外消旋速度和同位素交换速度应该相等。显然这两种设想与实验事实是不符的。

左旋的 2-溴辛烷在氢氧化钠的含水乙醇中反应，得到右旋的 2-辛醇：

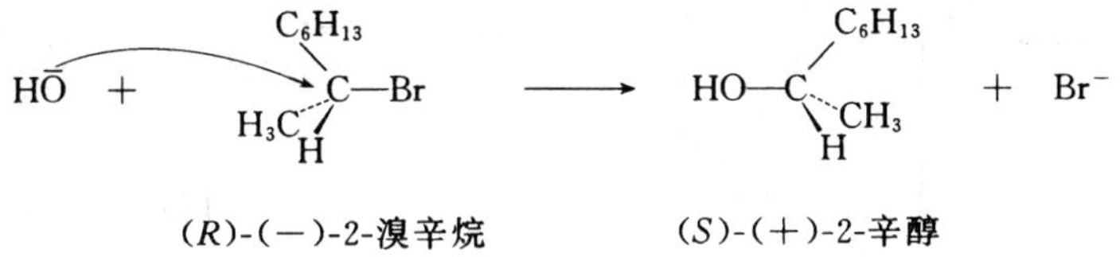

(R)-$(-)$-2-溴辛烷　　　　　　　　(S)-$(+)$-2-辛醇

二级动力学证明该反应为 S_N2。在产物中 OH 基团不是取代在溴原子所占据的位置上，即构型发生了转化。早在 19 世纪末，当休斯和英果尔德还未明确提出 S_N2 机理的时候，瓦尔登（P. Walden）就做了这种构型转化的实验，所以人们把这种构型转化称为瓦尔登转化。

瓦尔登转化是 S_N2 反应的立体化学特征。产生这种特征的原因是亲核试剂的背面进攻。读者或许会进一步问：为什么亲核试剂总是从离去基团背面进攻碳原子呢？在此有两个理由来回答这个问题：第一，当亲核试剂从前面进攻中心碳原子时，会受到携带电子离开的离去基团的排斥，而背面进攻可以避免这种排斥。第二，背面进攻能形成较稳定的过渡态，降低反应的活化能。

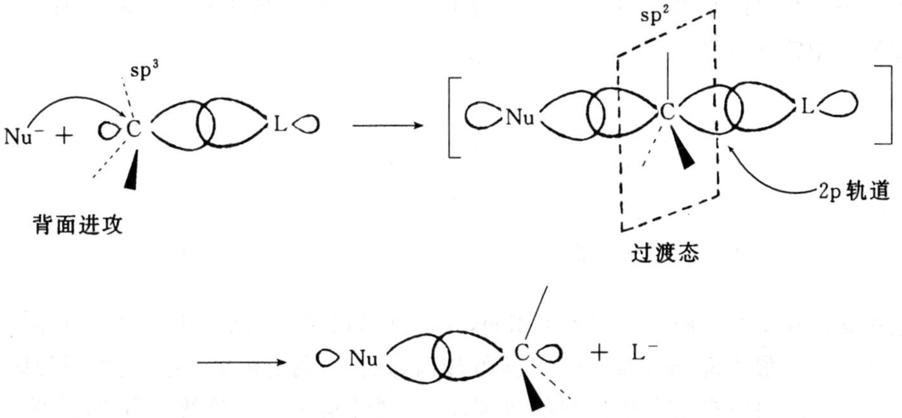

背面进攻　　　　　　　　　　　　　　　　　过渡态　　　2p 轨道

从反应物到过渡态，中心碳原子由 sp^3 变为 sp^2 杂化，过渡态中的中心碳原子的未杂化 p 轨道的两瓣分别与亲核试剂(OH^-)和离去基团(Br^-)交盖,这种交盖可降低过渡态的能量。此外,OH^- 和 Br^- 在垂直于 sp^2 杂化平面的一条直线的两端,二者相距较远,排斥最小,对反应也是有利的。

问题8-15 在 S_N2 反应中,R 构型的反应物是否一定变成 S 构型的产物? 为什么? 右旋反应物是否一定变成左旋产物呢?

---

2. S_N1 的立体化学

具有旋光性的反应底物(中心碳原子为手性碳)进行 S_N1 反应时,由于生成的碳正离子具有 sp^2 平面构型,亲核试剂可以从平面两侧与其结合,取代产物为几乎等量的一对对映体。

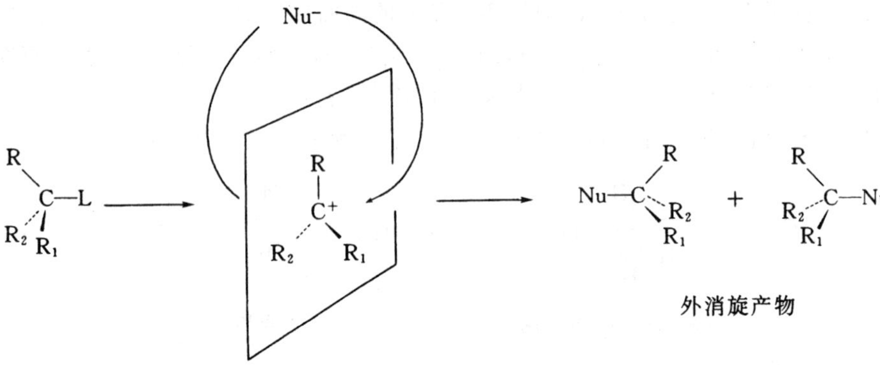

外消旋产物

对于理想的 S_N1 来说,确实应得到完全消旋化产物,但实际上往往只能得到部分消旋产物。例如,α-苯基氯乙烷水解时,87%发生外消旋化,13%发生构型转化:

$$C_6H_5CHClCH_3 \xrightarrow[S_N1]{H_2O,OH^-} C_6H_5CH(OH)CH_3 \quad (87\%外消旋化)$$

关于 S_N1 反应产生部分外消旋化的原因比较复杂,在此可以简单地解释为:S_N1 反应中的碳正离子不稳定,在它生成的瞬间,就会立即受到亲核试剂的进攻,这时卤负离子可能还来不及离开中心碳原子到相当的距离,因而在一定程度上阻碍了亲核试剂从卤原子这一边的进攻,结果生成较多的构型转化产物。

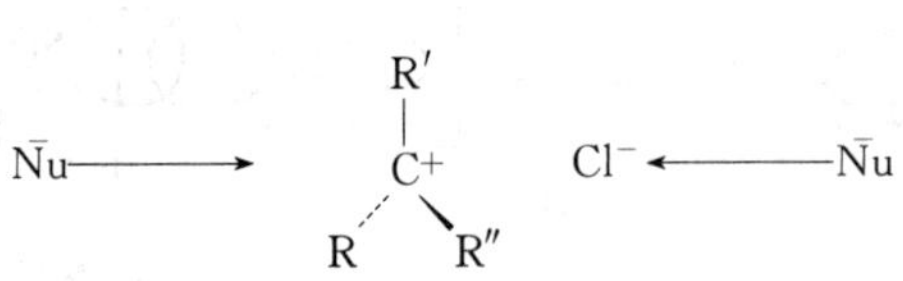

背面进攻占一定优势　　　　　前面进攻受一定阻碍

外消旋化的比例在不同反应中各不相同,其比例高低主要决定于碳正离子的稳定性和亲核试剂的浓度。一般来说,碳正离子的稳定性较高,亲核试剂的浓度较小,则外消旋比例就高。反之,碳正离子稳定性较低,亲核试剂的浓度较大,则外消旋比例就低。例如,α-卤代乙苯和2-卤代辛烷按 S_N1 机理水解,由于前者解离生成的碳正离子比后者的稳定,水解结果,旋光性的 α-氯代乙苯生成 83%～98% 外消旋产物,而 2-溴代辛烷仅得 34% 外消旋产物。

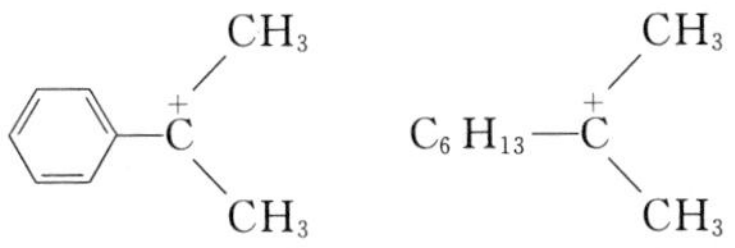

较稳定　　　较不稳定

理想的、典型的亲核取代反应或者表现为 S_N1 机理的特征，或者表现为 S_N2 机理的特征。但实际上情况往往是复杂的，有些卤代烃的亲核取代特征介于 S_N1 和 S_N2 之间，既像 S_N1，又像 S_N2，常常难以鉴别。大多数化学家认为，S_N1 和 S_N2 是亲核取代反应的两个极限机理，在这两个极限机理之间还存在着一个具有不同程度的 S_N1 和 S_N2 混合机理区域。以下将简单地介绍能够把 S_N1 和 S_N2 两种机理统一起来的离子对机理。

问题 8-16　按外消旋比例大小（S_N1）排列下面化合物。

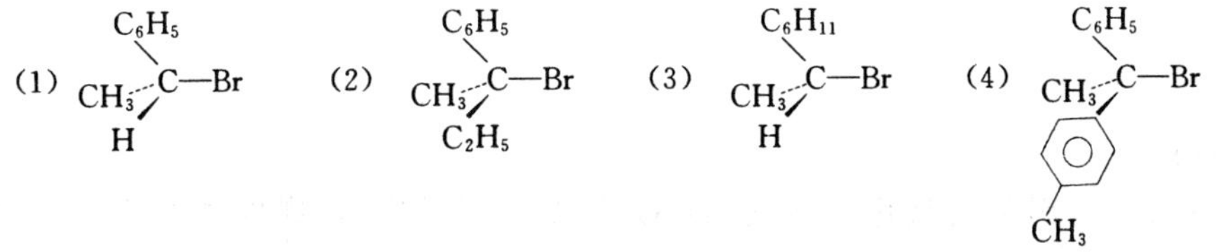

四、离子对机理

离子对机理最早是在解释 S_N1 的部分外消旋化现象时引起注意的。它能说明很多有关亲核取代反应机理的现象，因此越来越受到化学家的重视。

离子对机理认为反应底物在溶剂的作用下，解离是分步的，并按如下方式形成离子对：

$$\underset{\text{分子}}{R—X} \underset{k_{-1}}{\overset{k_1}{\rightleftharpoons}} \underset{\text{紧密离子对}}{[R^+\ X^-]} \underset{k_{-2}}{\overset{k_2}{\rightleftharpoons}} \underset{\text{溶剂分割离子对}}{[R^+ \parallel X^-]} \underset{k_{-3}}{\overset{k_3}{\rightleftharpoons}} \underset{\text{正离子}}{[R^+]} + \underset{\text{负离子}}{[X^-]}$$

第一步是电离，即共价键断裂，生成碳正离子和负离子。但这两个相反电荷的离子在静电引力作用下仍靠在一起，形成紧密离子对。第二步是少数溶剂分子进入到两个离子的中间，把它们分割开来，但它仍是一个离子对，称为溶剂分割离子对。在第三步中，离子完全被溶剂包围，形成了溶剂化的碳正离子和负离子。

形成离子对的各步都是可逆的，每步的反应速度大小取决于溶剂的性质和反应底物的结构。实际的反应体系是这些不同离子对及其自由离子的平衡混合物。如果亲核试剂与分子或紧密离子对作用，则必然是从背面进攻中心碳原子，发生构型转化，得到瓦尔登转化产物。如果亲核试剂与溶剂分割离子对作用，则亲核试剂既可从背面进攻得到构型转化产物，也可代替溶剂的位置得到构型保持产物。一般来说，前者多于后者，在这一阶段的取代结果是部分消旋化的。当亲核试剂和碳正离子作用时，则它们以相等的几率从碳正离子平面的两侧进攻，完全消旋化。取代反应的宏观结果是各个不同阶段亲核试剂与各种离子对（包括分子和离子）反应的总和。

上述过程可用下列图式来表达：

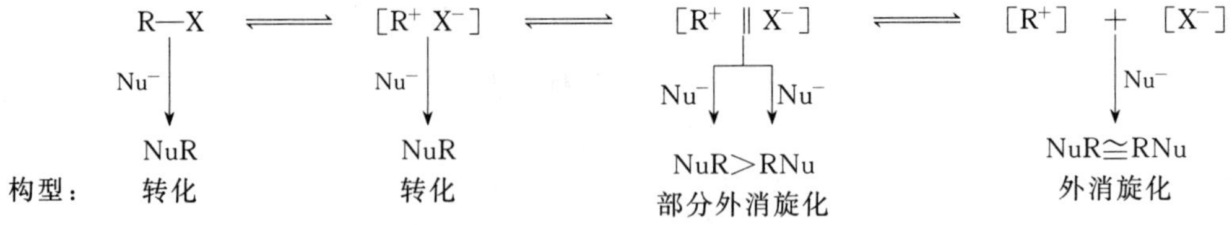

每一种离子对在反应中所起的作用主要决定于反应底物的结构和溶剂的性质。在一般情况下，碳正离子越稳定，解离程度就越大，自由碳正离子起的作用就越突出。反之，如果碳正离子不稳定，而试剂的亲核性又比较强时，则往往在溶剂分割离子对以前，取代反应就发生了，那么分子或紧密离子对的作用就比较突出。在纯粹的 S_N1 反应中，亲核试剂进攻碳正离子，其产物完全消旋化。在纯粹的 S_N2 反应中，亲核试剂从背面进攻反应物分子或紧密离子对，其产物是构型转化。当亲核试剂主要进攻分割离子对时，则得到不同程度的部分外消旋化产物。所以离子对机理可以把 S_N1，S_N2 及其他情况统一起来，成为一种比较完整的亲核取代机理。

五、邻基参与

1. 邻基参与的提出

在有氧化银存在下，用稀氢氧化钠溶液与(*S*)-2-溴丙酸反应，得到构型保持产物(*S*)-乳酸。

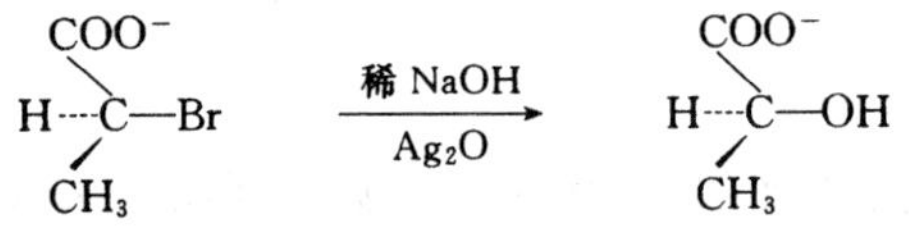

(*S*)-2-溴丙酸(盐)　　　　(*S*)-乳酸(盐)

对这一实验结果无法用简单的 S_N1，S_N2 或离子对机理来解释。经研究，该反应按如下过程进行：

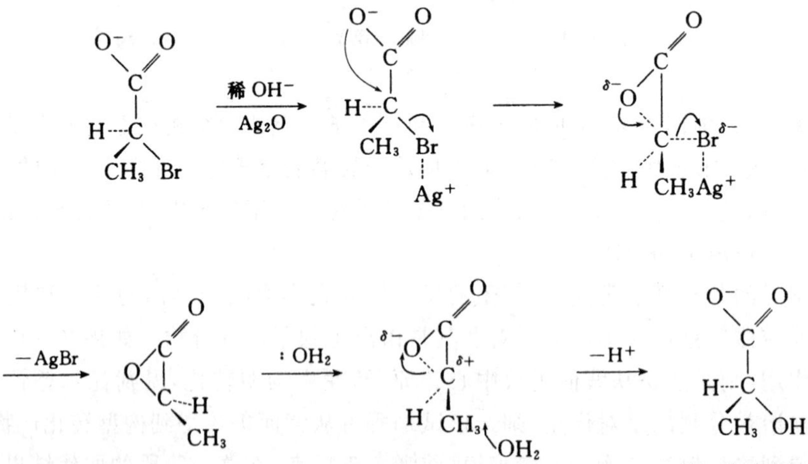

(*S*)-乳酸(盐)

已知道 Ag^+ 对卤素原子有较强的亲和力，Ag^+ 接近 Br 原子，促使它携带电子离开而在碳原子上呈现部分正电荷。邻近的 COO^- 作为亲核试剂从溴原子背面进攻中心碳原子，及时补充该碳原子上电子的不足，结果生成 α-内酯。这时中心碳原子的构型发生了一次转化。接着

H_2O 再从内酯环的背面进攻，COO^- 离开，中心碳原子又发生了第二次构型转化。所以最终得到的是构型保持产物。在这里 COO^- 只是作为中心碳原子的邻近基团参与反应，最后它又恢复原状。由于邻基参与使(S)-2-溴丙酸水解得到构型保持产物。

　　2. 邻基参与及其主要特征

　　从许多实验中发现，当能够提供电子的基团处于中心碳原子邻近位置时，它们通过某种环状中间体参与亲核取代反应，其结果不仅加快了反应速度，而且使产物具有一定的立体化学特征，有时还会得到重排产物。这种过程叫做邻基参与，它是亲核取代机理的重要组成部分。可以用下列通式来表示邻基参与的一般过程：

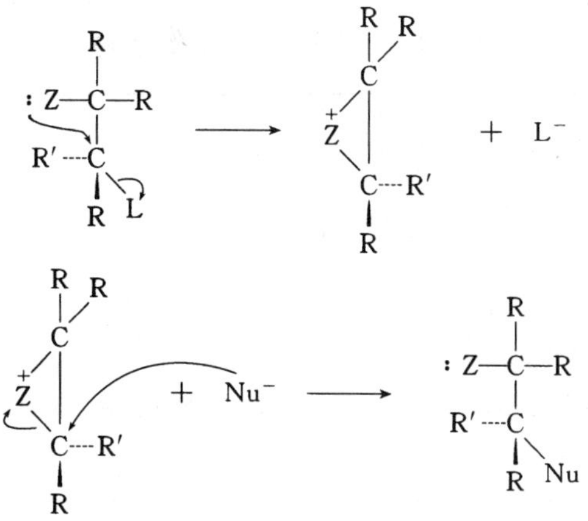

第一步：

第二步：

反应第一步是邻基 Z 携带电子对（作为分子内的亲核试剂）从离去基团背面进攻中心碳原子，同时离去基团逐渐离开中心碳原子而形成不稳定的环状中间体。第二步是外加亲核试剂从环的背面（也就是参与基团的背面）进攻中心碳原子，参与基团同时携带电子离开而得到取代产物。经过两次 S_N2 取代，发生两次构型转化，最终得到的产物是构型保持的。

　　在邻基参与反应中，有时外加亲核试剂也可以进攻环状中间体原来连有参与基团的碳原子，这时则得到重排产物：

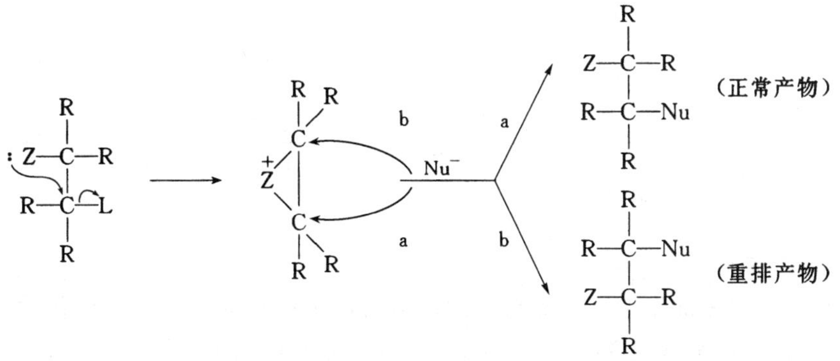

（正常产物）

（重排产物）

　　大量实验事实表明，有邻基参与的取代反应速度比相应的没有邻基参与的类似反应速度快，因此邻基参与又称为邻基促进(anchimeric assistance)。邻基促进的原因主要是由于邻近基团在分子内进攻中心原子比外加亲核试剂快，而这一步往往是整个反应速度的决定步骤。仍以上列图示为例，Nu^- 和反应底物作用必须相互碰撞，当它接近中心碳原子形成过渡态时远不如在反应前自由。而 Z 则在分子中处于有利位置,很容易从离去基团背面进攻中心碳原子,Z 参与反应时活化熵损失很小,以致使反应活化能明显降低,所以 Z 进攻比 Nu^- 快。

归结起来,邻基参与反应的特点是:反应速度加快、构型保持,有时得到一定构型的重排产物,对反应有加速作用。

3. 邻基参与的主要类型

根据参与基团的结构,可将常见的邻基参与分为以下几种主要类型:

(1)含杂原子邻近基团参与反应

含杂原子基团如 COO^-、OH、OR、NH_2、NR_2、SR、S^-、O^-、Cl、Br、I 等,作为邻基可借助于杂原子上的负电荷或未共用电子对同中心碳原子作用而参与亲核取代反应。前边所提到的 (S)-2-溴丙酸在 Ag_2O 存在下的稀 NaOH 溶液中的水解反应属于这种类型。

问题8-17 用邻基参与说明下列反应的过程:

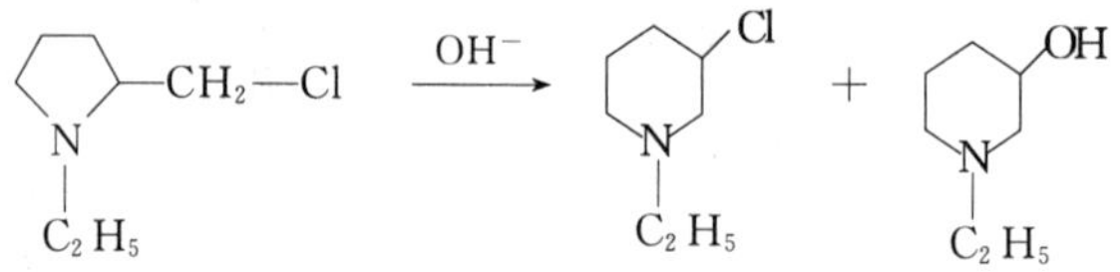

问题8-18 (S)-2-溴丙酸在有 Ag_2O 存在的稀 NaOH 溶液中生成(S)-乳酸(盐),而在浓 NaOH 溶液中却生成 (R)-乳酸(盐),为什么?

(2)邻近双键参与

对甲苯磺酸酯中磺酸根负离子为好的离去基团,它像卤代烃一样易发生亲核取代反应和消去反应(参阅 9.3 节)。下列 2-(3-环戊烯基)乙醇的对甲苯磺酸酯进行醋酸解得到桥环醋酸酯的反应为碳碳双键参与的亲核取代反应。

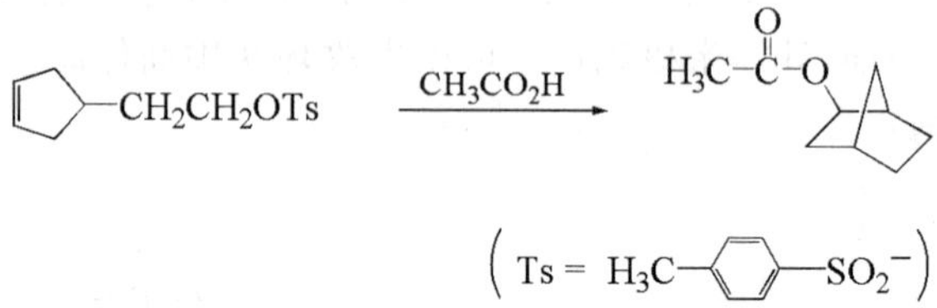

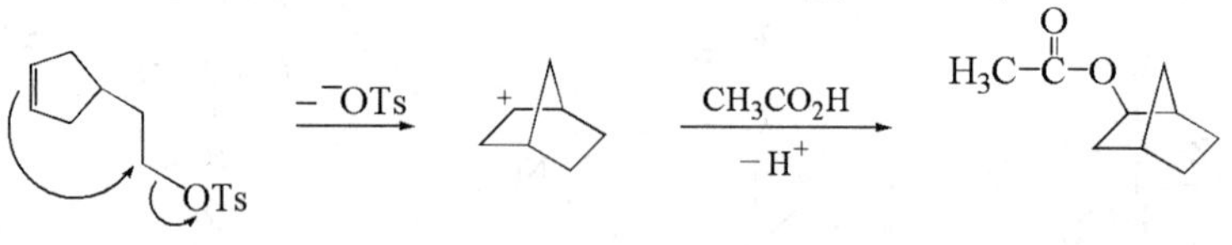

(3)邻近芳基参与

芳基提供它的大 π 键作为邻近参与基的反应可以由产物的结构和立体化学特征得到证实。例如,下列卤代烃水解生成两种产物,是由于苯基参与的结果:

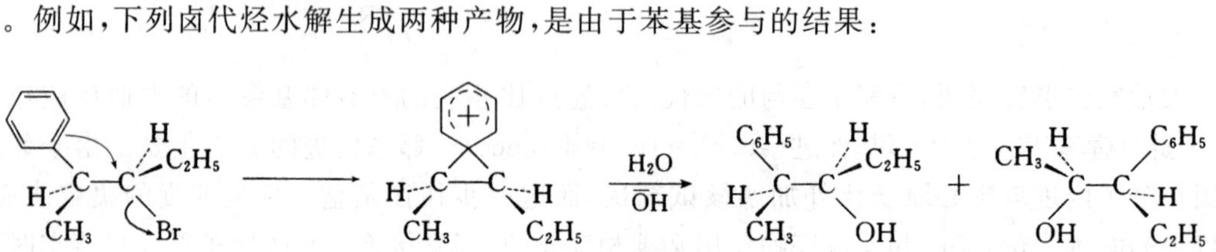

最后概括说明邻基参与的一般条件：

a. 在反应底物中心碳原子附近有能提供电子的基团,这是最基本的条件。

b. 反应时离去基团先有一定的离去倾向,使中心碳原子显出部分正电荷,这可以为邻基参与创造较好的条件。但离去基团的离去倾向不能过强,如果离去基团很容易离开中心碳原子,就无须邻基协助,即可按 S_N1 机理反应。

c. 外加亲核试剂的浓度不宜过大,因为高浓度的亲核试剂进攻中心碳原子的机会多,往往导致反应按 S_N2 机理进行。

d. 邻基与离去基团必须处于反平行位置,这种空间关系有利于邻基对中心碳原子的进攻（背面进攻）。在开链化合物中,由于 C—C σ 键可以自由旋转,总是能够满足这种空间要求,但在某些环状化合物中却不一定都能达到。

还有一点要注意的是,具有一定构型的开链化合物,有可能发生邻基参与反应时,必须在构型式中把参与基团和离去基团放在反平行位置,否则,很难写出正确的产物。例如,下列化合物如果以构型式 **3** 的形式给出,则必须把它变换成构型式 **4**,然后再按邻基参与反应写出它的产物。

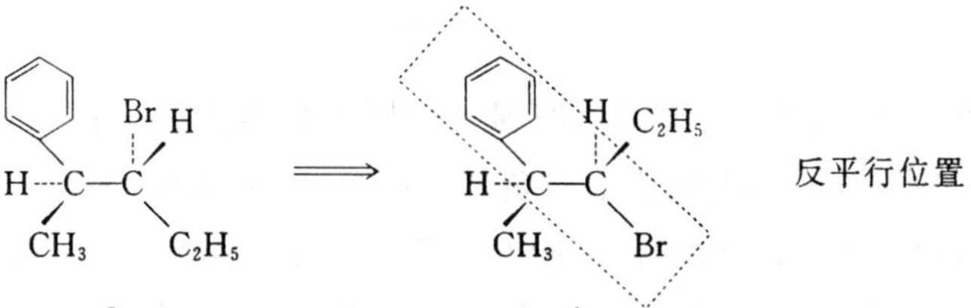

邻基参与在有机化学中是一种很普遍的现象,它能解释许多用一般 S_N1、S_N2 机理说明不了的实验事实。本章只是初步提出一般概念,列举的实例有限,在后续章节还将涉及不少有邻基参与的反应。

问题8-19　$CH_2{=}CH{-}CH_2Br$ 在硫酸溶液作用下,得到 $CH_3\underset{OH}{CH}CH_2Br$ 和 $CH_3\underset{Br}{CH}CH_2OH$,试说明生成产物的过程。

问题8-20　$C_2H_5SCH_2CH_2Cl$(**A**) 和 $C_2H_5OCH_2CH_2Cl$(**B**) 的水解速度都比 $CH_3CH_2CH_2CH_2Cl$ 快,而且 **A** 的速度又比 **B** 的快 10^4 倍,为什么?

问题8-21　(2S,3R)-2-苯基-3-氯丁烷水解生成外消旋体,(2S,3S)-2-苯基-3-氯丁烷水解则生成一种具有光学活性的产物,分别写出反应过程。

问题8-22 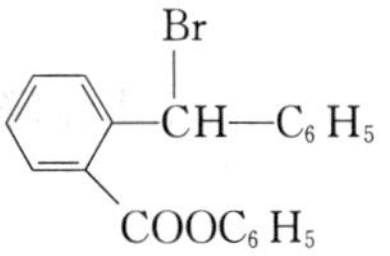　 在乙酸中溶剂解比它的对位异构体快,为什么?

六、芳环上的亲核取代

前已提及,直接连在芳环上的卤原子不活泼,一般情况下不发生亲核取代反应。但在卤原子的邻对位有吸电子基团存在时,可以发生水解、醇解、氰解、氨解等亲核取代,例如：

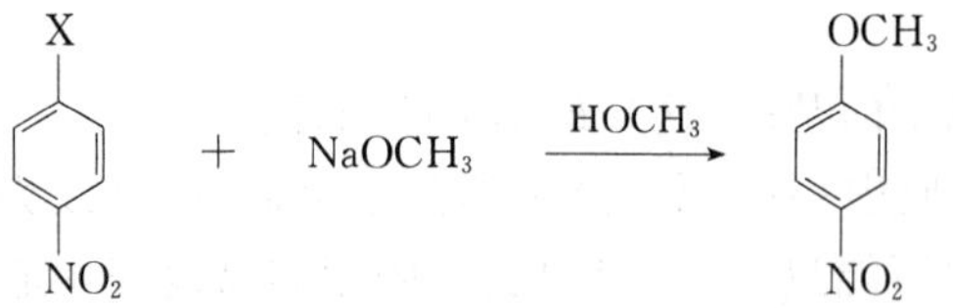

X	Cl	Br	I
相对速度	1	0.74	0.38

由实验发现,在上列反应中,当 X 为 Cl、Br、I 时,相对反应速度分别为 1、0.74、0.38。即氯代芳烃活性最高,碘代芳烃活性最低。这种活性顺序与脂肪卤代烃亲核取代活性顺序正好相反,这主要与反应机理有关。

经研究证实,卤代芳烃在芳环上发生的亲核取代既不是 S_N1 机理,也不是 S_N2 机理。而是一种加成—消除机理。

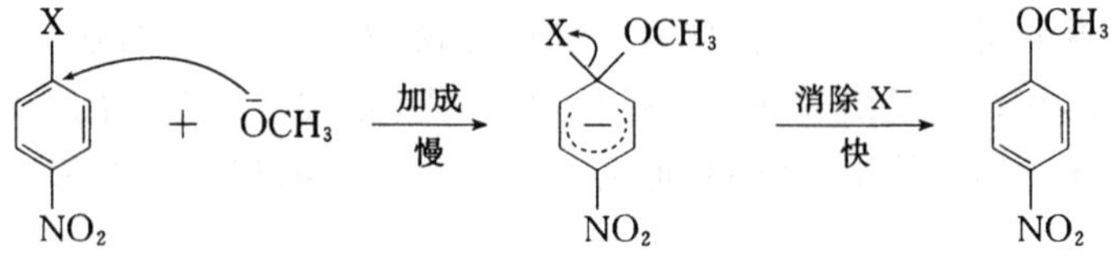

σ-络合物

反应分两步进行,第一步,亲核试剂 $\bar{O}CH_3$ 加到与卤原子相连的芳环碳上,生成带负电的中间体(σ-络合物)。第二步,从 σ-络合物失去卤负离子(X^-)而得到取代产物。由反应物生成不稳定中间体比较困难;而由不稳定中间体转化成稳定产物是容易的。因此第一步是决定反应速度的步骤。由于中间体带负电荷,所以电负性较强的 X,有利于负电荷的分散,可提高相应中间体的稳定性,使反应速度较快。虽然 C—I 键比较活泼(容易断裂),但涉及 C—X 键断裂的第二步对整个反应速度的影响不大。所以卤代芳烃的芳环上发生亲核取代的反应活性主要决定于卤素的电负性,即电负性大,活性高。

氯代芳烃＞溴代芳烃＞碘代芳烃

这与上列实验数据是一致的。

如果苯环上有两个硝基,其活化程度更高。例如,2,4-二硝基氯苯在弱碱(Na_2CO_3)水溶液中就可发生水解:

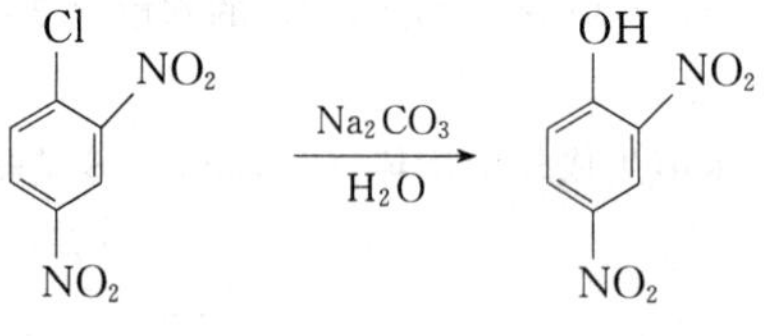

最后要指出的是,吸电子基团对间位卤原子的活化作用很弱,也就是说,处在吸电子基团间位的卤原子不能被取代。例如:

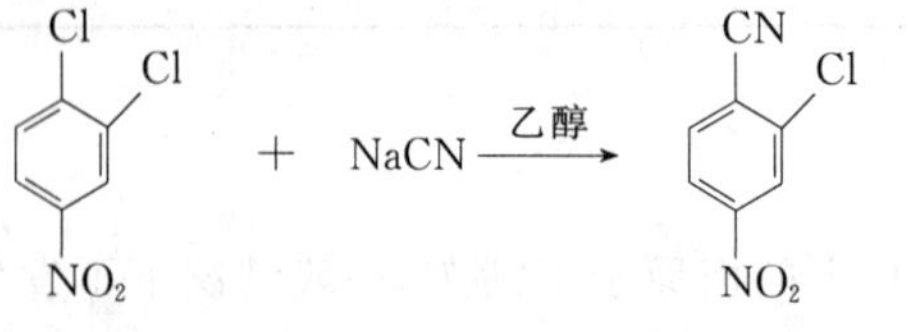

一般卤代芳烃(指未活化的)与强碱($NaNH_2$)作用可以发生亲核取代,例如:

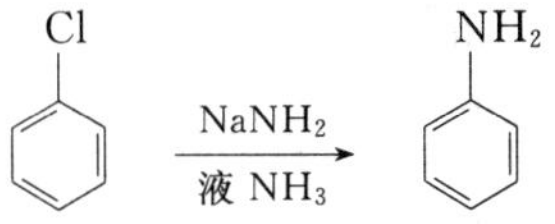

如果用对溴甲苯反应,由实验发现,可生成两种取代产物 **5** 和 **6**:

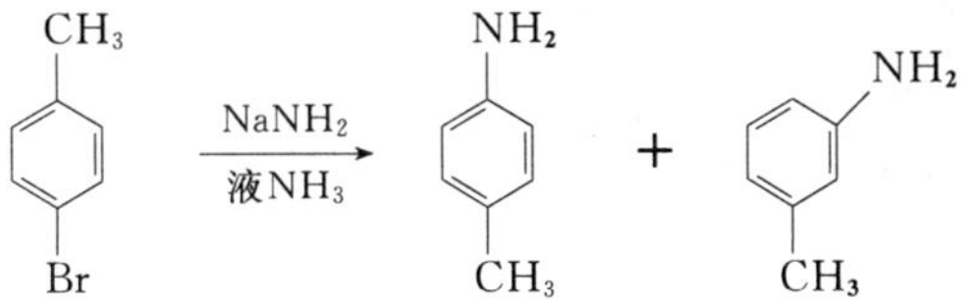

在这里,**5** 是溴原子被氨基取代的正常产物;而在产物 **6** 中,氨基取代的不是溴原子原来所占据的位置,似乎有些反常。读者必然会问,产物 **6** 是怎样生成的?

经研究得知,在强碱 $NaNH_2$ 作用下,卤代芳烃所发生的亲核取代是按所谓的消除—加成机理进行的,反应中有活泼中间体"苯炔"生成,其反应过程如下:

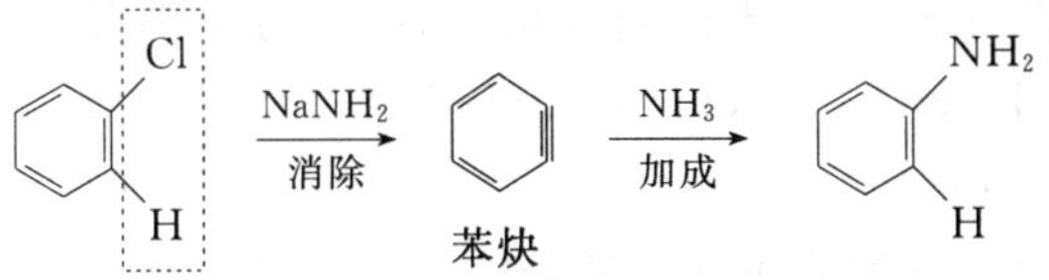

氯苯受 $NaNH_2$ 作用先消除 HCl,生成苯炔,然后由 NH_3 向苯炔的三键进行加成而得到苯胺(最终的取代产物)。根据这种机理很容易解释对溴甲苯与 $NaNH_2$-NH_3 作用可生成 **5**、**6** 两种产物的实验事实。

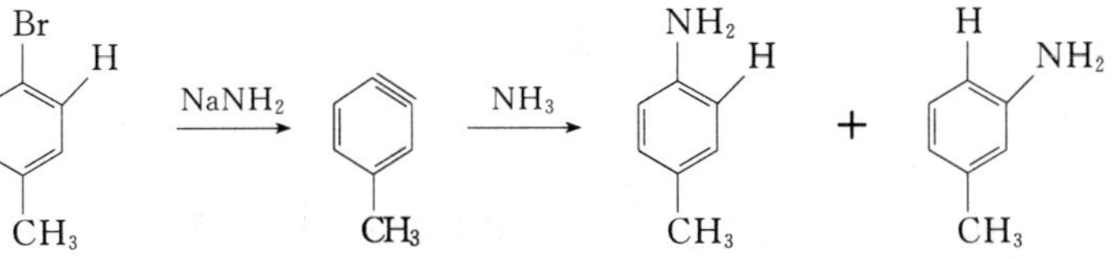

在这里,当 NH_3 向 **7** 的三键加成时,有两种可能的取向,即 NH_2 可以加到溴原子原来所处的位置,生成 **5**;也可加到另一个三键碳上而生成 **6**。

如果用同位素标记氯苯进行这种亲核取代,显然也应该生成两种产物:

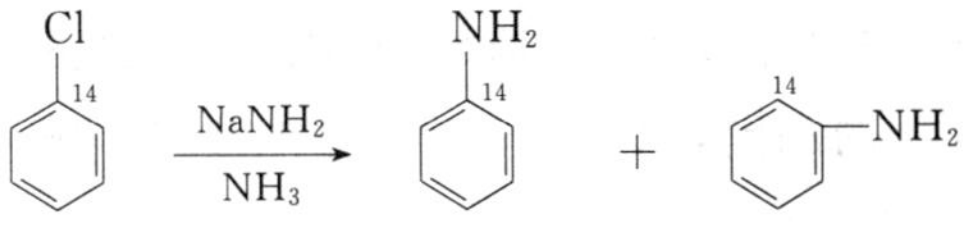

在上列反应中所涉及的苯炔是一类活泼中间体,可以用光谱法证明它的存在。在苯炔分子中,两个三键碳之间,有一个由 sp^2 轨道侧面交盖而形成的 π 键(与苯环大 π 键垂直),显然这种交盖程度较小,它是一种较弱的键。也就是说,苯炔分子中的三键比正常炔烃的三键要弱得多,这也正是苯炔具有高度活泼性的原因。

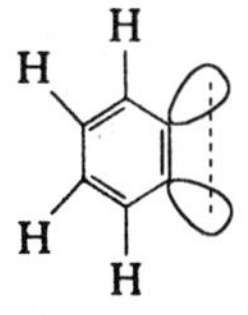

苯炔

问题8-23 按与 $NaOCH_3$-CH_3OH 反应的活性顺序排列下面化合物。

$$(1)\quad (2)\quad (3)\quad (4)\quad (5)$$

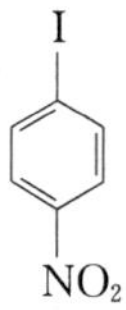

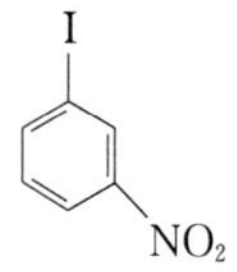

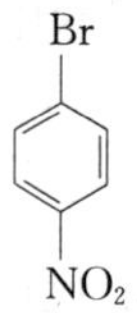

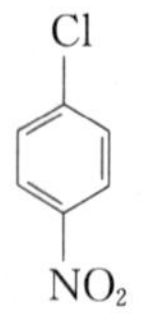

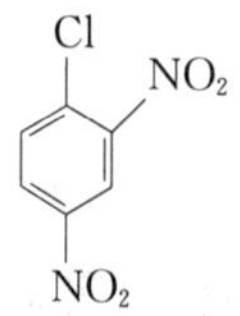

问题8-24 写出下列反应的产物。

$$(1)\quad O_2N-\underset{Br}{\bigcirc}-Cl \xrightarrow[\text{HOCH}_3]{\text{NaOCH}_3} ? \qquad (2)\quad C_2H_5-\underset{Cl}{\bigcirc}-CH_3 \xrightarrow[\text{NH}_3]{\text{NaNH}_2} ?$$

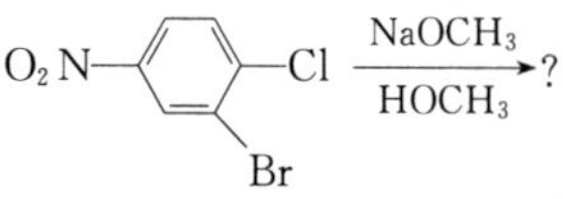

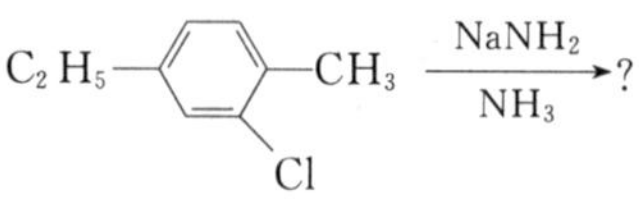

8.5 消除反应的机理

一、两种消除机理(E1 和 E2)

卤代烃的消除也有两种与 S_N1，S_N2 对应的机理：单分子消除(unimolecular elimination)机理(E1)和双分子消除(bimolecular elimination)机理(E2)。

1. 单分子消除机理(E1)

叔丁基溴在碱性溶液中发生消除分两步进行：

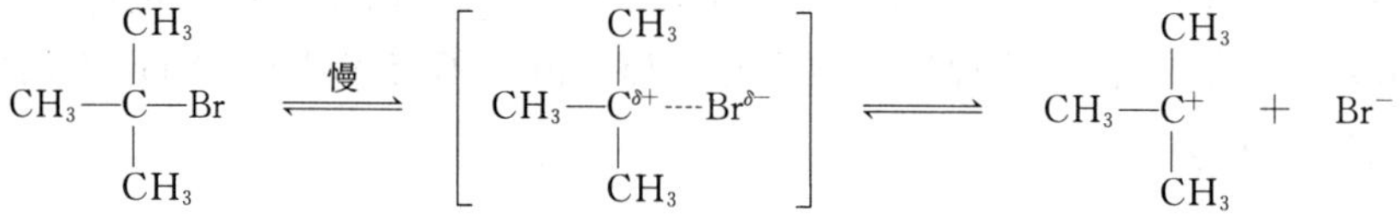

第一过渡态

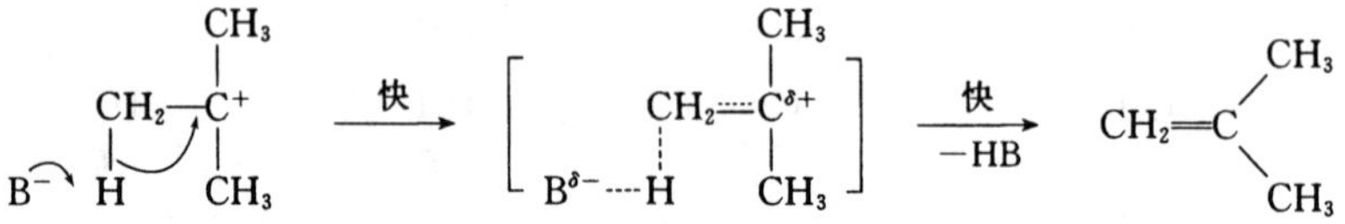

第二过渡态

第一步，离去基团先带着电子对离开中心碳原子，经由第一过渡态断裂 C—Br 键，形成碳正离子；第二步，碳正离子经由第二过渡态失去 β-质子(被碱所接收)而生成烯烃。在决定反应速度的第一步只涉及卤代烃一个分子，所以称为单分子消除，用 E1 表示(elimination,"1"代表单分子)。

E1 反应的第一步和 S_N1 的相同，因此二者具有某些类似的特征。在动力学上是一级反应，如结构允许，常常伴随重排等。

2. 双分子消除机理(E2)

正丙基溴在碱(NaOH 乙醇溶液)的作用下发生消除是按如下过程进行的：

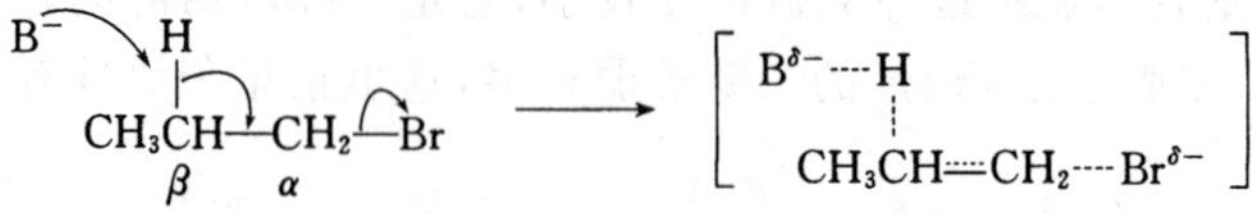

过渡态

$$\longrightarrow \quad BH \quad + \quad CH_3CH=CH_2 \quad + \quad Br^-$$

在这里 C—H 键和 C—Br 键的断裂,π 键的生成是协同进行的,反应一步完成。卤代烃和碱试剂都参与形成过渡态,所以称为双分子消除,用 E2 表示。

E2 和 S_N2 类似,在动力学上为二级反应,不发生重排。除此之外,E2 反应还有一个值得注意的特征是显示较大的同位素效应(isotope effect)。所谓同位素效应是指反应体系中由于有同位素标记原子存在而造成对反应速度的影响。由于氢广泛存在于有机物中且氢与氘原子量差别很大,因此研究氢的同位素效应在确定反应机理上有重要意义。如果在决定反应步骤中,涉及 C—H 键的断裂,那么该原子的较重同位素所参加的反应将变得较慢。例如,普通异丙基溴和氘代异丙基溴在乙醇钠作用下,前者脱 HBr 速度比后者的快 7 倍,这说明在决定反应速度步骤中涉及 C—H 和 C—D 键的断裂。

$$C_2H_5O^- + \underset{\underset{CH_3}{|}}{H-CH_2-CH-Br} \xrightarrow{k_H} [C_2H_5O^{\delta^-}\cdots H\cdots CH_2\underset{\underset{CH_3}{|}}{=}CH\cdots Br^{\delta^-}]$$

$$\longrightarrow C_2H_5OH + CH_2=CHCH_3 + Br^-$$

$$C_2H_5O^- + \underset{\underset{CD_3}{|}}{D-CD_2-CH-Br} \xrightarrow{k_D} [C_2H_5O^{\delta^-}\cdots D\cdots CD_2\underset{\underset{CD_3}{|}}{=}CH\cdots Br^{\delta^-}]$$

$$\longrightarrow C_2H_5OD + CD_2=CH-CD_3 + Br^-$$

由于 H 比 D 轻,所以 C—H 比 C—D 断裂的速度快,$k_H/k_D \geqslant 2.7$,说明此消除是 E2 消除。我们称这种在决速步骤中涉及碳氢断裂的同位素效应为一级同位素效应。

区别 E1 和 E2 反应主要根据它们各自的特征。E1:一级动力学;重排。E2:二级动力学;有氢一级同位素效应。

二、影响消除反应机理及其活性的因素

卤代烃的消除反应按哪种机理进行以及它们的相对活性也受多种因素的影响,与亲核取代有很多相似之处,但也有不同之点。

1. 烃基的结构

与 S_N1 一样,不同烃基的卤代烃按 E1 机理消除的相对活性为:叔卤>仲卤>伯卤。烯丙型卤代烃如经过消除能生成共轭二烯,其消除活性特别高。

E2 反应与 S_N2 有些类似,但结构与活性的关系却完全不同。已知 S_N2 反应的相对活性是伯卤>仲卤>叔卤,而 E2 反应却是叔卤>仲卤>伯卤。这是为什么?

在 S_N2 反应中,亲核试剂(实际上也是碱试剂)是进攻中心碳原子,空间因素对反应速度有明显的影响,因此叔卤的活性最低。而在 E2 反应中,碱试剂是进攻 β-H,这种进攻基本上不受 α-C 上所连基团的空间障碍影响。相反 α-C 上所连烃基越多,β-H 的数目就越多,它们被碱试剂进攻的机会就越多,反应就进行得越快。可以说这是叔卤活性大于仲卤、伯卤的原因之一。

$$\underset{\underset{CH_3}{|}}{\overset{\overset{CH_3}{|}}{CH_3-C-X}} \qquad \underset{}{\overset{\overset{CH_3}{|}}{CH_3CH-X}} \qquad CH_3CH_2-X$$

β-H 数目: 9   6   3

此外,叔卤消除后,产物的双键碳上所连的烃基数目比仲卤、伯卤的多,所以叔卤消除所生成的烯烃相对稳定性较高。这是叔卤按 E2 机理消除活性较大的另一个原因。

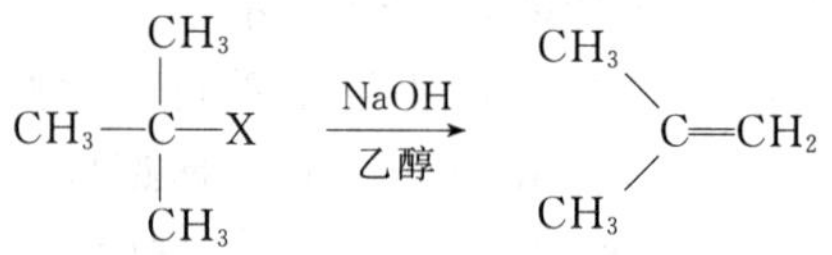

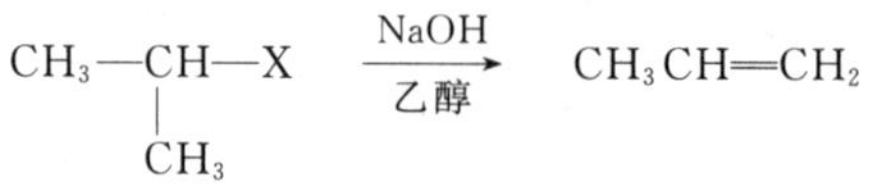

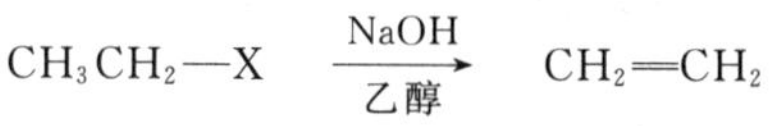

$$CH_3-\underset{\underset{CH_3}{|}}{\overset{\overset{CH_3}{|}}{C}}-X \quad \xrightarrow[\text{乙醇}]{NaOH} \quad \underset{CH_3}{\overset{CH_3}{C}}=CH_2$$

$$CH_3-\underset{\underset{CH_3}{|}}{CH}-X \quad \xrightarrow[\text{乙醇}]{NaOH} \quad CH_3CH=CH_2$$

$$CH_3CH_2-X \quad \xrightarrow[\text{乙醇}]{NaOH} \quad CH_2=CH_2$$

总的来说,不管是 E1,还是 E2 机理,卤代烃的消除活性都是:

$$叔卤 > 仲卤 > 伯卤$$

烯丙型、苄基型卤代烃消除后,一般都形成稳定的共轭烯烃,所以具有更高的消除活性。

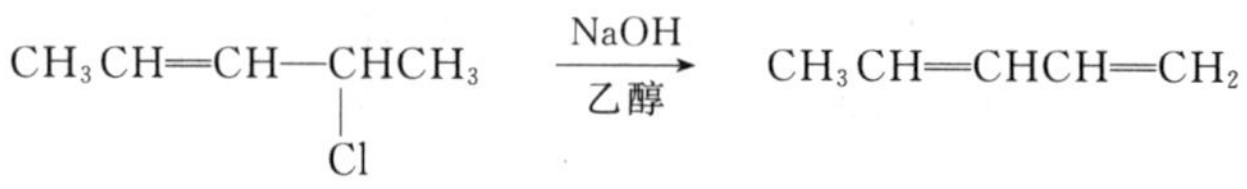

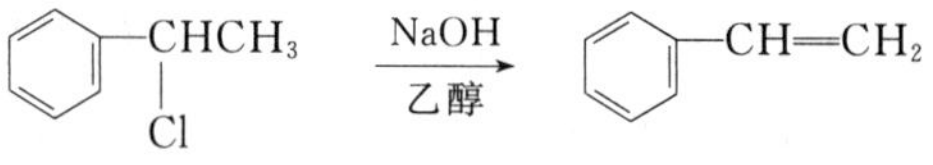

$$CH_3CH=CH-\underset{\underset{Cl}{|}}{CH}CH_3 \quad \xrightarrow[\text{乙醇}]{NaOH} \quad CH_3CH=CHCH=CH_2$$

实际上这些卤代烃在弱碱条件下就能发生消除。

带有芳环的 β 卤代烃消去活性也比较高,其产物也为共轭烯烃,例如:

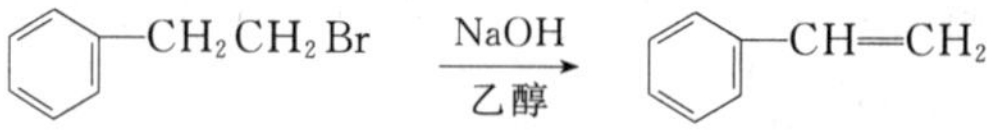

2. 卤素种类

当烃基相同,而卤素种类不同时,消除反应的活性顺序为:

$$RI > RBr > RCl$$

不管是 E1 机理,还是 E2 机理,卤原子总是要带着电子对离开中心碳原子,所以有较好离去基团的碘代烃,其消除活性最高。

3. 碱试剂

只有 E2 反应与试剂的碱性强弱、浓度有关,高浓度的强碱试剂可提高 E2 反应的速度。E1 反应不受试剂的碱性和浓度的直接影响。

4. 溶剂

E1 反应中 C—X 键的解离受溶剂的影响比较明显,极性较大的溶剂可提高 E1 反应的速度,而对 E2 反应是不利的。

卤代烃的消除反应在机理的选择上主要受以上诸因素的影响。从卤代烃的结构看,叔卤倾向于 E1 机理,伯卤倾向于 E2 机理,仲卤居中,但比较倾向于 E2。高浓度的强碱有利于 E2,而较低浓度的弱碱有利于 E1。高极性溶剂有利于 E1,低极性溶剂有利于 E2。改变反应条件,可使某种卤代烃的消除由一种机理转向另一种机理。

三、消除反应的方向

卤代烃的消除是一种定向反应,其消除取向遵循萨伊切夫规律。在此我们将从反应机理的角度来解释这种规律。

1. E2 反应

在 E2 反应中,碱试剂进攻 β-H,卤素离开中心原子,经由过渡态生成烯烃。当有两种不同的 β-H 时,碱优先进攻哪个 β-H 主要决定于相应过渡态的稳定性,由于在过渡态已有部分双键形成,所以能够稳定烯烃产物的因素,也能够稳定相应的过渡态。我们知道,双键上含有较多烷基的烯烃比较稳定,因此部分双键碳上连有较多烷基的过渡态也比较稳定。而这种过渡态正是由碱试剂进攻含氢较少的那个 β-C 上的氢而形成的。通过该过渡态所需活化能较低,容易发生消除,因此所得到的主要产物是双键上连有较多烷基的烯烃。

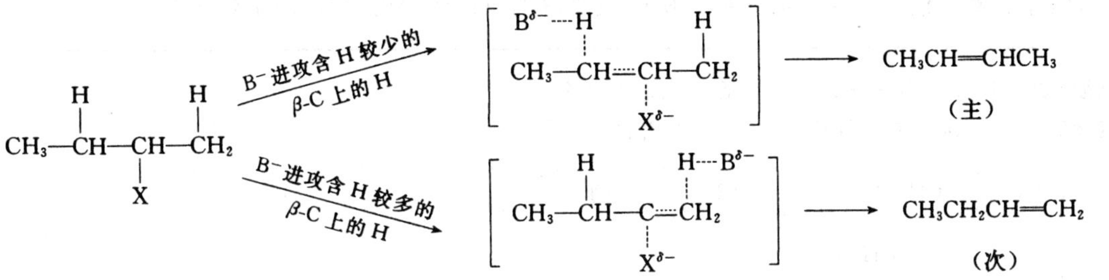

2. E1 反应

在 E1 反应中,第一步是 C—X 键断裂,生成碳正离子,产物的取向与这一步无关。决定产物取向的是第二步,即碳正离子甩掉哪个 β-H? 在第二步的过渡态中也已形成了部分双键。与 E2 反应类似,当生成双键有较多烷基的烯烃时,相应过渡态比较稳定,活化能较低,能够优先进行反应。例如:

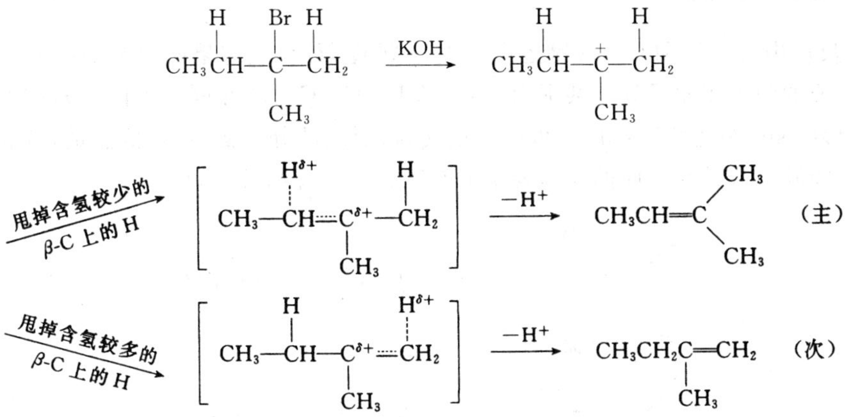

总之,无论是 E2,还是 E1 反应,消除的取向都是由产物烯烃的稳定性(实际上是相应过渡态的稳定性)决定的。总是优先消除含 H 较少的 β-C 上的 H,生成双键上烷基较多的烯烃,这就是萨伊切夫规律。

和马氏规则一样,对萨伊切夫规律也要抓住它的本质,才能正确处理消除的取向问题,例如:

$$\text{C}_6\text{H}_5-\underset{\underset{\boxed{\text{H}}}{|}}{\text{CH}}-\underset{\underset{\boxed{\text{X}}}{|}}{\text{CH}}-\underset{\underset{\text{H}}{|}}{\text{CH}}-\text{CH}_3 \xrightarrow[\text{C}_2\text{H}_5\text{OH}]{\text{NaOH}} \text{C}_6\text{H}_5-\text{CH}=\text{CHCH}_2\text{CH}_3$$

主要产物

在这里,卤代烃分子中,两个 β-C 上所含 H 数一样多,显然应优先生成比较稳定的共轭烯烃。

卤代烃的消除一般都遵循萨伊切夫规律,但受其他因素的影响,也有例外的情况:

$$\underset{\underset{\text{Cl}}{|}}{\text{CH}_3\text{CH}_2\text{CH}_2\text{CH}_2\text{CHCH}_3} \xrightarrow{\text{RO}^-} \text{CH}_3\text{CH}_2\text{CH}_2\text{CH}=\text{CHCH}_3 \quad + \quad \text{CH}_3\text{CH}_2\text{CH}_2\text{CH}_2\text{CH}=\text{CH}_2$$

$\text{RO}^- = \text{CH}_3\text{O}^-$	67%	33%
$\text{RO}^- = (\text{CH}_3)_3\text{CO}^-$	9%	91%

该例说明了碱试剂体积大小对消除取向的影响。$(\text{CH}_3)_3\text{CO}^-$ 体积大,它与仲氢接近比较困难,而夺取末端伯氢相对容易一些。所以主要得到双键碳上烷基较少的烯烃。

问题8-25 叔卤在 E1 和 E2 反应中,活性都高,为什么?

问题8-26 按消除反应活性顺序排列下面化合物。

(1) ⬡—CH$_2$Cl

(2) ⬡—Cl

(3) C$_6$H$_5$—C(CH$_3$)$_2$—Cl （苯基—CH$_2$—C(CH$_3$)(CH$_3$)—Cl，带 Cl）

(4) C$_6$H$_5$—CH$_2$—CHCH$_3$，带 Cl

(5) 环己烯—Cl

(6) CH$_3$CH$_2$CH$_2$CH$_2$Cl

四、E2 反应的立体化学

在 E2 反应中,C—L 和 C—H 键逐渐断裂,π 键逐渐形成,如果两个被消除的基团(L,H)和与它们相连的两个碳原子处于共平面关系(即 L—C—C—H 在同一平面上),在形成过渡态时,两个变形的 sp^3 杂化轨道可以尽可能多地交盖(形成部分 π 键)而降低能量,有利于消除反应的进行。能满足这种共平面的几何要求的有顺叠和反叠两种构象:

L—C—C—H（顺式共平面）→ C=C　顺式消除

顺式共平面

L—C—C—H（反式共平面）→ C=C　反式消除

反式共平面

由于反叠是能量较低的优势构象,而且当 H、L 处于反平行关系时,对碱进攻 β-H 和 L 的离开都是有利的,所以大多数 E2 反应为反式消除(图 8-4)。

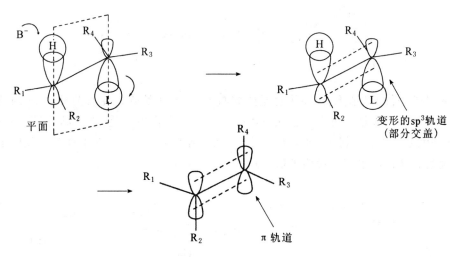

图 8-4 E2 反式消除示意图

在少数情况下,由于几何原因,当分子达不到反叠构象时,则为顺式消除。

对一定构型的反应物,按 E2 机理进行消除,在写消除产物时,必须把被消除的两个基团 (L,H)放在反平行的位置(即反式共平面关系)。例如,1-溴-1,2-二苯基丙烷的两种异构体在 NaOH 醇溶液中消除分别得到不同构型的烯烃产物:

除上列架子式外,也可以用点线楔式或纽曼式来表示 E2 反式消除的关系:

用环己烷的卤代物来研究 E2 反应的立体化学,反式消除的特征表现得更加明显。

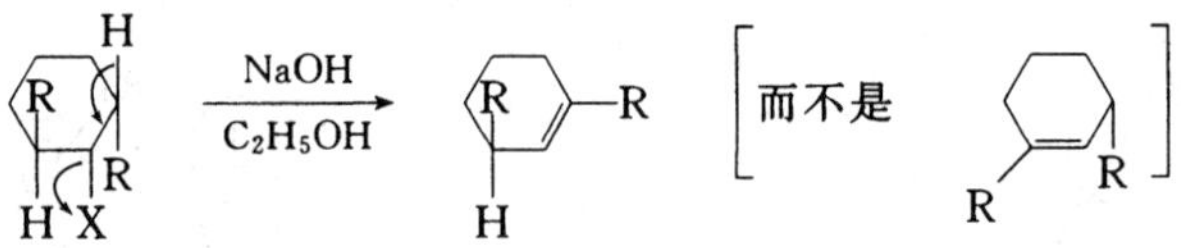

卤代环己烷进行 E2 消除，卤原子总是优先与反式 β-H 消除。在有两种 β-H 的情况下，优势产物再由萨伊切夫规律决定。在这里还有一点要特别指出的是，为了满足反式共平面的关系，消除基团必须处在 a 键上，如果它们处在 e 键，则不能共平面。在下列两个反应中，化合物 **8** 反应速度比 **9** 慢的事实正说明了这一点。

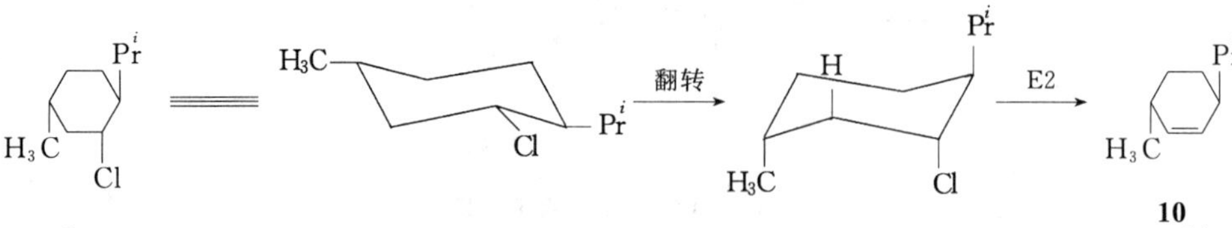

由上式可见，在化合物 **8** 的优势构象中，Cl 处于 e 键，必须经翻转使 Cl 处在 a 键时，再与反位 a 键 H 进行消除。而在 **9** 的优势构象中，Cl 已经处在 a 键，无须翻转，可直接进行消除。因为 **9** 有两种 β-H，所以得到两种消除产物 **11**（75％）和 **12**（25％）。**11** 比 **12** 多是由于萨伊切夫规律的支配。由于 **8** 进行消除之前要从优势构象翻转成不稳定的构象，需要吸收一定的能量。所以 **8** 的消除反应速度比 **9** 的慢。

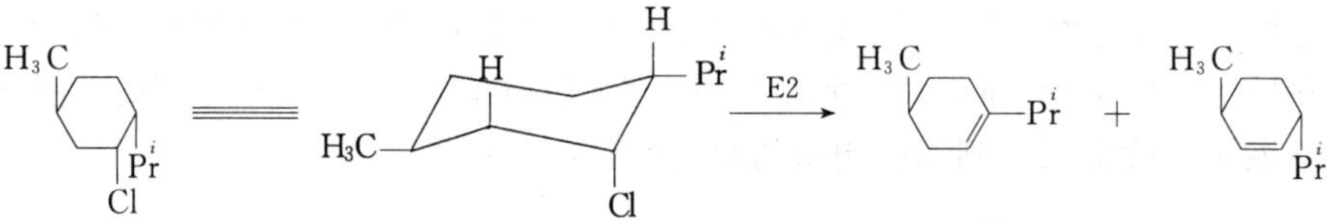

在某些环状化合物中，由于环的刚性，不能使两个消除基团达到反式共平面关系，因此消除速度较慢。在这种情况下，顺式消除反而更有利。下列两个化合物 **13**、**14** 在 $C_5H_{11}ONa$-$C_5H_{11}OH$ 中消除，**13** 的速度比 **14** 的快 100 倍就是这个道理。

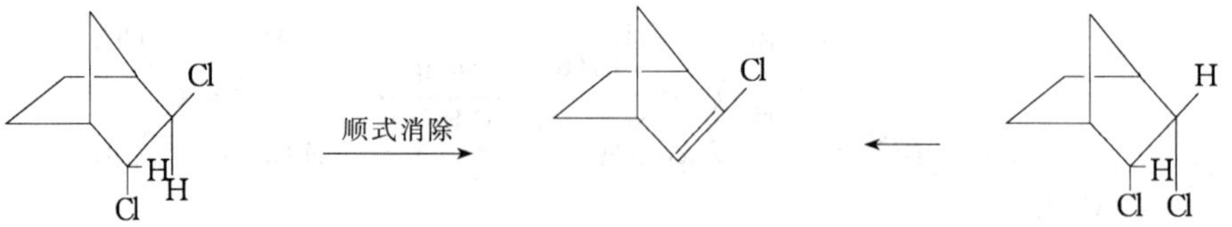

在这里可以看到，**13** 分子中的 Cl 和 H 处于顺位，基本上能满足 H—C—C—Cl 的共平面关系，可较顺利地消除。

与 E2 不同，E1 消除在立体化学上没有空间定向性，反式消除和顺式消除产物都有，二者的比例随反应物而有所不同，没有明显的规律。

问题8-27 Z-3-己烯与溴反应后再与 NaOH 乙醇作用,可得到 Z-3-溴-3-己烯。通过类似的反应是否可以由环己烯出发制备 1-溴环己烯?用反应式表示反应的过程。

问题8-28 比较下列化合物进行消除的速度。

(1) t-Bu—Cl (2) t-Bu ⋯Cl (3) H_3C ⋯Cl

问题8-29 六六六有八种立体异构体,试写出消除(E2)反应速度最慢的一种。

五、取代反应和消除反应的竞争

卤代烃既可以发生取代反应,又可以进行消除反应,而且这两种反应一般都是在碱性条件下进行。所以取代和消除往往是同时存在的竞争反应。

根据卤代烃和反应条件的不同,它们可以按单分子机理反应(S_N1 对 E1 的竞争),也可以按双分子机理反应(S_N2 对 E2 的竞争)。也可能既有单分子机理,又有双分子机理,即 S_N1,S_N2,E1,E2 四种机理同时存在,其竞争情况比较复杂。但从产物来看,无非还是两种,取代产物和消除产物。因此我们可以不管反应机理如何,综合分析卤代烃的结构和反应条件对取代、消除的影响,了解二者竞争的一般规律,以便选择适当条件使反应按我们预期的方向进行。

1. 卤代烃的结构

(1)一级卤代烃倾向于发生取代反应,只有在强碱条件下才以消除为主。反应常按双分子机理(S_N2 或 E2)进行。

$$CH_3CH_2CH_2CH_2Br \xrightarrow[H_2O]{NaOH} CH_3CH_2CH_2CH_2OH \quad (取代为主)$$

$$CH_3CH_2CH_2CH_2Br \xrightarrow[HOC(CH_3)_3]{NaOC(CH_3)_3} CH_3CH_2CH=CH_2 \quad (消除为主)$$

某些含活泼 β-H 的一级卤代烃以消除为主。例如:

—CH$_2$CH$_2$Br $\xrightarrow[H_2O]{NaOH}$ —CH=CH$_2$

β-C 上连有支链的伯卤代烃消除倾向增大。例如:

R—Br	+ $C_2H_5O^-$	$\xrightarrow{C_2H_5OH}$ 取代产物	+ 消除产物
C_2H_5Br		99%	1%
$CH_3CH_2CH_2Br$		91%	9%
CH_3CHCH_2Br $\mathop{CH_3}$		40%	60%

(2)三级卤代烃倾向于发生消除,即使在弱碱条件下(如 Na_2CO_3 水溶液),也以消除为主。只有在纯水或乙醇中发生溶剂解,才以取代为主。

$$CH_3-\overset{\overset{\displaystyle CH_3}{|}}{\underset{\underset{\displaystyle CH_3}{|}}{C}}-Cl \xrightarrow[H_2O]{Na_2CO_3} CH_2=\overset{\overset{\displaystyle CH_3}{|}}{C}-CH_3 \quad (消除为主)$$

$$
\underset{\substack{|\\ CH_3}}{\overset{\substack{CH_3\\|}}{CH_3-C-Cl}} \quad \xrightarrow[\triangle]{H_2O} \quad \underset{\substack{|\\ CH_3}}{\overset{\substack{CH_3\\|}}{CH_3-C-OH}} \qquad (\text{取代为主})
$$

（3）二级卤代烃的情况介于三级和一级之间。在一般条件下，有较大的取代倾向，但消除程度比一级卤代烃大得多。究竟以哪种反应为主，主要决定具体的卤代烃结构和反应条件。在强碱(NaOH/乙醇)作用下主要发生消除。与伯卤一样，β-C上连有支链的仲卤代烃消除倾向增大。

综上所述，对不同卤代烃来说，其取代和消除倾向为：

$$
\begin{array}{c}
\xrightarrow{\text{消除倾向增加}} \\
RX= \quad CH_3X \quad 1° \quad 2° \quad 3° \\
\xleftarrow{\text{取代倾向增加}}
\end{array}
$$

伯、仲、叔溴代烃在 CH_3COONa-丙酮中反应的取代产物和消除产物的比例如下：

R—Br	$+ \ CH_3COO^-$ $\xrightarrow{\text{丙酮}}$	取代产物	$+$	消除产物
CH_3CH_2Br		100%		0
$(CH_3)_2CHBr$		100%		0
$\underset{\substack{\ \ |\\ \ \ Br}}{(CH_3)_2CHCHCH_3}$		11%		89%
$(CH_3)_3CBr$		0		100%

2. 试剂的碱性和亲核性

试剂的影响主要表现在双分子反应中，试剂的碱性越强，浓度越高，越有利于消除。反之，碱性较弱，浓度较低则有利于取代。这是由于在消除反应中，除去 β-H 需要强碱试剂，一般的碱性试剂都有一定的亲核性，但试剂的碱性和亲核性之间没有完全的平行关系。有些试剂碱性虽弱，但其亲核性较强，利于取代。

试剂的体积大，因空间障碍而不易进攻中心碳原子(S_N2)，但与 β-H 接近不会受到明显影响，因而有利于消除。

3. 溶剂的极性

溶剂的极性对取代和消除的不同影响主要也表现在双分子机理中。极性较高的溶剂有利于取代(S_N2)，极性较低的溶剂有利于消除($E2$)，这是因为在取代反应过渡态中负电荷分散程度比消除反应过渡态的小。较高极性溶剂对取代反应过渡态的稳定作用比消除大。所以由卤代烃制备醇(取代)一般在 NaOH 水溶液中(极性较大)进行。而制备烯烃(消除)则在 NaOH 醇溶液中(极性较小)进行。

$$
HO^{\delta-}\cdots\cdots\overset{\diagup}{\underset{\diagdown}{C}}\cdots\cdots X^{\delta-} \qquad\qquad HO^{\delta-}\cdots\cdots H\overset{|}{\underset{|}{-C}}\overset{|}{\underset{|}{-C}}\cdots\cdots X^{\delta-}
$$

$\qquad\qquad$ 取代反应过渡态 $\qquad\qquad\qquad\qquad$ 消除反应过渡态

4. 反应温度

升高温度有利于消除，这是因为在消除过程中涉及 C—H 键的拉长，活化能较高，升高温度对消除有利。虽然提高温度亦能使取代反应加快，但其影响程度没有消除反应那样大。所以提高反应温度将增加消除产物的比例。

总之,卤代烃可发生亲核取代,亦可发生消除。它们是同时存在的竞争反应,它们之间的竞争受多种因素的影响。根据上述的定性规律,可以帮助我们大致估计一定结构的卤代烃在某种条件下,哪种反应是主要的。更重要的是可以通过选择适当条件,使反应按我们所希望的方向进行。

问题8-30 写出下列反应的产物。

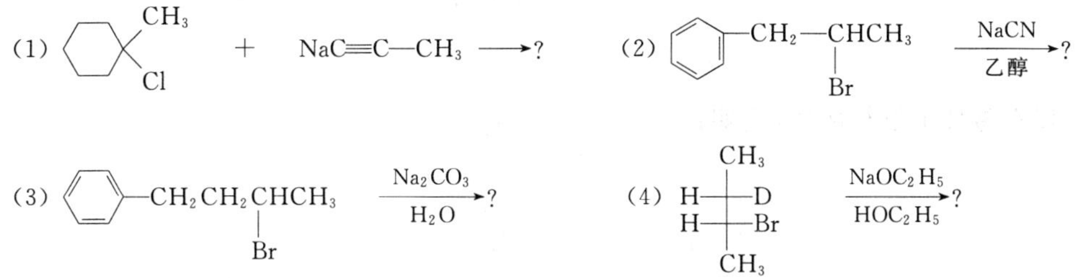

(1) 环己烷(CH₃,Cl) + NaC≡C—CH₃ ⟶ ?

(2) 苯基—CH₂—CHCH₃(Br) $\xrightarrow[乙醇]{NaCN}$?

(3) 苯基—CH₂CH₂CHCH₃(Br) $\xrightarrow[H_2O]{Na_2CO_3}$?

(4) H—C(CH₃)(H)—C(D)(Br)(CH₃) $\xrightarrow[HOC_2H_5]{NaOC_2H_5}$?

8.6 卤代烃的制法

卤代烃在有机合成中有着广泛的用处,它是一类重要的化工原料。但卤代烃在自然界极少存在,只能用合成的方法来制备。

一、由烃卤代

烷烃氯代一般都生成各种异构体的混合物,只有在少数情况下可以用氯代方法制得较纯的一氯代物。例如:

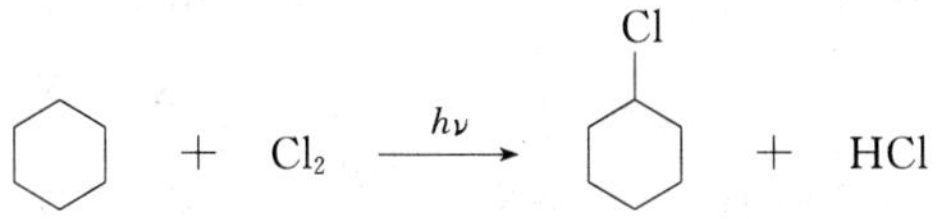

$$\text{环己烷} + Cl_2 \xrightarrow{h\nu} \text{氯代环己烷} + HCl$$

在工业上常常通过烷烃氯代得到各种异构体的混合物,不必分离,可直接将它们作为溶剂使用。

在烷烃卤代反应中,溴代的选择性比氯代高,以适当烷烃为原料可以得到一种主要的溴代物。例如:

$$(CH_3)_3CCH_2C(CH_3)_3 + Br_2 \xrightarrow[CCl_4]{h\nu} (CH_3)_3CCHC(CH_3)_3 | Br$$

$$>96\%$$

因此在制备较纯的卤代烃方面,溴代比氯代更适用一些。

烯丙位和苄位的氢优先被卤代,这叫做 α-卤代。这种选择性卤代成为制备烯丙型和苄基型卤代物的好方法。

$$CH_3CH_2CH=CH_2 + Cl_2 \xrightarrow{500\,℃} CH_3CHCH=CH_2 | Cl$$

$$\text{C}_6\text{H}_5\text{CH}_2\text{CH}_3 + \text{Cl}_2 \xrightarrow{h\nu} \text{C}_6\text{H}_5\text{CHClCH}_3$$

在实验室制备 α-溴代烯烃或芳烃时,常采用 N-溴代丁二酰亚胺,简称 N.B.S(N-bromo-succinimide),做溴化剂。该法比较方便,反应可以在较低的温度下进行。例如:

$$\text{C}_6\text{H}_5\text{CH}_3 + \text{(succinimide)NBr} \xrightarrow[\text{引发剂}]{\text{CCl}_4} \text{C}_6\text{H}_5\text{CH}_2\text{Br}$$

还可以在芳环上进行卤代,例如:

$$\text{C}_6\text{H}_6 + \text{Cl}_2 \xrightarrow{\text{Fe}} \text{C}_6\text{H}_5\text{Cl}$$

$$\text{C}_6\text{H}_6 + \text{Br}_2 \xrightarrow{\text{Fe}} \text{C}_6\text{H}_5\text{Br}$$

二、烯烃和炔烃的加成

不饱和烃与 HX 或 X_2 加成,可以得到相应的卤代烃:

$$\text{RCH=CH}_2 + \text{HX} \longrightarrow \text{RCHXCH}_3$$

$$\text{RCH=CH}_2 + \text{HBr} \xrightarrow{\text{过氧化物}} \text{RCH}_2\text{CH}_2\text{Br}$$

$$\text{RCH=CH}_2 + \text{X}_2 \longrightarrow \text{RCHX—CH}_2\text{X}$$

$$\text{RC≡CH} + \text{HX} \xrightarrow{\text{Hg}^{2+}} \text{RCX=CH}_2$$

$$\text{RC≡CH} + 2\text{HX} \xrightarrow{\text{Hg}^{2+}} \text{RCX}_2\text{CH}_3$$

$$\text{HC≡CH} + \text{Cl}_2 \xrightarrow{\text{活性炭}} \text{ClCH=CHCl} \quad 90\%$$

$$\text{CH}_3\text{CH}_2\text{CH}_2\text{CH=CH}_2 + \text{HBr} \xrightarrow{\text{CH}_3\text{COOH}} \text{CH}_3\text{CH}_2\text{CH}_2\text{CHBrCH}_3$$

$$84\%$$

三、由醇制备

醇分子中的羟基用卤原子置换可以制得相应的卤代烃。常用的卤化剂有 HX、PX_3、PX_5、SOCl_2 等。制备碘代烃可以将醇和浓 HI 溶液(57%)一起回流加热:

$$\text{CH}_3\text{OH} + \text{HI} \longrightarrow \text{CH}_3\text{I} + \text{H}_2\text{O}$$

制备溴代烃一般用 NaBr 和 H_2SO_4 产生的 HBr 与醇作用：

$$NaBr \quad + \quad H_2SO_4 \quad \longrightarrow \quad HBr \quad + \quad Na_2SO_4$$

$$CH_3CH_2CH_2CH_2OH \quad + \quad HBr \quad \longrightarrow \quad CH_3CH_2CH_2CH_2Br$$

制备氯代烃往往是在无水氯化锌存在下，用浓盐酸与醇作用。氯化锌可以除去反应中生成的水，以利于提高反应产率。

$$ROH \quad + \quad HCl(浓) \quad \xrightarrow{ZnCl_2} \quad RCl \quad + \quad H_2O$$

在实验室制备溴代烃、碘代烃，还可用 PBr_3、PI_3、PBr_5、PI_5。而制备氯代烃时最常用的试剂是 $SOCl_2$，因为用 PCl_3、PCl_5 时，产率较低(低于 50%)。

四、氯甲基化

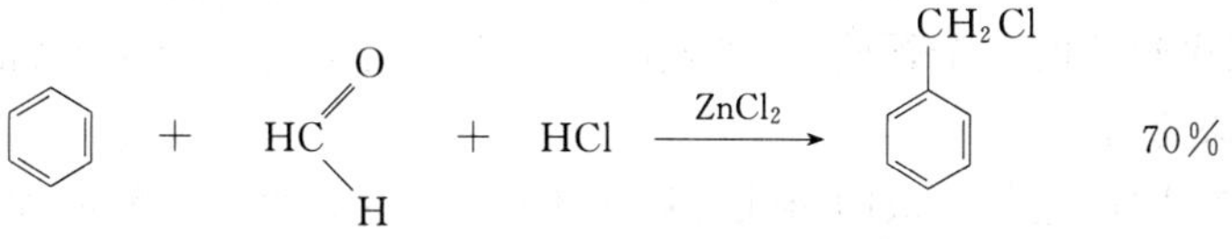

这是向芳环上直接导入一个—CH_2Cl 基团的反应，因此称为氯甲基化(chloro methylation)。该反应可以看作是一个特殊的傅—克反应。

和普通的亲电取代反应一样，当芳环上有第一类取代基时，反应易于进行，氯甲基主要进入对位。例如：

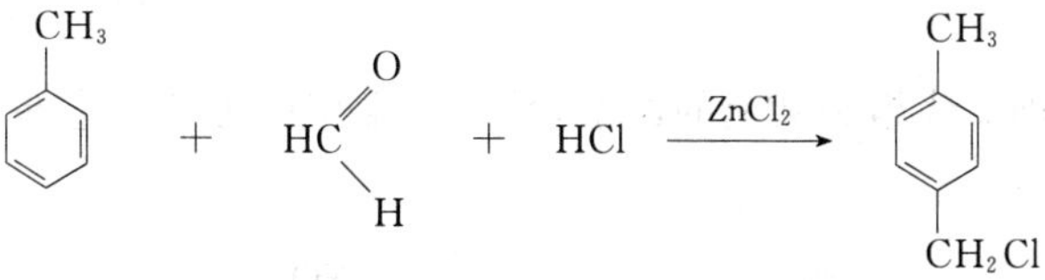

当芳环上有第二类取代基时，反应难以进行，一般不发生氯甲基化。但如果用 CH_3—O—CH_2Cl 作氯甲基化试剂，反应也可以进行。

萘可以发生类似的反应，氯甲基主要进入 α-位：

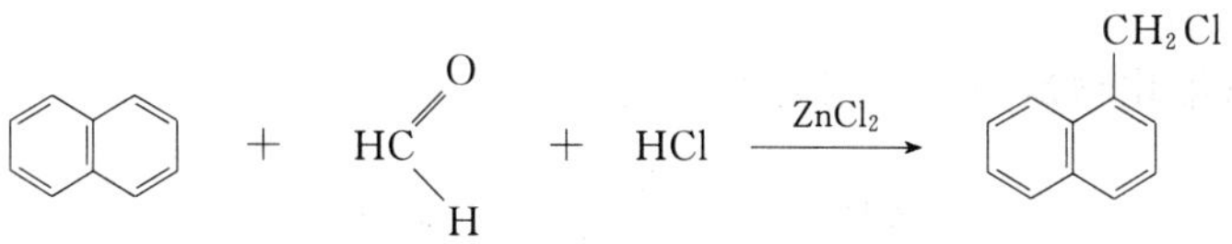

五、卤素交换反应

用前述有关方法制备碘代烃比较困难，而卤素交换反应是由氯代烃或溴代烃制备碘代烃的好方法：

$$RCl(Br) \quad + \quad NaI \quad \xrightarrow{丙酮} \quad RI \quad + \quad NaCl(Br)\downarrow$$

问题8-31 以甲苯和环己醇为主要原料合成下列化合物。

(1) CH_3—⬡—CH_2—$CH_2$$CH$=$CH_2$ (2) ⬡—$\underset{\underset{Br}{|}}{CH}$—⬡

8.7 氟代烃

氟代烃与其他卤代烃比较,性质独特。由于氟原子结构的特殊性,有机氟产品一般都具有非凡的功能。例如,氟化物是很好的致冷剂;液体全氟烷烃在原子能工业中可用作封闭液和润滑油;工业化的聚四氟乙烯具有高度的化学稳定性,可用作化工输液管道和容器等;氟橡胶与一般的橡胶相比,具有耐高温、耐油、耐腐蚀的优良性能;许多有机氟药物具有良好的治疗效果,在医药领域得到了极大的发展,目前已将全氟萘烷和全氟叔丁胺与无机盐水溶液制成的乳剂作为代用血液,代替红血球的携氧功能已进入临床阶段;有机氟化物产品已被广泛应用在尖端科技、军事和国民经济的各个领域,有机氟产品已成为精细化工和化工新材料的重要门类,是近年来的新兴课题。

由于氟特殊的活性,它与一般的卤代烃制法不同,它不能通过一般的加成和取代来制备,常用的方法有下面的几种。

1. 无机氟化物对有机卤素的取代

$$C_6H_{13}Cl \quad + \quad KF \quad \xrightarrow[175\,^{\circ}C\sim185\,^{\circ}C]{HOCH_2CH_2OH} \quad C_6H_{13}F$$

1-氯己烷   1-氟己烷

                                                                    54%

用氟化钾或氟化钠取代饱和碳上的卤素,是一个常用的方法。它也可取代带有拉电子基团的苯上的卤素,例如:

85%

五氟化锑制备氟化物是一个实用的方法:

$$CH_3Br \quad \xrightarrow[0.4MPa]{SbF_5} \quad CHBrF_2$$

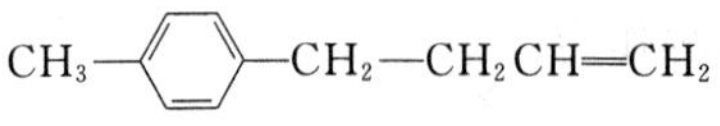

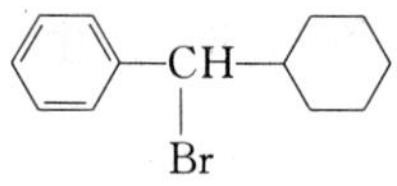

80%

为了降低成本工业上常采用 HF 代替金属氟化物,例如:

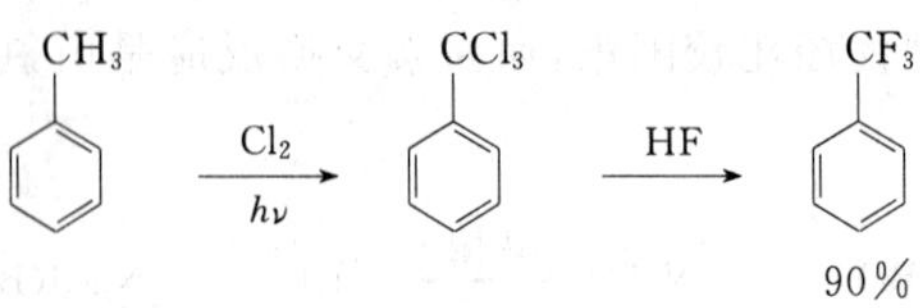

90%

2. 氟化氢加成

无水氟化氢与烯烃加成反应激烈,容易聚合。炔烃与 HF 加成在常压低温即可进行,但乙

炔非常特殊,反应在高压下才能进行:

$$HC\equiv CH \;+\; HF \xrightarrow[1.3MPa]{20\ ℃} CH_2=CHF \;+\; CH_3CHF_2$$
$$\qquad\qquad\qquad\qquad\qquad\qquad\quad 35\% \qquad\qquad 65\%$$

3.芳环上引入氟原子

氟里昂是氟氯烷烃的总称,在商业上有多种牌号,一般用 F_{abc} 表示。a 等于碳原子数减 $1(n-1=a)$;b 等于氢原子数加 $1(m+1=b)$;c 等于氟原子数。例如:

CCl_2F_2(简称 F_{12})　　(注:下角只有两个数,则表示 a 为零)

CCl_3F(简称 F_{11})　　$ClF_2C\text{-}CF_2Cl$(简称 F_{114})　　$CFCl_2\text{-}CF_2Cl$(简称 F_{113})

习　题

1.写出正丙苯各种一卤代物的结构式。用系统命名法命名,并标明它们在化学活性上相当于哪一类卤代烃。

2.完成下列反应式:

(1)（邻位 CH=CHBr / CH₂Cl 的苯环）　$+$　$NaCN(1mol)$　$\longrightarrow$

(2)　$Br\text{—}\bigcirc\text{—}Cl$　$+$　Mg　$\xrightarrow{\text{乙醚}}$

(3)（苯基CH(CH₃)连接环己基CH₃）　$\xrightarrow[h\nu]{Cl_2}$

(4)　$O_2N\text{—}\bigcirc\text{—}Cl$（邻位 Br）　$+$　NH_3　$\longrightarrow$

(5)（H_3C、H、C_2H_5、CH_3、Br 构成的手性碳）　$\xrightarrow[\text{乙醇}]{NaOH}$

3.按与 NaI-丙酮反应的活性顺序排列下面化合物。

(1)$CH_3CH_2CH_2CH_2Cl$　　(2)$CH_3CH_2CHCH_3$（Cl）　　(3)$CH_3\text{-}\underset{Cl}{\overset{CH_3}{C}}\text{-}CH_3$

(4)$ClCH_2CH=CHCH_3$　　(5)$ClCHCH=CH_2$（CH₃）　　(6)（桥环）$\text{-}Cl$

4.按与 $AgNO_3$-酒精(S_N1)反应活性顺序排列下面化合物。

(1)$C_6H_5CH_2Br$　　(2)$CH_3\text{—}\bigcirc\text{—}CH_2Br$　　(3)$CH_3CH_2CH_2CH_2Br$

(4)$CH_3CH_2CHCH_3$（Br）　　(5)（桥环）$\text{-}Br$　　(6)（环己烯基）$\text{-}Br$

5.比较下列每对反应的速度。

(1)a.　$CH_3CH_2CHCH_2Br$（CH₃）　$+$　CN^-　$\longrightarrow$　　　b.　$CH_3CH_2CH_2CH_2Br$　$+$　CN^-　$\longrightarrow$

(2)a.　CH_3CH_2Br　$+$　$\bar{S}H$　$\xrightarrow{CH_3OH}$　　　b.　CH_3CH_2Br　$+$　$\bar{S}H$　$\xrightarrow{HC\overset{O}{-}N(CH_3)_2}$

(3)a. CH_3I + $NaOH$ $\xrightarrow{H_2O}$ b. CH_3I + $NaSH$ $\xrightarrow{H_2O}$

(4)a. CH_3Br + $(CH_3)_3N$ $\longrightarrow$ b. CH_3Br + $(CH_3)_3P$ $\longrightarrow$

(5)a. CH_3CH_2I + CH_3S^- (1.0 mol/L) $\longrightarrow$ b. CH_3CH_2I + CH_3S^- (2.0 mol/L) $\longrightarrow$

(6)a. CH_3Br + CH_3OH $\longrightarrow$ b. CH_3Br + CH_3SH $\longrightarrow$

6. 完成下列转化。

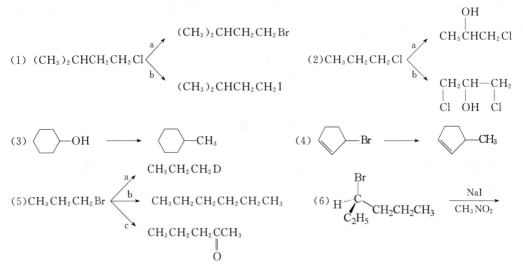

7. 分别写出下列反应产物生成的可能过程。

(1)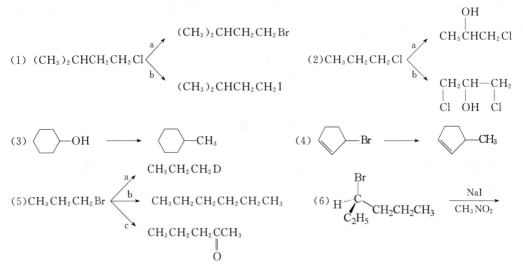

(2) ...

(3) ...

8. 自 1,3-丁二烯制 1,4-丁二醇,有人设计了下面的路线,有什么错误? 应如何修改?

$CH_3=CH-CH=CH_2$ $\xrightarrow{Cl_2}$ $\underset{\substack{| \\ Cl}}{CH_2}CH=CH\underset{\substack{| \\ Cl}}{CH_2}$ $\xrightarrow[Pt]{H_2}$ $\underset{\substack{| \\ Cl}}{CH_2}CH_2CH_2\underset{\substack{| \\ Cl}}{CH_2}$ $\xrightarrow[H_2O]{NaOH}$ $\underset{\substack{| \\ OH}}{CH_2}CH_2CH_2\underset{\substack{| \\ OH}}{CH_2}$

9. 连二卤代物用锌等活泼金属处理时所发生的脱卤反应也是反式消除,试写出内消旋-2,3-二溴丁烷脱卤的产物。

10. 芥子气($ClCH_2CH_2SCH_2CH_2Cl$)对于亲核试剂来说是个极为活泼的烷基化试剂。它之所以对皮肤有糜烂作用就是由于蛋白质被烷基化。当它在 $NaOH$ 水溶液中水解时,水解速度与 OH^+ 浓度无关,但随 Cl^- 浓度的增大而减慢。试提出一个机理加以解释。

11. 以下两个氯代烃与水的作用如果按 S_N1 机理,那么 Ⅰ 的速度比 Ⅱ 的快,为什么?

$(H_3C)_3C-\underset{\substack{| \\ Cl}}{\overset{\overset{\displaystyle C(CH_3)_3}{|}}{C}}-C(CH_3)_3$ $CH_3-\underset{\substack{| \\ Cl}}{\overset{\overset{\displaystyle CH_3}{|}}{C}}-CH_3$

Ⅰ   Ⅱ

12. 当 (R)-$CH_3CH_2CH_2CHID$ 在丙酮中与 NaI 共热时,观察到:

    (1)该化合物被外消旋化;

    (2)如果有过量的放射性 $^*I^-$ 存在,则外消旋化的速度是放射性 $^*I^-$ 结合到化合物中去的速度的两倍。试解释之。

13. 通常一级卤代烃 S_N1 溶剂分解反应的活性很低,但 $ClCH_2OC_2H_5$ 在乙醇中可以观察到速度很快的 S_N1 反应。试解释之。

14. 写出下列反应产物,并说明产物是否具有旋光性,是否可拆分为有旋光活性的物质。

(1) $\xrightarrow[H_2O]{OH^-}$ ($C_6H_{10}S$)   (2) $\xrightarrow[HOC(CH_3)_3]{NaOC(CH_3)_3}$ ($C_6H_{10}O$)

15. 怎样用构象分析来说明 2-氯丁烷脱氯化氢后生成的反式和顺式-2-丁烯的比例为 6:1。

16. 解释下列立体化学结果。

C_6H_5-CHBr（带 CH_3）

$\xrightarrow{H_2O}$ C_6H_5-CHOH（带 CH_3） 2% 构型转化,98% 外消旋

$\xrightarrow{CH_3OH}$ $C_6H_5-CHOCH_3$（带 CH_3） 27% 构型转化,73% 外消旋

17. 2-溴、2-氯和 2-碘-2-甲基丁烷以不同的速度与甲醇反应,但其产物都为 2-甲氧基-2-甲基丁烷、2-甲基-1-丁烯和 2-甲基-2-丁烯的相同比例的混合物。试解释之。

18. 3-氯-1-丁烯和乙氧基离子在乙醇中的反应速度取决于 [RCl] 和 $[\overline{O}C_2H_5]$,产物为 3-乙氧基-1-丁烯;而 3-氯-1-丁烯单和乙醇反应时,不仅产生 3-乙氧基-1-丁烯,还产生 1-乙氧基-2-丁烯。怎样说明这些结果?

19. 异丙基溴脱溴化氢需要在 KOH 醇溶液中回流几个小时,但于室温下在二甲亚砜 CH_3SCH_3（$\overset{\parallel}{O}$）中,用叔丁醇钾则不到一分钟就完成了。试解释之。

20. 有一化合物分子式为 C_8H_{10},在铁的存在下与 1mol 溴作用,只生成一种化合物 **A**,**A** 在光照下与 1mol 氯作用,生成两种产物 **B** 和 **C**,试推断 **A**,**B**,**C** 的结构。

21. 化合物 **M** 的分子式为 $C_6H_{11}Cl$,**M** 和硝酸银酒精液反应,很快出现白色沉淀。**M** 在 NaOH 水溶液作用下只得一种水解产物 **N**,**M** 与 KI(丙酮)反应比氯代环己烷快。试写出 **M**、**N** 的可能结构。

22. 当 SO_3^- 与 H^+ 作用时,H^+ 连在氧上,但与 CH_3I 反应则生成甲磺酸离子,为什么?

亚硝酸根(NO_2^-)与 CH_3I 作用可得到两种产物(是什么),试解释之。

文献题:

1.完成下列反应。

(1) $\xrightarrow[R_4P^+Br^-]{NaN_3}$

(2) 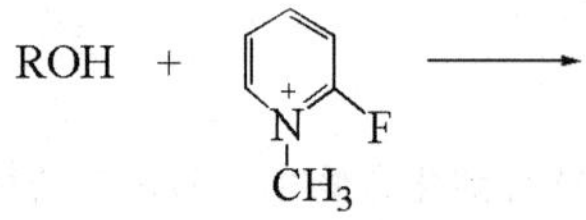　ROH　+　　——→

2.如下是比较少见的亲核芳香取代反应例子,试提出反应机理。

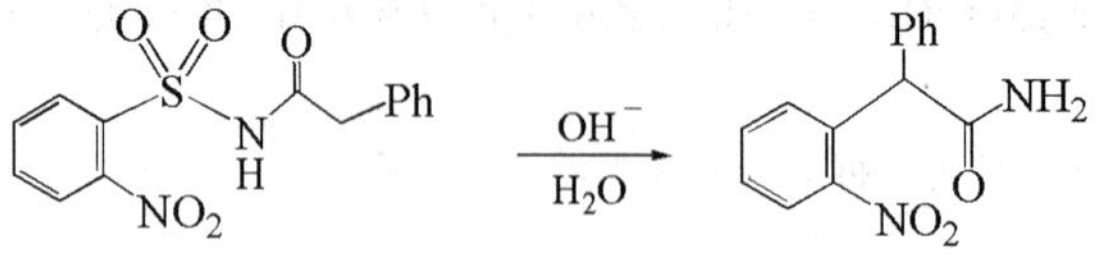

3.试写出用以下原料合成产物所需的各步反应

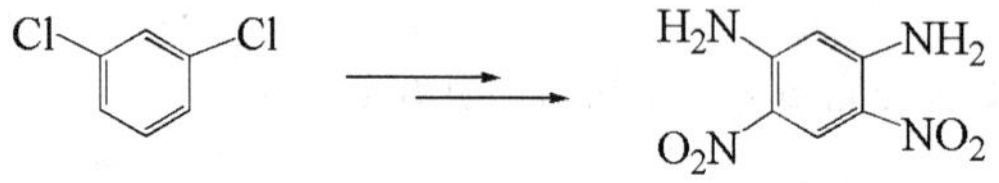

来源:

1.(1)W. P. Reeves, M. L. Bahr. Synthesis,1976,823;B. B. Snider, J. V. Dunčia. J. Org. Chem. ,1981, 46:3223.

　(2)K. Hojo, S. Kobayashi, K. Soai, S. Ikeda, T. Mukaiyama. Chem. Lett. ,1977,635.

2.R. J. Sundberg, D. E. Blackburn. J. Org. Chem. ,1969,34:2799.

3.J. H. Boyer, R. S. Buriks. Org. Synth. V. ,1973,1067.

第九章 醇 和 酚

醇和酚都是含有羟基(hydroxy)(—OH)的化合物,两者的区别在于所连烃基不同。羟基直接与脂肪烃基相连叫醇,如 CH_3CH_2OH(乙醇),$CH_2=CH—CH_2OH$(烯丙醇)。羟基直接与芳环(苯环,萘环等)相连叫酚,如 C_6H_5OH(苯酚)。从结构形式上看它们有些共性(如都含有羟基),但从本质上看由于羟基所连烃基的不同使它们的性质有明显差异,因此本章醇和酚作为独立的两部分讨论。

9.1 醇的分类和命名

醇(alcohol)可以看成是烃分子中的氢原子被羟基取代的化合物,一般用 ROH 表示。

一、分类

根据分子中羟基的数目可分为一元醇、二元醇及多元醇。

R—OH		
一元醇	二元醇	多元醇
monobasic alcohol	bibasic alcohol	polybasic alcohol

像卤代烃一样,根据羟基所连的碳结构特点分为伯、仲、叔醇,烯丙型醇和苄基型醇。

$$RCH_2OH \qquad R_2CH—OH \qquad R_3C—OH$$

伯醇　　　　　　仲醇　　　　　　叔醇
primary alcohol　secondary alcohol　tertiary alcohol

不同类型的醇因结构上的差异表现出不同的物理性质和化学性质。

二、命名

醇的命名方法,主要有以下四种。

1. 俗名

俗名往往是根据某些醇的来源和性质特点而来的,例如,CH_3OH 最初是从木材干馏得到的,故称为木精。CH_3CH_2OH 是酒的主要成分,俗称酒精。下面是一些常见用俗名命名的醇:

$$CH_3OH \qquad\qquad CH_3CH_2OH \qquad\qquad HO—CH_2CH_2—OH$$

木精　　　　　　　酒精　　　　　　　甘醇
wood spirit　　　　wine spirit　　　　glycol

$$CH_2CHCH_2$$
$$| \quad | \quad |$$
$$HO \quad OHOH$$

甘油	巴豆醇	肉桂醇
glycerin	crotonyl alcohol	cimnamyl alcohol

$$CH_3CH{=}CHCH_2OH \qquad C_6H_5CH{=}CHCH_2OH$$

2. 衍生物命名法

醇的衍生物命名法是把醇看成甲醇的衍生物。英文名称是在母体"carbinol"前加上"基"。例如：

$$(C_2H_5)_3C{-}OH \qquad (C_6H_5)_2CHOH \qquad (C_6H_5)_3C{-}OH$$

三乙基甲醇	二苯甲醇	三苯甲醇
triethylcarbinol	diphenylcarbinol	triphenylcarbinol

对于含多个芳基的醇，用衍生物命名法比较方便。

3. 普通命名法

普通命名法是先写出与羟基相连的烃基名称，然后加上一个"醇"字。英文名称是在醇的类名"alcohol"前加上"基"，两个词是分开的。例如：

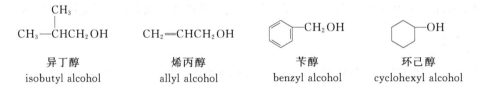

异丁醇	烯丙醇	苄醇	环己醇
isobutyl alcohol	allyl alcohol	benzyl alcohol	cyclohexyl alcohol

该法只适用于比较简单的醇，如果醇的结构比较复杂，无法写出烃基的名称时，则必须用系统命名法。

4. 系统命名法（IUPAC）

在醇的系统命名法中，选含有羟基的最长碳链为主链，从靠近羟基一端开始给主链编号，按主链碳原子数称为"某醇"，并在"醇"字前边标出羟基的位次。醇的英文系统名称是把相应烷烃名称的词尾"e"改为"ol"，即"alkanol"。在命名不饱和醇时，羟基的位次标号放在词尾"ol"前边。显然，当分子中含有双键时，仍应照顾醇羟基编号最小。

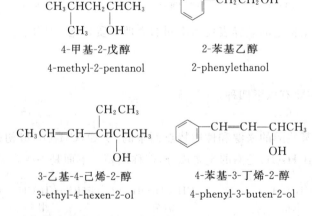

4-甲基-2-戊醇	2-苯基乙醇
4-methyl-2-pentanol	2-phenylethanol

3-乙基-4-己烯-2-醇	4-苯基-3-丁烯-2-醇
3-ethyl-4-hexen-2-ol	4-phenyl-3-buten-2-ol

对多元醇可从下列实例中得知它们的命名方法。

$$
\begin{array}{cc}
\underset{\substack{|\\CH_3}}{CH_3-\overset{\overset{\displaystyle CH_3}{|}}{C}}-\underset{\underset{\displaystyle OH}{|}}{\overset{\overset{\displaystyle CH_3}{|}}{C}}-CH_3 &
\end{array}
$$

2,3-二甲基-2,3-丁二醇　　　　1,3-环己二醇

2,3-dimethyl-2,3-butanediol　1,3-cyclohexanediol

对具有特定构型的醇还需用 R/S 法标记它们的构型,例如:

(S)-1-苯基-1-丙醇　　　　　($1R,2S$)-2-异丙基环己醇

(S)-1-phenyl-1-propanol　　($1R,2S$)-2-isopropylcyclohexanol

9.2 醇的物理性质

一些常见的一元醇的物理常数见表 9-1。

表 9-1 一些一元醇的物理常数

化合物	熔点/℃	沸点/℃	密度/10^3 kg·m^{-3}(20 ℃)	水溶性(g/100gH$_2$O)
甲醇	-97.9	65.0	0.791 4	∞
乙醇	-114.7	78.5	0.789 3	∞
正丙醇	-126.5	97.4	0.803 5	∞
异丙醇	-89.5	82.4	0.785 5	∞
正丁醇	-89.5	117.3	0.809 8	8.0
异丁醇	-108	108	0.802 1	10.0
仲丁醇	-114.7	99.5	0.806 3	12.5
叔丁醇	25.5	82.2	0.788 7	∞
正戊醇	-79	138	0.814 4	2.2
正己醇	-46.7	158	0.813 6	0.7
环己醇	25.2	161.1	0.968 4	3.8

醇在物理性质方面有两个突出的特点:沸点较高,水溶性较大。

一、沸点

一元醇的沸点比相应烃的高得多,例如,甲醇的沸点比甲烷的高 227 ℃,乙醇的比乙烷的高 267 ℃。随着相对分子质量的增大,这种沸点差距愈来愈小。正十六醇的沸点比十六烷的只高 57 ℃。在同碳原子数的一元醇中,直链的醇比含支链的醇沸点高。

为什么醇具有较高的沸点呢?这主要是因为液态醇和水一样,分子之间能通过**氢键**发生缔合。

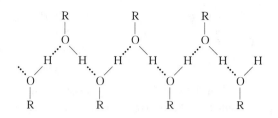

要使缔合形式的液体醇气化为单个气体分子,不仅要克服分子间的范德华引力,而且还要破坏氢键(氢键键能约为 25 kJ/mol),这就需要提供较多的能量,所以醇的沸点比相应烃的高。

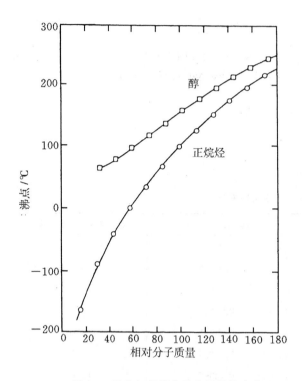

图 9-1 醇和烃的沸点随分子量的变化

醇分子中烃基的存在对氢键缔合有一定的阻碍作用。烃基愈大,阻碍作用愈强,所以随着相对分子质量的增大,醇分子间的氢键缔合程度减弱,它们的沸点与相应烃的沸点越来越接近(见图 9-1)。

二、溶解性

三个碳以下的醇以及叔丁醇和水混溶,随着相对分子质量的增大,醇在水中的溶解度显著下降,六个碳以上的伯醇在水中的溶解度为 1% 以下。高级醇不溶于水,但能溶于石油醚等烃类有机溶剂。

醇分子和醇分子之间能形成氢键,醇分子和水分子之间也能形成氢键。

$$\underset{H}{\overset{H}{H-O}}\cdots\underset{H}{\overset{R}{H-O}}\cdots\underset{H}{\overset{H}{H-O}}\cdots\underset{H}{\overset{R}{H-O}}\cdots\underset{H}{\overset{H}{H-O}}$$

这样,醇分子就有可能在水分子间取得位置。反过来,水分子也可在醇分子间取得位置,因此,低级醇(三个碳以下)能以任何比例与水混溶。

醇分子中烃基增大,醇羟基形成氢键的能力减小,醇在水中的溶解度也随着降低。当烃基大到一定的程度,醇就和烃类化合物一样,完全不溶于水。

醇的溶解性也可以直接从"相似相溶"的经验规律来说明,低级醇分子中的羟基和水分子中的羟基类似,所以它们能和水互溶。而在高级醇分子中,羟基所占的比例很小,整个分子与烷烃的结构更为相似,所以它们不溶于水而易溶于烃类有机溶剂。

二元醇、三元醇分子中羟基数目增多,与水形成氢键的部位就增多了,或者说它们与水的相似性更大,所以在水中的溶解度更大,例如乙二醇、丙三醇不仅可以和水互溶,而且具有很强的吸湿性。

醇在强酸中的溶解度比在水中的大,这是因为它与酸中的质子结合形成烊盐(oxonium salt)的缘故。

$$\text{R}-\overset{\cdot\cdot}{\text{O}}-\text{H} \ + \ \text{HX} \ \longrightarrow \ [\text{R}-\overset{+}{\underset{|}{\overset{|}{\text{O}}}}-\text{H}]\text{X}^-$$
$$\hspace{6cm}\overset{|}{\text{H}}$$

鲜盐本身是离子型化合物,因此在水中的溶解度更大,例如正丁醇在纯水中的溶解度只有8%,但它能和浓盐酸互溶。

甲醇、乙醇既能溶解盐类化合物,又能溶解一般有机物,所以它们是很多有机反应,特别是 S_N2 取代反应中的优良溶剂。

三、密度

脂肪饱和醇的密度大于烷烃,但都小于1。具有芳环的醇密度一般大于1。

四、醇合物

低级醇能和一些无机盐(如 $MgCl_2$、$CaCl_2$、$CuSO_4$ 等)形成结晶状的分子化合物,称为**醇合物**。例如,$MgCl_2 \cdot 6CH_3OH$、$CaCl_2 \cdot 4C_2H_5OH$、$CaCl_2 \cdot 4CH_3OH$ 等。醇合物不溶于有机溶剂而溶于水。在实际工作中常常利用这一性质将醇和其他化合物分开,或者从反应混合物中把醇除去。在工业上,乙醚中所含的少量乙醇就是用这种方法除去的。

问题9-1 指出下列名称的错误,并加以改正。

(1) 2-甲基-2-戊烯-4-醇 　　(2) 5-甲基-3-氯环己醇

问题9-2 无水 $CaCl_2$ 是常用的干燥剂,是否能用它干燥正丁醇?为什么?

9.3 醇的化学性质

羟基是醇的官能团,作为反应中心羟基决定了醇的化学性质。由于 O—H 极性键存在,使它表现出一定酸性,C—O 极性键的存在使之可以发生碳氧键断裂而进行亲核取代和消去反应,羟基氧上未共用电子对的存在使之呈现一定碱性和亲核性。

$$\text{R}-\underset{\substack{\uparrow \\ \text{取代和消去反应}}}{\overset{\substack{碱性,亲核性 \\ \downarrow}}{\text{C}}}-\underset{\substack{\uparrow \\ 酸性}}{\overset{\cdot\cdot}{\text{O}}}-\text{H}$$

一、醇的酸碱性

1. 醇的酸性

像水一样,醇可与金属钠反应放出氢气,表明醇具有酸性。水与金属钠反应非常激烈,往往会引起爆炸,而醇与金属钠反应要温和得多,这说明醇的酸性比水弱。除甲醇 pK_a 为 15.5 外,其他醇的 pK_a 约为 16~18,比水的 pK_a(15.7)值要大。

$$\text{R}-\text{OH} \ + \ \text{Na} \ \longrightarrow \ \text{RONa} \ + \ \frac{1}{2}\text{H}_2$$

不同种类的醇,与金属钠反应的快慢有一定的差异,伯醇反应最快,叔醇反应最慢,仲醇居中。这表明它们酸性的强弱顺序是：

伯醇＞仲醇＞叔醇

由实验测得的乙醇、异丙醇、叔丁醇的 pK_a 数值与这种顺序是一致的。

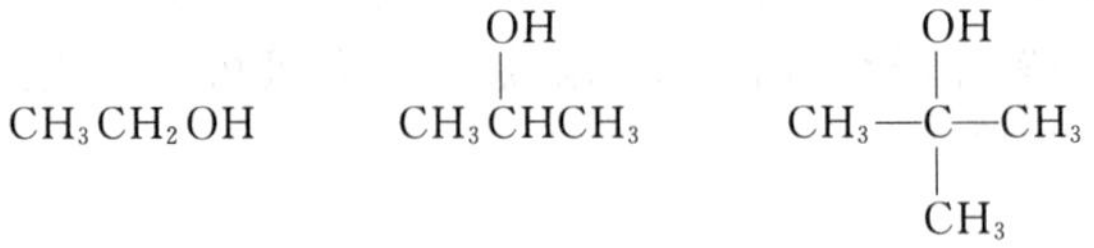

$$CH_3CH_2OH \qquad CH_3\overset{\displaystyle OH}{\underset{\displaystyle |}{C}}HCH_3 \qquad CH_3\overset{\displaystyle OH}{\underset{\displaystyle |}{\underset{\displaystyle CH_3}{\overset{\displaystyle |}{C}}}}CH_3$$

$pK_a \qquad\qquad 15.9 \qquad\qquad \sim17.1 \qquad\qquad 18$

对于醇的这种酸性顺序,过去一般都用烷基的推电子效应来解释,就是说,叔醇分子中有较多的烷基推电子,减小了 O—H 键的极性,从而削弱了羟基氢的酸性,但布劳曼(J. I. Brauman)等人发现,用离子回旋共振谱测定气相醇的酸性,其顺序正好颠倒过来,即:

酸性:(气相中) 　　　叔醇 ＞ 仲醇 ＞ 伯醇 ＞ 甲醇 ＞ 水
　　　　　　$(CH_3)_3COH > (CH_3)_2CHOH > CH_3CH_2OH > CH_3OH > H_2O$

显然这种实验结果无法用烷基的推电子作用来解释。

关于烷基的电子效应问题,早在 1934 年,英果尔德就指出过,烷基在电子效应方面是随存在于分子中其他原子团的不同而起作用的,当烷基与 π 电子体系或碳正离子直接相连时,表现出一定的推电子作用,而当它们连在负离子或饱和碳原子上时,则表现出一定的吸电子性。在有机化学中,经常遇到的情况是推电子的,而有吸电子作用的实例很少,常常被人们忽略。

在气相中,叔醇有三个烷基的吸电子作用,使 O—H 键的电子较大程度地被拉向氧原子一边,O—H 键的极性较大,因而羟基氢表现出较强的酸性。而仲醇、伯醇只有两个、一个烷基的吸电子作用,所以它们的酸性比叔醇弱。

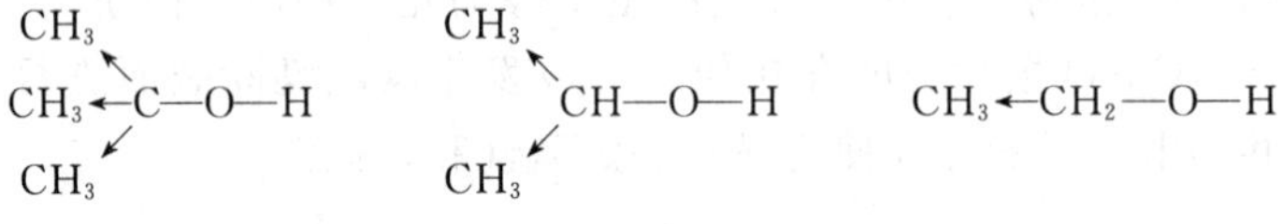

$$CH_3 \rightarrow \overset{\displaystyle CH_3 \downarrow}{\underset{\displaystyle \uparrow CH_3}{C}} \rightarrow O\!-\!H \qquad\qquad \overset{\displaystyle CH_3 \downarrow}{\underset{\displaystyle \uparrow CH_3}{C}}H\!-\!O\!-\!H \qquad\qquad CH_3 \leftarrow CH_2\!-\!O\!-\!H$$

三个甲基吸电子　　　　　两个甲基吸电子　　　　　一个甲基吸电子

如果从醇的共轭碱分析,由于有三个甲基的吸电子作用,故使叔丁氧负离子最稳定。

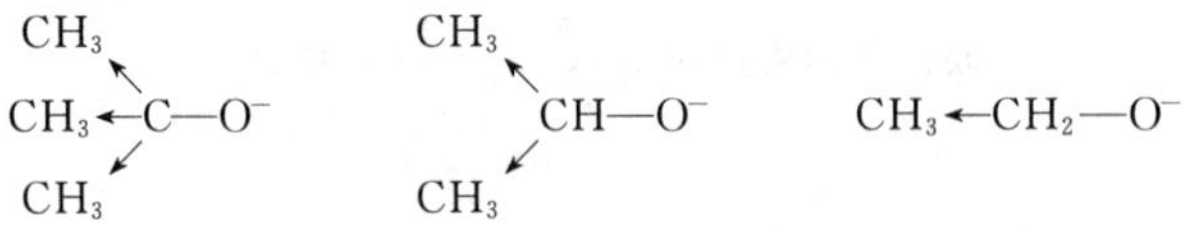

$$CH_3 \rightarrow \overset{\displaystyle CH_3 \downarrow}{\underset{\displaystyle \uparrow CH_3}{C}} \rightarrow O^- \qquad\qquad \overset{\displaystyle CH_3 \downarrow}{\underset{\displaystyle \uparrow CH_3}{C}}H\!-\!O^- \qquad\qquad CH_3 \leftarrow CH_2\!-\!O^-$$

负离子越稳定,其碱性就越小。不同烷氧负离子(包括 OH^-)的碱性顺序及其共轭酸的酸性顺序为:

在气相中 $\begin{cases} \text{碱　性:} & (CH_3)_3CO^- < (CH_3)_2CHO^- < CH_3CH_2O^- < CH_3O^- < OH^- \\ \text{共轭酸} \\ \text{酸　性:} & (CH_3)_3COH > (CH_3)_2CHOH > CH_3CH_2OH > CH_3OH > H_2O \end{cases}$

在这里也可以说,负离子越稳定,它的共轭酸就越容易解离,其酸性就越强。

接下来的问题是上述三种醇的酸性顺序(伯醇＞仲醇＞叔醇)又是怎么回事呢？原来醇的

这种酸性顺序是在溶液中测定得到的,或者说是在溶液中与金属钠反应所表现出来的。醇在溶液中,影响酸性的主要因素不是烷基的吸电子作用(当然这种吸电子作用还是存在的),而是烷氧负离子的溶剂化。体积较小的烷氧负离子的溶剂化程度较大,稳定性较高,碱性较弱,因而相应的共轭酸(醇)的酸性就较强。不同烷氧离子的溶剂化大小及碱性强弱和共轭酸的酸性强弱顺序如下:

$$
在溶液中
\begin{cases}
溶剂化大小: & (CH_3)_3CO^- < (CH_3)_2CHO^- < CH_3CH_2O^- < CH_3O^- \\
碱性强弱: & (CH_3)_3CO^- > (CH_3)_2CHO^- > CH_3CH_2O^- > CH_3O^- \\
\begin{matrix}共轭酸的\\酸性强弱:\end{matrix} & (CH_3)_3COH < (CH_3)_2CHOH < CH_3CH_2OH < CH_3OH
\end{cases}
$$

2. 与碱的反应

醇作为酸可与碱反应。氢氧化钠虽为强碱但它不易与醇反应,因醇的酸性比氢氧化钠相应共轭酸——水的酸性弱,所以酸碱平衡反应在左方。

$$CH_3CH_2OH + NaOH \rightleftharpoons CH_3CH_2ONa + H_2O$$
$$pK_a \ 15.9 \qquad\qquad\qquad\qquad pK_a \ 15.7$$

若想用醇和氢氧化钠制备醇钠,必须除去反应中的水,以使平衡向右移动。工业上一般在反应体系中加入苯,通过苯—乙醇—水三元恒沸物(b.p 64.9 ℃)将水带出以完成反应。

醇虽然与氢氧化钠不容易反应,但与一些更强的碱,即相应共轭酸酸性比醇弱的碱,可与醇完好地反应。例如:

$$R-OH + NaNH_2 \longrightarrow RONa + NH_3$$
$$pK_a \ 16\sim18 \qquad\qquad\qquad\qquad pK_a \ 35$$

$$R-OH + NaC\equiv CH \longrightarrow RONa + HC\equiv CH$$
$$pK_a \ 16\sim18 \qquad\qquad\qquad\qquad pK_a \ 25$$

3. 与 Mg 和 Al 反应

醇与 Mg 作用生成醇镁,反应需用少量 I_2 作催化剂:

$$2\,C_2H_5OH + Mg \xrightarrow{I_2} (C_2H_5O)_2Mg + H_2\uparrow$$
$$乙醇镁$$

醇镁和醇钠一样,也很容易发生水解:

$$(C_2H_5O)_2Mg + H_2O \longrightarrow 2C_2H_5OH + Mg(OH)_2$$

在实验室常用醇镁来除去乙醇中的水分以制备无水乙醇。

醇与铝(汞齐)反应生成醇铝:

$$6(CH_3)_2CHOH + 2\,Al \longrightarrow 2\left[(CH_3)_2CHO\right]_3Al + 3\,H_2\uparrow$$

异丙醇铝、叔丁醇铝在有机合成中都是重要的化学试剂。

4. 醇的碱性

醇羟基氧上的未共用电子对可接受质子形成锌盐(参阅 9.2 节二),这体现了醇的碱性。正是因锌盐的生成才加大了醇在酸性水溶液中的溶解度,也正是因锌盐的生成才使醇在反应中形成好的离去基团,从而容易发生取代反应和消去(脱水)反应。因醇具有碱性,所以在反应中还可作亲核试剂。如它可在酸催化下与醛酮加成(参阅 11.3 节一),在酸催化下与有机酸成酯(参阅 14.3 节二)等。

问题9-3 烷基在什么情况下是推电子的? 在什么情况下是吸电子的? 推电子主要是哪种电子效应在起作用?

二、羟基被卤原子取代(C—O 键断裂)

醇可以与多种卤化试剂作用,羟基被卤原子取代而生成卤代烃。

1. 与氢卤酸作用

$$R\text{—}OH \;+\; H\text{—}X \longrightarrow RX \;+\; H_2O$$

(1)反应机理

醇与氢卤酸反应涉及 C—O 键断裂。卤素(X^-)取代羟基(OH^-),属于亲核取代(S_N),不同结构的醇采取不同的机理(S_N1 或 S_N2)。

①S_N1

烯丙型醇、苄基型醇、叔醇、仲醇一般采取 S_N1 机理,以叔丁醇为例,其反应过程为:

$$(CH_3)_3C\text{—}OH \;+\; H^+ \underset{快}{\overset{快}{\rightleftharpoons}} (CH_3)_3C\overset{+}{\text{—}}OH_2 \quad (羟基质子化)$$

$$(CH_3)_3C\overset{+}{\text{—}}OH_2 \underset{快}{\overset{慢}{\rightleftharpoons}} (CH_3)_3C^+ \;+\; H_2O \quad (S_N1\ 的第一步)$$

$$(CH_3)_3C^+ \;+\; X^- \overset{快}{\longrightarrow} (CH_3)_3CX \quad (S_N1\ 的第二步)$$

叔醇作为碱首先与质子结合生成锌盐(质子化醇),接着水分子从中心碳原子上离开而形成叔碳正离子(控制反应的慢步骤),最后叔碳正离子很快与 X^- 结合而得到取代产物卤代烃。

从上列过程可见,取代反应中真正的离去基团不是 OH^-,而是 H_2O。这也正是反应能够顺利进行的关键所在,因为 OH^- 本身为强碱,它不是一个好的离去基团,而 H_2O 本身为弱碱(相应共轭酸 H_3O 是强酸),是一个较好的离去基团,也就是说,一般醇分子中的 C—O 键很难断裂,而质子化醇的 $C\overset{+}{\text{—}}OH_2$ 键极性进一步增强,碱性较强的 OH^- 转变为易离去的水断裂变得比较容易,所以酸(提供质子)对反应起了很重要的作用,这种反应常称为酸催化。

②S_N2

伯醇与 HX 作用,按 S_N2 机理反应:

$$RCH_2\text{—}OH \;+\; H^+ \underset{}{\overset{快}{\rightleftharpoons}} RCH_2\overset{+}{\text{—}}OH_2$$

$$X^- \;+\; RCH_2\overset{+}{\text{—}}OH_2 \overset{慢}{\longrightarrow} \left[X^{\delta-}\cdots\underset{H}{\overset{R}{\underset{|}{\overset{|}{C}}}}\cdots\overset{\delta+}{OH_2} \right] \longrightarrow X\text{—}CH_2R \;+\; H_2O$$

由于伯碳正离子的稳定性较低,质子化的伯醇也不容易解离,因此需要在亲核试剂(X^-)

向中心碳原子进攻的推动下，H_2O 才慢慢离开，即反应按 S_N2 机理进行。

（2）相对活性

对氢卤酸来说，HI＞HBr＞HCl。因为 HI 的酸性最强，作为亲核试剂，I^- 的亲核性最强，所以 HI 与醇的反应活性最高。

对醇来说，总的羟基被取代的活性顺序为：

$$烯丙型、苄基型醇 \approx 叔醇 ＞ 仲醇 ＞ 伯醇 ＜ CH_3OH$$

前已指出，伯醇之所以按 S_N2 机理反应，是因为它不容易解离，按 S_N1 反应活性太低（以致无法按 S_N1 机理反应）。另外，甲醇按 S_N2 机理反应，由于它的空间位阻较小，S_N2 活性比伯醇高。所以从总的反应活性来看（不管按什么机理），伯醇进行取代反应是处在相对活性的最低点。

叔丁醇与氢卤酸的反应速度很快，即使与盐酸在室温下振荡也很快生成叔丁基氯。而伯醇与浓盐酸反应时，除加热外，还要用 $ZnCl_2$ 作催化剂。与氢溴酸反应最好有硫酸存在。

$$(CH_3)_3COH \quad + \quad HCl \quad \xrightarrow{\text{室温}} \quad (CH_3)_3CCl \quad 77\% \sim 88\%$$

$$CH_3CH_2CH_2OH \quad + \quad HCl（浓）\quad \xrightarrow[\triangle]{ZnCl_2} \quad CH_3CH_2CH_2Cl$$

$$CH_3CH_2CH_2CH_2OH \quad + \quad NaBr \quad \xrightarrow[\triangle]{H_2SO_4} \quad CH_3CH_2CH_2CH_2Br \quad 95\%$$

$$\underset{\underset{CH_3}{|}}{CH_3CHCH_2OH} \quad + \quad KI \quad \xrightarrow[\triangle]{H_3PO_4} \quad \underset{\underset{CH_3}{|}}{CH_3CHCH_2I} \quad 88\%$$

如将干燥的卤化氢气体通到醇中，则可顺利地生成相应的卤代烃。

（3）卢卡斯（Lucas）试剂鉴别伯、仲、叔醇

无水氯化锌与浓盐酸配成的溶液称为卢卡斯（K. Lucas，1879—1916）试剂。该试剂在室温下与叔醇作用很快，与仲醇在 10 分钟内发生反应，而与伯醇反应很慢。

六个碳以下的低级醇在强酸中的溶解度较大（因为可形成锌盐），它们可以溶于卢卡斯试剂，而氯代烃不溶于卢卡斯试剂。当醇与卢卡斯试剂没有反应时应为一相，发生反应生成氯代烃后，则分成两相（或出现混浊），所以有无分层（或混浊）出现为醇和卢卡斯试剂是否发生反应的标志，这也是我们能够观察到的现象。借此可以鉴别六个碳以下的伯、仲、叔醇。

$$
\begin{array}{l}
叔醇 \\
仲醇 \\
伯醇
\end{array}
\xrightarrow{\text{Lucas 试剂}}
\begin{array}{ll}
很快反应 & 立即混浊 \\
反应较快 & 几分钟内混浊 \\
反应很慢 & 长时间不出现混浊
\end{array}
$$

要注意的是，用卢卡斯试剂不能鉴别六个碳以上（不包括六个碳）的伯、仲、叔醇，因为这些高级醇本身就不溶于卢卡斯试剂，所以将它们加到卢卡斯试剂中，不管是否发生反应，都会出现混浊，即无法鉴别。

（4）涉及邻基参与的反应

某些具有一定构型的卤代醇与氢卤酸作用，常常涉及邻基参与（neighboring-group participation），生成构型保持或重排产物，例如：

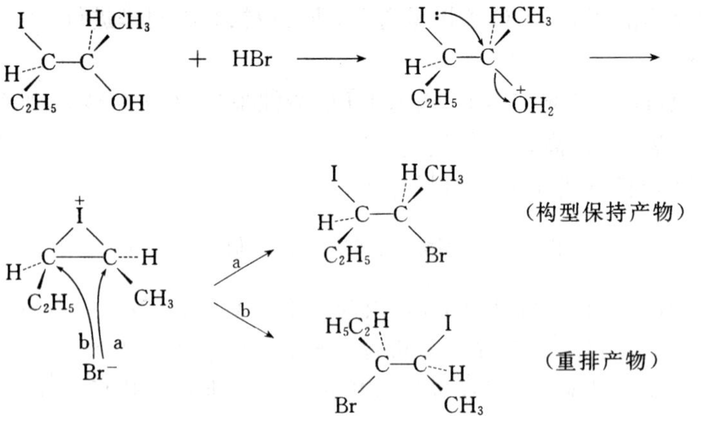

羟基首先质子化,产生较好的离去基团(H_2O),在 H_2O 离开中心碳原子的过程中,邻近的碘原子用自己的孤对电子与中心碳原子结合形成带电荷的三元环,然后亲核试剂(Br^-)分别进攻三元环的两个碳原子而得到构型保持产物和重排产物。至于这两种产物的比例主要决定于三元环中两个碳原子承受正电荷的能力,亲核试剂总是优先进攻承受正电荷能力较强的碳原子,例如:

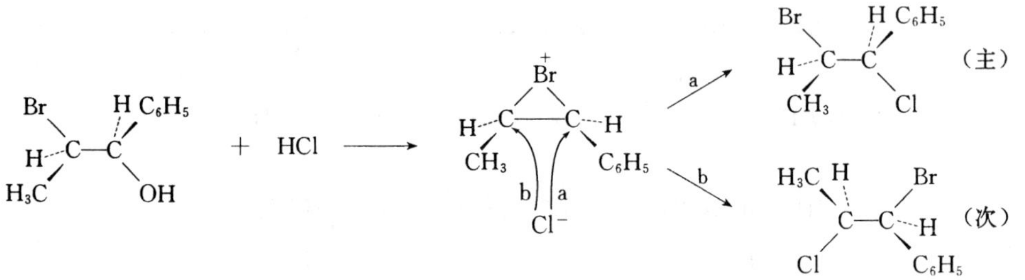

在上述反应中,连有苯基的三元环碳原子承受了较多的正电荷,亲核试剂 Cl^- 优先进攻该碳原子,所以构型保持产物是主要的。

如果参与基团与亲核试剂都是同一种卤原子,则其产物往往是一对对映体,例如:

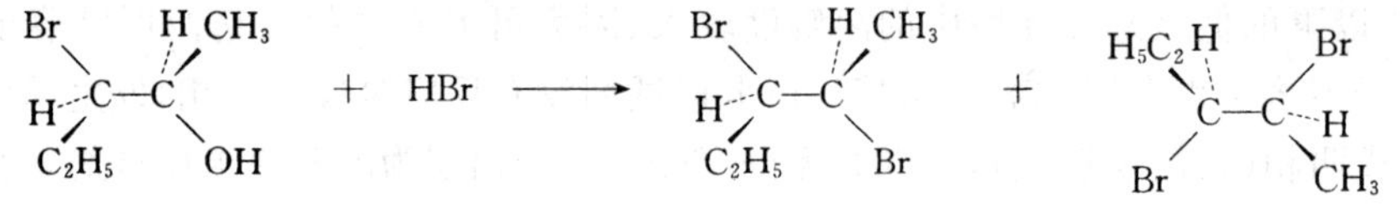

在某些情况下还可能得到内消旋体(一种产物)。

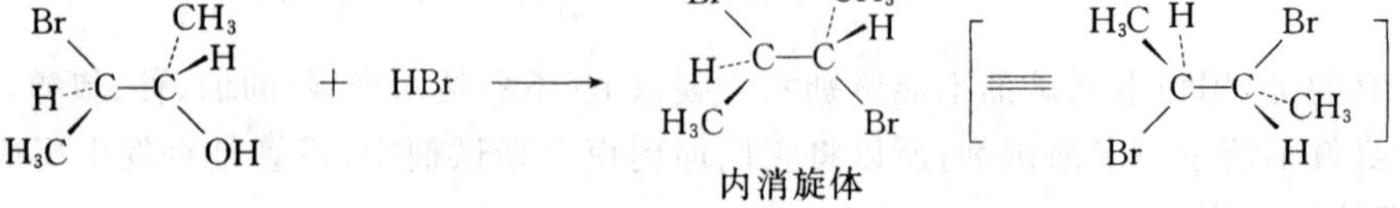

问题9-4 比较在亲核取代反应中 H_2O 和 OH^- 作为亲核试剂,哪个强? 哪个弱? 作为离去基团,哪个好? 哪个差?

2. 醇与卤化磷(PX_3,PX_5)作用

醇与 PBr_3、PI_3 作用,生成卤代烃和亚磷酸:

$$3\ ROH\ +\ \underset{(X=Br、I)}{PX_3}\ \longrightarrow\ 3\ R\!-\!X\ +\ P(OH)_3$$

这是由醇制备溴代烃、碘代烃的好方法,产率较高。

该反应的机理还不十分清楚,一般认为,伯醇、仲醇与 PX_3 反应是通过亚磷酸酯中间体,按 S_N2 机理反应:

$$RCH_2\!-\!O\underset{}{\vdots}H + Br\!\vdots PBr_2 \longrightarrow RCH_2\!-\!OPBr_2 \xrightarrow[S_N2]{H^+\ Br^-} RCH_2Br\ +\ HOPBr_2$$

$$\downarrow \text{类似过程}$$

$$(HO)_3P$$

在亚磷酸酯分子中,$\overline{O}PBr_2$ 是一个较好的离去基团(其共轭酸为 $HOPBr_2$,是中强酸),它在亲核试剂 Br^- 进攻的同时离开中心碳原子。由于是 S_N2 机理,所以反应中一般不发生重排。

如果伯、仲醇与 PCl_3 反应,由于 Cl^- 的亲核性较差,主要产物不是氯代物,而是亚磷酸酯($(RCH_2O)_3P$),所以该反应不适于制备氯代烃。

$$3\ RCH_2OH\ +\ PCl_3\ \longrightarrow\ (RCH_2O)_3P\ +\ 3\ HCl$$

叔醇与 PCl_3 作用是按 S_N1 机理进行,不受亲核试剂的影响,所以用 PCl_3 也能得到主要产物 RCl。

$$R_3C\!-\!OH\ +\ PCl_3\ \xrightarrow{-HCl}\ R_3C\!-\!OPCl_2\ \xrightarrow{S_N1}\ R_3C^+\ \xrightarrow{Cl^-}\ R_3CCl$$

醇与 PX_5 可发生类似的反应,但与 PCl_5 反应时,也因副产物磷酸酯较多,不是制备氯代烃的好方法,一般也用于制备溴代烃、碘代烃。

$$ROH\ +\ PBr_5\ \longrightarrow\ RBr\ +\ POBr_3\ +\ HBr$$

$$ROH\ +\ PCl_5\ \longrightarrow\ RCl\ +\ POCl_3\ +\ HCl\ \text{(产率低)}$$

$$ROH\ +\ O\!=\!PCl_3\ \longrightarrow\ \underset{\text{副产物}}{(RO)_3PO}\ +\ 3\ HCl$$

目前由醇制备氯代烃的最常用的方法是用氯化亚砜($SOCl_2$)

3. 醇与亚硫酰氯(sulphonyl chloride)作用

$$ROH\ +\ SOCl_2\ \xrightarrow[\triangle]{醚}\ RCl\ +\ SO_2\ +\ HCl$$

在该反应中,除氯代烃外,其他两个产物都是气体(SO_2,HCl)。由于它们不断离开体系,有利于使反应向着生成产物的方向进行,而且最终没有其他副产物,氯代烃的分离提纯特别方便。

醇与 $SOCl_2$ 反应具有一定的立体化学特征。当与羟基相连的碳原子有手性时,在所得氯代物中,氯原子处在羟基原来所占据的位置,即产物是构型保持的。可能的反应机理如下:

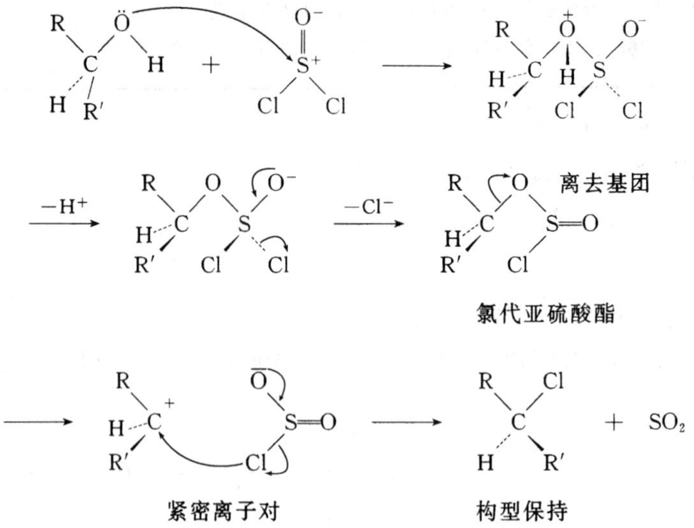

从上式可以看到,通过若干步骤生成氯代亚硫酸酯,然后离去基团($\overline{OSOCl}$)离开中心碳原子,形成紧密离子对。Cl^-作为离去基团中的一部分向碳正离子正面进攻(叫做"内返"),最后得到构型保持产物。这种取代犹如在分子内进行,所以叫做分子内亲核取代,用 S$_{Ni}$ 表示(internal nucleophilic substitution)。

在低温时可以分离出反应中间物氯代亚硫酸酯,后者经加热可分解成氯代物和 SO_2。无疑,该实验结果对上述机理是一个有力的支持。

在亲核溶剂(如二噁烷)中亚硫酰氯与醇反应也能得到构型保持的产物。反应中溶剂分子参与反应,整个过程中,反应的分子发生两次构型翻转,最终得到构型保持的氯代烃。

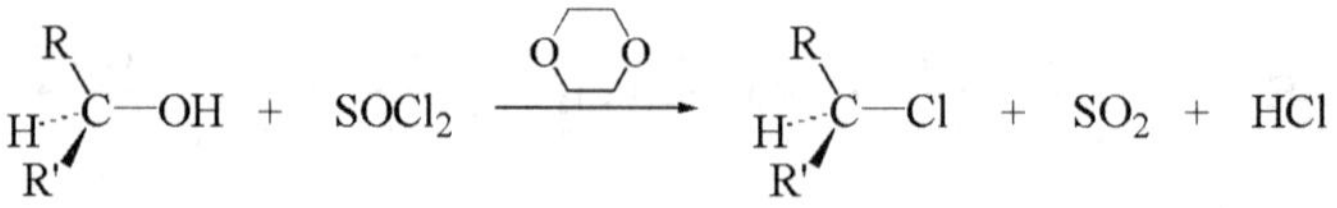

历程:

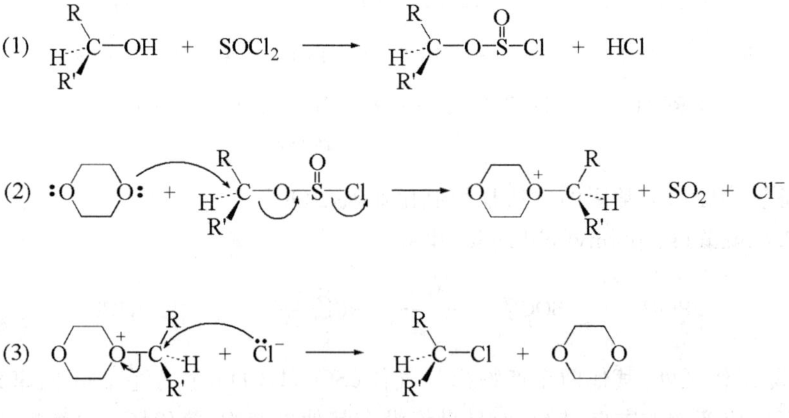

如果在醇与 $SOCl_2$ 混合液中加入吡啶,则得到构型转化的氯代物。吡啶对反应过程产生了重要的影响。

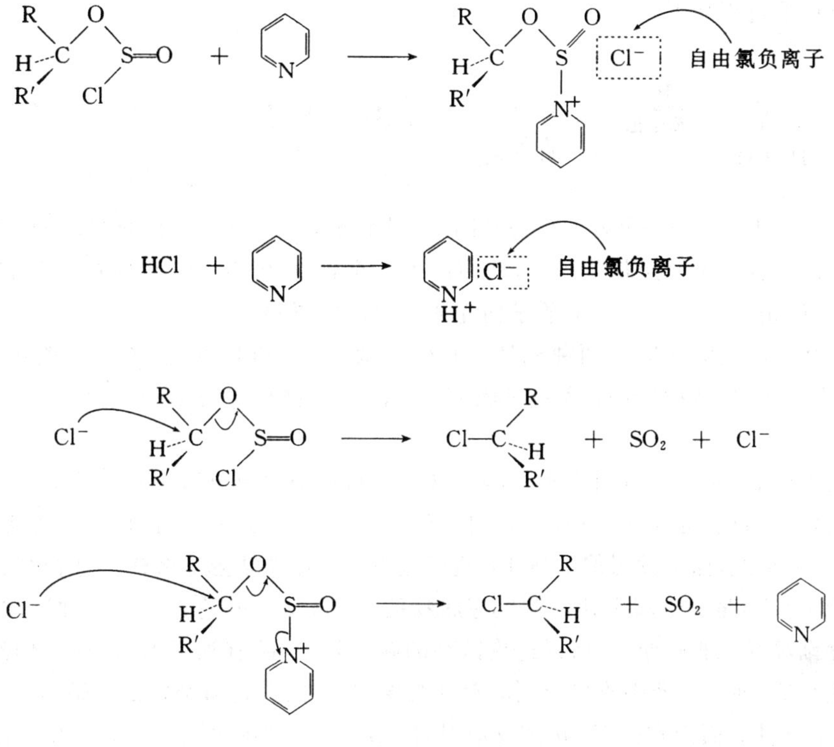

在这里,吡啶分别与氯代亚硫酸酯、HCl 反应产生自由的氯负离子(Cl⁻),Cl⁻ 从碳氧键背面进攻中心碳原子,而使构型转化。

问题9-7 某些醇和氢卤酸作用易发生重排,为了防止重排,应选用什么卤化剂?为什么 $SOCl_2$ 是制备氯代烃的好试剂?

问题9-8 (R)-2-辛醇与下列试剂作用后所得到的 2-氯辛烷是否仍是 R 构型?

(1) PCl_3　(2) $SOCl_2$　(3) $HCl/ZnCl_2$

三、脱水反应(C—O 键断裂)

醇有两种脱水方式:分子内脱水和分子间脱水。分子内脱水生成烯烃,分子间脱水生成醚。二者是同时存在的竞争反应。以哪种脱水为主,决定于醇的结构和反应条件。

1. 分子内脱水成烯

醇在较高温度(400 ℃~800 ℃)直接加热脱水生成烯烃。若有催化剂如 H_2SO_4 或 Al_2O_3 存在,则脱水可在较低温度下进行:

$$C_2H_5OH \xrightarrow[170\ ℃]{H_2SO_4} CH_2{=}CH_2$$

$$C_2H_5OH \xrightarrow[360\ ℃]{Al_2O_3} CH_2{=}CH_2$$

(1)反应机理

醇分子内脱水,和卤代烃脱卤化氢一样,是一种消除(β-消除)反应。在酸催化下,按 E1

机理进行反应的过程如下：

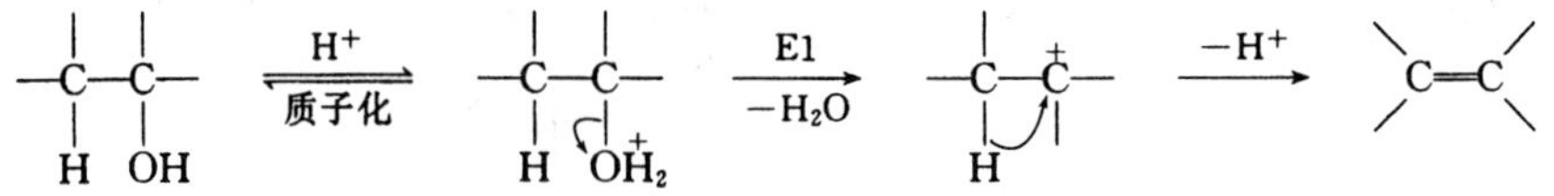

前边已经指出，OH^- 不是一个好的离去基团，一般情况下 C—O 键不易断裂，OH^- 不易离开中心碳原子。酸的存在可使羟基质子化，从而产生一个较好的离去基团 H_2O。当 H_2O 离开中心碳原子后，碳正离子去掉一个 β-质子而完成消除反应，得到烯烃。

已知卤代烃的消除反应有两种机理。叔卤一般按 E1 机理反应，伯卤一般按 E2 机理反应，仲卤居中。而醇的情况不同，无论是叔醇、仲醇还是伯醇，都按 E1 机理反应。醇的消除没有 E2 机理。

叔醇按 E1 机理消除是理所当然的，仲醇按 E1 机理消除也可以理解。读者容易产生的问题是，为什么伯醇脱水也按 E1 机理，而不按 E2 机理呢？对于这个问题，可以用所谓的"反证法"来回答。就是说，如果设想伯醇按 E2 机理脱水，那么情况会怎么样？是否行得通？我们知道在 E2 消除中，是一个碱主动进攻反应底物的 β-H（反应的动力），在这种进攻的推动下，离去基团逐渐离开中心碳原子，所以进攻试剂的碱性越强，越有利于 E2 反应。伯醇脱水是在酸催化下进行的，强酸溶液中不可能同时存在强碱（强酸的共轭碱必定是弱碱），所以不具备进行 E2 反应的条件。而当它按 E1 机理反应时，H_2O 离开中心碳原子后，碳正离子甩掉 β-H 是一个随从过程，容易进行，无须很强的碱去拉它，所以醇脱水生成烯烃都是 E1 机理。

（2）相对反应活性

按 E1 机理脱水的各种醇的相对活性主要决定于碳正离子的稳定性，显然其活性顺序为：

烯丙型、苄基型醇＞叔醇＞仲醇＞伯醇

下列几种醇脱水所要求的条件正说明了它们的这种相对活性：

$$CH_3CH_2OH \xrightarrow[170\ ^\circ C]{96\%\ H_2SO_4} CH_2{=}CH_2$$

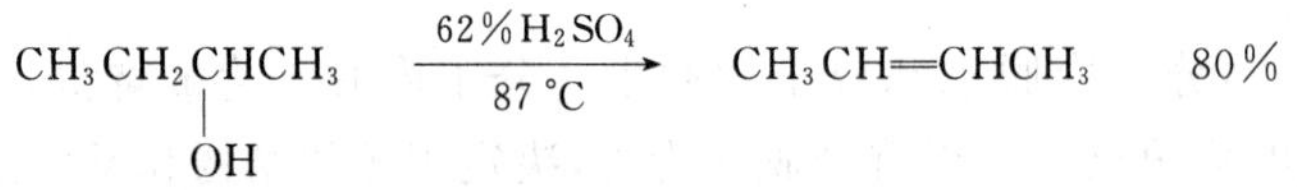

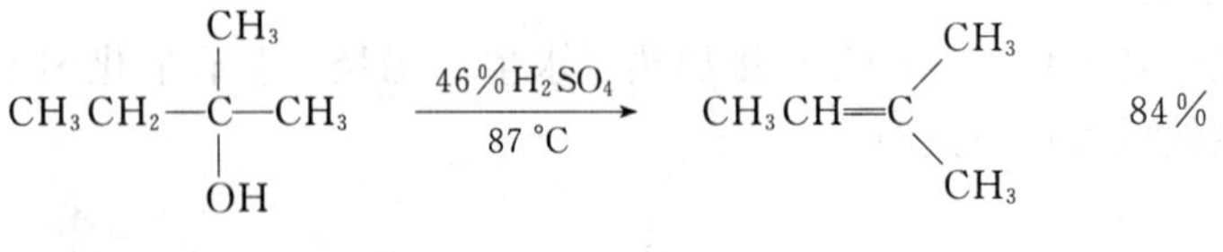

烯丙型、苄基型醇脱水往往生成共轭烯烃，所以它们的反应活性很高，例如：

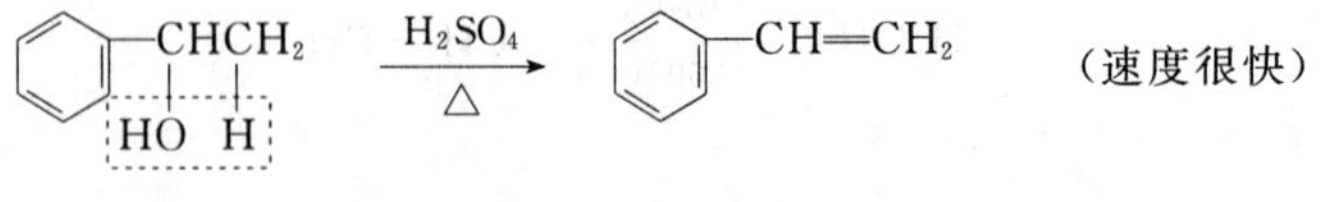

在醇的级别或种类等同的情况下，能生成共轭烯烃的醇，其脱水活性都会比较高。

问题9-9　按脱水活性顺序排列下面化合物。

(1)
$$\begin{array}{c}CH_3\\|\\\bigcirc\!\!-\!\!C\!\!-\!\!CH_2CH_3\\|\\OH\end{array}$$

(2)
$$\begin{array}{c}\bigcirc\!\!-\!\!CH_2CHCH_3\\|\\OH\end{array}$$

(3)
$$\begin{array}{c}\bigcirc\!\!-\!\!CH_2CH_2CHCH_3\\|\\OH\end{array}$$

(4)
$$\bigcirc\!\!-\!\!CH_2CH_2CH_2OH$$

(5)
$$\begin{array}{c}CH_3\\|\\\bigcirc\!\!-\!\!CH_2\!\!-\!\!C\!\!-\!\!CH_3\\|\\OH\end{array}$$

问题9-10　醇脱水为什么需要酸性条件？为什么都是 E1 机理？

（3）脱水取向

醇脱水成烯的取向和卤代烃一样，遵循萨伊切夫规律，例如：

$$CH_3CH_2\underset{\underset{OH}{|}}{C}HCH_3 \xrightarrow[\triangle]{H_2SO_4} CH_3CH=CHCH_3 + CH_3CH_2CH=CH_2$$
$$\qquad\qquad\qquad\qquad\qquad（主）\qquad\qquad\quad（次）$$

$$CH_3CH_2\underset{\underset{OH}{|}}{\overset{\overset{CH_3}{|}}{C}}CH_3 \xrightarrow[80\,^\circ C]{H_2SO_4} CH_3CH=\overset{\overset{CH_3}{|}}{\underset{\underset{CH_3}{|}}{C}} + CH_3CH_2\overset{\overset{CH_3}{|}}{C}=CH_2$$
$$\qquad\qquad\qquad\qquad\qquad 90\%\qquad\qquad\quad 10\%$$

$$\underset{\overset{|}{OH}}{\overset{\overset{CH_3}{|}}{\bigcirc}} \xrightarrow[\triangle]{H_3PO_4} \overset{CH_3}{\bigcirc} + \overset{CH_3}{\bigcirc}$$
$$\qquad\qquad\qquad\qquad 84\%\qquad\quad 16\%$$

某些不饱和醇、二元醇脱水，总是按优先生成稳定的共轭烯烃方向进行，例如：

$$CH_2=CH-CH_2\underset{\underset{OH}{|}}{C}HCH_2CH_3 \xrightarrow{Al_2O_3,\triangle} CH_2=CH-CH=CHCH_2CH_3$$

$$CH_3\underset{\underset{OH}{|}}{C}H-\overset{\overset{CH_3}{|}}{C}H-\underset{\underset{OH}{|}}{C}HCH_3 \xrightarrow{Al_2O_3,\triangle} CH_3CH=\overset{\overset{CH_3}{|}}{C}-CH=CH_2$$

2. 分子间脱水成醚

两分子醇之间脱水生成醚，例如：

$$C_2H_5\dashv OH+H\vdash O-C_2H_5 \xrightarrow[140\,^\circ C]{H_2SO_4} C_2H_5-O-C_2H_5$$

$$C_2H_5\underset{\vdots}{\overset{\vdots}{-}}OH+H\underset{\vdots}{\overset{\vdots}{-}}O-C_2H_5 \xrightarrow[260\,^{\circ}C]{Al_2O_3} C_2H_5-O-C_2H_5$$

两分子醇之间脱水是一种亲核取代反应(S_N2),其过程可简单表示如下:

$$C_2H_5OH \xrightleftharpoons{H^+} CH_3CH_2-\overset{+}{\underset{H}{O}}H_2 \xrightarrow{H\ddot{O}C_2H_5} \left[C_2H_5-\overset{\delta+}{\underset{H}{O}}-\overset{CH_3}{\underset{H}{C}}-\overset{\delta+}{O}H_2 \right]$$

$$\xrightarrow{-H_2O} CH_3CH_2-\overset{+}{\underset{H}{O}}-CH_2CH_3 \xrightarrow{-H^+} CH_3CH_2-O-CH_2CH_3$$

醇分子间脱水和分子内脱水是两种互相竞争的反应,一般来说,较低温度有利于生成醚;较高温度有利于生成烯。控制好反应条件,可以使其中一种产物为主。但要注意,对叔醇来说,其主要产物总是烯烃,而不会生成醚,因为叔醇消除倾向大。醇的分子间脱水和分子内脱水实际上是亲核取代和消除反应之间的竞争。

问题9-11 在用戊醇制备 1-戊烯时,应选择

(1) 1-戊醇还是 2-戊醇? 为什么?

(2) 浓 H_2SO_4 还是 Al_2O_3? 为什么?

(3) 高温还是较低温度? 为什么?

问题9-12 为什么由 $CH_3CH_2\overset{\underset{\textstyle |}{CH_3}}{C}HCH_2OH$ 转化成 $CH_3CH_2\underset{\underset{\textstyle CH_3}{|}}{C}{=}CH_2$ 时,不能直接脱水? 应如何做?

问题9-13 写出下列反应的可能过程:

四、取代和消去反应中的重排

醇进行 S_N1 取代和 E1 消去(分子内脱水)反应时,产生碳正离子中间体,这就提供了碳正离子重排(carbonium ion rearrangment)的可能性。若反应生成的碳正离子相邻碳上有拥挤基团时则易发生重排,这可降低中间体的能量,同时重排后的碳正离子更稳定,以上两个因素就是重排的动力。

1. 取代中的重排

醇与氢卤酸以 S_N1 历程进行反应容易发生重排。如新戊醇与氢溴酸作用其产物为重排产物 2-甲基-2-溴丁烷:

$$CH_3-\overset{\overset{\textstyle CH_3}{|}}{\underset{\underset{\textstyle CH_3}{|}}{C}}-CH_2OH \xrightarrow{HBr} CH_3-\overset{\overset{\textstyle Br}{|}}{\underset{\underset{\textstyle CH_3}{|}}{C}}-CH_2CH_3$$

历程：

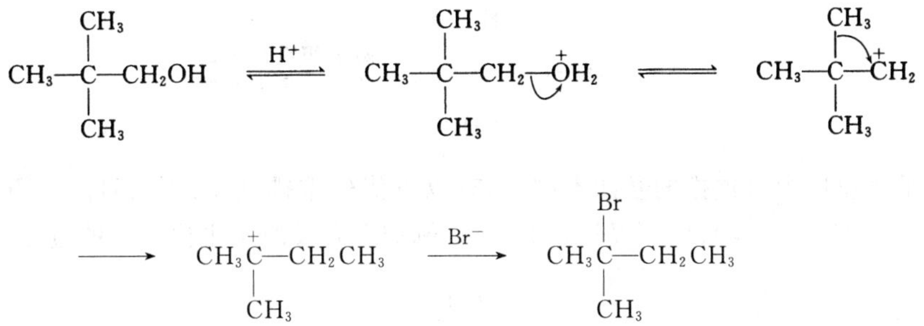

$$CH_3CH=CHCH_3 + HBr \longrightarrow CH_3CCH_2CH_3$$

这个醇虽为伯醇但由于叔丁基的屏蔽作用使之不易进行 S_N2 反应。按 S_N1 历程反应脱水后的伯碳正离子相邻碳上有三个甲基，为改善拥挤程度甲基带着一对电子重排，生成更稳定的叔碳正离子，随即与溴负离子结合生成重排产物。下面是另两个重排实例，前者为氢的重排产物，后者是环中烃基的重排。

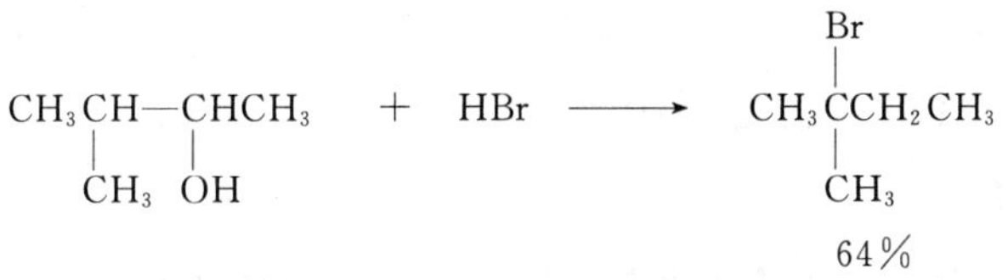

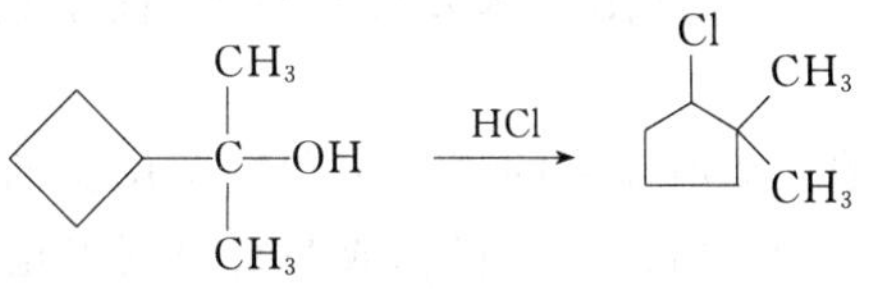

64%

当一个烯丙型醇与氢卤酸反应时，会得到烯丙重排产物。例如：

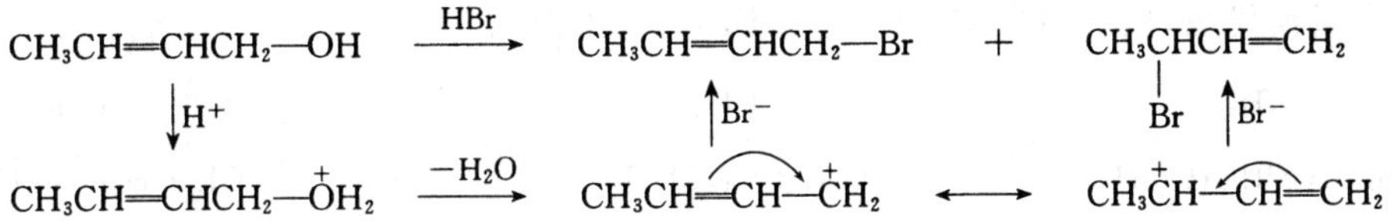

2. 消去（分子内脱水）中的重排

伯、仲、叔醇脱水一般均为 E1 消去历程，由于碳正离子中间体的生成也易发生重排反应。例如：

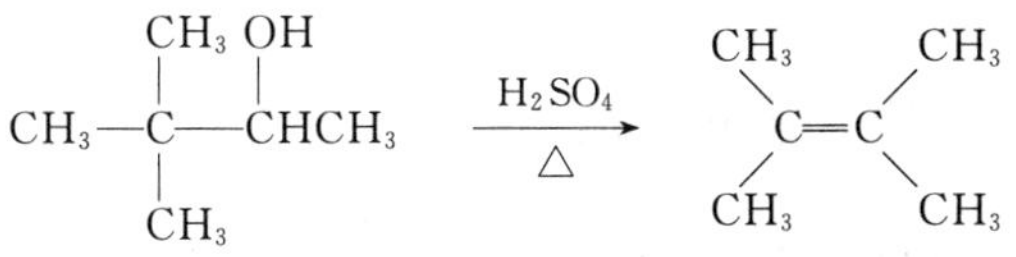

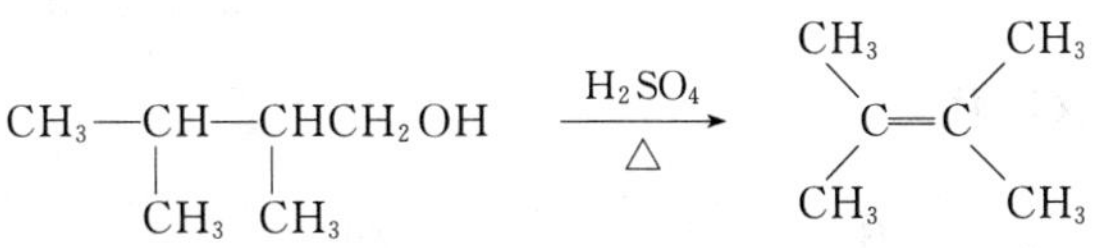

前一个反应醇脱水后发生甲基重排，而后者发生氢的重排，重排后生成相同碳正离子中间体，脱去质子得到相同烯烃。

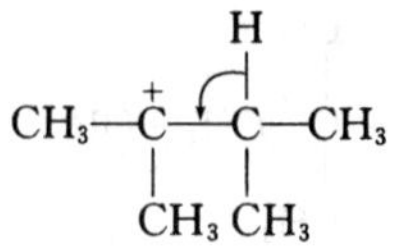

两个醇重排后的碳正离子中间体

在重排反应中可重排的基团不同时，有以下优先重排规律：①C_6H_5—＞R—，②给电子基—C_6H_4—＞C_6H_5—＞拉电子基—C_6H_4—。例如下列反应中主要为苯的重排产物。

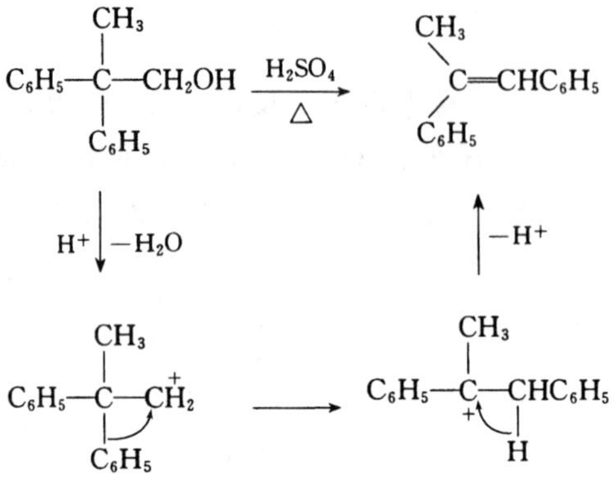

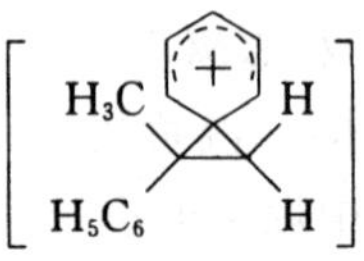

苯重排中间体

苯基的优先重排主要由于生成正电荷分散于含苯环的稳定中间体的缘故。从苯基重排的中间体很容易理解为什么带给电子基团的苯基较易重排，而带拉电子基团的苯基重排倾向较差。

利用重排反应可以巧妙地合成所需要的碳骨架和特定位置的官能团，但另一方面在某些有机反应中重排会造成复杂产物。所以在选择合成路线时要考虑重排，或以重排为目的或以避免重排为目的。若以后者为目的则应尽可能采用 S_N2 和 E2 反应。如由 2-甲基-1-丁醇制备 2-甲基-1-丁烯，一般不采用硫酸存在下直接脱水的方法(可能发生重排)，而采用先与 PBr_3 作用(S_N2)生成溴代烷，然后用强碱处理消去(E2)成烯的路线。

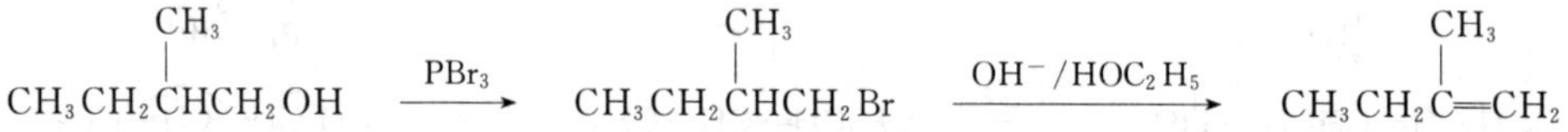

五、生成酯的反应

醇和无机酸、有机酸作用，生成相应的酯，有机酸酯将在第十五章详细讨论，在此主要简述一些无机酸酯及有关特点。

1. 硫酸酯

醇与硫酸作用相当快，产物为硫酸氢酯：

$$C_2H_5-OH+H-OSO_3H \xrightarrow{<100\ ^\circ C} C_2H_5OSO_3H$$

硫酸氢乙酯

该反应也是一种亲核取代：

$$C_2H_5-OH \underset{}{\overset{H^+}{\rightleftharpoons}} C_2H_5-\overset{+}{O}H_2 \xrightarrow[\text{(亲核试剂)}]{\bar{O}SO_3H} C_2H_5OSO_3H$$

反应温度不能太高，否则将生成醚或烯。以 C_2H_5OH 和 H_2SO_4 反应为例：

$$C_2H_5OH \quad + \quad H_2SO_4 \quad \xrightarrow[\substack{<100\ ^\circ\text{C} \\ 140\ ^\circ\text{C} \\ 170\ ^\circ\text{C}}]{} \quad \begin{cases} C_2H_5OSO_3H \\ C_2H_5OC_2H_5 \\ CH_2{=}CH_2 \end{cases}$$

因此控制反应温度对生成什么产物有重要影响。

常用乳化剂(十二烷基硫酸钠)是通过它的酸性硫酸酯制备的:

$$C_{12}H_{25}OH \quad + \quad H_2SO_4(浓) \quad \xrightarrow{40\ ^\circ\text{C}\sim50\ ^\circ\text{C}} \quad C_{12}H_{25}OSO_3H$$

$$C_{12}H_{25}OSO_3H \quad + \quad NaOH \quad \longrightarrow \quad C_{12}H_{25}OSO_3Na$$
$$（乳化剂）$$

硫酸氢甲酯或硫酸氢乙酯在减压蒸馏时,则得到相应的中性硫酸酯:

$$2\ C_2H_5OSO_3H \quad \xrightarrow{减压蒸馏} \quad C_2H_5OSO_2OC_2H_5 \quad + \quad H_2SO_4$$

硫酸二甲酯和硫酸二乙酯都是很好的烷基化试剂,即可用它们向有机分子中导入甲基或乙基。但要注意,硫酸二甲酯有剧毒,对于呼吸器官和皮肤有强烈的刺激作用。

叔醇由于有很强的消除倾向,与硫酸作用时,得不到硫酸酯,主要生成烯烃。

2. 硝酸酯

硝酸和硫酸一样,能很好地与伯醇成酯,而与叔醇作用时,也生成烯烃。

$$\begin{array}{l} CH_2OH \\ | \\ CH_2OH \end{array} \quad + \quad 2\ HNO_3 \quad \longrightarrow \quad \begin{array}{l} CH_2ONO_2 \\ | \\ CH_2ONO_2 \end{array} \quad + \quad 2\ H_2O$$
$$乙二醇二硝酸酯$$

$$\begin{array}{l} CH_2OH \\ | \\ CHOH \\ | \\ CH_2OH \end{array} \quad + \quad 3\ HNO_3 \quad \longrightarrow \quad \begin{array}{l} CH_2ONO_2 \\ | \\ CHONO_2 \\ | \\ CH_2ONO_2 \end{array} \quad + \quad 3\ H_2O$$

多元硝酸酯是强烈的炸药。

3. 磷酸酯

由于磷酸的酸性比硫酸、硝酸弱,所以它不易与醇直接成酯。磷酸酯一般是由醇和磷酰三氯作用制得的:

$$3\ C_4H_9OH \quad + \quad Cl{-}\!\!\!\!\underset{\substack{|\\Cl}}{\overset{\substack{Cl\\|}}{P}}\!\!\!\!{=}O \quad \xrightarrow{碱} \quad (C_4H_9O)_3PO \quad + \quad 3\ HCl$$
$$磷酸三丁酯$$

$$3\ C_8H_{17}OH \quad + \quad Cl{-}\!\!\!\!\underset{\substack{|\\Cl}}{\overset{\substack{Cl\\|}}{P}}\!\!\!\!{=}O \quad \xrightarrow{碱} \quad (C_8H_{17}O)_3PO \quad + \quad 3\ HCl$$
$$磷酸三辛酯$$

磷酸酯是一类很重要的化合物,常用作萃取剂、增塑剂和杀虫剂。

4. 磺酸酯

醇与磺酰氯反应生成磺酸酯(sulfonate),例如:

$$R{-}OH \quad + \quad Cl{-}\overset{\displaystyle O}{\underset{\displaystyle O}{S}}{-}\langle\text{苯环}\rangle{-}CH_3 \xrightarrow{\text{吡啶}} RO{-}\overset{\displaystyle O}{\underset{\displaystyle O}{S}}{-}\langle\text{苯环}\rangle{-}CH_3$$

对甲苯磺酰氯

tosyl chloride(Cl-Ts)

$$R{-}OH \quad + \quad Cl{-}\overset{\displaystyle O}{\underset{\displaystyle O}{S}}{-}CH_3 \xrightarrow{\text{碱}} R{-}O{-}\overset{\displaystyle O}{\underset{\displaystyle O}{S}}{-}CH_3$$

磺酸根负离子为弱碱(因相应共轭酸是强酸),它是好的离去基团,所以磺酸酯和卤代烃一样,可发生亲核取代和消去反应。

亲核取代 $\quad Nu^- + R{-}OTs \xrightarrow{S_N2} R{-}Nu + {}^-OTs$

消去反应 $\quad B^- + {}^|_{}C{-}C^|_{}{-}OTs \xrightarrow{E2} C{=}C + HB + {}^-OTs$

$$\langle\text{环戊基}\rangle{-}ONa + CH_3(CH_2)_5CH_2OSO_2CH_3 \xrightarrow{DMSO} \langle\text{环戊基}\rangle{-}O{-}CH_2(CH_2)_5CH_3$$

$$\underset{(CH_3)_3C}{\langle\text{环己基-OTs}\rangle} \xrightarrow[\text{HOC}_2\text{H}_5]{\text{NaOC}_2\text{H}_5} \underset{(CH_3)_3C}{\langle\text{环己烯}\rangle}$$

由实验得知,磺酸酯的取代一般是 S_N2 机理,消除一般是 E2 机理。在由醇制备烯烃时,常常将醇先转化成磺酸酯,然后再进行消除,可以有效地防止重排,在这一点上,磺酸酯与卤代烃的作用是相当的。

在涉及立体化学的某些反应中,磺酸酯比卤代烃有独特的优点。一般来说,磺酸酯和卤代烃都是由醇制备。从一定构型的醇制备卤代烃要涉及碳氧键断裂,所得卤代烃或是构型转化(S_N2),或者是发生外消旋(S_N1)。而由醇制备磺酸酯时,不涉及碳氧键断裂,所得到的酯可以100%地保持原料醇的构型。

$$\underset{R^2}{\overset{R}{R^1{-}C^*{-}O{-}H}} + Cl{-}Ts \longrightarrow \underset{R^2}{\overset{R}{R^1{-}C^*{-}OTs}} + HCl$$

保持构型

从以下实例可以了解磺酸酯的这种优点在合成中的特殊用处。

$$\underset{CH_3}{\langle\text{环己醇}\rangle} \xrightarrow{\text{转化}} \underset{CH_3}{\langle\text{甲基环己烯}\rangle}$$

完成这种转化应选择的正确路线为：

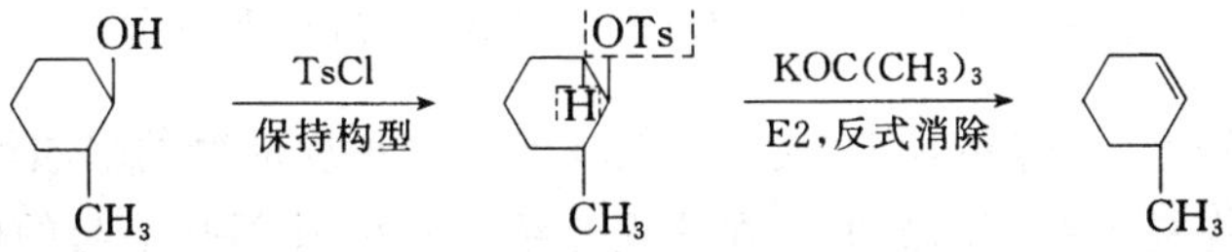

这里利用由醇转化成磺酸酯时完全保持构型以及磺酸酯按 E2 机理进行反式消除的特点,得到了预期产物 **2**。

如果直接用 **1** 进行消除(脱水),由于醇的消除是 E1 机理,没有一定的立体定向性,按萨伊切夫规律,主要消除产物应为 **3**,而不是 **2**。

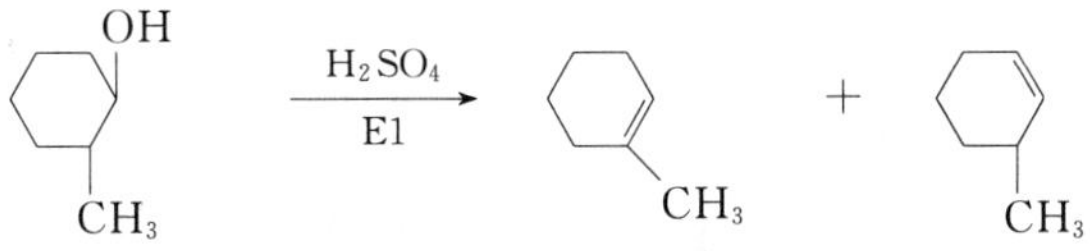

如果将 **1** 与 HX 或 PX_3 作用,先转化成卤代烃,再进行消除,这条路线也不行,因为醇转化为卤代烃,C—O 键发生断裂,中心碳原子构型不能很好地保持(一般为部分消旋或转化),所以在卤代烃进行消除时,也得不到比较单一、产率较好的预期产物 **2**。当然,如果用 $SOCl_2$ 与 **1** 作用,可生成保持构型的氯代烃(不是 100%),后者再按 E2 机理进行反式消除,其主要产物为 **2**。

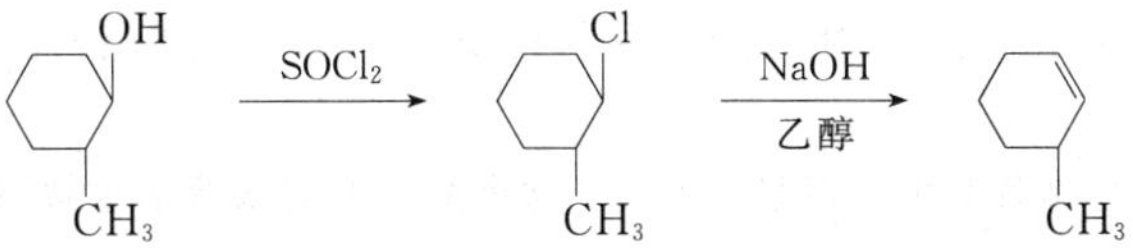

此路线虽然可行,但也不如磺酸酯路线优越。

另一个例子是由 (S,S)-2-苯基-3-戊醇制备 (E)-2-苯基-2-戊烯。若采用硫酸脱水,由于重排等原因不可得到主要的 E 构型产物。当反应物用对甲苯磺酰氯(ClTs)处理,可得到构型保持的酯,然后采用强碱条件下的 E2 消去反应可满意地获得立体要求的产物。

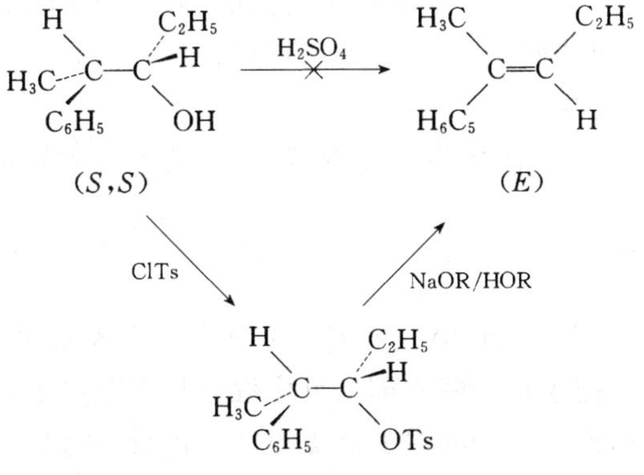

磺酸酯的醋酸解反应在有机化学中也是常见的一种亲核取代,例如:

$$R\text{—}OBs \ + \ HOAc \ \longrightarrow \ R\text{—}OAc \ + \ HOBs$$

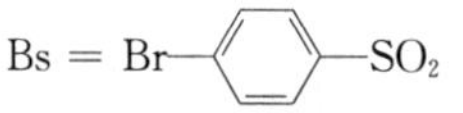

$$Bs = Br\text{—}\langle\text{benzene ring}\rangle\text{—}SO_2 \quad (\text{对溴苯磺酰基,brosyl})$$

醋酸解反应速度比较适中,容易测定,便于比较。所以多种反应物的醋酸解反应能为反应机理及其有关规律的研究提供有用的数据。在这里介绍一个涉及邻基参与的磺酸酯醋酸解反应,反式-2-溴环己醇的对溴苯磺酸酯 **4** 比它的顺式异构体 **5** 的醋酸解速度快得多,**4** 的反应速度是 **5** 的 810 倍。

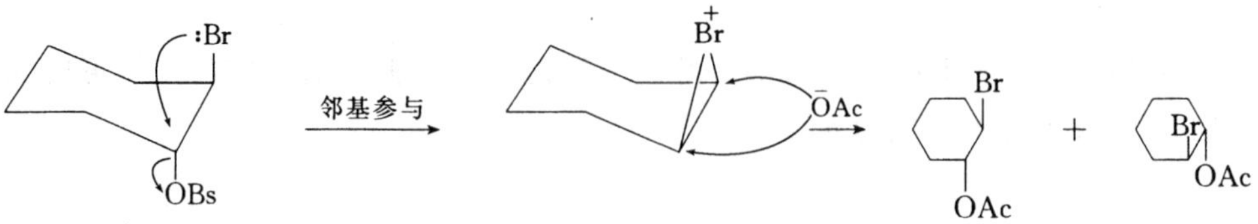

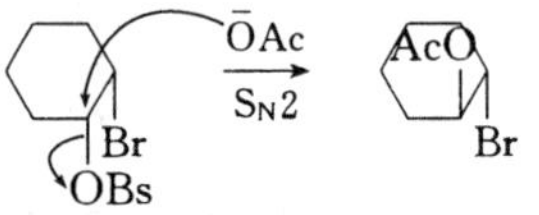

这是因为反式异构体 **4** 分子中,溴原子和离去基团(OBs)处于反位,可以参与反应,而在 **5** 中,溴原子和 OBs 处于顺位,不能发生邻基参与,而只能按一般的 S_N2 机理进行反应,所以 **4** 的反应速度比 **5** 的快。

问题9-14 一定构型的醇转化成磺酸酯时,为什么保持构型(100%)?磺酸酯的消除是什么机理?在合成上有什么特殊的用处?

问题9-15 从 $[\alpha]+6.9°$ 的醇制备对甲苯磺酸仲丁酯。这个酯用碱的水溶液水解,得 $[\alpha]-6.9°$ 的仲丁醇。试说明水解的机理及立体化学。

六、醇的氧化和脱氢

氧化在有机化学中是一种重要而普遍的反应,从广义上讲,凡是向有机分子中引入氧或脱去氢的反应都叫做氧化反应。在醇分子中由于羟基的影响,使 α 碳上的氢比较活泼,可以被多种试剂氧化。根据醇的不同结构,不同氧化剂所得产物各不相同。

1. 伯醇氧化生成醛和羧酸

伯醇在 $K_2Cr_2O_7$-H_2SO_4 溶液中,先被氧化成醛,后者继续被氧化,最后生成羧酸。

$$CH_3CH_2OH \xrightarrow[H_2SO_4]{K_2Cr_2O_7} CH_3CHO \xrightarrow[H_2SO_4]{K_2Cr_2O_7} CH_3COOH$$

$KMnO_4$、CrO_3-H_2SO_4、CrO_3-$HOAc$、浓 HNO_3 等氧化剂都能将伯醇氧化成羧酸。

如果想制备醛,则必须把生成的醛立即从反应混合物中蒸出去,以免醛继续被氧化。反应需要在低于原料醇的沸点,而高于产物醛的沸点温度下进行,所以这种方法只适用于制备沸点较低(100°以下)的醛。对于沸点较高的醛,它们的沸点和原料醇的沸点很接近,在反应中无法将它们及时蒸出。

近年来开发了多种高选择性的氧化剂,其中以沙瑞特(Sarret)试剂和氯铬酸吡啶(P.C.C)应用较为广泛。这两种试剂可以把伯醇氧化控制在醛的阶段,产率较高,且对分子中碳碳双键无影响。

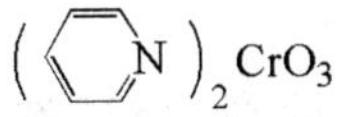

$$\left(\underset{\text{沙瑞特试剂}}{\square N} \right)_2 CrO_3 \qquad \underset{\underset{\text{Pyridium Chloro Chromate (P. C. C)}}{\text{氯铬酸吡啶}}}{\square \overset{+}{N}HCrO_3Cl^-}$$

$$CH_3(CH_2)_5CH_2OH \xrightarrow[CH_2Cl_2, 25\ ^\circ C]{\text{沙瑞特试剂}} CH_3(CH_2)_5CHO$$

$$CH_3(CH_2)_8CH_2OH \xrightarrow[CH_2Cl_2]{P.C.C} CH_3(CH_2)_8CHO \quad 92\%$$

氧化反应的机理一般比较复杂,有的还不十分清楚,以铬酸氧化伯醇为例,简单介绍如下:

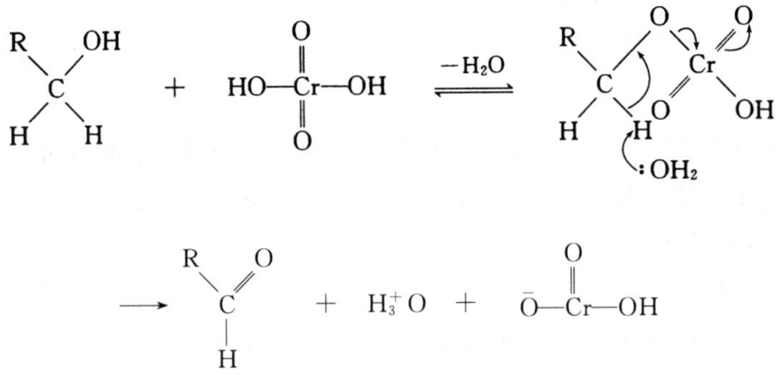

第一步形成铬酸酯是快步骤,第二步酯的分解是决定反应速度的慢步骤。氧化过程涉及连在 α 碳上的氢,这一点已为同位素效应所证实。RCHO 以水合醛的形式,通过类似的过程继续被氧化为羧酸。

除直接氧化外,催化脱氢也能使醇变成醛,例如:

$$CH_3CH_2OH \xrightarrow{Cu, 300\ ^\circ C} CH_3CHO \ + \ H_2$$

脱氢反应是可逆的,为了使反应完全,往往通入一些空气,将脱下来的氢转化为水。目前工业上由甲醇制甲醛,由乙醇制乙醛都采用这种方法。

$$CH_3CH_2OH \ +\frac{1}{2}O_2 \xrightarrow[550\ ^\circ C]{Cu} CH_3CHO \ + \ H_2O$$

2. 仲醇氧化成酮

仲醇在前述各种氧化剂作用下,生成酮。

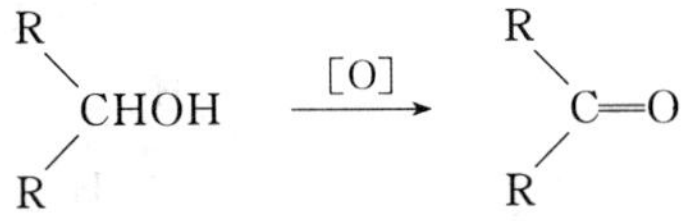

$$\underset{R}{\overset{R}{\diagdown}}CHOH \xrightarrow{[O]} \underset{R}{\overset{R}{\diagdown}}C{=}O$$

酮比较稳定,一般不再继续被氧化,但当使用氧化性很强的 $KMnO_4$ 时,酮还可继续被氧化成羧酸,例如:

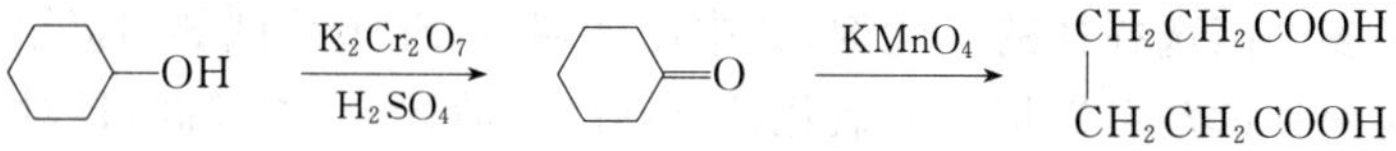

由于这种氧化产物(己二酸)比较单一,故可以用于制备。但在多数情况下酮被氧化成羧酸时,得到的是混合氧化产物,无制备意义。

不饱和仲醇除用沙瑞特试剂外,也可用琼斯(Jones)试剂,该试剂是把 CrO_3 溶于稀 H_2SO_4,然后滴加到醇的丙酮溶液中,在 15 ℃～20 ℃温度下反应,可得到高产率的酮,例如:

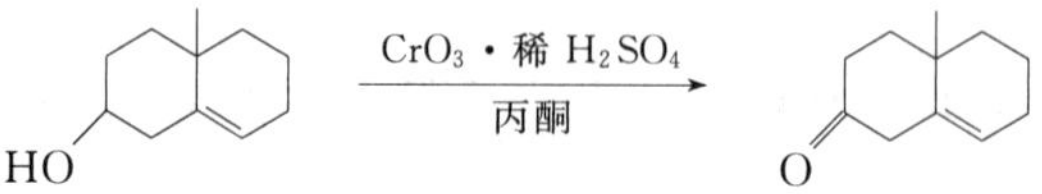

与伯醇类似,采取催化脱氢,仲醇也可被氧化成相应的酮。

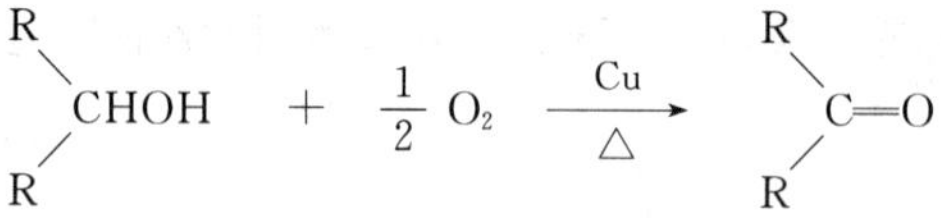

3.叔醇不易被氧化

叔醇没有 α-H,所以很难被氧化,但在剧烈酸性氧化条件下,叔醇先脱水生成烯烃,然后烯烃氧化断裂,生成小分子的羧酸及酮的混合物。显然这种氧化无制备意义,而由伯醇、仲醇氧化是制备醛酮及羧酸的重要方法之一。

4.邻二醇被高碘酸氧化

邻二醇与 HIO_4 反应,发生 C—C 键断裂,生成两分子羰基化合物。

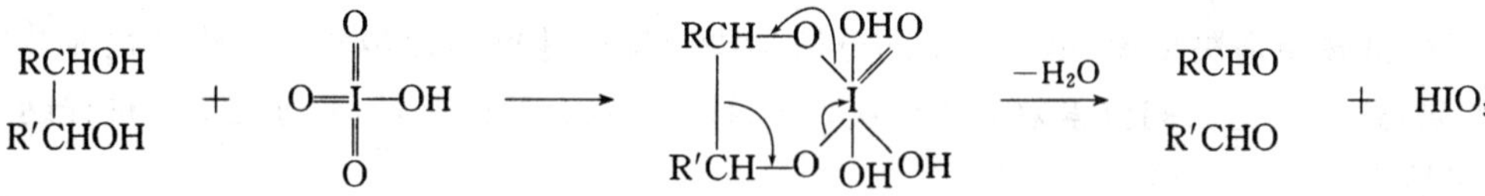

$$HIO_3 \quad + \quad AgNO_3 \quad \longrightarrow \quad AgIO_3 \downarrow (白色)$$

在反应混合物中加 $AgNO_3$ 溶液,有白色沉淀生成。1,3-二醇或两个羟基相隔更远的二元醇与 HIO_4 不发生反应,所以该反应可用于邻二醇的鉴别。

此外,还可根据邻二醇与 HIO_4 反应生成的产物来推断邻二醇的结构,如果在分子中有多个相邻羟基,则可以在多处发生断裂:

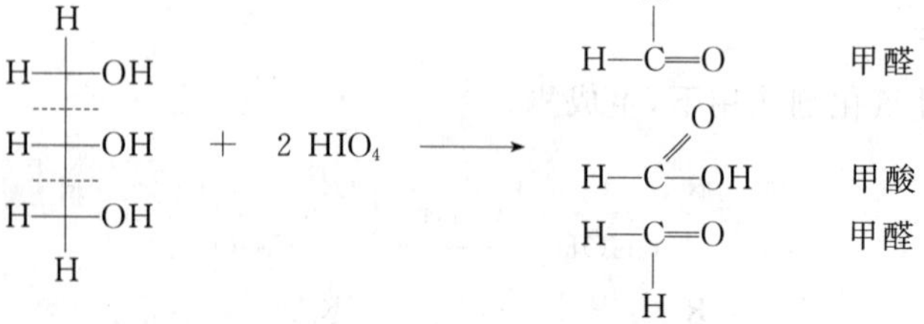

该反应是定量的,每断裂一组邻二醇结构,消耗一分子 HIO_4,所以根据 HIO_4 的用量可推知反应物分子中有多少组邻二醇结构。

七、频哪醇重排（pinacol rearrangement）

四烃基乙二醇叫做频哪醇（pinacol），它在 H_2SO_4 作用下生成频哪酮：

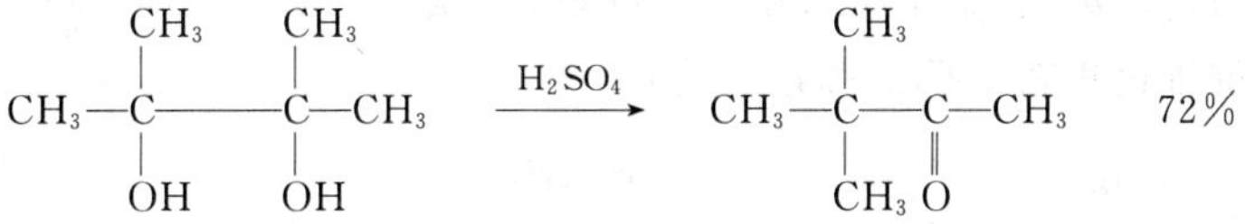

频哪酮（pinacolone）

从反应物到产物，分子骨架发生了变化，所以称该反应为频哪醇/酮重排。其反应机理如下：

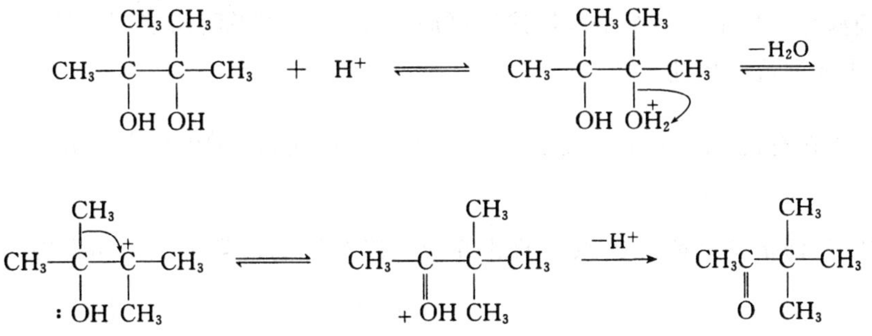

首先，其中一个羟基质子化，失水生成叔碳正离子 **6**，然后在甲基带着电子向正碳离子迁移的同时，羟基氧将自己的电子对转向碳原子而形成锌正离子 **7**。**7** 失去一个质子生成稳定的产物酮。

反应之所以能按上述途径顺利进行，主要是因为碳正离子 **6** 能够变成更稳定的锌正离子 **7**（重排的主要推动力），而且这种锌离子很容易丢掉一个质子而生成稳定的产物——酮。

一般情况下，邻二醇均可发生频哪重排，当一个不对称的邻二醇发生重排时，存在方向问题。首先是哪一个羟基脱去，其次是哪一个基团优先重排。下面举例说明这个问题。

例 1

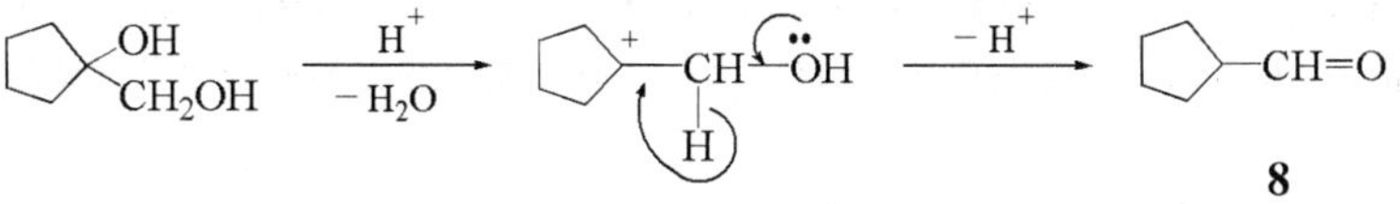

例 1 中不对称邻二醇重排得到产物 **8**，这说明脱去羟基后生成较稳定的碳正离子决定重排方向。该例中脱去叔碳上的羟基比脱去伯碳上的羟基生成的碳正离子更稳定，所以重排得到上述结果。

例 2

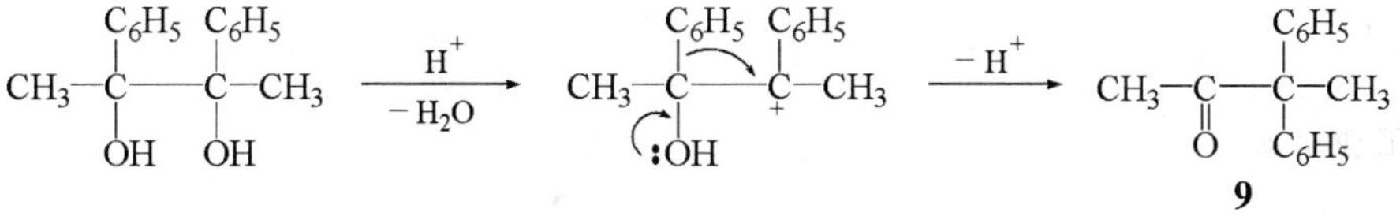

例 2 中的邻二醇是对称的，脱去哪个羟基生成的碳正离子都是相同，但重排时则存在甲基和苯基重排的选择。实验结果产物为 **9**，说明为苯基重排产物。一般更能稳定碳正离子的基

团优先重排。重排优先顺序为:苯基>烷基;有给电子基团的苯基>苯基>有拉电子基团的苯基。

立体化学研究证明,在频哪醇重排中,离去基团所连的碳原子(如有手性的话)构型发生转化,这说明迁移基团是从离去基团(H_2O)背面进攻,基团迁移和离去基团的离开是协同进行的,因此对频哪醇重排过程较准确的描述应为:

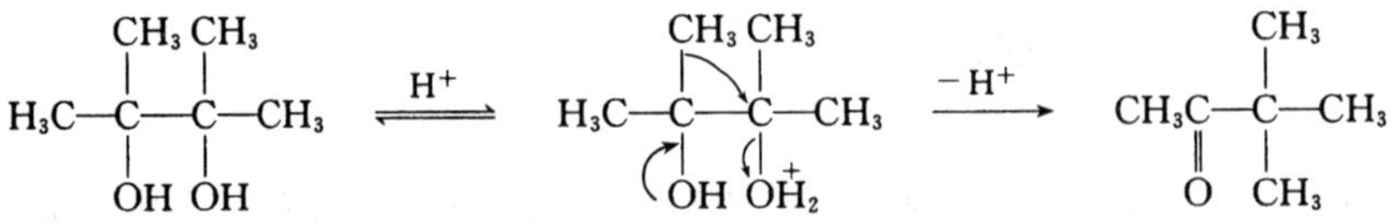

但是为了把频哪醇重排中的各个步骤描述得更加清楚,更便于说明问题,在不涉及立体化学的情况下,常常采取前边的描述方法。

频哪醇重排在有机化学中是一类非常普遍的重排反应,只要在反应中形成 $-\overset{|}{\underset{OH}{C}}-\overset{|}{\overset{+}{C}}-$ 结构的碳正离子(即带正电荷的碳原子的邻近碳上连有羟基),都可发生频哪醇类型的重排,例如:

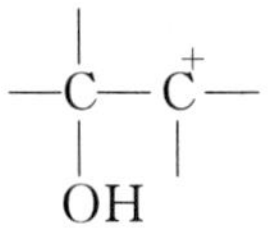

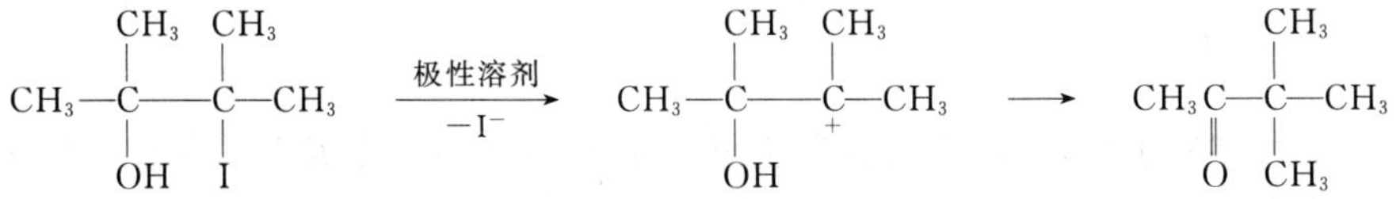

问题9-16 频哪醇重排的主要动力是什么? 什么结构的碳正离子可发生频哪醇类型的重排?

问题9-17 写出下列反应的产物。

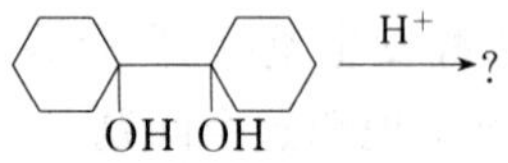

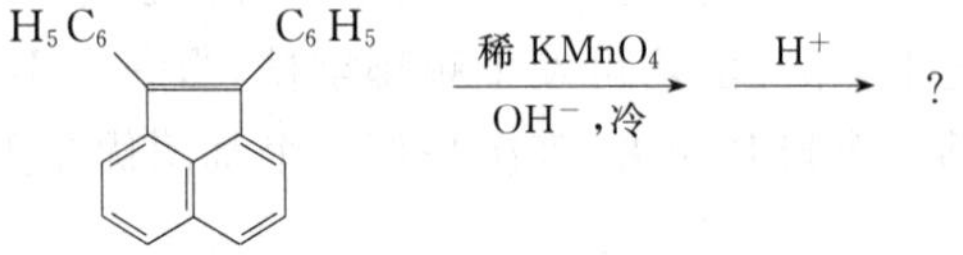

问题9-18 在英国有许多汽车驾驶者被警察挡住,要求他们对准一个"呼吸分析器"吹一口气。如果分析器内浸透化学药品的硅胶由原来的橙黄色变为绿色,这个驾驶者就会变得愁眉苦脸了。试问这种化学药品是什么?

9.4 醇的制法

醇是非常重要的化工原料,可以用多种方法制备,以下介绍的有些是工业制法,但多数是实验室制法。

一、工业来源

发酵是制备醇的古老的工业方法,它以农副产品为原料,经过发酵作用而得到醇。

$$淀粉 \xrightarrow{淀粉酶} 麦芽糖 \xrightarrow{麦芽糖酶} 葡萄糖 \xrightarrow{酒化酶} 酒精$$

淀粉在丁醇酶的作用下,通过发酵可以得到丁醇,发酵法的优点是方法成熟,设备简单,容易投产。缺点是需要消耗大量的粮食,因此已逐渐被淘汰,但在我国和某些地区,发酵仍然是制备酒精的主要方法之一。

工业上利用一氧化碳和氢气混合气体在不同催化剂存在下大规模生产甲醇和甘醇。

$$CO + 2H_2 \xrightarrow[250°,50\sim100atm]{Cu-ZnO-Cr_2O_3} CH_3OH$$

$$2CO + 3H_2 \xrightarrow[\text{压力},\triangle]{Rh \text{ 或 } Ru} \underset{\underset{OH}{|}}{CH_2} - \underset{\underset{OH}{|}}{CH_2}$$

二、卤代烃水解

卤代烃在 NaOH 水溶液中水解生成醇:

$$RX + NaOH \xrightarrow{H_2O} ROH + NaX$$

这种亲核取代常常伴随着消除,特别是叔卤、仲卤,消除倾向很大,所以不适于制备相应的醇。对伯醇来说,为了减少消除副反应,可以采用较温和的碱性试剂,如将 Na_2CO_3 悬浮在 Al_2O_3 上,或者用 $Ag_2O(H_2O)$。

在一般情况下,醇比相应卤代烃容易得到,通常是由醇来制备卤代烃,所以卤代烃水解不是制备醇的普遍方法。只有在某种卤代烃比醇更容易得到的情况下,才有使用价值,例如,烯丙基氯、苄基氯容易由烃氯代得到,因此可由它们水解制备烯丙醇和苄醇。

$$CH_2=CHCH_2Cl \xrightarrow[H_2O]{Na_2CO_3} CH_2=CHCH_2OH$$

$$\text{⟨benzene⟩}-CH_2Cl \xrightarrow[H_2O]{Na_2CO_3} \text{⟨benzene⟩}-CH_2OH$$

三、由烯烃制备

以烯烃为原料,可以通过多种反应制备醇。

1. 酸性水合

酸性水合有两种方式:直接水合(一步法)和间接水合(两步法)。这都是工业上目前使用的方法,一般用来制备简单的醇。

直接水合: $CH_3CH=CH_2 + H_2O \xrightarrow[300\,°C,10MPa]{H_3PO_4} \underset{\underset{OH}{|}}{CH_3CHCH_3}$

间接水合: $\underset{\underset{CH_3}{|}}{CH_3-C=CH_2} \xrightarrow{H_2SO_4} \underset{\underset{OSO_3H}{|}}{\overset{\overset{CH_3}{|}}{CH_3-C-CH_3}} \xrightarrow{H_2O} \underset{\underset{OH}{|}}{\overset{\overset{CH_3}{|}}{CH_3-C-CH_3}}$

不对称烯烃与水的加成方向符合马氏规则,羟基加在含氢较少的双键碳原子上。除乙醇外,所得到的都是仲醇或叔醇。

由于在酸性水合过程中有碳正离子生成,欲制备较复杂的醇时,往往有重排产物,所以无论在工业上还是在实验室都不太适用,例如:

$$CH_3CHCH=CH_2 \xrightarrow{\text{浓 } H_2SO_4,\ H_2O} \underset{\underset{\text{正常产物}}{}}{\underset{OH}{CH_3\overset{CH_3}{\underset{|}{C}}-CHCH_3}} + \underset{\underset{\text{重排产物}}{}}{\underset{OH}{CH_3\overset{CH_3}{\underset{|}{C}}-CH_2CH_3}}$$

2. 羟汞化—脱汞反应

像酸催化水合一样,通过羟汞化—脱汞反应,烯也可水合成醇。该反应条件温和、操作方便、产率高,是一个较好的实验室制备醇的方法。一般先使烯与醋酸汞水溶液反应生成羟汞化合物,不必分离,再用 $NaBH_4$ 处理就可得到高产率的醇。由于反应不发生重排,因此常用来制备较复杂的醇,特别是有体积效应的醇类。

$$R-CH=CH_2 \xrightarrow{Hg(OAc)_2/H_2O} \xrightarrow{NaBH_4} R-\underset{OH}{\overset{OH}{CH}}-CH_3$$

$$CH_3-(CH_2)_3-CH=CH_2 \xrightarrow{Hg(OAc)_2/H_2O} \xrightarrow{NaBH_4} \underset{96\%}{CH_3(CH_2)_3-\overset{OH}{CHCH_3}}$$

$$CH_3-\overset{CH_3}{\underset{CH_3}{\overset{|}{\underset{|}{C}}}}-CH=CH_2 \xrightarrow[\text{2)}NaBH_4]{\text{1)}Hg(OAc)_2/H_2O} (CH_3)_3C-\underset{OH}{CHCH_3}$$

3. 硼氢化—氧化法

通过不对称烯烃的酸性水合或羟汞化—脱汞反应所制得的醇都是仲醇或叔醇(反应中加水方向符合马氏规则),而烯的硼氢化—氧化反应可由端基烯方便地制备伯醇。因硼氢化—氧化反应完成水对烯烃加成是反马氏规则的(参阅 4.4 节),所以它可合成前两种方法不能制备的醇类。

$$CH_3(CH_2)_7CH=CH_2 \xrightarrow[\text{2)}H_2O_2/OH^-]{\text{1)}B_2H_6} \underset{98\%}{CH_3(CH_2)_7CH_2CH_2OH}$$

胆甾醇 → 胆甾烷-$3\beta,6\alpha$-二醇

当反应中采用二烷基硼烷(R_2BH)时,由于增加了体积效应,必将增强方向(反马氏规则)的选择性。如对甲氧基苯乙烯采用硼烷(B_2H_6)进行硼氢化—氧化反应,收率约 90%,而采用双(1,2-二甲基丙基)硼烷收率可达 98%。

硼氢化—氧化反应的另一特点是顺式加成的立体化学(参阅 4.4 节),利用这个特点可选用特定构型的烯烃来合成相应立体化学要求的醇类。

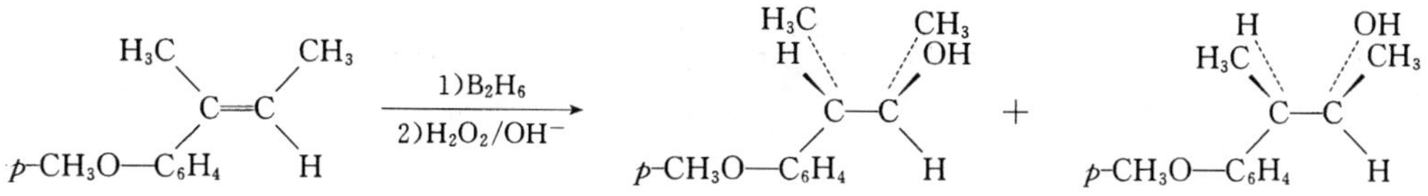

顺-2-对甲氧苯基-2-丁烯　　　　S　R　　　　　R　S

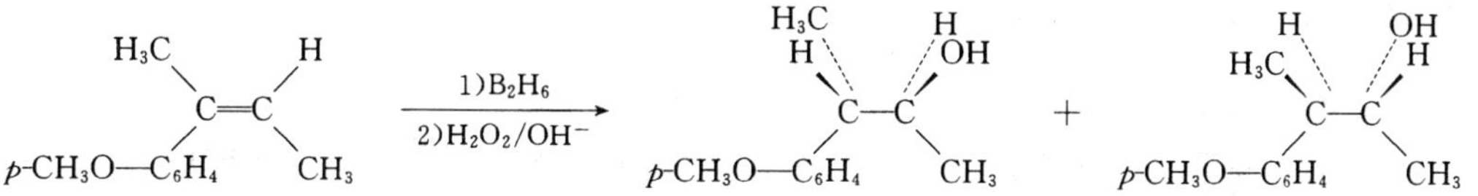

反-2-对甲氧苯基-2-丁烯　　　　S　S　　　　　R　R

综上所述,由烯烃制备醇有三种方法:酸性水合、羟汞化—脱汞、硼氢化—氧化。三种方法各有特点,可在不同的情况下使用。酸性水合主要是在工业上用来制备比较简单的醇。羟汞化—脱汞则适合于实验室制备加成方向符合马氏规则的醇,一般为仲醇或叔醇。硼氢化—氧化主要适用于制备加成方向反马氏规则的醇,一般为伯醇或仲醇,同时还可以得到具有一定立体构型的醇(顺式加成)。

问题9-19　烯烃的硼氢化—氧化反应有什么主要特点? 它和羟汞化—脱汞反应各适于制备什么类型的醇?

问题9-20　完成下列反应式。

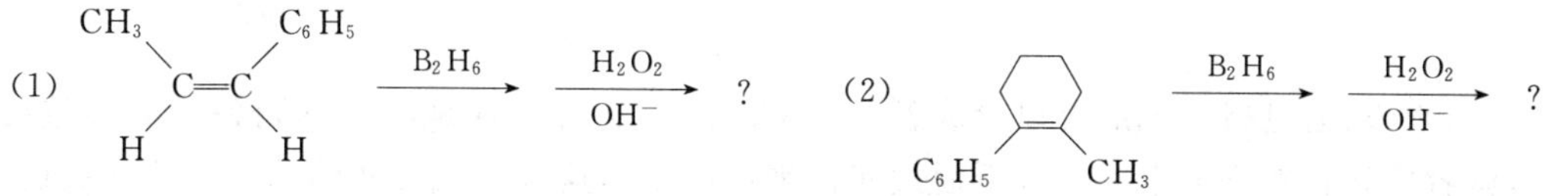

问题9-21　苯乙烯和醋酸汞在甲醇中反应,随后用 $NaBH_4$ 还原,预测其产物。

四、通过格氏试剂合成

用格氏试剂制醇是基于它可以和醛、酮、酯、酰氯、环氧化合物等发生反应,在此主要介绍格氏试剂和醛、酮反应合成醇的方法。

1. 格氏试剂与甲醛反应制伯醇

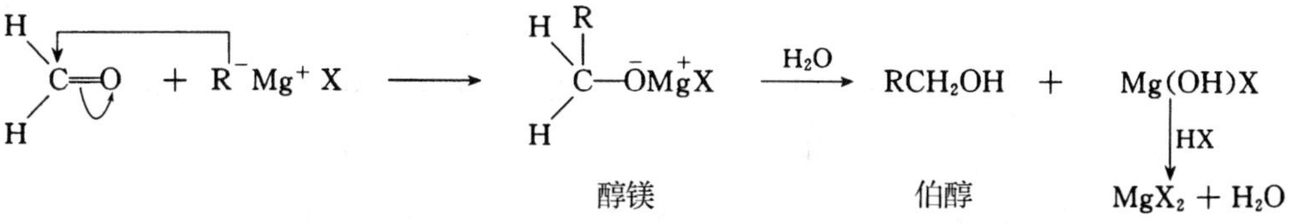

格氏试剂首先向甲醛的羰基加成,R^- 是亲核试剂,加在羰基碳上,Mg^+X 与氧相连。所得加成产物为醇镁,将其水解则生成醇和碱式卤化镁。由于碱式卤化镁不溶于水,呈胶状态,妨碍醇

的分离,所以一般都在稀酸溶液中水解,使碱式卤化镁变成可溶性的卤化镁。在书写由格氏试剂制醇的反应式时,一般可不写醇镁中间物,当然,副产物卤化镁亦可省略,例如:

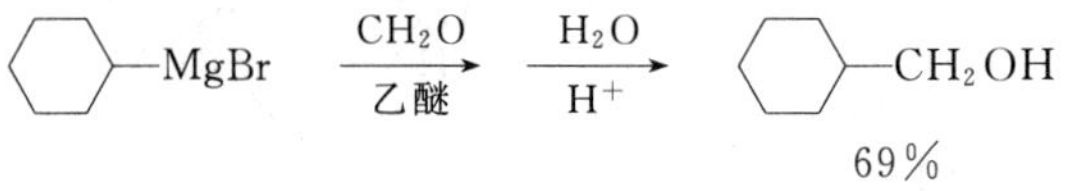

$$\text{C}_6\text{H}_{11}\text{—MgBr} \xrightarrow[\text{乙醚}]{\text{CH}_2\text{O}} \xrightarrow[\text{H}^+]{\text{H}_2\text{O}} \text{C}_6\text{H}_{11}\text{—CH}_2\text{OH}$$
$$69\%$$

但要注意的是,加成和水解是两个先后分别进行的步骤,必须按上述形式(或其他形式)书写清楚,切不能将两步反应混写在一起。

2.格氏试剂与醛反应制仲醇

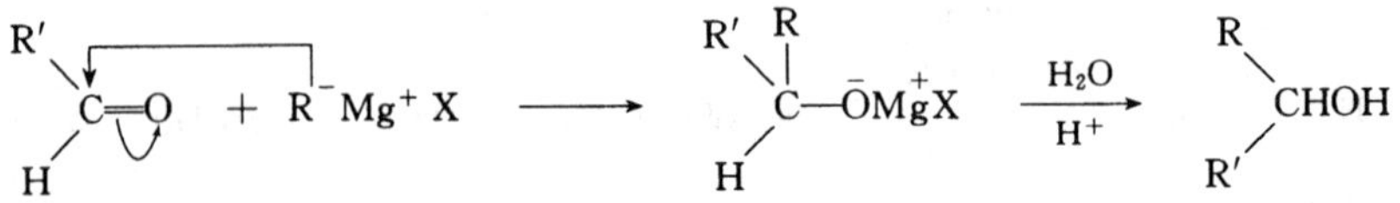

$$\underset{\text{H}}{\overset{\text{R}'}{\text{C}}}{=}\text{O} + \text{R}^-\text{Mg}^+\text{X} \longrightarrow \underset{\text{H}}{\overset{\text{R}'}{\underset{}{\text{R}}}}\text{C}{-}\bar{\text{O}}\text{Mg}^+\text{X} \xrightarrow[\text{H}^+]{\text{H}_2\text{O}} \underset{\text{R}'}{\overset{\text{R}}{\text{CHOH}}}$$

仲醇

例如:

$$\text{C}_6\text{H}_5\text{CHO} \xrightarrow[\text{H}^+]{\text{CH}_3\text{MgI} \quad \text{H}_2\text{O}} \underset{\text{OH}}{\text{C}_6\text{H}_5\text{CHCH}_3} \quad 80\%$$

3.格氏试剂与酮反应制叔醇

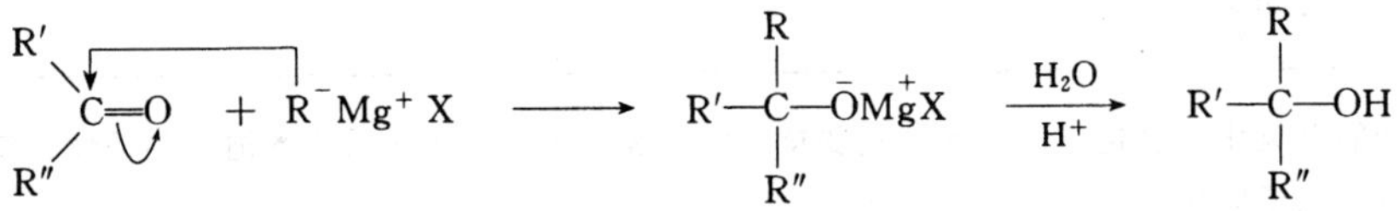

$$\underset{\text{R}''}{\overset{\text{R}'}{\text{C}}}{=}\text{O} + \text{R}^-\text{Mg}^+\text{X} \longrightarrow \text{R}'{-}\underset{\text{R}''}{\overset{\text{R}}{\text{C}}}{-}\bar{\text{O}}\text{Mg}^+\text{X} \xrightarrow[\text{H}^+]{\text{H}_2\text{O}} \text{R}'{-}\underset{\text{R}''}{\overset{\text{R}}{\text{C}}}{-}\text{OH}$$

叔醇

总的来说,通过格氏试剂可以合成各种伯醇、仲醇、叔醇。这是实验室制备醇的最重要的方法,读者应该较熟练地掌握。以下通过实例来说明掌握这种合成方法的基本思路和关键。

首先要明确欲合成醇的级数,如果是伯醇则选用适当格氏试剂与甲醛反应;如果是仲醇,则选用格氏试剂与一般醛反应;如果是叔醇,则用格氏试剂与酮反应,这是从总的方面确定的基本合成路线,然后再根据醇的具体结构来选择格氏试剂和醛酮(原料)。

例1 合成 $\underset{\text{OH}}{\text{C}_6\text{H}_5\text{—CH}_2\text{—CH—CH}_3}$

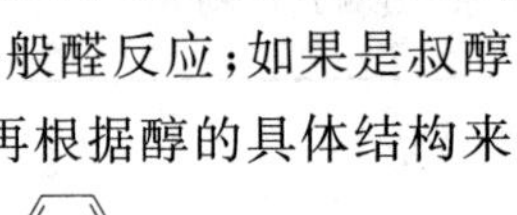

首先注意到,欲合成的是一个仲醇,所以一定是由格氏试剂和醛反应制备。然后以与羟基相连的碳原子为中心(以下简称中心碳),分别在它周围划虚线 a 或 b。得到以下两种组合:

第一种: $\underset{\text{OH}}{\text{C}_6\text{H}_5\text{—CH}_2\overset{a}{\big|}\text{CH—CH}_3} \Longleftarrow \text{C}_6\text{H}_5\text{—CH}_2\text{MgCl} + \underset{\text{O}}{\text{HCCH}_3}$

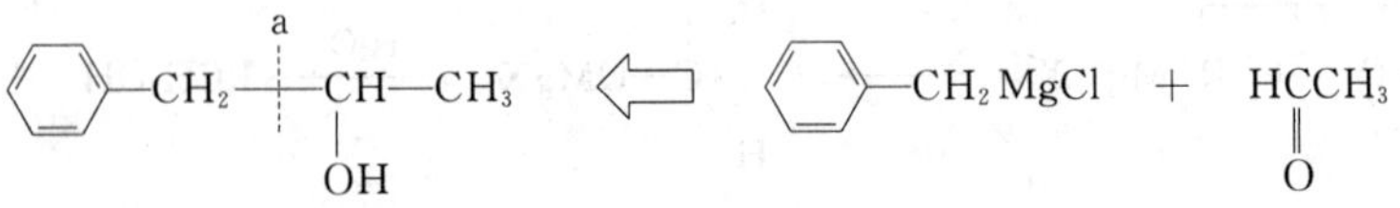

第二种: $\underset{\text{OH}}{\text{C}_6\text{H}_5\text{—CH}_2\text{—CH}\overset{b}{\big|}\text{CH}_3} \Longleftarrow \underset{\text{O}}{\text{C}_6\text{H}_5\text{—CH}_2\text{CH}} + \text{IMgCH}_3$

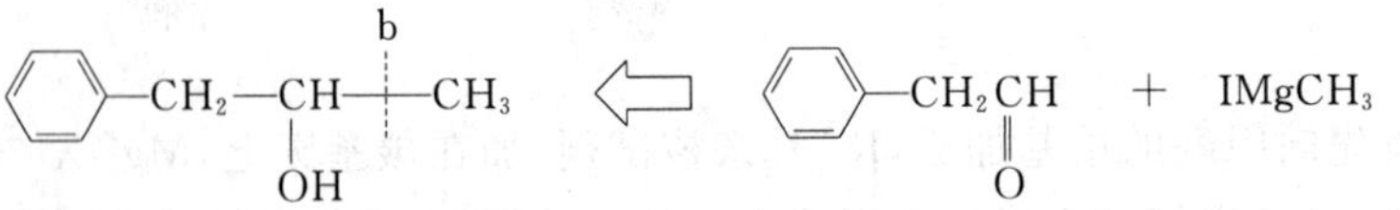

在第一种组合中,虚线 a 将醇分子分成两部分,带有羟基的右边部分就是应选择的醛(羟基碳

即为醛基碳），显然是 $HCCH_3$，虚线的左边部分则是格氏试剂中的烃基（苄基）。在第二种组
合中，虚线 b 将醇分子分成两部分，带有羟基的左边部分为原料醛，即 ⬡—CH_2CHO ，右
边部分为格氏试剂中的烃基（甲基）。原则上，两种组合路线都可以用，根据具体情况，还可以
选择其中一条较优的路线。

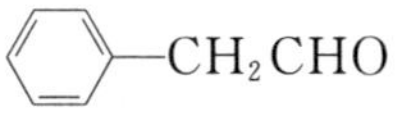

例 2 合成

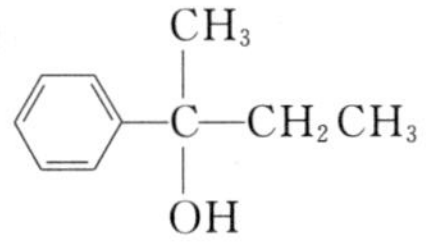

在这里欲合成的是一个叔醇，可以确定应该由格氏试剂和酮反应，从叔醇的中心碳周围分
别划虚线 a、b、c，可以得到三种组合：

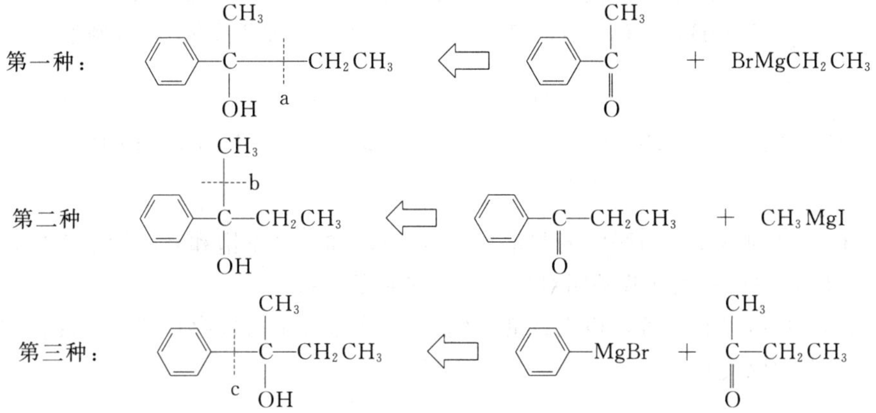

第一种：

第二种

第三种：

由这三种组合所导出的三条合成路线中，看来第一条比较好，因为它所用的原料 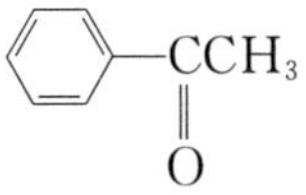
（ ⬡—CCH_3 和 $BrCH_2CH_3$）比较易得。当然，第二条，第三条也是可行的。

例 3 合成 $CH_3CHCH_2CH_2OH$
$\qquad\qquad\qquad |$
$\qquad\qquad\quad CH_3$

欲合成的是一个伯醇，所以可用格氏试剂和甲醛反应，只要在中心碳处划一条虚线，所应
选择的原料就一目了然。

$$CH_3CHCH_2 \dashv CH_2OH \quad \Longleftarrow \quad CH_3CHCH_2MgX \quad + \quad CH_2O$$
$$\quad | \qquad\qquad\qquad\qquad\qquad\qquad\quad |$$
$$CH_3 \qquad\qquad\qquad\qquad\qquad\qquad CH_3$$

从以上三个实例的分析可以看出，合成叔醇的原料有三种组合，仲醇有两种组合，而伯醇
只有一种。剖析的方法都是从中心碳处将分子断开，以确定格氏试剂和醛酮的具体结构。只
要我们熟练地掌握这种剖析方法，由格氏试剂可以得心应手地合成各种醇。

利用格氏试剂还提供了一条由简单醇制备较复杂醇的路线。因为格氏试剂由卤代烃制
备，后者一般又都是由醇制得的，醛酮也可由醇氧化制备，这样，从简单醇出发，先分别制得相
应格氏试剂和醛酮，然后使二者发生反应，就可以得到较复杂的醇，例如，从乙醇开始，可以进
行如下的合成：

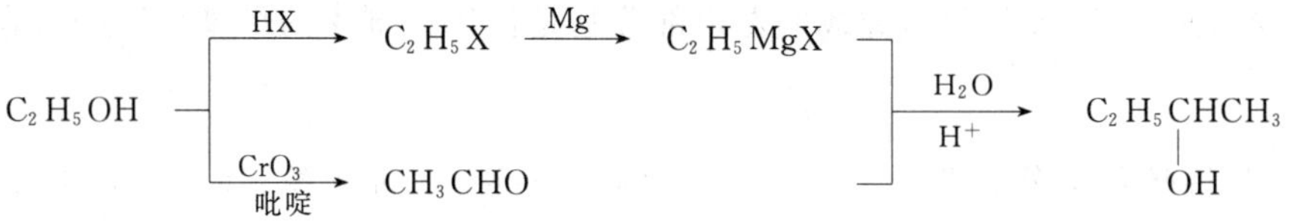

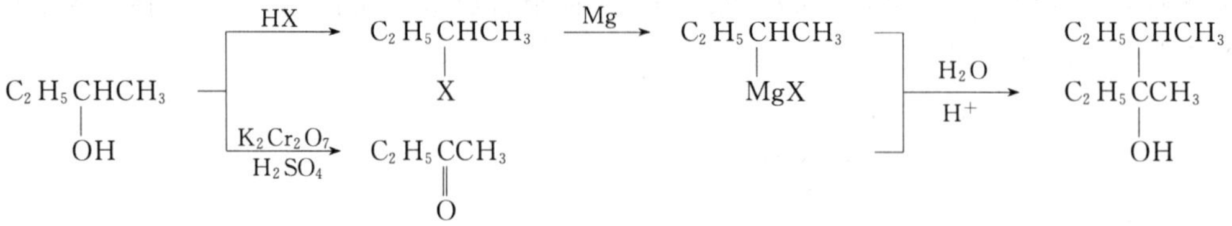

$$C_2H_5OH \begin{cases} \xrightarrow{HX} & C_2H_5X \xrightarrow{Mg} C_2H_5MgX \\ \xrightarrow[\text{吡啶}]{CrO_3} & CH_3CHO \end{cases} \xrightarrow[H^+]{H_2O} \underset{OH}{C_2H_5CHCH_3}$$

$$\underset{OH}{C_2H_5CHCH_3} \begin{cases} \xrightarrow{HX} & \underset{X}{C_2H_5CHCH_3} \xrightarrow{Mg} \underset{MgX}{C_2H_5CHCH_3} \\ \xrightarrow[H_2SO_4]{K_2Cr_2O_7} & \underset{O}{C_2H_5CCH_3} \end{cases} \xrightarrow[H^+]{H_2O} \underset{OH}{\overset{C_2H_5CHCH_3}{\underset{C_2H_5}{|}}CCH_3}$$

在第八章中已经指出,制备格氏试剂时,原料必须做无水处理,仪器要干燥,反应要在隔水、隔氧条件下进行。除此之外,还要强调两点:

第一,在制备格氏试剂的卤代烃中或在与格氏试剂反应的化合物中都不能含有活泼氢(如 —OH, —NH$_2$, —COOH, —C≡CH 等),因为格氏试剂会被活泼氢分解,例如:

$$C_2H_5MgBr + \underset{O}{HOCH_2CH_2CCH_3} \longrightarrow C_2H_6 + \underset{O}{BrMgOCH_2CH_2CCH_3}$$
$$\text{(等摩尔)}$$

第二,格氏试剂不仅能与醛酮的羰基加成,还可以和许多不饱和基团发生反应,如 —NO$_2$,—CN 等,所以要注意避免这些基团对使用格氏试剂的干扰。

综合以上两点,以制备芳基格氏试剂为例,指出在芳环上可以存在和不允许存在的常见基团(G 为烃基上的取代基)。

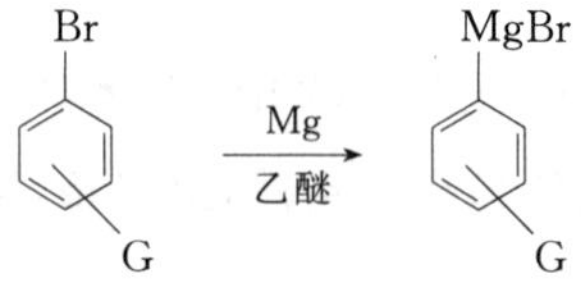

G 可以是:—R,—OR,—Ar,—Cl。

G 不能是:—COOH, $-\overset{O}{\underset{}{C}}R$, —OH, —COOR, —NH$_2$, —C≡CH, —SO$_3$H, —NO$_2$ 等。

在任何有机合成中,都不应该把注意力只局限于我们所关心的基团,而必须考虑到其他官能团可能存在的干扰,例如,欲合成 $O_2N-\langle\bigcirc\rangle-CH_2OH$ 时,就不能采取格氏路线。

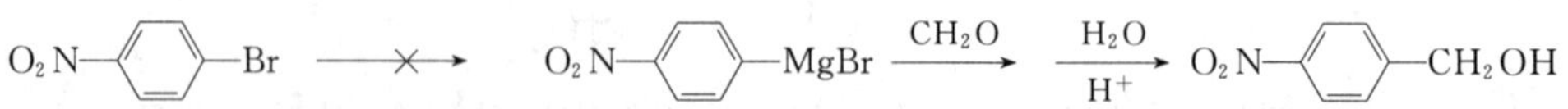

$$O_2N-\langle\bigcirc\rangle-Br \xrightarrow{\quad\times\quad} O_2N-\langle\bigcirc\rangle-MgBr \xrightarrow{CH_2O} \xrightarrow[H^+]{H_2O} O_2N-\langle\bigcirc\rangle-CH_2OH$$

问题9-22 如何从甲苯合成 $O_2N-\langle\bigcirc\rangle-CH_2OH$?

问题9-23 给出合成下列化合物所用的格氏试剂和醛酮结构(各种可能的组合)。

　(1) 1-苯基-1-丙醇　(2) 2-苯基-2-丙醇　(3) 1-苯基-2-丙醇　(4) 3-苯基-1-丙醇

　(5) 1-甲基环己醇　(6) 环己基甲醇　(7) 三苯甲醇　(8) 1,1-二苯基丙醇

五、由醛、酮制备

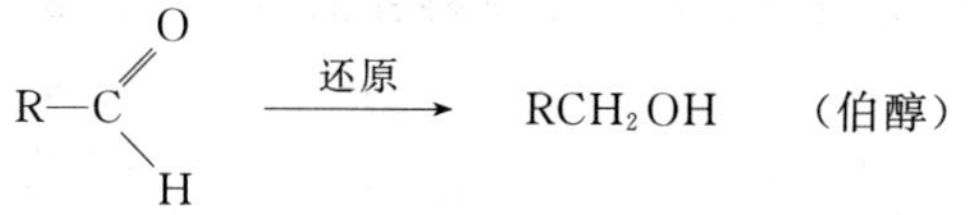

R—C
O
H
还原
RCH₂OH
(伯醇)

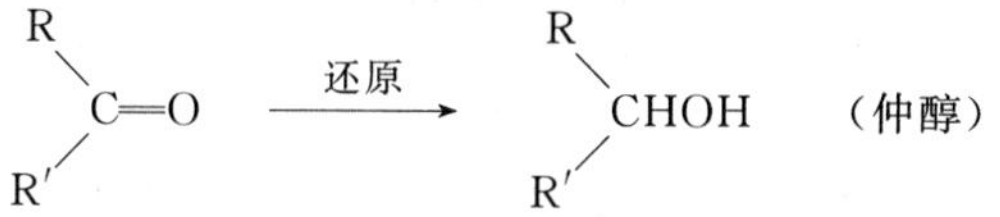

R
C═O
R′
还原
R
CHOH
R′
(仲醇)

醛经还原得到伯醇，酮还原得到仲醇。还原手段可以用催化加氢，也可以用 $LiAlH_4$，$NaBH_4$ 等化学试剂。

醇也可用其他化合物还原来制备，有关方法将在后续章节中介绍。

六、1，2-二醇的某些制法

1，2-二醇是最常见的二元醇，这里仅列举两种制备方法。

1. 烯烃氧化

烯烃在稀 $KMnO_4$ 碱性溶液中被氧化，生成顺式 1，2-二醇：

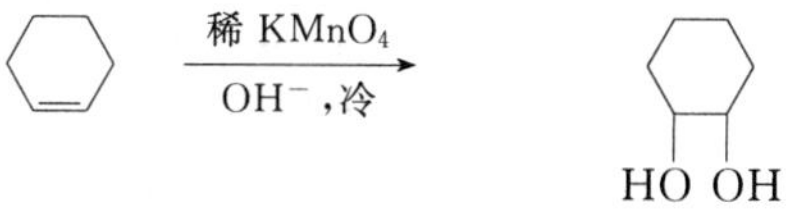

稀 KMnO₄
OH⁻，冷
HO OH

顺-1，2-环己二醇(38%)

由于这种氧化不易控制，所以产率不高。如果用 OsO_4 做氧化剂，则可提高产率。但由于 OsO_4 价格昂贵，而且有毒，所以只能在小量制备中使用。

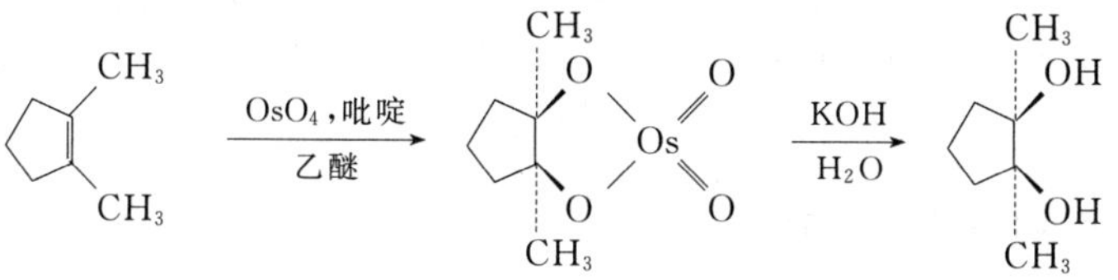

CH₃
CH₃
OsO₄，吡啶
乙醚
CH₃
O
O
Os
O
O
CH₃
KOH
H₂O
CH₃
OH
OH
CH₃

70%

OsO_4 先与烯烃生成环状锇酸酯，然后水解得到顺式氧化产物。

在催化量的 OsO_4 存在下，用氯酸盐或过氧化氢作氧化剂与烯反应也可达到同样效果。

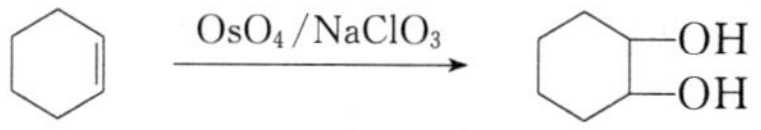

OsO₄/NaClO₃
OH
OH

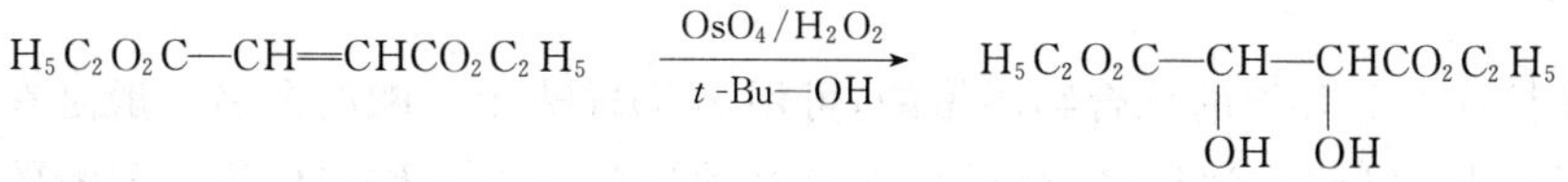

H₅C₂O₂C—CH═CHCO₂C₂H₅
OsO₄/H₂O₂
t-Bu—OH
H₅C₂O₂C—CH—CHCO₂C₂H₅
OH OH

58%

2. 环氧化合物水解

环氧化合物容易水解开环生成二醇，如环氧乙烷水解是工业上制备甘醇(1,2-乙二醇)的方法，环氧乙烷是由乙烯制得的。重要工业原料甘油(丙三醇)的合成也涉及环氧水解开环反应。

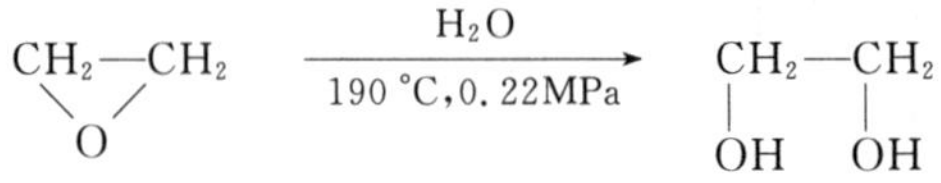

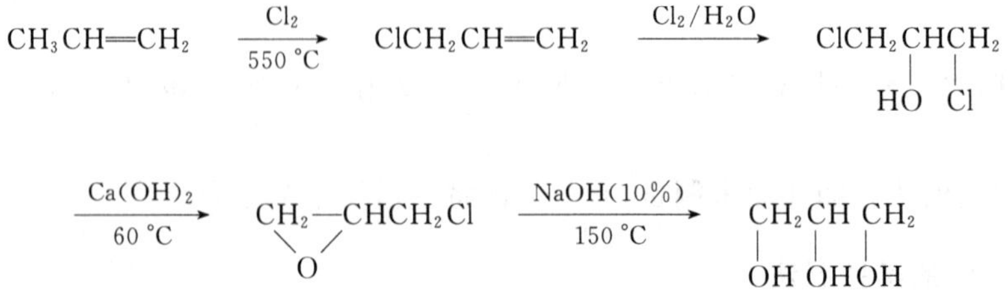

环氧化合物水解开环立体化学为反式(参阅 10.6 节)，所以可利用这个特点制备反式的邻二醇。

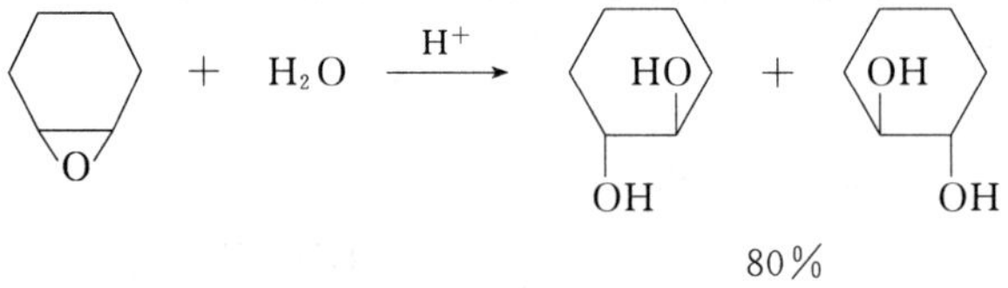

80%

问题9-24 以环己醇为主要原料合成下列化合物。

(1) 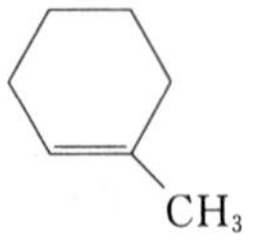
(2) 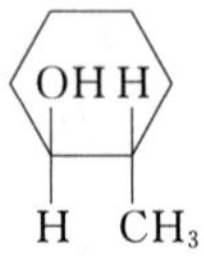 及其对映体
(3) 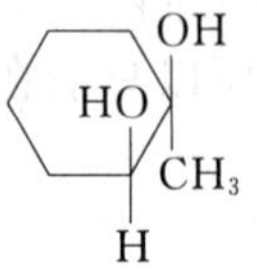 及其对映体
(4) 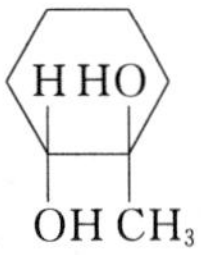 及其对映体
(5)

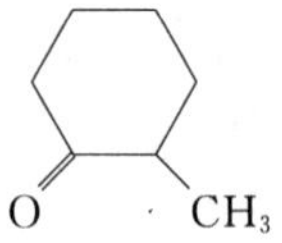

9.5 酚的命名和物理性质

一、命名

羟基直接连在芳环上的化合物叫做酚，可用 ArOH 表示。酚的命名一般是在"酚"字前面加上芳环的名称，以此作为母体，然后再加上其他取代基的名称和位置。苯酚的英文名称为"phenol"，这也是其他一元酚命名的母体。多元酚的英文名称常用俗名。

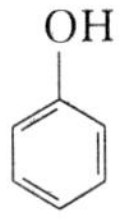

苯酚	对氯苯酚	2,4-二硝基苯酚	间苯二酚
phenol	*p*-chlorophenol	2,4-dinitrophenol	resorcinol

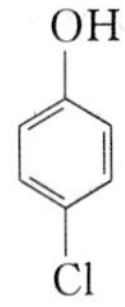

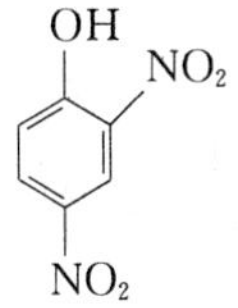

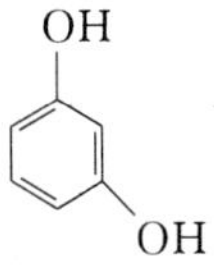

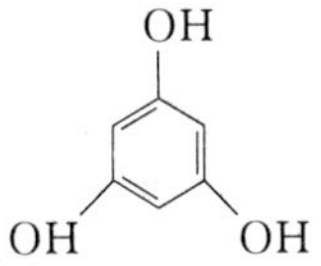

均苯三酚	α-萘酚	5-甲基-2-萘酚
phloroglucinol	α-naphthol	5-methyl-2-naphthol

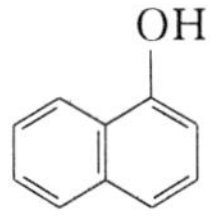

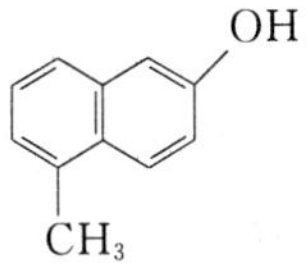

二、物理性质

酚和醇一样,分子中含有羟基,分子间能够形成氢键,因此它们的沸点和熔点比相对分子质量相近的芳烃或卤代芳烃都高。酚一般为固体,只有少数烷基酚是液体。

苯酚微溶于水,加热时,可以在水中无限溶解。低级酚在水中都有一定的溶解度,随着分子中羟基数目的增多,在水中的溶解度增大。酚类化合物都可溶于乙醇、乙醚、苯等有机溶剂。一些酚的物理常数见表 9-2。

表 9-2　一些酚的物理常数

化合物	熔点/℃	沸点/℃	溶解度/$g \cdot 100mL^{-1} H_2O$
苯酚	43	181.8	8.2
邻甲苯酚	30.9	191	2.5
对氯苯酚	42	214	2.7
邻硝基苯酚	46	216	0.2
对硝基苯酚	115	279	1.6
2-萘酚	122	285	0.1
邻苯二酚	105	246	45.1
对苯二酚	170	285	6

酚一般都是无色的,但往往因含有少量氧化物而使它们带上红色或褐色。

9.6　酚的化学性质

虽然酚和醇一样都具有羟基,但酚羟基受到芳环的影响使其与醇在化学性质上有明显不同。由于酚羟基氧上带孤对电子的 p 轨道与芳环 π 键共轭,使:

①酚的酸性增强,碱性和亲核性减弱;

②增强了碳氧键,使之不易发生断裂,难以进行像醇一样的羟基被取代的反应;

③羟基共轭,给电子作用使芳环上电子云密度加大,更容易进行芳环上的亲电取代反应。

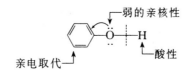

一、酚羟基的反应

1.酚的酸性

苯酚具有酸性,它的 pK_a 为 10.0,其酸性比水(pK_a15.7)的强,所以苯酚与氢氧化钠溶液作用生成酚钠:

$$\text{—OH} + \text{NaOH} \longrightarrow \text{—ONa} + H_2O$$

较强的酸   较弱的酸

苯酚的酸性比碳酸(pK_{a1}6.4)弱,如在酚钠溶液中通入 CO_2,则可将苯酚游离出来:

$$\text{—ONa} + CO_2 \xrightarrow{H_2O} \text{—OH} + NaHCO_3$$

苯酚不溶于碳酸氢钠溶液,其原因就是由于苯酚的酸性比碳酸弱。

已知醇的酸性比水弱,当然比苯酚就更弱了,换句话说,苯酚的酸性比醇强,为什么? 以下通过苯酚和环己醇的比较来回答这个问题。

环己醇和苯酚作为一种弱酸,在水溶液中都有自己的解离平衡。

$$\text{—O—H} + H_2O \rightleftharpoons \text{—O}^- + H_3^+O$$

$$\text{—O—H} + H_2O \rightleftharpoons \text{—O}^- + H_3^+O$$

在这里,苯氧负离子是一个带负电荷的共轭体系,氧原子上的孤对电子与苯环大 π 键可以发生 p-π 共轭。这种共轭的结果,使氧上的电子向苯环方向转移,负电荷得到分散,对氧负离子能起到很好的稳定作用(图 9-2)。

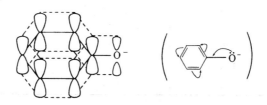

图 9-2　苯氧负离子中的 p-π 共轭

也可以用苯氧负离子的共振式来说明它的稳定性。

显然,氧原子上的负电荷向苯环上分散。

在环己基氧负离子中,不存在 p-π 共轭关系,氧原子上的负电荷得不到分散。所以苯氧负离子比环己基氧负离子稳定。一般来说,酸的共轭负离子比较稳定,酸解离出 H⁺ 就比较容易,其酸性就强。

对于酚的酸性比醇强,也可以用一种较简单的方法来解释:

极性较强　　　　　　极性较弱

与环己醇比较,在苯酚分子中,由于氧原子的孤对电子与苯环大 π 键发生 p-π 共轭,使氧原子上的电子向苯环转移而增加了 O—H 键的极性。因而氢比较容易解离下来,表现出较强的酸性。

当酚的苯环上连有取代基时,取代基的性质不同,将会对酚的酸性产生不同的影响。表 9-3 列出的是一些取代酚的 pK_a 值。

表 9-3　一些取代酚(　—OH) 的 pK_a 值

取代基 Y	邻	间	对
CH$_3$	10.29	10.09	10.26
H	10.00	10.00	10.00
Cl	8.48	9.02	9.38
NO$_2$	7.22	8.39	7.15

从表 9-3 中可以看出,甲基是给电子基团,它通过苯环将电子推向羟基,而减弱 O—H 的极性,使酚的酸性减弱。当甲基处于酚羟基的邻对位时,推电子作用能更好地传递至羟基,所以这种影响更加明显(相应 pK_a 值较大)。

硝基是很强的吸电子基团,将增大 O—H 的极性,使酚的酸性变强。同样当硝基处于酚羟基的邻对位时,其影响更加显著(相应 pK_a 值较小)。

苯环上氯原子也是吸电子基团,但它的这种吸电子性是诱导(吸电子)和共轭(给电子)两种作用综合的结果。当氯处在酚羟基的间位时,给电子的共轭作用很弱;而当它处在对位时,给电子的共轭作用较强。两种情况下,它们的吸电子诱导作用基本相当。所以总的来看,氯在间位的吸电子作用比对位强。从表 9-3 中可以看出,间氯苯酚的酸性比对氯苯酚强。至于邻氯苯酚的酸性较强的原因,比较复杂。简单地说,这是一种所谓的"邻位效应"造成的,而"邻位效应"的准确含义还不十分清楚。

如果在酚的苯环上有多个吸电子基团,则酸性更强,例如,2,4-二硝基苯酚和 2,4,6-三硝基苯酚的 pK_a 分别为 4.09 和 0.25。后者已是一种相当强的酸,俗称苦味酸。

可以利用酚的酸性对其进行分离,例如在酚和甲苯的混合物中加入氢氧化钠水溶液,酚与氢氧化钠反应,生成酚钠而溶于其中。甲苯不溶,自成一相(有机相)。将水相和有机相分开后,水相中加酸,酚就游离出来了。

问题9-25　按酸性强弱顺序排列下面化合物。

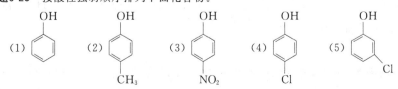

问题 9-26 为什么 2,6-二甲基-4-硝基苯酚的酸性(pK_a7.22)和对硝基苯酚(pK_a7.15)接近；而 3,5-二甲基-4-硝基苯酚的酸性(pK_a8.25)却小得多？

---

2. 与三氯化铁的颜色反应

大多数的酚与 $FeCl_3$ 水溶液反应，生成蓝紫色的络离子，该反应可以用于酚的鉴别。

$$6\ C_6H_5OH\ +\ FeCl_3\ \longrightarrow\ H_3[Fe(C_6H_5O)_6]\ +\ 3\ HCl$$
蓝紫色

与 $FeCl_3$ 的颜色反应并不只限于酚类，凡是具有烯醇式结构的脂肪族化合物都可发生这种反应。实际上酚就具有类似烯醇式的结构。

烯醇式结构

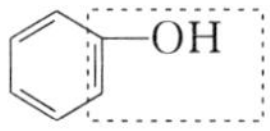

3. 醚的生成

在强酸的条件下，醇分子间可以脱水成醚，而酚脱水却很困难，因为在这种反应中涉及到 C—O 键断裂，酚由于 p-π 共轭使它的 C—O 键结合得特别牢固，很不容易断裂。可以说，凡是醇所具有的涉及 C—O 键断裂的反应，酚一般都不易发生，脱水成醚就是其例之一。

C—O 键结合得牢固

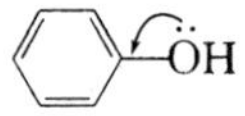

如果在高温、催化剂作用下，则苯酚也可以脱水生成二苯醚。

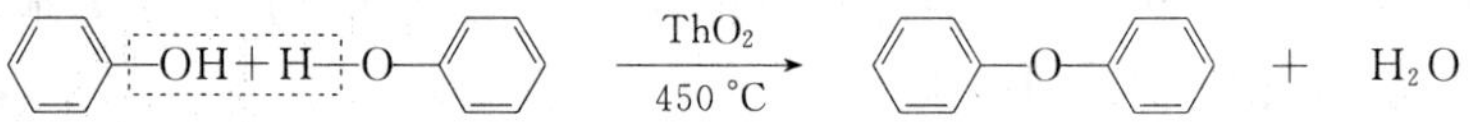

我们知道，醇钠与卤代烃作用生成醚。在此不涉及 C—O 键断裂，所以用酚钠与卤代烃作用可以得到相应的脂肪芳香混合醚。

$$ArOH\ \xrightarrow{\ NaOH\ }\ Ar\overset{-}{O}Na^{+}\ \xrightarrow{\ R\frown X\ }\ Ar\!-\!O\!-\!R$$

Ar 代表芳基

该反应实际上就是卤代烃的亲核取代。ArO^- 为亲核试剂，由于它是强碱，因此所用的 RX 也必须是伯卤，否则很容易发生消除。

酚钠和硫酸二甲酯作用生成苯甲醚。

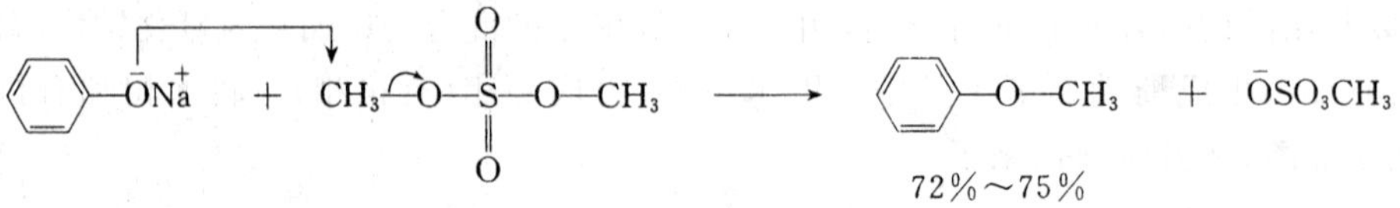

72%～75%

这也是一个亲核取代反应， 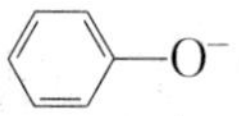 是亲核试剂，甲基碳为中心碳原子，$\overline{O}SO_3CH_3$ 为离去基团，硫酸二甲酯是一个常用的甲基化试剂。

4. 酚酯的生成

酚的成酯反应也比较困难，例如，醇和羧酸在酸催化下可以直接成酯，而酚则不行。它必须和更活泼的酰氯或酸酐作用才能形成酯。

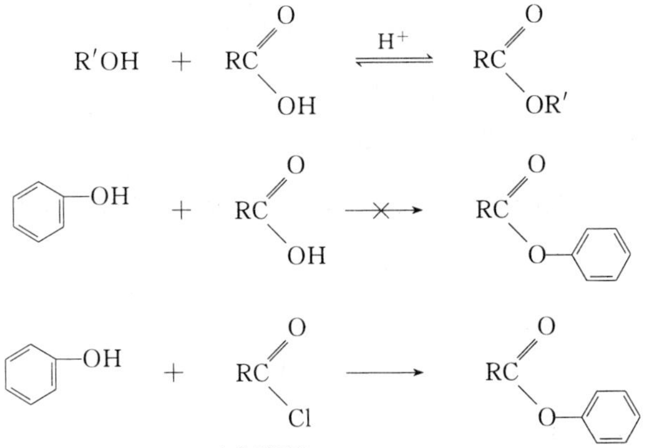

人们可能会问,为什么酚的成酯也比醇困难呢? 在这里,醇和酚都是作为亲核试剂参加反应的。酚由于 p-π 共轭,氧上电子向芳环方向转移,降低了氧原子周围的电子密度,因此酚的亲核性比醇弱,与羧酸或其他无机酸不能成酯。酚成酯时要求另一个反应物的活性特别高,酰氯、酸酐正是这种很活泼的反应物。关于成酯反应的机理将在第十五章中讨论。

最后要说明的一点是,醇羟基可以被卤素取代(涉及 C—O 键断裂),生成卤代烃,而酚羟基却很难被取代。例如,酚与卤代氢不发生反应,虽然与 PX_3 可以反应,但相应取代产物的产率很低。

问题9-27 为什么酚成醚、成酯都困难?

问题9-28 按亲核性强弱排列下面负离子。

(1) OH^- (2) $\bar{O}CH_3$ (3) $\bar{O}C_6H_5$

(4) 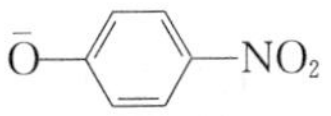 $\bar{O}$—⟨ ⟩—NO_2 (5) $\bar{O}$—⟨ ⟩—CH_3

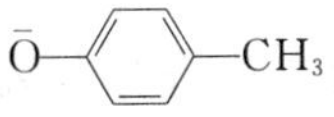

二、芳环上的反应

羟基对芳环有较大的致活作用,在酚的芳环上很容易发生各种亲电取代反应。

1. 卤代

苯与溴水在一般条件下不发生反应,但苯酚与溴水在室温下,即可生成三溴苯酚:

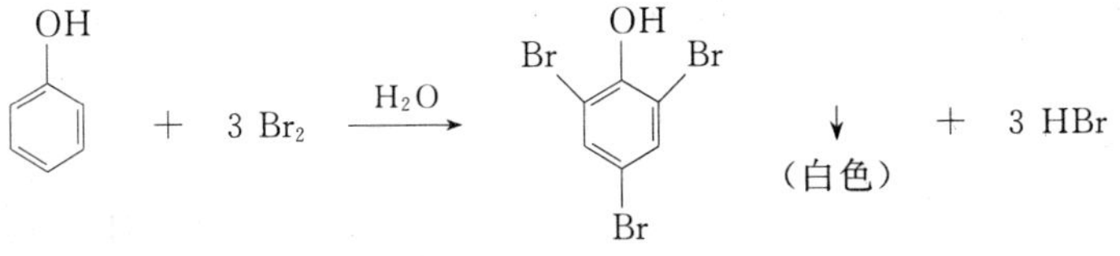

2,4,6-三溴苯酚的溶解度很小,很稀的苯酚(10×10^{-6})溶液与溴水作用都可以得到沉淀,反应非常灵敏,可用于苯酚的定性检验。

在苯酚与溴水的反应中,加入 HBr,可使溴代反应停留在生成二溴代物的阶段:

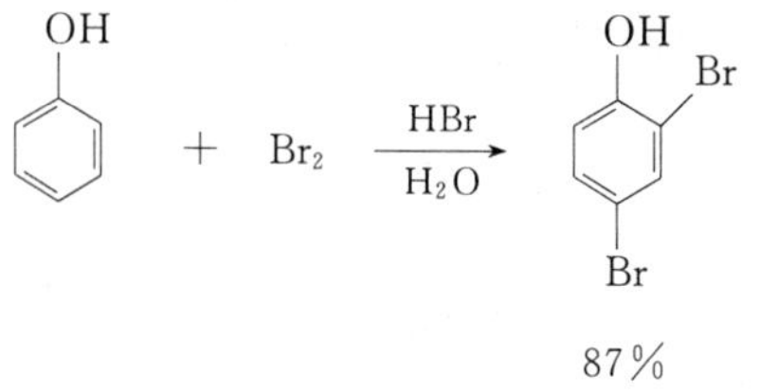

87%

若反应在低极性溶剂(如 CS₂,CCl₄ 等)中,并于低温下反应,可以得到一溴苯酚:

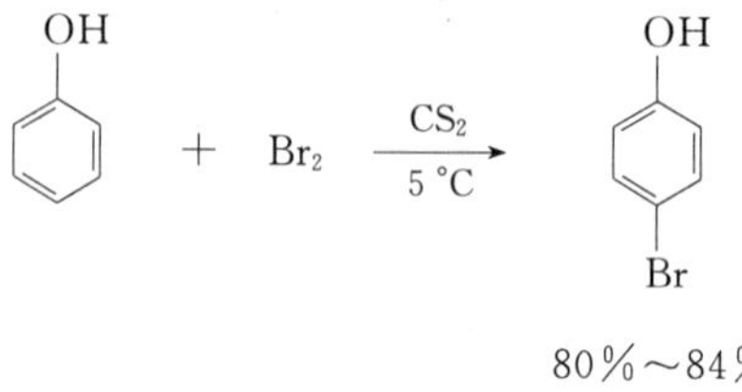

80%～84%

问题9-29 为什么苯酚在低极性溶剂中(如 CS₂)溴代可以得到一溴苯酚,而在水中则不能?

---

2. 硝化

苯酚在室温下用稀硝酸硝化,生成邻硝基和对硝基苯酚,由于苯酚易被氧化,产率较低。

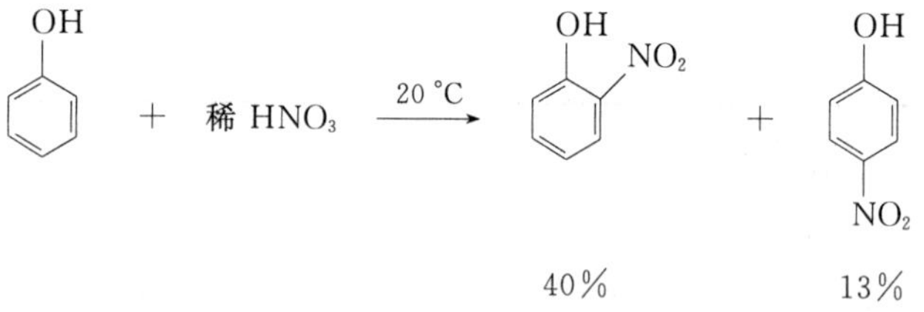

40%   13%

邻硝基苯酚和对硝基苯酚可以用水蒸气蒸馏方法进行分离,邻硝基苯酚可以在分子内形成氢键,而对硝基苯酚则只能在分子间形成氢键。在水溶液中,前者不能和水分子形成氢键,而后者能与水分子形成氢键。这就决定了它们在沸点和水溶性方面的差别。显然,邻硝基苯酚的沸点(216 ℃)比对硝基苯酚的(297 ℃)低;在水中的溶解度(0.2g/100g 水)比对硝基苯酚的(1.7g/100g 水)小,所以邻硝基苯酚可以随水蒸气蒸出(水溶性较小,挥发性较大),而对硝基苯酚不能随水蒸气蒸出(水溶性较大,挥发性较小)。

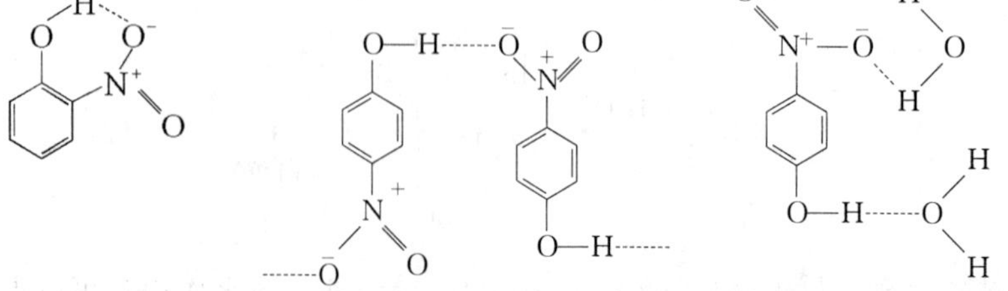

苯酚和浓硝酸作用,虽然也能生成 2,4,6-三硝基苯酚,但因氧化比较厉害,产率极低,所以一般用以下方法制备:

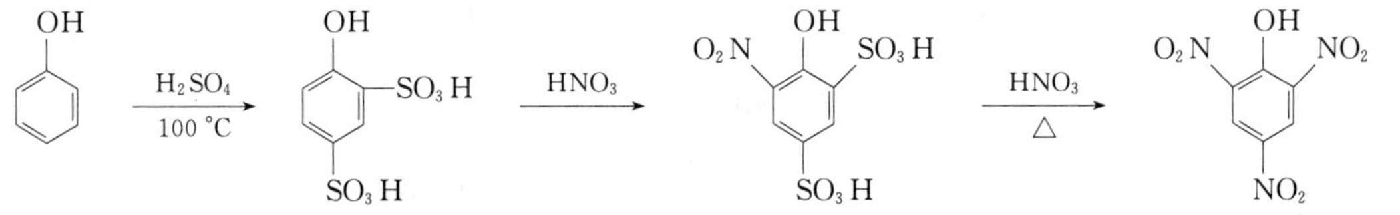

先用浓硫酸使苯酚磺化,当苯环上导入一个磺酸基后,抗氧化性增强(在苯环上导入吸电子基团,一般都会增强抗氧化能力)。再加硝酸硝化,不发生氧化,最后加热,磺酸基被硝基取代(因为磺化反应是可逆的,高温时磺酸基可被取代),而生成苦味酸。

3.亚硝化

苯酚和亚硝酸作用生成对亚硝基苯酚:

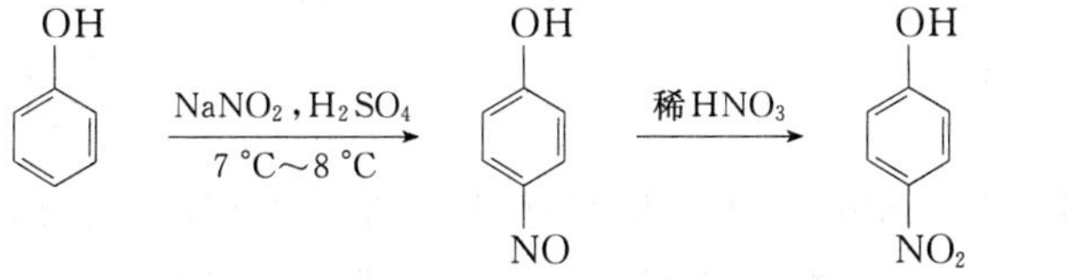

$$(HONO \xrightleftharpoons[]{H^+} H_2O^+-NO \longrightarrow NO^+ + H_2O)$$

虽然 NO^+ 的亲电性较弱,但因羟基对苯环的活化,所以可以得到产率较好的取代产物,对亚硝基苯酚可用稀硝酸顺利地氧化成对硝基苯酚。因此通过苯酚亚硝化—氧化途径,能得到不含邻位异构体的对硝基苯酚。

4.磺化

苯酚磺化所生成的产物与温度有密切关系,室温下主要得邻位产物,100 ℃则主要得对位产物。

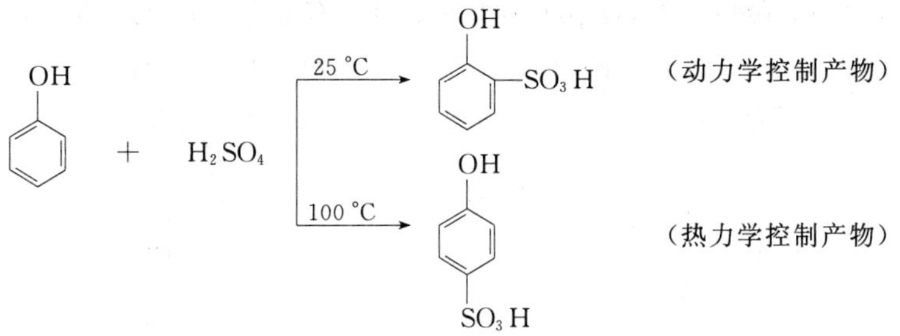

5.傅—克反应

酚很容易进行傅—克反应,但一般不用 $AlCl_3$ 催化剂,因为 $AlCl_3$ 可与酚羟基形成铝的络盐,从而使它失去催化活性,影响产率。

$$ArOH + AlCl_3 \longrightarrow ArOAlCl_2 + HCl$$
$$铝络合物$$

所以酚的傅—克反应常用 H_3PO_4、HF、BF_3、聚磷酸(PPA)等作催化剂,例如:

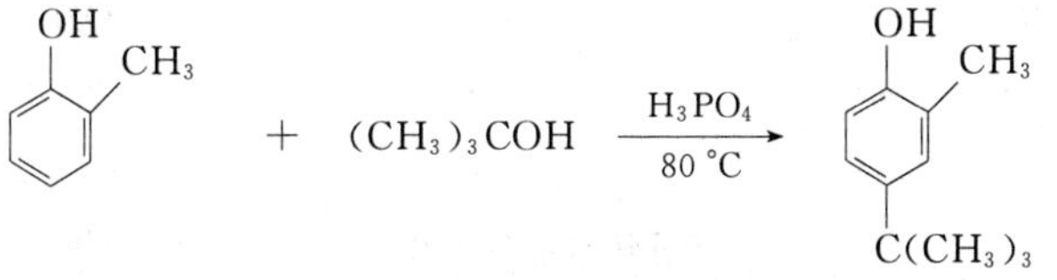

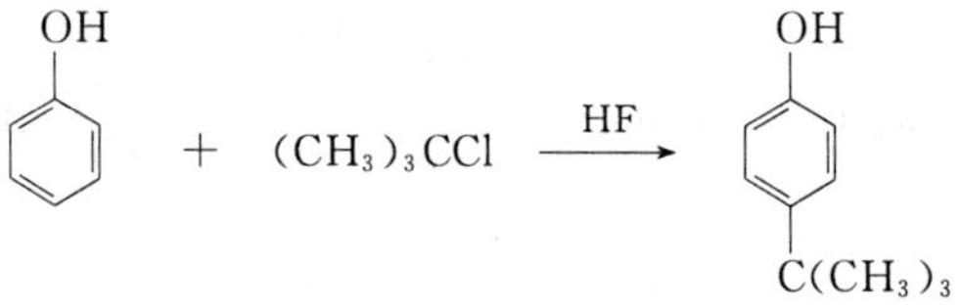

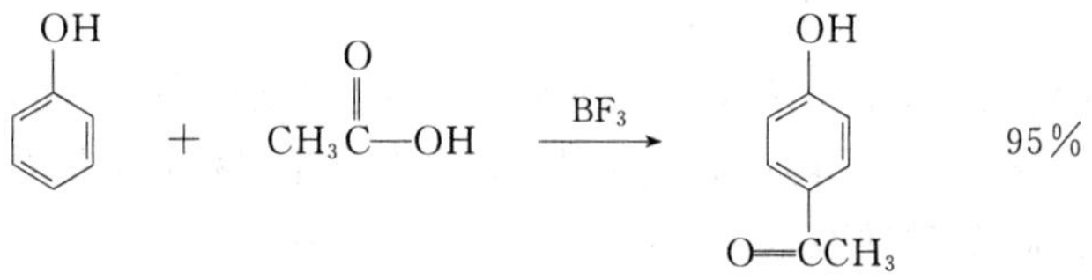

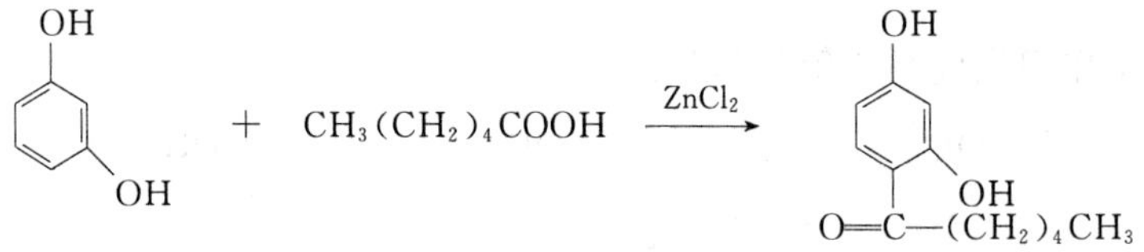

在酰基化反应中,当用 BF_3、$ZnCl_2$ 作催化剂时,酰基化试剂可以直接用羧酸,不必用酰氯。

苯酚和邻苯二甲酸酐在硫酸或 $ZnCl_2$ 作用下生成酚酞,有人认为这是一个特殊的傅—克酰基化反应。

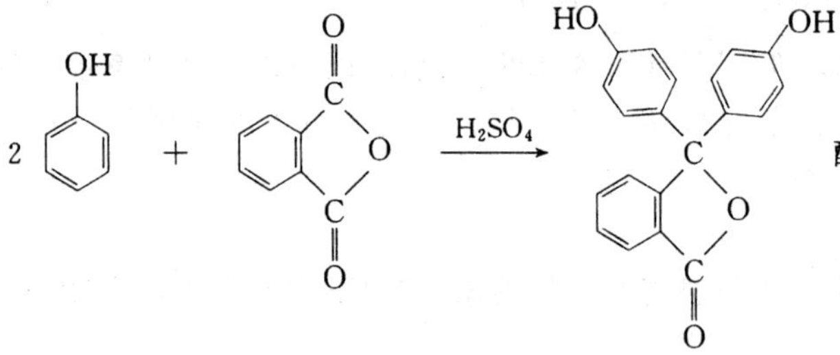

酚酞是一个最常用的酸碱指示剂,在 pH 小于 8.5 时没有颜色,pH 大于 9 时显红色。

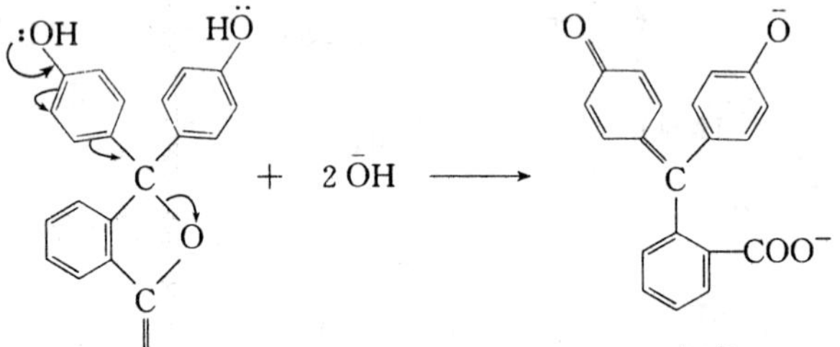

无色   红色

6. 傅瑞斯(Fries)重排

酚酯在 $AlCl_3$ 作用下,酰基可从氧原子转移到苯环的邻位或对位,生成酚酮,该反应称为傅瑞斯重排。

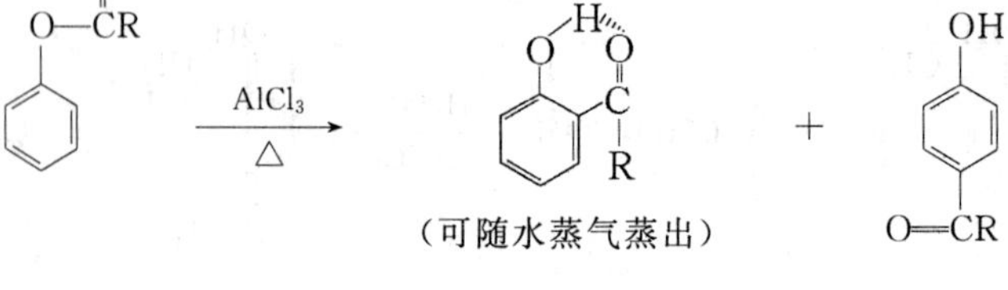

(可随水蒸气蒸出)

所得到的邻位和对位异构体产物可用水蒸气蒸馏的方法分离。

一般来说,在较低温度下,主要生成对位异构体,在较高温度下主要生成邻位异构体。

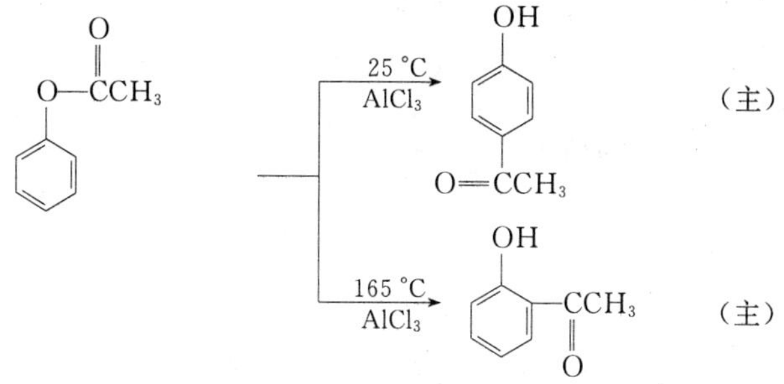

在不少情况下,可以得到较好的单一产物,例如:

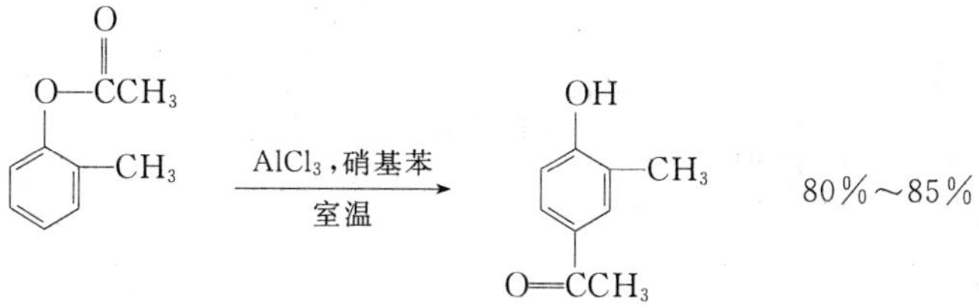

前已指出,酚在 AlCl$_3$ 作用下进行酰基化的效果不好,而用其他催化剂常常又不十分方便,所以将酚做成酯,然后进行傅瑞斯重排,可以代替酚直接酰基化以制备酚酮。虽然步骤多了一步,但总收率还是高的,而且邻对位异构体的分离也比较方便。

傅瑞斯重排的机理还不十分清楚,很可能在 AlCl$_3$ 作用下,酰氧键断裂,产生酰基正离子,后者再像普通的傅—克酰基化反应一样进攻苯环。

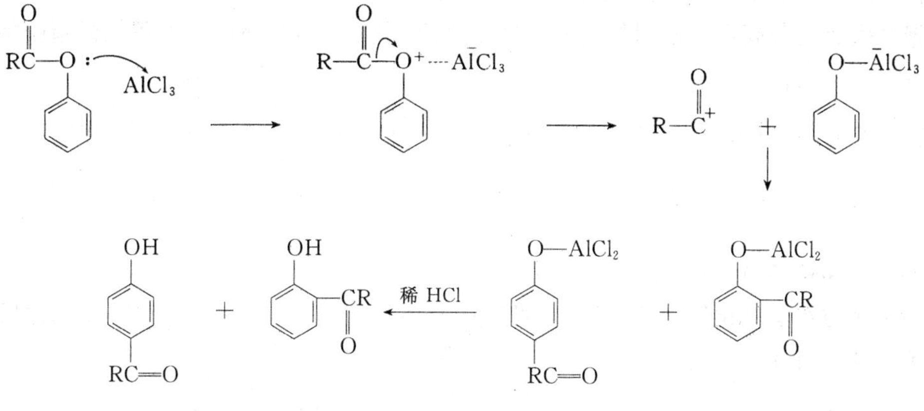

问题9-30 苦味酸(2,4,6-三硝基苯酚)不用苯酚直接硝化制备,为什么?一般用什么方法?

问题9-31 为什么傅瑞斯重排常用来代替酚的直接酰基化以制取酚酮?

问题9-32 在傅瑞斯重排中,$R-\overset{\overset{O}{\|}}{C}{}^+$ 可以来自同一分子(分子内重排),亦可来自另一个分子(分子间重排),你如何设计一个实验来确证?

---

7. 与甲醛和丙酮的反应

在酸或碱存在下，苯酚与甲醛发生缩合反应，工业上用于酚醛树脂（电木）的制备。反应中间体羟甲基酚的生成过程类似于傅—克烷基化反应。

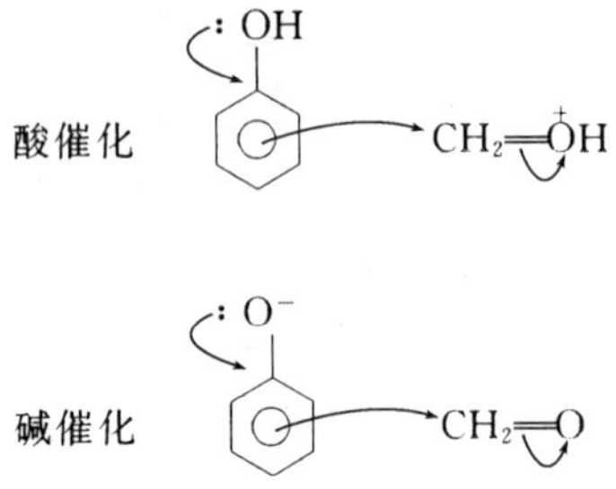

酸催化

碱催化

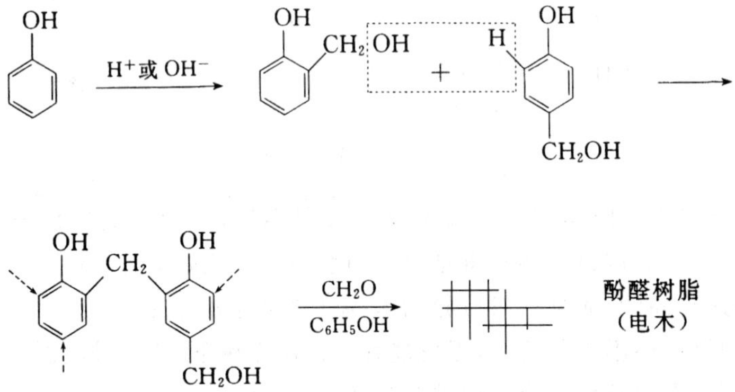

$$\text{苯酚} \xrightarrow{H^+ \text{或} OH^-} \text{邻羟甲基酚} + \text{对羟甲基酚} \longrightarrow$$

$$\xrightarrow[C_6H_5OH]{CH_2O} \quad \text{酚醛树脂（电木）}$$

同样在酸催化下苯酚可与丙酮反应生成重要工业原料双酚 A（bisphenolA）。双酚 A 可与光气聚合生成制备高强度透明的高分子聚合物的防弹玻璃，它还可作为环氧树脂胶粘剂。

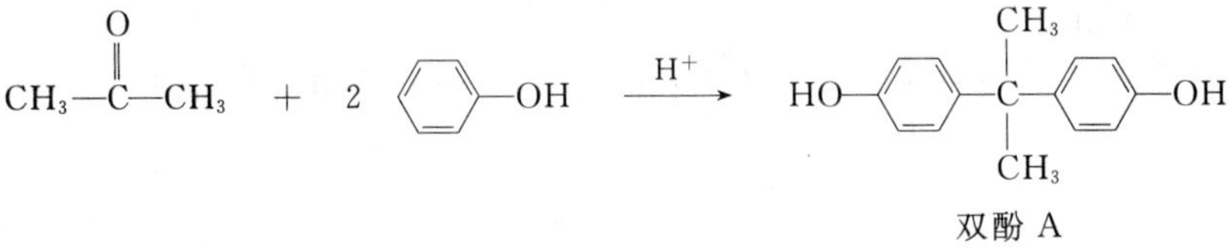

$$CH_3-\overset{O}{\underset{\|}{C}}-CH_3 + 2 \quad \text{} \text{—OH} \xrightarrow{H^+} HO\text{—}\text{}\text{—}\overset{CH_3}{\underset{CH_3}{\overset{|}{\underset{|}{C}}}}\text{—}\text{}\text{—OH}$$

双酚 A

8. 瑞默—梯曼（Reimer-Tiemann）反应

苯酚和氯仿在氢氧化钠溶液中反应，可以在芳环上的邻位导入一个醛基，经酸化后，生成邻羟基苯甲醛（水杨醛）。

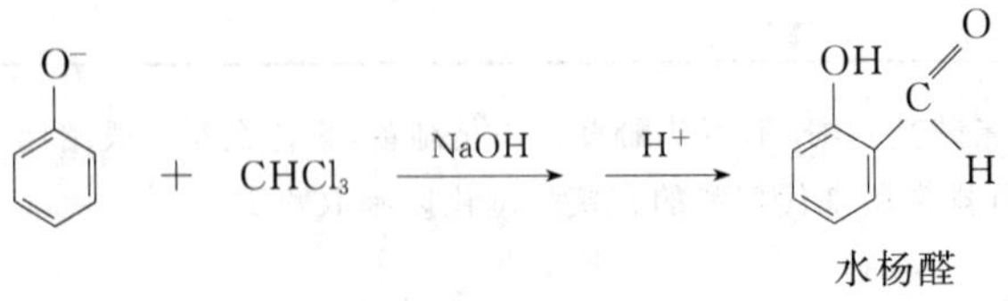

$$\text{} + CHCl_3 \xrightarrow{NaOH} \xrightarrow{H^+} \text{水杨醛}$$

该反应称为瑞默—梯曼反应，这是制备酚醛，特别是水杨醛的重要方法。

瑞默—梯曼反应是通过二氯卡宾按如下机理进行的：

$$CHCl_3 + OH^- \longrightarrow :CCl_2$$

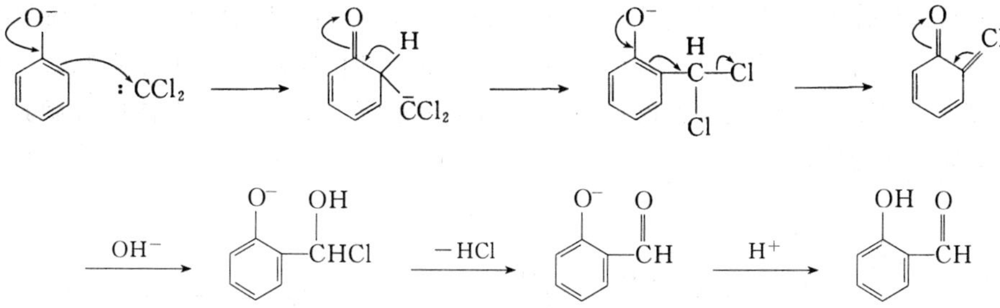

若与对甲苯酚反应,则生成 5-甲基-2-羟基苯甲醛。

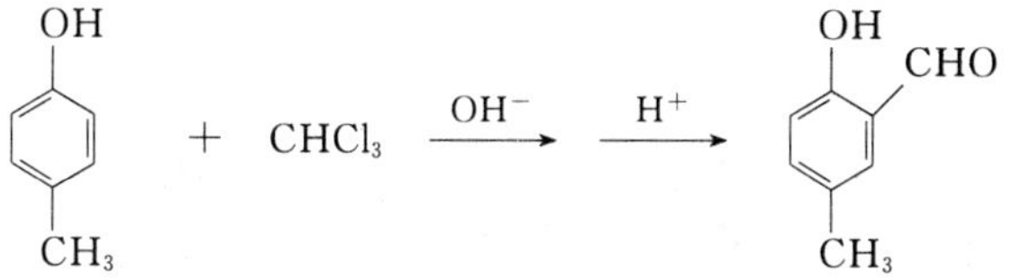

问题9-33 试写出下列变化的可能机理。

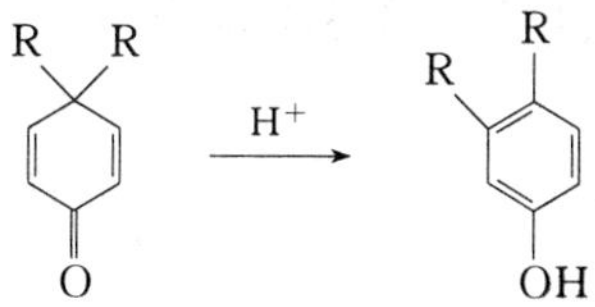

问题9-34 如何从苯酚制备 2-羟基-5-溴苯甲醛。

问题9-35 完成下列转化。

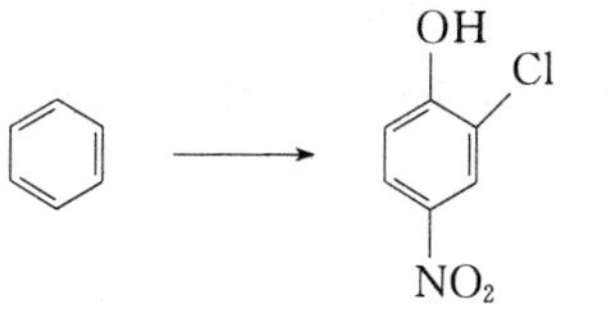

三、氧化反应

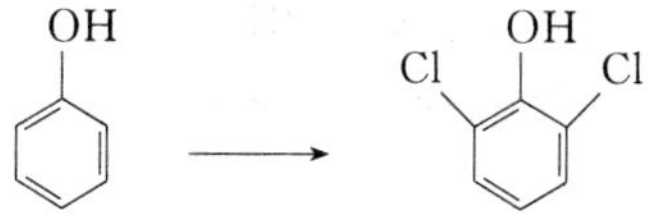

由于酚羟基是强给电子基团,使酚类化合物极易遭受氧化,特别在碱性条件下氧化反应更易发生。在适当条件下可由酚的氧化反应制备醌类化合物。

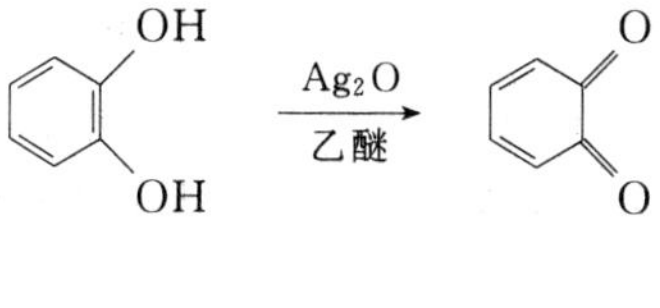

邻苯醌(o-benzoquinone)

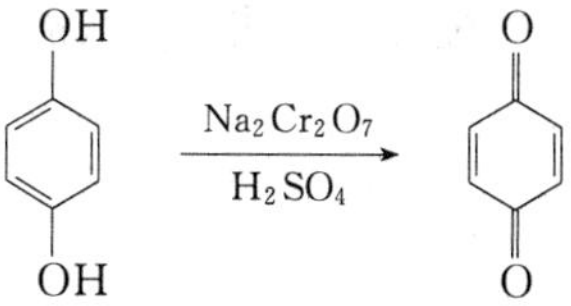

对苯醌(p-benzoquinone)

由于酚的这种性质,所以很多酚衍生物可作为抗氧化剂(auti oxdant)。如在生物体内维生素 E 就是好的抗氧化剂。在生物体内的一些分子的氧自由基可在细胞膜类脂中引发链锁反应,使分解出有毒产物。维生素 E 是一个酚的衍生物,它可与体内氧自由基发生氧化—还原反应,使体内那些分子氧自由基转化为稳定的分子化合物,自身生成较稳定的酚氧基自由基,该酚氧基自由基由于共轭,使其具较高稳定性,再加上氧相邻两个甲基的体积效应使其反应性大大减弱,从而阻止了链锁过程的进行。故而维生素 E 可以保护生物体内细胞膜中的类脂,使生物体避免遭受侵害。

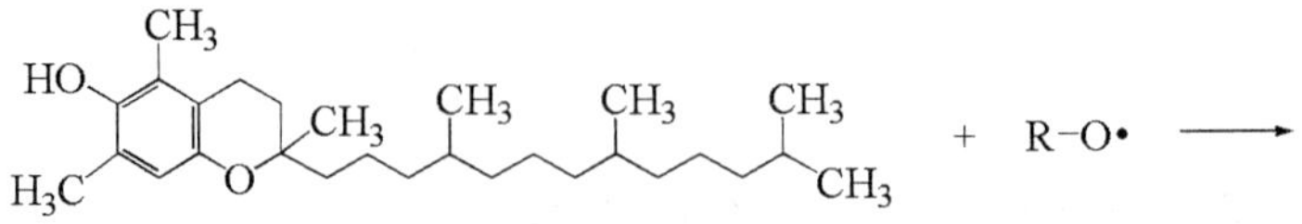

维生素E (Vitamin E)

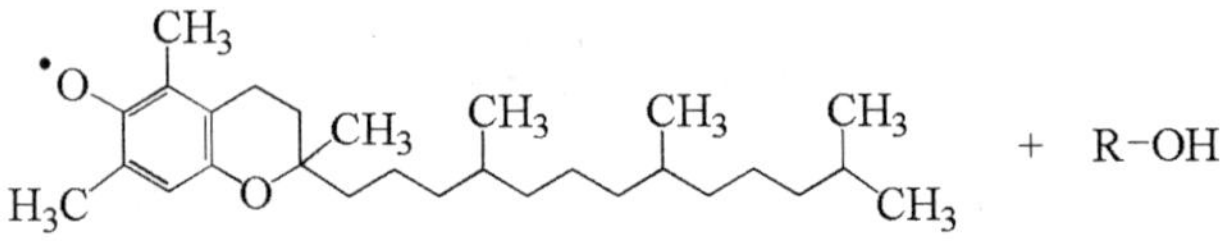

人工合成的一些酚类化合物,如 2-叔丁基-4-甲氧基苯酚(BHA)和 4-甲基-2.6-二叔丁基苯酚(BHT)是食品工业中常用的抗氧化剂和防腐剂。

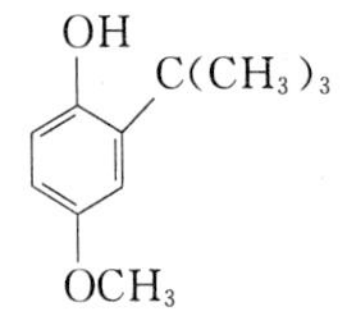

2-叔丁基-4-甲氧基苯酚(BHA)
2-*t*-methyl-4-methoxyphenol

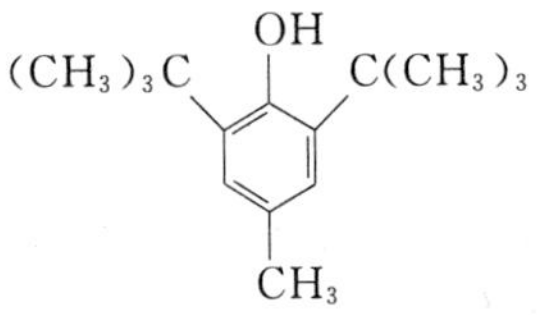

4-甲基-2,6-二叔丁基苯酚(BHT)
2,6-di(*t*-butyl)-4-methylphenol

9.7 酚的制法

在自然界,某些酚可从植物的香精油中获得,例如下列几种酚:

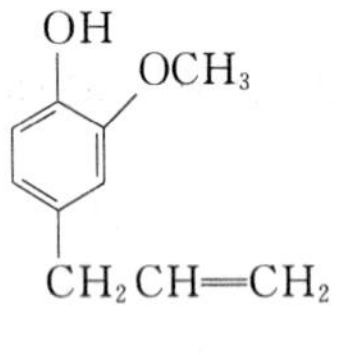

丁子香酚
(丁子香油)

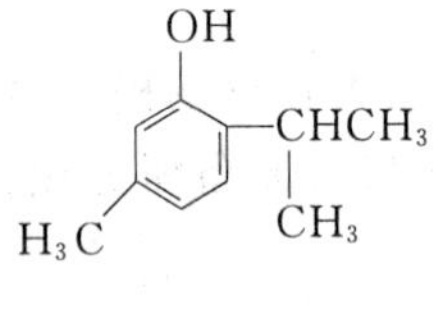

百里酚
(百里和薄荷油)

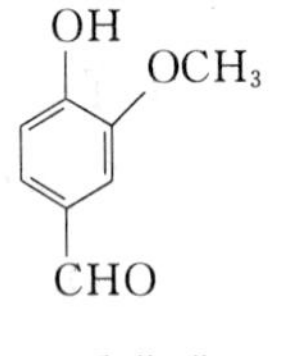

香草醛
(香草属精油)

工业上还可从煤焦油中提取酚类,但由于某些酚需要量相当大,故而需人工合成。

一、磺酸盐碱熔法

磺酸盐碱熔法按以下三步进行:

(1)

(2) [structure: benzenesulfonate SO₃Na] + NaOH(固) $\xrightarrow[\text{熔化}]{325\,^\circ C \sim 350\,^\circ C}$ [structure: ONa phenoxide] + Na_2SO_3

(3) [structure: ONa] + SO_2 + H_2O $\xrightarrow{\text{酸化}}$ [structure: OH phenol] + Na_2SO_3

在工业上,中和、碱熔、酸化的副产物可以充分利用。中和产生的 SO_2 可用来酸化苯酚钠,酸化、碱熔产生的 Na_2SO_3 又可用来中和苯磺酸。

碱熔法所要求的设备简单,产率比较高,但操作麻烦,生产不能连续化。

碱熔法也可用来制备烷基酚、苯二酚、β-萘酚等。

[reaction: p-toluenesulfonic acid CH₃...SO₃H] $\xrightarrow{\text{中和}} \xrightarrow{\text{碱熔}} \xrightarrow{\text{酸化}}$ [product: CH₃...OH]

[reaction: benzene-1,3-disulfonic acid SO₃H...SO₃H] $\xrightarrow{\text{中和}} \xrightarrow{\text{碱熔}} \xrightarrow{\text{酸化}}$ [product: OH...OH resorcinol]

[reaction: naphthalene-2-sulfonic acid —SO₃H] $\xrightarrow{\text{中和}} \xrightarrow{\text{碱熔}} \xrightarrow{\text{酸化}}$ [product: 2-naphthol OH]

问题9-36 碱熔法是否可以制备 Cl—⬡—OH(由 Cl—⬡)和 [structure: 1-naphthol OH] ? 为什么?

二、氯苯水解

[structure: chlorobenzene Cl] + NaOH $\xrightarrow[\text{20MPa}]{350\,^\circ C \sim 400\,^\circ C}$ [structure: sodium phenoxide ONa] + Cl^-

$\xrightarrow{H^+}$ [structure: phenol OH]

当氯原子的邻位上连有吸电子基团时,水解比较容易,不需要高压,甚至可用弱碱。

[structure: 2-chloronitrobenzene Cl NO₂] $\xrightarrow[\text{H}_2\text{O}]{\text{NaOH}}$ [structure: ONa NO₂] $\xrightarrow{H^+}$ [structure: OH NO₂]

$$\underset{\substack{\text{Cl}\\\text{NO}_2\\\text{NO}_2}}{\text{（2,4-二硝基氯苯）}} \xrightarrow[\text{H}_2\text{O}]{\text{Na}_2\text{CO}_3} \xrightarrow{\text{H}^+} \underset{\substack{\text{OH}\\\text{NO}_2\\\text{NO}_2}}{\text{（2,4-二硝基苯酚）}}$$

三、异丙苯法

异丙苯在 100 ℃～120 ℃温度下通入空气,经催化氧化生成过氧化氢异丙苯,后者与稀 H_2SO_4 作用,则分解为苯酚和丙酮。

$$\text{C}_6\text{H}_5\text{CH(CH}_3)_2 + \text{O}_2 \xrightarrow[\text{0.4MPa}]{110\,℃\sim120\,℃} \text{C}_6\text{H}_5\text{C(CH}_3)_2\text{OOH} \xrightarrow[\sim90\,℃]{\text{H}^+,\text{H}_2\text{O}} \text{C}_6\text{H}_5\text{OH} + \text{CH}_3\text{COCH}_3$$

该反应较详细的过程为:

$$\text{C}_6\text{H}_5\text{CH(CH}_3)_2 + \cdot\text{O}-\text{O}\cdot \text{（双自由基）} \longrightarrow \text{C}_6\text{H}_5\overset{\cdot}{\text{C}}(\text{CH}_3)_2 + \text{H}-\text{O}-\text{O}\cdot$$

$$\text{C}_6\text{H}_5\overset{\cdot}{\text{C}}(\text{CH}_3)_2 + \cdot\text{O}-\text{O}\cdot \longrightarrow \text{C}_6\text{H}_5\text{C}(\text{CH}_3)_2-\text{O}-\text{O}\cdot$$

$$\xrightarrow{\text{C}_6\text{H}_5\text{CH(CH}_3)_2} \text{C}_6\text{H}_5\overset{\cdot}{\text{C}}(\text{CH}_3)_2 + \text{C}_6\text{H}_5\text{C}(\text{CH}_3)_2-\text{O}-\text{O}-\text{H}$$

$$\text{H}_3\text{C}\underset{\text{CH}_3}{\overset{\text{C}_6\text{H}_5}{\text{C}}}-\text{O}-\text{O}-\text{H} \xrightarrow{\text{H}^+} \text{H}_3\text{C}\underset{\text{CH}_3}{\overset{\text{C}_6\text{H}_5}{\text{C}}}-\text{O}-\overset{+}{\text{O}}\text{H}_2 \xrightarrow{-\text{H}_2\text{O}}$$

$$(\text{CH}_3)_2\overset{+}{\text{C}}-\text{O}-\text{C}_6\text{H}_5 \xrightarrow{\text{H}_2\text{O}} (\text{CH}_3)_2\text{C}-\text{O}-\text{C}_6\text{H}_5 \;(\overset{+}{\text{O}}\text{H}_2) \Longleftrightarrow$$

$$(\text{CH}_3)_2\text{C}\underset{\text{H}}{\overset{:\text{OH}}{\underset{}{\overset{+}{\text{O}}}}}-\text{C}_6\text{H}_5 \xrightarrow{-\text{H}^+} \text{CH}_3\text{COCH}_3 + \text{C}_6\text{H}_5-\text{OH}$$

异丙苯法的优点是原料易得(从石油化工产品苯和丙烯制备),除苯酚外还可同时得到另一种重要的化工原料——丙酮。所以它是工业上生产苯酚的最好方法,但由于反应中涉及过氧化物,对技术、设备要求较高。

要注意的是异丙苯法仅是制备苯酚的方法,不能套用推广制备其他的酚。

问题9-37 以甲苯为原料合成 $CH_3O-\!\!\!\!\bigcirc\!\!\!\!-CH_2-\overset{\displaystyle CH_3}{\underset{\displaystyle OH}{\overset{|}{\underset{|}{C}}}}-CH_3$ 。

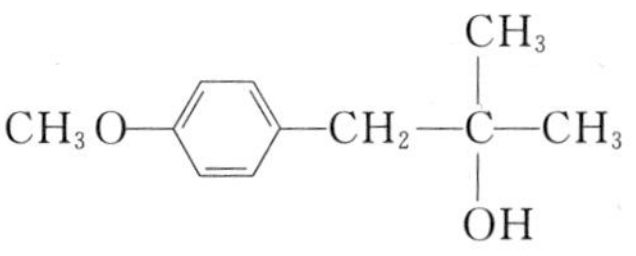

四、重氮盐水解法

实验室广泛采用的制备酚的方法是重氮盐水解法。重氮盐是由芳胺与亚硝酸在低温下反应制备(参阅 17.5 节),在酸性条件下水解即可放出氮气生成酚。

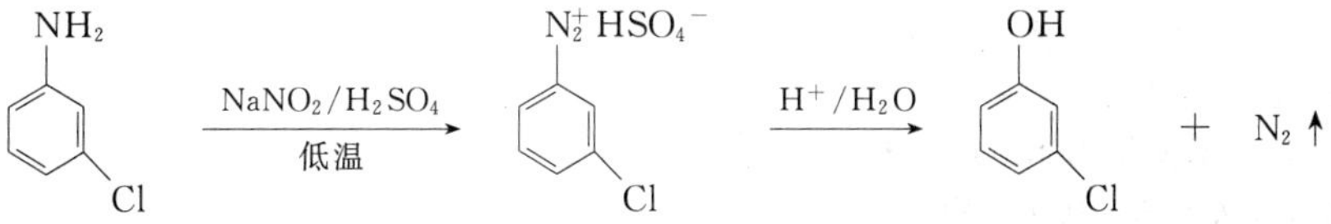

习 题

1.命名下列化合物。

(1) 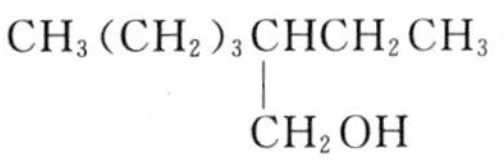 $CH_3(CH_2)_3\underset{\displaystyle CH_2OH}{\overset{|}{CHCH_2CH_3}}$ (2) $CH_3-\overset{\displaystyle CH_3}{\overset{|}{C}}=CHCH_2OH$

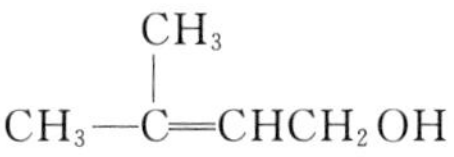

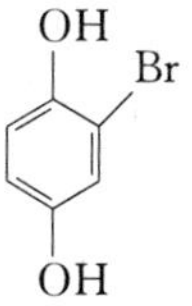

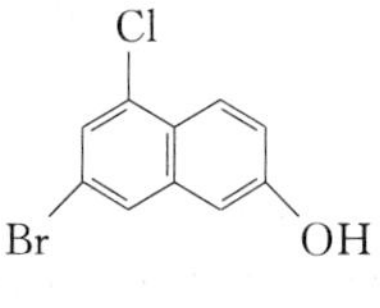

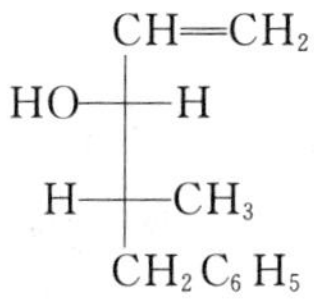

2.完成下列反应式。

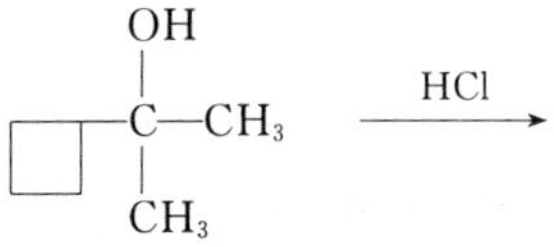

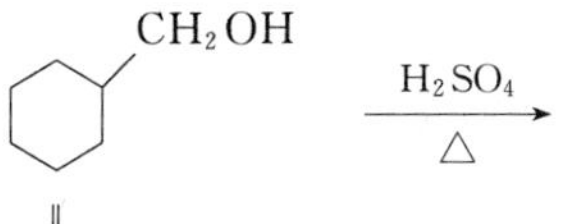

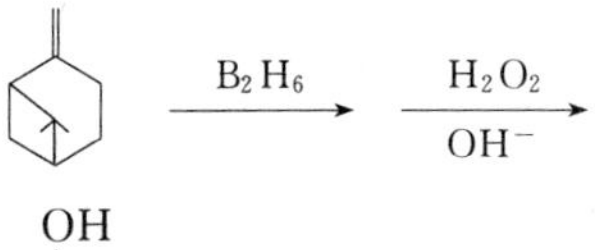

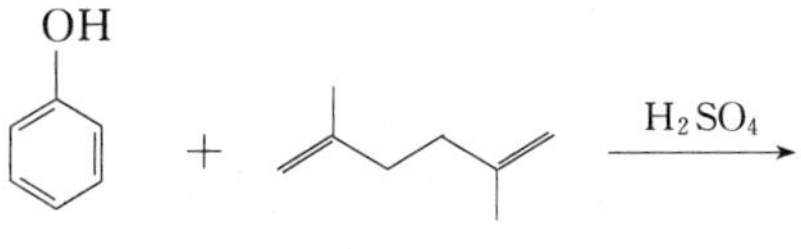

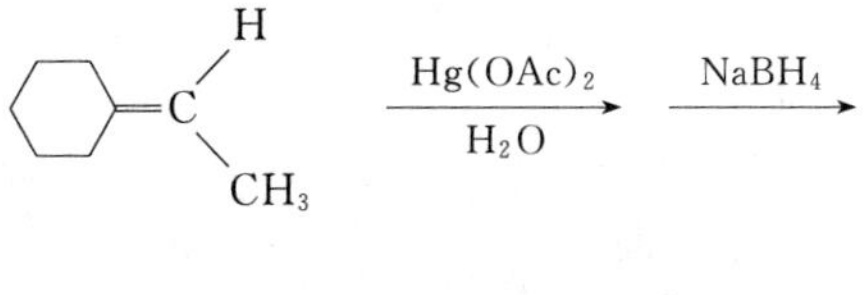

(6)

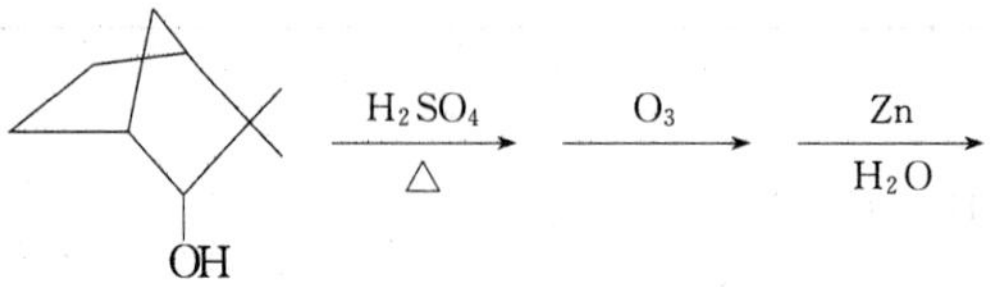

$$\xrightarrow[\triangle]{H_2SO_4} \xrightarrow{O_3} \xrightarrow[H_2O]{Zn}$$

(7)

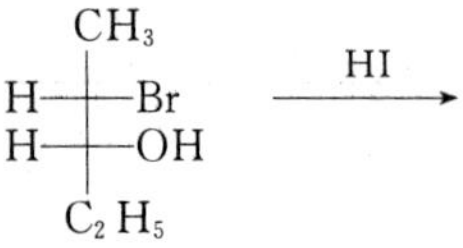

$$\xrightarrow{HI}$$

(8) 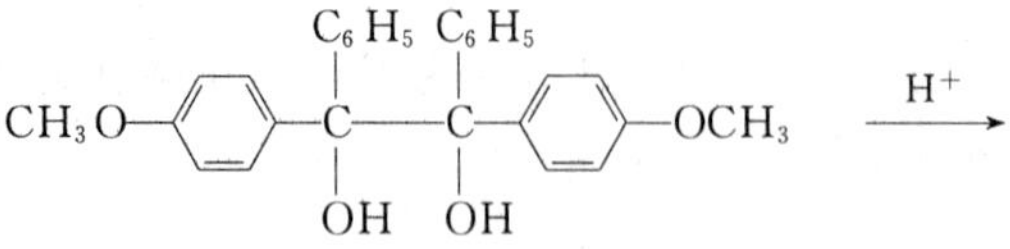 CH_3O—

—OCH_3 $\xrightarrow{H^+}$

3. 用化学方法把下列混合物分离成单一组分。

(1) 苯酚和环己醇混合物;

(2) 2,4,6-三硝基苯酚和2,4,6-三硝基甲苯混合物。

4. 用简单的化学方法鉴别下列化合物。

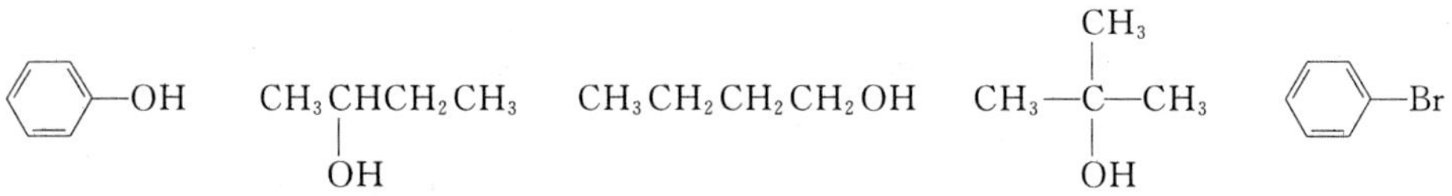

5. 按与氢溴酸反应的活性顺序排列以下化合物。

(1) 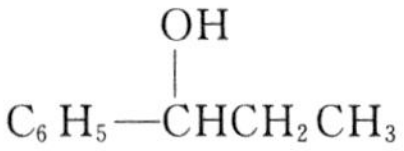 C_6H_5—$CHCH_2CH_3$ (2) $C_6H_5CH_2CH_2CH_2OH$ (3) 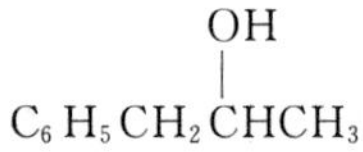 $C_6H_5CH_2CHCH_3$

(4) 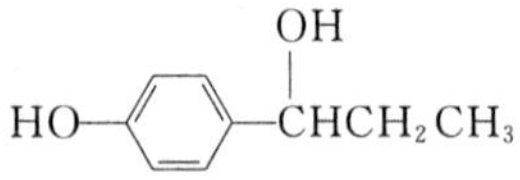 HO—

—$CHCH_2CH_3$ (5) 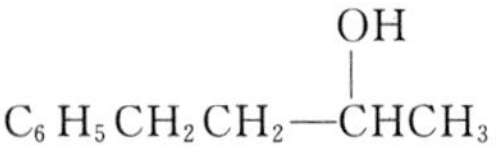 $C_6H_5CH_2CH_2$—$CHCH_3$ (6) 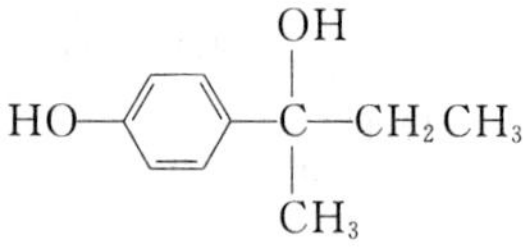 HO—

—C—CH_2CH_3

6. 按亲核性强弱排列下列负离子。

(1)

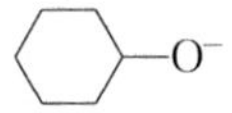

   (2)

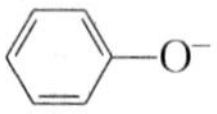

   (3) 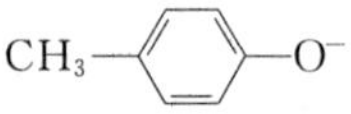 CH_3—

   (4) 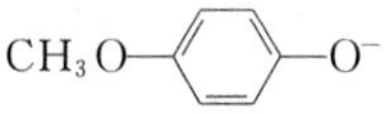 CH_3O—

(5)

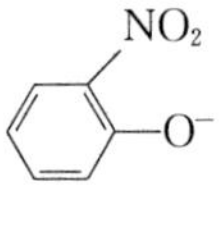

   (6)

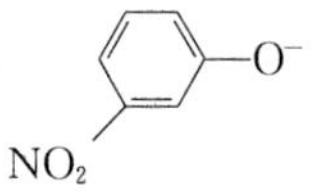

   (7) 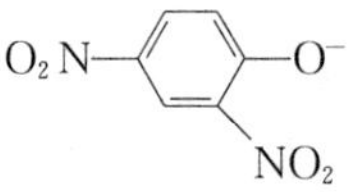 O_2N—

7. 当 $R=C_2H_5$ 时,用酸处理Ⅰ,可得Ⅱ和Ⅲ;当 $R=C_6H_5$ 时,用酸处理Ⅰ,只得到Ⅱ。试解释之。

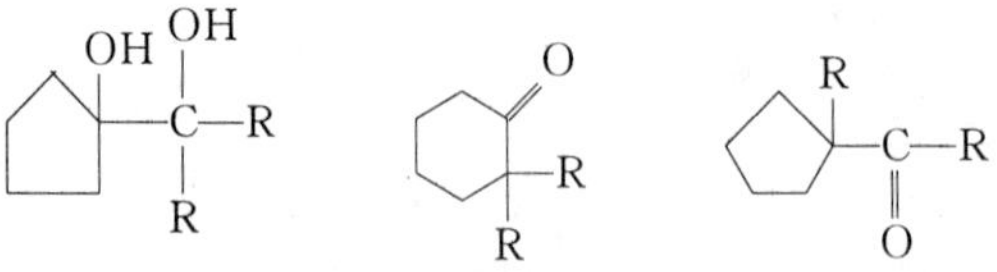

  Ⅰ   Ⅱ   Ⅲ

8. 写出下列反应可能的机理。

(1)

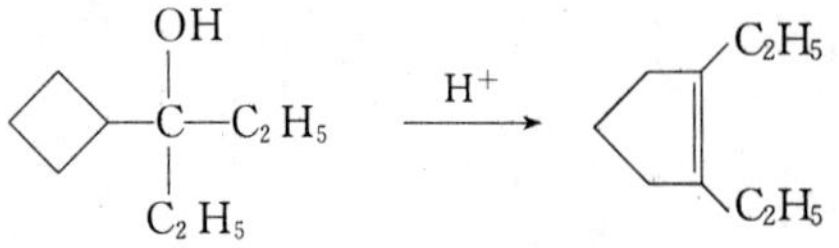

$\xrightarrow{H^+}$

(2)

$\xrightarrow{H_2SO_4}$

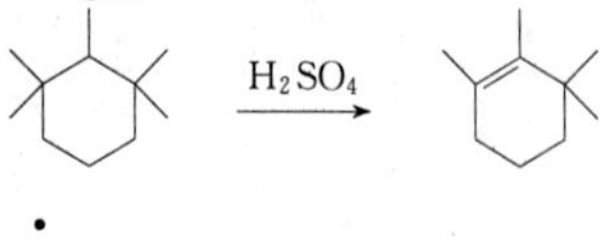

(3)

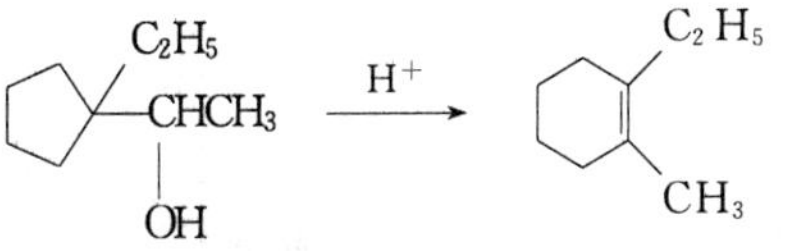

(4)

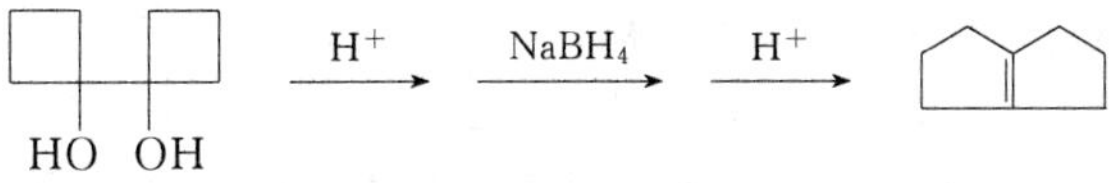

(5)

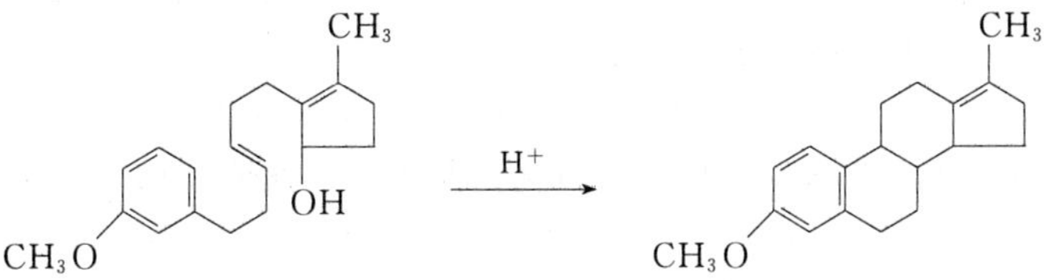

9. 化合物 A($C_7H_{14}O$)在 $K_2Cr_2O_7$-H_2SO_4 溶液作用下得 B($C_7H_{12}O$);B 与 CH_3MgI 作用后水解得 D(C_8H_{16}O);D 在浓硫酸作用下生成 E(C_8H_{14});E 与冷的稀 $KMnO_4$ 碱性溶液作用得 F($C_8H_{16}O_2$);F 与硫酸作用生

成两种酮 G 和 H,其中 G 的结构为 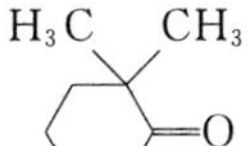 。试写出 A、B、D、E、F、H 的可能结构。

10. 完成下列转化。

(1)

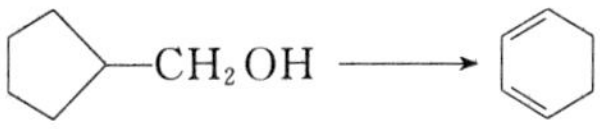

(2)

(3)

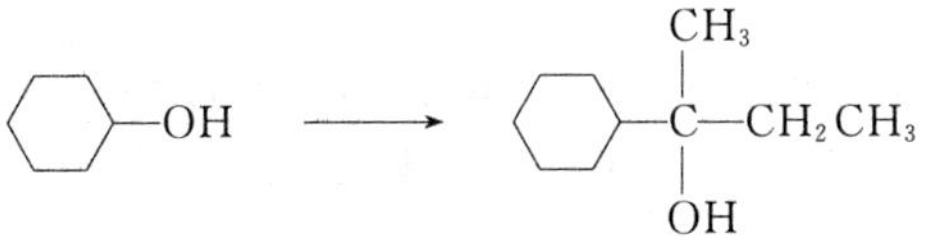

(4)

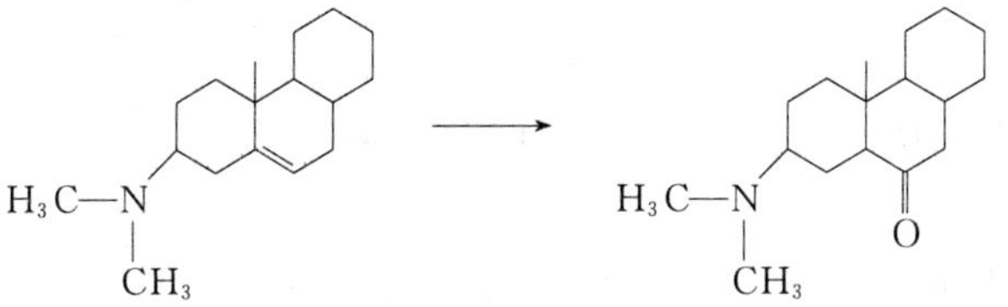

11. 以苯、甲苯、环己醇及四个碳以下(包括四个碳)有机物为原料合成:

(1) 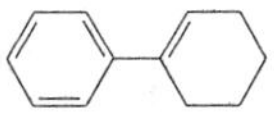 (2) 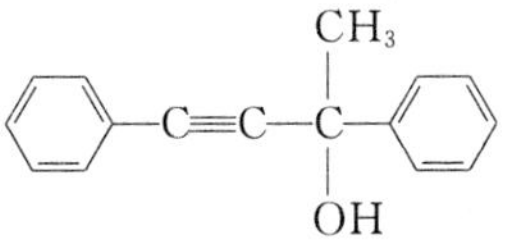 (3)

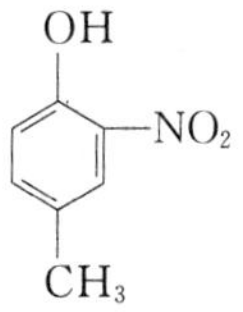

(4) 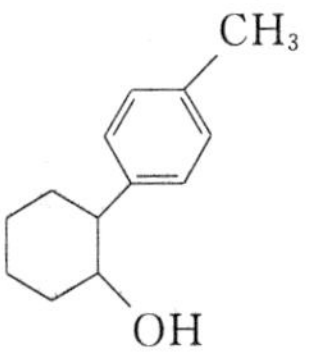 (5) 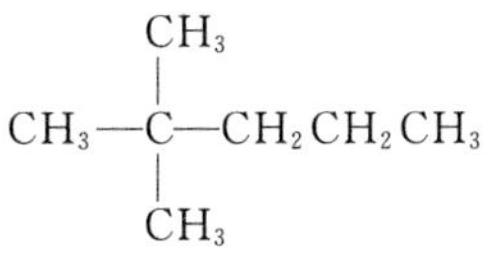 CH_3-$\overset{\overset{\displaystyle CH_3}{|}}{\underset{\underset{\displaystyle CH_3}{|}}{C}}$-$CH_2CH_2CH_3$ (6)

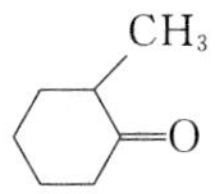

(7) 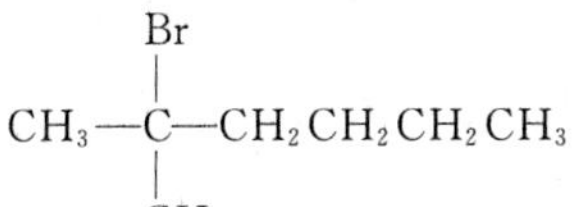 CH_3-$\overset{\overset{\displaystyle Br}{|}}{\underset{\underset{\displaystyle CH_3}{|}}{C}}$-$CH_2CH_2CH_3$ (8) 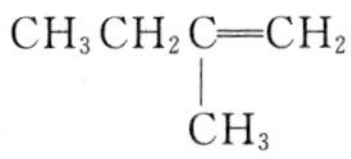 $CH_3CH_2\overset{\overset{\displaystyle}{}}{C}=CH_2$ 带 CH_3

(9) $CH_2=CH-$⟨benzene⟩$-OCH_2-$⟨benzene⟩   (10) CH_3O-⟨benzene⟩$-\overset{\overset{OH}{|}}{C}HCH_3$

12. 化合物 **A** 为具有光学活性的仲醇,**A** 与浓硫酸作用得 **B**(C_7H_{12}),**B** 经臭氧化分解得 **C**($C_7H_{12}O_2$),**C** 与 $I_2/NaOH$ 作用生成戊二酸钠盐和 CHI_3,试写出 **A**、**B**、**C** 的可能结构。

13. 顺-4-叔丁基环己醇的对甲苯磺酸酯和 $NaOC_2H_5$ 在 C_2H_5OH 溶液中迅速反应,产生 4-叔丁基环己烯,反应速率和苯磺酸酯、乙氧基离子的浓度成正比。在相同条件下,反-4-叔丁基环己醇的对甲苯磺酸酯生成该烯烃,反应缓慢,其速率只取决于对甲苯磺酸酯,为什么?

14. 化合物 **A**($C_6H_{10}O$)经催化加氢生成 **B**($C_6H_{12}O$);**B** 经氧化生成 **C**($C_6H_{10}O$);**C** 与 CH_3MgI 反应再水解得到 **D**($C_7H_{14}O$);**D** 在 H_2SO_4 作用下加热生成 **E**(C_7H_{12});**E** 与冷 $KMnO_4$ 碱性溶液反应生成一个内消旋化合物 **F**。又知 **A** 与卢卡斯试剂反应立即出现混浊,试写出 **A**、**B**、**C**、**D**、**E**、**F** 的可能结构式。

15. 顺-2-氯环己醇和反-2-氯环己醇用 HBr 水溶液处理后,都转变成相同的产物,该产物是什么?用反应机理加以说明。

16. 写出下列产物生成的过程,并说明其原因。

17. 用 HBr 处理($2R,3R$)-3-溴-2-丁醇及其对映体时,生成外消旋的 2,3-二溴丁烷,而用 HBr 处理($2R,3S$)-3-溴-2-丁醇及其对映体则生成内消旋 2,3-二溴丁烷,试写出其产物生成的立体化学过程。

18. 写出下列反应的历程。

19. 五个瓶中分别装有下列化合物 **A**、**B**、**C**、**D**、**E**,但瓶上失去了标签。经鉴别,瓶①、④、⑤中化合物有旋光性,而②、③瓶中的无旋光性。用 HIO_4 氧化①和③瓶中化合物只生成一种产物,④瓶中生成两种产物,②和⑤瓶中的不反应。写出①、②、③、④、⑤瓶中所装化合物。

| **A** | **B** | **C** | **D** | **E** |

文献题:

1. 完成下列反应,并写出机理。

$(1)Ar-\overset{\overset{OH}{|}}{C}H-CH_3 \xrightarrow[DBU]{(PhO)_2\overset{\overset{O}{\|}}{P}N_3}$

(2)

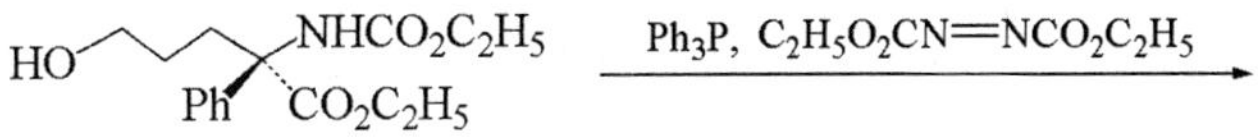

$$\text{HO}\text{—}\underset{\underset{\text{Ph}}{|}}{\overset{\underset{\text{NHCO}_2\text{C}_2\text{H}_5}{|}}{\text{C}}}\text{—}\text{CO}_2\text{C}_2\text{H}_5 \xrightarrow{\text{Ph}_3\text{P, } \text{C}_2\text{H}_5\text{O}_2\text{CN}=\text{NCO}_2\text{C}_2\text{H}_5}$$

(3)

$$\xrightarrow[\substack{\text{N}\\\text{H}}]{\text{PPh}_3,\ \text{I}_2}$$

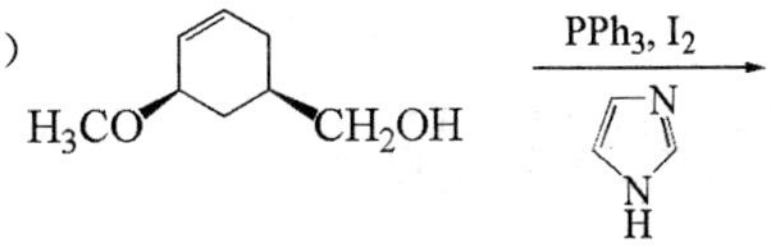

2.利用羰基氧与苯酚形成氢键,通过测定形成氢键的键能,可以定性地了解羰基氧的碱性。已知下列化合物与苯酚形成氢键的平衡常数,试排列化合物的碱性及芳香性顺序。

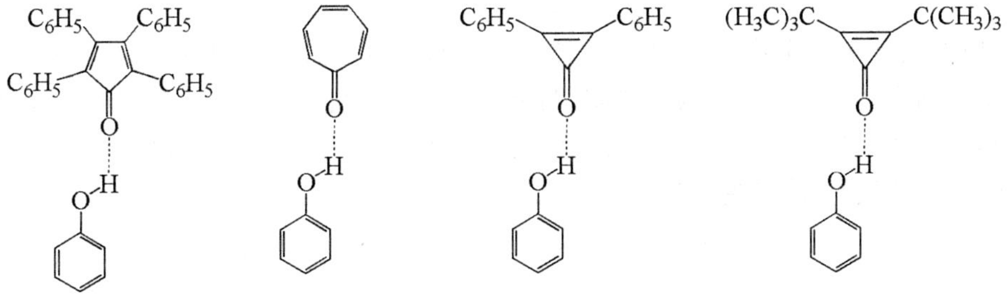

$K=$ 6.2   31.2   83.2   117

来源:

1.(1)A. S. Thompson, G. R. Humphrey, A. M. DeMarco, D. J. Mathre, E. J. J. Grabowski. J. Org. Chem. ,1993,58:5886.

(2)J. V. Betsbrugge, D. Tourwe′, B. Kaptein, H. Kierkels, R. Broxterman. Tetrahedron,1997,53: 9233.

(3)R. G. Linde Ⅱ, M. Egbertson, R. S. Coleman, A. B. Jones, S. J. Danishefsky. J. Org. Chem. , 1990,55:2771.

2.D. Bostwick, H. F. Henneike, H. P. Hopkins. J. Am. Chem. Soc. ,1975,97:1505.

第十章 醚和环氧化合物

醚可以看成是水分子中两个氢原子被烃基取代而生成的化合物,通式为 R—O—R 或 R—O—R′。两个烃基相同的称为简单醚,两个烃基不同的叫做混合醚。含有芳烃基的称为芳香醚,可用 Ar—O—R 或 Ar—O—Ar′表示。醚分子中的 C—O—C 键俗称醚键。包含在环中的醚叫环醚,如四氢呋喃、二噁烷等(参见 10.1 节)。

10.1 醚的命名

醚的命名方法是先写出两个烃基的名称,再加上"醚"字。简单醚只列一个烃基,混合醚的名称是将较小烃基或苯基写在前面。醚的英文类名为"ether",在"ether"前边加上基的名称,例如:

CH₃CH₂OCH₂CH₃   ⟨苯⟩—O—⟨苯⟩   CH₃—O—C(CH₃)₃

二乙醚(简称乙醚)   二苯醚   甲基叔丁醚
ethyl ether   diphenyl ether   *t*-butyl methyl ether

结构比较复杂的醚可以当作烃的衍生物来命名,将较大的烃基作母体,剩下的—OR 部分(烷氧基)看作取代基,例如:

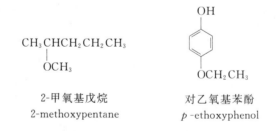

2-甲氧基戊烷   对乙氧基苯酚
2-methoxypentane   *p*-ethoxyphenol

环醚的命名常采用俗名,没有俗名的称为氧杂某烷。

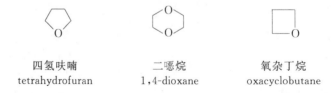

四氢呋喃   二噁烷   氧杂丁烷
tetrahydrofuran   1,4-dioxane   oxacyclobutane

多元醚命名时,首先写出潜含多元醇的名称,再写出另一部分烃基的数目和名称,最后加上"醚"字,例如:

$$CH_3OCH_2CH_2OCH_3 \qquad\qquad CH_3CH_2OCH_2CH_2OH \qquad\qquad CH_3OCH_2CH_2OCH_2CH_2OCH_3$$

乙二醇二甲醚　　　　　　　　乙二醇乙醚　　　　　　　　二乙二醇二甲醚
ethylene glycol dimethyl ether　　ethylene glycol monoethyl ether　　diethylene glycol dimethyl ether

10.2　醚的物理性质

　　醚的氧原子两边均与烃基相连,没有活泼氢原子,醚分子之间不能发生氢键缔合,所以醚的沸点比相对分子质量相近的醇低得多。在常温下除甲醚、甲乙醚、甲基乙烯基醚为气体外,其他均为无色液体。

　　由于醚可以通过它的氧原子和水分子中的氢原子形成氢键,所以醚在水中的溶解度比烷烃大,与同碳数醇相近。例如甲醚和乙醇一样,可与水混溶;乙醚和正丁醇在水中的溶解度都为 8g/100mL 左右。

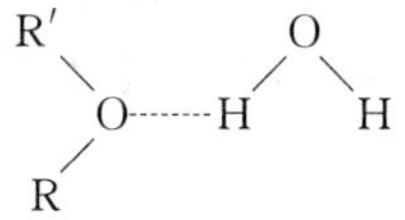

醚和水分子形成氢键

　　环醚的水溶解度比较大,例如 ◯O,◯ O 都可以与水互溶。这可能是由于氧原子成环后,突出在外,更容易与水分子形成氢键的缘故。此外,多元醚,如乙二醇二甲醚、丙三醇三甲醚也能与水互溶,一般的高级醚难溶于水。

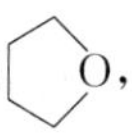

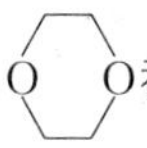

　　醚是优良的有机溶剂,常用来提取有机物,或作为有机反应的溶剂。低级醚具有高度挥发性,容易着火,使用时要特别注意。

　　一些常见醚的物理常数见表 10-1。

表 10-1　一些醚的物理常数

化合物	熔点/°C	沸点/°C	密度/10^3 kg·m^{-3}(20 °C时)
甲醚	−138.5	−23	—
乙醚	−116.6	34.5	0.713 7
正丙醚	−12.2	90.1	0.736 0
异丙醚	−85.9	68	0.724 1
正丁醚	−95.3	142	0.768 9
苯甲醚	−37.5	155	0.996 1
二苯醚	26.84	257.9	1.074 8
四氢呋喃	−65	67	0.889 2
1,4-二氧六环	11.8	101$^{0.1MPa}$	1.033 7

10.3　醚的制法

一、由醇脱水

在酸性催化剂作用下,两分子醇之间脱水生成醚,无论在工业上还是实验室,都是制备简单醚的一般方法。如乙醚就常采用乙醇分子间脱水法制备,其反应过程按 S_N2 历程进行。

$$CH_3CH_2—O\text{┊}H \quad + \quad H—O\text{┊}CH_2CH_3 \xrightarrow[140\,°C]{浓\ H_2SO_4} (CH_3CH_2)_2O$$

CH$_3$CH$_2$—OH

$\xrightarrow{H_2SO_4}$ CH$_3$CH$_2$—OSO$_3$H

$\xrightarrow{H_2SO_4}$ CH$_3$CH$_2$—$\overset{+}{O}$H$_2$

$\xrightarrow{H\ddot{O}CH_2CH_3}$ CH$_3$CH$_2\overset{H}{\underset{+}{O}}CH_2CH_3$ $\xrightarrow{-H^+}$ (CH$_3$CH$_2$)$_2$O

由于亲核取代反应往往伴有消去的竞争反应,醇分子间脱水(取代)时会存在分子内脱水(消去)成烯的副反应,所以在制备醚时必须控制温度,一般在 140 °C 时主要产物为醚,170 °C 时主要产物为烯。叔醇和仲醇容易发生分子内脱水,很难利用这种方法制备醚。另外,若想用不同的醇制备混合醚,结果往往得到混合物,难以分离,所以也不常采用这种方法。但一些二醇在酸存在下脱水可合成五、六元环的醚。

$$\text{HOOH}\ \text{(环己二醇)} \xrightarrow[\triangle]{浓\ H_2SO_4} \text{(含O五元环)}$$

$$2\ \text{HO} \diagdown \diagup \text{OH} \xrightarrow[\triangle]{浓\ H_2SO_4} \text{(二氧六环)}$$

二、威廉姆逊(Williamson)合成

威廉姆逊[A. W. Williamson(1824—1904)出生于英国,1849 成为 London 大学教授。他是一个残疾人,从学医转为学习化学,在醚的合成上作出了成绩。]合成是适用范围广泛的醚制备方法,它既可制备简单醚又可制备混合醚。这个方法采用卤代烃与醇钠或酚钠的反应。

$$R\text{┊}X+Na\text{┊}O—R' \longrightarrow R—O—R'$$

$$R\text{┊}X+Na\text{┊}O—Ar \longrightarrow R—O—Ar$$

例如:

$$CH_3CH_2\text{┊}I+Na\text{┊}O—CH_2CH_2CH_2CH_3 \longrightarrow CH_3CH_2—O—CH_2CH_2CH_2CH_3$$
$$71\%$$

$$C_6H_5CH_2\text{┊}Cl+Na\text{┊}O—CH_2\overset{CH_3}{\overset{|}{C}HCH_3} \longrightarrow C_6H_5CH_2—O—CH_2\overset{CH_3}{\overset{|}{C}HCH_3}$$
$$84\%$$

$$CH_3\text{┊}I+Na\text{┊}O—C_6H_5 \longrightarrow CH_3—O—C_6H_5$$
$$95\%$$

由于醇钠、酚钠都是强碱,与之作用的卤代烃往往会发生一定程度的消除而生成烯烃副产物。在制备混合醚时,为了尽量减少烯烃副产物,要注意原料的选择。例如,制备乙基叔丁基

醚时,有以下两种组合:

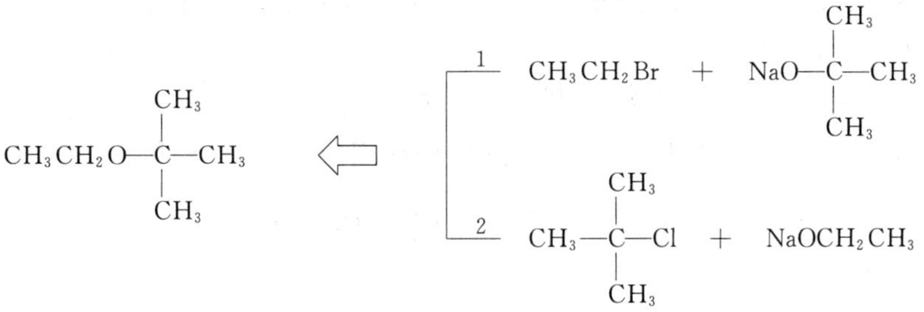

$$CH_3CH_2O-\overset{\underset{|}{CH_3}}{\underset{\underset{|}{CH_3}}{C}}-CH_3 \Longleftarrow \begin{array}{l} 1 \quad CH_3CH_2Br + NaO-\overset{\underset{|}{CH_3}}{\underset{\underset{|}{CH_3}}{C}}-CH_3 \\ \\ 2 \quad CH_3-\overset{\underset{|}{CH_3}}{\underset{\underset{|}{CH_3}}{C}}-Cl + NaOCH_2CH_3 \end{array}$$

如果按第 2 条路线,叔丁基氯主要发生消除,生成烯烃,而得不到预期的醚。所以应选择第 1 条路线,溴乙烷是一级的,消除倾向小。

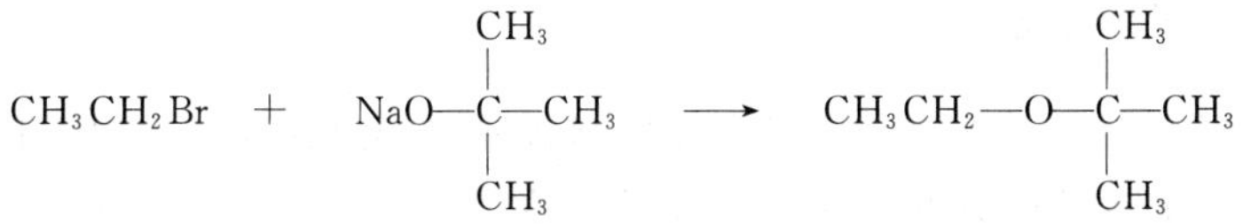

$$CH_3CH_2Br + NaO-\overset{\underset{|}{CH_3}}{\underset{\underset{|}{CH_3}}{C}}-CH_3 \longrightarrow CH_3CH_2-O-\overset{\underset{|}{CH_3}}{\underset{\underset{|}{CH_3}}{C}}-CH_3$$

由此可以看出,在选择原料时,应该把级数较高的烃基做成相应的醇钠(如叔丁醇钠),使其与级数较低的卤代烃(如溴乙烷)相作用。

此外,在制备脂芳混合醚时,由于芳香卤代烃不活泼,一般都是用酚钠和脂肪卤代烃作用。如前例中,制备苯甲醚是用酚钠和碘甲烷作用,而不能反过来。

$$\underset{\text{不活泼}}{\text{C}_6\text{H}_5-X} + NaOCH_3 \longrightarrow \text{不反应}$$

制备苯甲醚或萘甲醚也可用硫酸二甲酯代替碘甲烷,前者是一个比较便宜的、常用的甲基化试剂。

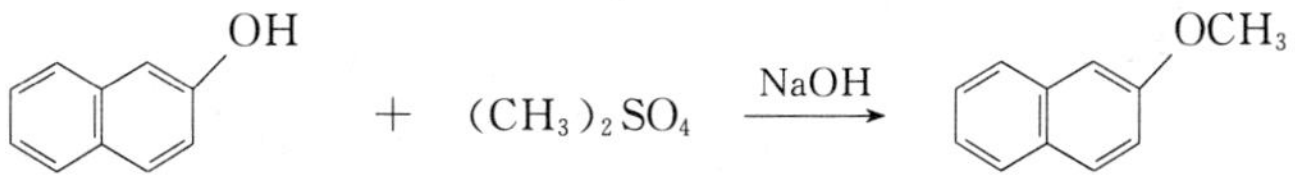

$$65\% \sim 73\%$$

在芳环上连有吸电子基团的卤代芳烃比较活泼,它们可以和醇钠作用,生成脂芳混合醚,例如:

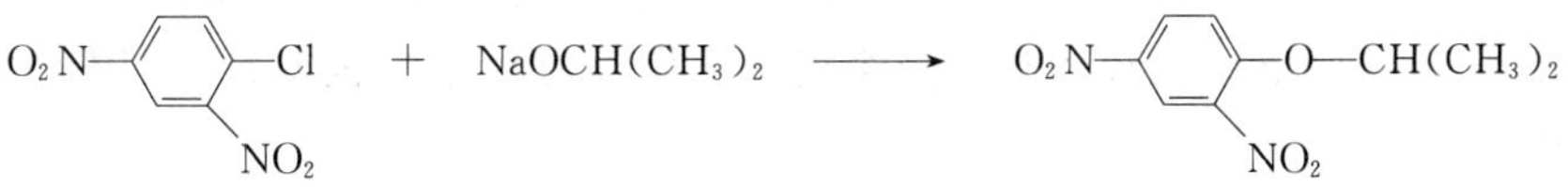

$$O_2N-\text{C}_6\text{H}_3(NO_2)-Cl + NaOCH(CH_3)_2 \longrightarrow O_2N-\text{C}_6\text{H}_3(NO_2)-O-CH(CH_3)_2$$

而且这是一种最好的组合,倒过来反而不好(为什么?)。

制备二苯醚时,要在较高的温度下用铜粉作催化剂,以使不活泼的卤苯参加反应,例如:

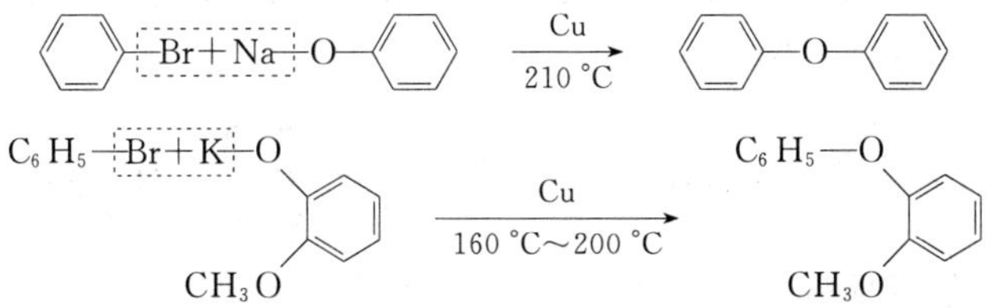

$$62\% \sim 67\%$$

问题10-1 用硫酸处理乙醇和正丙醇混合物时,生成三种醚,而处理乙醇和叔丁醇时却生成一种产率很好的醚,为什么? 它是什么醚?

问题10-2 写出合成下列醚所需要的卤代烃和醇钠(或酚钠)。

(1) CH_3CH_2—O—$CH_2CH_2C_6H_5$ 　　　　(2) $C_6H_5CH_2$—O—$CH(CH_3)_2$

(3) $CH_3CH_2CH_2$—O—〈 〉—CH_3 　　(4) CH_3—CH—O—〈 〉—NO_2
　　　　　　　　　　　　　　　　　　　　　　　|
　　　　　　　　　　　　　　　　　　　　　　 CH_3

问题10-3 硫酸二甲酯是一种良好的甲基化试剂,为什么?(离去基团是什么?)

三、烷氧汞化—脱汞反应

前已介绍,用羟汞化—脱汞反应可以由烯烃制备醇。如果在反应中以醇代替水,所得到的产物则是醚,即相当于在烯烃双键上加了一分子的醇。

$$RCH=CH_2 \xrightarrow[R'OH]{Hg(OAc)_2} \xrightarrow[OH^-]{NaBH_4} \underset{\underset{OR'}{|}}{RCHCH_3}$$

和羟汞化—脱汞反应一样,醇对双键的加成方向符合马氏规则。

$$(CH_3)_3C-CH=CH_2 \;+\; CH_3OH \xrightarrow[]{Hg(OAc)_2} \xrightarrow[OH^-]{NaBH_4} (CH_3)_3C-\underset{\underset{OCH_3}{|}}{CH}-CH_3$$

$$83\%$$

如果用叔醇和烯烃制备相应的醚,由于空间位阻,叔醇不易加到双键碳原子上,而用三氟醋酸汞代替醋酸汞,效果较好。

$$\bigcirc \xrightarrow[(CH_3)_3COH]{(CF_3COO)_2Hg} \xrightarrow[\overline{O}H]{NaBH_4} \overset{OC(CH_3)_3}{\bigcirc}$$

$$90\%$$

烷氧汞化—脱汞反应具有羟汞化—脱汞的全部优点:反应快、操作方便、产率高、一般不发生重排。该法和威廉姆逊法比较还有一个突出优点即没有竞争的消除反应,因此可以用来合成各种结构的醚。

四、乙烯基醚的制法

由于乙烯醇不存在,乙烯基卤不活泼,所以不能用一般的威廉姆逊法合成乙烯基醚。后者通常是用乙炔和醇在碱催化下制备的:

$$HC\equiv CH \;+\; HOC_2H_5 \xrightarrow[160\,℃\sim180\,℃]{KOH} CH_2=CH-O-C_2H_5$$

这是醇对炔烃的亲核加成反应。

此外,炔烃在汞盐催化下,和醇反应也可以制备乙烯基型醚,这是醇对炔烃的亲电加成反应。

$$CH_3C \equiv CH \ + \ HOR \ \xrightarrow{Hg^{2+}} \ CH_3 \underset{\underset{OR}{|}}{C}=CH_2$$

问题10-4 在烷氧汞化—脱汞反应中,使用叔醇(或仲醇)和醋酸汞时,往往生成醋酸酯产物而得不到醚,如改用三氟醋酸汞可主要生成醚,为什么?

问题10-5 以适当原料合成下面化合物。

(1) $C_6H_5 \underset{\underset{}{}}{\overset{\overset{CH_3}{|}}{CH}}-OC(CH_3)_3$
(2) $CH_3 - \!\!\!\bigcirc\!\!\! - O - \!\!\!\bigcirc\!\!\! - NO_2$

10.4 醚的化学性质

醚是一类不活泼的化合物,它对碱、稀酸、金属钠、催化氢化、还原剂、氧化剂等都是稳定的。但与强酸性物质可以发生某些化学反应。

一、锌盐的形成

醚的氧原子上有未共用电子对,它作为一种路易斯(Lewis)碱,可与浓硫酸形成锌盐。

$$CH_3CH_2OCH_2CH_3 \ + \ 浓 \ H_2SO_4 \ \longrightarrow \ CH_3CH_2\underset{\underset{H}{|}}{\overset{+}{O}}CH_2CH_3 \ + \ HSO_4^-$$

此外,醚也能和三氟化硼、三氯化铝等路易斯酸(电子接受体)生成络合物。

$$R-O-R' \ \longrightarrow \ \begin{cases} \xrightarrow{BF_3} & \underset{R'}{\overset{R}{\diagdown}}O:BF_3 \\[2mm] \xrightarrow{AlCl_3} & \underset{R'}{\overset{R}{\diagdown}}O:AlCl_3 \end{cases}$$

三氟化硼是有机反应中的一种常用催化剂,但它是气体(沸点$-101\ ℃$),直接使用不方便,故将它配成乙醚溶液。

二、醚键的断裂

醚虽然是很稳定的,但与氢卤酸一起加热,醚键(C—O)会发生断裂而生成醇和卤代烃。在过量氢卤酸存在下,醇也变成了卤代烃。

$$R-\overset{\cdot\cdot}{O}-R \ + \ HX \ \longrightarrow \ R-\overset{+}{\underset{\underset{H}{|}}{O}}-R \ \xrightarrow[X^-]{\triangle} \ ROH \ + \ RX \xrightarrow{过量 HX} \ RX \ + \ H_2O$$

醚键断裂是一种亲核取代反应。醚先与质子结合形成锌盐,将较差的离去基团 $\overset{-}{O}R$(强碱)变成了较好的离去基团 HOR(弱碱),X^- 作为亲核试剂进攻锌盐底物的中心碳原子,而促使醚键断裂。

因为 X^- 的亲核性大小是 $I^- > Br^- > Cl^-$，所以断裂醚键的氢卤酸活性顺序为：

$$HI > HBr > HCl$$

HI 的活性最高，所以它是醚键断裂反应的常用试剂，反应中也可用 KI 和 H_3PO_4 代替 HI。有时也可用 HBr 进行醚键断裂的反应。

$$\text{（环氧戊环）} O + 2\ HI \xrightarrow{150\ ℃} ICH_2CH_2CH_2CH_2I$$
$$65\%$$

$$(CH_3)_2CHOCH(CH_3)_2 \xrightarrow[\triangle]{KI,\ H_3PO_4} 2(CH_3)_2CHI$$
$$90\%$$

$$CH_3-\underset{OCH_3}{CH}CH_2CH_3 \xrightarrow[\triangle]{HBr} CH_3-\underset{Br}{CH}CH_2CH_3 + CH_3Br$$
$$81\%$$

醚键断裂反应机理主要决定于醚分子中的烃基结构。一般情况是，当 R 为伯烃基时按 S_N2 机理反应。

$$CH_3OCH_3 \xrightarrow{H^+} CH_3\overset{+}{\underset{H}{O}}CH_3 \xrightarrow{X^-} \left[H_3CO\cdots\underset{\delta+}{\overset{H}{\underset{H}{C}}}\cdots\underset{\delta-}{X} \right] \longrightarrow CH_3OH + CH_3X$$

过渡态

$$\xrightarrow{HX} CH_3X$$

含仲烃基的醚在断裂反应中，根据醚的结构和反应条件不同可按 S_N2 或 S_N1 历程进行。如乙基异丙基醚与 HI 反应时主要生成碘乙烷和异丙醇，说明该反应中醚质子化后碘负离子是从空间阻碍较小的一方进攻，应为 S_N2 历程。

$$\underset{CH_3}{\overset{CH_3}{>}}CHOCH_2CH_3 \xrightarrow{HI} \underset{CH_3}{\overset{CH_3}{>}}CH-OH + CH_3CH_2I$$

叔烃基的醚很容易断裂。由于反应中生成较稳定的叔碳正离子，所以反应按 S_N1 历程进行，同时可发生消去反应生成烯。

$$RCH_2O-\underset{CH_3}{\overset{CH_3}{\underset{|}{C}}}-CH_3 \xrightarrow{H^+} RCH_2\overset{+}{\underset{H}{O}}-\underset{CH_3}{\overset{CH_3}{\underset{|}{C}}}-CH_3 \xrightarrow{-RCH_2OH} \overset{CH_3}{\underset{CH_3}{\overset{+}{C}}}-CH_3 \begin{array}{c} \xrightarrow{-H^+} \underset{CH_3}{\overset{CH_3}{>}}C=CH_2 \\ \xrightarrow{X^-} (CH_3)_3C-X \end{array}$$

实际上叔丁基醚用稀硫酸溶液即可使之断裂。这一性质在合成中常用来保护羟基，例如：

$$HOCH_2CH_2Br \xrightarrow[H_2SO_4]{(CH_3)_2C=CH_2} CH_3-\underset{CH_3}{\overset{CH_3}{\underset{|}{C}}}-O-CH_2CH_2Br$$

（含叔丁基的混合醚）

$$\xrightarrow[\text{乙醚}]{\text{Mg}} \quad CH_3-\underset{\underset{CH_3}{|}}{\overset{\overset{CH_3}{|}}{C}}-O-CH_2CH_2MgBr \quad \xrightarrow{H_2C=O} \quad \xrightarrow{H_3^+O}$$

$$CH_3-\underset{\underset{CH_3}{|}}{\overset{\overset{CH_3}{|}}{C}}-O-CH_2CH_2CH_2OH \quad \xrightarrow[\triangle]{H_2SO_4/H_2O} \quad HOCH_2CH_2CH_2OH \;+\; \underset{CH_3}{\overset{CH_3}{C}}{=}CH_2$$

在这里，$(CH_3)_2C{=}CH_2$ 是保护试剂，它是通过醚键断裂从被保护分子中掉下来的。在上列反应中如果不保护羟基，那么它将对格氏试剂的制备产生干扰。

含有芳基的混合醚与 HX 反应，醚键总是优先在脂肪烃基一边断裂，即使用过量的 HX 也得不到芳香卤代烃，这是因为芳基碳氧键结合得特别牢固（有 p-π 共轭）。

$$C_6H_5-O-CH_3 \;+\; HBr \longrightarrow C_6H_5-OH \;+\; BrCH_3$$

$$\text{(萘)}-O-C_2H_5 \quad \xrightarrow[H_3PO_4]{KI} \quad \text{(萘)}-OH \;+\; IC_2H_5$$
$$95\%$$

显然，二芳基醚在 HI 作用下，也不会发生断裂反应。

$$C_6H_5-O-C_6H_5 \;+\; HI \xrightarrow{\triangle} \text{不反应}$$

乙烯基型醚在稀酸作用下，生成醛或酮。

$$C_6H_5-\underset{\overset{|}{OCH_3}}{C}{=}CH_2 \;+\; H_2O \quad \xrightarrow[pH=4]{H^+} \quad C_6H_5-\overset{\overset{O}{\|}}{C}-CH_3 \;+\; CH_3OH$$
$$\sim100\%$$

其反应历程有两种可能：

历程 1：

$$C_6H_5-\underset{\overset{|}{:OCH_3}}{C}{=}CH_2 \xrightarrow{H^+} C_6H_5-\underset{\overset{|}{H\overset{+}{O}-CH_3}}{C}{=}CH_2 \xrightarrow[-H^+,\ -HOCH_3]{H_2O:} C_6H_5-\underset{\overset{|}{OH}}{C}{=}CH_2 \longrightarrow C_6H_5-\overset{\overset{O}{\|}}{C}-CH_3$$

历程 2：

$$C_6H_5-\underset{\overset{|}{OCH_3}}{C}{=}CH_2 \xrightarrow{H^+} CH_3-\underset{\overset{\|}{\overset{+}{O}CH_3}}{C}-CH_3 \rightleftharpoons C_6H_5-\underset{\underset{\overset{+}{OH_2}}{|}}{\overset{\overset{OCH_3}{|}}{C}}-CH_3$$

$$\rightleftharpoons C_6H_5-\underset{\underset{:OH}{|}}{\overset{\overset{H\overset{+}{O}CH_3}{|}}{C}}-CH_3 \xrightarrow{-HOCH_3} C_6H_5-\overset{\overset{+OH}{\|}}{C}-CH_3 \xrightarrow{-H^+} C_6H_5-\overset{\overset{O}{\|}}{C}-CH_3$$

胞二醚是醚键容易发生断裂的另一种醚,在稀酸作用下即可发生反应,产物是羰基化合物和醇。反应过程为缩醛、缩酮生成的逆过程(参阅 11.3 节)。

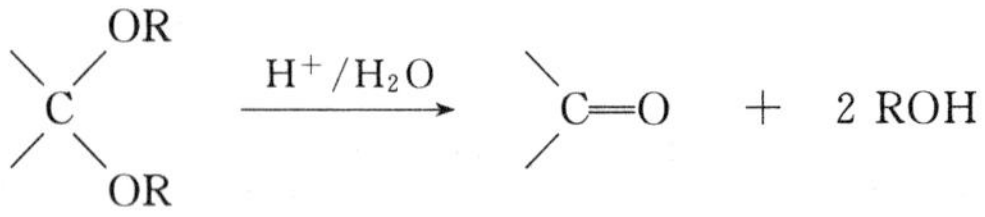

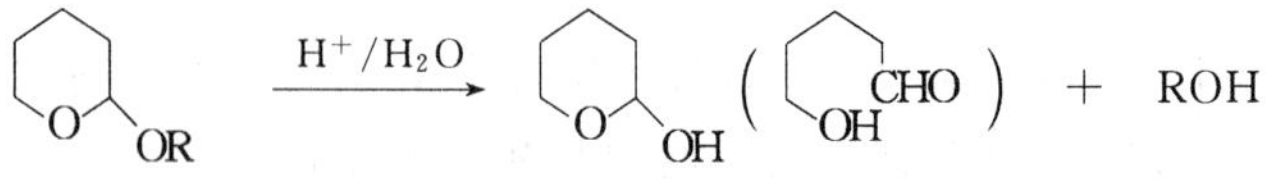

四氢吡喃醚

四氢吡喃醚为胞二醚,它可由二氢吡喃和醇在无水酸存在下制备,合成中常利用这个反应保护羟基。

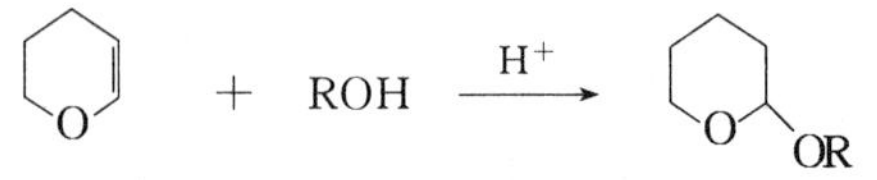

二氢吡喃　　　　　　　　　　　　　四氢吡喃醚

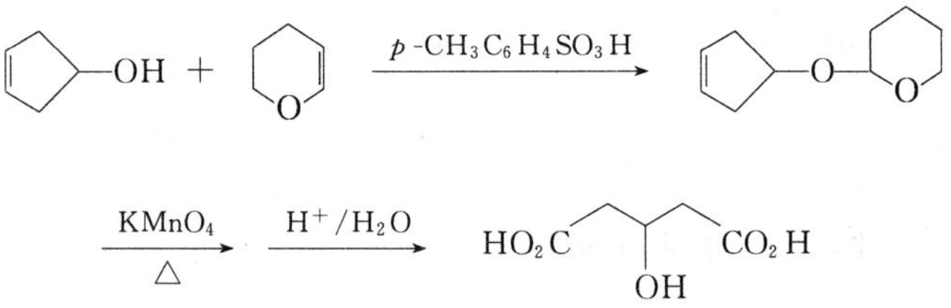

苄基醚的断裂一般采用催化氢化或钠和液氨的还原等方法。这在合成上也常用作羟基的保护,下列的转化用苄基醚保护羟基更为合适。

$$R—OCH_2C_6H_5 \xrightarrow{H_2/Pd} R—OH \quad + \quad C_6H_5CH_3$$

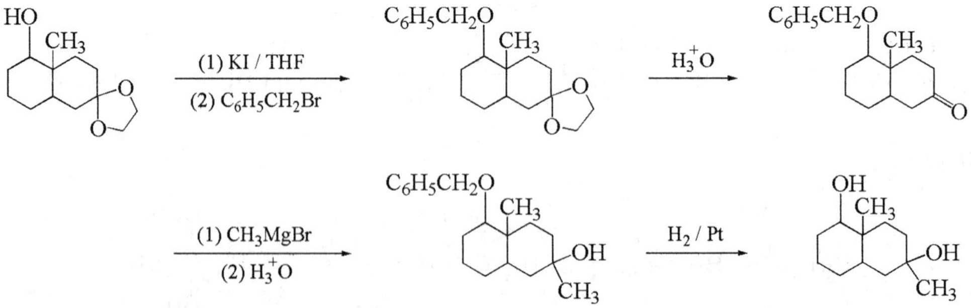

问题10-6　用无水溴化氢断裂有旋光性的甲基仲丁基醚,生成溴甲烷和仲丁醇。该仲丁醇的构型和光学纯度同原料一样,为什么?

问题10-7　写出下列反应的产物。

$$(1) \quad CH_3-\overset{\displaystyle OC_2H_5}{\underset{\displaystyle |}{C}}=CHCH_3 \quad + \quad H_2O \quad \overset{H^+}{\longrightarrow} \quad ?$$

$$(2) \quad \text{} \quad O-CH_2CH_3 \quad + \quad HI \quad \longrightarrow \quad ?$$

$$(3) \quad CH_3CH_2CH_2CH_2OCH_3 \quad + \quad \underset{(1mol)}{HI} \quad \longrightarrow \quad ?$$

$$(4) \quad \text{} \quad + \quad \underset{(1mol)}{HI} \quad \longrightarrow \quad ?$$

三、过氧化物的生成

醚对一般氧化剂是稳定的,但在空气中久置,会慢慢发生自动氧化,生成过氧化物。过氧化物的结构和生成过程为:

$$C_2H_5OC_2H_5 \overset{O_2}{\longrightarrow} \quad CH_3\overset{\displaystyle |}{\underset{\displaystyle O-OH}{CH}}-OC_2H_5 \overset{H_2O}{\longrightarrow} \quad CH_3\overset{\displaystyle |}{\underset{\displaystyle O-OH}{CHOH}} \quad + \quad C_2H_5OH$$

$$n \ CH_3\overset{\displaystyle CH-OH}{\underset{\displaystyle O-O-H}{|}} \quad \longrightarrow \quad \left(CHOO\right)_n \atop {\underset{\displaystyle CH_3}{|}} \quad + \quad n \ H_2O \quad (n=1\sim8)$$

由于醚容易生成过氧化物,使用时要特别注意,有机过氧化物遇热分解,容易引起爆炸,所以在蒸馏醚类溶剂(乙醚、四氢呋喃等)时,切记不要把醚蒸得太干。对于久置的醚必须检查是否有过氧化物存在。检查的方法很简单,如果待检测的醚能使湿的淀粉-KI试纸变蓝或使 FeSO$_4$-KSCN 混合液显红色,则表明醚中含有过氧化物。

$$R-O-O-R \quad + \quad KI \quad + \quad H_2O \quad \longrightarrow \quad I_2 \quad + \quad ROH \quad + \quad KOH$$

$$I_2 \quad + \quad 淀粉 \quad \longrightarrow \quad 蓝色络合物$$

或者

$$Fe^{2+} \quad \overset{R-O-O-R}{\longrightarrow} \quad Fe^{3+}$$

$$Fe^{3+} \quad + \quad SCN^- \quad \longrightarrow \quad Fe(SCN)_6^{3-} \quad (血红色)$$

除去过氧化物的方法是将醚用硫酸亚铁溶液洗,如上列反应式所示,过氧化物很容易被还原剂 FeSO$_4$ 破坏。

四、克莱森(Claisen)重排

苯基烯丙基醚在加热时,烯丙基从氧迁移到邻位碳原子上,该反应称为**克莱森重排**。

$$\overset{200\ ℃}{\longrightarrow}$$

73%

如果两个邻位已被取代基所占据,则烯丙基将迁移至对位:

$$\overset{200\ ℃}{\longrightarrow}$$

由实验结果得知，如烯丙基的 γ 碳原子上有一个氢原子被苯基取代，重排后，烯丙基以该 γ 碳原子与苯环邻位相连：

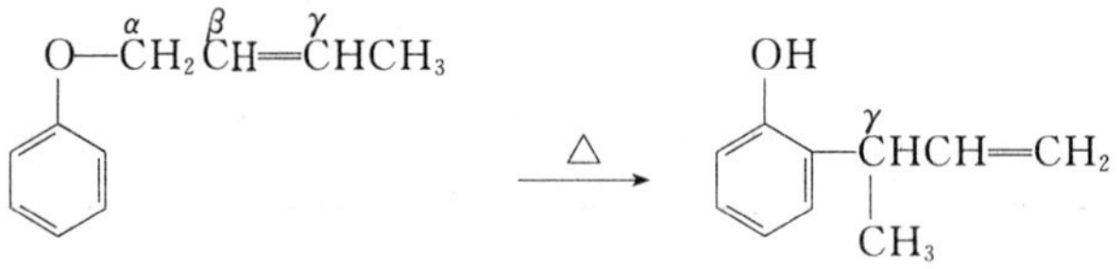

如果烯丙基迁移至对位，则以 α 碳原子与苯环对位碳相连：

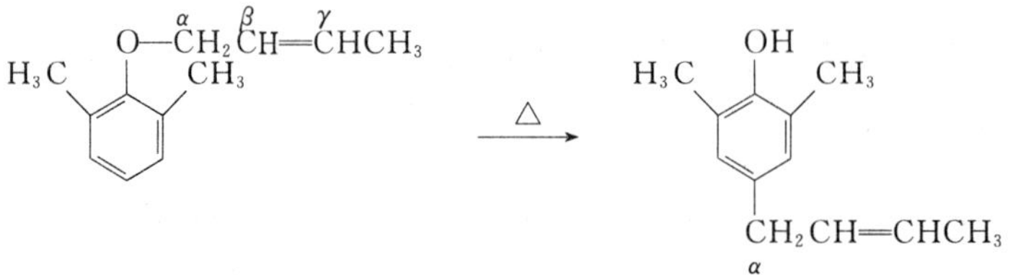

为什么烯丙基向对位迁移和向邻位迁移会产生这样两种不同的结果呢？人们对克莱森反应的机理已经研究得比较成熟，可以简单地描述为：

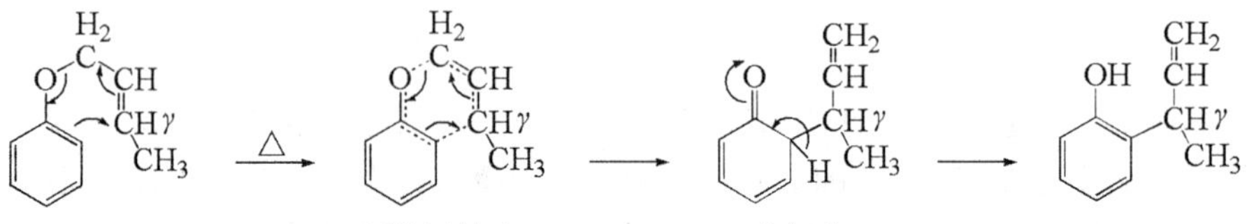

环状过渡态　　中间物

反应过程中，电子按图示箭头的方向转移。旧键的断裂，新键的生成协同进行，经由环状过渡态而生成不稳定的中间物。这时苯环的共轭结构被破坏，紧接着质子从邻位碳转移到氧原子，从而恢复苯环的芳香结构，得到稳定的重排产物。由上式可以看到，连到苯环邻位碳上的是原烯丙基的 γ 碳。

当两个邻位碳被取代基(如甲基)占据时，重排不是一次完成的。首先，烯丙基通过上述类似的方式迁移到邻位，由于邻位碳上没有氢，无法通过质子转移恢复苯的结构。这时烯丙基又通过类似的方式再从邻位迁移至对位，最后将对位上的质子转到氧原子上，以恢复苯环的芳香结构，得到稳定的对位重排产物。

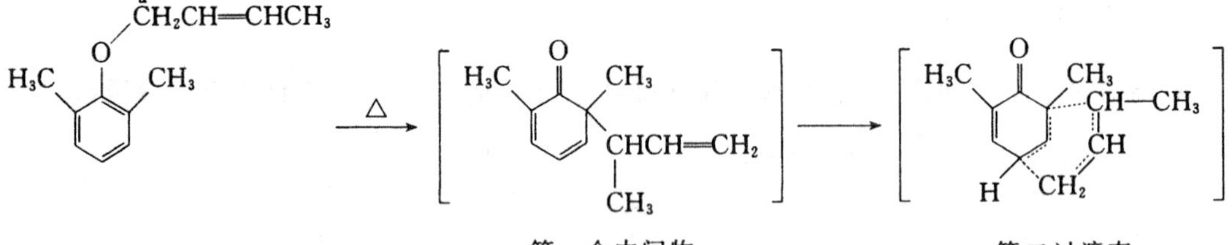

第一个中间物　　第二过渡态

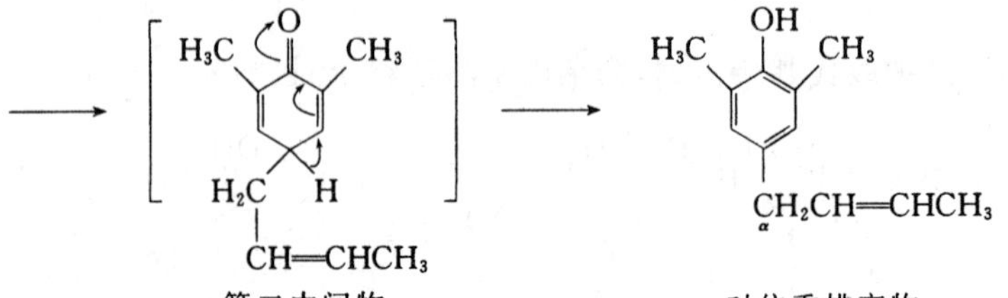

第二中间物　　对位重排产物

从上示过程可以看出,在对位重排中,烯丙基先后迁移了两次。

克莱森重排在有机合成中可方便地用来合成邻位带有某种烃基的酚类化合物。例如,在化合物 **1** 的合成中,克莱森重排是一个重要的步骤。

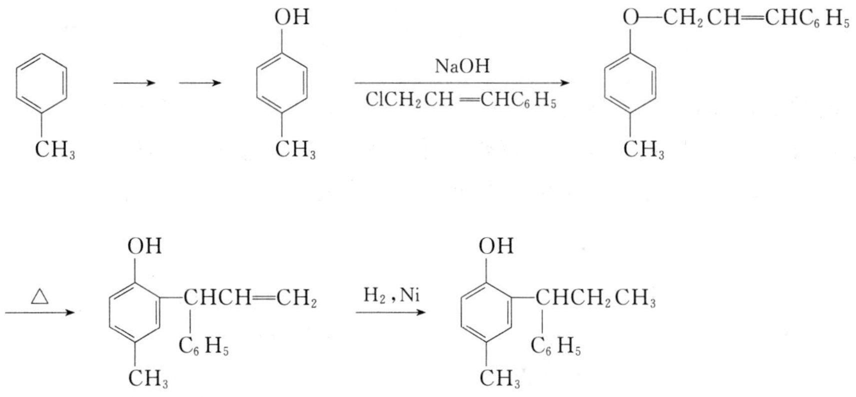

1

在这里,重要的问题是如何通过剖析欲合成的化合物的结构来确定用什么样的醚进行克莱森重排,以及如何制备这种醚。下边以合成 **1** 为例,用图示简单说明这种剖析方法。

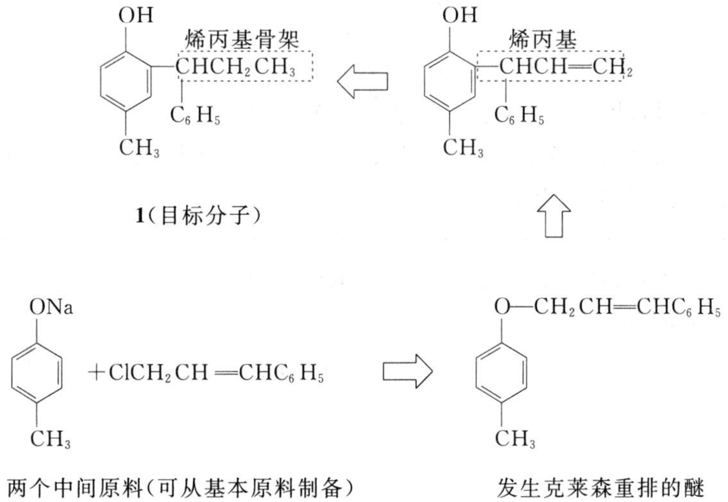

1(目标分子)

两个中间原料(可从基本原料制备)　　　　发生克莱森重排的醚

脂肪乙烯基烯丙醚也可发生重排,事实上,该重排最早就是从这类化合物的反应中发现的。苯基烯丙醚只不过是一种特殊的乙烯基烯丙醚而已。

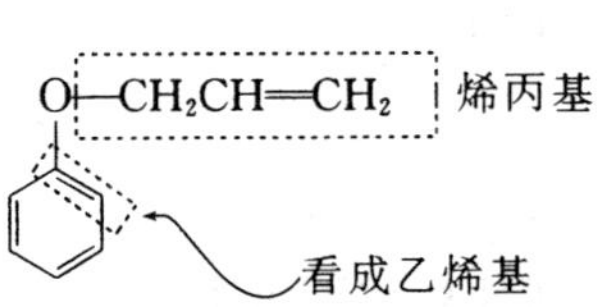

但由于后者的重排在有机合成中应用比较广泛,所以它已成为克莱森重排的代表物。

脂肪乙烯基烯丙醚的重排过程与苯基烯丙醚基本类似。

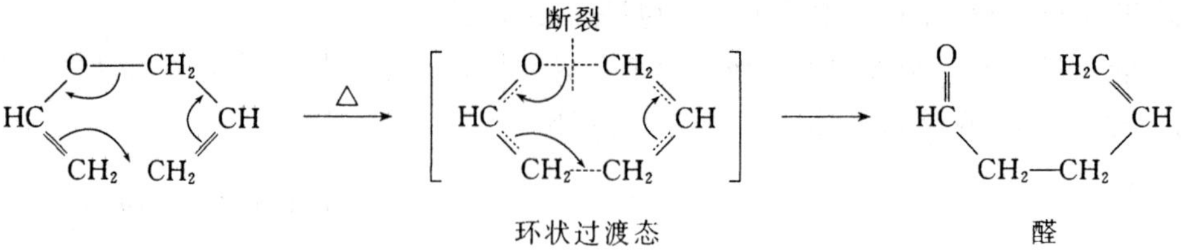

在这里所不同的是,脂肪乙烯基烯丙醚经环状过渡态,直接就生成了稳定产物(醛或酮),没有相应的质子转移,恢复苯环芳香结构的步骤(为什么?)。在写这种重排的产物时,特别要注意键的断裂和生成的部位,注意双键移位。下边再举两个实例来熟悉这种反应。

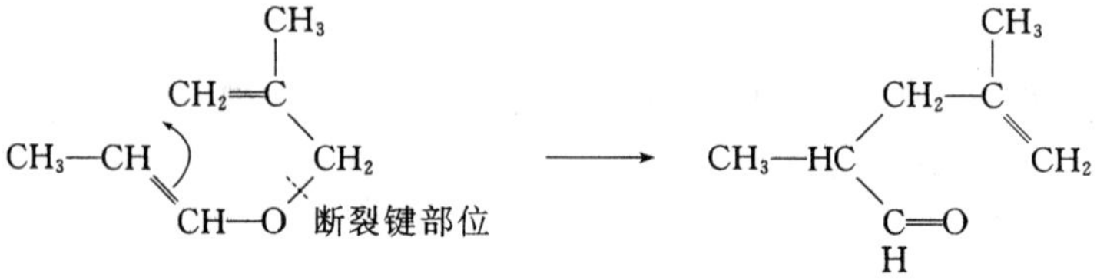

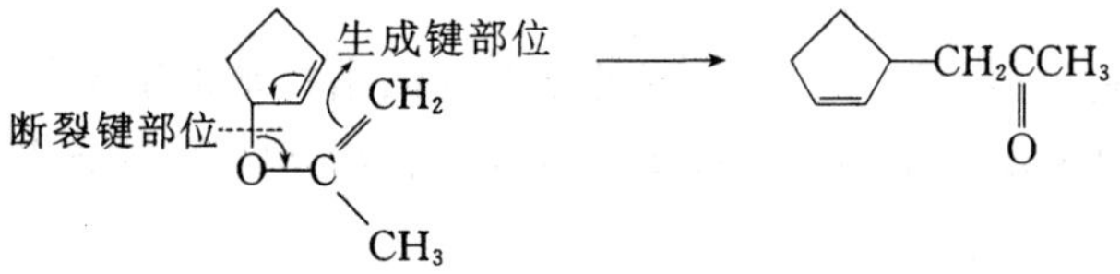

对这种醚的克莱森重排,首先要看准乙烯基和烯丙基在哪里,断键的部位是在烯丙基一边(即烯丙基碳氧键断裂),烯丙基的双键往断裂方向转移。乙烯基总是为新生成的键提供 π 电子,自然生成键的部位也就清楚了。读者可以任意设计几个不同结构的乙烯基烯丙基醚来进行练习,以达到熟练、准确地写出重排产物的目的。

问题10-8　脂肪乙烯基烯丙醚和苯基烯丙醚重排有什么不同?

问题10-9　写出下列反应的产物。

(1) 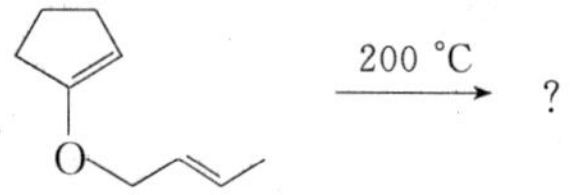 $\xrightarrow{200\ ^\circ\text{C}}$?

(2) $C_6H_5CH{=}CHOCH_2CH{=}CHCH_3 \xrightarrow{200\ ^\circ\text{C}}$?

问题10-10　完成下列转化。

(1)

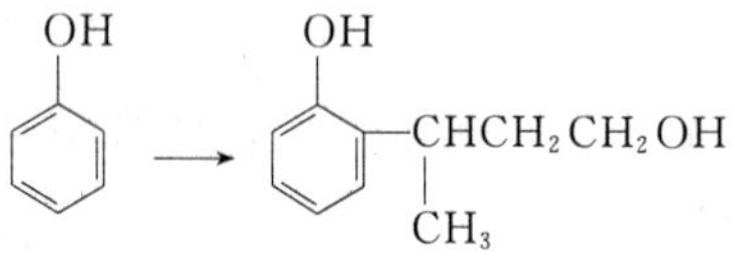

(2)

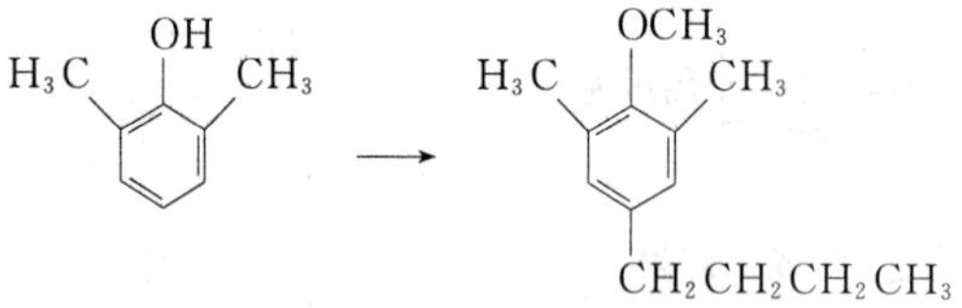

(3) $CH_3CH{=}CH_2 \longrightarrow CH_3CHCH_2CHCH_3$ 其中两个位置带 OH

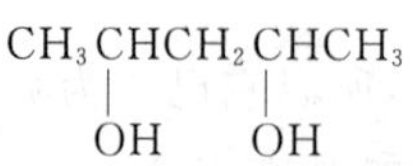

10.5 冠醚

一、冠醚的结构和命名

大环多醚是 20 世纪 30 年代发展起来的具有特殊络合性能的化合物,分子中含有 $\leftarrow OCH_2CH_2 \rightarrow_n$ 重复单位。由于它的形状像西方的王冠,故称为冠醚(crown ether),例如:

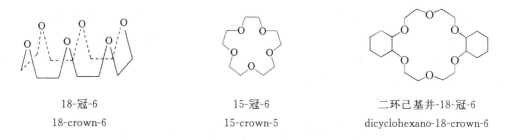

18-冠-6	15-冠-6	二环己基并-18-冠-6
18-crown-6	15-crown-5	dicyclohexano-18-crown-6

冠醚的系统命名比较复杂,一般用简单方法命名。即在冠字前后分别标出成环总原子数(X)和环中氧原子数(Y),称为 X-冠-Y,例如,18-冠-6,15-冠-5。

有些冠醚分子中含有并联的环己基或苯基,这时可在前边加上并联基团的名称,例如:二环己基并-18-冠-6。

18-冠-6 是美国化学家彼得森(C. J. Pedersen)于 1962 年合成的第一个冠醚。由于冠醚有其特殊的性质和用途,几十年来,冠醚化学有了很大的发展,人们相继合成了各种结构的冠醚化合物。在冠醚的合成及性质研究方面做出重大贡献的法国化学家 J. M. Lehn 和美国化学家 C. J. Cram 和 C. J. Pedersen 在 1987 年共同获得了诺贝尔化学奖。

二、冠醚的合成

冠醚主要用威廉姆逊合成法制备。例如,三缩乙二醇与 $(ClCH_2CH_2OCH_2)_2$ 在 KOH 存在下加热,可得到 18-冠-6。

$$\overset{KOH}{\underset{\triangle}{\longrightarrow}}$$

40%

用邻苯二酚与 $(ClCH_2CH_2)_2O$ 在 KOH 存在下共热则生成二苯并-18-冠-6。

$$\downarrow \triangle \mid KOH$$

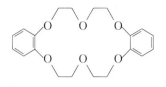

二苯并-18-冠-6
dibenzo-18-crown-6

三、冠醚的性质

冠醚最突出的性质是它有很多醚键,分子中有一定的空穴,金属离子可以钻到空穴中与醚键络合。不同结构的冠醚,分子中空穴大小不同,可以容纳的金属离子不同,所以冠醚的络合作用具有较高的选择性。例如 18-冠-6 中的空穴直径是 $0.26 \sim 0.32nm$,和钾离子的直径 $0.266nm$ 相近,所以它能与 KX 形成稳定的络合物。

$$X^- = OH^-, CN^-, MnO_4^-, I^-, F^- 等$$

但 12-冠-4 分子中的空穴较小,只能与锂离子络合,而不能与钾离子络合。

冠醚分子内圈氧原子可与水形成氢键,故有亲水性。它的外围都是 CH_2 结构,又具有亲油性,因此冠醚能将水相中的试剂包在内圈,并将其带到有机相中,从而加速该试剂和有机化合物之间的反应。例如,卤代物与氰化钾水溶液混合,因为它们互不相溶,分成两相,难以发生反应。当加入 18-冠-6 之后,冠醚先进入水相与 K^+ 络合(K^+ 被包在内圈),形成 Ⓚ CN^-。

$$Ⓚ CN^- (Ⓚ CN^-)$$

Ⓚ CN^- 随即进入有机相,很快与卤代物发生反应:

$$RX \ + \ Ⓚ CN^- \xrightarrow{\text{有机相}} RCN \ + \ Ⓚ X^-$$

在这里,是冠醚将 KCN 从水相中转移到有机相(图 10-1),故称冠醚为相转移试剂。这种加速非均相有机反应的作用称为**相转移催化**(phase transfer catalysis)。

相转移也可在固—液相之间进行,例如,固体氰化钾和卤代烃在有机溶剂中也很难反应。但加入 18-冠-6 之后,反应即可迅速进行。这时冠醚可进入晶格中与 K^+ 络合,从而把 K^+ 从晶格中"拉"出来。CN^- 也随之出来形成络合物 Ⓚ CN^-。Ⓚ CN^- 进入有机溶剂后,可很快与卤代物作用。

相转移催化已广泛应用于一些亲核取代反应,例如:

$$n\text{-}C_8H_{17}Br \ + \ KF \xrightarrow[\text{苯,室温}]{\text{18-冠-6}} n\text{-}C_8H_{17}F \quad 92\%$$

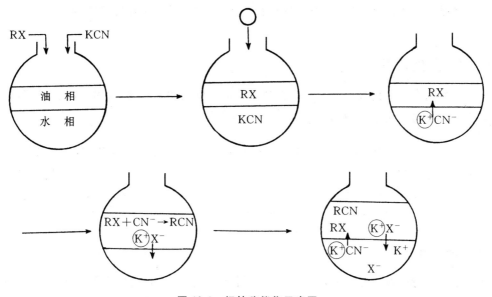

图 10-1 相转移催化示意图

$$n\text{-}C_7H_{15}Br \quad + \quad KOAc \quad \xrightarrow[25\ ℃]{18\text{-}冠\text{-}6} \quad n\text{-}C_7H_{15}OAc \quad 96\%$$

$$\text{C}_6\text{H}_5\text{—CH}_2\text{Cl} \quad + \quad KCN \quad \xrightarrow[25\ ℃,有机溶剂]{18\text{-}冠\text{-}6} \quad \text{C}_6\text{H}_5\text{—CH}_2\text{CN} \quad 94\%$$

这些反应都可在室温进行,而且产率很高。如果不加冠醚,则都需长时间在高温下才能完成反应,产率还不一定高。

冠醚的相转移催化作用在某些氧化反应中也很明显,例如:

$$\text{环己烯} \quad + \quad KMnO_4 \quad \xrightarrow[苯]{二环己基并\text{-}18\text{-}冠\text{-}6} \quad \begin{matrix} CH_2CH_2COOH \\ | \\ CH_2CH_2COOH \end{matrix}$$
（水）

$$\text{C}_6\text{H}_5\text{—CH=CH—C}_6\text{H}_5 \quad + \quad KMnO_4 \quad \xrightarrow{二环己基并\text{-}18\text{-}冠\text{-}6} \quad \text{C}_6\text{H}_5\text{—COOH}$$
（水）

在这里,高锰酸钾水溶液和烯烃是两相体系,加入冠醚后,它可钻到水中与 $KMnO_4$ 形成络合物:

$$\text{(二环己基并-18-冠-6)} \quad + \quad KMnO_4 \quad \longrightarrow \quad \text{K}^+\text{MnO}_4^-$$

裸露的 MnO_4^- 具有很高的氧化活性,当它随 K^+ 一起从水相转移到有机相时,便能有效地和烯烃发生氧化反应,以使反应速度加快,产率提高。

近年来,相转移催化在有机合成中的应用越来越广泛,常用的相转移催化剂,除冠醚外还有季铵盐($R_4N^+X^-$)、磷盐($R_4P^+X^-$)等。

大环多醚的毒性较大,对皮肤和眼睛都有较强的刺激作用,使用时要特别小心。

10.6 环氧化合物

三元环醚称做环氧化合物。它的中文命名是被看做烷的氧化物,叫做"环氧某烷",而英文名称一般看做烯的氧化物。例如:

$$\underset{\underset{\text{O}}{\diagdown\diagup}}{CH_2{-}CH_2} \qquad \underset{\underset{\text{O}}{\diagdown\diagup}}{CH_2{-}CH{-}CH_3} \qquad \underset{\underset{\text{O}}{\diagdown\diagup}}{CH_2{-}CHCH_2CH_3}$$

环氧乙烷   环氧丙烷   1,2-环氧丁烷

ethylene oxide   propylene oxide   1,2-butylene oxide

一、开环反应

环氧化合物与一般的醚不同,是一类非常活泼的化合物。其活性主要是由于三元环的张力,只有开环才可使能量降低,因此开环反应是环氧化合物的主要反应。环氧化合物可与很多活泼氢化合物,如水、醇、胺、氢卤酸等发生反应,可用酸或碱作催化剂,得到邻二醇、醇醚、醇胺、卤代醇等双官能团化合物。

$$\underset{\underset{\text{O}}{\diagdown\diagup}}{CH_2{-}CH_2} \;+\; H{-}Y \;\longrightarrow\; \underset{\underset{\text{OH} \quad \text{Y}}{|\quad\;|}}{CH_2{-}CH_2}$$

$$H{-}Y = H{-}OH, H{-}OR, H{-}OAr, H{-}NHR, H{-}X$$

这些化合物在工业上都有重要用处,如乙二醇是合成涤纶的原料,乙二醇单甲醚常用作高沸点溶剂,乙醇胺是湿润剂和防锈剂,氯乙醇为重要合成中间体。

由于环氧乙烷活性高,在进行上述反应时应控制原料配比,否则会发生多个环氧乙烷参与的聚合反应,得到多缩乙二醇、多缩乙二醇的单醚、多缩乙醇胺等。

$$\underset{\underset{\text{O}}{\diagdown\diagup}}{CH_2{-}CH_2} \xrightarrow[H^+]{H_2O} \underset{\underset{\text{OH}\;\;\text{OH}}{|\quad|}}{CH_2{-}CH_2} \xrightarrow[H^+]{\triangle\text{O}} \underset{\underset{\text{OH}\qquad\qquad\text{OH}}{|\qquad\qquad\quad|}}{CH_2CH_2OCH_2CH_2}$$

$$\xrightarrow[H^+]{\triangle\text{O}} \underset{\underset{\text{OH}\qquad\qquad\qquad\qquad\text{OH}}{|\qquad\qquad\qquad\qquad\quad|}}{CH_2CH_2OCH_2CH_2OCH_2CH_2} \qquad 三缩乙二醇$$

$$\underset{\underset{\text{O}}{\diagdown\diagup}}{CH_2{-}CH_2} \xrightarrow{NH_3} \underset{\underset{\text{NH}_2\;\;\text{OH}}{|\quad\;|}}{CH_2{-}CH_2} \xrightarrow{\triangle\text{O}} (HOCH_2CH_2)_2NH \xrightarrow{\triangle\text{O}} (HOCH_2CH_2)_3N$$

不过可利用它的开环聚合反应合成非离子型的乳化剂和洗涤剂。如用高级脂肪醇与定量环氧乙烷反应生成多缩乙二醇的单醚,它具有良好的乳化、洗涤性能,分子中含多氧的部分为

亲水基(由于氢键),长链烃基为亲油基(lipophilic group)。

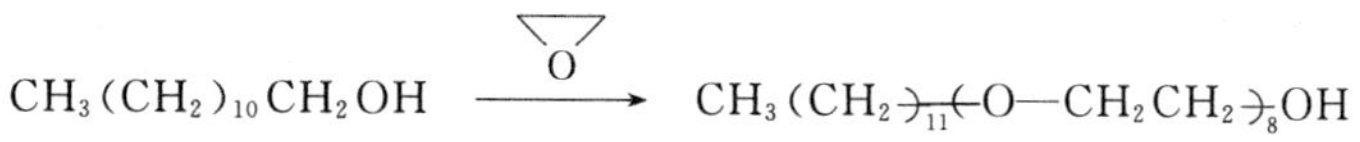

$$CH_3(CH_2)_{10}CH_2OH \xrightarrow{\triangle_O} CH_3(CH_2 \cancel{)}_{11}(O-CH_2CH_2 \cancel{)}_8 OH$$

二、开环反应的机理

1. 酸性开环机理

环氧化合物的开环反应是一种特殊的亲核取代。在酸性条件下,以与 H_2O 的反应为例,其过程为:

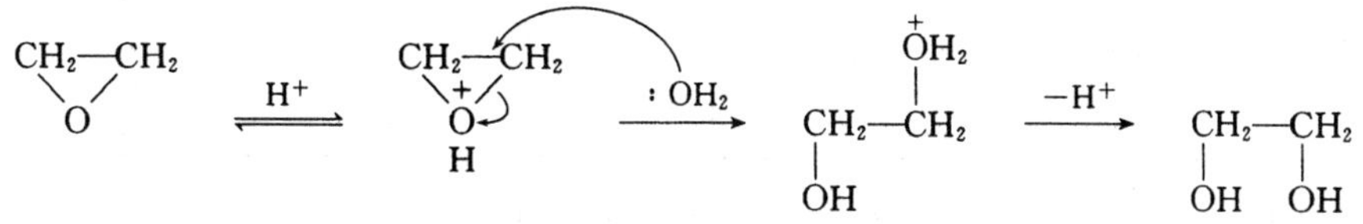

和其他醚一样,环氧乙烷首先质子化,使 C—O 键削弱,将较差的离去基团—CH_2O^-(烷氧负离子)转变为较好的离去基团—CH_2OH(醇)。然后亲核试剂(H_2O)进攻中心碳原子,使 C—O键断裂开环。在这种亲核取代反应中,由于 H_2O 是弱的亲核试剂,所以反应的动力主要来自于酸对环氧化合物的质子化,以使 C—O 键削弱,容易断裂(三元环的高度张力可以看成是反应的潜在动力)。或者说,质子化后—CH_2OH 作为较好的离去基团容易离开中心碳原子。

酸性开环的机理可用通式表示如下:

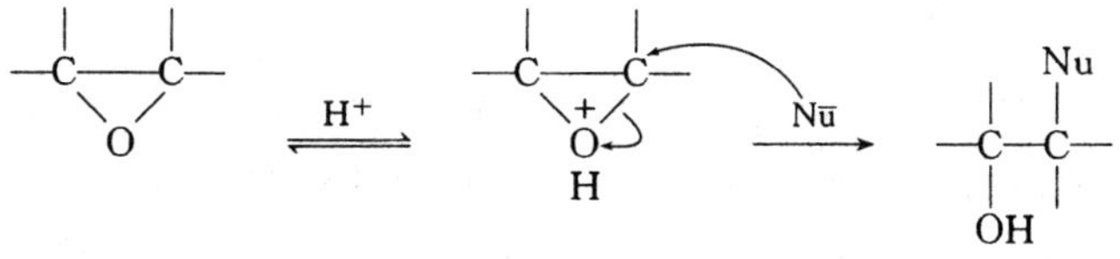

2. 碱性开环机理

现以环氧乙烷与 $NaOC_2H_5$ 反应来表示碱性开环的一般机理:

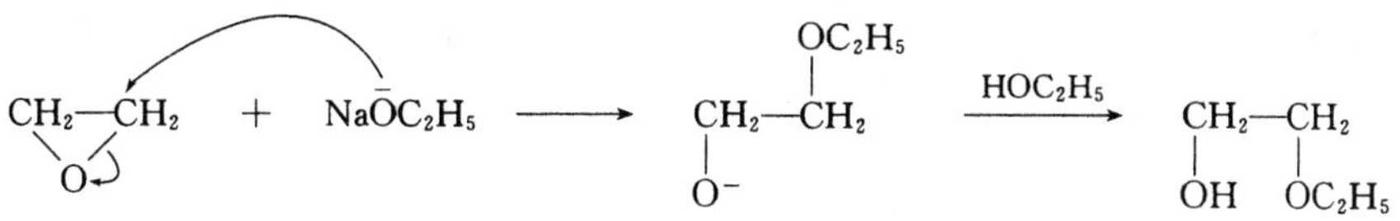

在碱性条件下,环氧乙烷不能质子化,C—O 键比较牢固,其离去基团(烷氧负离子)比较差,这是不利于亲核开环的因素。但碱($\overline{O}C_2H_5$)本身是一个较强的亲核试剂,强亲核试剂对中心碳原子的进攻是开环的动力(当然三元环高度张力的潜在动力同样存在)。

对比酸性开环和碱性开环的机理,可以看出,在两种反应中,各有其长,各有其短。酸性开环的长处是反应底物(质子化的环氧化合物)非常活泼,但亲核试剂较弱;碱性开环的长处是亲核试剂较强,但反应底物的活性不太高。两种情况下,有利因素和不利因素互相弥补,都可以使环氧化合物发生开环反应。

酸性开环:

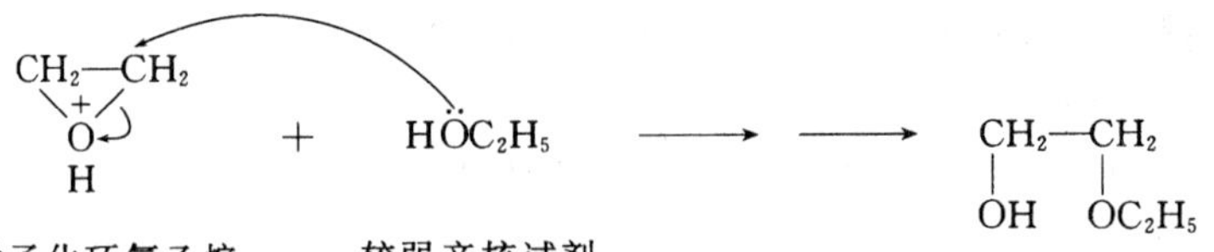

质子化环氧乙烷　　　较弱亲核试剂

碱性开环：

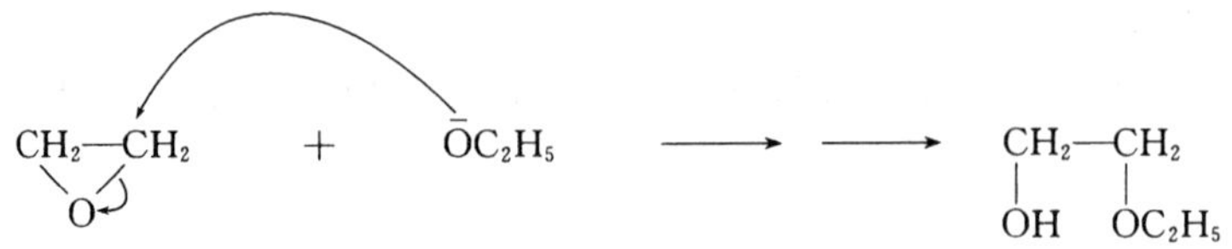

非质子化环氧乙烷　　　较强亲核试剂

问题10-11　环氧乙烷的酸性开环和碱性开环各自的主要动力是什么？

问题10-12　写出下列反应的可能机理。

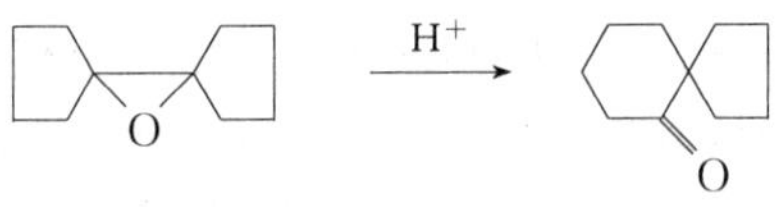

问题10-13　以苯酚和环氧乙烷反应为例，说明为什么不能使质子化的环氧化合物和具有高度活性的亲核试剂苯氧负离子发生反应？

三、环氧化合物的开环方向

在以上各例中所用的环氧化合物都是环氧乙烷，其环氧碳原子是等同的。亲核试剂和任意一个碳原子结合，都得到同一种产物。而不对称环氧化合物开环，可生成两种产物，以哪种产物为主，决定于它们的开环方向（ring-opening orientation），这种开环方向与反应的酸碱性密切相关。

1. 碱性开环方向

在碱性开环反应中，由于底物中的离去基团较差，反应是由亲核试剂进攻而引起的。键的形成和断裂协同进行，二者基本平衡，与通常的 S_N2 一样，亲核试剂进攻哪个环氧碳原子，主要决定于空间因素，而与电子因素关系不大。显然，亲核试剂总是优先进攻空间位阻较小的，含烷基较少的环氧碳原子。

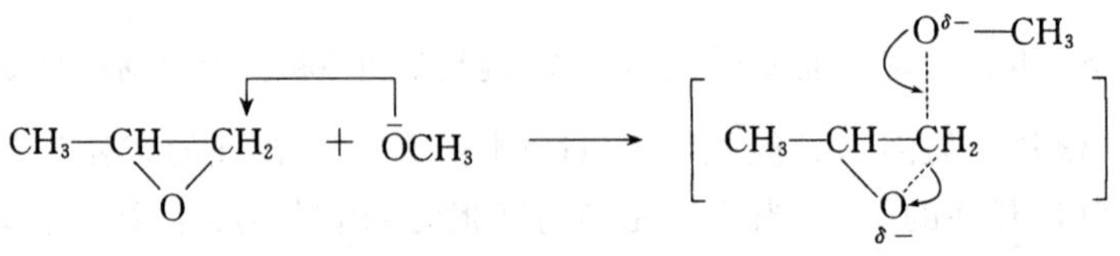

过渡态

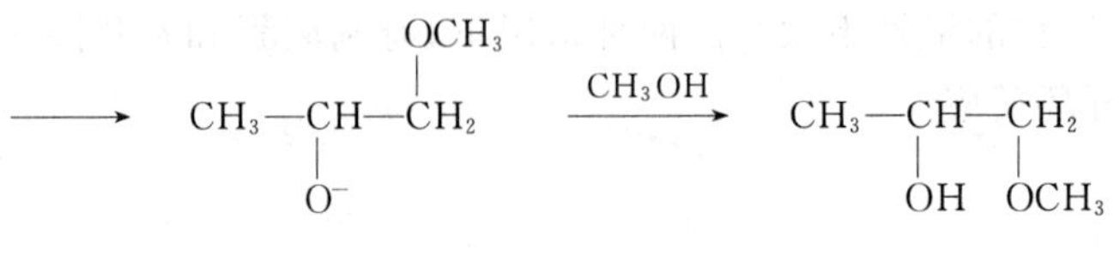

例如：

$$\underset{\underset{CH_3}{|}}{\overset{\overset{CH_3}{|}}{C}} \!\!-\!\! CHCH_3 \ + \ NaOCH_3 \xrightarrow{CH_3OH} \underset{\underset{OH}{|}}{\overset{\overset{CH_3}{|}}{CH_3\!-\!C}} \!\!-\!\! \underset{\underset{OCH_3}{|}}{CHCH_3}$$

53%

格氏试剂与环氧化合物的反应也属于碱性开环,例如：

$$C_6H_5CH_2MgCl \ + \ \underset{O}{CH_2\!-\!CHCH_3} \xrightarrow[]{\text{乙醚}} \xrightarrow{H_3^+O} C_6H_5CH_2CH_2\underset{\underset{OH}{|}}{CHCH_3}$$

67%

2. 酸性开环方向

要说明酸性开环的方向,没有碱性开环那么简单。许多实验证据表明,环氧化合物的酸性开环是 S_N2 类型的反应。但由于质子化的环氧化合物的活性较高,离去基团较好,而亲核试剂又比较弱,所以反应是从 C—O 键断裂开始的。在键断裂过程中,亲核试剂才逐渐与中心环碳原子接近。因为键的断裂先于键的形成,所以中心环碳原子显示部分正电荷,反应带有一定程度的 S_N1 性质。开环方向主要决定于电子因素,而与空间因素关系不大。在这里,C—O 键将优先从比较能容纳正电荷的那个环碳原子一边断裂,所呈现的正电荷主要集中在这个碳原子上,因此,亲核试剂优先接近该碳原子(即取代较多的环碳原子)。下边以醇的反应为例说明酸性开环的方向。

CH₃CH—CH₂ $\xrightarrow{H^+}$ ... CH₃CH—CH₂ → CH₃ĊH—CH₂ $\xrightarrow{H\ddot{O}R}$

C—O 键先从取代较多　　　　亲核试剂优先与取代
的碳原子一边部分断裂　　　　较多的环碳原子结合

CH₃—CH—CH₂ → CH₃—CH—CH₂ $\xrightarrow{-H^+}$ CH₃CH—CH₂

在过渡态,键的断裂超过键的形
成,环碳原子上仍带部分正电荷

总而言之,不对称环氧化合物的酸性开环方向是亲核试剂优先与取代较多的碳原子结合,相应的开环产物是主要的。

在此还要特别指出,酸性开环方向的本质是,亲核试剂优先与比较能容纳正电荷的环碳原子结合,由此决定开环产物。例如,在下列环氧化合物中,两个环碳原子取代一样多,显然,亲核试剂应优先与连有苯基的那个环碳原子结合,因为连有苯基的碳原子容纳正电荷能力较强。直接写出开环产物如下：

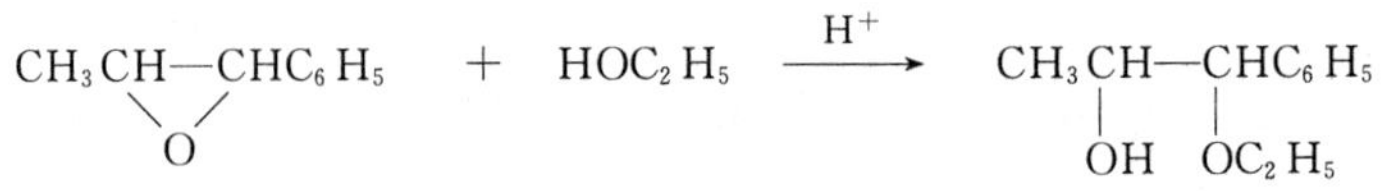

$$CH_3CH\!-\!CHC_6H_5 \ + \ HOC_2H_5 \ \xrightarrow{H^+} \ CH_3CH\!-\!CHC_6H_5$$

(with epoxide O bridge on left; product has OH and OC₂H₅ below)

问题10-14 不对称环氧化物的碱性开环和酸性开环方向各决定于什么因素？

问题10-15 写出下列反应的产物。

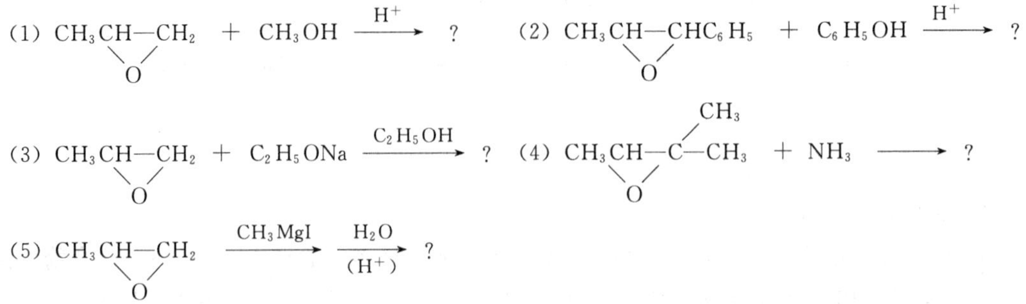

(1) $CH_3CH\!-\!CH_2 \ + \ CH_3OH \ \xrightarrow{H^+} \ ?$

(2) $CH_3CH\!-\!CHC_6H_5 \ + \ C_6H_5OH \ \xrightarrow{H^+} \ ?$

(3) $CH_3CH\!-\!CH_2 \ + \ C_2H_5ONa \ \xrightarrow{C_2H_5OH} \ ?$

(4) $CH_3CH\!-\!\underset{CH_3}{\overset{CH_3}{C}}\!-\!CH_3 \ + \ NH_3 \ \longrightarrow \ ?$

(5) $CH_3CH\!-\!CH_2 \ \xrightarrow{CH_3MgI} \ \xrightarrow[(H^+)]{H_2O} \ ?$

四、开环反应的立体化学

如前所述,无论是碱性开环,还是酸性开环,都属于 S_N2 类型的反应(虽然酸性开环具有一定程度的 S_N1 性质),所以亲核试剂总是从离去基团(氧桥)的反位进攻中心碳原子,得到反式开环产物。这种过程犹如在烯烃加溴时,溴负离子对溴鎓离子的进攻。

碱性开环:

A

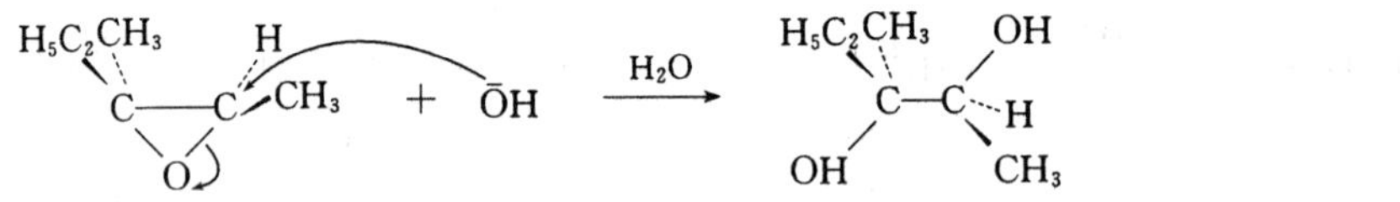

B

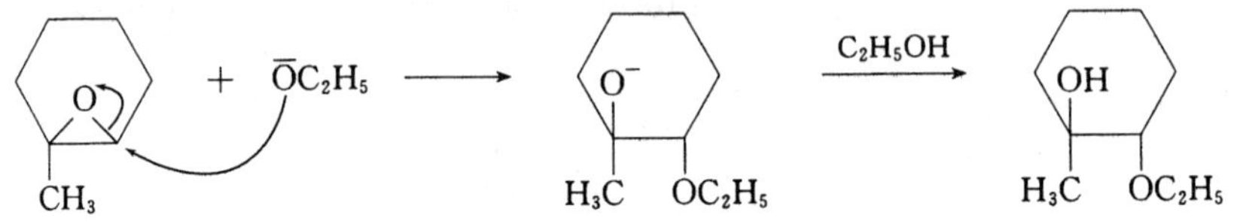

C

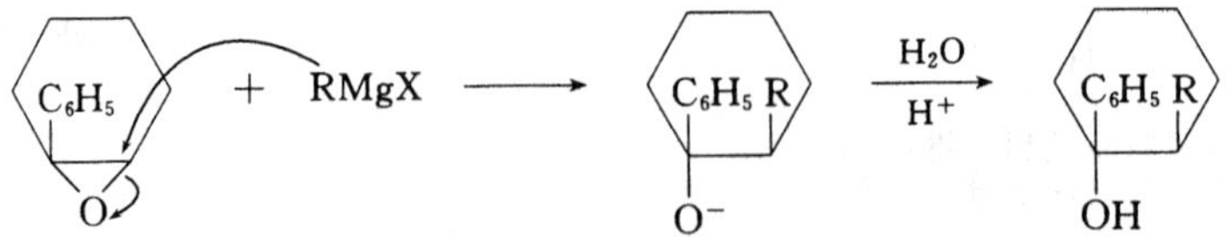

酸性开环:

A

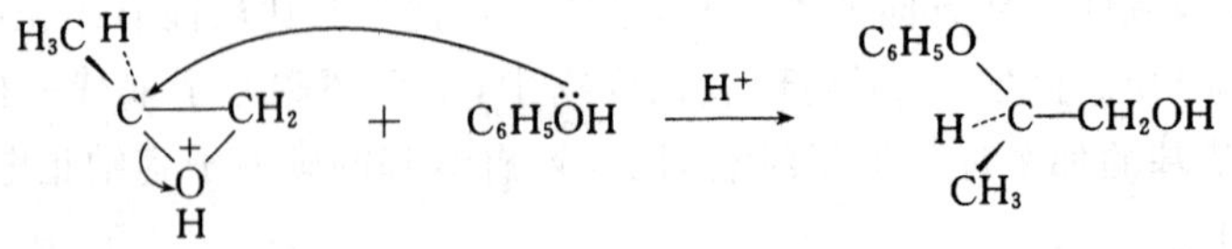

B

$$\underset{\overset{\overset{\displaystyle C_6H_5}{|}\ \ \ \overset{\displaystyle H}{|}\ \ \ \overset{\displaystyle H}{|}\ \ \ \overset{\displaystyle CH_3}{|}}{\underset{O}{\overset{+}{\underset{|}{\underset{H}{}}}}}{C-C}} \quad + \quad HCl \quad \longrightarrow \quad \underset{\overset{C_6H_5}{|}}{\overset{\overset{Cl}{|}}{H-C}}-\overset{\overset{H}{|}\ \overset{CH_3}{|}}{\underset{OH}{C}}$$

C

问题10-16 写出下列反应的产物。

(1)

$+ \quad H_2O \quad \xrightarrow{\ H^+\ } \quad ?$

(2)

$+ \quad CH_3ONa \quad \xrightarrow{\ CH_3OH\ } \quad ?$

问题10-17 由乙苯起始合成下面化合物。

(1) $C_6H_5\underset{\underset{OH}{|}}{C}HCH_2OC_2H_5$ (2) $C_6H_5\underset{\underset{OC_2H_5}{|}}{C}HCH_2OH$

五、环氧化合物的制备方法

环氧化合物主要有以下几种制备方法：①烯烃的催化氧化法，如工业上环氧乙烷的制备是采用乙烯在银催化下高温氧化法。②β-卤代醇碱作用下反应制备，这个反应是威廉姆逊合成醚的方法，不过是分子内亲核取代反应。③另一个制备环氧化合物的方法是通过过氧酸(过氧化间氯苯甲酸，过氧化三氯乙酸、过氧化氢和甲酸等)对烯氧化制备。一般过氧酸不很稳定，所以该法主要用于实验室制备，操作时应注意安全。目前化学家们发现过氧化邻苯二甲酸单镁盐(M. M. P. P)是一个较稳定的好的氧化剂，它被广泛用于环氧化合物制备。

$$CH_2=CH_2 \quad + \quad O_2 \quad \xrightarrow{\ Ag/250\ ^\circ C\ } \quad \underset{O}{CH_2-CH_2}$$

$$CH_3-CH=CH_2 \xrightarrow{\ Br_2/H_2O\ } CH_3-\underset{\underset{OH}{|}}{C}H-CH_2Br \xrightarrow{\ OH^-\ } CH_3-\underset{\underset{O:}{\overset{|}{}}}{C}H-CH_2Br \xrightarrow{\ -Br^-\ } CH_3-\underset{O}{CH-CH_2}$$

$$\underset{\diagdown}{\overset{\diagup}{C}}=\underset{\diagdown}{\overset{\diagup}{C}} \quad \xrightarrow{\ RCOOOH\ } \quad \underset{O}{\overset{\diagup}{C}-\overset{\diagdown}{C}}$$

$$R—CO_3H = C_6H_5CO_3H, CH_3CO_3H, Cl_3C—CO_3H, H_2O_2/HCO_2H$$

$$\left[\begin{array}{c} CO_3H \\ CO_2^- \end{array}\right]_2 Mg^{2+} \quad 过氧化邻苯二甲酸单镁盐(M. M. P. P)$$
magnesium monoperoxyphthalate

$$\bigcirc \xrightarrow{\text{M. M. P. P}} \bigcirc\!\!\!\!\diagup O$$

$$C_6H_5CH=CHCH_2OH \xrightarrow{C_6H_5CO_3H} C_6H_5CH—CHCH_2OH$$

1980 年 K. B. Sharplass 发现了一个手性合成环氧化合物的新方法——在具光学活性的酒石酸二烷基酯、四异丙氧基钛存在下,烯丙醇与叔丁基过氧化氢作用,生成高旋光收率的环氧化合物。

$$CH_2=\overset{CH_2OH}{\underset{CH_3}{C}} \xrightarrow[\text{(+)-酒石酸二乙酯}]{(CH_3)_3COOH, \ Ti(O\text{-}i\text{-}Pr)_4} H_2C\diagdown\overset{\cdots CH_2OH}{\underset{CH_3}{O}}$$

S-构型

$$\begin{array}{c} CO_2C_2H_5 \\ H—OH \\ HO—H \\ CO_2C_2H_5 \end{array}$$
(+)-酒石酸二乙酯
(+)-diethyl tartarate

反应产物中的氧是由叔丁基过氧化氢提供,立体选择性则是由于(+)-酒石酸二乙酯作为配基与钛生成具旋光性的络合物催化反应所致。

习　题

1. 命名下列化合物。

(1) $(CH_3)_2CH—O—\overset{CH_3}{\underset{}{C}}HCH_2CH_3$

(2) $CH_3\overset{OCH_3}{\underset{}{C}}HCH_2CH_2\overset{CH_3}{\underset{}{C}}HCH_3$

(3) $CH_3—\bigcirc—O—\bigcirc—NO_2$

(4) $(CH_3)_3C—O—\bigcirc—NO_2$

2. 完成下列反应式。

(1) $\bigcirc\!—O—CH_2CH=CH—\bigcirc \xrightarrow{200\ ^\circ C}$

(2) 结构式 $\xrightarrow{\triangle}$

(3) $C_6H_5OCH_2CH_3 \ + \ HI \longrightarrow$

(4) 结构式 $\xrightarrow{Ca(OH)_2}$

(5) $CH_2—CHCH_3 \ \begin{array}{c} \xrightarrow{C_6H_5OH, H^+} \\ \xrightarrow[NaOH]{C_6H_5OH} \end{array}$

$$(6) \quad \overset{CH_3}{\underset{CH_3}{\diagdown}} \overset{}{\underset{O}{C}} \diagup \overset{}{\underset{O}{\diagdown}} CHCH_3 \quad \overset{CH_3OH, H^+}{\underset{\underset{CH_3OH}{CH_3ONa}}{\xrightarrow{\hspace{1cm}}}}$$

$$(7) \quad C_6H_5 - \overset{}{\underset{O}{CH}} \overset{}{\underset{O}{\diagdown}} CHCH_3 \quad \overset{HCl}{\underset{NH_3}{\xrightarrow{\hspace{1cm}}}}$$

$$(8) \quad \boxed{\underset{O}{}} \;+\; ROH \quad \xrightarrow{H^+}$$

$$(9) \quad \overset{H_3C}{\underset{}{\diagdown}} \overset{C_2H_5}{\underset{}{\overset{|}{C}}} \overset{}{\diagup} \overset{}{\underset{O}{\diagdown}} CH_2 \quad \overset{H_2O(H^+)}{\underset{H_2O(\overline{O}H)}{\xrightarrow{\hspace{1cm}}}}$$

3. 一般醚在稀 H_2SO_4 水溶液中很难水解,但甲基乙烯基醚在稀 H_2SO_4 水溶液中却迅速水解。试写出水解产物及其生成过程。

4. 为什么 $H_2C{=}CHCH_2OH$ 与 $(CH_3)_2CHOH$ 能生成高产率的混合醚 $CH_3CH{-}O{-}CH_2CH{=}CH_2$?
$$\underset{CH_3}{|}$$

5. 苯炔和 $\boxed{\underset{O}{}}$ 共热所生成的产物用酸处理,最终得到 ![naphthol structure with OH]。试写出其反应过程。

6. 解释下列事实。

$$(CH_3)_3C{-}O{-}CH_3 \quad \begin{cases} \xrightarrow[\text{乙醚}]{\text{无水 HI}} & CH_3I \;+\; (CH_3)_3COH \\[2mm] \xrightarrow{\text{HI 水溶液}} & CH_3OH \;+\; (CH_3)_3C{-}I \end{cases}$$

7. 写出下列反应的可能过程。

$$(1) \quad \boxed{}{=}\overset{C_6H_5}{\underset{C_6H_5}{\overset{|}{C}}} \quad \overset{RCO_3H}{\xrightarrow{\hspace{1cm}}} \quad \overset{H^+}{\xrightarrow{\hspace{1cm}}} \quad \overset{O}{\underset{}{\parallel}}\boxed{}\overset{C_6H_5}{\underset{C_6H_5}{\overset{|}{\underset{|}{}}}}$$

$$(2) \quad \boxed{}{-}CH{-}CH{-}\overset{}{\underset{O}{\diagdown}}CH_2 \quad \overset{OH^-}{\xrightarrow{\hspace{1cm}}} \quad \boxed{}{-}CH{-}CHCH_2OH$$
$$\underset{Cl}{|}\underset{}{}\underset{O}{\underset{\diagdown\diagup}{}}$$

8. 一个学生制备化合物 **J**,他把化合物 **K** 加到等摩尔格氏试剂中进行反应,而后用稀盐酸处理,结果没有得到 **J**。①他得到的是什么化合物? ②你如何用试剂 K 成功地制备 **J**,写出合成路线。

$$\underset{\textbf{K}}{\underset{OH}{\boxed{\overset{CH_3}{\overset{O}{}}}}} \qquad\qquad \underset{\textbf{J}}{\underset{OH}{\boxed{\overset{CH_3}{\underset{CH_3}{\overset{OH}{}}}}}}$$

9. 以环氧乙烷为原料合成下面化合物。

(1) $C_2H_5OCH_2CH_2OCH_2CH_2OH$ 　　　　(2) $HOCH_2CH_2OCH_2CH_2OH$

(3) $HOCH_2CH_2NHCH_2CH_2OH$

10. 以苯、甲苯、乙苯、环己醇和四个碳以下有机物为原料合成下面化合物。

(1) $(CH_3)_3C{-}OCH_2CH_2CH_2CH_2CH_3$ 　　　　(2) $\overset{OH}{\underset{}{\overset{|}{C_6H_5CHCH_2OC_6H_5}}}$

(3) $\boxed{\underset{C_6H_5}{\overset{OH}{}}}$ 　　　　(4) $C_6H_5CH_2O{-}CH_2CH_2C{\equiv}CCH_3$

(5) 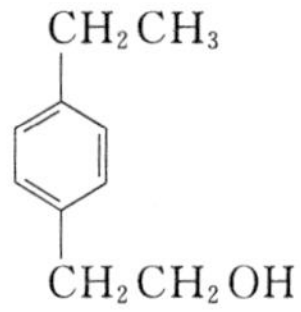 对位: CH_2CH_3 / CH_2CH_2OH 苯环

(6) 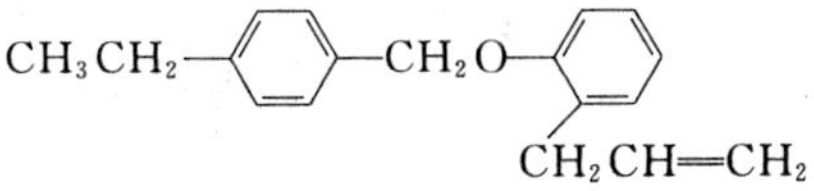 CH_3CH_2—〇—CH_2O—〇 ($CH_2CH=CH_2$)

(7) 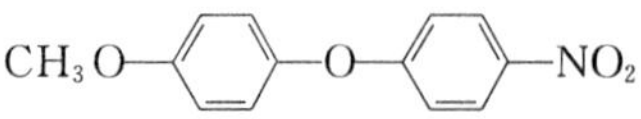 CH_3O—〇—O—〇—NO_2

(8) 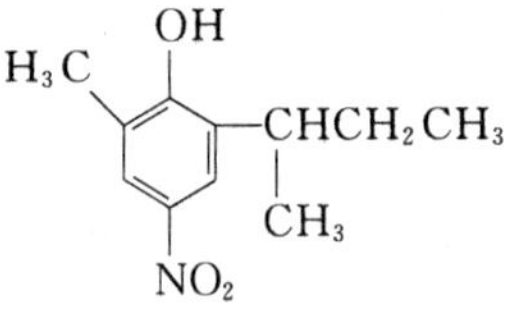 H_3C、OH、$CHCH_2CH_3$、CH_3、NO_2 取代苯环

11. 有分子式为 C_8H_9OBr 的三个化合物 **A**、**B**、**C**。它们都不溶于水,但均溶于浓 H_2SO_4。当用硝酸银处理时,只有 **B** 能产生沉淀。这三个化合物都不与稀 $KMnO_4$ 水溶液和 Br_2-CCl_4 作用。进一步研究它们的性质,得出如下结果:

用热碱性 $KMnO_4$ 氧化

A ⟶ **D**($C_8H_7O_3Br$),一个酸

B ⟶ **E**($C_8H_8O_3$),一个酸

C ⟶ 无反应

用热氢溴酸处理

A ⟶ **F**(C_7H_7OBr)

B ⟶ **G**(C_7H_7OBr)

C ⟶ 〇(OH,Br 邻位)

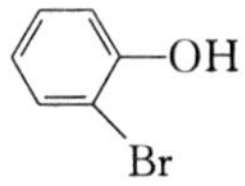

E ⟶ 〇(COOH,OH 邻位)

OH—〇—COOH $\xrightarrow[\text{NaOH}]{(CH_3)_2SO_4}$ $\xrightarrow[\text{H}_2\text{O}]{\text{HCl}}$ **J**($C_8H_8O_3$)

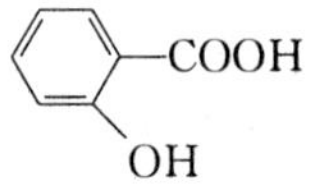

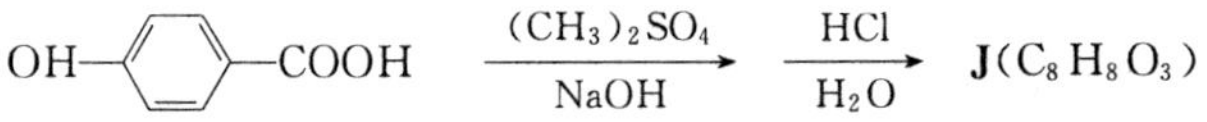

J + Br_2 $\xrightarrow{\text{Fe}}$ **D**

试写出 **A**、**B**、**C**、**D** 的可能结构及有关反应式。

文献题:

1. 写出不同试剂使醚链断裂的产物和反应历程。

(1) 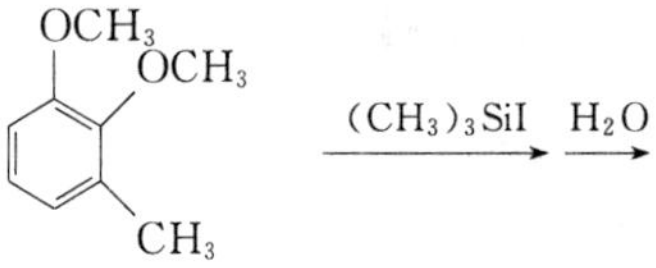 OCH_3、OCH_3、CH_3 取代苯环 $\xrightarrow{(CH_3)_3SiI \quad H_2O}$

(2) CH_3—〇(OCH_2—〇, Br)苯环 $\xrightarrow[\text{C}_2\text{H}_5\text{SH}]{\text{BF}_3/\text{Et}_2\text{O}}$

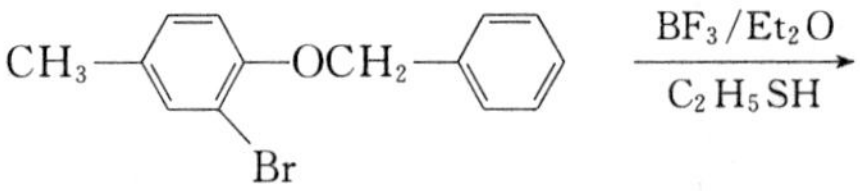

(3) 〇 (双环氧桥) $\xrightarrow{(CH_3)_2BBr}$

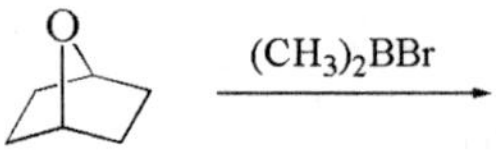

2. 指出下列两个环氧化合物开环反应的产物。

(a)用 HOAc; (b)用 $(CH_3)_2NH$; (c)用 $LiAlH_4$

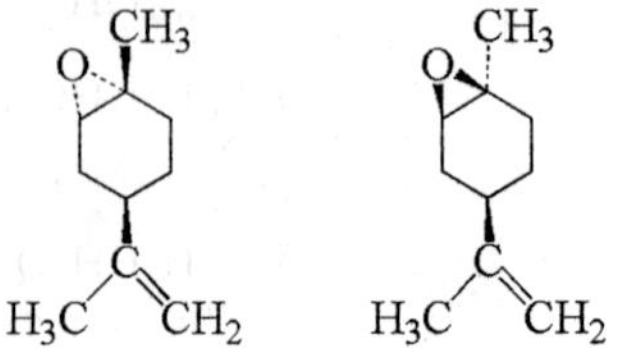

来源：

1. (1) E. H. Vickery, L. F. Pahler, E. J. Eisenbraun. J. Org. Chem. ,1979,44:4444.

　(2) K. Fuji, K. Ichikawa, M. Node, E. Fujita. J. Org. Chem. ,1979,44:1661.

　(3) Y. Guindon, M. Therien, Y. Girard, C. Yoakim. J. Org. Chem. ,1987,52:1680.

2. E. E. Royals, J. C. Leffingwell. J. Org. Chem. ,1966,31:1937.

第十一章 醛 和 酮

11.1 醛、酮的结构与命名

一、结构

醛和酮都是含有羰基(C═O)的化合物,若两个烃基与羰基相连称作**酮**(ketone),至少一个氢与羰基相连称作**醛**(aldehyde)。若两个脂肪烃基与羰基相连叫脂肪酮,一个脂肪烃基与羰基相连的醛叫脂肪醛,若羰基直接与芳环相连叫做芳香醛或芳香酮。

$$
\begin{array}{cc}
\overset{\displaystyle O}{\underset{\displaystyle \|}{R-C-R'}} & \overset{\displaystyle O}{\underset{\displaystyle \|}{H-C-R(H)}} \\
\text{酮} & \text{醛} \\
\text{ketone} & \text{aldehyde}
\end{array}
$$

醛、酮中羰基碳为 sp^2 杂化,其中一个 sp^2 杂化轨道与氧生成 σ 键,而羰基碳的 p 轨道与氧的一个 p 轨道生成 π 键。因此醛酮羰基可看做一个平面,其键角接近 $120°$(图 11-1)。电子辐射和光谱研究结果与杂化轨道描述是一致的。羰基中碳氧双键成键原子之间电负性的不同使 π 电子偏向于电负性较强的氧,因此这个双键叫极性不饱和键。由于成键原子电负性影响使醛酮分子具有一定极性,其偶极矩约为 $2.3\sim2.8D$。正是这种极性使醛酮具有亲核加成反应的特征。

图 11-1 羰基的结构

二、命名

醛、酮的命名主要采用系统命名法。选含有羰基的最长碳链为主链,从醛基一端,或从靠近羰基一端给主链编号。醛基因处在链端,编号总是为 1,可以省略。而酮羰基的位次必须标出(个别例外)。例如:

3-甲基丁醛   丁酮   2-甲基-3-戊酮
3-methylbutanal   butanone   2-methyl-3-pentanone

在 IUPAC 英文命名中,醛、酮的母体名称是将相应烷烃名称的词尾"e"分别变成"al"或"one"。

不饱和醛、酮的命名是从靠近羰基一端给主链编号,要注意名称的正确写法。

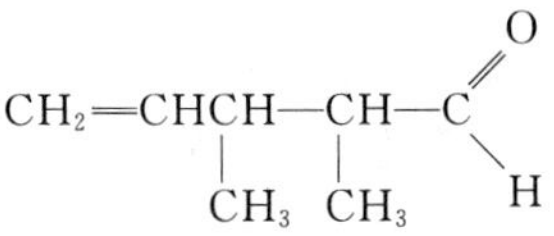

2,3-二甲基-4-戊烯醛
2,3-dimethyl-4-pentenal

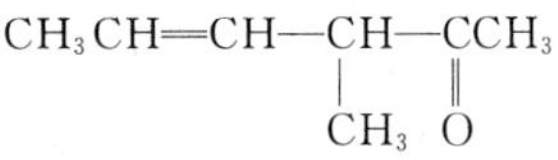

3-甲基-4-己烯-2-酮
3-methyl-4-hexen-2-one

羰基在环内的脂环酮,称为环某酮;如羰基在环外,则将环作为取代基。例如:

4-甲基环己酮
4-methylcyclohexanone

3-甲基环己基甲醛
3-methylcyclohexanecarbaldehyde

"carbaldehyde"是以甲醛为母体命名的后缀。

命名含有芳基的醛、酮,总是把芳基看成取代基。例如:

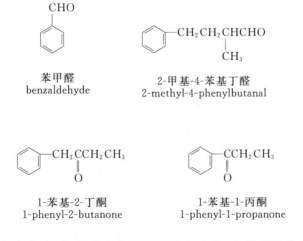

苯甲醛
benzaldehyde

2-甲基-4-苯基丁醛
2-methyl-4-phenylbutanal

1-苯基-2-丁酮
1-phenyl-2-butanone

1-苯基-1-丙酮
1-phenyl-1-propanone

酮还有一种衍生物命名法,把酮看成是"甲酮"的衍生物,在"甲酮"前边加上两个烃基的名称,"甲"字一般可省略。例如:

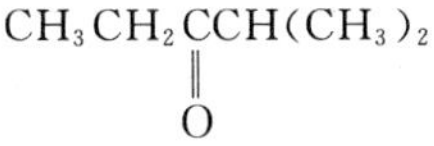

$CH_3CH_2CCH(CH_3)_2$

乙基异丙基酮
ethyl isopropyl ketone

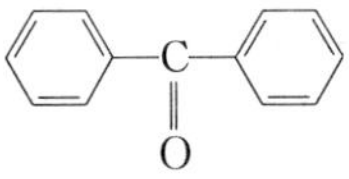

二苯酮
diphenyl ketone

"ketone"是在这种英文命名法中的母体名称,也是酮的类名。醛的类名为"aldehyde"。

11.2 醛、酮的物理性质

一、沸点

醛、酮分子间不能形成氢键,沸点比相应醇的低得多,但比同碳数烃、醚的要高。在室温下,除甲醛外,其他醛、酮都为液体或固体。

二、溶解性

由于醛、酮的羰基氧原子能与水分子中的氢原子形成氢键,所以低级醛、酮在水中有一定的溶解度,例如,甲醛、乙醛、丙醛和丙酮可与水混溶。其他醛、酮的水溶性随相对分子质量的增大而减小。高级醛、酮微溶或不溶于水,而溶于一般的有机溶剂。

一些常见的一元醛、酮的物理常数见表 11-1。

表 11-1　一些一元醛、酮的物理常数

化合物	熔点/℃	沸点/℃	密度/10^3 kg·m^{-3}(20 ℃)
甲　醛	−92	−21	0.815
乙　醛	−121	20.8	0.783 4$^{18℃}$
丙　醛	−81	48.8	0.805 8
正丁醛	−99	75.7	0.817 0
戊　醛	−91.5	103	0.809 5
苯甲醛	−26	178.1	1.041 5$^{15℃}$
丙　酮	−95.35	56.2	0.789 9
丁　酮	−86.35	79.6	0.805 4
2-戊酮	−77.8	102.4	0.808 9
3-戊酮	−39.9	101.7	0.813 8
2-辛酮	−16	172.9	0.820 2

问题11-1　以 IUPAC 法命名下列化合物。

(1) $(CH_3)_2CHCHCH=CHCCH_3$
　　　　　　|　　　　‖
　　　　　Cl　　　O

(2) $CH_3C—CH=CH—CCH_3$
　　　　　‖　　　　　‖
　　　　　O　　　　　O

(3)

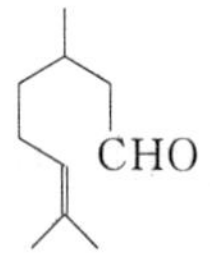

(4) $OHC—CH=CH—CHO$

问题11-2　正丁醇、正丁醛、乙醚的相对分子质量相近而沸点相差很大(分别为 118 ℃、76 ℃、38 ℃),为什么?

11.3 醛、酮的化学性质

羰基是醛、酮的反应中心。由于羰基是极性不饱和键,使醛、酮容易遭受亲核试剂进攻发生亲核加成反应。羰基的拉电子作用使 α-H 变得较活泼,因此涉及 α-H 的反应是醛、酮化学反应的另一部分。醛、酮处于氧化还原的中间价态,所以它们既可被还原也可被氧化。总而言之,醛、酮是化学性质活泼能发生多种反应的化合物。

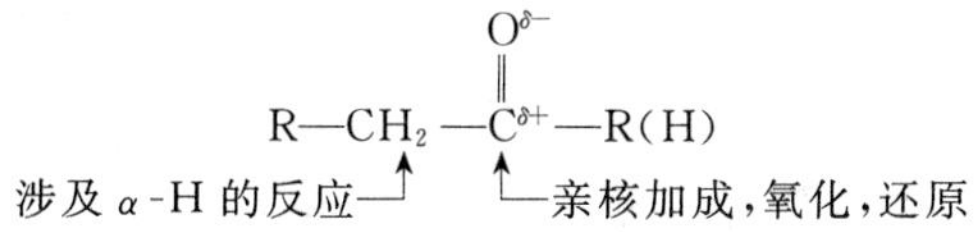

$$R-CH_2-\overset{\overset{O^{\delta-}}{\|}}{C^{\delta+}}-R(H)$$

涉及 $\alpha\text{-H}$ 的反应 ←——— ┘ └——— 亲核加成,氧化,还原

一、羰基上的亲核加成

1. 加氢氰酸

首先介绍这类亲核加成(nucleophilic addition)反应,是想以该类反应为例,较详细地讨论醛、酮亲核加成的机理及其活性规律。

(1)反应

醛、酮与 HCN 作用,生成 α-羟腈(亦叫氰醇):

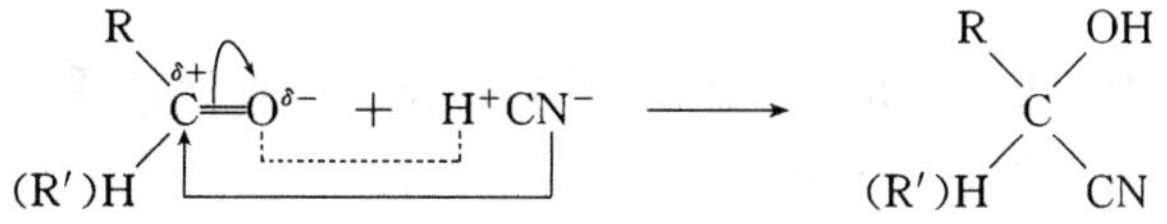

用无水的液体氢氰酸制备氰醇,可以得到满意的结果。但因 HCN 挥发性大,有剧毒,使用不方便,所以在实验室常常是将醛、酮与 NaCN(或 KCN)水溶液混合,再慢慢向混合液中滴加无机酸。例如:

$$CH_2O \ + \ KCN \xrightarrow[H_2O]{H_2SO_4} NCCH_2OH \qquad 76\%\sim80\%$$

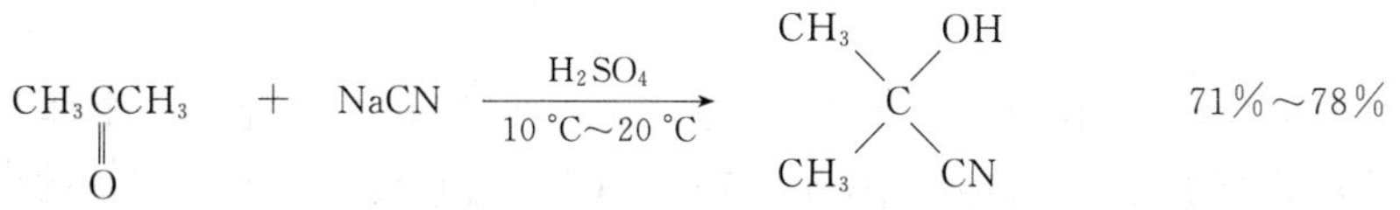

$$CH_3CCH_3 \ + \ NaCN \xrightarrow[10\ ℃\sim20\ ℃]{H_2SO_4} \underset{丙酮氰醇}{\overset{CH_3\quad OH}{\underset{CH_3\quad CN}{C}}} \qquad 71\%\sim78\%$$

氰醇是有机合成的重要中间体,例如,有机玻璃的单体就是由丙酮氰醇在硫酸作用下,发生脱水、酯化而制得的。

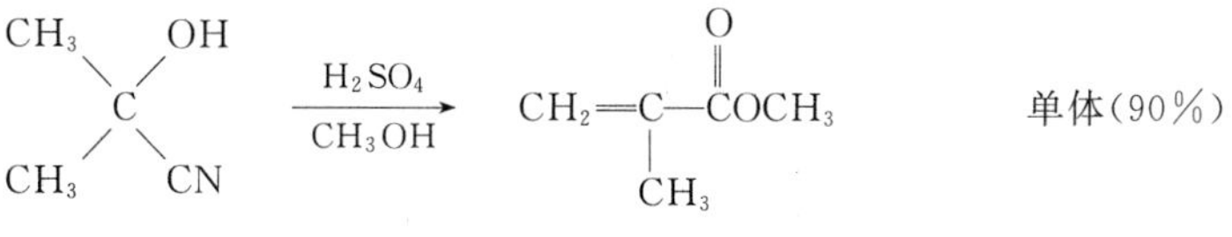

$$\underset{丙酮氰醇}{\overset{CH_3\quad OH}{\underset{CH_3\quad CN}{C}}} \xrightarrow[CH_3OH]{H_2SO_4} CH_2=\underset{CH_3}{\overset{O}{\underset{|}{C}}-COCH_3} \qquad 单体(90\%)$$

(2)机理

人们对醛、酮与 HCN 反应的机理研究得比较成熟,它的机理是在多种实验事实基础上提出的。例如,丙酮和 HCN 反应 3～4 小时,只有一半原料起作用,而加一滴 KOH 溶液则反应可在几分钟内完成。在大量酸存在下,放置几个星期也不起反应。这种少量碱加速反应、酸抑制反应的事实说明反应中进攻羰基的试剂一定是 CN^-,而不是 H^+。氢氰酸是弱酸,不易解离成 CN^-;加碱有利氢氰酸的解离而提高 CN^- 的浓度。加酸使 CN^- 变成氢氰酸(HCN),会降低 CN^- 的浓度。由此推想,醛、酮与 HCN 作用可能按如下的机理:

$$HCN \underset{}{\overset{\text{快}}{\rightleftharpoons}} H^+ + CN^- \qquad\qquad HCN\ \text{解离产生}\ CN^-$$

$$\underset{}{\overset{}{>}}C{=}O \ + \ CN^- \underset{}{\overset{\text{慢}}{\rightleftharpoons}} \underset{CN}{\overset{}{>C{-}O^-}} \qquad \text{亲核试剂}\ CN^-\ \text{进攻羰基}$$

$$\underset{CN}{\overset{}{>C{-}O^-}} \ + \ H{-}OH \underset{}{\overset{\text{快}}{\rightleftharpoons}} \underset{CN}{\overset{}{>C{-}OH}} \ + \ OH^-$$

在这里,CN^- 进攻羰基是决定反应速度的慢步骤。氧负离子与质子结合很快,对整个反应速度无影响。显然,HCN 与醛、酮反应是亲核加成,这与前面对醛、酮加成机理的概括分析是一致的。亲核加成是羰基上所有加成反应的一般特征。

醛、酮与 HCN 的反应是可逆的,加少量碱可使平衡迅速建立。但当氰醇生成后,在蒸馏之前必须加酸将碱除去,否则,氰醇会分解而生成原来的醛、酮和 HCN。在酸的存在下,氰醇是稳定的。

(3)醛、酮的相对活性

不同结构的醛、酮对 HCN 反应的活性有明显差异。这种活性受电子效应和空间效应两种因素的影响,并与反应机理有着密切的关系。

酮和醛的差别是前者羰基碳上多连一个烃基(R'),烃基和氢原子相比是给电子基团,酮分子中烃基的给电子作用将降低羰基碳的电正性,所以不利于亲核试剂(CN^-)对羰基的进攻。

$$\underset{\text{酮}}{\overset{R}{\underset{R'}{>}}C{=}O^{\delta-}} \qquad\qquad \underset{\text{醛}}{\overset{R}{\underset{H}{>}}C{=}O^{\delta-}}$$

酮羰基上连有两个烃基(体积较大),而醛羰基上除一个烃基外,还连有一个体积很小的氢原子。所以醛羰基碳原子的空间位阻比较小,有利于 CN^- 与它接近。而酮羰基碳的空间位阻较大,不利于 CN^- 的进攻。

由此可见,电子效应、空间位阻对醛、酮反应活性的影响是一致的,两种因素都导致醛的活性大于酮。

$$\underset{H}{\overset{R}{>}}C{=}O \ > \ \underset{R'}{\overset{R}{>}}C{=}O$$

接下来再比较脂肪醛和芳香醛,脂肪酮和芳香酮。芳香醛与脂肪醛的差别在于羰基碳上所连的基团分别是芳基(Ar)和脂肪基(R)。已知醛基(—CH=O)连在芳环上,芳基给电子,因芳基和醛基是 p-π 共轭结构,这种给电子性比一般的脂肪烃基要大。所以芳香醛羰基碳原子上的电正性比脂肪醛的要小,亲核加成反应活性较低。此外,从空间因素看,芳基的体积一般比脂肪烃基的大,对加成反应是不利的。因此:

$$\underset{H}{\overset{O}{RC}} \ > \ \underset{H}{\overset{O}{ArC}}$$

芳香酮和脂肪酮的情况有些类似。一般来说,脂肪酮的活性高于芳香酮,但常常有例外,要考虑空间因素的影响。比如两个烃基很大的脂肪酮,反应活性可能比某种芳香酮的还低。例如:

$$(CH_3)_3CCC(CH_3)_3 \quad < \quad C_6H_5CCH_3$$

在脂肪醛、酮系列中比较,其相对反应活性主要由空间因素决定(电子效应比较相近)。连在羰基上的基团越大,活性就越低。例如:

$$HCHO \quad > \quad CH_3CHO \quad > \quad CH_3CH_2CH_2CHO \quad > \quad (CH_3)_2CHCHO$$

$$> \quad CH_3CCH_3 \quad > \quad CH_3CCH_2CH_3 \quad > \quad CH_3CH_2CCH_2CH_3$$

对芳香醛、酮而言,主要考虑环上取代基的电子效应。例如:

$$O_2N\text{—}C_6H_4\text{—}CHO \quad > \quad C_6H_5CHO \quad > \quad CH_3\text{—}C_6H_4\text{—}CHO$$

芳环上的吸电子基团增大亲核加成活性,芳环上的给电子基团则降低活性。

在这里要指出的是,上述醛、酮和 HCN 反应的活性规律也适合于醛、酮羰基上的其他亲核加成反应。

(4)平衡常数及反应范围

前已述及,醛、酮和 HCN 的反应是可逆的,表 11-2 列出了几种醛、酮与 HCN 反应的平衡常数值。

平衡常数的大小是醛、酮反应活性高低的反映。平衡常数大,反应活性高;平衡常数小,反应活性低。平衡常数小于 1,则可认为不发生反应。表 11-2 所列数据与前面讨论过的醛、酮相对活性(亲核加成)规律是一致的。从表 11-2 可以看出,醛都能和 HCN 发生加成;而对酮来说,只有脂肪甲基酮能和 HCN 反应,其他酮都不反应(因为平衡常数太小)。

表 11-2 一些醛、酮与 HCN 反应的平衡常数 K

化合物	K	化合物	K
CH_3CHO	很大	$p\text{-}CH_3C_6H_4CHO$	32
$p\text{-}NO_2C_6H_4CHO$	1 420	$CH_3CCH(CH_3)_2$（O）	38
$m\text{-}BrC_6H_4CHO$	530	$C_6H_5CCH_3$（O）	0.8
C_6H_5CHO	210	$C_6H_5CC_6H_5$（O）	很小

八个碳以下的环酮,由于成环使羰基突起,具有较高的活性,可以与 HCN 发生反应(平衡常数较大)。因此,醛、酮与 HCN 发生加成反应的范围是:醛、脂肪甲基酮和八个碳以下的

环酮。

羰基上的亲核加成一般都是可逆的,它们的平衡常数除与醛、酮的结构有关外,还受亲核试剂的影响。所以醛、酮和不同的亲核试剂反应,其平衡常数不尽相同,也就是说,各种亲核加成反应的范围不一样。在学习各种亲核加成反应的时候要特别注意这一点。

最后要说明的是,少量碱只能使醛、酮与 HCN 的反应迅速达到平衡,起加速反应的作用,但并不能改变反应的平衡常数。

2. 加 $NaHSO_3$ 饱和溶液

醛、酮与饱和(40%)亚硫酸氢钠溶液作用,很快生成白色沉淀物。

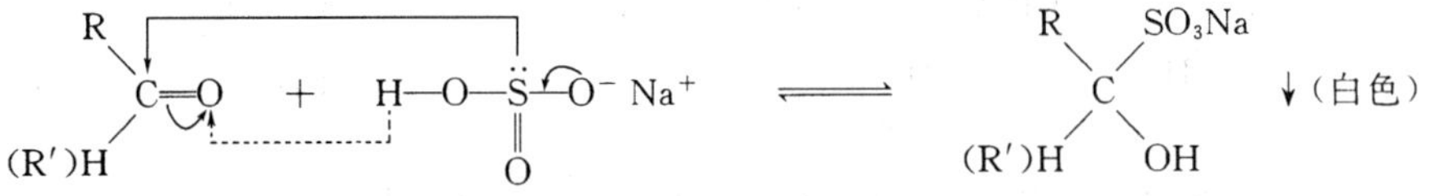

在这里要特别注意,试剂的亲核中心不是氧原子,而是硫原子。所得加成产物不是硫酸酯,而是 α-羟基磺酸钠。该产物虽然能溶于水,但不溶于饱和亚硫酸氢钠溶液,而以沉淀析出。如果在酸或碱存在下,加水稀释,产物又可分解成原来的醛或酮。

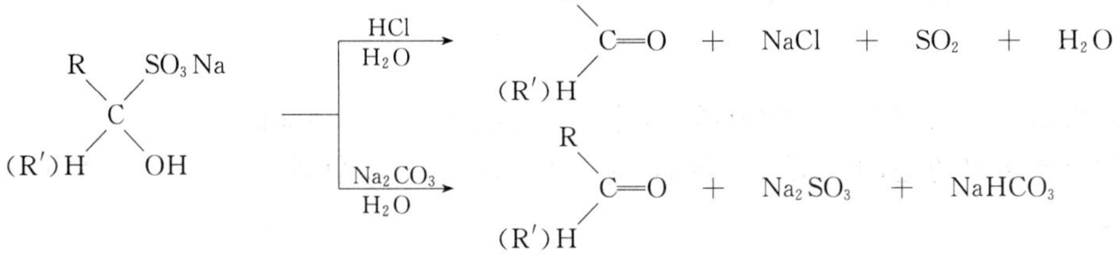

(1)反应范围

醛、酮与 $NaHSO_3$ 加成的反应范围和 HCN 基本相同。即所有醛、脂肪甲基酮和八个碳以下环酮可以发生反应。而其他酮都不反应。由于亲核试剂 $NaHSO_3$ 体积较大,醛、酮分子中烃基空间位阻的影响在该加成反应中显得更加突出。下列醛、酮与 $1mol/L$ 浓度的 $NaHSO_3$ 溶液反应 1 小时,其加成物产率随取代基体积增大而降低。

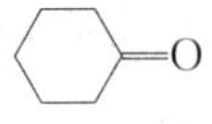

由于最后两个酮反应产率太低,实际上已列入与 $NaHSO_3$ 不反应的范畴。

(2)反应的用处

醛、酮与 $NaHSO_3$ 的加成反应既可以用来鉴别醛、酮,也可以用来分离提纯醛、酮。鉴别时主要根据是否有白色沉淀生成的现象。分离的做法是:先将醛、酮的混合物与饱和 $NaHSO_3$ 溶液一起振荡,立即析出沉淀,过滤后用乙醚洗涤,再用稀酸或稀碱分解,即得到纯的原来的醛、酮。当然,能够鉴别或分离提纯的只限于可以和 $NaHSO_3$ 发生反应的醛、酮。

此外,还可以通过 $NaHSO_3$ 的加成反应制备氰醇:

$$\underset{(R')H}{\overset{R}{\underset{\underset{OH}{|}}{\overset{|}{C}}}}\!\!SO_3Na \quad + \quad NaCN \quad \longrightarrow \quad \underset{(R')H}{\overset{R}{\underset{\underset{OH}{|}}{\overset{|}{C}}}}\!\!CN \quad + \quad Na_2SO_3$$

先将醛、酮与 $NaHSO_3$ 加成,然后再用等摩尔的 $NaCN$ 处理,这种制备氰醇的方法可以避免直接使用毒性高的 HCN,比较安全。例如:

$$C_6H_5CHO \xrightarrow[H_2O]{NaHSO_3} C_6H_5\underset{OH}{\overset{|}{C}}HSO_3Na \xrightarrow[H_2O]{NaCN} C_6H_5\underset{OH}{\overset{|}{C}}HCN \xrightarrow[\triangle]{HCl} C_6H_5\underset{OH}{\overset{|}{C}}HCOOH$$

$$\alpha\text{-羟基酸}$$
$$67\%$$

在这里将氰醇进一步水解得 α-羟基酸。

问题11-3 按与 HCN 反应的活性大小排列下面化合物。

(1) CH_3CHO　　　　(2) $ClCH_2CHO$　　　　(3) Cl_3CCHO　　　　(4) $CH_3\overset{\overset{O}{\|}}{C}CH_3$

(5) $CH_3CH_2\overset{\overset{O}{\|}}{C}CH_3$　　(6) $CH_3\overset{\overset{O}{\|}}{C}C_6H_5$　　(7) C_6H_5CHO　　(8) $CH_3\underset{CH_3}{\overset{|}{C}}HCHO$

问题11-4　$NaHSO_3$ 与醛、酮加成,为什么要配成饱和溶液?加成产物中硫原子是几价?

---

3. 与醇加成

(1)缩醛的生成

醛在干燥氯化氢气体或无水强酸催化剂存在下,能和醇发生加成,生成半缩醛(hemiacetal)。

$$\underset{H}{\overset{R}{C}}{=}O \; + \; HOR' \xrightarrow{H^+} \underset{H}{\overset{R}{\underset{\overset{|}{H}}{\overset{\overset{OH}{|}}{C}}}}{-}OR' \qquad 半缩醛$$

半缩醛既是醚又是醇(可称为 α-羟基醚),很不稳定,它和另一分子醇继续作用,缩去一分子水而生成缩醛(acetal)。

$$R{-}\underset{H}{\overset{\overset{OR'}{|}}{C}}{-}OH + H{-}OR' \xrightarrow{H^+} R{-}\underset{H}{\overset{\overset{OR'}{|}}{C}}{-}OR' \qquad 缩醛$$

整个反应的机理可表示如下:

$$\underset{H}{\overset{R}{C}}{=}O \xrightarrow{H^+} \underset{H}{\overset{R}{C}}{-}\overset{+}{O}H \xrightarrow{H\overset{..}{O}R'} \underset{H}{\overset{R}{\underset{\overset{|}{OH}}{C}}}\overset{\overset{+}{O}R'}{\underset{}{H}} \rightleftharpoons \underset{H}{\overset{R}{\underset{\overset{+}{O}H_2}{C}}}OR'$$

首先是质子附着于羰基氧上,使羰基碳电正性加大,从而活化了羰基,随后是醇作为亲核试剂加成生成半缩醛,再经酸催化脱水和第二分子醇的加成并失去质子生成缩醛。

如果在同一分子中既含有醛基,又含有羟基,只要二者位置适当,常常自动生成环状半缩醛,并且能够稳定存在。

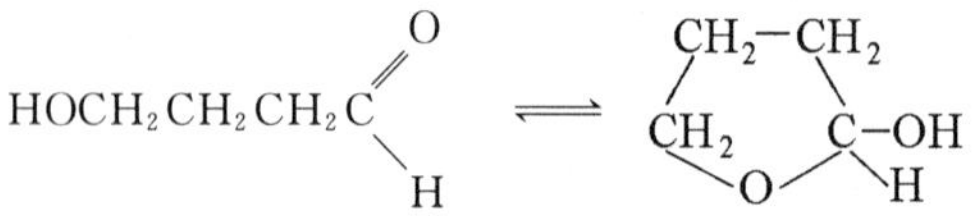

缩醛具有胞二醚的结构,对碱、氧化剂稳定。但在稀酸溶液中,室温下就可水解,生成原来的醛和醇:

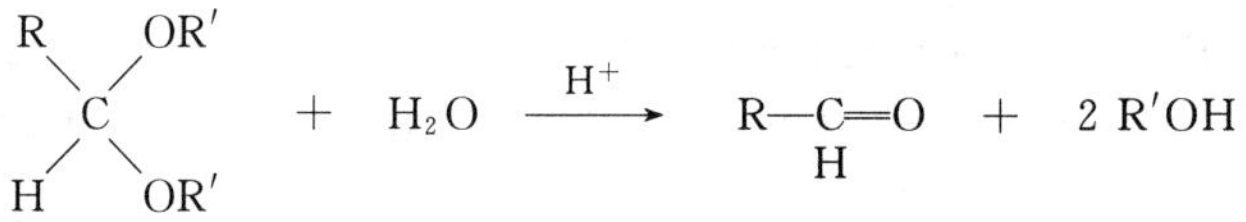

水解反应的机理正好是生成缩醛的逆过程,读者可以自己写。

由此可以理解在由醛和醇生成缩醛的反应中,要用干燥的氯化氢气体,显然是为了防止缩醛的水解。对于相对分子质量较大的醛,有时还利用水—苯—乙醇的恒沸混合物不断除去反应中生成的水,使平衡不断向右移动,以提高缩醛的产率。例如:

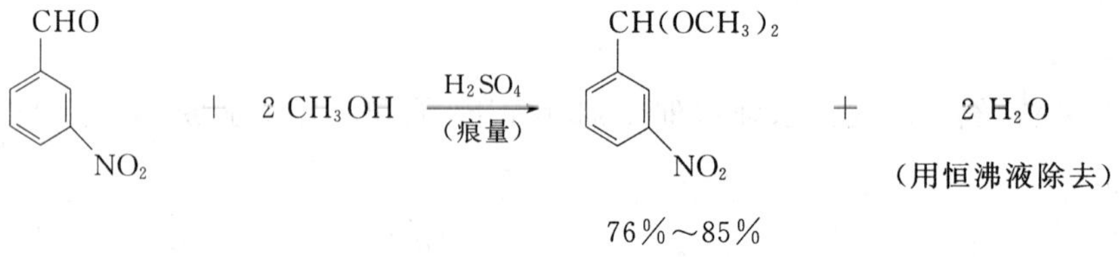

$76\%\sim85\%$

(2)缩酮的生成

在无水酸存在下,酮和醇的反应是很慢的,生成缩酮比较困难。如果欲制备缩酮,可用原甲酸酯和酮作用:

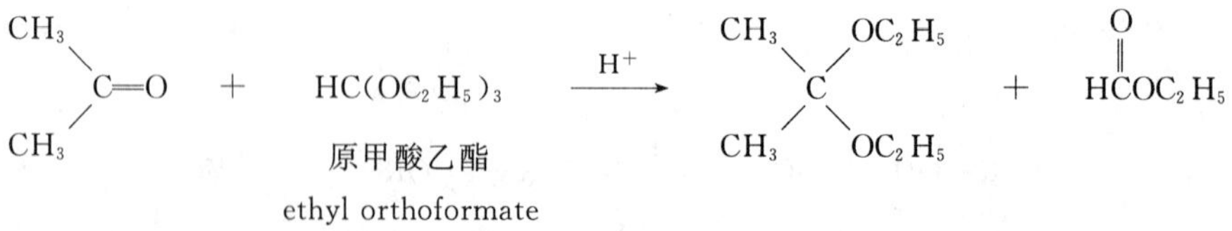

原甲酸乙酯

ethyl orthoformate

如果采用恒沸液法或特殊仪器(如分水器)将反应中生成的水不断除去,酮和醇作用仍可得到一定产率的缩酮。例如:

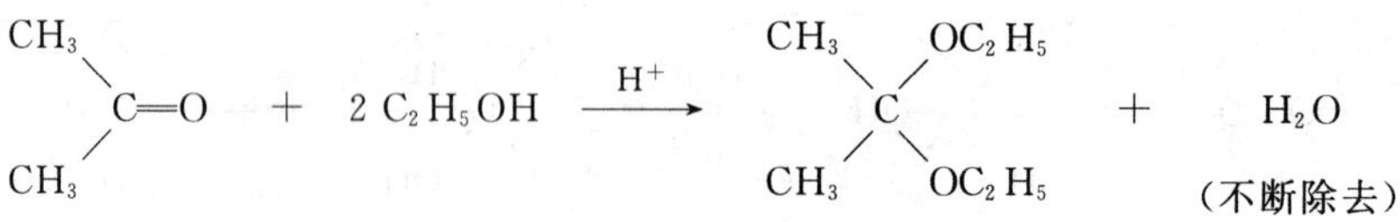

酮与乙二醇或 1,3-丙二醇在酸催化下可顺利生成 5 元或 6 元环缩酮。

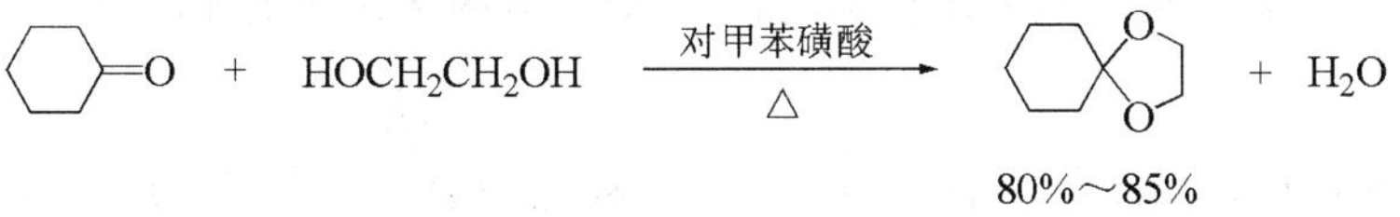

醛的反应活性比酮大,所以醛与二元醇生成环缩醛就更加容易。

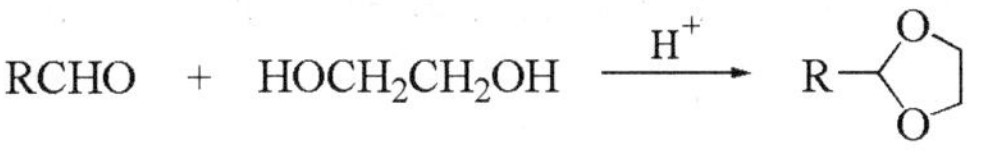

$$RCHO + HOCH_2CH_2OH \xrightarrow{H^+} R \underset{\displaystyle}{\overset{\displaystyle}{\bigvee}}$$

(3)羰基的保护

由于羰基比较活泼,在有机合成中,有时不希望羰基参与某种反应,需要把它保护起来。将羰基转化成缩醛结构是保护羰基(protecting carbonyl group)的常用方法。当保护完毕后,用稀酸处理,原来的羰基即被释放出来。

例 1

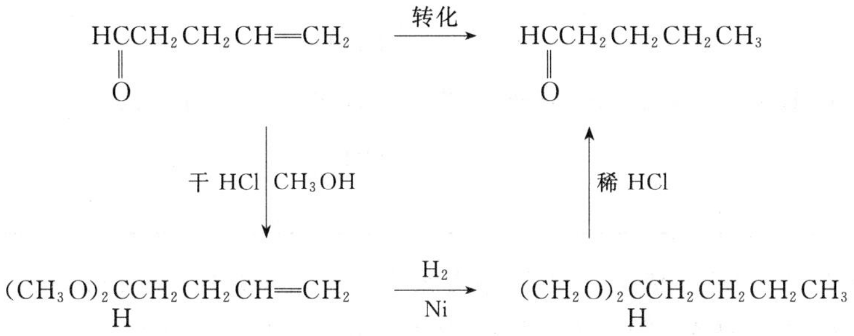

例 2

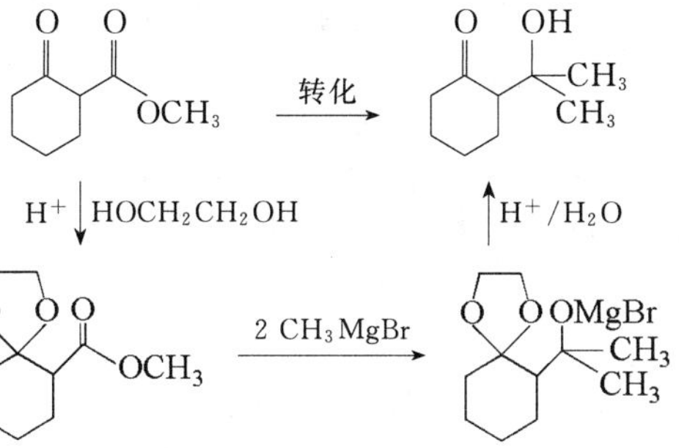

例 1 中是为防止催化氢化条件下醛基被还原而需羰基保护,例 2 中因酮和酯均会与格氏试剂反应,为防止酮羰基反应必须加以保护。

4. 与水加成

水也可以和羰基进行亲核加成反应,但由于水是比醇更弱的亲核试剂,所以绝大部分羰基化合物水合反应的平衡常数(K)很小。只有甲醛、乙醛的 K 值较大,它们很容易与水作用生成相应的水合物。

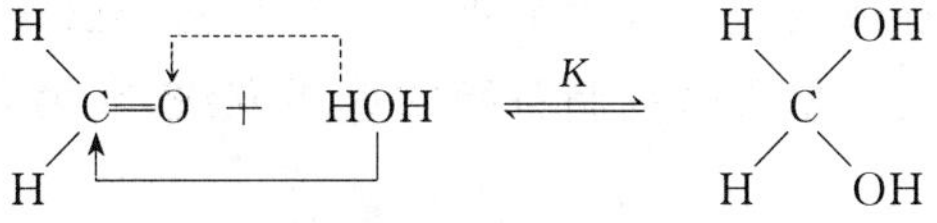

$$K \approx 2 \times 10^3$$

甲醛水溶液中,有 99.9% 都是水合物;乙醛水溶液中水合的比例减小,约为 58%。丙醛的水合平衡常数已经很小,说明它的水合不太容易;而丙酮的水合就更加困难。

$$CH_3CH_2CHO \ + \ H_2O \ \underset{}{\overset{K}{\rightleftharpoons}} \ CH_3CH_2\underset{OH}{\overset{OH}{\underset{|}{\overset{|}{CH}}}} \qquad K=0.7$$

在三氯乙醛分子中,由于三个氯原子的吸电子诱导效应,它的羰基有较大的亲核加成活性,所以容易发生水合。

$$\underset{Cl}{\overset{Cl}{\underset{|}{\overset{|}{Cl-C}}}}-CHO \ + \ H_2O \ \longrightarrow \ \underset{Cl}{\overset{Cl}{\underset{|}{\overset{|}{Cl-C}}}}-\underset{OH}{\overset{OH}{\underset{|}{\overset{|}{CH}}}} \qquad 水合物$$

该水合物非常稳定,白色固体,m. p. 57 ℃,可以作为安眠药物。

三氯乙醛还可以与醇生成稳定的半缩醛,后者有一定的熔点。

$$Cl_3CCHO \ + \ CH_3OH \ \rightleftharpoons \ Cl_3C-\underset{OH}{\overset{OCH_3}{\underset{|}{\overset{|}{CH}}}} \qquad m. p. 56 ℃\sim57 ℃$$

问题11-5 缩醛对碱稳定,而很容易被稀酸分解,为什么? 它与一般醚的性质有什么不同?

问题11-6 写出下列反应产物 **A**,它属于哪一类化合物? 用稀酸处理生成什么?

$$\text{邻苯二酚} \ + \ CH_2I_2 \ \xrightarrow{NaOH} \ \textbf{A} \ \xrightarrow{稀 HCl} \ ?$$

问题11-7 完成下列反应式。

(1) $\xrightarrow{稀 H^+}$?

(2) $C_6H_5-\overset{}{\underset{}{C}}-CH_3$ $\xrightarrow{稀 H^+}$?

(3) $+ \ C_2H_5OH \ \xrightarrow{H^+} ? \ \xrightarrow{稀 HCl} ?$

---

5. 加金属有机化合物

醛、酮可以和具有极性的碳—金属键的有机金属化合物(organometallic compound)如 RMgX、RLi、RC≡CNa 等发生亲核加成反应。其中最重要的是与格氏试剂的加成,一般在加成反应完成后,酸性水解生成醇,这是由格氏试剂制备醇的重要方法,在第九章中已经作过较详细的介绍。

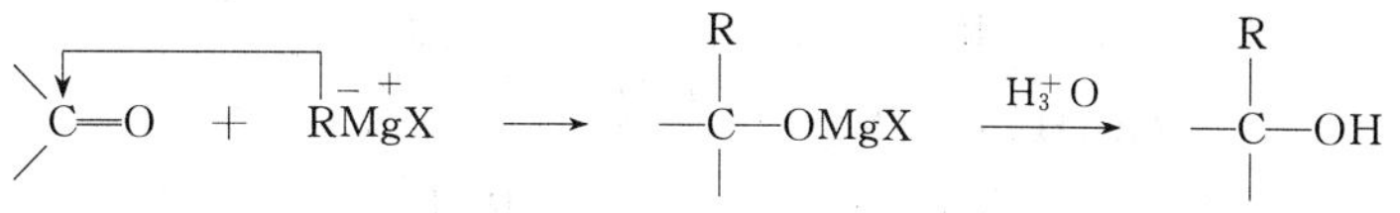

$$C_6H_5CHO \xrightarrow{C_6H_5MgBr} \xrightarrow{H_3^+O} (C_6H_5)_2CHOH$$
$$90\%$$

格氏试剂的亲核性很强,绝大多数醛、酮都可以与它发生反应。但当酮羰基上的两个烃基体积太大时,反应也比较困难,这时可用有机锂试剂代替,例如:

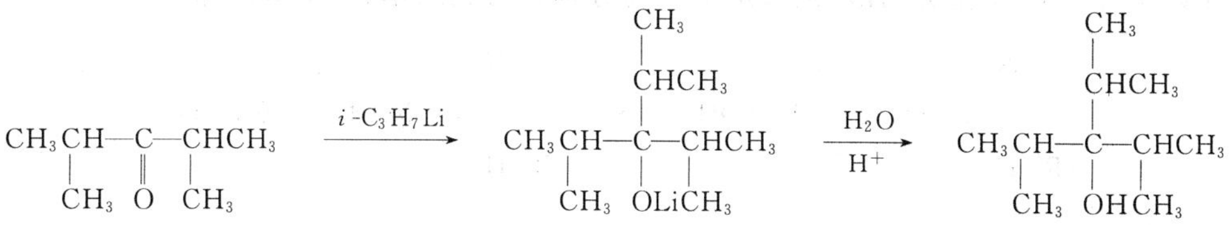

三异丙基甲醇

炔钠与醛、酮反应,经水解生成炔醇,例如:

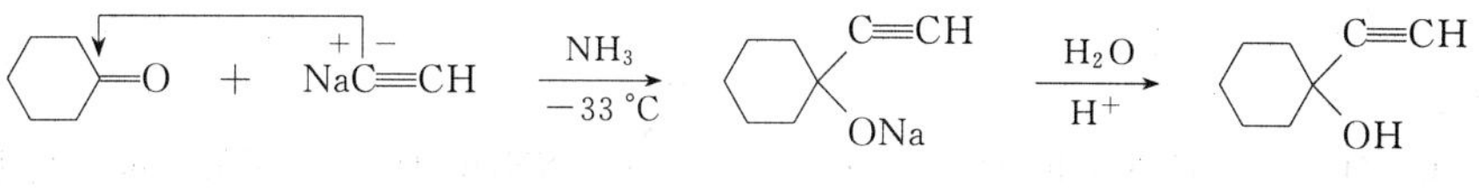

$$65\%\sim75\%$$

该反应可以向羰基碳原子上引入一个C≡CH基团。

问题11-8 以丙酮和乙炔为原料合成异戊二烯。

问题11-9 以苯乙酮和丙酮为原料合成

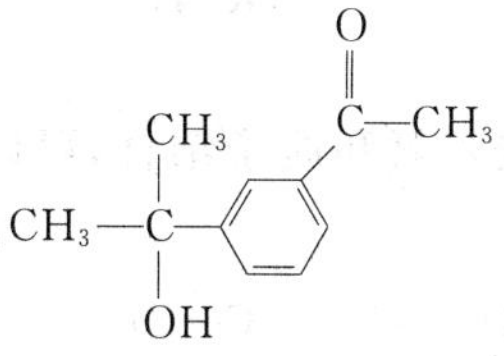

二、与氨衍生物的反应

氨 的 衍 生 物 羟 胺（H_2NOH）、肼（H_2NNH_2）、苯 肼（$H_2NNHC_6H_5$）、氨 基 脲（$H_2NNHCNH_2$）等分子中氮原子上有孤对电子。它们可作为亲核试剂与醛、酮发生加成,用
$\quad\quad\quad\quad \overset{\|}{O}$
通式表示如下:

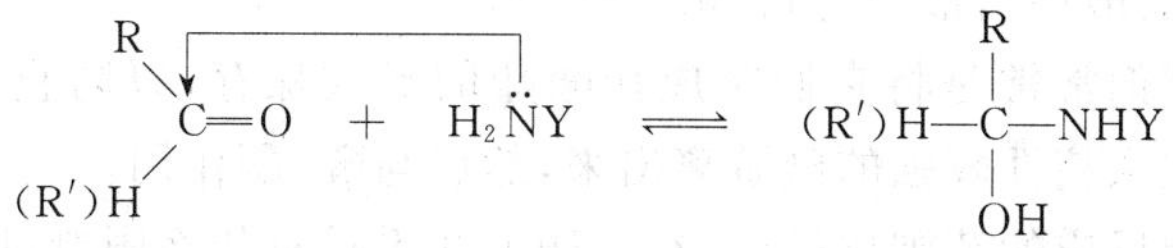

由于反应加成物本身不稳定,容易脱水而生成含 C=N 双键的化合物:

$$\underset{(R')H}{\overset{R}{\mathrm{C}}}\!\!-\!\!\mathrm{NY} \quad \xrightarrow{-H_2O} \quad \underset{(R')H}{\overset{R}{\mathrm{C}}}\!\!=\!\!\mathrm{NY}$$

从总的反应结果来看，相当于在醛、酮和氨衍生物之间脱掉了一分子水，所以称为缩合反应。

$$\underset{(R')H}{\overset{R}{\mathrm{C}}}\!\!=\!\!\mathrm{O} + H_2NY \longrightarrow \underset{(R')H}{\overset{R}{\mathrm{C}}}\!\!=\!\!\mathrm{NY}$$

羟氨、肼、苯肼、氨基脲与醛、酮反应的产物分别为肟、腙、苯腙、半卡巴腙：

$$\underset{(R')H}{\overset{R}{\mathrm{C}}}\!\!=\!\!\mathrm{O} + H_2NOH \longrightarrow \underset{(R')H}{\overset{R}{\mathrm{C}}}\!\!=\!\!\mathrm{NOH} \qquad 肟(oxime)$$

$$\underset{(R')H}{\overset{R}{\mathrm{C}}}\!\!=\!\!\mathrm{O} + H_2NNH_2 \longrightarrow \underset{(R')H}{\overset{R}{\mathrm{C}}}\!\!=\!\!\mathrm{NNH_2} \qquad 腙(hydrazone)$$

$$\underset{(R')H}{\overset{R}{\mathrm{C}}}\!\!=\!\!\mathrm{O} + H_2NNHC_6H_5 \longrightarrow \underset{(R')H}{\overset{R}{\mathrm{C}}}\!\!=\!\!\mathrm{NNHC_6H_5} \qquad 苯腙(phenylhydrazone)$$

$$\underset{(R')H}{\overset{R}{\mathrm{C}}}\!\!=\!\!\mathrm{O} + H_2NNHCNH_2 \longrightarrow \underset{(R')H}{\overset{R}{\mathrm{C}}}\!\!=\!\!\mathrm{NNHCNH_2} \qquad 半卡巴腙(缩胺脲)$$
$$\quad\quad\quad\quad\quad\quad\quad \underset{O}{\|} \quad\quad\quad\quad\quad\quad\quad\quad \underset{O}{\|} \quad\quad\quad (semicarbazone)$$

该反应一般是在酸催化下进行，羰基氧和质子结合，可以提高羰基的活性。

$$\overset{}{\underset{}{>}}\mathrm{C}\!\!=\!\!\mathrm{O} + H^+ \rightleftharpoons \overset{}{\underset{}{>}}\mathrm{C}\!\!=\!\!\overset{+}{\mathrm{O}}\mathrm{H} \qquad 羰基被活化$$

但反应的酸性不能太强，因为在强酸下，H_2NY（碱性物质）与质子结合形成盐，会丧失它们的亲核性。

$$H_2NY + H^+ \rightleftharpoons H_3\overset{+}{N}Y \qquad 丧失亲核性$$

$$Y\!=\!-OH, -NH_2, -NHC_6H_5, -NH-\underset{\underset{O}{\|}}{C}-NH_2$$

所以反应一般控制在弱酸性溶液中进行（pH＝5～6）。

羟氨、肼等碱性试剂常常是将它们制成盐酸盐的形式保存，以防止氧化。反应时用弱碱（醋酸钠）将盐分解，把亲核性较强的碱游离出来，然后与醛、酮作用。

醛、酮与氨衍生物反应的范围比较广，在结构上几乎没有什么限制，即绝大多数醛、酮都可发生这类反应。所生成的产物肟、腙、苯腙、缩胺脲等，一般都是棕黄色固体，很容易结晶，并有一定的熔点，所以常用该反应来鉴别醛、酮，根据是否生成黄色沉淀可以区别醛、酮和其他有机化合物。相对分子质量较大的 2,4-二硝基苯肼和醛、酮生成的产物熔点较高，容易析出，鉴别醛、酮比较灵敏，效果更好，所以常称 2,4-二硝基苯肼为羰基试剂，意思是专门用来鉴别羰基化合物的试剂。

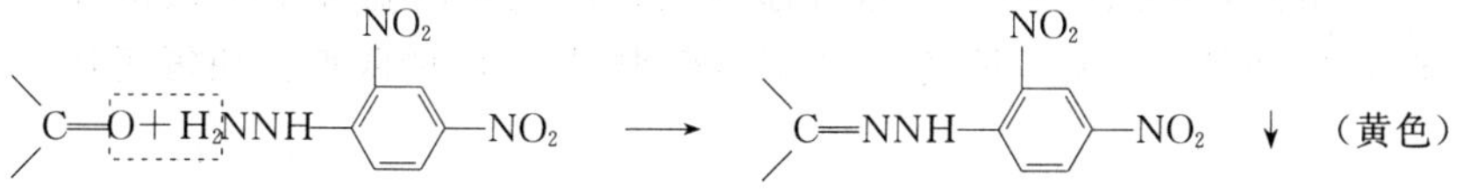

羰基试剂

醛、酮与氨衍生物的反应是可逆的，缩合产物肟、腙等在稀酸或稀碱作用下，又可水解为原来的醛酮：

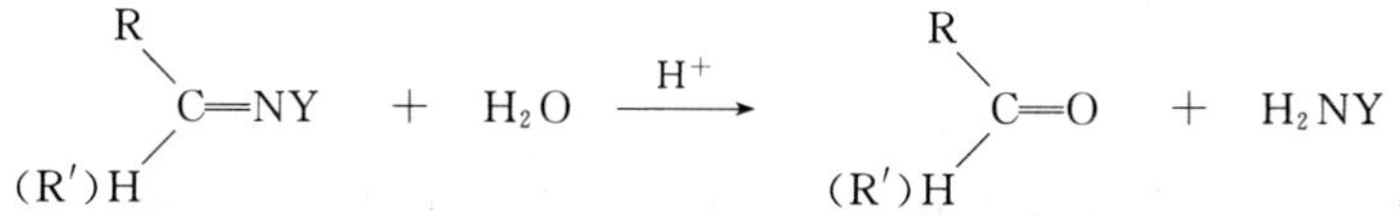

因此，醛、酮与氨衍生物的反应又可用来分离提纯醛、酮。很多醛、酮本身纯化比较困难，如果把它们做成相应的衍生物，则后者容易和其他有机物分开，经纯化，再水解就可得到原来的醛、酮。

醛、酮与氨反应一般比较困难，只有甲醛容易，但生成的亚胺类似物(CH_2=NH)不稳定，它们很快聚合而得到六亚甲基四胺，俗称乌洛托品。它是一种常用的塑料固化剂、尿道消毒剂和有机合成中的氨化试剂。

$$H_2C{=}O \quad + \quad NH_3 \longrightarrow [H_2C{=}NH]$$

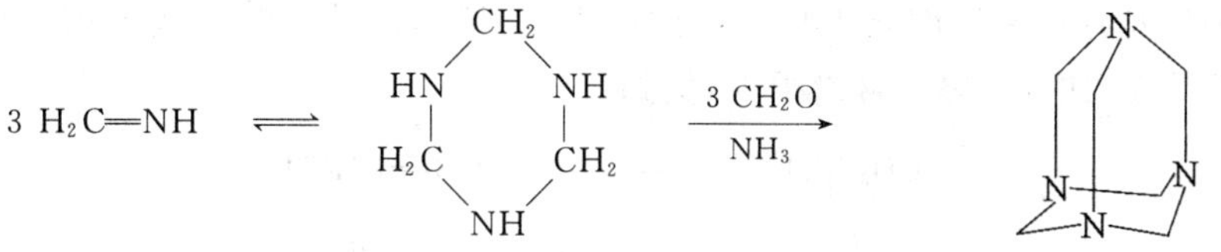

hexamethylene tetramine

这种笼状结构与金刚烷分子类似。

问题11-10 在环己酮和苯甲醛的混合物中加入少量氨基脲反应，过几秒种后，产物多是环己酮缩氨脲，而过几小时后产物多是苯甲醛缩氨脲。你能够解释吗？

问题11-11 为什么醛、酮和氨衍生物反应要在微酸性时才有最大的速率？

三、涉及羰基 α-H 的反应

1. α-H 的活泼性(酸性)和烯醇平衡

我们知道，烯烃的 α-H 受双键的影响，具有一定的活泼性，醛、酮的 α-H 受碳氧双键(羰基)的影响，也表现出相当的活泼性。从结构上分析，这都是由于 π 键与相邻 C-Hσ 键的超共轭效应而引起的。以丙烯、乙醛为例，表示如下：

由于氧的电负性很强,在乙醛分子中,这种超共轭作用比在丙烯分子中强得多,因此醛、酮的 α-H 比烯烃的 α-H 更活泼。由 pK_a 值可看到,醛、酮的 α-H 的酸性比炔氢还强。

$$CH_2=CHCH_3 \qquad HC\equiv CH \qquad CH_3\overset{O}{\overset{\|}{C}}CH_3$$

pK_a $\qquad\qquad$ ~38 $\qquad\qquad\quad$ 25 $\qquad\qquad\quad$ 20

作为一种弱酸,醛、酮的 α-H 解离生成相应的负离子,能够通过电子离域作用而得到稳定。

酮式 $\qquad\qquad\qquad\qquad$ 共轭碱 $\qquad\qquad\qquad\qquad$ 烯醇式

keto-form $\qquad\qquad\qquad\qquad\qquad\qquad\qquad\qquad$ enol-form

在这里,共轭碱是两个极限式(Ⅰ和Ⅱ)的共振杂化体,其负电荷是分布在 α 碳和氧两个原子上。由于氧具有较强的承受负电荷的能力,所以极限式Ⅱ对杂化体的贡献较大。

由上式可以看到,当共轭碱的 α 碳与质子结合时,又变回原来的酮(酮式结构),如氧原子与质子结合则生成烯醇(烯醇式结构),酮和烯醇互为异构体,它们可以通过共轭碱发生互变,并能达到平衡。这种现象叫做互变异构。对简单的一元醛、酮来说,酮式能量比烯醇式低 46~59kJ/mol(因为 C═O 键能比 C═C 键能大)。所以酮式—烯醇式平衡主要偏向于酮式一边,在平衡混合物中,烯醇式含量很少,例如:

$$CH_3\underset{O}{\overset{\|}{C}}CH_3 \rightleftharpoons CH_2=C\underset{OH}{CH_3}$$

0.01%

丙酮中烯醇式含量仅占 0.01%。

简单醛、酮中烯醇式含量虽然很少,但在很多情况下,醛、酮都是以烯醇式参加反应。当以烯醇式与试剂作用时,平衡向右移动,酮式不断地转化成烯醇式,直到醛、酮作用完为止。

在有机合成中,有时本应得到烯醇,而实际上生成稳定的酮式结构。例如,乙烯醚水解:

$$CH_2=CH-OR \xrightarrow{H_3^+O} CH_2=CHOH \rightleftharpoons CH_3\overset{O}{\overset{\|}{C}}\underset{H}{}$$

这种反应常以酸或碱催化,因为酸或碱可以使酮式—烯醇式迅速达成平衡。

酮式和烯醇式平衡的存在可以通过旋光性醛、酮的外消旋化或同位素交换实验证实,例如,(R)-3-苯基-2-丁酮溶解在 NaOH 或 HCl 的醇水溶液中,溶液的旋光性逐渐消失,最后完全消旋。

$$(R)\text{-酮式} \quad\Longleftrightarrow\quad \text{烯醇式（无手性）} \quad\Longleftrightarrow\quad (S)\text{-酮式}$$

在这里先由(R)-酮式变成烯醇式,后者具有平面结构。当它重新转变为酮式时,质子从平面两边与α碳结合的机会均等,因此溶液旋光性逐渐减小,最后得到等量的(R)-酮式和(S)-酮式的外消旋体。

2. α卤代及卤仿反应

醛、酮可以在α碳上进行卤代,酸、碱对反应均有催化作用。

(1)酸催化下的卤代

醛、酮在酸催化下进行氯代、溴代、碘代,可以得到一卤代物,例如:

$$Br\text{—}C_6H_4\text{—}COCH_3 + Br_2 \xrightarrow[20\,^{\circ}C]{CH_3COOH} Br\text{—}C_6H_4\text{—}COCH_2Br + HBr$$

$$69\% \sim 77\%$$

经动力学研究,在酸催化下,卤代反应的速度只与醛、酮和酸的浓度成正比,而与卤素的浓度及种类无关。

$$v = k[\text{酮}][H^+]$$

这说明在卤素参与反应之前,有一个决定反应速度的步骤,因此人们设想酸催化卤代按如下机理进行:

(i) $CH_3\overset{O}{\overset{\|}{C}}CH_3 + H:B \xrightarrow{\text{快}} CH_3\overset{+OH}{\overset{\|}{C}}CH_3 + :\overset{-}{B}$

(ii) $CH_3\text{—}\overset{+OHH}{\underset{}{C}}\text{—}CH_2 + :\overset{-}{B} \xrightarrow{\text{慢}} CH_3\text{—}\overset{OH}{\underset{}{C}}\text{=}CH_2 + H:B$

(iii) $CH_3\text{—}\overset{:OH}{\underset{}{C}}\text{=}CH_2 + X\text{—}X \xrightarrow{\text{快}} CH_3\text{—}\overset{+OH}{\underset{}{C}}\text{—}CH_2X + X^-$

1(锌正离子)

(iv) $CH_3\text{—}\overset{+O\text{—}H}{\underset{}{C}}\text{—}CH_2X + :\overset{-}{B} \xrightarrow{\text{快}} CH_3\overset{O}{\overset{\|}{C}}CH_2X + H:B$

首先羰基氧与质子结合,形成质子化酮,后者从α碳上解离一个质子(为碱所接受),生成烯醇。接着卤素与烯醇的双键加成,正性卤素与α碳结合,形成稳定的锌正离子1,然后锌正离子失去质子而得到最终产物卤代酮。

在上列各步骤中,从质子化酮生成烯醇是决定反应的慢步骤,由于质子化酮又是从酮与质子结合而形成的,所以整个反应速度与醛、酮及酸的浓度成正比。在这里酸能促进烯醇的生成,因而对反应起催化作用。当烯醇一旦生成,就会立即与卤素反应,实际上这是卤素对烯醇式双键的亲电加成。由于正性卤原子与 α 碳结合后,生成的是比较稳定的锌正离子 **1**,这一步进行得很快,因此整个反应速度与卤素的浓度无关。显然这种反应机理与前述的动力学结果是一致的。

醛、酮在酸催化下卤代,一般可以控制在生成一卤代物阶段。当 α 碳导入一个卤原子后,由于卤原子的吸电子作用而降低羰基氧原子上的电子密度,减弱了接受质子的能力。而羰基氧的质子化是醛、酮在酸性溶液中变成烯醇式的必要条件,因此,α 卤代醛、酮变成烯醇式比未卤代醛、酮困难,继续卤代的速度慢。如果控制卤素的用量,则可以主要得到一卤代醛、酮。

如果在醛、酮卤代时,没有外加酸存在,开始反应速度较慢,但当反应中有 HX 生成后,HX 可对卤代起催化作用,使反应很快完成。这种现象称为自动催化(autocatalysis),自动催化反应一般都有一个诱导期(induction period),这种自动催化的本质是酸催化。

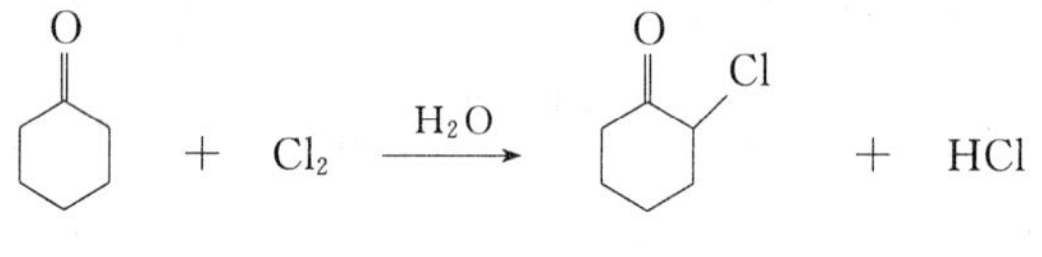

$$61\%\sim66\%$$

(2)碱催化卤代反应

醛、酮的碱催化卤代反应机理是拉普沃斯(A. Lapworth)1904 年在研究丙酮溴代反应动力学的基础上提出来的。动力学研究指出,丙酮溴代反应速度取决于丙酮和碱的浓度,而与溴的浓度无关。

$$v=k[\text{丙酮}][\,:\bar{\text{B}}]$$

从这种动力学结果出发,拉普沃斯提出的碱催化机理可表示如下:

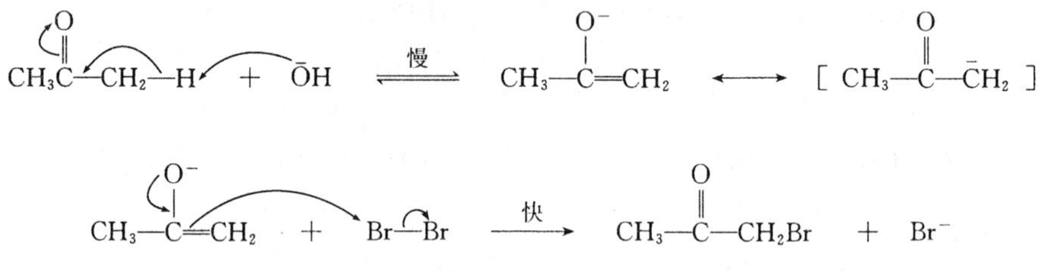

碱缓慢地从丙酮夺取一个质子,形成烯醇负离子(亦称烯醇盐),这是决定整个反应速度的步骤。一旦烯醇负离子生成,它很快就与溴发生反应,所以反应速度与醛、酮及碱的浓度成正比,而与溴的浓度无关。

醛、酮的碱催化卤代与酸催化卤代相比,反应速度较快,这是由于碱的协助,主动去夺取质子,使烯醇负离子生成的速度快,而且烯醇负离子的亲核性较强,它与卤素反应非常容易。

碱催化反应的另一个特点是反应很难控制在生成一卤代物阶段上。由于卤素的吸电子作用,α 卤代醛、酮中的 α-H 酸性增强,在碱的作用下更容易变成烯醇负离子,因而 α 卤代醛、酮继续卤代的速度比未卤代醛、酮的快。α 二卤代醛、酮的更快,即卤代一步比一步快。最后结果是 α 碳原子上的氢全部被卤素取代。

(3)卤仿反应

具有三个 α-H 的酮在氢氧化钠溶液中,与卤素作用,三个 α-H 都会被卤代,如前所述,这是碱催化卤代的特点,例如丙酮的卤仿反应。

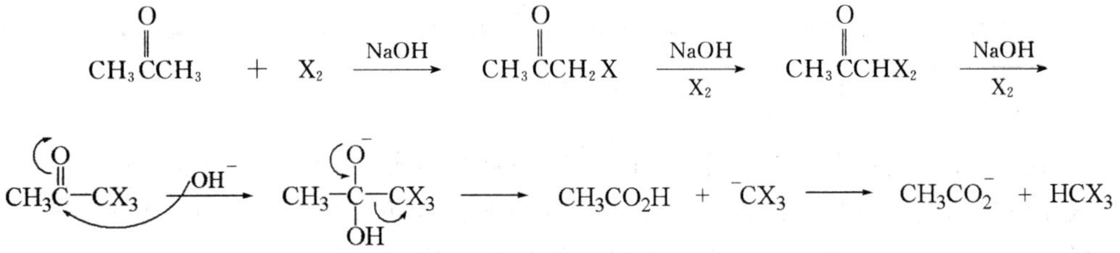

$$\underset{\underset{O}{\parallel}}{CH_3CCH_3} + X_2 \xrightarrow{NaOH} \underset{\underset{O}{\parallel}}{CH_3CCH_2X} \xrightarrow[X_2]{NaOH} \underset{\underset{O}{\parallel}}{CH_3CCHX_2} \xrightarrow[X_2]{NaOH}$$

$$\underset{\underset{O}{\parallel}}{CH_3C}-CX_3 \xrightarrow{\ ^-OH\ } \underset{\underset{OH}{\overset{O^-}{|}}}{CH_3-C}-CX_3 \longrightarrow CH_3CO_2H + {}^-CX_3 \longrightarrow CH_3CO_2^- + HCX_3$$

中间体负离子　　　　　　　　　　　　　　　　　卤仿

反应中生成三卤代丙酮,由于三卤甲基的拉电子作用活化了羰基,使易于 OH^- 的加成,加成产生的中间体负离子不稳定,很快恢复羰基,同时发生碳碳键断裂生成卤仿和相应的酸。因反应中产生卤仿,所以该反应被称作卤仿反应(haloform reaction)。

如果在上列反应中所用的卤素为碘,则所得到的碘仿(CHI_3)为黄色沉淀,利用这种现象可以鉴别甲基醛、酮。在这里要注意的是作为甲基醛、酮的鉴别方法必须用碘仿反应,因为只有碘仿是黄色沉淀,而氯仿、溴仿都为无色液体,不能用于鉴别。当然没有甲基(指 α 甲基)的醛、酮都不发生碘仿(或卤仿)反应,因为由它们得不到相应的 α,α,α-三卤代物。

我们知道,碘的氢氧化钠溶液具有一定的氧化性,它可将含有 $CH_3\underset{\underset{OH}{|}}{CH}-$ 结构单元的醇氧

化成相应的甲基醛、酮,因此这种醇也能发生碘仿反应,例如:

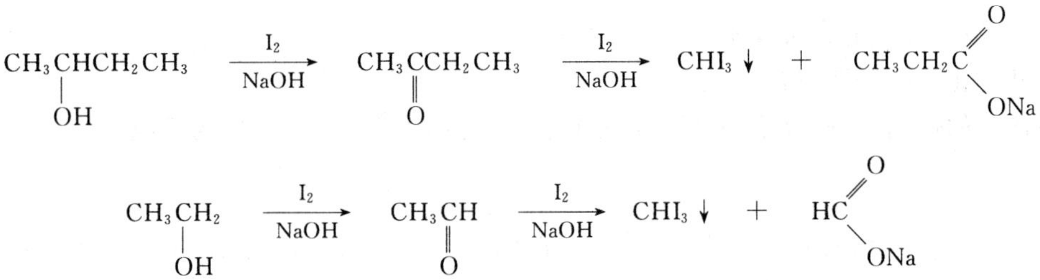

$$\underset{\underset{OH}{|}}{CH_3CHCH_2CH_3} \xrightarrow[NaOH]{I_2} \underset{\underset{O}{\parallel}}{CH_3CCH_2CH_3} \xrightarrow[NaOH]{I_2} CHI_3\downarrow + CH_3CH_2\underset{\underset{ONa}{}}{\overset{O}{\overset{\parallel}{C}}}$$

$$\underset{\underset{OH}{|}}{CH_3CH_2} \xrightarrow[NaOH]{I_2} \underset{\underset{O}{\parallel}}{CH_3CH} \xrightarrow[NaOH]{I_2} CHI_3\downarrow + HC\underset{\underset{ONa}{}}{\overset{O}{\overset{\parallel}{}}}$$

在工业上有时用乙醇代替乙醛或丙酮来制取氯仿或碘仿就是这个道理。

卤仿反应常用来推断有机化合物的结构,它能为我们提供有机分子中是否含有 $CH_3\underset{\underset{O}{\parallel}}{C}-$

或 $CH_3\underset{\underset{OH}{|}}{CH}-$ 结构单元的信息。除此之外,卤仿反应还可以用来由甲基酮合成少一个碳原子

的羧酸。

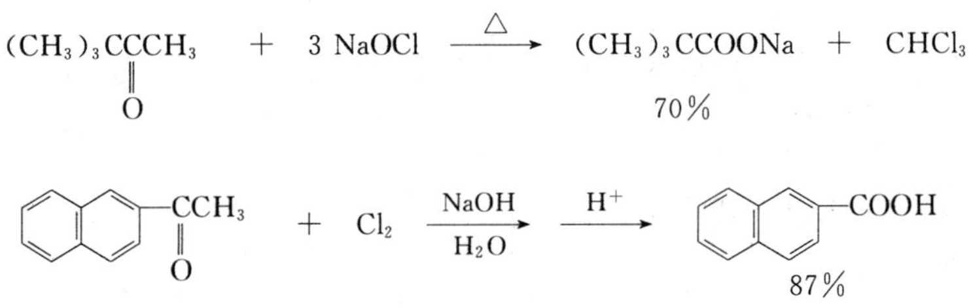

$$(CH_3)_3CCCH_3 + 3\ NaOCl \xrightarrow{\triangle} (CH_3)_3CCOONa + CHCl_3$$
$$\underset{\underset{O}{\parallel}}{} \qquad\qquad\qquad 70\%$$

图:2-萘基甲基酮 + Cl_2 $\xrightarrow[H_2O]{NaOH}$ $\xrightarrow{H^+}$ 2-萘甲酸　87%

在这里,要注意在碱催化下不对称酮卤代的选择性,就是说,有两种 α-H,优先卤代哪一种?从反应机理上看,碱应优先夺取酸性较强的 α-H,向着取代较少的方向烯醇化,相应的卤代产物是主要的。例如:

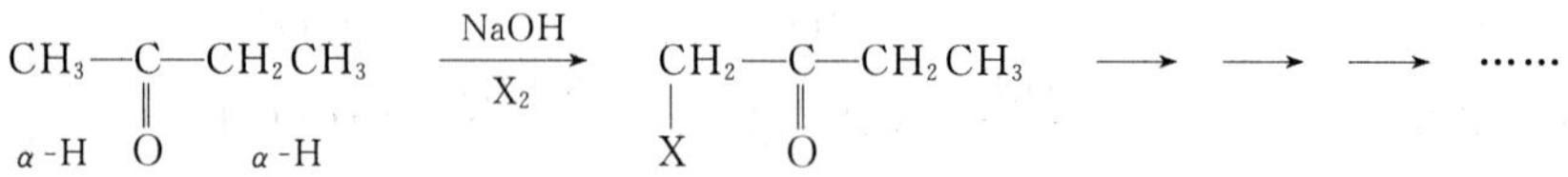

$$\underset{\underset{\alpha\text{-H}}{\text{O}}}{\text{CH}_3-\text{C}-\text{CH}_2\text{CH}_3} \xrightarrow[\text{X}_2]{\text{NaOH}} \underset{\underset{\text{X}}{\text{O}}}{\text{CH}_2-\text{C}-\text{CH}_2\text{CH}_3} \longrightarrow \longrightarrow \cdots\cdots$$

对丁酮来说,优先卤代在甲基碳上的 α-H,因为该碳(取代较少的碳)上的氢酸性较强。正因如此,碱性卤代总是从甲基上开始,连续卤代下去才导致卤仿反应。否则如果优先在亚甲基上进行卤代,则不一定能得到卤仿和相应羧酸。以下反应正说明了这一点。

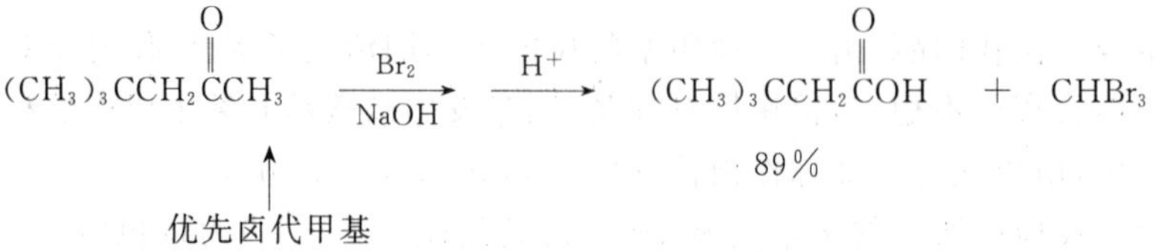

$$(\text{CH}_3)_3\text{CCH}_2\text{CCH}_3 \xrightarrow[\text{NaOH}]{\text{Br}_2} \xrightarrow{\text{H}^+} (\text{CH}_3)_3\text{CCH}_2\text{COH} + \text{CHBr}_3$$
$$89\%$$

优先卤代甲基

问题11-12 在酸性条件下不对称酮的卤代,主要发生在取代较多的 α 碳原子上,为什么?

问题11-13 下列化合物中哪些可发生碘仿反应?

(1) 乙醛　　(2) 丙醛　　(3) 2-戊醇　　(4) 3-戊醇　　(5) 苯乙酮

(6) 1-苯基乙醇　　(7) 3-己酮　　(8) 3,3-二甲基-2-丁酮

---

3. 羟醛缩合反应(Aldol condensation)

(1)一般的羟醛缩合及其机理

①碱催化下的羟醛缩合

在稀碱的作用下,两分子醛(酮)相互作用,生成 α,β 不饱和醛(酮)的反应,称为**羟醛缩合**。

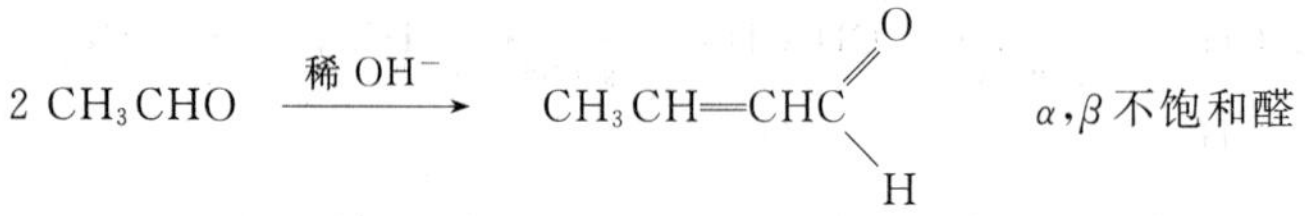

$$2\,\text{CH}_3\text{CHO} \xrightarrow{\text{稀 OH}^-} \underset{\underset{\text{H}}{\text{O}}}{\text{CH}_3\text{CH}=\text{CHC}} \quad \alpha,\beta \text{不饱和醛}$$

羟醛缩合反应是分步完成的,其反应机理如下:

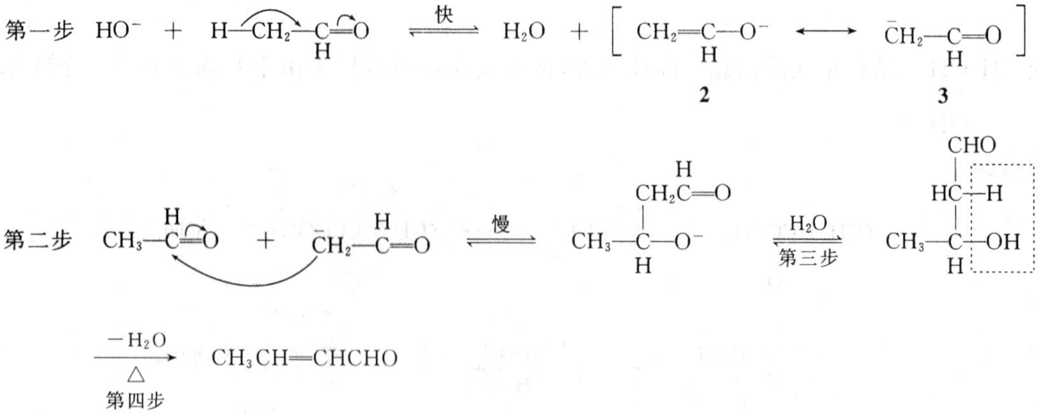

第一步　$\text{HO}^- + \text{H}-\text{CH}_2-\underset{\text{H}}{\text{C}}\text{O} \xrightleftharpoons{\text{快}} \text{H}_2\text{O} + \left[\underset{\text{H}}{\text{CH}_2=\text{C}-\text{O}^-} \longleftrightarrow \underset{\text{H}}{\bar{\text{C}}\text{H}_2-\text{C}=\text{O}}\right]$

$\qquad\qquad\qquad\qquad\qquad\qquad\qquad\qquad\qquad\qquad\qquad\qquad\qquad$ **2** $\qquad\qquad\qquad\qquad$ **3**

第二步　$\text{CH}_3-\underset{\text{H}}{\text{C}}=\text{O} + \bar{\text{C}}\text{H}_2-\underset{\text{H}}{\text{C}}=\text{O} \xrightleftharpoons{} \text{CH}_3-\underset{\underset{\text{H}}{\text{O}^-}}{\overset{\overset{\text{CH}_2\text{C}=\text{O}}{|}}{\text{C}}} \xrightleftharpoons[\text{第三步}]{\text{H}_2\text{O}} \text{CH}_3-\underset{\underset{\text{H}}{\text{OH}}}{\overset{\overset{\text{CHO}}{|}}{\text{C}}}\!\text{H}$

$\xrightarrow[\text{第四步}]{\overset{-\text{H}_2\text{O}}{\triangle}} \text{CH}_3\text{CH}=\text{CHCHO}$

第一步,催化剂 OH^- 夺取乙醛的 α-H,形成碳负离子;第二步,碳负离子作为亲核试剂进攻另一分子醛的羰基,生成氧负离子(这是一般亲核加成的第一步);第三步,氧负离子从水分子中夺取质子而生成羟醛化合物;第四步,不稳定的羟醛化合物失水(微热下)而得到 α,β 不饱和醛。由于在反应过程中生成了羟醛化合物,并从中脱掉一分子水,所以该反应称为羟醛缩合。

在此要说明一点的是,碱夺走乙醛的 α-H 而生成的负离子是 **2**、**3** 两种极限式的共振杂化体。由于氧负离子比碳负离子稳定,故极限式 **2** 对共振杂化体的贡献较大,或者说杂化体更类似于极限式 **2**,常称它们为烯醇负离子。但在很多情况下,特别是作为亲核试剂,负离子常以 **3** 的形式参与反应,即碳原子为亲核中心($\overset{-}{C}H_2\overset{\overset{\displaystyle O}{\|}}{C}\!-\!H$)。在以下有关反应中,凡是涉及这种负离子,我们一般都写成碳负离子形式,称它们为碳亲核试剂。

由上述羟醛缩合反应机理可以看出,两分子乙醛在反应中所起的作用不同,其中一分子醛提供 α-H,在碱作用下生成碳负离子亲核试剂($\overset{-}{C}H_2\overset{\overset{\displaystyle O}{\|}}{C}\!-\!H$)。而另一分子乙醛的作用是为亲核加成提供羰基。在这里,两分子乙醛各自发挥了醛、酮两种重要的特性:α-H 酸性和羰基亲核加成性。

从本质上看,羟醛缩合就是羰基上的亲核加成,只不过是,它的亲核试剂是一种由醛、酮自身产生的碳负离子而已。此外,由于它的加成物容易脱水,所以该反应的最终产物往往是 α,β 不饱和醛。这正是"缩合"二字的涵义所在。但从广义上讲,即使不脱水(有时可以控制),仅生成羟醛化合物的反应,习惯上也称为羟醛缩合。

从反应机理中还可以看出,醛要进行羟醛缩合必须有 α-H,否则无法产生碳负离子亲核试剂,不能发生反应。在羟醛缩合反应中,除脱水外,其他各步都是可逆的,脱水能促使反应进行到底,提高最终缩合产物的收率。显然要生成脱水产物,醛分子中至少要有两个 α-H,例如:

$$CH_3CH_2CH_2CH\!\!=\!\!\overset{}{O} \;+\; \underset{\underset{CH_2CH_3}{|}}{H_2C}\!-\!CHO \xrightarrow[\substack{80\,^\circ C\sim100\,^\circ C \\ 3h}]{\text{稀 }OH^-} CH_3CH_2CH_2CH\!\!=\!\!\underset{\underset{CH_2CH_3}{|}}{C}\!-\!CHO$$

86%

从上例反应结果看,羟醛缩合相当于一个醛分子羰基氧与另一醛分子的两个 α-H 脱去一分子水生成 α,β-不饱和醛。

如果在反应中小心控制不脱水,则也可以得到羟醛产物,反应一般在室温下进行,例如:

$$2\,CH_3CHO \xrightarrow[5\,^\circ C]{\text{稀 }OH^-} CH_3\underset{\underset{OH}{|}}{CH}CH_2CHO$$

50%

$$2\,CH_3CH_2CH_2CHO \xrightarrow[6\,^\circ C\sim8\,^\circ C]{KOH,H_2O} CH_3CH_2CH_2\underset{\underset{OH}{|}}{CH}\!-\!\underset{\underset{CH_2CH_3}{|}}{CH}CHO$$

75%

随着相对分子质量的增大,生成羟醛的速度越来越慢,所以反应温度需要提高,这时往往

得到 α,β 不饱和醛,如果醛分子中只有一个 α-H,加成后,不能脱水,这时只能得到羟醛产物:

$$2\ CH_3CHCHO \xrightarrow{OH^-} CH_3-CH-CH-\underset{CH_3}{C}-CHO$$
（见图结构）

②酸催化下的羟醛缩合

羟醛缩合一般都在稀碱溶液中进行,有时也可用酸催化,酸催化剂可用 $AlCl_3$、HF、HCl、H_3PO_4、磺酸等,催化反应的机理为:

$$CH_3CH{=}O \xrightleftharpoons{H^+} \underset{H}{CH_2}{-}CH{=}\overset{+}{O}H \xrightleftharpoons{-H^+} CH_2{=}CH{-}OH$$
$$\text{烯醇式}$$

$$CH_3-CH{=}\overset{+}{O}H\ +\ CH_2{=}CH\overset{..}{O}H \rightleftharpoons CH_3CHCH_2CH{=}\overset{+}{O}H$$
$$\underset{OH}{}$$

$$\xrightleftharpoons{-H^+}\ \underset{OH}{CH_3CHCH_2CH{=}O} \xrightarrow{-H_2O}\ CH_3CH{=}CHCH{=}O$$

在酸催化反应中,亲核试剂实际上就是醛的烯醇式,为了把碳亲核中心表示得更加清楚,可将烯醇式写成如下所示的碳负离子形式:

$$\underset{H}{\bar{C}H_2{=}C{-}OH} \longleftrightarrow \underset{H}{\bar{C}H_2{-}C{=}\overset{+}{O}H}$$

酸的作用除促进烯醇式的生成外,还可以活化提供羰基的醛分子。此外,在酸性条件,羟醛化合物更容易脱水而生成 α,β 不饱和醛、酮,因为酸是脱水的催化剂。

(2)酮的缩合反应

酮也可发生羟醛缩合(准确地讲,应叫羟酮缩合,但习惯上也常常称羟醛缩合),但其平衡偏向反应物一边,所得缩合产物的产率很低,例如:

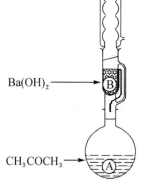

图 11-2　索氏提取器

$$2\ CH_3CCH_3 \xrightarrow[20\,{}^\circ C]{Ba(OH)_2} CH_3-\underset{OH}{\overset{CH_3}{C}}-CH_2CCH_3 \qquad 5\%$$
二丙酮醇

如果设法使平衡不断向右边移动,也能得到一定产率的羟酮产物。一个巧妙的方法是用索氏提取器(Soxhlet extractor)(图 11-2)。

$$2\ CH_3CCH_3 \xrightarrow{OH^-} CH_3-\underset{OH}{\overset{CH_3}{C}}-CH_2CCH_3 \qquad 70\%$$

将 Ba(OH)₂ 放在纸筒 B 中,加热烧瓶 A,使其中的丙酮(b. p. 56℃)回流,回流液滴在 B 内和 Ba(OH)₂ 接触而生成二丙酮醇。待混合物液面超过虹吸管高度时即被吸回至 A,由于二丙酮醇的沸点较高(164 ℃),可以留在 A 中而不被蒸出。这时它已离开了平衡体系,可使丙酮在 B 中继续反应,二丙酮醇不断在 A 中存积下来,最终可达到 70% 的产率。

某些酮在叔丁醇铝(碱)作用下,加热可得到 α,β 不饱和酮,例如:

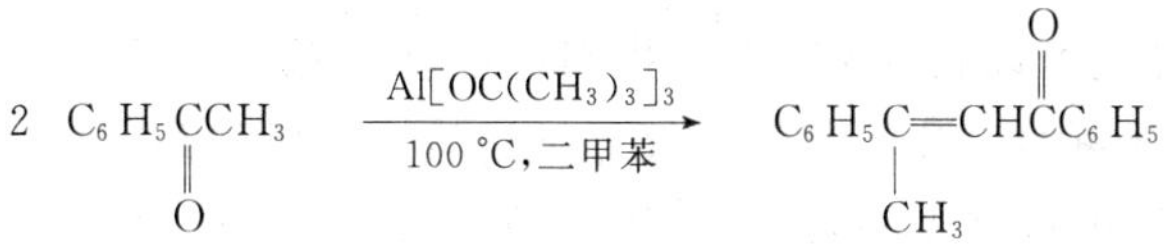

$$2 \ C_6H_5\overset{\displaystyle O}{\underset{\displaystyle \|}{C}}CH_3 \xrightarrow[100\ ℃,二甲苯]{Al[OC(CH_3)_3]_3} C_6H_5\underset{\displaystyle CH_3}{C}=CHC\overset{\displaystyle O}{\underset{\displaystyle \|}{C}}C_6H_5 \qquad 77\%$$

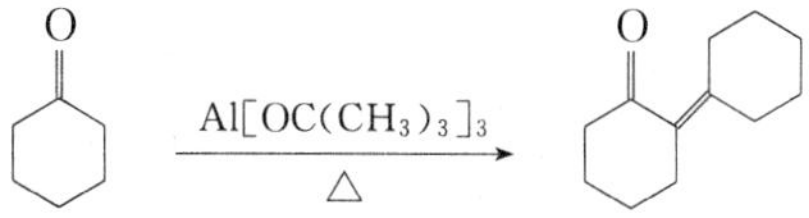

（3）分子内缩合

两羰基化合物发生分子内缩合能顺利地生成环状化合物,分子内缩合比分子间缩合更有利于熵变,因而反应容易,产率较高。

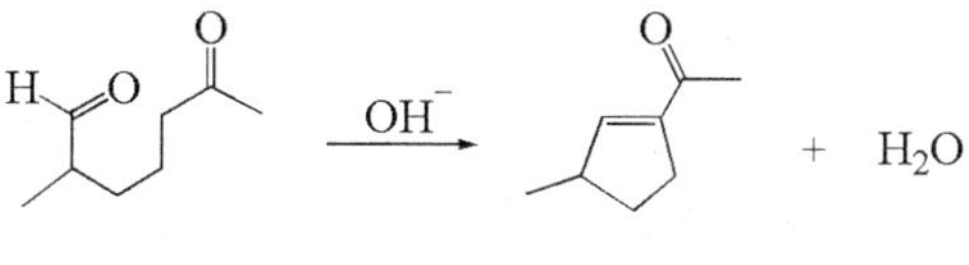

在这里,两个羰基各起不同的作用,其中一个羰基提供它的两个 α-H,与另一个羰基之间脱水(从反应最终结果看)而得到环状的 α,β 不饱和酮。如果有多种成环选择,则一般都优先生成较稳定的五、六元环。在上列反应中,羰基提供亚甲基 α-H,而不是甲基 α-H,因为前者参与反应生成五元环,而后者参与反应将生成七元环。分子内的羟醛缩合是形成五、六元环的重要方法。

有些结构是适当的二元环酮在分子内缩合,生成产率很高的双环化合物,例如:

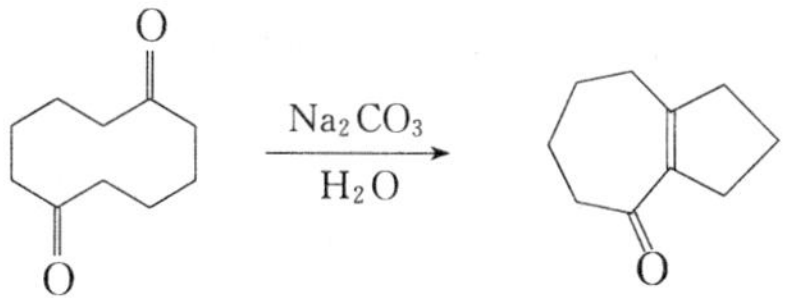

（4）交叉缩合(crossed condensation)
两种不同醛在稀碱作用下,可发生交叉羟醛缩合,例如:

$$CH_3CHO \ + \ CH_3CH_2CHO \xrightarrow{OH^-} \begin{array}{l} CH_3CH=CHCHO \\ CH_3CH_2CH=\underset{\displaystyle CH_3}{C}-CHO \\ CH_3CH=\underset{\displaystyle CH_3}{C}-CHO \\ CH_3CH_2CH=CHCHO \end{array}$$

除两种交叉缩合产物外,还有乙醛、丙醛自身缩合产物。

如果参与反应的一种醛有 α-H,而另一种醛没有 α-H,这时可得到产率较高的单一产物,例如:

$$\text{(苯基)}-CH=\boxed{O} \ + \ H_2CHCHO \xrightarrow[50\ ℃]{NaOH} \text{(苯基)}-CH=CHCHO \qquad 90\%$$

因为苯甲醛没有 α-H,无法自身缩合。在苯甲醛与乙醛的交叉缩合中,只能由苯甲醛提供羰基,乙醛提供 α-H。虽然乙醛也可以自身缩合,但我们可以从实验方法上减少这种自身缩合的可能性,反应时,把乙醛慢慢滴加到苯甲醛的氢氧化钠溶液中,就可以达到这个目的。

如果苯甲醛和苯乙酮之间进行交叉缩合,产物更加单一,得查耳酮(chalcone)。

$$\text{(苯基)}-CH=\boxed{O} \ + \ H_2HC-\overset{O}{\overset{\|}{C}}-\text{(苯基)} \xrightarrow[20\ ℃]{OH^-} \text{(苯基)}-CH=CH-\overset{O}{\overset{\|}{C}}-\text{(苯基)} \qquad 85\%$$

苯甲醛与丙酮根据物料比的不同而生成不同的产物:

$$\text{(苯基)}-CHO \ + \ H_3C\overset{O}{\overset{\|}{C}}CH_3 \xrightarrow[100\ ℃]{OH^-} \text{(苯基)}-CH=CH\overset{O}{\overset{\|}{C}}CH_3 \qquad 70\%$$

$$2\ \text{(苯基)}-CHO \ + \ CH_3\overset{O}{\overset{\|}{C}}CH_3 \xrightarrow[25\ ℃]{OH^-} \text{(苯基)}-CH=CH\overset{O}{\overset{\|}{C}}CH=CH-\text{(苯基)}$$

在这里,都是苯乙酮或丙酮提供 α-H,与苯甲醛缩合,因为酮羰基活性较低,自身缩合的产物很少。

甲醛也没有 α-H,它与其他有 α-H 的醛、酮发生交叉缩合,也能得到比较单一的产物。

$$H_2C=O \ + \ CH_3\overset{CH_3}{\overset{|}{CH}}-CHO \xrightarrow[40\ ℃]{Na_2CO_3} CH_3-\overset{CH_3}{\underset{CH_2OH}{\overset{|}{\underset{|}{C}}}}-CHO$$

交叉缩合的实例很多,这种反应可广泛地用于合成,例如:

$$\text{(邻甲基苯甲醛)} \ + \ \text{(环己酮)} \xrightarrow[100\ ℃]{KOH,H_2O} \text{(产物)} \qquad 71\%$$

$$\text{(呋喃甲醛)} \ + \ H_2\overset{CH_3}{\overset{|}{C}}-CHO \xrightarrow[H_2O]{NaOH} \text{(产物)} \qquad 72\%$$

$$\text{(苯甲醛)} \ + \ CH_3\overset{O}{\overset{\|}{C}}-C(CH_3)_3 \xrightarrow[H_2O-C_2H_5OH]{NaOH} \text{(产物)} \qquad 88\%\sim93\%$$

在最后的实例中,生成的产物为较稳定的反式异构体。

和酸碱催化的卤代一样,当脂肪酮有两个不同烃基时,碱催化缩合一般优先发生在取代较少的 α 碳上,酸催化缩合发生在取代较多的 α 碳上,例如:

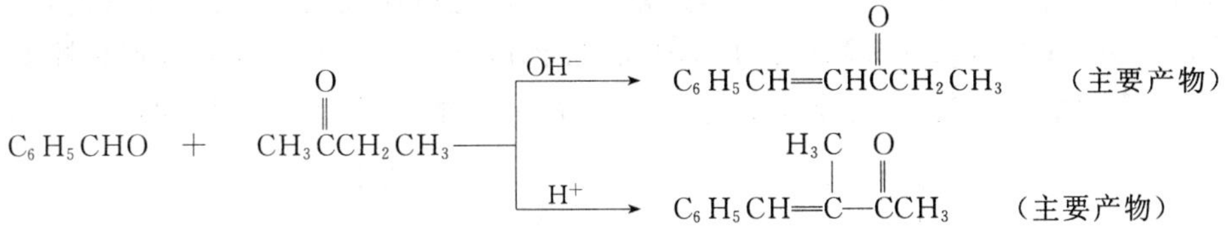

$$C_6H_5CHO + CH_3CCH_2CH_3 \xrightarrow[H^+]{OH^-}$$

$$C_6H_5CH=CHCCH_2CH_3 \quad (主要产物)$$

$$C_6H_5CH=C-CCH_3 \quad (主要产物)$$

但这种反应选择性不是很高,常常得到混合物。当采用较大体积的碱,如二异丙基氨基锂时可得到区域选择性的产物。二异丙基氨基锂(LDA)的结构为 $LiN[CH(CH_3)_2]_2$,具有很强碱性,由于氮连有两个异丙基,且有很大的位阻,在反应中它进攻体积效应较小的一侧,从而使反应具有选择性。

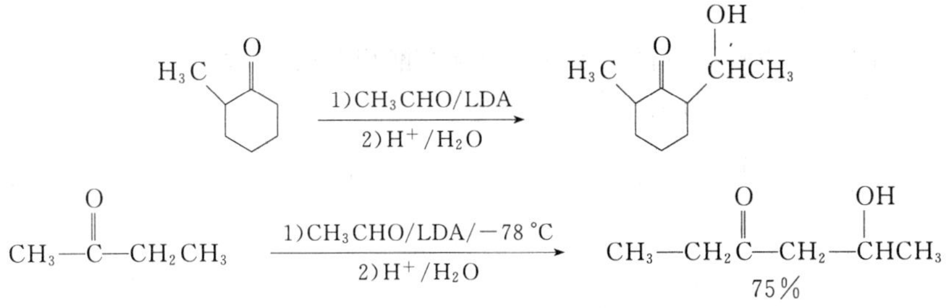

$$LDA = LiN[CH(CH_3)_2]_2 \text{(lithium diisopropylamide)}$$

(5)羟醛缩合在合成上的应用

羟醛缩合在有机合成中是接长碳链的重要方法,可以合成各种结构的 α,β 不饱和醛、酮;如果不脱水,则可得到某些羟醛类型的化合物,而且在这些产物中含有双键、羰基、羟基,通过这些官能团的转化又可以制备很多其他有用的化合物,所以羟醛缩合在有机合成中有着极其广泛的应用,例如,工业上利用丁醛缩合制备 2-乙基-1,3-己二醇(**A**)和 2-乙基-1-己醇(俗称异辛醇)(**B**):

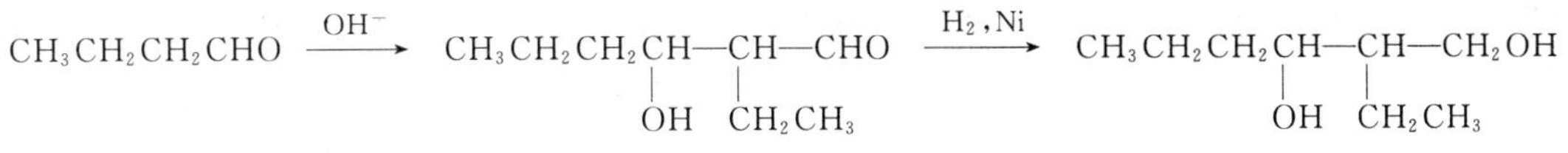

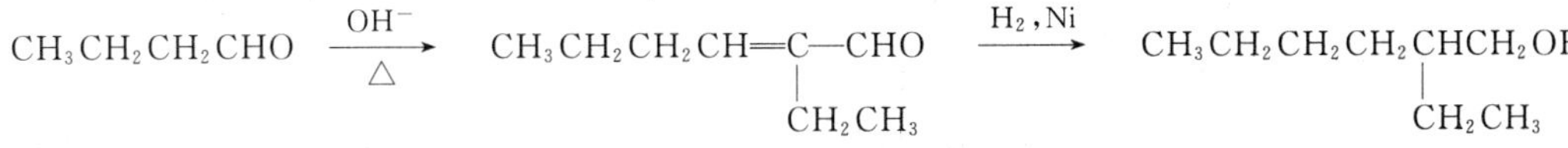

又如从柠檬醛 A 制备假紫罗兰酮是一种交叉的羟醛缩合:

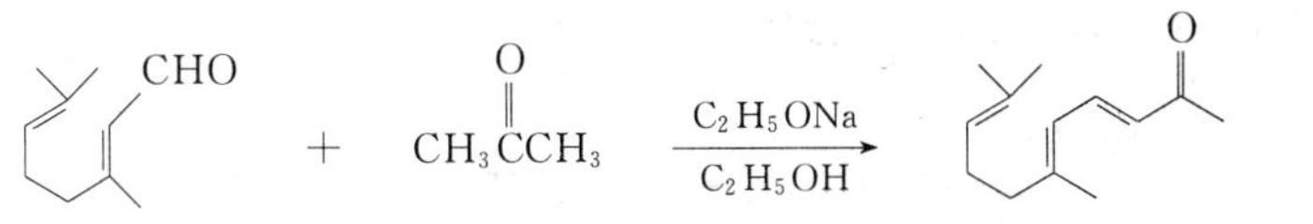

柠檬醛 A   假紫罗兰酮(49%)

在实验室通过羟醛缩合,能够合成的化合物花样更多。使用这种合成方法的关键是剖析欲制备化合物的结构,来选择适当的醛、酮原料。

在多数情况下,羟醛缩合的直接产物是 α,β 不饱和醛、酮,我们必须熟悉这种基本骨架。如果欲合成的化合物本身就是一个 α,β 不饱和醛、酮,问题就比较简单,只要在双键处划虚线,将其分成两部分,含有羰基部分的前体是提供 α-H 的醛、酮;另一部分的前体则是提供羰基的醛、酮。通过这种剖析,就很容易确定应选择什么样的醛、酮来进行缩合,例如:

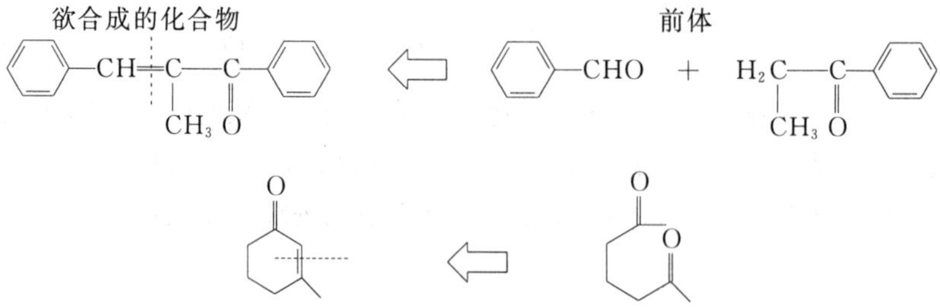

有时在合成的化合物中已不存在羰基和 α,β 不饱和双键,例如:

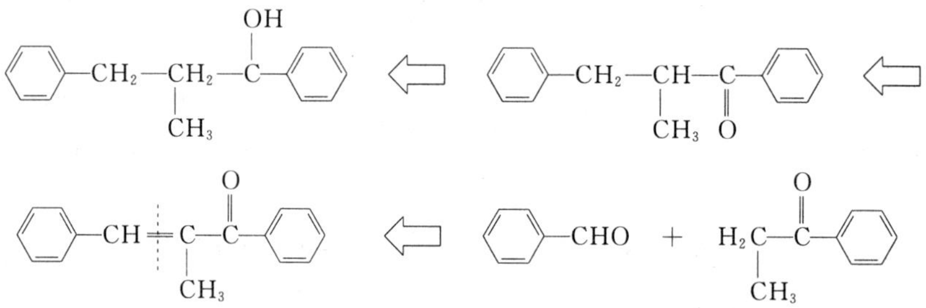

在这里,欲合成化合物中有羟基官能团,可以先把羟基改成羰基,接着在羰基的 α,β 位之间加上双键而得到 α,β 不饱和酮的基本骨架,最后再按上述类似方法确定所需用的醛、酮原料。

当反应被控制在生成羟醛化合物阶段时,要注意羟基和羰基总是处于 1,3 位(即中间隔一个碳原子)。这时应从靠近与羟基相连的碳原子处划线,包含羟基的那部分的前体是提供羰基的醛、酮,羟基所在的碳原子即为前体的羰基碳。划线分开的另一部分的前体则是提供 α-H 的醛、酮,例如:

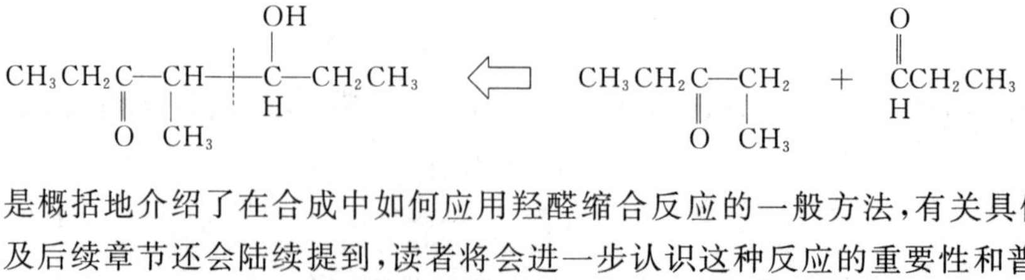

以上只是概括地介绍了在合成中如何应用羟醛缩合反应的一般方法,有关具体实例在本章后部分以及后续章节还会陆续提到,读者将会进一步认识这种反应的重要性和普遍性。

问题11-14 以苯甲醛为主要原料合成下面化合物。

(1) 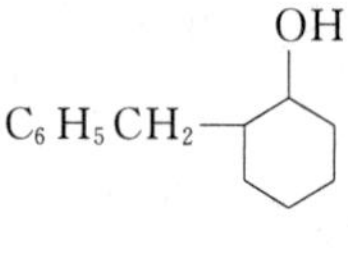 $C_6H_5CH_2$—(环己基)OH

(2) $C_6H_5CH_2CH_2CHCH_2CH_2C_6H_5$ (OH)

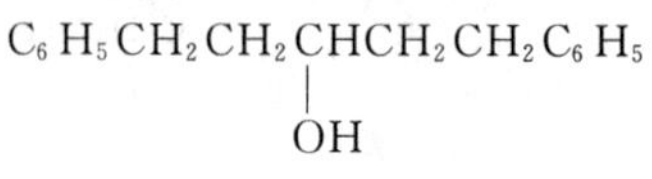

问题11-15 写出下列反应的产物。

(1) OHC—CH₂CH₂CH₂CH—CHO $\xrightarrow{\text{OH}^-}$?
　　　　　　　　　　　|
　　　　　　　　　　C₂H₅

(2) 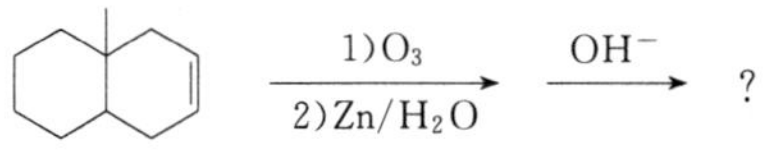 [结构式] $\xrightarrow[\text{2)Zn/H}_2\text{O}]{\text{1)O}_3}$ $\xrightarrow{\text{OH}^-}$?　　(3) [结构式] $\xrightarrow[\text{冷,OH}^-]{\text{稀 KMnO}_4}$ $\xrightarrow{\text{HIO}_4}$ $\xrightarrow{\text{OH}^-}$?

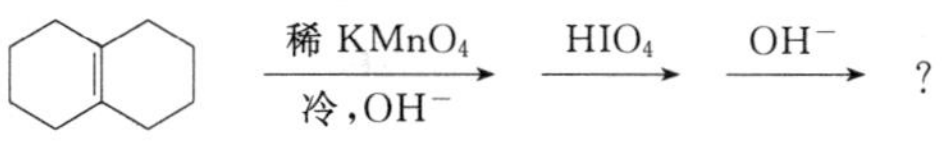

(4) CH₃CH₂CCH₂CH₂CH₂CCH₂C₆H₅ $\xrightarrow{\text{OH}^-}$?
　　　　　　|　　　　　　　　|
　　　　　　O　　　　　　　　O

问题11-16 用碱处理顺-1-萘烷酮溶液时发生异构化。当体系达到平衡时发现溶液含大约95%的反-1-萘烷酮和5%顺-1-萘烷酮。试解释之。

问题11-17 写出下列反应的可能机理。

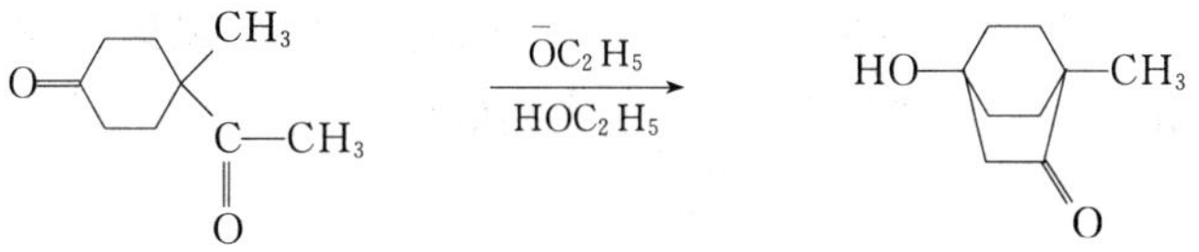

[反应式] $\xrightarrow[\text{HOC}_2\text{H}_5]{\overline{\text{O}}\text{C}_2\text{H}_5}$ [产物结构式]

问题11-18 为什么在碱液中(R)-3-苯基-2-丁酮能发生消旋化? 而(R)-3-苯基丁醛则不能发生类似作用?

四、氧化反应

在以上讨论的反应中,醛、酮的差别主要表现在相对活性上。醛的活性较高,酮的活性较低,有时低到完全不发生反应的程度。而在氧化反应中,醛、酮的差异更加明显。由于醛羰基上有一个氢原子,对氧化剂比较敏感,即使某些弱氧化剂也能氧化醛;酮对一般氧化剂都比较稳定,只有在强烈条件下才被氧化,并且分子发生断裂,所得产物比较复杂。

1. 强氧化剂氧化

KMnO₄、K₂Cr₂O₇—H₂SO₄ 等强氧化剂很容易把醛氧化,生成相应的羧酸,例如:

CH₃(CH₂)₅C $\xrightarrow[\text{70 ℃}]{\text{KMnO}_4,\text{H}_2\text{SO}_4 \cdot \text{H}_2\text{O}}$ CH₃(CH₂)₅C
　　　　　　　　　　　　　　　　　　　　　　　76%～78%

在中性或酸性介质中,其氧化过程为:

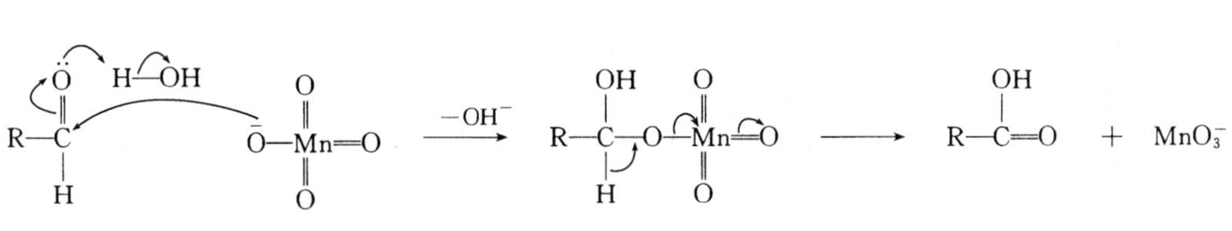

[反应机理图] $\xrightarrow{-\text{OH}^-}$ [中间体] $\longrightarrow$ R—C—O + MnO₃⁻
　　　　　　　　　　　　　　　　　　　　　　　　　　|
　　　　　　　　　　　　　　　　　　　　　　　　　OH

重铬酸钾氧化醛的机理与此类似。

芳环侧链上的醛基在较缓和的条件下氧化,可保留侧链,例如:

[苯环结构]—CH₂CHO $\xrightarrow{\text{冷稀 KMnO}_4}$ [苯环结构]—CH₂COOH

在温度较高的强烈条件下氧化则生成苯甲酸。

酮一般不易被氧化。但在强氧化剂作用下,长时间加热,碳链可从羰基两边断裂,生成几种小分子羧酸混合物。这种反应没有制备价值,但某些结构对称的环酮氧化断裂时,只生成一种产物,可用于合成,例如:

$$\text{环戊酮} \xrightarrow[\text{V}_2\text{O}_5]{50\%\ \text{HNO}_3} \text{HOOC-CH}_2\text{CH}_2\text{CH}_2\text{-COOH}$$

80%～85%

环己酮被氧化所得到的己二酸是生产尼龙的基本原料。

2. 弱氧化剂氧化

弱氧化剂,如氢氧化钠银氨溶液(Tollens,吐伦试剂),碱性氢氧化铜溶液[用酒石酸盐络合,称为菲林(Fehling)试剂]也能使醛氧化,生成相应酸的盐。

$$\text{RCHO} + 2\,\text{Ag(NH}_3)_2\text{OH} \xrightarrow{\triangle} \text{RCOONH}_4 + 2\,\text{Ag}\downarrow + \text{H}_2\text{O} + 3\,\text{NH}_3$$
（银镜）

$$\text{RCHO} + 2\,\text{Cu(OH)}_2 + \text{NaOH} \xrightarrow{\triangle} \text{RCOONa} + \text{Cu}_2\text{O}\downarrow + 3\,\text{H}_2\text{O}$$
（桔红色）

前一个反应若在洁净的玻璃器皿中进行,金属银就沉积在壁上形成银镜,称为银镜反应。工业上做镜子或玻璃镀银就是利用这个反应。

菲林试剂、吐伦试剂都不能使酮氧化,故可用它们鉴别醛、酮。

此外,吐伦试剂在合成上还可用来使 α,β 不饱和醛氧化成 α,β 不饱和酸,因为该试剂对双键无影响。

$$\text{RCH=C-CHO} \xrightarrow[2)\text{H}^+]{1)\text{Ag(NH}_3)_2\text{OH}} \text{RCH=CH-COOH}$$

问题 11-19　用简单化学方法鉴别下列化合物。

(1) C_6H_5CHO　　　(2) $C_6H_5CCH_3$　　　(3) $C_6H_5CCH_2CH_3$
　　　　　　　　　　　　　　‖　　　　　　　　　　　‖
　　　　　　　　　　　　　　O　　　　　　　　　　　O

(4) $C_6H_5CHCH_3$　　(5) $C_6H_5CH_2CH_2OH$　　(6) $CH_3CCH_2CH_3$
　　　　｜　　　　　　　　　　　　　　　　　　　　　‖
　　　　OH　　　　　　　　　　　　　　　　　　　　O

问题 11-20　由苯甲醛起始合成 $C_6H_5CH=C-CO_2H$ 。
　　　　　　　　　　　　　　　　　　　　　　　　｜
　　　　　　　　　　　　　　　　　　　　　　　C_2H_5

---

3. 自动氧化

醛在空气中可发生自动氧化,例如,将几滴苯甲醛放在玻璃板上,在空气中暴露几小时后,就会变成苯甲酸晶体。光或微量金属离子(Fe、Co、Ni、Mn 等金属离子)对自动氧化有催化作用。其反应过程如下：

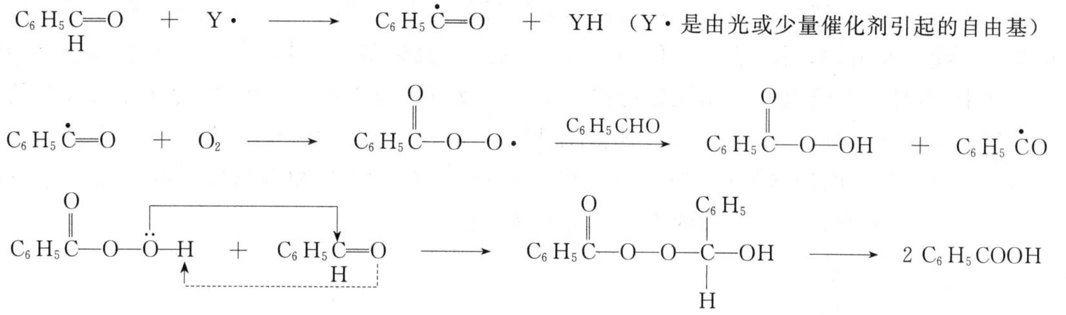

$$C_6H_5\overset{\displaystyle C=O}{\underset{H}{}} \ + \ Y\cdot \ \longrightarrow \ C_6H_5\dot{C}=O \ + \ YH \quad (Y\cdot 是由光或少量催化剂引起的自由基)$$

$$C_6H_5\dot{C}=O \ + \ O_2 \ \longrightarrow \ C_6H_5\overset{O}{\underset{}{C}}-O-O\cdot \ \xrightarrow{C_6H_5CHO} \ C_6H_5\overset{O}{\underset{}{C}}-O-OH \ + \ C_6H_5\dot{C}O$$

$$C_6H_5\overset{O}{\underset{}{C}}-O-\overset{..}{\underset{..}{O}}H \ + \ C_6H_5\overset{\displaystyle C=O}{\underset{H}{}} \ \longrightarrow \ C_6H_5\overset{O}{\underset{}{C}}-O-O-\overset{C_6H_5}{\underset{H}{C}}-OH \ \longrightarrow \ 2\,C_6H_5COOH$$

在较高温度下(～100 ℃)，氧的浓度很低时，有 CO 放出，说明反应是通过自由基进行的。

$$C_6H_5\dot{C}O \ \xrightarrow{\text{～100 ℃}} \ \dot{C}_6H_5 \ + \ CO$$

醛一般都储存在棕色瓶中，主要是为了防止它们的自动氧化，但有时也可以利用自动氧化来合成有用的化合物。例如，工业上以锰盐(M^{2+})为催化剂，由乙醛制乙酸就是其例：

$$2\,CH_3CHO \ + \ O_2 \ \xrightarrow[60\,℃\sim70\,℃]{Mn(OAc)_2} \ 2\,CH_3COOH$$

4. 拜耶尔—维立格(Baeyer-Villiger)氧化

酮虽然对很多氧化剂是稳定的，但它可以被过氧酸顺利地氧化成酯，例如：

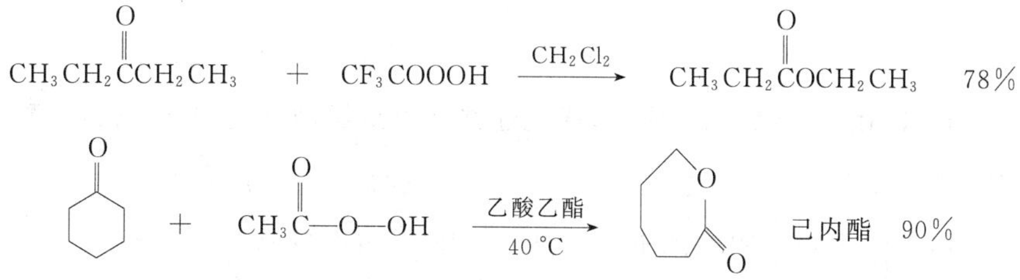

$$CH_3CH_2\overset{O}{\underset{}{C}}CH_2CH_3 \ + \ CF_3COOOH \ \xrightarrow{CH_2Cl_2} \ CH_3CH_2\overset{O}{\underset{}{C}}OCH_2CH_3 \quad 78\%$$

该反应称为拜耶尔—维立格氧化。[Baeyer(1835—1917)，出生于德国，毕业于 Heidelberg 大学，后在 Berlin 大学 Hofmann 教授名下学习并获博士学位。V. Villiger 是 Baeyer 的学生，1899 年他们发表关于酮被过氧酸氧化的论文。]这个反应的机理描述如下：

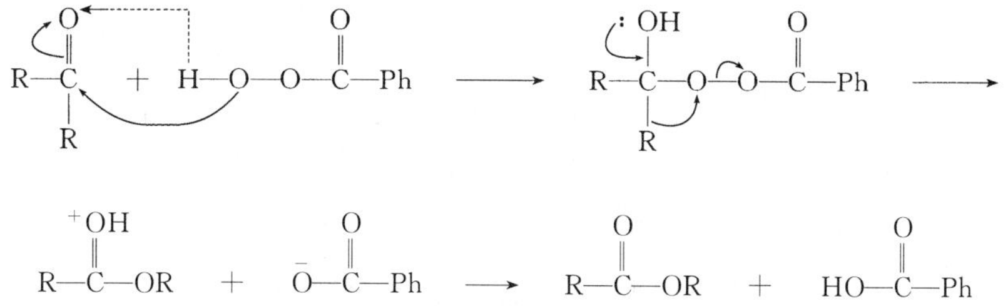

首先，过氧酸对酮羰基进行亲核加成；加成产物中的过氧键断裂，烃基带着电子从碳原子转移到氧原子上(类似于碳正离子 1,2 重排)，生成质子化的酯和苯甲酸根负离子；前者丢掉一个质子得到酯。

不对称酮进行拜耶尔—维立格氧化时，有生成两种酯的可能，例如：

$$\underset{\substack{\| \\ O}}{R-C-R'} \xrightarrow{\text{过氧酸}} \underset{\substack{\| \\ O}}{R-C-OR'} \; + \; \underset{\substack{\| \\ O}}{R'-C-OR}$$

实验证明,在这两种酯中,一种是主要的,究竟以哪种为主,决定于羰基两边不同烃基迁移的难易顺序。我们知道,基团的这种迁移顺序为:芳基 > 叔烃基 > 仲烃基 > 伯烃基 > 甲基。在芳基中,芳环上有给电子基团优先迁移。从上述反应机理中可以看出,酮分子中被迁移的烃基与氧原子相连,在产物酯中,它是以烷氧基形式存在的,因此在判断不对称酮的氧化产物时,只要比较两个烃基的迁移顺序,哪个烃基优先迁移,就在该烃基和羰基碳之间加上一个氧原子,这样所写出的酯就是该反应的主要氧化产物,例如:

优先迁移的烃基

CHCl₃

67%

在优先迁移烃基和羰基之间
加上一个氧,即为主要产物

两个烃基迁移的难易相差越大,所得产物就越单一。

过氧化氢在 BF_3 催化下,也能使酮氧化成酯:

BF_3 / 乙醚

62%

醛发生拜耶尔—维立格氧化反应时,优先迁移基团是氢,所得主要产物为羧酸:

$$\underset{\substack{\| \\ O}}{R-C-H} \; + \; \underset{\substack{\| \\ O}}{HOOCCH_3} \; \rightleftharpoons \; R-\underset{\substack{| \\ H}}{\overset{\cdot OH}{C}}-O-O-\underset{\substack{\| \\ O}}{C}-CH_3 \; \rightleftharpoons$$

$$\underset{\substack{\| \\ +OH}}{R-C-OH} \; + \; \underset{\substack{\| \\ O}}{{}^-O-CCH_3} \; \rightarrow \; \underset{\substack{\| \\ O}}{R-C-OH} \; + \; \underset{\substack{\| \\ O}}{HO-CCH_3}$$

例如: $\quad n\text{-}C_6H_{13}\underset{\substack{\| \\ O}}{CH} \; + \; CH_3COOH \; \rightarrow \; n\text{-}C_6H_{13}\underset{\substack{\| \\ O}}{C}-OH$

88%

H_2O_2

100%

醛的氧化产物羧酸可以看成是在氢和羰基之间加上一个氧原子。

拜耶尔—维立格氧化在合成上有重要用处,它为由酮制备酯提供了一种较方便的方法。

问题11-21 写出下列反应的产物。

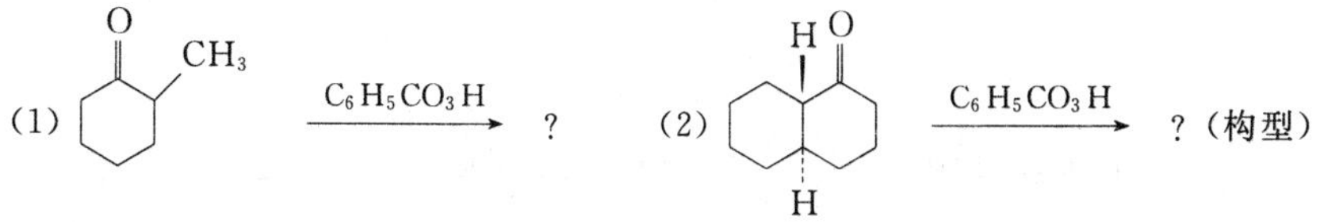

(1) [结构式：2-甲基环己酮] $\xrightarrow{C_6H_5CO_3H}$?   (2) [结构式：十氢萘酮] $\xrightarrow{C_6H_5CO_3H}$?（构型）

五、还原反应

在醛、酮的羰基上可以发生多种还原反应，现按产物的不同（醇和烃）分成两类介绍。

1. 还原成醇

$$\underset{(R')H}{\overset{R}{\diagdown}}C=O \xrightarrow{\text{还原}} \underset{(R')H}{\overset{R}{\diagdown}}CHOH \qquad 醇$$

将醛、酮还原成醇可以采取多种方法，如催化氢化，用化学还原剂 $LiAlH_4$、$NaBH_4$ 等。

(1) 催化氢化

醛、酮在铂、镍等催化剂存在下加氢，生成伯醇或仲醇：

$$RCHO + H_2 \xrightarrow{Ni} RCH_2OH \qquad 伯醇$$

$$\underset{R}{\overset{R'}{\diagdown}}C=O + H_2 \xrightarrow{Pt} \underset{R}{\overset{R'}{\diagdown}}CHOH \qquad 仲醇$$

反应一般在较高温度和压力下进行，产率较高。

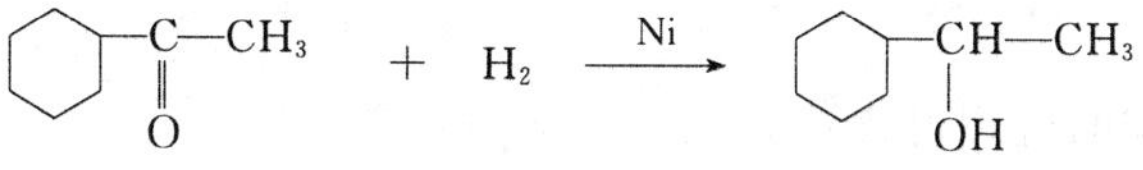

$$[环己基]\overset{O}{\underset{\|}{C}}-CH_3 + H_2 \xrightarrow{Ni} [环己基]\underset{OH}{\overset{|}{C}H}-CH_3$$
$$96\%$$

由于很多官能团（如 $C=C$、$C\equiv C$、NO_2、$C\equiv N$ 等）在催化氢化条件下都可被还原，所以它们对醛的还原会产生干扰。与烯烃的双键相比，羰基催化氢化的活性是：

$$醛羰基 > 碳碳双键 > 酮羰基$$

当它们孤立地处于同一分子中时，由于它们在活性上的差异，可以控制条件，使活性较高的基团先还原，例如：

$$CH_2=CHCH_2\overset{O}{\underset{\|}{C}}{}_H \xrightarrow[控制]{H_2,Ni} CH_2=CHCH_2CH_2OH$$

$$CH_2=CHCH_2\overset{O}{\underset{\|}{C}}CH_3 \xrightarrow[控制]{H_2,Ni} CH_3CH_2CH_2\overset{O}{\underset{\|}{C}}CH_3$$

但对 α,β 不饱和醛、酮来说，在催化加氢条件下，总是碳碳双键先被还原。

$$\text{RCH=CHC}\overset{\text{O}}{\underset{\text{H}}{\parallel}}\text{H} \xrightarrow[\text{控制}]{\text{H}_2,\text{Pd}} \text{RCH}_2\text{CH}_2\text{C}\overset{\text{O}}{\underset{\text{H}}{\parallel}}\text{H}$$

$$\text{RCH=CHC}\overset{\text{O}}{\parallel}\text{R}' \xrightarrow[\text{控制}]{\text{H}_2,\text{Pd}} \text{RCH}_2\text{CH}_2\text{C}\overset{\text{O}}{\parallel}\text{R}'$$

对上列不饱和醛、酮,如果不控制催化氢化条件,则双键和羰基同时被还原。

$$\text{RCH=CH}-(\text{CH}_2)_n\text{C}\overset{\text{O}}{\parallel}\text{R}' \xrightarrow{\text{H}_2,\text{Ni}} \text{RCH}_2\text{CH}_2-(\text{CH}_2)_n\text{CH}\overset{\text{OH}}{|}\text{R}'$$

(2)用 LiAlH_4、NaBH_4 还原

醛、酮的羰基能被多种化学试剂还原成醇。例如 LiAlH_4、NaBH_4 等。

$$\text{(CH}_3)_3\text{CCCH}_3 \xrightarrow{\text{LiAlH}_4} \text{(CH}_3)_3\text{CCHCH}_3 \quad 85\%$$

LiAlH_4 是还原醛、酮的最有效的试剂,但 LiAlH_4 极易水解,反应要在绝对无水条件下进行。

$$\overset{R}{\underset{(R')H}{>}}\text{C=O} \xrightarrow[\text{2})\text{H}_2\text{O},\text{H}^+]{1)\text{LiAlH}_4} \overset{R}{\underset{(R')H}{>}}\text{CHOH}$$

LiAlH_4 还原醛、酮的机理可表示为:

$$\xrightarrow[\text{水解}]{\text{稀 HCl}} 4\ \text{RCH}_2\text{OH}\ +\ \text{AlCl}_3\ +\ \text{LiCl}$$

这种还原的本质是一种氢负离子(并不是真正的离子形式,只是带负电的氢)为亲核试剂的羰基亲核加成反应。LiAlH_4 分子中的四个氢都可被利用,相继与四分子醛作用,生成 $(\text{RCH}_2\text{O})_4\text{AlLi}$,后者经水解而得到醇。反应是分两步完成的。

LiAlH_4 是强还原剂,它除还原醛、酮外还可还原含氮、氧的不饱和官能团如:—CO_2H、—CO_2R、—$\text{C}\equiv\text{N}$、—NO_2 等,还可还原卤代烃。

NaBH_4 还原醛、酮的过程与 LiAlH_4 类似,但它的还原能力不如 LiAlH_4 强。NaBH_4 除还原醛、酮羰基外,不容易还原 LiAlH_4 能还原的其他官能团。这使它的还原具有选择性,同

时一些易还原基团如 $-NO_2$、$-C\equiv N$ 等的存在不受影响。$NaBH_4$ 与水等质子性溶剂作用缓慢，反应可在水或醇/水中进行，使用较为方便、安全。

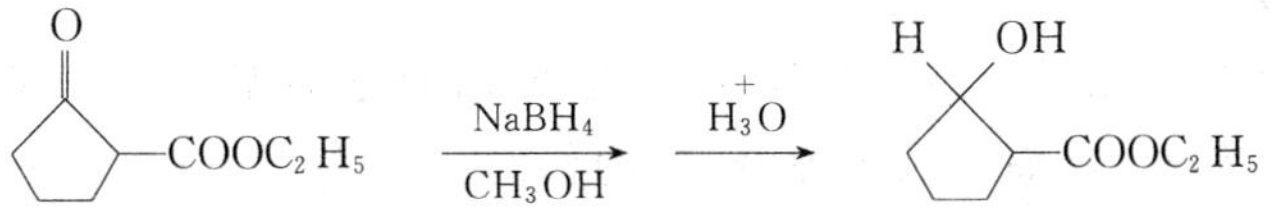

$LiAlH_4$ 和 $NaBH_4$ 的共同之点是都不能还原碳碳双键和叁键，这是因为由它们提供的氢负离子是亲核试剂，无亲电进攻的活性。

$$CH_3CH{=}CH{-}CHO \xrightarrow{LiAlH_4} \xrightarrow{H_3\overset{+}{O}} CH_3CH{=}CHCH_2OH \qquad 90\%$$

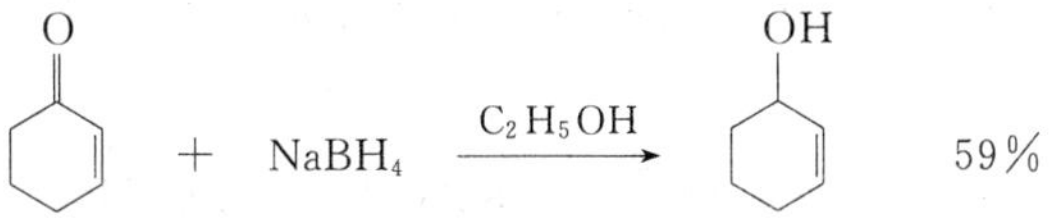

要说明的一点是，α,β 不饱和醛、酮与 $LiAlH_4$、$NaBH_4$ 反应的情况比较复杂，有时双键也可能被还原。因 $LiAlH_4$ 与 $NaBH_4$ 中的氢负离子可对 α,β 不饱和醛、酮进行共轭亲核加成(1,4 加成)(见本章八)。$NaBH_4$ 的这种倾向更明显，但当 α,β 不饱和酮羰基和非共轭的酮羰基同处于一个分子中，$NaBH_4$ 可优先选择饱和的酮羰基，如：

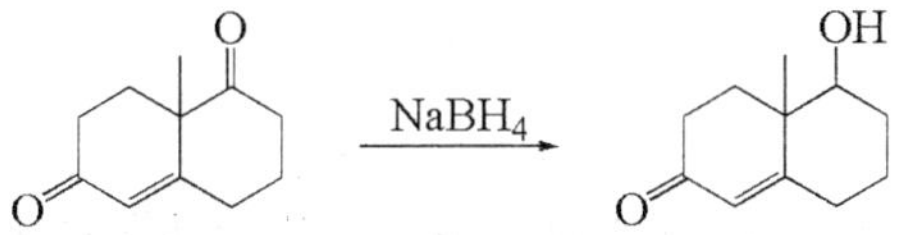

但 $LiAlH_4$、$NaBH_4$ 还原反应中对孤立双键并无干扰。

(3)麦尔外因—彭多夫(Meerwein-Ponndorf)还原

在异丙醇铝—异丙醇的作用下，醛、酮可被还原为醇：

$$\underset{(R')H}{\overset{R}{\diagdown}}C{=}O + (CH_3)_2CHOH \xrightleftharpoons{[(CH_3)_2CHO]_3Al} \underset{(R')H}{\overset{R}{\diagdown}}CHOH + CH_3\overset{O}{\overset{\|}{C}}CH_3$$

该反应叫做麦尔外因—彭多夫还原。从表面上看，异丙醇是还原剂，它将醛、酮还原成醇，而本身被氧化为丙酮。但实际上，真正起还原作用的是异丙醇铝。其反应过程如下：

第一步：

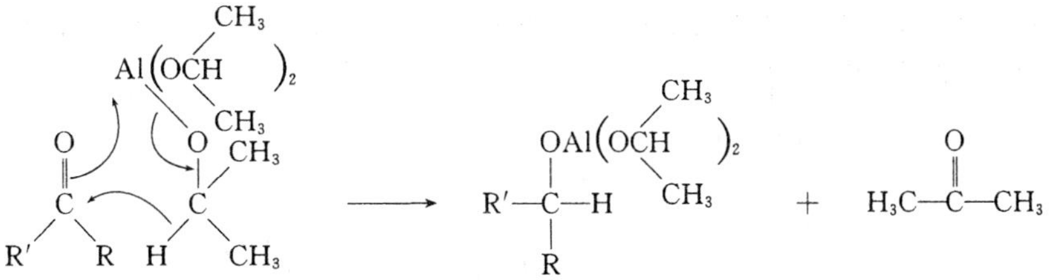

第二步：

$$\underset{R}{\overset{R'}{\diagdown}}CH{-}OAl\left(OCH\begin{matrix}CH_3\\CH_3\end{matrix}\right)_2 + \begin{matrix}CH_3\\CH_3\end{matrix}CHOH \rightleftharpoons \underset{R}{\overset{R'}{\diagdown}}CHOH + Al\left(OCH\begin{matrix}CH_3\\CH_3\end{matrix}\right)_3$$

在这里,氢负离子是由异丙醇铝提供的,在大量异丙醇存在下,异丙醇铝又可以再生,所以异丙醇铝是反应的催化剂。上式中的第二步可以看成是特殊的酸碱交换反应,实际上也就是醇铝分子中的烷氧基交换。

　　麦尔外因—彭多夫还原是可逆平衡反应,一般可以通过多加异丙醇或不断蒸出低沸点丙酮的方法使平衡向右移动,从而达到还原醛、酮的目的。

　　麦尔外因—彭多夫还原的逆反应是在异丙醇铝存在下,丙酮将醇氧化为相应的醛、酮。

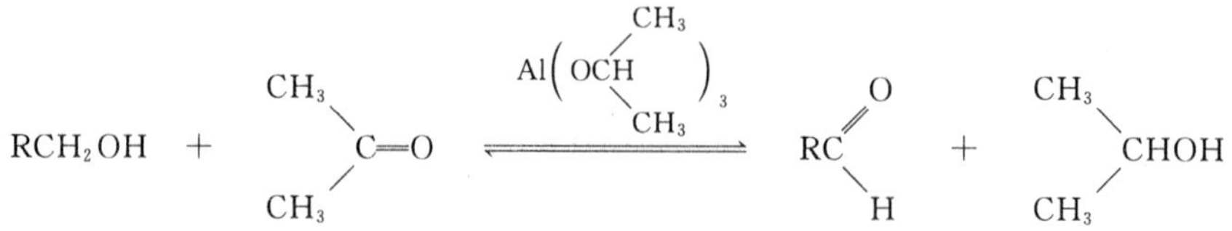

该反应称为欧芬脑(Oppenauer)氧化。它的各步反应都是麦尔外因—彭多夫的逆过程:

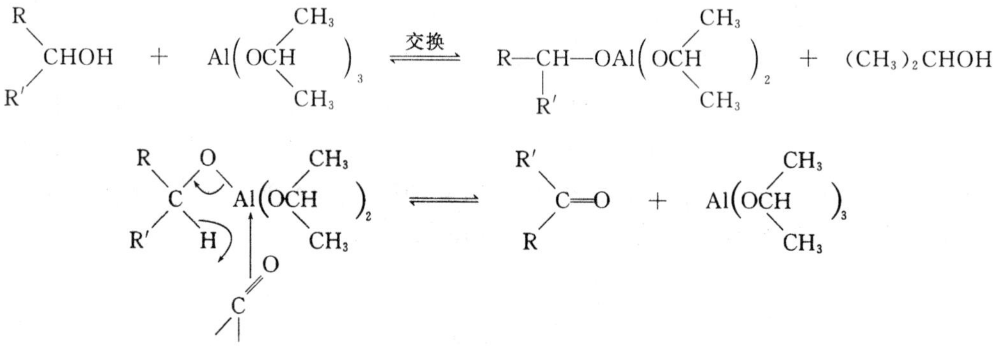

在这里,丙酮为氧化剂,接受氢负离子(通过异丙醇铝从醇转移过来的)。该反应也可以用加大丙酮用量来促使平衡向右移动,从而达到氧化醇的目的。

　　麦尔外因—彭多夫还原和欧芬脑氧化的共同特点是:它们都具有高度的选择性,对双键、叁键或其他易被还原或易被氧化的官能团都不发生作用。这就是说,使用它们时都不会受其他官能团的干扰,特别是用麦尔外因—彭多夫反应还原 α,β 不饱和醛、酮,保留双键,得到 α,β 不饱和醇,效果很好。

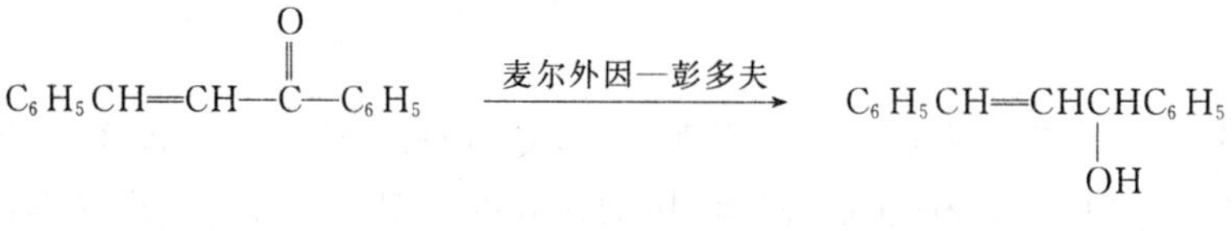

问题11-22　在麦尔外因—彭多夫还原中是否可以用叔丁醇/叔丁醇铝代替异丙醇/异丙醇铝?为什么?

问题11-23　完成下列转化。

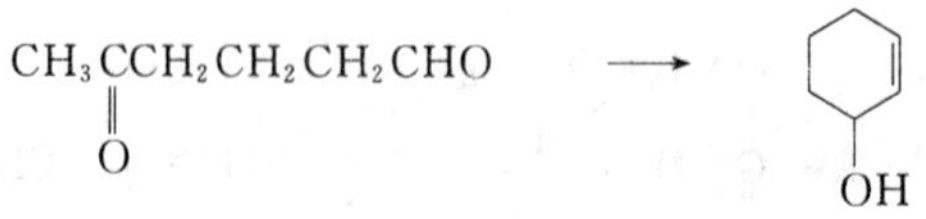

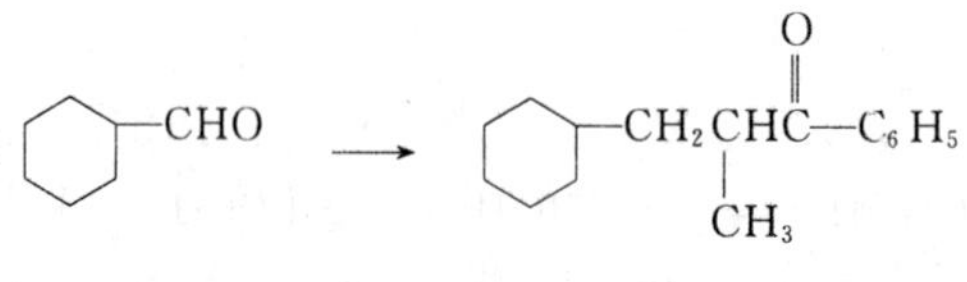

（4）金属还原

①单分子还原　很多金属，如 $Na(C_2H_5OH)$，$Fe(CH_3COOH)$ 等都能使醛、酮还原为醇。例如：

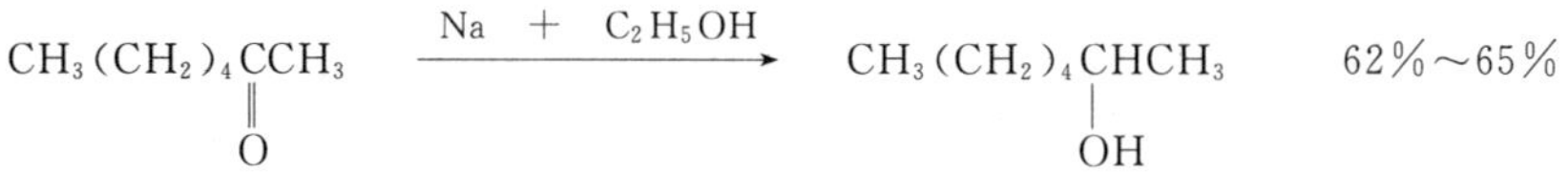

$$CH_3(CH_2)_4CCH_3 \xrightarrow[]{Na \ + \ C_2H_5OH} CH_3(CH_2)_4CHCH_3 \quad 62\% \sim 65\%$$
$$\underset{O}{\|} \qquad\qquad\qquad\qquad\qquad \underset{OH}{|}$$

$$CH_3(CH_2)_5CHO \xrightarrow[]{Fe \ + \ CH_3COOH} CH_3(CH_2)_5CH_2OH \quad 81\%$$

在这种还原中，金属的作用是作为电子的给予体，一般机理为：

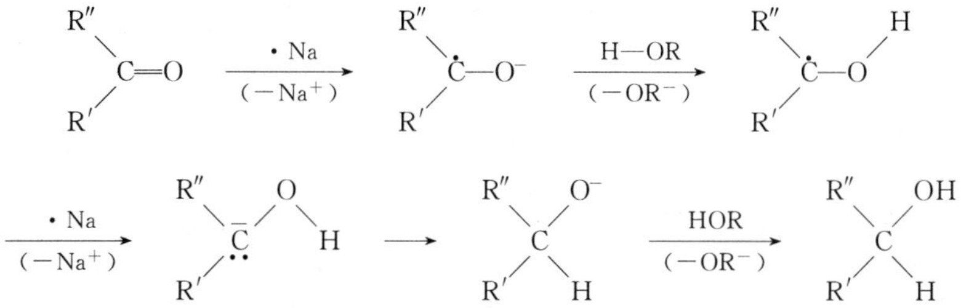

$Na+C_2H_5OH$ 等金属还原体系是一类很广泛的还原剂，它们可以还原多种官能团。

②双分子还原（偶联还原）　酮与镁、镁汞齐或铝汞齐在苯等非质子溶剂中反应后水解，主要得到双分子还原产物。

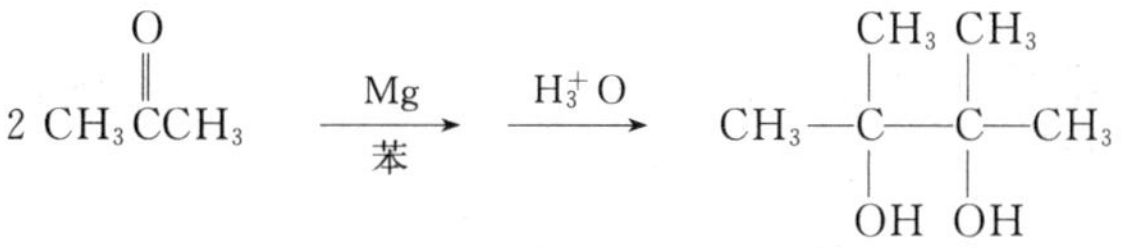

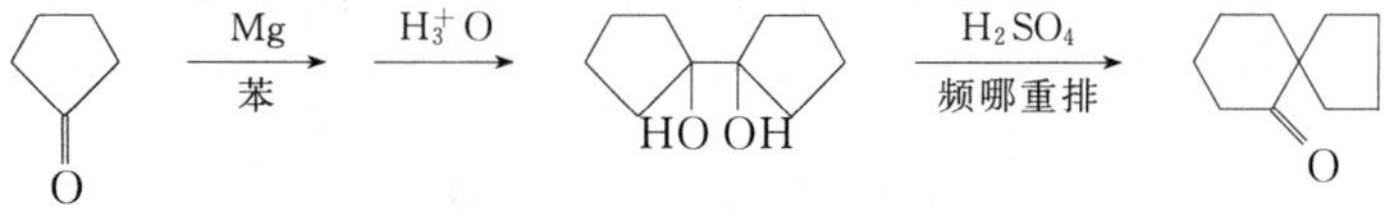

酮的双分子还原产物是邻二醇，后者在酸的作用下发生频哪重排。

双分子还原过程可表示如下：

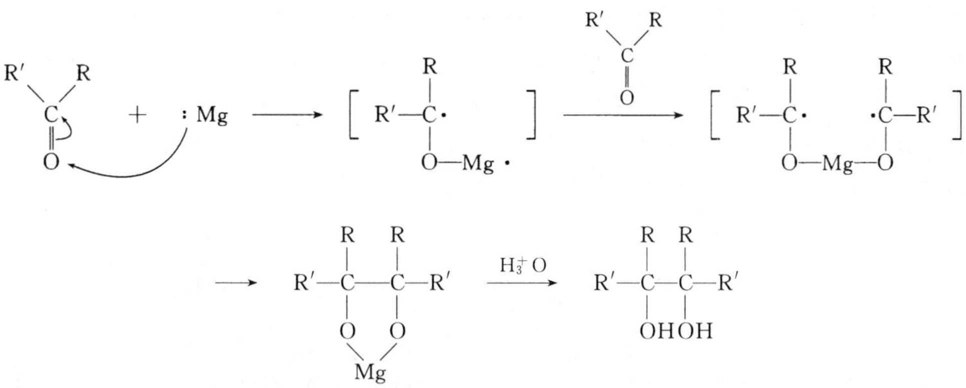

当醛、酮在氯化钛和其他强还原性金属（如 Li、K、Ga 等）或 $LiAlH_4$ 组成的氧化还原体系催化剂存在下，也可发生还原偶联反应，但最终产物为烯。该反应叫麦克默里（McMurry）反

应,因反应的收率较高,所以是一个由醛、酮制备烯烃的好方法。

$$2 \ \bigcirc\!\!=\!\!O \xrightarrow[\text{THF},\triangle]{\text{TiCl}_4\text{-Li}} \bigcirc\!\!=\!\!\bigcirc \qquad 85\%$$

$$2 \ \bigcirc\!\!-\!\text{CHO} \xrightarrow[\text{THF},\triangle]{\text{TiCl}_4\text{-Ga}} \begin{array}{c} \text{H}_5\text{C}_6 \\ \diagdown \\ \text{H} \end{array}\!\!C\!\!=\!\!C\!\!\begin{array}{c} \text{H} \\ \diagup \\ \text{C}_6\text{H}_5 \end{array} \qquad 90\%$$

$$\begin{array}{c} \text{H}_3\text{C} \quad \text{CH}_3 \\ \text{C}_6\text{H}_5\text{-C---C-C}_6\text{H}_5 \\ \quad\ \parallel \ \ \parallel \\ \quad\ \text{O} \ \ \text{O} \end{array} \xrightarrow[\text{LiAlH}_4]{\text{TiCl}_3} \begin{array}{c} \text{H}_3\text{C} \quad \text{CH}_3 \\ \diagup\!\!\!\!\!\diagdown \\ \text{C}_6\text{H}_5 \quad \text{C}_6\text{H}_5 \end{array}$$

2. 还原为亚甲基

(1)克莱门森(Clemmensen)还原

醛、酮在锌汞齐和浓盐酸作用下,可被还原为烃,羰基变为亚甲基,例如:

$$\begin{array}{c} \text{C}_6\text{H}_5\text{CCH}_2\text{CH}_2\text{CH}_3 \\ \ \ \parallel \\ \ \ \text{O} \end{array} \xrightarrow[\text{浓 HCl},\triangle]{\text{Zn-Hg}} \text{C}_6\text{H}_5\text{CH}_2\text{CH}_2\text{CH}_2\text{CH}_3 \qquad 88\%$$

$$\begin{array}{c} \ \ \ \text{O} \\ \ \ \ \parallel \\ \text{C}_6\text{H}_5\text{C(CH}_2)_{16}\text{CH}_3 \end{array} \xrightarrow[\text{浓 HCl},\triangle]{\text{Zn-Hg}} \text{C}_6\text{H}_5(\text{CH}_2)_{17}\text{CH}_3 \qquad 77\%$$

这种反应叫做**克莱门森还原**,还原的机理不十分清楚。将锌用氯化汞的水溶液处理,汞离子被还原为金属汞,在锌的表面即生成锌汞齐。

(2)乌尔夫—基日聂尔(Wolff-Kishner)还原和黄鸣龙改进法

醛、酮在碱性条件及高温、高压釜或封管中与肼反应,羰基也被还原为亚甲基,这种反应叫做乌尔夫—基日聂尔还原。

$$\begin{array}{c} \text{R}' \\ \diagdown \\ \ \ \ \ \text{C}\!\!=\!\!O \ + \ \text{H}_2\text{NNH}_2 \xrightarrow[\text{高温、高压}]{\text{KOH}} \text{R}'\text{CH}_2\text{R} \\ \diagup \\ \text{R} \end{array}$$

该法的缺点是需要高压封管和无水肼原料,反应时间长,产率不太高。1946年,我国著名化学家黄鸣龙在使用这个方法的过程中,对反应条件进行了改进,他将醛、酮、氢氧化钠、肼的水溶液和一个高沸点水溶性溶剂(如二缩乙二醇)一起加热,醛、酮变成腙。然后将水和过量的肼蒸出,当达到腙的分解温度(195 ℃～200 ℃)时,再回流3～4小时。这样反应可直接在常压下进行,时间大大缩短,产率很高,而且可以使用便宜的含水肼,例如:

$$\begin{array}{c} \ \ \ \text{O} \\ \ \ \ \parallel \\ \text{C}_6\text{H}_5\text{CCH}_2\text{CH}_3 \end{array} \xrightarrow[(\text{HOCH}_2\text{CH}_2)_2\text{O},\triangle]{\text{H}_2\text{NNH}_2,\text{NaOH}} \text{C}_6\text{H}_5\text{CH}_2\text{CH}_2\text{CH}_3$$
$$82\%$$

黄鸣龙改进法有很大的实用价值,不仅可以在实验室使用,而且可以工业化,并得到了国际上的公认,因此改进的方法称为乌尔夫—基日聂尔—黄鸣龙改进法。

还原的机理可能为:

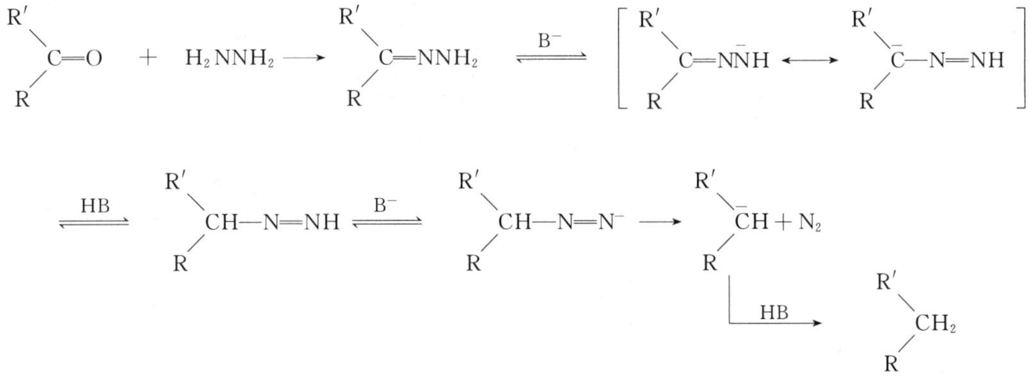

克莱门森还原和乌尔夫—基日聂尔—黄鸣龙改进法都可将醛、酮的羰基还原为亚甲基而得到相应的烃。反应有很高的选择性，大多数官能团对反应都没有干扰，但是对 α,β 不饱和醛、酮，两种方法都不能使用。因为在克莱门森还原中，双键也可能被还原，得不到预期还原产物。在乌尔夫—基日聂尔—黄鸣龙改进法中，α,β 不饱和醛、酮将会生成杂环化合物。一般来说，克莱门森法适于还原对碱敏感的醛、酮；黄鸣龙改进法适于还原对酸敏感的醛、酮。

（3）硫代缩醛、酮还原法

醛、酮在酸性条件下可与硫醇作用生成硫代缩醛、酮，硫代缩醛、酮在兰尼镍存在下氢化脱硫使之还原为亚甲基。该反应可适用于 α,β 不饱和醛、酮，反应中不受碳碳双键影响。

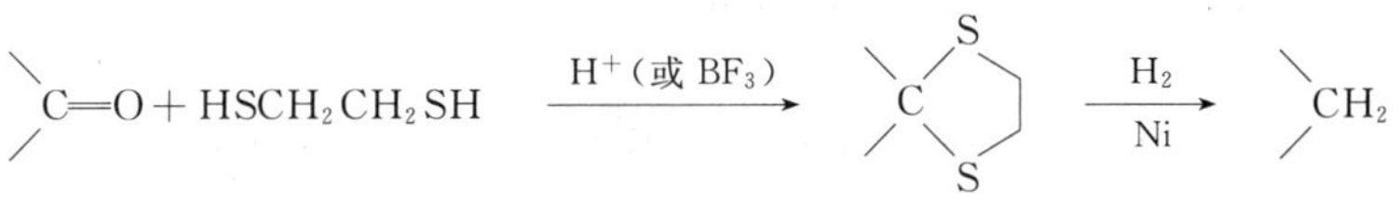

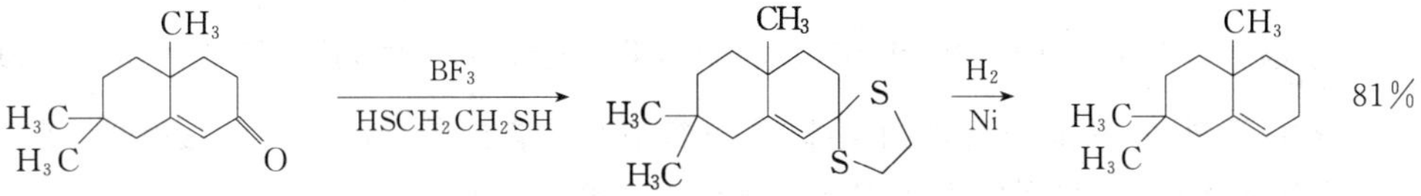

3. 歧化反应

没有 α-H 的醛与浓碱共热，生成等摩尔的相应醇和羧酸。

$$C_6H_5CHO \xrightarrow[\triangle]{\text{浓 NaOH}} C_6H_5CH_2OH \;+\; C_6H_5COONa$$

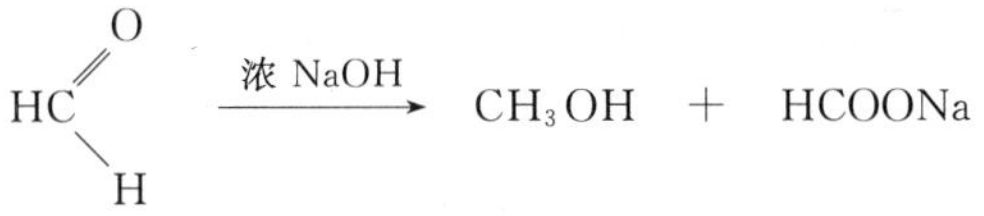

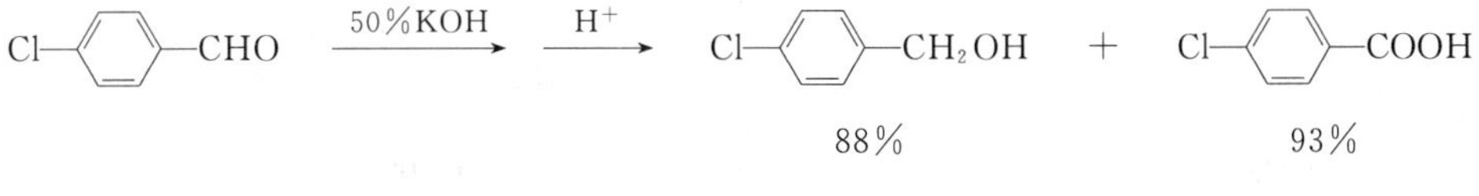

这类反应是康尼查罗（S. Cannizzaro, 1826—1910）于 1853 年首先发现的，故称为康尼查罗反应，也叫做歧化反应。

歧化反应的机理如下：

$$\underset{\overset{|}{H}}{Ar-C} \overset{\frown}{=} O \;+\; OH^- \;\rightleftharpoons\; Ar-\underset{\overset{|}{OH}}{\overset{|}{C}}-O^- \longrightarrow$$

4

$$\underset{\overset{|}{OH}}{Ar-C}=O \;+\; Ar-\underset{\overset{|}{H}}{\overset{H}{C}}-O^- \longrightarrow \underset{\overset{|}{O^-}}{Ar-C}=O \;+\; Ar-CH_2OH$$

$$\downarrow H^+$$

$$\underset{\overset{|}{OH}}{Ar-C}=O$$

反应从 OH^- 对醛羰基的亲核进攻开始,然后由中间体 **4** 提供氢负离子向另一分子的羰基进攻,分别生成羧酸和烷氧负离子。二者进行质子转移,再经酸化即得到最终产物——羧酸和醇。显然,首先被 OH^- 进攻,生成能提供氢负离子的醛分子被氧化为羧酸;而接受氢负离子进攻的那一分子醛被还原为醇。前者为氢的供体,后者为氢的接受体。

在歧化反应中,氢负离子由中间体向羰基转移比较困难,反应速度较慢,正因如此,那些有 α-H 的醛都不发生歧化反应,因为在碱性条件下,它们优先进行羟醛缩合。

两种不同的无 α-H 醛可以进行交叉的歧化反应。例如:

$$C_6H_5CHO \;+\; HCHO \xrightarrow{\text{浓 } OH^-} C_6H_5CH_2OH \;+\; HCOO^-$$

$$\downarrow H^+$$

$$HCOOH$$

交叉的歧化反应,本应得四种产物,但在这里,只得到甲酸和苯甲醇,这是因为甲醛的醛基最活泼,总是先被 $\overline{OH}$ 进攻,从而成为氢的供体,本身被氧化。自然苯甲醛为氢的接受体,被还原为苯甲醇。这种产物单一,产率较高的交叉歧化反应在合成上有重要用处。

$$CH_3O-\!\!\!\!\bigcirc\!\!\!\!-CHO \;+\; H_2C=O \xrightarrow[2)H^+]{1)30\%NaOH} CH_3O-\!\!\!\!\bigcirc\!\!\!\!-CH_2OH \;+\; HC\underset{OH}{\overset{O}{\lessgtr}}$$

$$85\%\sim89\%$$

工业上生产季戊四醇,巧妙地利用了羟醛缩合和歧化反应:

$$3HCHO \;+\; CH_3CHO \xrightarrow[\text{羟醛缩合}]{Ca(OH)_2} HOCH_2-\underset{\overset{|}{CH_2OH}}{\overset{CH_2OH}{\overset{|}{C}}}-CHO$$

$$HOCH_2-\underset{\overset{|}{CH_2OH}}{\overset{CH_2OH}{\overset{|}{C}}}-CHO \;+\; HCHO \xrightarrow[\text{歧化反应}]{Ca(OH)_2} HOCH_2-\underset{\overset{|}{CH_2OH}}{\overset{CH_2OH}{\overset{|}{C}}}-CH_2OH \;+\; Ca(HCOO)_2$$

$$55\%\sim57\%$$

在此,乙醛分子提供三个 α-H,与三分子甲醛逐步进行三次羟醛缩合(不脱水),缩合产物再与甲醛进行歧化反应,而生成季戊四醇。由于一分子乙醛要消耗四分子甲醛,反应中甲醛要过量。季戊四醇是重要的化工原料,它常用来制备血管扩张剂(季戊四醇四硝酸酯),工程塑料聚氯醚和油漆用的醇酸树脂等。

问题11-24 完成下列转化。

(1) CH_3CCH_3 (O) $\longrightarrow$ $CH_3 \overset{CH_3}{\underset{CH_3}{C}} \overset{O}{C}$ —OH

(2) 苯 $\longrightarrow$ $C_6H_5 \overset{C_6H_5}{\underset{H_3C}{C}} \overset{}{C} CH_3$ (O)

(3) 环戊酮 $\longrightarrow$ 螺[4.4]

(4) 苯 $\longrightarrow$ $CH_3CH_2CH_2$—苯基— $\overset{}{\underset{OH}{CHCH_3}}$

(5) $CH_3CH_2CH_2OH \longrightarrow CH_3 \overset{CH_2OH}{\underset{CH_2OH}{C}} CH_2OH$

问题11-25 下列化合物哪些能发生歧化反应?哪些能发生羟醛缩合?

(1) $CH_3 \overset{CH_3}{\underset{CH_3}{C}} \overset{O}{C} H$

(2) 呋喃—CHO

(3) 苯基—CH_2CHO

(4) CH_3CH_2CHO

问题11-26 一个思考不周的研究生需要一些二苯甲醇。他先决定从苯基溴化镁和苯甲醛的反应来制备它,他制备了1mol格氏试剂。为了确保高的产率,他不是加入 1mol 而是加入 2mol 醛。在处理混合物时,他最初高兴地发现得到了高产率的结晶形产物,但当仔细检验时他失望了。他发现制得的不是二苯甲醇,而是二苯甲酮。这个学生被弄糊涂了,于是去导师办公室,随后红着脸出来了,他错在什么地方?应该如何做?

六、其他反应

1. 维狄希(Wittig)反应

1954 年维狄希发表了一个由醛、酮合成烯的新方法,即由醛、酮与维狄希试剂作用脱去三苯基氧磷生成烯的反应,该反应被称做**维狄希反应**。[G. F. K. Wittig(1897—1987)出生于德国,他是 Heidelberg 大学化学教授,从事有机磷的研究工作,由于其工作的出色成绩与 H. C. Brown(有机硼研究)共同获 1979 年 Nobel 化学奖。]

$$\underset{醛酮}{\overset{}{C}=O} + \underset{维狄希试剂}{(C_6H_5)_3P=CR_2} \longrightarrow \overset{}{C}=CR_2 + (C_6H_5)_3P=O$$

(1)维狄希试剂的制备
卤代烃是制备维狄希试剂的主要原料。

$$(C_6H_5)_3P: \quad + \quad RCH_2\overset{\frown}{-}X \quad \xrightarrow{\ S_N2\ } \quad [(C_6H_5)_3\overset{+}{P}-CH_2R]X^-$$

亲核试剂   鏻盐

$$[(C_6H_5)_3P^+-CHR]X^- \quad \xrightarrow[-HX]{n\text{-}C_4H_9Li} \quad (C_6H_5)_3P=CHR \quad + \quad LiX \quad + \quad C_4H_{10}$$

Wittig 试剂

三苯基膦作为亲核试剂首先和卤代烃发生亲核取代生成鏻盐,后者在正丁基锂作用下,脱 HX 得到维狄希试剂。其音译称为磷叶立德(ylide),具有内翁盐的结构。

用于制备维狄希试剂的卤代烃可以是甲基卤、伯卤或仲卤,但不能是叔卤,因为叔卤无 α-H。在卤代烃分子中可以含有双键,叁键或烷氧基,但不能是烯基卤。

(2)维狄希反应的机理

维狄希反应的核心步骤是维狄希试剂对醛、酮羰基的亲核进攻,可能的机理为:

维狄希试剂与羰基加成所形成的中间物不稳定,可以自动消除 $O=P(C_6H_5)_3$ 而得到烯烃。

(3)维狄希反应的应用

维狄希反应虽然发现的时间还不长,但由于反应条件温和、产率高,所以在合成上得到了广泛的应用。除合成一般烯烃外,维狄希反应特别适合于合成难以用其他方法制备的烯烃。

维狄希反应的两个组分是醛、酮和维狄希试剂,而后者总是从卤代烃制备的。实际上用维狄希试剂合成烯烃的基本原料是醛、酮和卤代烃。现简单介绍如何根据欲合成烯烃的结构来选择原料,确定合成路线。

例 1 合成 $C_6H_5CH{=}CHCH_3$ 。

从欲合成化合物的双键处划虚线,将分子分成两部分。如果左边部分的前体为醛、酮 (C_6H_5CHO),那么右边部分的前体则为卤代烃(XCH_2CH_3)。或者反过来,右边部分的前体为 CH_3CHO,左边部分的前体为 $C_6H_5CH_2Cl$。原则上有两种组合方式:

$$C_6H_5CH=CHCH_3 \quad \Longleftarrow \quad C_6H_5CHO \quad + \quad XCH_2CH_3$$

$$C_6H_5CH=CHCH_3 \quad \Longleftarrow \quad C_6H_5CH_2Cl \quad + \quad O{=}\overset{H}{\underset{}{C}}CH_3$$

目标分子   前体

根据制备原料的难易,可以从中选择一条较佳的路线。

例 2 合成 $C_6H_5-\overset{H_3C}{\underset{|}{C}}-\overset{CH_3}{\underset{|}{C}}-CH_3$。

合成该化合物的两条路线为：

$$H_3C\text{—}C\text{=}C\text{—}CH_3 \ (C_6H_5,\ CH_3) \quad \Longleftarrow \quad C_6H_5\text{—}C\text{=}O \ (CH_3) \quad + \quad XCHCH_3 \ (CH_3)$$

$$C_6H_5\text{—}C\text{=}C\text{—}CH_3 \ (H_3C,\ CH_3) \quad \Longleftarrow \quad C_6H_5\text{—}CHX \ (CH_3) \quad + \quad O\text{=}C\text{—}CH_3 \ (CH_3)$$

由于醛、酮和制备维狄希试剂的卤代烃结构千变万化，所以利用 wittig 反应可以合成单烯、多烯、环外烯、环烯等多种结构的烯烃。如：

$$2 \ \boxed{\text{(环己烯基)}}\text{—CH=CH—CH=P(C}_6\text{H}_5)_3 \quad + \quad \text{OHC—C=CH—CH=CH—CH=C—CHO} \quad \longrightarrow$$

β-胡萝卜素
β-carotene

$$C_6H_5CH\text{=}P(C_6H_5)_3 \quad + \quad O\text{=}\bigcirc \quad \longrightarrow \quad C_6H_5CH\text{=}\bigcirc$$

$$\underset{\text{=P(C}_6\text{H}_5)_3}{\overset{\text{=P(C}_6\text{H}_5)_3}{\bigcirc}} \quad + \quad \underset{\text{CHO}}{\overset{\text{CHO}}{\bigcirc}} \quad \longrightarrow \quad \text{(稠环产物)}$$

维狄希反应具有较高立体选择性，一般生成较稳定的反式异构体。

$$\underset{\underset{\text{H}_3\text{CO}}{\text{H}_3\text{CO}}}{\overset{\text{H}_3\text{CO}}{\text{(苯环)}}}\text{—CHO} \quad + \quad (C_6H_5)_3P\text{=}CHCN \quad \longrightarrow \quad \underset{\underset{\text{H}_3\text{CO}}{\text{H}_3\text{CO}}}{\overset{\text{H}_3\text{CO}}{\text{(苯环)}}}\text{—}C\underset{\text{H}}{\overset{\text{H}}{=}}C\underset{\text{CN}}{\overset{\text{}}{}}$$

99%

近年来一个维狄希反应改进法也被广泛应用。该反应是在强碱（如，NaH、NaOC(CH$_3$)$_3$、n-C$_4$H$_9$Li 等）作用下使膦酸酯生成碳负离子，然后与醛、酮反应生成烯。

$$C_6H_5CH_2\text{—}\overset{\overset{O}{\|}}{P}(OC_2H_5)_2 \quad \xrightarrow[\text{2) }C_6H_5CHO]{\text{1) NaH}} \quad \underset{\text{H}}{\overset{C_6H_5}{}}C\text{=}C\underset{C_6H_5}{\overset{H}{}} \quad + \quad NaO\text{—}\overset{\overset{O}{\|}}{P}(OC_2H_5)_2$$

历程：
$$C_6H_5CH_2\text{—}\overset{\overset{O}{\|}}{P}(OC_2H_5)_2 \quad \xrightarrow{\text{NaH}} \quad C_6H_5\overset{..}{C}H\text{—}\overset{\overset{O}{\|}}{P}(OC_2H_5)_2 \quad \xrightarrow{C_6H_5CH\text{=}O}$$

$$\underset{\underset{C_2H_5O\ \ OC_2H_5}{\overset{\overset{O}{\|}}{P}}}{\overset{C_6H_5\text{—}CH\text{—}CHC_6H_5}{}} \quad \longrightarrow \quad \underset{\underset{C_2H_5O\ \ OC_2H_5}{\overset{\overset{-O}{\|}}{P}}}{\overset{C_6H_5\text{—}CH\text{—}CHC_6H_5}{\overset{|\quad\quad|}{O^-}}} \quad \xrightarrow{-[\ ^-OP(OC_2H_5)_2\ ]} \quad \underset{H}{\overset{H_5C_6}{}}C\text{=}C\underset{C_6H_5}{\overset{H}{}}$$

反应中的膦酸酯一般由亚磷酸酯和活泼卤代烃制备。

$$P(OC_2H_5)_3 + C_6H_5CH_2X \longrightarrow C_6H_5CH_2\overset{O}{\overset{\|}{P}}(OC_2H_5)_2 + CH_3CH_2X$$

2. 与硫叶立德的加成

二甲基硫醚或二甲亚砜与碘甲烷反应生成碘化三甲基硫，在强碱作用下可得到硫叶立德。二甲亚砜硫叶立德较稳定可在 0 ℃保存几个月，因此应用较为方便。像磷叶立德一样，硫叶立德也可与羰基化合物进行亲核加成，不过磷叶立德与醛、酮的反应最终产物为烯烃。而硫叶立德与醛、酮进行亲核加成后，中间体进行分子内亲核取代，产物为环氧化合物。

$$CH_3SCH_3 \xrightarrow{CH_3I} (CH_3)_2\overset{+}{S}-CH_3\ \overset{-}{I} \xrightarrow[\text{DMSO-THF}]{NaH\ 或\ NaCH_2\overset{O}{\overset{\|}{S}}CH_3} (CH_3)_2\overset{+}{S}-\overset{-}{\ddot{C}}H_2$$

硫叶立德

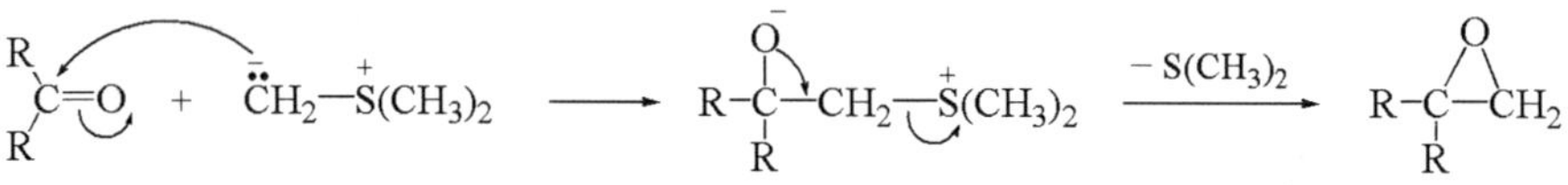

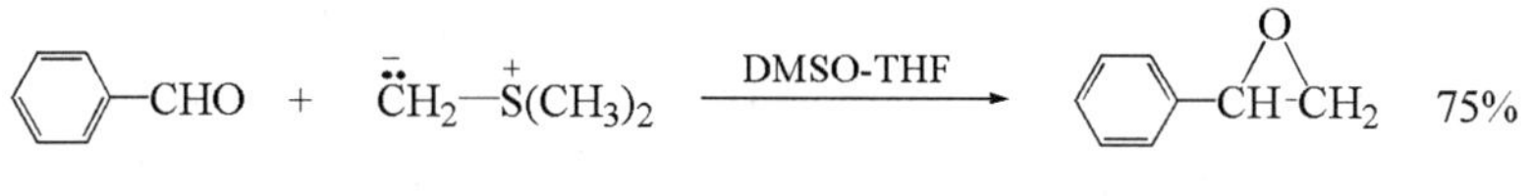

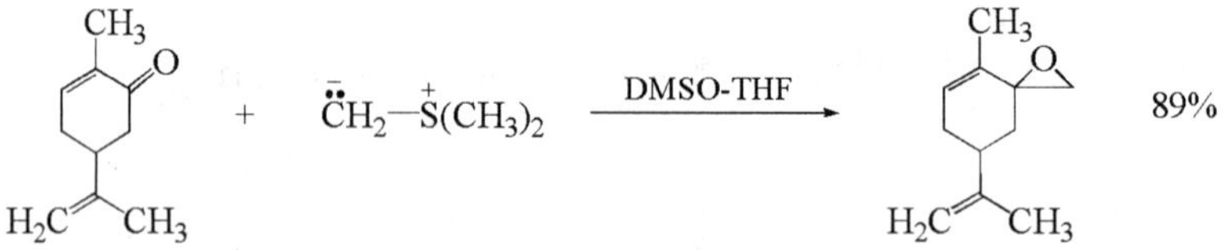

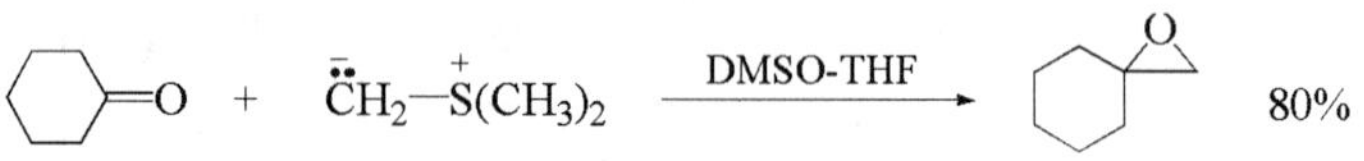

3. 安息香缩合

在 CN^- 的催化下，两分子苯甲醛缩合生成二苯基羟乙酮，后者俗称**安息香**，所以该反应叫做安息香缩合。

$$2\ C_6H_5CHO \xrightarrow[C_2H_5OH\text{-}H_2O]{CN^-} C_6H_5\overset{OH}{\overset{|}{C}H}-\overset{O}{\overset{\|}{C}}C_6H_5$$

92%

该缩合反应的机理为：

$$C_6H_5-\underset{H}{\underset{|}{C}}=O \underset{\bar{O}H}{\overset{CN^-}{\rightleftharpoons}} C_6H_5-\underset{H}{\underset{|}{\overset{CN}{\overset{|}{C}}}}-O^- \underset{\bar{O}H}{\overset{H_2O}{\rightleftharpoons}} C_6H_5-\underset{H}{\underset{|}{\overset{CN}{\overset{|}{C}}}}-OH \underset{H_2O}{\overset{OH^-}{\rightleftharpoons}}$$

$$C_6H_5-\overset{\overset{\textstyle -}{|}}{\underset{\underset{\textstyle OH}{|}}{C}}-CN \xrightarrow{\quad C_6H_5\overset{\curvearrowright}{C}HO\quad} C_6H_5-\overset{\overset{\textstyle CN}{|}}{\underset{\underset{\textstyle OH}{|}}{C}}-\overset{\overset{\textstyle H}{|}}{\underset{\underset{\textstyle O^-}{|}}{C}}-C_6H_5 \underset{\overline{O}H}{\overset{H_2O}{\rightleftharpoons}} C_6H_5-\overset{\overset{\textstyle CN}{|}}{\underset{\underset{\textstyle OH}{|}}{C}}-\overset{\overset{\textstyle H}{|}}{\underset{\underset{\textstyle OH}{|}}{C}}-C_6H_5$$

$$\underset{H_2O}{\overset{OH^-}{\rightleftharpoons}} C_6H_5-\overset{\overset{\textstyle CN}{|}}{\underset{\underset{\textstyle O^-}{|}}{C}}-\overset{\overset{\textstyle H}{|}}{\underset{\underset{\textstyle OH}{|}}{C}}-C_6H_5 \longrightarrow C_6H_5-\overset{}{\underset{\underset{\textstyle O}{\|}}{C}}-\overset{\overset{\textstyle H}{|}}{\underset{\underset{\textstyle OH}{|}}{C}}-C_6H_5 \;+\; CN^-$$

CN^- 首先进攻羰基,使醛氢的酸性增强,在碱的作用下,羰基碳变成碳负离子作为亲核试剂对第二分子醛进行亲核加成,生成氰基取代的二醇,后者失去 CN^- 而得到缩合产物。显然两分子苯甲醛在反应中所起的作用各不相同。

该反应主要适于芳香醛,但当芳环上有吸电子基团或给电子基团时,反应都不发生。吸电子基团使 $Ar-\overset{\overset{\textstyle -}{|}}{\underset{\underset{\textstyle OH}{|}}{C}}-CN$ 的亲核性减弱,不利于对第二分子醛的亲核进攻;给电子基团使醛基碳电正性减弱,不利于接受 $Ar-\overset{\overset{\textstyle -}{|}}{\underset{\underset{\textstyle OH}{|}}{C}}-CN$ 进攻。

$$NO_2-\!\!\!\left\langle\!\!\bigcirc\!\!\right\rangle\!\!-CHO \xrightarrow{\quad CN^-\quad} 不反应$$

$$CH_3O-\!\!\!\left\langle\!\!\bigcirc\!\!\right\rangle\!\!-CHO \xrightarrow{\quad CN^-\quad} 不反应$$

但将 $NO_2-\!\!\left\langle\!\bigcirc\!\right\rangle\!\!-CHO$ 和 $CH_3O-\!\!\left\langle\!\bigcirc\!\right\rangle\!\!-CHO$ 的混合物在 CN^- 作用下可以发生交叉的安息香缩合,得到单一产物:

$$NO_2-\!\!\left\langle\!\bigcirc\!\right\rangle\!\!-CHO \;+\; CH_3O-\!\!\left\langle\!\bigcirc\!\right\rangle\!\!-CHO \xrightarrow{\quad CN\quad} NO_2-\!\!\left\langle\!\bigcirc\!\right\rangle\!\!-\overset{\overset{\textstyle OH}{|}}{\underset{\underset{\textstyle H}{|}}{C}}-\overset{}{\underset{\underset{\textstyle O}{\|}}{C}}-\!\!\left\langle\!\bigcirc\!\right\rangle\!\!-OCH_3$$

在这里,$CH_3O-\!\!\left\langle\!\bigcirc\!\right\rangle\!\!-CHO$ 首先受 CN^- 进攻而生成亲核试剂,后者进攻 $NO_2-\!\!\left\langle\!\bigcirc\!\right\rangle\!\!-CHO$ 的羰基得到缩合产物。显然,产物中羟基总是连在有吸电子基团的芳环一边。

考虑到氰化物的毒性,化学家们用具有生物活性的维生素 B_1(VB_1)及含有噻唑环系的类似物作为安息香缩合良好的无毒催化剂。该催化剂催化活性位置是噻唑环,在碱作用下,噻唑环上的酸性氢与碱结合生成一个两性离子,它像氰根负离子一样进攻芳香醛,并在整个反应过程中起到氰根离子相同的催化作用。维生素 B_1 催化安息香缩合反应一般可得到满意的收率。

维生素 B_1
(Vitamin B_1)

两性离子

酸性氢

4. 与 PCl₅ 作用

醛、酮与 PCl₅ 作用生成二氯代物：

$$C_6H_5CC_6H_5 \ + \ PCl_5 \longrightarrow C_6H_5 - \overset{Cl}{\underset{Cl}{C}} - C_6H_5 \qquad 90\%$$

（上式中 C 下方为 O）

$$\text{（双环酮）} \xrightarrow[0℃]{PCl_5} \text{（二氯代双环）} \qquad 95\%$$

反应过程可简单表示如下：

$$C=\ddot{O} \ + \ Cl_4P—Cl \xrightarrow{-Cl^-} \overset{+}{C}=O—PCl_4 \xrightarrow{Cl^-} \ddot{:}\overset{Cl}{C}—O—PCl_3$$

$$\xrightarrow[-OPCl_3]{-Cl^-} \overset{Cl^+}{\underset{}{C}} \xrightarrow{Cl^-} \overset{Cl}{\underset{Cl}{C}}$$

5. 贝克曼(Beckman)重排

酮与羟氨反应生成酮肟，后者在 PCl₅ 或浓 H_2SO_4 等酸性试剂作用下生成酰胺。

$$\overset{R}{\underset{R}{C}}=N—OH \xrightarrow{PCl_5} R—\overset{O}{\underset{}{C}}—NHR$$

该反应叫做贝克曼重排，这是酮肟的性质，而不是酮本身的反应。

贝克曼重排的过程为：

$$\overset{R}{\underset{R'}{C}}=N—OH \underset{}{\overset{H^+}{\rightleftharpoons}} \overset{R}{\underset{R'}{C}}=N—\overset{+}{O}H_2 \xrightarrow{-H_2O} R'—\overset{+}{C}=NR \underset{}{\overset{H_2O}{\rightleftharpoons}}$$

$$R'—\overset{}{\underset{+OH_2}{C}}=NR \overset{-H^+}{\rightleftharpoons} R'—\overset{}{\underset{O—H}{C}}=N—R \longrightarrow R'—\overset{}{\underset{O}{C}}—\overset{N—R}{\underset{H}{}}$$

在反应过程中，当 H_2O 从氮原子上离开时，R 基团从背面转移，所以贝克曼重排反应的特点是分子内的反式重排。在产物中，转移基团 R 与氮原子相连，而 R′ 基团直接与羰基相连。

如果转移基团含有手性碳原子，则该碳原子的构型保持不变，例如：

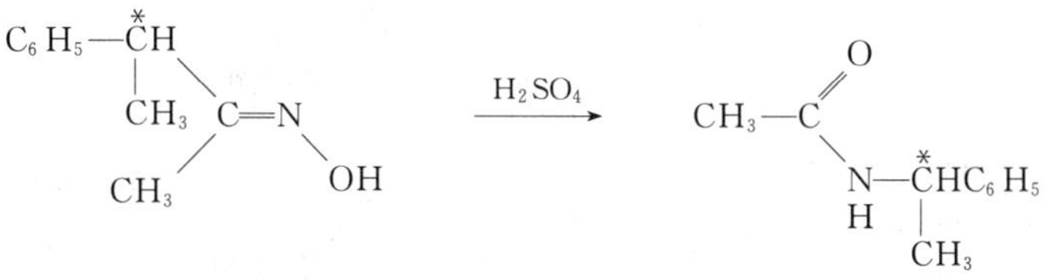

（＋）-α-苯乙基甲基酮肟
（光学纯）

99.6％光学纯

贝克曼重排在合成上有重要用处,如环己酮肟经重排后生成的己内酰胺是制备尼龙-6,聚酰胺纤维的基本原料。

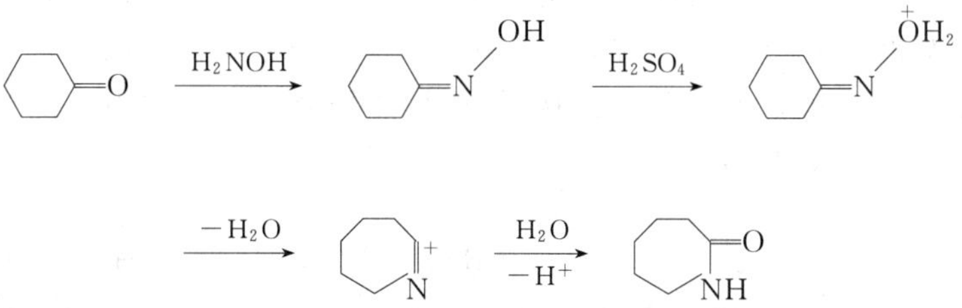

问题11-27 用维狄希反应合成下列化合物,有几种不同的组合?（写出维狄希试剂和醛、酮）

$$C_6H_5CH{=}CH{-}CH{=}CH{-}CH{=}CH_2$$

问题11-28 写出下列反应的产物。

(1)

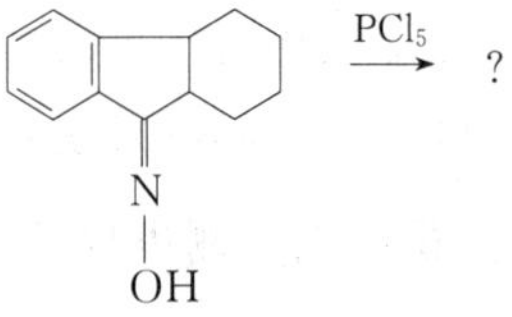

(2)  $(CH_3)_2N$—⬡—CHO ＋ NC—⬡—CHO $\xrightarrow{KCN}$?

(3)

七、羰基加成反应的立体化学

羰基是平面构型,发生加成反应时,亲核试剂可以从羰基平面上面或下面进攻。

除甲醛和对称酮外,其他醛、酮的亲核加成均会产生新的手性碳原子。

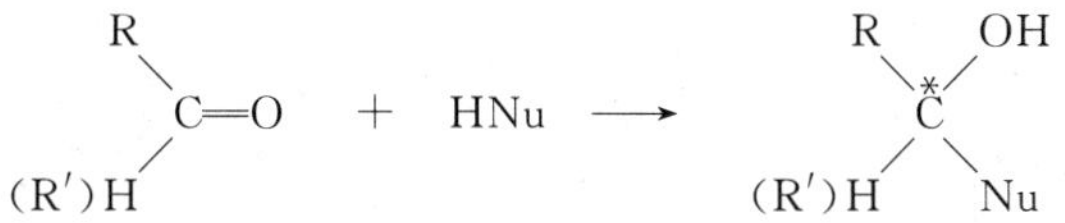

一般来说,如果 R、R′中不含手性碳,羰基平面即为分子的对称面,亲核试剂从羰基平面两边进攻的机会均等,加成产物为外消旋体。

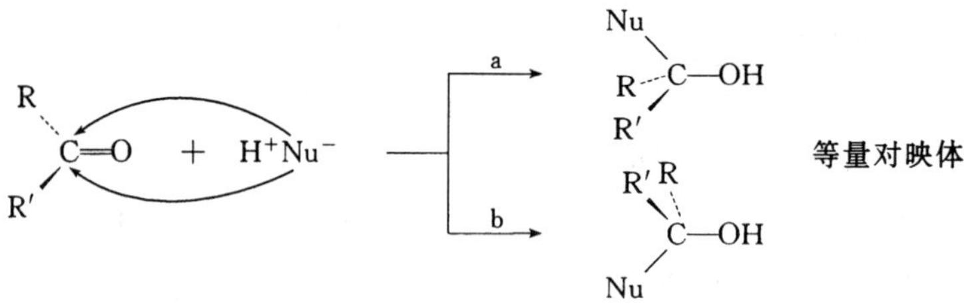

如果醛、酮羰基邻近碳为手性碳原子，此时羰基平面不再是分子的对称面，亲核试剂从羰基两侧进攻的机会不等，这就产生了反应中的立体选择性。克拉姆等 1952 年对这方面工作进行了研究，并总结出了一个经验规律——克拉姆规则。[D. J. Cram，出生于美国，在 Harvard 大学获博士学位，California 大学化学教授，曾因冠醚方面研究工作与人分享了 1987 年 Nobel 化学奖。]该规则指出，亲核试剂总是优先从醛、酮加成构象中空间阻力小的一侧进攻。例如(*S*)-2-苯基丙醛与氢氰酸的加成：

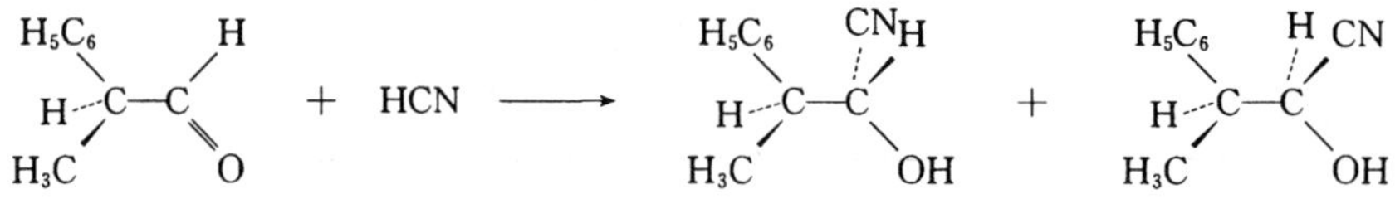

加成构象　**5**（主）　**6**（次）

在这里首先要写出反应物的加成构象，克拉姆认为醛、酮碳上最大(体积)基团和羰基氧处于反式共平面关系时为加成构象(加成构象不一定为稳定优势构象)。如上式中(*S*)-2-苯基丙醛的加成构象是较大基团——苯基与醛基氧处于反式共平面的位置。接下来的问题是确定亲核试剂进攻的方向，根据克拉姆规则，$\bar{C}N$应主要从手性碳原子上较小体积的氢一侧进攻羰基，即从纸平面的反面向羰基进攻，因此主要得到加成产物 **5**。

如果分别用 L、M、S 代表大、中、小基团(按基团体积大小)，则这类反应的立体化学可用通式表示为：

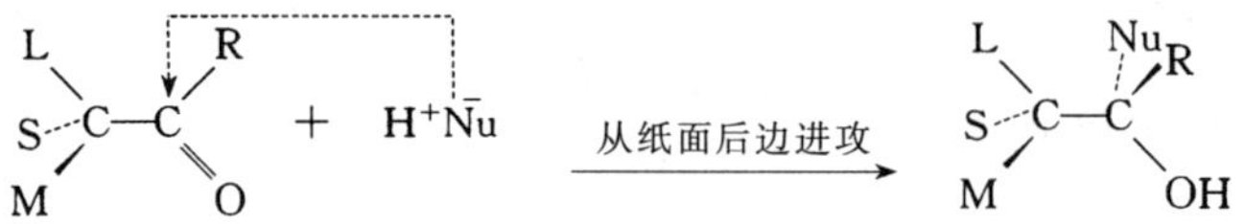

优势构象　**5** **主要产物**

也可以用纽曼式表示：

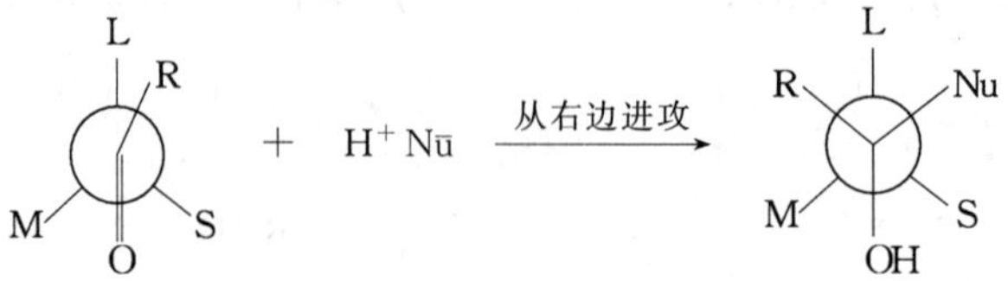

醛、酮与 HCN、格氏试剂的加成，被 $LiAlH_4$、$NaBH_4$ 还原等反应的立体定向都可用克拉姆规则。实验表明，该规则在大多数情况下都是正确的，例如：

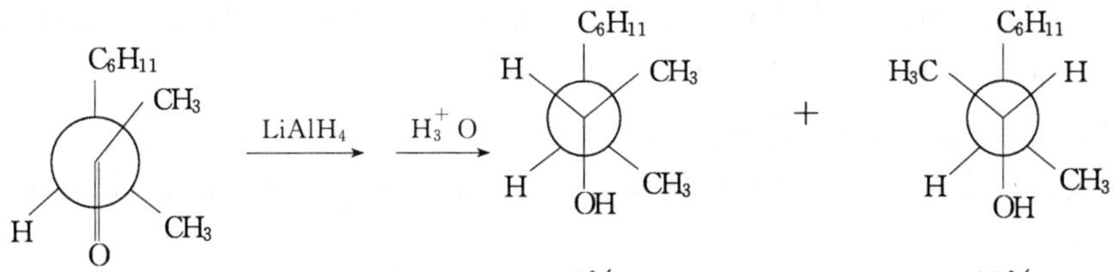

72% 28%

根据克拉姆规则,手性醛、酮的某些亲核加成或还原反应具有立体选择性。在两种可能的立体异构体产物中,主要得到其中的一种,这种合成叫做**不对称合成**。它的一般定义为:利用分子中已存在不对称因素的诱导作用,通过某种立体选择性反应,而主要生成一种特定构型化合物的合成。醛、酮分子中的手性碳即为不对称因素,这是进行不对称合成的条件,而克拉姆规则为设计不对称合成提供了有益的经验。

对于类似的手性脂环酮,主要加成产物也可用克拉姆规则来判断,例如:

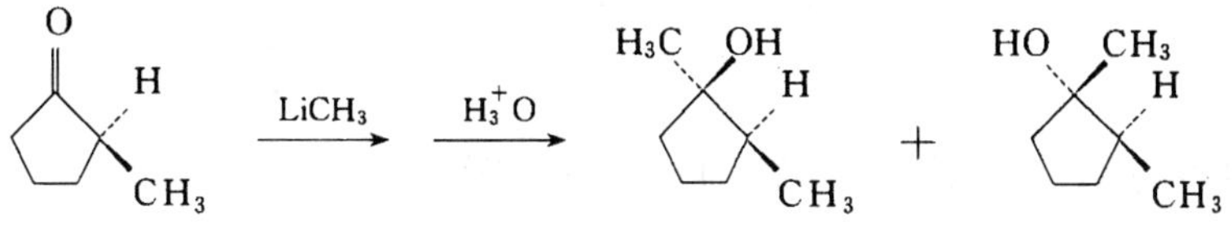

90% 10%

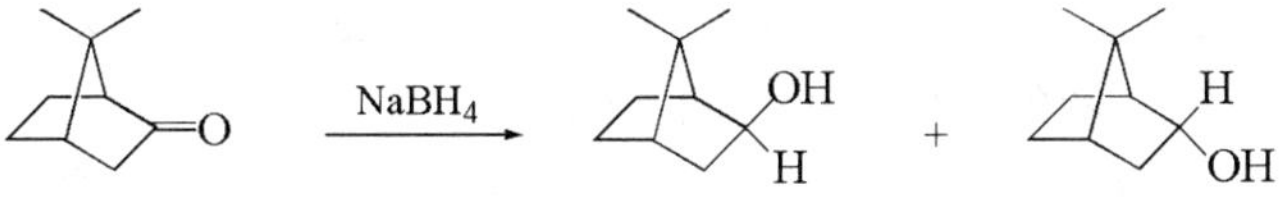

异冰片 冰片
86% 14%

八、α,β 不饱和醛、酮的反应

在不饱和醛、酮中,最重要的是 α,β 不饱和醛、酮,它们在化学性质上表现出一定的特点:既可发生亲核加成,也可发生亲电加成,而且具有 1,2 和 1,4 两种加成方式。

1. 亲核加成

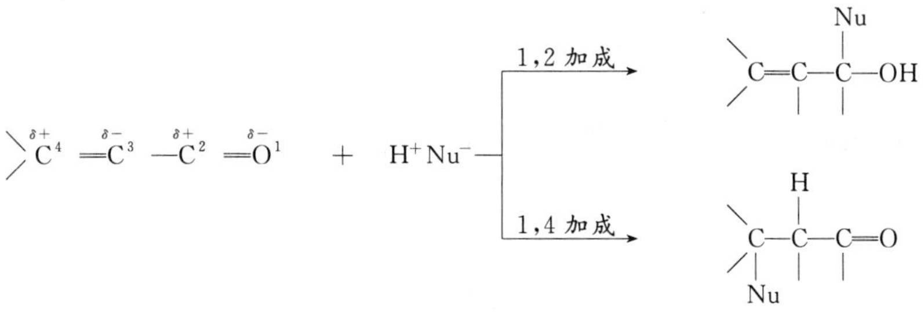

$$\overset{\delta^+}{C^4}=\overset{\delta^-}{C^3}-\overset{\delta^+}{C^2}=\overset{\delta^-}{O^1} \quad + \quad H^+Nu^-$$

1,2 加成

1,4 加成

在这里要注意的是,当带有氢原子的试剂(H^+Nu^-)与 α,β 不饱和醛、酮进行 1,4 加成时,所生成的产物是烯醇结构。氢将从氧原子转移到 C^3 原子上,最终得到的产物是相当于 3,4 加成,即整个试剂是加在碳碳双键上,羰基未变,但从本质上看,还是属于 1,4 加成。

不同结构的醛、酮进行不同的亲核加成反应,1,2 和 1,4 加成的倾向各不相同。对醛、酮来说,α,β 不饱和醛倾向于 1,2 加成;α,β 不饱和酮倾向于 1,4 加成,因为醛的羰基活性高,特别是它的空间位阻小,所以亲核试剂优先进攻羰基碳(C^2),发生1,2加成。而酮羰基的空间位阻较大,亲核试剂容易进攻双键碳(C^4),发生1,4加成。

1,2和1,4加成的倾向还与亲核试剂的性质有密切关系,以下按不同亲核试剂与 α,β 不饱和醛、酮的反应来介绍它们各自的倾向和特点。一般来说,亲核性较弱的试剂更易发生1,4加成。

(1)与 HCN 加成

α,β 不饱和酮与 HCN 反应,主要生成1,4加成产物。

$$C_6H_5CH=CHCC_6H_5 \xrightarrow[C_2H_5OH]{KCN,CH_3COOH} C_6H_5CH-CH_2CC_6H_5 \qquad 93\%\sim96\%$$

（羰基O在上方，产物侧链带CN）

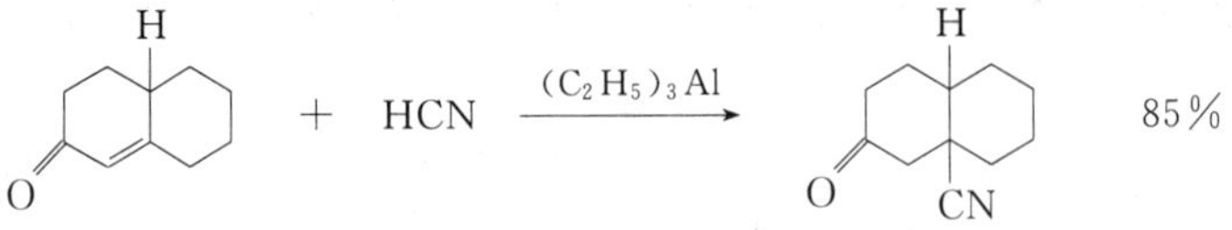

α,β 不饱和醛与 HCN 反应,则主要生成1,2加成产物。

(2)与格氏试剂加成

格氏试剂与 α,β 不饱和醛、酮反应,1,2加成的倾向较大,但到底以哪种产物为主,取决于它们的具体结构。结果羰基上连有较大基团,则以1,4为主;如果在双键碳上(C^4)所连基团大,则以1,2加成为主。二者的比例各不相同。例如:

$$C_6H_5CH=CHCHO \xrightarrow{C_6H_5MgBr} \xrightarrow{H_3^+O} C_6H_5CH=CH-CHOH$$
（产物带 C_6H_5）

100%

$$C_6H_5CH=CHCCH_3 \xrightarrow{C_6H_5MgBr} \xrightarrow{H_3^+O} C_6H_5CH=CH-CCH_3 \qquad (1,4\text{加成占}12\%)$$
（OH及 C_6H_5）

88%

$$C_6H_5CH=CHCC_6H_5 \xrightarrow{C_6H_5MgBr} \xrightarrow{H_3^+O} C_6H_5CHCH_2CC_6H_5 \qquad (1,2\text{加成占}4\%)$$
（侧链 C_6H_5，羰基O在上方）

96%

下列反应中的数据也说明了羰基上取代基大小对1,2和1,4加成的影响:

$$C_6H_5CH=CHCR \xrightarrow[2)H_3^+O]{1)C_2H_5MgBr} C_6H_5CH=CH-\underset{C_2H_5}{\overset{OH}{C}}-R \;+\; C_6H_5CHCH_2CR$$
（右侧产物带 C_2H_5 及羰基O）

R	—H	—CH$_3$	—C$_2$H$_5$	—CH(CH$_3$)$_2$	—C(CH$_3$)$_3$	—C$_6$H$_5$
1,4 加成产物（％）	0	60	71	100	100	99

此外，微量铜盐可使 1,4 加成物增多，例如：

$$CH_3CH=CHCCH_3 \xrightarrow[\text{乙醚}]{CH_3MgBr} \xrightarrow{H_3^+O} CH_3CH=CH-\underset{OH}{\overset{CH_3}{C}}CH_3 \;+\; CH_3CH-CH_2CCH_3$$

（第二产物含 CH$_3$ 支链，羰基 O）

无亚铜盐（CuI）：	90％	3％
加亚铜盐（CuI）：	1％	95％

（3）与烃基锂加成

烃基锂与 α,β 不饱和醛、酮反应，主要发生 1,2 加成，例如：

$$C_6H_5CH=CHCC_6H_5 \xrightarrow{C_6H_5Li} \xrightarrow{H_2O} C_6H_5CH=CH\underset{OH}{\overset{C_6H_5}{C}}C_6H_5 \quad 75\%$$

（4）与二烃基铜锂加成

二烃基铜锂与 α,β 不饱和醛、酮的反应以 1,4 加成为主，例如：

$$(CH_3)_2C=CHCCH_3 \xrightarrow[\text{乙醚}]{(CH_2=CH)_2CuLi} \xrightarrow{H_2O} CH_2=CH-\underset{CH_3}{\overset{CH_3}{C}}-CH_2CCH_3 \quad 72\%$$

$$\xrightarrow[\text{乙醚}]{LiCu(CH_3)_2} \xrightarrow{H_2O} \quad 98\%$$

$$CH_3CH=CHCCH_3 \xrightarrow{LiCu(CH_3)_2} \xrightarrow{H_2O} CH_3\underset{CH_3}{CH}CH_2CCH_3 \quad 94\%$$

2. 亲电加成

α,β 不饱和醛、酮与亲电试剂，一般都发生 1,4 加成，例如：

$$CH_3CH=CHCCH_3 \;+\; HCl \xrightarrow{\text{1,4 加成}} CH_3\underset{Cl}{CH}CH=\underset{OH}{C}-CH_3 \longrightarrow CH_3\underset{Cl}{CH}CH_2\overset{O}{C}-CH_3$$

最终产物从表面上看，还是相当于 3,4 加成，即 HCl 加在碳碳双键上。要注意它们加成的方向是氯加在 C^4 上，氢加在 C^3 上。

3. 还原反应

对 α,β 不饱和醛、酮来说，根据还原条件的不同，可以使羰基还原，也可以使双键还原，或者同时都被还原。

(1)使羰基还原

由于麦尔外因—彭多夫还原的选择性很高,即使在 α,β 不饱和醛、酮分子中,它也只还原羰基,对双键无影响,所以它是将 α,β 不饱和醛、酮还原为 α,β 不饱和醇的好方法。

$$RCH\!=\!CH\!-\!CR' \xrightarrow{\text{麦尔外因—彭多夫}} RCH\!=\!CHCHR'$$
（O 在左式，OH 在右式）

此外,用 $LiAlH_4$,对大多数 α,β 不饱和醛、酮来说,都可以得到较高产率的 α,β 不饱和醇,例如:

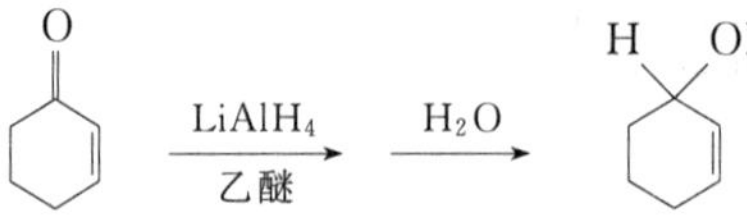

$$\xrightarrow[\text{乙醚}]{LiAlH_4} \xrightarrow{H_2O} \quad 97\%$$

在 $NaBH_4$ 对 α,β 不饱和醛、酮的还原中,除可得到 α,β 不饱和醇外,常常还有相当数量的饱和醇,后者是羰基、双键都被还原的产物,例如:

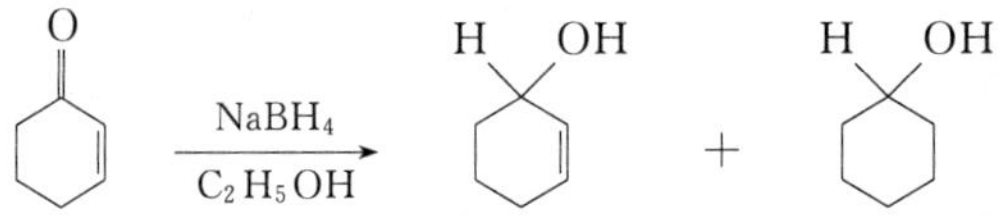

$$\xrightarrow[C_2H_5OH]{NaBH_4} \quad 59\% \quad + \quad 41\%$$

(2)使双键还原

采用控制催化氢化或用金属锂—液氨,可使 α,β 不饱和醛、酮分子中双键被还原,而保留羰基,例如:

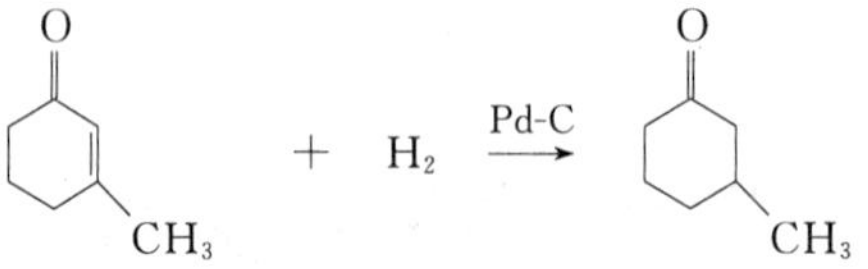

$$+ \quad H_2 \xrightarrow{Pd\text{-}C} \quad 100\%$$

$$+ \quad Li \xrightarrow[-33\,^{\circ}C]{NH_3} \xrightarrow{H_3^+O} \quad 95\%$$

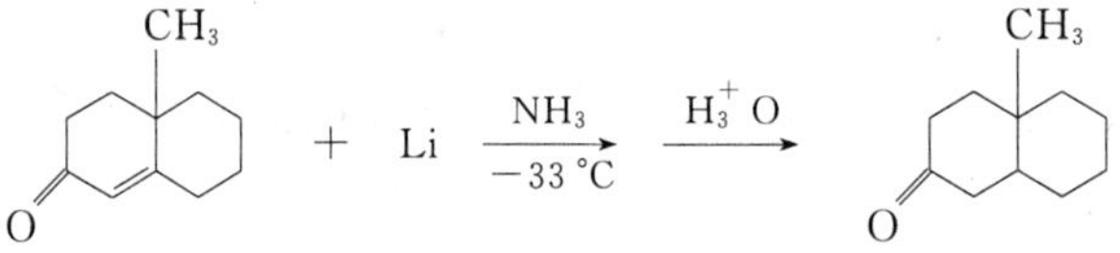

(3)使羰基、双键同时被还原

催化加氢也可以使 α,β 不饱和醛、酮的羰基、双键同时被还原,例如:

$$CH_3CH_2CH_2CH\!=\!C\!-\!CHO \xrightarrow[Ni]{H_2} CH_3CH_2CH_2CH_2CHCH_2OH$$
（左式下方 CH_2CH_3，右式下方 CH_2CH_3）

这是工业上制备 2-乙基-1-己醇的重要步骤。

4. 氧化

α,β 不饱和醛在温和条件下可氧化为 α,β 不饱和羧酸,例如:

$$CH_2\!=\!CHCHO \xrightarrow{Ag(NH_3)_2OH} \xrightarrow{H^+} CH_2\!=\!CHCOOH \quad + \quad Ag$$

5. 发生狄尔斯—阿德尔(Diels-Alder)反应

α,β 不饱和醛、酮是很好的亲双烯体,与共轭双烯发生狄尔斯—阿德尔反应。

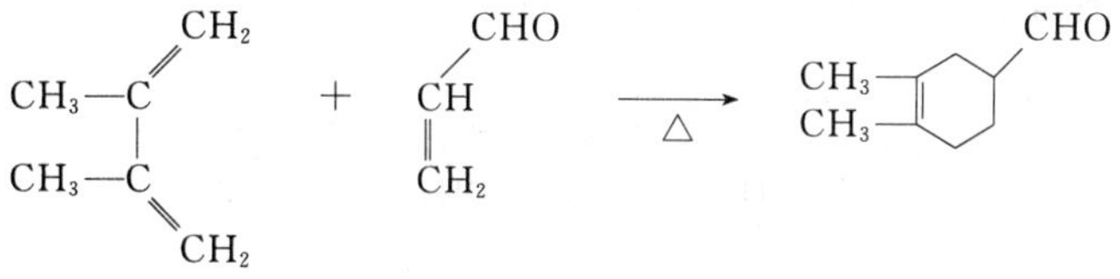

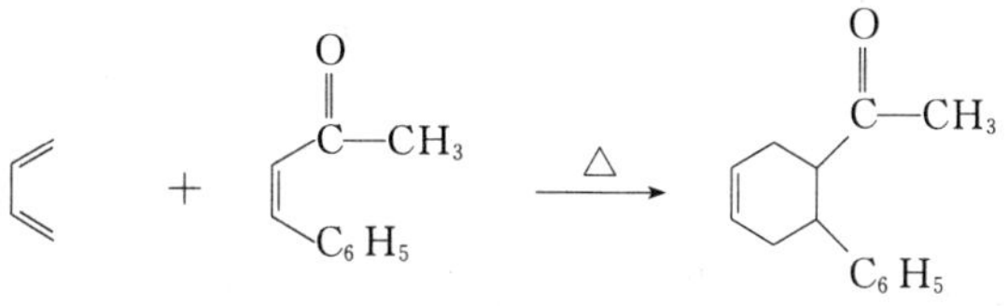

问题11-29 解释下列反应主产物。

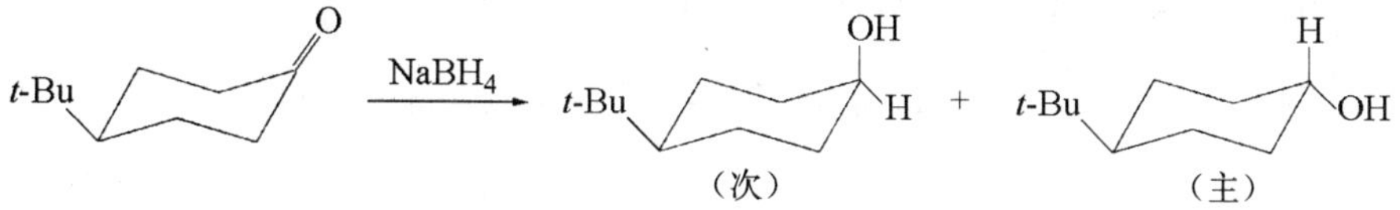

问题11-30 写出(R)-2-苯基丙醛与 HCN 反应的产物。

问题11-31 丙烯醛和肼作用生成环状化合物 ,试写出生成这个产物的过程。

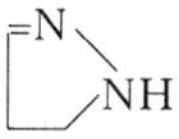

问题11-32 完成下列转化。

(1) C_6H_5CHO ⟶

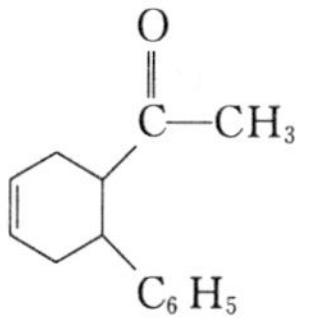

(2) C_6H_5CHO ⟶ $C_6H_5CHCH_2-C-C_6H_5$

　　　　　　　　　　　$\underset{CH_3}{|}$　　$\underset{O}{\|}$

(3) $C_6H_5CCH_3$ ⟶ $CH_3CH_2CH=CH-\overset{CH_3}{\underset{OH}{\overset{|}{\underset{|}{C}}}}-C_6H_5$

　　　$\underset{O}{\|}$

11.4　醛、酮的制法

这里讨论如何在有机分子中导入羰基,既包括简单的一元醛、酮的制法,也包括那些重要的含有其他官能团的醛、酮的制法。

一、炔烃的水合和胞二卤代物的水解

乙炔水合是工业上制备乙醛的方法。

$$HC\equiv CH \quad + \quad H_2O \xrightarrow[H_2SO_4]{HgSO_4} \quad CH_3CHO$$

其他炔烃水合所得到的都是相应结构的酮,例如:

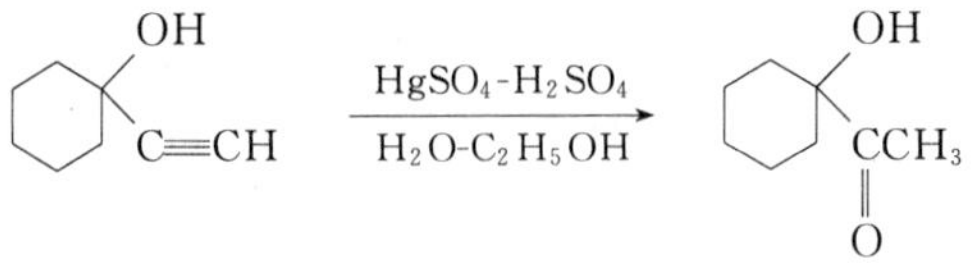

84%

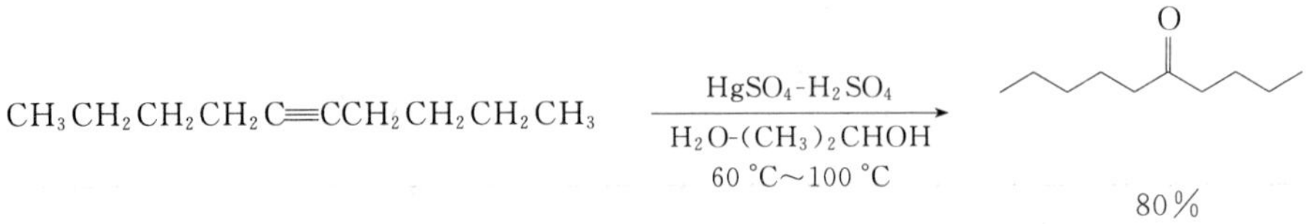

$$CH_3CH_2CH_2CH_2C\equiv CCH_2CH_2CH_2CH_3 \xrightarrow[\substack{H_2O-(CH_3)_2CHOH \\ 60\,^{\circ}C\sim100\,^{\circ}C}]{HgSO_4-H_2SO_4}$$

80%

如果用硼氢化—氧化方法进行水合,由末端炔烃可以制得醛,例如:

$$n\text{-}C_5H_{11}C\equiv CH \xrightarrow{B_2H_6} \xrightarrow[\overline{OH}]{H_2O_2} n\text{-}C_6H_{13}CHO$$

胞二卤代物水解,也可以得到醛酮,例如:

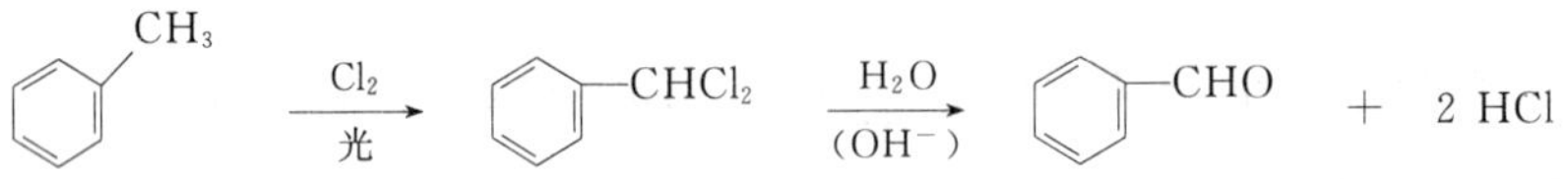

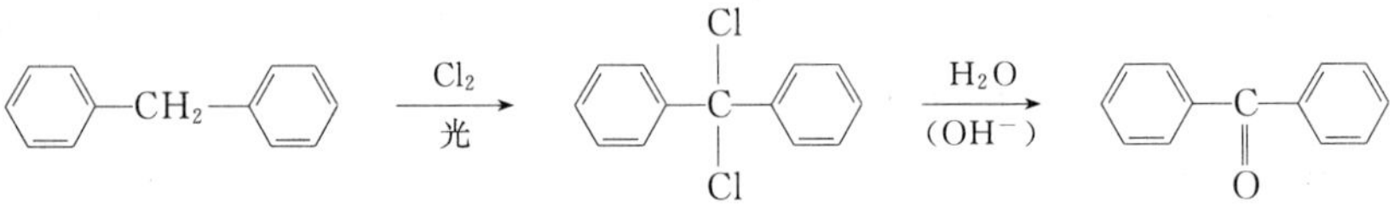

二、由烯烃制备

1. 烯烃的氧化
烯烃经臭氧化、还原,生成醛或酮,例如:

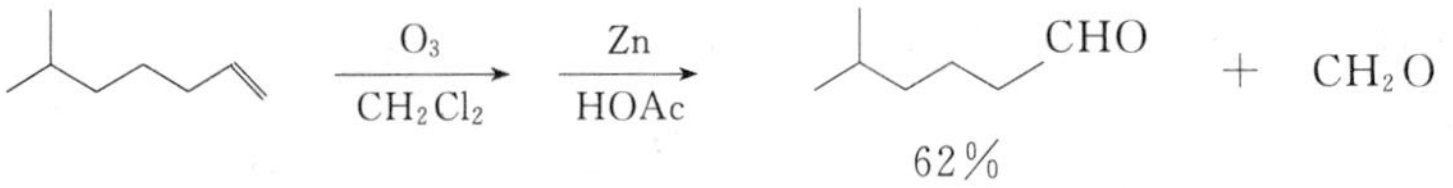

62%

工业上由乙烯经空气氧化制备乙醛。

$$CH_2=CH_2 \quad + \quad O_2 \xrightarrow{CuCl_2-PdCl_2} CH_3CHO$$

2. 氢甲醛化法(Hydroformylation)
在高压和催化剂 $Co_2(CO)_8$ 的作用下,烯烃和 H_2、CO 作用,可向分子中导入醛基。

$$RCH=CH_2 \xrightarrow[125\,^{\circ}C,4\,141\sim6\,868kPa]{CO,H_2,Co_2(CO)_8} RCH_2CH_2CHO \quad + \quad \underset{\underset{CHO}{|}}{RCHCH_3}$$

(主)   (次)

该反应相当于向双键加了一个醛基和氢原子,所以叫做氢甲醛化法。由不对称烯得到两种醛的混合物,一般以直链烃基醛为主。如果反应物为对称烯烃,则可以得到单一产物,更适用于制备,例如:

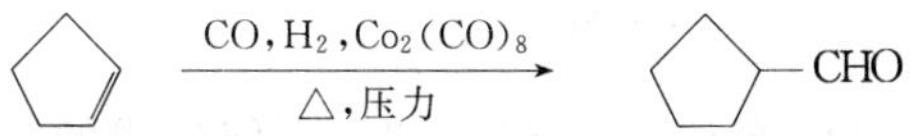

$$65\%$$

在工业上常用烯烃进行氢甲醛化,然后再还原,以制备某些低级醇。

三、由芳脂烃氧化

芳脂烃氧化是制备芳醛的重要方法,例如:

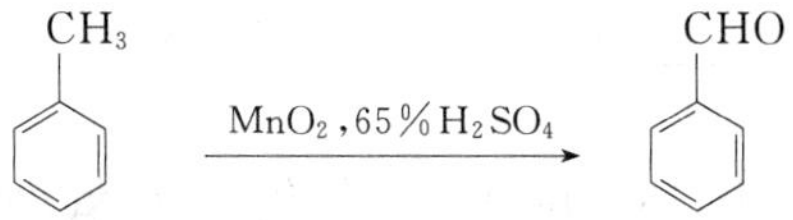

$$40\%$$

由于芳醛比芳脂烃更易被氧化,所以必须控制氧化条件。氧化剂不要过量,且在迅速搅拌下分批加入。

如果用三氧化铬—醋酐作氧化剂,则可以有效地防止芳醛的进一步氧化。

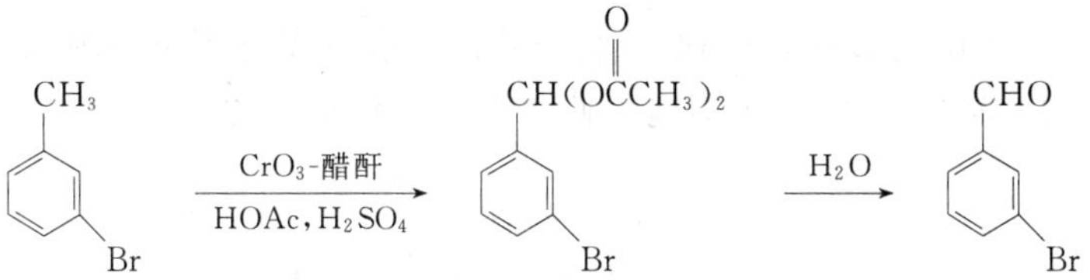

$$45\%$$

在这里生成的中间物二乙酸酯不易继续被氧化,它经水解后即得到芳醛。

芳脂烃的氧化也可用来制备芳酮,例如:

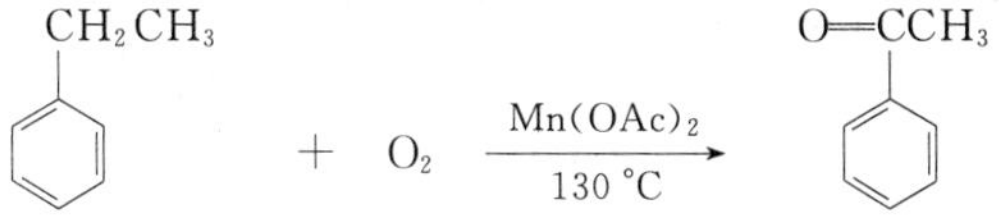

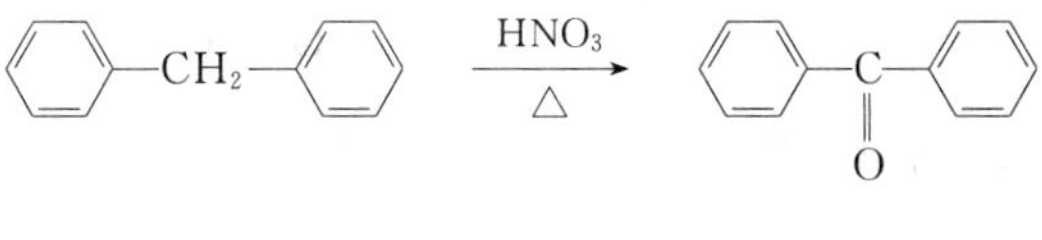

四、由醇氧化或脱氢

由伯醇、仲醇氧化或脱氢可以制备醛或酮。

$$CH_3CH_2CH_2CH_2OH \xrightarrow[H_2SO_4]{Na_2Cr_2O_7} CH_3CH_2CH_2CHO \quad 52\%$$

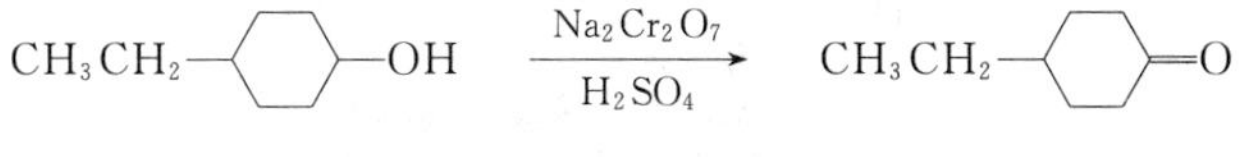

$$CH_3CH_2CH_2CH_2OH \xrightarrow[300\,^\circ C \sim 345\,^\circ C]{\text{Cu-Cr 氧化物}} CH_3CH_2CH_2CHO \qquad 62\%$$

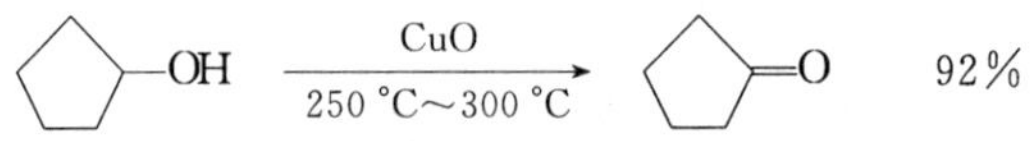

$$\xrightarrow[250\,^\circ C \sim 300\,^\circ C]{\text{CuO}} \qquad 92\%$$

由于伯醇与 $Na_2Cr_2O_7 + H_2SO_4$ 等强氧化剂作用时,可使生成的醛进一步氧化成羧酸,所以最好用 CrO_3-吡啶(萨瑞特试剂)和 P. C. C,可以使氧化很好地控制在生成醛的阶段上,且双键不受影响。

$$n\text{-}C_7H_{15}CH_2OH \xrightarrow[CH_2Cl_2,\,25\,^\circ C]{CrO_3\text{-吡啶}} n\text{-}C_7H_{15}CHO \qquad 95\%$$

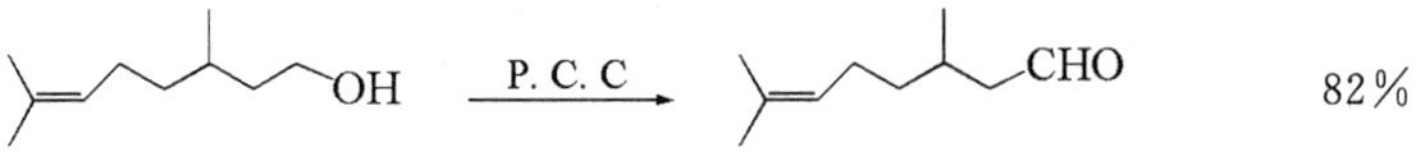

$$\xrightarrow{\text{P. C. C}} \qquad\qquad 82\%$$

如果欲从不饱和醇制备不饱和酮,还可用欧芬脑氧化法,该氧化反应对双键也无影响。

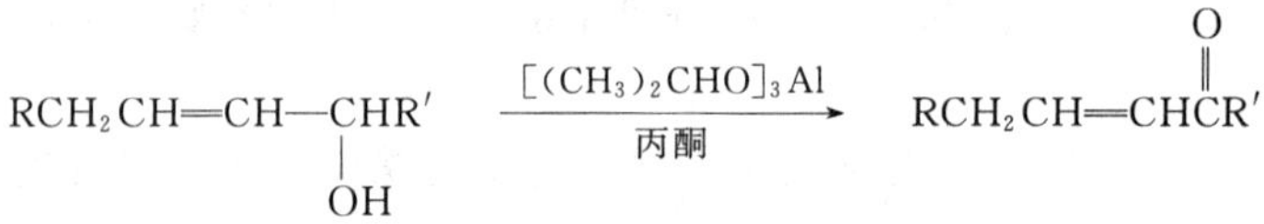

$$RCH_2CH{=}CH{-}\underset{\underset{OH}{|}}{CHR'} \xrightarrow[\text{丙酮}]{[(CH_3)_2CHO]_3Al} RCH_2CH{=}CHCR'$$

但该反应不适合于一级醇的氧化,原因是氧化产物醛在碱性条件下可与丙酮发生羟醛缩合。

用 CrO_3-H_2SO_4(琼斯试剂)氧化不饱和仲醇也可得到相应的不饱和酮:

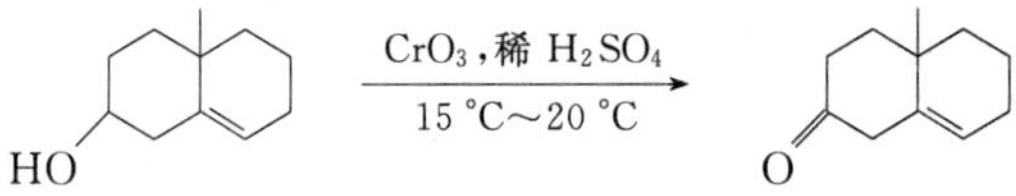

$$\xrightarrow[15\,^\circ C \sim 20\,^\circ C]{CrO_3,\,\text{稀 }H_2SO_4}$$

五、傅瑞德尔—克拉夫茨(Friedel-Crafts)酰基化

傅—克酰基化反应是制备芳酮的重要方法,该反应的优点是不发生重排,产物单一,产率高。

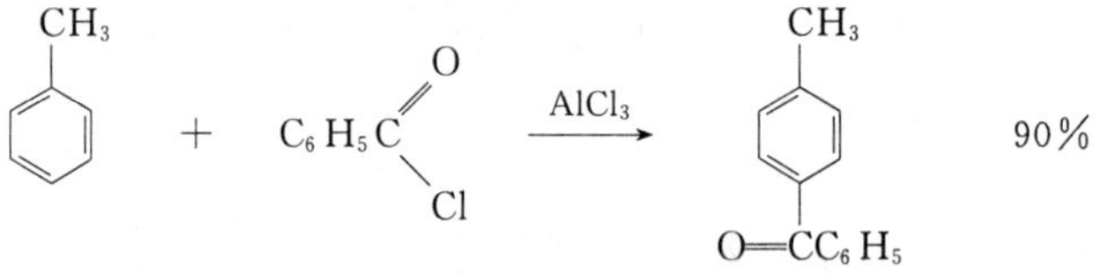

$$90\%$$

通过分子内酰基化可以制备环酮,例如:

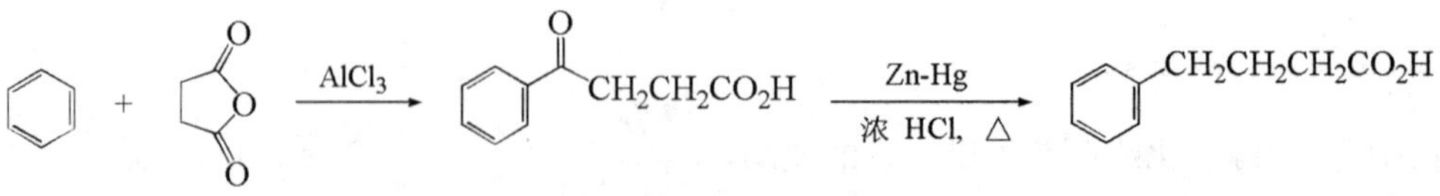

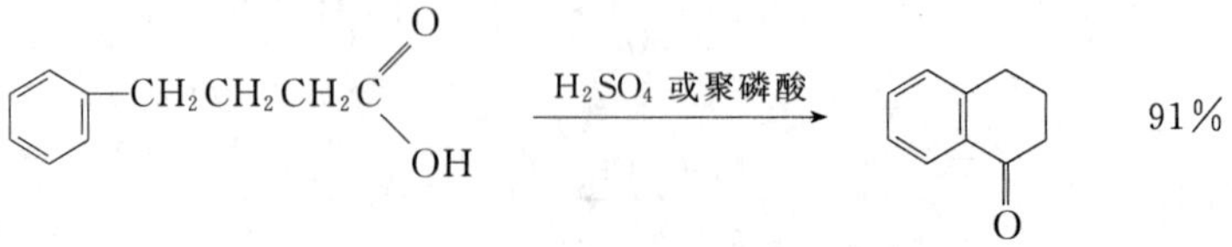

$$91\%$$

$$\text{(CH}_2\text{)}_{15}\text{COCl} \xrightarrow[\text{CS}_2]{\text{AlCl}_3} \text{(CH}_2\text{)}_{14} \quad 70\%$$

六、盖德曼—柯赫(Gattermann-Koch)反应

在催化剂存在下,芳烃和 HCl、CO 混合物作用,可以制得芳醛。

$$\bigcirc + \text{CO} + \text{HCl} \xrightarrow[\text{Cu}_2\text{Cl}_2]{\text{AlCl}_3} \bigcirc\text{CHO}$$

该反应叫做盖德曼—柯赫反应,它是一种特殊的傅—克酰基化反应。可以设想 CO 和 HCl 先生成甲酰氯,后者再与芳烃反应(实际并非如此):

$$\text{CO} + \text{HCl} \longrightarrow \left[\text{HC}\begin{smallmatrix}\text{O}\\\text{Cl}\end{smallmatrix} \right] \xrightarrow[\text{催化剂}]{\text{ArH}} \text{ArCHO}$$

如果芳环上有烃基、烷氧基,则醛基按定位规则导入,以对位产物为主,例如:

$$\text{CH}_3\text{-}\bigcirc + \text{CO} + \text{HCl} \xrightarrow[\text{Cu}_2\text{Cl}_2]{\text{AlCl}_3} \text{OHC-}\bigcirc\text{-CH}_3$$

如果芳环上带有羟基,反应效果不好;如果连有吸电子基团,则反应不发生。

七、酚醛的制备

苯酚在氢氧化钠存在下与氯仿作用生成水杨醛,我们已知道该反应叫瑞默—梯曼反应(见 9.6 节)。实验结果表明,主要生成邻位产物,产率虽然不高,但易分离,有一定合成价值。若改变反应条件,如加入环糊精则可得到对位产物——对羟基苯甲醛(见 19.6 节)。当采用萘酚作反应底物,可得到萘酚醛。

$$\bigcirc\text{OH} \xrightarrow[\text{70 ℃}]{\text{NaOH/HCCl}_3} \xrightarrow[\text{H}_2\text{O}]{\text{H}^+} \begin{smallmatrix}\text{OH}\\\text{CHO}\end{smallmatrix} \quad 40\%$$

水杨醛

$$\xrightarrow[\text{HCCl}_3]{\text{NaOH}} \xrightarrow[\text{H}_2\text{O}]{\text{H}^+} \quad 38\%\sim48\%$$

八、罗森孟德(Rosenmund)还原

酰氯还原生成醛,醛又可继续还原为醇。

$$R-\overset{\overset{O}{\|}}{C}-Cl \xrightarrow{[H]} R-\overset{\overset{O}{\|}}{C}-H \xrightarrow{[H]} RCH_2OH$$

显然,欲从酰氯制备醛,必须用选择还原法,也就是说,所选择的还原条件只能还原酰氯,而不能还原醛。实现这种还原的方法之一是罗森孟德还原。

$$R-\overset{\overset{O}{\|}}{C}-Cl \;+\; H_2 \xrightarrow[\text{喹啉}+S]{Pd/BaSO_4} R-\overset{\overset{O}{\|}}{C}-H$$

罗森孟德还原就是用受过部分毒化(降低了活性)的钯催化剂进行催化氢化,在这种条件下,只能使酰氯还原为醛,而醛不会进一步还原成醇。

$$C_2H_5O\overset{\overset{O}{\|}}{C}-(CH_2)_8-\overset{\overset{O}{\|}}{C}-Cl \xrightarrow[\text{喹啉}+S]{Pd/BaSO_4} C_2H_5O\overset{\overset{O}{\|}}{C}-(CH_2)_8-\overset{\overset{O}{\|}}{C}-H \quad 78\%\sim80\%$$

将酰氯转化成醛的另一种选择性还原试剂是 $LiAl(t\text{-}C_4H_9O)_3H$(三叔丁氧基氢化锂铝)。

三叔丁氧基氢化锂铝是由 $LiAlH_4$ 和 $(CH_3)_3COH$ 作用而制得的。

$$LiAlH_4 \;+\; 3\,t\text{-}C_4H_9OH \xrightarrow{\text{乙醚}} LiAl(t\text{-}C_4H_9O)_3H \;+\; 3\,H_2$$

我们知道,$LiAlH_4$ 的还原能力很强,它不仅可还原酰氯,而且很容易还原醛、酮。而将其做成 $LiAl(t\text{-}C_4H_9O)_3H$ 试剂后,还原能力减弱,以致它只能还原酰氯,而对醛无作用。因此可以作为上列反应中的选择性还原剂。

九、酰氯与金属有机试剂作用

$$R-\overset{\overset{O}{\|}}{C}-Cl \;+\; R_2'Cd \xrightarrow{\text{苯}} \xrightarrow{H_3^+O} R-\overset{\overset{O}{\|}}{C}-R'$$

$$R-\overset{\overset{O}{\|}}{C}-Cl \;+\; R_2'CuLi \xrightarrow[\text{乙醚}]{-78\,℃} R-\overset{\overset{O}{\|}}{C}-R'$$

$$\underset{\underset{Cl}{|}}{\overset{\overset{O}{\|}}{R-C}} \quad + \quad R'MgX \quad \xrightarrow{-78\ ^\circ C} \quad \underset{}{\overset{\overset{O}{\|}}{R-C-R'}}$$

二烃基镉一般是由格氏试剂制备的。

$$2\ R'MgX \quad + \quad CdCl_2 \quad \longrightarrow \quad R_2'Cd$$

$$2\ (CH_3)_2CHMgBr \quad \xrightarrow[\text{醚}]{CdCl_2} \quad [(CH_3)_2CH]_2Cd \quad \xrightarrow{\overset{\overset{O}{\|}}{2CH_3CH_2C}-Cl} \quad 2\ (CH_3)_2CH\overset{\overset{O}{\|}}{C}CH_2CH_3 \qquad 60\%$$

格氏试剂本身与酰氯在低温下作用也可以得到酮,但由于格氏试剂较活泼,反应不易控制。

二烷基铜锂与酰氯在低温下反应,所生成的酮产率较高,例如:

$$\underset{\underset{Cl}{|}}{\overset{\overset{O}{\|}}{\text{C}_6H_{11}-C}} \quad + \quad (CH_3)_2CuLi \quad \xrightarrow[-78\ ^\circ C]{\text{醚}} \quad \underset{CH_3}{\overset{\overset{O}{\|}}{\text{C}_6H_{11}-C}} \qquad 81\%$$

十、α,β 不饱和醛、酮的制备

α,β 不饱和醛、酮通常采用如下几种方法制备。①通过醛、酮羟醛缩合反应是最常用的方法(参阅 11.3 节)。②通过卤代醛、酮脱卤化氢制备。③烯丙型醇的选择氧化法,该法需选择不影响碳碳双键的氧化剂,如沙瑞特试剂、MnO_2 或采用欧芬脑氧化法(参阅 11.4 节)。④酮在强碱存在下在 α 位导入苯硒基,而后进行过氧化氢存在下的氧化消去反应。这个方法可得高产率的 α,β 不饱和酮。反应中若采用二异丙基氨基锂(LDA),使反应具有位置选择性。

① $2\ RCH_2CHO \quad \xrightarrow{OH^-} \quad RCH_2CH=\underset{\underset{R}{|}}{C}CHO$

②

③ $CH_2=CHCH_2OH \quad \xrightarrow{MnO_2} \quad CH_2=CHCHO$

④

问题11-33 以苯、甲苯、乙苯及四个碳以下有机原料制备以下化合物。

(1) 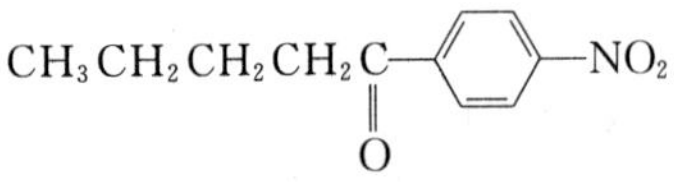 $CH_3CH_2CH_2CH_2\overset{\displaystyle O}{\underset{\|}{C}}$——NO$_2$

(2)

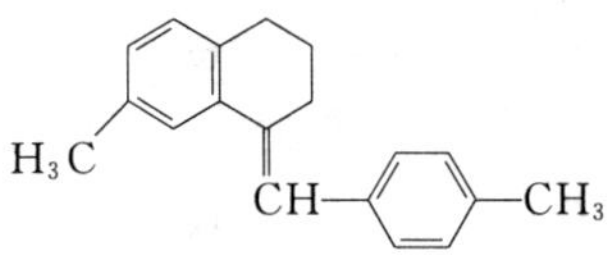

(3) 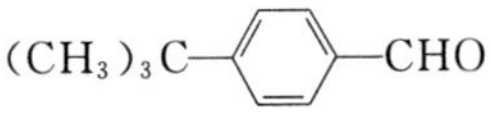 $(CH_3)_3C$——CHO （两种方法）

(4) 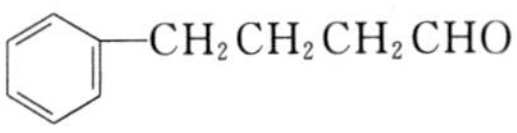 ——CH$_2$CH$_2$CH$_2$CHO

(5) 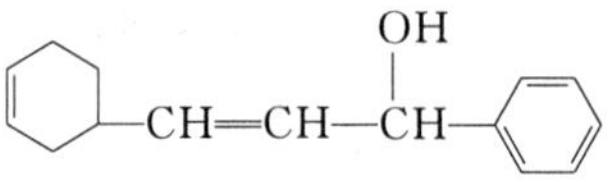 ——CH=CH—$\overset{\displaystyle OH}{\underset{|}{CH}}$——

习　题

1. 命名下列化合物。

(1) 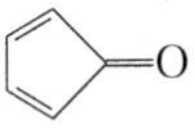 $\overset{\displaystyle }{}$=O

(2) 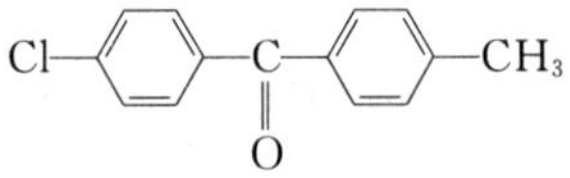 Cl——$\overset{\displaystyle }{\underset{O}{C}}$——CH$_3$

(3) $CH_3\overset{\displaystyle }{\underset{O}{C}}CH_2CH_2CH$=CHCHO

(4) CH_2=CH—CH=CHCHO

(5) 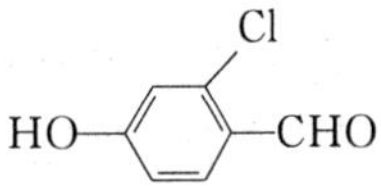 HO——$\overset{\displaystyle Cl}{}$CHO

(6) 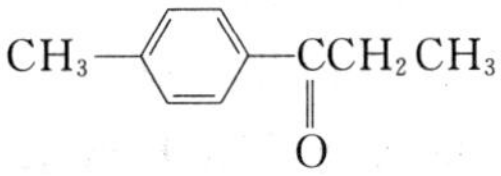 CH_3——$\overset{\displaystyle }{\underset{O}{C}}CH_2CH_3$

2. 完成下列反应式。

(1) 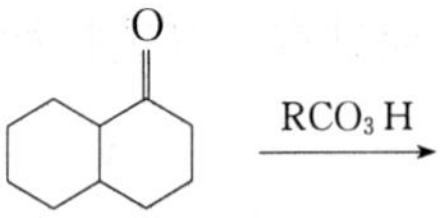 $\xrightarrow{RCO_3H}$

(2) 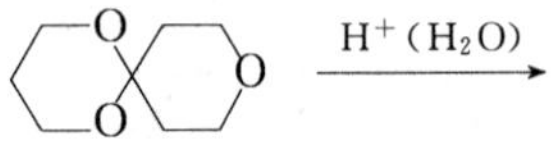 $\xrightarrow{H^+(H_2O)}$

(3) 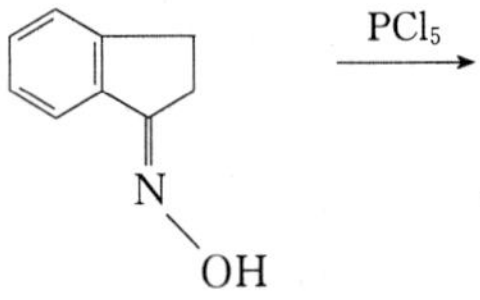 $\xrightarrow{PCl_5}$

(4) $\xrightarrow{OH^-}$ $\xrightarrow{NaBH_4}$

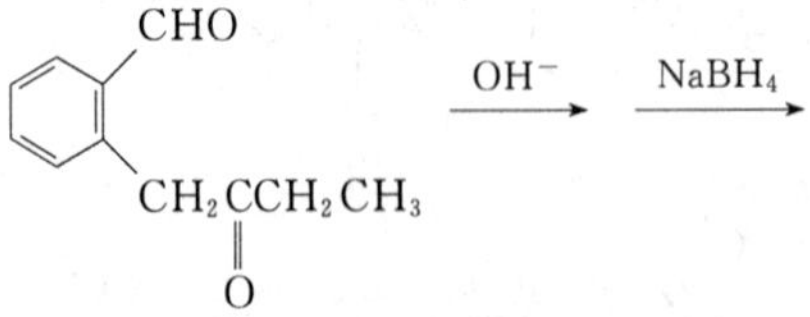

(5) 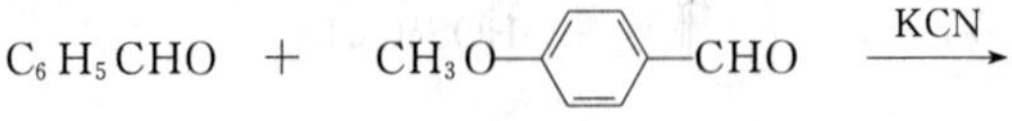 C_6H_5CHO + CH_3O——CHO $\xrightarrow{KCN}$

(6) 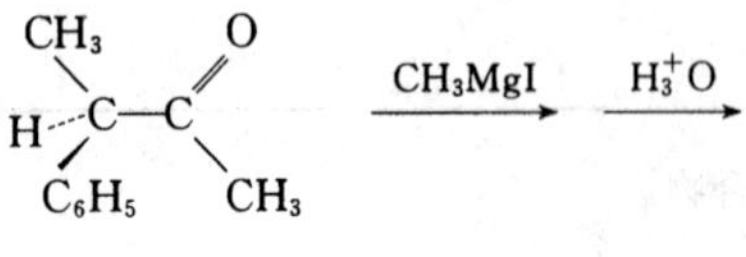 $\underset{C_6H_5}{\overset{CH_3}{H-C}}\overset{O}{\underset{CH_3}{-C}}$ $\xrightarrow{CH_3MgI}$ $\xrightarrow{H_3^+O}$

(7) + CO + HCl $\xrightarrow[\text{Cu}_2\text{Cl}_2]{\text{AlCl}_3}$

(8) + CHCl$_3$ $\xrightarrow{\text{NaOH}}$

(9) $CH_2=CHOCH_2CH_3$ $\xrightarrow[\text{H}^+]{\text{C}_2\text{H}_5\text{OH}}$ $\xrightarrow[\text{H}^+]{\text{H}_2\text{O}}$

(10) $CH_3CH=CH-\overset{\overset{\text{O}}{\|}}{C}-C_6H_5$ + HCN $\longrightarrow$

3. 用简单化学方法鉴别下列化合物。

(1) C_6H_5CHO (2) $C_6H_5CCH_3$ (3) CH_3CHO (4) $CH_3CH_2CCH_2CH_3$

                      O   O

(5) C_6H_5OH (6) $C_6H_5CHCH_3$ (7) $C_6H_5CH_2CH_2OH$

                                 OH

4. 某化合物 **A**($C_5H_{10}O$)与 Br_2-CCl_4、Na、苯肼都不发生反应。**A** 不溶于水,但在酸或碱催化下可以水解得到 **B**($C_5H_{12}O_2$)。**B** 与等摩尔的高碘酸作用可得甲醛和 **C**(C_4H_8O)。**C** 有碘仿反应。试写出 **A** 的可能结构。

5. γ-羟基丁醛的甲醇溶液用 HCl 处理可生成 。试写出生成的过程。

6. α-卤代酮用碱处理时常发生重排[Favorskii(法伏尔斯基)重排],例如:

试写出该反应的可能机理。

7. 在碱性溶液中将 1 mol Br_2 和 1 mol $C_6H_5\overset{\overset{\text{O}}{\|}}{C}CH_2CH_3$ 相互作用,结果得到 0.5mol $C_6H_5\overset{\overset{\text{O}}{\|}}{C}CBr_2CH_3$ 和

0.5mol 未反应的 $C_6H_5\overset{\overset{\text{O}}{\|}}{C}CH_2CH_3$,试解释之。

8. 2-甲基-5-叔丁基环己酮和 2-甲基-4-叔丁基环己酮在碱性催化下平衡时,顺、反产物的比例正好相反,为什么?

顺,99%   反,1%

顺,1%   反,99%

9. 有人研究异丙叉丙酮($\overset{\text{CH}_3}{\underset{\text{CH}_3}{>}}C=CH-\overset{\overset{\text{O}}{\|}}{C}CH_3$)的还原反应,得到一个产物,不知道它是

$(CH_3)_2C=CHCHCH_3$ (**A**)、$(CH_3)_2CHCH_2CCH_3$ (**B**)还是 $(CH_3)_2CHCH_2CHCH_3$ (**C**)？
          | ‖ |
         OH   O   OH

(1)设计一个鉴别它们的方法；

(2)若要得到 **A**，最好用什么还原剂？若要得到 **B** 或 **C** 用什么还原剂？

(3)怎样合成原料异丙叉丙酮？

10. 试写出下列反应可能的机理。

(1) $CH_3C=CHCH_2CH_2C=CHCHO$ $\xrightarrow{H^+}$
            | |
           CH_3 CH_3

(2) $\xrightarrow{LiCH_3}$

(3) C_6H_5C-CHO $\xrightarrow{OH^-}$ $C_6H_5CHCOO^-$
            ‖ |
            O   OH

11. 完成下列转化。

                                                            OH
                                                            |
(1) $ClCH_2CH_2CHO$ $\longrightarrow$ $CH_3CHCH_2CH_2CHO$

(2) $CH_2=CHCH_2CHO$ $\longrightarrow$ $CH_2=CHCH_2COOH$

(3) $\longrightarrow$

(4) $CH_3CCH_2CH_2CHO$ $\longrightarrow$ $CH_3CH_2CH_2CH_2CHO$
            ‖
            O

(5) $C_6H_5CH=CHCHO$ $\longrightarrow$ $C_6H_5CH-CHCH_2$
                                                                    | | |
                                                                   Br   Br Cl

(6) $CH_3CH_2CH_2CHO$ $\longrightarrow$ $CH_3CH_2CH_2C-CHCH_2CH_3$
                                                                        ‖ |
                                                                        O Br

(7) $\longrightarrow$

                                                                  OH
                                                                  |
(8) $HOCH_2CH_2CH_2Br$ $\longrightarrow$ $HOCH_2CH_2CH_2CHCH_3$

12. 以苯、甲苯、环己醇和四个碳以下的有机物为原料合成下列化合物。

(1)   (2) $CH_3CH=CH-CH=CHCOOH$ (3) $CH_2-CH-CHCH_2CH_3$
                                                                                                                          | | |
                                                                                                                         OH CH_3 OH

(4) (5) $C_6H_5CH_2C(CH_3)_3$

(6) (7) 1,6-二苯基-1,3,5-己三烯

(8) (9)

(10)

13. 在维生素 D 的合成中, 曾由 I 出发, 经几步合成了中间体 II。写出可能的合成途径。

I   II

14. 化合物 **A**($C_{10}H_{12}O$)与 Br_2-NaOH 作用, 酸化得 **B**($C_9H_{10}O_2$)。**A** 经克莱门森还原得到 **C**($C_{10}H_{14}$)。在稀碱溶液中, **A** 与苯甲醛作用生成 **D**($C_{17}H_{16}O$)。**A**、**B**、**C**、**D** 经强烈氧化都得到邻苯二甲酸。试写出 **A**、**B**、**C**、**D** 的可能结构。

15. 某化合物 **A**(C_7H_{12})催化氢化得 **B**(C_7H_{14})。**A** 经臭氧化还原水解生成 **C**($C_7H_{12}O_2$)。**C** 用吐伦试剂氧化得到 **D**。**D** 在 NaOH-I_2 作用下得 **E**($C_6H_{10}O_4$)。**D** 经克莱门森还原生成 3-甲基己酸。试推测 **A**、**B**、**C**、**D**、**E** 的可能结构。

16. 某不饱和酮 **A**(C_5H_8O)与 CH_3MgI 作用后水解得 **B**、**C** 混合物。**B** 为不饱和醇, **C** 为饱和酮。**B** 与硫酸共热生成 **D**(C_6H_{10})。**D** 同丁炔二酸反应生成 **E**($C_{10}H_{12}O_4$), **E** 在 Pd 存在下经催化去氢生成 3,5-二甲基-1, 2-苯二甲酸。**C** 与 Br_2-NaOH 作用得到 3-甲基丁酸钠。试推测 **A**、**B**、**C**、**D**、**E** 的可能结构。

17. 化合物 **A**($C_{10}H_{12}O_2$)不溶于 NaOH 溶液, 能与 2,4-二硝基苯肼反应, 但吐伦试剂不作用。**A** 经 $LiAlH_4$ 还原得 **B**($C_{10}H_{14}O_2$)。**A**、**B** 都能进行碘仿反应。**A** 与 HI 作用生成 **C**($C_9H_{10}O_2$), **C** 能溶于 NaOH 溶液, 但不溶于 Na_2CO_3 溶液。**C** 经克莱门森还原生成 **D**($C_9H_{12}O$)。**C** 经 $KMnO_4$ 氧化得对羟基苯甲酸。试写出 **A**、**B**、**C**、**D** 的可能结构。

18. 化合物 **A**($C_6H_{10}O$)有两种立体异构体。**A** 与 2,4-二硝基苯肼生成黄色沉淀。**A** 与乙基溴化镁反应, 水解后得到 **B**($C_8H_{16}O$)。**B** 与浓 H_2SO_4 共热得 **C**(C_8H_{14})。**C** 与冷的稀 $KMnO_4$ 碱性溶液作用得 **D**($C_8H_{16}O_2$)。**D** 与 HIO_4 作用得 **E**($C_8H_{14}O_2$)。**E** 与 I_2-NaOH 溶液作用有黄色沉淀生成。试写出 **A**、**B**、**C**、**D**、**E** 的可能构造式或构型式, 并标出 **B** 的优势异构体。

19. (R)-5-甲基-3-庚酮(**A**)与 CH_3MgI 反应, 水解后得 **B**($C_9H_{20}O$)。**B** 为一混合物, **B** 经脱水又得到烯烃混合物。该混合物经催化氢化生成 **C** 和 **D**。**C**,**D** 分子式均为 C_9H_{20}。**C** 有光学活性, **D** 则无光学活性。试写出 **A**、**B**、**C**、**D** 的可能结构。

20. 化合物 **A**($C_{14}H_{20}O_3$)可发生碘仿反应, 但不发生银镜反应。**A** 在稀酸作用下生成 **B**($C_{10}H_{10}O_2$)。**B** 在稀碱作用下缩合成 **C**($C_{10}H_8O$)。**C** 经麦尔外因—彭多夫还原得 **D**($C_{10}H_{10}O$)。**D** 在硫酸作用下脱水则生成萘。试推测 **A**、**B**、**C**、**D** 的可能结构。

21. 化合物 **A**($C_{10}H_{16}Cl_2$)与冷 $KMnO_4$ 碱性溶液作用得内消旋化合物 **B**($C_{10}H_{18}Cl_2O_2$)。**A** 与 $AgNO_3$ 乙醇溶

液作用，加热后才出现白色沉淀。A 用 Zn 粉处理得到 C（$C_{10}H_{16}$）。C 经臭氧化还原水解生成 D（$C_{10}H_{16}O_2$）。D 在稀碱作用下得到 E（$C_{10}H_{14}O$）。试写出 A、B、C、D、E 的可能结构。

22. 写出下列反应中英文字母代表的反应物、中间体和试剂的结构。

$$A + B \xrightarrow{OH^-} C_6H_5CH=CHCHO \xrightarrow{C} D \xrightarrow{PCl_3} E(C_9H_9Cl)$$

$$\xrightarrow[2) n\text{-}C_4H_9Li]{1)PPh_3} F \xrightarrow{C_6H_5CH=CHCHO} G$$

23. 榆木皮甲虫性引诱激素（Multistriatin）由以下路线合成。

(1) 写出合成中英文字母代表的中间体 A、B、C 的结构。

(2) 写出自 C 生成 Multistriatin 的历程。

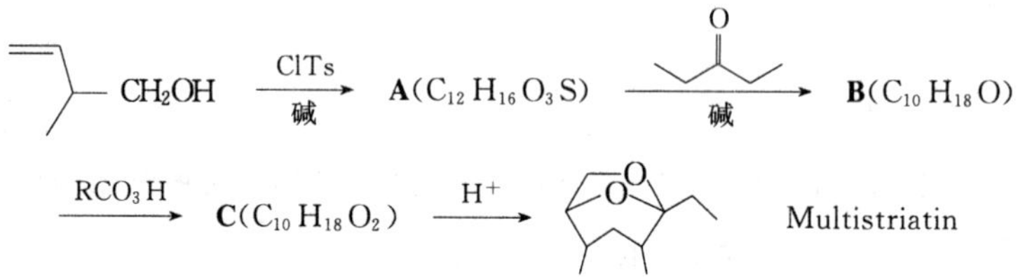

24. 手性试剂可诱导立体有选择合成，下列反应是利用手性试剂完成酮立体选择性烷基化。反应中考虑体积效应的影响，得到立体选择的主要产物。写出 A、B、C 的构型式。

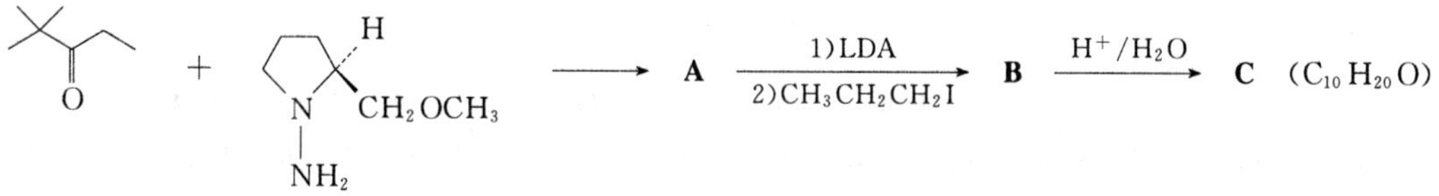

文献题：

1. 完成下列反应（注意立体化学）

(1) $CH_3CH_2CH_2\overset{O}{\overset{\|}{C}}CH_3 \xrightarrow[-78\,℃]{LDA} \xrightarrow[\substack{15min,\,-78\,℃ \\ 2)CH_3CO_2H}]{1)CH_3CH_2CH_2CHO}$

(2) 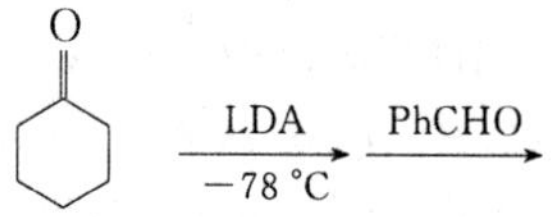 $\xrightarrow[-78\,℃]{LDA} \xrightarrow{PhCHO}$

(3) 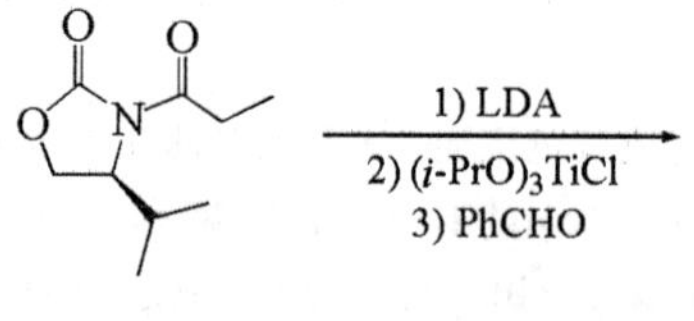 $\xrightarrow[\substack{2)\,(i\text{-}PrO)_3TiCl \\ 3)\,PhCHO}]{1)\,LDA}$

(4) $PhC\!=\!CH_2 \quad + \quad (CH_3)_2C=O \xrightarrow{TiCl_4}$
     $|$
     $OTMS$

2. 写出下列反应的机理。

(1) 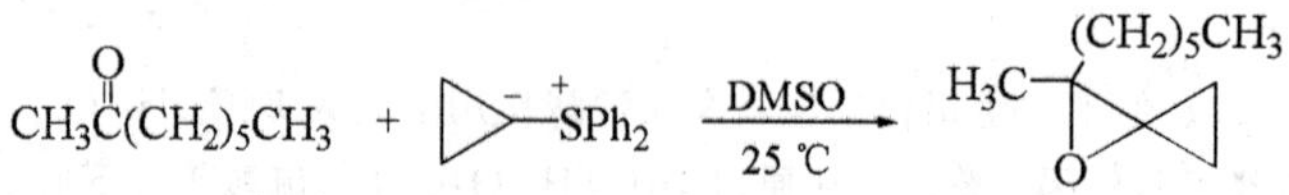 $CH_3\overset{O}{\overset{\|}{C}}(CH_2)_5CH_3 + \overset{-}{\triangle}\overset{+}{SPh_2} \xrightarrow[25\,℃]{DMSO}$ 92%

(2) 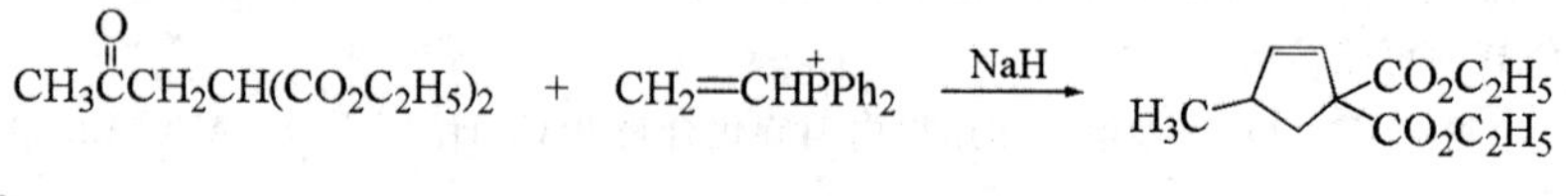 $CH_3\overset{O}{\overset{\|}{C}}CH_2CH_2CH(CO_2C_2H_5)_2 + CH_2=CHPPh_2^+ \xrightarrow{NaH}$

(3) 
+ $CH_2=CH\overset{+}{P}Ph_2$ $\xrightarrow{\text{acetonitrile}}$

来源：

1.（1）G. Stork，G. A. Kraus，G. A. Garcoa. J. Org. Chem. ,1974,39:3459.

（2）M. Majewski，D. M. Gleave. Tetrahadron Lett. ,1989,30(42):5681.

（3）M. Nerz-Stormes，E. R. Thornton. J. Org. Chem. ,1991,56:2489.

（4）T. Mukaiyama, K. Narasaka. Org. Synth. ,1987,65:6.

2.（1）B. M. Trost, M. J. Bogdanowicz. J. Am. Chem. Soc. ,1973,95:5311.

（2）E. E. Schweizer, G. J. O'Neill. J. Org. Chem. ,1963,30:2082.

（3）E. E. Schweizer. J. Am. Chem. Soc. ,1964,86:2744.

普通高等教育"十一五"国家级规划教材

有机化学

Organic Chemistry

第三版·下册

王积涛 王永梅 张宝申 胡青眉 庞美丽 / 编著

南开大学出版社

目　　录

第十二章　核磁共振和质谱

核磁共振(NMR)和质谱(MS)都是近年来普遍使用的仪器分析技术,对有机化学工作者是很好的结构测定工具。特别是核磁共振,它具有操作方便、分析快速、能准确测定有机分子的骨架结构等优点。随着高场仪器、多核谱仪、大容量快速计算机的出现和使用,核磁共振仪器提高到了一个新的水平,也使其测试技术,像二维(2D)傅立叶变换核磁共振、固体高分辨核磁共振、核磁共振成像等技术得到发展。核磁共振是有机化学应用最普遍的且是最好的结构分析方法,利用它可测定^1H、^{13}C、^{15}N、^{31}P、^{19}F等你所感兴趣的各种核的谱图。但由于篇幅所限本书只涉及最常见的^1H和^{13}C核磁谱图。

质谱只需微量样品就可提供相对分子质量、分子式和分子结构的信息。再配合其他仪器测试方法,如 NMR、IR、UV 等,能准确测定结构。质谱和色谱联用,质谱和电子计算机联用更增加了质谱的测试范围和能力,使它成为结构分析领域不可缺少的工具。

12.1　核磁共振基本原理

带电荷的质点自旋会产生磁场,磁场具有方向性,可用磁矩表示(图 12-1)。原子核作为带电荷的质点,它的自旋可以产生磁矩。但并非所有原子核自旋都具有磁矩,实验证明,只有那些原子序数或质量数为奇数的原子核自旋才具有磁矩,如^1H、^{13}C、^{15}N、^{17}O、^{19}F、^{29}Si、^{31}P等。组成有机化合物的主要元素是氢和碳,现以氢核为例说明核磁共振的基本原理。氢核(质子)带正电荷,自旋会产生磁矩(图 12-1)。在没有外磁场时,自旋磁矩取向是混乱的(图 12-2(a)),但在外磁场 H_0中,它的取向分为两种:一种与外磁场平行,另一种则与外磁场方向相反(图 12-2(b))。

(a) 没有外磁场　　　　　(b) 存在外磁场　　　H_0

图 12-1　质子自旋产生磁矩

图 12-2　自旋磁矩的取向

这两种不同取向的自旋具有不同的能量。与外磁场相同取向的自旋能量较低,另一种能量较高。这两种取向的能量差 ΔE 可用式(12-1)表示:

$$\Delta E = \frac{h \cdot r}{2\pi} H \tag{12-1}$$

式中 h 为普郎克(Planck)常数；r 为磁旋比(magnetogyric ratio)，对于特定原子核，r 为一常数（如质子 r 为2.675 0）；H 为外加磁场强度。从式(12-1)可知，两种取向的能差与外加磁场有关，外磁场越强它们的能差越大。图12-3清楚地表示外加磁场强度与两种自旋的能差的关系。当外磁场强度为 H_1 时，能差为 ΔE_1，H_2 时能差为 ΔE_2，因 $H_2 > H_1$，所以 $\Delta E_2 > \Delta E_1$。

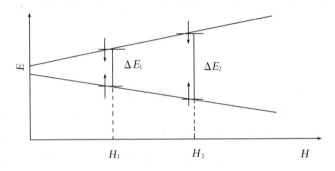

图 12-3　不同磁场强度时两种自旋的能差

与外加磁场方向相同的自旋吸收能量后可以跃迁到较高能级，变为与外磁场方向相反的自旋。电磁辐射可以有效地提供能量。当辐射能恰好等于跃迁所需要能量时，即 $E_辐 = h\nu = \Delta E$，就会发生这种自旋取向的变化，即**核磁共振**。

因两种自旋状态的能差(ΔE)与外磁场强度有关，所以发生共振的辐射频率也随外加磁场强度变化。很容易找到它们之间的关系。将式(12-1)代入 $E_辐 = h\nu = \Delta E$ 式可得到式(12-2)。

$$h\nu = \frac{hr}{2\pi}H$$

$$\nu = \frac{r}{2\pi}H \tag{12-2}$$

由式(12-2)可求得不同磁场强度时发生共振所需的辐射频率。如果固定磁场强度，根据式(12-2)可求出共振所需频率。如外加磁场强度为 1.409 2T，辐射频率 ν 应为 2.675 0/(2π×1.409 2)＝60MHz。同样，若固定辐射频率也可求出外磁场强度。

目前核磁共振主要有两种操作方式：固定磁场扫频和固定辐射频率扫场。后者操作方便较为通用。

常用核磁共振仪结构示意如图12-4。

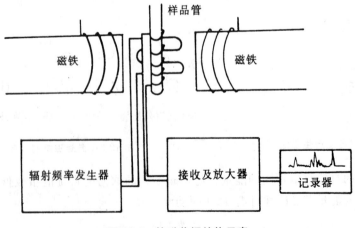

图 12-4　核磁共振结构示意

将样品置于强磁场内,通过辐射频率发生器产生固定频率的无线电波辐射。同时在扫描线圈通入直流电使总磁场强度稍有增加(扫场)。当磁场强度增加到一定值,满足式(12-2)时,辐射能等于两种不同取向自旋的能差,则会发生共振吸收。信号被接收、放大并被记录仪记录。目前最常用的仪器为 300MHz、400MHz、600MHz 等。一般,兆赫(MHz)数越高,分辨率越好。

12.2 屏蔽效应和化学位移

一、屏蔽效应

以上讨论了核磁共振的基本原理。对于一个特定的单独存在的核,共振条件是相同的,这对分析结构并无意义。但在有机分子中,原子以化学键相连,不可能单独存在,在原子的周围总有电子运动。在外磁场作用下这些电子可产生诱导电子流,从而产生一个诱导磁场,该磁场方向与外加磁场方向恰好相反(图 12-5)。这样使核受到外加磁场的影响($H_{纯}$)要比实际外加磁场强度($H_{扫}$)小,这种效应叫做**屏蔽效应**(shielding effect)。此时,核受到磁场的影响可用式(12-3)表示。

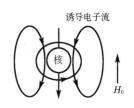

图 12-5　诱导磁场导致屏蔽效应

$$H_{纯} = H_{扫} - H_{诱} \tag{12-3}$$

式中 $H_{诱}$ 代表与外加磁场方向相反的诱导磁场强度。在一定辐射频率条件下假定无屏蔽时氢核发生共振的磁场强度为 H_0。那么,此时 $H_{扫} = H_{纯} = H_0$。当屏蔽效应存在下,要发生共振必须使外加磁场强度 $H_{扫}$ 大于 H_0,以抵消与外磁场方向相反的诱导磁场($H_{诱}$)的影响。此时,外加磁场强度应为 $H_{扫} = H_0 + H_{诱}$(参阅图 12-6)。

由于氢核在分子中所处环境不同,产生的抗磁诱导磁场强度不同,使不同氢核共振所需外加磁场强度 $H_{扫}$ 不同,在核磁谱图上就出现不同位置的共振吸收峰。如 3-溴丙炔有两种不同环境下的氢,在核磁谱图上出现两个不同位置的共振吸收峰(图 12-7)。

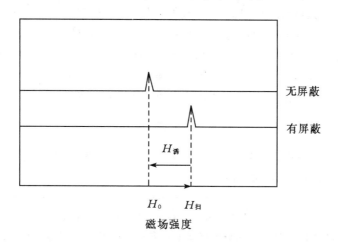

图 12-6　有、无屏蔽效应存在的核磁共振

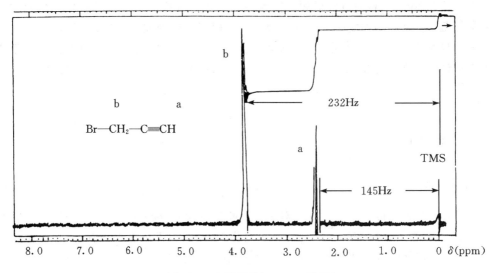

图 12-7　3-溴丙炔 ^{1}H NMR 谱图

二、化学位移

由于核在分子中所处环境不同受到不同的屏蔽效应，它们的共振吸收位置出现在不同磁场强度，用来表示这种不同位置的量叫做**化学位移**（chemical shift）。一般是以一个参考化合物为标准求出其他核相对于它的位置，用 ΔH 或 $\Delta \nu$ 表示，这叫做相对化学位移。在氢核的磁共振中最常用的标准物为四甲基硅 $[(CH_3)_4Si]$，简称 TMS。它作为标准物是因为：① 只有一种质子（12 个质子都相同）。② 硅的电负性比碳小，它的质子受到较大的屏蔽，抗磁的诱导磁场（$H_诱$）比一般有机化合物的要大，所以它的共振吸收峰一般出现在高场。把 TMS 的化学位移定为 0Hz，其他化合物质子的相对化学位移即为各质子共振吸收相对于 TMS 的位置。如图 12-7 中最右边的峰为 TMS，a 和 b 峰是 3-溴丙炔中 $\equiv C—H$ 和 $—CH_2—$ 质子的共振吸收。在 60MHz 仪器上，a 峰与 TMS 的距离 $\Delta \nu$ 为 145Hz，b 峰 $\Delta \nu$ 为 232Hz。这两个数值分别表示 $\equiv C—H$ 和 $—CH_2—$ 质子的相对化学位移。但在不同兆赫仪器上质子共振所需外加磁场强度不同，而核外电子的诱导磁场（$H_诱$）又与该外磁场强度成正比，所以这种用 ΔH 和 $\Delta \nu$ 表示的化学位移在不同兆赫仪器上测得的数值也不同。如 3-溴丙炔在 100MHz 仪器上，$\equiv C—H$ 和 $—CH_2—$ 质子的 $\Delta \nu$ 值分别为 242Hz 和 387Hz。为了使用不同仪器的工作者具有对照谱图的共同标准，通常用 δ 值表示化学位移。δ 值是样品和标准物 TMS 的共振频率之差除以采用仪器的频率（ν_0）。由于数值太小，所以乘以 10^6，单位用 ppm 表示。

$$\delta = \frac{\nu_样 - \nu_{TMS}}{\nu_0} \times 10^6 (ppm)$$

$BrCH_2C\equiv CH$ 中两种氢的化学位移，a（$\equiv C—H$）的 δ 值为 2.42（ppm），b（$—CH_2—$）的为 3.87（ppm）。早期的表示是用 τ 值，$\tau = 10 - \delta$。

问题12-1　丙酮质子的相对化学位移 $\delta 2.1$（ppm），这种质子共振吸收处于 TMS 的低场，它们在 60MHz 仪器上共振吸收差是多少 Hz？如在 100MHz 仪器上差多少 Hz？丙酮质子相对化学位移 δ 值又应为多少（ppm）？

12.3 影响化学位移的因素

一、诱导效应

诱导效应对质子的化学位移有很大影响。表12-1列出了不同取代基的甲烷δ值和甲基相连元素的电负性。从表中可以明显看到,随甲基所连元素电负性的增大,甲基质子的化学位移值δ逐渐增大。

表 12-1　CH_3X 的不同化学位移与 X 的电负性

化合物 CH_3X	CH_3F	CH_3OH	CH_3Cl	CH_3Br	CH_3I	$CH_3\text{—}H$	$CH_3\text{—}[Si(CH_3)_3]$
电负性(X)	4.0(F)	3.5(O)	3.1(Cl)	2.8(Br)	2.5(I)	2.1(H)	1.8(Si)
δ(ppm)	4.26	3.40	3.05	2.68	2.16	0.23	0

这是由于较强电负性基团的诱导拉电子作用使原子周围电子云密度减小,从而屏蔽效应减小。产生的与外加磁场相反方向的诱导磁场强度($H_诱$)减小。根据 $H_扫 = H_0 + H_诱$ 可知共振所需磁场强度相应降低,即共振在较低磁场发生。根据δ值表示式,若共振磁场强度降低也即 $\nu_样$ 值变小,δ值则增大(一般共振磁场强度与δ从数值大小看是成反变的)。当然拉电子基团越多这种影响越大。三氯甲烷、二氯甲烷和一氯甲烷质子的化学位移值δ分别为 7.27、5.30、3.05(ppm)。依据诱导效应性质,基团距离越远,受到的影响越小。如溴代丙烷,α、β 和 γ 质子的化学位移δ分别为 3.30、1.69 和 1.25(ppm)。

二、各向异性

1. 芳环的各向异性

苯环上的质子共振吸收一般出现在低场,化学位移值δ约为 7.3(ppm)。这是由于芳环 π 电子屏蔽作用的各向异性(anisotropy)引起的。在外磁场影响下,苯环的 π 电子产生一个环电流,同时生成一个感应磁场。该磁场方向与外加磁场方向在环内相反(抗磁的),在环外相同(顺磁的)。从图 12-8 可以看到这个感应磁场的方向。苯环上的质子在环外,因此除受到外加磁场影响外,还受到这个感应磁场的去屏蔽作用(deshielding)。所以,苯环上的质子共振应出现在低场,δ值较大。可以想像若环内具有质子,一定会受到较强的屏蔽作用,共振吸收应出现在高场,δ值较小。事实确是如此。芳香烃18-轮烯环外质子化学位移δ为8.9,而环内质子为−1.8ppm。由于这种各向异性的影响使不与芳环直接相连的质子化学位移也相应发生变化。如对环吩(parocyclophane)中苄位碳上的氢(C^1 的 C^5 上的氢)处在去屏蔽区,化学位移值δ约为2,而在环上 C^3 的质子处在屏蔽区,化学位移为−1ppm。

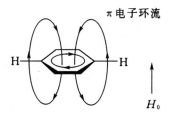

图 12-8　苯环 π 电子感应磁场

H H

H H H H

H H

−1.8

H H

H 8.9

CH_2 3

H H

CH_2 4 −1 CH_2 2

H H

CH_2 5 CH_2 1

H H

H H

18-轮烯 2 对环吩

2. 双键和叁键化合物的各向异性

乙烷质子的化学位移为 0.96,而乙烯质子化学位移为 5.84。烯的氢共振出现在如此低的磁场强度,一方面是烯碳 sp^2 杂化使 C—H 键电子比 sp^3 杂化更靠近碳,减小了对质子的屏蔽,更重要的是由于在外磁场作用下产生 π 电子环流,从而产生了感应磁场(图 12-9),质子恰好在去屏蔽区。同样,醛基氢也是处在去屏蔽区,使得它的共振吸收也出现在低场,δ 值约为 9～10。

叁也具有各向异性。它的质子处在屏蔽区(图 12-10),因此炔氢共振应出现在较高的磁场强度区。但因炔碳为 sp 杂化,相对 sp^2 和 sp^3 杂化的 C—H 键电子更靠近碳,使质子周围的电子云密度减小,这种因素又使质子共振吸收向低场移动。两种相反作用的协调使炔质子的化学位移值为 2.88。

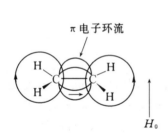

图 12-9　乙烯 π 电子感应磁场

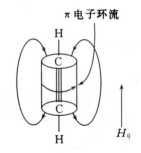

图 12-10　乙炔 π 电子感应磁场

三、氢键的影响

氢键的形成能较大地改变与氧、氮等元素直接相连质子的化学位移值。由于氢键的形成可以削弱对氢键质子的屏蔽,使共振吸收移向低场。而氢键形成的程度与样品浓度、温度等有直接关系,因此在不同条件下羟基(—OH)和氨基(—NH$_2$)质子的化学位移变化范围较大。如醇羟基的质子化学位移一般为 0.5～5,酚为 4～8,胺为 0.5～5。羧酸容易以二聚体形式存在(双分子的氢键),它的化学位移为 10～13。

分子内氢键同样可以影响质子的共振吸收。β-二酮的烯醇式可以形成分子内氢键,该羟基质子的化学位移 δ 为 11～16。

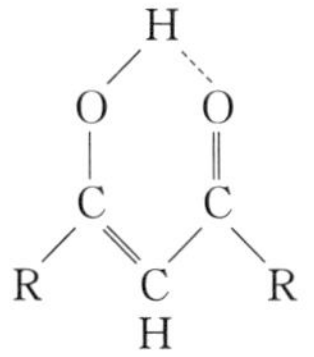

β-二酮烯醇式分子内氢键

四、常见化合物的化学位移范围

有机化合物中不同环境的质子受到诱导、各向异性、氢键等的影响,具有不同的化学位移。根据实验数据把不同类型质子的化学位移大致范围总结如下:

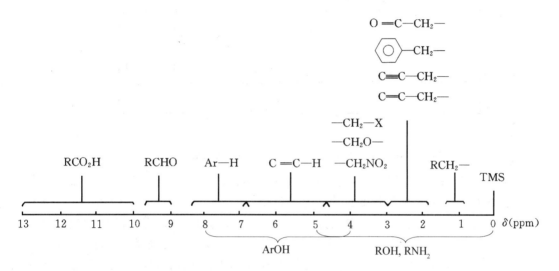

有机化学工作者应熟记这些常见有机结构的化学位移范围,同时掌握以上讨论的各种影响因素,能判定质子的共振吸收移动的方向,这样才可能根据 NMR 谱图较准确地推断结构。

问题12-2 按下列化合物各质子的化学位移值(δ)的大小排列成序。

(1) CH₃OCH₂CCl(CH₃)₂
         a   b   c

(2)

$$\begin{array}{c} CH_3 \\ b \end{array} \quad \begin{array}{c} H \\ c \end{array}$$

$(CH_3)_3C$ （a） C=C （d） CH₂CH₂Br （e）

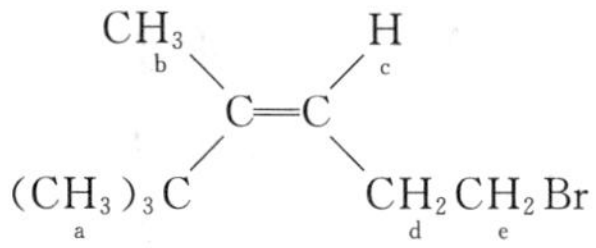

12.4 自旋偶合—裂分

一、两个相邻氢的偶合

化合物 3,3-二甲基-1,1,2-三溴丁烷有三种氢,它的 NMR 谱图中应出现三组峰(图12-11)。甲基氢为饱和碳的质子,$\delta1.1$ 为它的共振吸收峰。C^1 上的氢 a 因受两个拉电子基团(Br)的影响,共振吸收出现在低场($\delta6.4$),图中 $\delta4.5$ 的峰为 C^2 氢 b 的共振吸收峰。仔细观察会发现氢核 a 和 b 的峰分别为两重峰。这是由于这两个质子相互影响发生自旋偶合—裂分的结果。

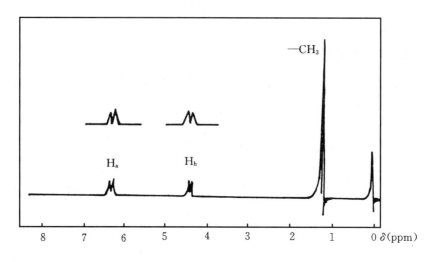

$$(CH_3)_3C{-}\overset{\displaystyle Br}{\underset{\displaystyle H_b}{C^2}}{-}\overset{\displaystyle Br}{\underset{\displaystyle H_a}{C^1}}{-}Br \qquad 3,3\text{-二甲基-}1,1,2\text{-三溴丁烷}$$

图 12-11　3,3-二甲基-1,1,2-三溴丁烷 NMR 谱图

先考虑氢核 a 的共振吸收峰受氢核 b 影响发生分裂的情况:氢核 a 除受到外加磁场和屏蔽效应影响外,还受到相邻氢核 b 自旋产生的磁场($H_{自}$)的影响。在外加磁场中氢核 b 有两种自旋,一种自旋产生的磁场与外磁场方向相同,另一种则相反。假定没有相邻氢核影响,质子 a 共振吸收在 H_0,当受到氢核 b 自旋产生的与外磁场方向相反的磁场影响时,氢核 a 真正受到的磁场影响就小于 H_0,此时不可能发生共振。只有当外加磁场强度增加到足以抵消氢核 b 的抗磁影响时才能发生共振吸收。所以共振时的外加磁场强度为 $H_{扫}=H_0+H_{自}$。当然氢核 a 受到氢核 b 自旋产生的与外磁场方向相同磁场的影响时,氢核 a 共振吸收应向低场移动(此时 $H_{扫}=H_0+H_{自}$,式中 $H_{自}$ 为负值)。这样氢核 a 的共振吸收就分裂为两重峰

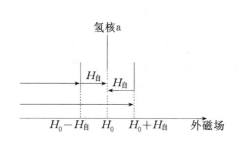

图 12-12　质子自旋偶合—裂分

(图 12-12)。同理,氢核 b 可受到氢核 a 的影响也分裂为两重峰。这种因自旋偶合发生分裂的现象叫**自旋—自旋偶合—裂分**(spin-spin coupling-splitting)。

在核磁共振中,一般说来,相邻碳上的不同种的氢才可发生偶合,相间碳上的氢(H—C—C—C—H)不易发生偶合,同种相邻氢也不发生偶合。如 $Br_2CHCHBr_2$ 中两个氢所处环境相同,尽管相邻也不发生偶合,该化合物的 NMR 谱图上只有一个单峰。

二、偶合常数

偶合—裂分的一组峰中两个相邻峰之间的距离,即两峰的频率差 $|\nu_a-\nu_b|$ 称为**偶合常数**,用字母 J 表示,单位为 Hz。氢核 a 与氢核 b 偶合常数为 J_{ab},氢核 b 与 a 偶合常数为 J_{ba},相互偶合的两个氢核偶合常数相等,$J_{ab}=J_{ba}$。两种不同氢与同一质子偶合,偶合常数一般不同。

如 $J_{ab}=J_{ba}\neq J_{ac}$。偶合常数只与化学键性质有关而与外加磁场无关,但它受到测试温度和溶剂的影响。

饱和体系中相邻碳上氢的偶合常数一般在 $0\sim16Hz$ 之间。其偶合常数大小与相邻碳上氢的两面角(φ)有关,可通过 Karplus 半经验式[式(12-4)]估算。开链烃 C—C 键可自由旋转,其相邻碳上氢的偶合常数 J_{ab} 是不同构象相邻氢偶合常数的平均值。

$$\left.\begin{array}{ll} J=8.5\cos^2\varphi-0.28 & 0°<\varphi<90° \\ J=9.5\cos^2\varphi-0.28 & 90°<\varphi<180° \end{array}\right\} \qquad (12\text{-}4)$$

如氯乙烷稳定构象是交叉构象,因此相邻碳上相邻氢的两面角约为 $60°$,$J_{邻ab}$ 为 $2\sim4Hz$,相邻碳上对位氢的两面角约为 $180°$,其 $J_{对ab}$ 为 $9\sim10Hz$,其平均值为 $J_{ab}=6\sim8Hz$。

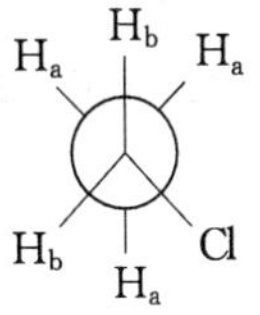

环己烷通常以椅式构象存在,它的相邻碳上两个直立(a)键氢,两面角 $180°$,$J_{aa}\sim9.5Hz$,相邻碳上直立(a)键氢与平伏(e)键氢及两个相邻碳上平伏(e)键的氢,两面角均为 $60°$,所以 J_{ae} 和 J_{ee} 相等,均为 $2.5Hz$。以上计算值与实验值相吻合。

氯乙烷构象

对于烯烃,相邻烯碳上的氢偶合常数也有一定规律,一般反式氢比顺式氢偶合常数大,$J_{反}$ 约为 $12\sim18Hz$,$J_{顺}$ 约为 $7\sim11Hz$。

偶合常数不像化学位移那样广泛用于确定有机化合物结构,但它可提供信息,作为由化学位移来确定结构的补充和证实。特别在构型、构象等立体化学研究中它有十分重要的作用,如可用偶合常数确定顺、反异构和旋光异构。

例如,化合物 4-甲基-1-氯-2-戊烯具有几何异构,如何确定被测化合物是顺式还是反式呢?

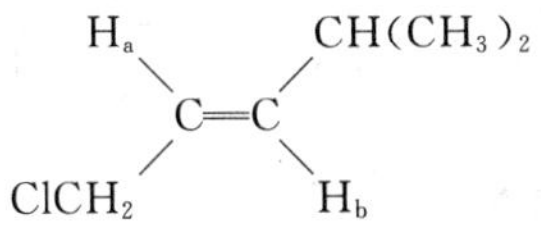

(反) 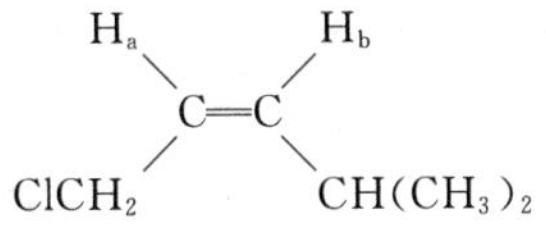   (顺)

4-甲基-1-氯-2-戊烯

由于烯碳上相邻氢顺式和反式偶合常数不同,当然可通过烯碳氢偶合常数来判定。首先作出相应样品的 NMR 谱图,因烯碳氢在谱图中 δ 值在 $5\sim6ppm$ 之间,所以在此范围内找出相应共振峰并求得 J_{ab} 值,若 $J_{ab}=15.3Hz$,说明其偶合常数较大,是在反式氢偶合常数范围内,那么被测化合物一定为反式异构体。

又如,通过对一个化合物 ^{1}H NMR 谱图 δ 值、裂分情况、峰面积比分析确定它是下列异构体(I 和 I′)中的一个。从构型式可知 I′ 中 H_a 和 H_b 两面角 $\sim90°$,从 Karplus 式计算 I′ 中的 $J_{ab}\sim0Hz$。I 中 H_a 和 H_b 两面角 $\sim45°$,所以 I 中 $J_{ab}>0$。从 ^{1}H NMR 谱图中 H_a 或 H_b 相对 δ 值的位置找到裂分峰,求得 J_{ab} 值,若 $J_{ab}\sim4Hz$,说明被测化合物为 I 而不是 I′。

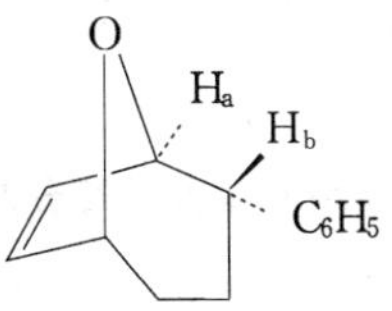

I 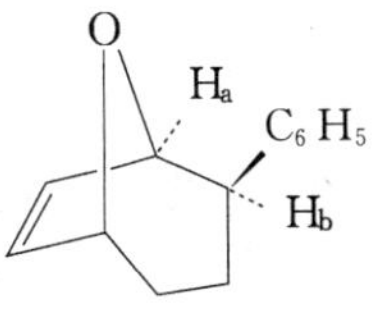   I′

三、多个相同氢与相邻氢的偶合

1. 溴乙烷氢核偶合—分裂

溴乙烷有两种氢,在^{1}H NMR 谱图中出现两组峰(图 12-13)。δ 值高的为亚甲基质子共振吸收,由于溴诱导拉电子的影响,它出现在低场。另一组峰为甲基质子的共振吸收峰。这两组峰均为偶合分裂峰,这是由于甲基和亚甲基氢核相互偶合的结果。亚甲基氢核自旋存在三种组合:①两个氢核自旋产生的磁场与外加磁场方向均相同;②一个相同,另一个相反;③两个均相反。相邻的甲基氢受到它们的影响分裂为三重峰(图 12-14a)。亚甲基氢核与相邻甲基氢核发生偶合,因甲基三个氢核自旋有四种组合方式(图 12-14b),所以亚甲基氢受到它们的影响分裂为四重峰。

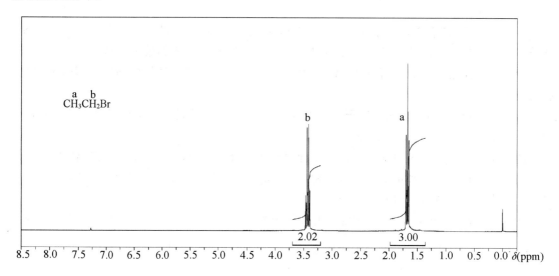

图 12-13　**CH$_3$CH$_2$Br 的 NMR 谱图**

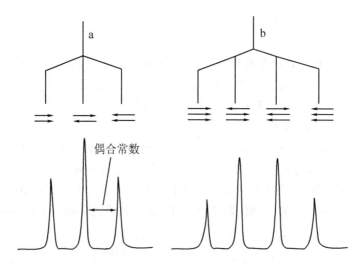

图 12-14　**溴乙烷甲基氢 a 和亚甲基氢 b 的峰分裂**

2. $n+1$ 规律

多个相同氢与相邻氢偶合—裂分峰数为 $n+1$ 个,n 为相邻氢的个数,这称为 **$n+1$ 规律**。

溴乙烷甲基相邻氢为 2 个，分裂峰数为 2+1＝3。亚甲基相邻氢数为 3 个，分裂峰数为 3+1＝4。若相邻氢不完全相同，但所处环境相近，一般也符合这个规律。但两种相邻氢（如 H_a—C—CH_b—C—H_c 中 H_b 有 H_a 和 H_c 两种相邻氢）与同一氢偶合，偶合常数不等时（$J_{ba} \neq J_{bc}$），不遵守这一规律。自旋偶合分裂的 $n+1$ 规律是 NMR 谱图分析极重要的依据。

问题 12-3 下列化合物 ^{1}H NMR 谱图中有几组峰？说明它们分裂的情况。

$$(1)\ (CH_3)_3C\overset{\overset{\displaystyle O}{\|}}{C}CH_2CH_3 \qquad\qquad (2)\ (CH_3CH_2CH_2)_2O$$

四、积分面积比和分裂峰的相对强度

图 12-13 中的积分线标明溴乙烷中甲基质子和亚甲基质子的峰面积比为 3：2 积分线的高度比即为各组峰的面积比，它表示化合物中不同氢的比值，因而可以测得不同种氢的个数。这是 NMR 谱图分析中又一重要依据。

分裂的一组峰中各峰相对强度也有一定规律。它们的峰面积比一般等于二项式 $(a+b)^m$ 的展开式各系数之比，式中 $m＝n$（分裂峰数）-1。如溴乙烷甲基质子被分裂为三重峰，这三重峰相对强度比为 $(a+b)^2$ 展开式三项系数比 1：2：1。也可用图示法表示各种裂分峰的相对强度。

$$
\begin{array}{ccccccc}
 & & & 1 & & & & \text{一重峰} \\
 & & 1 & & 1 & & & \text{二重峰} \\
 & & 1 & 2 & 1 & & & \text{三重峰} \\
 & 1 & 3 & & 3 & 1 & & \text{四重峰} \\
 1 & & 4 & 6 & 4 & & 1 & \text{五重峰} \\
1 & 5 & 10 & 10 & 5 & 1 & & \text{六重峰}
\end{array}
$$

12.5 ^{1}H NMR 谱图分析

^{1}H NMR 谱图可以给出有机分子中不同环境氢核的信息。根据谱图中各峰的化学位移（δ 值）、峰的分裂情况和峰面积比来判定不同种氢的个数，从而推导出分子的可能结构。为达到识谱的目的，下面首先对照已知化合物谱图了解谱图与结构的关系。

图 12-15 为 α-溴乙苯的 ^{1}H NMR 谱图。一般谱图横坐标为 δ（ppm），从右至左 δ 值增大而相应磁场强度逐渐减小。纵坐标为相对强度。图中 $\delta 0$ 处为 TMS 共振吸收峰，其他三组峰分别表示三种氢核共振吸收。显然在 $\delta 7.3$ 处的峰为苯环上质子共振吸收峰。α 碳连有溴和苯环，α 质子受到诱导效应和各向异性的影响共振也应在低场发生，$\delta 5.1$ 是它的吸收峰。$\delta 2.0$ 为甲基共振峰。从图中可以看到甲基质子共振吸收峰被相邻的 α 氢分裂为二重峰，而 α 质子被甲基分裂为四重峰（符合 $n+1$ 规律）。测量各组峰上方的积分线高度，它们分别为 25mm、5mm、15mm。积分线高度之比即为各种氢个数之比。总的积分高度表示化合物中所有氢的个数，那么代表一个氢的积分高度为 $(25+5+15)$mm$/9＝5$mm。这样不难算出各组峰代表氢的个数。$\delta 7.3$ 芳环上的氢为 $25/5＝5$，$\delta 5.1$ 的 α 氢 $5/5＝1$，$\delta 2.0\beta$ 碳上的氢为 $15/5＝3$。

图 12-16 是 α-羟基丙酸乙酯的 ^{1}HNMR 谱图。对照结构如何找出各峰的归属呢？首先

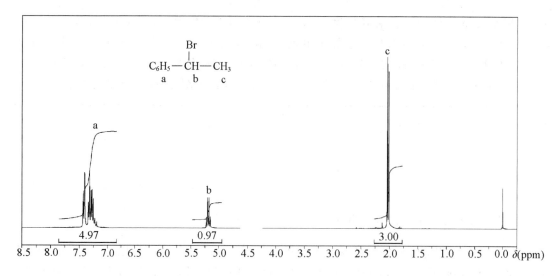

图 12-15 α-溴乙苯的 ¹H NMR 谱图

醇羟基质子一般不与相连碳上的氢偶合,通常为单峰,尽管它的共振范围较宽($\delta 0.5 \sim 5$),但在该谱图中很容易找到积分比为 1 的羟基质子共振峰($\delta 3.3$)。在 $\delta 1.3$ 的多重峰积分面积比为 6,说明是两个甲基质子共振吸收峰。根据化合物结构,甲基质子 a 应被裂分为三重峰,而甲基质子 b 应被裂分为二重峰。由于它们的化学位移相近,发生了峰的重叠,显示为多重峰。与氧相连碳上的质子共振应在较低场,$\delta 4.2$ 的多重峰积分比为 3,即为质子 d 和 e 的共振吸收。这两种与氧相连碳上的氢分别被甲基质子 a 和 b 裂分为四重峰,化学位移相近,重叠后呈多重峰。这个例子说明,在利用 NMR 谱图推断结构时,不能只从峰的分裂去判定,而应以 δ 值、峰的分裂和峰面积比三者作为依据,并使它们与结构相符。这样才可得出正确结果。

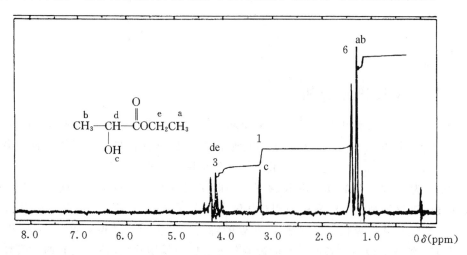

图 12-16 α-羟基丙酸乙酯的 ¹H NMR 谱图

下面举例说明利用谱图判定结构的推导方法。

有一化合物分子式为 $C_9H_{12}O$,图 12-17 是它的 ¹H NMR 谱图,写出它的结构式。

根据不同环境下质子的化学位移(δ 值)和图中偶合分裂情况分析:①$\delta 7.2$ 为苯环质子共振峰。②$\delta 3.4$ 为与氧相连碳上的氢核共振峰,因被分裂为四重峰说明相邻有甲基。$\delta 1.2$ 一般为饱和碳上质子共振峰,它被分裂为三重峰说明相连有亚甲基。从这两组峰 δ 值和分裂情况

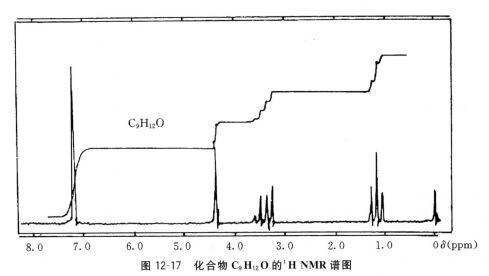

图 12-17 化合物 $C_9H_{12}O$ 的 ^1H NMR 谱图

表明分子中含有—OCH_2CH_3。③$\delta 4.3$ 可能为与氧相连碳上的氢,因是单峰,表明无相邻氢,另一端可能与苯环相连。这样初步判定为苄基乙基醚。根据积分线高度比求出各组峰相应氢数,$\delta 7.2, 5H$;$\delta 4.3, 2H$;$\delta 3.4, 2H$;$\delta 1.2, 3H$。这个结果与上述结构式相符,证明推断正确。

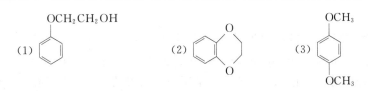

问题12-4　化合物 $C_8H_{10}O_2$ 的 ^1H NMR 谱图如下,它是下列结构式中的哪一个?

$$(1)\quad\text{OCH}_2\text{CH}_2\text{OH}\text{-苯环}\qquad(2)\quad\text{苯并二氧杂环}\qquad(3)\quad\text{对位 OCH}_3\text{-苯环-OCH}_3$$

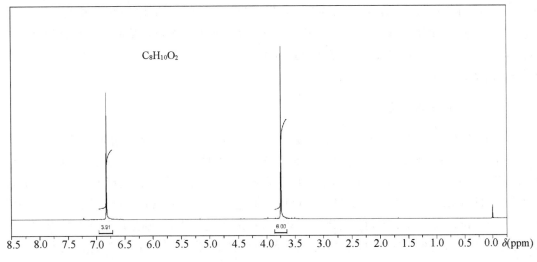

问题 12-4　^1H NMR 谱图

问题12-5　化合物 C_4H_6O 催化氢化吸收两分子氢,其 ^1H NMR 谱图如下,写出它的结构式。

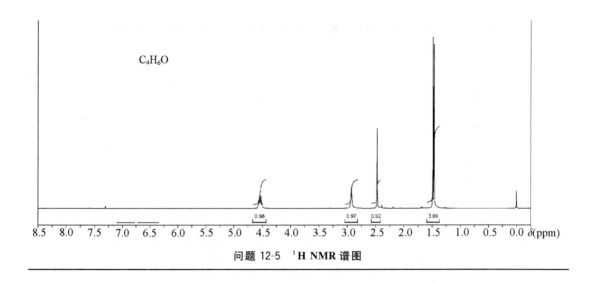

C₄H₆O 附近标注：0.98 0.97 0.92 3.00

8.5 8.0 7.5 7.0 6.5 6.0 5.5 5.0 4.5 4.0 3.5 3.0 2.5 2.0 1.5 1.0 0.5 0.0 δ(ppm)

问题 12-5 ¹H NMR 谱图

12.6 ¹³C NMR 波谱

¹³C 与¹H 核一样自旋具有磁矩，能发生核磁共振。但¹³C 同位素在自然界丰度很低，只有 1.1％，因此共振信号极弱，需多次扫描并积累其结果方能获得较好的核磁共振谱图。近年来随着电子技术和计算机技术的发展，采用带有傅立叶变换的核磁共振仪（简称 F. T. NMR）可以成功地对有机化合物做常规测定。逐渐使¹³C NMR 在有机化合物结构测定上与¹H NMR 占有同等重要的位置。

一、质子去偶¹³C NMR 波谱

¹³C NMR 分析技术有多种操作方法，最普通的一种是质子去偶（proton noise dexcoupled）的方法，也称做宽带去偶（wide band decoupled）。采用该方法可以去掉¹H 核对¹³C 核的自旋偶合，得到分子中不同环境碳的简单谱图。图 12-18 是用该法获得的2-丁酮¹³C 谱图。与¹H NMR谱图相同，¹³C NMR 一般采用 TMS 为参照物。图中 $\delta0$ 为 TMS 甲基碳共振吸收峰，其它四个峰为 2-丁酮四个碳的共振吸收峰。¹³C NMR 测得的谱图可以帮助确定化合物中碳的种数，但不能像¹H NMR 谱图一样用峰的强度衡量各种碳的个数。图中四个峰各代表一个碳，而它们却有不同的高度。

二、¹³C NMR 化学位移

¹³C NMR 化学位移分布在一个非常宽的区域，一般为 0～250ppm，有时 δ 值会更大些。只要分子中的碳环境稍有不同，¹³C 就有不同的 δ 值。像¹H 核一样，多种因素可以影响¹³C 的化学位移。如碳原子的杂化，取代基电负性，共轭效应，体积效应等。这些影响是复杂的，目前还不能像¹H NMR 谱一样完美地解释¹³C 谱图。但它也存在一定规律。sp³ 杂化的碳共振吸收在$\delta0$～100ppm 范围内，sp² 杂化的碳在 $\delta100$～210ppm 范围内，特别是羰基碳在较低的磁场发生共振，在$\delta170$～210 范围内，在¹³C 谱上极易识别。如图 12-18 中 δ～208ppm 的共振峰即为2-丁酮羰基峰。在图 12-18 中 $\delta77$ 为溶剂 DCCl₃ 中碳的共振吸收峰，其他峰为 2-丁酮四种不同环境的碳的共振吸收峰。表 12-2 列出了不同碳的一般化学位移值，这些数据对解析¹³C

谱图可以提供帮助。如对照表 12-2 解析苯乙酮的^{13}C 谱图（图 12-19）。图中 δ196ppm 处的共振峰肯定是羰基峰，δ27ppm 的共振峰是在饱和碳的共振吸收范围内，应为苯乙酮甲基碳共振吸收峰，另 3 个峰在 δ110～160ppm 范围属芳环碳的共振吸收峰。苯环具有 6 个碳，但该化合物中有两对对称碳（b 和 c），因此苯环碳应出现 4 个峰。但图 12-19 中只有三个，说明有两个峰重叠。用其他方法测知 δ128ppm 为两个 c 碳和两个 b 碳的重叠峰。另两个峰分别为 e 和 d 碳共振吸收峰。在^{13}C NMR 谱中，不一定解析每一个峰，而是把峰的个数和分子的对称性相联系，并根据某些特征共振峰的信息导出可能结构。

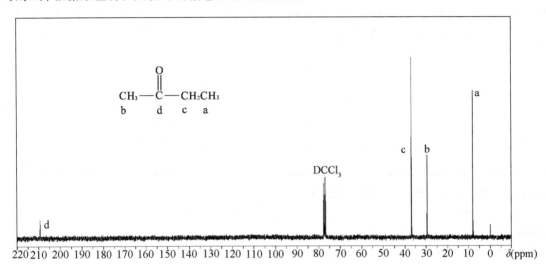

图 12-18　2-丁酮^{13}C NMR 谱图

表 12-2　^{13}C 化学位移

碳的类型	化学位移 δ（mmp）	碳的类型	化学位移 δ（mmp）
C—I	0～40	≡C—（炔）	65～85
C—Br	25～65	=C（烯）	100～150
C—Cl	35～80	C=O	170～210
—CH$_3$	8～30	C—O	40～80
—CH$_2$—	15～55	C$_6$H$_6$（苯）	110～160
—CH—	20～60	C—N	30～65

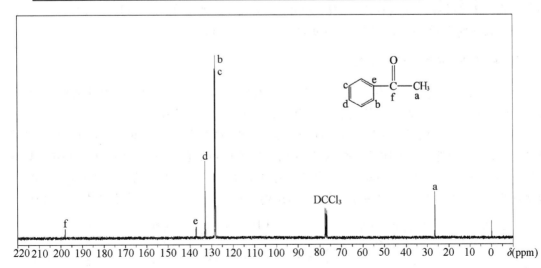

图 12-19　苯乙酮^{13}C NMR 谱图

一般取代基对^{13}C 的 δ 值影响很大,可根据经验推测一些化合物不同碳的 δ 值。如烷烃中甲烷 ^{13}C 化学位移为 $\delta2.1$,当一个氢被甲基取代(乙烷),^{13}C 化学位移 $\delta5.9$。甲烷中两个氢被两个甲基取代,即丙烷($CH_3CH_2CH_3$),这个亚甲基碳的化学位移为 $\delta16.1$。这种取代基的影响称做 α 效应。当烷烃某碳的 β 位或 γ 位具有取代基时,该碳的化学位移也受影响,分别叫 β 和 γ 效应。根据实际观察,总结出烷烃 ^{13}C 化学位移计算经验式(12-5)。

$$\delta_i = -2.6 + 9.1n\alpha + 9.4n\beta - 2.5n\gamma \tag{12-5}$$

式中 δ_i 为 i 碳原子的化学位移,$n\alpha, n\beta$ 和 $n\gamma$ 分别为 i 碳原子 α, β 和 γ 位所连碳原子的个数。利用式(12-5)可推测开链烷烃的 ^{13}C 化学位移。如正戊烷 C^1 和 C^5,C^2 和 C^4 是对称的,因此应有 3 个共振吸收峰,它们的 δ 值可通过计算得到。

$$\underset{1}{CH_3}-\underset{2}{CH_2}-\underset{3}{CH_2}-\underset{4}{CH_2}-\underset{5}{CH_3}$$

$$\delta_1(C^1 \text{ 和 } C^5) = -2.6 + 9.1(1) + 9.4(1) - 2.5(1) = 13.4\text{ppm}(\text{实测 } 13.7\text{ppm})$$

$$\delta_2(C^2 \text{ 和 } C^4) = -2.6 + 9.1(2) + 9.4(1) - 2.5(1) = 22.5\text{ppm}(\text{实测 } 22.6\text{ppm})$$

$$\delta_3(C^3) = -2.6 + 9.1(2) + 9.4(2) = 34.4\text{ppm}(\text{实测 } 34.5\text{ppm})$$

问题12-6 判定下列化合物 ^{13}C NMR 共振吸收峰的个数。

(1) 2,3-二甲基-2-丁烯　　　(2) 环己烷　　　(3) 甲基环戊烷

问题12-7 计算丁烷各碳的化学位移 δ 值。

三、偏共振去偶 ^{13}C NMR 波谱

质子去偶 ^{13}C NMR 谱图可以提供分子中各碳所处环境的报告,特别可以推测分子的对称性。另一常用的操作方法偏共振去偶(off-resonance decoupled)可获得与碳相连的氢与该碳偶合的谱图,与碳相间的氢核偶合很弱,该法可以消除它的偶合干扰。偏共振去偶可给出更详细的报告。如二氯乙酸质子去偶 ^{13}C NMR 谱图中呈两个峰(图 12-20(a)),偏共振去偶 ^{13}C NMR谱图中呈现 3 个峰,其中 C^2 的峰因与相连氢偶合分裂为两重峰(图 12-20(b))。峰的分裂数与碳直接相连的氢有关,一般也遵守 $n+1$ 规律。如 2-丁酮 C^1 和 C^4 均连有 3 个氢,所以都分裂为四重峰。C^3 连有两个氢,分裂为三重峰(图 12-21)。

四、用 ^{13}C NMR 测定分子结构

^{13}C NMR 是测定分子结构的重要工具之一,通过它不但可以了解分子中碳的种数,而且可以提供碳在分子中所处环境的报告。下面举例说明它的某些应用。

1-甲基-1-氯环己烷用 KOH/C_2H_5OH 处理生成烯烃,可能为 1-甲基环己烯也可能为甲叉环己烷。如果对反应产物做质子去偶 ^{13}C NMR 谱图,就可判定它的消去方向。1-甲基环己烯有 5 个 sp^3 杂化的碳,在 $\delta10\sim50\text{ppm}$ 范围内应具有五个峰;2 个 sp^2 杂化的碳,在 $\delta100\sim150\text{ppm}$ 应呈现两个峰。而甲叉环己烷是对称分子,虽然也有 5 个 sp^3 杂化碳,但因对称性,在 $\delta10\sim$

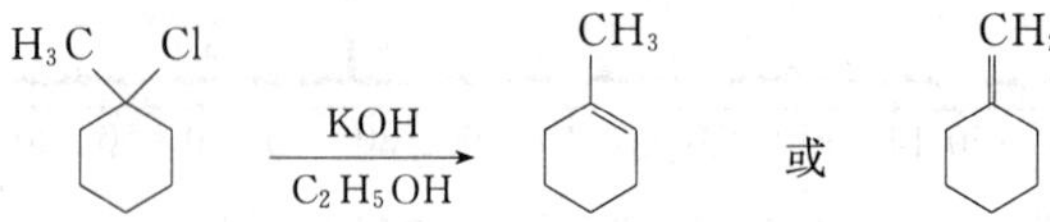

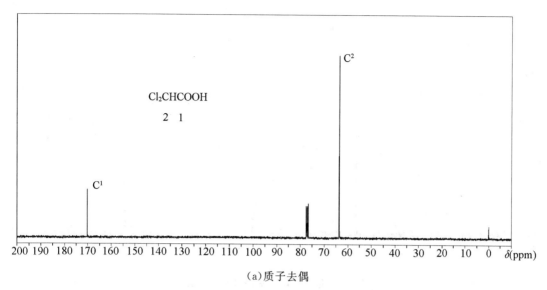

（a）质子去偶

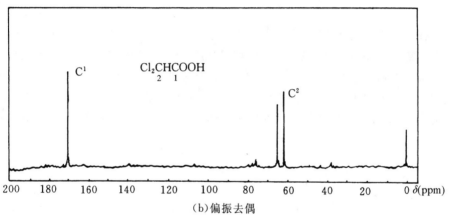

（b）偏振去偶

图 12-20　二氯乙酸 ^{13}C NMR 谱图

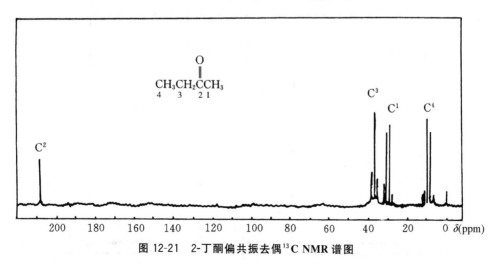

图 12-21　2-丁酮偏共振去偶 ^{13}C NMR 谱图

50ppm 范围内只出现 3 个峰。以上反应产物的质子去偶 ^{13}C NMR 谱图与 1-甲基环己烯相符（图 12-22）。这就证明了消去反应方向遵循萨伊切夫规律。

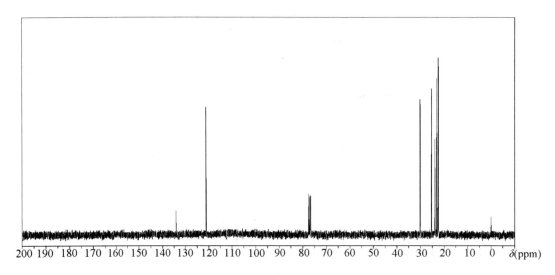

图 12-22　1-甲基环己烯质子去偶[13]C NMR 谱图

另一个有意思的实例是利用[13]C NMR 谱鉴别 1,3,5-三甲基环己烷异构体。全顺式 1,3, 5-三甲基环己烷和 1r-3-反-5-反-三甲基环己烷很难用[1]H NMR 谱或其他方法加以区别。采用[13]C NMR 却容易做到。全顺式异构体有非常好的对称性,尽管分子中有 9 个碳,但在 $\delta 10 \sim 50 ppm$ 范围内只可能出现 3 个峰(图 12-23)。而 1r-3-反-5-反-三甲基环己烷在此范围内可出现 6 个共振峰(图 12-24)。这样从它们的质子去偶[13]C NMR 谱图就可方便地加以区分。

全顺式 1,3,5-三甲基环己烷　　　　1r-3-反-5-反-三甲基环己烷

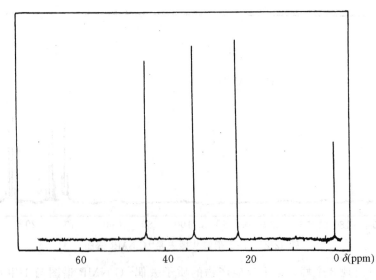

图 12-23　全顺式 1,3,5-三甲基环己烷质子去偶[13]C NMR 谱图

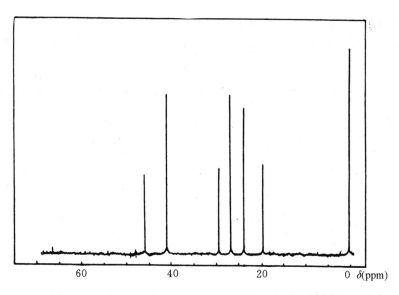

图 12-24　r1-3-反-5-反-三甲基环己烷质子去偶 ^{13}C NMR 谱图

问题12-8　化合物 $C_7H_8O_2$,可溶于 NaOH 水溶液但与 $NaHCO_3$ 不反应,它的质子去偶 ^{13}C NMR 谱图如下,写出它的结构。

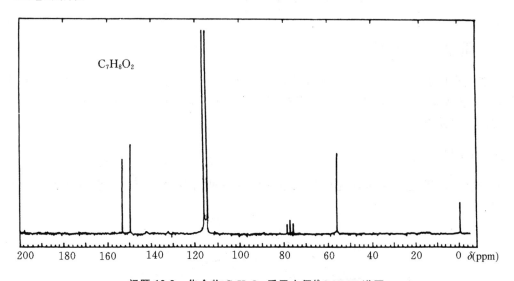

$C_7H_8O_2$

问题 12-8　化合物 $C_7H_8O_2$ 质子去偶 ^{13}C NMR 谱图

　　近年来经常用于化合物测定的 ^{13}C 谱图是 DEPT(Distortion Enhaced Polarization Transfer) ^{13}C 谱图。实际上这个谱图是通过不同实验方法得到的几种谱图的综合性谱图。在 DEPT- ^{13}C 谱图中标出各共振峰相应碳的类型,即不同含氢数的碳(CH_3 、 CH_2 、CH、C)。如下列甲基丙烯酸甲酯的 DEPT- ^{13}C NMR 谱图(图 12-25)。

　　甲基丙烯酸甲酯含 5 种碳,因此在谱图中呈现 5 个共振峰。谱图中 $\delta167.3$ 和 $\delta136.9$ 的峰为不含氢的碳,根据 ^{13}C δ 值,羰基碳共振吸收一般在低场,所以前者相应于甲基丙烯酸甲酯的羰基③,后者相应于烯碳②。 $\delta124.7$ 的峰,可根据谱图中 CH_2 的标记和 sp^2 杂化碳的化学位移特征,确定为烯碳①的共振吸收峰。两个标示 CH_3 的峰, $\delta51.5$ 和 $\delta18.3$,根据结构对 δ

值的影响不难判定 $\delta51.5$ 相应于与氧相连的碳④，$\delta18.3$ 相应于碳⑤。由于 DEPT-^{13}C 谱图标出不同 δ 值的共振吸收峰相应碳的类型，所以给我们准确、快速推断化合物结构带来极大方便。

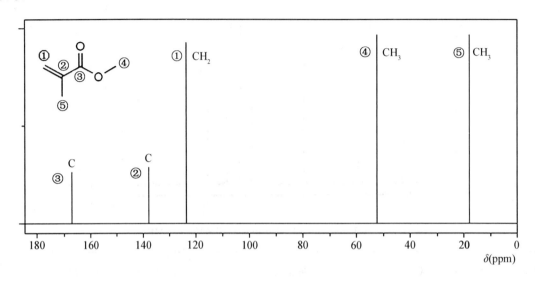

图 12-25　甲基丙烯酸甲酯^{13}C NMR 谱图

12.7　质谱基本原理

一般获得质谱的基本方法是将分子离解为不同质量带电荷的离子，将这些离子加速引入磁场，由于这些离子的质量与电荷比（简称**质荷比**，m/z）不同，在磁场中运行轨道偏转不同，使它们得以分离并被检测。

一、质谱仪

化合物的质谱是由质谱仪完成的。最常见的一种为单聚焦（磁偏转）质谱仪。结构如图 12-26所示。

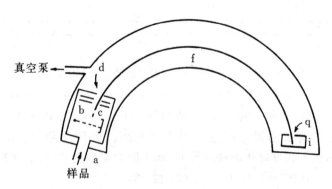

图 12-26　质谱仪示意图

整个体系是高真空的，一般压力为 $1.33\times10^{-4}\sim1.33\times10^{-5}$ Pa。气体样品从 a 进入离解室内，样品分子被一束加速电子 b 撞击，这些电子的能量约 70eV，结果使分子发生各种反应。其中之一是分子中的一个电子被击出，形成一带正电荷的自由基分子离子。如甲烷能生成质荷比为 16 的自由基分子离子$[CH_4]^+\cdot$。而该离子可继续反应形成碎片离子,碎片离子可进一步分裂成新的碎片离子。这样,一种化合物在离子室内可以产生若干质荷比不同的离子。如甲烷可产生 m/z 为 16、15、14 等的离子碎片。

$$M+e \longrightarrow M\cdot^+ +2e$$

$$CH_4+e \longrightarrow [CH_4]^+\cdot +2e$$

$$CH_4 \xrightarrow{e} [CH_4]^+\cdot,CH_3^+,[CH_2]^+\cdot,CH^+,[C]^+\cdot$$

$$m/z \quad\quad 16 \quad\quad 15 \quad\quad 14 \quad\quad 13 \quad\quad 12$$

这些离子进入一个具有几千伏电压的区域 c 加速后,通过狭缝 d 进入磁场 f。质量为 m 的离子在电场加速后,动能与势能相等,这个关系可由式(12-6)表示。

$$zV=\frac{1}{2}mv^2 \tag{12-6}$$

(z:电荷;V:加速电压;m:离子质量;v:离子速度)

在磁场中离子运动的向心力(Hzv)应与它的离心力(mv^2/r)相等[式(12-7)]。由此可得到式(12-8)。

$$Hzv=\frac{mv^2}{r} \quad\quad (r:离子运行半径;H:磁场强度) \tag{12-7}$$

$$r=\frac{mv}{zH} \tag{12-8}$$

从式(12-8)可知,在一定速度和一定磁场强度时,不同质荷比的离子运行半径 r 不同。质荷比大的离子将有大的运行半径。图 12-27 表示不同质荷比离子的运行轨道。在图 12-27(a)图中 m/z 为 y 的离子按它的运行轨道通过狭缝 q 进入离子收集器 i。若把式(12-6)代入式(12-8),消去速度 v 可得到式(12-9),为直观起见可将式(12-9)稍做变化得(12-10)。

$$\frac{m}{z}=\frac{H^2r^2}{2V} \tag{12-9}$$

$$r^2=\frac{2Vm}{zH^2} \tag{12-10}$$

从式(12-10)可清楚地看到,质荷比一定的离子运行(或偏转)半径 r 可由提高加速电压 V 和减小磁场强度 H 而增大。图 12-27(b)是增大加速电压或减小磁场强度后各离子运行轨道变化的情况。此时 x 离子通过狭缝 q 进入离子收集器 i,而 y 离子因增大运行半径而不能通过。在操作中可以固定磁场改变加速电压(电扫描),也能固定加速电压改变磁场强度(磁扫描),使不同质荷比的离子改变运行轨道,使它们逐一进入离子收集器。离子收集器内光电倍增管被撞

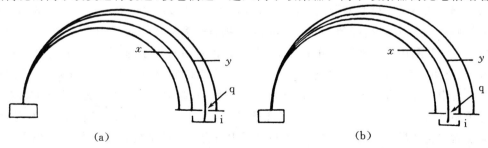

图 12-27 不同质荷比的离子运行轨道

击后产生微电流,该电流的大小与碎片离子的多少成正比。信号放大后由记录仪记录而获得化合物的谱图。

二、质谱图

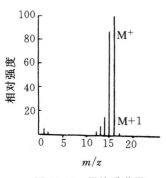

图 12-28 甲烷质谱图

一般质谱图横坐标为不同离子的质荷比 m/z,纵坐标为各峰相对强度。图 12-28 是甲烷质谱图。在不同的 m/z 值处有高低不等的竖线,为强度不同的各峰。最高的峰称做**基峰**,如图中 m/z 16 的峰为基峰,把它的强度定为100,其他峰高相对于它的百分数为各峰相对强度。峰的相对强度表示不同质荷比离子的相对含量。图中 m/z 16 的基峰是甲烷打掉一个电子生成的 $[CH_4]^+\cdot$ 所显示的峰,叫做**分子离子峰**,用 M^+ 表示。在甲烷中分子离子 $[CH_4]^+\cdot$ 是较稳定的,所以它的峰强度最大,可做为基峰,但在很多化合物的质谱中分子离子峰并非最强峰(基峰)。

12.8 分子离子和相对分子质量及分子式的确定

一、分子离子和相对分子质量

分子失去一个电子生成自由基分子正离子叫做分子离子。因它只带一个正电荷,质荷比 m/z 数值上与分子的质量相同,因此在质谱中找到分子离子峰就可确定相对分子质量。这是质谱的重要应用之一。它比用冰点降低、沸点升高法测定相对分子质量简单得多。分子离子峰一般是质荷比最高值。有些化合物分子离子较稳定,峰的强度较大,在质谱图中容易找到;但有些化合物分子离子不够稳定,容易生成碎片,此时分子离子峰很弱或不存在(如支链烷烃和醇类)。那么可采用降低质谱仪撞击电子流能量的方法或以其他经验方法来确定分子离子。

二、分子式的确定

确定了相对分子质量并不能写出分子式,这是因为多种分子可具有相同相对分子质量。如 CO,N_2 和 C_2H_4 的分子离子峰 m/z 均为 28。如何确定分子式呢?一种方法是采用高分辨质谱仪(high resolution spectrometer)增加数据的精确度以确定惟一的分子式。在分子式中 C,O,N,H 原子实际原子质量为 ^{12}C:12.000 000(标准),^1H:1.007 825,^{16}O:15.994 914,^{14}N:14.003 050。这样 CO 相对分子质量为 27.994 9,N_2 为 28.008 1,C_2H_4 为 28.031 4。若应用高分辨质谱仪,数据可精确到万分之一,就可根据分子离子峰的 m/z 值写出唯一的分子式。

另一方法是利用同位素确定分子式。质谱可以测定所有离子的 m/z 值,化合物中存在同位素,因此谱图中也会出现含同位素的离子峰。如甲烷质谱(图 12-28)中具有 m/z 17 的同位素峰。考虑甲烷分子多数为 $^{12}C^1H_4$,相对分子质量为 16,但少数分子可能为 $^{12}C^2H^1H_3$,它们的相对分子质量为 17。图中 m/z 16 为分子离子峰,m/z 17 为 $M+1$ 峰。这两个峰的相对强度比与同位素在自然界存在的丰度有关,也与分子中所含元素的个数有关。表 12-3 列出了一些元素的自然丰度。

由同位素自然丰度,只含 C、H、O、N 的化合物的 M 和 M+1 峰的相对强度比可由式(12-11)计算得到。

$$\frac{M+1}{M}=c\left(\frac{1.107}{98.893}\right)+h\left(\frac{0.015}{99.985}\right)+n\left(\frac{0.366}{99.634}\right)+o\left(\frac{0.037}{99.759}\right) \tag{12-11}$$

(c、h、n、o 分别为分子中含碳、氢、氮、氧的原子个数)

如甲烷 M+1 和 M 峰相对强度比为:

$$\frac{M+1}{M}=1\times\frac{1.107}{98.893}+4\times\frac{0.015}{99.983}=0.011\ 8$$

用类似的方法可求出 M+2 峰的相对强度。只要分子式确定,其 M、M+1 和 M+2 峰相对强度比是一定的,从质谱中得到它们的相对强度可以反过来推知分子式。贝农(Beynon)根据同位素峰强度比与组成分子的元素间的关系编制了只含 C、H、O、N 化合物的 M、M+1 和 M+2 峰相对强度数据与分子式对照表,可根据实测波谱图中同位素峰相对强度比查找此表,获得相应分子式。

表 12-3　一些同位素的自然丰度

元素	丰度(%)		
氢	99.985(^{1}H)	0.015(^{2}H)	
碳	98.983(^{12}C)	1.107(^{13}C)	
氮	99.634(^{14}N)	0.366(^{15}N)	
氧	99.759(^{16}O)	0.037(^{17}O)	0.204(^{18}O)
硫	95.0(^{32}S)	0.76(^{33}S)	4.22(^{34}S)
氟	100(^{17}F)		
氯	75.53(^{35}Cl)		24.47(^{37}Cl)
溴	50.54(^{79}Br)		49.46(^{81}Br)
碘	100(^{127}I)		

只含 C、H、O、N 的化合物 M+2 峰非常弱,几乎可以忽略。但含 Br、Cl、S 等元素的化合物 M+2 峰却非常强。这是因为 ^{81}Br、^{37}Cl、^{34}S 自然丰度较大。如 2-氯丙烷和 2-溴丁烷质谱中就出现较强的 M+2 峰(图 12-29)。2-溴丁烷质谱中 M+2 与 M 峰强度比为 97:100,恰好是 ^{81}Br 和 ^{79}Br 自然丰度比。这些强的 M+2 峰对含 Br,Cl,S 的化合物分子式确定提供了极大方便。

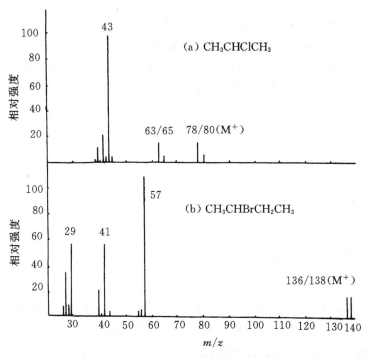

图 12-29　2-氯丙烷和 2-溴丁烷质谱

12.9 碎片离子和分子结构的推断

分子离子在实验条件下,不能稳定地存在,它会裂分为碎片离子,这些碎片离子再分裂成更小的碎片离子。各种碎片离子在质谱中以不同的 m/z 值和不同强度显示各种峰,提供判定分子结构的信息。利用质谱推断结构的过程就像把器皿碎片拼成完整的器皿一样。要想完整地拼装,就必须了解碎片特征与原器皿的关系。同样利用质谱推断结构应首先了解分子结构与碎片离子的关系。

一、离子分裂的一般规律

1. 偶数电子规律

离子的分裂一般都遵循"偶数电子规律",就是说含奇数电子的离子分裂可产生自由基和正离子,或产生含偶数电子的中性分子和自由基正离子。含偶数电子的离子分裂不能产生自由基而只能生成偶数电子的中性分子和正离子。

$$\text{奇数电子离子}\begin{cases} M\overset{+}{\cdot} \longrightarrow A^+ + B\cdot \\ M\overset{+}{\cdot} \longrightarrow C\overset{+}{\cdot} + D\text{(偶数电子分子)} \end{cases}$$

$$\text{偶数电子离子}\quad A^+ \longrightarrow E^+ + F\text{(偶数电子分子)}$$

2. 影响离子分裂的主要因素

离子分裂主要影响因素有三种:①碎片离子的稳定性。离子分裂时主要通过形成最稳定离子的途径。质谱中正离子的稳定性与普通有机化学正离子的稳定性是一致的。如 $[(CH_3)_2CHCH_2CH_3]\overset{+}{\cdot}$ 分裂时可能产生 $CH_3\overset{+}{C}HCH_3$ 或 $CH_3\overset{+}{C}HCH_2CH_3$ 仲碳正离子,而产生 $(CH_3)_2CHCH_2^+$ 伯碳正离子的可能很小。②稳定中性分子的生成。离子分裂中由于可产生稳定的中性分子,如 CO、C_2H_4、H_2O、HCN 等,而成为另一主要分裂途径。蒽醌分子离子的主要分裂方式是失去 CO。③官能团和原子的空间位置也影响离子分裂途径(下面将讨论)。

蒽醌		
相对强度 100	78	51

二、几类化合物离子分裂及质谱

1. 烷烃

正链烷烃中所有碳碳键键能相同,分子离子可以从任何一个碳碳键断裂,形成含不同碳数的碎片离子。一般 M−15、M−29、M−43、M−57 等不同 m/z 值的峰均为正链烷烃质谱中较强峰,它们分别相当于分子离子去掉甲基、乙基、丙基和丁基等生成的正离子。烷烃质谱相邻峰 m/z 之差为14,这是正链烷烃质谱特点之一。图12-30正十二烷质谱体现了这一特点。从该图还可看到随质荷比的增大各峰强度依次减弱,这是正链烷烃质谱的另一特点。m/z 值较小的碎片离子除由分子离子直接分裂生成外还可由分子离子分裂生成的较大离子再分裂生成。如$[C_3H_7]^+$ 和$[C_4H_9]^+$ 可由分子离子分裂生成,也可由多于四个碳的离子分裂产生。如$[C_6H_{13}]^+$ 为多于四个碳的碎片离子,它可再分裂生成$[C_4H_9]^+ + C_2H_4$ 或$[C_3H_7]^+ + C_3H_6$。这样,较小的碎片离子相对强度增加,使呈现规律性谱图。而且分裂中往往伴随着重排,最可能生成较稳定的碎片离子 $CH_3\overset{+}{C}HCH_3$ 和$(CH_3)_3\overset{+}{C}$。所以 $m/z\ 43$,$m/z\ 57$ 在正链烷烃质谱中常常是最高峰。

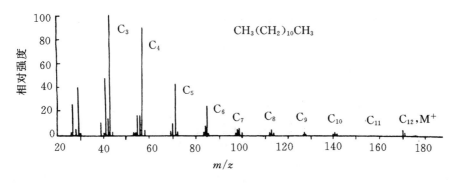

图 12-30　正十二烷质谱

具有支链的烷烃分子离子分裂一般在支链位置,这样可以生成较稳定的仲碳或叔碳正离子。支链烷烃质谱中各峰的强度不像正链烷烃那样随 m/z 的增加有规律地递减。如 2-甲基戊烷分子离子峰分裂主要有如下三种形式。

$$[CH_3CH_2CH_2CH(CH_3)CH_3]^{\cdot} \begin{cases} \longrightarrow CH_3CH_2CH_2\cdot + CH_3\overset{+}{C}HCH_3 & m/z\ 43 \\ \longrightarrow CH_3\cdot + CH_3CH_2CH_2\overset{+}{C}HCH_3 & m/z\ 71 \\ \longrightarrow CH_3CH_2\cdot + (CH_3)_2CHCH_2^+ & m/z\ 57 \end{cases}$$

从以上三种正离子的稳定性可知,m/z 值为 43 和 71 的仲碳正离子碎片容易产生,而产生 57 的裂分较为困难。这样使 $m/z\ 43,71$ 峰的相对强度比 57 的峰大(图 12-31)。

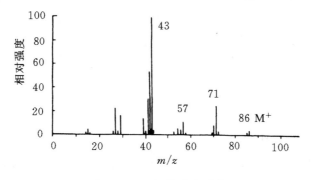

图 12-31　2-甲基戊烷质谱

2. 醇的分裂和质谱

以 2-甲基-2-丁醇为例说明醇一般分裂规律。图 12-32 是它的质谱。该化合物的分子离子峰应出现在 $m/z\ 88$ 的位置,但在图中却观察不到。醇类的分子离子峰一般非常弱或不存在,因为它的分子离子稳定性较差,容易发生 α 分裂生成较稳定的氧鎓离子。

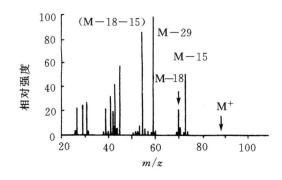

$$\left[\begin{array}{c} CH_3 \\ | \\ CH_3CH_2-C-OH \\ | \\ CH_3 \end{array}\right]^{+\cdot} \xrightarrow{①} CH_3\cdot + \begin{array}{c} [CH_3CH_2C=OH]^+ \\ | \\ CH_3 \end{array}$$

氧鎓离子(M−15), m/z 73

$$\xrightarrow{②} CH_3CH_2^{\cdot} + \begin{array}{c} [CH_3C=OH]^+ \\ | \\ CH_3 \end{array}$$

氧鎓离子(M−29), m/z 59

图 12-32　2-甲基-2-丁醇质谱

醇的另一种常见分裂方式为脱水生成含双键的自由基正离子。图 12-32 中 M−18 的峰即为脱水碎片。

$$\left[\begin{array}{c} CH_3 \\ | \\ CH_3CH_2C-OH \\ | \\ CH_3 \end{array}\right]^{+\cdot} \longrightarrow H_2O + [CH_3CH=C(CH_3)_2]^{+\cdot} \text{ 或 } \begin{array}{c} [CH_3CH_2C=CH_2]^{+\cdot} \\ | \\ CH_3 \end{array}$$

(M−18), m/z 70

图中较小的 m/z 峰很多是由碎片离子再分裂生成的。如 55 和 45 碎片是分别由分子离子脱水碎片和氧鎓离子继续分裂生成。

$$\left[\begin{array}{c} CH_3CH_2C=CH_2 \\ | \\ CH_3 \end{array}\right]^{+\cdot} \longrightarrow CH_3^{\cdot} + \begin{array}{c} [CH_2=C-CH_2]^+ \\ | \\ CH_3 \end{array}$$

(M−18−15), m/z 55

$$\left[\begin{array}{c} CH_3 \\ | \\ CH_2-C=OH \\ | \\ CH_2-H \end{array}\right]^{+\cdot} \longrightarrow CH_2=CH_2 + [CH_3CH=OH]^+$$

(M−15−28), m/z 45

3. 羰基化合物分裂及质谱

酮和醛的分子离子容易进行 α 分裂，生成氧鎓离子。这是羰基化合物主要分裂途径。氧鎓离子可失去中性分子 CO 生成新的正离子。2-丁酮的分裂可作为典型代表。

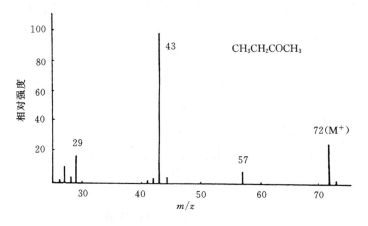

图 12-33 是 2-丁酮的质谱,较强峰是由以上分裂方式产生的碎片所显示的峰。

图 12-33 2-丁酮的质谱

若羰基化合物 γ 位有氢存在,则容易进行麦克拉费蒂(Mclafferty)重排而分裂。如丁醛质谱(图 12-34)中有一强峰 m/z 44(基峰)就是碎片经过麦氏重排而产生的。

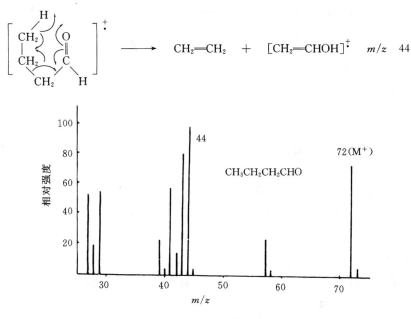

图 12-34 丁醛的质谱

除醛、酮外,羧酸衍生物也常有麦氏重排。因此这种分裂方式在相关化合物质谱分析上占有重要位置。

问题12-9 在 2-甲基-4-庚酮质谱中 m/z 71、85、86、100 的峰是通过 α 分裂和麦氏重排产生的碎片离子峰。用碎片方程式表示它们生成的途径。

三、利用质谱推断结构

了解了化合物分裂规律就可根据获得的质谱推断化合物结构。如有一羰基化合物,经验式为 $C_6H_{12}O$,质谱为图 12-35。图中 m/z 100 的峰可能为分子离子峰,那么它的相对分子质

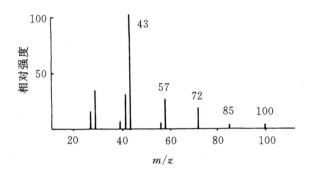

图 12-35 化合物 $C_6H_{12}O$ 的质谱

量为 100,分子式当然应为 $C_6H_{12}O$。观察图中其他较强峰 m/z 85、72、57、43 等。通过分析:m/z 85 为 M－15 的碎片,它是由分子离子去掉甲基产生的。m/z 43 即 M－57,是分子离子去掉 C_4H_9 的碎片。57 可能为 $C_4H_9^+$ 碎片,可看做 M－15－28 即 85 碎片失去 CO(28)产生的。根据酮的裂分规律可初步断定为甲基丁基酮。它的分裂方式为:

$$
\begin{bmatrix} C_4H_9\!-\!\overset{\overset{\displaystyle O}{\|}}{\underset{①}{C}}\!-\!CH_3 \\ ② \qquad ① \end{bmatrix}^{+\cdot}
$$

① → $CH_3\cdot$ ＋ $[C_4H_9C\!\equiv\!O]^+$ $\xrightarrow{-CO}$ $[C_4H_9]^+$

$\qquad\qquad\qquad\qquad$ (M－15),m/z 85 $\qquad$ (M－15－28),m/z 57

② → $[C_4H_9]\cdot$ ＋ $[CH_3C\!\equiv\!O]^+$

$\qquad\qquad\qquad\qquad$ (M－57),m/z 43

以上结构中 C_4H_9—可以是伯、仲、叔丁基,哪一个是正确的结构呢? 图中 m/z 72 的峰给我们提供了信息。它可能是 M－28,即分子离子峰分裂为乙烯(28)后生成的碎片离子。只有 C_4H_9—为仲丁基,这个酮进行麦氏重排后,才能得到 m/z 72 的碎片。伯丁基时虽可进行麦氏重排。但不能得到 72 的碎片。所以化合物为 3-甲基-2-戊酮。

$$
\begin{bmatrix} CH_2\overset{H}{\cdots}\!\overset{O}{\|} \\ |\qquad\| \\ CH_2\quad C \\ | \quad\diagup\ \diagdown \\ CH\qquad CH_3 \\ | \\ CH_3 \end{bmatrix}^{+\cdot}
\longrightarrow CH_2\!=\!CH_2 ＋ \begin{bmatrix} CH_3CH\!=\!C\!-\!OH \\ | \\ CH_3 \end{bmatrix}^{+\cdot}
$$

$\qquad\qquad\qquad\qquad\qquad\qquad\qquad\qquad$ (M－18),m/z $\quad$ 72

习　题

1. 化合物 $C_7H_{14}O_2$ 的 ^1H NMR 谱图如下，它是下列结构式中的哪一种？
   (1) $CH_3CH_2CO_2CH_2CH_2CH_2CH_3$
   (2) $CH_3CH_2CO_2CH_2CH(CH_3)_2$
   (3) $(CH_3)_2CHCO_2CH_2CH_2CH_3$

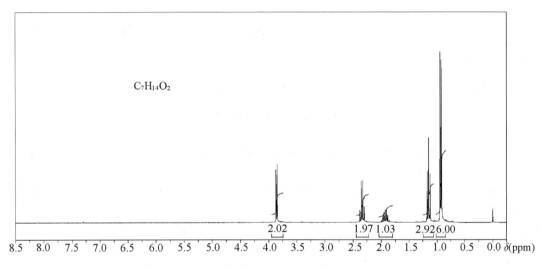

习题 12-1　^1H NMR 谱图

2. 化合物 $C_4H_9NO_3$ 与金属钠反应放出 H_2，它的 ^1H NMR 谱图如下，写出它的结构式。

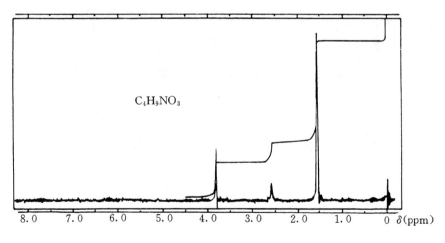

习题 12-2　^1H NMR 谱图

3. 一个有机溶剂分子式 $C_8H_{18}O_3$，不与金属钠作用，它的 ^1H NMR 谱图如下，写出它的结构式。

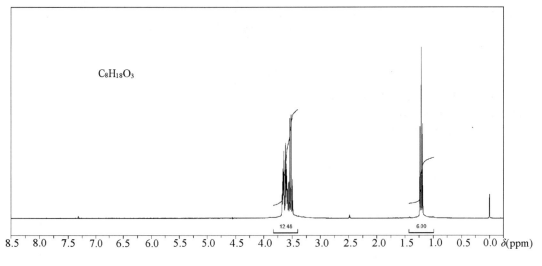

$C_8H_{18}O_3$

习题 12-3 ^{1}H NMR 谱图

4. 丙烷氯代得到的一系列化合物中有一个五氯代物,它的^{1}H NMR 谱图数据为 δ4.5(三重峰),δ6.1(双峰),写出该化合物的结构式。

5. 有两个酯分子式均为 $C_{10}H_{12}O_2$,它们的^{1}H NMR 谱图分别为 a 和 b,写出这两个酯的结构式并标出各峰的归属。

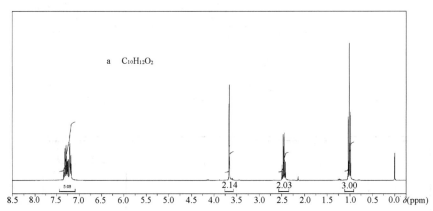

a $C_{10}H_{12}O_2$

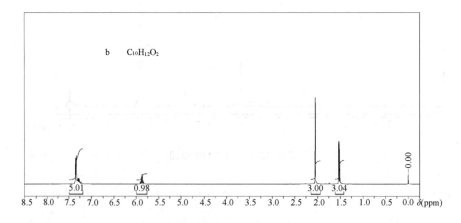

b $C_{10}H_{12}O_2$

习题 12-5 ^{1}H NMR 谱图

6. 1,3-二甲基—二溴环丁烷具有立体异构 **M** 和 **N**。**M** 的¹H NMR 数据为 $\delta 2.3$(单峰,6H),$\delta 3.21$(单峰,4H)。**N** 的¹H NMR 数据为 $\delta 1.88$(单峰,6H),$\delta 2.64$(双峰,2H),$\delta 3.54$(双峰,2H)。写出 **M** 和 **N** 的构型式。

7. 化合物 $C_{11}H_{12}O$,经鉴定为羰基化合物,用 $KMnO_4$ 氧化得到苯甲酸,它的¹H NMR 谱图如下,写出它的结构式并说明各峰的归属。

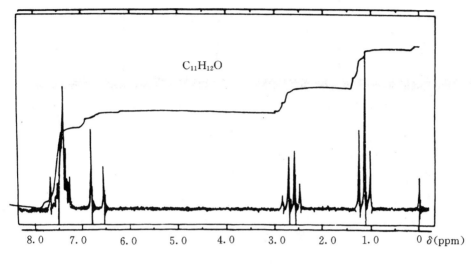

习题 12-7 ¹H NMR 谱图

8. 化合物 **K**($C_4H_6O_2$)无明显酸性,在 $DCCl_3$ 中测试¹H NMR:$\delta 1.35$(双峰),$\delta 2.15$(单峰),$\delta 3.75$(单峰,1H),$\delta 4.25$(四重峰,1H)。在重水(D_2O)中测试时 $\delta 3.75$ 峰消失。写出 **K** 的结构。

9. 3-己烯-1-醇¹³C NMR 谱图如下,找出烯碳和羟基连碳的共振吸收峰。

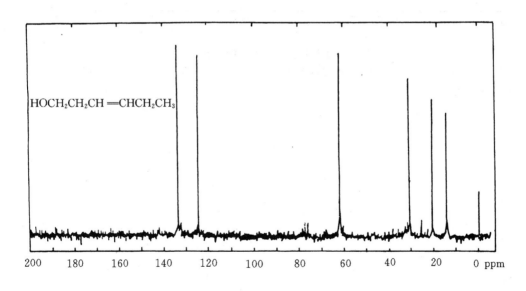

习题 12-9 ¹³C NMR 谱图

10. 化合物 C_3H_5Br 的¹³C NMR 谱图如下,写出它的结构式。

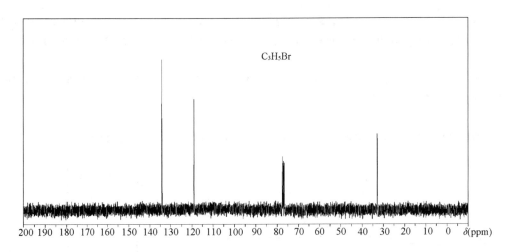

习题 12-10 ^{13} C NMR 谱图

11. 化合物 $C_6H_{14}O$ 的 ^{13} C NMR 谱图如下,写出它的结构式。

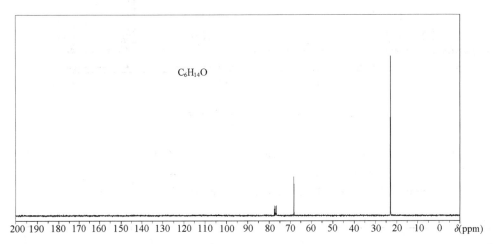

习题 12-11 ^{13} C NMR 谱图

12. 一个化合物分子式为 $C_9H_{10}O_2$,它水解得到产物之一为乙醇,该化合物 ^{13} C NMR 谱图如下,写出它的结构。

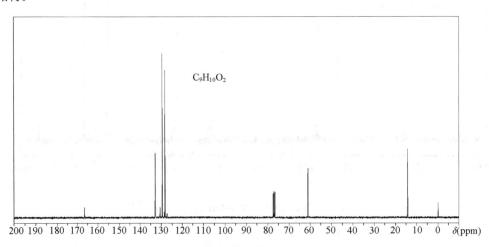

习题 12-12 ^{13} C NMR 谱图

13. 萜类化合物 **A**($C_{10}H_{16}$),催化氢化得到 1-甲基-4-异丙基环己烷。它的 DEPT-^{13}C NMR 谱图如下,写出 **A** 的结构。

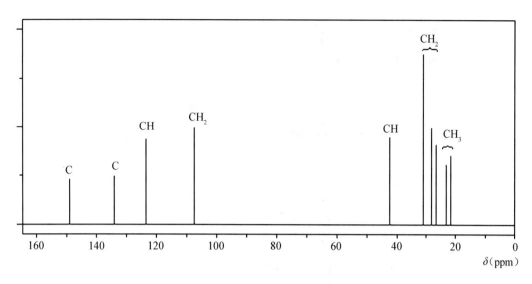

习题 12-13 A 的 DEPT-^{13}C NMR 谱图

14. 2-烯丙基苯酚用过氧化乙酸处理得化合物 **W**($C_9H_{10}O_2$),它的 NMR 谱图数据如下。(1)写出 **W** 的结构。(2)写出 **W** 生成过程。

^{1}H NMR(δ):7.0(多峰,4H),4.2(多峰,1H),3.9(双峰,2H)

2.9(双峰,2H),1.8(单峰,1H)(用重水处理 **W** 后该峰消失)

DEPT-^{13}C NMR(δ):159(C),129(CH),126(CH),124(C),120(CH)

114(CH),78(CH),70(CH_2),35(CH_2)

15. 化合物 **T**(C_5H_8O)质子去偶^{13}C NMR 谱图中,在 $\delta23,\delta37,\delta217$ 有共振吸收峰,写出 **T** 的结构。

16. 2,2-二甲基戊烷,2,3-二甲基戊烷和 2,4-二甲基戊烷质谱如下,找出与下列 a,b,c 图相应的结构式。

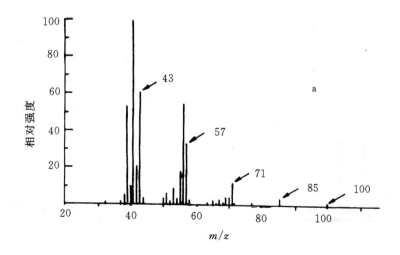

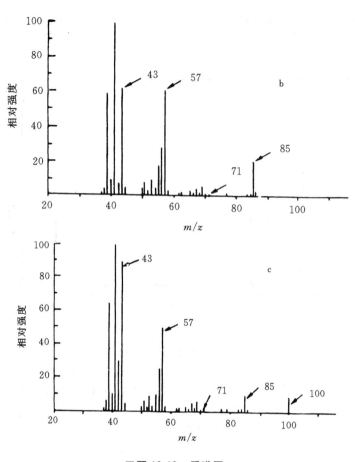

习题 12-16　质谱图

17. 化合物 A 和 B 的分子式均为 $C_4H_{10}O$，它们的质谱如下图，写出 A 和 B 的结构式。

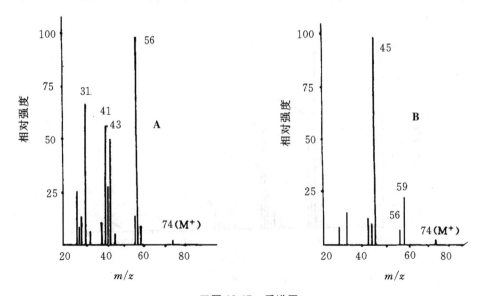

习题 12-17　质谱图

18. 一个正链酮 m. p. 89 ℃～90 ℃,它的质谱较强峰列表如下,写出它的结构式。

m/z	相对强度(%)	m/z	相对强度(%)
41	44	58	58
43	10	85	66
55	10	100	12
57	100	142	12

第十三章　红外与紫外光谱

13.1　分子运动与电磁辐射

一、电磁波

电磁波具有波粒二象性,可用波的参量如频率(ν)和波长(λ)等来描述。它的传播不需要媒介,在真空中传播速度为 $c=3\times10^{10}\,\mathrm{cm/s}$。不同的电磁波具有不同的波长,可由传播速度与频率求出[式(13-1)]。

$$\lambda=\frac{c}{\nu} \tag{13-1}$$

波长单位根据不同的辐射频率区而改变,在紫外和可见区常采用纳米(nanometer,nm),在红外区常用微米(micrometer,μm)作单位。

$$1\mathrm{nm}=10^{-3}\,\mu\mathrm{m}=10^{-6}\,\mathrm{mm}=10^{-7}\,\mathrm{cm}=10^{-9}\,\mathrm{m}$$

频率表示每秒振动的次数,用赫(Hertz,Hz)为单位,因为数值较大,为方便在红外中常用波数(wave number,$\bar{\nu}$)来代替频率,它的单位是 cm^{-1}。

$$\bar{\nu}=\frac{1}{\lambda}=\frac{\nu}{c} \tag{13-2}$$

根据不同的波长(频率),电磁波大体可分为如下区域:

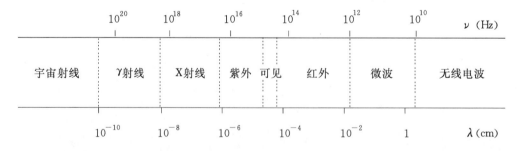

电磁波具有能量,体现了粒子性。电磁波的辐射能是通过一种粒子(光子)来传播的。光子的能量与电磁波的频率成正比,与波长成反比,见式(13-3)。

$$\varepsilon=h\nu=hc/\lambda \tag{13-3}$$

式(13-3)中 h 为普朗克(Plank)常数,其值为 $6.63\times10^{-34}\,\mathrm{J/s}$。化学上常用摩尔光子能量描述,此时应把式(13-3)改写为式(13-4)。

$$E=\frac{Nhc}{\lambda}=\frac{11.98}{\lambda}(\text{J/mol}) \tag{13-4}$$

式中 N 为阿佛加德罗常数（6.02×10^{23}）。根据式（13-4）可求出各种电磁波的能量。

二、分子运动与电磁辐射

分子并非静止不动，它和组成它的原子、电子都在不停地运动。在一定的运动状态下，具有一定的能量，这个能量包括电子运动、原子间的振动、分子转动等能量。各种运动状态均有一定能级，有电子能级、振动能级和转动能级。当分子吸收一定能量后就会从低的能级（E_1）跃迁到较高的能级（E_2）。电磁辐射可提供能量，当辐射能恰好等于分子运动的两个能级之差时（$h\nu = \Delta E = E_2 - E_1$），则会发生吸收，产生相应的光谱。因分子运动的能量与光子的能量都是量子化的，所以一定运动方式的能级跃迁需要一定频率或波长的电磁辐射。一般转动能级差较小，需要远红外辐射；振动能级差比转动能级差大，需要的辐射频率也增大，进入中红外区。中红外区电磁波波长（频率）为 $25\mu m$（400cm^{-1}）$\sim 2.5\mu m$（$4\,000\text{cm}^{-1}$）。该区域电磁波辐射的能量范围可由式（13-4）计算得到。这个区域的吸收光谱称为红外光谱（Infrared Spectroscopy, IR）。电子能级跃迁需要更高的能量，相应的辐射频率更大，波长更短，一般可进入可见和紫外光区。这个区域的吸收光谱叫做紫外光谱（Ultraviolet Spectroscopy, UV）。

13.2 分子的振动与红外吸收

分子中的原子不是固定在一个位置上，而是不停地振动。如双原子分子，两个原子由化学键相连，就像两个用弹簧连接的球体一样（图 13-1），两个原子的距离可以发生变化。分子随原子间距离的增大，能量增高，分子从较低的振动能级变为较高的振动能级。这种能级跃迁需要红外光辐射提供能量。对于一定原子组成的分子，这两个能级之差是一定的，根据 $\Delta E = h\nu$ 可知，需要的红外光波长（频率）也是一定的。也就是说，对于特定分子或基团，仅在一定的波长（频率）发生吸收。红外谱图中，从基态到第一激发态的振动吸收信号最强，所以红外光谱主要研究这个振动能级跃迁产生的红外吸收峰。一般而言，一种振动方式相应于一个强的吸收。但应该注意的是只有能引起偶极矩变化的振动，才会产生红外吸收。对于一些对称分子如 H_2、N_2、Cl_2 等则无红外吸收。

图 13-1 双原子分子伸缩振动

多原子分子，因原子个数和化学键的增加，它的振动方式也变得复杂了。如三原子分子可有三种振动方式（图 13-2）。随原子数目增加，分子振动方式增加很快。一般多原子分子振动方式为 $3n\text{-}6$ 种（n 为分子中原子的个数）。因为振动方式是相应于红外吸收的，振动方式越多，红外吸收峰越多。因此一般有机化合物的红外光谱是较复杂的。如苯的红外光谱就有 30 多个吸收峰。对每一个吸收峰都进行解析是不可能的，注意力应放在那些较强的特征吸收峰（基频峰）上，研究官能团与这些特征吸收的关系，以达到识谱的目的。

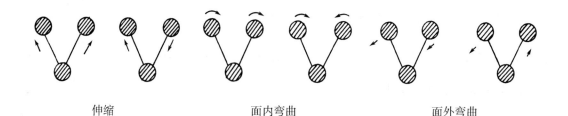

伸缩　　　　　　　　面内弯曲　　　　　　　面外弯曲

图 13-2　三原子分子的振动方式

13.3　键的性质与红外吸收

一、键的性质与红外吸收的关系

不同原子组成的不同化学键对红外吸收频率有直接影响。由化学键连接的两个原子的振动可看做简谐振动。根据虎克定律,其振动频律 $\bar{\nu}$ 与组成化学键的相对原子质量和化学键力常数关系可由式(13-5)表示。

$$\bar{\nu} = \frac{1}{2\pi c}\sqrt{\frac{k/m_1 m_2}{m_1+m_2}} = \frac{1}{2\pi c}\sqrt{k\left(\frac{1}{m_2}+\frac{1}{m_1}\right)} \quad (\mathrm{cm}^{-1}) \tag{13-5}$$

式中 c 为光速,k 为化学键力常数,m_1 和 m_2 为相对原子质量,$m_1 m_2/(m_1+m_2)$ 为折合相对原子质量。式(13-5)表示了化学键的性质与其振动频率的关系,但研究证明,只有振动频率与红外吸收频率相等时才能发生基态到第一激发态的跃迁,因此式(13-5)也反映了化学键性质与红外吸收的关系。当化学键力常数 k 增大或组成化学键的相对原子质量减少时,红外吸收频率 $\bar{\nu}$ 都将增大。

二、影响红外吸收的主要因素

从结构上讲,影响红外吸收的主要因素有以下几种:

(1) 式(13-5)中 k 为键力常数,它表示了化学键的强度。一般地说化学键越强,k 越大,红外吸收频率 $\bar{\nu}$ 越大。如碳碳叁键、双键和单键的伸缩振动吸收频率随键强度的减弱而减小。

	C≡C	C=C	C—C
伸缩振动(cm^{-1})	2 150	1 650	1 200

(2)诱导效应可以改变吸收频率。如羰基连有拉电子基团可增强碳氧双键,加大键力常数 k,使吸收向高频方向移动。

$$\begin{array}{ccc} & \overset{\textstyle O}{\underset{\textstyle \|}{}} & \overset{\textstyle O}{\underset{\textstyle \|}{}} \\ & \mathrm{R-C-R} & \mathrm{R-C-Cl} \end{array}$$

C=O 伸缩振动(cm^{-1})	1 715	1 815～1 785

(3)减弱键的强度的共轭效应能使吸收向低频方向移动。由于羰基与 α,β 不饱和双键共轭削弱了碳氧双键,使羰基伸缩振动吸收频率减小。

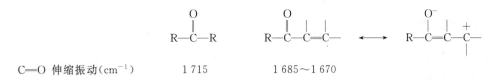

	O	O	O$^-$	
	‖	‖	‖	
R—C—R		R—C—C=C—	⟷	R—C=C—C—$^+$

C=O 伸缩振动(cm^{-1})　　　1 715　　　　1 685~1 670

(4)成键碳原子的杂化也可影响化学键力常数。一般组成化学键的原子轨道 s 成分越多,化学键力常数 k 越大,吸收频率越大。

　　　　　　　　　　≡C—H　　　　　=C—H　　　　　C—H

　　　　　　　　　　sp　　　　　　　sp^2　　　　　　sp^3

C—H 伸缩振动(cm^{-1})　　3 300　　　　　3 100　　　　　2 900

(5)从式(13-5)可知,组成化学键的相对原子质量越小,红外吸收频率越大。这在不同原子组成的相同键型红外吸收得到证实。

　　　　　　　　C—H　　　C—C　　　C—O　　　C—Cl　　　C—Br　　　C—I

伸缩振动(cm^{-1})　　~3 000　　1 200　　1 100　　　800　　　　550　　　　~500

(6)以上讨论的是影响伸缩振动吸收的因素。弯曲振动与伸缩振动相比,需要的能级跃迁能量要小得多,所以弯曲振动吸收频率较伸缩振动吸收频率也低得多。如 C—H 伸缩振动吸收为 3 000 cm^{-1},而它的弯曲振动吸收为 1 340 cm^{-1}。

13.4　红外光谱仪和红外谱图

一、红外光谱仪

用来测定化合物红外辐射吸收的仪器叫红外光谱仪(Infrared Spectrophotometor)。目前简单的红外光谱仪结构可由图 13-3 示意。选择能发射红外光的光源。使两束光分别进入参比池和样品池。斩波器使参比池和样品池的出射光交替通过。衍射光栅把交替通过的光变为不同波长的单色光。通过样品池的光在一定波长有吸收,而通过参比池的光无吸收,这个区别被检测并把信号传给记录仪,画出红外吸收谱图。

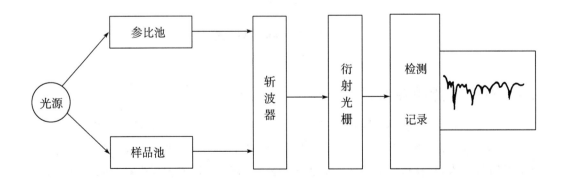

图 13-3　红外光谱仪示意

二、红外谱图

最常见的红外谱图是以波长 λ 或频率 $\bar{\nu}$ 为横坐标,百分透射率 $T\%$ 或吸收度 A 为纵坐标作图。**百分透射率**是指通过样品的光强度 I 占原入射光强度 I_0 的百分数。

$$T\%=\frac{I}{I_0}\times 100$$

如果样品在某一特定波长并无吸收,则百分透射率为 100。如果在某一特定波长有吸收,则减小百分透射率,这样在谱图中就会出现一个吸收峰。**吸收度 A** 为辐射光吸收的量度,可用下式表示:

$$A=\lg\frac{I_0}{I}$$

用这个参量同样可以描述样品对光的吸收特征。

图 13-4 是正庚烷的红外谱图。在 $2\,930\sim 2\,800\mathrm{cm}^{-1}$、$1\,460\mathrm{cm}^{-1}$、$1\,380\mathrm{cm}^{-1}$ 吸收度 A 不同程度地增大(若纵坐标为百分透射率 $T\%$,值应相应减小)。这样在这三个波长出现三个不同高度的吸收峰。

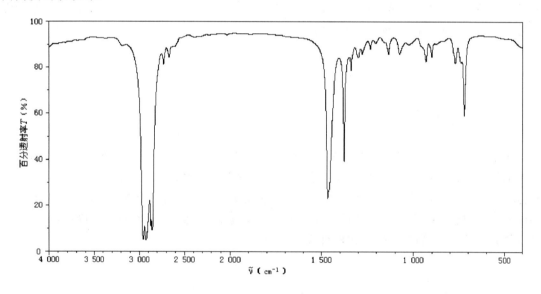

图 13-4　正庚烷的红外谱图

13.5　不同官能团在红外频区的特征吸收

$4\,000\sim 400\mathrm{cm}^{-1}$ 一般被称做中红外频区。按振动形式与吸收的关系又可分为两个区域,$4\,000\sim 1\,500\mathrm{cm}^{-1}$ 频区和 $1\,500\sim 400\mathrm{cm}^{-1}$ 频区。前者主要为伸缩振动吸收,许多官能团在此频区有其特征吸收,是极重要的频区。后者为较复杂的频区,既有伸缩振动吸收又有弯曲振动吸收。即使两个相近的化合物,在这个频区也有明显不同,如同两个人的指纹不可能完全相同一样,因此一般把它称为指纹区。在该频区也存在官能团的特征吸收,有些在结构分析上是很有价值的。如烯和芳烃不饱和碳氢键的面外弯曲振动吸收可以表征取代基的位置与个数(见

13.6节）。表 13-1 列出不同官能团在相应红外频区的特征吸收。

表 13-1　不同官能团在不同频区的特征吸收

$4\,000\sim2\,400\,\mathrm{cm^{-1}}$（主要为 Y—H 伸缩振动吸收）

官能团	吸收频率 $\bar{\nu}/\mathrm{cm^{-1}}$
O—H —— 醇,酚	$3\,650\sim3\,600$　（自由,尖）
—— 羧酸	$3\,500\sim3\,200$　（分子间氢键,宽,强）
	$3\,400\sim2\,500$　（缔合,宽）
N—H— 伯、仲胺,酰胺	$3\,500\sim3\,100$
C≡C—H	$\sim3\,300$　（尖,强）
C=C—H（C_6H_5—H）	$3\,100\sim3\,010$　（中）
C—H —— —C—H	$3\,000\sim2\,850$　（尖,强）
O=C—H	$2\,900\sim2\,700$　（一般 $2\,820$ 和 $2\,720$）（弱）

$2\,400\sim1\,500\,\mathrm{cm^{-1}}$（主要为不饱和键的伸缩振动吸收）

官能团	吸收频率 $\bar{\nu}/\mathrm{cm^{-1}}$
C≡N	$2\,260\sim2\,240$　（尖,变化）
C≡C	$2\,250\sim2\,100$　（弱）
C=O —— 酮,酸	$1\,725\sim1\,700$　（尖,强）
—— 醛,酯	$1\,750\sim1\,700$　（尖,强）
—— 酰胺	$1\,680\sim1\,630$　（尖,极强）
—— 酰氯	$1\,815\sim1\,785$　（尖,极强）
—— 酸酐	$1\,850\sim1\,800$ 和 $1\,780\sim1\,740$　（极强）
C=C —— 烯	$1\,675\sim1\,640$　（强）
—— 芳环	$1\,600\sim1\,450$　（多个峰,尖,强）

$1\,500\sim400\,\mathrm{cm^{-1}}$（某些键的伸缩和 C—H 弯曲振动吸收）

官能团	吸收频率 $\bar{\nu}/\mathrm{cm^{-1}}$	
—NO₂	$1\,565\sim1\,545$ 和 $1\,385\sim1\,360$　（尖,极强）	⎫
C—O（醇,酚,羧酸,酯,酸酐）	$1\,300\sim1\,000$	｜
C—N —— 胺	$1\,350\sim1\,000$	⎬ 伸缩
—— 酰胺	$1\,420\sim1\,400$	⎭
—CH₃	$1\,460$ 和 $1\,380$　（C—H面内弯曲）	
—CH₂—	$1\,465$　（C—H面内弯曲）	
—C—H	$1\,340$　（C—H面内弯曲）	

$1\ 500\sim400cm^{-1}$(某些键的伸缩和C—H弯曲振动吸收)

官能团	吸收频率 $\bar{\nu}(cm^{-1})$	
R—CH═CH₂	1 000 和 900	(C—H面外弯曲)
RCH═CHR— 顺式	730～675	(C—H面外弯曲)
RCH═CHR— 反式	970～960	(C—H面外弯曲)
$R_2C═CH_2$	880	(C—H面外弯曲)
$R_2C═CHR$	840～800	(C—H面外弯曲)
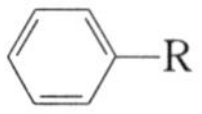	770～750 和 710～690	(C—H面外弯曲)
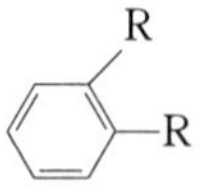	770～735	(C—H面外弯曲)
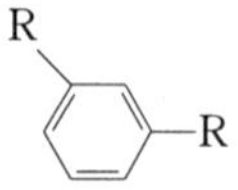	810～760 和 725～680	(C—H面外弯曲)
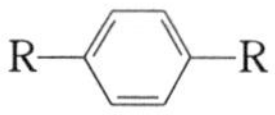	860～800	(C—H面外弯曲)

13.6　典型红外谱图

从表13-1可以看到，具有一个特定官能团的化合物并非只在一个频率处有特定吸收，它的特征吸收可能出现在几处。如烯在 $3\ 100\sim3\ 010cm^{-1}$(C—H伸缩)，$1\ 675\sim1\ 640cm^{-1}$(C═C伸缩)，$1\ 000\sim675cm^{-1}$(C—H面外弯曲)出现三种特征吸收。本节主要目的是通过典型红外谱图分析了解特定官能团在哪些频区有特征吸收(即一个官能团可由几个吸收峰表征)，认识与谱图的特征吸收峰相对应的官能团的结构，最终达到解析谱图的目的。

一、烷、烯、炔

1. 烷

烷烃只含C—C键和C—H键，C—C键吸收较弱，对结构分析并无价值，烷烃的特征吸收主要是C—H伸缩振动($3\ 000\sim2\ 850cm^{-1}$)和C—H弯曲振动($1\ 465\sim1\ 340cm^{-1}$)，一般饱和烃C—H伸缩均在接近 $3\ 000cm^{-1}$，但在 $3\ 000cm^{-1}$ 以下的频率吸收，如图13-4，$2\ 930cm^{-1}$ 和 $2\ 800cm^{-1}$ 即为C—H伸缩振动吸收。图中 $1\ 460cm^{-1}$ 和 $1\ 380cm^{-1}$ 分别为—CH_2—和—CH_3—的C—H面内弯曲振动吸收。

2. 烯

烯键作为它的官能团可以由C═C伸缩、C═C—H伸缩和面外弯曲振动吸收来表征。也就是说确定烯键的存在应在 $3\ 100\sim3\ 010cm^{-1}$、$1\ 675\sim1\ 640cm^{-1}$ 和 $1\ 000\sim675cm^{-1}$ 三个区域中找出相关特征吸收峰。如图13-5，1-辛烯的IR谱图中，$3\ 008cm^{-1}$ 为═C—H伸缩振动吸收(一般接近 $3\ 000cm^{-1}$，且高于 $3\ 000cm^{-1}$ 为不饱和碳氢伸缩，低于 $3\ 000cm^{-1}$ 一般为饱和C—H伸缩振动吸收)，$1\ 650cm^{-1}$ 为C═C伸缩振动吸收，$910cm^{-1}$ 和 $990cm^{-1}$ 两个吸收峰为一取代烯C—H面外弯曲振动吸收。

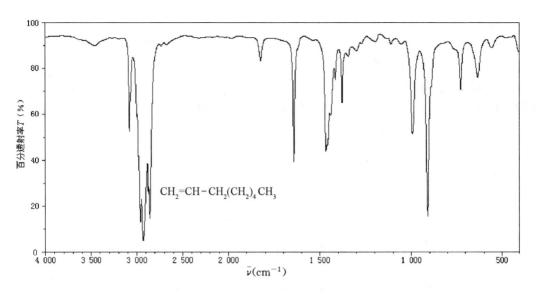

图 13-5　1-辛烯红外谱图

在 $1\,000 \sim 675\,\mathrm{cm}^{-1}$ 频区为烯 C—H 键面外弯曲,根据取代基个数和位置在该频区内有不同特征吸收。表 13-1 列出了一取代和不同位置二取代及三取代烯的特征吸收频率。在红外谱图分析中常常利用这一点来区别烯烃的异构体。图 13-6 分别是顺-2-丁烯和反-2-丁烯的红外谱图。可以注意到顺式异构体在 $675\,\mathrm{cm}^{-1}$ 有强的吸收峰,而反式异构体该振动吸收却出现在 $970\,\mathrm{cm}^{-1}$ 处。

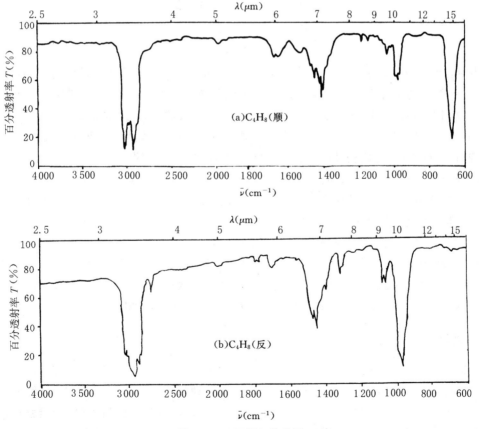

图 13-6　2-丁烯红外谱图

3.炔

炔含有碳碳叁键,伸缩振动吸收在 2 250～2 100cm⁻¹。尽管吸收峰强度不大,但在该区无其他吸收峰干扰,所以是最明显的叁键特征吸收峰。当然对称炔烃伸缩不能引起偶极矩变化,在该频区无吸收。端基炔在 3 300cm⁻¹ C—H伸缩振动也为特征吸收。图 13-7 为 1-己炔红外谱图。在 3 310cm⁻¹ 和 2 120cm⁻¹ 的吸收峰描述了端基炔的特征。

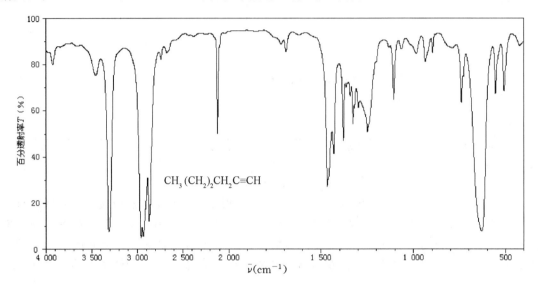

图 13-7　1-己炔的红外谱图

二、芳烃

芳烃的特征吸收分散在三个小频区,3 100～3 000cm⁻¹芳环上 C—H伸缩振动,1 600～1 450cm⁻¹ C=C骨架振动,880～680cm⁻¹ C—H面外弯曲振动。其中C—H伸缩振动与烯有相同的吸收,但 C=C骨架振动则与烯 C=C伸缩振动吸收不同。芳烃一般在 1 600cm⁻¹、1 580cm⁻¹、1 500cm⁻¹和 1 450cm⁻¹可能出现强度不等的四个峰,但 1 450cm⁻¹处吸收往往与甲基、亚甲基的C—H弯曲振动吸收重合。无论如何,在此区域的吸收是芳香化合物的重要特征。在 880～680cm⁻¹的C—H面外弯曲振动吸收依苯环上取代基的个数和位置不同而发生变化。表 13-1 列出了一取代苯和邻、间、对二取代苯的不同吸收频率。在芳香化合物红外谱图分析中常常用此频区吸收判别异构体。

图 13-8 为异丙苯的红外谱图。在 3 050cm⁻¹(C—H伸缩)、1 600cm⁻¹、1 500cm⁻¹(C=C骨架振动)的吸收说明芳环的存在,而 760cm⁻¹和 700cm⁻¹(C—H面外弯曲)的吸收表明一取代苯的特征。图中 1 380cm⁻¹的两重峰为异丙基的特征吸收。比较它的异构体对乙基甲苯红外谱图(图 13-9),在指纹区 800cm⁻¹有一强吸收峰,这是对二取代苯的特征。

三、醇、酚、醚

1.醇和酚

醇和酚主要特征吸收是 O—H和 C—O的伸缩振动吸收。自由羟基时 O—H伸缩振动在 3 650～3 600cm⁻¹有尖锐的吸收峰。但醇和酚往往形成分子间氢键,削弱O—H键强度而使吸收频率降低。随样品浓度的变化,氢键形成的可能性不同,吸收频率发生移动的程度不同。所

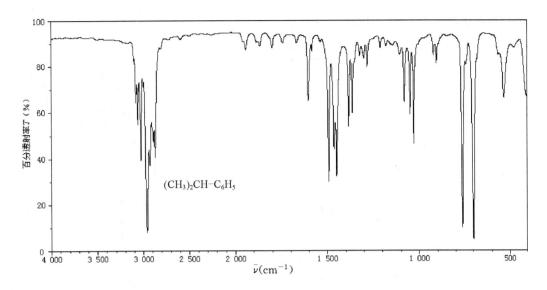

图 13-8　异丙苯的红外谱图

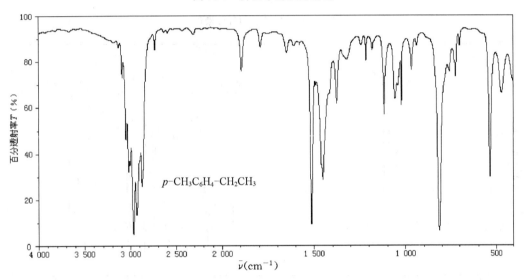

图 13-9　对乙基甲苯的红外谱图

以形成分子间氢键的 O—H 伸缩振动在 $3\,500\sim3\,200\mathrm{cm^{-1}}$ 会出现一个宽的吸收峰。C—O 伸缩振动在 $1\,300\sim1\,000\mathrm{cm^{-1}}$ 区域。对于酚,除了上述两个特征吸收以外,应有芳环的特征吸收。图 13-10 中,$\sim3\,340\mathrm{cm^{-1}}$ 的宽峰为 2-丁醇 O—H 伸缩振动吸收,$1\,100\mathrm{cm^{-1}}$ 为 C—O 伸缩振动吸收。

2. 醚

醚的特征吸收只有 $1\,300\sim1\,000\mathrm{cm^{-1}}$ 的 C—O 伸缩振动吸收,它不具有 O—H 伸缩振动吸收,这是它与醇、酚的主要区别。一般脂肪醚在 $1\,150\sim1\,060\mathrm{cm^{-1}}$ 有一强的吸收峰,而芳香醚类在该区有两个 C—O 伸缩振动吸收,$1\,270\sim1\,230\mathrm{cm^{-1}}$(Ar—O 伸缩)和 $1\,050\sim1\,000\mathrm{cm^{-1}}$(R—O 伸缩)(有些书把前者称做 C—O—C 反对称伸缩,后者称做对称伸缩)。图 13-11 为邻甲基苯甲醚的红外谱图。在 $1\,350\mathrm{cm^{-1}}$ 和 $1\,050\mathrm{cm^{-1}}$ 出现两个强的吸收峰即为 C—O 伸缩振动吸收。当然在 $3\,000\mathrm{cm^{-1}}$ 以上的吸收峰,$1\,600\mathrm{cm^{-1}}$ 和 $1\,500\mathrm{cm^{-1}}$ 的吸收表示芳环的存在,

750cm^{-1}强的吸收峰表明是邻二取代芳香化合物。

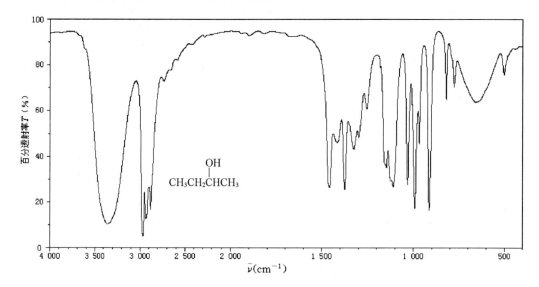

图 13-10　2-丁醇的红外谱图

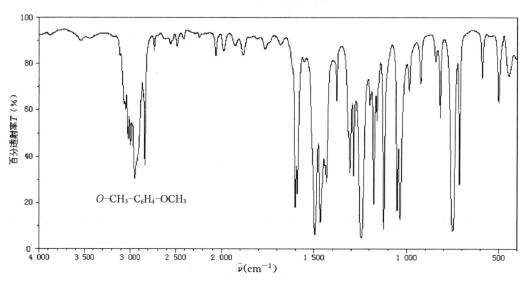

图 13-11　邻甲基苯甲醚的红外谱图

四、羰基化合物

　　羰基的伸缩振动吸收是红外光谱中最强和最有特征的吸收,它几乎独占了 1 800 ～ 1 650cm^{-1}频区,很少与其他峰重叠,所以非常容易辨认。含有羰基的化合物主要是醛、酮、羧酸及其衍生物,它们的 C═O 伸缩振动吸收在此区域有些差别,表 13-1 列出了它们的相关数据。在此我们只讨论醛、酮的特征吸收,其他化合物的红外光谱性质将在后面的相应章节中讨论。

　　1.酮

　　脂肪酮约在 1 715cm^{-1}有强的 C═O 伸缩振动吸收。如果羰基与烯键或芳环共轭会使吸收频率降低。图 13-12 是苯丙酮的红外谱图,其中 1 685cm^{-1}处的吸收即为苯丙酮羰基伸缩振动吸收。

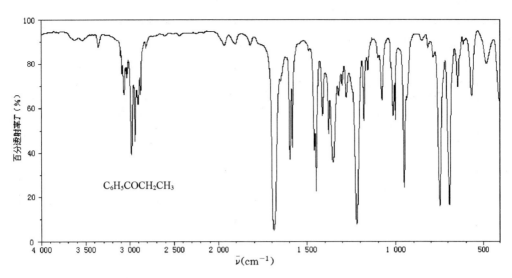

图 13-12　苯丙酮的红外谱图

环酮中环己酮 C≡O 伸缩振动吸收与脂肪酮相同,但随环的缩小,张力加大,吸收频率增大。

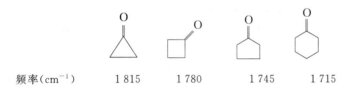

| 频率(cm⁻¹) | 1 815 | 1 780 | 1 745 | 1 715 |

2. 醛

醛的主要特征吸收为 1 750~1 700cm⁻¹（C≡O 伸缩）和 2 820cm⁻¹、2 720cm⁻¹（醛基 C—H 伸缩）。特别是后者,两个吸收峰低于脂肪烃 C—H 伸缩,容易辨认,是鉴别醛的特征吸收峰。当然醛基与不饱和双键或芳环共轭也会降低吸收频率。图 13-13 为异丁醛红外谱图。约1 730cm⁻¹处强的吸收峰是 C≡O 伸缩振动吸收,2 820cm⁻¹ 和 2 720cm⁻¹ 两个峰是醛基 C—H 伸缩振动吸收。

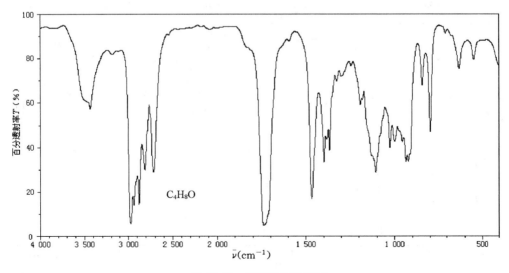

图 13-13　异丁醛红外谱图

问题 13-1 根据红外谱图说明下列化合物属于什么类型的化合物?

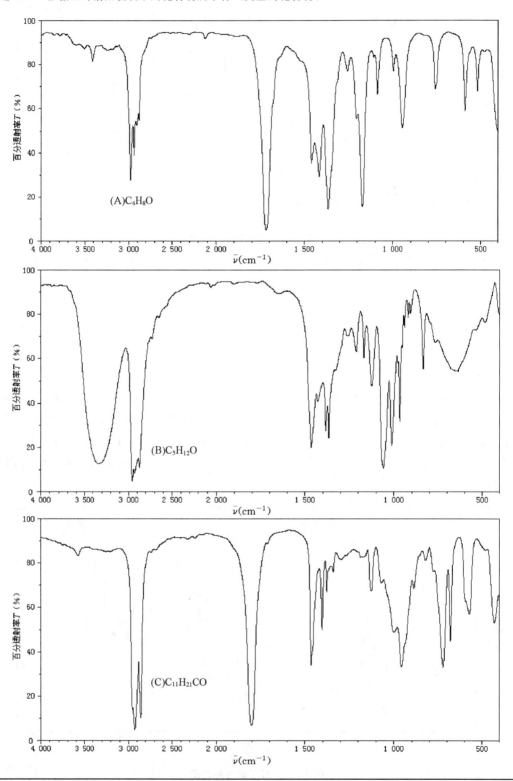

13.7 红外谱图解析实例

各官能团的特征吸收是解析谱图的基础。当熟记了表 13-1 数据并掌握了本章上述内容即可练习识谱。红外光谱解析方法并非固定不变的,在此根据不同的实例介绍几种解析方法。一般最常用的方法是,依据谱图推出化合物碳骨架类型:①分析 $3\,300\sim2\,800\mathrm{cm}^{-1}$ 区域 C—H 伸缩振动吸收,以 $3\,000\mathrm{cm}^{-1}$ 为界,高于 $3\,000\mathrm{cm}^{-1}$ 为不饱和碳 C—H 伸缩振动吸收,可能为烯、炔、芳香化合物。低于 $3\,000\mathrm{cm}^{-1}$ 一般为饱和 C—H 伸缩振动吸收。②若在稍高于 $3\,000\mathrm{cm}^{-1}$ 有吸收,则应在 $2\,250\sim1\,450\mathrm{cm}^{-1}$ 频区分析不饱和碳碳键的伸缩振动吸收特征峰。根据烯、炔和芳环振动吸收的明显差别作初步判定。③若为烯或芳香化合物则应解析指纹区 $1\,000\sim650\mathrm{cm}^{-1}$ 频区,以确定取代基个数和位置。碳骨架类型确定后,再依据其他官能团,如 C=O、O—H、C—O、C—N等特征吸收来判定化合物的官能团。解析时应注意把描述各官能团的相关峰联系起来,以准确判定官能团的存在。如 $2\,820\mathrm{cm}^{-1}$、$2\,720\mathrm{cm}^{-1}$ 和 $1\,750\mathrm{cm}^{-1}\sim1\,700\mathrm{cm}^{-1}$ 的三个峰说明醛基的存在。

例 1 化合物分子式为 C_8H_8O,它的红外光谱是图 13-14,试判定它的结构式。

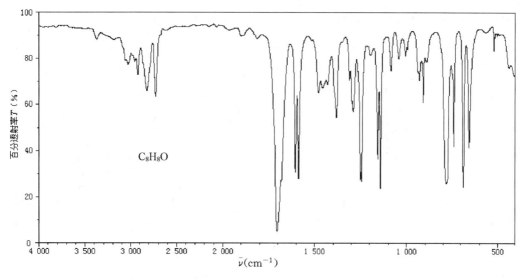

图 13-14 化合物 C_8H_8O 的红外谱图

图中 $3\,000\mathrm{cm}^{-1}$ 以上和 $1\,600\mathrm{cm}^{-1}$、$1\,580\mathrm{cm}^{-1}$ 吸收峰说明苯环的存在,在 $780\mathrm{cm}^{-1}$ 和 $690\mathrm{cm}^{-1}$ 强吸收峰表明间二取代苯的可能。官能团分析:$1\,710\mathrm{cm}^{-1}$ 强的吸收是羰基化合物特征,而 $2\,820\mathrm{cm}^{-1}$ 和 $2\,720\mathrm{cm}^{-1}$ 的吸收峰说明醛基存在。这样根据分子式判定化合物为间甲基苯甲醛。

当然谱图解析也可先从官能团的特征吸收入手,找出相应官能团后,再推敲碳骨架结构。

例 2 化合物 C_3H_4O,红外光谱如图 13-15,试写出它的结构式。

图中 $\sim3\,300\mathrm{cm}^{-1}$ 有一宽的吸收峰,明显说明羟基存在(氢键羟基 O—H 伸缩振动),$1\,040\mathrm{cm}^{-1}$ 是 C—O 伸缩振动吸收,所以化合物为醇。在 $2\,110\mathrm{cm}^{-1}$ 的峰为 C≡C 键特征吸收。从分子式可知化合物为 2-丙炔醇。图中 ≡C—H 伸缩振动吸收被宽的羟基峰湮没。

谱图解析中还常常采用否定的方法。以吸收峰不存在而确切地否定相应官能团的存在,这样可以排除某些结构的可能性。再用肯定方法导出化合物结构式。

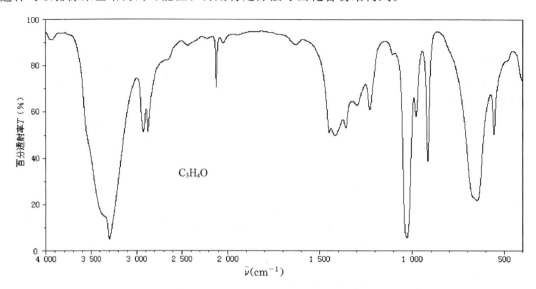

图 13-15　化合物 C_3H_4O 的红外光谱

例 3　化合物 C_7H_8O,红外光谱如图 13-16,试写出它的结构式。

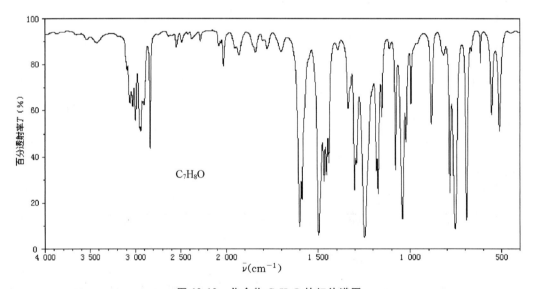

图 13-16　化合物 C_7H_8O 的红外谱图

　　该化合物分子式含一个氧原子,在 $3\,650\sim3\,200\text{cm}^{-1}$ 无吸收,说明不含羟基;在 $\sim1\,700\text{cm}^{-1}$ 无强吸收,说明化合物并非羰基化合物。故化合物可能为醚。根据 $3\,000\text{cm}^{-1}$ 以上,$1\,600\text{cm}^{-1}$、$1\,500\text{cm}^{-1}$ 和 700cm^{-1} 吸收峰判定是一取代芳香化合物。$1\,250\text{cm}^{-1}$ 和 $1\,040\text{cm}^{-1}$ C—O伸缩振动吸收体现了芳香脂肪醚的特征。所以该化合物为苯甲醚。

问题13-2　化合物 $C_7H_4N_2O_5$ 红外谱图如下,写出它所含的官能团名称。

问题13-3　化合物 C_9H_{10} 红外光谱在 $3\,100\text{cm}^{-1}$、$1\,650\sim1\,500\text{cm}^{-1}$(多峰)、$890\text{cm}^{-1}$、$770\text{cm}^{-1}$ 和 700cm^{-1} 有特征吸收。该化合被 $KMnO_4$ 氧化得到苯甲酸。写出它的结构式。

问题13-4　化合物 $C_8H_8O_2$,可溶于 NaOH 溶液,但不与 $NaHCO_3$ 作用,它的红外谱图在 $3\,600\sim2\,500\text{cm}^{-1}$ 有

一宽的吸收峰,此外,在 3 050cm^{-1}、1 690cm^{-1}、780cm^{-1}有特征吸收。写出它的结构式。

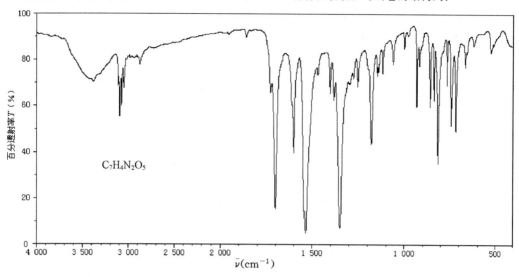

问题 13-2　化合物 $C_7H_4N_2O_5$ 的红外谱图

13.8　紫外光谱的一般概念

分子量子化地吸收光能后,引起电子跃迁。成键轨道的价电子或非键电子(孤对电子)被激发到反键轨道上。这种电子跃迁需要的能量比分子振动所需要的能量高,一般为紫外光辐射。波长 200nm 以下的紫外光容易被空气中的氧吸收,因此对分析最有价值的紫外光谱是波长200～400nm 的区域。

一、电子跃迁

电子跃迁主要有以下几种:π-π^*、n-π^*、σ-σ^*、n-σ^*。由于 σ-σ^* 和 n-σ^* 跃迁一般需要能量较高,故吸收光波长较短。如烷烃 σ-σ^* 跃迁吸收波长小于 150nm 的光,甲醇 n-σ^* 跃迁吸收波长 183nm 的光。这些吸收均在远紫外区,而在这个区易受空气中的氧吸收干扰,因此必须采用真空紫外。(有些化合物 n-σ^* 跃迁吸收波长也可进入正常紫外区。如 CH_3I,258nm;CH_3Br,204nm;$(CH_3)_3\ddot{N}$227nm)。相比之下 π-π^* 跃迁,特别是共轭 π 键的 π-π^* 跃迁和 n-π^* 跃迁显得更为重要。这两种跃迁需要能量较低,一般吸收波长在 200～400nm,属于正常紫外区。通过对化合物 π-π^* 和 n-π^* 跃迁吸收波长的研究,可以了解共轭体系的结构,因此紫外光谱法是检测共轭烯烃、共轭羰基化合物及芳香化合物的有力工具。

1.π-π^* 跃迁

π 分子轨道的价电子吸收光能后,激发到反键 π^* 分子轨道上。如乙烯吸收紫外光后发生 π-π^* 跃迁(见图 13-17 所示)。

2.n-π^* 跃迁

分子中非键电子(一般为原子轨道中孤对电子)吸收紫外光后,激发到反键 π^* 轨道上。如丙酮除可发生 π-π^* 跃迁外,其氧原子上孤对电子还会激发到羰基反键 π^* 轨道上。

电子跃迁需要的能量即跃迁涉及的两个轨道的能差，一般 π-π* 比 n-π* 能差大，跃迁需要的能量高。根据 $\Delta E = h\nu$ 可知 π-π* 跃迁比 n-π* 跃迁需要光的频率大，波长短。如丙酮 π-π* 和 n-π* 跃迁吸收光波长分别为 188nm 和 279nm（图 13-18）。

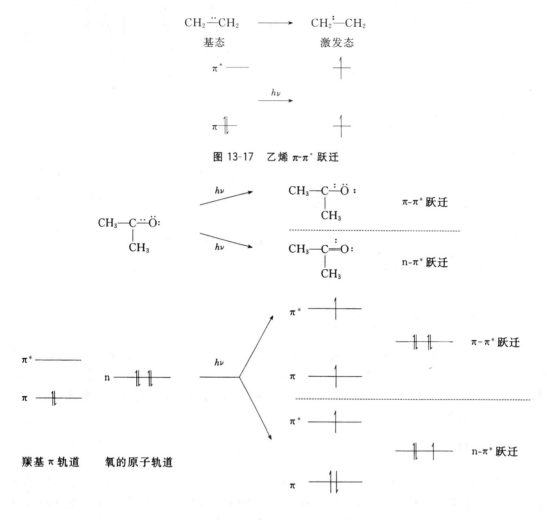

图 13-17　乙烯 π-π* 跃迁

图 13-18　丙酮 π-π* 和 n-π* 跃迁

二、紫外光谱图

紫外光谱图以波长（nm）为横坐标，吸收度 A（$A = \lg \dfrac{I_0}{I}$）或摩尔消光系数 ε（或 ε 的对数 lgε）为纵坐标作图。摩尔消光系数 ε 与吸收度 A 的关系为：

$$\varepsilon = \frac{A}{C \cdot l}$$

式中 C 为样品摩尔浓度，l 为样品池长度。图 13-19 是 $(CH_3)_2C=CHCOCH_3$ 的紫外谱图。图中最大吸收（即峰顶位置）对应的波长称做 λ_{max}，235nm。吸收强度往往用 ε 表示，图中 235nm 吸收峰强度为 $\varepsilon = 1.26 \times 10^4$。这个吸收相应于 π-π* 跃迁。当样品浓度加大时可以测出第二吸收 $\lambda_{max} = 326$，$\varepsilon = 50$。

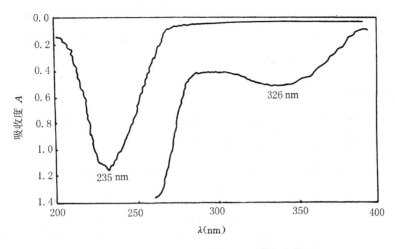

图 13-19　$(CH_3)_2C$=$CHCOCH_3$ 的紫外谱图

13.9　分子结构与紫外吸收的关系

一、共轭的影响

共轭体系促使吸收向长波方向移动,这叫做红移。如乙烯 λ_{max} 为 185nm,而 1,3-丁二烯为 217nm。这是因为共轭体系越大,最高占据轨道(HOMO)和最低空轨道(LUMO)的能量差越小,吸收波长越长。图 13-20 为乙烯和 1,3-丁二烯 π 分子轨道能量示意图。

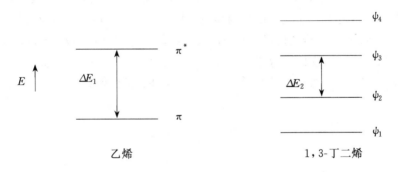

图 13-20　乙烯和 1,3-丁二烯 π 分子轨道的能量关系

乙烯 π 和 π* 的能差 ΔE_1 大于 1,3-丁二烯 ψ_2 和 ψ_3 的能差 ΔE_2,所以 1,3-丁二烯吸收光波长发生红移。一般每增加一个共轭 π 键,吸收波长向长波方向移动 30nm。表 13-2 列出了一些烯的最大吸收波长。可以清楚地看到,随着共轭体系的增大,吸收波长出现红移的现象。一般 6 个 π 键共轭的烯,其吸收波长进入可见光区。

表 13-2　一些烯的紫外吸收

烯	λ_{max}/nm
CH_2=CH_2	185
CH_2=CHCH=CH_2	217
CH_2=CH—CH=CH—CH=CH_2	258
$(CH_2$=CH—CH=CH$)_2$	296

当然分子的几何形状可以影响共轭,使吸收波长有所变化。一般反式烯烃比顺式烯烃吸收波长要长。如反-1,2-二苯乙烯 $\lambda_{max}=295.5nm$,而顺式异构体 $\lambda_{max}=280nm$。显然是顺式异构体同侧的苯基体积效应影响共轭所致。

二、取代基的影响

一个 π 体系与烃基相连,由于能发生 π-σ 共轭(超共轭)同样可以降低两个跃迁轨道之间的能差,使体系的紫外吸收向长波方向移动。如 2-丁烯酮的 π-π* 跃迁随取代基的增多,吸收波长红移(表 13-3)。除烷基外一些具有孤对电子的基团如 R$\ddot{O}$、R$\ddot{S}$、$R_2\ddot{N}$、$\ddot{X}$ 等均可与 π 体系发生共轭,使体系对紫外光的吸收波长向长波方向移动(见表 13-4 和表 13-5)。

表 13-3 2-丁烯酮及取代物的 π-π* 跃迁吸收波长

化 合 物	λ_{max}/nm
$CH_2=CHCOCH_3$	219
$CH_3CH=CHCOCH_3$	224
$(CH_3)_2C=CHCOCH_3$	235

三、λ_{max} 的计算规律

综上所述,共轭、超共轭可以影响分子轨道的能量,使分子对光的吸收发生变化。人们通过实验总结了某些类型化合物 λ_{max} 的计算规律,以便对化合物紫外吸收进行估计。表 13-4 和表 13-5 分别列出双烯和共轭烯酮的 λ_{max} 计算规律的数据。表中列出母体 λ_{max} 值,也标明不同位置不同取代基对吸收的影响值。如表 13-4 开头列出母体共轭二烯(开链或环状)的 λ_{max} 为 214nm 或 253nm 当母体增加一个烷基,则吸收波长增加 5nm;若增加一个烷氧基,则吸收波长增加 6nm;若增加其他取代基,表中也列出了波长增加的相应数据。这样即可根据母体化合物和取代基的修正值(波长增加数据)计算化合物的最大吸收波长。如化合物 **M** 为共轭双烯,母体 λ_{max} 为 214nm。它连有 a,b,c,d 四个烷基,波长应增加 $4\times5nm$,有一环外双键(对于 C 环)波长增加 5nm。所以化合物 **M** 的 $\lambda_{max}=239nm$,而实验值为 $\lambda_{max}=241nm$,这两个值非常接近。

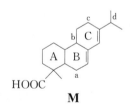

M

表 13-4 共轭双烯 λ_{max} 计算规律

化 合 物		λ_{max}/nm
$-\overset{\|}{C}=\overset{\|}{C}-\overset{\|}{C}=\overset{\|}{C}-$ 和		214 和 253
每增加一个	(C=C)(参与共轭)	+30
	烷基(R)	+5
	环外双键	+5
	烷氧基(RO)	+6
	烷硫基(RS)	+30
	卤数(Cl,Br)	+5

表 13-5　共轭烯酮 λ_{max} 计算规律

化　合　物	λ_{max}/nm
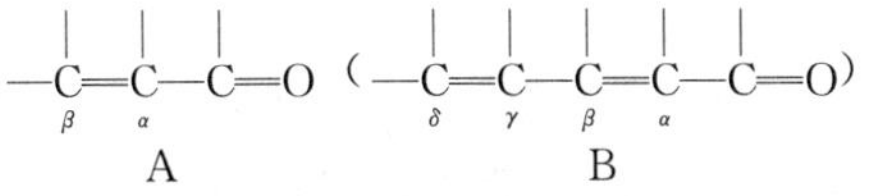	
①开链母体 α,β 不饱和烯酮(开链或六元环)A	215
②五元环 α,β 不饱和烯酮 A	202
③α,β 不饱和醛 A	207

	化合物	λ_{max}/nm
	α 取代烷基	+10
	β 取代烷基	+12
	γ 式 σ 取代烷基	+18
	双键(参与共轭)	+30
	环外双键	+ 5
每增加一个	羟基(α)	+35
	(β)	+30
	氯　(α)	+15
	(β)	+12
	溴　(α)	+25
	(β)	+30

又如化合物 **N** 是 α,β 不饱和酮,母体 λ_{max} 为 215nm。在 β 位有两个烷基,波长应增加 12×2nm;具有一个环外双键(对于 B 环),波长增加 5nm。所以化合物 **N** 最大吸收波长 λ_{max} 为 244nm(实验值 241nm)。

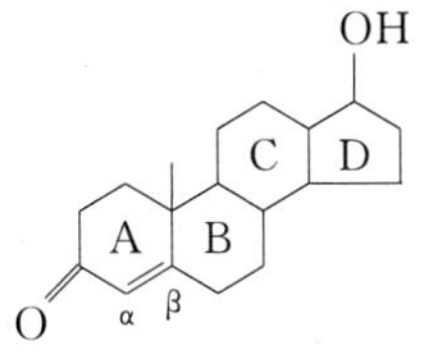

N

一般由表中数据计算出的数值与实验值误差仅为 ±5nm。所以把实验值与计算值对照,可提供有关分子结构的信息。

问题 13-5　利用 λ_{max} 计算规律预测如下化合物的最大吸收波长。

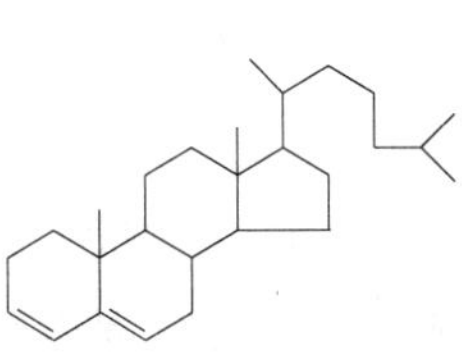

13.10 芳香化合物的紫外吸收光谱

最重要的芳香化合物是苯系化合物。苯在正己烷中有三个吸收带:(Ⅰ)184nm(ε 6×10⁴),(Ⅱ)203.5nm(ε 7.4×10³),(Ⅲ)254nm(ε 204)。(Ⅰ)带在真空紫外区,(Ⅲ)带的精细结构分裂为几个峰(图 13-21),这是因为电子跃迁伴随有振动能级跃迁引起的。若苯环上连有取代基,则由于共轭、超共轭等电子效应使苯环吸收带红移,且吸收强度增大(ε 值增大)。苯的(Ⅲ)带往往因取代基的存在,精细结构简化。如苯酚中羟基氧上孤对电子与苯环共轭使芳环(Ⅲ)带向长波方向移动,λ_{max} 为 270nm,而且只呈现一个单峰。表 13-6 列出了一些芳香化合物 π-π^* 跃迁的吸收带(Ⅱ和Ⅲ带),从表中数据可以看到取代基对芳环的吸收有一定影响。

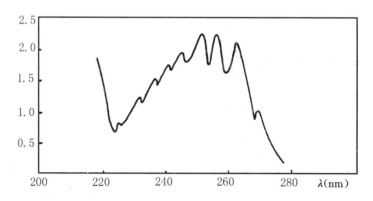

图 13-21 苯的紫外吸收光谱

表 13-6 一些芳香化合物的紫外吸收

化合物	Ⅱ带		Ⅲ带		溶剂
	λ_{max}/nm	ε	λ_{max}/nm	ε	
苯	203.5	7.4×10³	254	204	正己烷
甲苯	206	7.0×10³	261	225	正己烷
氯苯	210	7.6×10³	265	240	乙醇
苯酚	210.5	6.2×10³	270	1 450	水
苯胺	230	8.6×10³	280	1 430	水
苯乙烯	244	1.2×10⁴	282	450	乙醇
苯甲醛	244	1.5×10⁴	280	1 500	乙醇
苯乙酮	240	1.3×10⁴	278	1 100	乙醇
硝基苯	252	1.0×10⁴	280	10 000	正己醇

13.11 紫外光谱的应用

紫外光谱(UV)不像 IR 和 NMR 一样在结构测定上有特别广泛的应用,然而 UV 可作为其他仪器测定结构的补充,而它自身也可在一定范围内判定分子的结构特征。如紫外光谱在 200～300nm 有强吸收带(ε=10 000～20 000),可断定被测化合物至少含有两个共轭双键。若在 200～300nm 除具有强吸收带外还有中强吸收带,说明具有苯环。若在 270～350nm 有低强度的 n-π* 吸收,说明被测化合物含羰基。顺、反异构体的紫外吸收不同,如顺、反二苯乙烯紫外吸收分别为 $\lambda_{max}250nm$ 和 $\lambda_{max}295.5nm$,则可依此区别它们。

在测定反应速度上紫外光谱也有独到之处,因此常利用它进行反应动力学研究。若一个反应试剂或生成物具有紫外吸收,同时在反应条件下不存在干扰,那么就可通过紫外光谱对反应进行速度测定。如硝基乙烷负离子在 $\lambda_{max}240nm$ 有吸收,反应中的水在此无吸收,则可测定 OH^- 与硝基乙烷 α 氢作用产生 α 碳负离子的速度。把硝基乙烷放入装有碱溶液的石英池中,记下不同时间在 240nm 吸收的强度,这样就可测定出 α 碳负离子生成的速度。

$$CH_3CH_2NO_2 \ + \ OH^- \longrightarrow \ CH_3\overset{..}{\overset{\ominus}{C}}HNO_2 + H_2O$$

紫外光谱法灵敏度极高,可测定溶液中具有紫外吸收的微量杂质,因此常用来测定化合物纯度。根据紫外光谱法中浓度(C)越大吸收度(A)或消光系数越大的原理,通过下式可测定化合物含量。

$$\frac{C_x}{C_{标}} = \frac{A_x}{A_{标}}$$

式中 C_x,$C_{标}$ 分别代表样品浓度和标准样品的浓度,A_x 和 $A_{标}$ 分别代表被测样品和标准样品的吸收度。

习　　题

1. 利用 λ_{max} 计算规律预测下列化合物的紫外最大吸收波长。

2. 化合物 $C_7H_{12}O$ 紫外最大吸收波长为 248nm,写出该化合物结构式。

3. 根据红外谱图写出下列化合物的结构式。

　　　　A. C_4H_8　　　**B.** C_9H_{12}　　　**C.** C_8H_7N

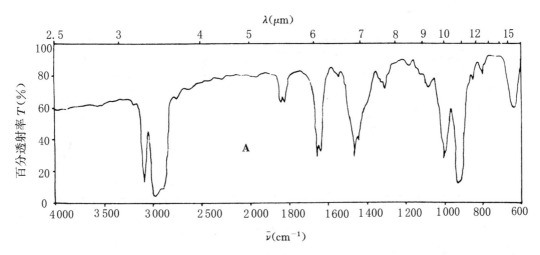

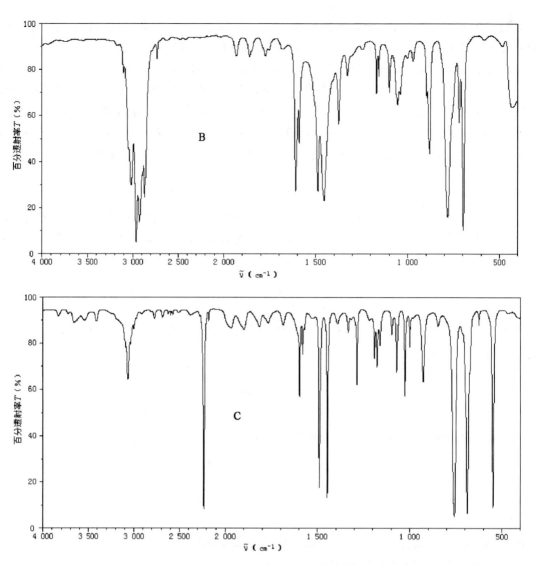

习题 13-3 化合物 A、B、C 的红外谱图

4. 化合物 **A**(C$_{10}$H$_{14}$O)用 CrO$_3$/H$_2$SO$_4$ 处理得到 **B**。**A** 和 **B** 的红外谱图与 **B** 的 ^{1}H NMR 谱图如下,写出 **A** 和 **B** 的结构式。

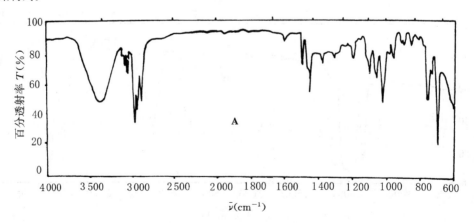

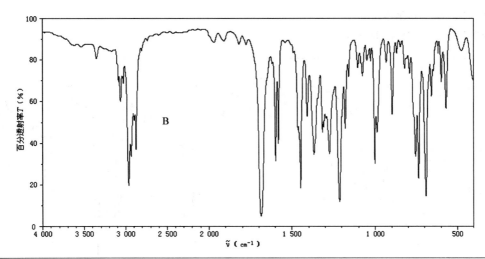

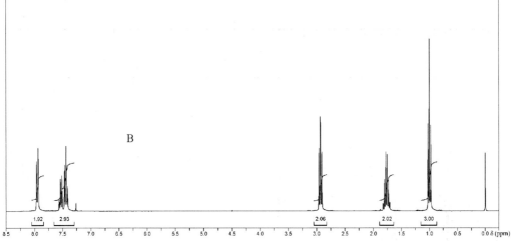

习题 13-4 **A,B 的红外谱图和 B 的**^{1}**H NMR 谱图**

5. 化合物 C_4H_9NO 的^{1}H NMR 数据为 δ1.85(单峰,1H),δ2.90(三重峰,4H),δ3.72(三重峰,4H)。它的红外

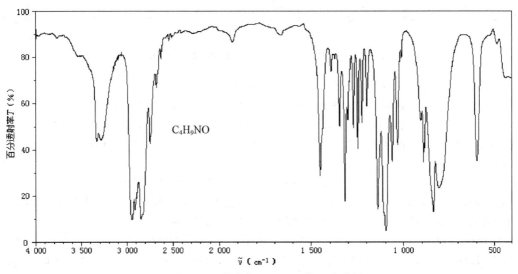

习题 13-5 **化合物 C_4H_9NO 的红外谱图**

谱如下,写出它的结构式。

6.化合物 $C_9H_{10}O$ 的 IR 和 ^1H NMR 谱图如下,写出它的结构式。

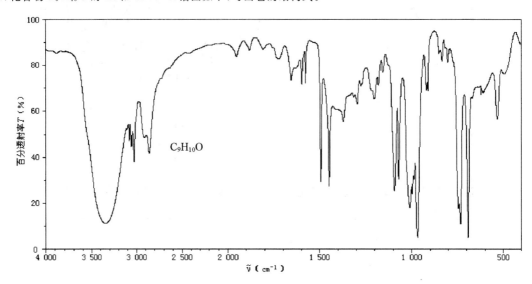

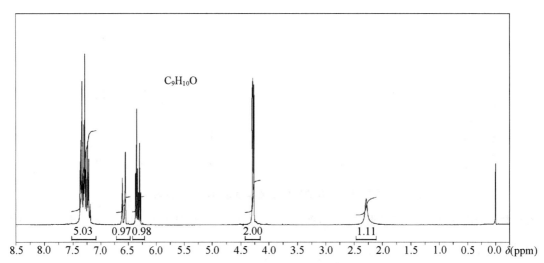

习题 13-6 化合物 $C_9H_{10}O$ 的 IR 和 ^1H NMR 谱图

7.化合物 $C_{10}H_{12}O_3$ 的 IR 和 ^1H NMR 谱图如下,写出它的结构式。

8.化合物 **A**($C_6H_{12}O_3$)在 $1\ 710cm^{-1}$ 有强的红外吸收峰。**A** 和 $I_2/NaOH$ 溶液作用给出黄色沉淀。**A** 与吐伦试剂无银镜反应,但 **A** 用稀 H_2SO_4 处理后生成的化合物 **B** 与吐伦试剂作用有银镜生成。**A** 的 ^1H NMR 数据为 $\delta2.1$(单峰,3H),$\delta2.6$(双峰,2H),$\delta3.2$(单峰,6H),$\delta4.7$(三重峰1H)。写出 **A,B** 的结构式及有关反应式。

9.有一化合物的 IR 在 $1\ 690cm^{-1}$ 和 $826cm^{-1}$ 有特征吸收峰。^1H NMR 数据为 $\delta7.60$(4H),$\delta2.45$(3H)。它的质谱较强峰 $m/z183$ 相对强度 100(基峰),$m/z198$ 相对强度 26,$m/z200$ 相对强度 25。写出它的结构式。

10.下列化合物给出了相应分子式和 IR、^1H NMR 谱图数据,写出它们的结构。

A. C_7H_8O:IR,$3\ 200\sim3\ 550\ cm^{-1}$;$^1H$ NMR,$\delta2.43$(单峰,1H),$\delta4.18$(单峰,2H),$\delta7.28$(多重峰,5H)。

B. $C_{15}H_{14}O$:IR,$1\ 720\ cm^{-1}$;^1H NMR,$\delta2.20$(单峰,3H),$\delta5.08$(单峰,1H),$\delta7.25$(多重峰,10H)。

C. $C_4H_8O_3$:IR,$2\ 500\sim3\ 000\ cm^{-1}$,$1\ 715\ cm^{-1}$;$^1H$ NMR,$\delta1.27$(三重峰,3H),$\delta3.66$(四重峰,2H),$\delta4.13$

（单峰，2H），δ10.95（单峰，1H）。

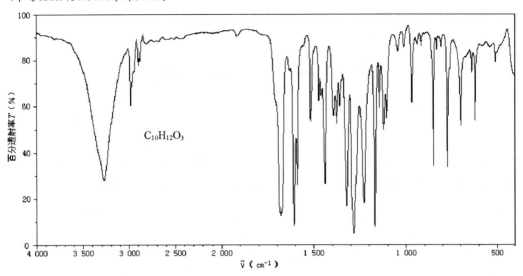

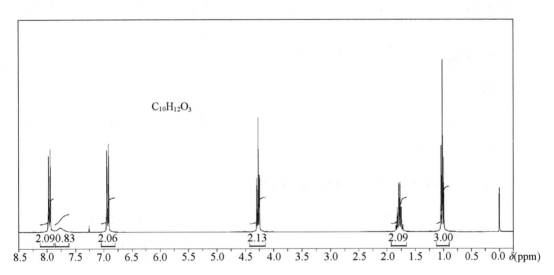

习题 13-7　化合物 $C_{10}H_{12}O_3$ 的 IR 和 ^1H NMR 谱图

第十四章　羧　酸

含有羧基的有机化合物称为**羧酸**。根据分子中含羧基的个数,分为一元、二元和多元酸。又可按羧基所连烃基的种类,分为脂肪酸、芳香酸、饱和酸、不饱和酸、取代酸,等等。

CH_3CO_2H　　　$HO_2CCH_2CH_2CO_2H$　　　$CH_2=CHCO_2H$　　　〇$-CO_2H$　　　$CH_3CH(OH)CO_2H$

乙酸　　　　　　丁二酸　　　　　　丙烯酸　　　　　　苯甲酸　　　　　α-羟基丙酸
（一元酸）　　　（二元酸）　　　　（不饱和酸）　　　（芳香酸）　　　（取代酸）

羧酸是具有明显酸性的有机化合物,它广泛地存在于自然界。是有机化学中非常重要的部分。

14.1　羧酸的命名、物理性质和波谱性质

一、命名

羧酸一般常用的命名法为两种,由于羧酸在自然界发现较早,它们之中的很多是根据来源叫出俗名,另一种是 IUPAC 命名法。

1.俗名

下面列出一些羧酸的中文俗名和相应的英文叫法。

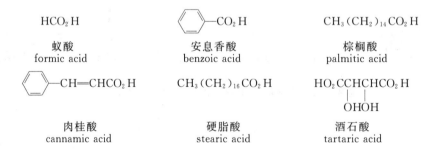

HCO_2H　　　　　　　　〇$-CO_2H$　　　　　　　$CH_3(CH_2)_{14}CO_2H$

蚁酸　　　　　　　　安息香酸　　　　　　　棕榈酸
formic acid　　　　　benzoic acid　　　　　palmitic acid

〇$-CH=CHCO_2H$　　　　$CH_3(CH_2)_{16}CO_2H$　　　$HO_2CCHCHCO_2H$
　　　　　　　　　　　　　　　　　　　　　　　　　$\quad\quad$ OHOH

肉桂酸　　　　　　　　硬脂酸　　　　　　　酒石酸
cannamic acid　　　　　stearic acid　　　　　tartaric acid

2.系统命名

羧酸是氧化态高的化合物,在系统命名(IUPAC)法中,一般以它为母体,选含羧基的最长碳链,当然编号应从羧基碳起始。若有其他官能团则应标明它们的位置。

4-甲基-4-苯基-2-戊烯酸　　　　4-甲基-4-苯基-3-己酮酸　　　　间甲氧基苯甲酸
4-methyl-4-phenyl-2-　　　　　4-methyl-4-phenyl-3-　　　　m-methoxybenzoic acid
pentenoic acid　　　　　　　　oxohexanoic acid

环直接与羧基相连称为环烷酸,编号从羧基所连接的碳开始。

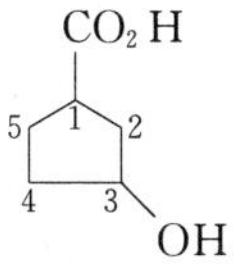

$$CO_2H$$

3-羟基环戊烷酸
3-hydroxyl cyclopentane carboxylic acid

羧酸英文名称,在 IUPAC 法中把相应碳数的母体烃去掉词尾 e,加上 oic acid。如上例 4-甲基-4-苯基-2-戊烯酸相应母体烃为五个碳烯,英文 2-pentene,变成酸为 2-pentenoic acid。

二、物理性质

羧酸是极性化合物,它们的沸点比相应相对分子质量的醇还要高。

$$CH_3CO_2H(相对分子质量\ 60) \qquad b.\,p.\ 118\ ℃$$
$$CH_3CH_2CH_2OH(相对分子质量\ 60) \qquad b.\,p.\ 97\ ℃$$

这是由于羧酸往往以二聚体形式存在,由液体转变为气体应破坏两个氢键,需要较高的能量。

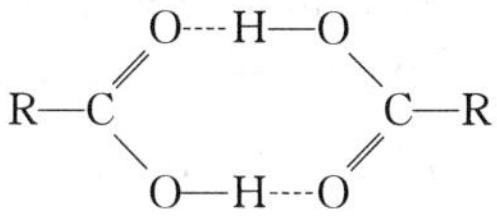

自丁酸开始,羧酸的熔点随相对分子质量加大呈交替上升的趋势。一般偶数碳的酸较相邻的酸熔点要高(见表 14-1)。

表 14-1 一些羧酸的物理常数

羧　　酸	熔　点/℃	沸　点/℃	溶 解 度/g・100g 水$^{-1}$
HCO_2H	8	100.5	混溶
CH_3CO_2H	16.6	118	混溶
$CH_3CH_2CO_2H$	−22	141	混溶
$CH_3(CH_2)_2CO_2H$	−6	164	混溶
$CH_3(CH_2)_3CO_2H$	−34	187	3.7
$CH_3(CH_2)_4CO_2H$	−3	205	0.97
$CH_3(CH_2)_5CO_2H$	−8	223	0.24
$CH_3(CH_2)_6CO_2H$	16	239	0.07
$CH_3(CH_2)_7CO_2H$	15	255	0.03
$CH_3(CH_2)_8CO_2H$	31	270	0.02
$HO_2CCH_2CO_2H$	136		混溶
$HO_2C(CH_2)_2CO_2H$	186		7.7
$HO_2C(CH_2)_3CO_2H$	151		2
$C_6H_5CO_2H$	122	250	0.34
$o\text{-}CH_3C_6H_4CO_2H$	106	259	0.12

羧　　酸	熔　点　℃	沸　点　℃	溶解度/(g·100g 水$^{-1}$)
$m\text{-}CH_3C_6H_4CO_2H$	112	253	0.10
$p\text{-}CH_3C_6H_4CO_2H$	180	275	0.03
$o\text{-}HOC_6H_4CO_2H$	159		0.22
$o\text{-}C_6H_4(CO_2H)_2$	231		0.70
$p\text{-}C_6H_4(CO_2H)_2$	248		0.01

　　四个碳以下的酸与水混溶,随烃基的增大对水的溶解度降低。一般二元和多元酸易溶于水。羧酸一般均溶于较小极性的有机溶剂如乙醚、乙醇、苯等。

　　甲酸、乙酸具有醋的酸味。丙、丁、戊酸都有令人不愉快的脂肪、牛奶腐败的臭味。高级脂肪酸和其他不易挥发的酸都无明显的气味。

三、波谱性质

1. IR

　　羧酸特征官能团是羧基,体现它的最有价值的红外吸收是 O—H、C=O、C—O键的振动吸收。O—H键伸缩振动吸收为$3\,400\sim2\,500\,cm^{-1}$一个宽峰(参看图14-1),这是受羧酸二聚氢键的影响所致。C=O伸缩振动一般在$1\,725\sim1\,710\,cm^{-1}$,当在四氯化碳或氯仿稀溶液中可向高波数移动,一般在$1\,760\,cm^{-1}$处出现吸收峰。如果与双键共轭则降低吸收频率,此时C=O伸缩振动吸收在$1\,700\sim1\,680\,cm^{-1}$范围内。另外$1\,320\sim1\,210\,cm^{-1}$ C—O伸缩和$925\,cm^{-1}$ O—H弯曲振动吸收也是羧酸的特征吸收。

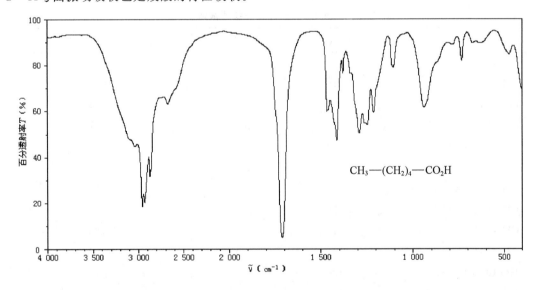

图 14-1　正己酸的红外谱图

2. ^{1}H NMR

　　羧基中的质子因受羧基各向异性和羧基氧电负性的影响,使共振出现在低场,$\delta10\sim12\,ppm$。α质子受羧基影响比一般饱和碳上的质子共振也向低场偏移,$\delta2.2\sim2.5\,ppm$(参看图14-2)。

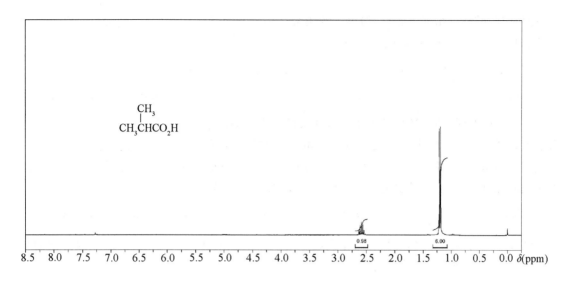

图 14-2　异丁酸的^{1}H NMR 谱图

14.2　酸性

一、酸性强度

羧酸在水中离解出质子呈明显酸性。它可与碳酸氢钠作用放出二氧化碳,这说明它的酸性比碳酸强。从测得的 pK_a 值可以看出羧酸在有机化合物中是酸性较强的一种。

$$RCO_2H \quad > \quad H_2CO_3 \quad > \quad C_6H_5OH \quad > \quad ROH$$

pK_a $\qquad$ $\sim$5 $\qquad$ 6.4(pK_{a_1}) $\qquad$ 10 $\qquad$ 16

$$RCO_2H \xrightarrow{\;\;K_a\;\;} RCO_2^- \;+\; H^+$$

羧酸具有较强的酸性与它的结构有关。羧酸在水中离解,产生的酸根负离子较稳定,使平衡向右,显示酸性。酸根负离子中碳为 sp^2 杂化,所剩 p 轨道可与两个氧的 p 轨道分别交盖,负电荷可分散于两个电负性较强的氧上,使能量降低,表现出它的稳定性。X 衍射实验证明了酸根负离子的这种结构。正常 C＝O键长 0.123nm,C—O 键长 0.143nm,甲酸负离子的两个碳氧键均为 0.127nm。

二、取代基对酸性的影响

当烃基上连有各种取代基时,羧酸的酸性强度会发生变化。

1. 诱导效应的影响

羧酸根负离子的稳定性可以体现酸的强度。作为负离子,拉电子基团会增大它的稳定程度,使相应的酸酸性增强。相反,给电子基团会减弱酸根负离子的稳定性,使酸性减弱。下列取代乙酸酸性常数 pK_a 值说明这一点。

y—CH$_2$CO$_2$H	y=H,	—CH$_3$,	—CH=CH$_2$,	F,	Cl,	Br,	I,	—OH,	—NO$_2$
pK_a	4.76	4.87	4.35	2.57	2.86	2.94	3.18	3.83	1.08

当 y 为硝基时,通过诱导拉电子分散酸根的负电荷,使负离子稳定,从而使硝基乙酸比乙酸酸性要强得多。y 为甲基时,通过诱导给电子效应使酸根负电荷集中,减弱酸性。当乙酸 α 位连有乙烯基时,因烯碳的 sp^2 杂化轨道与 α 碳 sp^3 杂化轨道成键,前者 s 成分多而使该 σ 键电子偏向烯碳,所以乙烯基也为诱导拉电子基团,使酸性增强。

$$O_2N \longleftarrow CH_2 \longleftarrow CO_2^- \qquad CH_3 \longrightarrow CH_2 \longrightarrow CO_2^- \qquad CH_2=CH \longleftarrow CH_2 \longleftarrow CO_2^-$$

诱导效应有加和性,相同性质的基团越多对酸性的影响越大。如 α 卤代乙酸随卤素的增多,拉电子的能力增大,酸性逐渐增强。

	ClCH$_2$CO$_2$H	Cl$_2$CHCO$_2$H	Cl$_3$CCO$_2$H
pK_a	2.86	1.26	0.64

诱导效应沿 σ 键传递,随距离的增加该效应的影响迅速减小。不同位置卤代丁酸 pK_a 值说明这一点。

$$Cl \Longleftarrow CH_2 \Longleftarrow CH_2 \Longleftarrow CH_2 \longleftarrow CO_2$$

	CH$_3$CH$_2$CHCO$_2$H (Cl)	CH$_3$CHCH$_2$CO$_2$H (Cl)
pK_a	2.86	4.05

	CH$_2$CH$_2$CH$_2$CO$_2$H (Cl)	CH$_3$CH$_2$CH$_2$CO$_2$H
pK_a	4.52	4.82

从上述例子已经看到一般拉电子基团会增强酸性。但在某些情况下却有例外。如化合物 **1** 和 **2**,按一般诱导效应与酸性的关系判断,较强的酸应是具有拉电子氯的酸 **2**,但实际结果却相反,这大约是场效应所致。

	1	**2**
pK_a	6.04	6.25

2 中碳氯极性键负的一端比正的一端距离羧基更近($r_1 < r_2$),则负性端对氢的静电作用力要大,这样使氢难以离解而酸性减弱。这种通过空间传递静电力的效应叫做**场效应**(field effect)。

2.取代基对芳香酸酸性的影响

苯甲酸比一般脂肪酸酸性强（除甲酸外），它的 pK_a 值为 4.20。这是该酸离解出的负离子与苯环发生共轭，使负电荷离域增加了它的稳定性的缘故。

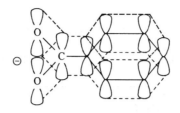

当芳环上引入取代基后，酸性将发生变化。表 14-2 列出了一些取代苯甲酸的 pK_a 值。从表中数据可以明显看出，有对位和间位拉电子基团的使酸性增强，有给电子基团的使酸性减弱。

表 14-2　一些取代苯甲酸 25 ℃时 pK_a 值

取代基	pK_a 值		
	邻	间	对
H	4.20	4.20	4.20
CH_3	3.91	4.27	4.38
Cl	2.92	3.83	3.97
CN	3.14	3.64	3.55
OH	2.98	4.08	4.57
OCH_3	4.09	4.09	4.47
NO_2	2.21	3.49	3.42

这是由于不同性质的基团对酸根负离子稳定性施以不同影响的结果。注意取代基在间位和对位的影响不同。如氰基在间位 pK_a 为 3.64，在对位 pK_a 为 3.55。理论上讲在对位可通过共轭和诱导，同时拉电子，而在间位只是诱导起作用。取代基为甲氧基时也体现了同样的影响方式，在对位共轭给电子和诱导拉电子同时起作用，但共轭起主要作用，结果使负电荷集中，相应酸根负离子不如苯甲酸负离子稳定，酸性减弱（pK_a 4.47）。而在间位主要为拉电子诱导效应，使酸根负离子稳定，酸性增强（pK_a 4.09）。

若取代基在邻位，不论是拉电子还是给电子取代基都使酸性增强（见表 14-2）。这种邻位基团对活性中心的影响称做**邻位效应**。这个效应较为复杂，可看做位阻效应、电子效应、氢键影响的总和，至今对它尚无较满意的解释，但对个别例子却能较好地说明。如邻羟基苯甲酸（水杨酸）酸性比对羟基苯甲酸强得多，可从邻位羟基与羧基负离子形成分子内氢键考虑。由于这个分子内氢键可较大地稳定邻羟基苯甲酸负离子，使邻位异构体非常容易离解，呈现较强酸性。对位异构体几何上不允许形成分子内氢键。

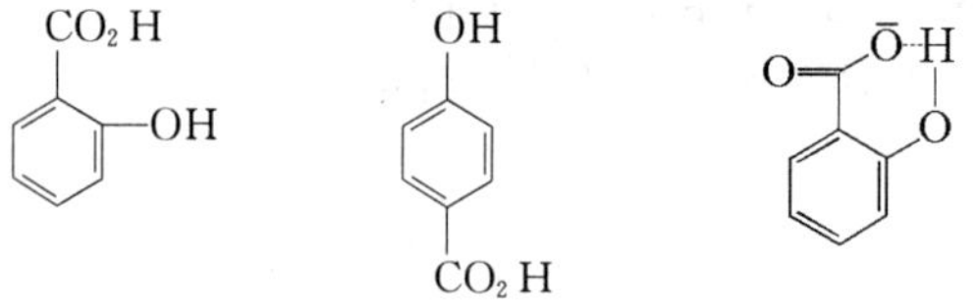

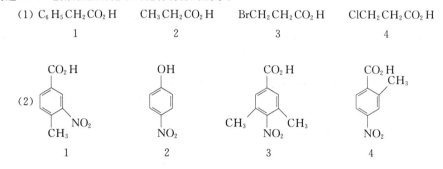

	CO₂H	OH	

pK_a   2.98   4.57   分子内氢键

问题 14-1 按酸性强弱把下列化合物排列成序。

(1) $C_6H_5CH_2CO_2H$ $CH_3CH_2CO_2H$ $BrCH_2CH_2CO_2H$ $ClCH_2CH_2CO_2H$

       1   2   3   4

(2)

       1   2   3   4

问题 14-2 说明下列实验结果。

顺丁烯二酸 pK_{a_1} 1.83, pK_{a_2} 6.07, 而反丁烯二酸 pK_{a_1} 3.03, pK_{a_2} 4.44。为什么顺式 pK_{a_1} 小而 pK_{a_2} 大?

14.3 羧酸的化学反应

羧基是反应中心,围绕它主要发生以下四种反应:

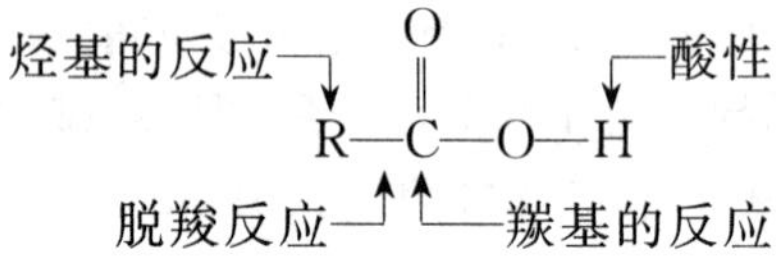

$$\text{烃基的反应} \longrightarrow \underset{\substack{| \\ 脱羧反应 \longrightarrow \underset{}{\overset{}{}} \, \leftarrow 羰基的反应}}{R-\overset{O}{\overset{||}{C}}-OH} \leftarrow 酸性$$

一、与碱的反应及羧酸盐

1. 与碱的反应

前面讨论了羧酸的酸性并涉及与碱的反应。羧酸不但与强碱也可与弱碱(NaHCO₃)反应成盐。

$$RCO_2H \; + \; NaOH \longrightarrow RCO_2Na \; + \; H_2O$$

$$RCO_2H \; + \; NaHCO_3 \longrightarrow RCO_2Na \; + \; CO_2\uparrow \; + \; H_2O$$

这与比它酸性弱的酚不同,酚只能与强碱作用溶解在该溶液中,而不能与 NaHCO₃ 反应,不溶于这个弱碱的水溶液中。因此人们常常利用这个性质区别、分离它们。如苯甲酸、间甲苯酚和间二甲苯混合物分离就利用了两种酸性化合物的这种差别。用图示法可清晰地表达分离过程:

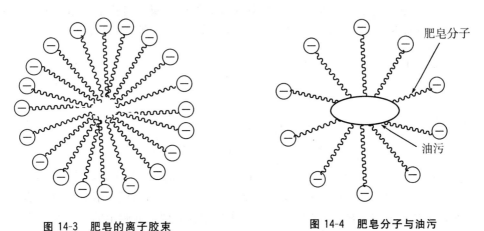

2. 羧酸盐

羧酸盐有无机盐的性质,具有良好的水溶性和较高的熔点,一般为无味的固体。

羧酸根负离子具有亲核性,可与卤代烃发生反应生成羧酸酯。这作为合成酯的一种方法。

$$CH_3CH_2-\!\!\!\!\bigcirc\!\!\!\!-CH_2Cl + CH_3CO_2Na \xrightarrow[\triangle]{CH_3COOH} CH_3CH_2-\!\!\!\!\bigcirc\!\!\!\!-CH_2OCCH_3 \qquad 93\%$$

相对分子质量大的羧酸($C_{12}\sim C_{18}$)的钠盐可由油脂水解得到(见 14.4 节)。被称为高级脂肪酸的钠盐,可用作肥皂。因它具有一个极性的羧基负离子是亲水的,而它的长链烃基是亲油的(憎水基),这就使它具备了良好的去污性能。

$$H_3C\diagdown\diagup\diagdown\diagup\diagdown\diagup\diagdown COO^-$$

憎水基   亲水基

在一般情况下,肥皂溶于水中形成离子胶束(图 14-3)。洗涤时大的烃基伸入油污,亲水的羧基负离子溶于水中(图14-4),在揉搓振动下使油污乳化,达到清洁衣物的目的。因肥皂是高

图 14-3　肥皂的离子胶束   图 14-4　肥皂分子与油污

级脂肪酸钠盐,它可与水中 Mg^{2+}、Ca^{2+} 等生成相应盐的沉淀,所以在硬水中使用并不理想。后来人们合成了不与 Mg^{2+}、Ca^{2+} 生成沉淀的洗涤剂,它们都是磺酸盐类。像对位具有大的烃

基的苯磺酸钠、长链脂肪基的磺酸钾等都是较好的洗涤和乳化剂。

$$R-\!\!\!\!\bigcirc\!\!\!\!-SO_3Na \qquad\qquad CH_3(CH_2)_nCH_2SO_3K$$

$$\uparrow\!\!\text{——带支链烷基} \qquad\qquad\qquad \uparrow\!\!\text{直链烷基}$$

二、羰基的反应

羧酸具有羰基,尽管不如醛、酮羰基活泼,在一定条件下同样可被亲核试剂进攻发生**加成—消去反应**,结果使碳氧键断裂,羟基被其他基团取代。

1. 成酯

在少量酸(H_2SO_4 或干 HCl)存在下,羧酸和醇反应生成酯,这个反应叫做**酯化反应**(esterification)。反应通过加成—消去过程。质子活化的羰基被亲核的醇进攻发生加成,在酸作用下脱水成酯。这个历程说明反应生成的水是由羧酸的羟基和醇羟基的氢组成。含氧同位素的醇与羧酸的作用明确地说明这个反应过程。

$$RCO_2H \ + \ R'OH \ \xrightleftharpoons{H^+} \ RCO_2R' \ + \ H_2O$$

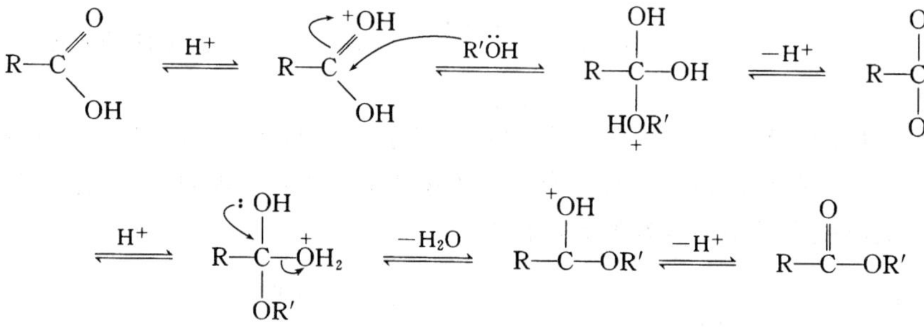

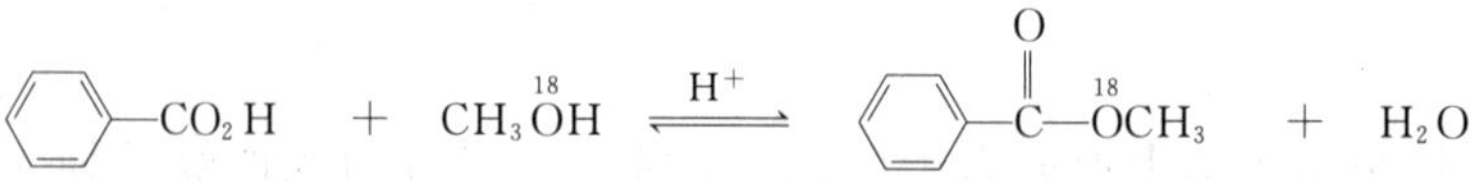

该反应是可逆的,为完成反应一般采用过量的反应试剂(根据反应物的价格,过量酸或醇)。加入与水恒沸的物质不断从反应体系中带出水移动平衡。实验中采用水分离器可满意地完成酯化。酚酯不容易由酚和羧酸直接制备,因平衡非常不利于生成酯的一方。

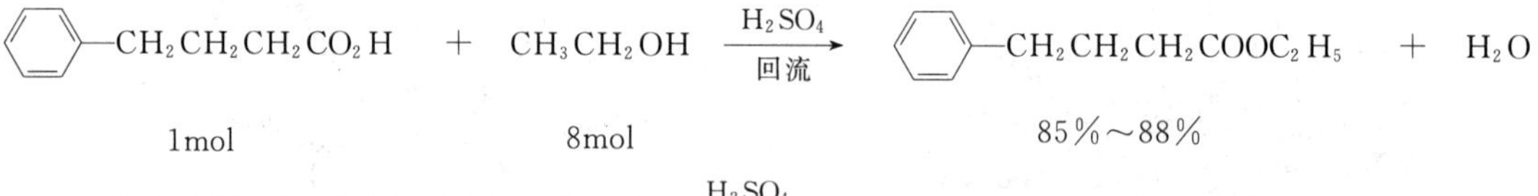

1mol 8mol 85%~88%

$$HO_2C(CH_2)_4CO_2H \ + \ 2\,C_2H_5OH \ \xrightarrow[\text{甲苯}]{H_2SO_4} \ C_2H_5O_2C(CH_2)_4CO_2C_2H_5 \ + \ 2\,H_2O$$

(甲苯与水恒沸,b. p. 75 ℃,带出水)

上述历程为一般酯化过程,当醇或酸进行该反应有明显体积效应时成酯过程会发生改变。如下两例都是因醇对酸进攻受到体积效应限制而不能以正常的加成—消去反应成酯。在反应条件下,两例中都可能生成较稳定的碳正离子,成酯过程类似饱和碳上的亲核取代反应。

$$(a) \ RCO_2H \ + \ (CH_3)_3C\overset{18}{O}H \ \xrightleftharpoons{H^+} \ R-CO_2C(CH_3)_3 \ + \ H_2^{18}O$$

$$(CH_3)_3C\overset{18}{O}H \ \xrightleftharpoons{H^+} \ (CH_3)_3C-\overset{18}{O}H_2 \ \xrightleftharpoons{-H_2^{18}O} \ (CH_3)_3C^+$$

$$(CH_3)_3C^+ \ + \ \underset{\substack{\| \\ O}}{R-C}-\overset{\cdot\cdot}{O}H \ \Longleftrightarrow \ \underset{\substack{\| \\ O}}{R-C}-\overset{+}{O}C(CH_3)_3 \ \xrightarrow{\ H^+\ } \ \underset{\substack{\| \\ O}}{R-C}OC(CH_3)_3$$

(b) 三甲基苯甲酸 $+ \ R'OH \ \xrightarrow{\ H^+\ }$ 三甲基苯甲酸酯

三甲基苯甲酸 $\xrightarrow{\ H^+\ }$ 质子化 $\xrightarrow{\ -H_2O\ }$ 酰基正离子

酰基正离子 $+ \ R'\overset{\cdot\cdot}{O}H \ \Longleftrightarrow \ $ 中间体 $\xrightarrow{\ -H^+\ }$ 产物

2. 成酰卤

无机酰卤试剂如 $SOCl_2$，PX_3，PX_5 等可与羧酸反应使卤素取代酸的羟基生成酰卤。这是制备酰卤的一般方法。

$$RCO_2H \ + \ SOCl_2 \ \longrightarrow \ RCOCl \ + \ SO_2 \ + \ HCl$$
$$3\,RCO_2H \ + \ PX_3 \ \longrightarrow \ 3\,RCOX \ + \ H_3PO_3$$
$$RCO_2H \ + \ PX_5 \ \longrightarrow \ RCOX \ + \ POX_3 \ + \ HX$$

制备酰氯较方便的方法是亚硫酰氯与羧酸的反应，除产物外，副产物均为气体。相对分子质量小的羧酸生成酰卤时，一般采用三卤化磷，这样反应中生成的酰卤可随时蒸出。五卤化磷一般用于相对分子质量大的酰卤制备，该情况下容易靠蒸馏分出副产物。

反应一般是先生成混酐，而后进行加成—消去反应。如亚硫酰氯作为试剂的反应过程就是按这个机理进行的。

$$\underset{\substack{\| \\ O}}{R-C}-OH \ + \ Cl-\underset{\substack{\| \\ O}}{S}-Cl \ \xrightarrow{\ -HCl\ } \ R-\underset{\substack{\| \\ O}}{C}-O-\underset{\substack{\| \\ O}}{S}-Cl \ \xrightarrow{\ Cl^-\ }$$

$$R-\underset{\substack{\| \\ Cl}}{\overset{:O^-}{C}}-O-\underset{\substack{\| \\ O}}{S}-Cl \ \longrightarrow \ RCOCl \ + \ SO_2 \ + \ Cl^-$$

3. 成酰胺

向羧酸中通入氨很容易形成羧酸的铵盐，加热失水生成酰胺，最终结果是氨基取代羧酸的羟基。

$$RCO_2H \ + \ NH_3 \ \longrightarrow \ RCO_2\overset{+}{N}H_4 \ \xrightarrow{\ \triangle\ } \ RCONH_2 \ + \ H_2O$$

4. 成酸酐

相对分子质量较大的羧酸在醋酸酐存在下失水生成酸酐。醋酐作为脱水剂，反应平衡中发生了酸和酸酐的交换。

$$2\ RCO_2H\ +\ CH_3\overset{\displaystyle O}{\overset{\|}{C}}O\overset{\displaystyle O}{\overset{\|}{C}}CH_3\ \Longleftrightarrow\ RCO\overset{\displaystyle O}{\overset{\|}{C}}R\ +\ 2\ CH_3CO_2H$$

b. p. 118 ℃

乙酸沸点较低,随着它的被蒸出完成反应。除醋酸酐外还常采用 P_2O_5 脱水。该法只适于合成相对分子质量大的对称的酸酐。一般适用范围较广的方法是酰氯和羧酸钠盐的反应(见 15.3 节)。

不过,很多二元酸以直接加热,分子内失水的反应,作为合成五、六元环酐的好方法。

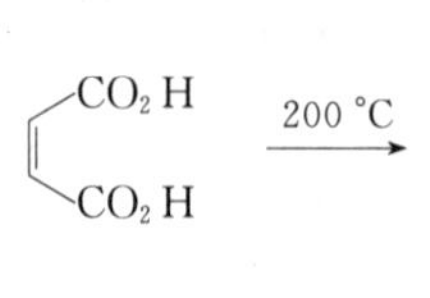

丁烯二酸酐

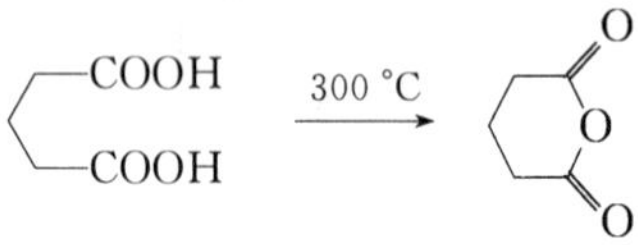

戊二酸酐

5. 还原反应

羧基含有碳氧双键,但不容易被催化氢化还原。强的还原剂四氢铝锂却能很好地还原羧基。直接还原产物是烷氧基铝锂,经水解获得相应的醇。醇是容易得到的,由醇氧化制备酸是最常见的,而由酸制醇较为少见。自然界丰产的高级的脂肪酸还原制备醇是一个非常方便的方法。

$$4\ RCO_2H\ +\ 3\ LiAlH_4\ \longrightarrow\ 4\ H_2\ +\ 2\ LiAlO_2\ +\ (RCH_2O)_4AlLi$$

$$(RCH_2O)_4AlLi\ \xrightarrow{\ H_2O\ }\ 4\ RCH_2OH$$

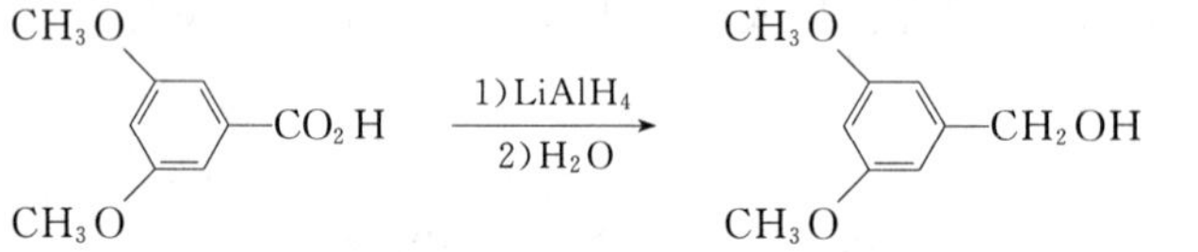

93%

问题 14-3　完成下列反应式。

(1)

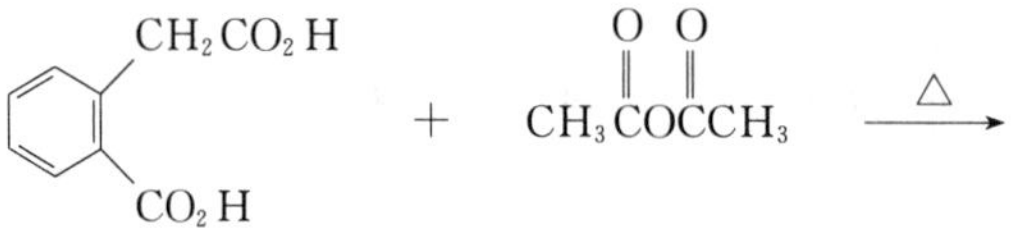

(2)

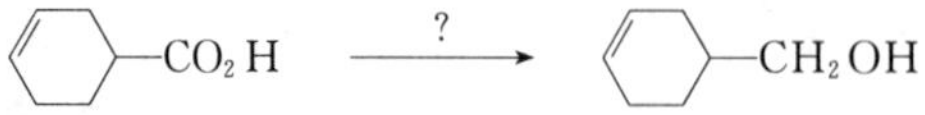

(3)

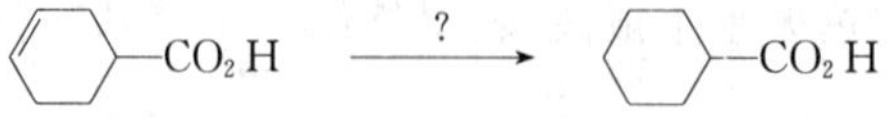

问题 14-4　完成下列转化。

三、脱羧反应

1. 羧酸的脱羧反应

一般脂肪酸难以脱羧，但当羧酸中适当位置含有一些能对脱羧施加影响的官能团时，在加热条件下却可脱羧。如 β-酮酸中度加热就能放出二氧化碳。反应通过一个六元环过渡态一步完成。丙二酸加热容易以相同过程脱羧。

$$\underset{\text{O}\ \ \ \text{O}}{\text{RCCH}_2\text{COH}} \xrightarrow{\triangle} \underset{\text{O}}{\text{R}-\text{C}-\text{CH}_3} \ + \ \text{CO}_2$$

过渡态

$$\text{HO}_2\text{CCH}_2\text{CO}_2\text{H} \xrightarrow{140\,^\circ\text{C}} \text{CH}_3\text{CO}_2\text{H} \ + \ \text{CO}_2$$

研究它们的结构特点就不难理解它们脱羧的可能性。无论 β-酮酸还是丙二酸，其结构都是两个拉电子基团连在同一碳上，这在热力学上是不稳定的。加热脱羧后生成物却是热力学稳定的化合物。所以它们容易脱羧是理所当然的。据此可以推断，同一碳上连有羧基和另一个拉电子基团的化合物都容易发生脱羧反应。

$$\text{y}-\text{CH}_2\text{CO}_2\text{H} \xrightarrow{\triangle} \text{y}-\text{CH}_3 \ + \ \text{CO}_2$$

$$\text{y} = \underset{\text{O}}{\text{R}-\text{C}-}, \quad \underset{\text{O}}{\text{HOC}-}, \ -\text{CN}, \ -\text{NO}_2, \ -\text{Ar}$$

如果羧基直接连有拉电子基团，同样的原因使它容易脱羧。

$$\text{X}_3\text{C}-\text{CO}_2\text{H} \xrightarrow{\triangle} \text{X}_3\text{CH} \ + \ \text{CO}_2$$

问题 14-5　写出下列化合物的加热产物。

(1) $\underset{\text{O}}{\text{C}6\text{H}_5-\text{C}}-\text{CH}_2\text{CO}_2\text{H}$　(2) $\text{O}_2\text{N}-$〈苯环〉$\begin{matrix}\text{COCH}_3 \\ \text{CO}_2\text{H} \\ \text{NO}_2\end{matrix}$　(3) $\text{HO}_2\text{CCH}_2\text{CH}_2\underset{\text{CN}}{\overset{\text{CO}_2\text{H}}{\text{CHCH}}}$

---

2. 生物脱羧

生物体内代谢产物 3-丁酮酸可在酶的催化下脱羧。酶是生化反应的有效催化剂，其催化特点是条件温和、效率高、专一性强（参阅 21.4 节）。催化 3-丁酮酸脱羧反应的酶含有氨基，首先它与 3-丁酮酸的酮羧基作用生成亚胺，而后发生质子转移，羧基以负离子的形式发生脱羧。

$$\boxed{\text{酶}}-\text{NH}_2 \ + \ \underset{\text{O}\ \ \ \ \text{O}}{\text{CH}_3-\text{CCH}_2\text{C}-\text{OH}} \longrightarrow \underset{\text{N}-\boxed{\text{酶}}}{\text{CH}_3-\text{C}-\text{CH}_2-\text{CO}_2\text{H}}$$

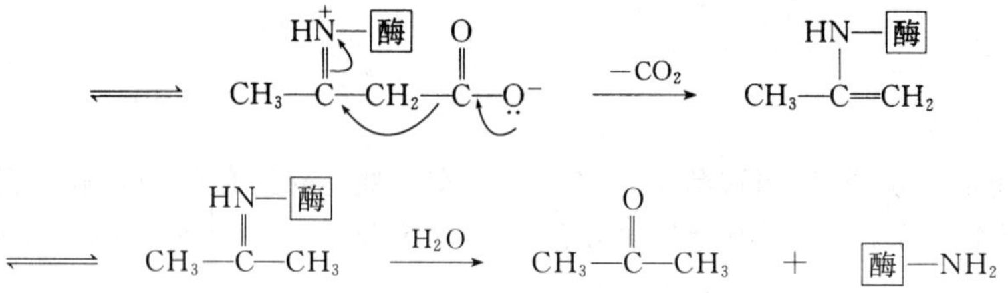

$$\rightleftharpoons \quad CH_3\overset{\overset{\displaystyle HN-\boxed{酶}}{\|}}{C}-CH_3 \quad \xrightarrow{H_2O} \quad CH_3-\overset{\overset{\displaystyle O}{\|}}{C}-CH_3 \quad + \quad \boxed{酶}-NH_2$$

3. 羧酸盐的脱羧反应

脂肪酸不容易脱羧,而它们的盐在一定条件下却能完成这个反应。

(1)汉斯狄克(Hunsdiecker)反应

纯的干燥的羧酸银盐在四氯化碳中与溴一起加热,可以放出二氧化碳生成溴代烃。

$$RCO_2Ag \quad + \quad Br_2 \quad \xrightarrow[\triangle]{CCl_4} \quad RBr \quad + \quad CO_2 \quad + \quad AgBr$$

这个反应通过自由基历程,用反应式可以清楚地表示这个过程,其历程如下:

无论脂肪酸还是芳香酸都可通过这个途径脱羧,用于制备比原料酸少一个碳的溴代烃。

(2)科西(Kochi)反应

羧酸用四乙酸铅和氯化锂处理,可发生脱羧反应生成氯代烃。该反应起始于 $RCO_2Pb(O_2CCH_3)_3$。

$$RCO_2H \quad + \quad Pb(O_2CCH_3)_4 \quad + \quad LiCl \quad \xrightarrow{80\,℃}$$
$$RCl \quad + \quad CO_2 \quad + \quad Pb(O_2CCH_3)_2 \quad + \quad CH_3CO_2H \quad + \quad CH_3CO_2Li$$

因此也作为羧酸盐的脱羧。反应亦为自由基历程。一般羧酸 α 碳连有 2 个或 3 个烃基时收率最好,直链脂肪酸收率稍差,芳香酸收率很低,脂环酸一般收率较高。具有几何异构的环烷酸产物为顺反异构体。

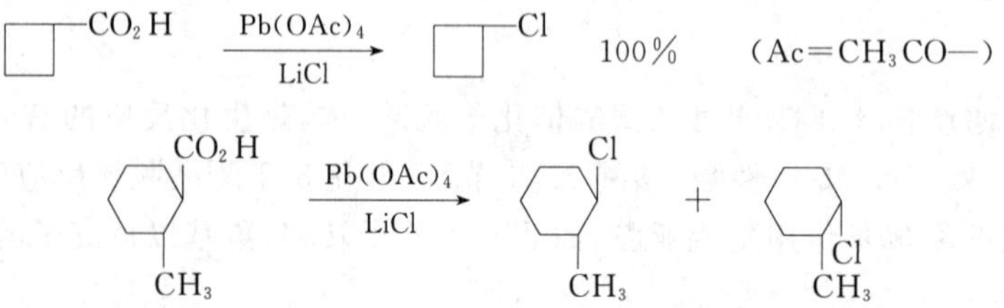

问题 14-6 完成下列反应式。

(1) $CH_3O_2CCH_2CH_2CH_2CO_2Ag$ $\xrightarrow{Br_2/CCl_4}$ (2) 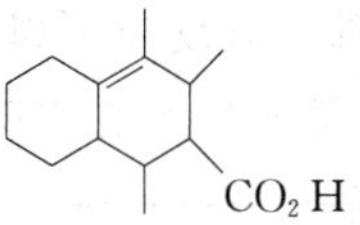 $\xrightarrow[LiCl]{Pb(OAc)_4}$

（3）柯尔柏（Kolbe）电解

脂肪酸钠盐或钾盐的浓溶液电解放出二氧化碳得到两个羧酸烃基相偶联的产物。

$$2\ RCO_2Na\ +\ 2\ H_2O\ \xrightarrow{电解}\ R\text{—}R\ +\ 2\ CO_2\ +\ H_2\ +\ 2\ NaOH$$

$2\sim18$ 个碳的直链羧酸盐电解能得到 $50\%\sim90\%$ 产率的烃类。若酸分子中带有对电解不敏感的官能团也能较满意地完成反应。如带有酯基的羧酸钾电解可以理想地合成二元羧酸。

$$2\ KO_2C(CH_2)_3CO_2C_2H_5\ \xrightarrow{电解}\ C_2H_5O_2C(CH_2)_6CO_2C_2H_5$$

反应为自由基历程：

阳极 $\quad R\overset{\overset{\displaystyle O}{\|}}{C}O - e \longrightarrow R\overset{\overset{\displaystyle O}{\|}}{C}O\cdot$

$2\ R\overset{\overset{\displaystyle O}{\|}}{C}O\cdot \xrightarrow{-2CO_2} 2\ R\cdot \longrightarrow R\text{—}R$

阴极 $\quad H_2O\ +\ e \longrightarrow OH\ +\ \dfrac{1}{2}\ H_2$

四、α 卤代反应

具有 α 氢的羧酸在少量红磷或三溴化磷存在下与溴发生反应，得到 α 溴代酸。

$$CH_3CH_2CH_2CO_2H\ +\ Br_2\ \xrightarrow[\text{或 } P(红)]{PBr_3}\ CH_3CH_2\underset{\underset{\displaystyle Br}{|}}{C}HCO_2H\ +\ HBr$$

$$82\%$$

反应是分步进行的。首先是三溴化磷（若用红磷，与溴反应生成）与羧酸作用生成酰基溴，酰基溴具有烯醇形式，它与溴加成得到 α 溴代酰基溴，过量酸存在下发生溴的交换，最终生成 α 溴代羧酸。

$$RCH_2\overset{\overset{\displaystyle O}{\|}}{C}OH\ +\ PBr_3 \longrightarrow RCH_2\overset{\overset{\displaystyle O}{\|}}{C}Br$$

$$RCH_2\overset{\overset{\displaystyle O}{\|}}{C}Br \rightleftharpoons RCH=\overset{\overset{\displaystyle OH}{|}}{C}Br \quad 烯醇式$$

$$RCH=\overset{\overset{\displaystyle OH}{|}}{C}Br\ +\ Br_2 \longrightarrow RCH\overset{\overset{\displaystyle O}{\|}}{C}Br\ +\ HBr$$
$$\underset{\underset{\displaystyle Br}{|}}{}$$

$$RCH\overset{\overset{\displaystyle O}{\|}}{C}Br\ +\ RCH_2CO_2H \rightleftharpoons RCHCO_2H\ +\ RCH_2\overset{\overset{\displaystyle O}{\|}}{C}Br$$
$$\underset{\displaystyle Br}{|}\qquad\qquad\qquad\quad \underset{\displaystyle Br}{|}$$

这个反应采用三氯化磷与氯反应可以制备 α 氯代羧酸。应该注意的是该反应中红磷或三卤化磷是催化量的,如果用量发生改变将会得到不同产物(参见问题 14-7)。

问题 14-7 写出 α-苯乙酸与溴、红磷和三溴化磷反应的产物。

(1)酸 1mol,Br_2 1mol,红磷(催化量)　　　　(2)酸 1mol,Br_2 1mol,红 P,1mol

(3)酸 1mol,Br_2 1mol,PBr_3 1mol　　　　　　(4)酸 1mol,Br_2 1mol,PBr_3(催化量)

五、二元羧酸的酸性和热分解反应

1.酸性

二元酸具有两个羧基,因此有两个离解常数:

$$HO_2C(CH_2)_nCO_2H \xrightleftharpoons{K_{a_1}} HO_2C(CH_2)_nCO_2^- \xrightleftharpoons{K_{a_2}} {}^-O_2C(CH_2)_nCO_2^-$$

第一个离解常数 K_{a_1} 要大,也就是说第一个质子容易离解。一般情况下,K_{a_1} 值或 pK_{a_1} 值可以描述它的酸性强度。二元酸的酸性比一元酸强,这是预料之中的。因羧基是拉电子基团,可以通过诱导效应使另一羧基上的氢以质子形式离解,pK_{a_1} 值应小于一元酸的 pK_a 值。不难想象,两个羧基的距离越近,pK_{a_1} 值越小,酸性越强。表 14-3 列出了一些二元酸的 pK_a 值。

表 14-3　一些二元羧酸的 pK_a 值

二　元　酸	pK_{a_1}	pK_{a_2}
HO_2CCO_2H	1.2	4.2
$HO_2CCH_2CO_2H$	2.8	5.7
$HO_2C(CH_2)_2CO_2H$	4.2	5.6
$HO_2C(CH_2)_3CO_2H$	4.3	5.4
$HO_2C(CH_2)_4CO_2H$	4.5	5.4
邻苯二甲酸	2.9	5.5

2.热分解反应

脱羧
$$HO_2CCO_2H \xrightarrow{\triangle} CO_2 + HCO_2H$$
$$HO_2CCH_2CO_2H \xrightarrow{\triangle} CO_2 + CH_3CO_2H$$

失水
$$\begin{array}{c}CH_2CO_2H\\|\\CH_2CO_2H\end{array} \xrightarrow{\triangle} H_2O + (酸酐)$$
$$\begin{array}{c}CH_2CO_2H\\|\\CH_2\\|\\CH_2CO_2H\end{array} \xrightarrow{\triangle} H_2O + (酸酐)$$

$$\begin{array}{c} CH_2CH_2CO_2H \\ | \\ CH_2CH_2CO_2H \end{array} \xrightarrow{\triangle} CO_2 + H_2O + \text{环戊酮}$$

$$\begin{array}{c} CH_2CH_2CO_2H \\ | \\ CH_2 \\ | \\ CH_2CH_2CO_2H \end{array} \xrightarrow{\triangle} CO_2 + H_2O + \text{环己酮}$$

$$\left. \vphantom{\begin{array}{c}a\\b\\c\\d\\e\end{array}} \right\} \text{脱羧并失水}$$

$$HO_2C(CH_2)_nCO_2H \xrightarrow{\triangle} 聚酐 \qquad n>5$$

二元羧酸在化学上有一元酸的通性。它可与碱反应,也能酯化,α 卤代等,在此不重复讨论。二元酸的特征反应是受热分解。不同的二元酸受热得到不同产物。草酸和丙二酸加热脱羧,丁二酸和戊二酸则失水成酸酐,己二酸和庚二酸既脱羧又失水生成五、六元环酮。更长碳链的二酸受热往往生成聚酐。布郎克(Blanc)对此进行研究后提出五、六元环容易形成的规律。

14.4 羧酸的制备方法

羧酸有许多种制备方法,在此只例举其中主要的几种。

一、氧化法

1. 烃的氧化

前已述及许多烃类氧化后可以生成羧酸。较有代表性的有以下几种:

$$RCH{=}CHR \xrightarrow{KMnO_4} 2\ RCO_2H$$

$$CH_3{-}\!\!\!\!\bigcirc\!\!\!\!{-}CH_3 \xrightarrow{KMnO_4} HO_2C{-}\!\!\!\!\bigcirc\!\!\!\!{-}CO_2H$$

$$\text{萘} \xrightarrow[O_2]{V_2O_5} \text{邻苯二甲酸酐} \xrightarrow{H_2O} \text{邻苯二甲酸}$$

2. 醇和醛的氧化

$$RCH_2OH \xrightarrow{KMnO_4} RCO_2H$$

$$CH_3CHO \xrightarrow[催化剂]{O_2} CH_3CO_2H \qquad (工业制法)$$

由醇氧化制备酸是最普遍的方法。由醛氧化制酸较少应用,但工业上在催化剂存在下空气氧化乙醛到乙酸却是大规模的。用 Ag^+ 作氧化剂也可把醛氧化为酸使双键不受影响,这在合成上是有价值的。

$$\begin{array}{c} H \quad CHO \\ \ \ \diagdown\!\diagup \\ \ \ C{=}C \\ \diagup\quad\diagdown \\ CH_3CH_2 \quad CH_3 \end{array} + Ag_2O \xrightarrow[OH^-]{H_2O} \xrightarrow{HCl} \begin{array}{c} H \quad CO_2H \\ \ \ \diagdown\!\diagup \\ \ \ C{=}C \\ \diagup\quad\diagdown \\ CH_3CH_2 \quad CH_3 \end{array} + Ag$$

$$95\% \sim 98\%$$

二、腈的水解

在中性条件下腈不容易水解,但在酸或碱催化下可很快水解成酸。腈多由卤代烃与氰化钠反应合成。用此方法一般伯卤代烃有较好的收率,仲和叔卤代烃,特别是叔卤代烃主要生成消去反应产物。

$$RCN \ + \ H_2O \ \xrightarrow{H^+ \text{或} OH^-} \ RCO_2H$$

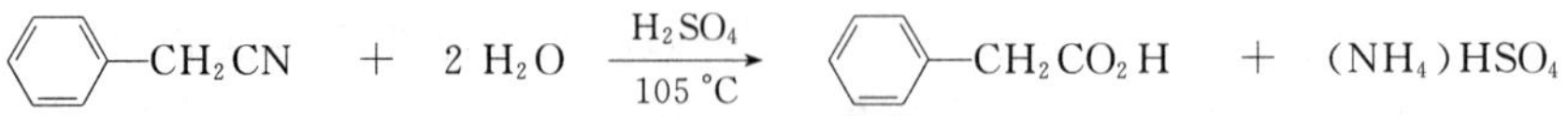

$$CH_3(CH_2)_9CN \ + \ 2\,H_2O \ \xrightarrow[\text{乙醇,}\triangle]{KOH} \ CH_3(CH_2)_9CO_2^- \ + \ NH_3$$

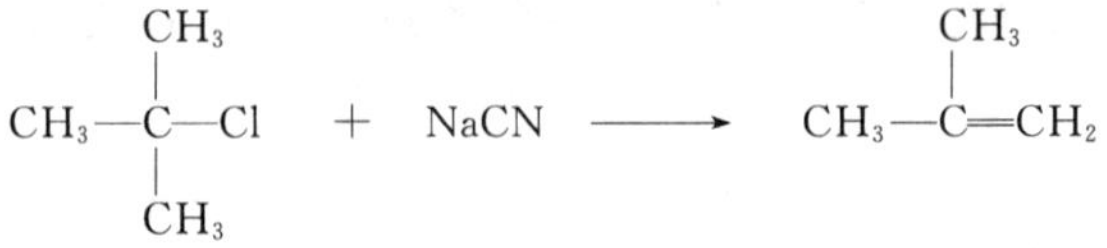

芳香卤代烃不活泼,一般不与氰化钠作用。因此起始于卤代烃的腈水解法虽是一个制备羧酸的好方法,但有一定的限制,不过该法的弱点可由格氏试剂法弥补。

三、由格氏试剂合成

在醚溶液中卤代烃与金属镁作用生成格氏试剂,通入二氧化碳再水解即得到羧酸。这也是制备羧酸的极好方法。某些以卤代烃制备腈,再水解成酸的合成失败,用该法却能得到满意的结果。如由叔丁基氯制备 2,2-二甲基丙酸。由于消去反应不能采用合成腈再水解的途径,用格氏试剂法就可顺利获得这个产物。

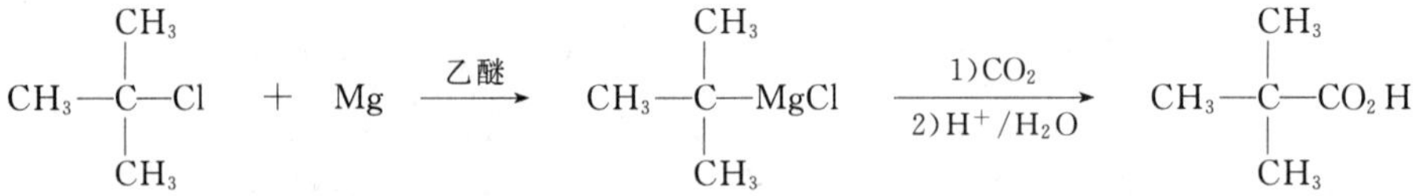

但格氏试剂的制备也是有限制的,这时又必须采用腈水解法。腈的水解和由格氏试剂合成羧酸的方法同是起始于卤代烃,且都合成比反应物多一个碳的羧酸,这两种方法可交替使用,但必须根据反应特点和限制作出正确选择。下面是两个选择合成路线的实例。

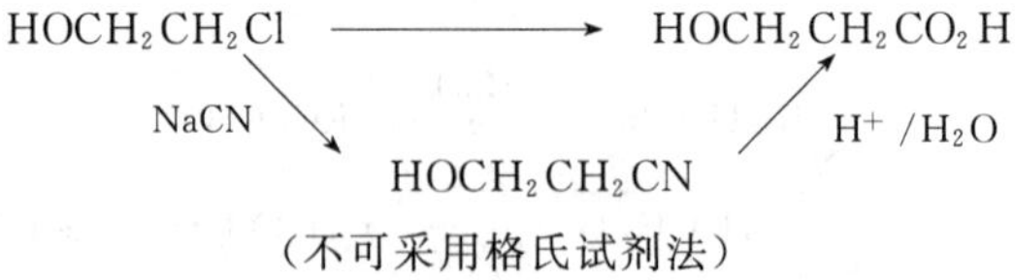

（不可采用格氏试剂法）

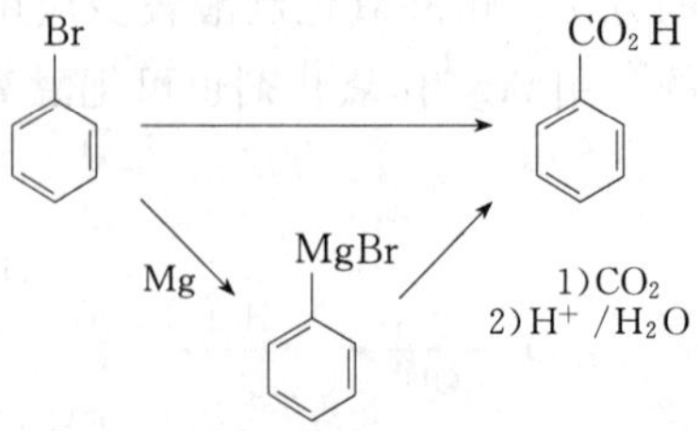

（不可采用腈水解法）

问题 14-8　标出下列合成的方法。

(1) $(CH_3)_3CCH_2Br \longrightarrow (CH_3)_3CCH_2CO_2H$

(2)
$$O_2N-\overset{NO_2}{\underset{}{\bigcirc}}-Cl \longrightarrow O_2N-\overset{NO_2}{\underset{}{\bigcirc}}-CO_2H$$

(3) $CH_2{=}CHCH_2Cl \longrightarrow CH_2{=}CHCH_2CO_2H$

四、油脂水解（高级脂肪酸的来源）

天然动植物油脂（常温下为液体叫油，是固体称脂）是高级脂肪酸的甘油酯，它们在碱性条件下水解，可得到不同碳链的高级脂肪酸。

$$\begin{array}{c}
CH_2OCR \\
| \\
CHOCR' \\
| \\
CH_2OCR''
\end{array}
\xrightarrow[OH^-]{H_2O}
\begin{array}{c}
CH_2OH \\
| \\
CHOH \\
| \\
CH_2OH
\end{array}
+
\begin{array}{c}
R'CO_2^- \\
RCO_2^- \\
R''CO_2^-
\end{array}
\xrightarrow{H^+}
\begin{array}{c}
CH_2OH \\
| \\
CHOH \\
| \\
CH_2OH
\end{array}
+
\begin{array}{c}
R'CO_2H \\
RCO_2H \\
R''CO_2H
\end{array}$$

这些高级脂肪酸主要是 12～18 个碳的饱和或不饱和酸，并都为偶数碳。最常见的是月桂酸、肉豆蔻酸、软脂酸（棕榈酸）、硬脂酸、亚油酸、油酸等。

$$CH_3(CH_2)_{10}CO_2H \qquad\qquad 月桂酸（lauric\ acid）$$

$$CH_3(CH_2)_{12}CO_2H \qquad\qquad 肉豆蔻酸（myristic\ acid）$$

$$CH_3(CH_2)_{14}CO_2H \qquad\qquad 软脂酸（palmitic\ acid）$$

$$CH_3(CH_2)_{16}CO_2H \qquad\qquad 硬脂酸（stearic\ acid）$$

$$\begin{array}{ccc}
CH_3(CH_2)_4 & CH_2 & (CH_2)_7CO_2H \\
& & \\
C{=}C & & C{=}C \\
| \quad | & | \quad | & \\
H \quad H & H \quad H &
\end{array} \qquad 亚油酸（linoleic\ acid）$$

$$\begin{array}{c}
CH_3(CH_2)_7 \qquad (CH_2)_7CO_2H \\
C{=}C \\
| \qquad\qquad | \\
H \qquad\qquad H
\end{array} \qquad 油酸（oleic\ acid）$$

不同的油脂含有酸的种类和比例不同。如椰子油水解主要得到月桂酸 45％，肉豆蔻酸 18％，软酯酸，10％～11％，硬脂酸 2％～3％，油酸 7％～8％。而牛脂水解主要得到肉豆蔻酸 3％，软脂酸 25％，硬脂酸 24％，油酸 42％，亚油酸 2％。了解了油脂的主要成分就可根据需要的酸去选择不同的油脂。当然油脂水解不只是从中获得有机合成中需要的脂肪酸，它的一个很重要的用途是利用水解产物 C_{12}～C_{18} 羧酸钠盐制肥皂。

五、酚酸的制备方法

苯酚钠盐在压力和加热情况下与 CO_2 作用生成邻羟基苯甲酸（水杨酸），该反应称作柯柏—施密特(Kolbe-Schmitt)合成。[H. Kolbe(1818—1884)出生于德国,曾在 Marburg 大学和 Leipzig 大学任化学教授,1859 年首先制备了阿斯匹林(Aspirin)。R. Schmitt(1830—1898)出生于德国,是 Dresden 大学教授,1885 年改进了阿斯匹林合成并使其工业化。]这个反应主要得到水杨酸,但也有少量对位异构体。反应机理尚不十分清楚,一种说法认为是酚氧基负离子(相当于烯醇负离子)对 CO_2 的加成。

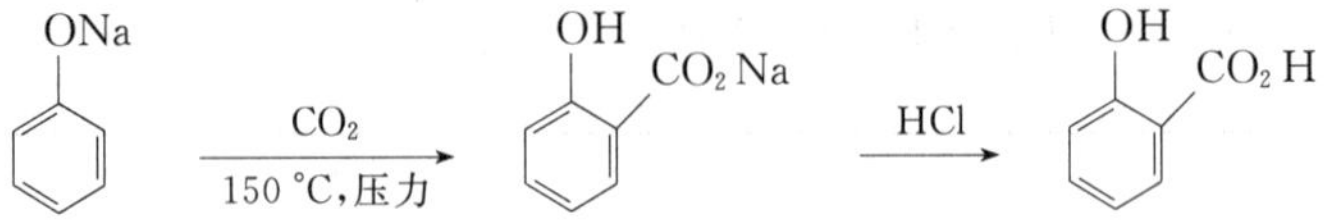

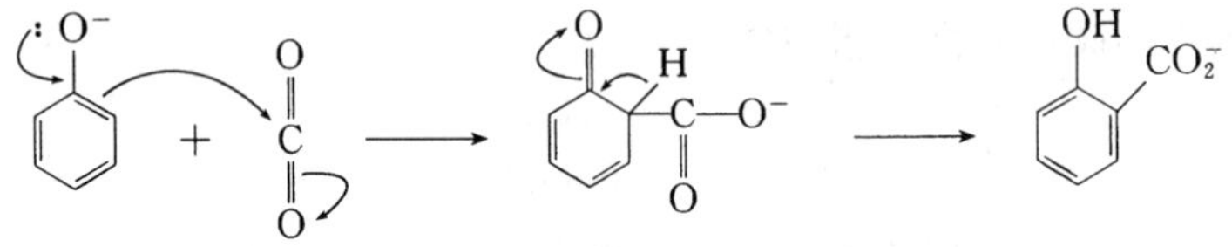

水杨酸是染料、香料、医药等工业的重要原料,例如,常用于制备解热镇痛药阿斯匹林。

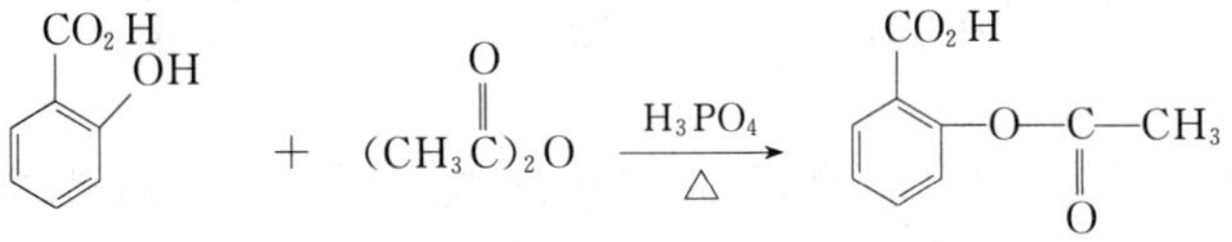

阿斯匹林

Aspirin

把水杨酸钾盐与碳酸钾混合,在较高温度下反应,则能完全转变为对羟基苯甲酸。

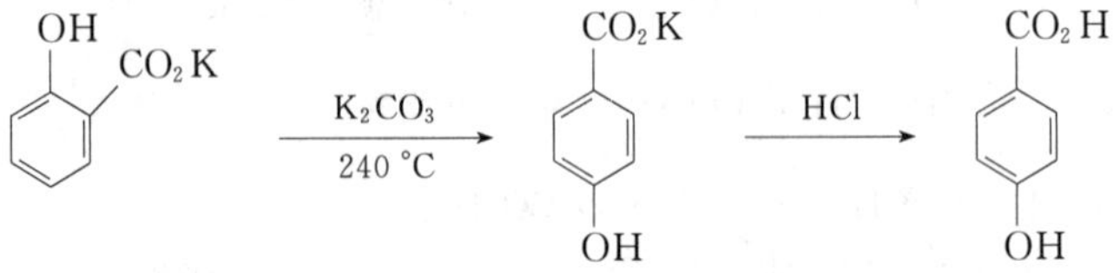

苯二酚和苯三酚更容易进行这一反应,一般在沸水情况下就可完成。

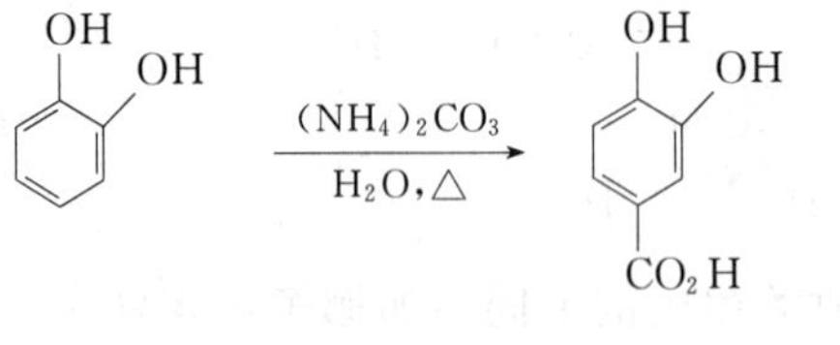

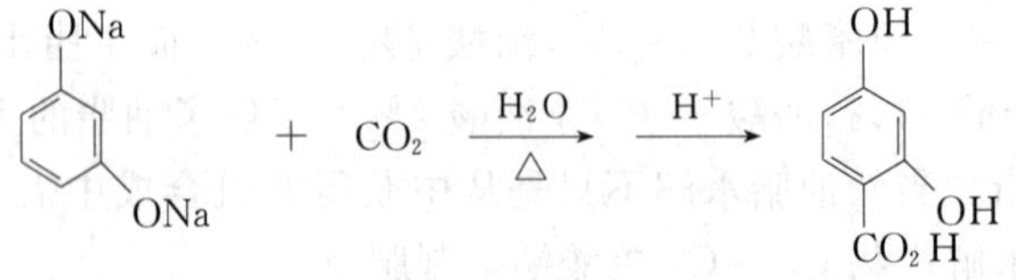

羧酸还有很多重要合成方法,如通过丙二酸二乙酯制备,羧酸的烃基化法等均为重要的实验室合成法,本书将在第十六章作详细讨论。

14.5 羟基酸

一、来源与制备

很多羟基酸存在于自然界,如乳酸、苹果酸、酒石酸、柠檬酸等均可从相应天然产物中得到。乳酸最初从酸牛奶中获得,它也可由蔗糖发酵制备。天然苹果酸为左旋体,能从苹果中得到。存在于多种水果中的酒石酸为右旋体,它是从葡萄酿酒过程中得到。柠檬酸可从柠檬、葡萄等多种植物果实中获取。

$$CH_3CHCO_2H \qquad HO_2CCH_2CHCO_2H \qquad HO_2CCHCHCO_2H \qquad HO_2CCH_2CCH_2CO_2H$$

乳酸
lactic acid

苹果酸
malic acid

酒石酸
tartaric acid

柠檬酸
citric acid

羟基酸合成一般有如下几种方法。其一是 α 卤代酸水解制备 α 羟基酸。其二是羟基腈水解法。醛与氰氢酸加成得到 α 羟基腈,小心水解即生成 α 羟基酸。由卤代醇和氰化钠作用能得到不同位置的羟基腈,水解可得到相应的羟基酸。

$$CH_3CH_2CO_2H \xrightarrow[P]{Br_2} CH_3CHCO_2H \xrightarrow[2)H^+]{1)OH^-/H_2O} CH_3CHCO_2H$$

$$C_6H_5CHO \xrightarrow{HCN} C_6H_5CHCN \xrightarrow[100\ ℃]{HCl} C_6H_5CHCO_2H$$

70%

$$HOCH_2CH_2Cl \xrightarrow{NaCN} HOCH_2CH_2CN \xrightarrow{H^+/H_2O} HOCH_2CH_2CO_2H \qquad \beta 羟基酸$$

第三种方法是通过内酯水解获得。已知环酮用过氧酸处理可得到内酯,这个内酯水解即可生成羟基酸。第四种方法是通过醛、α 卤代酸酯和锌粉作用制备 β 羟基酸。这种反应叫瑞佛马斯基(Reformatsky)反应,该反应将在 16.4 节讨论。

$$RCHO + ClCH_2CO_2C_2H_5 \xrightarrow[2)H^+]{1)Zn} RCHCH_2CO_2C_2H_5 \xrightarrow{OH^-/H_2O} \xrightarrow{H^+} RCHCH_2CO_2H$$

β 羟基酸和它的酯也可通过类似于羟醛缩合的反应制备,这是羟基酸的另一种制法。具有 α 氢的酯在二异丙基氨基锂(LDA)作用下生成 α 碳负离子,然后与醛、酮反应,经酸化得到 β 羟基酸酯。

$$CH_3CH_2COCH_3 \xrightarrow[THF,-70\ ℃]{LDA} \xrightarrow{C_6H_5CHO} \xrightarrow{H_3^+O} C_6H_5CH{-}CHCO_2CH_3$$

95%

二、化学反应

羟基酸含有两种官能团,具有醇和酸两种性质,如可以成醚、成酯等。它的特征反应是酸性条件下的失水。α 羟基酸是两分子之间相互作用脱水生成交酯(lactide)。β 羟基酸却很容易分子内脱水生成 α,β 不饱和酸。γ 和 δ 羟基酸发生分子内酯化反应形成五、六元环内酯(lactone)。羟基与羧基相距更远时,在酸存在下往往是分子间酯化生成聚酯。不同位置的羟基酸失水也体现了五、六元环的稳定性。

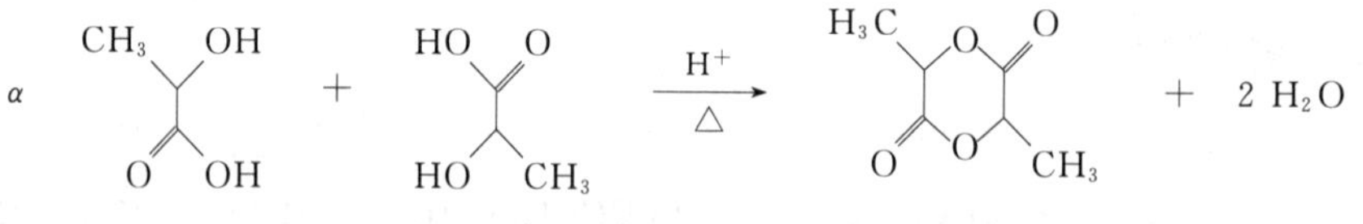

交酯
lactide

β $CH_3CHCH_2CO_2H$ $\xrightarrow[\triangle]{H^+}$ $CH_3CH=CHCO_2H$ + H_2O
               |
             OH

γ $HOCH_2CH_2CH_2CO_2H$ $\xrightarrow[\triangle]{H^+}$ + H_2O

δ $HO(CH_2)_4CO_2H$ $\xrightarrow[\triangle]{H^+}$ + H_2O

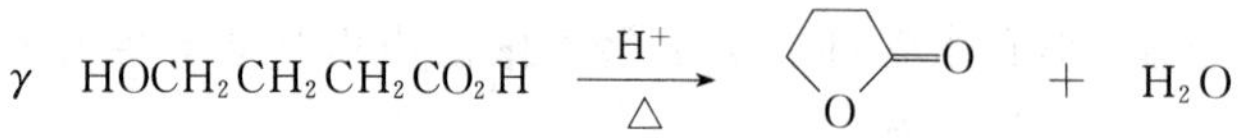

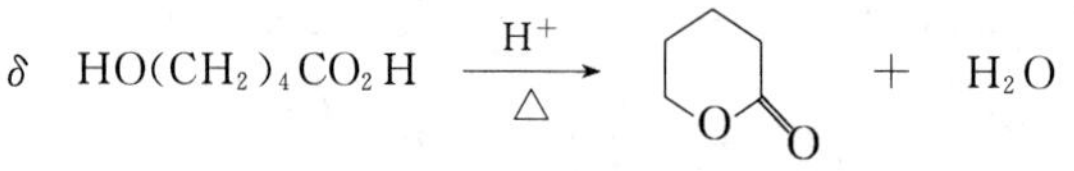

内酯
lactone

问题 14-9 完成下列转化。

(1) $CH_3CHCH_2CH_2OH$ $\longrightarrow$ $CH_3CHCH_2CHCO_2H$
           |
          CH_3 CH_3 OH

(2) $\longrightarrow$ $CH_3CH(CH_2)_4CO_2H$

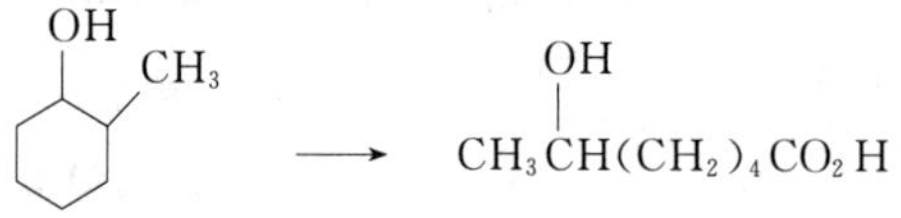

习 题

1.写出下列化合物的名称。

(1) $CH_3CH_2CH_2CHCH_2CH_2CH_3$ (2) 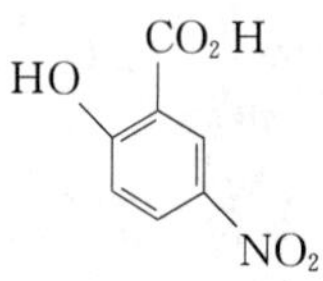
                  |
              CH_2CO_2H

(3)

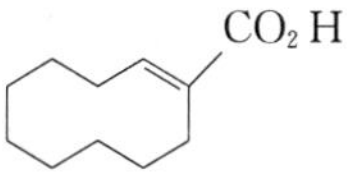

CO_2H

(4)

$$\overset{CO_2H}{\underset{}{CH_3}}\overset{}{CH}CH_2CH_2\overset{CO_2H}{\underset{}{CH}}CH_3$$

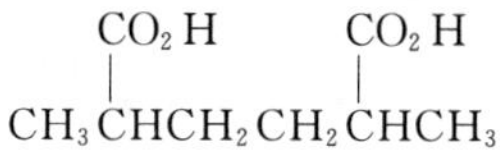

2. 写出下列化合物的结构式。

(1) 4-乙基-2-丙基辛酸　　　(2) 2-己烯-4-炔酸

(3) 6-羟基-1-萘甲酸　　　　(4) 对乙酰基苯甲酸

3. 邻苯二甲酸 pK_2 为 5.4,对苯二甲酸 pK_2 为 4.8,说明这个实验事实。

4. 下列各对化合物中哪个是较强的碱?

(1) $CH_3CH_2O^-$, $CH_3CO_2^-$　　　　(2) $ClCH_2CH_2CO_2^-$, $CH_3\overset{}{\underset{Cl}{CH}}CO_2^-$

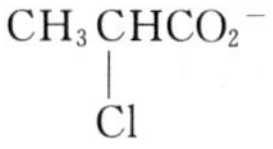

(3) $HC\equiv CCH_2CO_2^-$, $CH_3CH_2CH_2CO_2^-$　(4)

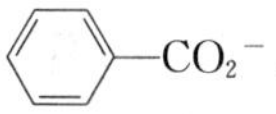

$-CO_2^-$,环己烷酸负离子

(5) $HOCH_2CO_2^-$, $CH_3CO_2^-$

5. 按酸性强弱排列下列化合物。

(1) α-溴代苯乙酸,对溴苯乙酸,对甲基苯乙酸,苯乙酸

(2) 苯甲酸,对硝基苯甲酸,间硝基苯甲酸,对甲基苯甲酸

6. 完成下列反应式。

(1)

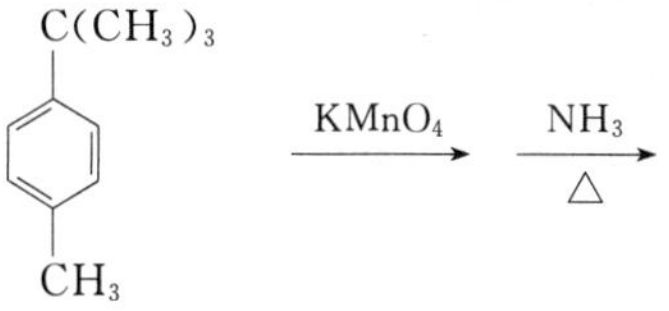

$\xrightarrow{KMnO_4}$ $\xrightarrow[\triangle]{NH_3}$

(2)

$\xrightarrow{Br_2\atop CCl_4}$

(3)

$\xrightarrow[2)H_2O_2/OH^-]{1)B_2H_6}$ $\xrightarrow{PBr_3}$ $\xrightarrow[2)CO_2]{1)Mg}$

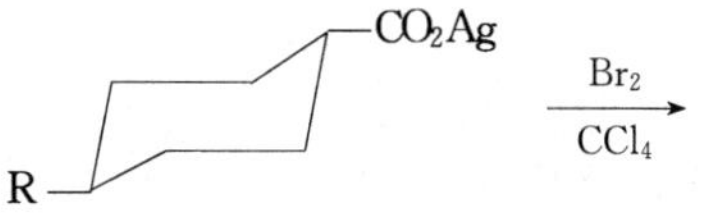

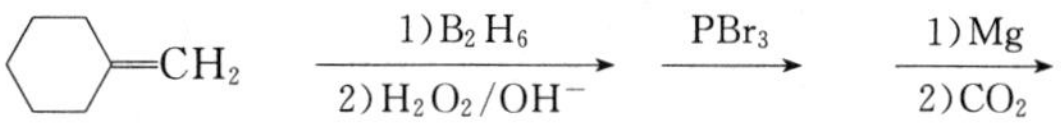

(4)

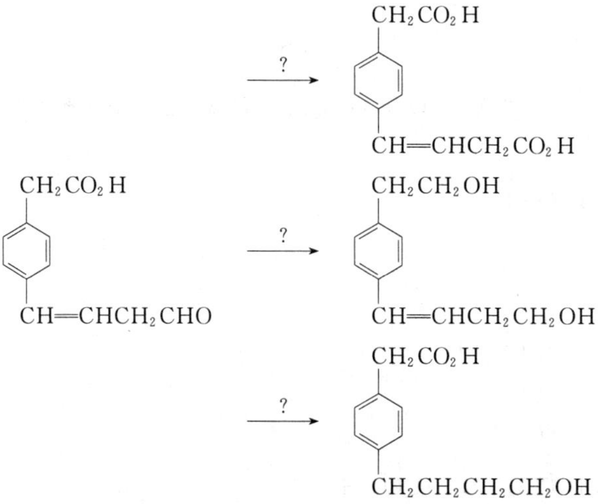

(5)

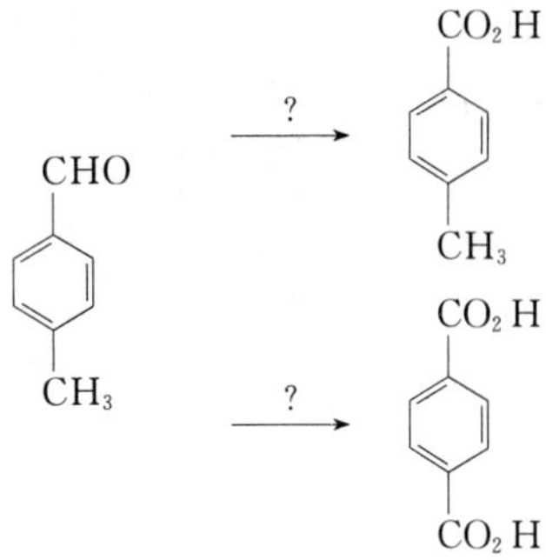

(6)

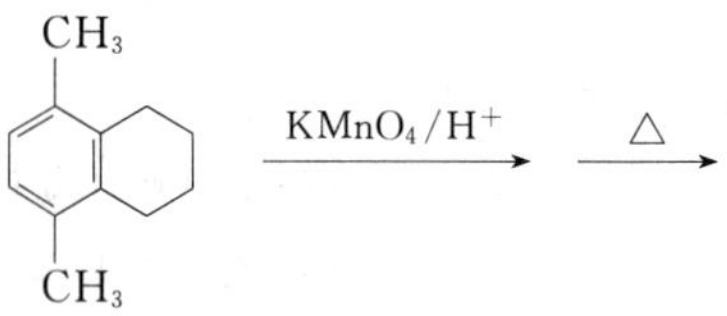

(7) $CH_3COCH_2CH_2CO_2H \xrightarrow{NaBH_4} \xrightarrow{H^+/\triangle}$ (8) $CH_3CO_2H + HO-\!\!\!\bigcirc\!\!\!-CH_2OH \xrightarrow{H^+}$

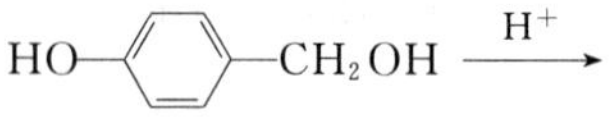

(9) $CH_3CH_2CH_2CO_2H + Br_2 \xrightarrow{P} \xrightarrow[H_2O]{OH^-} \xrightarrow[\triangle]{H^+}$

(10) 油酸 $+ Br_2 \xrightarrow{CCl_4} \xrightarrow{KOH/C_2H_5OH}$

(11)

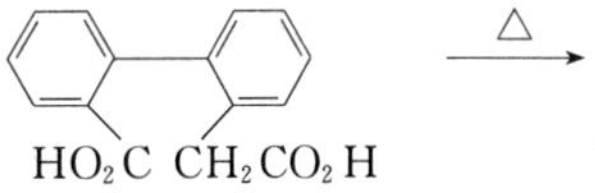

(12) $HO_2CCH_2CH_2\overset{\displaystyle CO_2H}{\underset{}{CH}}CO_2H \xrightarrow{\triangle}$

7.用简单化学方法鉴别下列各组化合物。

(1) 甲酸,乙酸,乙醛   (2) 肉桂酸,苯酚,苯甲酸,水杨酸

(3)

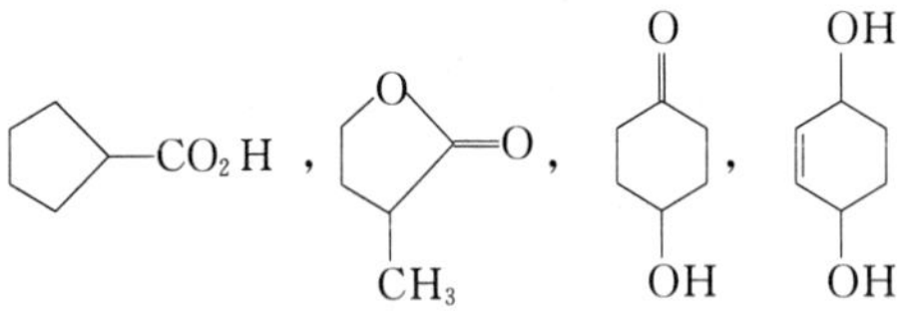

8.用光谱法鉴别下列酸的异构体。

$$CH_3(CH_2)_3CO_2H, \quad (CH_3)_2CHCH_2CO_2H, \quad (CH_3)_3CCO_2H$$

9.4-羟基戊酸用微量硫酸在苯溶液中处理发生下列反应,说出它的反应机理。

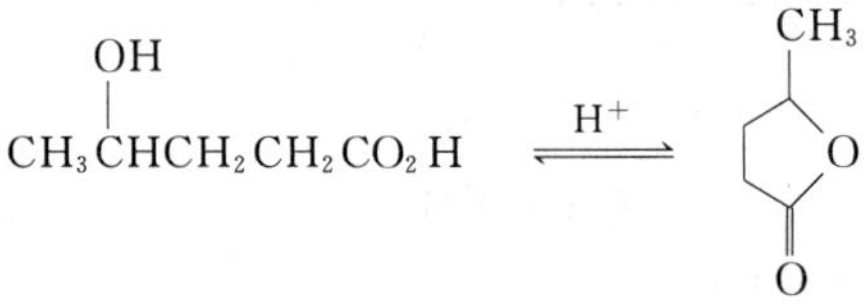

10.由卤代烃制备酸常常采用两种方法,即通过格氏试剂与 CO_2 反应和通过腈的水解法。请选择适当方法完成下列转化。

(1)

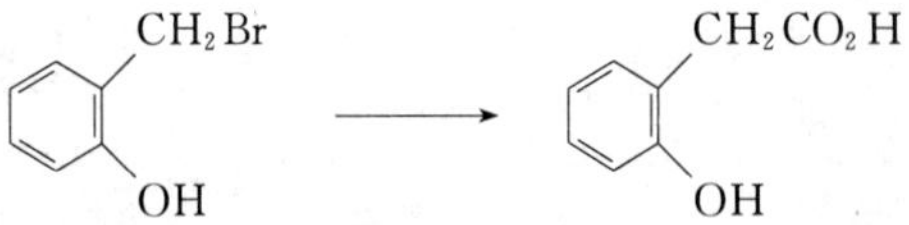

(2) $CH_3CH_2\overset{\displaystyle}{\underset{\displaystyle Br}{CH}}CH_3 \longrightarrow CH_3CH_2\overset{\displaystyle}{\underset{\displaystyle CH_3}{CH}}CO_2H$

(3) $CH_3\overset{\displaystyle O}{\overset{\|}{C}}CH_2CH_2CH_2I \longrightarrow CH_3\overset{\displaystyle O}{\overset{\|}{C}}CH_2CH_2CH_2CO_2H$

(4)

benzene ring with CH_2CH_2Br and OCH_3 → benzene ring with $CH_2CH_2CO_2H$ and OCH_3

11. 以 3-甲基丁酸为原料合成下列化合物。

(1) $(CH_3)CHCH_2CH_2OH$

(2) $(CH_3)_2C=CHCO_2C_2H_5$

(3) $(CH_3)_2CHCH_2Cl$

(4) $(CH_3)_2CHCH_2CH(Br)CH_2Br$

12. 完成下列转化。

(1) benzene ring with two OH → benzene ring with OH, OH, $CO_2C_2H_5$

(2) $CH_3CH_2CHO \longrightarrow CH_3CH_2CH=C(CH_3)CO_2H$

(3) tetralone → benzene ring with OH and $CH_2CH_2CH_2CO_2H$

(4)
$$\text{Ph}-\overset{\underset{|}{CH_2OH}}{\underset{|}{CH_3}}C-CHCH_3 \longrightarrow \text{Ph}-\overset{\underset{|}{CH_3}}{\underset{|}{CH_3}}C-CO_2H$$

13. 由甲苯,不超过三个碳的醇及其他必要无机试剂合成下列化合物。

(1) benzene ring $-C(=O)-$ benzene ring with NO_2 and CH_3

(2) γ-butyrolactone (five-membered lactone ring)

(3) $(Cl-\text{benzene}-\overset{O}{\overset{||}{C}}-OCH_2)_2$

(4) $CH_3\overset{}{\underset{\underset{CH_3}{|}}{C}H}CH_2\overset{\underset{|}{OH}}{C}HCO_2H$

14. Ibuprofen 是止痛药的活性成分,写出由苯起始合成它的路线。

$$CH_3\overset{\underset{CH_3}{|}}{C}HCH_2-\text{benzene}-\overset{\underset{CH_3}{|}}{C}HCO_2H \quad \text{(Ibuprofen)}$$

15. 写出下列反应中 **A～D** 的结构。

乙炔 $+$ $CH_3MgBr \longrightarrow$ **A** $+$ CH_4

A $+$ $CO_2 \xrightarrow{\quad H^+\quad}$ **B** $(C_3H_2O_2)$

B $+$ $H_2O \xrightarrow[H_2SO_4]{HgSO_4}$ **C** $(C_3H_4O_3)$

C $+$ $KMnO_4 \xrightarrow[\triangle]{H^+}$ **D** $(C_2H_4O_2)$ $+$ CO_2

16. 有一羧酸 **A**($C_{11}H_{14}O_2$)经下列反应得到化合物 **D**。

$$\mathbf{A} \quad + \quad PCl_3 \quad \longrightarrow \quad \mathbf{B}\ (C_{11}H_{13}ClO) \quad \xrightarrow[CS_2]{AlCl_3}$$

$$\mathbf{C}\ (C_{11}H_{12}O) \quad \xrightarrow[\triangle]{H_2NNH_2/KOH} \quad \mathbf{D}\ (C_{11}H_{14})$$

D 的 ^1H NMR 数据为 $\delta 1.22$(单峰,6H),$\delta 1.85$(三重峰,2H),$\delta 2.33$(三重峰,2H),$\delta 7.02$(单峰,4H)。根据以上实验事实写出 **A**,**B**,**C**,**D** 的结构式。

17. 化合物 **A**($C_4H_8O_3$)具有旋光活性,**A** 的水溶液呈酸性。**A** 强烈加热得到 **B**($C_4H_6O_2$),**B** 无旋光活性,它的水溶液也呈酸性,**B** 比 **A** 更容易被氧化。当 **A** 与重铬酸盐在酸存在下加热,可得到一个易挥发的化合物 **C**(C_3H_6O),**C** 不容易与 $KMnO_4$ 反应,但可给出碘仿实验正性结果。写出 **A**,**B**,**C** 的结构式,并用反应式表示各步反应。

18. 化合物 **A**($C_4H_8O_3$)IR 在 3 100~2 500cm^{-1}、1 710cm^{-1} 有强的特征吸收,它的 ^1H NMR 谱图如下,写出它的结构式。

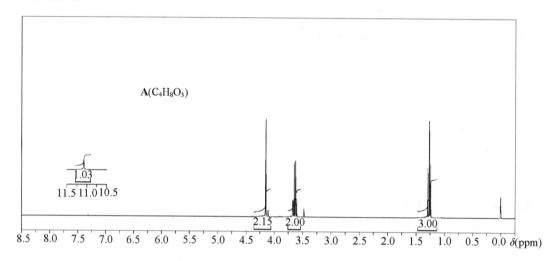

习题 14-18 化合物 A 的 ^1H NMR 谱图

19. 有一化合物分子式为 $C_8H_8O_3$,与 $KMnO_4$ 在酸性条件下加热可得到苯甲酸。它的红外谱图如下,写出该化合物结构。

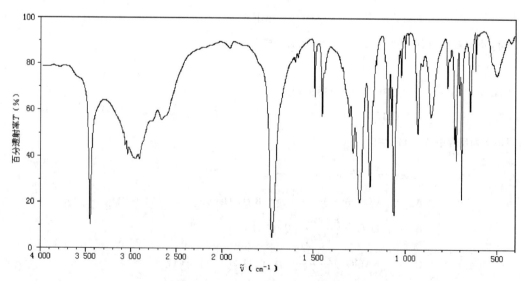

习题 14-19 化合物 $C_8H_8O_3$ 的 IR 谱图

文献题:

完成下列反应(了解不同氧化剂对反应底物的选择性)。

(1)

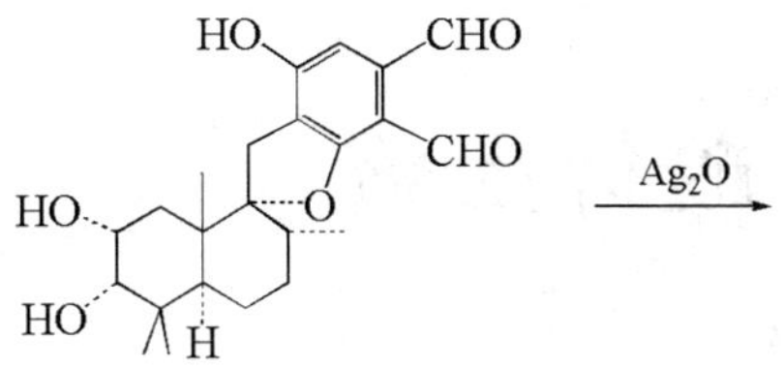

$\xrightarrow{\text{Ag}_2\text{O}}$

(2)

$\xrightarrow[\substack{\text{NaHCO}_3, \text{KBr} \\ \text{Bu}_4\text{NCl}, \text{CH}_2\text{Cl}_2}]{\text{NaOCl}, \quad 1\%}$

(3)

$\xrightarrow[\triangle]{\text{稀 HNO}_3}$

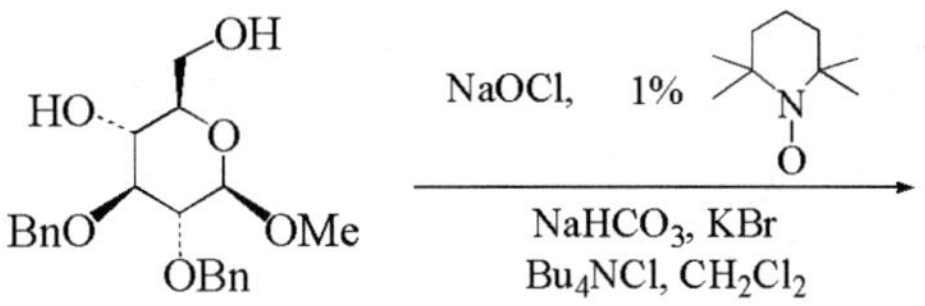

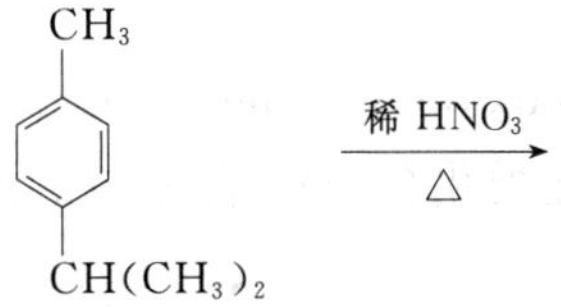

来源:

(1)E. J. Gorey, J. Das. J. Am. Chem. Soc. ,1982,104:5551.

(2)N. J. Davis, S. L. Flitsch. Tetrahedron lett. ,1993,34:1181.

(3)W. F. Tuley, C. S. Marvel. Org. Synth. Coll. , 1955,3:822.

第十五章　羧酸衍生物

15.1　结构和命名

一、结构

羧酸的羟基被其他基团取代的化合物叫做**羧酸衍生物**（carboxylic acid derivatives），包括
酰卤、酯、酰胺、酸酐、腈（腈性质上与上述化合物相似也被归为此类化合物）。除腈外的羧酸衍

RCOX	RCOOR′	RCONH$_2$	(RCO)$_2$O	R—CN
酰卤	酯	酰胺	酸酐	腈
acylhalide	ester	amide	anhyaride	nitrile

生物都有酰基（acyl），经微波光谱测定它们都具有碳氧双键，键长均在 0.12nm 左右。说明它
们都具有明显的羰基。羰基碳为 sp^2 杂化，p 轨道与氧的 p 轨道交盖组成 π 键。不过酰胺羰

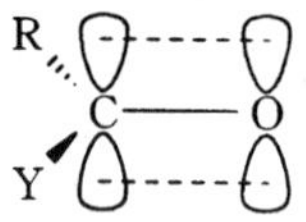

基性质较差。微波光谱测定了甲酰胺的键长。数据说明氮上的两个氢是有区别的。若碳氮键
能自由旋转两个氢应是等同的，事实上却有两个不同的键长。还注意到碳氮键长（0.138nm）
比一般碳氮键长（0.147nm）短得多，说明甲酰胺中碳氮键有某些双键性质。由于碳的 p 轨道
与氮 p 轨道共轭削弱了羰基特征，使它的反应活性大大降低（参阅 15.3 节）。

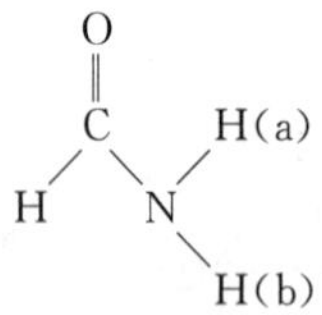

	C＝O	C—N	N—H(a)	N—H(b)	C—H
键长(nm)	0.119 3	0.137 6	0.101 4	0.100 2	0.110 2

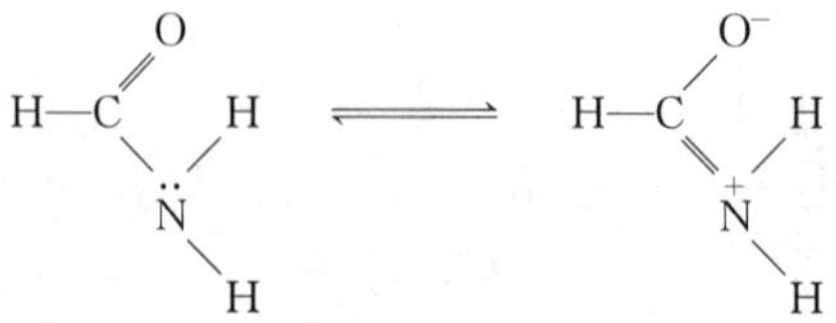

　　腈含有氰基，氰基中氮和碳均为 sp 杂化，像炔一样它们各提供一个 sp 杂化轨道形成碳氮
σ 键，碳和氮各有两个相互垂直的 p 轨道可平行交盖生成两个 π 键，氮的孤对电子处于 sp 杂
化轨道上。

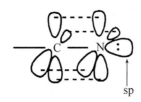

二、命名

1. 酰卤

酰卤名称由相应酸的酰基和卤素组成,英文名称是由-yl halide 取代相应酸词尾-ic acid。如苯甲酰氯是由苯甲酸英文名称 benzoic acid 变化而来,叫做 benzoyl chloride。

$$CH_3COCl$$

乙酰氯
acetyl chloride

〇—COCl

苯甲酰氯
benzoyl chloride

$$CH_3CH_2CHCH_2COBr$$ (上有 CH₃)

3-甲基戊酰溴
3-methyl pentanoyl bromide

2. 酯

从结构形式上看酯是相应酸羧基氢被烃基取代的产物,因此它的名称是由相应酸和烃基名称组合而成。英文命名是由酸的英文名称去掉-ic acid,换为 ate 词尾并在前面加上烃基名称。

〇—CO₂CH₂CH₃

苯甲酸乙酯
ethyl benzoate

$$CH_3—CHCO_2CH(CH_3)_2$$ (上有 CH₃)

2-甲基丙酸异丙酯
isopropyl-2-methylpropanoate

3. 酰胺

酰胺是由酰基和"胺"组成它的名字。若氮上有取代基,在基名称前加 N 标出。英文叫法是由相应酸去掉-ic acid 加上 amide。如甲酸 formic acid,甲酰胺为 formamide。

$$CH_3CONH_2$$

乙酰胺
acetamide

$$CH_3CH_2CONHCH_3$$

N-甲基丙酰胺
N-methylpropanamide

$$HCON(CH_3)_2$$

N,N-二甲基甲酰胺
N,N-dimethyl formamide(DMF)

4. 酸酐

中文名称由相应酸加"酐"字组成。英文命名是把相应酸的 acid 换为 anhydride。

苯甲酸酐
benzoic anhydride

$$CH_3\overset{O}{C}-O-\overset{O}{C}CH_3$$

乙酸酐
acetic anhydride

$$HC\overset{O}{}-O-\overset{O}{C}CH_3$$

甲酸乙酸酐
acetic formic anhydride

5. 腈

根据母体链碳数(包括氰基碳)用"腈"命名。系统命名法中英文是以 alkanenitrile 命名腈。根据包括氰基在内链的碳数写出相应烃的英文名后加上 nitrile。

$$CH_3CN$$

乙腈
acetonitrile(ethanenitrile)

$$CH_3(CH_2)_2CN$$

丁腈
butanenitrile

$$Br(CH_2)_5—CN$$

6-溴己腈
6-bromo hexanenitrile

15.2 物理性质及波谱性质

一、物理性质

酰氯和酯由于不存在氢键,沸点比相应的酸低得多,而酰胺却有较高的沸点。室温下除甲酰胺外一般为固体,这显然是氢键的作用。当酰胺氮上的氢被烃基取代,沸点就会降低。

$$
\begin{array}{ccc}
\overset{\displaystyle O}{\underset{\displaystyle R}{\overset{\|}{C}}} & \overset{\displaystyle H}{\underset{\displaystyle N}{}} & \overset{\displaystyle R}{\underset{\displaystyle O}{\overset{\|}{C}}} \cdots & \overset{\displaystyle H}{\underset{\displaystyle N}{}}\\
\end{array}
$$

如乙酰胺沸点 221 ℃,N,N-二甲基乙酰胺沸点 169 ℃。由于分子间极性相互作用,腈的沸点与相应的酸类似,一般沸点较高。表 15-1 列出某些羧酸衍生物的物理常数。

表 15-1 一些羧酸衍生物的物理常数

名 称	沸点/℃	熔点/℃	名 称	沸点/℃	熔点/℃
乙酰氯	51	−112	乙酰胺	221	82
丙酰氯	80	−94	丙酰胺	213	81
苯甲酰氯	197	−1	丁二酰亚胺	288	126
乙酰溴	76	−96	邻苯二甲酰亚胺		238
甲酸乙酯	54	−80	乙酸酐	140	−73
乙酸甲酯	57.5	−98	邻苯二甲酸酐	284	131
乙酸乙酯	77	−84	苯甲酸酐	360	42
乙酸正丁酯	126	−77	乙腈	82	−45
正丁酸乙酯	121	−93	丙腈	97	−92
乙酸苯酯	214	−51	丁腈	117.5	−112
苯甲酸乙酯	213	−35	苯甲腈	190	−13

所有羧酸衍生物均溶于有机溶剂,如乙醚、氯仿、丙酮、苯等。乙腈、N,N-二甲基甲酰胺、N,N-二甲基乙酰胺可与水混溶。由于它们是强极性的,所以常用来作优良的非质子极性溶剂,大量用于涂料工业和有机合成中。

低级酰氯和酸酐有刺激气味。挥发性的酯具有令人愉快的香味,常用做香料。

二、波谱性质

1. IR

羧酸衍生物的羰基吸收在 1 850～1 630cm^{-1} 之间。不同衍生物 C═O 伸缩振动吸收频率不同。表 15-2 列出了它们的吸收范围。酯羰基伸缩振动吸收与醛相似(见图 15-1)。酰氯中由于氯拉电子诱导效应使 C═O 伸缩振动吸收频率加大,约在 1 800cm^{-1}(见图 15-2)。酸酐有两个羰基,一般有两个伸缩振动吸收(见图 15-3)。酰胺中由于羰基与氨基氮发生共轭削弱了 C═O 双键,伸缩振动吸收频率降低(见图 15-4)。

表 15-2　羧酸衍生物 C＝O 伸缩振动吸收频率

化　　合　　物	C＝O 伸缩振动吸收频率/cm⁻¹
酯　　RCO₂R	1 735（尖）
酰氯　　RCOCl	1 815～1 785（尖，极强）
酸酐　　(RCO)₂O	1 850～1 800 和 1 780～1 740（极强）
酰胺　　RCONH₂	1 680～1 630（尖，极强）

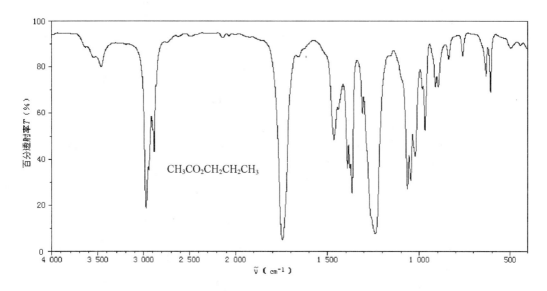

图 15-1　乙酸丙酯的红外谱图

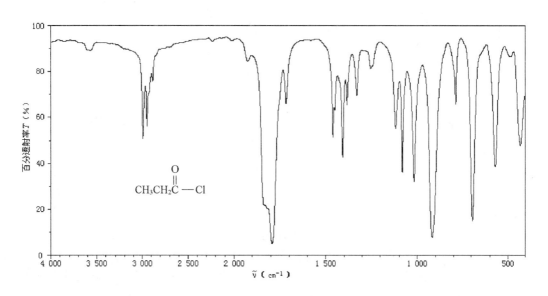

图 15-2　丙酰氯的红外谱图

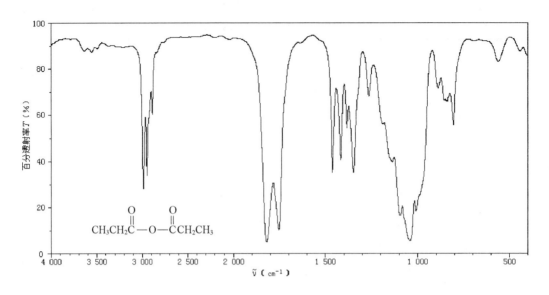

图 15-3　丙酸酐的红外谱图

除 C=O 伸缩振动吸收外,酯和酸酐在 1 310～1 050cm^{-1} 频区存在 C—O 伸缩振动吸收,酰胺在 3 500～3 200cm^{-1} 频区存在 N—H 伸缩振动吸收(参阅图 15-4)。

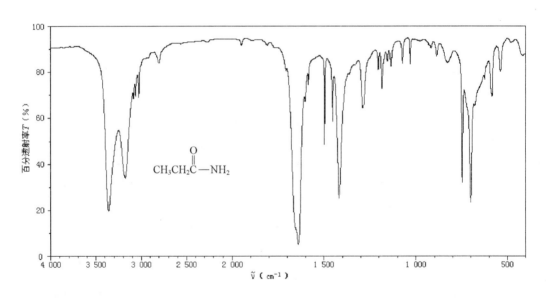

图 15-4　丙酰胺的红外谱图

2.^{1}H NMR

羧酸衍生物中 α 质子受羰基或氰基影响比饱和烃质子共振吸收向低场移动,一般 δ 值为 2～3ppm。酰胺氮上的氢共振峰一般出现在 δ5～8ppm。图 15-5 为 2-甲基丙酰胺的^{1}H NMR 谱图。图中在 δ2.4 的多重峰为 α 质子的共振吸收,δ6 宽平峰(放大)即为氮上的质子共振吸收。

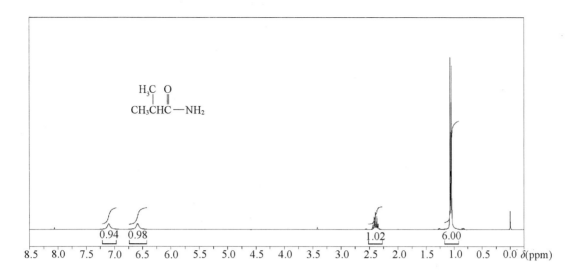

图 15-5　2-甲基丙酰胺的 ^{1}H NMR 谱图

15.3　羧酸衍生物的取代反应及相互转化

　　羧酸衍生物都有一个极性羰基,所以可以进行加成—消去反应,结果得到取代产物。这个反应是羧酸衍生物的重要反应。腈具有氰基也具有同样的反应性,在特定条件下能得到其他衍生物一样的反应结果。通过取代反应,它们可以相互转化,从中可以找出某些衍生物的经典制备方法。

一、酰氯的取代反应

　　酰氯是极活泼的化合物,能迅速与水、醇、氨(胺)作用,分别叫做水解、醇解和氨(胺)解。反应结果氯被相应官能团取代生成酸、酯、酰胺。该反应实际上是在氧和氮上导入酰基,因此

$$\begin{array}{ccccccc}
 & H{-}OH & & R{-}\overset{\overset{\displaystyle O}{\parallel}}{C}{-}OH & + & HCl & \text{水解} \\
\overset{\overset{\displaystyle O}{\parallel}}{R{-}C}{-}Cl & + & H{-}OR' & \longrightarrow & R{-}\overset{\overset{\displaystyle O}{\parallel}}{C}{-}OR' & + & HCl & \text{醇解} \\
 & H{-}NH_2 & & R{-}\overset{\overset{\displaystyle O}{\parallel}}{C}{-}NH_2 & + & NH_4Cl & \text{氨解}
\end{array}$$

酰氯是一个优良的酰化剂,利用这个反应能制备各种酯和酰胺。酚与酸不可能直接作用生成酯,但可通过碱催化下酰氯与酚的反应,满意地得到酚酯。位阻效应较大的醇在叔胺催化下与酰氯反应同样能得到较好收率的酯。酰胺制备一般采用过量氨(胺)与酰氯反应,如果胺价格较高,可采用等摩尔投料,但需 NaOH 水溶液催化。

$$CH_3COCl \ + \ CH_3CH_2CH_2OH \longrightarrow CH_3CO_2CH_2CH_2CH_3$$

$$CH_3COCl + HOC(CH_3)_3 \xrightarrow{C_6H_5N(CH_3)_2} CH_3CO_2C(CH_3)_3 \quad 67\%\sim68\%$$

$$CH_3COCl + 2\,CH_3NH_2 \longrightarrow CH_3CONHCH_3 + H_3\overset{+}{N}CH_3\overset{-}{Cl}$$

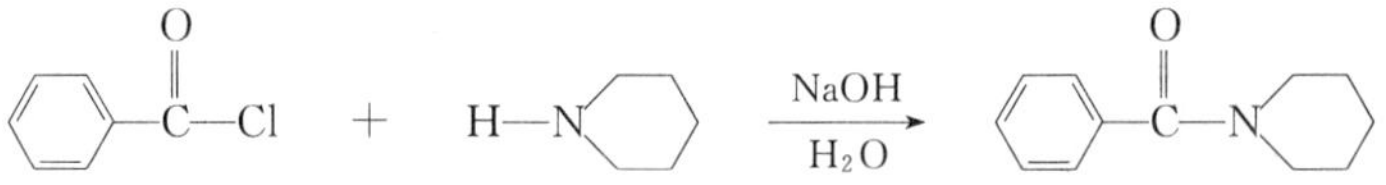

80%

酸酐也可通过酰氯的取代反应制备。当酰氯用羧酸钠盐处理时羧酸根可取代氯生成酸酐。这是制备对称或不对称酸酐的经典方法。

$$CH_3(CH_2)_5COCl + CH_3(CH_2)_5CO_2Na \longrightarrow CH_3(CH_2)_5\overset{O}{\overset{\|}{C}}-O-\overset{O}{\overset{\|}{C}}(CH_2)_5CH_3 + NaCl$$

60%

$$CH_3COCl + HCO_2Na \xrightarrow[0\,^\circ C,24h]{THF} CH_3\overset{O}{\overset{\|}{C}}-O-\overset{O}{\overset{\|}{C}}-H + NaCl$$

60%

二、酸酐的取代反应

酸酐也是非常活泼的化合物，同样容易进行水解、醇解和氨（胺）解。反应中酸酐的 RCO_2 被—OH、—OR 和—NH_2 取代也生成酸、酯和酰胺。

$$R-\overset{O}{\overset{\|}{C}}-O-\overset{O}{\overset{\|}{C}}-R + \begin{cases} H-OH \\ H-OR' \\ H-NH_2 \end{cases} \longrightarrow \begin{cases} R-\overset{O}{\overset{\|}{C}}-OH + RCO_2H \\ R-\overset{O}{\overset{\|}{C}}-OR' + RCO_2H \\ R-\overset{O}{\overset{\|}{C}}-NH_2 + R\overset{-}{CO_2}\overset{+}{N}H_4 \end{cases}$$

像酰氯一样，酸酐在合成上也是良好的酰化剂。在酯，特别是乙酸酯的制备中，常常采用酸酐（乙酐）与醇反应，这是因为用酸酐作酰化剂具有处理方便，反应中不产生腐蚀性的 HCl，乙酐价格便宜等优点。

$$(CH_3CO)_2O + CH_3CH_2OH \xrightarrow{吡啶} CH_3CO_2C_2H_5 + CH_3CO_2H$$

$$(CH_3CO)_2O + C_6H_5OH \xrightarrow{吡啶} CH_3CO_2C_6H_5 + CH_3CO_2H$$

环酐作为酰化剂在合成上有它的特点，反应中能导入双官能团。

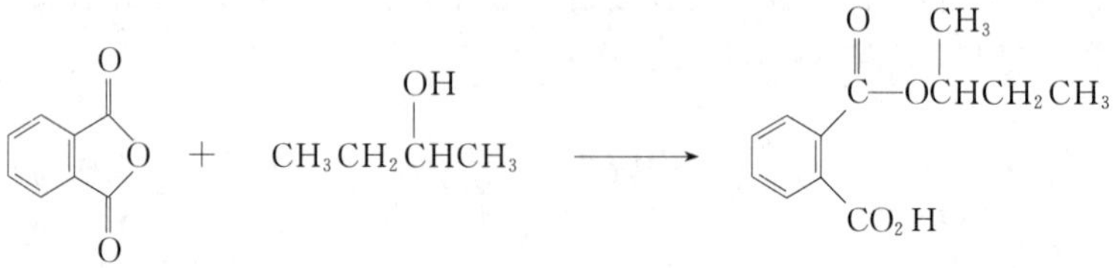

97%

邻苯二甲酸酐与甘油在加热条件下发生聚合反应,可得到网状聚合物,工业上叫甘酞树脂(glyptal resin)。

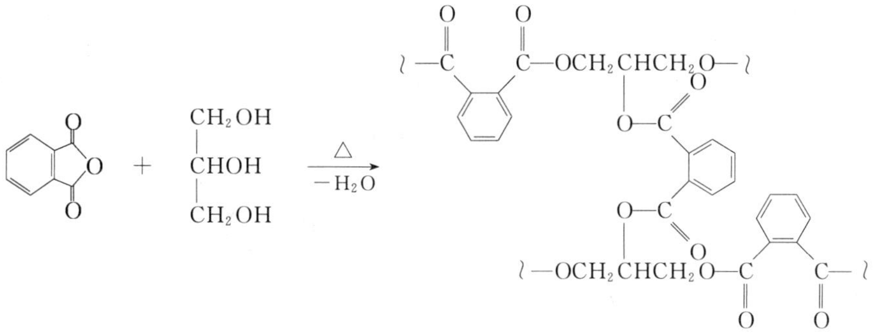

甘酞树脂

三、酯的取代反应

尽管酯可以水解、醇解和氨(胺)解,但反应活性远不如酰氯和酸酐。一般在酸或碱催化下发生取代反应。由于反应为一平衡,所以完成反应都采用过量试剂。

$$RCO_2R' \ + \ H_2O \ \underset{}{\overset{H^+ 或 OH^-}{\rightleftharpoons}} \ RCO_2H \ + \ R'OH$$

$$RCO_2R' \ + \ R''OH \ \underset{}{\overset{H^+ 或 R''O^-}{\rightleftharpoons}} \ RCO_2R'' \ + \ R'OH$$

$$RCO_2R' \ + \ NH_3 \ \rightleftharpoons \ RCONH_2 \ + \ R'OH$$

油脂水解作为高级脂肪酸来源,在第十四章已经提到,这是酯水解反应的重要应用。

$$CH_3(CH_2)_8CH{=}CCO_2CH_3 \ + \ KOH \ \xrightarrow[C_2H_5OH,\triangle]{H_2O} \ \xrightarrow{H^+} \ CH_3(CH_2)_8CH{=}CCO_2H$$

（上两式中 CH_3 为取代基）

$$63\% \sim 83\%$$

酯的氨解反应较为缓慢,但当分子中存在对酰氯不稳定的其他官能团时,也用酯作氨的酰化剂合成酰胺。脲为酰胺但比一般酰胺碱性强,具有氨(胺)的性质,它与酯的反应相当于氨(胺)解反应。如丙二酸二乙酯与脲反应可用来制备巴比土酸(barbituric acid)。

$$CH_3CHCO_2C_2H_5 \ + \ NH_3 \ \xrightarrow[24h]{25\ ^\circ C} \ CH_3CHCONH_2$$
$$\quad | \qquad\qquad\qquad\qquad\qquad\qquad\qquad\quad |$$
$$\ OH \qquad\qquad\qquad\qquad\qquad\qquad\qquad\ OH$$

$$70\%$$

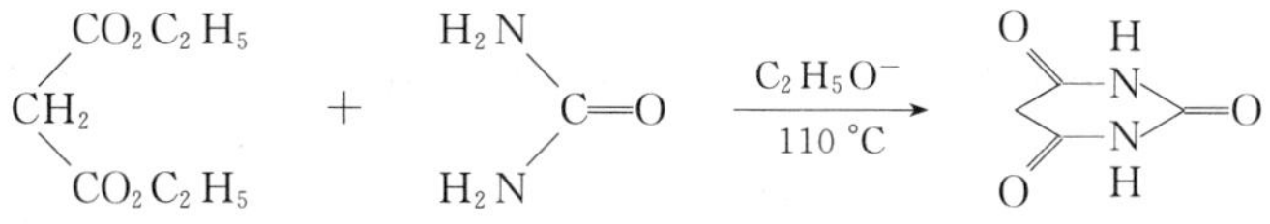

脲　　　　　巴比土酸

醇解反应产生一个新的醇和一个新的酯,叫做酯交换反应(transterification)。反应中一般采用大分子醇置换小分子的醇,以便于反应条件下蒸出被置换的醇使平衡移动完成反应。该反应被巧妙地应用于涤纶(dacron)生产中:

$$CH_3O\overset{O}{\overset{\|}{C}}--\overset{O}{\overset{\|}{C}}OCH_3 \quad + \quad 2\ HOCH_2CH_2OH$$

$$H^+ \downarrow\ -2CH_3OH$$

$$HOCH_2CH_2O\overset{O}{\overset{\|}{C}}--\overset{O}{\overset{\|}{C}}OCH_2CH_2OH$$

$$CH_3O\overset{O}{\overset{\|}{C}}--\overset{O}{\overset{\|}{C}}OCH_3 \quad + \quad HOCH_2CH_2OH$$

$$+\!\!\Big(\overset{O}{\overset{\|}{C}}--\overset{O}{\overset{\|}{C}}-OCH_2CH_2O\Big)\!\!_n \qquad 涤纶 \quad (n=80\sim130)$$

四、酰胺和腈的类似反应

酰胺在酸或碱存在下加热水解生成酸和氨(胺),但反应缓慢且需较强烈的条件。

$$\underset{}{\text{(结构式)}}\ \xrightarrow[\text{回流}]{H_2SO_4/H_2O}\ \underset{88\%\sim90\%}{\text{(结构式)}}\ +\ NH_4^+$$

由己内酰胺聚合可得到化学纤维尼龙-6(Nylon-6),过程涉及酰胺水解和酰胺的生成。

$$n\ \underset{}{\text{(己内酰胺)}}\ \xrightarrow{H_2O}\ n\ H_2N-(CH_2)_5-CO_2H\ \xrightarrow[-H_2O]{250\ ^{\circ}C}\ +\!\!\Big(NH-(CH_2)_5-\overset{O}{\overset{\|}{C}}\Big)\!\!_n$$

尼龙-6

腈作为羧酸衍生物在催化条件下可以水解、醇解和氨解。

$$RCN\ +\ H_2O\ \xrightarrow{H^+\ 或\ OH^-}\ RCONH_2\ \xrightarrow[H_2O]{H^+\ 或\ OH^-}\ RCOOH \qquad 水解$$

$$RCN\ +\ R'OH\ \xrightarrow{无水\ HCl}\ R-\overset{+NH_2}{\underset{}{\overset{\|}{C}}}-OR'Cl^-\ \xrightarrow[H_2O]{H^+}\ RCO_2R' \qquad 醇解$$

亚胺酯盐酸盐

$$CH_3CN\ +\ NH_3\ \xrightarrow[150\ ^{\circ}C,压力]{NH_4Cl}\ CH_3\overset{NH}{\underset{NH_2}{\overset{\|}{C}}} \qquad 氨解$$

在酸或碱存在下腈的水解通过加成—消去反应生成酰胺,继续水解得到酸。

$$RC\!\equiv\!N\ \xrightarrow{H^+}\ R-\overset{+}{C}\!=\!NH\ \xrightarrow{:OH_2}\ R-\overset{NH}{\overset{\|}{C}}-\overset{+}{O}H_2\ \xrightarrow{-H^+}$$

$$R-\overset{NH}{\overset{\|}{C}}-OH\ \rightleftharpoons\ R-\overset{O}{\overset{\|}{C}}-NH_2\ \xrightarrow[H_2O]{H^+}\ RCO_2H$$

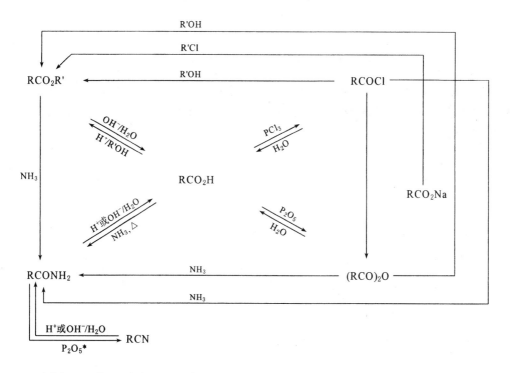

$$\text{（邻甲基苯腈）} + 2H_2O \xrightarrow[150\,^\circ\text{C} \sim 190\,^\circ\text{C},5h]{75\%\,H_2SO_4} \text{（邻甲基苯甲酸）} \quad 80\% \sim 89\%$$

腈在氯代三甲基硅烷存在下与水反应得到酰胺。反应在温和条件下进行,一般不再继续水解到羧酸,这是由腈制备酰胺的好方法。过程是氯硅烷首先水解产生 HCl,然后在酸催化下腈进行水解。

$$2\ R\!-\!CN + 3\ H_2O \xrightarrow[0\,^\circ\text{C} \sim \text{室温}]{2[ClSi(CH_3)_3]} 2\ R\!-\!\overset{\displaystyle O}{\overset{\|}{C}}\!-\!NH_2$$

腈在 HCl 气体存在下与醇作用生成亚胺酯盐酸盐,这个盐与水反应生成酯称为醇解。脂肪腈、芳香腈通过醇解可制备各种酯类。合成上重要的试剂丙二酸二乙酯就可采用这一反应制备。

$$\text{（苯腈）} + CH_3CH_2OH \xrightarrow[2)H^+/H_2O]{1)\text{无水 HCl}} \text{（苯甲酸乙酯）} CO_2CH_2CH_3$$

$$ClCH_2CO_2Na \xrightarrow{NaCN} NaO_2CCH_2CN \xrightarrow{H^+/HOC_2H_5} C_2H_5O_2CCH_2CO_2C_2H_5$$

五、羧酸衍生物的相互转化

羧酸及其衍生物可以通过上述取代反应发生相互转化,它们之间的关系可用图 15-6 表示。图中主要涉及羧酸和其衍生物的基本反应,未曾遇到的反应予以标记说明。

* 酰胺由 P_2O_5 处理生成腈。这是油酯得到羧酸来合成高级腈的方法。

图 15-6 羧酸及其衍生物的相互转化

问题 15-1 完成下面的反应式。

(1) $ClOCCH_2COCl$ + 2 $(CH_3)_3COH$ $\xrightarrow{\text{吡啶}}$ (2) 丁二酸酐 + 2 NH_3 $\xrightarrow{\triangle}$

(3) $C_6H_5CO_2H$ $\xrightarrow{PCl_3}$ (   ) $\xrightarrow{CH_3CO_2Na}$ (4) $H_2NCH_2CH(CH_3)CH_2CO_2H$ $\xrightarrow{\triangle}$

问题 15-2 由苯酚合成阿斯匹林。

$$\underset{\underset{\overset{|}{OCCH_3}}{O}}{\overset{CO_2H}{\bigcirc}} \quad 阿斯匹林$$

15.4 亲核取代反应机理和反应活性

一、亲核取代反应机理

15.3 节讨论的羧酸衍生物的取代反应,可用通式描述如下:

$$R-\overset{\overset{O}{\|}}{C}-L \ + \ Nu-H \ \longrightarrow \ R-\overset{\overset{O}{\|}}{C}-Nu \ + \ HL$$

$$L = \ -Cl \ , \ -O\overset{\overset{O}{\|}}{C}R \ , \ -OR' \ , \ -NH_2$$

$$Nu = \ OH^- (H_2O) \ , \ OR'(R'OH) \ , \ -NH_2$$

式中 Nu—H 为亲核试剂,L 为离去基团。羧酸衍生物的羰基像醛、酮的羰基一样容易遭受亲核试剂的进攻,所以反应起始于亲核加成,加成产物四面体中间体不稳定,离去基团离去(消去)得到取代产物。

$$R-\overset{\overset{O}{\|}}{C}-L \ + \ Nu:^- \ \longrightarrow \ R-\overset{\overset{:O^-}{|}}{\underset{Nu}{C}}-L \ \longrightarrow \ R-\overset{\overset{O}{\|}}{C}-Nu \ + \ L^-$$

中间体

上述机理是碱性条件下的机理,整个过程是加成—消去历程。碱性条件下反应能使体系中存在强的亲核试剂利于反应的完成。酯的碱性水解是这种机理的典型代表。

$$R-\overset{\overset{O}{\|}}{C}-OR' \ + \ \overset{..}{O}H^- \ \rightleftharpoons \ R-\overset{\overset{:O^-}{|}}{\underset{OH}{C}}-OR' \ \rightleftharpoons$$

$$R-\overset{\overset{O}{\|}}{C}-OH \ + \ ^-OR' \ \rightleftharpoons \ R-CO_2^- \ + \ R'OH$$

亲核取代反应还可采用酸催化。质子进攻羰基生成一个活化的羰基,然后较弱的亲核试剂进行加成,不稳定的四面体中间体消去离去基团得到产物。如酰胺酸性水解历程可表示如下:

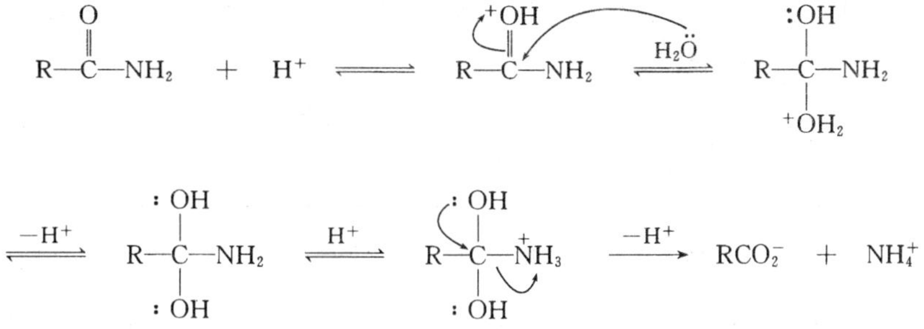

$$R-\overset{\overset{O}{\|}}{C}-NH_2 \ + \ H^+ \ \Longrightarrow \ R-\overset{\overset{+OH}{\|}}{C}-NH_2 \ \xrightarrow{H_2\ddot{O}} \ R-\overset{\overset{:OH}{|}}{\underset{\underset{+OH_2}{|}}{C}}-NH_2$$

$$\Longrightarrow \ R-\overset{\overset{:OH}{|}}{\underset{\underset{:OH}{|}}{C}}-NH_2 \ \xrightarrow{H^+} \ R-\overset{\overset{:OH}{|}}{\underset{\underset{:OH}{|}}{C}}-\overset{+}{N}H_3 \ \xrightarrow{-H^+} \ RCO_2^- \ + \ NH_4^+$$

酰氯和酸酐可不用酸碱催化,同样通过加成—消去机理完成取代反应。

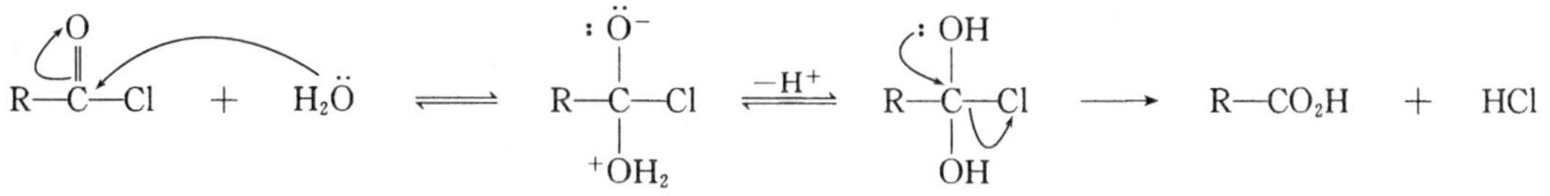

$$R-\overset{\overset{O}{\|}}{C}-Cl \ + \ H_2\ddot{O} \ \Longrightarrow \ R-\overset{\overset{:\ddot{O}^-}{|}}{\underset{\underset{+OH_2}{|}}{C}}-Cl \ \xrightarrow{-H^+} \ R-\overset{\overset{:OH}{|}}{\underset{\underset{OH}{|}}{C}}-Cl \ \longrightarrow \ R-CO_2H \ + \ HCl$$

羧酸衍生物的亲核取代反应一般通过上述加成—消去机理。但在某些情况下,特别是具有体积效应时,也有存在其他历程的可能。例如,有标记的叔丁基酯水解,其产物中羧酸含有标记氧原子,这个结果表明反应并非按正常历程进行。质子结合酯羰基后,若按正常机理,水进攻羰基,但受到叔丁基的空间阻力,又由于叔丁基碳正离子的稳定性,发生酯的C—O键断裂生成叔丁基碳正离子和有标记氧的乙酸,随后叔碳正离子与水结合生成醇。

$$CH_3-\overset{\overset{O}{\|}}{C}-O^{18}-C(CH_3)_3 \ \xrightarrow{H^+/H_2O} \ CH_3-\overset{\overset{O^{18}}{\|}}{C}-OH \ + \ (CH_3)_3C-OH$$

历程:

① $CH_3-\overset{\overset{O}{\|}}{C}-O^{18}-C(CH_3)_3 \ \xrightarrow{H^+} \ CH_3-\overset{\overset{+OH}{\|}}{C}-O^{18}-C(CH_3)_3 \ \longrightarrow \ CH_3-\overset{\overset{OH}{|}}{C}=O^{18} \ + \ \overset{+}{C}(CH_3)_3$

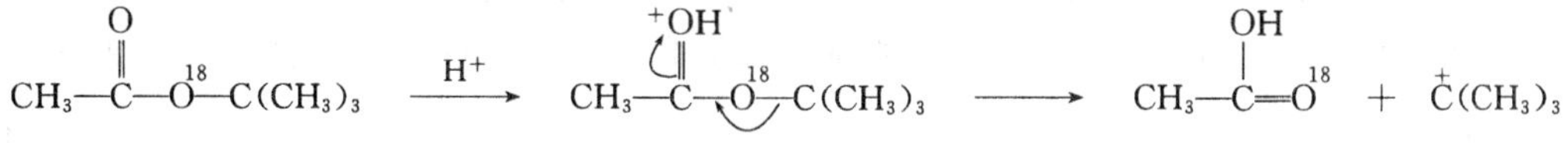

② $(CH_3)_3C^+ \ + \ H_2O \ \longrightarrow \ (CH_3)_3C-\overset{+}{O}H_2 \ \xrightarrow{-H^+} \ (CH_3)_3C-OH$

二、反应活性

羧酸衍生物与水、醇、氨(胺)的反应活性从实验上已得到它们的顺序为酰氯>酸酐>酯>酰胺。这个反应活性与其结构有密切关系。

1. 离去基团的影响

从取代反应的机理可知反应通过四面体离去L基团恢复羰基的步骤,不难理解离去基团越易离去反应速度越快。酰氯、酸酐、酯和酰胺参加反应时,离去基团分别为 Cl^-,RCO_2^-,RO^-,NH_2^-,它们的碱性排序是 $NH_2^- > OR^- > RCO_2^- > Cl^-$,同周期元素组成的基团碱性越弱越容易离去。所以它们离去的可能性为 $Cl^- > RCO_2^- > RO^- > NH_2^-$。这体现了取代反应酰氯>酸酐>酯>酰胺的活性顺序。

2.位阻效应的影响

取代反应的加成步骤是由棱锥形的反应物变为四面体中间体,因此位阻效应会明显影响反应速度。若四面体中间体所连接的基团较大,拥挤程度增加,则该中间体能量高,不稳定,不容易形成,反应速度会减小。如乙酸酯碱性水解,随 R 的体积加大反应速度递减。

$$CH_3CO_2R \xrightarrow[H_2O]{OH^-} CH_3CO_2^- + ROH$$

反应速度　R＝　—CH$_3$　＞　—C$_2$H$_5$　＞　—CH(CH$_3$)$_2$　＞　—C(CH$_3$)$_3$

问题 15-3　电子效应也能影响酯的碱性水解中间体稳定性。根据学过的知识判定下列反应的反应活性。

$$G-\text{⟨⟩}-CO_2C_2H_5 \xrightarrow[H_2O]{OH^-} G-\text{⟨⟩}-CO_2^- + C_2H_5OH$$

G ＝　—CH$_3$ ，—Cl ，—NO$_2$

问题 15-4　写出下列反应的机理。

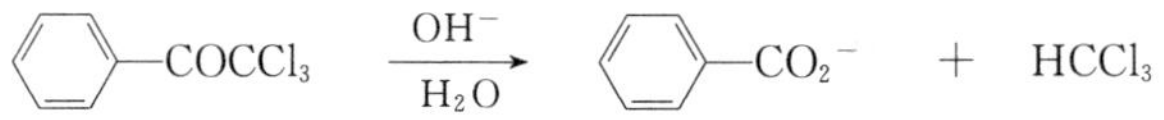

$$\text{⟨⟩}-COCCl_3 \xrightarrow[H_2O]{OH^-} \text{⟨⟩}-CO_2^- + HCCl_3$$

15.5　与金属试剂的反应

有机金属试剂一般为亲核试剂,容易与羧酸衍生物发生反应,最终产物是羰基化合物或醇类。因此,这个反应可作为合成酮和醇的重要方法。

一、酰氯

酰氯的羰基非常活泼,可与各种金属试剂迅速发生亲核加成反应。如酰氯与格氏试剂反应,首先进行加成—消去反应生成酮,进而再与格氏试剂加成产生叔醇。因酰氯的羰基比酮的羰基活泼,所以酰氯过量且反应温度较低时可以停留在生成酮的阶段。这可用来制备酮。

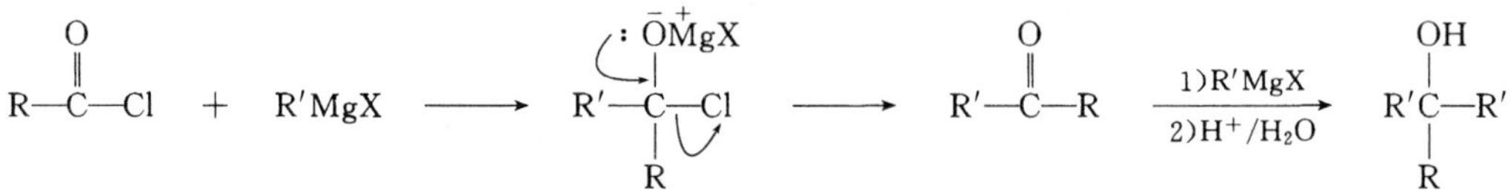

$$CH_3COCl + CH_3CH_2CH_2CH_2MgCl \xrightarrow[FeCl_3, -70\,°C]{乙醚} CH_3-\overset{O}{\overset{\|}{C}}-CH_2CH_2CH_2CH_3 \quad 72\%$$

很多反应活性不如格氏试剂活泼的有机金属试剂也能与酰氯迅速反应,产物一般为酮。如烃基铜锂(R$_2$CuLi)、二烃基镉(R$_2$Cd)与酰氯反应能得到满意收率的各种酮类。

$$2\,RLi + CuI \xrightarrow{乙醚} R_2CuLi + LiI$$

$$2\,RMgX + CdCl_2 \longrightarrow R_2Cd + MgCl_2 + MgX_2$$

$$(CH_3)_3CCOCl + (CH_3)_2CuLi \xrightarrow[-78\,°C]{乙醚} (CH_3)_3CCOCH_3 \quad 60\%$$

$$CH_3O_2CCH_2CH_2COCl \quad + \quad (CH_3CH_2CH_2)_2Cd \quad \longrightarrow \quad CH_3O_2CCH_2CH_2COCH_2CH_2CH_3 \qquad 75\%$$

二、酯

酯也容易与活泼的格氏试剂或烃基锂作用,但酯的羰基活性比酮的羰基活性差,因此反应很难停留在酮的阶段,一般生成的酮会很快与体系中的金属试剂反应生成叔醇。

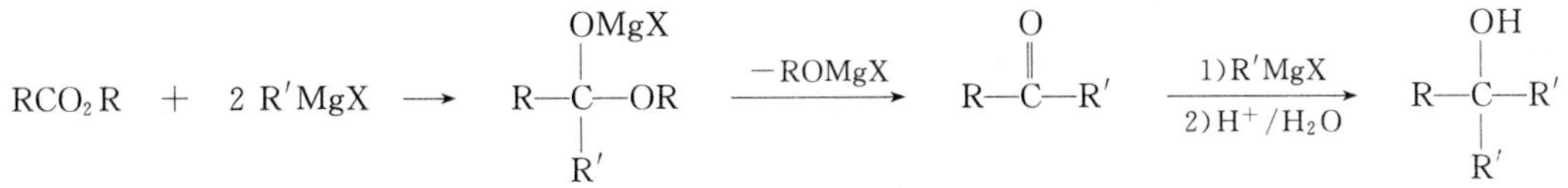

该反应常用于合成具有两个相同烃基的叔醇。如 2-环己基-2-丙醇可由环己烷酸酯与甲基格氏试剂反应制备。

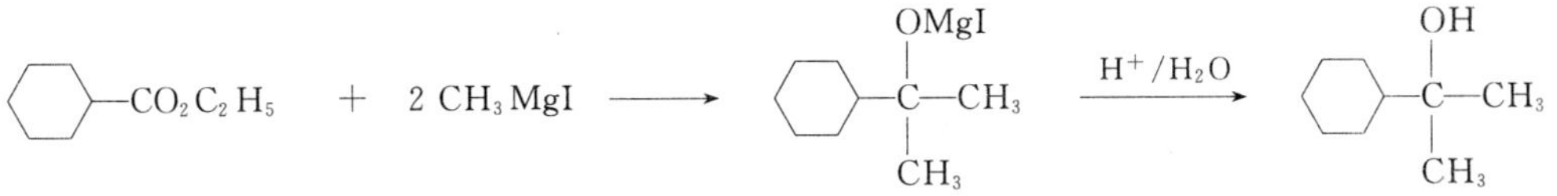

内酯也能发生类似反应,产物为二醇。如 5-乙基-1,5-庚二醇,结构上分析它有一个叔碳醇,且具有两个相同乙基,所以可以方便地通过内酯与乙基格氏试剂反应合成。

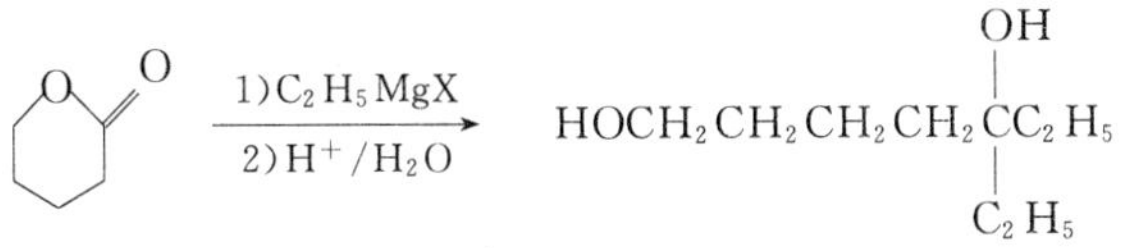

三、腈

腈具有极性官能团 C≡N,能与金属试剂进行亲核加成反应生成亚胺盐,这个盐虽存在碳氮双键,但氮带有负电荷使 C=N⁻ 中碳无明显电正性,不可能再与金属试剂加成。亚胺盐水解生成酮。

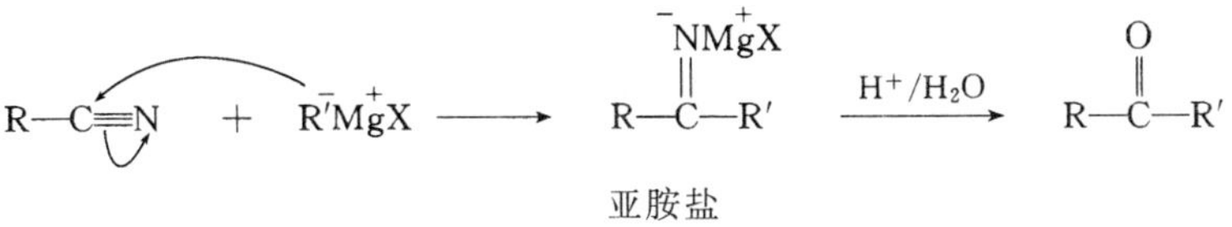

亚胺盐

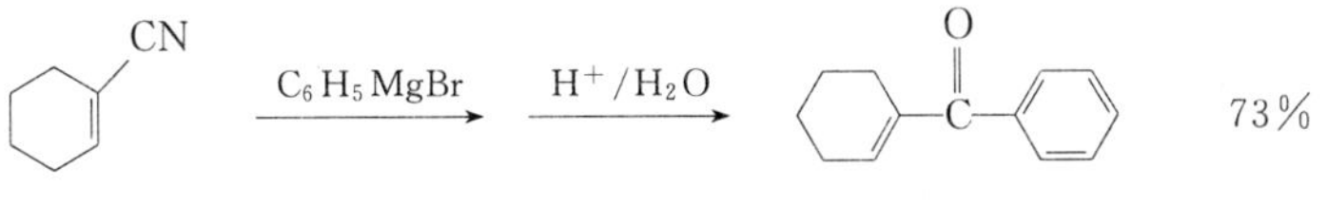

问题 15-5 完成下列反应式。

(1) CH_3CH_2COCl + C_6H_5MgBr $\xrightarrow{\text{低温}}$ (2) $NCCH_2CH_2CN$ $\xrightarrow{2C_2H_5MgCl}$ $\xrightarrow{H^+/H_2O}$

问题 15-6 甲酸乙酯和碳酸二乙酯分别与格氏试剂反应能生成几级醇? 写出碳酸二乙酯与过量格氏试剂反应的过程。

15.6 还原反应

羧酸衍生物均具有不饱和键，可以多种方法进行还原。不同的羧酸衍生物用不同的还原方法能得到不同的还原产物。

一、酰氯

酰氯能被 $LiAlH_4$ 还原为伯醇。由于相应的酸可直接被 $LiAlH_4$ 还原为醇，所以该还原反应很少用于合成。

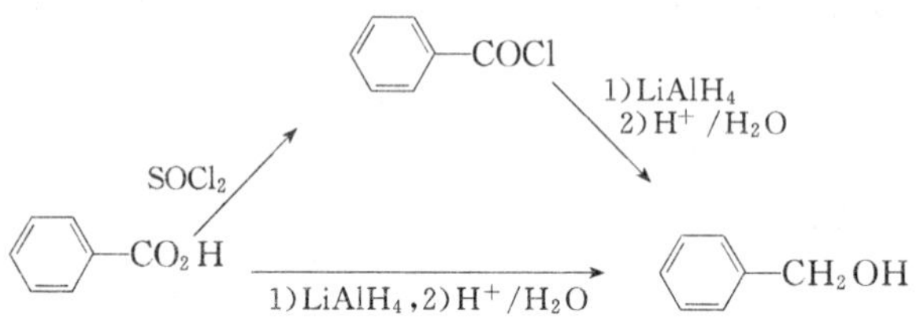

较有合成价值的还原是罗森孟德还原。这个反应在醛、酮制备中已经述及，酰氯用毒化的钯催化剂催化氢化或用三叔丁氧基氢化铝锂还原能制备各种醛。

$$CH_3O_2CCH_2CH_2COCl + H_2 \xrightarrow[\text{S-喹啉}]{Pd/BaSO_4} CH_3O_2CCH_2CH_2CHO$$

$$C_6H_5COCl \xrightarrow{Li[OC(CH_3)_3]_3AlH} \xrightarrow{H_2O} C_6H_5CHO$$

二、酯

1. 还原到伯醇

酯用 $LiAlH_4$ 或 Na/ROH 处理，可被还原为醇。在 $LiAlH_4$ 未被普遍使用之前，常用金属钠和醇间接把羧酸还原为伯醇[后一方法称为鲍维尔特—布兰克(Bouveault-Blanc)还原法]。

$$CH_3(CH_2)_8CO_2H \xrightarrow[H^+]{C_2H_5OH} CH_3(CH_2)_8CO_2C_2H_5 \xrightarrow[C_2H_5OH]{Na} \underset{70\%}{CH_3(CH_2)_8CH_2OH} + C_2H_5OH$$

$$C_6H_5CO_2C_2H_5 \xrightarrow[2)H_2O]{1)LiAlH_4} \underset{90\%}{C_6H_5CH_2OH} + C_2H_5OH$$

2. 还原到醛

若采用二异丁基氢化铝(diisobutyl aluminium hydride)在低温下还原酯，随后经酸性水解可得到醛。反应中并不直接得到醛，而是相对稳定的中间体，该中间体经酸水溶液处理后才生成醛。这可作为由酯转化为醛的一个好方法。

$$R-\overset{\overset{\displaystyle O}{\|}}{C}-OC_2H_5 \xrightarrow[\text{低温}]{HAl[CH_2CH(CH_3)_2]_2} R-\underset{OC_2H_5}{\overset{OAl[CH_2CH(CH_3)_2]_2}{CH}} \xrightarrow{H_3^+O} R-CHO$$

$$\underset{CH_3}{\overset{CH_3}{\diagdown}}CHCO_2C_2H_5 \xrightarrow[\text{2)}H_3^+O]{\text{1)}HAl[CH_2CH(CH_3)_2]_2,\,-60\ ^\circ C} \underset{CH_3}{\overset{CH_3}{\diagdown}}CHCHO$$

3. 还原缩合

在乙醚、苯等惰性溶剂中用金属钠处理酯,可得到缩合产物——α-羟基酮。这个反应叫做偶姻(acyloin)缩合。反应为单电子转移过程。

$$2\,CH_3CH_2CH_2\overset{O}{\overset{\|}{C}}OC_2H_5 + 4\,Na \xrightarrow[]{\text{乙醚}} \xrightarrow[]{H^+} CH_3CH_2CH_2\overset{O}{\overset{\|}{C}}\overset{OH}{\underset{}{\overset{|}{C}H}}CH_2CH_3$$

历程:

$$R\overset{O}{\overset{\|}{C}}OR' + Na \longrightarrow R\overset{:O^-}{\overset{|}{\underset{\cdot}{C}}}OR'$$

$$2R\overset{:O^-}{\overset{|}{\underset{\cdot}{C}}}OR' \longrightarrow R\overset{:O^-}{\underset{OR'}{\overset{|}{C}}}\overset{:O^-}{\underset{OR'}{\overset{|}{C}}}R \longrightarrow R\overset{O}{\overset{\|}{C}}\overset{O}{\overset{\|}{C}}R$$

1,2-二羰基化合物

$$R\overset{O}{\overset{\|}{C}}\overset{O}{\overset{\|}{C}}R \xrightarrow{2Na} R\overset{:O^-}{\overset{|}{C}}=\overset{:O^-}{\overset{|}{C}}R \xrightarrow{H^+} R\overset{O}{\overset{\|}{C}}\overset{OH}{\overset{|}{C}HR}$$

α-羟基酮

金属钠提供电子使酯生成自由基负离子,这个自由基负离子偶联生成 1,2-二羰基化合物,经进一步还原得到 α-羟基酮。这个反应的重要应用是合成中环和大环化合物。在高度稀释的情况下用金属钠处理一个长链二酯可得到中、大环的 α-羟基酮。

$$CH_3O_2C-(CH_2)_8-CO_2CH_3 \xrightarrow[\text{2)}CH_3CO_2H]{\text{1)}Na/\text{二甲苯}}$$

70%

三、酰胺和腈

酰胺一般不容易被还原,但在 $LiAlH_4$ 存在下可还原为胺类。根据酰胺氮上取代基个数,还原后可得到伯、仲、叔胺。

$$CH_3-(CH_2)_{10}\overset{O}{\overset{\|}{C}}NHCH_3 \xrightarrow[\text{2)}H_2O]{\text{1)}LiAlH_4} CH_3-(CH_2)_{10}CH_2NHCH_3$$

81%～85%

四氢铝锂在还原中作为氢负离子的提供者,其还原机理如下:

$$R\overset{O}{\overset{\|}{C}}\overset{CH_3}{\underset{H}{N}} + H-AlH_3Li \xrightarrow{-H_2} R\overset{O-AlH_2}{\underset{}{\overset{|}{C}}}\overset{H}{\underset{}{N}}CH_3 \longrightarrow R\overset{OAlH_2}{\underset{}{\overset{|}{C}H}}\underset{\ominus}{N}CH_3$$

$$\xrightarrow{-OAlH_2} \quad R\!-\!CH\!\!=\!\!\overset{+}{N}\!-\!CH_3 \quad \xrightarrow{H-AlH_3Li} \quad R\!-\!CH_2\overset{\ominus}{\underset{\cdot\cdot}{N}}\!-\!CH_3Li^{\oplus} \quad \xrightarrow{H_2O} \quad R\!-\!CH_2\!-\!\overset{H}{\underset{}{N}}\!-\!CH_3$$

腈可被 LiAlH$_4$ 或催化氢化还原,这是制备伯胺的好方法(参阅 17.3 节)。

$$CH_3CH_2CH_2CN \xrightarrow{LiAlH_4} \xrightarrow{H_2O} \quad CH_3CH_2CH_2CH_2NH_2$$

$$C_6H_5CH_2CN \quad + \quad H_2 \xrightarrow{Ni/120\,℃,压力} \quad C_6H_5CH_2CH_2NH_2$$

$$83\%\sim87\%$$

腈的另一种还原方式为惰性溶剂(如乙醚,乙酸乙酯等)中用氯化亚锡和氯化氢处理腈得到亚胺盐的沉淀,水解后得到醛。这个反应称做斯蒂芬(Stephen)还原,是芳香腈转化为芳醛的好方法。

$$RCN \xrightarrow{SnCl_2/HCl} (RC\!\!=\!\!\overset{+}{N}H_2)_2 \cdot (SnCl_6)^{2-} \xrightarrow{H_2O} RCHO$$

若用二异丁基氢化铝作还原剂,可把腈还原到亚胺,再经酸性水解,得到醛。

$$CH_3CH\!\!=\!\!CHCH_2CH_2CH_2CN \xrightarrow[2)H_3^+O]{1)HAl[CH_2CH(CH_3)_2]_2} CH_3CH\!\!=\!\!CHCH_2CH_2CH_2CHO$$

$$64\%$$

问题 15-7 给下列反应填入适当的条件。

(1) $C_6H_5NHCOCH_3 \longrightarrow C_6H_5NHCH_2CH_3$

(2) $CH_2\!\!=\!\!CHCH_2CH_2CN \longrightarrow CH_2\!\!=\!\!CHCH_2CH_2CH_2NH_2$

(3) $CH_2\!\!=\!\!CHCH_2CH_2CN \longrightarrow CH_3CH_2CH_2CH_2CH_2NH_2$

(4)

15.7 酯的热消去反应

酯在 400 ℃~600 ℃高温气相发生消去反应,其结果是脱去羧酸生成烯,这个反应是 β 消去反应。反应历程研究指出:①动力学测定为一级反应;②自由基抑制剂不影响反应速度,这说明是非自由基历程;③高温无溶剂条件下的反应一般为非离子型反应。所以这个热消去反应为协同反应,它是通过一个六元环过渡态进行的。

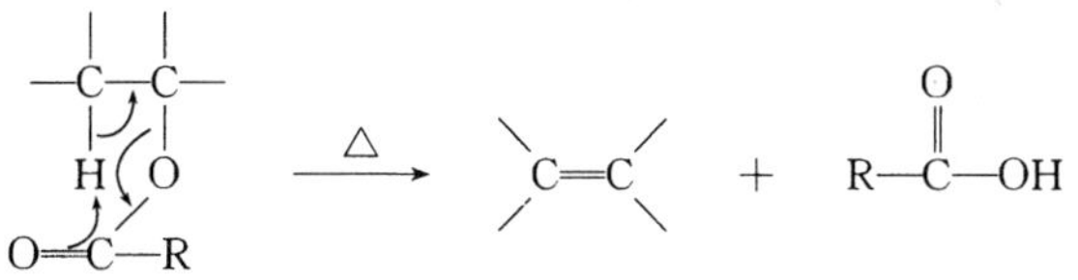

由于反应通过一个环的过渡态,所以反应的立体化学为**顺式消去**。如化合物 **1** 在加热时消去顺式的 β-H 生成 2-环己烯基甲酸乙酯,而不是消去反式 β-H 生成 1-环己烯基甲酸乙酯。

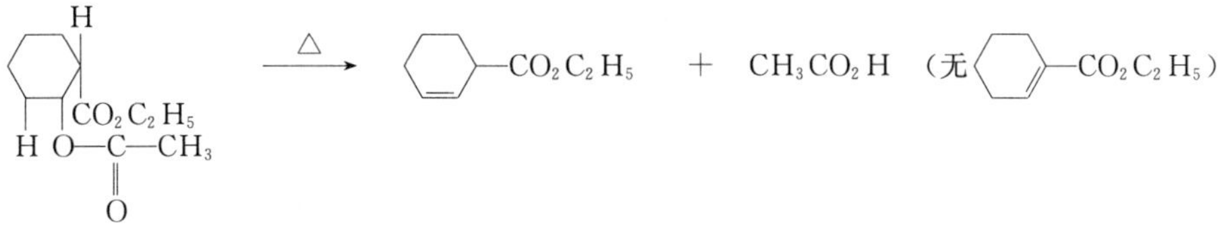

又如,带有重氢的醋酸酯异构体 **2** 和 **3**,**2** 为 RR 或 SS 构型,而 **3** 为 RS 或 SR 构型。在热消去时得到不同的烯烃,**2** 生成带重氢的烯,**3** 生成不带同位素的烯。这个实验结果说明消去的立体化学不是消去反式的 β-H,而是消去离 OAc 基团较近的氢。这个顺式消去的结果是反应中趋于生成较稳定的过渡态决定的。

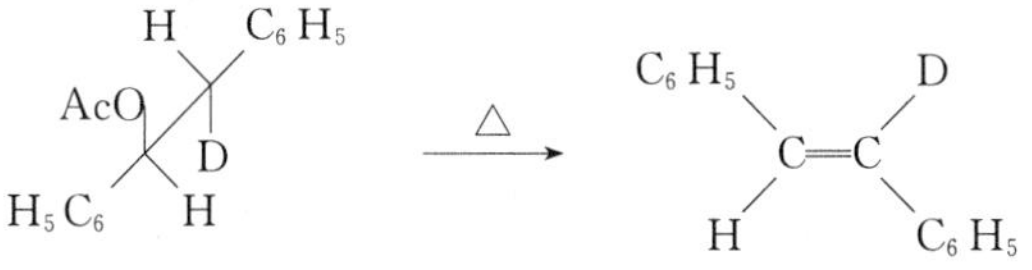

2
(RR)稳定构象

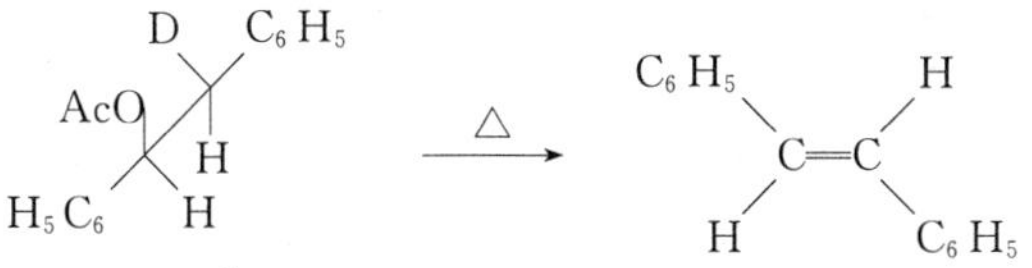

3
(RS)稳定构象

若有两种以上的 β-H 可供消去,一般主要消去含氢较多碳上的 β-H,这似乎是消去的机率决定了消去方向。

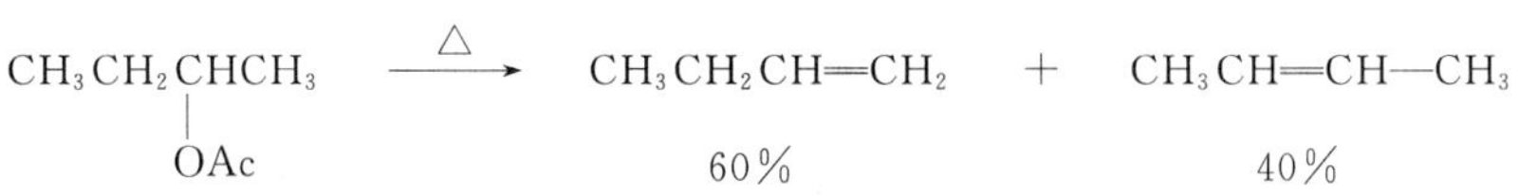

$$CH_3CH_2CH{=}CH_2 \qquad + \qquad CH_3CH{=}CH{-}CH_3$$
60% \qquad\qquad\qquad\qquad 40%

习　题

1.给下列化合物命名或写出它们的结构式。

(1) 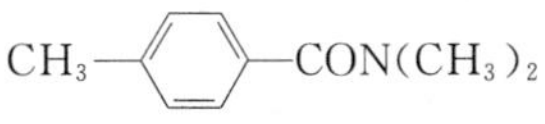 $CH_3{-}\!\!\langle\ \rangle\!\!{-}CON(CH_3)_2$ (2) CH_3CHCH_2CN (3) $C_6H_5COCOCH_2CH_3$

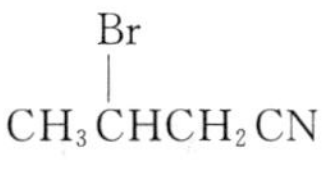

$$\overset{\displaystyle CH_3}{(4)\ (CH_3)_2CHO_2CCH_2\overset{|}{CH}CH_2CO_2CH(CH_3)_2}$$

(5) 2,5-环己二烯基甲酰氯

(6) 3-戊酮酸辛酯

2. 完成下列反应式。

(1) $CH_3CH_2CH_2CO_2H \xrightarrow{(NH_4)_2CO_3} \xrightarrow{\triangle} \xrightarrow{P_2O_5}$

(2) $HO(CH_2)_3CO_2H \xrightarrow{H^+} \xrightarrow{NH_3}$

(3) <benzene>CH_2Cl $\xrightarrow{NaCN} \xrightarrow{LiAlH_4}$

(4) <benzene with CO_2H and CH_2NH_2> $\xrightarrow{\triangle}$

(5) <benzene with CO_2C_2H_5 and COCl> $\xrightarrow{(CH_3CH_2)_2Cd}$

(6) $CH_3CH_2O\overset{\displaystyle O}{\overset{\|}{C}}Cl\ +\ NH_3 \longrightarrow$

(7) $H_2N\overset{\displaystyle O}{\overset{\|}{C}}Cl\ +\ \bar{O}CH_3 \longrightarrow$

(8) $NC-\!\!\!\left\langle\right\rangle\!\!\!-\overset{\displaystyle O}{\overset{\|}{C}}NHCH_3 \xrightarrow{H_2/Ni}$

(9) <benzene>$\overset{\displaystyle O}{\overset{\|}{C}}NHCH_3 \xrightarrow{LiAlH_4}$

(10) $2\ CH_3CH_2CH_2CO_2C_2H_5 \xrightarrow[2)H^+]{1)Na/苯}$

(11) $CH_3CO_2Na\ +\ BrCH_2-\!\!\!\left\langle\right\rangle\!\!\!-Cl \longrightarrow$

(12) $(CH_3)_2CHCO_2H \xrightarrow{PCl_3} \xrightarrow{CH_3CO_2Na}$

3. 写出下列反应的机理。

(1) <structure: benzofuranone with H_5C_6 and CH_2CH_2Br> $\xrightarrow{NaOCH_3}$ <structure: chromane with H_5C_6 and CO_2CH_3>

(2) <structure: pyranone with NH_2 chain> $\xrightarrow[HOC_2H_5]{NaOC_2H_5}$ <structure: C_2H_5O ester with N ring>

4. 下列酯用不同浓度的碱处理可得到不同产物,分别写出它们生成的过程。

$$C_6H_5\overset{|}{CH}CH=CHCH_3 \xrightarrow[\text{有旋光性}]{}$$
$$\underset{\overset{\|}{O}}{\overset{|}{O}CCH_3}$$

$\xrightarrow{5mol/L\ NaOH}$ $C_6H_5\overset{|}{CH}CH=CHCH_3$, $\overset{|}{OH}$ 构型保持

$\xrightarrow{稀\ NaOH}$ $C_6H_5CH=CH\overset{|}{CH}CH_3$, $\overset{|}{OH}$ 无旋光性

5. 下列化合物 **A** 水解生成中间体 **B**,进一步反应生成 **C**,写出各步反应历程。

$$\text{A} \xrightarrow[\text{H}_2\text{O}]{\text{OH}^-} \text{B} \xrightarrow[\text{H}_2\text{O}]{\text{OH}^-} \text{C}$$

6. 比较下列酯碱性水解的速度。

(1) CH_3CO—〔苯环〕—X   X = —Br,   —OCH$_3$,   —NO$_2$,   —H

(2) $RCO_2C_2H_5$ R = —CH$_3$, $CH_3CH_2CH_2$—, $(CH_3)_2CH$—, $(CH_3)_3C$—

7. 可卡因(Cocaine)是一个生物碱,经以下处理得到托品酮(tropinone)。

$$C_{17}H_{21}NO_4(\text{可卡因}) \xrightarrow{OH^-/H_2O} CH_3OH + C_6H_5CO_2H + C_9H_{15}NO_3 \quad (\text{芽子碱})$$

$$\text{芽子碱} \xrightarrow{CrO_3} C_9H_{13}NO_3(\text{酮酸}) \xrightarrow{\triangle} CO_2 + \text{托品酮}$$

托品酮结构式

根据上述反应写出可卡因和芽子碱的结构。

8. 分别用两种方法完成下列转化。

(1) 〔环己基〕—OH $\longrightarrow$ 〔环己基〕—CHO   (2) 〔环己基〕—OH $\longrightarrow$ 〔环己基〕—CH$_2$NH$_2$

9. 用简单化学方法或物理方法鉴别下列各组化合物。

(1) $CH_3CH_2OCH_3$,$CH_3CH_2CO_2H$,$CH_3CH_2COCH_3$

(2) $CH_3CH_2CH_2CN$,$CH_3CH_2CH_2CONH_2$,$CH_3CH_2CON(CH_3)_2$

10. Lifbrate 是控制体内胆甾醇的药物。由不超过六个碳的有机原料起始,设计一条合成路线。

$$\left(Cl—〔苯环〕—O \right)_2 CHCO_2—〔哌啶环〕N—CH_3$$

Lifbrate

11. 写出下列反应中 **A~E** 的结构式。

$$\text{B} \xrightarrow{PCl_3} \text{C} \xrightarrow{AlCl_3} \text{D} \xrightarrow{C_2H_5MgBr} \xrightarrow{H^+/\triangle} \text{E}$$

12. 治疗高血压、心衰等疾病的药物卡维地络(Carvedilol)可由下列方法合成,写出中间体 **A**、**B**、**C**、**D** 和卡维地络的结构。

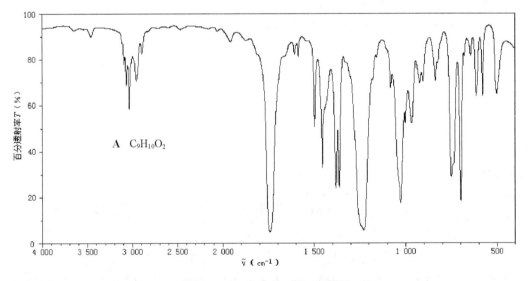

$$\text{C}(\text{C}_{17}\text{H}_{15}\text{O}_4\text{N}) \xrightarrow{\text{NH}_2\text{NH}_2} \text{D}(\text{C}_9\text{H}_{13}\text{O}_2\text{N})$$

13. 化合物甲、乙、丙分子式均为 $\text{C}_3\text{H}_6\text{O}_2$，甲与 NaHCO_3 作用放出 CO_2，乙和丙用 NaHCO_3 处理无 CO_2 放出，但在 NaOH 水溶液中加热可发生水解反应。从乙的水解产物中蒸出一个液体，该液体化合物具有碘仿反应。丙的碱性水解产物蒸出的液体无碘仿反应。写出甲、乙、丙的结构式。

14. 由苯、乙酰氯及其他必要无机试剂合成下面化合物。

(1) $\text{C}_6\text{H}_5\text{COCH}{=}\text{CHCH}_3$ (2) $\text{C}_6\text{H}_5\text{CONHC}_6\text{H}_5$

(3) $\underset{\displaystyle \overset{\displaystyle O}{\|}}{\text{CH}_3\text{C}}\underset{\displaystyle \overset{\displaystyle O}{\|}}{\text{CCH}_3}$ (4) $\text{CH}_3\text{CH}{=}\text{CHCO}_2\text{H}$

(5) $(\text{CH}_3\text{CH}_2)_2\overset{\displaystyle \underset{\displaystyle |}{\text{CH}_3}}{\text{C}}\text{OCH}_2\text{CH}_3$

15. 有一酸性化合物 $\text{A}(\text{C}_6\text{H}_{10}\text{O}_4)$，经加热得到化合物 $\text{B}(\text{C}_6\text{H}_8\text{O}_3)$。$\text{B}$ 的 IR 在 $1\,820\text{cm}^{-1}$，$1\,755\text{cm}^{-1}$ 有特征吸收，B 的 $^1\text{H NMR}$ 数据为 $\delta1.0(\text{双峰},3\text{H})$，$\delta2.1(\text{多重峰},1\text{H})$，$\delta2.8(\text{双峰},4\text{H})$。写出 A，B 的结构式。

16. 有一中性化合物 $(\text{C}_7\text{H}_{13}\text{BrO}_2)$ 不与羟氨反应成肟。它的 IR 在 $2\,950\sim2\,850\text{cm}^{-1}$、$1\,740\text{cm}^{-1}$、$1\,170\text{cm}^{-1}$ 有特征吸收，$^1\text{H NMR}$ 数据为 $\delta1.0(\text{三重峰},3\text{H})$，$\delta1.3(\text{双峰},6\text{H})$，$\delta2.1(\text{多重峰},2\text{H})$，$\delta4.2(\text{三重峰},1\text{H})$，$\delta4.6(\text{多重峰},1\text{H})$。写出化合物结构式并标明 $^1\text{H NMR}$ 各峰的归属。

17. 化合物 A、B 分子式均为 $\text{C}_9\text{H}_{10}\text{O}_2$，它们的 IR 和 $^1\text{H NMR}$ 谱图如下，写出 A 和 B 的结构式。

习题 15-17 化合物 A 的 IR 谱图

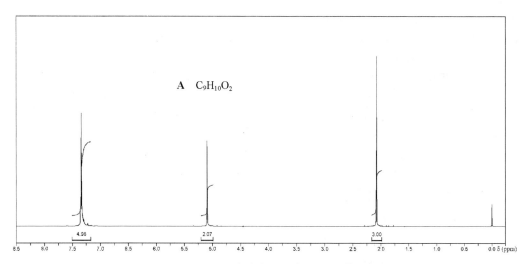

A   C$_9$H$_{10}$O$_2$

4.96   2.07   3.00

习题 15-17   化合物 A 和 ^{1}H NMR 谱图

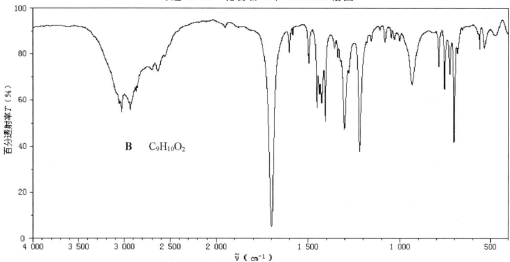

百分透射率 T（%）

B   C$_9$H$_{10}$O$_2$

$\tilde{\nu}$（cm^{-1}）

习题 15-17   化合物 B 的 IR 谱图

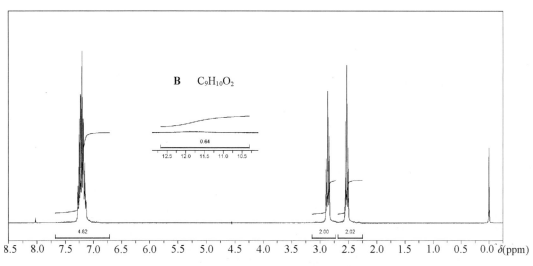

B   C$_9$H$_{10}$O$_2$

0.64

4.62   2.00   2.02

δ(ppm)

习题 15-17   化合物 B 的 ^{1}H NMR 谱图

18. 羰基化合物 **A** 用过氧苯甲酸处理得到 **B**。**B** 的 IR 在 $1\,740\,cm^{-1}$,$1\,250\,cm^{-1}$ 有特征吸收。**B** 的 ^{1}H NMR 数据为 $\delta 2.0$(单峰,3H),$\delta 4.8$(多重峰,1H),此外在 $\delta 1\sim1.2$(多重峰,10H)。**B** 的质谱分子离子峰(M^+)$m/z142$,$m/z43$(基峰)。写出 **A**、**B** 的结构式。

19. 根据下列反应和波谱数据写出化合物 **E**、**F** 的结构,并写出每一步反应历程。

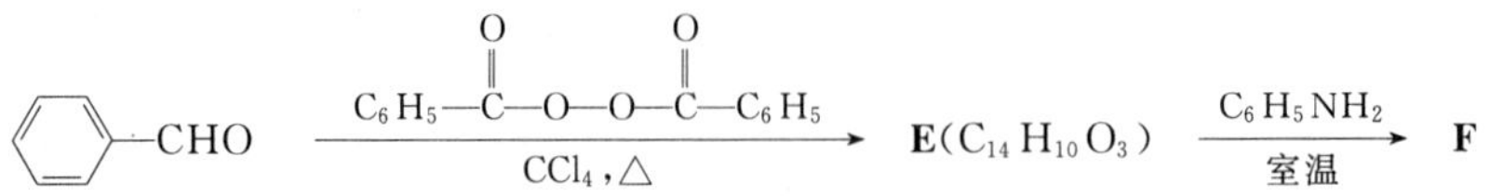

    E 的波谱:IR(cm^{-1}):$3\,065$,$1\,774$,775,685

                DEPT-^{13}C NMR(δ):129(CH),131(CH),133(C),135(CH),168(C)

                ^{1}H NMR(δ):7.6(多峰),8.1(多峰),峰面积比 3:2

    F 的波谱:MS$\left(\dfrac{m}{2}\right)$:$M^+$ 197

                IR(cm^{-1}):$3\,200$,$3\,065$,$1\,960$

                ^{1}H NMR(δ):10(单峰,1H),$7.3\sim7.9$(多峰,10H)

文献题:

写出如下反应的机理。

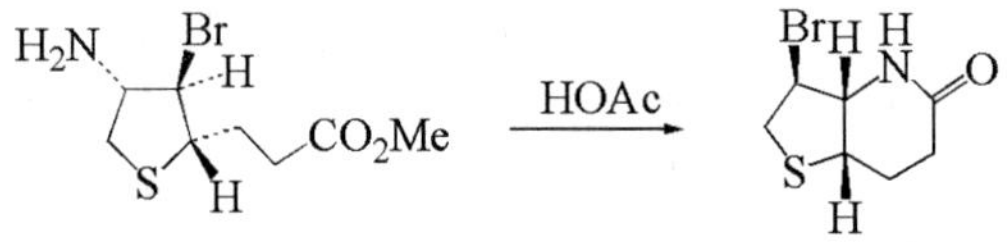

来源:

P. N. Confalone, G. Pizzolato, E. G. Baggiolim, D. Lollar, M. R. Uskoković. J. Am. Chem. Soc., 1977 99:7020.

第十六章 羧酸衍生物涉及碳负离子的反应及在合成中的应用

16.1 α氢的酸性和互变异构

一、一些化合物 α 氢的酸性

含有拉电子基团的有机化合物中,α氢呈现一定酸性,如羰基化合物、酯、腈、酰氯等,与烷烃相比有较强的酸性。这是由于它们离解后产生的负离子比烷基负离子稳定得多,如丙酮离解后的负离子具有两种共振形式,负电荷可由氧和 α 碳分担,较烷基负离子为稳定, 所以离解

$$CH_3CH_3 \rightleftharpoons H^+ + CH_3CH_2^{\ominus}$$

$$CH_3-\overset{\overset{\displaystyle O}{\|}}{C}-CH_3 \rightleftharpoons H^+ + \left[CH_3-\overset{\overset{\displaystyle O}{\|}}{C}-\overset{\ominus}{C}H_2 \longleftrightarrow CH_3-\overset{\overset{\displaystyle O^{\ominus}}{\|}}{C}=CH_2 \right]$$

平衡向右,酸性较强(乙烷 pK_a42,丙酮 pK_a20)。可以想像,拉电子基团的能力越强,离解的负离子越稳定,酸性越强。事实确实如此,—NO_2 比—CO_2CH_3 拉电子能力强,硝基甲烷酸性胜过乙酸甲酯,前者 pK_a 为 10,后者 pK_a 为 25。当同一碳连有两个拉电子基团时,这样的化合物离解后生成的负离子因共轭分散电子而十分稳定,酸性明显增强。乙酰乙酸乙酯离解后,负电荷存在三种共振形式,负电荷分散于 α 碳、酮的羰基和酯的羰基氧上, 这样使它的酸性较相

$$CH_3\overset{\overset{\displaystyle O}{\|}}{C}CH_2\overset{\overset{\displaystyle O}{\|}}{C}OC_2H_5 \rightleftharpoons H^+ + \left\{ \begin{array}{c} CH_3\overset{\overset{\displaystyle O}{\|}}{C}-\overset{\ominus}{C}H-\overset{\overset{\displaystyle O}{\|}}{C}-OC_2H_5 \\ \updownarrow \\ CH_3-\overset{\overset{\displaystyle O^{\ominus}}{\|}}{C}=CH-\overset{\overset{\displaystyle O}{\|}}{C}-OC_2H_5 \\ \updownarrow \\ CH_3\overset{\overset{\displaystyle O}{\|}}{C}-CH=\overset{\overset{\displaystyle O^{\ominus}}{\|}}{C}-OC_2H_5 \end{array} \right\}$$

应单官能团化合物丙酮或乙酸乙酯要强得多。乙酰乙酸乙酯的 pK_a 值为 11。

表 16-1 按酸性强弱列出了一些化合物 α 氢的酸性,从中可领悟结构与酸性的关系。

表 16-1   一些化合物的 pK_a 值

化合物	pK_a
$HCOCH_2CHO$	5
$CH_3COCH_2COCH_3$	9
$CH_3CH_2NO_2$	9
$NCCH_2CN$	11
$CH_3COCH_2CO_2C_2H_5$	11
$C_2H_5O_2CCH_2CO_2C_2H_5$	13
RCH_2COCl	~16
![苯基甲酮] $C_6H_5COCH_2R$	19
$R-CO-CH_2R$	20~21
RCH_2CO_2R	24.5
$R-CH_2CN$	25

表 16-1 中化合物可与碱作用生成负离子,尽管负电荷主要分散于杂原子上,丙酮负离子主要共振结构为 $CH_3-\overset{O^\ominus}{C}=CH_2$,但有机反应中往往以碳负离子形式参与,如羟醛缩合中可看做碳负离子对羰基的亲核加成,所以本书把 α 氢化合物的相应负离子称做 α 碳负离子。

二、互变异构

19世纪中叶,有机化学家们提出乙酰乙酸乙酯的两种结构(**1**和**2**)。根据是该化合物能

$$CH_3\overset{O}{\overset{\|}{C}}-CH_2-\overset{O}{\overset{\|}{C}}-OC_2H_5 \qquad\qquad CH_3\overset{OH}{\overset{|}{C}}=CH-\overset{O}{\overset{\|}{C}}-OC_2H_5$$

1   **2**

酮式   烯醇式

与 $NaHSO_3$ 和 HCN 作用,这说明酮的羰基的存在;而它又能与金属钠作用放出氢气,使溴的四氯化碳溶液褪色,使 $FeCl_3$ 显色,说明烯醇的存在。那么两种结构中哪一种表示更为准确呢? 1911 年克脑尔(Knorr)在 $-78\ ℃$ 轻汽油溶液中分离出乙酰乙酸乙酯的两种结构 **1** 和 **2**,并提出常温下它是两种形式互变的平衡混合物。**1** 叫酮式结构,**2** 为烯醇式结构。这种酮式和烯醇式的互变叫**互变异构**(tautomerism)。在酸或碱催化下这种互变异构变化更容易。常温下乙酰乙酸乙酯的烯醇式和酮式之比为 $0.09:1$。

一般单羰基化合物虽存在烯醇式—酮式互变,但酮式占绝对优势。丙酮烯醇与酮式之比为 $8\times10^{-8}:1$。含羰基的双官能团化合物,由于 α 氢酸性强,烯醇式较酮式共轭体系大,而且可形成较稳定的分子内氢键,使烯醇形式变得较为重要,如 2,4-戊二酮烯醇式为酮式的 3 倍。表 16-2 列出了一些化合物烯醇化平衡常数(K),体现了不同化合物烯醇化的可能性。

$$CH_3-\overset{O}{\overset{\|}{C}}-CH_2-\overset{O}{\overset{\|}{C}}-CH_3 \rightleftharpoons$$

酮式:烯醇式=1:3

表 16-2　　一些化合物烯醇化平衡常数

化合物	K（烯醇式/酮式）
CH_3COCH_3	8×10^{-8}
（环己酮结构）	5×10^{-6}
（苯乙酮结构 CCH_3，O）	2×10^{-7}
$CH_3COCH_2CO_2C_2H_5$	9×10^{-2}
$CH_3COCH_2COCH_3$	3.0
（2-甲酰基环己酮结构，O O H）	>50

16.2　酯缩合反应及在合成中的应用

一、酯缩合反应

由上节可知具有 α 氢的酯呈现一定酸性，在醇钠作用下生成 α 碳负离子（烯醇负离子）。该负离子对另一酯进行亲核加成—消去（取代反应）生成 β-酮酸酯，这个反应叫做克莱森（Claisen）酯缩合反应。[L. Claisen(1851—1930)出生于德国，在 Bonn 大学凯库勒（Kekule）教授名下学习并获博士学位，后在多所大学任化学教授。]这个反应的历程分为三步，现描述如下：

$$2\ CH_3CO_2C_2H_5 \xrightarrow[\text{2)}H^+]{\text{1)}NaOC_2H_5} CH_3COCH_2CO_2C_2H_5$$

$$75\%$$

反应机理：

① $CH_3CO_2C_2H_5 \ + \ NaOC_2H_5 \ \Longleftrightarrow \ ^{\ominus}\ddot{C}H_2CO_2C_2H_5 \ + \ C_2H_5OH$

$\quad pK_a 26 \qquad\qquad\qquad\qquad\qquad\qquad pK_a 16$

② $CH_3\overset{O}{\overset{\|}{C}}OC_2H_5 \ + \ \overset{\ominus}{\ddot{C}}H_2{-}CO_2C_2H_5 \ \Longleftrightarrow \ CH_3{-}\overset{:O^{\ominus}}{\underset{OC_2H_5}{\overset{|}{C}}}{-}CH_2\overset{O}{\overset{\|}{C}}{-}OC_2H_5 \ \Longleftrightarrow \ CH_3\overset{O}{\overset{\|}{C}}{-}CH_2\overset{O}{\overset{\|}{C}}OC_2H_5$

$\quad pK_a 26 \qquad\qquad\qquad\qquad\qquad\qquad\qquad\qquad\qquad\qquad\qquad\qquad pK_a 11$

③ $CH_3\overset{O}{\overset{\|}{C}}CH_2\overset{O}{\overset{\|}{C}}OC_2H_5 \ + \ NaOC_2H_5 \ \longrightarrow \ CH_3\overset{O}{\overset{\|}{C}}\overset{Na}{CH}\overset{O}{\overset{\|}{C}}OC_2H_5 \ + \ HOC_2H_5$

$\quad pK_a 11 \qquad\qquad\qquad\qquad\qquad\qquad\qquad\qquad pK_a 16$

第①和第②步是完全可逆的。从各步反应与产物的酸性可知第①、②步反应平衡应在左边，但在过量 $NaOC_2H_5$ 存在下第③步有利于产物生成。反应中得到的 β 酮酸酯即乙酰乙酸乙酯（"三乙"）钠盐，酸化即可得到"三乙"。

具有两个 α 氢的酯用醇钠处理,一般都可顺利地发生酯缩合,通式是:

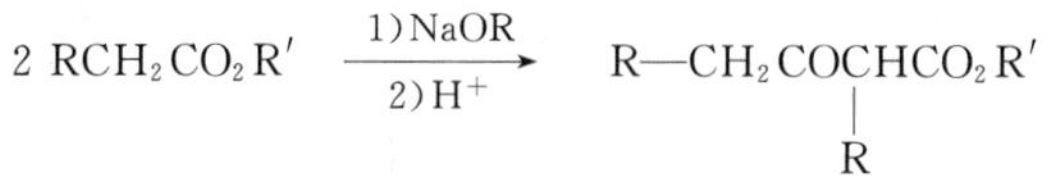

$$2\ RCH_2CO_2R' \xrightarrow[2)H^+]{1)NaOR} R-CH_2COCHCO_2R'$$
$$\overset{\displaystyle |}{R}$$

只具有一个 α 氢的酯在一般条件下缩合较为困难,原因在于无第二个 α 氢与碱反应生成 β 酮酸钠盐的可能(不存在上述历程的第③步),对于反应的完成极为不利,当采用更强的碱时则可使反应完成。

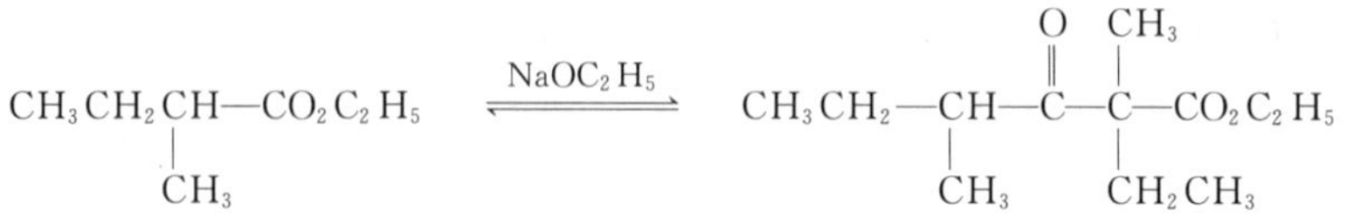

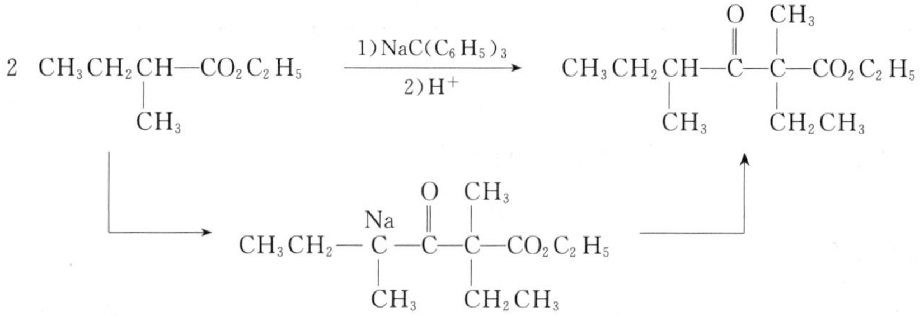

适当位置的开链双酯在醇钠存在下可进行分子内酯缩合,该反应叫做狄克曼(Dieckmann)缩合,常用来合成五、六元环化合物。

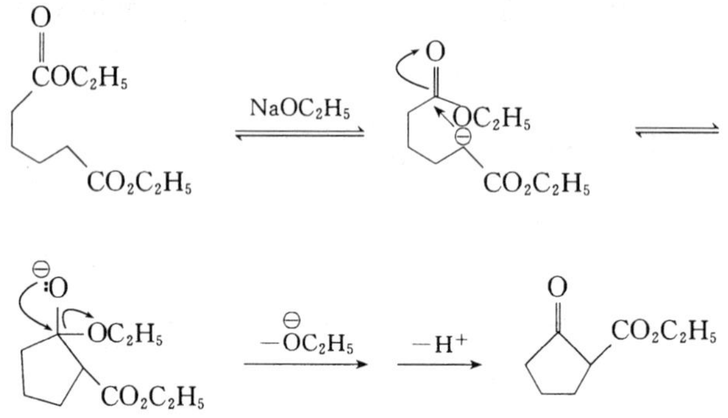

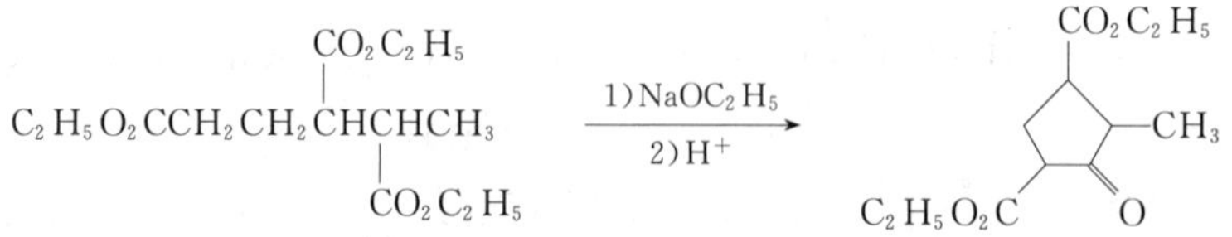

92%

二、交叉酯缩合

两个相同酯缩合,产物较单一,若两个不同的具有 α 氢的酯缩合,则会得到复杂产物。但无 α 氢的酯与一个有 α 氢的酯缩合,又可得到较为单一的产物。这种缩合称为交叉酯缩合(crossed ester condensation)。

$$\text{A}(CH_3CH_2CO_2C_2H_5) \quad + \quad \text{B}(CH_3CO_2C_2H_5) \xrightarrow{NaOC_2H_5} \text{A—A} \ + \ \text{B—B} \ + \ \text{A—B} \ + \ \text{B—A}$$

$$HCO_2C_2H_5 \quad + \quad CH_3CO_2C_2H_5 \xrightarrow[2)H^+]{1)NaOC_2H_5} HCOCH_2CO_2C_2H_5$$
$$79\%$$

如无 α 氢的酯，像甲酸酯、苯甲酸酯、碳酸酯和草酸酯，可与其他有 α 氢的酯缩合。它们在反应中提供羰基，在另一酯的 α 位导入相应酰基。

$$HCO_2C_2H_5 \quad + \quad CH_3CO_2C_2H_5 \xrightarrow[2)H^+]{1)NaOC_2H_5} HCOCH_2CO_2C_2H_5$$
$$79\%$$

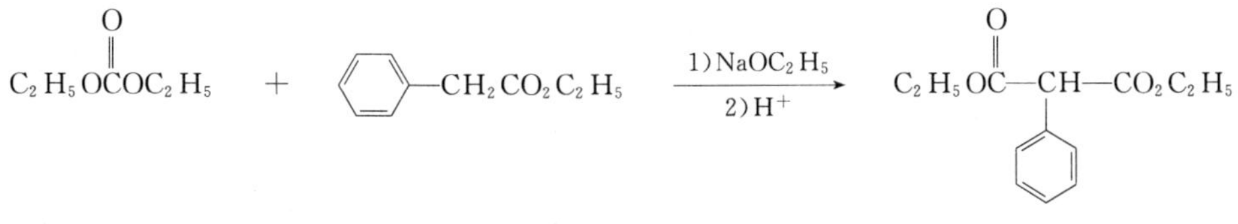

$$86\%$$

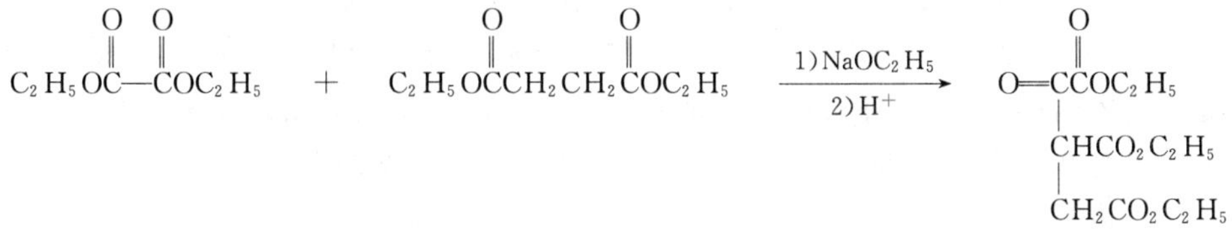

$$86\%\sim91\%$$

具有 α 氢的酮也可与酯在碱作用下发生交叉酯缩合，由于酮的 α 氢酸性较酯的强（酮 $pK_a20\sim21$，酯 $pK_a24.5$），反应中酮生成 α 碳负离子，结果是酯酰基导入酮的 α 位。

$$CH_3COCH_3 \quad + \quad CH_3(CH_2)_4CO_2C_2H_5 \xrightarrow[2)H^+]{1)NaH} CH_3(CH_2)_4COCH_2COCH_3$$
$$54\%\sim65\%$$

$$CH_3COCH_3 \xrightleftharpoons{NaH} CH_3CO\ddot{C}H_2^{\ominus}$$

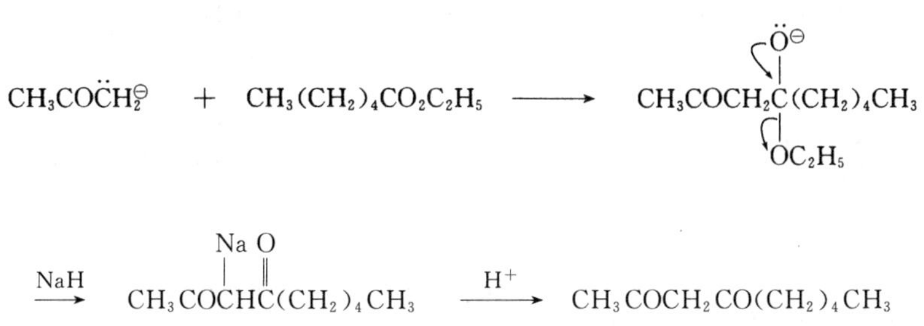

当然无 α 氢的酯与酮缩合产物更为单一。

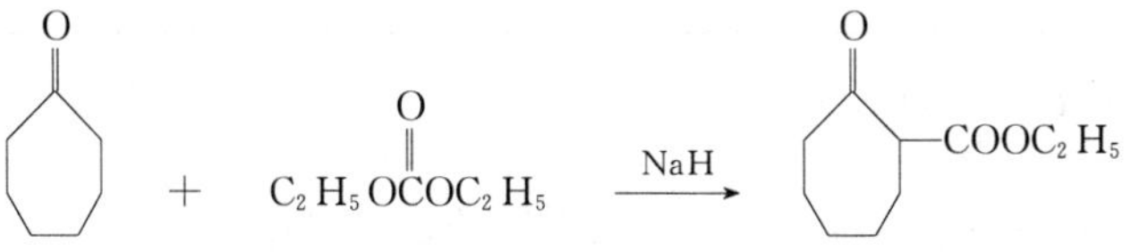

$$91\%\sim94\%$$

三、酯缩合反应在合成中的应用

酯缩合是形成 C—C 键的重要反应。它可合成一些重要的 1,3 官能团化合物,如 β 酮酸酯、1,3 二酮、1,3 二酯等。

$$\underset{3}{RC}\underset{}{CH_2}\underset{1}{CO_2}C_2H_5 \qquad \beta \text{ 酮酸酯}$$

$$\underset{3}{RC}CH_2\underset{1}{CR'} \qquad \text{1,3 二酮}$$

$$C_2H_5O\underset{3}{C}CHC\underset{1}{O}C_2H_5 \qquad \text{1,3 二酯}$$

这些 1,3 官能团化合物具有双重 α 氢,在碱催化下可进行亲核取代、亲核加成等反应(参看 16.3 节和 16.4 节),在合成上应用极为广泛。本节只就该反应直接合成应用举两例说明。

1-苯基-1,3-丁二酮是一个 1,3 官能团化合物,可通过酯缩合反应合成。合成设计中一般可从 1,3 官能团内侧肢解,这样可以清楚地看到酯缩合的两个反应物。如按①肢解,可由苯甲酸酯与丙酮缩合获得产物。若按②肢解则应由乙酸酯与苯乙酮缩合获得产物。以上两种方法均可成功地合成。

$$\text{C}_6\text{H}_5 \overset{①}{\underset{}{C}}\text{—CH}_2 \overset{②}{\underset{}{C}}\text{CH}_3$$

两个酯的缩合可以形成 β 酮酸酯。该酯水解得到 β 酮酸,该酸不稳定,容易受热脱羧生成酮类,因此可利用这一反应制备酮类,如 3-戊酮和环戊酮,都可通过相应酯缩合得到。

$$2\ CH_3CH_2CO_2C_2H_5 \xrightarrow[2)H^+]{1)NaOC_2H_5} CH_3CH_2COCHCO_2C_2H_5$$
$$\underset{CH_3}{|}$$

$$\xrightarrow[2)H^+\triangle]{1)NaOH/H_2O} \left[CH_3CH_2COCHCO_2H \right] \xrightarrow{-CO_2} CH_3CH_2COCH_2CH_3$$
$$\underset{CH_3}{|}$$

$$\underset{CH_2CH_2CO_2C_2H_5}{\overset{CH_2CH_2CO_2C_2H_5}{|}} \xrightarrow[2)H^+]{1)NaOC_2H_5} \quad \xrightarrow[2)H^+,\triangle]{1)NaOH/H_2O}$$

问题 16-1 完成下列反应式。

(1) 　　　　 $+$ 　 $CH_3CH_2CO_2C_2H_5$ $\xrightarrow[2)H^+]{1)NaOC_2H_5}$?

(2) $\underset{\text{O}}{\overset{\text{O}}{\text{CH}_3\text{CH}_2\text{OCCH}_2\text{CH}_2\text{COC}_2\text{H}_5}}$ + $\underset{}{\text{C}_6\text{H}_5}\text{—CO}_2\text{C}_2\text{H}_5$ $\xrightarrow[\text{2)H}^+]{\text{1)NaOC}_2\text{H}_5}$? $\xrightarrow[\text{2)H}^+,\triangle]{\text{1)OH}^-/\text{H}_2\text{O}}$?

(3) $\underset{\text{O}\quad\text{O}}{\text{CH}_3\text{CH}_2\text{OC(CH}_2)_3\text{COC}_2\text{H}_5}$ + $\underset{\text{O}\quad\text{O}}{\text{C}_2\text{H}_5\text{OC—COC}_2\text{H}_5}$ $\xrightarrow[\text{2)H}^+]{\text{1)NaOC}_2\text{H}_5}$?

问题 16-2 下列化合物是通过酯缩合合成的,写出合成它们的起始反应物。

(1) （环己烷二酮二酯结构，$\text{C}_2\text{H}_5\text{O}_2\text{C}$ 和 $\text{CO}_2\text{C}_2\text{H}_5$，两个 O）

(2) $\underset{}{\text{C}_2\text{H}_5\text{OC}}\overset{\text{O}}{\underset{\text{CH}_3}{\text{—CH—CO}_2\text{C}_2\text{H}_5}}$

(3) （环己二酮结构，两个 O）

16.3 丙二酸二乙酯、"三乙"和其他酸性氢化合物的 α 碳负离子的亲核取代反应及在合成中的应用

一、丙二酸二乙酯的烃基化及在合成中的应用

1. 烃基化及产物的脱羧

丙二酸二乙酯具有双重 α 氢,呈现明显的酸性(pK_a 13)。在碱作用下产生碳负离子,可与卤代烃发生亲核取代反应,结果在 α 碳上导入烃基,称为烃基化反应。烃基化产物碱性水解并酸化生成丙二酸类化合物,该化合物不稳定,受热脱羧生成一烃基乙酸。若一烃基丙二酸二乙酯再用 NaOC_2H_5 处理并与另一卤代烃作用,则碱性水解、酸化加热可得到二烃基乙酸。

$\underset{\text{C}_2\text{H}_5\text{O}_2\text{C}}{\overset{\text{C}_2\text{H}_5\text{O}_2\text{C}}{\text{CH}_2}}$ $\xrightarrow{\text{NaOC}_2\text{H}_5}$ $\underset{\text{C}_2\text{H}_5\text{O}_2\text{C}}{\overset{\text{C}_2\text{H}_5\text{O}_2\text{C}}{\text{CH}^\ominus}}$ $\xrightarrow{\text{R—X}}$ $\underset{\text{CO}_2\text{C}_2\text{H}_5}{\overset{\text{CO}_2\text{C}_2\text{H}_5}{\text{R—CH}}}$ $\xrightarrow[\text{2)H}^+,\triangle]{\text{1)OH}^-/\text{H}_2\text{O}}$ $\text{R}\boxed{\text{—CH}_2\text{COOH}}$

$\downarrow \text{NaOC}_2\text{H}_5$

$\underset{\text{R}'}{\overset{\text{R}}{\boxed{\text{CHCOOH}}}}$ $\xleftarrow[\text{2)H}^+,\triangle]{\text{1)OH}^-/\text{H}_2\text{O}}$ $\underset{\text{CO}_2\text{C}_2\text{H}_5}{\overset{\text{CO}_2\text{C}_2\text{H}_5}{\text{R—C—R}'}}$ $\xleftarrow{\text{R}'\text{—X}}$ $\underset{\text{CO}_2\text{C}_2\text{H}_5}{\overset{\text{CO}_2\text{C}_2\text{H}_5}{\text{R—C:}^\ominus}}$

2. 合成羧酸中的应用

丙二酸二乙酯的烃基化及其产物的脱羧反应在合成羧酸上有重要的应用价值,根据反应物 R—X 中 R— 的不同可以制备各种羧酸。

（1）取代乙酸的制备

当采用丙二酸二乙酯合成羧酸时,反应物为单卤代烃,则可以制备取代乙酸。如已酸可通过该法由丙二酸二乙酯和卤代丁烷制备。

$\text{C}_2\text{H}_5\text{O}_2\text{CCH}_2\text{CO}_2\text{C}_2\text{H}_5$ $\xrightarrow[\text{2)CH}_3\text{CH}_2\text{CH}_2\text{CH}_2\text{Cl}]{\text{1)NaOC}_2\text{H}_5}$ $\text{CH}_3\text{CH}_2\text{CH}_2\text{CH}_2\text{CH(CO}_2\text{C}_2\text{H}_5)_2$

$$\xrightarrow[\text{2)H}^+,\triangle]{\text{1)OH}^-/\text{H}_2\text{O}} \quad \text{CH}_3\text{CH}_2\text{CH}_2\text{CH}_2\!\!-\!\!\boxed{\text{CH}_2\text{CO}_2\text{H}}$$

(2)二元羧酸的制备

2mol 丙二酸二乙酯，2mol 醇钠和1mol 双卤代烃作用，可以制备二元羧酸。

$$2\ \text{C}_2\text{H}_5\text{O}_2\text{CCH}_2\text{CO}_2\text{C}_2\text{H}_5 \xrightarrow{2\ \text{NaOC}_2\text{H}_5} 2\ (\text{C}_2\text{H}_5\text{O}_2\text{C}\overset{\ominus}{\text{C}}\text{HCO}_2\text{C}_2\text{H}_5)$$

$$\xrightarrow{\text{Br}-\text{CH}_2\text{CH}_2-\text{Br}} (\text{C}_2\text{H}_5\text{O}_2\text{C})_2\text{CH}-\text{CH}_2\text{CH}_2-\text{CH}(\text{CO}_2\text{C}_2\text{H}_5)_2$$

$$\xrightarrow[\text{2)H}^+,\triangle]{\text{1)OH}^-/\text{H}_2\text{O}} \quad \boxed{\text{HO}_2\text{CCH}_2}\!\!-\!\!\text{CH}_2\text{CH}_2\!\!-\!\!\boxed{\text{CH}_2\text{CO}_2\text{H}}$$

(3)环烷酸制备

1mol 丙二酸二乙酯用 2mol 醇钠处理可以得到双钠盐。该盐与 1mol 双卤代烃反应可以制备三、四、五和六元环的环烷酸。

$$\underset{\text{CH}_2}{\overset{\text{CO}_2\text{C}_2\text{H}_5}{\diagdown}}\underset{\text{CO}_2\text{C}_2\text{H}_5}{\diagup} \xrightarrow{2\text{NaOC}_2\text{H}_5} \overset{\text{CO}_2\text{C}_2\text{H}_5}{\underset{\text{CO}_2\text{C}_2\text{H}_5}{\overset{\diagup}{\ominus:\text{C}:\ominus}}} \xrightarrow{\text{BrCH}_2\text{CH}_2\text{CH}_2\text{Br}}$$

$$\diamondsuit\!\!<\!\!\overset{\text{CO}_2\text{C}_2\text{H}_5}{\underset{\text{CO}_2\text{C}_2\text{H}_5}{}} \xrightarrow[\text{2)H}^+,\triangle]{\text{1)OH}^-/\text{H}_2\text{O}} \diamondsuit\!\!-\!\!\boxed{\text{COOH}}$$

(4)1,4 官能团化合物制备

当采用 α 卤代化合物进行上述反应，可以成功地合成1,4 官能团化合物。

$$\underset{\text{O}}{\overset{\text{O}}{\text{RCCH}_2\text{Cl}}} + \ominus:\text{CH}(\text{CO}_2\text{C}_2\text{H}_5)_2 \longrightarrow \xrightarrow[\text{2)H}^+,\triangle]{\text{1)OH}^-/\text{H}_2\text{O}} \underset{4}{\text{R}-\overset{\text{O}}{\overset{\|}{\text{C}}}-\text{CH}_2}\!\!-\!\!\underset{1}{\boxed{\text{CH}_2\text{CO}_2\text{H}}}$$

$$\text{C}_2\text{H}_5\text{O}_2\text{CCH}_2\text{Cl} + \ominus:\text{CH}(\text{CO}_2\text{C}_2\text{H}_5)_2 \longrightarrow \xrightarrow[\text{2)H}^+,\triangle]{\text{1)OH}^-/\text{H}_2\text{O}} \underset{4}{\text{HO}_2\text{CCH}_2}\text{CH}_2\underset{1}{\text{COOH}}$$

通过丙二酸酯合成羧酸是一个卤代烃选择的问题。从以上实例不难看出，被合成的化合

物中丙二酸酯提供的部分是 $\boxed{\overset{\text{H}}{\underset{|}{\overset{|}{-\text{C}-\text{COOH}}}}}$，此外的部分为卤代烃提供。这个规律为设计合

成路线提供了方便，如 2-乙基丁酸合成，当划出丙二酸酯提供的部分后，就会很快找出反应的卤代烷是卤代乙烷。

$$\text{CH}_3\text{CH}_2\!\!-\!\!\boxed{\underset{\text{CH}_2\text{CH}_3}{\overset{|}{\text{CHCOOH}}}} \longleftarrow \text{CH}_2(\text{CO}_2\text{C}_2\text{H}_5)_2 + 2\ \text{CH}_3\text{CH}_2\text{Br}$$

问题 16-3 完成下列反应式。

(1) $2\ \text{CH}_2(\text{CO}_2\text{C}_2\text{H}_5)_2 \xrightarrow[\text{2)I}_2]{\text{1)2NaOC}_2\text{H}_5}$

(2) $\text{CH}_3\text{COCH}_2\text{Cl} + \text{CH}_2(\text{CO}_2\text{C}_2\text{H}_5)_2 \xrightarrow{\text{NaOC}_2\text{H}_5} \xrightarrow[\text{2)H}^+,\triangle]{\text{1)OH}^-/\text{H}_2\text{O}}$

问题 16-4 由丙二酸二乙酯合成 2-甲基戊酸。

二、"三乙"的烃基化及在合成中的应用

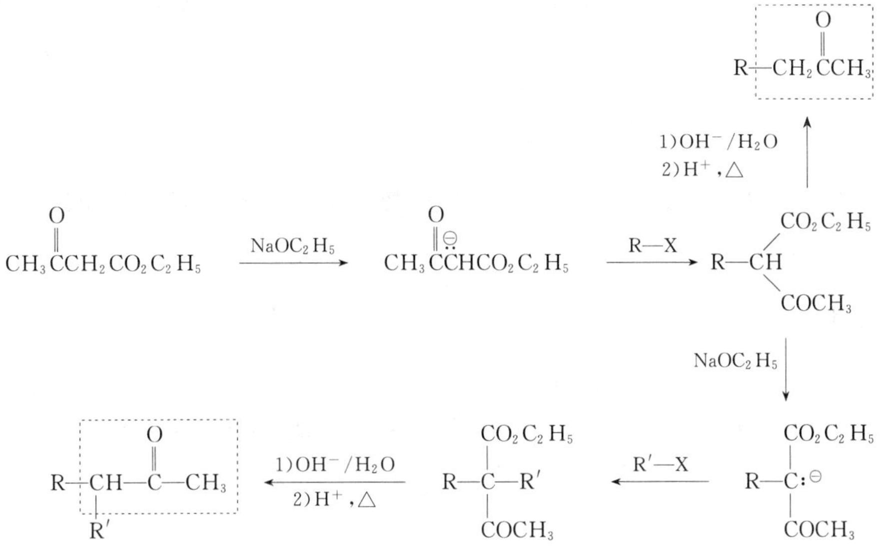

1."三乙"的烃基化及产物的脱羧

乙酰乙酸乙酯亦为双重 α 氢化合物,它的 pK_a 为 11,能与碱作用生成碳负离子,所以像丙二酸二乙酯负离子一样能与卤代烃发生亲核取代反应,在 α 碳上导入烃基。烃基化的"三乙"经碱性水解、酸化加热,则脱羧生成一取代或二取代的丙酮(见上面反应图示)。

2.合成甲基酮中的应用

通过"三乙"的亲核取代及其产物的脱羧,可以合成各种甲基酮。被合成的产物中,"三乙"提供的部分是 —$\overset{|}{C}HCOCH_3$,其余部分由相应的卤代烃提供,像丙二酸二乙酯合成酸一样,"三乙"合成甲基酮也是一个卤代烃选择问题。当采用单卤代烃时,该法可合成取代丙酮,如 3-甲基-2-己酮的合成,根据如下图示可知是由"三乙"和卤代甲烷和卤代丙烷制备的。

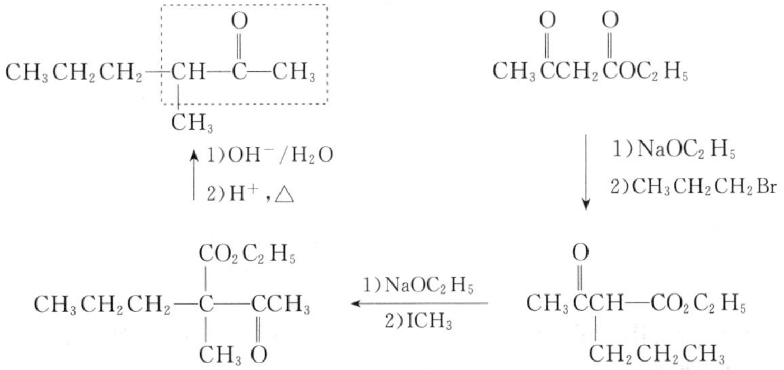

当采用双卤代烃,且"三乙"钠盐与双卤代烃摩尔比为 2∶1 时可制备二酮,如 2,6-庚二酮是由 $1\,mol\,CH_2Cl_2$ 和 $2\,mol$"三乙"制备的。

$$CH_3-\overset{\overset{\displaystyle O}{\|}}{C}-CH_2 \!-\! CH_2 \!-\! CH_2-\overset{\overset{\displaystyle O}{\|}}{C}-CH_3 \qquad\qquad 2\ CH_3-\overset{\overset{\displaystyle O}{\|}}{C}-CH_2-COOC_2H_5$$

$$\Big\uparrow\ {1)OH^-/H_2O \atop 2)H^+,\triangle} \qquad\qquad\qquad\qquad \Big\downarrow\ 2NaOC_2H_5$$

$$CH_3-\overset{\overset{\displaystyle O}{\|}}{C}-\underset{\underset{\displaystyle CO_2C_2H_5}{|}}{CH}-CH_2-\underset{\underset{\displaystyle CO_2C_2H_5}{|}}{CH}-\overset{\overset{\displaystyle O}{\|}}{C}-CH_3 \quad\overset{ClCH_2Cl}{\longleftarrow}\quad 2\ CH_3-\overset{\overset{\displaystyle O}{\|}}{C}-\underset{\underset{\displaystyle Na^+}{}}{\overset{\ominus}{C}H}-COOC_2H_5$$

当采用 1mol 1,4-二卤代丁烷,1mol"三乙"和 2mol 醇钠时,则得到环戊基甲基酮。

$$CH_3\overset{\overset{\displaystyle O}{\|}}{C}CH_2CO_2C_2H_5 \xrightarrow{NaOC_2H_5} CH_3\overset{\overset{\displaystyle O}{\|}}{C}\overset{\ominus}{C}H-\overset{\overset{\displaystyle O}{\|}}{C}OC_2H_5 \xrightarrow{BrCH_2CH_2CH_2CH_2Br}$$

$$BrCH_2CH_2CH_2CH_2-\underset{\underset{\underset{\displaystyle O}{\|}}{\underset{\displaystyle C}{CCH_3}}}{\overset{\overset{\displaystyle CO_2C_2H_5}{|}}{CH}} \xrightarrow{NaOC_2H_5} BrCH_2CH_2CH_2CH_2-\underset{\underset{\underset{\displaystyle O}{\|}}{\underset{\displaystyle C}{CCH_3}}}{\overset{\overset{\displaystyle CO_2C_2H_5}{|}}{\overset{\ominus}{C}}}$$

$$\longrightarrow \quad \underset{\underset{\underset{\displaystyle O}{\|}}{CCH_3}}{\overset{\overset{\displaystyle CO_2C_2H_5}{}}{\square}} \quad\xrightarrow[{2)H^+,\triangle}]{1)OH^-/H_2O}\quad \overset{\overset{\displaystyle O}{\|}}{\underset{}{\square}}-\overset{\overset{\displaystyle O}{\|}}{C}CH_3$$

"三乙"不像丙二酸酯那样生成单碳上的双钠盐,反应中是以两次单钠盐的形成并分别进行亲核取代关环而成。由于"三乙"不能生成单碳上的双负离子,因此此不能合成三、四元环。

应该注意的是,"三乙"在 $NaOC_2H_5$ 作用下不可生成同一碳上的双钠盐,但在更强碱作用下可生成不同碳上的双负离子,该双负离子一个为双重 α 碳负离子,另一个为酮羰基所连甲基碳负离子。当它与 1mol 卤代烃反应时,发生反应的碳负离子是后者,这是因为它的碱性和亲核性较强,最终产物为"三乙"α 甲基碳烷基化的产物。

$$CH_3-\overset{\overset{\displaystyle O}{\|}}{C}-CH_2CO_2C_2H_5 \xrightarrow{KNH_2,\ NH_3(l)} \ ^{\cdot\cdot}_{}CH_2-\overset{\overset{\displaystyle O}{\|}}{C}-\overset{\cdot\cdot}{C}HCO_2C_2H_5 \xrightarrow{R-X}$$

$$RCH_2-\overset{\overset{\displaystyle O}{\|}}{C}-\overset{\cdot\cdot}{C}HCO_2C_2H_5 \xrightarrow{H_3^+O} RCH_2-\overset{\overset{\displaystyle O}{\|}}{C}-CH_2CO_2C_2H_5$$

带有官能团的 α 卤代化合物与"三乙"反应,与丙二酸二乙酯一样,可合成双官能团化合物,如 2,5-己二酮可由"三乙"和 α 卤代丙酮制备。

$$CH_3\overset{\overset{\displaystyle O}{\|}}{C}CH_2\overset{\overset{\displaystyle O}{\|}}{C}OC_2H_5 \xrightarrow{NaOC_2H_5} CH_3\overset{\overset{\displaystyle O}{\|}}{C}\overset{\ominus}{C}H-\overset{\overset{\displaystyle O}{\|}}{C}-OC_2H_5 \xrightarrow{ClCH_2\overset{\overset{\displaystyle O}{\|}}{C}CH_3}$$

$$\underset{\substack{|| \\ O}}{CH_3CCH_2}-\underset{\substack{| \\ \underset{|| \\ O}{C}-CH_3}}{\overset{CO_2C_2H_5}{CH}}-CCH_3 \quad \xrightarrow[\text{2)}H^+,\triangle]{\text{1)}OH^-/H_2O} \quad \underset{\substack{|| \\ O}}{CH_3CCH_2}+\boxed{\underset{\substack{|| \\ O}}{CH_2-CCH_3}}$$

问题16-5 "三乙"钠盐与酰氯可进行不饱和碳上的亲核取代。请写出如下反应的产物。

$$\underset{\substack{|| \\ O}}{CH_3CCH_2}CO_2C_2H_5 \quad \xrightarrow[\text{2)}C_6H_5COCl]{\text{1)}NaOC_2H_5} \quad ? \quad \xrightarrow[\text{2)}H^+,\triangle]{\text{1)}OH^-/H_2O} \quad ?$$

问题16-6 写出如下反应机理。

$$\underset{\substack{|| \\ O}}{CH_3CCH_2}CO_2C_2H_5 \quad + \quad BrCH_2CH_2CH_2Br \quad \xrightarrow{NaOC_2H_5}$$

问题 16-7 写出由"三乙"合成下列化合物选用的卤代化合物。

(1)
$$\underset{\substack{| \\ CH_2CH_3}}{}\text{苯环}-CH_2\underset{\substack{| \\ O}}{\overset{O}{C}}CHCCH_3$$

(2) $$CH_3\overset{\substack{OCH_3 \\ || }}{C}CHCH_2CO_2C_2H_5$$

三、酯缩合产物和其他双重 α 氢化合物的烃基化及在合成中的应用

通过酯缩合可以得到 β 酮酸酯(两个酯缩合产物)和 1,3 二酮(酯和酮缩合产物),这两种产物均存在双重 α 氢,能与碱,如 $NaOC_2H_5$、NaH、$NaNH_2$、OH^- 等,作用生成碳负离子。像"三乙"一样可以与卤代烃进行亲核取代反应,获得烃基化产物。这个形成 C—C 键的反应比"三乙"在合成上有更广泛的意义。"三乙"只是酯缩合产物之一,它只能用来合成甲基酮,而不同结构的 β 酮酸酯和 1,3 二酮与不同的卤代烃可合成各种酮。下面仅举两例说明它们在合成上的应用。

以上两例起始于酯缩合,因此体现了酯缩合反应在合成中的重要性。

当然，其他具有酸性氢的化合物在碱的作用下同样可以发生类似反应，合成各种化合物。

$$NCCH_2CO_2C_2H_5 \quad + \quad \underset{Cl}{\overset{CH_2Cl}{\bigcirc}} \quad \xrightarrow{NaOC_2H_5} \quad \underset{Cl}{\overset{CH_2CHCN}{\underset{CO_2C_2H_5}{\bigcirc}}}$$

$$\xrightarrow{OH^-/H_2O} \quad \xrightarrow{H^+,\triangle} \quad \underset{Cl}{\overset{CH_2CH_2CN}{\bigcirc}}$$

$$CH_3CH_2CH_2Cl \quad + \quad NCCH_2CN \quad \xrightarrow{C_2H_5ONa} \quad CH_3CH_2CH_2CH(CN)_2$$

问题 16-8 预言二苯乙腈在 $NaNH_2$ 存在下与苄氯反应的产物。

问题 16-9 完成下列转化。

$$\overset{CO_2C_2H_5}{\bigcirc} \quad \longrightarrow \quad \overset{O}{\underset{\parallel}{\bigcirc-C}}CH_2CH_2CH_3$$

四、羧酸、酯、腈 α 碳负离子的生成、反应和应用

1. 羧酸 α 碳负离子的生成和烷基化

羧酸与强碱二异丙基氨基锂（LDA）作用可生成二锂盐，这个盐的 α 碳负离子亲核性比羧基氧负离子具有更强的亲核性，故而可与卤代烃反应，在 α 位导入烃基。这是一个有价值的实验室由酸合成更高级酸的一种新方法。特别是对三取代乙酸合成显示了它的独到之处。

$$RCH_2CO_2H \xrightarrow{LDA} \overset{\ominus Li^{\oplus}}{RCH-CO_2^{\ominus}Li^{\oplus}} \xrightarrow{R'-X} \xrightarrow{H_2O} \underset{R}{\overset{R'}{CHCO_2H}}$$

$$\underset{CH_3}{\overset{CH_3}{CHCO_2H}} \xrightarrow[THF/己烷]{LDA} \xrightarrow[2)H_2O]{1)\ CH_3(CH_2)_3-Br} \underset{CH_3}{\overset{CH_3}{CH_3(CH_2)_3-C-CO_2H}} \quad 89\%$$

$$\underset{CH_3}{\overset{CH_3}{CHCO_2H}} \xrightarrow[THF/己烷]{LDA} \xrightarrow[2)H_2O]{1)\ Br-(CH_2)_n\overset{CH_3}{\underset{CH_3}{C}}-CO_2Li} \underset{CH_3}{\overset{CH_3}{HO_2C-C-(CH_2)_n-C-CO_2H}}$$

$$65\%\sim75\%$$

2. 酯和腈 α 碳负离子生成及反应

与羧酸相同，酯和腈酸性 α 氢同样与二异丙基氨基锂作用生成 α 碳负离子，继而与活泼卤代烃发生亲核取代反应，在 α 位直接导入烃基，这也是形成 C—C 键的重要反应。

$$CH_3CH_2CO_2CH_3 \xrightarrow[2)CH_3CH_2I]{1)LDA/THF} \underset{}{\overset{CH_2CH_3}{CH_3CH_2CHCO_2CH_3}} \quad 96\%$$

$$CH_3CH_2CH_2CN \xrightarrow[\text{2)}CH_3I]{\text{1)}LDA/THF} CH_3CH_2\overset{\overset{\displaystyle CH_3}{|}}{C}HCN$$

若酯和腈生成的碳负离子与苯硒基溴作用,同样发生亲核取代反应,生成 α 位导入苯硒基的化合物,该化合物用过氧化氢处理,通过氧化脱去 $HOSeC_6H_5$ 生成 α、β 不饱和酯和腈。

$$CH_3CH_2CH_2CO_2CH_3 \xrightarrow{LDA} CH_3CH_2\overset{\ominus}{C}HCO_2CH_3 \xrightarrow{C_6H_5-Se-Br} CH_3CH_2\overset{\overset{\displaystyle }{|}}{C}HCO_2CH_3$$
$$\underset{SeC_6H_5}{|}$$

$$\xrightarrow{H_2O_2} CH_3\overset{\overset{\displaystyle }{|}}{C}H-\overset{\overset{\displaystyle }{|}}{C}HCO_2CH_3 \longrightarrow CH_3CH=CHCO_2CH_3 + HOSeC_6H_5$$
$$\underset{\substack{| \\ H}}{}\underset{\substack{| \\ \overset{+}{Se}C_6H_5 \\ | \\ \overset{\ominus}{\underset{\cdot\cdot}{O}}:}}{}$$

$$C_6H_5CH_2CH_2CN \xrightarrow{LDA} \xrightarrow{C_6H_5SeBr} \xrightarrow{H_2O_2} C_6H_5CH=CHCN$$

3. 酸和酯的间接烃基化

羧酸可与 2-氨基-2-甲基-1-丙醇作用生成 2-烷基-4,4-二甲基噁唑啉 **3**,**3** 像酯一样具有 α 氢,在强碱正丁基锂或二异丙基氨基锂存在下生成 α 碳负离子,再与卤代烃进行亲核取代反应生成导入烷基的噁唑啉衍生物 **4**,**4** 水解或醇解可得到烃基化的羧酸或酯。该法也成为了合成羧酸和酯的新方法。若合成中采用手性的噁唑啉衍生物,则可制备特定构型的羧酸或酯。

$$RCH_2\overset{\overset{\displaystyle O}{\|}}{C}-OH + \underset{H_2N}{\overset{HO}{\diagdown}}\overset{CH_3}{\underset{CH_3}{\diagup}} \longrightarrow RCH_2\overset{O}{\underset{N}{\diagup\diagdown}}\overset{CH_2}{\underset{CH_3}{\diagdown\diagup}}\overset{CH_3}{\underset{}{}} \xrightarrow{CH_3(CH_2)_3-Li}$$
$$\mathbf{3}$$

$$R-\overset{\ominus}{C}H\overset{O}{\underset{N}{\diagup\diagdown}}\overset{CH_2}{\underset{CH_3}{\diagdown\diagup}}\overset{CH_3}{\underset{}{}} \xrightarrow{R'-X} \overset{R'}{\underset{R}{\diagdown}}CH\overset{O}{\underset{N}{\diagup\diagdown}}\overset{CH_2}{\underset{CH_3}{\diagdown\diagup}}\overset{CH_3}{\underset{}{}}$$
$$\mathbf{4}$$

$$\xrightarrow{H_2O/H_2SO_4} \overset{R'}{\underset{R}{\diagdown}}CHCO_2H$$

$$\xrightarrow{HOC_2H_5/H^+} \overset{R'}{\underset{R}{\diagdown}}CHCO_2C_2H_5$$

问题 16-10 通过烷基噁唑啉由乙酸制备异丁酸。

问题 16-11 由丙酸合成 α,α-二甲基丁酸。

问题 16-12 由正丁醇合成 α-戊烯腈。

16.4 丙二酸二乙酯、"三乙"和其他酸性氢化合物的 α 碳负离子的亲核加成反应及在合成中的应用

一、克脑文盖尔(Knoevenagel)反应

醛、酮在弱碱(胺、吡啶等)催化下与具有活泼 α 氢的化合物缩合的反应叫做克脑文盖尔反

应,机理类似于羟醛缩合。

$$RCHO + CH_2(CO_2C_2H_5)_2 \xrightarrow{\overset{\bigcirc}{\underset{\underset{H}{N}}{}}} RCH=C(CO_2C_2H_5)_2 \xrightarrow[2)H^+,\triangle]{1)OH^-/H_2O} RCH=CHCO_2H$$

碱吸收 α 氢,生成碳负离子,而后对羰基加成,加成产物非常容易脱水生成 α,β 不饱和化合物。丙二酸二乙酯与羰基化合物缩合产物水解后脱羧可用来制备 α,β 不饱和酸。

$$CH_2(CO_2C_2H_5)_2 + \overset{\bigcirc}{\underset{\underset{H}{N}}{}} \rightleftharpoons \overset{\ominus}{:}CH(CO_2C_2H_5)_2 + \overset{\oplus}{\underset{\underset{H\ \ \ H}{N}}{}}$$

$$(C_2H_5O_2C)_2\overset{\ominus}{C}H + R-\overset{\overset{O}{\|}}{C}-H \longrightarrow R-\overset{\overset{O^{\ominus}}{|}}{C}HCH(CO_2C_2H_5)_2$$

$$\xrightarrow{\overset{\oplus}{\underset{\underset{H\ \ \ H}{N}}{}}} RCH-\overset{\overset{OH}{|}}{C}H(CO_2C_2H_5)_2 \xrightarrow{-H_2O} RCH=C(CO_2C_2H_5)_2$$

具有活泼 α 氢的化合物,如 y—CH₂—y′ 类型的双重 α 氢化合物(y,y′可为 —CO₂C₂H₅、—CN、RCO—、—NO₂ 等拉电子基团)进行该反应均有较好的收率。

$$\text{⟨Ph⟩—CHO} + CH_3COCH_2CO_2C_2H_5 \xrightarrow[0\ ℃]{(C_2H_5)_2NH} \text{⟨Ph⟩—}\overset{\overset{}{}}{C}H=\overset{\overset{\overset{O}{\|}}{C-CH_3}}{\underset{CO_2C_2H_5}{C}}$$

$$78\%$$

$$CH_3(CH_2)_5CHO + CH_2(CO_2H)_2 \xrightarrow{\text{吡啶}} [CH_3(CH_2)_5CH=C(CO_2H)_2]$$

$$\xrightarrow{-CO_2} CH_3(CH_2)_5CH=CHCO_2H \quad 75\%\sim85\%$$

$$\text{⟨cyclohexyl⟩=O} + NCCH_2CO_2C_2H_5 \xrightarrow{\overset{\overset{O}{\|}}{\overset{+}{NH_4}\ \overset{-}{O}CCH_3}} \text{⟨cyclohexyl⟩=}\overset{\overset{}{C}}{\underset{CN}{C}}-CO_2C_2H_5$$

$$100\%$$

二、麦克尔(Michael)加成

丙二酸二乙酯、"三乙"在碱存在下与 α,β 不饱和化合物的 1,4 加成叫做麦克尔加成。[A. Michael(1853—1942)生于美国纽约,曾在德国和法国多所知名院校学习,后在 Tufts 和 Harvard 大学任化学教授。]反应起始于 α 碳负离子的亲核进攻,其过程为共轭加成。

$$CH_2(CO_2C_2H_5)_2 + CH_2=CH-CHO \xrightarrow[HOC_2H_5]{NaOC_2H_5} (C_2H_5O_2C)_2CHCH_2CH_2CHO$$

机理：

$$CH_2(CO_2C_2H_5)_2 \ + \ C_2H_5ONa \ \rightleftharpoons \ HOC_2H_5 \ + \ \overset{\ominus}{C}H(CO_2C_2H_5)_2$$

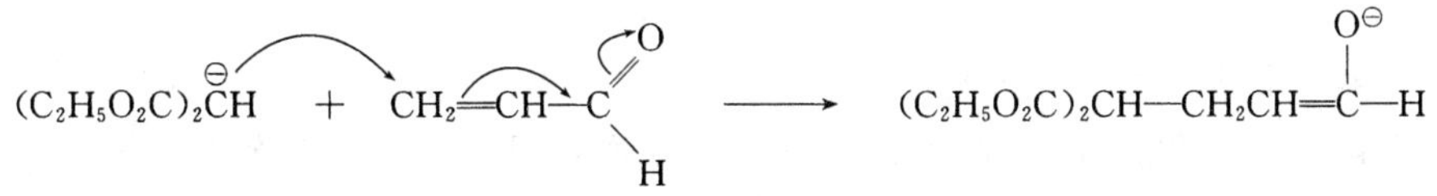

$$(C_2H_5O_2C)_2\overset{\ominus}{C}H \ + \ CH_2{=}CH{-}\overset{O}{\underset{H}{C}} \ \longrightarrow \ (C_2H_5O_2C)_2CH{-}CH_2{-}CH{=}\overset{O^{\ominus}}{C}{-}H$$

$$\xrightarrow{HOC_2H_5} \ (C_2H_5O_2C)_2CHCH_2CH_2CHO$$

反应中常采用的碱为醇钠、季铵碱、氢氧化钾、氢氧化钠等。活泼 α 氢化合物为 y—CH_2—y'（y, y' 为 —CN ，—$CO_2C_2H_5$ ，—COR ，—NO_2 等）。α,β 不饱和化合物为 α,β 不饱和酯、醛、酮、腈等。

$$CH_2(CO_2C_2H_5)_2 + \ CH_2{=}\underset{C_6H_5}{\overset{|}{C}}{-}CO_2C_2H_5 \ \xrightarrow{NaOC_2H_5} \ (C_2H_5O_2C)_2CH{-}CH_2{-}\underset{C_6H_5}{\overset{|}{CH}}{-}CO_2C_2H_5$$

$$55\%\sim66\%$$

$$C_6H_5{-}\underset{CO_2C_2H_5}{\overset{CN}{\overset{|}{CH}}} \ + \ CH_2{=}CHCN \ \xrightarrow[(CH_3)_3COH]{KOH} \ C_6H_5{-}\underset{CO_2C_2H_5}{\overset{CN}{\overset{|}{\underset{|}{C}}}}CH_2CH_2CN \quad 68\%\sim83\%$$

$$CH_2(CO_2C_2H_5)_2 \ + \ 2\,CH_2{=}CH{-}\overset{O}{\overset{\|}{C}}CH_3 \ \xrightarrow{OH^-} \ \begin{array}{c} CH_3COCH_2CH_2 \quad CO_2C_2H_5 \\ \diagdown \quad \diagup \\ C \\ \diagup \quad \diagdown \\ CH_3COCH_2CH_2 \quad CO_2C_2H_5 \end{array} \quad 85\%$$

$$\text{[bicyclic structure with } CO_2C_2H_5\text{]} \ + \ CH_3\overset{O}{\overset{\|}{C}}CH_2CO_2C_2H_5 \ \xrightarrow{R_4\overset{+}{N}OH^-} \ \text{[product with } CO_2C_2H_5, CHCOCH_3, CO_2C_2H_5\text{]} \quad 86\%$$

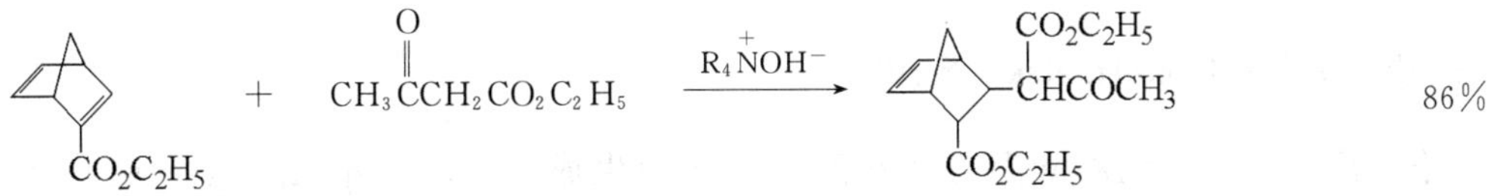

麦克尔加成是增长碳链的反应，在合成 1,5 双官能团化合物上有重要应用。如 5-已酮酸为 1,5 双官能团化合物，通过对它的结构分析，很容易找到利用麦克尔加成进行合成的两种途径。合成设计中对合成化合物的肢解方式如下图所示。如按①肢解，则起始化合物应为"三乙"和丙烯酸酯。若按②肢解应为丙二酸二乙酯和 3-丁烯-2-酮。

$$CH_3\overset{O}{\overset{\|}{C}}CH_2 \overset{①}{\vdots} CH_2 \overset{②}{\vdots} CH_2{-}COOH$$

$$\begin{array}{cc} 1)OH^-/H_2O \ \uparrow \ 2)H^+,\triangle & 1)OH^-/H_2O \ \uparrow \ 2)H^+,\triangle \\ \\ \uparrow NaOC_2H_5 & \uparrow NaOC_2H_5 \\ \\ CH_3COCH_2CO_2C_2H_5 & CH_2(CO_2C_2H_5)_2 \\ 和 & 和 \\ CH_2{=}CHCO_2C_2H_5 & CH_2{=}CHCOCH_3 \\ ① & ② \end{array}$$

麦克尔加成中双重 α 氢化合物若具有酮羰基，α，β 不饱和酮具有 α 氢，那么反应产生的1,5 二羰基化合物在碱作用下可继续反应发生环合。这个反应称作鲁宾逊（Robinson）环合。[R. Robinson(1886—1975)出生于英国，在 Manchester 大学获博士学位，曾任牛津大学化学教授。由于他在生物碱方面的研究成果，获 1947 年 Nobel 化学奖。]如 2-甲基-1,3-环己二酮和 3-丁烯-2-酮在碱催化下反应，产生的麦克尔加成产物可继续反应（羟醛缩合），得到合环的化合物。这个反应常用于合成六元环和相关复杂化合物。

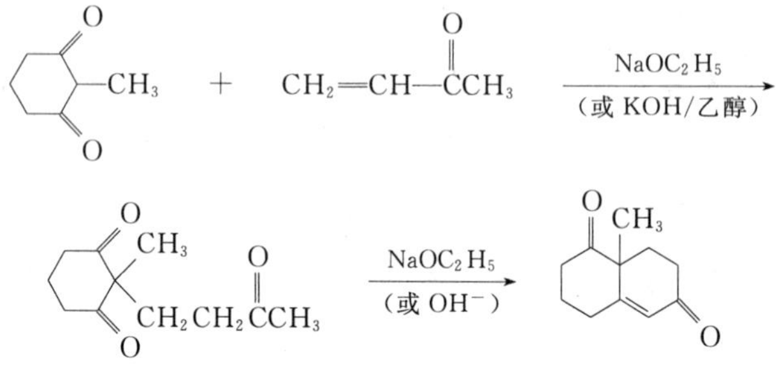

问题 16-13　写出利用麦克尔加成合成下列化合物的反应物。

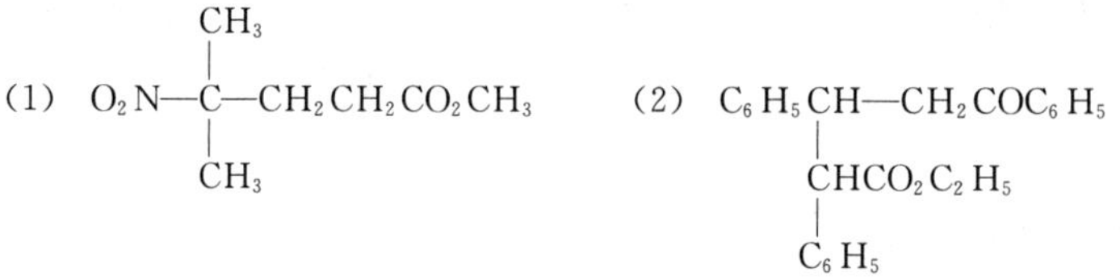

三、瑞佛马斯基（Reformatsky）反应

在惰性溶剂中 α 溴代乙酸酯与锌和醛或酮作用生成 β 羟基酸酯的反应叫瑞佛马斯基反应。

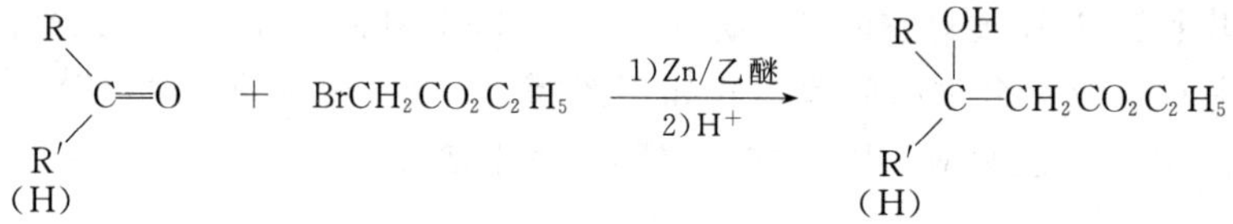

反应中首先生成有机锌化合物，然后对醛、酮羰基进行亲核加成。反应类似格氏试剂对羰基化合物的加成，但有机锌化合物活性较差，在反应条件下不与酯羰基加成，因此可以得到 β 羟基酸酯。

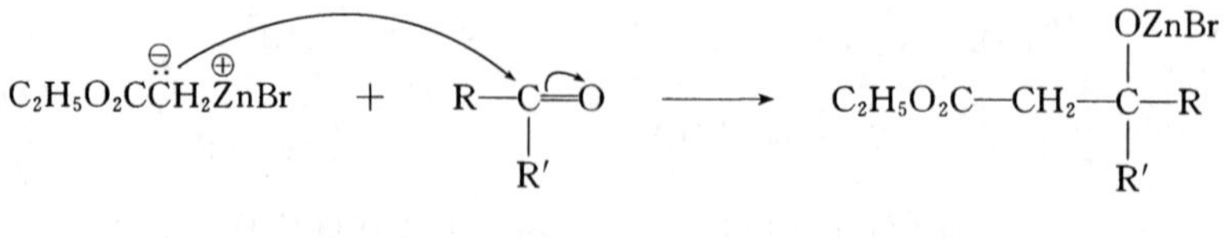

反应可采用脂肪或芳香的醛、酮，一取代或不取代的卤代乙酸酯。该反应是制备 β 羟基酸及衍生物的常用方法，当然 β 羟基酸易脱水，所以也是制备 α，β 不饱和酸的方法之一。

$$\underset{\underset{CH_2CH_3}{|}}{CH_3(CH_2)_3-CHCHO} \quad + \quad \underset{\underset{CH_3}{|}}{Br-CHCO_2C_2H_5} \quad \xrightarrow[2)H^+]{1)Zn} \quad \underset{\underset{CH_2CH_3}{|}}{CH_3(CH_2)_3-CH}\overset{HO \ CO_2C_2H_5}{\underset{\underset{CH_3}{|}}{CHCH}} \quad 87\%$$

环戊酮 $+ \ BrCH_2CO_2C_2H_5 \xrightarrow[2)H^+]{1)Zn/苯}$ 环戊基-OH, CO_2C_2H_5 95%

$$\boxed{\text{环己}}-CHO \quad + \quad BrCH_2CO_2C_2H_5 \quad \xrightarrow[2)H^+]{1)Zn} \quad C_6H_5\overset{OH}{\underset{|}{CH}}CH_2CO_2C_2H_5$$

$$\xrightarrow[2)H^+,\triangle]{1)OH^-/H_2O} \quad C_6H_5-CH=CHCOOH$$

问题16-14 草酸二乙酯与乙酸乙酯在 $NaOC_2H_5$ 存在下反应生成 $A(C_8H_{12}O_5)$，A 用 Zn 和 α-溴代乙酸乙酯处理后酸化得到 $B(C_{12}H_{20}O_7)$，B 经碱性水解而后酸化加热得到 $C(C_6H_6O_6)$。写出 A，B，C 的结构式。

四、达尔森(Darzen)反应

醛酮与 α 卤代酸酯在强碱存在下反应生成 α,β 环氧酸酯的过程也起始于碳负离子的亲核加成。

$$\underset{RCR'(H)}{\overset{O}{\|}} \quad + \quad ClCH_2CO_2C_2H_5 \quad \xrightarrow{NaOC_2H_5} \quad \underset{\underset{(H)}{R'}}{\overset{R}{C}}\overset{O}{\diagdown}CHCO_2C_2H_5$$

机理：$ClCH_2CO_2C_2H_5 \xrightarrow{NaOC_2H_5} Cl\overset{\ominus}{CH}-CO_2C_2H_5 \xrightarrow{RCR'(\overset{O}{\|})}$

$$\underset{R'}{\overset{R}{C}}\overset{\overset{\ddot{O}^{\ominus}}{|}}{\underset{\underset{Cl}{|}}{-CH-CO_2C_2H_5}} \longrightarrow \underset{R'}{\overset{R}{C}}\overset{O}{\diagdown}CHCO_2C_2H_5$$

5

加成后氧负离了中间体 **5** 不稳定，容易发生分子内亲核取代反应生成环氧化合物，以下是该反应的实例。

$$C_6H_5CHO \quad + \quad \underset{\underset{Cl}{|}}{C_6H_5CHCO_2C_2H_5} \quad \xrightarrow{KOC(CH_3)_3} \quad C_6H_5CH\overset{O}{\diagdown}\underset{\underset{C_6H_5}{|}}{CHCO_2C_2H_5}$$

$$\boxed{\text{环己酮}}=O \quad + \quad ClCH_2CO_2C_2H_5 \quad \xrightarrow{KOC(CH_3)_3} \quad \text{环己基}\overset{O}{\diagdown}CHCO_2C_2H_5 \quad 83\%\sim85\%$$

达尔森反应除用来制备 α,β 环氧酸酯外，有时可用来合成醛、酮。环氧酸酯水解后酸化加热，可脱羧生成醛、酮。

$$\underset{\text{（苯乙酮）}}{C_6H_5\text{—}\overset{\overset{\displaystyle O}{\|}}{C}CH_3} \quad + \quad BrCH_2CO_2C_2H_5 \quad \xrightarrow{NaOC_2H_5} \quad \underset{\underset{CH_3}{|}}{C_6H_5\text{—}\overset{O}{\overset{/\ \backslash}{C\text{——}CH}}CO_2C_2H_5} \quad \xrightarrow[\text{2) }H^+]{\text{1) }OH^-/H_2O}$$

$$\underset{H_3C}{\overset{}{\underset{\displaystyle\overset{|}{C}}{}}}\ \overset{O}{\overset{/\ \backslash}{C}}\ \underset{\displaystyle\overset{|}{H}}{CH}\ \overset{\overset{\displaystyle O}{\|}}{C}\ \overset{\frown}{O}\text{—}H \quad \xrightarrow{\triangle} \quad \underset{CH_3}{C_6H_5\text{—}\overset{\overset{\displaystyle OH}{|}}{C}\text{=}CH} \quad \longrightarrow \quad \underset{CH_3}{C_6H_5\text{—}\overset{\overset{}{|}}{C}HCHO}$$

五、普尔金(Perkin)反应

芳香醛和酸酐在相应羧酸钠(或钾)盐存在下可发生类似羟醛缩合的反应,最终得到 α,β 不饱和芳香酸。这个反应称做普尔金反应。[William Henry Perkin Jr.(1838—1907),英国有机化学家,1853 年在德国有机化学家霍夫曼门下学习,1883 年任英国化学会会长。他善于用芳烃合成染料,取得极大经济效益。]一般用来制备肉桂酸及同系物。

$$C_6H_5\text{—}CHO \quad + \quad \underset{}{CH_3\overset{\overset{\displaystyle O}{\|}}{C}O\overset{\overset{\displaystyle O}{\|}}{C}CH_3} \quad \xrightarrow[\triangle]{CH_3COONa} \quad C_6H_5\text{—}CH\text{=}CH\text{—}COOH \quad + \quad CH_3CO_2H$$

化学家们提出的一个历程是酸根负离子作为质子的接受体,把酸酐变为负离子,该负离子对芳香醛发生亲核加成生成中间体 **6**,**6** 从乙酸中接受质子生成中间体 **7**,**7** 脱水并水解成产物。

$$CH_3\overset{\overset{\displaystyle O}{\|}}{C}O\overset{\overset{\displaystyle O}{\|}}{C}CH_3 \quad + \quad CH_3CO_2^\ominus \quad \rightleftharpoons \quad CH_3\overset{\overset{\displaystyle O}{\|}}{C}O\overset{\overset{\displaystyle O}{\|}}{C}\overset{..}{C}H_2^\ominus \quad + \quad CH_3COOH$$

$$CH_3\overset{\overset{\displaystyle O}{\|}}{C}O\overset{\overset{\displaystyle O}{\|}}{C}\text{—}\overset{\ominus}{C}H_2 \quad + \quad \underset{H}{\overset{O}{\|}}{\overset{\frown}{C}\text{—}C_6H_5} \quad \longrightarrow \quad \left[\underset{}{C_6H_5\text{—}\overset{\overset{\displaystyle O^\ominus}{|}}{C}HCH_2\overset{\overset{\displaystyle O}{\|}}{C}O\overset{\overset{\displaystyle O}{\|}}{C}CH_3}\right]$$

6

$$\xrightarrow{CH_3CO_2H} \quad \left[\underset{}{C_6H_5\text{—}\overset{\overset{\displaystyle OH}{|}}{C}HCH_2\overset{\overset{\displaystyle O}{\|}}{C}O\overset{\overset{\displaystyle O}{\|}}{C}CH_3}\right] \quad \longrightarrow \quad C_6H_5\text{—}CH\text{=}CHCO_2H \quad + \quad CH_3CO_2H$$

7

当然,对该反应过程也存在其他描述,但所有的描述均起始于碳负离子对醛的亲核加成。

反应中应用的酸酐必需含有两个 α 氢 $(RCH_2CO)_2O$,而芳香醛芳环上可带有拉电子的基团,如 —X、—NO_2 等。但芳环上带有羟基时也能得到非常满意的结果,如邻羟基苯甲醛与醋酐在乙酸钠存在下反应很容易得到一个内酯(香豆素)。

$$\underset{OH}{\overset{CHO}{\bigcirc}} \quad + \quad (CH_3\overset{\overset{\displaystyle O}{\|}}{C})_2O \quad \xrightarrow{CH_3CO_2Na} \quad \underset{O\ \ O}{\bigcirc\!\!\bigcirc} \qquad \text{香豆素}$$

相对分子质量大的酸酐进行普尔金反应也可得到较好的结果。

$$\text{C}_6\text{H}_5-\text{CHO} \quad + \quad [\text{CH}_3(\text{CH}_2)_{13}\text{CH}_2\overset{\text{O}}{\overset{\|}{\text{C}}}]_2\text{O} \quad \xrightarrow{\text{CH}_3(\text{CH}_2)_{13}\text{CH}_2\text{CO}_2\text{Na}} \quad \text{C}_6\text{H}_5-\text{CH}=\overset{}{\underset{(\text{CH}_2)_{13}\text{CH}_3}{\text{C}}}\text{CO}_2\text{H}$$

$$55\%$$

问题16-15 下列 α,β 不饱和酸可由你学过的几种方法合成？写出相应反应名称。

(1) $\text{C}_6\text{H}_5-\text{CH}=\underset{\text{CH}_3}{\overset{}{\text{C}}}\text{CHCO}_2\text{H}$　　(2) $\text{CH}_3\text{CH}_2\text{C}=\underset{\text{CH}_3}{\overset{}{}}\text{CHCO}_2\text{H}$

习　　题

1. 写出下列负离子的共振结构式。分别比较两对负离子的碱性。

(1) $\text{CH}_3\text{CH}_2\overset{\text{O}}{\overset{\|}{\text{C}}}\overset{-}{\text{C}}\text{H}\overset{\text{O}}{\overset{\|}{\text{C}}}\text{CH}_3$ ，　$\text{CH}_3\text{CH}=\text{CH}\overset{-}{\text{C}}\text{H}\overset{\text{O}}{\overset{\|}{\text{C}}}\text{CH}_3$

(2) ，　

2. 按生成烯醇式的难易排列下列化合物。

A　　　　　　**B**

3. 3-环己烯酮在酸催化下与 2-环己烯酮存在以下平衡，写出它们相互转化的机理。

4. 完成下列反应式。

(1) $\text{C}_6\text{H}_5\text{COCH}_2\text{CH}_3 \quad + \quad \text{HCO}_2\text{C}_2\text{H}_5 \quad \xrightarrow[\text{2)H}^+]{\text{1)NaOC}_2\text{H}_5}$

(2) $\text{CH}_2=\text{CHCOCH}=\text{CH}_2 \quad + \quad \text{CH}_2(\text{CO}_2\text{C}_2\text{H}_5)_2 \quad \xrightarrow{\text{NaOC}_2\text{H}_5}$

(3) $-\text{CO}_2\text{H} \quad \xrightarrow{\text{2LiN[CH(CH}_3)_2]_2} \xrightarrow[\text{2)H}_2\text{O}]{\text{1)CH}_3\text{I}}$

(4) $(\text{CH}_3)_2\text{CHCHO} \quad + \quad \text{NCCH}_2\text{CO}_2\text{C}_2\text{H}_5 \quad \xrightarrow{\text{吡咯烷}}$

(5) $\xrightarrow[\text{2)H}^+]{\text{1)KOH}}$

(6) $C_6H_5CH_2CHO$ + $\underset{\underset{CH_3}{|}}{ClCHCO_2C_2H_5}$ $\xrightarrow[2)H^+/H_2O]{1)Zn}$

(7) $C_6H_5CH_2CHO$ + $\underset{\underset{CH_3}{|}}{ClCHCO_2C_2H_5}$ $\xrightarrow{NaOC_2H_5}$

(8) + $CH_3\overset{\overset{O}{\|}}{C}C_6H_5$ $\xrightarrow[2)H^+]{1)NaOC_2H_5}$

5. 2-甲基-3-丁酮酸乙酯在乙醇中用乙醇钠处理后加入环氧乙烷得到一个化合物,这个化合物的分子式为 $C_7H_{10}O_3$,它的 ^{1}H NMR 数据为$\delta1.7$(三重峰,2H),$\delta1.3$(单峰,3H),$\delta2.1$(单峰,3H),$\delta3.9$(三重峰,2H)。写出这个化合物的结构式和反应机理。

6. 设计合成路线,把牻牛儿醇转化为下列化合物。

$(CH_3)_2C{=}CHCH_2CH_2C(CH_3){=}CHCH_2OH$ (牻牛儿醇)

(1) $(CH_3)_2C{=}CHCH_2CH_2C(CH_3){=}CHCH_2CH_2CO_2C_2H_5$

(2) $(CH_3)_2C{=}CHCH_2CH_2C(CH_3){=}CHCH_2CH_2COCH_3$

7. 由丙二酸二乙酯或乙酰乙酸乙酯为起始原料合成下列化合物。

(1) $CH_2{=}CHCH_2\underset{\underset{CH_3}{|}}{CH}CO_2H$ (2)   (3)

(4) $CH_3\overset{\overset{O}{\|}}{C}CH_2CH_2CH_2CO_2H$ (5) $CH_3\overset{\overset{O}{\|}}{C}\underset{\underset{CH_3}{|}}{CH}CH_2CH_2\underset{\underset{CH_3}{|}}{CH}\overset{\overset{O}{\|}}{C}CH_3$

(6)   (7)

8. 写出下列反应的机理。

(1) + $(CH_3)_2CHCH_2OH$ $\xrightarrow[苯]{H_2SO_4}$

(2) $C_2H_5O_2C$ $\xrightarrow[2)H^+/H_2O]{1)NaOC_2H_5}$

(3) $2\ CH_3\overset{\overset{O}{\|}}{C}CH_2CO_2C_2H_5$ + $HCHO$ $\xrightarrow[2)H^+/H_2O,\triangle]{1)NaOC_2H_5}$ + CO_2 + $2\ C_2H_5OH$

9. 蓝酮(menthone)为萜类化合物,其结构符合异戊二烯规律,即萜一般由异戊二烯碳骨架首尾相接而成。蓝酮分子式为 $C_{10}H_{18}O$,它可由下列方法合成。

3-甲基庚二酸二乙酯 $\xrightarrow[\text{2})H^+/H_2O]{\text{1})NaOC_2H_5}$ $\mathbf{A}(C_{10}H_{16}O_3)$ $\xrightarrow[\text{2})(CH_3)_2CHI]{\text{1})NaOC_2H_5}$ $\mathbf{B}$ $\xrightarrow[\text{2})H^+/\triangle]{\text{1})OH^-/H_2O}$ 蓋酮

写出 $\mathbf{A}$,$\mathbf{B}$ 和蓋酮的结构式。

10. 根据下列反应写出 $\mathbf{D}$ 的结构式。

庚醛 + α-溴代乙酸乙酯 $\xrightarrow{Zn}$ $\xrightarrow{H^+/H_2O}$ $\mathbf{A}(C_{11}H_{22}O_3)$ $\xrightarrow{CrO_3}$

$\mathbf{B}(C_{11}H_{20}O_3)$ $\xrightarrow[\text{苯氯}]{NaOC_2H_5}$ $\mathbf{C}(C_{18}H_{26}O_3)$ $\xrightarrow{OH^-/H_2O}$ $\xrightarrow{H^+,\triangle}$ $\mathbf{D}(C_{15}H_{22}O)$

11. 通过酯缩合反应合成下列化合物。

(1) $C_6H_5CH_2\overset{O}{\overset{\|}{C}}CH_2C_6H_5$

(2) （结构式：环己烷-1,4-二酮）

(3) $(CH_3C)_2CHCH_2C_6H_5$ （带 O）

(4) （环戊酮衍生物 $—CH_2CH_2CN$）

12. 完成下列转化。

(1) $C_2H_5O\overset{O}{\overset{\|}{C}}(CH_2)_5CO_2C_2H_5$ $\longrightarrow$ （七元内酰胺，含 NH 和 O）

(2) （环戊酮 $—CO_2C_2H_5$） $\longrightarrow$ （双环结构，含 $CO_2C_2H_5$、CH_2、CH_3）

(3) $CH_3CH_2CO_2CH_3$ $\longrightarrow$ $CH_2\overset{CH_3}{=}C—CO_2CH_3$

13. 由"三乙"、丙二酸二乙酯和不超过四个碳的原料合成下列化合物。

(1) （环己烷-1,2-二甲酸 CO_2H、CO_2H）

(2) （环戊烷-1,2-二酮，含 O）

(3) $CH_3\underset{H_3CCH_2}{\overset{OH}{\underset{|}{CH}}}CHCH_2\underset{CH_3}{\overset{OH}{\underset{|}{C}}}CH_3$

14. 封酮可由茴香油中分离得到,也可由下列路线合成。写出合成中英文字母代表的试剂或中间体。

（一系列结构式反应路线，含 CO_2CH_3 等）

$\xrightarrow[\text{2})c]{\text{1})b}$

$\xrightarrow{d}$ $\mathbf{e}$ + $\mathbf{f}$ $\xrightarrow[\text{H}^+/\triangle]{\text{1})OH^-/H_2O}$

$\xrightarrow{g}$

$\xrightarrow[\text{2})H^+/H_2O]{\text{1})h}$

$\xrightarrow[\triangle]{H^+}$ $\mathbf{i}$ $\xrightarrow{j}$

$\xrightarrow[\text{2})H_3^+O/\triangle]{\text{1})k}$

$\xrightarrow[\text{2})m]{\text{1})l}$ （封酮）

15. 由环戊酮和不多于 5 个碳的原料及必要试剂合成下列化合物。

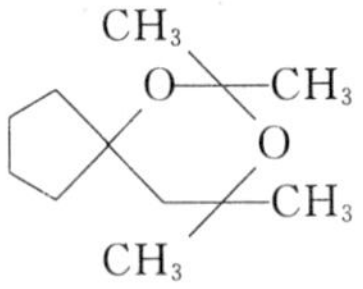

文献题：

1. 写出如下反应机理。

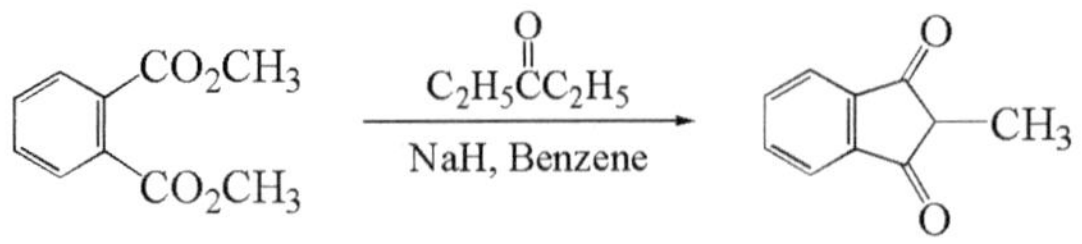

2. 完成下列转化(选用必要的原料和试剂)。

3. 完成下列反应，并预期其立体化学。

(1)

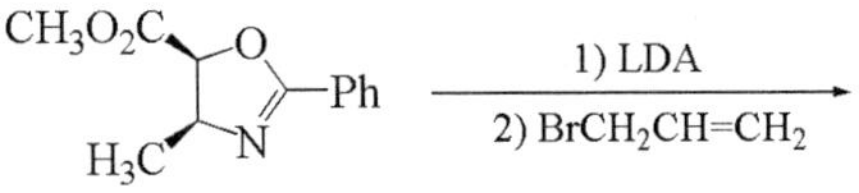

$$\xrightarrow[\text{2) BrCH}_2\text{CH=CH}_2]{\text{1) LDA}}$$

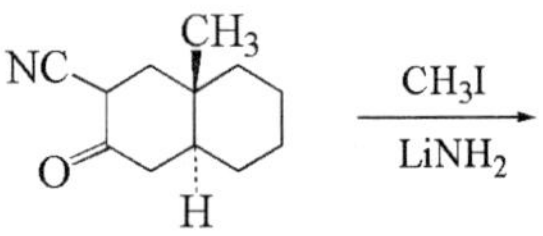

(2)

$$\xrightarrow[\text{LiNH}_2]{\text{CH}_3\text{I}}$$

(3)

$$\xrightarrow[\text{2) CH}_2\text{=CHCH}_2\text{I}]{\text{1) NaN(Si(CH}_3)_2)_2}$$

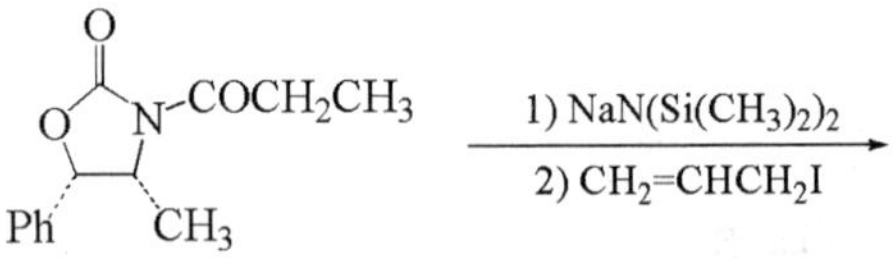

(4)

$$\xrightarrow[\text{2) LDA / CH}_2\text{=CHCH}_2\text{Br}]{\text{1) LDA / CH}_3\text{I}}$$

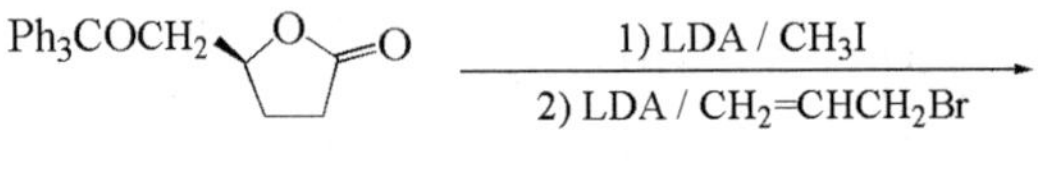

来源：

1. W. A. Mosher, R. W. Soeder. J. Org. Chem. ,1971,36:1561.

2. Chem. Pharm. Bull. ,1970,18:75.

3. (1)D. Seebach, J. D. Aebi, M. Gander-Coquoz, R. Naef. Helv. Chim. Acta. ,1987,70:1194.

   (2)M. E. Kuehne. J. Org. Chem. 1970,35:171.

   (3)D. A. Evans, S. L. Bender, J. Morris. J. Am. Chem. Soc. ,1988,110:2506.

   (4)K. Tomioka, Y. -S. Cho, F. Sato, K. Koga. J. Org. Chem. ,1988,53:4094.

第十七章　胺

17.1　分类、结构及命名

一、分类

胺是有机化学中重要的碱性化合物,可看做氨的氢被烃基取代的衍生物。一般根据氮上烃基个数分为伯、仲、叔胺。氮上只连有一个烃基叫**伯(第一)胺**,连有两个和三个烃基分别称做**仲(第二)和叔(第三)胺**。若氮上连有四个烃基氮带有正电荷,则它与负离子组合成的化合物为季铵盐和季铵碱。

$$NH_3 \qquad RNH_2 \qquad R_2NH \qquad R_3N \qquad R_4\overset{+}{N}\overset{-}{X} \qquad R_4\overset{+}{N}\overset{-}{OH}$$

氨　　　伯胺　　　仲胺　　　叔胺　　　季铵盐　　　季铵碱

应该注意的是胺的分类与卤代烃和醇的不同,后两者均以官能团(卤素和羟基)所连接的碳分为伯、仲、叔卤代烃或醇,而胺则是以氮上所连接的烃基个数为分类标准,如叔丁醇为叔醇,而叔丁胺却为伯胺。

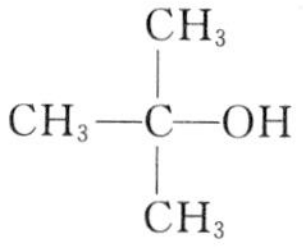

$$CH_3-\underset{\underset{CH_3}{|}}{\overset{\overset{CH_3}{|}}{C}}-OH \qquad\qquad CH_3-\underset{\underset{CH_3}{|}}{\overset{\overset{CH_3}{|}}{C}}-NH_2$$

叔醇 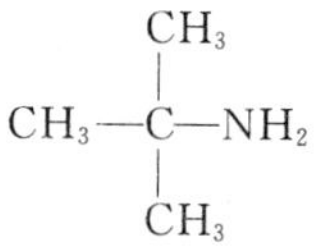　　　　　　　　　　　伯胺

二、结构

与无机氨类似,胺中的氮为 sp³ 杂化,孤对电子处于一个 sp³ 杂化轨道上,另三个 sp³ 杂化轨道分别与氢和烃基形成 σ 键。根据氮上基团的不同各键角有些差异,但脂肪胺的形状一般为棱锥形。在芳胺中苯环倾向于与氮上的孤对电子占据的轨道共轭,使 H—N—H 键角加大,苯平面与 H—N—H 平面交叉角度为 39.4°。结构测定表明芳胺中氮具有某些 sp² 特征。

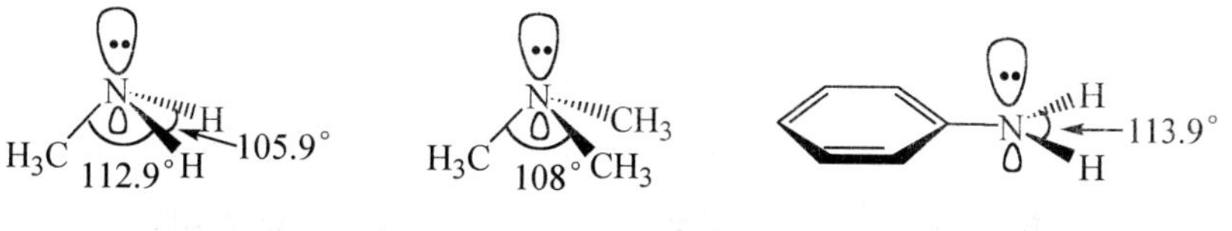

当氮上连有三个不同的取代基,并把孤对电子看做一个基团,那么该化合物应为具有手性中心的化合物。理论上应具有旋光异构体,但实际上一般不可拆分,这是由于常温下两者可以迅速转化(这种转化只需 25kJ/mol 的能量)。

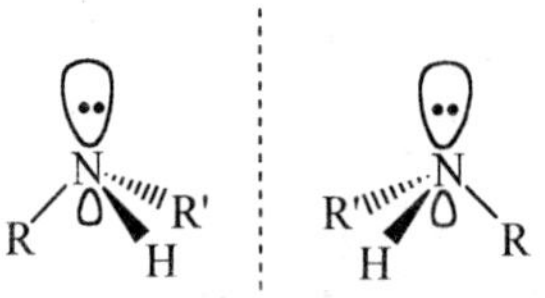

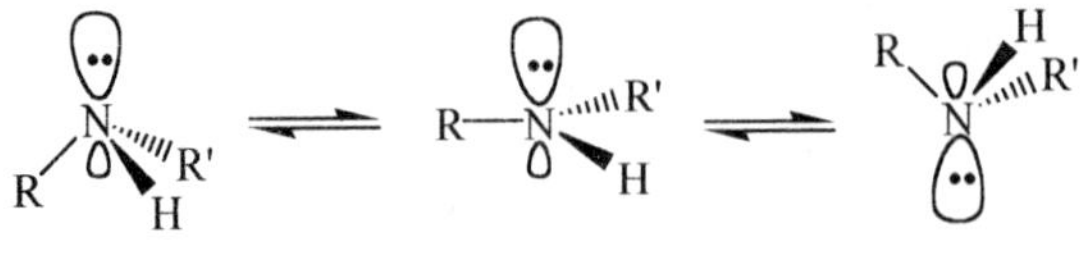

若限制这种翻转就能得到两种对映异构体。1944 年普里劳格(Prelog)把朝格尔(Tröger)碱的左旋和右旋体加以拆分,得到商品化的 Tröger 碱。

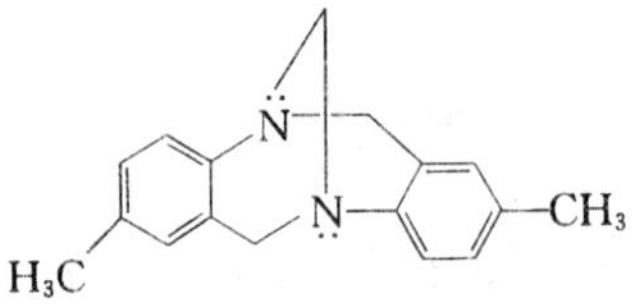

Tröger 碱
$[\alpha]_D^{20} \pm 280°$, $c=0.5$, 己烷

当然氮上连有四个不同基团的季铵化合物,这种翻转是不可能的,可以得到相对稳定的对映异构体。

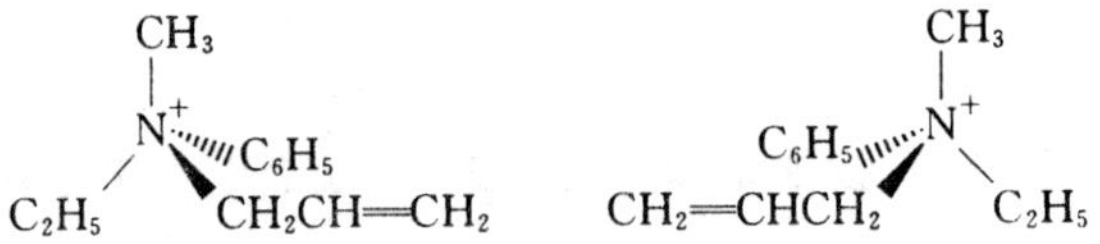

三、命名

简单的胺以氮上相应的取代基命名。英文名称是 alkyl 加类名 amine。

$CH_3CH_2NH_2$

乙胺
ethyl amine

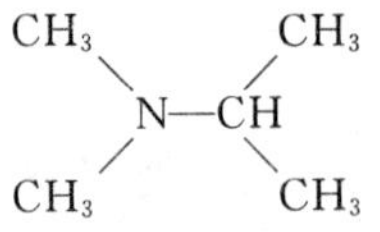

二甲基异丙胺
dimethyl isopropyl amine

$H_2NCH_2CH_2NH_2$

乙二胺
ethylene diamine

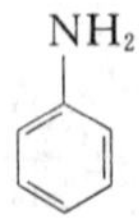

苯胺
aniline

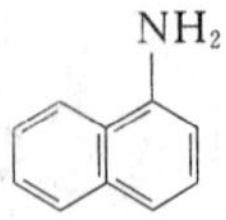

α-萘胺
α-naphthyl amine

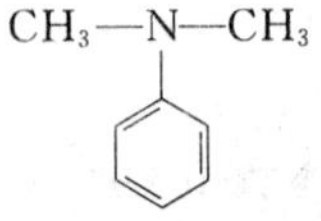

N,N-二甲基苯胺
N,N-dimethyl aniline

较复杂的胺或含有其他官能团(特别是含氧官能团)时,一般作为氨基命名。英文以 amino 表示氨基。

$$CH_3CH_2NHCHCH_2CH_2CH_2CH_2CH_3$$
$$\underset{|}{CH_2CH_3}$$

$$HOCH_2CH_2NH_2$$

3-(N-乙氨基)辛烷
3-(N-ethylamino)octane

2-氨基乙醇
2-aminoethanol

$$CH_3CHCO_2H$$
$$\underset{|}{HNCH_3}$$

$$H_2N-\!\!\!\bigcirc\!\!\!-SO_3H$$

α-(N-甲氨基)丙酸
α-(N-methylamino)propanoic acid

对氨基苯磺酸
p-aminobenzene sulfonic acid

季铵盐的名称是由相应烃基和酸的名称加"铵"字构成。英文是由 ammonium 代替 amine,并与相应酸负离子英文名组合而成。

$$(CH_3CH_2\overset{+}{N}H_3)_2SO_4{}^{2-}$$

$$(CH_3)_4\overset{+}{N}Cl^-$$

$$\underset{\underset{CH_3}{|}}{\overset{\overset{CH_3}{|}}{C_6H_5\overset{+}{N}C_6H_5}}NO_3{}^-$$

硫酸乙铵
ethylammonium
sulfate

氯化四甲铵
tetramethyl
ammonium chloride

硝酸二甲基二苯基铵
dimethyldiphenyl
ammonium nitrate

17.2 物理性质和波谱性质

一、物理性质

胺是极性化合物,具有氢键,由于氮的电负性比氧的小,故 N⋯H—N 氢键较 O⋯H—O 氢键弱。胺的沸点比相对应分子量的醇的低,但比烃、醚等非极性或弱极性化合物的要高。

$CH_3CH_2OCH_2CH_3$ $(CH_3CH_2)_2NH$ $CH_3CH_2CH_2CH_2OH$ $(CH_3)_3N$(叔) $CH_3CH_2CH_2NH_2$(伯)
b. p. 34.5 ℃   b. p. 56 ℃   b. p. 117 ℃   b. p. 3 ℃   b. p. 48 ℃

叔(第三)胺在纯液体状态不可能存在氢键,沸点比相应伯、仲胺的低。

由于胺与水也可生成氢键(包括叔胺),低级胺溶于水。六个碳以上的胺溶解度降低。

易挥发的胺有无机氨的气味,高级胺有鱼腥味。芳胺一般具有毒性,容易通过皮肤渗入体内。β-萘胺、联苯胺是致癌物,实验操作中应特别当心。

季铵盐物理性质类似无机盐,具有高的熔点,易溶于水(表 17-1)。

表 17-1 一些胺的物理常数

名 称	熔 点/℃	沸 点/℃	溶解度/g·100g 水$^{-1}$
甲胺	-92	-7.5	易溶
二甲胺	-96	7.5	易溶
三甲胺	-117	3	91
乙胺	-80	17	混溶
二乙胺	-39	55	易溶
三乙胺	-115	89	14

名　　称	熔　点/℃	沸　点/℃	溶解度/g·100g 水$^{-1}$
正丁胺	−50	78	易溶
异丁胺	−85	68	混溶
仲丁胺	−104	63	混溶
叔丁胺	−67	46	混溶
环己胺		134	微溶
乙二胺	8	117	混溶
己二胺	39	196	混溶
苄胺		185	混溶
苯胺	−6	184	3.7
N-甲基苯胺	−57	196	微溶
N,N-二甲基苯胺	3	194	1.4
α-萘胺	50	301	微溶
β-萘胺	111~113	306	微溶

二、波谱性质

1. IR 光谱

胺的特征吸收键是 C—N 和 N—H 键。伯胺和仲胺在 3 500~3 400 cm^{-1} 有弱的但很特征的 N—H 伸缩振动吸收,伯胺呈现两个吸收峰,仲胺一个。叔胺无 N—H 键,在该频区无吸收。此外伯胺在 1 650~1 580 cm^{-1} 有 N—H 弯曲振动吸收,也常作为鉴定伯胺的根据。C—N 伸缩振动吸收脂肪胺和芳胺不同,分别为 1 250~1 020 cm^{-1} 和 1 370~1 250 cm^{-1}。胺的 IR 特征吸收归纳于表 17-2 中。

表 17-2　胺的 IR 特征吸收

频　率(cm^{-1})	强度	振动形式	胺的类别
3 500~3 400(双峰)	弱(中或强)	N—H 伸缩	伯胺
3 350~3 310	弱(中或强)	N—H 伸缩	仲胺
1 650~1 580	中,强(尖)	N—H 弯曲	伯胺
1 250~1 020	弱、中	C—N 伸缩	脂肪胺
1 370~1 250	弱、中	C—N 伸缩	芳香胺

图 17-1 和图 17-2 给出了脂肪胺和芳香胺的两个代表 IR 谱图。

2. ^{1}H NMR 谱

在核磁谱中氮上的质子为一单峰,与醇羟基上的质子类似,一般不与相邻碳上的氢偶合。由于不同胺氢键形成的程度不同,化学位移值变化较大,在 δ0.6~5ppm 范围内。胺中氮为电负性较强的元素,它的拉电子作用使胺 α 碳上的质子化学位移向低场移动,一般 δ 值为 2.2~2.8ppm。图 17-3 和图 17-4 是芳香胺和脂肪胺的两个代表核磁共振谱图。

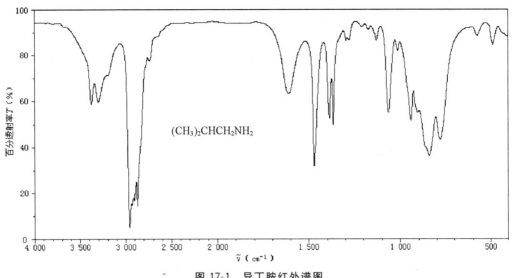

图 17-1　异丁胺红外谱图

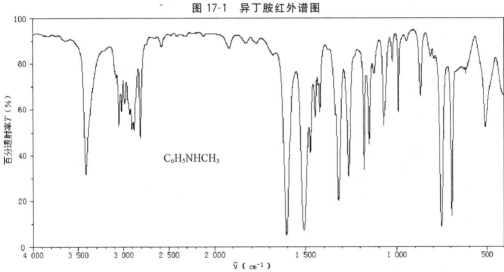

图 17-2　N-甲基苯胺红外谱图

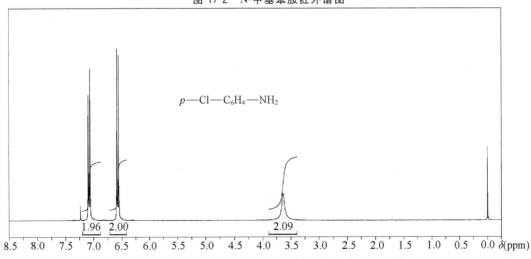

图 17-3　对氯苯胺 ^{1}H NMR 谱图

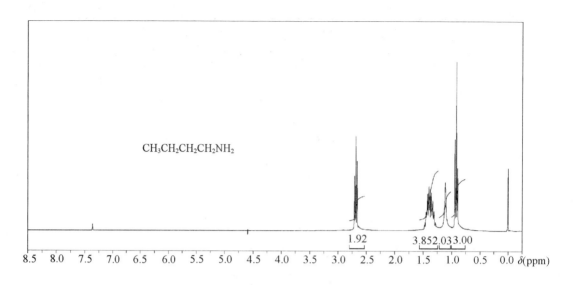

图 17-4　正丁胺 ^{1}H NMR 谱图

17.3　胺的制备

一、卤代烃氨解

在第八章已经提到氨与卤代烃的亲核取代反应，利用该反应可以制备胺，这一方法一般在氨过量的情况下用于制备第一（伯）胺，因反应中产生的胺仍是好的亲核试剂，可继续反应生成第二（仲）胺和第三（叔）胺（参阅 17.4 节），反应中往往有副产物存在。

$$R—X \ + \ NH_3（过量） \longrightarrow R\overset{+}{N}H_3X^- \xrightarrow{NaOH} RNH_2$$

$$CH_3CH_2CH_2CH_2Br \ + \ NH_3（过量） \xrightarrow{NaOH} CH_3CH_2CH_2CH_2NH_2$$
$$47\%$$

$$ClCH_2CH_2Cl \ + \ NH_3（过量） \longrightarrow H_2NCH_2CH_2NH_2$$

芳香卤代烃亲核取代反应不活泼，与氨反应需在高温、高压、催化剂存在下进行。但芳环上引入硝基等拉电子基团会致活这个芳环上的亲核取代反应，这种情况下可用来制备芳胺。实验室和工业上还常利用芳胺亲核性弱及产物位阻效应大不易再继续反应的特点制备仲胺和叔胺。

二、盖布瑞尔(Gabriel)合成

由卤代烃直接氨解制备伯胺时常会有仲、叔胺生成,盖布瑞尔[S. Gabriel(1851—1924)出生于德国,在 Berlin 大学获博士学位,而后在该校任化学教授,主要在胺及氨基酸合成方面作出了贡献。]提供了一个由卤代烃制备纯伯胺的好方法。邻苯二甲酰亚胺的钾盐与卤代烃发生亲核取代反应,生成 N-取代亚胺后水解或肼解可获得高产率伯胺。

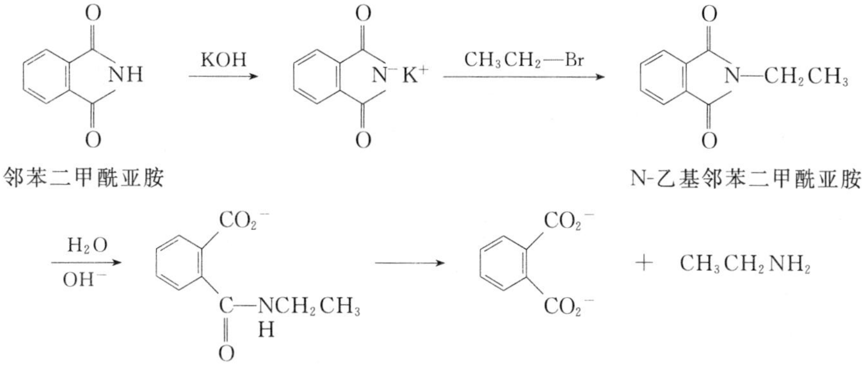

邻苯二甲酰亚胺氮上的氢受到两个拉电子基团影响呈现酸性(pK_a8.3),用 KOH 处理很容易生成相应的钾盐。

该法除合成伯胺外,还用于合成 α-氨基酸(参阅第二十一章)。

三、硝基化合物还原

通过硝基化合物还原制备胺类是极为重要的方法,因芳香硝基化合物很容易由芳烃硝化得到,因此该法主要用于合成芳香伯胺。还原主要有催化氢化和化学还原两种方式。

1.催化氢化

硝基可被催化氢化还原为氨基。反应在 Ni,Pt,Pd 等催化剂存在下,压力釜中进行,一般可得到较满意收率的伯胺。

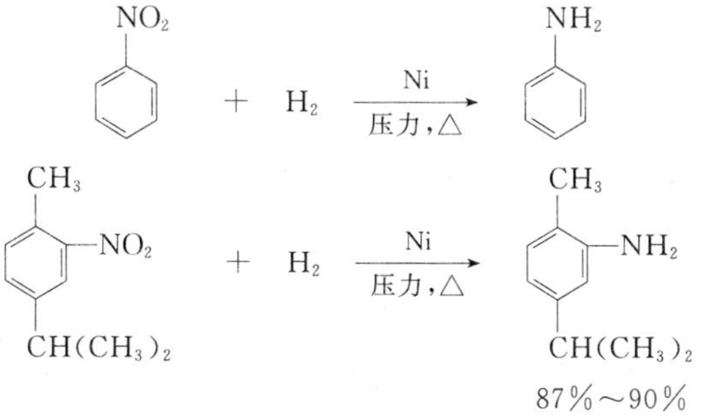

87%~90%

2.化学还原法

(1)酸性还原

许多金属还原剂如 Fe、Zn、$SnCl_2$ 或 $FeCl_2$ 等在酸存在下顺利地把硝基化合物还原到胺。工业上用铁粉和盐酸还原硝基苯生产苯胺,工业还原法用少量 HCl,足够量的 Fe,以降低产物生成后的碱用量。

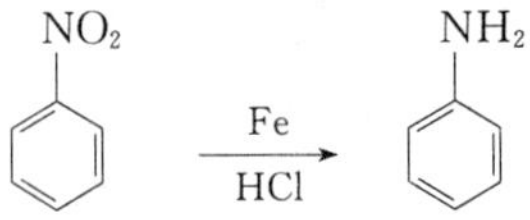

（2）选择还原

二硝基化合物可被较温和的还原剂如 Na_2S、$NaSH$、$(NH_4)_2S$ 等硫化物选择还原,只得到一个硝基被还原的产物。这个方法在实验室和工业上均被采用。

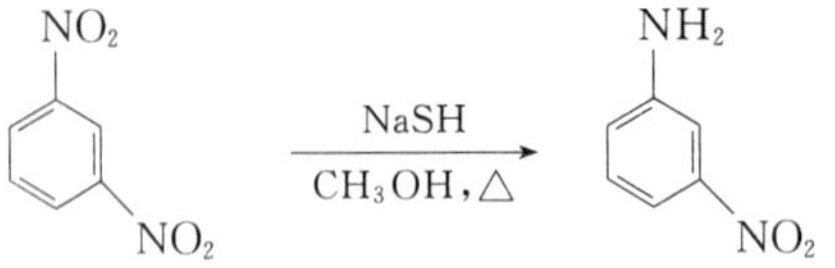

$79\%\sim85\%$

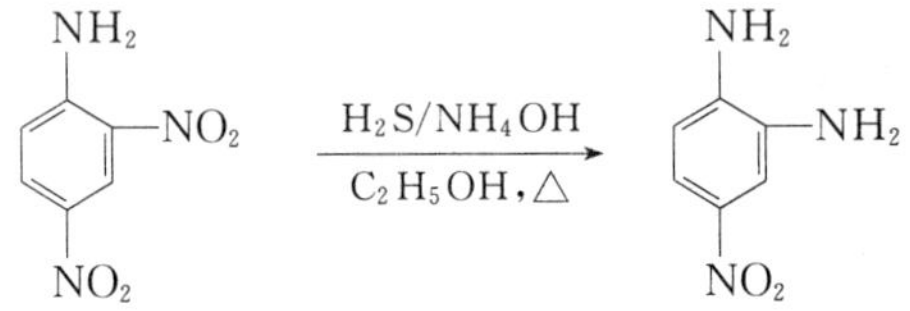

（3）碱性还原

芳香硝基化合物在酸性条件下很容易生成芳香伯胺,但在碱性条件下还原却得到双分子偶联产物,如硝基苯在碱中用铁粉还原得到的是偶氮苯。用不同还原剂处理得到不同偶氮化合物。这些双分子还原产物可被催化氢化,最终生成苯胺。

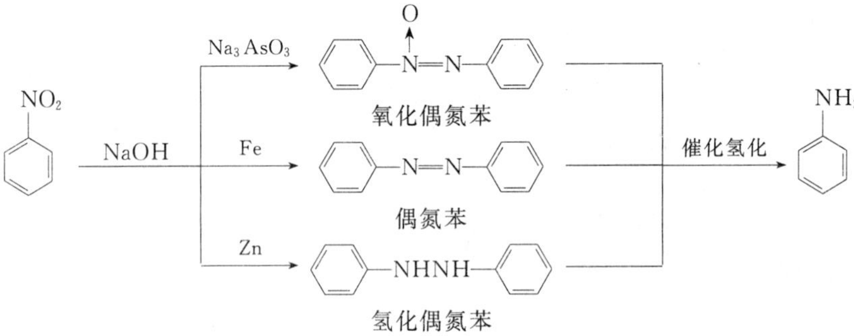

3.联苯胺重排

碱性条件下锌粉还原硝基苯可生成氢化偶氮苯,该产物若用酸处理可发生重排,则主要生成联苯胺(benzidine),这是联苯型化合物的一个重要制备方法。

联苯胺

实验证明重排是分子内的,但重排的历程尚不很清楚,化学家们提出了各种假设,其中一种是"极性过渡态"历程,氢化偶氮苯两个氮上分别接受质子,相邻正电荷相斥,分子发生弯折,同时断裂 N—N 键形成 C—C 键,随后脱去质子恢复芳香体系。

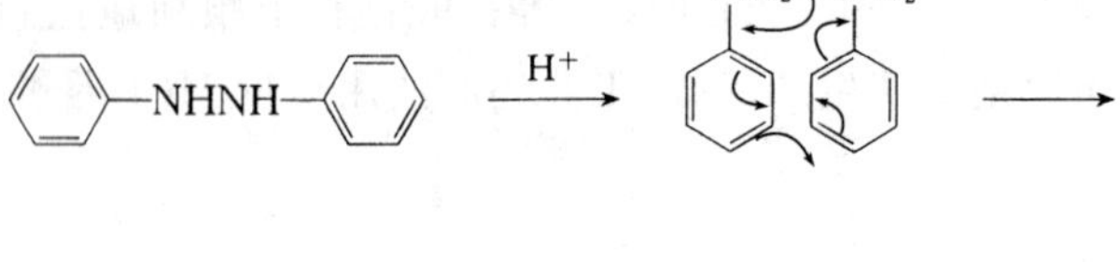

· 558 ·

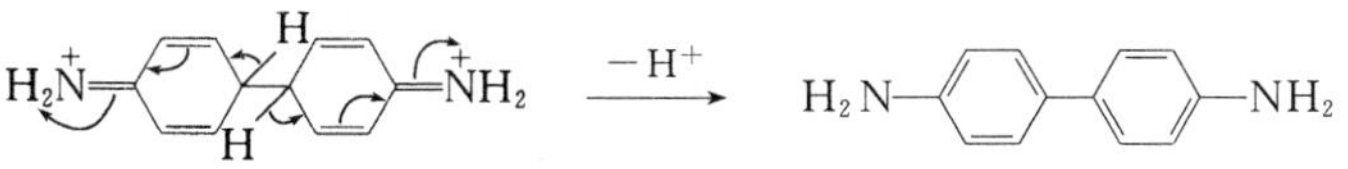

只要氢化偶氮苯对位无取代基,重排主要生成联苯胺型化合物。当然通过联苯胺氨基的变化能制备各种联苯化合物。

问题17-1 完成下列转化。

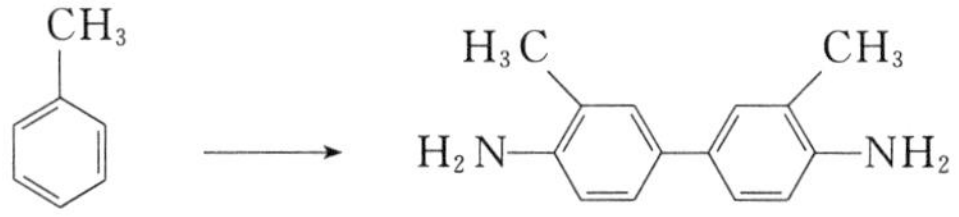

四、腈及其他含氮化合物的还原

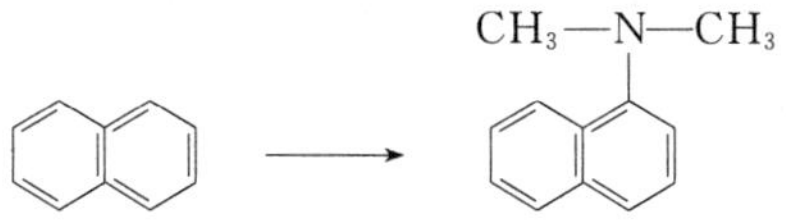

1. 腈的还原

腈含有不饱和官能团氰基,可以被催化加氢或被四氢铝锂还原到伯胺。腈很容易由卤代烃制备,所以这是由卤代烃制备多一个碳的胺的方法。催化氢化往往有第二(仲)胺副产物生成,为避免副反应一般在过量氨存在下进行。

$$RCl \ + \ NaCN \longrightarrow RCN \xrightarrow[\text{或 LiAlH}_4]{\text{Ni/H}_2} RCH_2NH_2$$

$$Cl-CH_2(CH_2)_2CH_2Cl \ + \ 2\,NaCN \longrightarrow NC(CH_2)_4CN \xrightarrow[\text{NH}_3]{\text{Ni/H}_2} H_2N(CH_2)_6NH_2$$

工业上由油脂水解得到高级脂肪酸(14.4 节),把该酸转化为酰胺,进而脱水生成腈,催化氢化可得到长链伯胺(参看 15.3 节)。

$$\text{油脂} \longrightarrow \underset{\text{高级脂肪酸}}{RCO_2H} \longrightarrow RCONH_2 \xrightarrow{-H_2O} RCN \longrightarrow \underset{\text{高级脂肪胺}}{RCH_2NH_2}$$

2. 酰胺还原

酰胺在醚中用 LiAlH₄ 处理可把羰基还原为亚甲基获得较高产率的胺。氮上无取代基的酰胺可得到伯胺,N-取代酰胺可得到仲、叔胺。

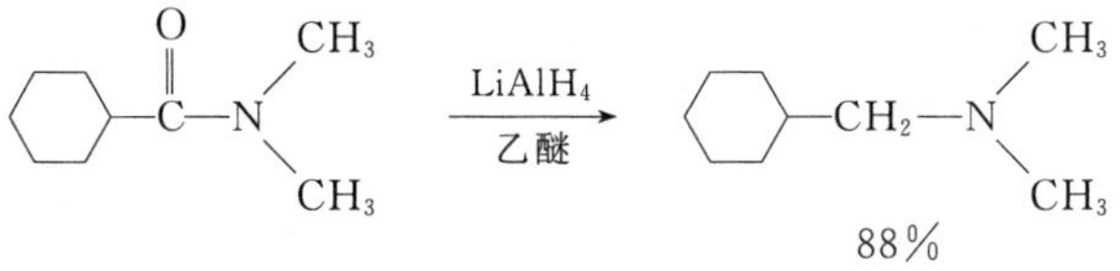

3. 肟的还原

醛、酮与羟氨反应生成肟,肟是不饱和含氮化合物,可通过催化氢化、LiAlH₄、Zn/H⁺ 等还原方法制备伯胺。这个方法优点是高产率的合成仲碳第一胺,这种胺若用仲卤代烃直接氨解法则会因部分消除而减少收率。

$$CH_3CH_2\overset{\overset{\displaystyle O}{\|}}{C}CH_3 \xrightarrow{H_2NOH} CH_3CH_2CH_2\overset{\overset{\displaystyle N-OH}{\|}}{C}CH_3 \xrightarrow[C_2H_5OH]{H_2/Ni} CH_3CH_2CH_2\overset{\overset{\displaystyle NH_2}{|}}{C}HCH_3$$

$$85\%$$

4.羰基化合物还原氨化

醛、酮在氨存在下催化氢化生成胺的反应叫**还原氨化**(reductive amination)。该反应的中间体为亚胺,亚胺的C=N在反应条件下加氢得到胺。

$$R\overset{\overset{\displaystyle O}{\|}}{C}-H(R) + NH_3 \xrightarrow{H_2/Ni} R-\overset{\displaystyle CH}{\underset{\displaystyle H(R)}{|}}-NH_2$$

$$R\overset{\overset{\displaystyle NH}{\|}}{C}-H(R)$$

反应中一般采用过量的氨防止羰基化合物与生成的伯胺反应继而被还原为仲胺。

$$\text{⬡}-CH_2NH_2 + \text{⬡}-CHO \longrightarrow \text{⬡}-CH=NCH_2-\text{⬡}$$

$$\xrightarrow[\triangle,\text{压力}]{H_2/Ni} \left(\text{⬡}-CH_2\right)_2NH$$

还原氨化反应一步完成,操作方便,收率较高,而且可满意地得到由卤代烃直接氨解不易得到的仲碳第一胺。当反应用伯胺代替氨可用于仲胺的制备。

$$CH_3COCH_3 + HOCH_2CH_2NH_2 \xrightarrow[C_2H_5OH]{H_2/Pt} (CH_3)_2CHNHCH_2CH_2OH$$

$$95\%$$

问题17-2 完成下列反应式。

(1) $\text{⬡}=O$ + $CH_3CH_2NH_2 \xrightarrow[\text{压力},\triangle]{H_2/Ni}$?

(2) （邻位取代苯环，上为 $NH\overset{\overset{\displaystyle O}{\|}}{C}CH_3$，下为 NO_2） $\xrightarrow{H_2/Ni}$? $\xrightarrow{LiAlH_4}$?

问题17-3 标出下列转化适当的方法。

(1) 环己酮———→环己胺

(2) 苯甲酸———→N,N-二甲基苄胺

(3) 1-环己烯基甲醇———→2-(1-环己烯基)乙胺

五、霍夫曼(Hofmann)重排及类似反应

1.反应及历程

当酰胺用溴的碱溶液处理时,反应中发生分子重排生成胺,这个反应叫**霍夫曼重排**。[A. W. Von. Hofmann(1818—1892)出生于德国,初时学习法律,后改学化学,他建立了德国化学会。曾在英国 Royal 化学院和德国 Berlin 大学任化学教授。]

$$CH_3(CH_2)_4\overset{\overset{\displaystyle O}{\|}}{C}NH_2 + 4\ OH^- + Br_2 \xrightarrow{H_2O} \underset{85\%}{CH_3(CH_2)_4—NH_2} + CO_3^{2-} + 2\ H_2O + 2Br^-$$

通过对反应的研究认为重排是分子内进行的。首先氨基上的氢被一个溴原子取代生成 N-溴代酰胺 **1**,在碱作用下脱去 N 上另一质子生成氮的负离子 **2**。电负性较大的溴很容易带电子离去。为满足八隅结构,R 带电子重排,同时氮上的孤对电子移动生成一个新的碳氮键。碳溴键的断裂、R 的重排和新的碳氮键生成是同时进行的,其产物为异氰酸酯。在碱性水溶液中异氰酸酯脱去碳酸根负离子,形成比原料少一个碳的胺,因此该反应又叫**霍夫曼降解**。

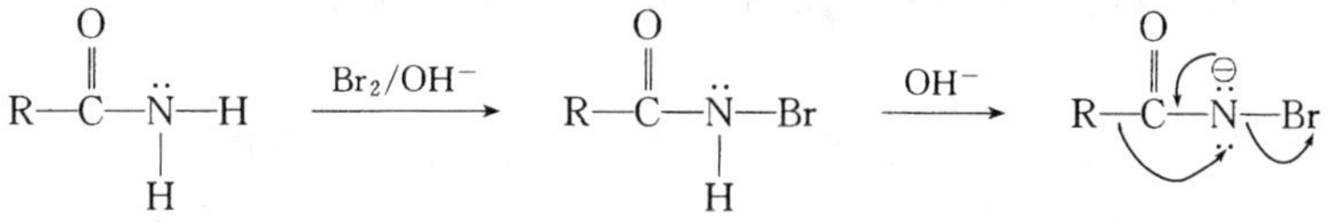

1 **2**

$$\longrightarrow \underset{\text{异氰酸酯}}{O=C=N—R} \xrightarrow[2\ OH^-]{H_2O} R—NH_2 + CO_3^{2-}$$

该反应是有机合成中的一个重要降解反应,常用来制备仲碳和叔碳第一胺。

2.反应的立体化学

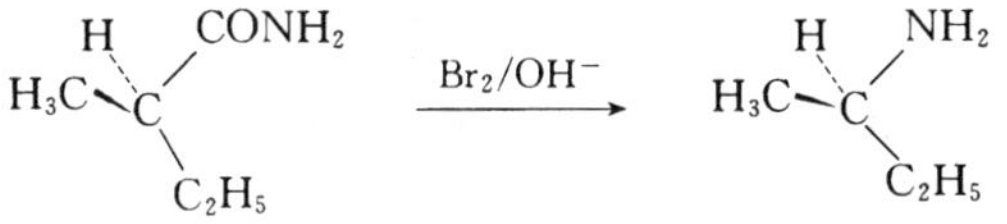

R-2-甲基丁酰胺　　　　*R*-2-丁胺

当手性酰胺进行反应时,其手性碳构型不变。说明反应中生成了三元环过渡态,这个过渡态限制了手性碳构型转化的可能性,结果是构型保持。

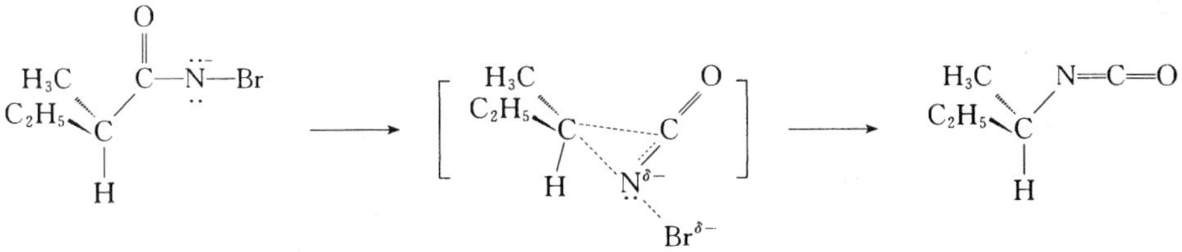

三元环过渡态

3. 重排基团活性

芳香酰胺重排可得到芳胺,当酰胺芳环上连有不同取代基时,重排速度就会受到影响。有人测定了不同对位取代的苯甲酰胺进行霍夫曼重排的速度,给出了下列活性顺序:

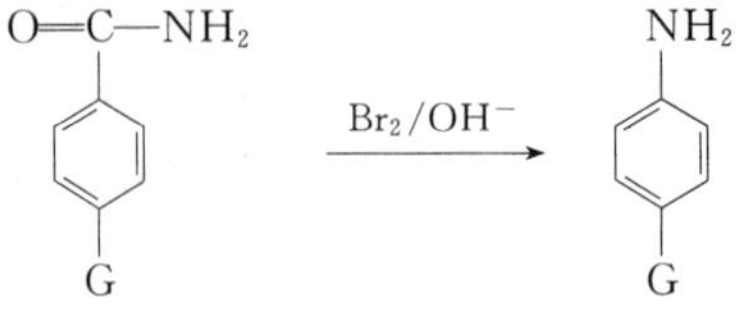

$$G= \text{—OCH}_3 > \text{—CH}_3 > \text{—H} > \text{—Cl} > \text{—NO}_2$$

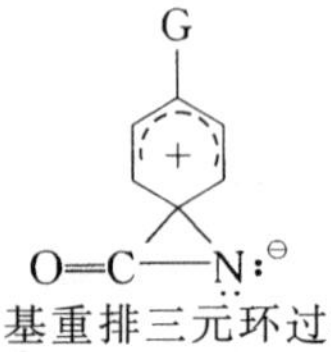

芳基重排三元环过渡态

其规律是给电子基团加速反应,拉电子基团使反应速度减慢。这可从重排中三元环过渡态的稳定性找到合理解释。芳基重排的过渡态苯环上分散正电荷,当然给电子基团会增强它的稳定性使反应速度加快,拉电子基团起相反的作用减慢重排速度。

4. 类似的反应

酰氯与叠氮化钠作用及羧酸与叠氮酸反应均生成酰叠氮化合物。这种化合物不稳定,加热即放出氮气生成胺类,前者叫克尔蒂斯(Curtius)重排,后者称施密特(Schmidt)重排,这是两个与霍夫曼重排类似的反应。酰叠氮化合物的重排过程与霍夫曼降解中氮负离子中间体 **2** 的重排完全相同,同时重排后产物也是异氰酸酯。异氰酸酯水解后生成胺。

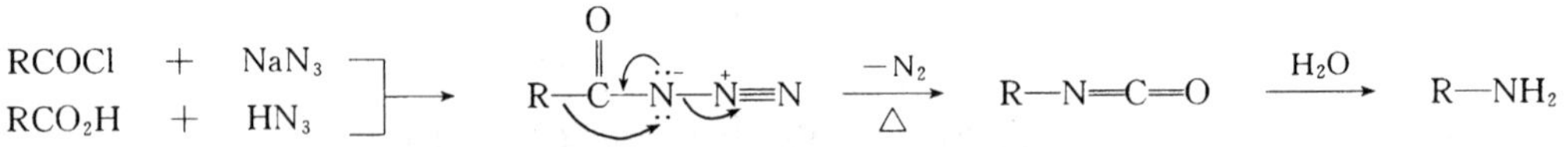

这也是利用羧酸及衍生物制备胺的方法,一般可以获得满意结果。

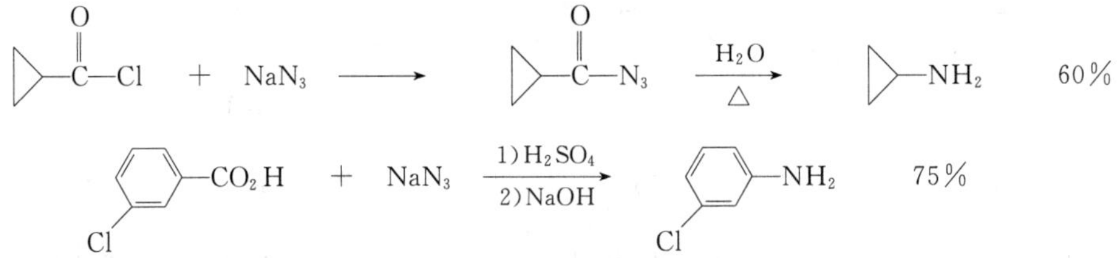

异氰酸酯是非常活泼的化合物,除与水反应生成胺之外,还可与活泼氢化合物醇、胺等反应生成碳酸衍生物。工业上利用含有两个 —N=C=O 基团的异氰酸酯与多元醇合成聚氨酯

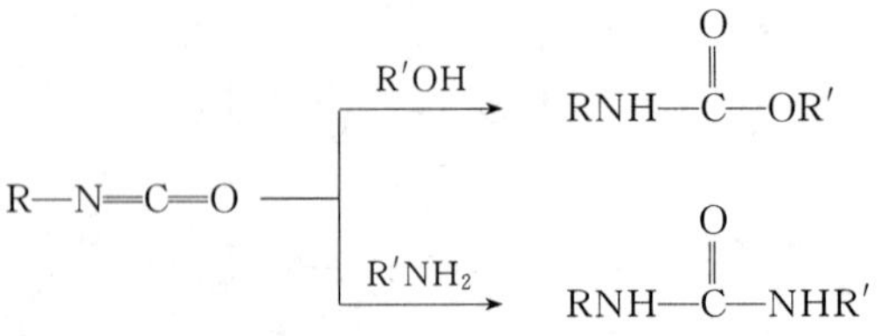

类高分子化合物。如采用甘醇与带有两个 —N=C=O 的苯异氰酸酯聚合,以低沸点的

CH_2Cl_2 或 $FCCl_3$ 作发泡剂，可制备绝缘性能良好的泡沫聚氨酯。

$$n \ \underset{\overset{|}{OH}}{CH_2} - \underset{\overset{|}{OH}}{CH_2} \ + \ n \ O = C = N - \text{（苯环，CH}_3\text{，N=C=O）} \longrightarrow \left[-OCH_2CH_2O - \underset{O}{\overset{O}{C}} - NH - \text{（苯环，CH}_3\text{，N—C=O）} \right]_n$$

聚氨酯

问题17-4 完成下列反应式。

(1) $\xrightarrow{Br_2/OH^-}$

(2) $\underset{CH_3}{\overset{H}{\underset{C_6H_5}{\overset{|}{\underset{|}{C}}}}} - \overset{O}{\overset{\|}{C}} - NH_2 \xrightarrow{Br_2/OH^-}$

问题17-5 由环己酮和其他必要原料和试剂合成 1,4-丁二胺。

六、布歇尔（Bucherer）反应

布歇尔反应是萘系中的一个重要反应。β-萘胺可以从相应 β-硝基萘还原获得，但该硝基化合物却不易由萘直接硝化制备（主要生成 α-硝基萘），所以工业上往往采用 β-萘酚与亚硫酸铵水溶液在压力下加热生产。萘系中羟基与氨基的转化反应就是布歇尔反应。β-萘酚很容易由萘磺化产物 β-萘磺酸钠盐制得，所以该反应作为制备 β-萘胺的主要途径。

$$\text{（萘环，OH）} \xrightarrow[\text{150 ℃,压力}]{(NH_4)_2SO_3 \text{水溶液}} \text{（萘环，NH}_2\text{）}$$

同样，萘胺可与亚硫酸氢钠水溶液加热反应转化为萘酚。

$$\text{（萘环，NH}_2\text{）} \xrightarrow[\triangle]{NaHSO_3 \text{水溶液}} \text{（萘环，OH）}$$

由于萘酚、萘胺都是重要的染料中间体，所以布歇尔反应是染料工业中的重要反应。

七、曼尼希（Mannich）反应

具有 α 氢的酮与甲醛（或其他简单脂肪醛）及铵盐（伯、仲胺的盐）水溶液反应，生成 β 氨基酮。

$$\underset{}{\overset{O}{\overset{\|}{CH_3CCH_3}}} \ + \ CH_2O \ + \ (C_2H_5)_2\overset{+}{N}H_2Cl^- \longrightarrow \underset{}{\overset{O}{\overset{\|}{CH_3CCH_2CH_2\overset{+}{N}(C_2H_5)_2}}} HCl^-$$

$$66\% \sim 75\%$$

$$\text{（苯环）}\overset{O}{\overset{\|}{CCH_3}} \ + \ CH_2O \ + \ (CH_3)_2\overset{+}{N}H_2Cl^- \longrightarrow \text{（苯环）}\overset{O}{\overset{\|}{CCH_2CH_2\overset{+}{N}(CH_3)_2}} HCl^-$$

$$70\%$$

反应历程认为是胺与甲醛作用生成亚胺正离子,然后与酮的烯醇式进行亲核加成。

$$H_2C\!=\!O \;+\; HN(CH_3)_2 \;\Longleftrightarrow\; HOCH_2N(CH_3)_2 \;\xrightarrow{H^+(-H_2O)}\; CH_2\!=\!\overset{+}{N}(CH_3)_2$$

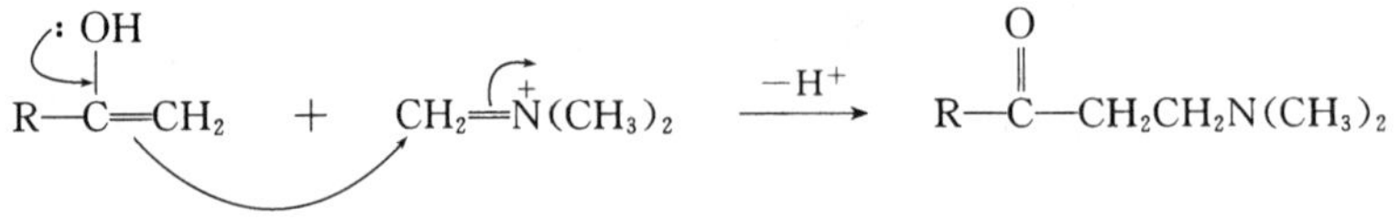

这是一个制备 β 氨基酮的好方法,特别在合成生物碱方面,是有效的类生物合成途径,如鲁宾逊(Robinson)在 1917 年利用这个反应成功地合成了托品酮(tropinone)。

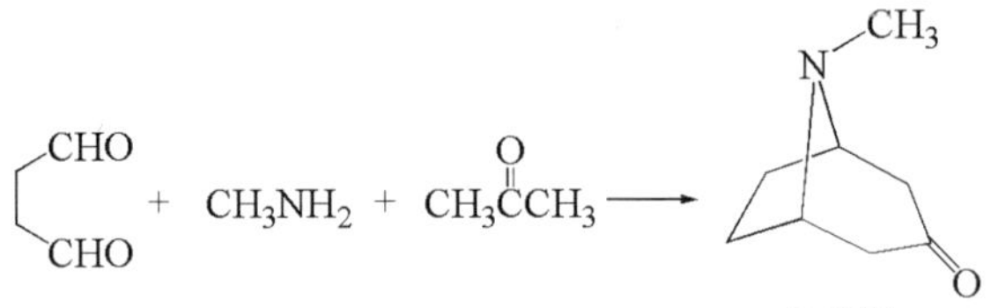

托品酮

八、胺对映体的色谱技术拆分

合成中得到外消旋体的胺,它的拆分常规化学方法是使胺和一个手性酸反应,生成非对映体的铵盐,利用非对映体物理性质不同加以分离。

$$R\text{-酸} \;+\; \begin{cases} R\text{-胺} \\ S\text{-胺} \end{cases} \longrightarrow \left. \begin{array}{l} R,R \text{ 盐} \\ R,S \text{ 盐} \end{array} \right\} \text{非对映体}$$

近年来利用手性固定相高效液相色谱技术进行对映体的分离。这个技术是皮克尔(Pirkle)首先应用和发展的,已成功地拆分了胺、醇、氨基酸等化合物。在拆分外消旋体的胺时,首先使其与3,5-二硝基苯甲酰氯反应生成相应的外消旋体3,5-二硝基苯甲酰胺,然后使

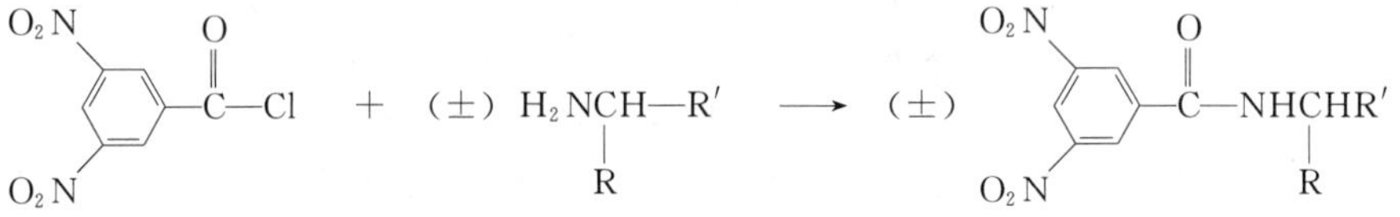

这个外消旋体酰胺通过Pirkle柱进行拆分。Pirkle柱是由多孔小硅珠填充,小硅珠通过化学

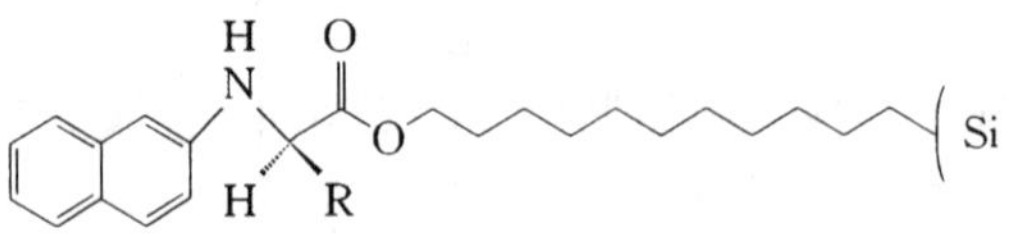

Si 代表 $\overline{\left(\!Si\!-\!O\!-\!Si\!-\!O\!\right)}$ 聚合物小球

处理在表面上引入手性基团。当被分离的外消旋体酰胺通过 Pirkle 柱时,由于固定相是手性的,对两个对映体的束缚力不同,流动相对它们的推进速度不同,从而得到拆分。固定相对被分离物质的束缚力主要来自于氢键和缺电子的 3,5-二硝基苯基和富电子的萘环 π-π 相互作用。分离后的酰胺经水解即可得到旋光活性的胺。

17.4 胺的化学反应

由于胺中氮上具有孤对电子,使得它能在化学反应中提供电子,体现了胺的一系列化学性质,如碱性、亲核反应及氨基致活芳环上的亲电取代反应等。

一、碱性与成盐

1.碱性

按路易斯(Lewis)酸碱概念讲,反应中接受质子或提供电子对的化合物为碱。由于胺中孤对电子的存在,能从水中接受质子,故呈碱性。

$$RNH_2 \ + \ H_2O \ \underset{}{\overset{K_b}{\rightleftharpoons}} \ RN^+H_3 \ + \ OH^-$$

不同的胺碱性不同。实验上可以测定离解常数 K_b 来表示碱性的强弱。K_b 值越大,平衡向右,碱性越大。为了简单方便,常常采用 pK_b 来表示。当然 pK_b 值越小,碱性越强。

$$K_b = \frac{[R\overset{+}{N}H_3][OH^-]}{[RNH_2]} \qquad pK_b = -\lg K_b$$

表 17-3 列出了一些胺的 pK_b 值,作为讨论结构与碱性关系的依据。

表 17-3　一些胺的 pK_b 值

胺	pK_b
NH_3	4.75
CH_3NH_2	3.34
$(CH_3)_2NH$	3.27
$(CH_3)_3N$	4.19
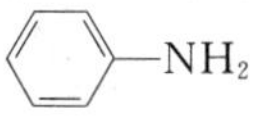 ⌬—NH_2	9.4
 O_2N—⌬—NH_2	13
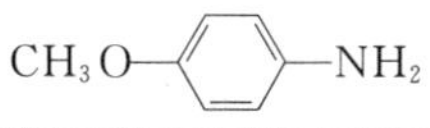 CH_3O—⌬—NH_2	8.66

从表中数据不难看出:

(1)碱性强度为脂肪胺＞氨＞苯胺。这是因为脂肪胺相对氨而言引入了给电子的烃基,使氨基氮上电子更为集中,接受质子能力增强,碱性增大。或者说在水中接受质子后生成的 $R\overset{+}{N}H_3$ 由于 R 为给电子基团靠诱导效应使其稳定,平衡向右,碱性增加。从这两方面很容易理解脂肪胺比氨碱性强的原因。苯胺中的氮近乎 sp^2 杂化,孤对电子占据的轨道可与苯环共轭,电子可分散于芳环上,这样就减少了氮周围的电子云密度,使它不易接受质子,碱性减弱。从其共轭酸的稳定性看,也可得到同样结论。在水中苯胺接受质子生成它的共轭酸,这个共轭酸中的氮为 sp^3 杂化,不能与苯环发生共轭,季铵中氮的正电荷不可能向苯环分散,因而并不稳定,苯胺与水的平衡偏向左边,自然碱性要弱。

苯胺共轭酸

$$C_6H_5NH_2 + H_2O \rightleftharpoons [C_6H_5NH_3]^+ + OH^-$$

(2)从表 17-3 中数据得到的第二个结论是,碱性强度顺序二甲胺＞甲胺＞三甲胺。二甲胺比甲胺多一个给电子的甲基,从诱导效应讲,它的碱性比甲胺的强是完全可以理解的。若只从诱导效应考虑,则三甲胺的碱性应该是最强的一个,但实际上它的碱性却较弱。这可以用溶剂化效应说明。

$$(CH_3)_3N + H_2O \rightleftharpoons (CH_3)_3\overset{+}{N}H + OH^-$$

pK_b 值一般是水作溶剂时测得的。胺与水作用生成的共轭酸 $[(CH_3)_3\overset{+}{N}H]$ 的稳定性可直接影响 K_b 值,也就是胺碱性的强弱。叔胺的共轭酸有 1 个 N—H 键,伯、仲胺的共轭酸分别有 3 个和 2 个 N—H 键。一般讲 N—H 键越多,与溶剂水形成氢键的机会越大,因溶剂化而稳定的程度越大。如此看来叔胺的共轭酸在水中不如仲、伯胺共轭酸稳定。当然平衡移向左边,叔胺碱性要弱些。但不只是共轭酸 N—H 键的个数与溶剂化稳定作用有关,体积效应也能影响溶剂化,叔胺有三个烃基阻碍了它与水的溶剂化,这一点可以从二乙胺和吡咯烷的碱性明显看出。

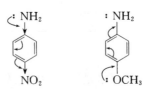

二乙胺 pK_b 3.01　　　　吡咯烷 pK_b 2.73

吡咯烷由于环的几何结构限制了烷基自由运动,使它的共轭酸更容易被溶剂化效应所稳定,碱性比能自由运动的二乙胺碱性强。

从以上讨论不难看出,结构与碱性的关系不但要考虑电子效应(诱导,共轭效应),还要考虑位阻效应及溶剂化效应,用已学过的知识综合推理才可判断准确。

(3)表 17-3 中芳胺的碱性强度为对甲氧基苯胺＞苯胺＞对硝基苯胺。这三个典型芳胺的碱性排列给出一个规律:芳环上有拉电子基团会通过诱导和共轭效应分散氨基氮上的电子,减少接受质子的能力,即碱性减弱。芳环上给电子基团的存在会使情况相反。

如同不同性质的取代基影响芳香酸酸性一样,不同取代基对碱性影响不同,而且同一取代基在对位和间位的影响有明显差别。如甲氧基在对位,拉电子的诱导效应和给电子的共轭效应同时起作用,但共轭效应为主,所以总的效应是给电子的,使胺碱性增强(pK_b 8.66)。但若在间位则共轭给电子效应很少体现,主要表现了拉电子的诱导作用,结果使间甲氧基苯胺的碱性(pK_b 9.77)比苯胺的还弱。

2. 成盐

$$RNH_2 + HX \longrightarrow RN\overset{+}{H_3}X^- \xrightarrow{OH^-} RNH_2$$

胺作为碱可与酸反应生成铵盐。一般简单胺的无机盐大都溶于水，有机酸的铵盐对水溶解度较小。由于胺是弱碱性化合物，故铵盐遇碱可游离出原来的胺，利用这个性质能分离提纯胺类。一些植物用盐酸处理提取生物碱的过程就是这一反应的最好应用。很多胺的药物为便于保存和利于体内吸收，常常制成水溶性的铵盐。

$$(C_2H_5)_2NCH_2CH_2OC-\overset{O}{\underset{}{\Vert}}\!\!\!\!-\!\!\!\langle\ \rangle\!-\!NH_2 \xrightarrow{HCl} (C_2H_5)_2\overset{H}{\underset{+}{N}}CH_2CH_2-\!\langle\ \rangle\!-\!\overset{+}{N}H_2Cl^-$$

novocaine(药物)   novocaine 盐酸盐

不溶于水   溶于水

一些具有旋光活性的生物碱，如番木鳖碱（brucine）、马钱子碱（strychnine）等，利用它们与有机酸成盐的反应来拆分手性羧酸的对映体。反应生成非对映体的铵盐，利用它们溶解度或色谱柱上移动速度不同加以分离，分离后的手性铵盐加无机碱析出手性有机酸。

$$\left.\begin{array}{l}(R)\text{-RCOOH}\\(S)\text{-RCOOH}\end{array}\right\} + (S)\text{-R}'NH_2 \longrightarrow \left.\begin{array}{l}(R)\text{-RCOO}^-,(S)\text{-R}'\overset{+}{N}H_3\\(S)\text{-RCOO}^-,(S)\text{-R}'\overset{+}{N}H_3\end{array}\right\}\begin{array}{l}非对映\\异构体\end{array}$$

问题17-6 分别比较下列两组化合物的碱性。

(1)

(2)

问题17-7 简要说明 N,N-二甲基苯胺碱性比苯胺稍强，而 2,4,6-三硝基-N,N-二甲基苯胺碱性比苯胺强得多的实验事实。

二、胺的烷基化和季铵化合物

1. 烷基化反应

与无机氨相同，胺也是亲核试剂，能与卤代烃反应生成高一级的胺，如乙胺烷基化可按如下过程进行。

$$C_2H_5\ddot{N}H_2 + CH_3CH_2\!-\!Br \longrightarrow (C_2H_5)_2\overset{+}{N}H_2Br^-$$

$$(C_2H_5)_2\overset{+}{N}H_2Br^- + C_2H_5NH_2 \longrightarrow C_2H_5\overset{+}{N}H_3Br^- + (C_2H_5)_2NH$$

$$(C_2H_5)_2\ddot{N}H + CH_3CH_2\!-\!Br \longrightarrow (C_2H_5)_3\overset{+}{N}HBr^-$$

$$(C_2H_5)_3\overset{+}{N}HBr^- + C_2H_5NH_2 \longrightarrow C_2H_5\overset{+}{N}H_3Br^- + (C_2H_5)_3N$$

$$(C_2H_5)_3\ddot{N} + CH_3CH_2\!-\!Br \longrightarrow (C_2H_5)_4\overset{+}{N}Br^- \text{ （季铵盐）}$$

首先是乙胺与溴乙烷的亲核取代反应生成二乙胺的盐,在过量乙胺存在下可游离出二乙胺。二乙胺比其少一个乙基的乙胺亲核性更强,进一步与溴乙烷作用生成三乙胺的盐,再与过量乙胺反应得到叔胺。叔胺继续与溴乙烷反应生成季铵盐。这个胺烷基化的反应又叫卤代烃的胺解。反应后用氢氧化钠处理可得到三种胺,季铵盐与氢氧化钠不反应但与氢氧化银作用得到季铵碱。

$$(C_2H_5)_4\overset{+}{N}Br^- \xrightarrow{Ag_2O/H_2O} (C_2H_5)_4\overset{+}{N}OH^- （季铵碱）$$

2. 季铵化合物

氮上连有四个烃基使氮带有正电荷,它与负离子结合生成的化合物叫做季铵化合物,季铵化合物与一般有机物不同,它们能溶于水,季铵盐熔点高,季铵碱只有在水中才能独立存在,它们的结晶往往是水合物晶体,有固定熔点。

季铵化合物是一类重要有机化合物,天然存在的季铵化合物在动植物体内起着各种生理作用,如胆碱、溴化乙酰胆碱,前者在哺乳动物体内起抗脂作用,后者在神经传递系统担当重要角色。

$$HOCH_2CH_2\overset{\overset{\displaystyle CH_3}{|}}{\underset{\underset{\displaystyle CH_3}{|}}{\overset{+}{N}}}-CH_3OH^-$$

胆碱
choline

$$CH_3COCH_2CH_2\overset{\overset{\displaystyle CH_3}{|}}{\underset{\underset{\displaystyle CH_3}{|}}{\overset{+}{N}}}-CH_3Br^-$$

溴化乙酰胆碱
acetylcholine bromide

季铵碱是强有机碱(碱性强度相当于氢氧化钠),常常作为碱性催化剂,在霍夫曼消去反应中是一个重要中间体。具有长链烃基的季铵盐,由于它像肥皂一样有亲油基团(烃基)和亲水基团(正离子部分),故可以作为洗涤剂和乳化剂,如作为季铵盐的磷脂则是天然乳化剂。

$$CH_3(CH_2)_{14}CO-\overset{\overset{\displaystyle O\quad CH_2OC(CH_2)_{14}CH_3\ 长烃链}{|}}{\underset{\underset{\displaystyle O^-}{\underset{\displaystyle |}{\overset{\displaystyle ||}{P}}}}{C}-H}$$

长烃链

离子端

$$\text{环己烯} + HCCl_3 \xrightarrow[50\%NaOH\ 水溶液]{C_6H_5CH_2\overset{+}{N}(CH_2CH_3)_3\ Cl^-} \quad 72\%$$

由于季铵盐的两溶性,还常用来作相转移催化剂,如氯仿与碱作用产生二氯卡宾,而后与烯加成得到环丙烷型化合物。用环己烯、氯仿和氢氧化钠反应,因氯仿在有机相而氢氧化钠在水相,所以接触面很小,收率很低。加入少量氯化三乙基苄基铵后,情况发生变化,使收率大幅度提高,这是由于季铵盐起到相转移催化作用。相转移催化过程可由下式描述。

$$C_6H_5CH_2\overset{+}{N}(CH_2CH_3)_3Cl^- + OH^- \rightleftharpoons C_6H_5CH_2\overset{+}{N}(CH_2CH_3)_3OH^-$$

$$C_6H_5CH_2\overset{+}{N}(CH_2CH_3)_3OH^- + HCCl_3 \rightleftharpoons C_6H_5CH_2\overset{+}{N}(CH_2CH_3)_3CCl_3^-$$

溶于有机溶剂

$$C_6H_5CH_2\overset{+}{N}(CH_2CH_3)_3CCl_3^- \longrightarrow :CCl_2 + C_6H_5CH_2\overset{+}{N}(CH_2CH_3)_3Cl^-$$

溶于水,不溶于有机溶剂

季铵盐溶于水与碱作用生成季铵碱后,在界面与氯仿反应,生成溶于有机相的三氯甲基铵盐,这样把反应中心移到有机相。在有机相,三氯甲基铵盐迅速分解出卡宾并与烯加成,同时产生不溶于有机溶剂而溶于水的季铵盐,又把反应中心移到水层。这样往复进行,不断的相转移过程促进了反应。除上述季铵盐、四丁铵盐、甲基三辛基铵盐也为常用相转移催化剂。

$$CH_3(CH_2)_7CH=CH_2 \text{(苯溶液)} \xrightarrow[\text{KMnO}_4 \text{ 水溶液},40\,℃\sim50\,℃]{[CH_3(CH_2)_6CH_2]_3\overset{+}{N}CH_3Cl^-} CH_3(CH_2)_7CO_2H$$

91%

$$CH_3(CH_2)_5-Br + NaCN \xrightarrow{[CH_3(CH_2)_5]_4\overset{+}{N}OSO_3H} CH_3(CH_2)_5-CN$$

三、彻底甲基化和霍夫曼消去反应

1.反应及历程

过量碘甲烷与胺反应生成季铵盐,用氢氧化银处理得到季铵碱,这个碱加热脱去 β 氢和胺生成烯。第一步为胺的彻底甲基化,后一步为季铵碱的消去反应,亦称霍夫曼消去。

$$RCH_2CH_2NH_2 + 3ICH_3 \longrightarrow RCH_2CH_2\overset{+}{N}(CH_3)_3I^- \xrightarrow{AgOH}$$

$$RCH_2CH_2\overset{+}{N}(CH_3)_3OH^- \xrightarrow{\triangle} RCH=CH_2 + N(CH_3)_3 + H_2O$$

季铵碱消去反应是 E2 历程,反应通过氢氧根负离子进攻 β 氢的过渡态,结果脱去水和胺生成烯。

$$\begin{array}{c} \overset{\delta+}{N}(CH_3)_3 \\ | \\ RCH=\!=\!=CH_2 \qquad \text{过渡态} \\ | \\ \overset{\delta-}{HO}\text{---}H \end{array}$$

2.霍夫曼消去规律

当具有几种 β 氢的季铵碱消去时,存在方向问题,如 2-丁胺彻底甲基化后,经氢氧化银处理得到的季铵碱有两种 β 氢,消去结果可能生成两种产物。实验结果指出季铵碱加热一般消去含氢较多的 β 碳上的氢,这就是霍夫曼消去规律,这与卤代烃萨伊切夫消去规律恰好相反。

$$CH_3CH_2CHNH_2\overset{CH_3}{|} \xrightarrow[2)AgOH]{1)ICH_3} CH_3-CH-CH-\overset{+}{N}(CH_3)_3OH^- \begin{array}{c} \nearrow \triangle \quad CH_3CH_2CH=CH_2 \quad 95\% \\ \\ \searrow \triangle \quad CH_3CH=CHCH_3 \quad 5\% \end{array}$$

3

$$CH_3CH_2CH_2\overset{CH_3}{\underset{CH_3}{N}}CH_2CH_3OH^- \xrightarrow{\triangle} CH_3CH_2CH_2\overset{CH_3}{\underset{CH_3}{N}} + CH_2=CH_2 + H_2O$$

霍夫曼消去规律的本质是一个体积效应问题。如化合物 **3** 加热消去时,OH⁻ 进攻甲基氢比进攻亚甲基氢受到较小的空间阻力,生成的主要产物是1-丁烯(95%)。

但当季铵碱中 β 氢有明显酸性时,消去主要产物为萨伊切夫消去产物。

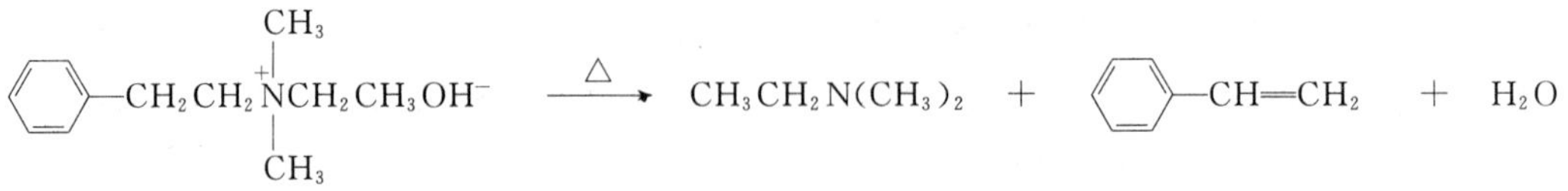

$$\text{C}_6\text{H}_5\text{—CH}_2\text{CH}_2\overset{+}{\underset{\underset{\text{CH}_3}{|}}{\overset{\overset{\text{CH}_3}{|}}{\text{N}}}}\text{CH}_2\text{CH}_3\text{OH}^- \xrightarrow{\triangle} \text{CH}_3\text{CH}_2\text{N(CH}_3)_2 + \text{C}_6\text{H}_5\text{—CH}=\text{CH}_2 + \text{H}_2\text{O}$$

3. 立体化学

季铵碱消去既然是 E2 历程,它的立体化学一般应为反式共平面消去,如手性化合物 **4** 加热主要得到反式烯烃。

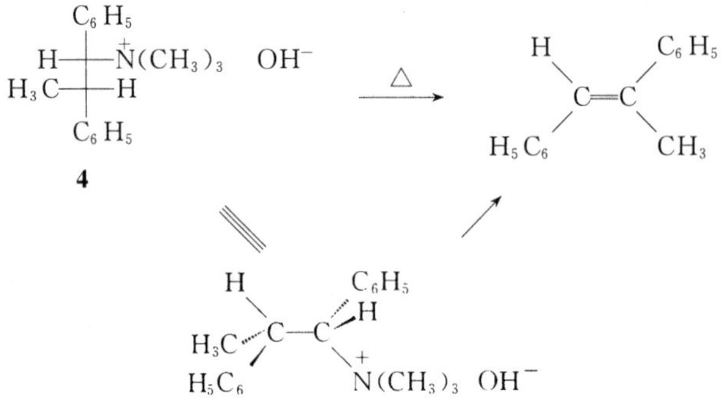

4

4. 季铵碱的消去在胺结构分析中的应用

季铵碱的消去反应较少用于烯烃制备,却常用于胺结构测定,特别是生物碱结构式的测定。

结构式测定的根据是:(1)根据第一次彻底甲基化生成的季铵盐比原胺增加的甲基个数,判定胺为第几胺。第一、第二、第三胺彻底甲基化后生成的季铵盐甲基增加的个数分别为3、2、1个。(2)根据霍夫曼消去的次数和产生的烯及胺的结构分析判定原胺的结构。由胺到季铵盐再到季铵碱加热分解为一次消除,进行该步骤的重复为二次或三次消除。一般有 1 个含 β 氢的烃基的胺经一次消去,即可得到不能再进行消去反应的胺。有 2 个含 β 氢的烃基和 3 个含 β 氢的烃基需进行二次和三次消去,这样根据消去次数就可判定原胺有几个含 β 氢的烃基。而消去产生的烯烃与含 β 氢的烃基结构相关,这样不难推导出胺的结构。

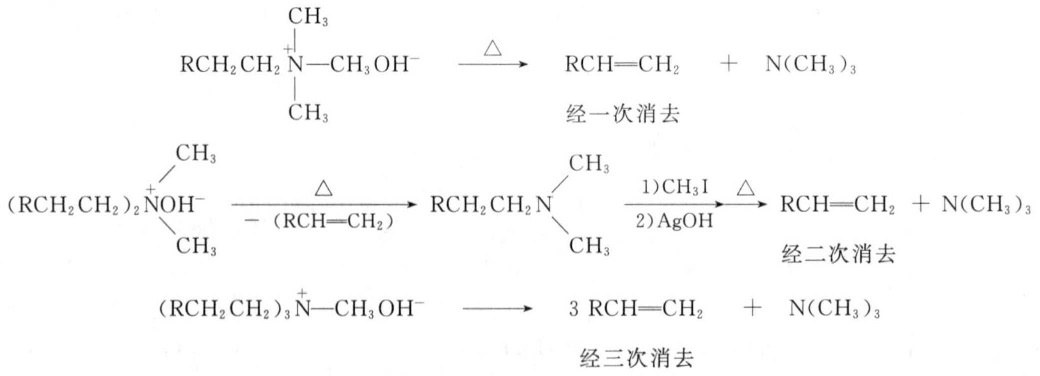

如某胺分子式为 $\text{C}_8\text{H}_{11}\text{N}$,用碘甲烷处理后得到分子式为 $\text{C}_{10}\text{H}_{16}\text{N}^+\text{I}^-$ 的固体,再用氢氧化银处理并加热得到两种化合物,经分析得知是乙烯和 N,N-二甲基苯胺。这个胺的结构是

怎样的呢？通过季铵盐分子式和原胺分子式比较，不难看出增加甲基个数为 2，原胺一定为第二胺。经一次消去就产生了不再进行消去的胺（N,N-二甲基苯胺），说明只含有 1 个含 β 氢的烃基，而产物乙烯明确指出这个含 β 氢的烃基为乙基。那么这个胺的结构应为 N-乙基苯胺。

问题 17-8 完成下列反应式。

(1) 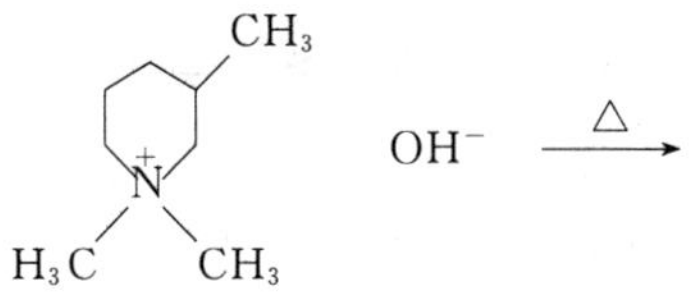 $\quad OH^-\quad \xrightarrow{\triangle}$

(2) 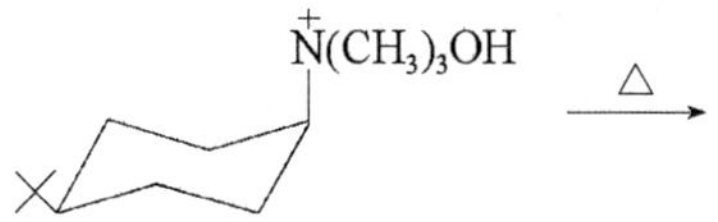 $\xrightarrow{\triangle}$ （十 表示叔丁基）

(3)  $\xrightarrow{\triangle}$

问题 17-9 根据下列反应，写出 **A、B、C、D** 的结构式。

$$A(C_8H_{17}N) \xrightarrow{ICH_3} B(C_9H_{20}IN) \xrightarrow[2)\triangle]{1)AgOH} C(C_9H_{19}N) \xrightarrow[2)AgOH]{1)ICH_3} \xrightarrow{\triangle}$$

$$D(C_7H_{12}) \quad + \quad N(CH_3)_3$$

$$D \xrightarrow{KMnO_4} CH_3\overset{O}{\overset{\|}{C}}CH_2\overset{O}{\overset{\|}{C}}CH_3$$

四、叔胺氧化和科浦(Cope)消去反应

叔胺用过氧化氢处理可得胺氧化物，再经加热脱去羟胺生成烯烃，这个反应叫科浦消去反应。

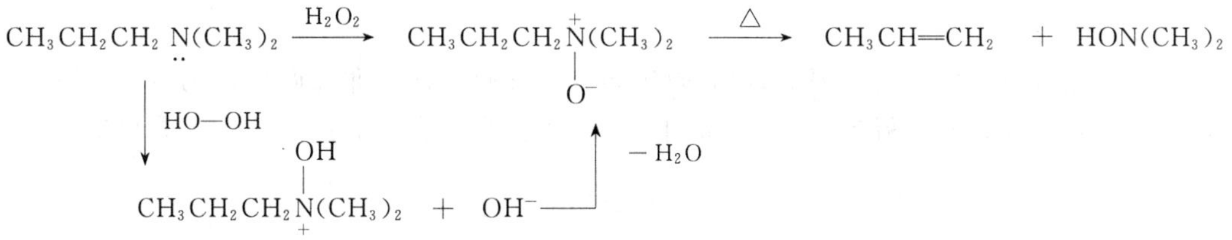

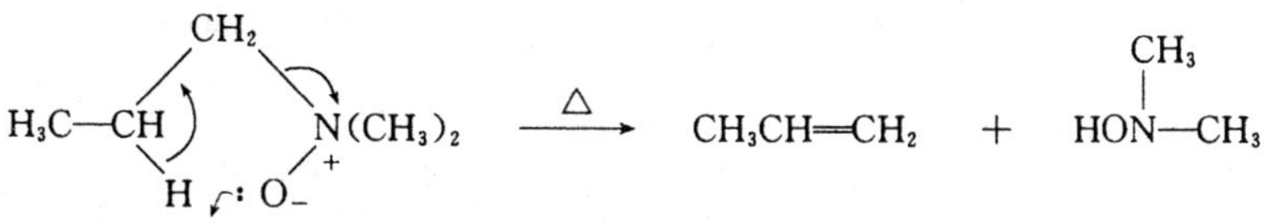

反应中胺氧化物脱羟胺一步与酯的热消去反应类似，也属协同反应，不过它是通过一个五元环过渡态。消去的方向遵守霍夫曼规律。

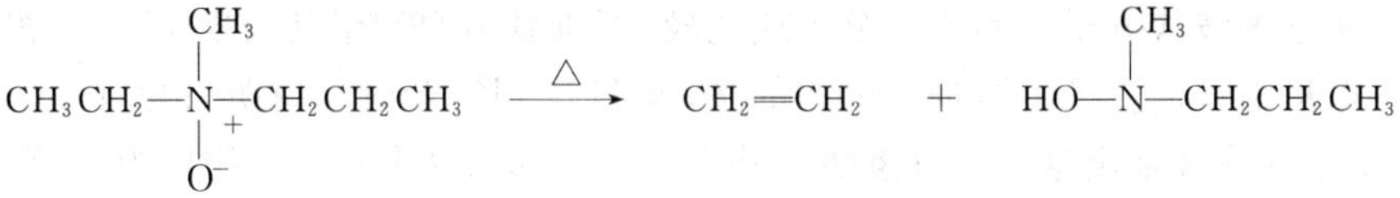

具体实验操作是把胺与氧化剂混合,不需分离胺氧化物即可直接发生消去反应生成烯。该反应条件温和且不存在重排,是制备烯烃的较好方法。这个反应在合成中常用来作为酮羰基移位的关键步骤,例如把 3,3,5,5-四甲基环己酮转化为 2,2,4,4-四甲基环己酮。

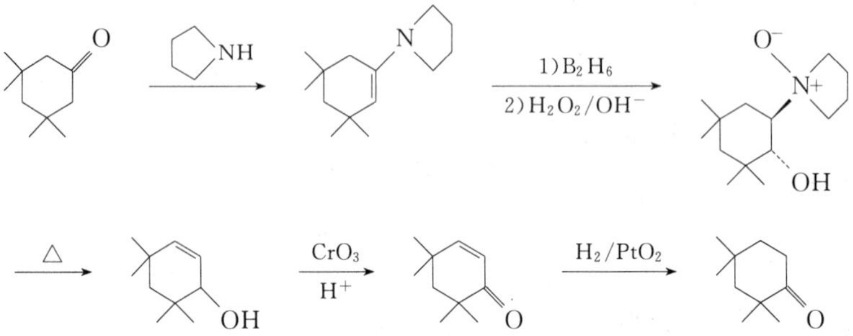

五、酰化和磺酰化反应

1. 反应

胺与卤代烃发生亲核取代反应后,烃基取代氨基氢。胺也能与酰氯作用,结果使氨基氢被酰基取代,这叫做胺的酰化反应。在第十五章已讨论过(参阅 15.3 节和 15.4 节),这一反应属于不饱和碳上的亲核取代(加成—消去)反应。反应中以过量胺、碳酸钠或吡啶为缚酸剂,以酰氯或酸酐为酰化剂,一般能得到较好收率的酰胺。苯磺酰氯也很容易与胺作用生成苯磺酰胺,这叫做磺酰化反应。

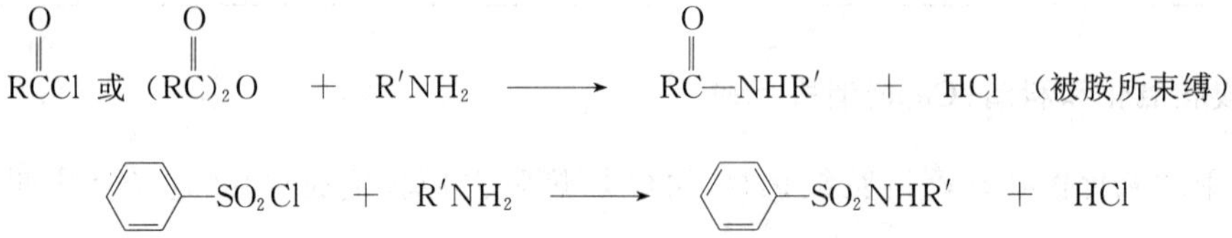

2. 应用

该反应在有机合成中是重要的,如解热镇痛药物扑热息痛和非那西丁,可分别由对羟基和对乙氧基苯胺乙酰化合成得到。此外,常用的磺胺类消炎药大多通过磺酰化反应制备。

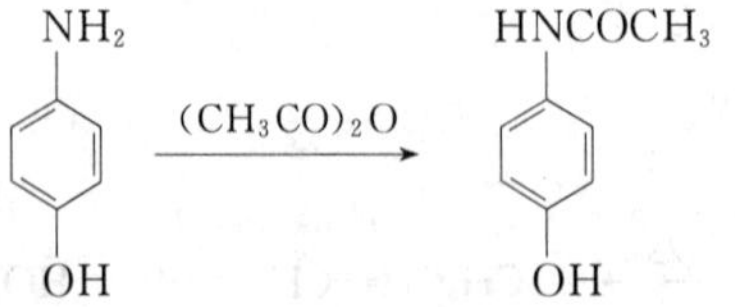

扑热息痛(paraspen)

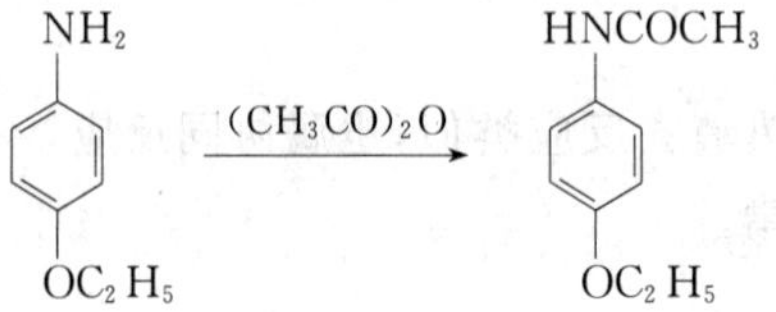

非那西丁(phenacetin)

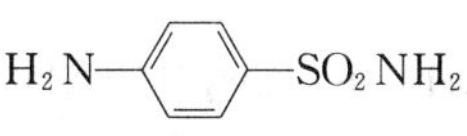

$$H_2N\text{—}\underset{}{\boxed{}}\text{—}SO_2NH_2 \qquad H_2N\text{—}\underset{}{\boxed{}}\text{—}SO_2NHR \qquad (R\text{ 为杂环})$$

对氨基苯磺酰胺 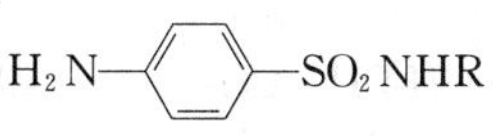   磺胺药

　　磺胺药为抗生素,是一种酶的抑制剂,细菌生活需要叶酸(见本章习题 16),而它需要的叶酸是由对氨基苯甲酸为原料在其体内的一种酶作用下合成的。磺胺药的结构与对氨基苯甲酸有某些类似,易被酶络合,从而抑制了酶合成细菌的营养——叶酸,使细菌死亡。

　　胺的酰化反应还常常用来保护氨基。如苯胺容易遭受氧化,一般不能直接硝化,而是先在氨基上导入乙酰基生成不易被氧化的 N-乙酰苯胺,然后硝化,产物经水解即生成硝基苯胺。因酰氨基和氨基都属于邻对位定位基,所以进行保护硝化的结果与想像中直接硝化得到的产物相同。

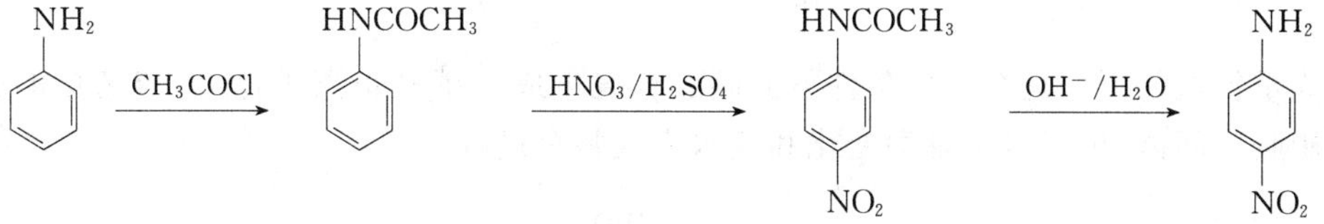

　　常用来作为胺的分离鉴定的反应——兴斯堡(Hinsberg)反应就是胺的磺酰化反应。在氢氧化钠存在下,伯、仲和叔胺的混合物用苯磺酰氯处理,伯胺磺酰化后生成的苯磺酰胺因受拉电子的苯磺酰基影响使氮上的氢呈酸性,在过量氢氧化钠存在下生成钠盐 **5**,**5** 溶于氢氧化钠溶液。仲胺磺酰化产物 **6**,**6** 氮上无氢不溶于氢氧化钠溶液。叔胺一般不进行磺酰化反应。反应混合物进行蒸馏分出叔胺(三乙胺),然后油水两层分离分别得到 **5** 和 **6**,再分别水解得到伯胺(乙胺)和仲胺(二乙胺)。

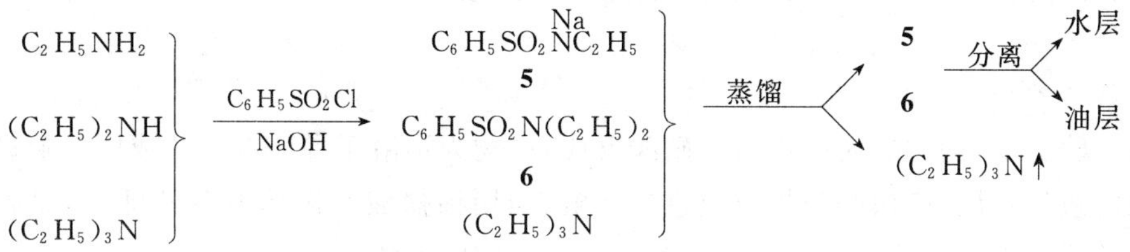

$$\mathbf{5}\ \xrightarrow[\text{2)中和}]{\text{1)}H^+/H_2O}\ C_2H_5NH_2$$

$$\mathbf{6}\ \xrightarrow[\text{2)中和}]{\text{1)}H^+/H_2O}\ (C_2H_5)_2NH$$

六、与亚硝酸的反应

脂肪胺和芳香胺都可与亚硝酸作用,胺的结构不同,反应的最终产物不同。

1. 第一胺

脂肪第一胺与亚硝酸作用生成极不稳定的重氮盐,这个盐一旦生成便立即分解放出氮气同时生成醇和烯的混合物。过程通过碳正离子。

$$CH_3CH_2CH_2NH_2 \xrightarrow{NaNO_2/HCl} CH_3CH=CH_2 \quad + \quad CH_3CH_2CH_2OH \quad + \quad CH_3CH(OH)CH_3 \quad + \quad N_2\uparrow$$

$$CH_3CH_2CH_2\overset{+}{N}_2Cl^- \xrightarrow{-N_2} CH_3CH_2CH_2^+ \xrightarrow{重排} CH_3\overset{+}{C}HCH_3$$

反应产生的重氮盐分解后生成伯碳正离子,这个正离子可脱质子成烯,与水作用成醇,还可重排到仲碳正离子。仲碳正离子同样脱质子或与水作用生成烯和醇。因产物是混合物,制备中很少应用,但反应定量放出氮气,可用于氨基定量分析。

芳香第一胺如苯胺在 0 ℃与亚硝酸作用可以生成相对稳定的重氮盐。

$$\text{C}_6\text{H}_5-NH_2 \xrightarrow[\text{HCl}]{NaNO_2} \text{C}_6\text{H}_5-\overset{+}{N_2}Cl^- \qquad 氯化重氮苯$$

生成重氮盐的历程是在反应条件下亚硝酸首先生成亚硝基正离子,然后与亲核的胺作用得到亚硝胺中间体,再通过类烯醇变化和脱水完成整个过程。

$$H\ddot{O}-N=\ddot{O} \xrightarrow{H^+} H_2\overset{+}{O}-N=\ddot{O} \xrightarrow{-H_2O} N\equiv\overset{+}{O}$$

$$C_6H_5\ddot{N}H_2 + N\equiv\overset{+}{O} \longrightarrow C_6H_5-\overset{H}{\underset{H}{\overset{+}{N}}}-N=O \xrightarrow{-H^+} C_6H_5-\underset{H}{N}-N=O \rightleftharpoons$$

$$C_6H_5-N=N-OH \xrightarrow{H^+} C_6H_5-\ddot{N}=N-\overset{+}{O}H_2 \xrightarrow{-H_2O} C_6H_5-\overset{+}{N}\equiv N$$

芳胺的重氮盐是非常重要的有机合成中间体,它的性质、反应和应用将在 17.5 节中详细讨论。

2. 第二胺

第二胺氮上具有氢,因此也与亚硝酸反应,产物为不溶于稀酸的油状或固体亚硝胺。亚硝胺有强的致癌作用,应做好防护避免直接接触,当用稀盐酸和氯化亚锡处理时,亚硝胺可还原到原来的第二胺。该反应可用作鉴定和提纯第二胺的方法。

$$\underset{(Ar)}{\overset{R}{\underset{R'}{N}}}H \xrightarrow[\text{HCl}]{NaNO_2} \underset{(Ar)(Ar=芳基)}{\overset{R}{\underset{R'}{N}}}-NO \qquad 亚硝胺$$

$$\underset{(Ar)}{\overset{R}{\underset{R'}{N}}}NO \xrightarrow{SnCl_2/HCl} \underset{(Ar)}{\overset{R}{\underset{R'}{N}}}H$$

3. 第三胺

脂肪第三胺与亚硝酸不进行上述反应,芳香第三胺如 N,N-二甲基苯胺能与亚硝酸作用,但不是在氮上而是在芳环上导入亚硝基。

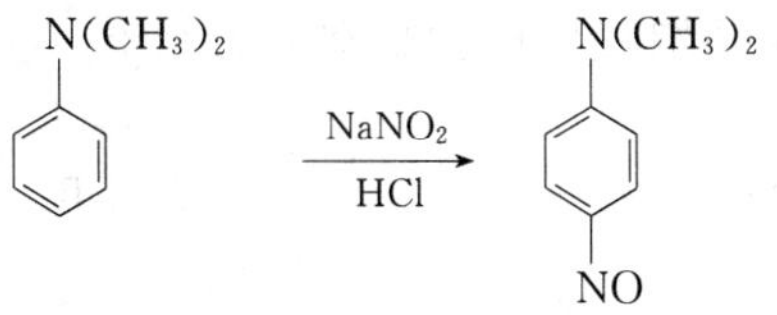

（绿色晶体）

综上所述，不同的胺与亚硝酸反应性、反应产物和反应现象不同，因此这个反应可用作化学上鉴别三种胺的方法。

问题17-10 写出下列反应过程。

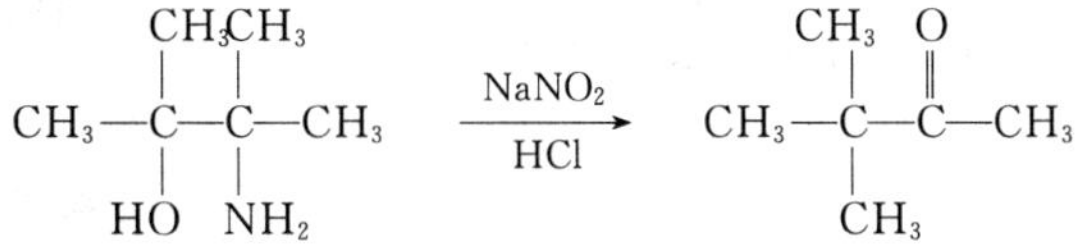

问题17-11 用化学方法鉴别乙胺、二乙胺和三乙胺。

七、烯胺的生成及其反应

1. 烯胺的生成

在第十一章已遇到第一胺与羰基化合物作用生成亚胺（imine）的反应，它是通过亲核加成产生醇胺，随后氮上的氢与羟基脱水得到的。而第二胺与羰基化合物加成后生成的醇胺氮上无氢存在，不可能按第一胺反应方式脱水。但如果羰基化合物具有 α 氢时，则能与羟基脱水生成烯胺（enamine）。生成烯胺的反应多用酸催化，反应中不断除去水以使反应完全。参加反应的第二胺最常用的是一些环胺如吡咯烷、哌啶、吗啉等。

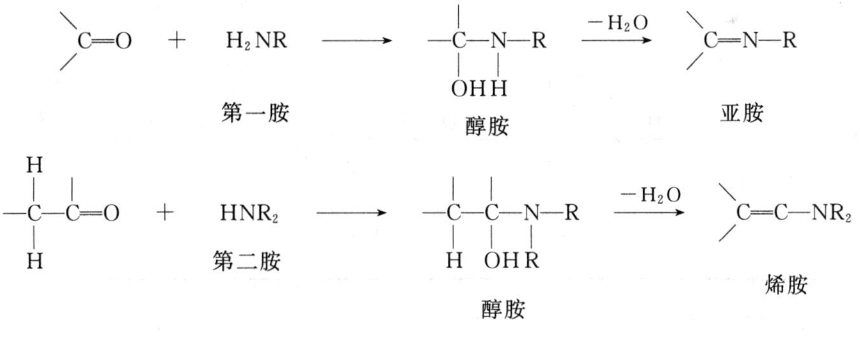

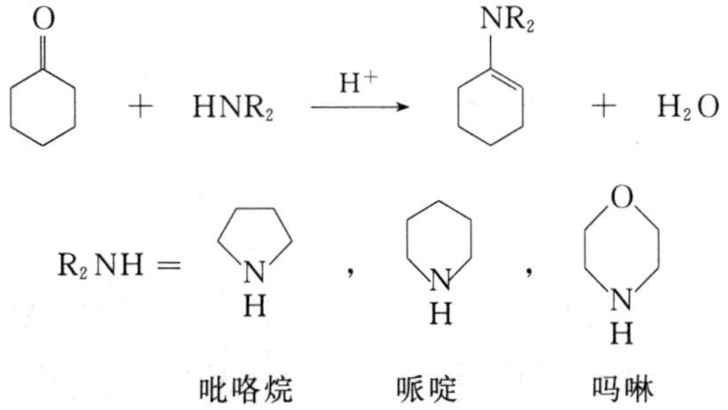

2. 烯胺的反应

烯胺有两种共振形式，其中一种为电荷分离的碳负离子形式，因此不难推断出它将具有亲核反应可能性，与活泼卤代烃进行亲核取代反应就是常见的例子。

共振式

烯胺与活泼卤代烃反应生成亚胺正离子，然后水解生成 α 烃基醛或酮。这样我们通过烯胺可完成醛酮的 α 烃基化。这一反应在合成中有一定应用。

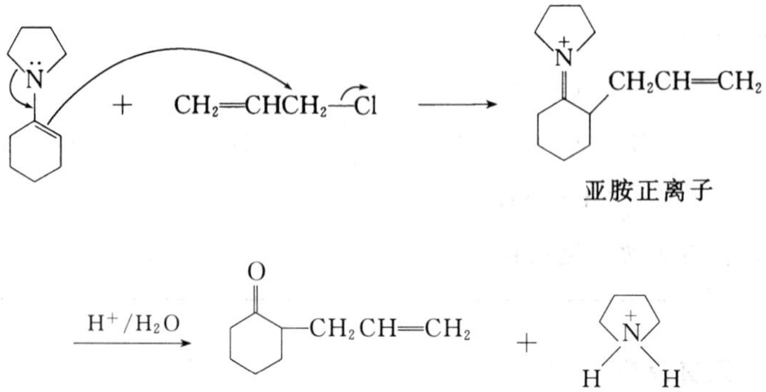

亚胺正离子

应注意的是只有 CH_3I、$BrCH_2COR$、$BrCH_2CO_2C_2H_5$、$CH_2{=}CHCH_2Cl$ 等活泼卤代烃与烯胺作用才可得到较好收率。酰氯也能与烯胺反应，结果在醛、酮 α 位导入酰基，反应可看做是对酰基碳的亲核取代（加成—消去）反应。

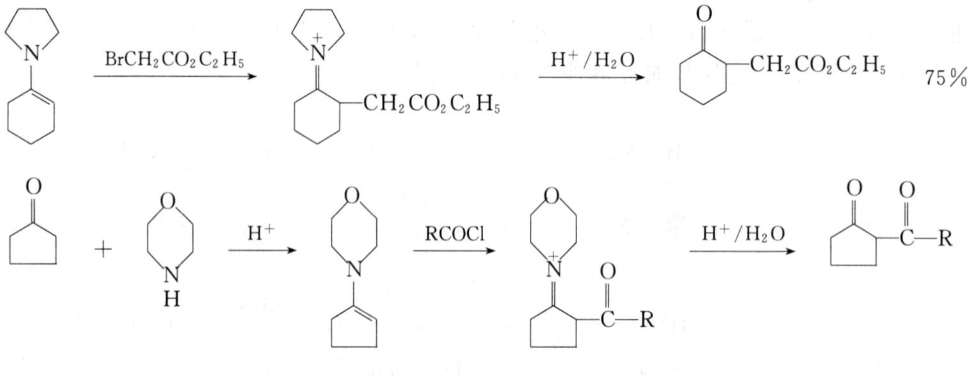

问题17-12 完成下列反应式。

问题17-13 完成下列转化。

八、芳香胺环上的反应

氨基是强的给电子基团，它的存在使芳胺苯环上的亲电取代反应极易进行。

1. 卤代

苯胺直接溴代产生2,4,6-三溴苯胺，该产物在水中沉淀，这个反应可用于鉴别苯胺。当

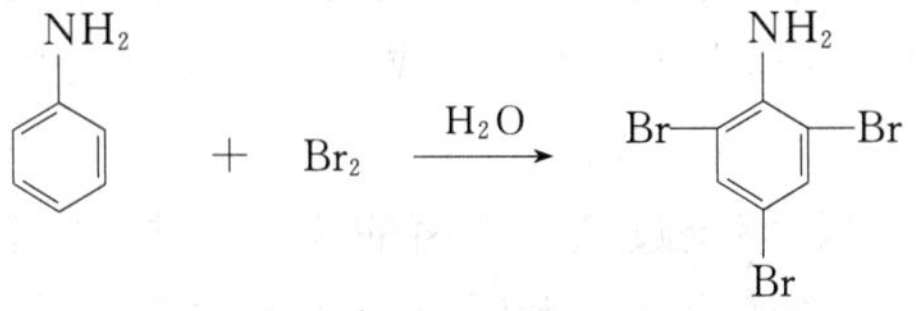

芳胺环上有烃基存在时，反应也很容易进行，同样能得到多溴代芳胺。为得到一溴代芳胺，应减少氨基的给电子能力，方法是在氨基上导入酰基，溴代反应完成后，水解，恢复氨基。

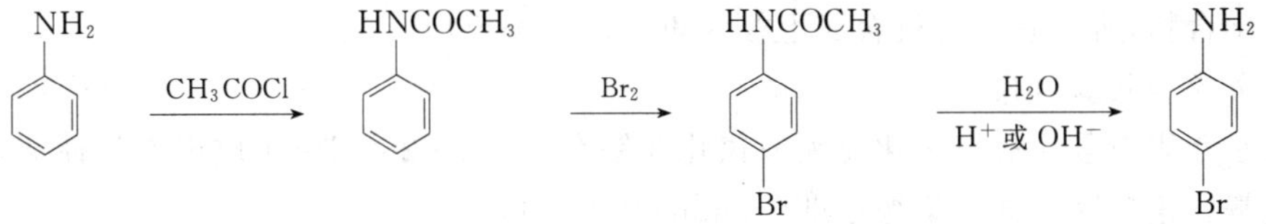

2. 硝化

氨基分散电子到苯环上，使环中电子云密度增大，易遭受氧化剂的进攻，所以芳胺不采用直接硝化，需保护氨基完成硝化。

3. 氨基苯磺酸的生成

苯胺环上可导入磺酸基，但不按一般亲电取代历程进行。首先把硫酸和苯胺1:1混合得到相应的盐，再于180℃烘焙，放入冷水可得到对氨基苯磺酸的晶体。反应中苯胺硫酸盐加热脱水得到苯氨基磺酸，而后发生重排得到对氨基苯磺酸。

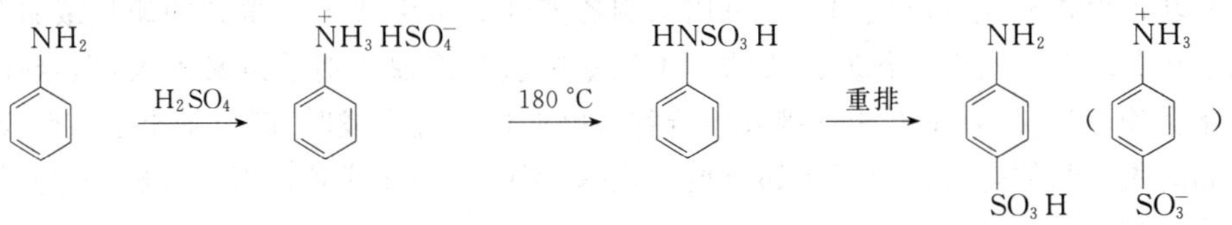

17.5 重氮化反应和重氮盐

一、重氮化反应

在强酸存在下芳胺与亚硝酸在低温作用生成重氮盐的反应叫**重氮化反应**(diazotization)。重氮盐在强酸中为一透明液体(若将其分离则为固体)，在中性或碱性介质中不稳定，高温、见

$$ArNH_2 \ + \ NaNO_2 \ + \ 2\,HX \xrightarrow{\ 0\,^{\circ}C \sim 5\,^{\circ}C\ } ArN_2^{+}\,X^{-} \ + \ NaX \ + \ 2\,H_2O$$

光、受热、振动都会使之发生爆炸。在低温能保存几小时。幸运的是重氮盐可以不加分离直接应用。在 pH5～9 范围内重氮盐与偶氮物之间为一平衡。

$$Ar-\overset{+}{N}\!\!\equiv\!\!\overset{..}{N}X^{-} \quad \Longleftrightarrow \quad Ar\overset{..}{N}\!\!=\!\!\overset{..}{N}^{+}X^{-}$$

了解了重氮盐的一般性质就不难理解,重氮化反应必须在低温并在强酸条件下进行。一般加酸的量多于 2mol,其中 1mol 用于亚硝酸生成,1mol 参与成盐,多余的部分提供稳定重氮盐的环境。

重氮化的方法一般是把芳胺溶于过量的氢卤酸或硫酸中,冷却下滴加亚硝酸钠水溶液,直到反应液使碘化钾—淀粉试纸变蓝为止。此时反应体系中亚硝酸微过量。

二、重氮基被取代的反应及在合成中的应用

重氮盐非常活泼,它的重氮基容易被其他基团取代,形成一般芳香亲电取代反应所不能生成的芳香化合物,所以它是有机合成上极为重要的一类反应。

1. 被卤素和氰基取代

在强酸介质中重氮盐与卤化亚铜或氰化亚铜在 20 ℃～26 ℃作用放出氮气使卤素或氰基取代重氮基。这个反应称作桑德迈耶(Sandmeyer)反应。

$$ArN_2^{+}\,X^{-} \xrightarrow{\ Cu_2X_2\ } \quad Ar\!-\!X \ + \ N_2\uparrow \quad (X\!=\!Cl,Br)$$

$$ArN_2^{+}\,X^{-} \xrightarrow[\text{KCN}]{\ Cu_2CN_2\ } \quad Ar\!-\!CN \ + \ N_2\uparrow$$

反应产物分别是芳香卤化物和芳香腈类化合物。碘和氟代芳香化合物也可通过重氮盐制备,但不属桑德迈耶反应。前者由重氮盐与碘化钾直接作用得到。后者由氟硼酸的重氮盐加热制备。

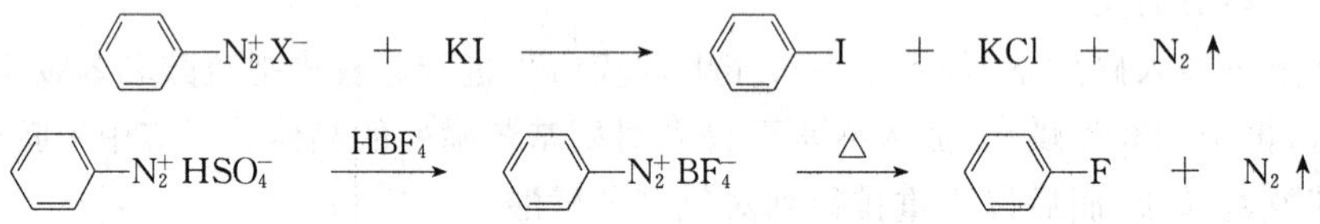

重氮基被卤素和氰基取代的方法可用来制备芳烃直接卤代不易得到的碘代或氟代芳烃,还提供了在芳环上直接引入氰基的方法。重氮基被氯和溴取代似乎意义不大,但当你所需要的芳香化合物,因定位效应不能直接采用芳香亲电取代反应合成时,就显示出了该反应的重要价值。如间氯溴苯的合成。卤素是邻对位定位基,不能从一卤代苯再卤代合成,而通过重氮盐的方法能得到满意的结果。

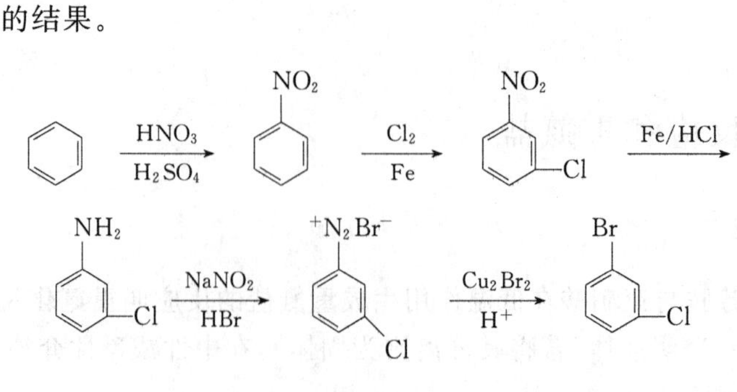

对甲基苯甲酸不易从对二甲苯氧化制备,因两个甲基有同时被氧化的可能。若从甲苯开始,利用重氮盐的方法就能得到较好收率的对甲基苯甲酸。它的合成路线如下:

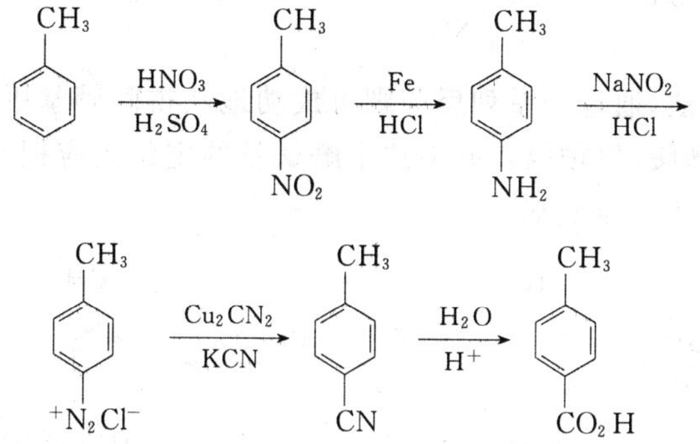

$$\text{甲苯} \xrightarrow[\text{H}_2\text{SO}_4]{\text{HNO}_3} \text{对硝基甲苯} \xrightarrow[\text{HCl}]{\text{Fe}} \text{对甲苯胺} \xrightarrow[\text{HCl}]{\text{NaNO}_2}$$

$$\text{重氮盐} \xrightarrow[\text{KCN}]{\text{Cu}_2\text{CN}_2} \text{对甲基苯甲腈} \xrightarrow[\text{H}^+]{\text{H}_2\text{O}} \text{对甲基苯甲酸}$$

2. 被羟基和氢取代

$$\text{ArN}_2^+ \text{HSO}_4^- \xrightarrow[\text{或 H}_2\text{SO}_4/\text{H}_2\text{O}]{\text{Cu}_2\text{O, Cu}^{2+}, \text{H}_2\text{O}} \text{Ar—OH} + \text{N}_2 \uparrow$$

$$\text{ArN}_2^+ \text{X}^- \xrightarrow{\text{H}_3\text{PO}_2} \text{Ar—H} + \text{N}_2 \uparrow$$

重氮盐在氧化亚铜和铜盐存在下与水作用,或与稀硫酸水溶液作用,放出氮气,重氮基被羟基取代生成酚。当重氮盐与次磷酸反应重氮基被氢取代。这两个反应在合成某些芳香化合物上是十分重要的,下面仅举两例说明。

间硝基苯酚不能从一般的亲电取代反应制备,由苯酚硝化,主要得邻对位硝基苯酚,很难获得间硝基苯酚。间硝基苯磺酸可由一般亲电取代反应制得,但它的钠盐碱熔因硝基高温碱性条件下不稳定而得不到间硝基苯酚,也就是说,由亲电取代反应制备这个硝基苯酚是失败的。采用重氮盐的方法就可得到满意收率的纯的间硝基苯酚。作法是把制得的间硝基苯胺中的氨基通过重氮化由羟基取代。

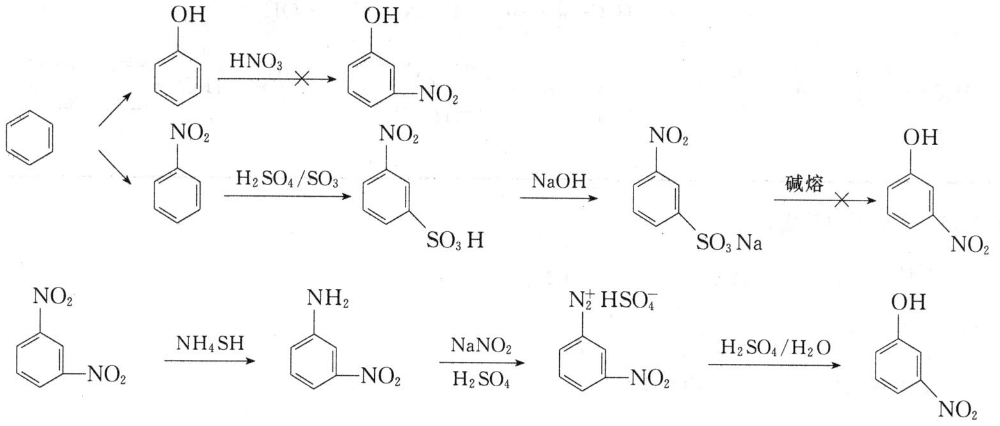

重氮基被氢取代的反应在合成中经常遇到,利用它可去掉芳环上的硝基和氨基,最典型的例子是间硝基甲苯的合成。通过芳环上的亲电取代反应它不容易被制备。由甲苯硝化主要是邻对硝基甲苯,若从硝基苯起始导入甲基,这种设想似乎是可行的,但尽管硝基是间位定位基使第二基团进入间位,然而由于它的强拉电子的作用使傅—克反应不能进行,所以合成也是失败的。

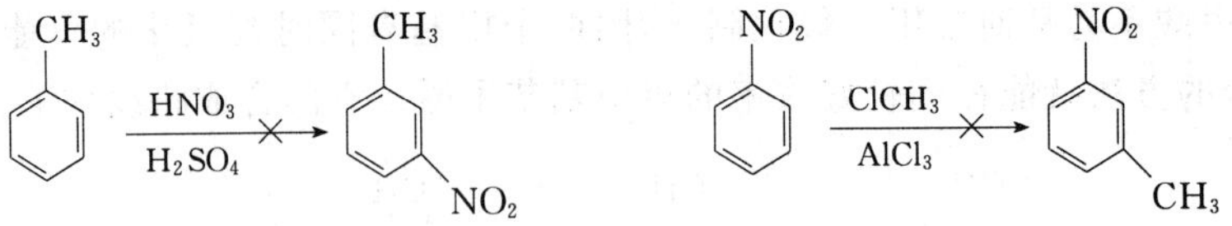

若采用重氮盐的方法，通过一系列反应则可成功地获得间硝基甲苯。以甲苯为原料通过硝化，还原得到对甲基苯胺，保护氨基并借这个酰氨基的定位效应把硝基导入甲基间位，然后用重氮基被氢取代的方法去掉氨基。

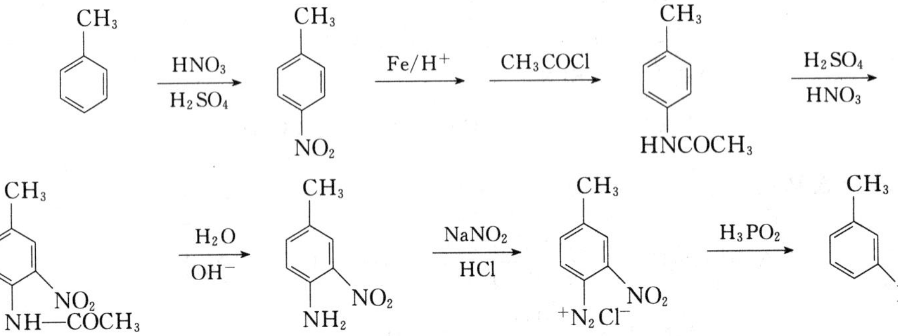

3. 被芳基取代

重氮盐在碱存在下与芳烃作用，结果重氮基被芳基取代。这是制备不对称联苯的难得的

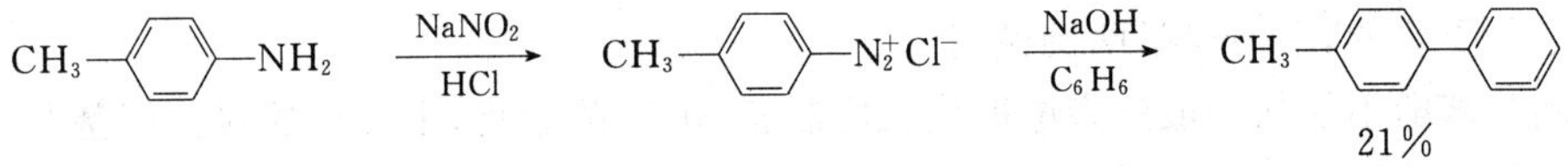

方法。反应是自由基历程，可用如下的反应式描述。

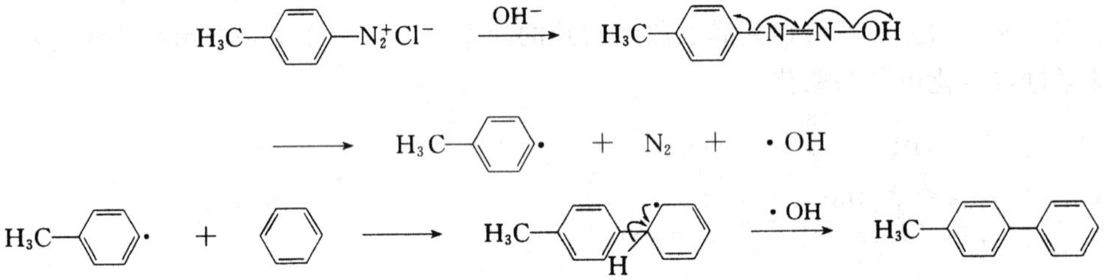

问题 17-14 完成下列转化。

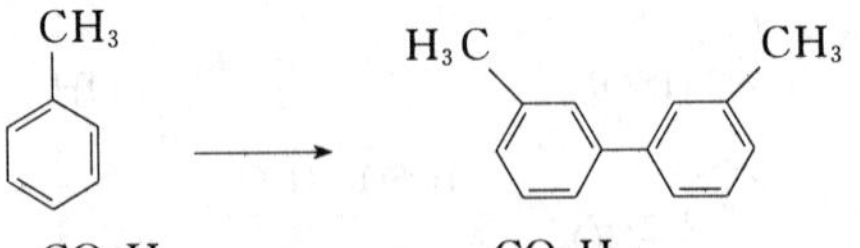

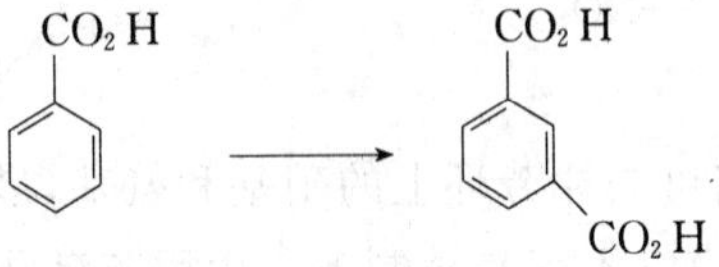

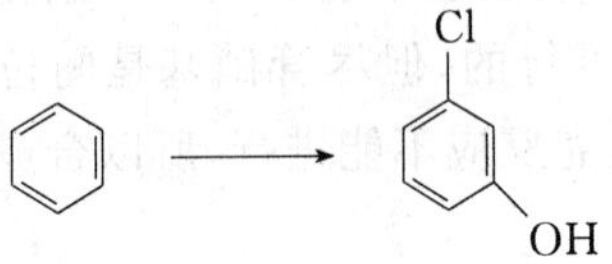

(4)

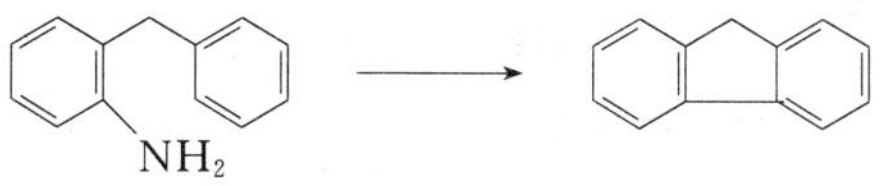

三、偶合反应及偶氮染料

1. 偶合反应

在中性或弱碱性介质中重氮盐容易与芳香胺、酚等具有强给电子基团的芳香化合物反应，芳香化合物环上的氢被取代生成偶联产物，这个反应叫**偶合反应**（coupling reaction）。举例如下：

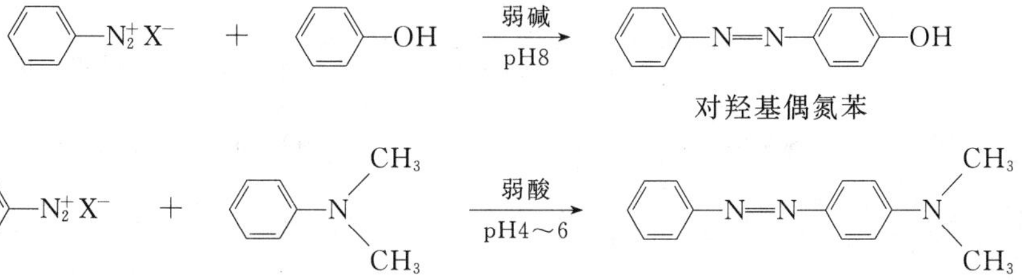

对羟基偶氮苯

对（N，N-二甲氨基）偶氮苯

偶合反应为芳环上的亲电取代反应，重氮盐的正离子是弱的亲电试剂，故而偶合的化合物芳环上必须有强的给电子基团才容易进行。给电子基团为邻对位定位基，可以想像偶合位置是在邻对位，一般情况下在对位，若对位被占据则偶合在邻位。芳香伯、仲胺在氮上有偶合的可能，但这种偶合产物在酸性介质中加热则可重排到对位。

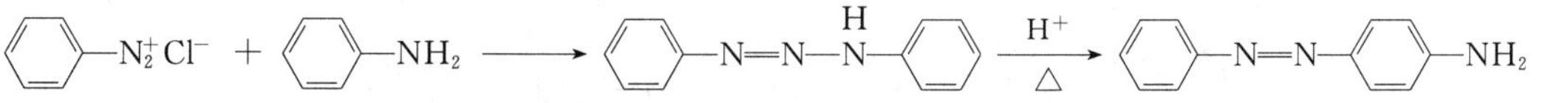

萘系化合物也根据亲电取代的要求偶合在相应位置，下例中采用箭头标记偶合位置。

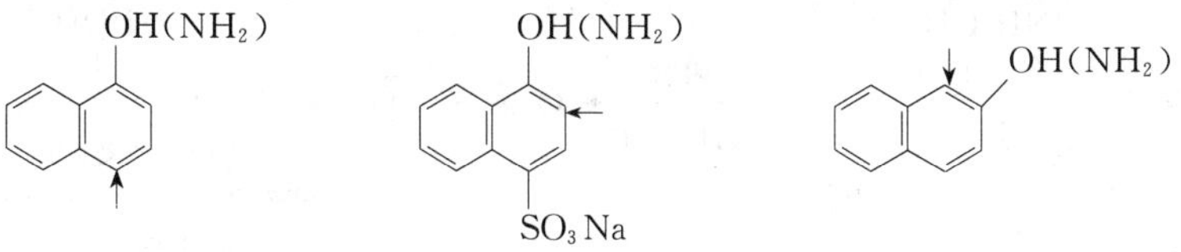

偶合的介质是重要的，一般酚偶合时是在弱碱介质中（pH～8），这是因为此时酚可以是酚氧负离子，而氧负离子是更强的亲电取代致活基团，能促进反应进行。而芳胺偶合是在弱酸介质中，这是为防止偶合在氮上的副产物生成。当然在强酸介质中偶合反应不会发生，所以选取 pH4～6 的环境。

2. 偶氮染料

偶合反应是重要的反应，通过它可制备一系列具有大 π 体系的偶氮化合物。这些物质吸收光的波长都可进入可见区，呈现出漂亮的颜色，构成了最重要的一类染料——偶氮染料（azodye），该类染料中均含有 —N＝N— 发色团和 —SO_3Na，—NH_2，—OH 等助色团。它们的合成通过偶合反应，如早期的直接染料刚果红（Congo-red）是由联苯胺重氮盐与萘系芳胺偶合而得。

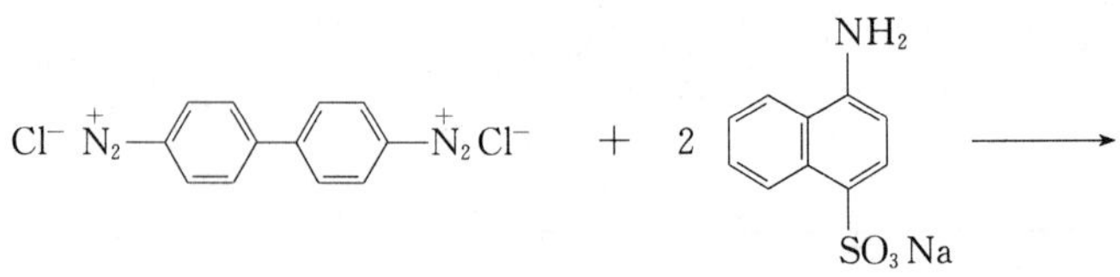

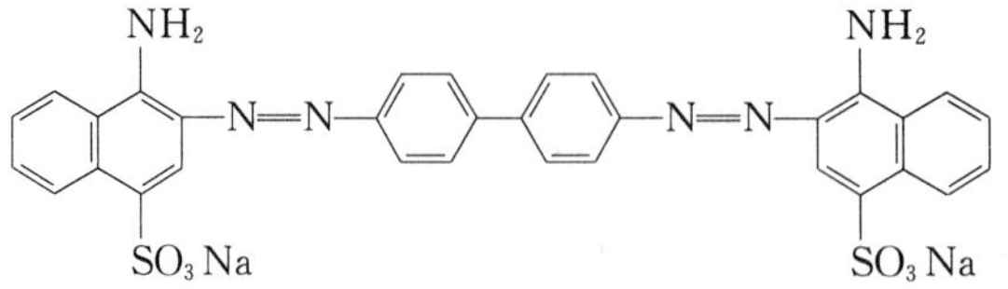

刚果红

刚果红随 pH 的变化发生颜色变化,因此又是一个好的指示剂,变色范围 pH 3~5.2。

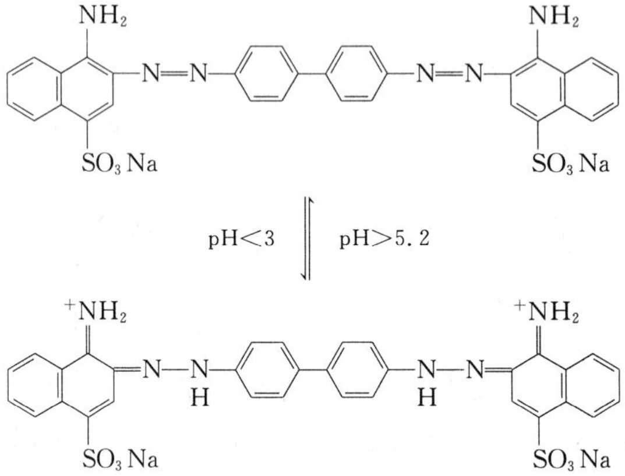

红色

pH<3 $\quad\Updownarrow\quad$ pH>5.2

蓝色

又如酸性染料酸性黑是采用不同的介质分步偶合制备的,反应描述如下:

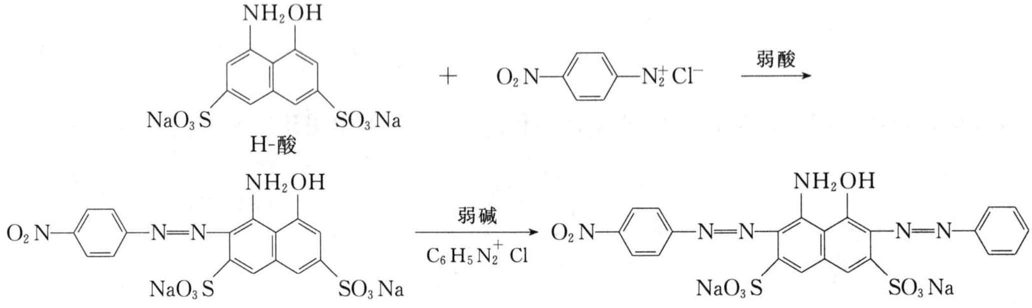

H-酸

酸性黑

四、重氮甲烷

1. 性状、结构与制备

重氮甲烷(diazomethane)常温下为一黄色有毒气体,沸点为 $-23\ ^\circ\text{C}$,加热或使其接触碱金属或粗糙的容器表面往往会发生爆炸。在有机合成中一般应用它的乙醚溶液。

重氮甲烷的结构可用如下共振式描述。

$$^-\ddot{C}H_2{-}\overset{+}{N}{\equiv}N: \quad\longleftrightarrow\quad CH_2{=}\overset{+}{N}{=}\ddot{\underset{..}{N}}{}^-$$

重氮甲烷的一般制备方法是用 N-甲基-N-亚硝基酰胺类化合物与浓的氢氧化钾溶液反应:

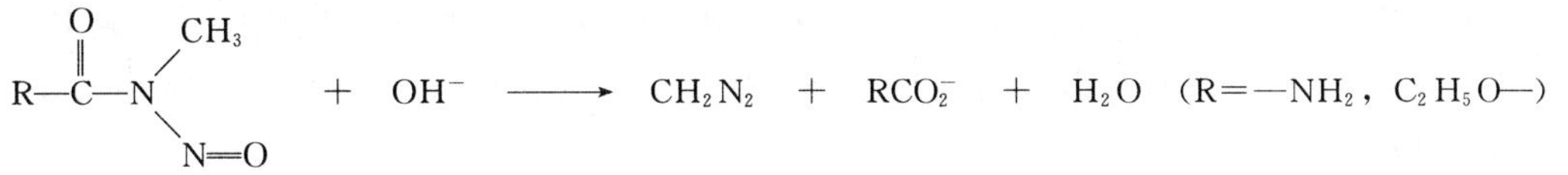

反应发生在乙醚和碱溶液两相混合液中，生成的重氮甲烷溶在乙醚中。

2.反应

重氮甲烷非常活泼，它可与许多化合物发生反应，是一个重要的有机合成试剂。

(1)作为甲基化试剂

重氮甲烷与酸、酚、烯醇等反应在羟基氧上导入甲基生成酯和甲基醚，如酸与重氮甲烷生成甲酯的反应收率很高，有时可达100％。

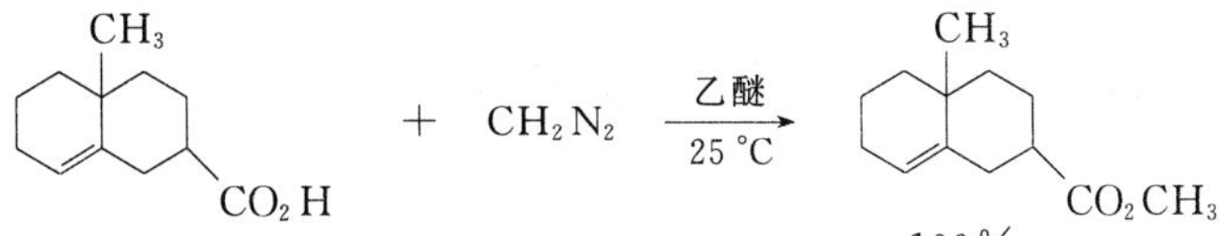

但因受到重氮甲烷毒性和易爆炸的限制，一般只用于少量制备。反应历程表示如下：

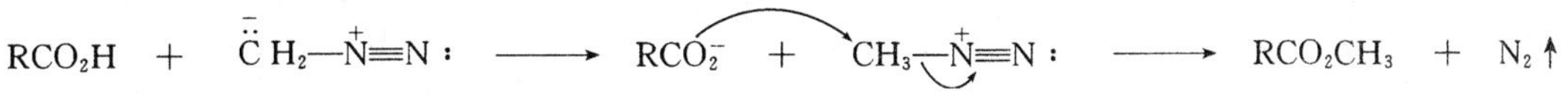

(2)与酰氯作用

重氮甲烷与酰氯作用生成重氮酮。该反应采用过量的重氮甲烷，目的是消耗反应中产生的氯化氢，反应过程是不饱和碳上的亲核取代。

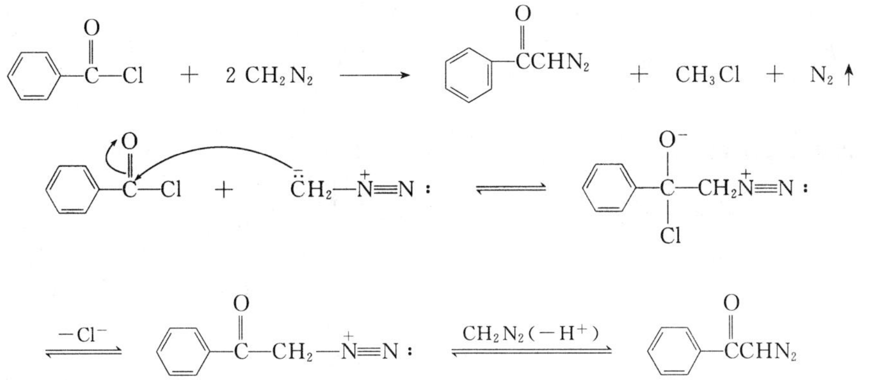

7

若采用1mol重氮甲烷，上述反应中间体 **7** 会与氯负离子发生饱和碳上的亲核取代反应，则最终产物为氯代甲基酮，有时可采用这一反应制备氯代甲基酮。

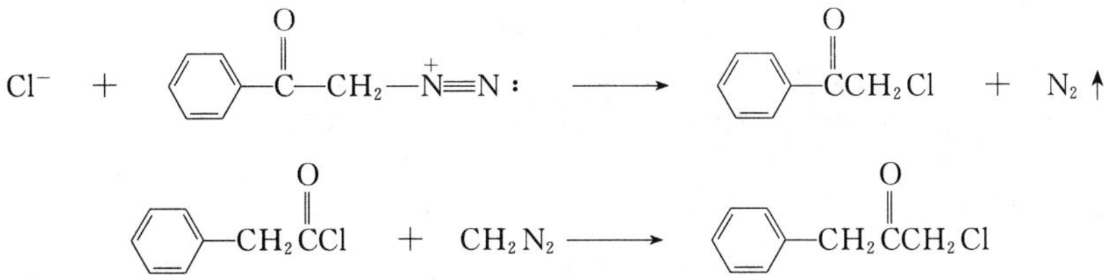

83％～85％

α 重氮甲基酮为反应的中间体,当它在水中或醇中用 Ag$^+$ 处理,可以生成比原酰氯多一个碳的酸或酯。这个由酰氯与重氮甲烷反应制备酸或酯的合成叫阿恩特—艾斯特(Arndt-Eistert)合成。

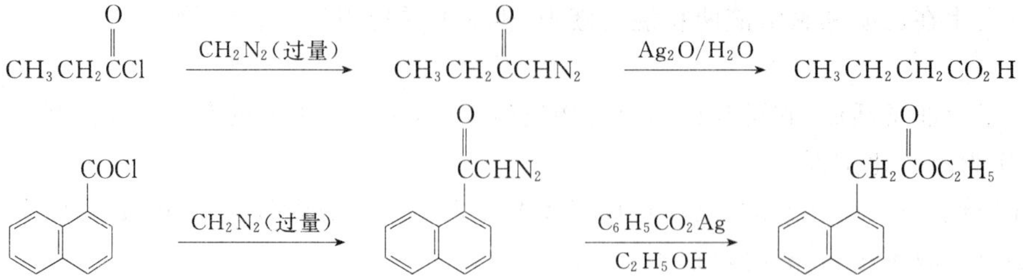

$$CH_3CH_2CCl \xrightarrow{CH_2N_2(过量)} CH_3CH_2CCHN_2 \xrightarrow{Ag_2O/H_2O} CH_3CH_2CH_2CO_2H$$

反应最后一步通过沃尔夫(Wolff)重排,中间体为烯酮。

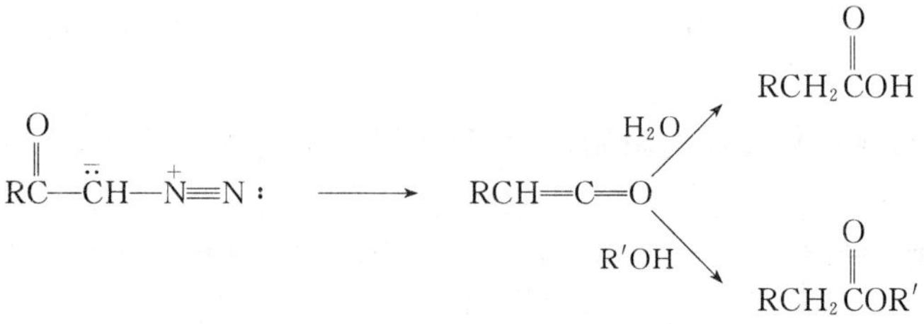

(3)与醛、酮反应

重氮甲烷的亲核性还表现在它与醛、酮的作用,起始步骤就是对羰基的亲核加成,反应一般为两种产物,一个为多一个亚甲基的酮,另一个为环氧化合物。

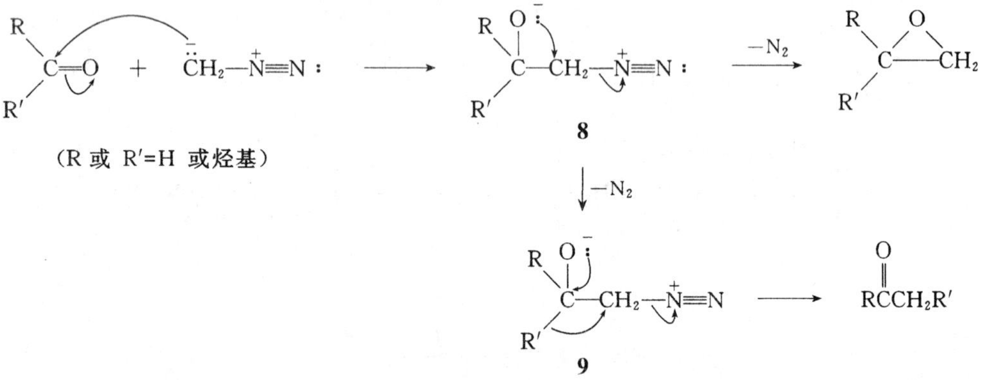

(R 或 R′=H 或烃基)

它们是通过中间体 **8** 的不同变化得到的,前者是放出氮气生成中间体 **9**,而后发生重排得到,后者是中间体 **8** 放氮同时发生氧负离子的亲核进攻而生成。

反应物若为醛,则往往发生氢的重排得到甲基酮。若为开链酮,则主要生成环氧化合物。反应物为环酮时,主要发生重排反应,得到扩大的环酮。

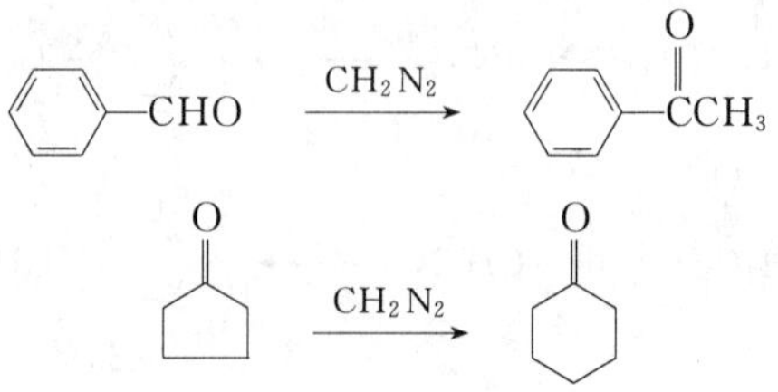

（4）卡宾生成

重氮甲烷在光照下放出氮气生成**卡宾**(carbene)。

$$\overset{..}{C}H_2\overset{+}{-}N\equiv N: \xrightarrow{h\nu} CH_2: + N_2$$

与二氯卡宾相同，可与双键加成生成三元环，甚至可插入苯的 π 键。

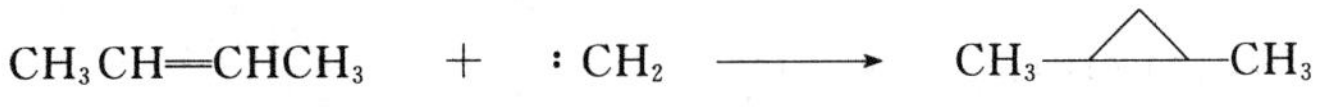

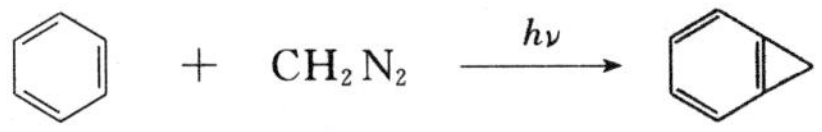

$$CH_3CH=CHCH_3 + :CH_2 \longrightarrow CH_3-\triangle-CH_3$$

问题 17-15　写出下列反应的历程。

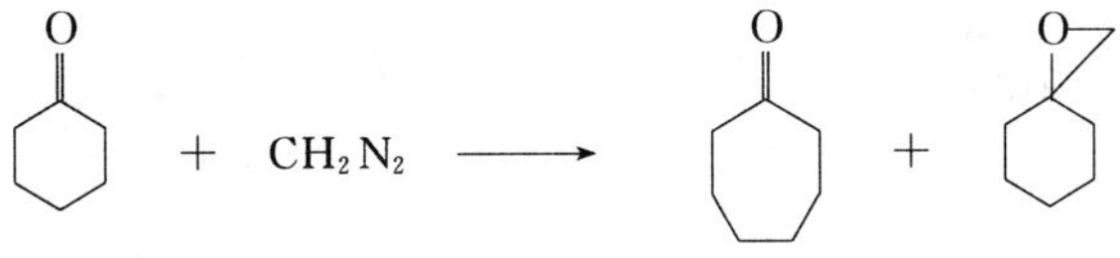

问题 17-16　完成下列转化。

$$\bigcirc-CH_2CO_2H \longrightarrow \bigcirc-CH_2CH_2CO_2H$$

习　题

1.命名下列化合物。

(1) 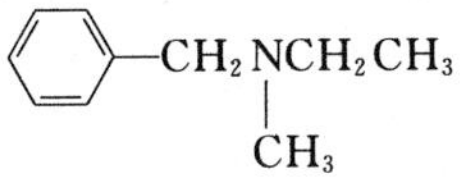 $\bigcirc-CH_2NCH_2CH_3$ 下 CH_3

(2) 环己烷 NH_2 / NH_2

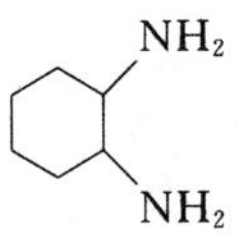

(3) 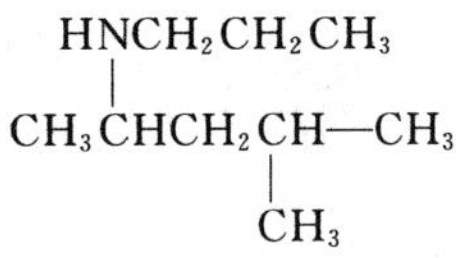 $CH_3CHCH_2CH-CH_3$ 带 $HNCH_2CH_2CH_3$ 和 CH_3

(4) 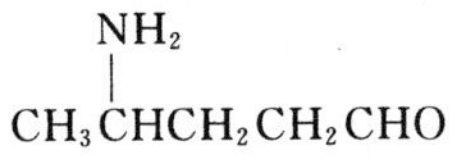 $CH_3CHCH_2CH_2CHO$ 带 NH_2

(5) 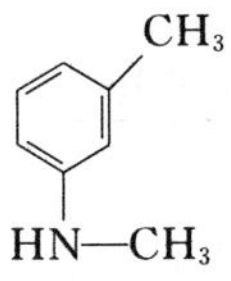 苯环 CH_3 / $HN-CH_3$

(6) 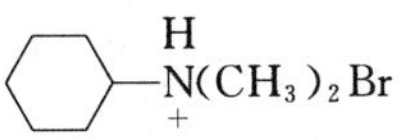 环己基 $\overset{H}{\underset{+}{N}}(CH_3)_2Br$

2.比较下列化合物偶极矩的大小。

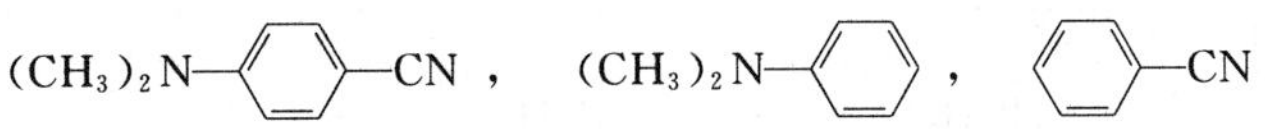

$$(CH_3)_2N-\bigcirc-CN , \quad (CH_3)_2N-\bigcirc , \quad \bigcirc-CN$$

3.分别比较下列各组化合物的碱性。

(1)苯胺,2,4-二硝基苯胺,对硝基苯胺,对氯苯胺,乙胺,二乙胺,对甲氧基苯胺

(2)苄胺,苯胺,N-乙酰苯胺,氢氧化四甲铵

(3)环己酮亚胺,环己胺,邻苯二甲酰亚胺

4.预言下列化合物:(1)与一当量稀硫酸作用的产物;(2)与过量稀盐酸加热反应的产物;(3)与稀氢氧化钠溶液加热反应的产物。

$$(CH_3CH_2)_2NCH_2\overset{\overset{\displaystyle O}{\|}}{C}NH\text{—}\underset{CH_3}{\overset{CH_3}{\bigcirc}}$$

(CH₃CH₂)₂NCH₂CONH—(2,6-(CH₃)₂C₆H₃)

5. 完成下列反应式。

(1) 2,3-二氯-硝基苯 (Cl, Cl, NO₂ 取代苯) + $Na_2CO_3(H_2O)$ ⟶

(2) 邻硝基甲苯 (NO_2, CH_3 取代苯) $\xrightarrow{\text{Zn/OH}^-}$ $\xrightarrow{\text{H}^+}$

(3) 1,4-二氯-2,5-二硝基苯 (Cl, NO_2, NO_2, Cl 取代苯) $\xrightarrow{NH_4SH}$

(4) $CH_3CH_2NO_2$ + CH_3CH_2CHO $\xrightarrow{\text{OH}^-}$ $\xrightarrow{H_2/Pt}$

(5) CH_3NO_2 + $3\ HCHO$ $\xrightarrow{\text{OH}^-}$

(6) $(CH_3)_2CHNH_2$ + $\triangle\!\!\!\!O$ (环氧乙烷) ⟶

(7) 哌啶 (⬡NH) + $Br\text{—}(CH_2)_4\text{—}Br$ ⟶

(8) 3-甲基吡咯烷 (3-CH₃ 取代, N—H) $\xrightarrow[\text{过量}]{CH_3I}$ $\xrightarrow[H_2O]{Ag_2O}$ $\xrightarrow{\triangle}$

(9) $C_6H_5\underset{OH}{\overset{CH_3}{C}}\text{—}\underset{NH_2}{CH}CH_3$ $\xrightarrow[H^+]{NaNO_2}$

(10) 邻苯二甲酰亚胺 (isoindoline-1,3-dione, NH) $\xrightarrow{KOH}$ $\xrightarrow{CH_3\overset{Cl}{CH}CO_2C_2H_5}$ $\xrightarrow{H_2NNH_2}$

(11) 1-羟基环己基-CH_2NH_2 (OH, CH₂NH₂ 取代环己烷) $\xrightarrow[H^+]{NaNO_2}$

(12) $C_6H_5COCH_2CH_3$ + $HCHO$ + $(C_2H_5)_2NH$ ⟶

(13) 邻苯二甲酰亚胺 (NH, 两个 O) $\xrightarrow{Br_2/OH^-}$ $\xrightarrow[2)KI]{1)NaNO_2/H^+}$

(14) 十氢萘基-$\overset{\overset{\displaystyle }{}}{C}\underset{O}{}NH_2$ (双环 $CONH_2$) $\xrightarrow{Br_2/OH^-}$

(15) $C_6H_5CH_2CN$ $\xrightarrow[NH_3]{H_2/Ni}$ $\xrightarrow{CH_3COCl}$ $\xrightarrow{LiAlH_4}$

(16) [环戊基]-$CH_2N{=}C{=}O$ $+$ CH_3OH $\longrightarrow$

(17) [萘-2-OH] $\xrightarrow[压力,\triangle]{(NH_4)_2SO_3}$

(18) [环己酮] $+$ [吡咯烷 N-H] $\longrightarrow$ $\xrightarrow{CH_2{=}CHCN}$

(19) [2-甲基-N-甲基哌啶] $\xrightarrow{H_2O_2}$ $\xrightarrow{\triangle}$

(20) $C_6H_5CH_2NH_2$ $\xrightarrow[HCl(H_2O)]{NaNO_2}$

(21) [环己酮-CH_2CH_2CN] $\xrightarrow{H_2/Pt}$ $C_9H_{17}N$ （结构是什么？）

6.用简单化学方法分别鉴别下列两组化合物。

(1) 苯胺,苄胺,N,N-二甲基苄胺,N,N-二甲基苯胺

(2) N-乙基苄胺,N-乙酰苯胺,邻甲基苯胺,β-苯乙胺

7.用化学方法分离下列混合物。

(1) 苄胺,N-甲基环己胺,苯甲醇,对甲苯酚

(2) 邻甲苯酚,水杨酸,N-甲基苯胺,对甲基苯胺,乙苯

8.写出下列反应的机理。

$$\underset{RCNHOCR'}{\overset{\overset{O}{\|}\quad\overset{O}{\|}}{}} \xrightarrow{\text{碱}} RN{=}C{=}O \xrightarrow{H_2O} RNH_2$$

若反应物中 R 或 R′为对位具有拉电子基团的苯基时比它们分别为苯基时反应速度有何影响？

9.由甲苯,苯和不超过四个碳的醇及必要无机试剂合成下列化合物。

(1)对氨基苯甲酸　　　　(2)N,N-二甲基苄胺

(3)α-苯乙胺　　　　　(4)β-苯乙胺

(5)2-氨基-1-苯乙醇　　　(6)3,3′-二甲基联苯胺

10.完成下列转化。

(1) [丁二酸 CO_2H / CO_2H] $\longrightarrow$ [N-甲基哌啶]

(2) $(C_6H_5CH_2)_2C{=}O$ $\longrightarrow$ $C_6H_5CH_2NH_2$ $+$ $C_6H_5CH_2COOH$

(3) $(C_6H_5)_2CHCO_2H$ $\longrightarrow$ $(C_6H_5)_2CHNH_2$

(4) [对甲基硝基苯] $\longrightarrow$ [2-溴-4-甲基苯胺]

(5)

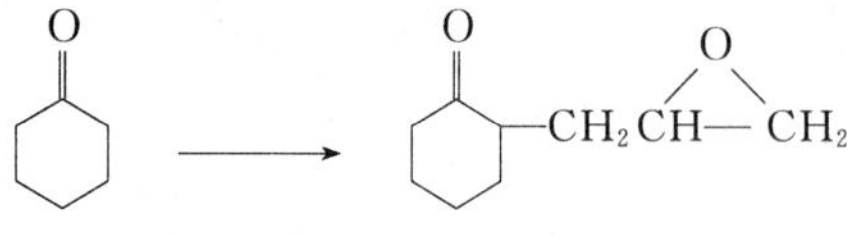

(6) $CH_3CH_2COCl \longrightarrow C_6H_5N(CH_3)CH_2CH_2CH_3$

(7)

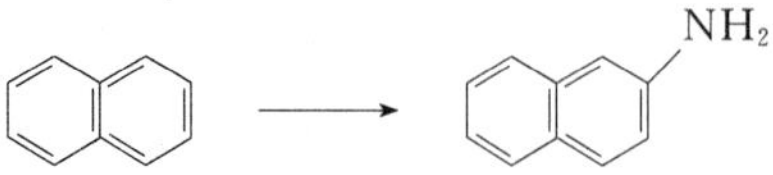

11. 根据下列反应写出各化合物结构。

(1)

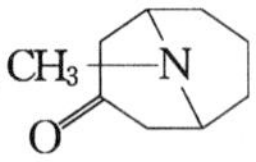

$$\xrightarrow{LiAlH_4} A \xrightarrow[\triangle]{H^+} B \xrightarrow[\text{过量}]{CH_3I} C \xrightarrow[2)\triangle]{1)AgOH} D$$

$$\xrightarrow[2)AgOH]{1)CH_3I} \xrightarrow{\triangle} E \xrightarrow{Br_2} F \xrightarrow[2)CH_3I]{1)HN(CH_3)_2(\text{过量})} G \xrightarrow[2)\triangle]{1)AgOH}$$

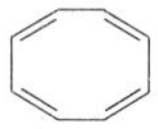

(2) $A \xrightarrow{CH_3I(\text{过量})} \xrightarrow{AgOH} \xrightarrow{\triangle} $ 乙烯 $+ B(C_7H_{15}N)$

$B \xrightarrow{CH_3I} \xrightarrow{AgOH} \xrightarrow{\triangle} C(C_8H_{17}N)$

$C \xrightarrow{CH_3I} \xrightarrow{AgOH} \xrightarrow{\triangle} D +$ 三甲胺

$D \xrightarrow{O_3} \xrightarrow{Zn/H_2O} 2 HCHO + CH_3COCOCH_3$

12. Prolitane 是抗抑郁药物,Tetracaine 是麻醉药物。试从苯、甲苯和不超过四个碳的有机原料及必要的无机试剂设计合成路线。

(1) 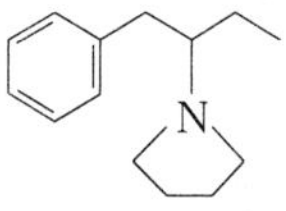
Prolitane

(2) 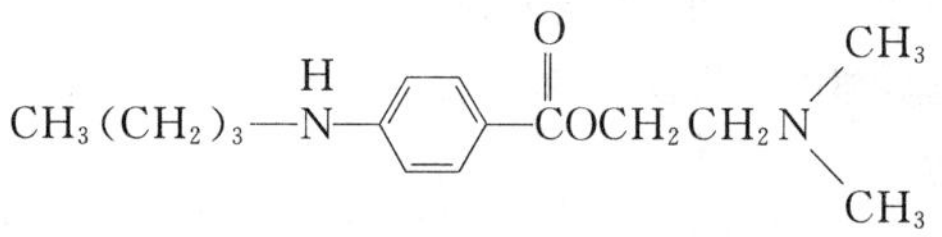 $CH_3(CH_2)_3$
Tetracaine

13. 通过重氮盐完成下列转化。

(1)

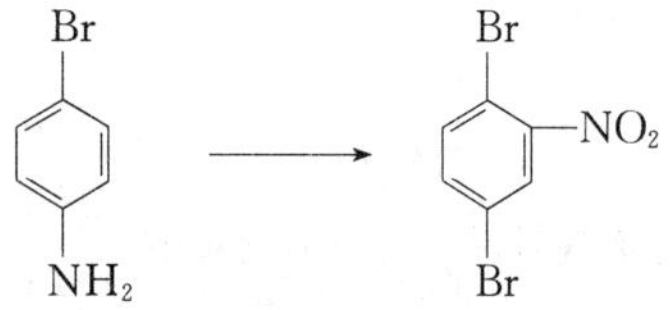

(2)

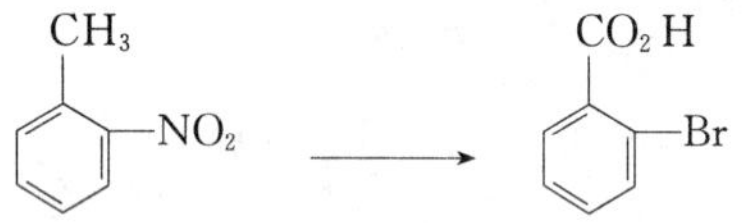

(3)

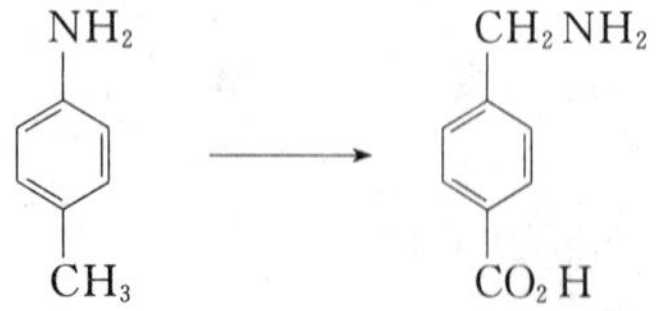

(4)

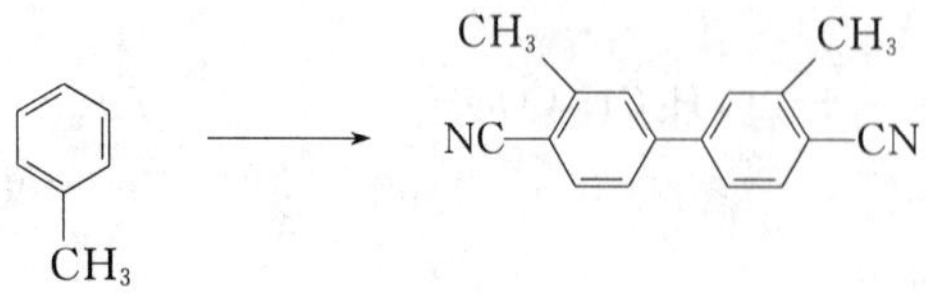

(5)

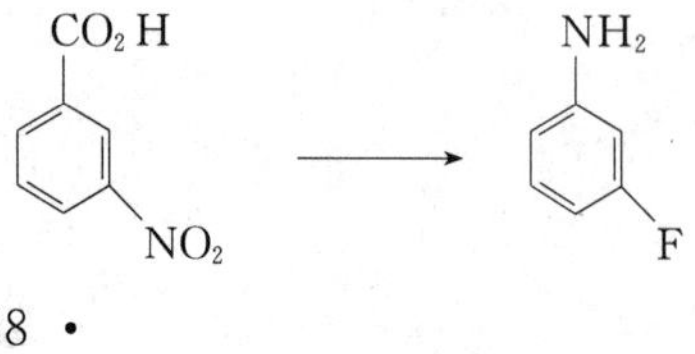

14. 由苯、萘、甲苯及不超过四个碳的有机原料和必要无机试剂合成下列化合物。

    (1)对正丙基苯酚　　　　　　　　(2)3,5-二溴苯胺

    (3)3,5-二溴甲苯　　　　　　　　(4)邻碘苯甲酸

    (5)对硝基苄胺　　　　　　　　　(6)1,3,5-三溴苯

    (7)1,2,3-三溴苯　　　　　　　　(8)3,3'-二甲基-4,4'-联苯二甲酸

    (9)

    (10)

15. 多巴胺(Dopamine)是存在于中枢神经及其辐射系统的化学物质,若缺少它会得震颤性麻痹症。怎样由生物碱——酪胺(tyramine)合成多巴胺?

16. 叶酸可由下列反应制备,写出反应机理。

17. 两个互为同分异构的胺 **A** 和 **B**,分子式为 $C_6H_{15}N$,根据波谱数据写出 **A**、**B** 的结构。

    A:IR:$3\,300\,cm^{-1}$;DEPT-^{13}C NMR:$\delta23.7(CH_3)$,$\delta45.3(CH)$

    B:IR:$3\,200\sim3\,500\,cm^{-1}$无吸收;DEPT-^{13}C NMR:$\delta25.6(CH_3)$,$\delta38.7(CH_3)$,$\delta53.2(C)$

18. 奴弗卡因(Novocaine)为一局部麻醉剂,它的分子式为 $C_{13}H_{20}N_2O_2$。它不溶于水和稀碱,但溶于稀酸中。用 $NaNO_2/HCl$ 处理后以 β-萘酚作用得到红色固体。当奴弗卡因与稀碱溶液煮沸时可缓慢溶解。这个碱溶液用乙醚萃取,分出醚层,水层酸化得到白色沉淀 **A**,若继续加酸则可使 **A** 溶解。分出 **A**,测得其分子式为 $C_7H_7NO_2$,并发现 **A** 可通过对硝基甲苯合成。醚层蒸出乙醚得到一个液体 **B**,**B** 的分子式为 $C_6H_{15}NO$。**B** 可使石蕊试纸变蓝,用醋酐处理 **B** 得到 **C**($C_8H_{17}NO_2$)。**C** 不溶于水和稀碱但溶于稀酸中。**B** 可由二乙胺和环氧乙烷作用制备。(1)写出 **A**、**B**、**C** 的结构。(2)由甲苯和其他开链化合物及无机试剂合成奴弗卡因。

19. 天然固体化合物 **A**($C_{14}H_{12}ClNO$)与 6mol/L 盐酸回流得到 **B**($C_7H_5ClO_2$)和 **C**($C_7H_{10}ClN$)两种物质。**B** 在 PCl_3 存在下回流,然后与氨反应给出化合物 **D**(C_7H_6ClNO)。**D** 经溴的氢氧化钠处理得到 **E**(C_6H_6ClN)。**E** 与 $NaNO_2/H_2SO_4$ 反应得到对氯苯酚。**C** 与 HNO_2 作用得黄色油状物。**C** 与苯磺酰氯反应得到的产物不溶于碱,**C** 与过量 CH_3I 反应给出季铵盐。写出 **A**～**E** 的结构。

20. 化合物 **W**($C_{15}H_{17}N$)用苯磺酰氯和碱处理无明显变化,反应混合物酸化后得一清亮溶液,**W** 的 ^{1}H NMR 谱图指出:$\delta7\sim7.3$(多峰,10H),$\delta4.5$(单峰,2H),$\delta3.7$(四重峰,2H),$\delta1.1$(三重峰,3H)。写出 **W** 结构。

21. 化合物 **A**($C_{10}H_{15}N$)易溶于稀盐酸,但不与苯磺酰氯反应。**A** 与 HNO_2 作用得到化合物 **B**($C_{10}H_{14}N_2O$),**B** 的 ^1H NMR 数据为 $\delta 1.1$(三重峰,6H),$\delta 3.3$(四重峰,4H),$\delta 6.8$(多重峰,4H)。写出 **A** 的结构式。

22. 四个具有分子式 $C_4H_{11}N$ 的胺,它们的 ^1H NMR 数据如下:

    A. $\delta 0.8$(单峰,1H),$\delta 1.1$(三重峰,6H),$\delta 2.6$(四重峰,4H)

    B. $\delta 1.1$(三重峰,3H),$\delta 2.2$(单峰,6H),$\delta 2.3$(四重峰,2H)

    C. $\delta 1.1$(单峰,9H),$\delta 1.3$(单峰,2H)

    D. $\delta 0.9$(双峰,6H),$\delta 1.6$(多重峰,1H),$\delta 1.8$(单峰,2H),$\delta 2.5$(双峰,2H)

    写出 **A**、**B**、**C**、**D** 的结构式。

23. 有一含氮化合物分子为 C_7H_9N,其 IR 和 ^1H NMR 谱图如下,写出它的结构式。

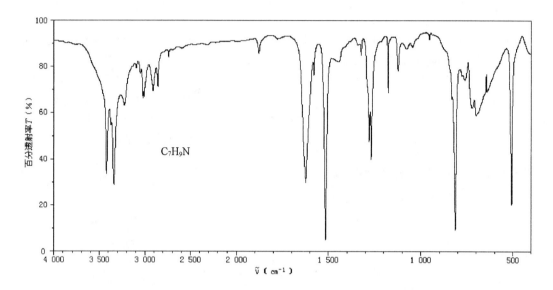

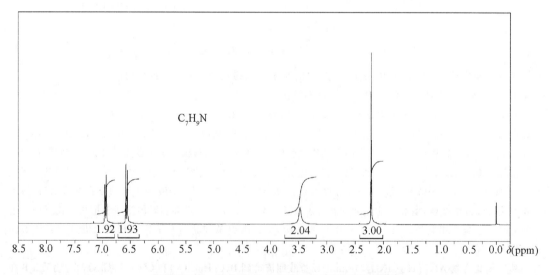

习题 17-23　化合物 C_7H_9N 的 IR 和 ^1H NMR 谱图

24. 有一含氮化合物 **A** 其质谱分子离子峰为 $m/z73$,它的 IR 和 ^1H NMR 谱图如下,写出它的结构式。

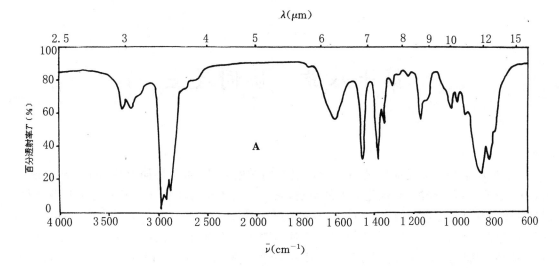

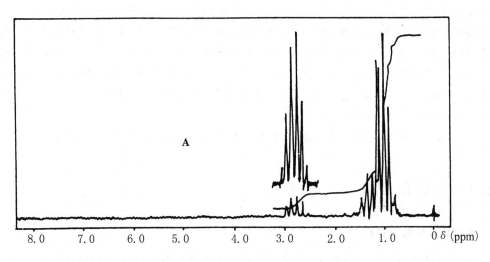

习题 17-24　化合物 A 的 IR 和 ^{1}H NMR 谱图

文献题：

1.完成下列反应,并标记所需的试剂或反应历程。

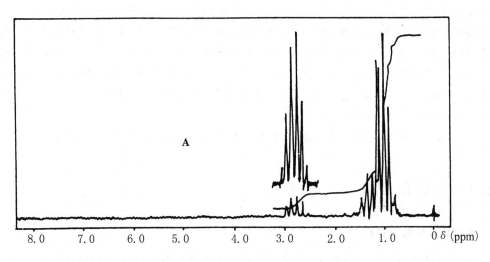

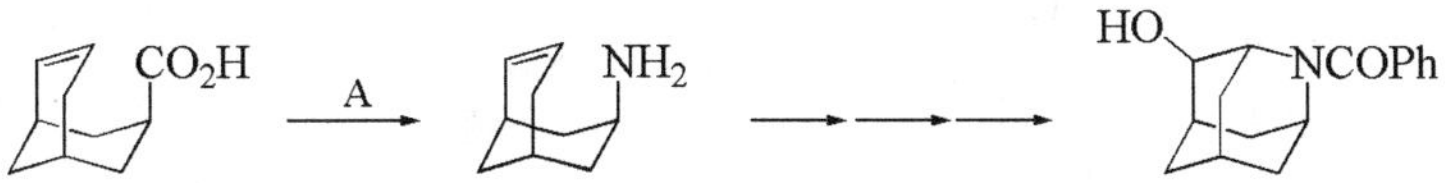

2.完成下列转化。

$$O_2N-\hspace{-0.5em}\bigcirc\hspace{-0.5em}-NH_2 \longrightarrow O_2N-\hspace{-0.5em}\bigcirc\hspace{-0.5em}-CH=CH-CH=CH_2$$

来源：

1. W. H. Staas, L. A. Spurlock. J. Org. Chem. ,1974,39:3822.

2. G. A. Ropp, E. C. Coyner. Org. Synth. ,1963,Ⅳ:727.

第十八章 协同反应

化学反应中有一类反应键的断裂和形成是同时发生的,叫做**协同反应**(concerted reactions)。这类反应不受溶剂、催化剂等的影响,它的反应机理既非离子型又非自由基型,而是通过一个环状过渡态进行的,反应具有较高的立体选择性。以前对此类反应机理了解甚少,直到 1965 年伍德沃德—霍夫曼提出分子轨道对称性守恒的规则,人们对它才有了较充分的认识,并能预言协同反应发生的可能性及立体专一性。[R. B. Woodward(1917—1979),出生于美国,16 岁进入麻省理工学院(MIT),并获学士和博士学位,后任 Harvard 大学教授。他合成了胆甾醇、可的松、马钱子碱、利血平、叶绿素、四环素、维生素 B12 等复杂天然化合物。在 1965 年获 Nobel 化学奖。R. Hofmann,1937 年出生于波兰,在 Columbia 大学获学士学位,在 Harvard 大学获博士学位。他与 Woodward 在 Harvard 提出分子轨道对称性守恒原理。他与日本的 Kenichi Fukui 由于在协同反应上的理论共同获得 1981 年 Nobel 化学奖。Hofmann 现任 Cornell 大学化学教授。]

一般常见协同反应是电环化反应、环加成反应和 σ 迁移反应,本章将分别予以讨论。

18.1 电环化反应

一、定义及反应特点

开链共轭烯烃在一定条件下(热或光)环合及其逆反应叫做**电环化反应**(electrocyclic reactions)。如(Z,E)-2,4-己二烯和(Z,Z,E)-2,4,6-辛三烯的环化或逆反应:

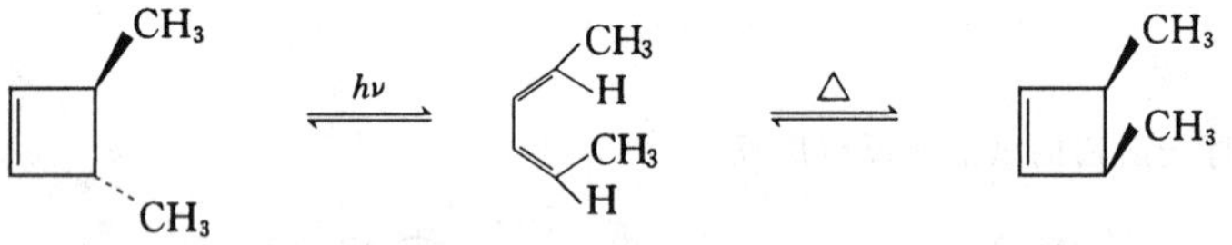

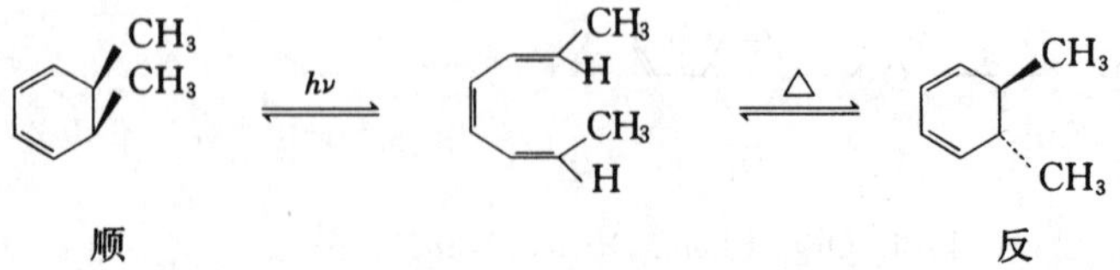

从以上实例可知反应是 π-σ 键的互变过程。环合时,体系中减少一个 π 键增加一个 σ 键,开环时相反。我们还可以看到反应具有明显的立体选择性。(Z,E)-2,4-己二烯(1,3-丁二烯型化

合物)在加热条件下环合,只得到顺-3,4-二甲基环丁烯,在光照时却得到反式异构体。(Z,Z,E)-2,4,6-辛三烯(1,3,5-己三烯型化合物)加热时得到反-5,6-二甲基-1,3-环己二烯,光照则得顺式异构体。可以从分子轨道对称性守恒规则,找到该反应特点的答案。前沿轨道法、分子轨道相关图、芳香过渡态理论等方法都可以用来满意地说明协同反应,包括电环化反应的立体选择性及不同条件下反应的可能性。本书只对前沿轨道法加以讨论。

二、立体选择性的解释

1. 前沿轨道

一般在反应中处于高能级的电子参与反应,像原子核最外层的电子一样,处于能量较高的分子轨道中的电子参与反应。在加热条件下,无电子激发,最高占据轨道 HOMO(highest occupied molecular orbital)中的电子参与反应。在光照条件下,电子激发到最低反键轨道 LUMO(lowest unoccupied molecular orbital)上,此时 LUMO 中的电子参与反应。HOMO 和 LUMO 称为前沿轨道(frontier)。1,3-丁二烯具有四个分子轨道(图 18-1),它的前沿轨道为 ψ_2(HOMO)和 ψ_3(LUMO)。1,3,5-己三烯有六个分子轨道(图 18-2),其中 ψ_3(HOMO)和 ψ_4(LUMO)为前沿轨道。

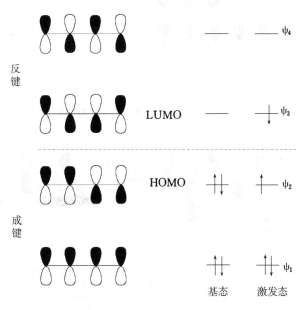

图 18-1 1,3-丁二烯分子轨道和它的 HOMO 和 LUMO

2. 电环化反应立体选择性的解释

前沿轨道对称性决定反应的立体选择性。1,3-丁二烯型化合物环合时加热条件下能量较高的电子在 HOMO(ψ_2),那么该轨道的对称性就决定了它在该条件下反应的立体选择性。1,3-丁二烯 HOMO 是 C_2 轴对称的,只有同旋(conrotatory)才能保持对称性不变,从而使 1,4 两端符号相同(位相相同)的轨道瓣相互交盖生成 σ 键(图 18-3)。对旋(disrotatory)则符号相反,对称性禁阻。(Z,E)-2,4-己二烯为 1,3-丁二稀型化合物,加热条件下同旋环合生成顺-3,4-二甲基丁烯。光照条件下,ψ_2 电子激发到 ψ_3 分子轨道上,参与反应的应为 ψ_3(LUMO)。这个前沿轨道是镜面对称的,只有对旋才能保持它的对称性,使两端符号相同的轨道瓣相互交盖。所以(Z,E)-2,4-己二烯在光的作用下对旋环合,生成反-3,4-二甲基环丁烯(图 18-4)。

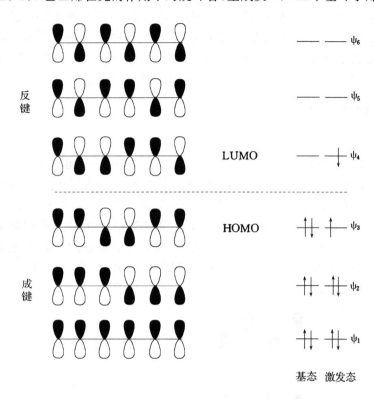

图 18-2　1,3,5-己三烯分子轨道和它的 HOMO 和 LUMO

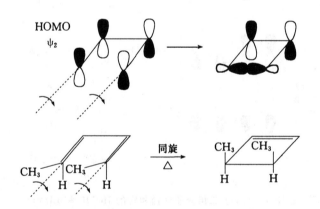

图 18-3　取代 1,3-丁二烯加热条件下电环化

　　(Z,Z,E)-2,4,6-辛三烯为 1,3,5-己三烯型化合物,加热或光照条件下,1,3,5-己三烯的 HOMO 或 LUMO 的对称性决定反应立体选择性。HOMO(ψ_3)是镜面对称的,只有对旋才能使两端相同符号的轨道瓣交盖形成 σ 键,所以(Z,Z,E)-2,4,6-辛三烯在加热条件下对旋环合,生成反-5,6-二甲基-1,3-环己二烯。LUMO(ψ_4)是 C_2 轴对称的,只有同旋才可使两端符号相同的轨道瓣相互交盖形成 σ 键,所以光照时(Z,Z,E)-2,4,6-辛三烯同旋环合生成顺-5,6-二甲基-1,3-环己二烯(图 18-5)。

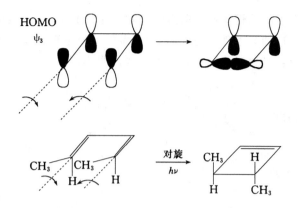

图 18-4　取代 1,3-丁二烯光照条件下电环化

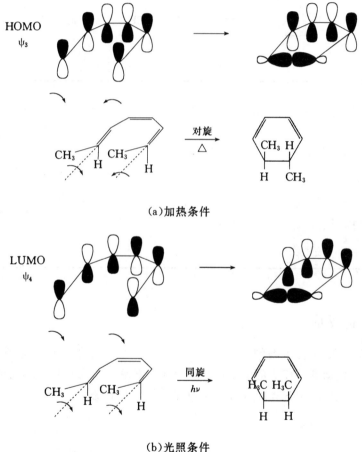

(a)加热条件

(b)光照条件

图 18-5　取代 1,3,5-己三烯加热和光照条件下的电环化

　　开环反应的立体选择性与环合时的相同,1,3-丁二烯型化合物环合时参与电子数为 4,那么涉及 4 个电子的开环反应立体选择性也应与它相对应,加热为同旋,光照为对旋。1,3,5-己三烯型化合物环合时参与电子数为 6,则涉及 6 个电子的开环反应立体选择性相同,加热时对旋,光照时同旋。一般具有 $4n$ 个 π 电子的共轭体系的相应前沿轨道对称性与 1,3-丁二烯相

同，具有 $4n+2$ 个 π 电子的共轭体系的前沿轨道对称性与 1,3,5-己三烯的相同，因此涉及电子数为 $4n$ 的环合及逆反应加热条件下为同旋，光照条件下为对旋。涉及电子数为 $4n+2$ 的环合及逆反应加热时为对旋，光照时为同旋。如下三例说明不同体系不同条件下电环化反应的立体选择性。

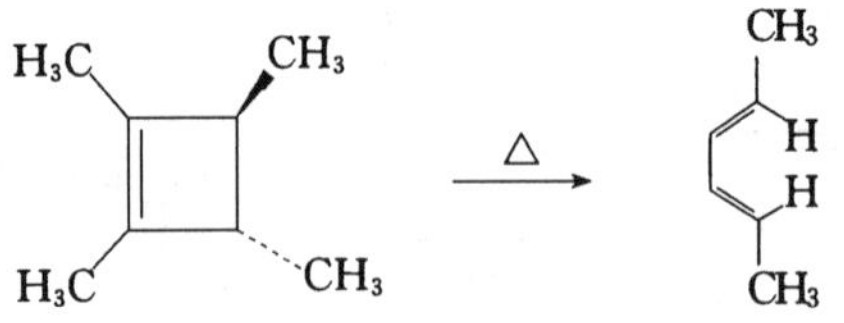

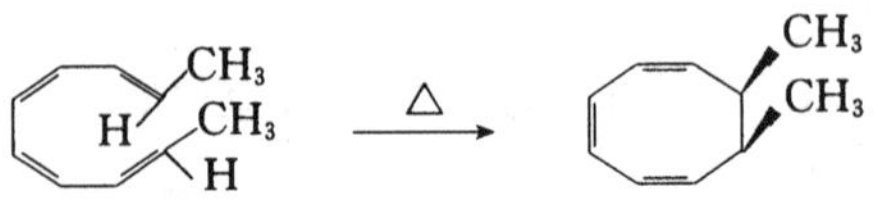

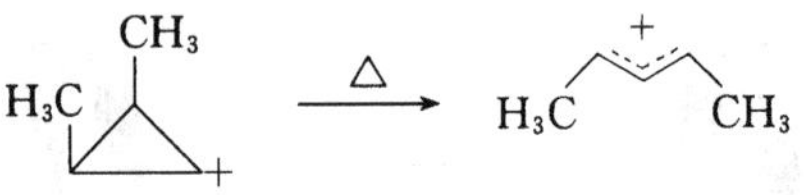

（4*n*, 同旋）

（4*n*, 同旋）

（4*n*+2, 对旋）

问题18-1 完成下列反应式。

(1)

(2)

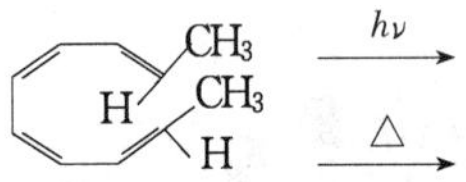

18.2 环加成反应

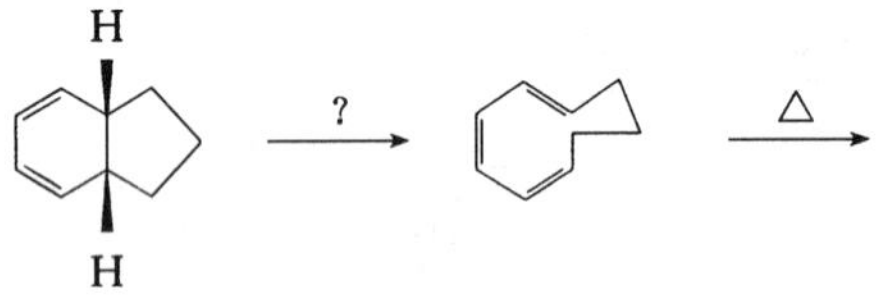

两分子含有碳碳不饱和键的化合物在一定条件下组合成环的反应叫做**环加成反应**(cycloaddition)。根据参与反应的电子数可叫出具体名称。若参加反应的为两对 π 电子则称为[2+2]环加成。如是一个共轭双烯(4π 电子)和一个单烯(2π 电子)反应则为[4+2]环加成。

[2+2]环加成

[4+2]环加成

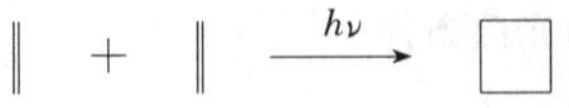

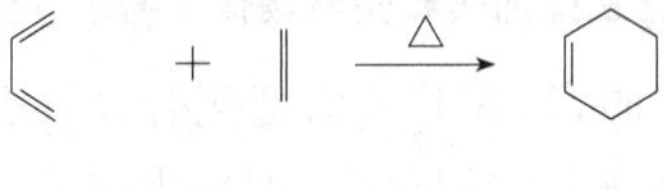

一、【4 +2】环加成

环加成中最常见的是[4+2]环加成，即狄尔斯—阿德尔反应。该反应较容易进行并能成功地合成六元环、杂环和多环化合物，所以是非常重要的协同反应。

1.反应特点

(1)同面/同面加成

前已提到一个双烯体和一个亲双烯体在加热条件下反应的实例，从机理上讲，它是一个典型的协同反应，具有明显的立体选择性，如顺-2-丁烯二酸酯和反式异构体分别与1,3-丁二烯加热反应得到两种不同构型的异构体 **1** 和 **2**。研究反应物与产物的构型关系，不难看出两个反应均为同面/同面加成，也就是说从分子几何上看反应是在共轭烯平面同侧和单烯(亲双烯体)平面同侧进行的。

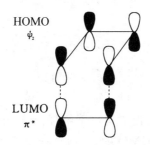

这种立体选择性是反应物前沿轨道对称性决定的，前沿轨道理论认为，一般说环加成中1,3-丁二烯的最高占据轨道(HOMO)和亲双烯体的反键轨道(LUMO)相互作用能量最低。从图18-6可以看到烯的 LUMO 和1,3-丁二烯的 HOMO 均为 C_2 轴对称的，它们两端的轨道瓣符号分别相同，可以同面/同面交盖成键，所以反应是对称性允许的。

图 18-6 【4＋2】环加成前沿轨道相互作用

除[4＋2]环加成外，只要参加反应的 π 电子数符合 $4n＋2$，进行同面/同面环加成，对称性都是允许的。

(2)内型加成规律

[4＋2]环加成反应的另一立体化学特征是主要得到内型加成产物。

丁烯二酸酐与环戊二烯的加成是体现这种特征的典型实例。内型产物的生成符合阿德尔

（Alder）"最大程度累积不饱和双键"经验规律。内型加成时，几乎参与分子的所有双键（包括羰基）重叠在一起，反应中碳氧双键也可与环戊二烯 π 键相互作用形成较稳定的过渡态。而外型加成时，羰基距离环戊二烯 π 键较远，形成的过渡态不够稳定，这样使反应主要按内型加成进行。

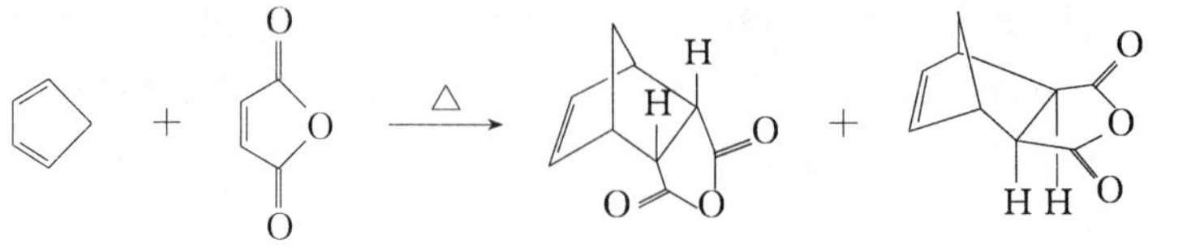

内型（endo）　　　外型（exo）

（主要产物）

内型过渡态　　　　　　　　外型过渡态

（3）取代基影响和邻对位加成规律

当双烯体带有给电子基团，亲双烯体带有拉电子基团时，会使反应变得非常容易进行，并且主要生成邻对位产物。这是[4+2]环加成的又一规律。

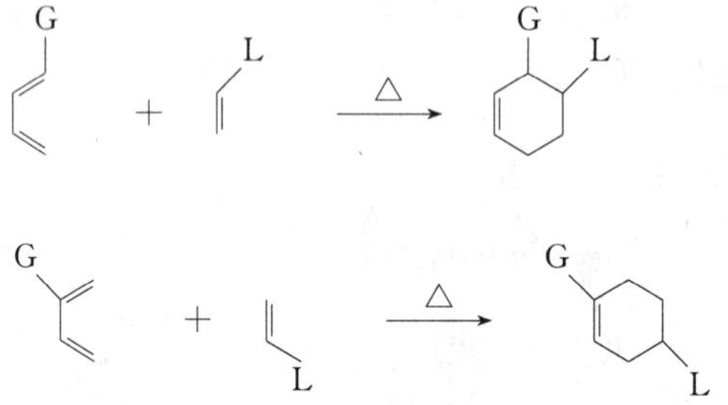

G＝给电子基团

L＝拉电子基团

反应物中基团的存在对反应的促进有以下解释：给电子基团可升高双烯体 HOMO 的能量，拉电子基团可降低亲双烯体 LUMO 的能量，这样使两个相互作用的轨道能量接近，反应容易进行。至于邻对位加成规律前沿轨道法用双烯和亲双烯体各部位"轨道系数"加以说明。在[4+2]环加成中，双烯体具有给电子基团时"轨道系数"最大的位置为 C^4 和 C^1（**3** 和 **4** 中标记●）。而连有拉电子基团的亲双烯体系数最大的位置是 C^2（**5** 中标记●）。这样两种反应物"轨道系数"最大位置相互作用决定了这种邻对位加成方向。

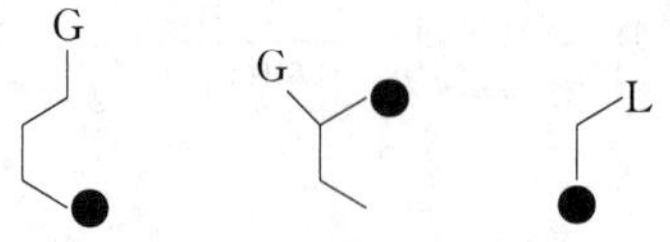

3　　　**4**　　　**5**

利用这一规律可以合成所希望的邻对位取代的六元环化合物。

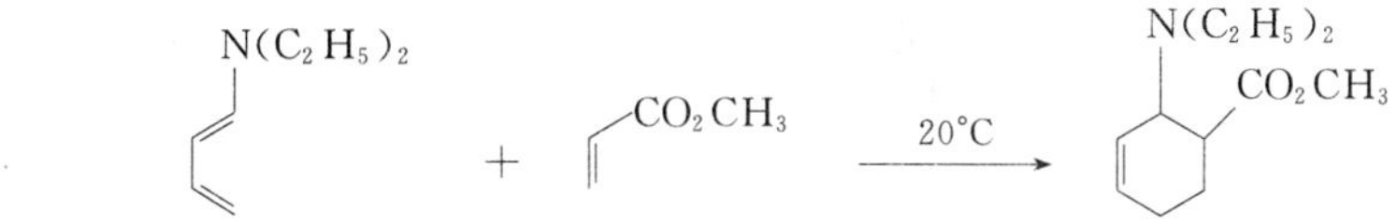

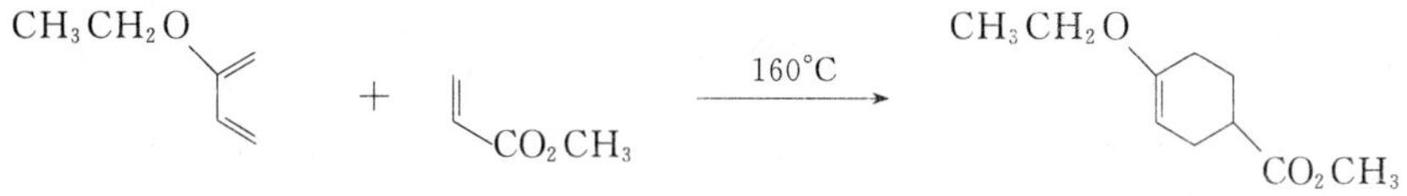

（图：1,3-丁二烯基 N(C₂H₅)₂ 衍生物与丙烯酸甲酯反应）

2. 其他双烯和亲双烯体的环加成

(1) 不同亲双烯体的环加成

除碳碳双键外很多具有其他不饱和官能团的化合物均可作亲双烯体，下面是含 C≡C 和 N=N 官能团化合物的反应实例。

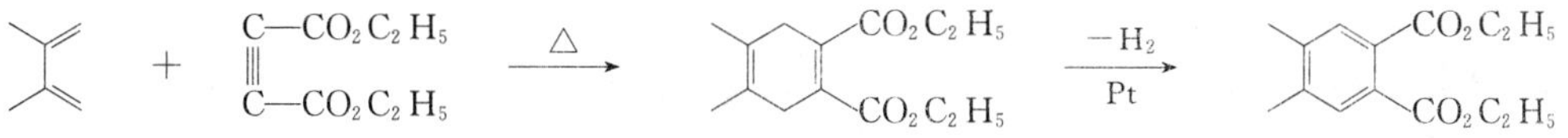

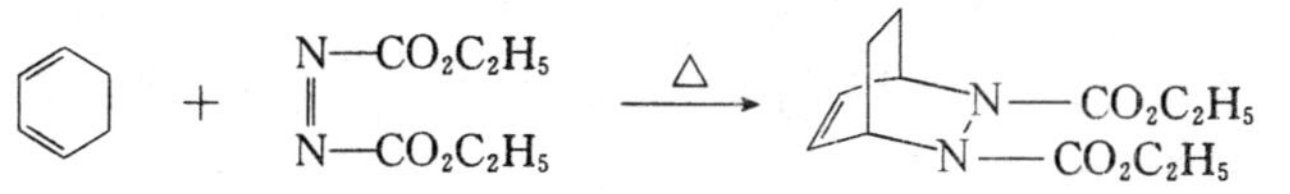

有意思的一个例子是烯丙基正离子，它具有两个 π 电子，也可作为亲双烯体与双烯加成。这个反应可制备七元环化合物。

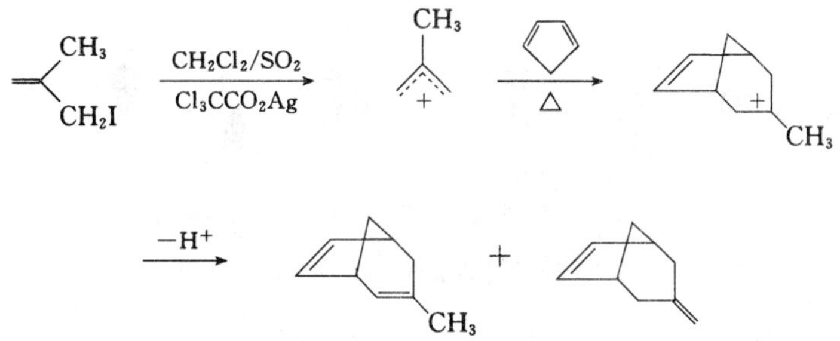

(2) 1,3 偶极环加成

除共轭双烯外，很多 1,3 偶极分子可作为双烯体进行[4＋2]环加成。这些 1,3 偶极分子是具有 4π 电子的共轭体系，如重氮烷烃、叠氮化合物分别在 C—N—N 和 N—N—N 三个原子上具有 4 个共轭 π 电子。它们很容易在加热条件下与亲双烯体进行[4＋2]环加成，反应可合成五元杂环化合物。

$$1,3 \text{ 偶极分子} \quad R_2\bar{C}\text{—}\ddot{N}=\overset{+}{N}: \longleftrightarrow R_2\bar{C}\text{—}\overset{+}{N}≡N: \quad \text{重氮烷烃}$$

$$R\bar{\ddot{N}}\text{—}\ddot{N}=\overset{+}{N}: \longleftrightarrow R\bar{\ddot{N}}\text{—}\overset{+}{N}≡N: \quad \text{叠氮化合物}$$

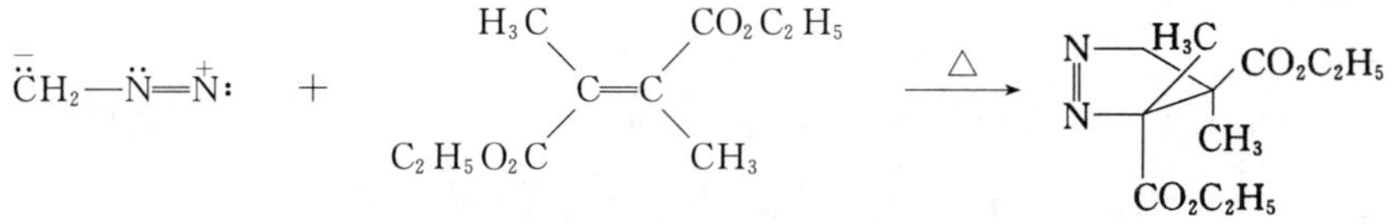

（图：重氮甲烷与取代丁烯二酸二乙酯反应，产率 80%）

$$p\text{-}NO_2C_6H_4\overset{\cdot\cdot}{\underset{\cdot\cdot}{N}}—\overset{\cdot\cdot}{N}=\overset{\cdot\cdot}{N}: \quad + \quad \text{[image]} \quad \xrightarrow{\triangle} \quad \text{[image]} \qquad 92\%$$

（3）分子内[4+2]环加成

若双烯体和亲双烯体同在一个分子内,而且反应时无张力存在,就容易进行分子内 Diels-Alder 反应,合成上常用来制备多环化合物。

$$\text{[image]} \quad \xrightarrow{0^{\circ}C} \quad \text{[image]} \qquad 87\%$$

二、【2+2】环加成

[2+2]环加成是两个烯分子组成四元环的反应,在加热条件下,[2+2]环加成以协同方式进行是困难的,这是因为同面/同面加成是对称性禁阻的(图 18-7(a)),而同面/异面加成则对称性允许,但几何上是不利的(图 18-7(b))。

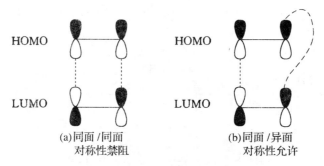

(a)同面/同面　　　　　　(b)同面/异面
对称性禁阻　　　　　　对称性允许

图 18-7 【2+2】环加成前沿轨道相互作用

只有乙烯酮类和其他烯的反应被认为是协同的,许多加热条件下的[2+2]环加成是经过双基或两性离子中间体的反应。下列反应中只有前者为协同反应,其他均为非协同反应。

$$\text{[image]} \quad + \quad \underset{H_3C}{\overset{H_3C}{>}}C=C=O \quad \xrightarrow{\triangle} \quad \text{[image]} \qquad （协同）$$

$$F_2C{=}CF_2 \quad + \quad CH_3CH{=}CH_2 \quad \xrightarrow{200\,^{\circ}C} \quad \text{[image]} \qquad （非协同）$$

$$H_2C{=}CHOCH_3 \quad + \quad (CN)_2C{=}C(CN)_2 \quad \xrightarrow{\triangle} \quad \text{[image]} \qquad （非协同）$$

在光照条件下，由前沿轨道理论可以推知[2+2]同面/同面加成对称性是允许的，但在光照作用下[2+2]反应过程中往往有双基的生成，因此这种加成并非均有立体选择性。不过因在光照条件下[2+2]加成较为容易而且在合成四元环上有很大价值，因此[2+2]环加成仍不失为重要反应，下面是利用这个反应合成四元环和笼状化合物的典型实例。

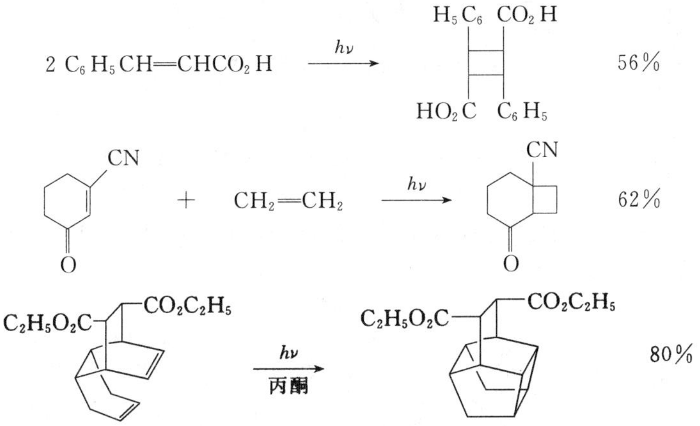

$$2\ C_6H_5CH=CHCO_2H \xrightarrow{h\nu} \quad 56\%$$

$$+\ CH_2=CH_2 \xrightarrow{h\nu} \quad 62\%$$

$$\xrightarrow[\text{丙酮}]{h\nu} \quad 80\%$$

问题18-2 环戊二烯长时间放置会产生二聚环戊二烯，当加热时二聚体又可分解再生环戊二烯。这两个反应可能属于什么反应？写出二聚环戊二烯的结构式。

问题18-3 写出下列反应的反应物。

(1) （   ）＋（   ）$\xrightarrow{\triangle}$

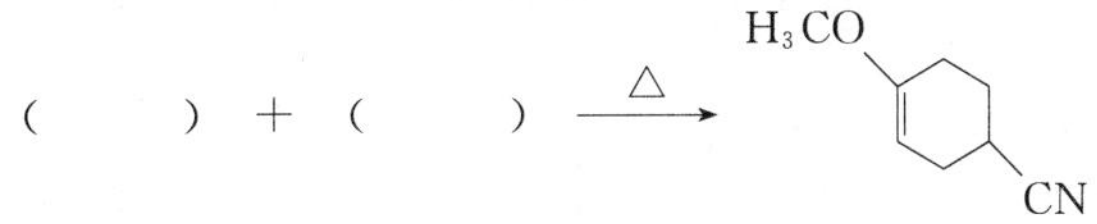

(2) （   ）$\xrightarrow{h\nu}$

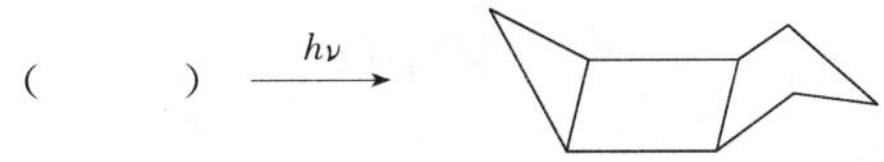

问题18-4 完成下列反应。

(1) $C_6H_5N_3\ +\ CH_3O_2CC\equiv CCO_2CH_3 \xrightarrow{\triangle}$

(2) $\xrightarrow{200\ ℃}$

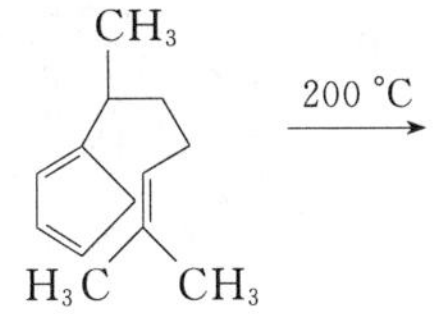

(3) $\xrightarrow{h\nu}$

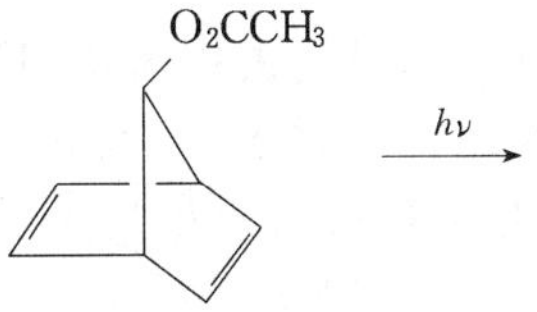

(4) $C_6H_5CH=O\ +$ $\xrightarrow{h\nu}$

18.3 σ迁移

一、一般概念

在烯或共轭多烯一端α位σ键发生断裂的同时，π键或共轭π键发生移动，使另一端产生

一个新的 σ 键的反应叫做 **σ 迁移**（sigmatropic）。根据 σ 键断裂和形成的位置可分为[1,3]、[1,5]、[1,7]等迁移。以上反应统称[1,j]迁移。

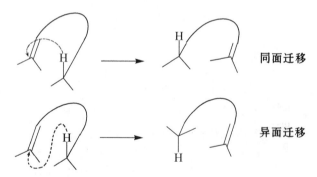

若移动基团不只涉及一个原子也应明确标明位置,如科浦（Cope）重排应为[3,3]迁移。

σ 迁移反应是另一类协同反应,在热或光条件下,不同体系具有不同的立体选择性。本节将对[1,j]氢,[1,j]碳和[3,3]迁移反应及其立体选择性加以讨论。

二、氢的【1,j】迁移

氢的 σ 迁移反应有两种立体选择性,即同面迁移和异面迁移。

同面迁移

异面迁移

在加热条件下,非常容易进行[1,5]同面迁移而不能发生[1,3]迁移。前沿轨道法可以圆满说明这个实验事实。氢的[1,3]迁移可看做氢原子和烯丙基自由基最高占据轨道（HOMO）的相互作用,[1,5]迁移是氢原子与戊二烯基自由基最高占据轨道（HOMO）的相互作用。图 18-8(a)和(b)分别描述了[1,5]和[1,3]迁移相应前沿轨道与氢原子的相互作用。

戊二烯基 HOMO

烯丙基 HOMO

(a)[1,5]同面迁移对称性允许　　(b)[1,3]异面迁移对称性允许

图 18-8　【1,5】和【1,3】氢迁移相应 HOMO 与氢原子轨道相互作用

从图中可以明显看到，[1,5]同面迁移时，对称性是允许的，而[1,3]同面迁移时，对称性是禁阻的，但异面迁移是允许的。但氢[1,3]异面迁移在几何上是极为不利的，所以在加热条件下很难发生[1,3]迁移而容易发生[1,5]迁移。重氢化合物 **6** 在加热条件下可得到 **7** 和 **8**，它们的转化是通过[1,5]氢或重氢迁移完成的。若通过[1,3]迁移则不可能有 **7** 生成。

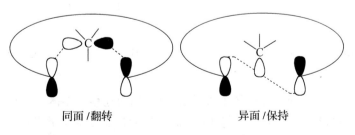

根据轨道对称性可知具有 $4n+2$ 电子参与的氢迁移反应和[1,5]迁移一样，同面迁移是允许的。尽管由于几何原因，[1,3]异面迁移不易发生，但具有 $4n$ 电子参与的迁移，当 $n>1$ 时可以发生异面迁移。

三、碳的【1，j】迁移

如果上述迁移的氢用碳代替就叫碳的[1，j]迁移。碳的迁移较氢复杂，因氢原子 s 轨道是对称性极好的，成键时不存在方向问题，而碳参与成键是杂化轨道，有成键方向问题。[1，j]碳的迁移立体选择性可有以下情况：

(1)若参与反应的 HOMO 为 C_2 轴对称的，加热条件下则发生同面迁移，但迁移碳构型翻转，发生异面迁移碳构型保持。碳的[1,3]迁移或参与反应的电子数为 $4n$ 时的[1，j]迁移均属这种情况(图 18-9)。

图 18-9　$4n$ 电子体系【1，j】碳迁移(加热条件下)

（2）若参与反应的基 HOMO 为镜面对称的，在加热条件下则发生同面迁移，碳的构型保持，发生异面迁移则碳构型翻转。碳的[1,5]迁移或参与反应的电子数为 $4n+2$ 的[1,j]迁移均属于这种情况（图 18-10）。

同面/保持   异面/翻转

图 18-10 $4n+2$ 电子体系[1,j]碳迁移（加热条件下）

化合物 **9** 加热转化为 **10** 的反应很好地说明了[1,3]碳同面迁移构型翻转的立体选择性。

化合物 **11** 加热时可得到一系列化合物，其中之一是 **12**，这个例子说明[1,5]碳同面迁移构型保持的立体选择性。

9   **10**

11   **12**

四、[3,3]σ 迁移

1. 科浦重排

[3,3]迁移最典型的反应是科浦重排，1,5-戊二烯型化合物（可看做双烯丙基化合物）在加热情况下容易发生[3,3]迁移。这个协同反应经过稳定的椅式过渡态。

$$D_2C\!=\!CH\!-\!CH_2\!\cdots\!CH_2\!-\!CH\!=\!CD_2 \overset{\triangle}{\rightleftharpoons} CH_2\!=\!CH\!-\!CD_2\!-\!CD_2\!-\!CH\!=\!CH_2$$

3,4-二甲基-1,5-己二烯不同的异构体重排说明同面/同面迁移的立体选择性。内消旋体 **13** 加热时，几乎 100% 生成顺,反-2,6-辛二烯 **14**。而外消旋体 **15** 加热时产生 90% 的反,反-2,6-辛二烯 **16**。

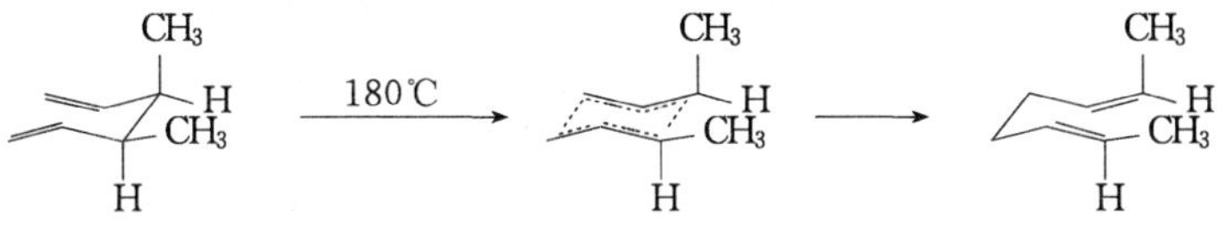

13 180℃ **14**

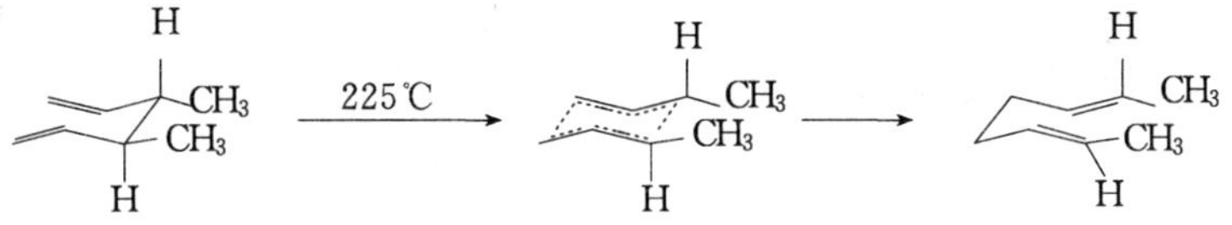

15 225℃ **16**

科浦重排可使化合物发生较大的骨架变化,很有合成价值。较早的一个例子是化合物 **17** 加热时,这个酯的 α 位烯丙基重排到 γ 位,生成 α,β 不饱和酯 **18**。

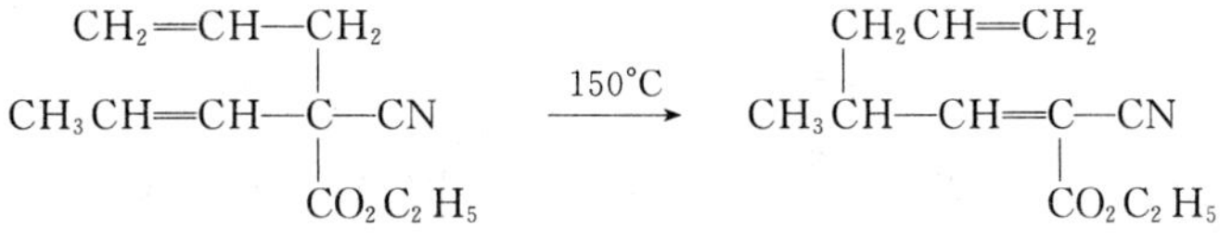

$$CH_2=CH-CH_2$$
$$CH_3CH=CH-C-CN \quad \xrightarrow{150℃} \quad$$
$$CO_2C_2H_5$$

17

$$CH_2CH=CH_2$$
$$CH_3CH-CH=C-CN$$
$$CO_2C_2H_5$$

18

顺式二乙烯基三元环或四元环化合物通过科浦重排很容易得到七元环或八元环。

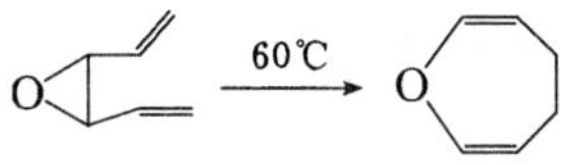

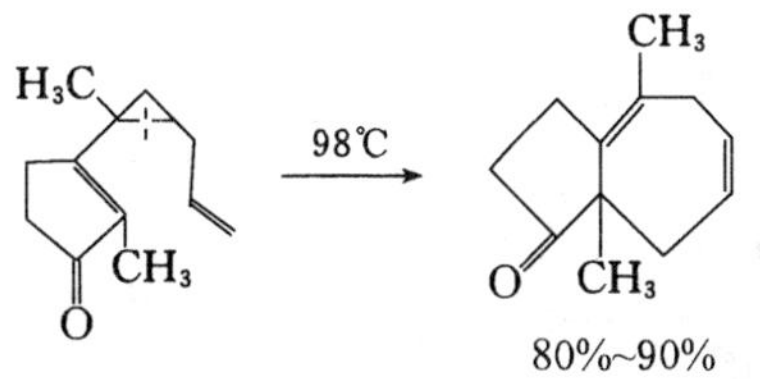

60℃

98℃

80%~90%

在 1,5-戊二烯型化合物 3 位或 4 位有羟基时,用这个反应可制备酮类。

320℃

90%

2. 克莱森重排

1,5-戊二烯型化合物的 3 位或 4 位碳被氧取代,这种化合物叫做烯丙基乙烯基醚。它在加热条件下发生[3,3]σ 迁移叫做 Claisen 重排。反应同样通过椅式过渡态,一般得到羰基化合物。

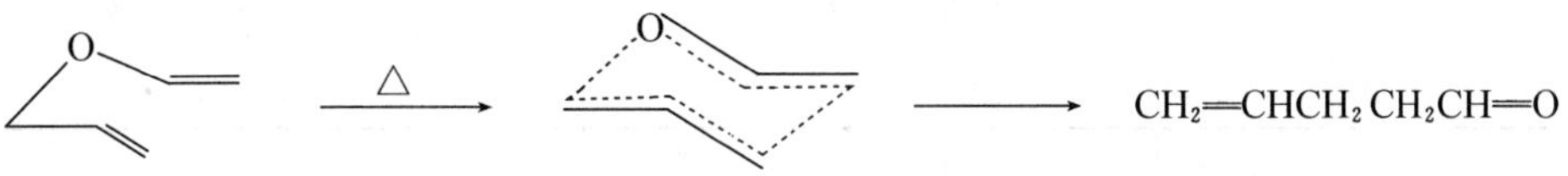

$\triangle$ → → $CH_2=CHCH_2CH_2CH=O$

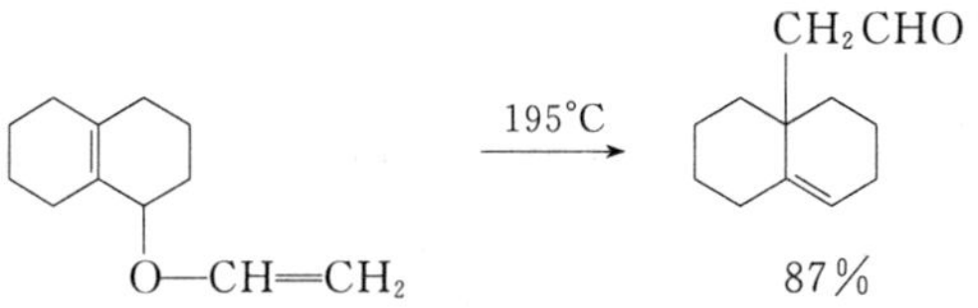

$$\xrightarrow{195\,^{\circ}\text{C}}$$

87%

克莱森重排的另一种形式是烯丙基芳基醚的重排,有关内容已在醚的章节中讨论过。反应机理也属于协同的[3,3]迁移,重排一般为邻位产物,若邻位被占据则得到两次重排的对位产物。这个反应常用作制备烃基酚的方法。

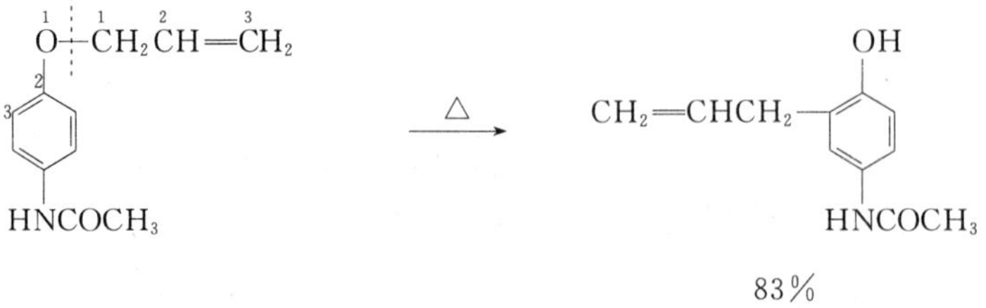

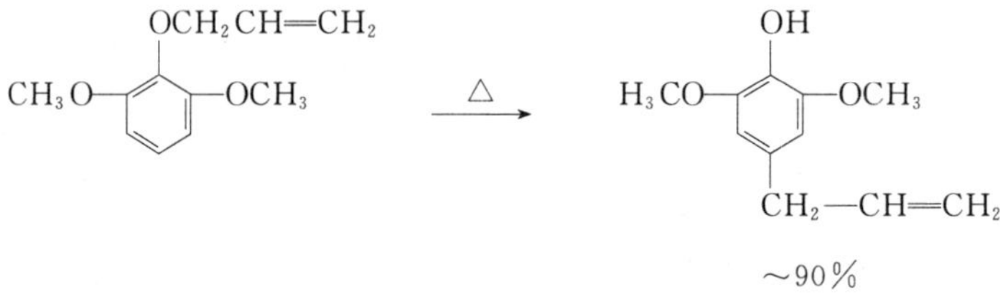

83%

~90%

问题18-5 写出下列反应的类型。

(1)

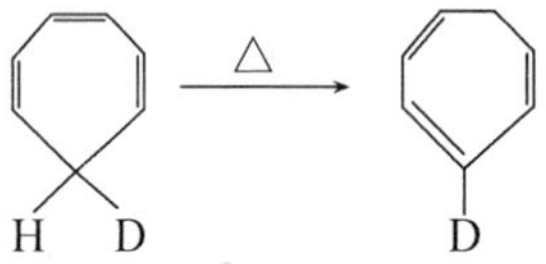

(2)

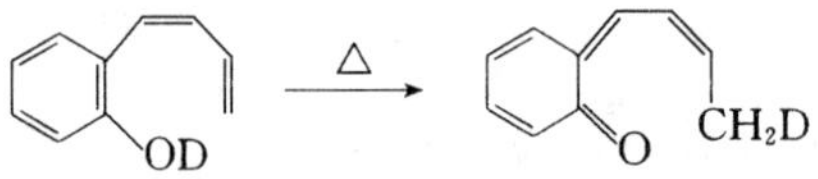

(3)

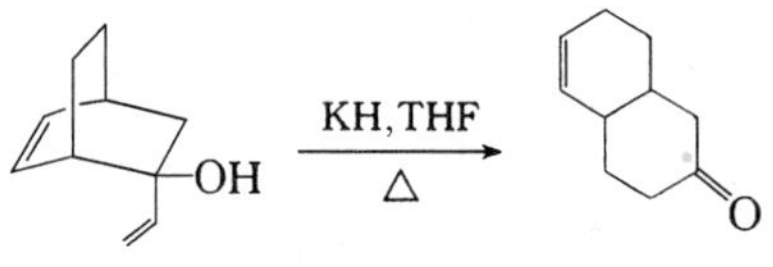

问题18-6 完成下列反应式。

(1)

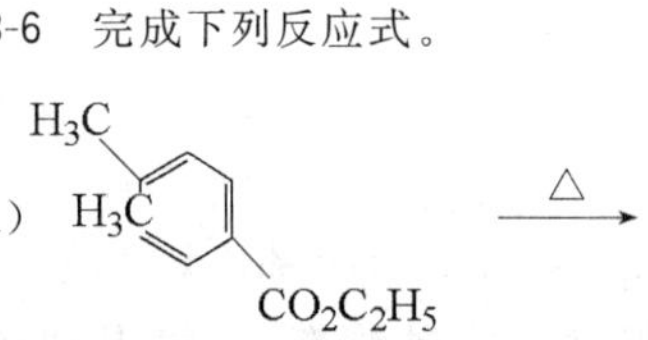

(2) 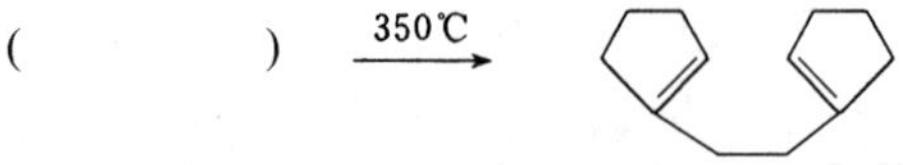 ( ) $\xrightarrow{350\,^{\circ}\text{C}}$

习 题

1.给下列反应填入适当条件。

(1)

(2)

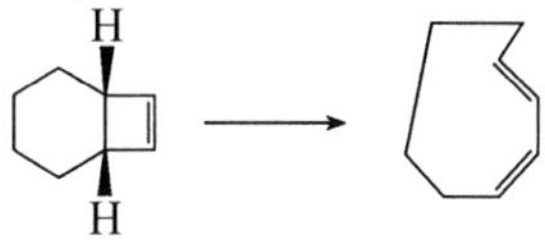

(3)

(4)

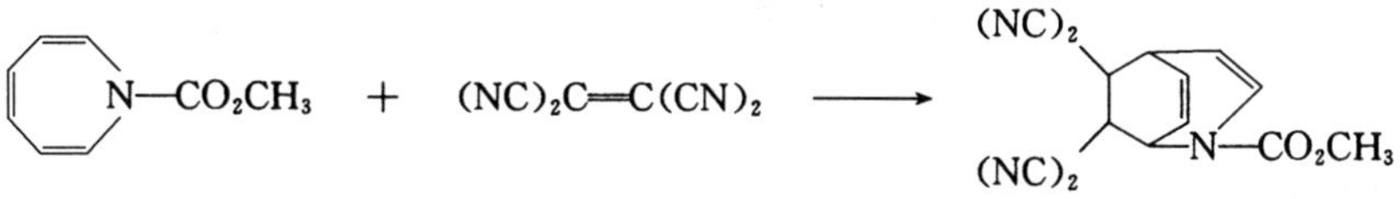

(5)

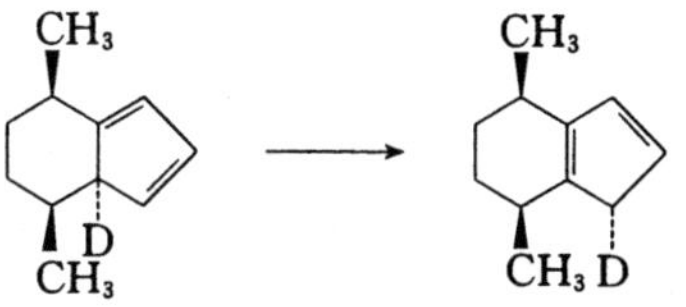

2.写出下列反应每一步的类型。

(1) 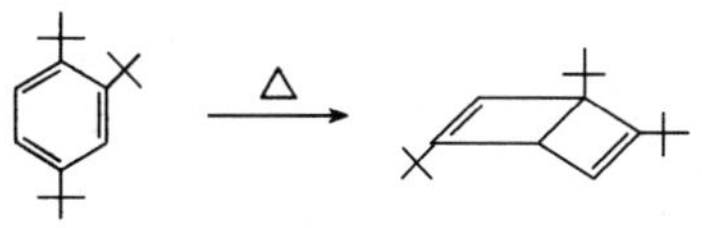 （十为叔丁基）

(2)

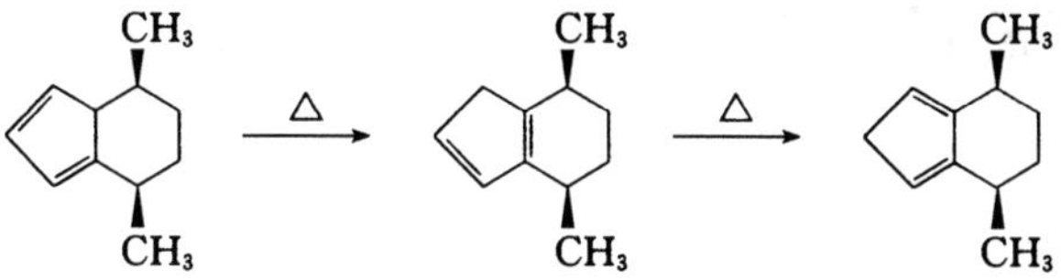

(3)

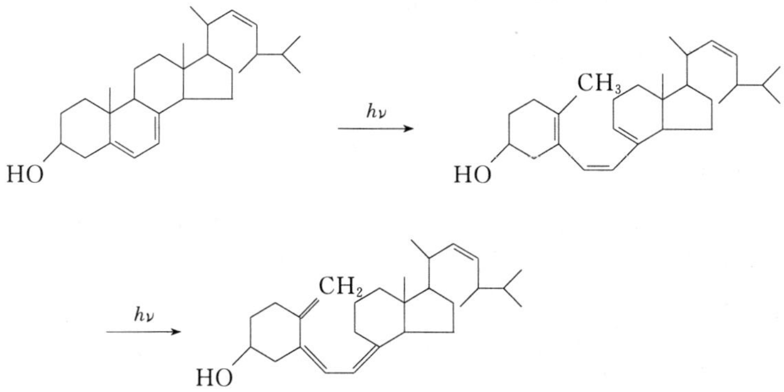

(4) 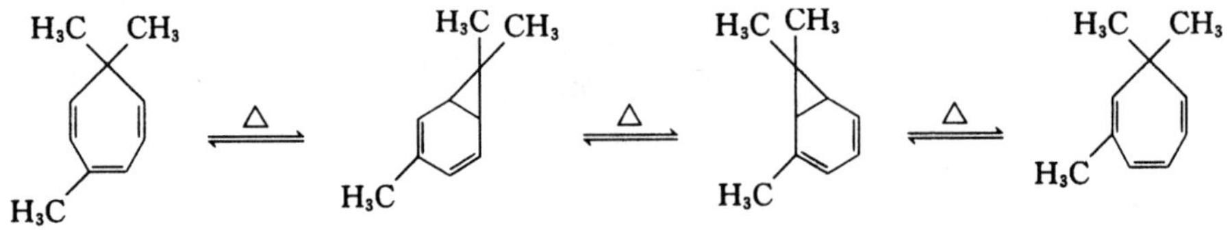 (structures with arrows)

(5) 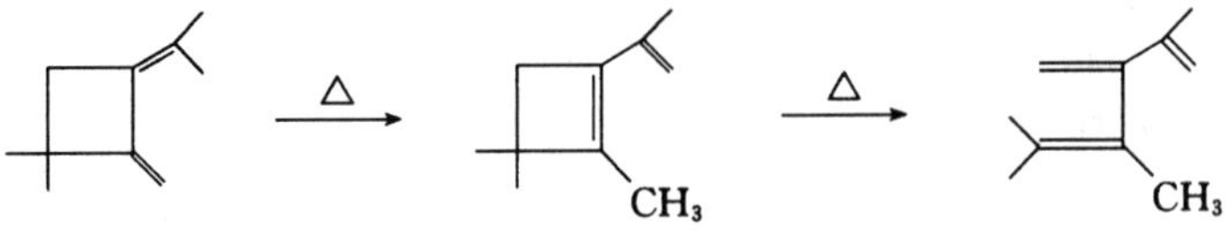 (structures with arrows)

3. 完成下列反应。

(1) 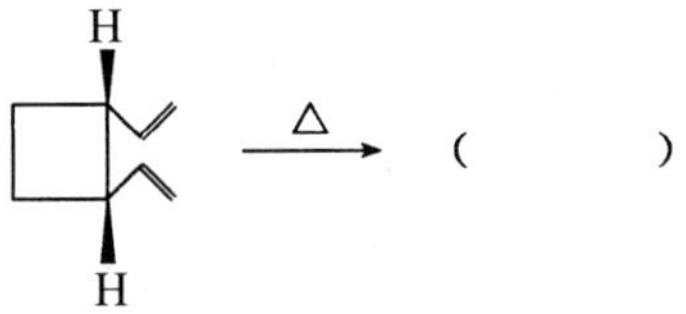 $\xrightarrow{\triangle}$ (   )

(2) $\xrightarrow{\triangle}$ (   ) $\xrightarrow{?}$

(3) $CH_2=C-CH=CH_2$ + $CH_2=CHCHO$ $\xrightarrow{\triangle}$
　　　　$\underset{OCH_3}{|}$

(4) 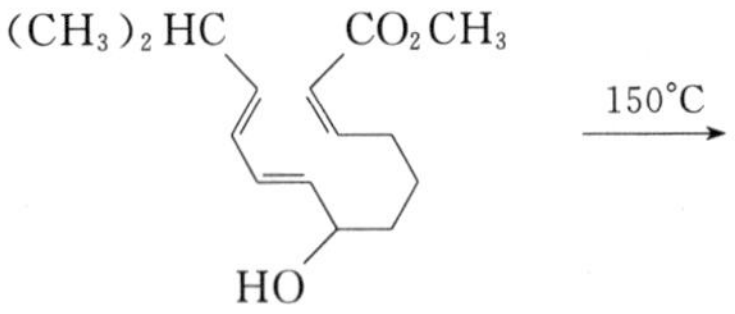 $\xrightarrow{150℃}$

(5) 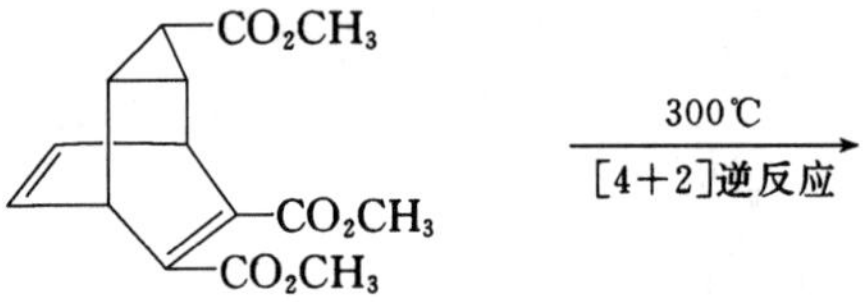 $\xrightarrow[[4+2]逆反应]{300℃}$

(6) $C_6H_5\overset{+}{\underset{..}{C}}=N-\overset{-}{\underset{..}{N}}C_6H_5$ + $C_6H_5CH=CHC_6H_5$ $\xrightarrow{\triangle}$

(7) $CH_3OC\equiv CH$ + $H_2C=C=O$ $\xrightarrow{\triangle}$

(8) 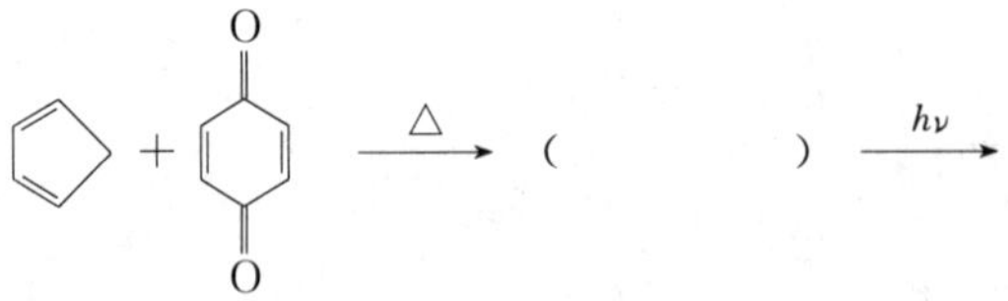 + $\xrightarrow{\triangle}$ (   ) $\xrightarrow{h\nu}$

(9) 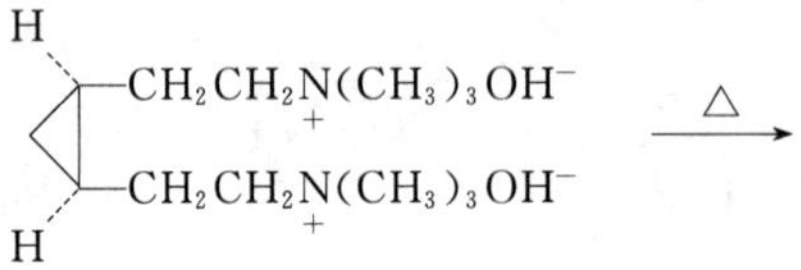 $\xrightarrow{\triangle}$

(10)

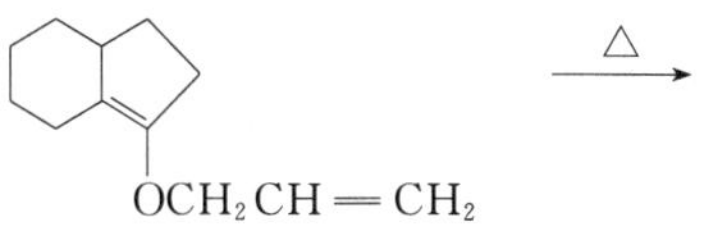

(11)

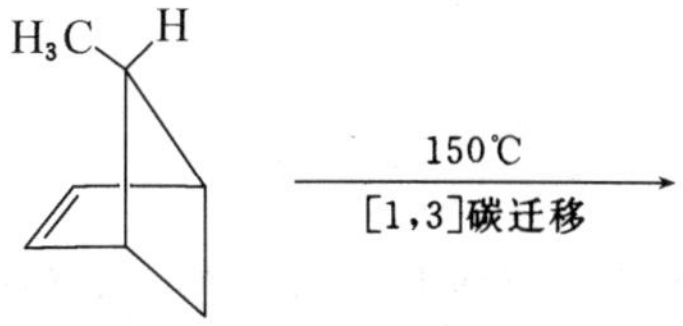

4. 4-溴-2-环戊烯酮在环戊二烯存在下与碱加热反应,其副产物中有两个分子式为 $C_{10}H_{10}O$ 的化合物 **A** 和 **B**,写出它们的结构式并用反应式说明。

5. 化合物 **A**($C_{10}H_{16}O_2$)在气相热裂解得到产物 **B** 和 **C**。其中 **B** 的 IR 在 $1\,725\,cm^{-1}$,$1\,665\,cm^{-1}$,$968\,cm^{-1}$ 有强的特征吸收。**B** 的 ^1H NMR 数据为 $\delta1.24$(三重峰,3H),$\delta1.88$(双重峰,3H),$\delta4.13$(四重峰,2H),$\delta5.81$[单峰(低分辨仪器不裂分),1H]$\delta6.95$(单峰,1H),写出 **B** 和 **C** 的结构并说明反应机理。

6. 由指定原料合成:

(1)由丙烯腈和其他开链化合物合成环己胺。

(2)由苯、丙烯和其他必要试剂合成

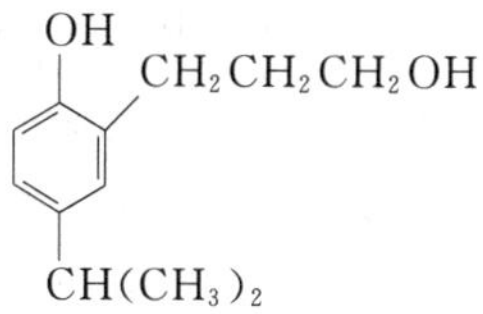

7. 写出下列合成中化合物 **H、I、J、K、L** 的结构。

$$\mathbf{H} + \mathbf{I} \xrightarrow{\ OH^-\ } \mathbf{J}$$

$$PhCH{=}CHCO_2H + \mathbf{J} \xrightarrow{\triangle} \mathbf{K} \xrightarrow[(-H_2)]{-CO} \mathbf{L} \xrightarrow{Pd/\triangle}$$

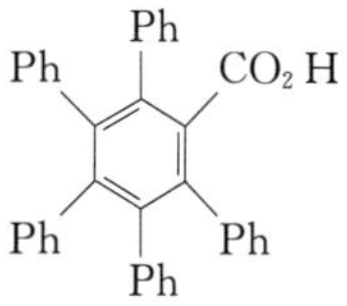

文献题:

完成下列反应,并注意反应中的立体化学。

(1)

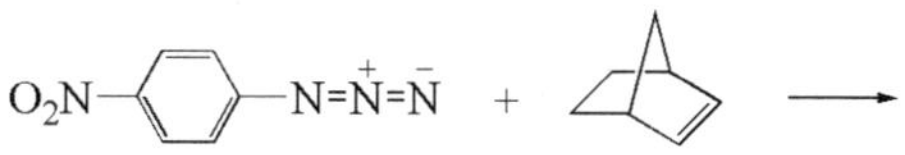

(2)

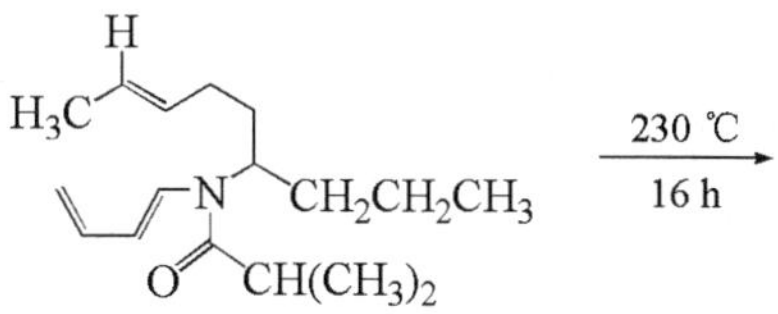

(3)

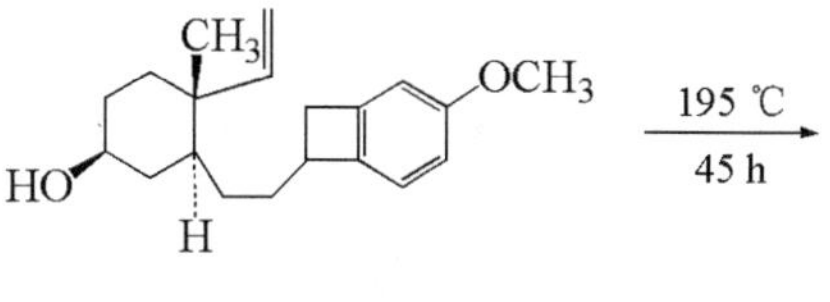

(4)

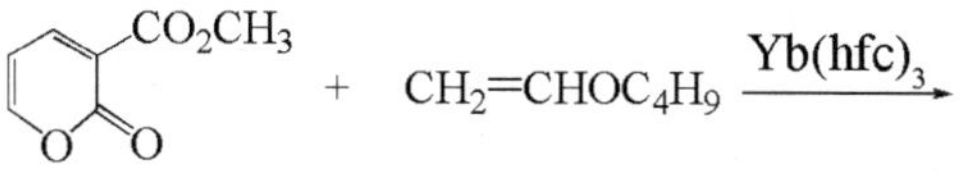

(5) 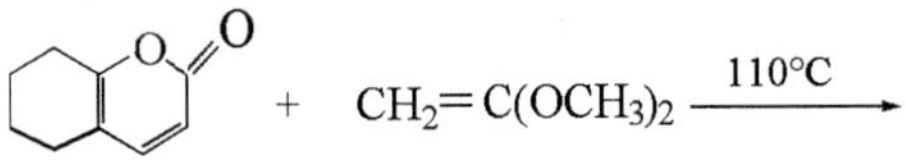 + CH_2=$C(OCH_3)_2$ $\xrightarrow{110°C}$

(6) 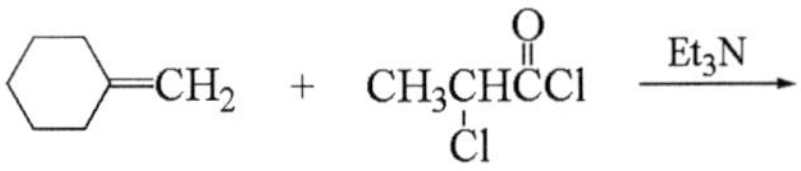 + $CH_3\overset{O}{\underset{Cl}{CHCCl}}$ $\xrightarrow{Et_3N}$

来源：

(1) P. Scheiner, J. H. Schomaker, S. Deming, W. J. Libbey, G. P. Nowack. J. Am. Chem. Soc. ,1965,87: 306.

(2) W. Oppolzer, E. Flaskamp. Helv. Chim. Acta,1977,60:204.

(3) T. Kametani, K. Suzuki, H. Nemoto. J. Am. Chem. Soc. ,1981,103:2891;
T. Kametani, K. Suzuki, H. Nemoto. J. Org. Chem. , 1980,45:2204.

(4) G. H. Posner, J. C. Carry, J. K. Lee, D. S. Bull, H. Dai. Tetrahedron Lett. , 1994,35:1321;
G. H. Posner, H. Dai, D. S. Bull, J. K. Lee, F. Eydoux, Y. Ishihara, W. Welsh, N. Pryor, S. Petr,Jr. J. Org. Chem. , 1996,61:671.

(5) D. L. Boger, M. D. Mullican. Org. Synth. , 1987,65:98.

(6) W. T. Brady, A. D. Patel. J. Org. Chem. , 1973,38:4106.

第十九章　碳水化合物

19.1　概论

糖(saccharides)亦称碳水化合物(carbohydrates)是非常重要的一类天然有机化合物。广泛分布于自然界,在植物中最重要的糖是纤维素、淀粉、蔗糖。对一切生物而言,最重要的是葡萄糖。它是植物由二氧化碳和水经光合作用合成的。动物食用的碳水化合物在体内需转化为葡萄糖才可被吸收。葡萄糖以糖元的形式储存于肝脏和肌肉中,在血液中循环于各器官的形式为葡萄糖——血糖。它能给动物以能量,并可通过体内酶的作用转化为脂肪、甾体、蛋白质及其复合物。

最初分析得知糖的组成都包括碳、氢和氧三种元素,而且分子中氢与氧的比例为 $2:1$,一般用通式 $C_n(H_2O)_m$ 表示,如葡萄糖分子式为 $C_6(H_2O)_6$,形式上像碳和水的化合物,因此人们把糖称做**碳水化合物**。但后来发现有些糖不符合以上通式,如鼠李糖的分子式为 $C_6H_{12}O_5$。而某些符合以上通式的化合物,如醋酸($C_2H_4O_2$),却并非糖类。所以碳水化合物这一词并非十分恰当,但因沿用已久,至今仍在使用。实际上从它的结构讲,糖是多羟基醛、酮或多羟基醛、酮的聚合物。

碳水化合物依其水解性质可分为三类:(1)不能水解的多羟基醛、酮称为单糖(monosaccharides)。(2)能水解为几个分子单糖的碳水化合物称为低聚糖(oligosaccharides)。(3)能水解为几百乃至数千个单糖的碳水化合物称为多糖(polysaccharides)。对于单糖,可根据所含羰基分为醛糖(aldoses)和酮糖(ketoses)。根据含碳数又可分为三碳糖、四碳糖、五碳糖和六碳糖,等等。

19.2　单糖的结构

一、开链结构

糖都具有手性中心,分子有旋光性。最简单的碳水化合物是甘油醛($HOCH_2CH(OH)CHO$),有一个手性中心,存在两个旋光异构体,可用费歇尔(Fischer)投影式表示。费歇尔把右旋体假定为 D 型,投影式中 2 位羟基在右侧,左旋体假定为 L 型,2 位羟基在左侧。其他碳水化合物构型通过各种反应分别与 D,L-甘油醛相对比,与 D-甘油醛相关的为 D 型糖,与 L-甘油醛相关的为 L 型糖。尽管碳水化合物可采用 R、S 标记法,但直到今天人们仍习惯应用以上 D,L 相对构型标记。这一方面是历史原因造成的,另一方面是对在碳水化合物研究上作出卓著成绩的费歇尔的纪念。[E. Fischer(1852—1919)是德国化学家,曾在多所大学担任化学教授。他在糖领域中的研究成绩卓著,被誉为碳水化合物之父,并获 1902 年 Nobel 化学奖。此外,费歇尔在其他天然产物合成及蛋白质化学研究方面也作出了重大贡献。他献身于科学事业,由于长期工作的劳累,晚年患上癌症,再加上两个儿子在第一次世界大战中阵亡,迫使他于1919 年 7 月 15 日自杀身亡。]

$$
\begin{array}{c}
\overset{1}{C}HO \\
H \overset{2}{\underset{3}{\rule{0pt}{0pt}}}\!\!-\!\!OH \\
CH_2OH
\end{array}
\qquad
\begin{array}{c}
CHO \\
HO\!-\!H \\
CH_2OH
\end{array}
$$

D-（＋）-甘油醛 　　　　 L-（－）-甘油醛

从旋光异构一章中已知含有几个不同手性碳的化合物,应存在 2^n 个旋光异构体。单糖所含手性碳均不相同,它们的异构体个数为 2^n。如含四个手性碳的糖,应具有 16 种旋光异构体,其中一半为 D 型,另一半为 L 型。自然界存在的碳水化合物一般为 D 构型。下面是从 D-甘油醛到 D-六碳醛糖的费歇尔投影式。（见下页）

由 D-甘油醛可以通过增碳反应（参阅 19.3 节）制备 D-赤藓糖和 D-苏阿糖。手性碳的增加只涉及到醛基的反应,反应的立体化学决定新生成的手性碳有两种可能,因此产生两种四碳糖的异构体。反应中不涉及原手性碳的羟基,这样使生成的两种四碳糖——D-赤藓糖和 D-苏阿糖的 C^3 的构型与 D-甘油醛 C^2 的构型相同。依此类推,每个糖的异构体新增加一个手性碳都可得到多一个碳的糖的一对异构体,这对异构体只是新生成的手性碳不同,其他的手性碳完全相同。通过这种方法由 D-甘油醛得到一系列醛糖。从它们的费歇尔投影式可清楚地看到距离醛基最远的手性碳（倒数第二个碳）上的羟基均在右侧,所以属于 D 构型。同样,若从 L-甘油醛起始可得到 L 系列醛糖。

以上 D 系醛糖多数存在于自然界,如 D-葡萄糖广泛存在于生物细胞和体液内。D-甘露糖存在于种子、象牙果内。半乳糖存在于乳液、乳糖和琼酯中。D-阿洛糖存在于豆腐、果苷内。D-核糖和 D-去氧核糖为核酸的组成部分,广泛存在于生物细胞中。D-木糖存在于玉米芯、麦秸、稻秆等中。少数 D-醛糖是人工合成的。

在自然界也发现一些 D 酮糖。它们的结构一般在 2 位上具有酮羰基,比相同碳数的醛糖少一个手性碳原子,所以异构体的数目也相应减少。如存在于甘蔗、菊芋和蜂蜜中的 D-果糖,为六碳酮糖,它具有八种异构体,D 型和 L 构型的各一半。在一些植物中还存在一些七碳酮糖,如在鳄梨树果实中发现 D-甘露庚酮糖。

$$
\begin{array}{c}
CH_2OH \\
C\!=\!O \\
HO\!-\!H \\
H\!-\!OH \\
H\!-\!OH \\
CH_2OH
\end{array}
\qquad\qquad
\begin{array}{c}
CH_2OH \\
C\!=\!O \\
HO\!-\!H \\
HO\!-\!H \\
H\!-\!OH \\
H\!-\!OH \\
CH_2OH
\end{array}
$$

D-果糖 　　　　　　　　　 D-甘露庚酮糖
（D-fructose） 　　　　　　 （D-mannoreptose）

二、环状结构

1. 糖的环状结构与变旋现象

以上糖的开链结构表明,糖都具有羰基。但后来人们发现这种开链结构与某些实验事实并不相符。如 D-（＋）-葡萄糖:①它具有醛基,可被吐伦试剂和菲林试剂氧化但却不与饱

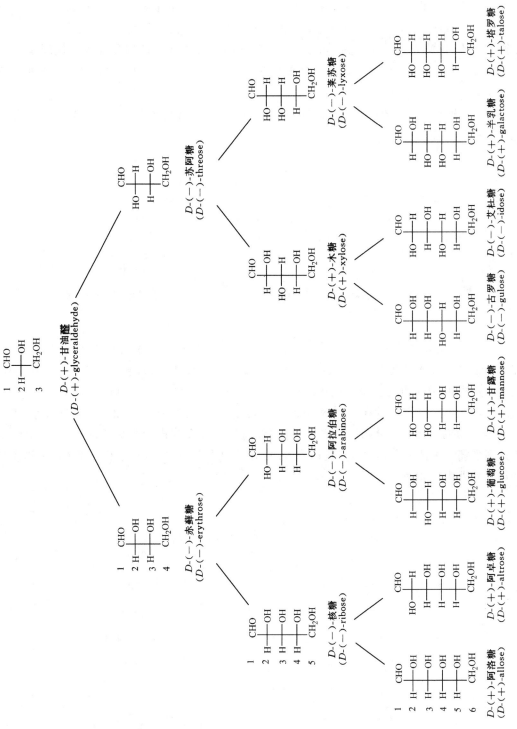

D 系醛糖

和 $NaHSO_3$ 加成。②一般醛应在干 HCl 存在下与两分子 CH_3OH 反应生成缩醛,但葡萄糖却只与一分子 CH_3OH 作用生成稳定化合物。③D-(+)-葡萄糖在 50℃ 以下的水中结晶得到一个熔点为 146℃ 的 α 异构体,其比旋光为 +112°。当把这个晶体溶于水后,比旋光逐渐变化为 +52.6°。葡萄糖在 98℃～100℃ 的水中得到熔点为 150℃ 的 β 异构体,比旋光为 +18.7°。将结晶溶于水,比旋光逐渐变化到 +52.6°。这种比旋光发生变化的现象称为变旋现象(mutarotation)。这些事实说明糖能以环的半缩醛形式存在。1895 年费歇尔将糖的开链结构加以修正。

D-(+)-葡萄糖以环的半缩醛形式存在,就可在干 HCl 催化下与一分子 CH_3OH 反应生成稳定的环状缩醛。

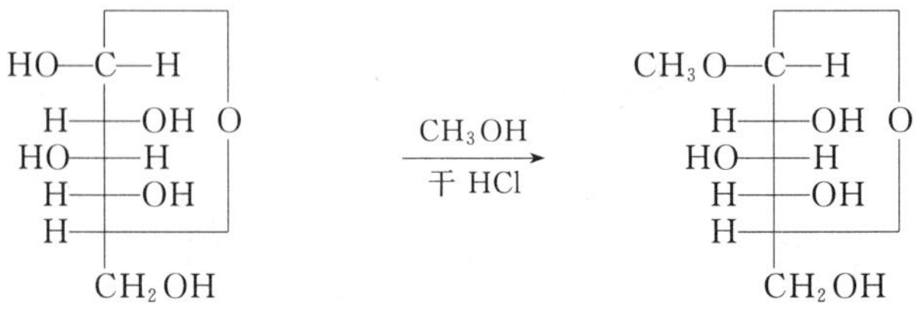

D-(+)-葡萄糖环状半缩醛形式 D-(+)-葡萄糖的环缩醛

D-(+)-葡萄糖环状半缩醛形式与开链结构的平衡可以清楚地说明它的变旋现象。在糖半缩醛环结构的费歇尔投影式中半缩醛羟基与决定构型的羟基(倒数第 2 个碳上的羟基)在同侧定为 α 异构体,在异侧定为 β 异构体。α-D-(+)-葡萄糖比旋光为 +112°,β-D-(+)-葡萄糖比旋光为 +18.7°。这两个异构体从结构看只是第一碳构型不同,称做端基差向异构(anomer)。当把这两个异构体分别溶于水中,它们可通过开链结构进行半缩醛形式的相互转化,最终达到平衡。平衡混合物中 β 异构体占 64%,α 异构体占 36%,开链结构占 0.02%,这个混合物比旋光即为 +52.6°。

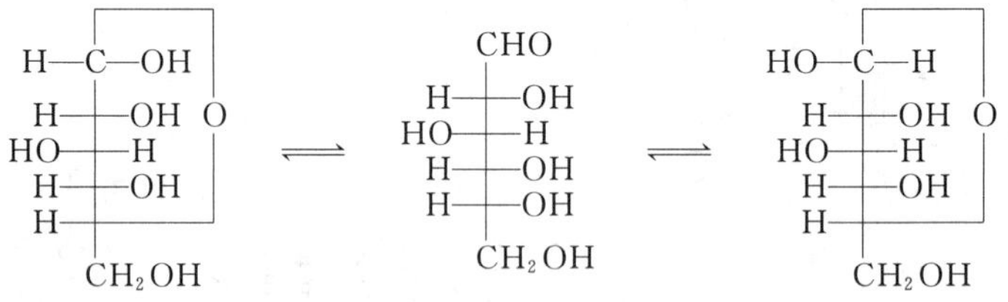

α-D-(+)-葡萄糖 β-D-(+)-葡萄糖

$[\alpha]_D 112°$ $[\alpha]_D 18.7°$

$[\alpha]_D 52.6°$

糖主要是以五元环、六元环形式存在。若由五个碳和一个氧组成六元环,形式上像吡喃,这种结构的糖称为吡喃糖,如 α-D-吡喃葡萄糖。若四个碳一个氧组成五元环,形式上像呋喃,这种结构的糖叫做呋喃糖,如 β-D-呋喃果糖。

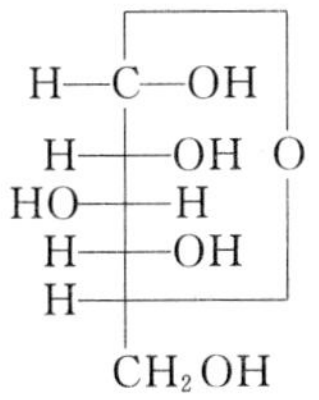

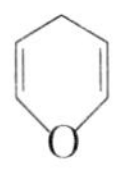

H—C—OH
H——OH O
HO——H
H——OH
H——
CH$_2$OH

吡喃
pyran

α-D-吡喃葡萄糖
α-D-glucopyranose

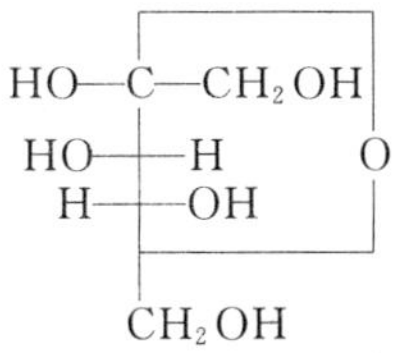

HO—C—CH$_2$OH
HO——H O
H——OH
CH$_2$OH

呋喃
furan

β-D-呋喃果糖
β-D-fructofuranose

2. 糖的哈武斯(Haworth)式

费歇尔投影式用来描述糖的环结构不能直观地反映出基团的空间相对位置，所以常常把糖的环状结构写成哈武斯透视式。[W. N. Haworth(1883—1950)出生于英国。在 Gottingen 大学获博士学位，曾在 Darham 和 Birmingham 大学任化学教授。他从事糖的研究，首先合成维生素 C，因此获 1937 年 Nobel 化学奖。]下面我们以 D-葡萄糖为例说明哈武斯式的写法。首先把费歇尔投影式 90°转向右侧，然后把 C—C 链写成六元环形式。旋转 C^4—C^5 σ键使 C^5 上的羟基接近醛基。C^5 上的羟基从醛基平面两侧进攻，得到葡萄糖半缩醛形式的两种环状异构体。

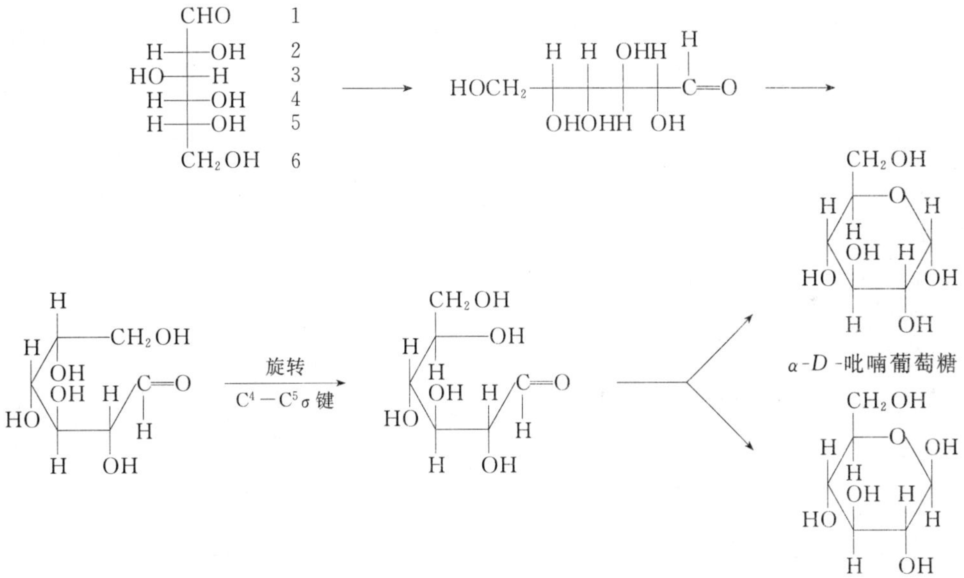

CHO 1
H——OH 2
HO——H 3
H——OH 4
H——OH 5
CH$_2$OH 6

→

HOCH$_2$——C=O

→

旋转 C^4—C^5 σ键

CH$_2$OH

α-D-吡喃葡萄糖

β-D-吡喃葡萄糖

在哈武斯式中，半缩醛羟基与—CH$_2$OH 在同侧的异构体为 β 型，在异侧为 α 型。在某些糖环状结构中无参照的—CH$_2$OH 存在，则以决定构型 D 或 L 的羟基作参照基。半缩醛羟基与之在同侧为 α，异侧为 β。如 D-吡喃核糖，以下两个透视式分别为 α 和 β 异构体。

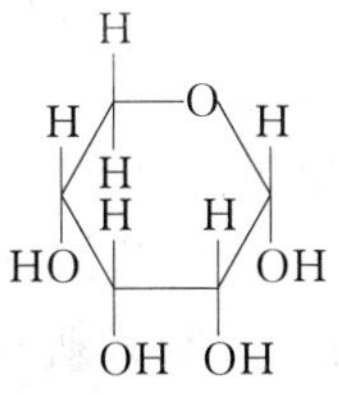

α-D-吡喃核糖

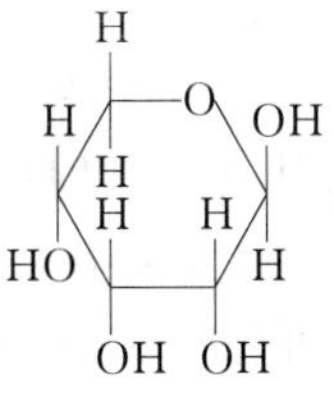

β-D-吡喃核糖

呋喃糖写法与吡喃糖的相同，如 D-呋喃果糖的哈武斯式书写过程可表示如下：

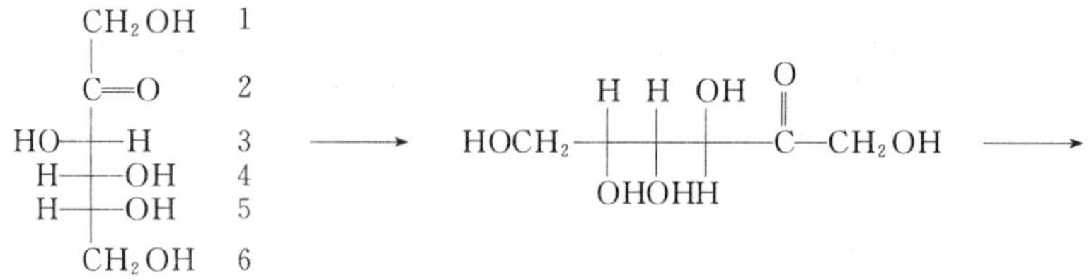

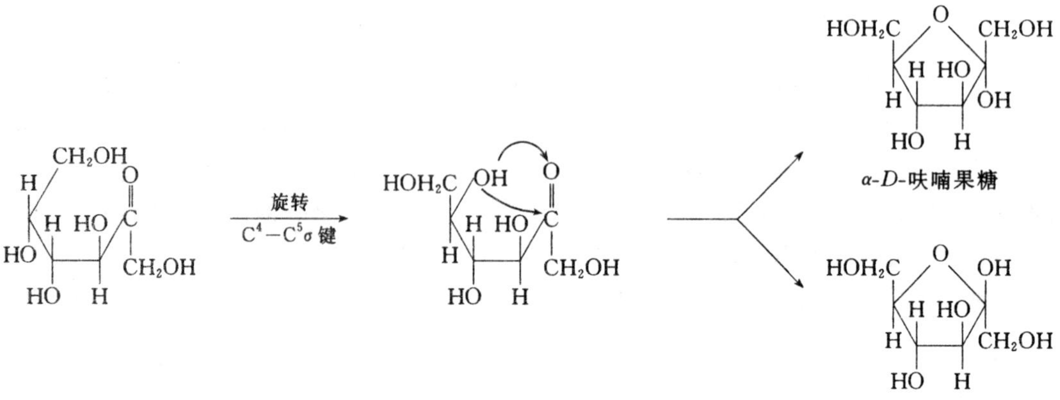

α-D-呋喃果糖

β-D-呋喃果糖

三、吡喃糖的构象

吡喃糖为六元环，属氧杂环己烷，与环己烷类似，占优势的构象为椅式构象。在六碳吡喃醛糖中第 6 位都是—CH_2OH，它作为较大的基团处在 e 键，为稳定构象。如 α 和 β-D-吡喃葡萄糖的稳定构象可用下式表示。

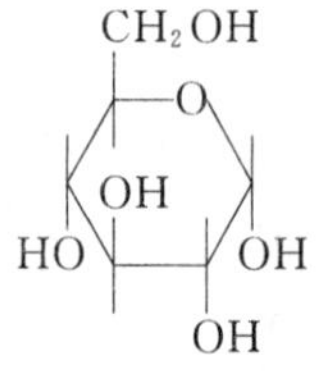

α-D-吡喃葡萄糖哈武斯式

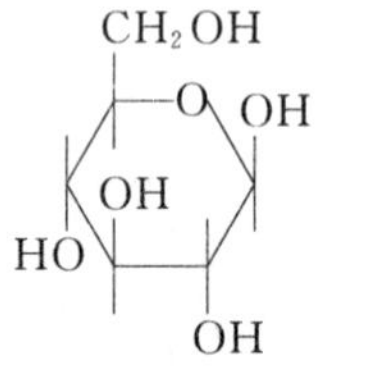

β-D-吡喃葡萄糖哈武斯式

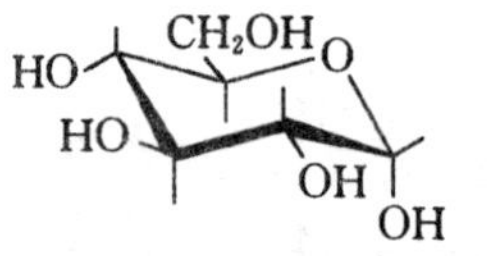

α-D-吡喃葡萄糖稳定构象

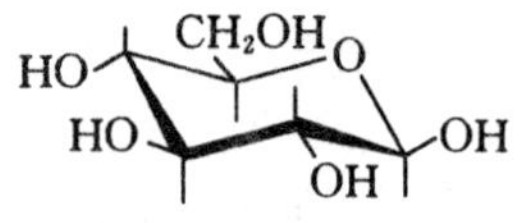

β-D-吡喃葡萄糖稳定构象

在 α 和 β-D-吡喃葡萄糖稳定构象中，—CH_2OH 均处在 e 键。在 α 异构体中 1 位半缩醛羟基在 a 键，其他羟基都在 e 键。相比之下 β 异构体构象中所有羟基均在 e 键较为稳定，在葡萄糖水溶液平衡混合物中 β 异构体较多(64%)是必然的。

在书写吡喃糖稳定构象时，可以以哈武斯式作参照。书写时不但要注意把—CH_2OH 放在相应位置的 e 键上，而且一定要使各羟基的空间位置与哈武斯式中的位置相对应。如写 β-D-吡喃甘露糖稳定构象，可先写出能反映空间构型的哈武斯式，然后写出椅式框架，并把—CH_2OH放在相应位置的 e 键上。由于在 β-D-吡喃甘露糖哈武斯式中—CH_2OH 和 C^1，C^2，

C^3 上羟基在同侧(环上),C^4 羟基在异侧(环下),所以在椅式框架上也应把各羟基放在对应空间位置,使 C^1,C^2,C^3,C^4 的羟基分别处于 e,a,e,e 键,这样就可以写出准确的稳定构象。

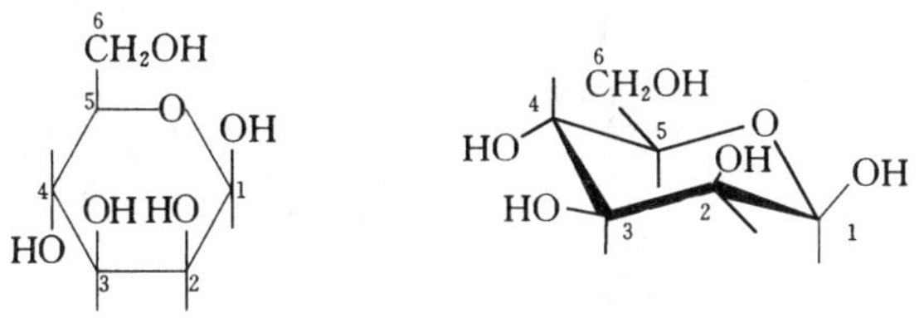

问题19-1 写出下列糖的结构。

(1) β-D-吡喃半乳糖稳定构象。

(2) α-脱氧-β-D-呋喃核糖哈武斯式。

19.3 单糖的化学反应

糖含有羰基和羟基,因此它具有醛、酮和醇的化学性质

一、糖苷的生成和天然糖苷

糖以环状半缩醛、酮形式存在,本身就体现了羰基的性质,它像其他半缩醛、酮一样能在干 HCl 催化下与醇作用生成缩醛、酮形式。这种产物叫糖苷。如葡萄糖与甲醇反应可生成甲基-D-吡喃葡萄糖苷。

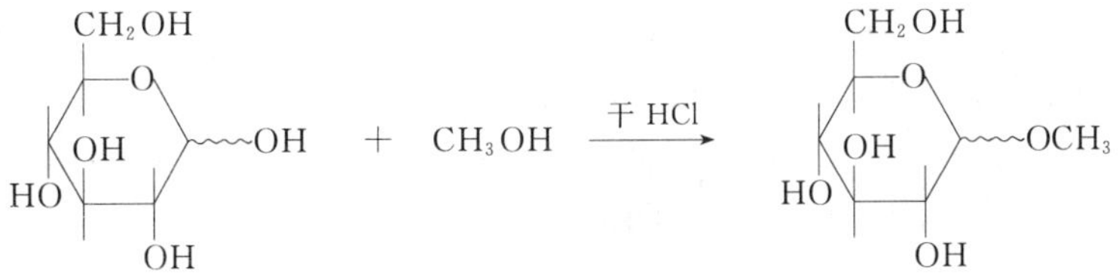

D-吡喃葡萄糖 $\qquad$ 甲基-D-吡喃葡萄糖苷
methyl-D-glucopyranoside

糖苷与其他缩醛、酮一样是较稳定的化合物,在水中不能转化为开链结构,因此糖苷无变旋现象。在酸或生物酶催化下可水解回到原来的糖。

糖苷广泛存在于自然界,如松针内的水杨苷是由 β-D-吡喃葡萄糖和水杨酸形成的配糖物。作为食品香料的香兰素(4-羟基-3-甲氧基苯甲醛)以 β-D-葡萄糖苷的形式存在于香子兰属植物中。

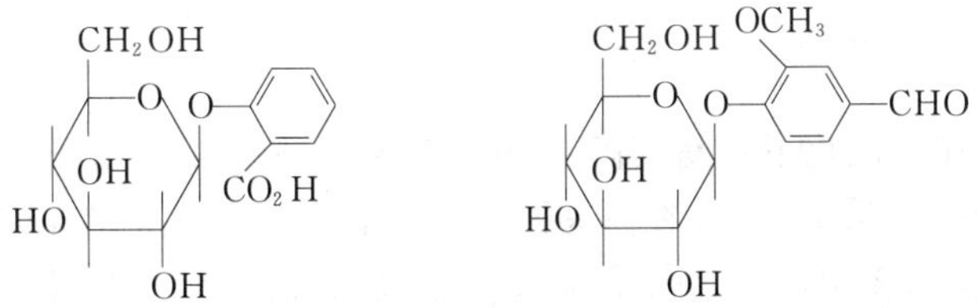

水杨苷 $\qquad\qquad$ 香兰素 β-D-葡萄糖苷

苦杏仁中的苦杏苷(扁桃苷)是一个双糖(龙胆二糖),与 α-羟基苯乙腈生成的糖苷。苦杏仁之所以有毒,是因为这种苷在体内被酶水解后,放出 HCN 的缘故。

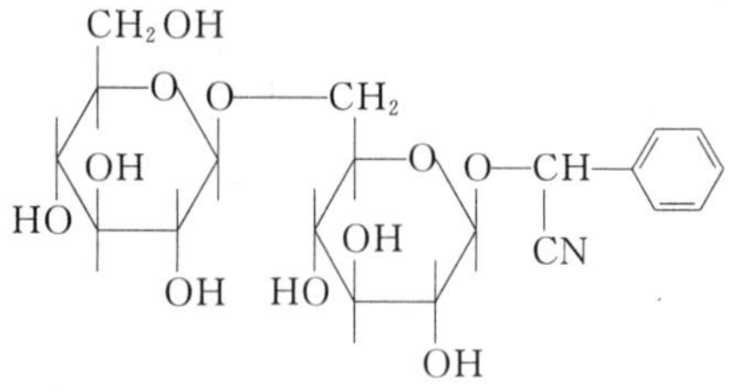

苦杏仁苷

二、成醚和成酯

糖的羟基具有醇的性质,可由威廉姆逊合成醚的方法把糖中的羟基转化为醚,如葡萄糖用氧化银和碘甲烷处理可得到高产率的五甲基醚。将葡萄糖转化为甲基糖苷后,在碱性条件下用硫酸二甲酯处理,同样可以得到糖甲基醚。

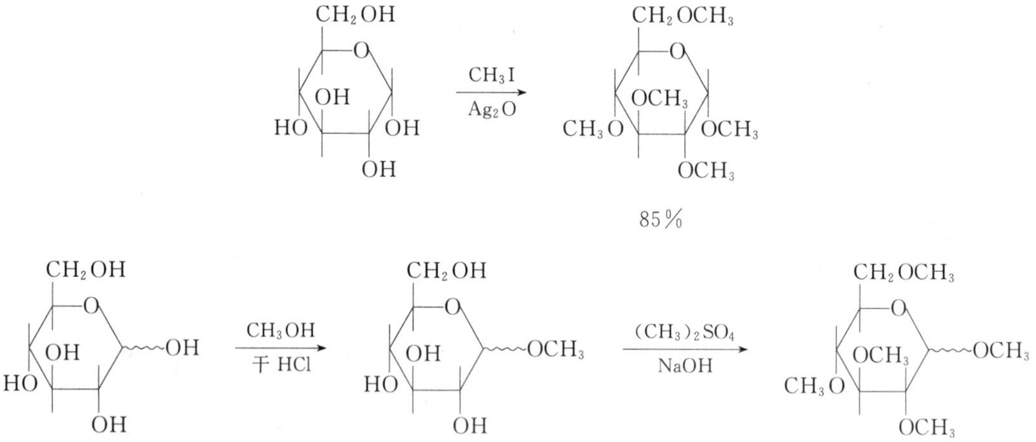

85%

同样糖中的羟基可被正常的方法酯化。最一般的条件是弱碱,如醋酸钠、吡啶催化下与醋酐反应,可得到所有羟基都被酯化的产物。

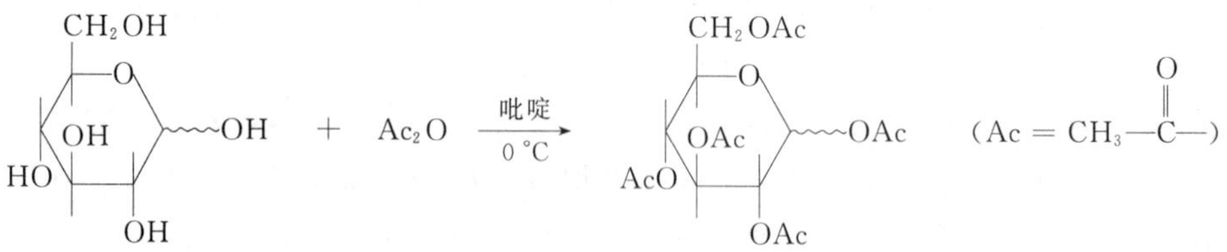

三、环缩醛、环缩酮的生成

1,2 或 1,3 二醇在酸催化下容易与醛或酮反应生成环缩醛、环缩酮。糖含有多个羟基也发生类似反应,但因糖以环的形式存在只有两个羟基在环的同侧时才容易与醛或酮作用。如 α-D-吡喃半乳糖 1 位和 2 位,3 位和 4 位羟基分别处于环同侧,可与醛、酮的羰基反应生成环缩醛、环缩酮。

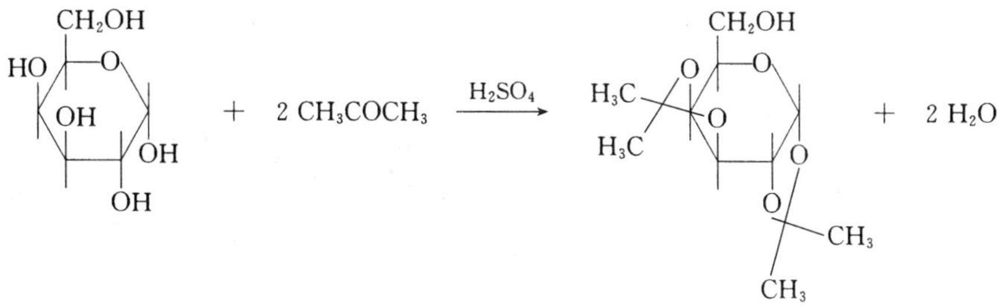

生成的环缩醛、环缩酮用稀酸水解,可回到原来的糖。这一性质提供了保护糖中羟基的方法,如维生素 C 的合成就是一例。维生素 C(vitamin C)又称 L-抗坏血酸(ascorbic acid),是人体不可缺少的物质。它存在于新鲜蔬菜和水果中。可由 D-葡萄糖为原料制备。首先把 D-葡萄糖转化为 L-山梨糖,然后在酸存在下与丙酮反应生成环缩醛酮 **1**,用 KMnO₄ 处理,因 1 中只有 1 位碳上有醇羟基,其他羟基得到有效保护,所以只有 1 位碳被氧化为酸。再经酸性水解,烯醇化和生成内酯的过程即可得到维生素 C。

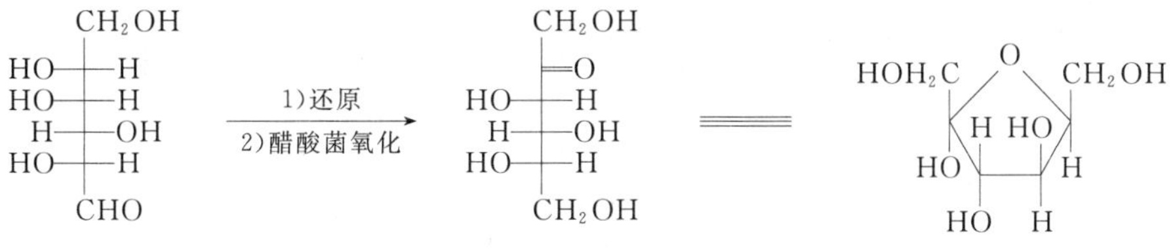

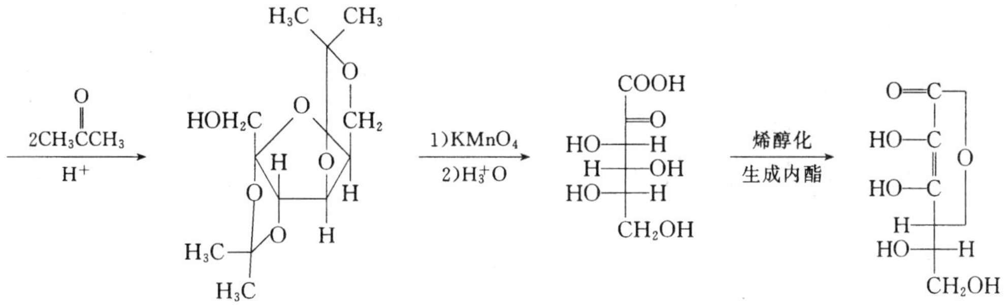

四、糖的差向异构化

用碱的水溶液处理 D-葡萄糖,在溶液中可得到 D-葡萄糖、D-甘露糖和 D-果糖的混合物。这三种糖有三个手性碳构型完全相同,只有一个碳不同,因此它们是差向异构体。单糖这种转化为差向异构体的过程称为**差向异构化**(epimerization)。转化过程是碱催化羰基烯醇化引起的。

$$
\begin{array}{ccc}
\underset{\text{D-葡萄糖}}{
\begin{array}{cc}
1 & \text{CHO} \\
2 & \text{H}-\!\!-\text{OH} \\
3 & \text{HO}-\!\!-\text{H} \\
4 & \text{H}-\!\!-\text{OH} \\
5 & \text{H}-\!\!-\text{OH} \\
6 & \text{CH}_2\text{OH}
\end{array}}
\;\rightleftharpoons\;
\underset{\text{烯醇中间体}}{
\begin{array}{c}
\text{CHOH} \\
\| \\
\text{C}-\!\!-\text{OH} \\
\text{HO}-\!\!-\text{H} \\
\text{H}-\!\!-\text{OH} \\
\text{H}-\!\!-\text{OH} \\
\text{CH}_2\text{OH}
\end{array}}
&
\underset{\text{D-甘露糖}}{
\begin{array}{c}
\text{CHO} \\
\text{HO}-\!\!-\text{H} \\
\text{HO}-\!\!-\text{H} \\
\text{H}-\!\!-\text{OH} \\
\text{H}-\!\!-\text{OH} \\
\text{CH}_2\text{OH}
\end{array}}
\\[2em]
&
\underset{\text{D-果糖}}{
\begin{array}{c}
\text{CH}_2\text{OH} \\
\text{C}=\!\!=\text{O} \\
\text{HO}-\!\!-\text{H} \\
\text{H}-\!\!-\text{OH} \\
\text{H}-\!\!-\text{OH} \\
\text{CH}_2\text{OH}
\end{array}}
\end{array}
$$

在碱溶液中 D-葡萄糖变为烯醇中间体使 C^2 失去手性。C^1 上的烯醇氢回到 C^2 时可从烯平面上或下两侧与 C^2 结合恢复醛基并产生 C^2 的两种构型,完成 D-葡萄糖和 D-甘露糖的转化。同样 C^2 上烯醇氢可与 C^1 结合使 C^2 生成酮羰基,这就生成 D-果糖。用碱溶液处理 D-甘露糖和 D-果糖可得到相同的平衡混合物。

五、成脎

单糖具有醛或酮羰基,可与苯肼反应,首先生成腙,在过量苯肼存在上 α 羟基继续与苯肼作用生成脎(osazone)。除糖外 α 羟基醛或酮均可发生类似反应。

$$
\begin{array}{c}
\text{CHO} \\
\text{H}-\!\!-\text{OH} \\
\text{HO}-\!\!-\text{H} \\
\text{H}-\!\!-\text{OH} \\
\text{H}-\!\!-\text{OH} \\
\text{CH}_2\text{OH}
\end{array}
\;+\;3\,\text{NH}_2\text{NHC}_6\text{H}_5\;\longrightarrow\;
\begin{array}{c}
\text{HC}=\!\!=\text{NNHC}_6\text{H}_5 \\
\text{C}=\!\!=\text{NNHC}_6\text{H}_5 \\
\text{HO}-\!\!-\text{H} \\
\text{H}-\!\!-\text{OH} \\
\text{H}-\!\!-\text{OH} \\
\text{CH}_2\text{OH}
\end{array}
\;+\;\text{C}_6\text{H}_5\text{NH}_2\;+\;\text{H}_2\text{O}
$$

$$
\xrightarrow{\text{NH}_2\text{NHC}_6\text{H}_5}
\left[
\begin{array}{c}
\text{HC}=\!\!=\text{NNHC}_6\text{H}_5 \\
\text{H}-\!\!-\text{OH} \\
\text{HO}-\!\!-\text{H} \\
\text{H}-\!\!-\text{OH} \\
\text{H}-\!\!-\text{OH} \\
\text{CH}_2\text{OH}
\end{array}
\right]
\xrightarrow{2\text{NH}_2\text{NHC}_6\text{H}_5}
$$

反应是在羰基和具有羟基的 α 碳上进行,单糖一般在 C^1 和 C^2 上发生。若糖只是 C^1 或 C^2 构型或羰基不同其他手性碳都相同,则生成的脎也相同,如 D-葡萄糖、D-甘露糖和 D-果糖与苯肼反应可生成完全相同的脎。

$$
\begin{array}{ccc}
\begin{array}{c}
\text{CHO} \\
\text{H}-\!\!-\text{OH} \\
\hline
\text{HO}-\!\!-\text{H} \\
\text{H}-\!\!-\text{OH} \\
\text{H}-\!\!-\text{OH} \\
\text{CH}_2\text{OH}
\end{array}
&
\begin{array}{c}
\text{CHO} \\
\text{HO}-\!\!-\text{H} \\
\hline
\text{HO}-\!\!-\text{H} \\
\text{H}-\!\!-\text{OH} \\
\text{H}-\!\!-\text{OH} \\
\text{CH}_2\text{OH}
\end{array}
&
\begin{array}{c}
\text{CH}_2\text{OH} \\
\text{C}=\!\!=\text{O} \\
\hline
\text{HO}-\!\!-\text{H} \\
\text{H}-\!\!-\text{OH} \\
\text{H}-\!\!-\text{OH} \\
\text{CH}_2\text{OH}
\end{array}
&
\begin{array}{c}
相\\同\\手\\性\\碳
\end{array}
\end{array}
$$

糖脎为淡黄色晶体。不同的糖成脎的时间、结晶的形状不同。结构上完全不同的糖脎熔点不同,因此利用该反应可作糖的定性鉴定。差向异构的糖成脎相同,给糖的结构测定提供了信息。几个成脎相同的糖中,若其中一个糖的结构已知,那么另外几个差向异构糖不与苯肼作用的其他手性碳构型即可确定。

问题19-2　山梨糖(sorbose)是一酮糖,它与 D-古罗糖和 D-艾杜糖生成的脎相同,写出山梨糖的结构。

六、糖的氧化和还原

1. 碱性条件下的氧化

醛糖具有醛基(或半缩醛羟基),很容易被吐伦试剂或菲林试剂氧化。如 D-葡萄糖用这两种试剂处理可分别生成银镜和氧化亚铜红色沉淀。酮糖如 D-果糖,尽管它具有酮羰基,但在碱性条件下可以差向异构化,所以同样可被氧化。这种可被吐伦试剂和菲林试剂氧化的糖称做**还原性糖**(reducing sugars)。

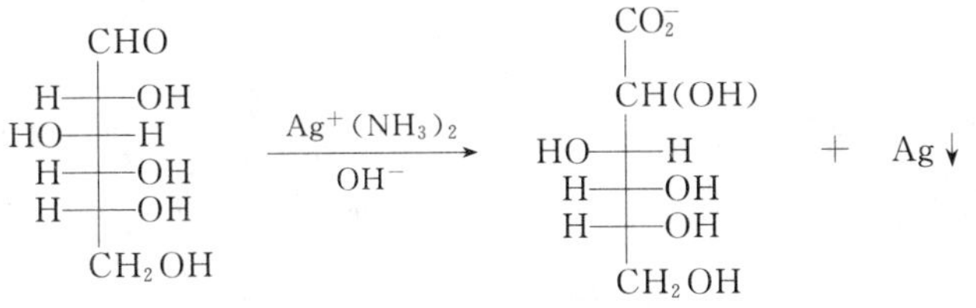

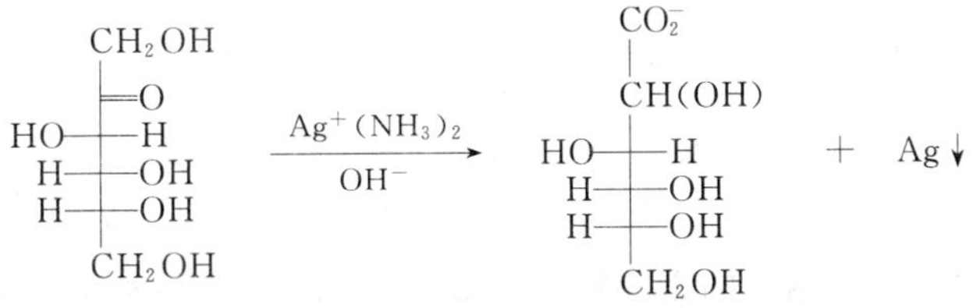

含有半缩醛羟基的糖在平衡混合物中具有开链结构,可显示醛基性质,一般均可被氧化。当该种糖生成苷后失去了半缩醛羟基,也就失去了这种性质,如甲基-D-葡萄糖苷对吐伦试剂呈负性结果。

这个反应可用来区别还原性糖和非还原性糖。用铜盐的氧化反应还常用作血液和尿中葡萄糖含量的测定。

2. 酸性条件下的氧化

(1)溴水和硝酸的氧化

溴水可以氧化糖的醛基生成糖酸。在酸性条件下糖不发生差向异构,因此溴水只氧化醛糖不氧化酮糖。该反应可用于鉴别糖的羰基,也可用于糖酸的制备。

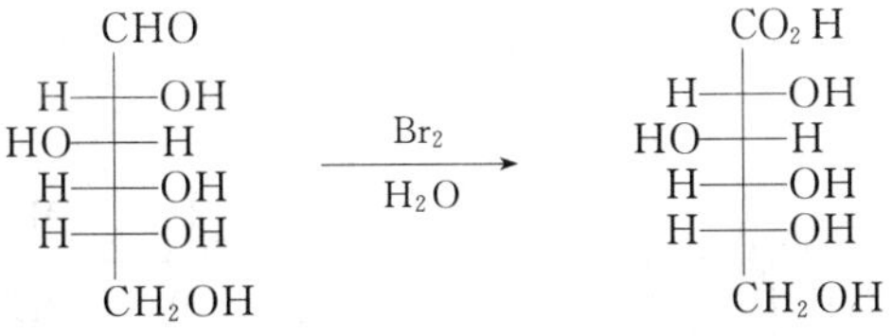

D-葡萄糖　　　　　　　　　　D-葡萄糖酸

用更强的氧化剂硝酸不但可以氧化糖的醛基还可以氧化糖端基的—CH_2OH。这可作为糖二酸的制备方法,还常用于糖结构的测定(参阅 19.4 节)。

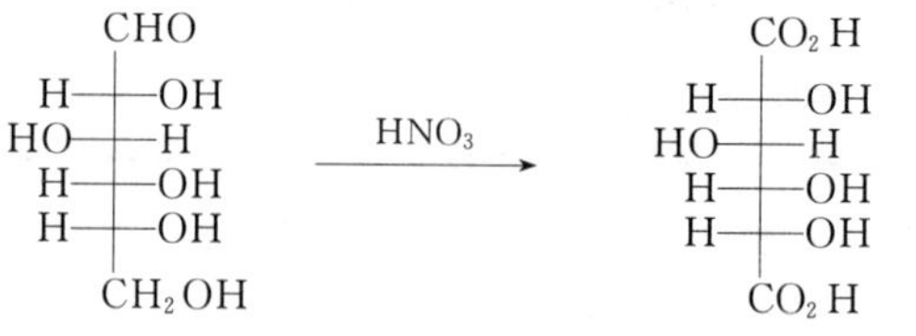

D-葡萄糖 D-葡萄糖二酸

(2)高碘酸氧化

HIO_4 可氧化邻二醇和 α 羟基醛酮,糖作为多羟基醛酮很容易遭受氧化。如 D-葡萄糖被 HIO_4 氧化发生断裂生成 5 分子甲酸和 1 分子甲醛。

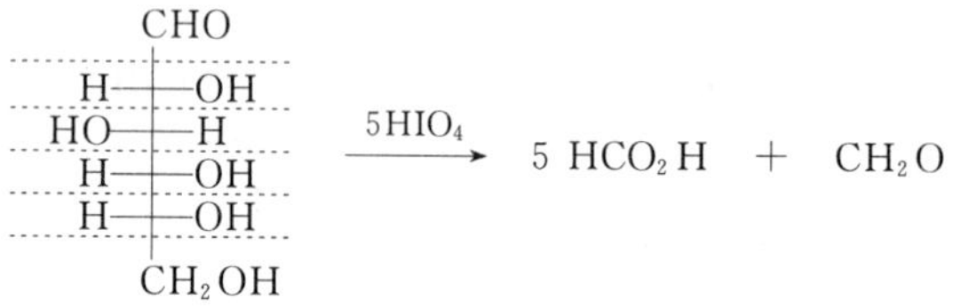

$$\xrightarrow{5HIO_4} \quad 5\ HCO_2H \quad + \quad CH_2O$$

糖苷也能被 HIO_4 氧化。由于糖苷中失去了半缩醛羟基使断裂程度减小。如甲基-D-吡喃葡萄糖苷被氧化生成 1 分子二醛和 1 分子甲酸,反应中只消耗 2 分子 HIO_4。

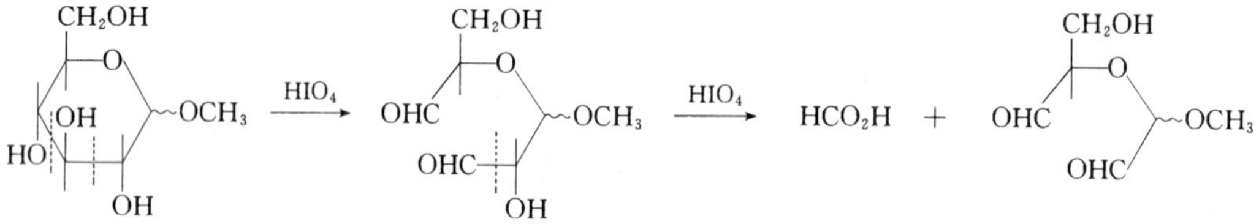

$$HCO_2H \quad +$$

高碘酸氧化是测定糖环结构的重要反应。如甲基-D-呋喃葡萄糖用 HIO_4 处理得到 1 分子甲醛和 1 分子三醛,而上式中甲基-D-吡喃葡萄糖经同样处理得到不同产物,这样可区别 D-葡萄糖环的结构(五元环或六元环)。

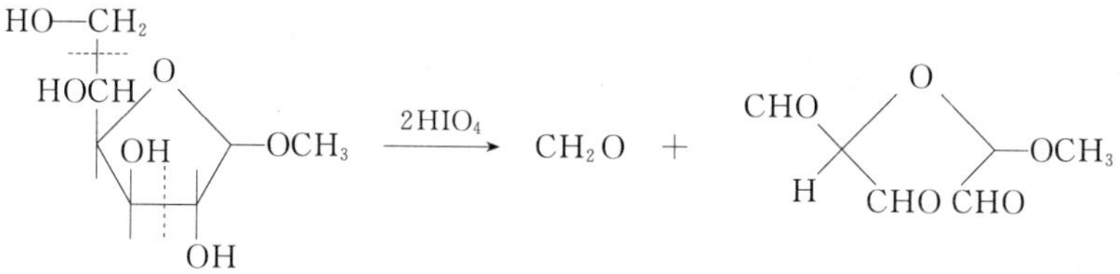

$$\xrightarrow{2HIO_4} \quad CH_2O \quad +$$

3. 糖的还原

糖的羰基可被催化氢化或金属氢化物还原,其产物叫糖醇。该反应与硝酸氧化一样常用于糖结构测定。

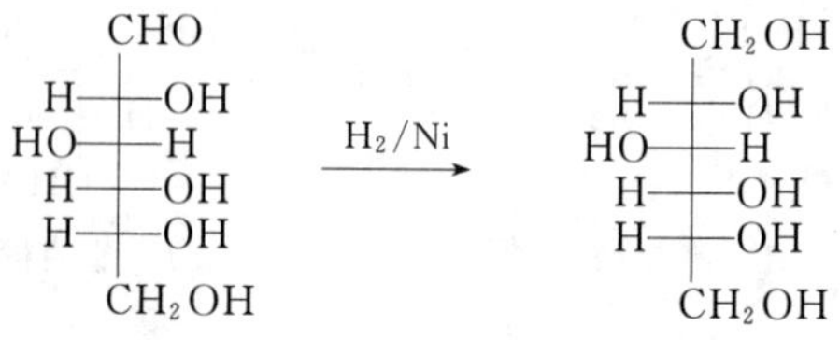

D-葡萄糖 D-葡萄糖醇

D-果糖 $\xrightarrow{\text{NaBH}_4}$ D-葡萄糖醇   +   D-甘露糖醇

糖醇广泛存在于植物中。如 D-葡萄糖醇可从樱桃、李子、苹果、梨等水果和海藻中分离。

问题19-3 完成反应式：

(1) $\xrightarrow[\text{H}_2\text{O}]{\text{Br}_2}$ (2) $\xrightarrow[\text{OH}^-]{\text{Ag}^+(\text{NH}_3)_2}$

问题19-4 D-己醛糖中哪些经 HNO_3 氧化得到内消旋化合物？

问题19-5 根据下列反应产物写出化合物 **A** 的结构式。

$$\mathbf{A}(C_5H_{12}O_5) \xrightarrow{\text{HIO}_4} \underset{\text{CHO}}{\overset{\text{OCH}_2\text{CHO}}{\text{H}-\text{C}-\text{OCH}_3}} + \text{HCO}_2\text{H}$$

七、糖链的增长和缩短

1. 链的增长

1886 年吉连尼(Kiliani)发现醛糖可与氰氢酸加成，1890 年费歇尔把糖对氰氢酸加成物水解成酸，并把它变为内酯，再用钠汞齐还原得到增一碳的糖。这一系列的反应叫吉连尼—费歇尔糖的合成，又叫做糖链的递增(chain extension)。如 D-戊醛糖通过该法能得到两个己醛糖。氰氢酸对糖醛基加成是从它的两侧进攻，因此可产生两个氰醇，这两种氰醇只在新生成的手性碳(C^2)有不同构型。酸性条件下水解，脱水成内酯(内酯一般是糖酸羧基与 C^4 或 C^5 羟基作用生成)，再经钠汞齐或硼氢化钠还原即可得到增一个碳的两个己醛糖。当然这两个糖也只是 C^2 构型不同。若要分别得到这个糖的异构体，一般是在水解成糖酸后进行拆分(酸容易拆分而糖较难拆分)，然后分别进行其后的操作。

2. 链的缩短

1896 年鲁夫(Ruff)发现糖酸的钙盐在三价铁盐催化下可被过氧化氢氧化断裂 C^1—C^2 键生成少一个碳的糖。因为糖很容易被溴水氧化为糖酸,这样通过上述反应即可由一种醛糖转化为少一个碳的醛糖,这一过程称做鲁夫降解(Ruff degradation)。如 D-葡萄糖和 D-甘露糖可通过该法生成 D-阿拉伯糖。反应中失去 C^2 的手性,因此只是 C^2 手性不同的 D-葡萄糖和 D-甘露糖降解可得到同一产物。

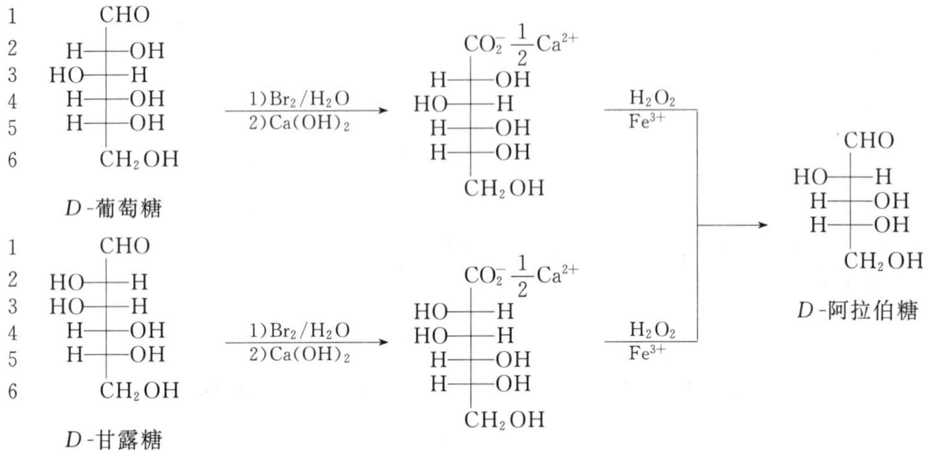

另一个缩短糖链的方法是乌尔降解(Wohl degradation)。整个过程可看做吉连尼—费歇尔合成的逆反应。首先使醛糖成肟,在醋酸钠存在下用醋酐处理使糖醛基转化为氰基。氰醇在碱性条件下失去氰氢酸变为少一碳的醛糖。反应产率不太高,但可用于转化五、六碳糖到四、五碳糖。

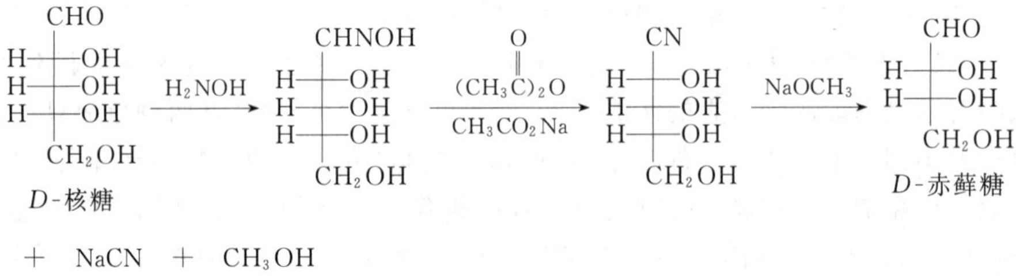

19.4 葡萄糖结构测定

一、葡萄糖开链结构构型的测定

早在 1885 年就已知道葡萄糖为一个六碳醛糖,它的结构式可表示为

$$HOCH_2 \overset{*}{C}H(OH)\overset{*}{C}H(OH)\overset{*}{C}H(OH)\overset{*}{C}H(OH)CHO$$

它含有四个手性碳,应具有 16 种旋光异构(包括 D 型八种,L 型八种)。哪一种代表葡萄糖的结构呢?在众多的可能中确定它的结构是一件非常不容易的事。费歇尔通过艰苦细致的工作和他超人的逻辑思维,在 1891 年报道了葡萄糖的开链结构。尽管当时提出的结构是用相对构型表示,但在五十多年后通过 X 衍射分析证明它与葡萄糖的绝对构型完全相符。

首先费歇尔假定葡萄糖 C^5 上羟基在费歇尔投影式中处于右侧,定为 D 构型,这样可减少到八种可能。然后通过四个实验事实确定了其他手性碳的构型。

实验事实 1: 阿拉伯糖通过吉连尼—费歇尔糖合成方法得到葡萄糖和甘露糖的混合物。因反应只涉及阿拉伯糖的醛基,产物中 C^2 为新增手性碳,C^3,C^4,C^5 为阿拉伯糖的三个手性碳,所以阿拉伯糖三个手性碳构型应与葡萄糖和甘露糖这三个手性碳相同。

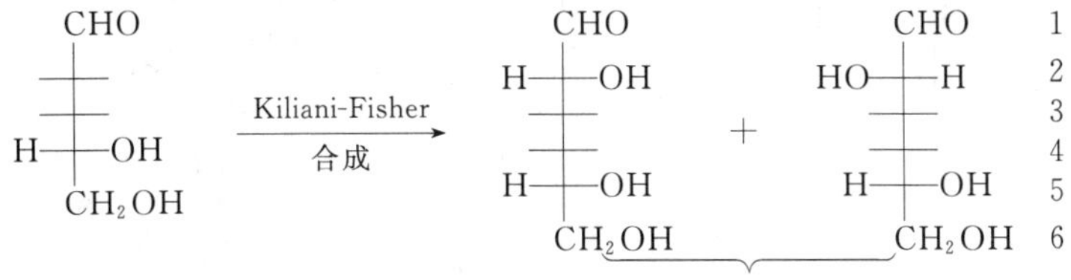

D-阿拉伯糖 　　　　　　　　　　　D-葡萄糖和 D-甘露糖

实验事实 2: 阿拉伯糖经硝酸氧化得到的糖二酸有旋光活性。这说明阿拉伯糖 C^2 上的羟基一定在左侧。

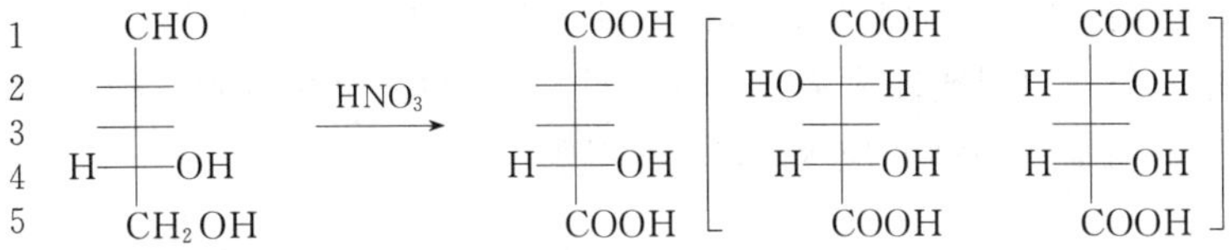

有旋光性　　　无旋光性

这样葡萄糖、甘露糖的 C^2,C^3,C^5 三个手性碳构型即可确定。

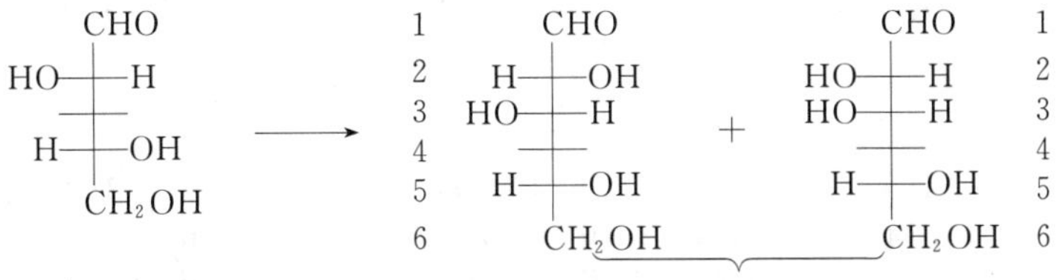

D-阿拉伯糖 　　　　　　　　　　　D-葡萄糖和 D-甘露糖

实验事实 3: 葡萄糖和甘露糖经硝酸氧化都得到有旋光活性的糖二酸。

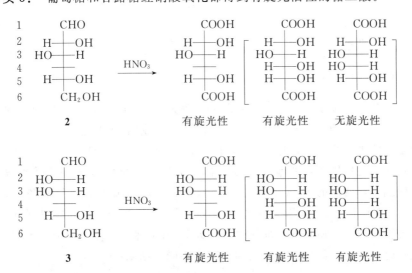

2　　　有旋光性　　有旋光性　　无旋光性

3　　　有旋光性　　有旋光性　　有旋光性

从构型式 **3** 看无论 C^4 上的羟基在哪一侧氧化得到的糖二酸都具有旋光性，但从构型式 **2** 可知 C^4 羟基只有在右侧糖二酸才能有旋光性。这样就确定了葡萄糖和甘露糖 C^4 的构型。至此，以上讨论的三种糖所有手性碳构型全部确定，它们的构型式可表示如下。但构型式 **4** 和 **5**，哪一个是葡萄糖尚不可知。

$$
\begin{array}{ccc}
\text{CHO} & \text{CHO} & \text{CHO} \\
\text{HO}\!-\!\text{H} & \text{H}\!-\!\text{OH} & \text{HO}\!-\!\text{H} \\
\text{H}\!-\!\text{OH} & \text{HO}\!-\!\text{H} & \text{HO}\!-\!\text{H} \\
\text{H}\!-\!\text{OH} & \text{H}\!-\!\text{OH} & \text{H}\!-\!\text{OH} \\
\text{CH}_2\text{OH} & \text{H}\!-\!\text{OH} & \text{H}\!-\!\text{OH} \\
 & \text{CH}_2\text{OH} & \text{CH}_2\text{OH} \\
D\text{-阿拉伯糖} & \mathbf{4} \qquad\qquad \mathbf{5}
\end{array}
$$

D-葡萄糖和 D-甘露糖

实验事实 4： **4** 和 **5** 分别氧化可得到不同的糖二酸。若把构型式 **4** 中—CHO 和—CH_2OH 互换位置变为构型式 **6**，实际它为另一醛糖。**6** 氧化同样可得到 **4** 氧化的产物。把构型 **5** 的—CHO 和—CH_2OH 互换位置得到构型式 **7**，实际上 **7** 与 **5** 构型完全相同（平面上旋转 $180°$ 可重合）。这就说明葡萄糖和甘露糖中哪一个得到糖二酸能被另一种（构型式为 **6** 的糖）氧化制备，哪一个糖构型式即为 **4**。实验证明 D-葡萄糖氧化得到的糖二酸可由 L-古罗糖氧化制得，所以 D-葡萄糖构型式应为 **4**，D-甘露糖应为 **5**。

$$
\begin{array}{ccccc}
\text{CHO} & & \text{COOH} & & \text{CH}_2\text{OH} \\
\text{H}\!-\!\text{OH} & & \text{H}\!-\!\text{OH} & & \text{H}\!-\!\text{OH} \\
\text{HO}\!-\!\text{H} & \xrightarrow{\;HNO_3\;} & \text{HO}\!-\!\text{H} & \xleftarrow{\;HNO_3\;} & \text{HO}\!-\!\text{H} \\
\text{H}\!-\!\text{OH} & & \text{H}\!-\!\text{OH} & & \text{H}\!-\!\text{OH} \\
\text{H}\!-\!\text{OH} & & \text{H}\!-\!\text{OH} & & \text{H}\!-\!\text{OH} \\
\text{CH}_2\text{OH} & & \text{COOH} & & \text{CHO} \\
\mathbf{4} & & & & \mathbf{6}
\end{array}
$$

$$
\begin{array}{ccccc}
\text{CHO} & & \text{COOH} & & \text{CH}_2\text{OH} \\
\text{HO}\!-\!\text{H} & & \text{HO}\!-\!\text{H} & & \text{HO}\!-\!\text{H} \\
\text{HO}\!-\!\text{H} & \xrightarrow{\;HNO_3\;} & \text{HO}\!-\!\text{H} & \xleftarrow{\;HNO_3\;} & \text{HO}\!-\!\text{H} \\
\text{H}\!-\!\text{OH} & & \text{H}\!-\!\text{OH} & & \text{H}\!-\!\text{OH} \\
\text{H}\!-\!\text{OH} & & \text{H}\!-\!\text{OH} & & \text{H}\!-\!\text{OH} \\
\text{CH}_2\text{OH} & & \text{COOH} & & \text{CHO} \\
\mathbf{5} & & & & \mathbf{7}
\end{array}
$$

利用类似方法费歇尔测定了 16 个己醛糖中 12 个的构型。

二、葡萄糖环尺寸的测定

在葡萄糖开链结构确定后，1926 年哈武斯和赫斯特（Hirst）报道了 D-葡萄糖环状结构。在他们的研究中首先对葡萄糖进行了全甲基化反应，生成四-O-甲基-D-葡萄糖苷，然后用稀酸处理使恢复糖的半缩醛羟基。这样四-O-甲基-D-葡萄糖就可能具有开链结构 **8**。在开链结构中只有醛基和与之作用成环的羟基易被氧化。用硝酸氧化得到四甲氧基酮酸 **9**。进一步与硝酸反应可使酮羰基两侧的 C—C 键断裂。若断裂 C^5—C^6 键则生成三甲氧基五碳糖二酸 **10**，若断裂 C^4—C^5 键则生成二甲氧基四碳糖二酸 **11**。D-葡萄糖经以上处理得到以上预期结果。这说明自由羟基在 C^5 上，所以 D-葡萄糖为六元环（吡喃糖）。若 D-葡萄糖为五元环（呋喃糖），自由羟基应在 C^4 上，经以上处理会得到完全不同的结果。

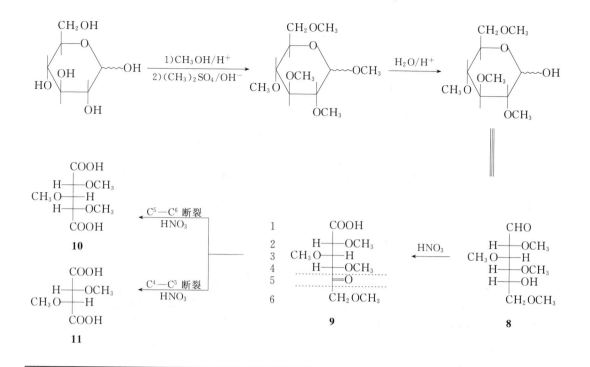

问题 19-6 根据下列反应推出 **A**、**B**、**C**、**D** 的结构。

$$D\text{-戊糖 }\mathbf{A} \begin{cases} \xrightarrow{\mathrm{HNO_3}} \text{糖二酸 }\mathbf{B} \quad (\text{有旋光性}) \\ \xrightarrow{\text{鲁夫降解}} \text{四碳糖 }\mathbf{C} \xrightarrow{\mathrm{HNO_3}} \text{糖二酸 }\mathbf{D} \quad (\text{无旋光性}) \end{cases}$$

19.5 双糖

双糖(disaccharides)是最简单的低聚糖。可看做一分子单糖的半缩醛羟基与另一分子单糖的羟基脱水键合的产物,它可水解生成两分子单糖。双糖的物理性质类似于单糖,如能生成结晶,易溶于水,有甜味,有旋光性等。根据还原性可把它分为两类,还原性糖和非还原性糖。自然界存在的麦芽糖、纤维二糖、乳糖等为还原性糖,蔗糖、海藻糖等为非还原性糖。

一、麦芽糖

麦芽糖(maltose)是食用饴糖的主要部分,甜度为蔗糖的 40%,它是由淀粉经麦芽中获得的一种酶水解而得。

麦芽糖的结构可从某些实验推断:(1)麦芽糖经 α-葡萄糖苷酶水解得到两分子 D-葡萄糖,这说明它是由两分子 D-葡萄糖组成。α-葡萄糖苷酶只水解 α 糖苷键,因此它是由一个 α-D-葡萄糖半缩醛羟基与另一分子 D-葡萄糖的羟基脱水键合而成。(2)当用吐伦试剂氧化可得正性结果,说明另一单糖分子具有醛基(具有半缩醛羟基)。(3)麦芽糖羟基全甲基化后再酸性水解,得到 2,3,4,6-四-O-甲基-D-吡喃葡萄糖和 2,3,6-三-O-甲基-D-吡喃葡萄糖,后者在 4 位存在自由羟基:

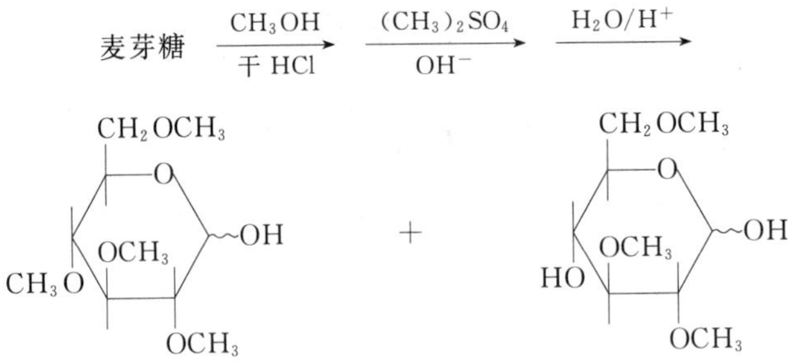

$$麦芽糖 \xrightarrow[\text{干 HCl}]{\text{CH}_3\text{OH}} \xrightarrow[\text{OH}^-]{(\text{CH}_3)_2\text{SO}_4} \xrightarrow{\text{H}_2\text{O/H}^+}$$

2,3,4,6-四-O-甲基-D-吡喃葡萄糖　　　　2,3,6-三-O-甲基-D-吡喃葡萄糖

因此麦芽糖是通过 α-1,4-糖苷键组成。综上所述麦芽糖的结构可表示如下：

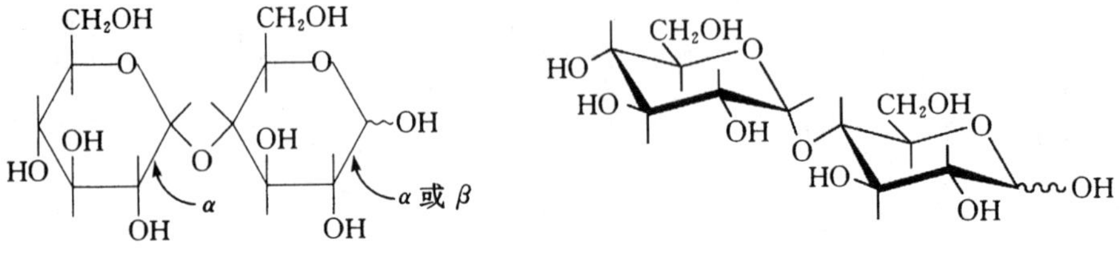

麦芽糖

4-O-(α-D-吡喃葡萄糖苷基)-D-吡喃葡萄糖

麦芽糖具有半缩醛羟基，所以属于还原性糖。化学反应上与单糖类似，如可被吐伦试剂、菲林试剂、Br_2/H_2O、HNO_3 等氧化，可以成脎，具有变旋现象等。

二、纤维二糖

纤维二糖(cellobiose)可由纤维素水解得到。像麦芽糖一样，它可水解为两分子 D-葡萄糖，所不同的是水解纤维二糖必须用 β-葡萄糖苷酶，因此它是由 β-1,4-糖苷键组成的双糖。它的结构可表示如下：

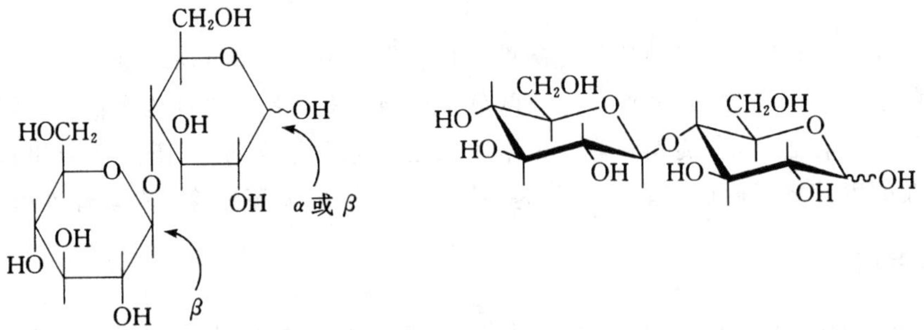

纤维二糖

4-O-(β-D-吡喃葡萄糖苷基)-D-吡喃葡萄糖

纤维二糖也具有半缩醛羟基，属于还原性糖，与麦芽糖一样也具有单糖的化学性质。

三、乳糖

乳糖(lactose)存在于哺乳动物的乳液中，人乳中含量为 6%～8%，牛乳中含量为 4%～6%。它还是奶酪生产的副产物。甜度约为蔗糖的 70%。

乳糖经酸性水解或苦杏仁酶水解得到一分子半乳糖和一分子葡萄糖,乳糖被溴水氧化后水解可得到 D-半乳糖和 D-葡萄糖酸,故它是由半乳糖半缩醛羟基与 D-葡萄糖的一个羟基键合而成。根据苦杏仁酶只水解 β 糖苷键的特点及它的甲基化法研究推断乳糖为具有 β-1,4-糖苷键的双糖。

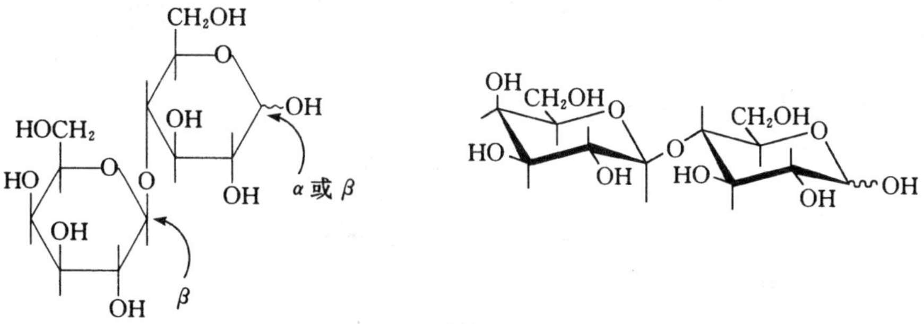

乳糖
4-O-(β-D-吡喃半乳糖苷基)-D-吡喃葡萄糖

乳糖溶解度较小,没有吸湿性。因具有半缩醛羟基,属还原性糖。化学性质与单糖类似。

四、蔗糖

蔗糖(sucrose)存在于许多植物中,在甘蔗和甜菜中含量较高。它是最早以纯的形式分离出的糖。也是目前生产量较大的有机化合物之一。

蔗糖水解可得一分子 D-葡萄糖和一分子 D-果糖。它不可还原吐伦试剂,所以不含半缩醛羟基,它可看做由 α-D-吡喃葡萄糖和 β-D-呋喃果糖半缩醛基脱水产物。其结构表示如下:

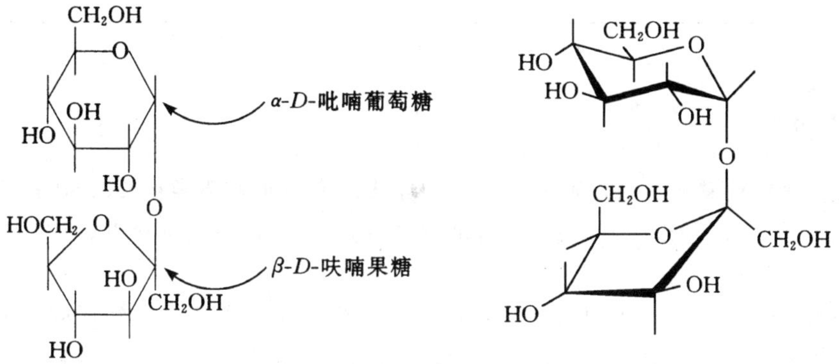

蔗糖
β-D-呋喃果糖苷基-α-D-吡喃葡萄糖苷
或 α-D-吡喃葡萄糖苷基-β-D-呋喃果糖苷

蔗糖是右旋的,但由于 D-果糖的左旋光度大于 D-葡萄糖的右旋光度故水解后两个单糖混合物是左旋的,因此一般把水解产物称为转化糖。

$$\text{蔗糖} \xrightarrow{\text{H}^+/\text{H}_2\text{O}} D\text{-葡萄糖} \quad + \quad D\text{-果糖}$$

$$[\alpha]_D +66° \qquad\qquad [\alpha]_D +52.6° \qquad [\alpha]_D -92.4°$$

(右旋)   转化糖(左旋)

蔗糖不存在半缩醛羟基属非还原性糖。它不被吐伦试剂氧化,无变旋现象,不能成脎。

五、海藻糖

海藻糖(trehalose)也是自然界分布较广的双糖,它存在于藻类、细菌、真菌、酵母及某些昆虫中。海藻糖也是一个双糖,分子中无半缩醛羟基属非还原性糖。它是由两分子$\alpha\text{-}D\text{-}$吡喃葡萄糖半缩醛羟基脱水生成的糖苷。

海藻糖

$\alpha\text{-}D\text{-}$吡喃葡萄糖苷基-$\alpha\text{-}D\text{-}$吡喃葡萄糖苷

问题19-7 一个双糖 **A**($C_{11}H_{20}O_{10}$),可被$\alpha\text{-}$葡萄糖苷酶水解生成一个$D\text{-}$葡萄糖和一个戊糖。经$(CH_3)_2SO_4$处理生成七-O-甲基醚 **B**。**B**在酸条件下水解生成 $2,3,4,6\text{-}$四-O-甲基-$D\text{-}$葡萄糖和三-O-甲基戊糖 **C**。**C**用 Br_2/H_2O 处理生成 $2,3,4\text{-}$三-O-甲基-$D\text{-}$核糖酸。写出 **A**,**B**,**C** 的哈武斯式。

19.6 环糊精

淀粉经环糊精糖基转化酶水解可得到一种环状低聚糖叫做**环糊精**(cyclodextrins)。一般情况下环糊精是由六、七和八个单位$D\text{-}$吡喃葡萄糖通过$\alpha\text{-}1,4\text{-}$糖苷键键合成环。根据所含葡萄糖单位分别称作$\alpha\text{-}$、$\beta\text{-}$和$\gamma\text{-}$环糊精。

环糊精形状像破底的水桶,上端大,下端小。从图 19-1 可以清楚看到环糊精的结构和形状。桶状环糊精上端是葡萄糖 C^2 和 C^3 上的两个羟基,下端是羟甲基。C^3 和 C^5 上的氢及糖苷键的氧伸向内侧。

环糊精为晶体,具有旋光活性,α、β 和 $\gamma\text{-}$环糊精比旋光度分别为$+150.5°$,$+160.0°$和$+177.4°$。分子中不具有半缩醛羟基,因此无还原性。对酸有一定稳定性,普通淀粉酶也难以将它水解。各种环糊精对碘呈不同颜色反应,$\alpha\text{-}$环糊精呈青色,$\beta\text{-}$环糊精呈黄色,$\gamma\text{-}$环糊精呈紫褐色。

环糊精最引起人们注意的是它在有机反应中的应用。作为环状化合物,环糊精具有一定的孔径,$\alpha\text{-}$、$\beta\text{-}$和 $\gamma\text{-}$环糊精孔径分别为 0.6nm、0.8nm 和 1nm。这三种环糊精空间深度均为$0.7\sim0.8$nm。它像冠醚一样可选择性地和一些有机化合物形成包合物,它与被包合的化合物的关系也称为主—客体关系。与冠醚相比它具有极性的外侧和非极性的内侧。所以它可包合非极性分子,而形成的包合物却能溶于极性溶剂,因此它可用做相转移催化剂。环糊精具有手性,对包合

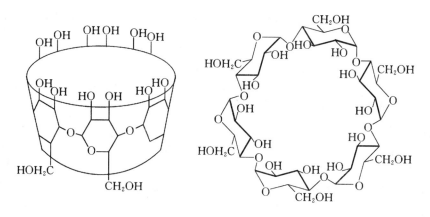

图 19-1 α-环糊精

物能起一定手性影响,这样使客体分子进行反应具备立体选择性,常用于立体有择合成中。环糊精还可包合客体分子的一部分,使另一部分暴露于反应环境中,这就提供了反应中的区域选择性。下面是环糊精在合成中应用的两个例子,它体现了环糊精对反应区域选择性和立体选择性的影响。

例 1 为瑞默-梯曼反应,正常情况下主要反应产物为邻羟基苯甲醛,而当反应体系中加入 β-CD 时,苯酚被包合,使苯环的邻位被屏蔽,反应体系中的二氯卡宾只能从苯环对位进攻,这样可得到对羟基苯甲醛。

随着对环糊精认识的加深,环糊精和修饰的环糊精越来越广泛地应用于各类合成中。由于它的络合及催化作用类似于生物体中的酶,因此人们把它当作研究酶作用的模型。环糊精在化学应用上已表现出了它的独特性和广泛性,随着对它研究的深入,环糊精的应用必将显示更美好的前景。

19.7 多糖

多糖(polysaccharides)是由几百乃至数千个单糖以糖苷键相连形成的天然高聚物。植物储存的养分淀粉及动物储存的养分糖元都是由 D-葡萄糖构成的多糖,昆虫的甲壳主要是氨基糖构成的多糖。

多糖与单糖和低聚糖在性质上有较大差别。一般多糖无还原性和变旋现象,也不具有甜味,大多数多糖不溶于水。

一、淀粉

淀粉(starch)是白色无定形粉末。它是由直链淀粉(amyeose)和支链淀粉(amylopectin)两部分构成。两部分的比例因植物的品种而异,一般直链淀粉在淀粉中约占 10%~30%,支链淀粉约占 70%~90%。直链和支链淀粉在结构和性质上有一定区别。

淀粉部分水解可得到比淀粉相对分子质量小得多的糖叫糊精(dextrin),因它遇碘呈红色又叫红糊精。继续水解可得到相对分子质量更小的无色糊精(遇碘不发生颜色变化)。无色糊精有还原性,溶于水并具有粘性,因此可作粘合剂及纸张、布匹的上胶剂。无色糊精再水解可得麦芽糖和 D-葡萄糖。

1. 直链淀粉

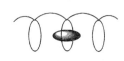

图 19-2　淀粉分子与碘的作用

直链淀粉能溶于热水不成糊状。它是由葡萄糖以 α-1,4-糖苷键结合的链状化合物。它所含葡萄糖单位比支链淀粉要少,一般在 250 个葡萄糖单位以上(分子的大小与淀粉来源及分离提纯方法有关)。但直链淀粉的结构并非直线形,而是分子内氢键使链卷曲成螺旋状(图 19-2)。直链淀粉遇碘显蓝色并不是碘与淀粉之间形成化学键,而是碘分子钻入螺旋空隙中形成复合物的缘故。

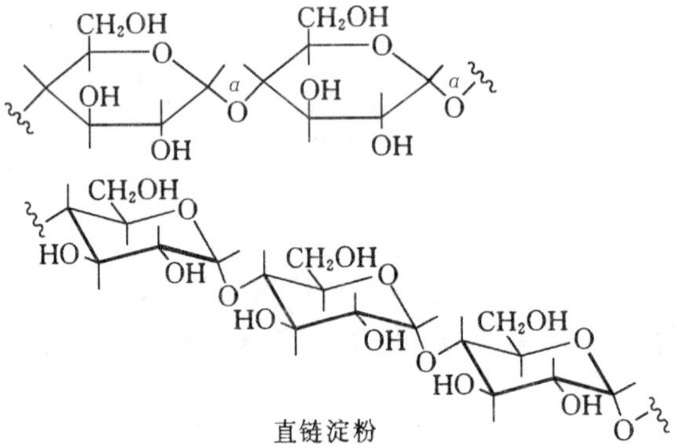

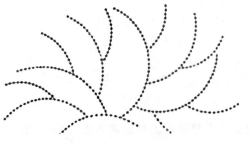

直链淀粉

2. 支链淀粉

支链淀粉不溶于水,在热水中成糊状。支链淀粉所含葡萄糖单位比直链淀粉多,一般在 1 000 个以上。各葡萄糖单位连接方式除 α-1,4-糖苷键外,还存在 α-1,6-糖苷键。这就使它的结构具有分支。大约每 20~25 个葡萄糖单位就具有一个支链(图 19-3)。

每个点代表一个葡萄糖单位

图 19-3　支链淀粉分支结构

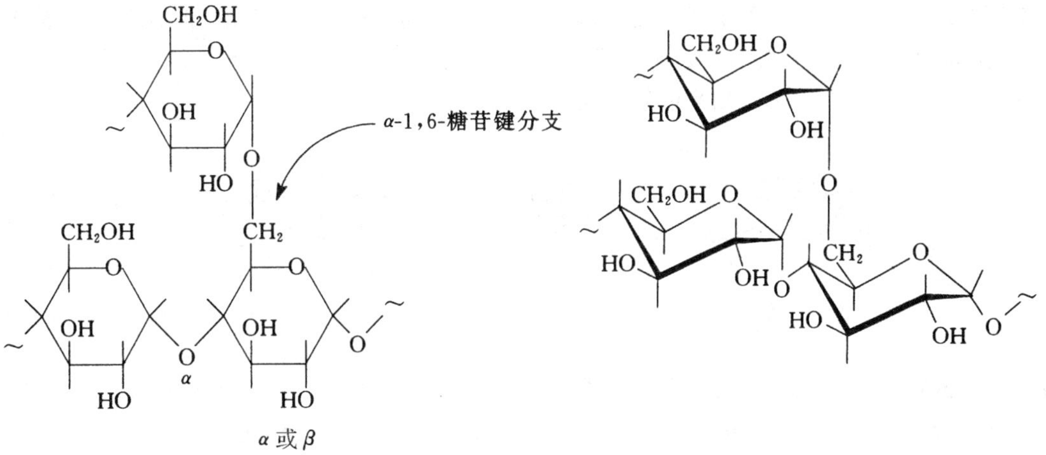

支链淀粉

二、纤维素

纤维素(cellulose)是自然界最丰富的有机化合物。它是植物细胞壁的主要组分。一般植物干、叶中含纤维素为 $10\%\sim20\%$，木材中含 50%，棉纤维中含 90%。

纤维素为多糖。不溶于水和一般有机溶剂。当它被 40% 盐酸水解可得到 D-葡萄糖,如小心用酸水解能得到纤维二糖。纤维素是由 D-葡萄糖以 β-1,4-糖苷键结合的链状高聚物。它含葡萄糖单位为几千乃至上万。在纤维素结构中不存在支链,由于氢键各分子之间相互扭合,形成像麻绳一样的一束纤维素链(图 19-4)。

图 19-4 扭在一起的纤维素链

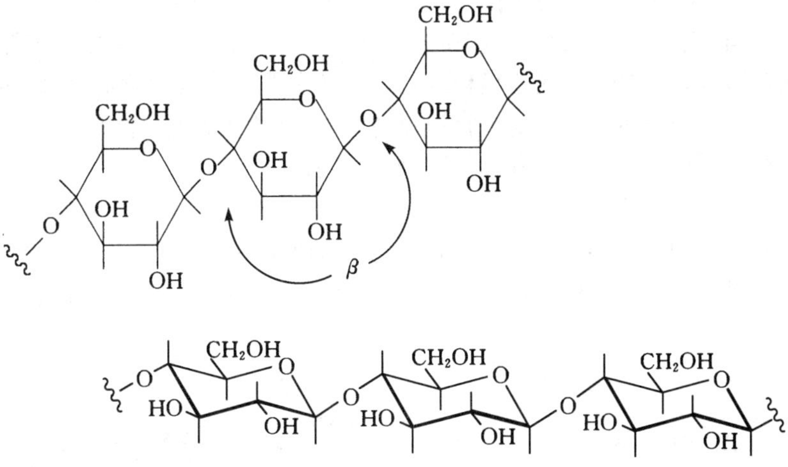

纤维素

纤维素虽然与淀粉一样由 D-葡萄糖组成,但因为是由 β-1,4-糖苷键链合,不能被淀粉酶水解。因此不可作为人的营养物质。在食草动物如牛、羊、马等消化道存在某些微生物群体,这些微生物可以分泌出水解 β-1,4-糖苷的酶而使这些动物能从纤维素中获取营养。

纤维素无变旋现象,不易被氧化,但具有羟基的一般反应,其产物有广泛用途。如纤维素羟基可与硝酸和硫酸反应生成硝酸酯,俗称硝化纤维。硝化程度高的产物叫火棉,容易燃烧爆炸,可作为无烟火药的主要原料。硝化程度低的叫火棉胶,它可与樟脑等一起加热得到坚韧的塑料——塞璐珞(celluloid),用来制造乒乓球、钢笔杆、玩具等。

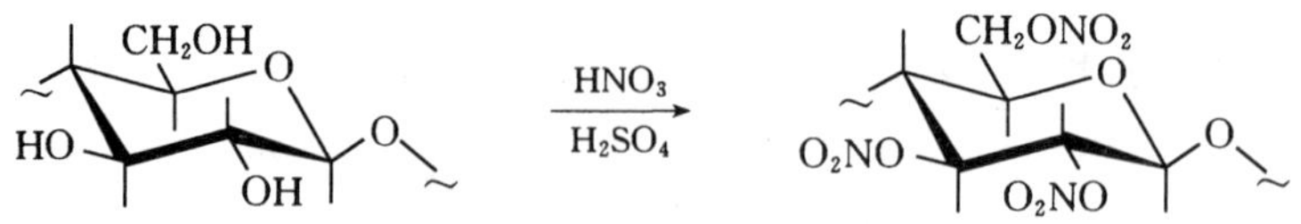

纤维素   纤维素三硝酸酯

纤维素在酸性介质中与醋酐反应生成纤维素乙酸酯,俗称醋酸纤维。将醋酸纤维溶于丙酮中经过细孔或窄缝压入热空气中使丙酮挥发,醋酸纤维就形成了细丝和薄片,这就是人造丝或电影胶片的基。

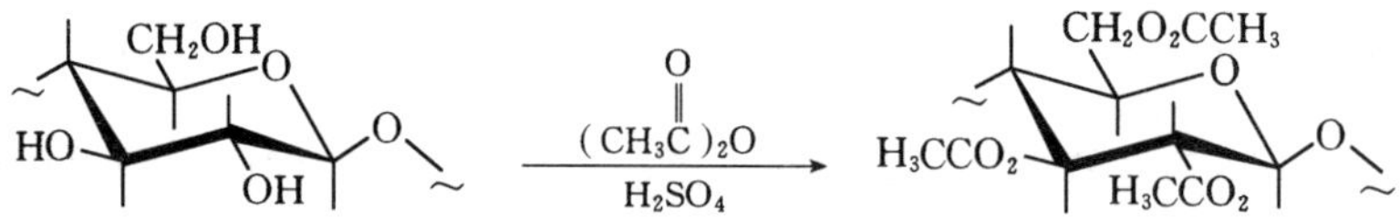

纤维素   纤维素三醋酸酯

纤维素在碱存在下用烷基氯处理,可生成纤维素醚。这个产物也是纺织、胶片和塑料工业上的重要原料。

三、其他重要多糖

1. 糖元

糖元(glycogen)是由 D-葡萄糖通过 α-1,4-糖苷键和 α-1,6-糖苷键组成的多糖。它的结构与支链淀粉相同,但分支程度比支链淀粉高,一般每 3～4 个葡萄糖单位就具有一个支链。

糖元是无色粉末,易溶于水,遇碘呈紫红色。糖元主要存在于动物肝脏和肌肉中,是动物能量的主要来源。当动物血液中葡萄糖含量较高时,它就结合成糖元储存于肝脏和肌肉中,当血液中葡萄糖含量降低,糖元即可分解为葡萄糖供给肌体能量。

2. 甲壳质

甲壳质(chitin)是由 2-乙酰氨基-2-脱氧-D-葡萄糖通过 β-1,4-糖苷键组成的高聚物,所以也是一个多糖。甲壳质是链状化合物,不存在分支结构。实际上可把它看做纤维素衍生物。

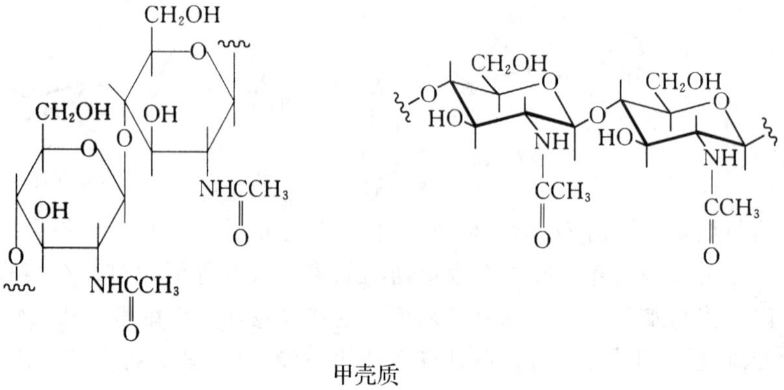

甲壳质

在自然界,甲壳质一般与某些非糖物质如蛋白质、类脂化合物键合。它存在于真菌、酵母、无脊椎动物和节支动物(如昆虫蟹等)的甲壳中。

甲壳质为无定形固体,不溶于水和一般有机溶剂,但可溶于浓酸中。当水解时糖苷键断裂的同时脱去乙酰基,得到 2-氨基-2-脱氧-D-葡萄糖。

19.8　与糖相关的一些天然产物

一、L-抗坏血酸(V_c)

维生素 C 存在于各种植物中,在自然界它是由 D-葡萄糖起始,通过植物中不同酶的作用合成的。

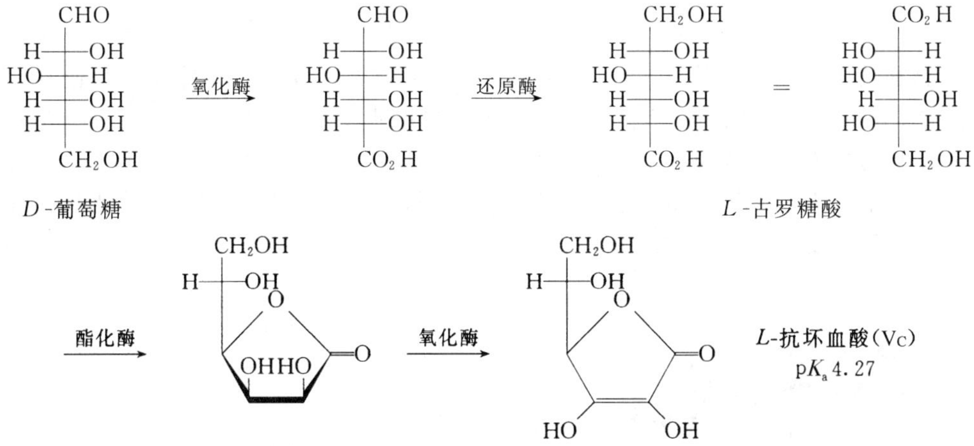

D-葡萄糖　　　　　　　　　　　　　　　　　　　　　L-古罗糖酸

L-抗坏血酸(V_c)
pK_a 4.27

二、与核糖、脱氧核糖相关的生物分子

核糖和脱氧核糖是组成生理活性分子的重要原料。它和嘌呤、嘧啶(碱基)环系可组成核苷,核苷与磷酸作用生成核苷酸,像三磷酸腺苷(ATP)、烟酰胺腺嘌呤二核苷酸(NAD)等。核苷酸在生物体内履行它们特定的生理功能,如 ATP 作为生物能量传递者,NAD 参与生物氧化-还原反应。控制遗传和蛋白质合成的脱氧核糖核酸(DNA)和核糖核酸(RNA)是脱氧核糖和核糖、磷酸及杂环碱基构成的生物功能高分子化合物(参阅 21.5 节)。

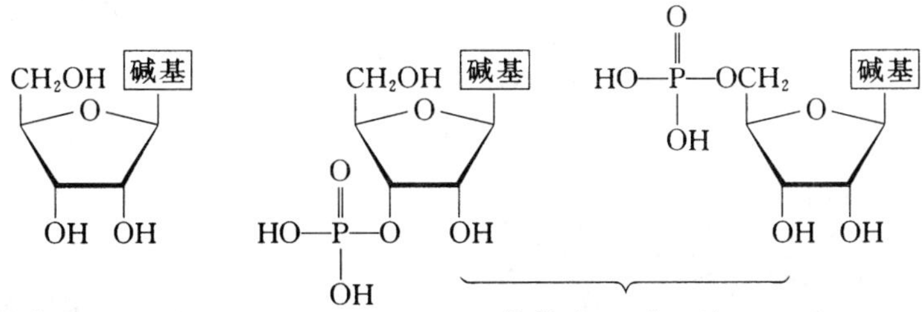

核苷(nucleoside)　　　　　　　核苷酸(nucleotide)

三、糖蛋白

很多生物细胞表面含有多糖,一般情况下这些多糖是以半缩醛羟基与细胞表面的蛋白质

的羟基或氨基键合，这种物质称做糖蛋白。像骨胶原、免疫球蛋白、促甲状腺激素、促卵泡激素、干扰素和血浆蛋白等均为糖蛋白。

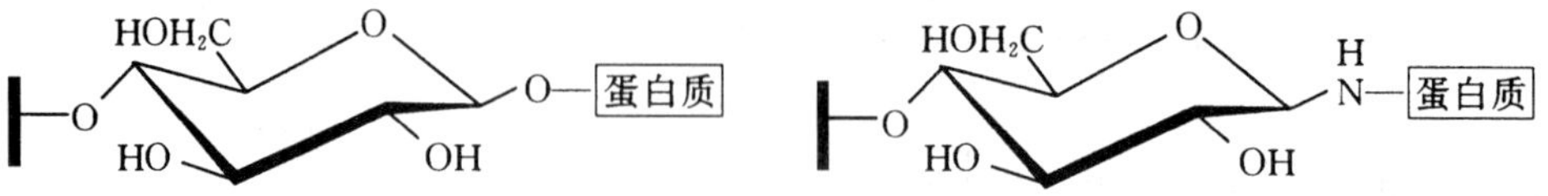

糖蛋白(glycoprotien)

糖蛋白中的多糖有重要的生理功能，它们是细胞和细胞、细胞和外来物质分子互相作用的主要部分。人的血型作为生物化学的标记是由血红细胞表面的糖蛋白中的糖决定的。也就是说 A 型、B 型、AB 型和 O 型血是由血红细胞表面的糖的结构不同引起的。我们把这些糖蛋白称为抗原(antigens)，不同血型的血红细胞具有不同的抗原。同时血清中还携带抗体(antibody)，抗体也是糖蛋白。抗原和抗体可相互识别并可相互作用。如 A 型血中血红细胞具有 A 抗原，其血清中带有抗 B 的抗体，而 B 型血中具有 B 抗原和抗 A 的抗体，AB 型血具有 A 抗原和 B 抗原但既无抗 A 也无抗 B 的抗体。O 型血中既无 A 抗原又无 B 抗原，但血清中带有抗 A 和抗 B 的抗体。若 A 型血的人输入了 B 型血，那么抗原和抗体相互作用，链合红血球使之凝结；O 型血的人可给任何血型的人输血，称万能输血者；AB 型血的人可接受任何血型的人的血液，称万能受血者。

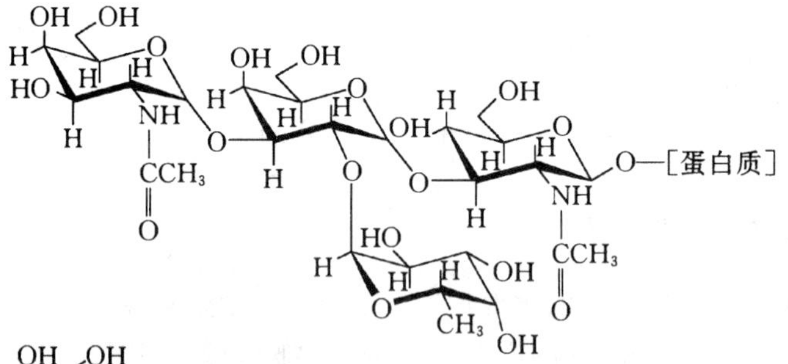

A 型血决定因子

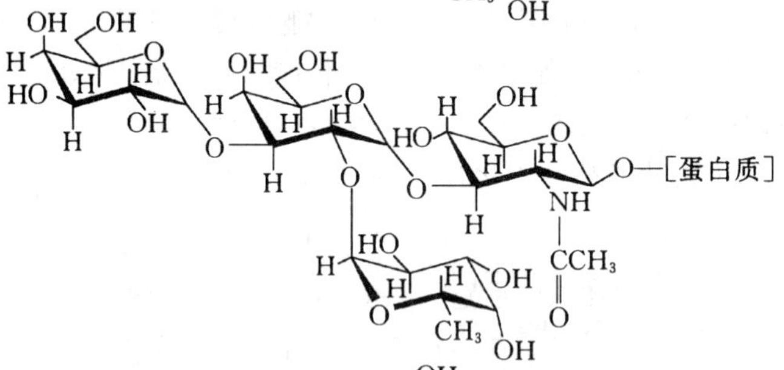

B 型血决定因子

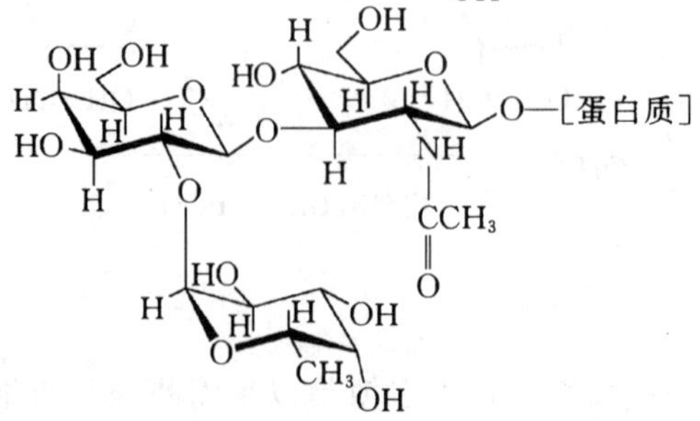

O 型血决定因子

19.9 低聚糖固相合成

低聚糖的合成并非易事,存在的主要问题是一个糖的半缩醛羟基可和另一糖体中的任意羟基作用,使反应无定向性,而合成的要求是与特定羟基反应;再者,合成必须保证反应的立体专一性。这些问题已被丹尼谢夫斯基解决。[S. J. Danishefsky,1936 年出生于美国,在 Harvard 大学获博士学位,任 Yale 大学和 Columbia 大学化学教授。]他利用固相合成法成功地合成了低聚糖。

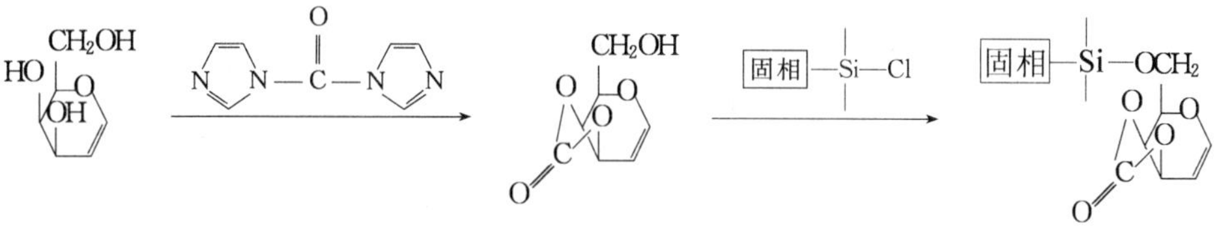

D-脱羟半乳糖

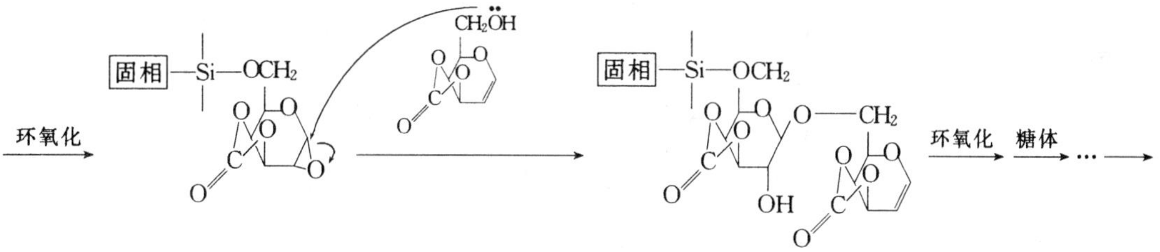

固相合成法采用脱去 1 位和 2 位碳上两个羟基的糖体,如脱羟半乳糖,使其与碳酰二咪唑反应,这样可把 3 位和 4 位碳上的羟基保护起来以保证糖体中特定羟基的反应。然后与固定相活性基团作用,利用 6 位碳上的羟基将糖体连接于固定相上。环氧化,加入另一个保护 3 位和 4 位碳羟基的脱羟半乳糖,利用该糖体 6 位碳上的羟基使环氧开环,这样就生成了双糖。若重复以上步骤即可获得含有几个糖体的低聚糖。

合成中环氧的生成及环氧的开环都具有立体专一性,这就保证了合成低聚糖的立体专一性。合成中每增加一个糖体就要用溶剂洗去没参加反应的单糖体,而与固定相相连的聚合糖链不受影响。

19.10 葡萄糖的酵解

糖的酵解(glycolysis)是生物体系中产生能量的普遍途径。它是葡萄糖降解代谢的第一阶段。它经一系列反应,把葡萄糖转化成丙酮酸,伴随产生 ATP。

葡萄糖酵解又称酶解,主要是经过酶的催化,发生降解而提供能量,与常见的有机化合物与氧反应放出热能不一样。这不是一种简单的氧化反应,放出热能提高体系的温度。机械运动依靠热能来做功,这是热机获得能量的方式,生物体系把能量储存在高能的化合物,是化学能的转化,具体的储能物质就是 ATP。另外,磷酸与葡萄糖和它的降解物结合的 C—O—P 键也含有一定能量,ATP 把其磷酸转给糖时能量随之而转移。例如一分子 ATP 水解,放出一分子磷酸(低能磷酸化合物),自己成为 ADP,释放出 30.5kJ/mol。

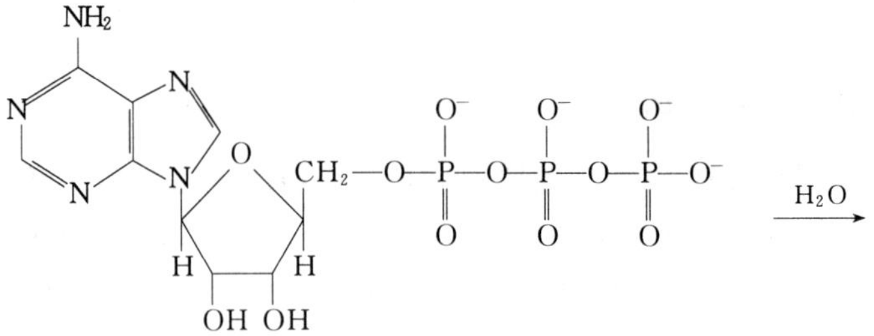

ATP

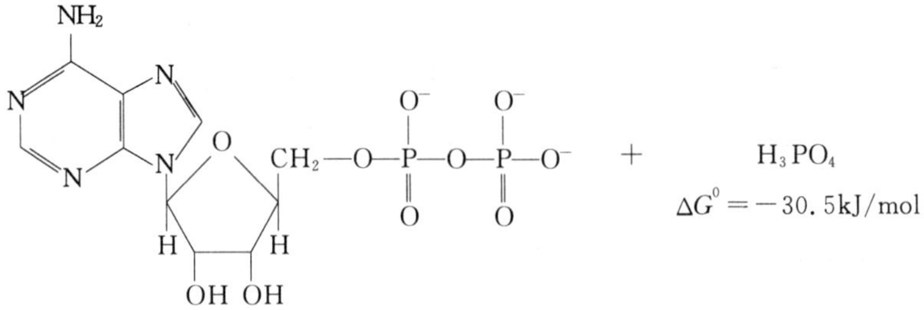

$$\xrightarrow{\;H_2O\;}$$

ADP

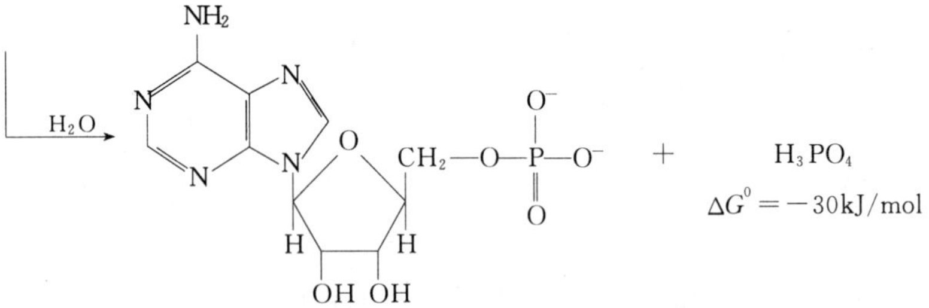

$$+\quad H_3PO_4 \qquad \Delta G^0 = -30.5\text{kJ/mol}$$

$$\xrightarrow[H_2O]{}$$

AMP

$$+\quad H_3PO_4 \qquad \Delta G^0 = -30\text{kJ/mol}$$

表 19-1 是一些磷酸化合物水解的标准自由能 ΔG^0。

表 19-1　一些磷酸化合物水解的标准自由能

磷酸化合物	结　构	$\Delta G^0/\text{kJ}\cdot\text{mol}^{-1}$
磷酸烯醇式丙酮酸	$CH_2{=}C{-}COOH$ $O_n \textcircled{P}$	-61.9
乙酰磷酸	$CH_3COO\textcircled{P}$	-43.1
AMP→腺苷		-14.2
葡萄糖 1-磷酸	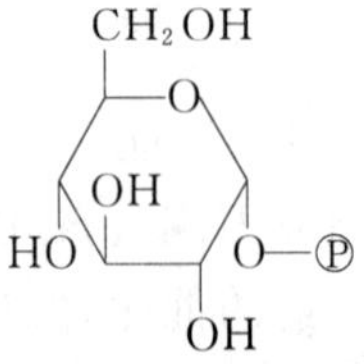	-20.9
果糖 1-磷酸	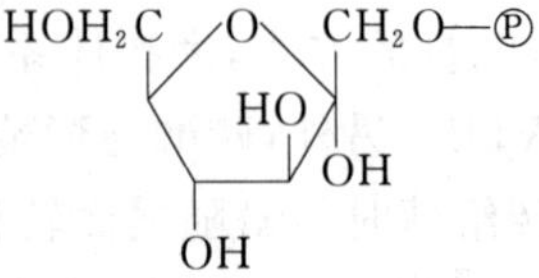	-15.9

磷酸化合物	结　构	$\Delta G^0/\text{kJ} \cdot \text{mol}^{-1}$
葡萄糖 6-磷酸	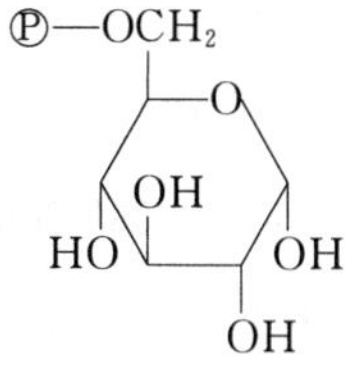	-13.8

注　$\textcircled{P}\!=\!\!\begin{array}{c}O^-\\|\\-P-O^-\\|\\O\end{array}$。

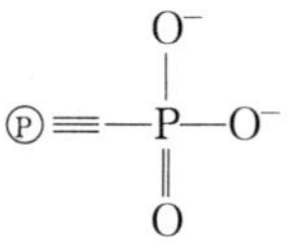

葡萄糖酶解第一步是磷酸化成葡萄糖-6-磷酸(G-6-P)。ATP 是磷酸的提供者。由于 ATP 释放出一个磷酸,而自己成为 ADP,反应在己糖激酶作用下完成。在能量方面是有利的。葡萄糖-6-磷酸接着被磷酸葡萄糖异构酶催化异构化为果糖-6-磷酸(F-6-P)。这一变化能量持平,接下来又是一步磷酸化反应,是 ATP 把一分子磷酸传递给果糖-6-磷酸,生成果糖-1,6-二磷酸(F-1,6-DP),后者自由能有所提高,但磷酸转移的能量仍然是有利的。

从六碳糖裂解成两个丙糖——磷酸二羟丙酮和甘油醛-3-磷酸。这个反应也是由醛缩酶完成的。以后从甘油醛-3-磷酸转变为 1,3-二磷酸甘油酸,这一步是氧化反应,同时磷酸化。氧化剂是 NAD^+。磷酸直接参与磷酸酯化,反应热力学上是不利的,但由于氧化反应能释放自由能,所以这一步反应仍然是可以进行的(当然每步都有专一性酶催化的),净自由能 $\Delta G^0 = -1.77\text{kJ/mol}$。

到三碳中间体,一直是消耗 ATP 的过程:

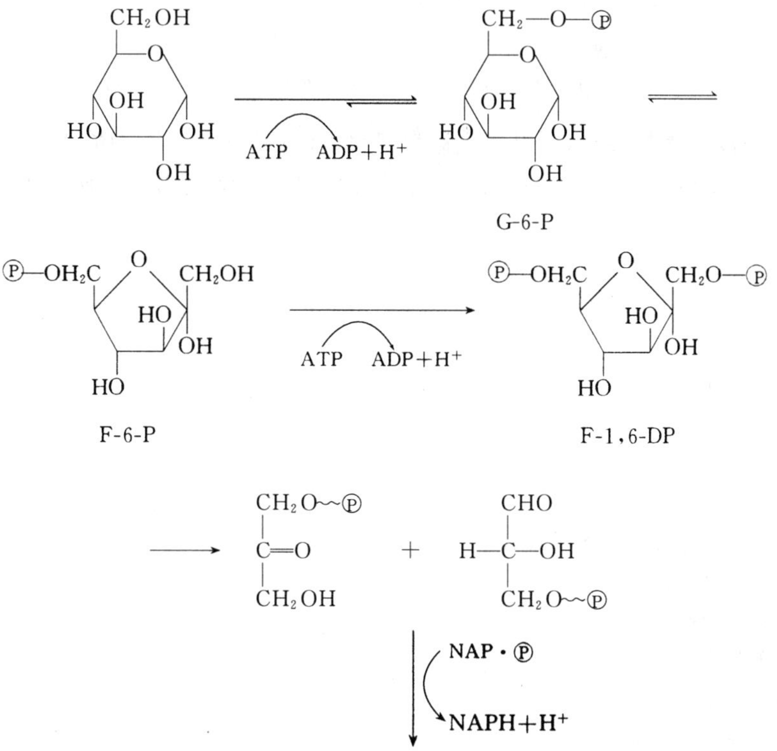

G-6-P

F-6-P　　　　　　　　　　　　　　　　F-1,6-DP

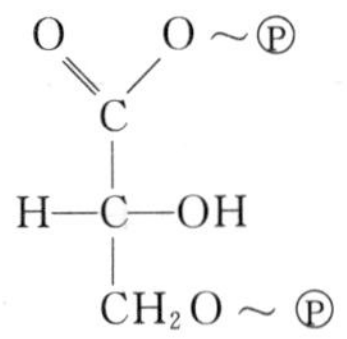

$$\begin{array}{c} O \quad O \sim \text{\textcircled{P}} \\ \diagdown \diagup \\ C \\ | \\ H-C-OH \\ | \\ CH_2O \sim \text{\textcircled{P}} \end{array}$$

1,3-二磷酸甘油酸

从 1,3-二磷酸甘油酸转化为 3-磷酸甘油酸是释放出高能过程,前者把磷酸传递给 ADP,然后 3-磷酸甘油酸异构为 2-磷酸甘油酸,后者脱去水而成为自由位能最高的磷酸烯醇式丙酮酸,当后者释放出一分子磷酸的同时也把能量转移给 ADP,丙酮酸就是酶解的最后产物:

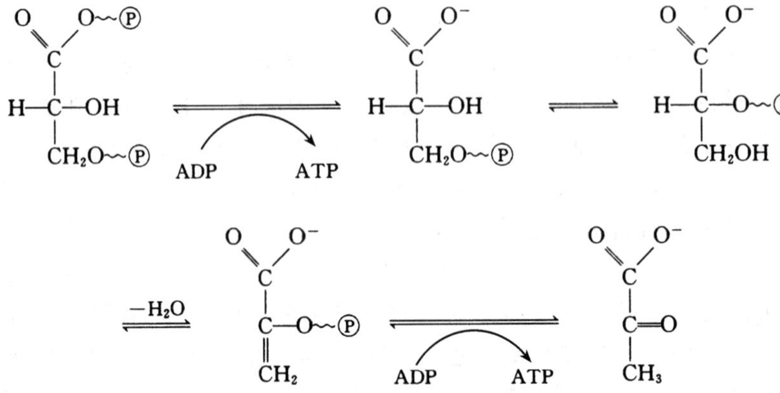

从上边反应过程中每个三碳糖降解时提供两个 ADP 转化为 ATP。鉴于六碳糖每分子降解为两分子三碳糖(磷酸二羟基丙酮和甘油醛-3-磷酸之间可以互相转化)。故总的酶解是储备能量的,用下面总反应式可表达这一储能过程:

$$葡萄糖 \ + \ 2\text{\textcircled{P}} \ + \ 2\,ADP \ + \ 2\,NAD^+ \longrightarrow$$
$$2\,丙酮酸 \ + \ 2\,ATP \ + \ 2\,H_2O \ + \ 2\,NADH \ + \ 2\,H^+$$

能量转移过程中没有氧的参与,所以反应称为酵解,酵解最终产物丙酮酸将进一步转变,进入三羧循环而变为 H_2O 和 CO_2,或脱羧而成乙酸被利用于在细胞内合成脂肪酸或其他高级代谢物。

习　题

1.写出下列糖的哈武斯式。

(1)α-D-吡喃半乳糖

(2)2-甲氨基-α-L-2-脱氧吡喃葡萄糖

(3)甲基-β-D-吡喃甘露糖苷

(4)6-(β-D-呋喃果糖苷基)-β-D-吡喃甘露糖

2.写出下列糖的稳定构象。

(1)α-D-吡喃阿拉伯糖

(2)β-L-吡喃葡萄糖

(3)β-D-吡喃古罗糖

(4)β-D-吡喃木糖

3. 写出下列糖的费歇尔投影式。

(1)

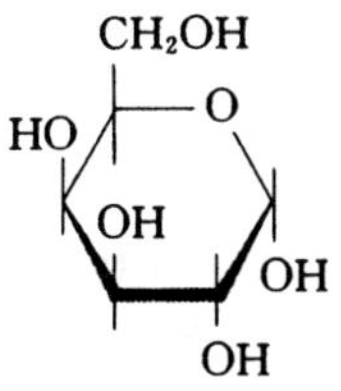

(2)

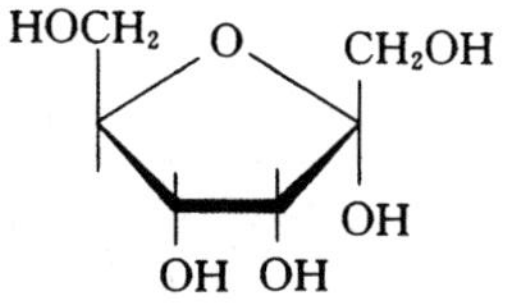

(3)

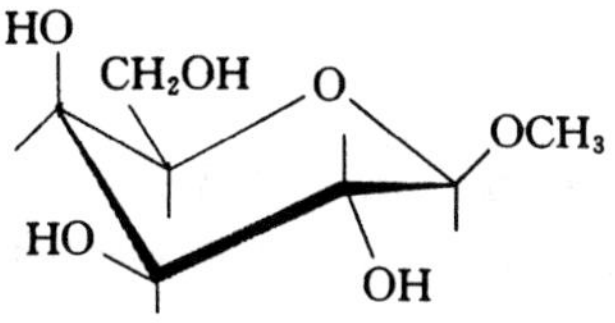

(4) α-D-吡喃莱苏糖

4. R-5-羟基庚醛有两种半缩醛形式,写出它们的稳定构象并判定哪一个更稳定?

5. 用 R,S 标记下列糖的手性碳的构型。

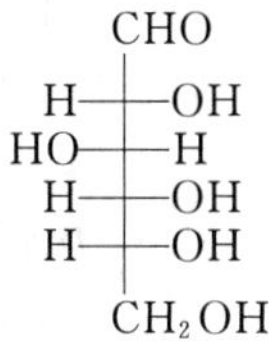

(1) 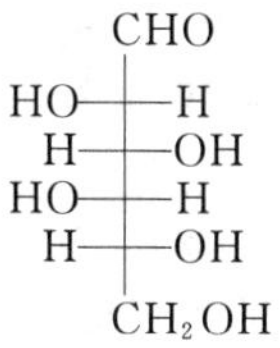   (2) 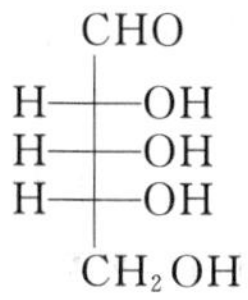   (3) 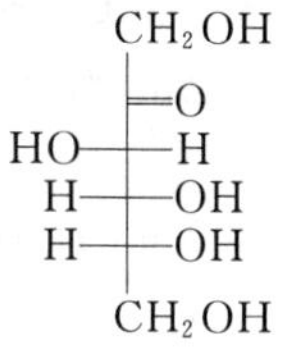   (4)

6. D-葡萄糖在酸催化下与丙酮反应生成不能被还原的1,2;5,6-二丙叉基-D-呋喃葡萄糖。写出这个反应的机理。

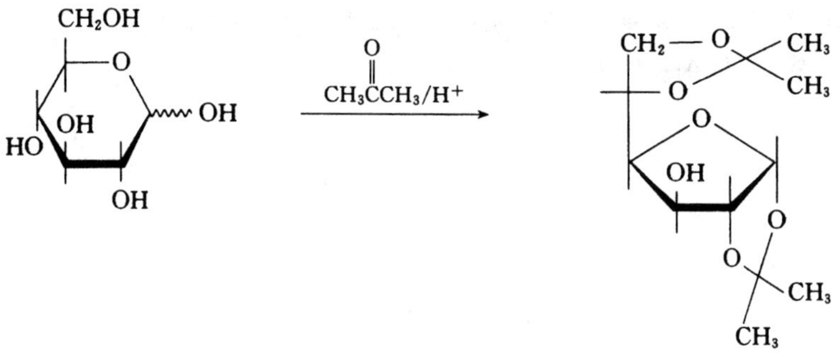

7. 当吡喃糖中半缩醛羟基和羟甲基同处于 a 键时,则可相互作用生成分子内缩醛形式,叫做脱水糖。分别把 D-艾杜糖和 D-葡萄糖水溶液在 100℃ 加热后发现,D-艾杜糖缩醛形式存在 80%,而 D-葡萄糖只有 0.1%,为什么?(提示:进行构象分析)。

8. 完成下列反应式。

(1) D-半乳糖 ＋ C₂H₅OH $\xrightarrow{H^+}$

(2) D-甘露糖 $\xrightarrow{(CH_3CO)_2O}{吡啶}$

(3) 甲基-D-吡喃阿洛糖苷 $\xrightarrow{HIO_4}$

(4) 纤维二糖 $\xrightarrow{Br_2/H_2O}$

(5) 甲基-(4-β-D-吡喃半乳糖苷基)-α-D-吡喃葡萄糖苷 $\xrightarrow{H_3^+O}$

9. 完成下列转化(提示:通过环缩醛、酮)。

10. 用化学方法分别鉴别下列两组化合物。

(1)葡萄糖 淀粉 蔗糖 (2)半乳糖 葡萄糖

11. 一个 D-己醛糖 **A** 用硝酸氧化生成有旋光活性的糖二酸 **B**。**A** 经鲁夫降解生成一个戊醛糖 **C**。**C** 经还原得到有旋光活性的糖醇 **D**。**C** 经鲁夫降解生成丁醛糖 **E**,**E** 被硝酸氧化给出有旋光活性的糖二酸 **F**。写出 **A**~**F** 的费歇尔投影式。

12. **A**、**B**、**C** 是三个 D-己醛糖。**A** 和 **B** 用 $NaBH_4$ 处理得到旋光活性相同的糖醇,但 **A** 和 **B** 成脎不同。**B** 和 **C** 用 $NaBH_4$ 还原得到不同的糖醇,但 **B** 和 **C** 成脎相同。用 Fischer 投影式写出 **A**、**B**、**C** 可能的结构。

13. 用化学方法确定四碳醛糖 D-赤藓糖和五碳醛糖 D-核糖及 D-阿拉伯糖的构型。

14. 由 $NaBH_4$ 还原 D-己醛糖 **A** 得到具有旋光活性的糖醇 **B**。**A** 经鲁夫降解再用 $NaBH_4$ 还原生成非旋光活性的糖醇 **C**。若把 D-己醛糖的—CHO 和—CH$_2$OH 交换位置所得结构与 **A** 完全相同。写出 **A**,**B**,**C** 的构型式。

15. 一个双糖 **A**($C_{12}H_{22}O_{11}$)用 CH_3OH/H^+ 处理后与 $(CH_3)_2SO_4/OH^-$ 反应得到 **B**。**B** 水解生成 2,3,4,6-四-O-甲基-D-半乳糖和 2,3,6-三-O-甲基-D-葡萄糖。**A** 水解可得到等量 D-半乳糖和 D-葡萄糖。当 **A** 用 Br_2/H_2O 处理生成一个酸,**C** 被分出后进行酸性水解生成 D-葡萄糖酸和 D-半乳糖。写出这个双糖 **A** 的结构及 **B** 和 **C** 的结构。

16. 木聚糖与纤维素一起存在于木材中,它是由 D-木糖通过 β-糖苷键链合成的多糖。当木聚糖与稀盐酸水溶液一起煮沸而后水蒸气蒸馏得到一个液体化合物 **A**($C_5H_4O_2$)。**A** 可与苯肼反应生成腙而不生成脎。**A** 用 $KMnO_4$ 氧化得到 **B**($C_5H_4O_3$),**B** 加热脱羧生成 **C**(C_4H_4O)。**C** 可催化氢化生成较稳定的化合物 **D**(C_4H_8O)。**D** 不能使 $KMnO_4$ 和 Br_2/CCl_4 褪色,当用盐酸处理时可得到 **E**($C_4H_8Cl_2$)。**E** 与 KCN 反应后水解生成己二酸。写出 **A**,**B**,**C**,**D**,**E** 的结构式。

第二十章　杂环化合物

在环状化合物的环中含有碳以外的杂原子,这类化合物统称为杂环化合物(heterocyclic compounds)。最常见的杂原子是氧、硫、氮,其中又以氮最多。例如四氢呋喃,丁二酸酐,四氢吡咯等已学过的一些杂环化合物。

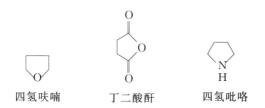

四氢呋喃　　　　丁二酸酐　　　　四氢吡咯

这类化合物的物理和化学性质类似于带有杂原子的脂肪族化合物。例如,四氢呋喃具有典型的醚的性质,四氢吡咯具有典型的仲胺的性质,丁二酸酐类似于一般酸酐的性质,所以把它们放在一般的有机化合物中介绍。

本章要介绍的是具有一定程度的芳香性的杂环化合物,例如呋喃、吡咯、吡啶等。

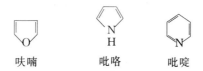

呋喃　　　　吡咯　　　　吡啶

这类环比较稳定,它们在性质上与一般的醚、胺等有很大的区别。这些环周边的 π 电子数符合 $4n+2$ 规则,具有芳香性,所以有时也称它们为芳香杂环化合物。

杂环化合物在自然界分布很广,如使植物叶成绿色的叶绿素,使血液成红色的血红素,具有遗传作用的核酸,它们都具有重要的生理作用。许多中草药的有效成分大都含有含氮杂环化合物,部分维生素和抗菌素以及一些植物色素和植物染料都含有杂环,不少合成药物和合成染料也含杂环。杂环化合物是一大类有机化合物,在理论和实际中都有十分重要的意义。

20.1　芳杂环化合物的分类和命名

芳杂环的数目很多,可根据环的大小、杂原子的多少以及单环和稠环来分类。常见的杂环为五元、六元单杂环及稠杂环。稠杂环是由苯环及一个或多个单杂环稠合而成的。

杂环化合物的命名采用外文名的译音,用带"口"字旁的同音汉字表示。编号从杂原子开始,用阿拉伯数字(1,2,…)表示顺序,也可以将杂原子旁的碳原子依次用 α、β、γ 表示。

一、五元杂环

β 4——3 β
α 5   2 α
O
1

呋喃
furan

β 4——3 β
α 5   2 α
S
1

噻吩
thiophene

β 4——3 β
α 5   2 α
N
H 1

吡咯
pyrrole

五元环中含两个或两个(至少有一个氮原子)以上的杂原子的体系称唑(azole)。如果杂原子不同,则按氧、硫、氮的顺序编号。

4   N 3
5   2
N
H 1

咪唑
imidazole

4   3
5   N 2
N
H 1

吡唑
pyrazole

4   N 3
5   2
S
1

噻唑
thiazole

4   N 3
5   2
O
1

噁唑
oxazole

二、六元杂环

γ
4
β 5   3 β
α 6   2 α
N
1

吡啶
pyridine

5   4
6   3
N 2
N
1

嘧啶
pyrimidine

5   4
6   3
N
N 2
1

哒嗪
pyridazine

4
N
5   3
6   2
N
1

吡嗪
pyrazine

三、稠杂环

6
1   5   7
2   N   N 9
3   4   8
N
H

嘌呤
purine
(嘌呤编号特殊)

5   4
6   3
7   2
8
N
1

喹啉
quinoline

5   4
6   3
7   N 2
8
1

异喹啉
isoquinol
(异喹啉编号特殊)

4
5   3
6   2
7
N 1
H

吲哚
indole

问题20-1 命名下列杂环化合物(英汉对照)。

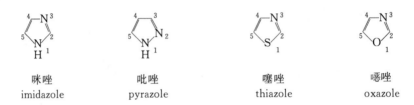

(1) Br, NO₂ on furan ring

(2) CH₃ on thiazole ring

(3) CH₃ on pyridine ring

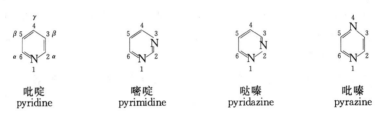

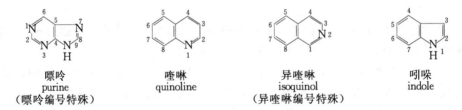

(4) SO₃H on thiophene ring

(5) Cl, CH₃ on quinoline ring

(6) CH₂COOH on indole ring

• 644 •

(7)
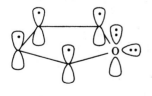
structure with NH$_2$, N, N, OH

(8)
structure with CH$_3$, CH$_3$, N

(9)
structure with COOH, N

问题20-2 写出下列化合物的结构式。

(1) 2,5-二氢呋喃   (2) 6-甲基-8-溴喹啉

(3) N-乙基-α-溴-α-吡咯甲醛   (4) γ-吡啶甲酸甲酯

20.2 五元单杂环化合物

一、呋喃、噻吩、吡咯的物理性质和结构

呋喃、噻吩、吡咯是最重要的含一个杂原子的五元杂环化合物。它们的重要性不在于它们的单体,而是它们的衍生物。它们的衍生物不但种类繁多,而且有些是重要的工业原料,有些具有重要的生理作用。

呋喃、噻吩、吡咯分别存在于木焦油、煤焦油和骨焦油中,它们都是无色的液体,其物理性质及光谱数据如表 20-1 所示。

表 20-1   五元芳杂环的物理性质

化合物	沸点/°C	熔点/°C	^{1}H NMR 吸收 δppm
呋喃 O	31	−86	6.37(β-H) 7.42(α-H)
噻吩 S	84	−38	7.10(β-H) 7.30(α-H)
吡咯 NH	131	—	6.20(β-H) 6.68(α-H)

物理方法证明:呋喃、噻吩、吡咯都是平面结构,环上所有原子都是 sp^2 杂化,各原子均以 sp^2 杂化轨道重叠形成 σ 键。碳未杂化的 p 轨道中有一个电子,杂原子的 p 轨道中有一对电子,p 轨道互相平行重叠,形成闭合的共轭体系。体系中 π 电子数为 6,符合休克尔(Hückel)的 4n＋2 规则,所以三个杂环均具有芳香性。表 20-1 中给出的 ^{1}H NMR 数据可证实这一点,环上质子的化学位移在 7ppm 左右,与苯类似。

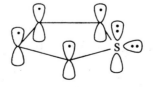

<table>
<tr><td align="center">呋喃</td><td align="center">噻吩</td><td align="center">吡咯</td></tr>
</table>

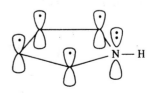

问题20-3 为什么吡咯分子的偶极矩比四氢吡咯的偶极矩大,而且方向相反。

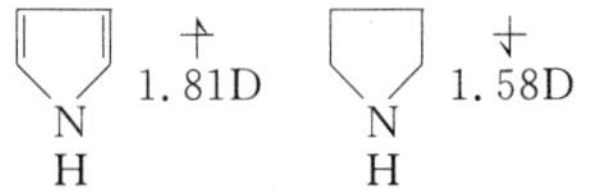

$$\underset{\substack{N\\H}}{} \overset{\uparrow}{} 1.81D \qquad \underset{\substack{N\\H}}{} \overset{\uparrow}{} 1.58D$$

二、呋喃、噻吩、吡咯的化学性质

1. 亲电取代反应

呋喃、噻吩、吡咯具有芳香性,容易进行亲电取代反应。虽然由于杂原子的大小及电负性不同,它们的活性有差异,但它们的活性都比苯大,顺序为:吡咯>呋喃>噻吩>苯。这是由于苯环上的 6 个原子共有 6 个 π 电子,而呋喃、噻吩、吡咯环上的杂原子各提供一对电子,杂环为 5 原子 6 个 π 电子体系,π 电子云的密度比苯高;另一方面与亲电取代时中间体的稳定性有关,苯反应中间体正电荷分布在碳上,而 5 元杂环中间体正电荷可分散在杂原子上,因此更加稳定。

呋喃、噻吩、吡咯有两种不同的取代位置,取代有选择性吗? 比较两种位置取代中间体的稳定性:

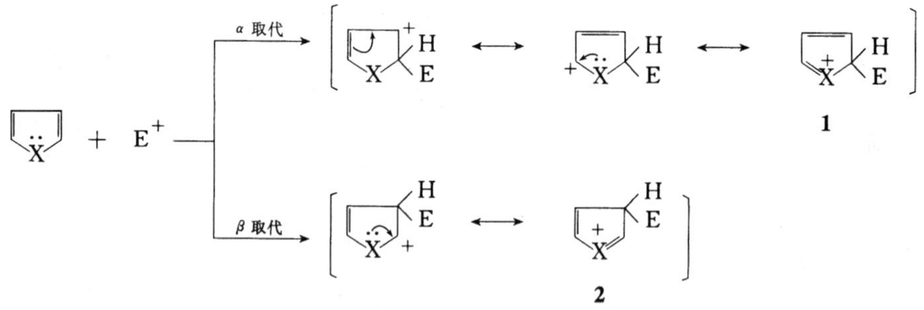

可以看出 α 取代有三个共振式,正电荷分散在三个原子上,β 取代有两个共振式,正电荷分散在两个原子上,因为 α 位取代形成的过渡态能量比 β 位的低,取代以 α 位为主。

在这些共振式中,**1** 与 **2** 是最稳定的,这两个共振式中的杂原子是八隅体,由它们参与形成的共振杂化体都十分稳定(尽管程度上有差别),其亲电反应活性类似于苯胺及苯酚,无论 α 位或 β 位的活性都比苯的大。如噻吩硝化,β 位的活性为苯的 1.9×10^4 倍,α 位的活性为苯的 3.2×10^7 倍。

呋喃、吡咯的化学稳定性较差。它们遇酸或氧化剂容易开环,或聚合成高聚物。噻吩较稳定,这是由于 C—S 键较长,缓解了环张力的缘故。取代呋喃在强酸作用下开环如下:

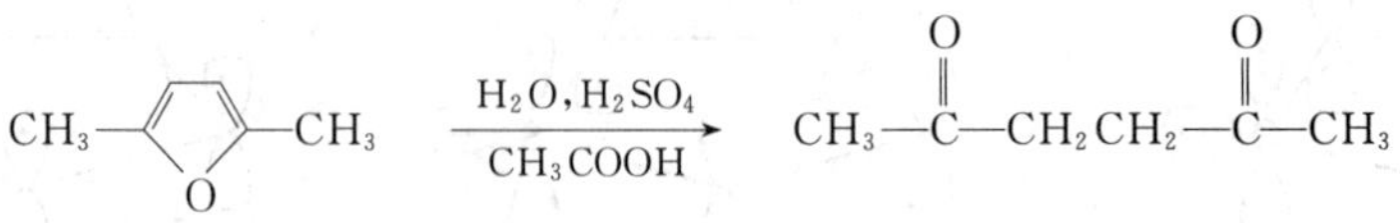

2,5-二甲基呋喃   2,5-己二酮
                       90%

吡咯在冷的稀酸中聚合成"吡咯红"：

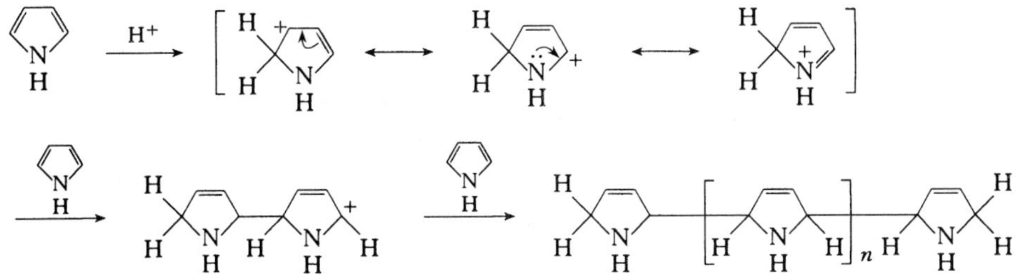

吡咯红

吡咯在浓酸中树脂化，还极易被氧化，甚至在空气中很快被氧化变黑。

为了避免开环、聚合、氧化等副反应，在吡咯、呋喃、噻吩的亲电取代反应中，往往采用较温和的试剂，而避免用强酸、强氧化剂。

(1)磺化

吡咯、呋喃磺化不能用浓硫酸，通常采用吡啶与三氧化硫的加合物。

吡啶

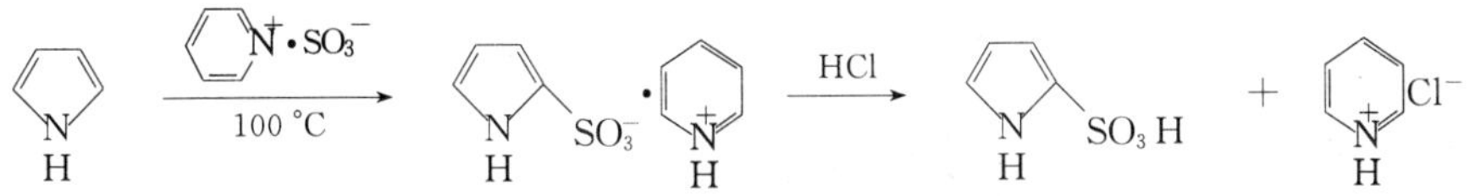

吡咯-2-磺酸吡啶盐　　　吡咯-2-磺酸　　　吡啶盐酸盐
90%

从煤焦油中提取的苯含有少量(0.5%)的噻吩。噻吩沸点 84℃，苯沸点 80℃，很难用分馏的方法将它们分开。由于噻吩比苯活泼，故可在常温下用浓硫酸洗去苯中的噻吩，这是制取无噻吩苯的一种方法。

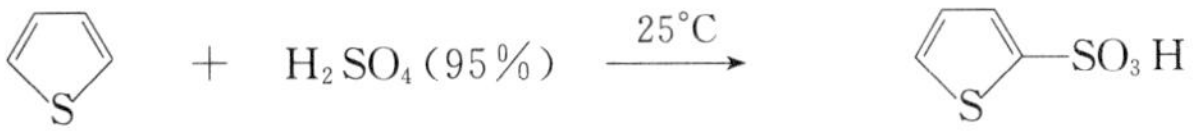

噻吩-2-磺酸
69%～76%

(2)硝化

为避免氧化，一般采用硝酸乙酰酯 CH_3COONO_2 作硝化剂，硝酸乙酰酯是由乙酸酐和硝酸反应制得的，如环上带有致钝基团可直接硝化，噻吩也可采用温和条件直接硝化。

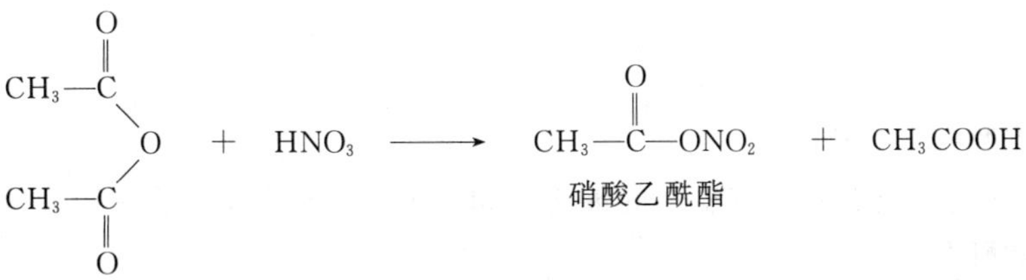

硝酸乙酰酯

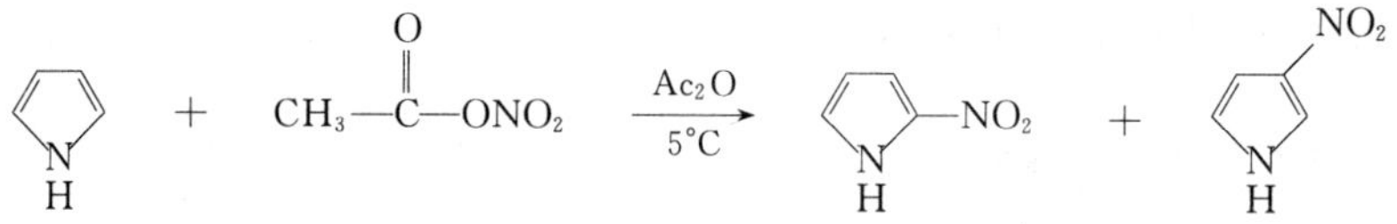

2-硝基吡咯　　　　3-硝基吡咯
83%　　　　　　　17%

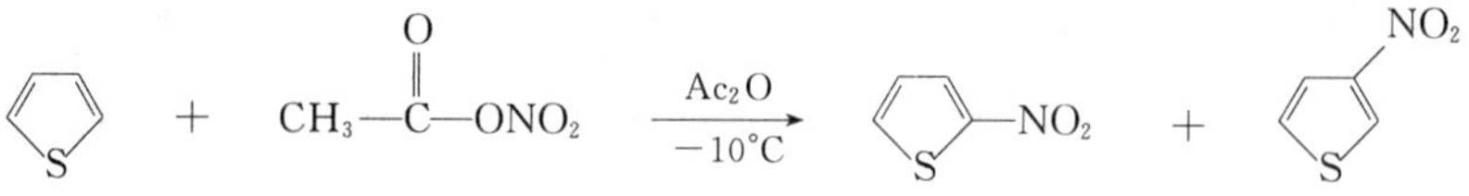

2-硝基噻吩　　　　3-硝基噻吩
70%　　　　　　　5%

（3）卤代

由于这些杂环化合物很活泼，氯代、溴代不但不需催化剂，为避免多取代物生成，往往采用温和条件，如用溶剂稀释和采用低温，如：

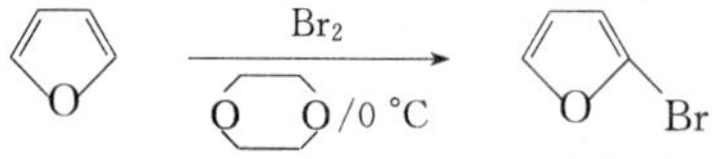

α-溴代呋喃

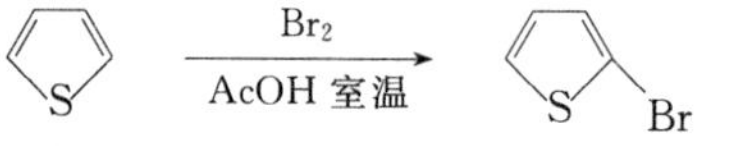

α-溴代噻吩

吡咯活性最大，在反应中往往形成四取代物。

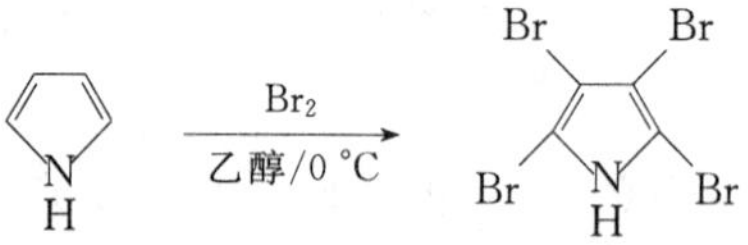

四溴化吡咯

不活泼的碘在催化剂作用下也可以直接取代：

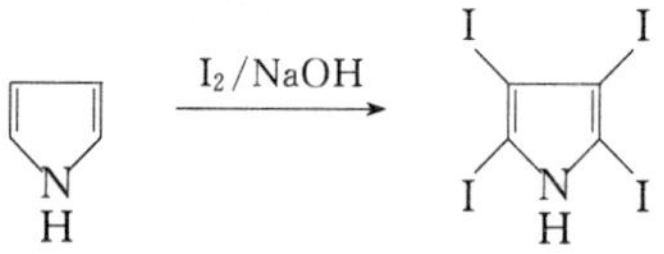

四碘吡咯

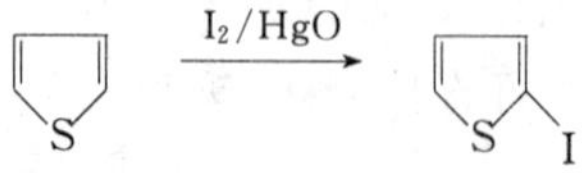

2-碘噻吩
75%

（4）傅—克酰基化反应

傅—克酰基化反应需采用较温和的催化剂如 $SnCl_4$、BF_3 等，对活性较大的吡咯可不用催化剂，直接用酸酐酰化。

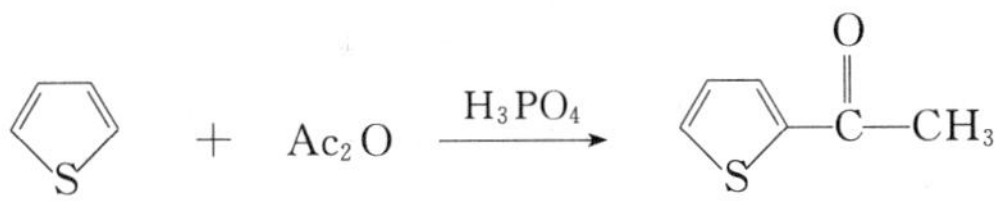

$$\text{噻吩} + Ac_2O \xrightarrow{H_3PO_4} \text{2-乙酰基噻吩}$$

2-乙酰基噻吩
94%

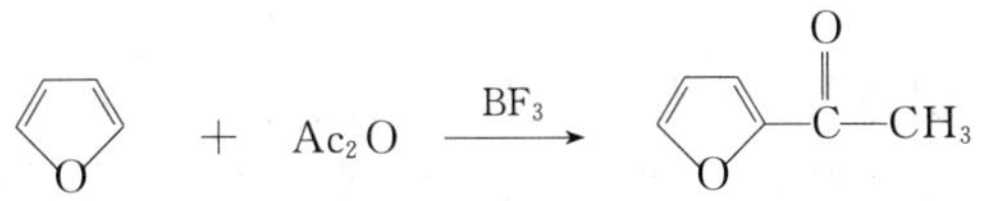

$$\text{呋喃} + Ac_2O \xrightarrow{BF_3} \text{2-乙酰基呋喃}$$

2-乙酰基呋喃
75%～92%

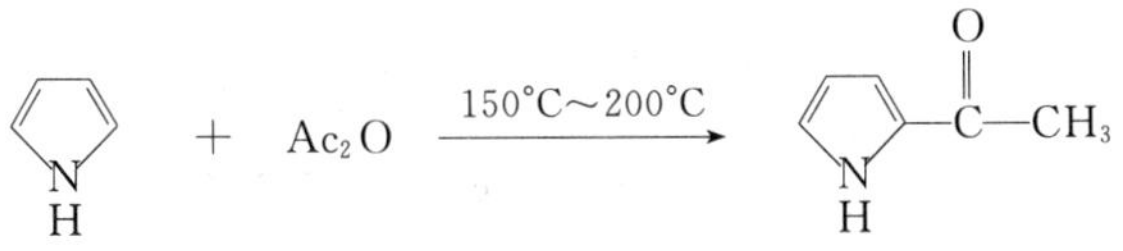

$$\text{吡咯} + Ac_2O \xrightarrow{150℃～200℃} \text{2-乙酰基吡咯}$$

2-乙酰基吡咯
60%

由于呋喃、吡咯、噻吩很活泼,故傅—克烷基化反应往往得到多烷基取代混合物,甚至不可避免产生树脂状物质,因此用处不大。

(5)吡咯的特殊反应

吡咯十分活泼,活性类似于苯胺、苯酚,它可进行瑞默—梯曼反应,并可与重氮盐偶联。呋喃、噻吩却不能发生这类反应。

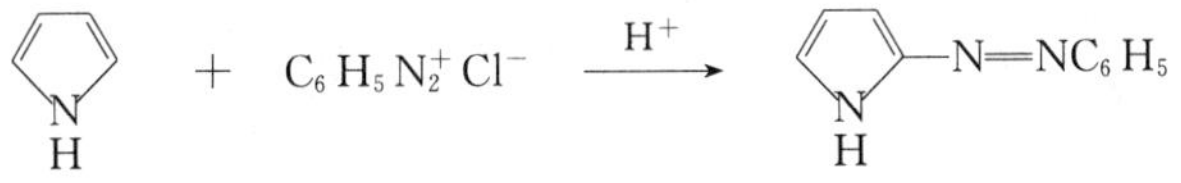

$$\text{吡咯} + C_6H_5N_2^+Cl^- \xrightarrow{H^+} \text{2-(苯基偶氮)-吡咯}$$

—N＝NC_6H_5

2-(苯基偶氮)-吡咯

$$\text{吡咯} + CHCl_3 + KOH \longrightarrow \text{吡咯-2-甲醛}$$

—CHO

吡咯-2-甲醛
(低产率)

(6)取代呋喃、噻吩、吡咯的定位效应

一取代呋喃、噻吩及吡咯进一步取代,定位效应应由环上杂原子的 α 定位效应及取代基共同决定。例如,3 位上有取代基,第二个基团进入环的 1 位或 5 位(即 α 位),是 1 位还是 5 位又由环上原有取代基的性质决定。例如,噻吩-3-甲酸溴代,生成 5-溴噻吩-3-甲酸。羧基是间位定位基,因此第二个基团进入 5 位即羧基的间位。

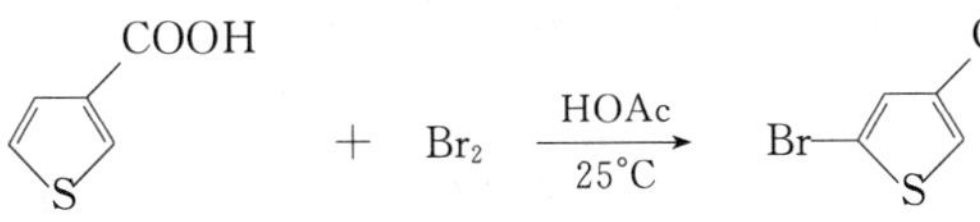

$$\text{噻吩-3-甲酸} + Br_2 \xrightarrow[25℃]{HOAc} \text{5-溴噻吩-3-甲酸}$$

COOH

噻吩-3-甲酸

COOH

5-溴噻吩-3-甲酸
69%

3-溴噻吩硝化主要得到 2-硝基-3-溴噻吩,第二个基团进入溴的邻位,因为溴是邻对位定位基。

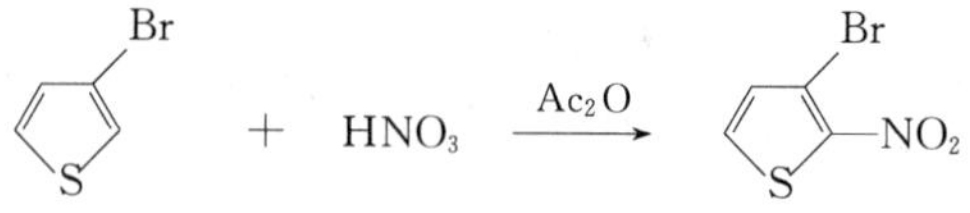

3-溴噻吩 + HNO₃ → (Ac₂O) → 2-硝基-3-溴噻吩 55%～60%

$$\text{3-溴噻吩} + HNO_3 \xrightarrow{Ac_2O} \text{2-硝基-3-溴噻吩}\quad 55\%\sim60\%$$

如果 α 位上有取代基,则环的 α 定位效应与取代基定位效应不一致,情况比较复杂。α-呋喃的取代物比较单一,无论取代基属于何类,第二个基团都进入 5 位(即另一 α 位)。噻吩及吡咯两种选择性不明显,两种产物差别不大。

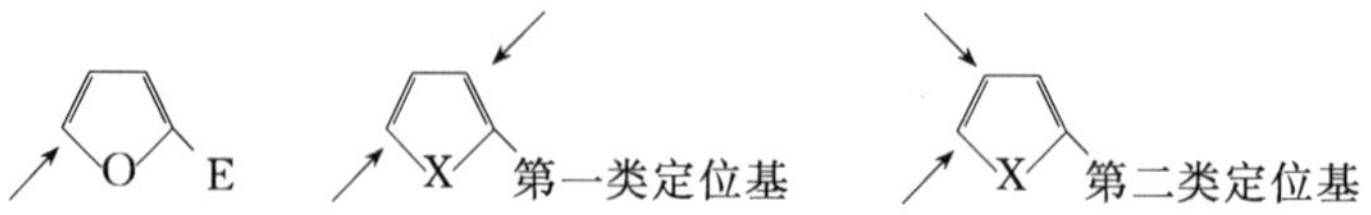

E （第一类定位基） （第二类定位基）

X＝N 或 S

问题20-4 完成下列反应。

(1) 噻吩＋浓 H_2SO_4

(2) 噻吩＋醋酸酐／$ZnCl_2$

(3) 噻吩 $\xrightarrow{Br_2}$ $\xrightarrow{Mg}$ $\xrightarrow{CO_2}$

(4) 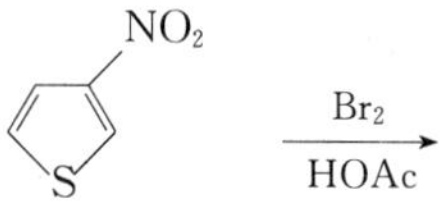 （3-硝基噻吩） $\xrightarrow[HOAc]{Br_2}$

(5) 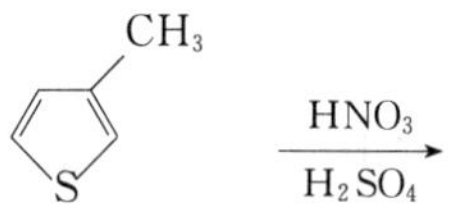 （3-甲基噻吩） $\xrightarrow[H_2SO_4]{HNO_3}$

(6) 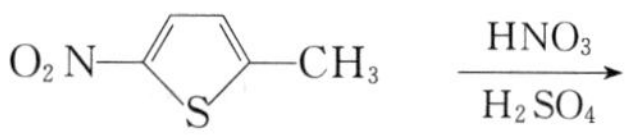 O_2N—（5-甲基噻吩-2-基） $\xrightarrow[H_2SO_4]{HNO_3}$

(7)  （呋喃-2-甲酸）—COOH $\xrightarrow[100℃]{Br_2}$

(8) 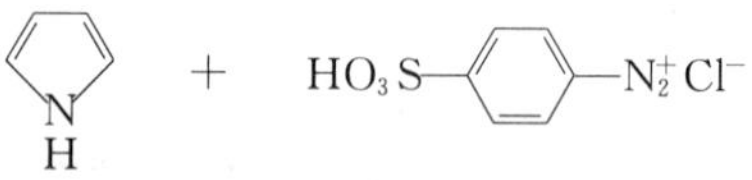 （吡咯）NH ＋ HO_3S—⟨⟩—$N_2^+Cl^-$

2.加成反应

呋喃、吡咯催化氢化,失去芳香性,得到饱和的杂环化合物:

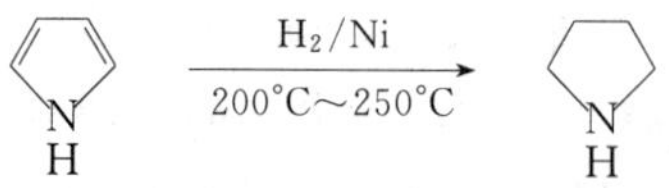

$$\text{吡咯} \xrightarrow[200℃\sim250℃]{H_2/Ni} \text{四氢吡咯}$$

四氢吡咯为有机碱,广泛存在于自然界中的某些生物碱中。

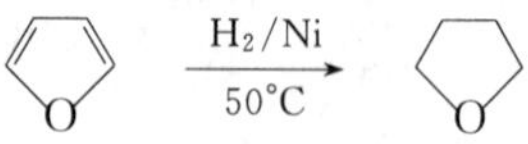

$$\text{呋喃} \xrightarrow[50℃]{H_2/Ni} \text{四氢呋喃}$$

四氢呋喃是重要的有机溶剂。

噻吩中含硫,会使一般的催化剂中毒,氢化时必须采用特殊催化剂。

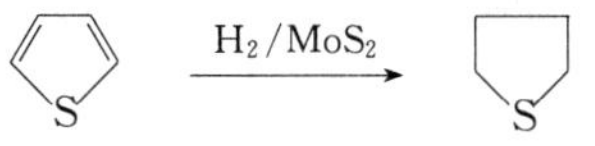

四氢噻吩

工业上通常用开链化合物合成四氢噻吩。四氢噻吩氧化成四亚甲基砜（或环丁砜），它是一个重要的溶剂。

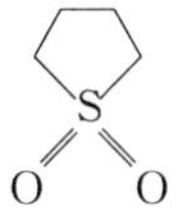

环丁砜

呋喃具有比较明显的共轭双烯性质，它可以与顺丁烯二酸酐进行狄尔斯—阿德尔反应。

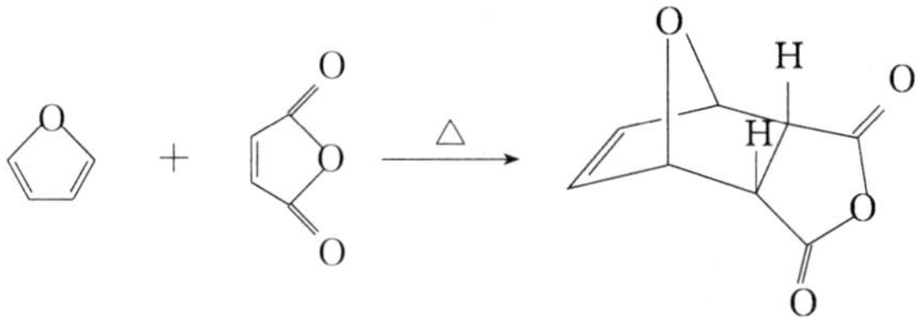

90％

吡咯氮上的氢可与顺丁烯二酸酐的双键加成，将吡咯烷基化，或用更活泼的亲双烯试剂，它仍可顺利进行狄尔斯—阿德尔反应。

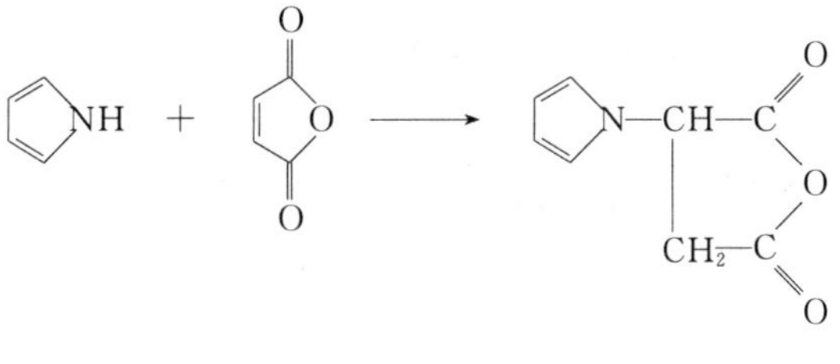

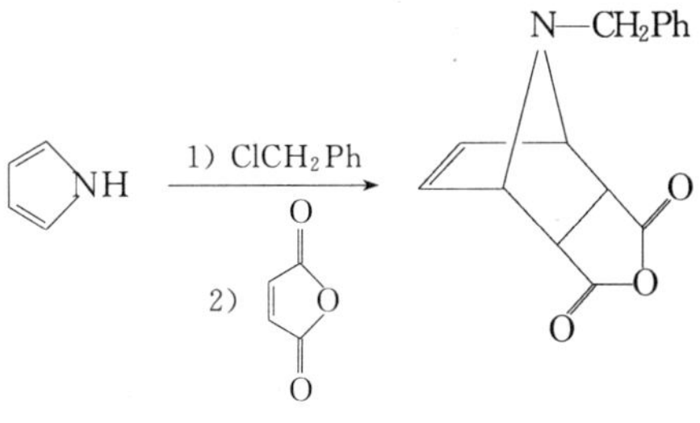

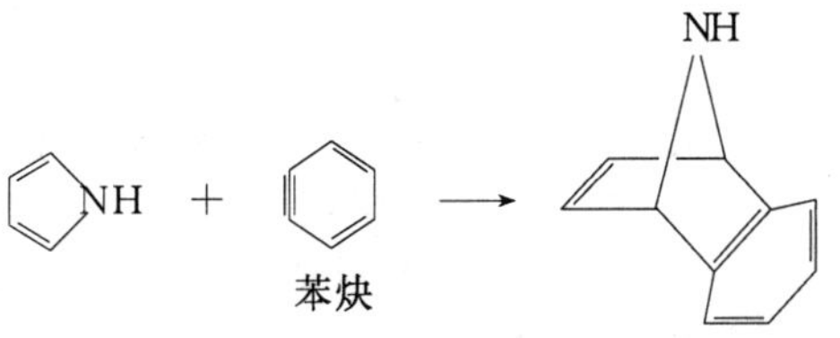

苯炔

有关噻吩与乙炔的亲双烯试剂加成的研究较多,双烯加成的产物通常不稳定,失硫而得苯的衍生物。

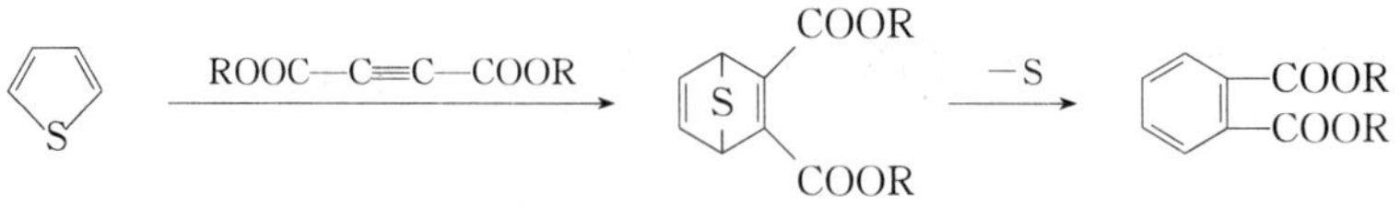

3.吡咯的弱碱性和弱酸性

从表面上看吡咯是仲胺,但实际上它的碱性很弱。这是因为氮上的未成键电子对参与环的共轭,不能再与酸结合。吡咯氢化后得到的四氢吡咯却具有很强的碱性,其碱性比吡咯的强 10^{11} 倍,显然是结构上发生了根本变化。

吡咯的碱性比苯胺的弱,它只能慢慢地溶解在冷的稀酸溶液中,吡咯还具有弱的酸性,其 $pK_a=17.5$,比醇的强,比酚的弱,它可与强碱或金属作用成盐。

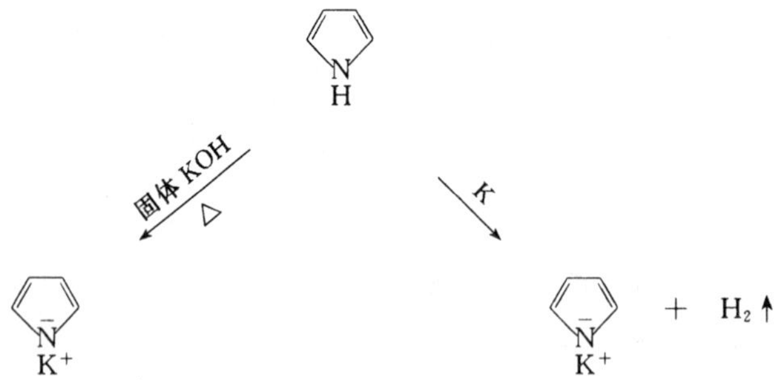

也可与格氏试剂作用释放出烃,生成吡咯卤化镁。

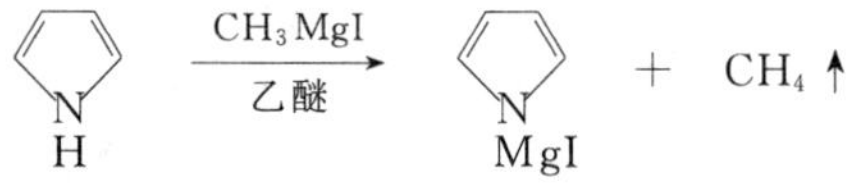

吡咯钾盐及吡咯卤化镁都可以用来合成吡咯衍生物。

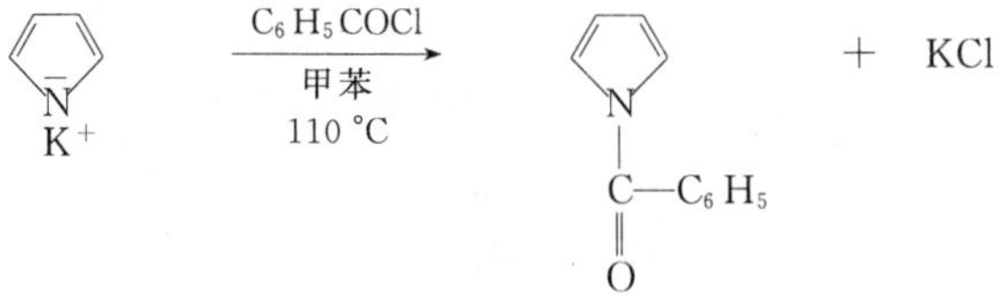

N-苯甲酰基吡咯
70%

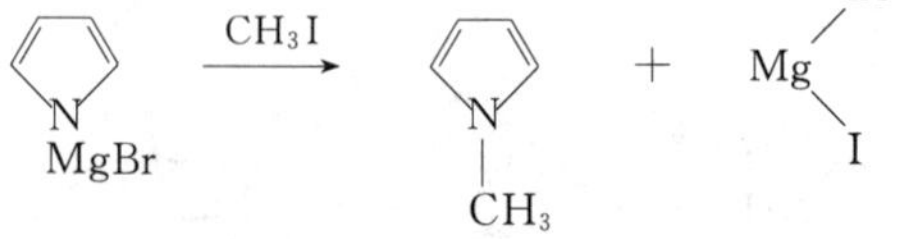

N-甲基吡咯

吡咯钾盐也常用来制取吡咯的 α 取代物。例如：

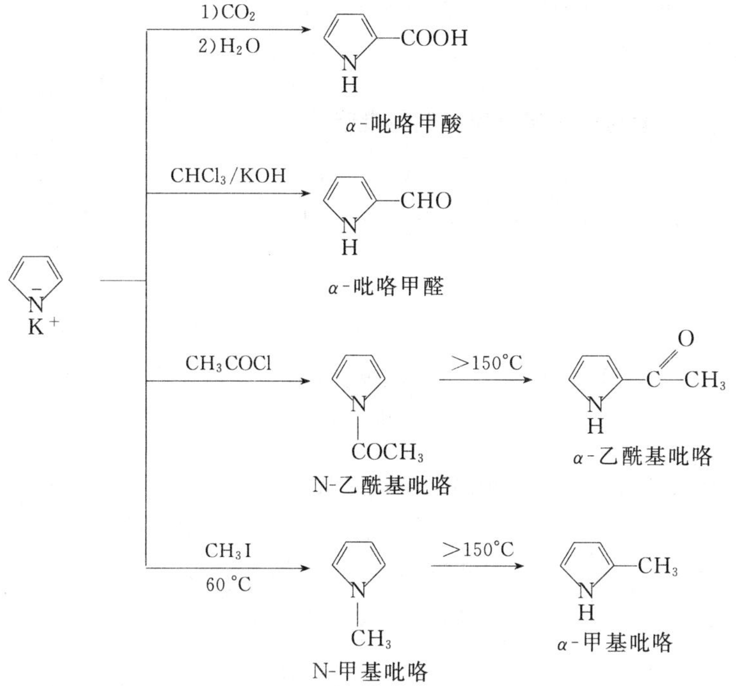
1)CO2
2)H2O
COOH
α-吡咯甲酸
CHCl3/KOH
CHO
α-吡咯甲醛
K+
CH3COCl
>150°C
COCH3
N-乙酰基吡咯
CH3
α-乙酰基吡咯
CH3I
60 °C
>150°C
CH3
N-甲基吡咯
CH3
α-甲基吡咯

问题20-5 预测四氢吡咯与下列试剂反应的产物。

(1) HCl 水溶液　(2) 乙酸酐　(3) 碘甲烷，然后再用 NaOH 水溶液

(4) 用碘甲烷重复处理，继续用 Ag_2O 处理然后加热

三、呋喃、噻吩、吡咯的合成

呋喃本身在商业上没有什么用途，但它的衍生物糠醛（呋喃甲醛）却是很重要的工业原料。糠醛可用稻糠、玉米芯等以热酸处理制得。这些农副产品为多聚戊醛糖，首先水解成戊糖，然后脱水、环化成糠醛。

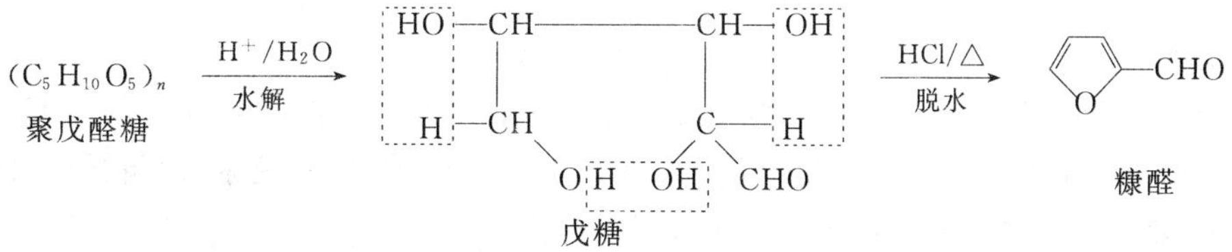
(C5H10O5)n
聚戊醛糖
H+/H2O
水解
HO CH CH OH
H CH C H
O H OH CHO
戊糖
HCl/△
脱水
CHO
糠醛

经水解后的玉米芯仍可作饲料，所以呋喃甲醛的来源既丰富又经济。

呋喃很容易由糠醛去羰基制得：

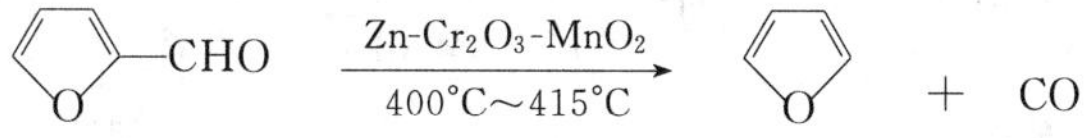
CHO
Zn-Cr2O3-MnO2
400°C～415°C
+ CO

噻吩可用丁烷与硫，丁烯与二氧化硫在高温下反应制得：

$$CH_3CH_2CH_2CH_3 + S$$
$$CH_2=CHCH_2CH_3 + SO_2$$
$$CH_2=CH-CH=CH_2 + SO_2$$
$\xrightarrow{\text{高温}}$ 噻吩

吡咯可用各种方法合成。呋喃与氨高温反应可制得吡咯：

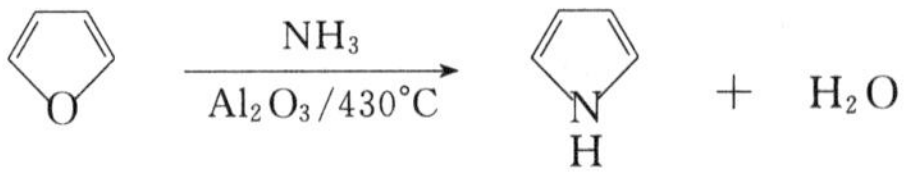

$\xrightarrow[\text{Al}_2\text{O}_3/430^\circ\text{C}]{\text{NH}_3}$ + H_2O

也可由 1,4-丁炔二醇合成：

$$HC\equiv CH \quad + \quad 2\,HCHO \xrightarrow{Cu_2Cl_2} HOCH_2C\equiv CCH_2OH \xrightarrow{NH_3/\text{压力}} \text{吡咯}$$
1,4-丁炔二醇

取代的吡咯、呋喃、噻吩,大多数从 1,4-二酮出发制备,如：

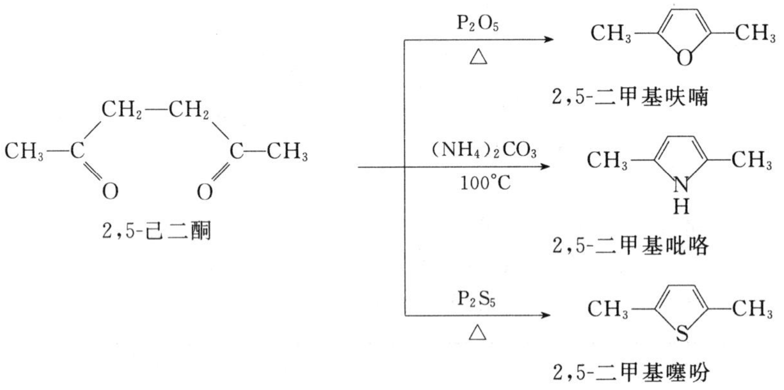

问题20-6　试用"三乙"为原料合成 2,5-己二酮。

问题20-7　从苯甲酸乙酯和乙酸乙酯出发合成 2,5-二苯基呋喃。

四、呋喃、吡咯的重要衍生物

1. 糠醛

糠醛是一种无色液体,沸点 162°C,在空气中易氧化变黑。糠醛是良好的溶剂,常用于精炼石油,可以溶解含硫物质及环烷烃等。糠醛还可精制松香,脱除色素,溶解硝酸纤维等。糠醛也是重要的工业原料,可用于合成酚醛树脂、药物、农药等。

糠醛是不含 α 氢的醛,性质类似于苯甲醛,可发生康尼查罗、安息香缩合、普尔金等反应。糠醛还可被还原成糠醇

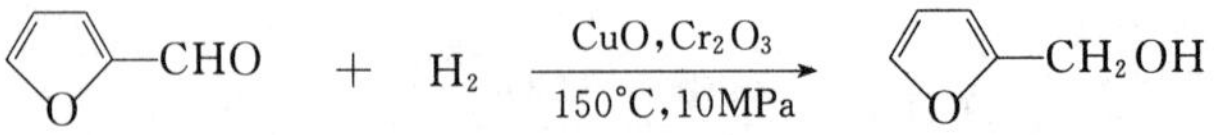

糠醛　　　　　　　　　　　　　　　　　　　　　糠醇

糖醇也是一种良好溶剂,是合成糠醇树脂的单体。

糠醛歧化(康尼查罗反应):

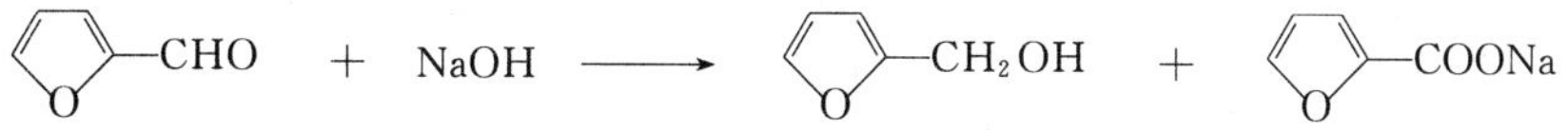

糠醛 + NaOH ⟶ 糠醇 + 糠酸钠

糠醛偶联:

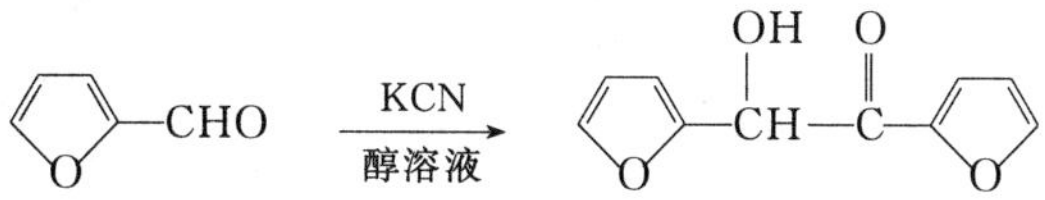

糠醛 $\xrightarrow[\text{醇溶液}]{KCN}$ 呋嗡(类似安息香)
(furoin)

糠醛与酸酐缩合(普尔金反应):

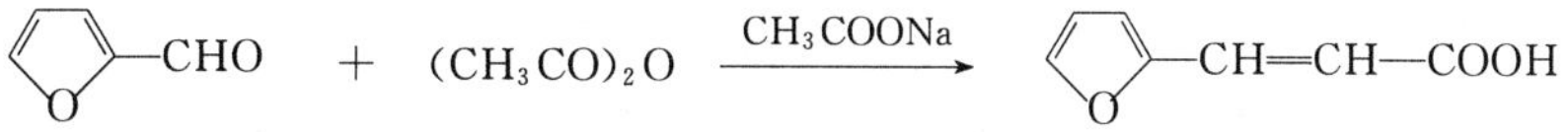

糠醛 + $(CH_3CO)_2O$ $\xrightarrow{CH_3COONa}$ α-呋喃丙烯酸

问题20-8 完成下列反应。

(1) 糠醛＋丙酮＋碱   (2) 糠醛＋乙酸乙酯＋碱

(3) 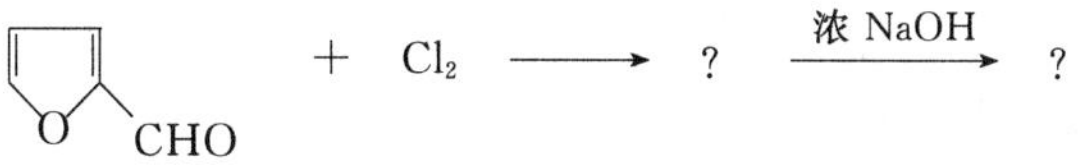 ＋ Cl_2 ⟶ ? $\xrightarrow{\text{浓 NaOH}}$?

(4) $\xrightarrow[H_2SO_4]{HNO_3}$? $\xrightarrow[NaOC_2H_5]{CH_3COOC_2H_5}$?

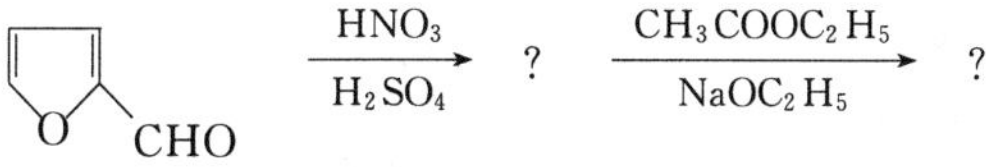

2. 吲哚

吲哚为白色片状结晶,熔点 52.5℃,具有极臭的气味,但纯粹的吲哚在极稀薄时有素馨花的香味,可作香料。

吲哚为苯并吡咯,性质与吡咯相似,碱性极弱。可进行亲电取代反应,反应发生在较活泼的杂环的第 3 位,例如:

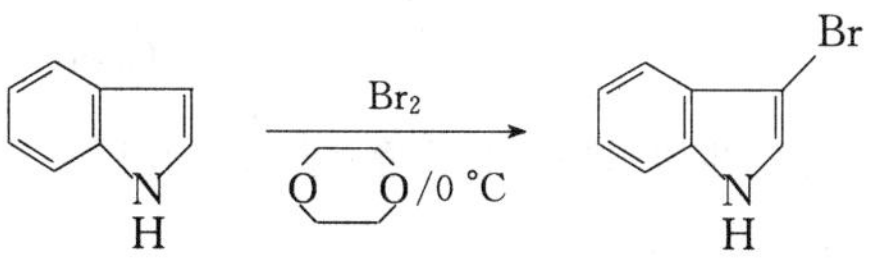

3-溴吲哚
70%

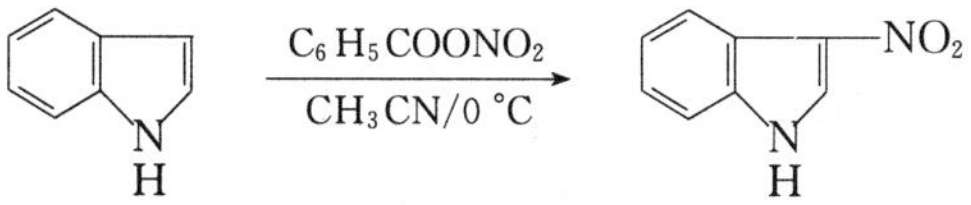

3-硝基吲哚
35%

带杂原子的环比并联的苯环要活泼,比较亲电试剂进攻杂环 2 位和 3 位形成的中间体的碳正离子的稳定性,可以看出进攻 3 位更容易。

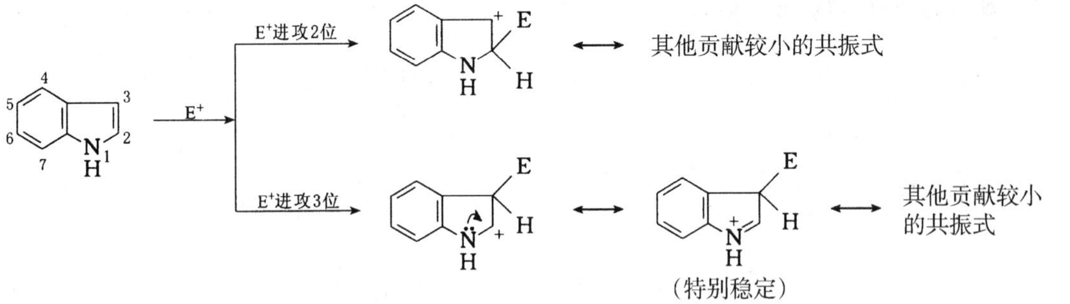

含吲哚的生物碱广泛存在于植物中如麦角碱、马钱子碱、利血平等。

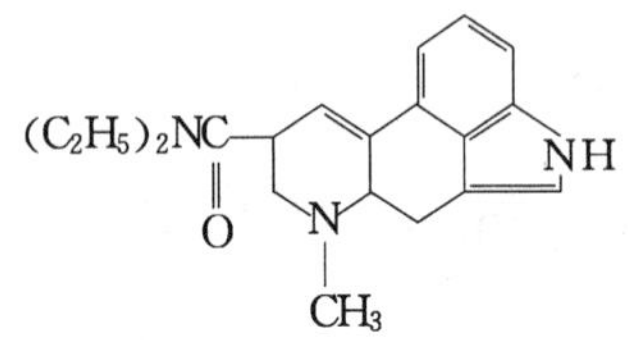

麦角酸二乙酰胺

LSD(麦角生物碱衍生物,引起颜色幻觉及类似精神分裂作用)

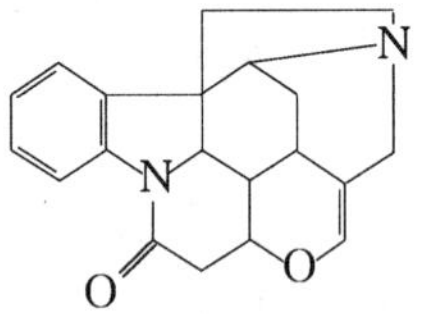

士的宁(一种马钱子生物碱,有中枢兴奋作用)　m. p. 282℃

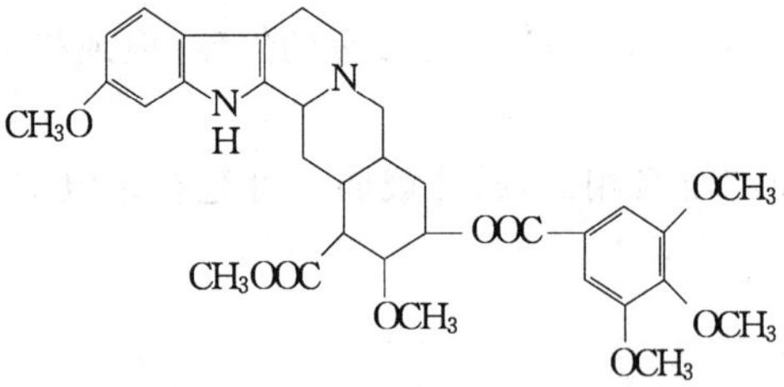

利血平(存在于萝芙木的生物碱中,有镇静及降血压作用)　m. p. 277℃~278℃

吲哚乙酸为植物生长调节剂。植物染料靛蓝,蛋白质组分的色氨酸,哺乳动物及人脑中思维活动的重要物质 5-羟基色胺,都是重要的吲哚衍生物。

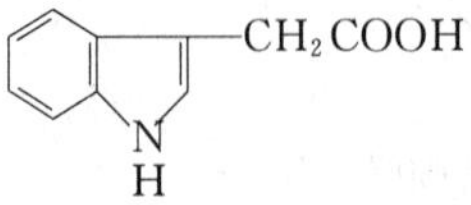

β-吲哚乙酸	靛蓝 indigo	β-甲基吲哚 skatol
(植物生长调节剂)	(植物染料)	(粪臭素)

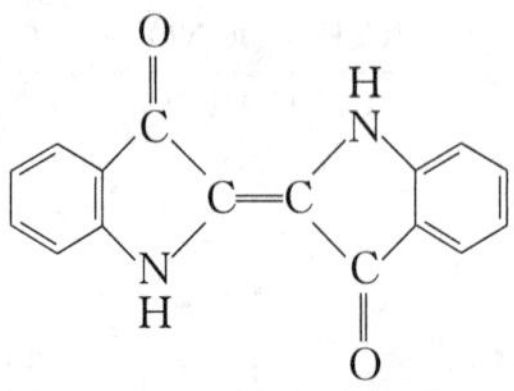

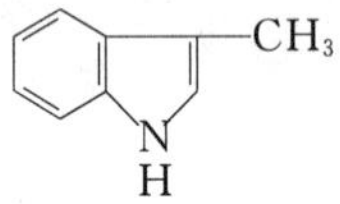

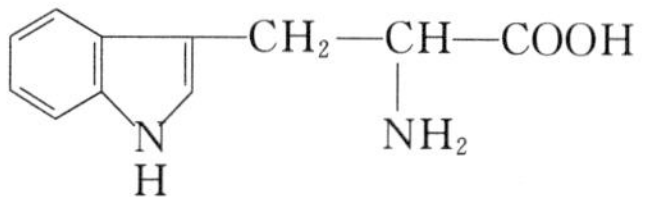

色氨酸
tryptophan

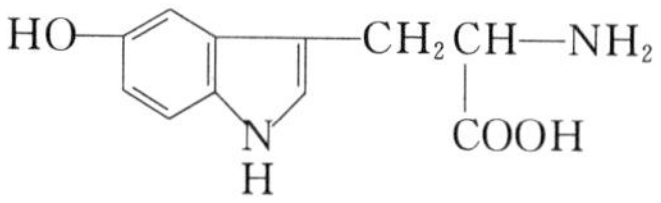

5-羟基色胺酸
5-hydroxyltryptophan

3.卟吩环系化合物

卟吩环系是由四个吡咯和四个次甲基(—CH)交替相联组成的共轭体系。卟吩环又称"晶"环(晶读雷)。

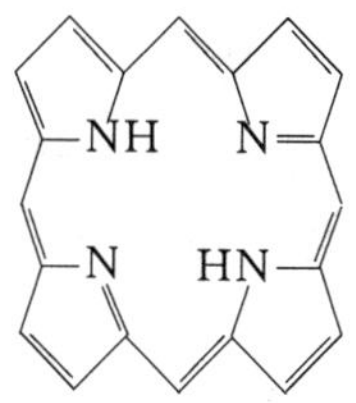

卟吩

porphyrin

卟吩环呈平面结构,环的中间空隙以共价键、配位键和不同的金属结合,在叶绿素中结合的是镁,血红素中结合的是铁,维生素 B_{12} 中结合的是钴。

叶绿素是重要的色素,自然界的叶绿素是由 a 和 b 两种叶绿素组成,a 为蓝黑色结晶,熔点 $117℃\sim120℃$,b 为深绿色结晶,熔点 $120℃\sim130℃$,两者比例 a:b 为 3:1,其结构如下:

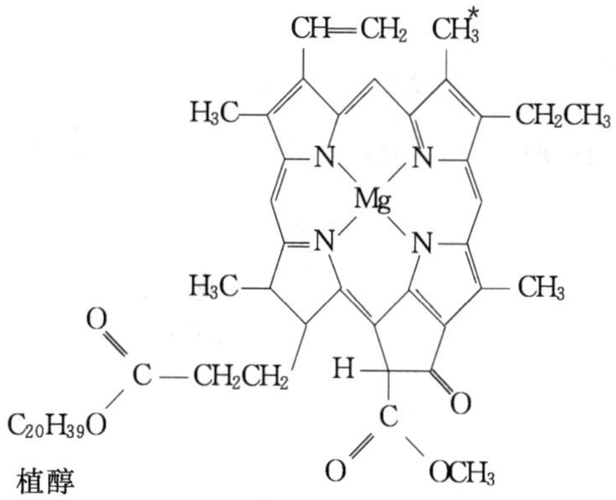

＊＝CHO,叶绿素b

叶绿素a
chlorophyll

叶绿素与蛋白质结合,存在于植物的叶和绿色的茎中,叶绿素利用卟啉环的多共轭体系易吸收紫外光,成为激发态,促进光合作用,使光能转变为化学能。

血红素存在于哺乳动物的红血球中,它与蛋白质结合成血红蛋白,血红素中的 Fe^{2+} 具有空的 d 轨道,可以可逆地络合氧,在动物体内起到输送氧气的作用。一氧化碳会使人中毒,其原因之一是因为它与血红蛋白结合的能力强于氧,从而阻止了血红蛋白与氧的结合。

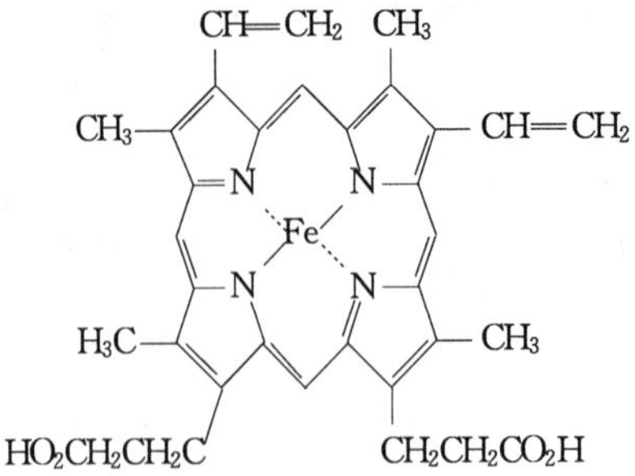

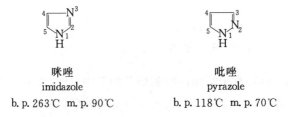

血红素

heme

维生素 B12 可治疗恶性贫血,其结构于 1954 年被确定。1972 年完成了它的全合成,这是迄今为止人工合成的最复杂的非高分子化合物之一。

20.3 唑

唑(azole)可以看成呋喃、噻吩、吡咯环上 2 位或 3 位上的 CH 换成氮原子。

一、噻唑

噻唑是无色有吡啶臭味的液体,沸点 117℃,与水互溶。由于氮上的未成键电子对没参加共轭,因此具有碱性。这对电子在 sp^2 杂化轨道上,电子更靠近核,因此碱性比一般胺的弱,但比略带酸性的吡咯强。一些重要的天然产物及合成药物含有噻唑环,如:

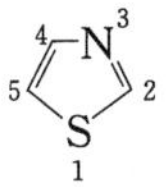

噻唑

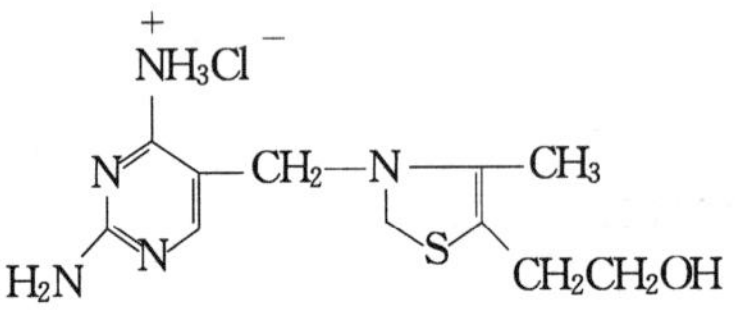

嘧啶环　　噻唑环

维生素B1

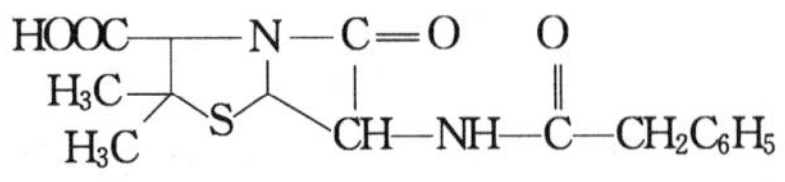

氢化噻唑环

青霉素G

peniciline G

二、咪唑和吡唑

咪唑
imidazole
b. p. 263℃　m. p. 90℃

吡唑
pyrazole
b. p. 118℃　m. p. 70℃

咪唑和吡唑是同分异构体,它们的区别是由两个氮在环中的位置不同引起的。由于形成氢键,故咪唑和吡唑都有较高的沸点,在室温下是固体。

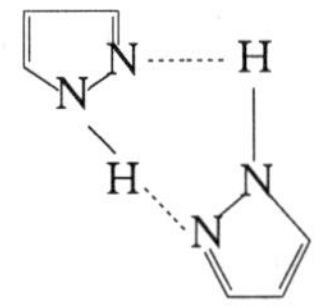

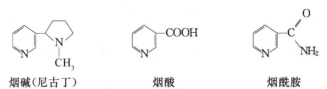

吡唑两分子氢键缔合 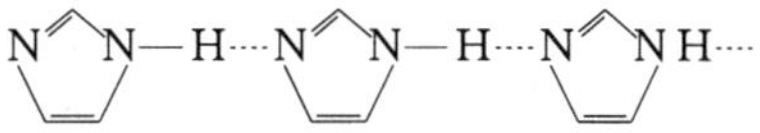　　　　　　　　咪唑氢键缔合

在唑中,咪唑具有较高的碱性($pK_a=7.4$),可能是由于它具有对称的共轭酸,共轭使正电荷得以均匀分布,使稳定性大大提高。

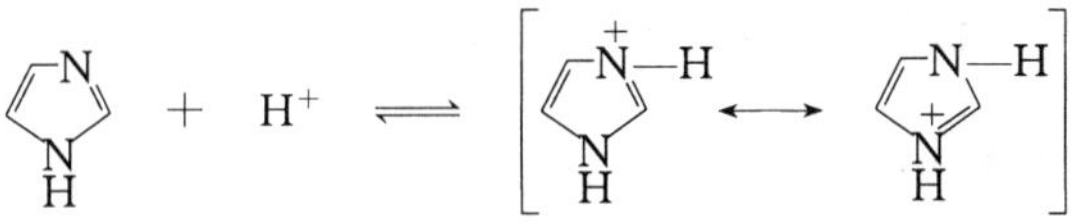

许多天然物质内含有咪唑环,如蛋白质中的组氨酸,它在血液中的含量约11%。组氨酸

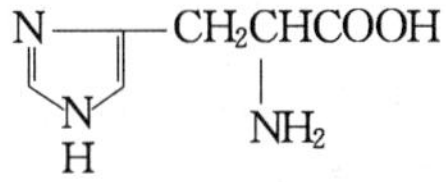

组氨酸
histidine

在细菌作用下失羧得组胺,它具有降低血压的作用,因此具有药用价值。含咪唑环的多菌灵是我国推广的高效广普性杀菌剂。

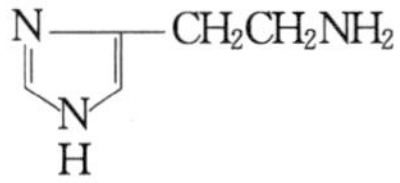

组胺
histamine

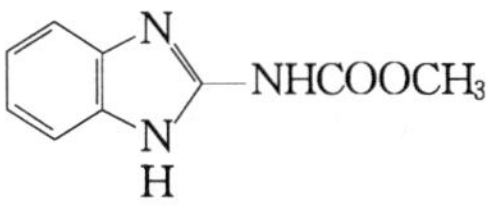

多菌灵

问题20-9　为什么咪唑比吡咯稳定?但亲电取代活性却不如吡咯?

问题20-10　用取代中间体的稳定性说明异噻唑亲电取代是4位而不是3位和5位。(它代表了1,2

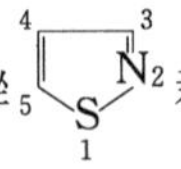

唑亲电取代的位置)

20.4　吡啶

吡啶存在于煤焦油和骨焦油中,工业上用无机酸从煤焦油的轻油部分中提取。

吡啶的衍生物广泛存在于自然界中,许多药物也含有吡啶环,如:

烟碱(尼古丁)　　　　　　　烟酸　　　　　　　　烟酰胺

烟碱俗名尼古丁（nicotine）。烟酸及烟酰胺的混合物称为维生素 PP，是治疗癞皮病的药物。

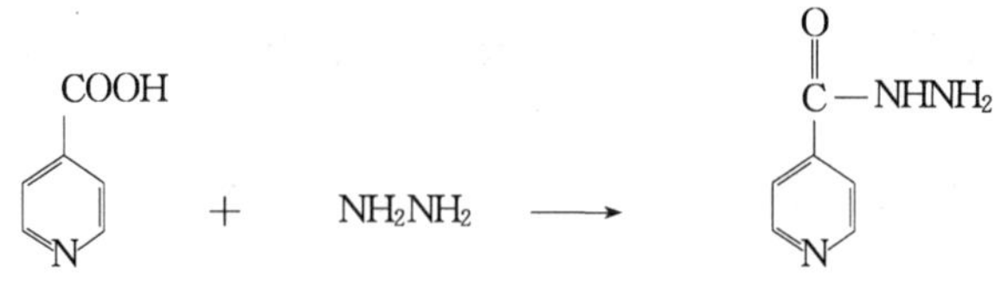

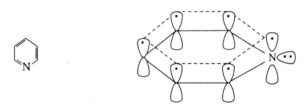

异烟酸   异烟酰肼（雷米封）

异烟酸的酰肼是治疗结核病的药物，俗称"雷米封"（remifon）。

一、吡啶的物理性质及结构

吡啶是无色有恶臭的液体，沸点 115.5℃，熔点 −42℃，相对密度 0.981 9，与水及许多有机溶剂如乙醇，乙醚等混溶，它是良好的溶剂。

吡啶的结构与苯的相似。吡啶环上的氮以 sp^2 杂化成键，一个 p 电子参与共轭，形成具有 6 个 p 电子的闭合的共轭体系，具有芳香性。氮上的未成键电子对在 sp^2 杂化轨道上未参与共轭，因此具有碱性，$pK_b = 8.75$，比脂肪胺弱，但比芳香胺强，它是广泛使用的水溶性碱。

吡啶环上氢的 ^1H NMR 数据如下：

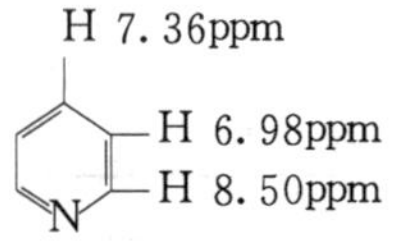

H 7.36ppm
H 6.98ppm
H 8.50ppm

核磁共振数据也可以证实吡啶的芳香性。

吡啶的偶极矩与吡咯方向相反：

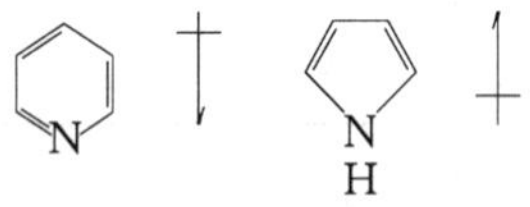

2.26D   1.81D

这是由于杂环上氮原子作用不同，吡啶环上的氮是吸电子作用，而吡咯环上的氮把电子转移给环，因此吡咯具有酸性。吡咯亲电取代反应性类似于苯胺。吡啶具有碱性，它的亲电取代反应性类似于硝基苯。

二、吡啶的化学性质

吡啶的化学性质体现在芳环的取代反应（包括亲核、亲电）及氮上未成键电子对的碱性及亲核性上。

1. 亲电取代反应

从上面的叙述可知,吡啶性质类似硝基苯,它不能进行傅—克酰基化和烷基化反应,取代时条件剧烈,一般需 250℃～350℃ 的高温。

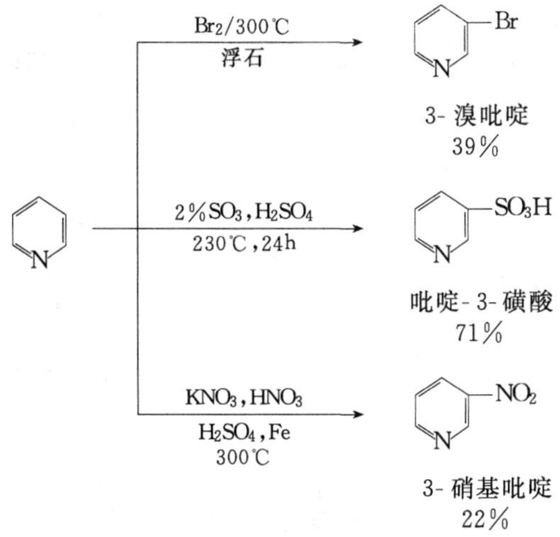

取代反应主要发生在 3 位或 5 位(即 β 位)上,这可以从反应中形成的碳正离子中间体的稳定性来说明。

进攻 2 位:

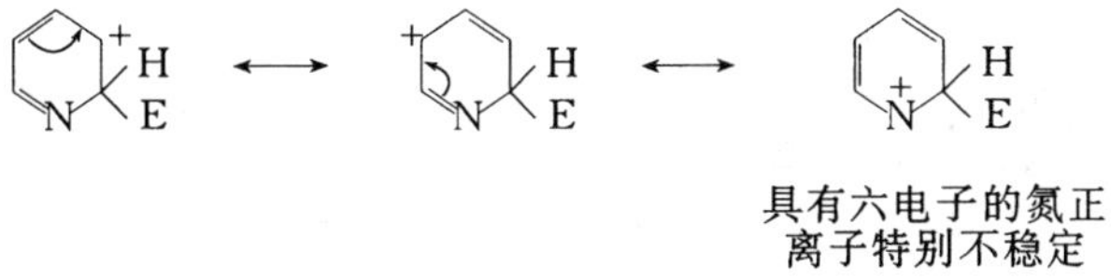

具有六电子的氮正
离子特别不稳定

进攻 3 位(或 5 位):

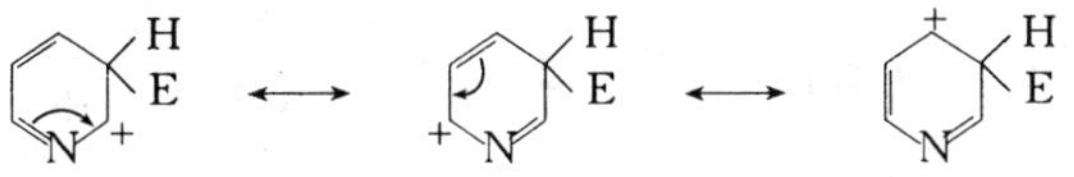

进攻 4 位:

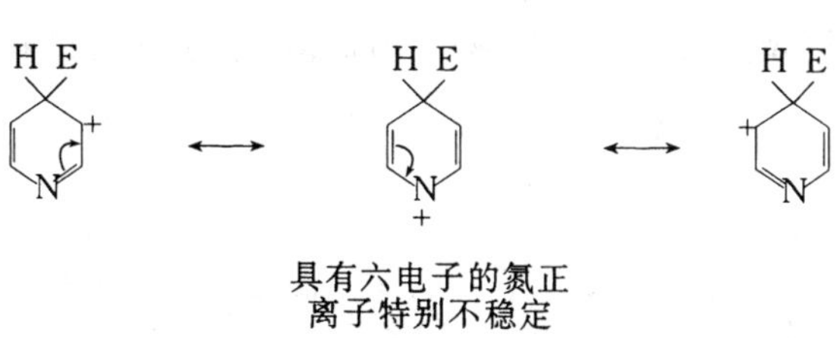

具有六电子的氮正
离子特别不稳定

在进攻 2 位及 4 位时都有一个特别不稳定的共振式,反应进行特别慢,故反应主要发生在 3 位。

问题20-11 为什么吡啶的溴化不能用 $FeBr_3$ 来催化?

问题20-12 2-氯吡啶水解得到的不是 2-羟基吡啶而是它的异构体,试问这个异构体具有何种结构?它们之间是什么关系?

---

2. 亲核取代

氮的吸电子作用使环上电子云密度降低，它不易进行亲电取代，但却利于亲核取代。与硝基苯类似，吡啶 2,4,6 位上的卤素容易被亲核试剂取代，例如：

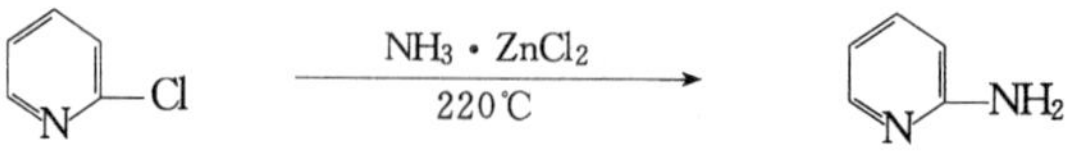

Cl
N
$NH_3 \cdot ZnCl_2$
220℃
NH_2

2-氯吡啶　　2-氨基吡啶 90%

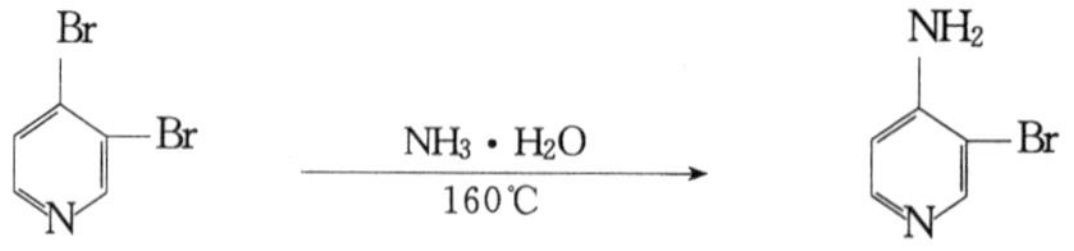

Br
Br
N
$NH_3 \cdot H_2O$
160℃
NH_2

3,4-二溴吡啶　　4-氨基-3-溴吡啶 65%

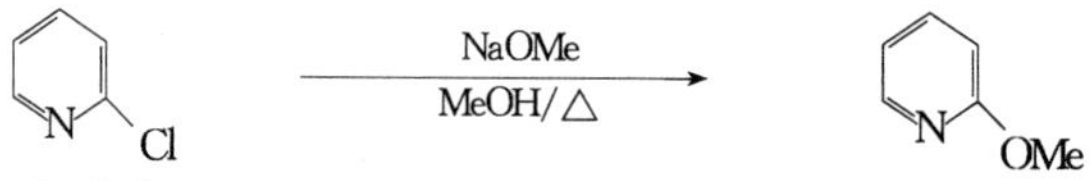

Cl
N
NaOMe
MeOH/△
OMe

2-氯吡啶　　2-甲氧基吡啶 95%

吡啶的亲核取代活性如此之大，不但是卤素，甚至强碱性的负氢离子(H^-)也能被取代。使用强碱氨基钠与吡啶进行的反应称为齐齐巴宾(Chichibabin)反应。

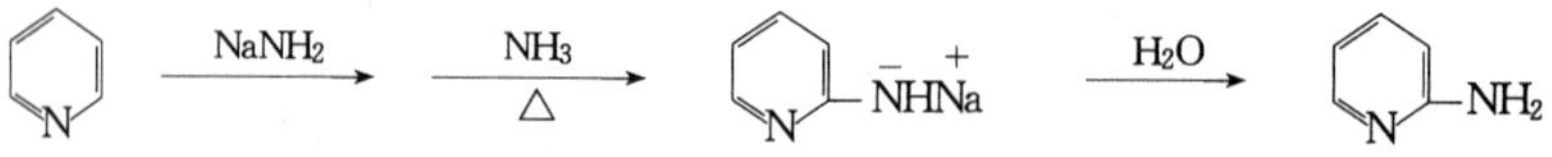

$NaNH_2$
NH_3
△
NHNa
H_2O
NH_2

α-氨基吡啶

与强碱性的烷基锂或芳基锂反应，可使吡啶直接烃基化。

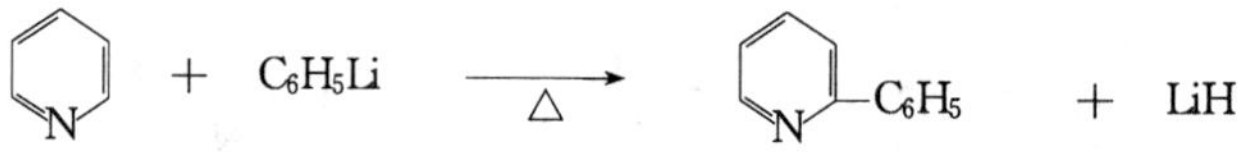

C_6H_5Li
△
C_6H_5
LiH

苯基锂　　苯基吡啶

从亲核试剂进攻不同位置形成的碳负离子中间体的稳定性可以看出，反应形成碳负离子中间体是决速步骤。

进攻 2 位(或 6 位)：

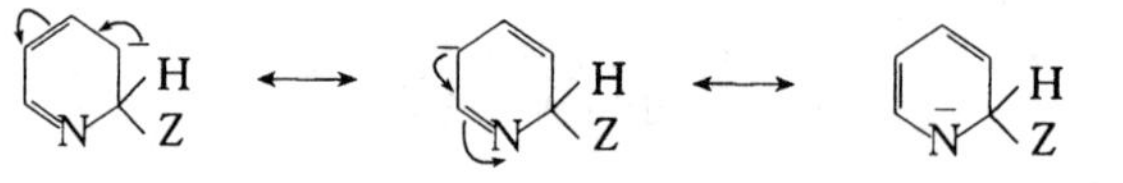

H
Z
N

特别稳定的八电子氮负离子

进攻 3 位：

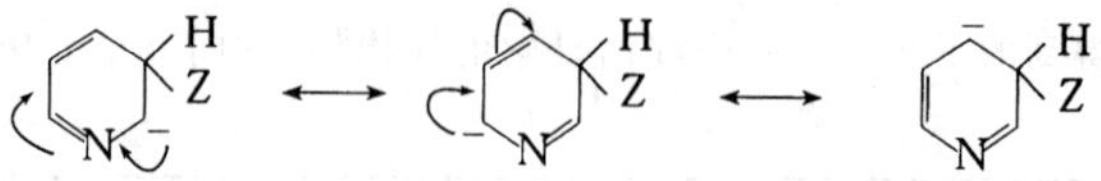

H
Z
N

进攻 4 位：

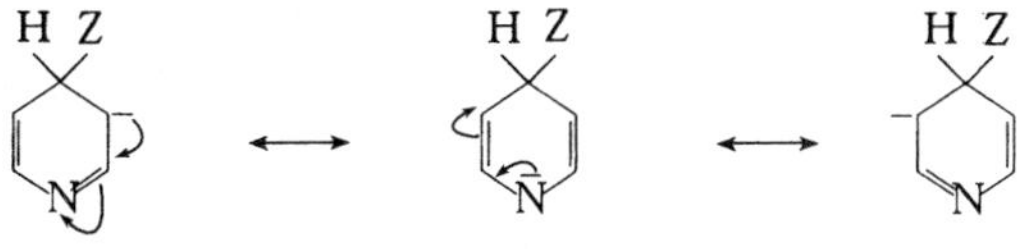

特别稳定的八
电子氮负离子

进攻 2 位(或 6 位)及 4 位可形成特别稳定的氮负离子的八隅体。因此反应主要发生在 2,4,6 位上。但实际中主要是 2 位(或 6 位)取代产物，4 位取代产物很少，可能是由于吡啶环上氮的诱导效应对 2 位及 6 位上影响较大的缘故。

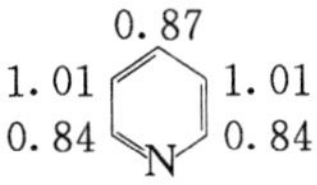

吡啶环上电子云密度

3. 吡啶环上氮的碱性及亲核性

吡啶环的氮上带有未成键电子对，所以具有碱性及亲核性。

吡啶是一弱碱 $K_b = 2.3 \times 10^{-9}$，碱性比吡咯的($K_b = 2.5 \times 10^{-14}$)强得多，但比脂肪胺的($K_b \approx 10^{-4}$)弱得多。吡啶可与酸反应生成盐，例如：

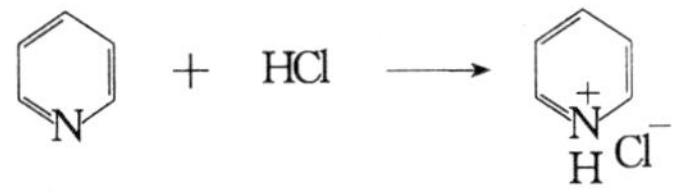

在一些反应中，常用吡啶吸收反应中产生的酸，以提高反应的产率。

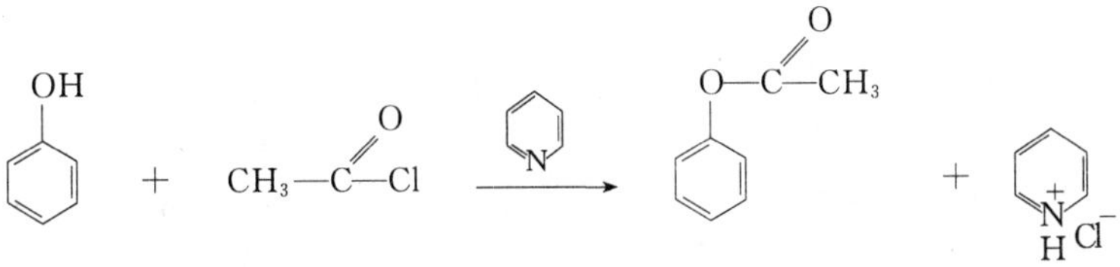

吡啶也可与卤代烃进行亲核取代反应，例如吡啶与碘甲烷作用生成季铵盐，季铵盐加热至 $290℃ \sim 300℃$，失出卤化氢，得到 α 和 γ 的甲基吡啶：

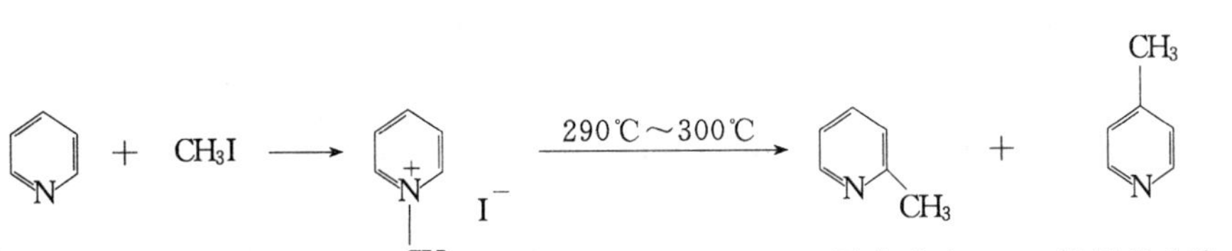

α-甲基吡啶 γ-甲基吡啶

吡啶还可以与一些酸性物质生成配位键的化合物，如吡啶与 CrO_3 的加成物 $CrO_3 \cdot 2C_5H_5N$ 是一温和的碱性氧化剂，常用于伯醇氧化为醛的反应。

$$RCH_2OH \xrightarrow{CrO_3 \cdot 2C_5H_5N} RCHO$$

又如吡啶与 SO_3 的加成物 $C_5H_5N^+ \cdot SO_3^-$ 为一温和的磺化剂，用于活泼五元环系的磺化。

4.侧链 α 氢的反应

2,4,6 位烷基吡啶的侧链 α 氢具有酸性,其酸性与甲基酮的 α 氢相当。这是由于氮的吸电子性能,使 C=N 基团有和 C=O 基团相似的性质。在强碱的催化下可进行类似醛酮的缩合等反应。例如:

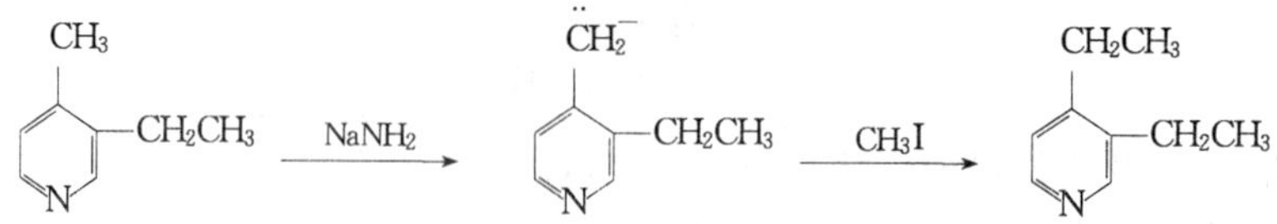

4-甲基-3-乙基吡啶　　　　　　　　　　　　　　　　　3,4-二乙基吡啶
　　　　　　　　　　　　　　　　　　　　　　　　　　　　　80%

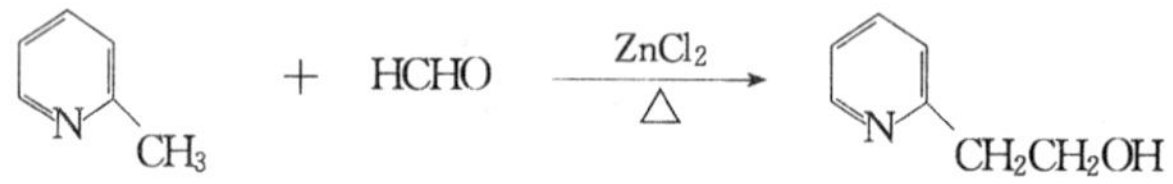

这里 $ZnCl_2$ 是催化剂,它与吡啶环中的氮结合,使氮吸电子能力增强。

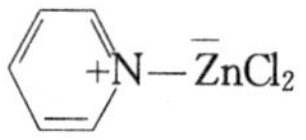

吡啶 2,4 和 6 位侧链的 α 氢的酸性还可用脱去 α 氢后形成的碳负离子中间体的稳定性来说明。

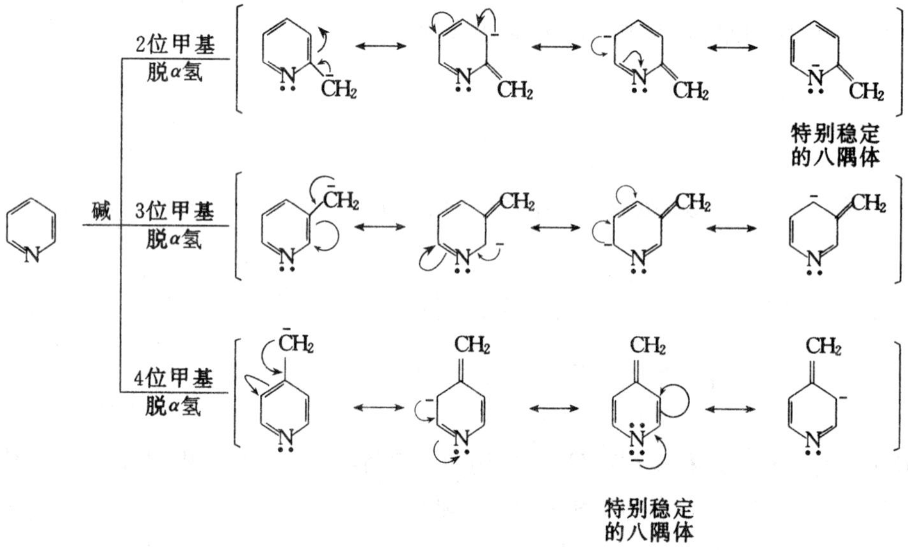

5.吡啶的氧化和还原

由于吡啶环上氮的吸电子性能,使环稳定,不易被氧化,较易被还原。

（1）氧化

吡啶的抗氧化性比苯的强,氧化时只氧化环上的侧链得相应的吡啶甲酸,它常用作 CrO_3 氧化剂的溶剂,例如:

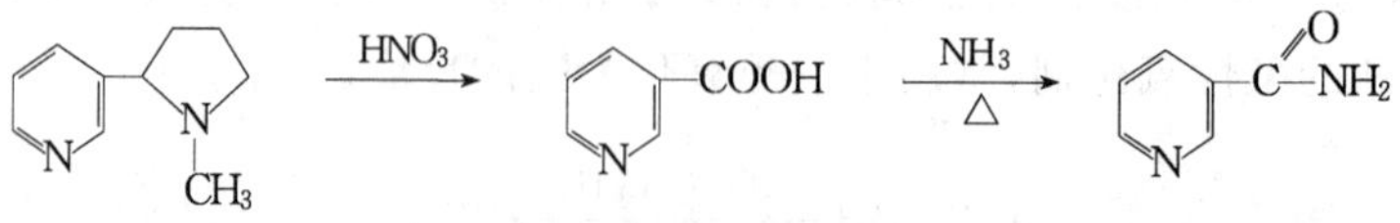

尼古丁（烟碱）　　　　　　　尼古丁酸　　　　　　　尼古丁酰胺
　　　　　　　　　　　　　　（烟酸）　　　　　　　　（烟酰胺）

用过氧化氢及过氧酸氧化，得到 N-氧化物，例如：

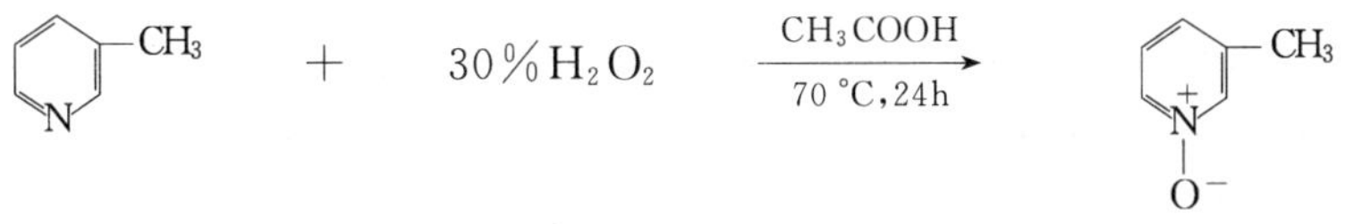

3-甲基吡啶　　3-甲基吡啶-N-氧化物

吡啶-N-氧化物与吡啶不同，它易进行亲电取代反应，反应位置也不同，主要发生在 γ 位，例如：

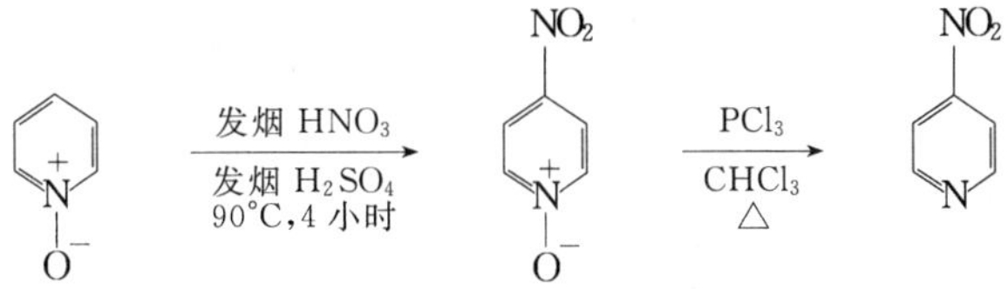

90%　　80%

吡啶-N-氧化物容易与 PCl_3 反应脱去氧，因此这个反应既活化了吡啶，又改变了亲电取代的位置。

(2)还原

吡啶还原得六氢吡啶 ，六氢吡啶又称哌啶(piperidine)。

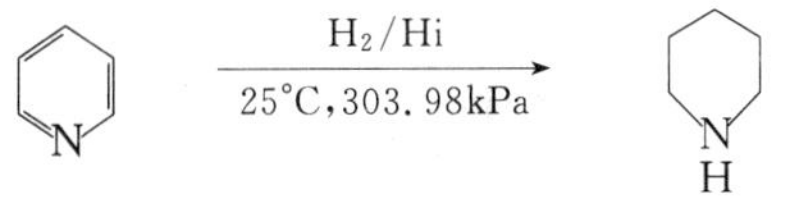

吡啶　　六氢吡啶

六氢吡啶具有一般二级胺的碱性，碱性比吡啶的强。它除用作化工原料和有机碱催化剂外，还是一种环氧树脂的固化剂。

问题20-13　试提出合成苯基 3-吡啶酮的方法。

问题20-14　完成下列反应。

(1) 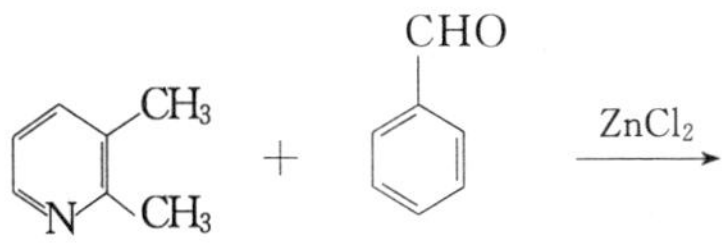

(2) 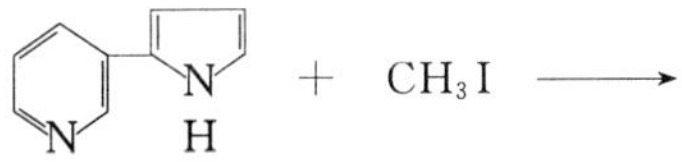

(3) 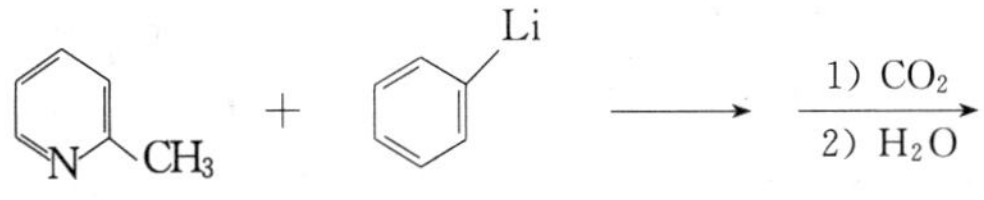

(4) 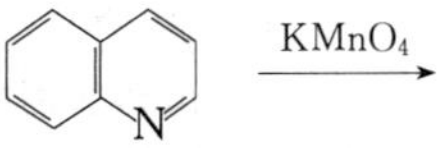

问题20-15　为什么吡啶的碱性比六氢吡啶的小？

问题20-16　为什么邻溴吡啶的亲核反应比吡啶的快？

问题20-17　吡啶很难硝化，而N-氧化吡啶为什么容易被硝化呢？

20.5　喹啉和异喹啉

喹啉　　　异喹啉

一、喹啉及其衍生物的制法

喹啉是无色、恶臭的油状液体，放置时逐渐变成黄色，喹啉可与大多数有机溶剂混溶，但在水中溶解度很小。沸点238.05℃，熔点－15.6℃，是一高沸点溶剂，其碱性比吡啶的稍弱。

喹啉存在于煤焦油中，但含量不多，喹啉及其衍生物一般是由苯的衍生物闭环合成得到的。

1. 斯克柔普合成

合成喹啉的方法很多，最常用的方法是斯克柔普(Skraup)法。喹啉本身可由苯胺、甘油、浓硫酸及一种弱氧化剂(例如硝基苯、五氧化二砷、氧化铁等)共热来制得。

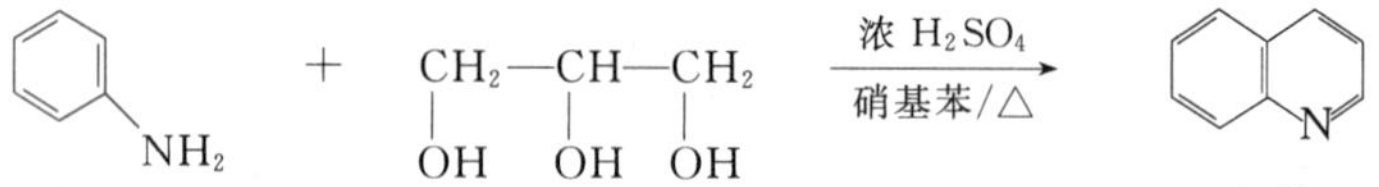

苯胺　　甘油　　喹啉 84%～90%

反应放热，作用会越来越剧烈，因此通常加些缓解剂，如硫酸亚铁、硼酸等。

其反应历程如下：

(1)甘油在浓硫酸(也可用磷酸代替)作用下脱水得丙烯醛，也可用α,β不饱和醛或酮代替甘油。

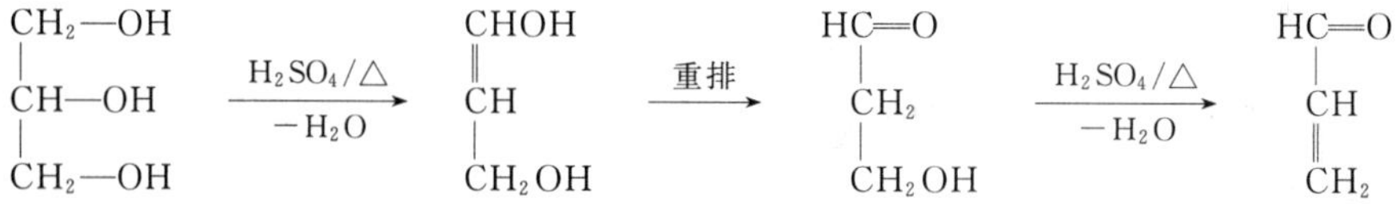

丙烯醛

(2)苯胺与丙烯醛进行Michael加成：

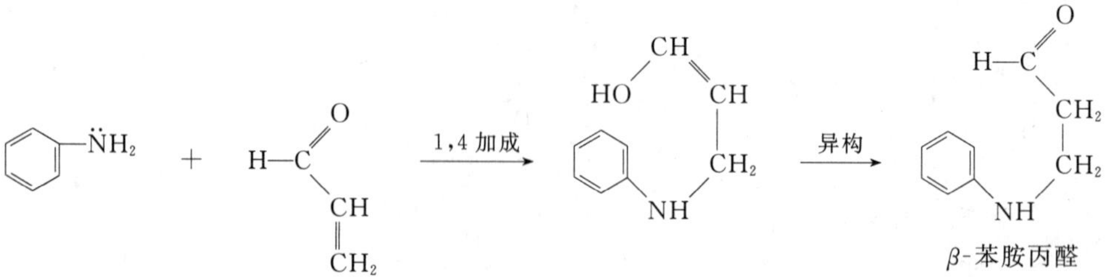

β-苯胺丙醛

（3）质子化的醛对苯环进行亲电取代：

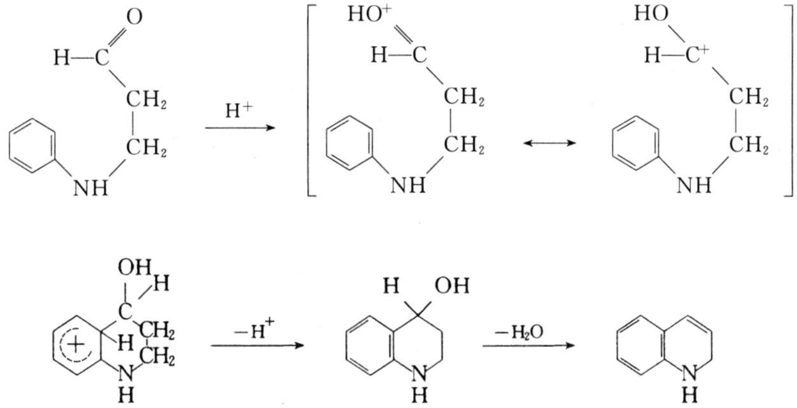

1,2-二氢喹啉

（4）1,2-二氢喹啉被氧化：

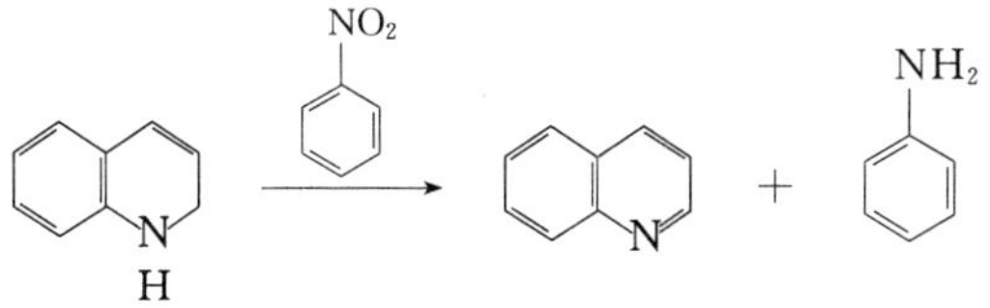

反应中硝基苯转变为苯胺，可作原料循环使用。

喹啉的衍生物一般不是通过喹啉的取代反应制取，而是用取代的芳胺为原料合成。氨基邻位或对位有取代基，只得一种化合物。间位有取代基，则有两种可能，例如：

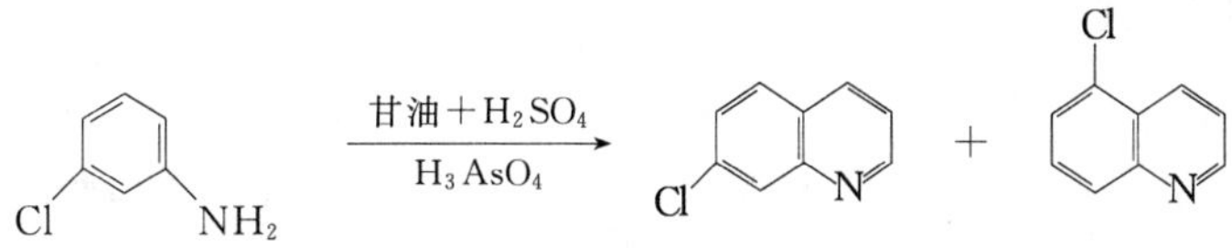

间氯苯胺   7-氯喹啉   5-氯喹啉
                  41%   17%

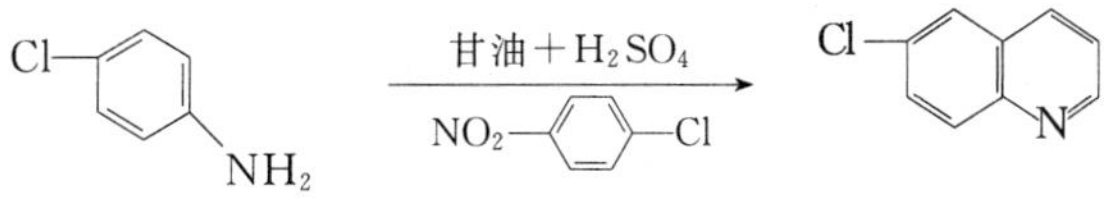

对氯苯胺   6-氯喹啉
                85%～88%

也可采用不同的 α,β 不饱和化合物代替甘油，例如：

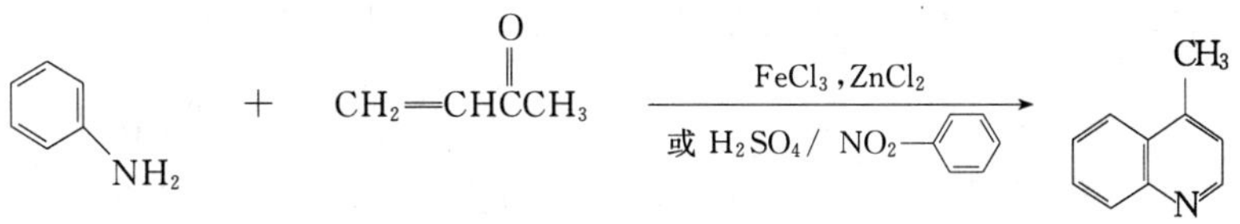

73%

又例如治疗阿米巴痢疾的特效药"喹碘仿"的合成：

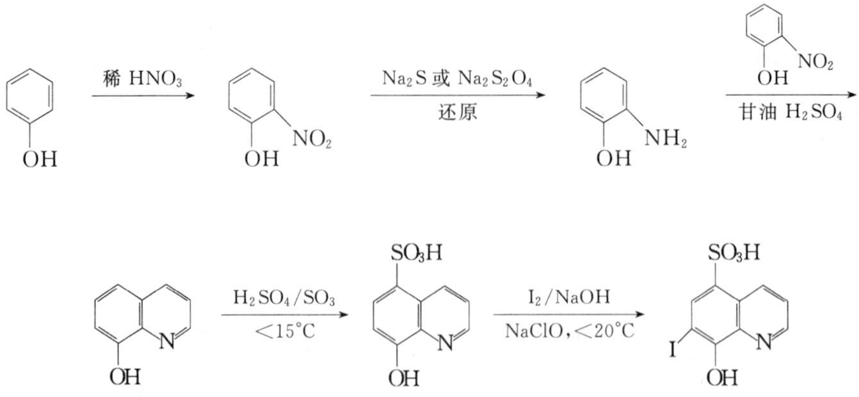

8-羟基喹啉 → 喹碘仿

问题20-18 写出下列化合物与甘油、浓硫酸、硝基苯的反应产物。

(1) 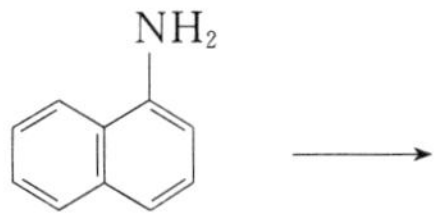 → (2) 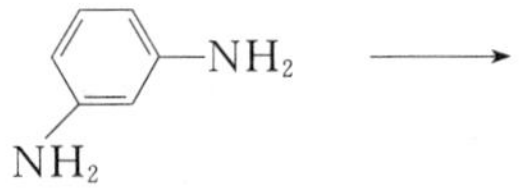 →

(3) 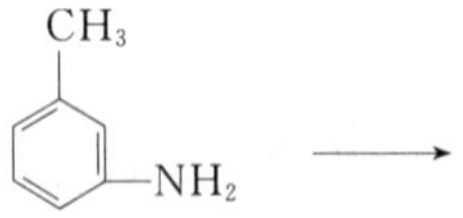 → (4) 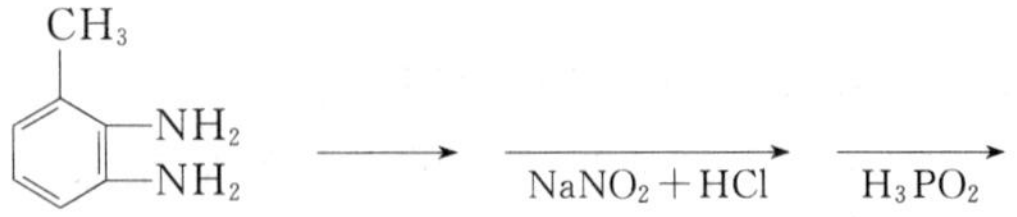 $\xrightarrow{NaNO_2 + HCl}$ $\xrightarrow{H_3PO_2}$

问题20-19 以苯、甲苯及其必要化合物为原料合成下列化合物。

(1) 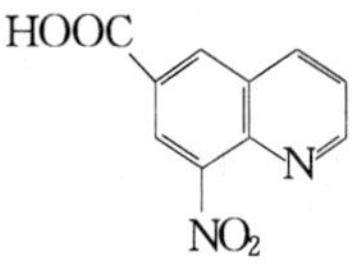 (2)

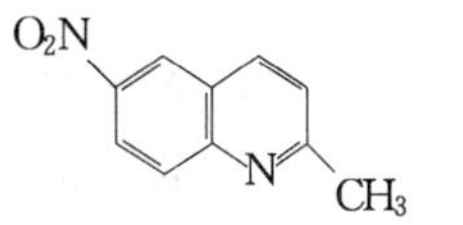

(3) 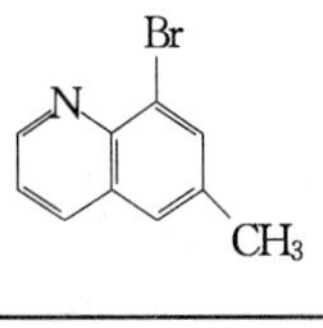 (4)

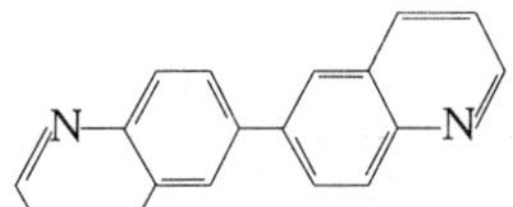

---

2. 弗里德兰德合成

由邻氨基苯甲醛或邻氨基芳酮与具有 α 氢的羰基化合物反应生成喹啉衍生物，这是另一个喹啉环合成的有效方法，这个方法叫做弗里德兰德(Friedländer)合成。

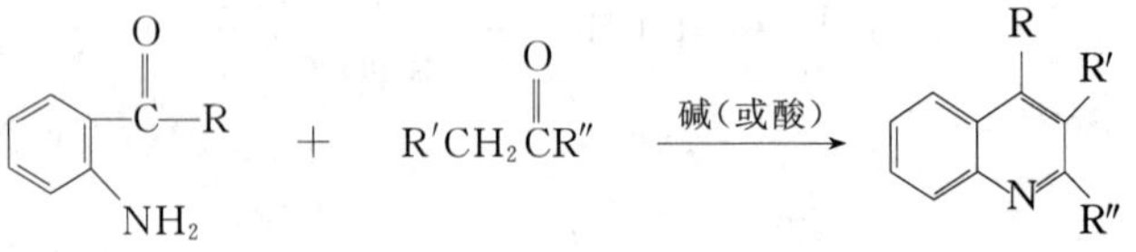

反应的机理是通过两个缩合反应,可能按如下两个途径进行:

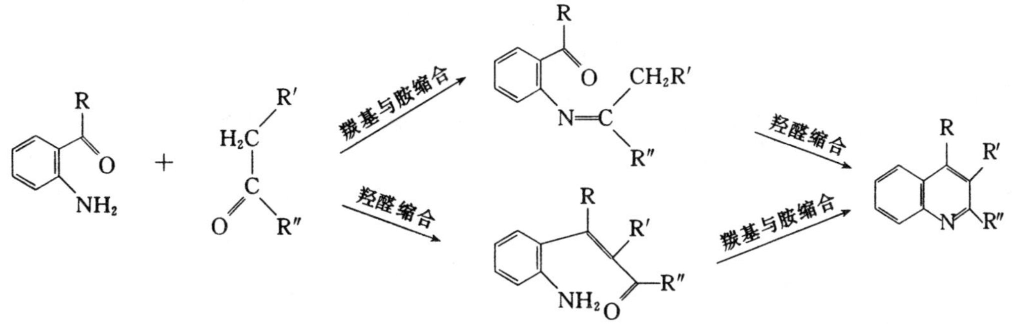

由于合成原料邻氨基芳醛(酮)和具有 α 氢的羰基化合物是可变的,因此该法可合成多种喹啉衍生物,特别用于 3 位有取代基的喹啉衍生物的合成。

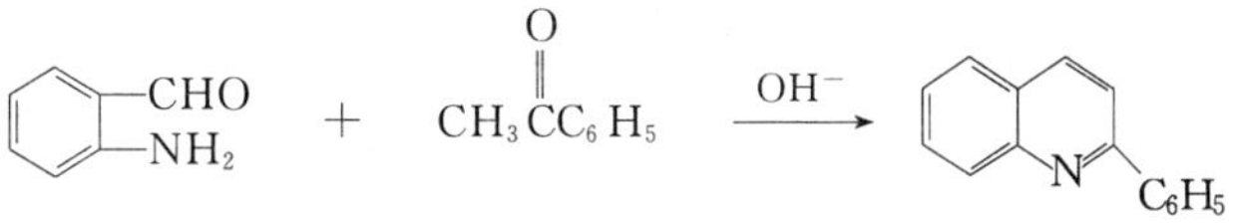

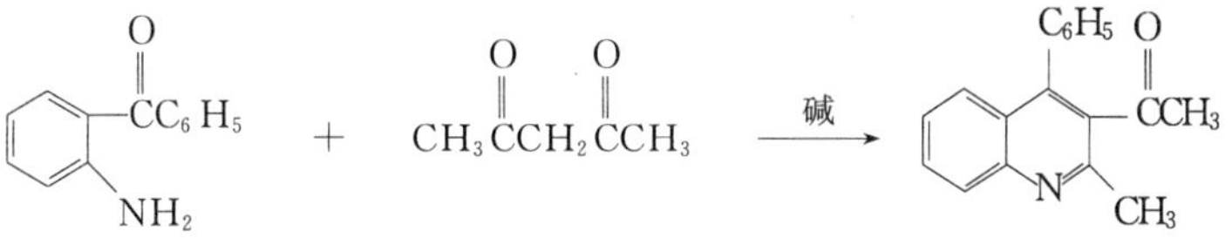

二、异喹啉衍生物的合成

合成异喹啉衍生物的主要方法是毕希来—纳批拉尔斯基(Bischler-Napieralski)合成法。首先将 β-苯乙胺酰基化,然后用脱水剂脱水得二氢异喹啉,再脱氢得异喹啉。

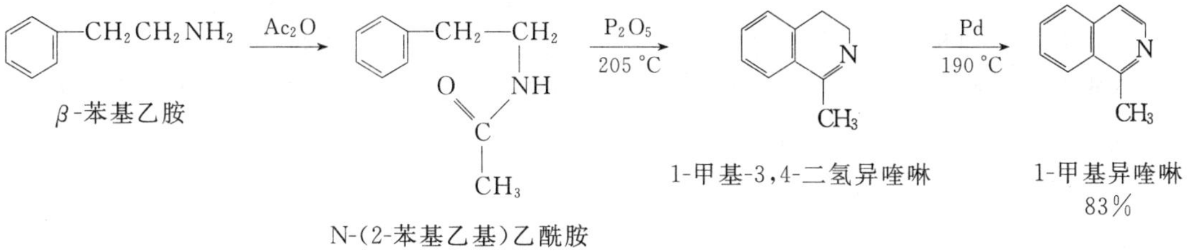

问题20-20　用甲苯和脂肪族化合物及无机试剂合成 N-(2-苯基乙基)乙酰胺。

三、喹啉及异喹啉的反应

喹啉和异喹啉的化学性质和吡啶及 α-硝基萘的有些相似。

1. 亲电取代反应

喹啉的亲电取代反应活性介于苯、萘及吡啶之间,进行异环取代,取代主要发生在 5 位和 8 位。

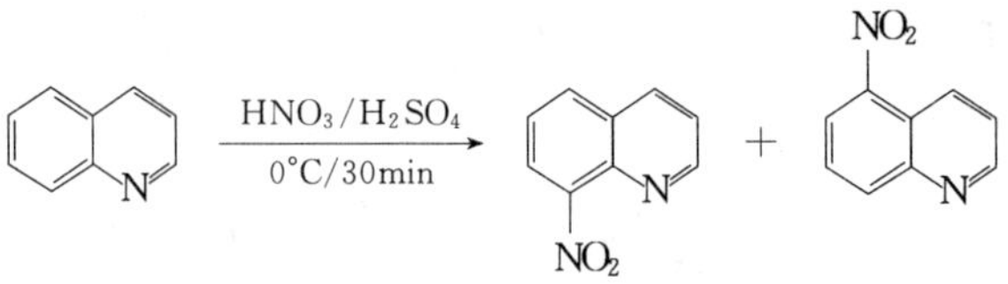

8-硝基喹啉   5-硝基喹啉
48%   52%

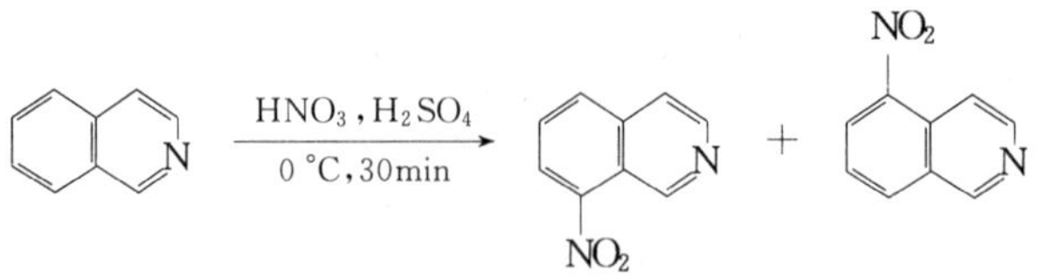

8-硝基异喹啉   5-硝基异喹啉
10%   90%

2. 亲核取代反应

喹啉和异喹啉分子中有吡啶环，可发生亲核取代反应

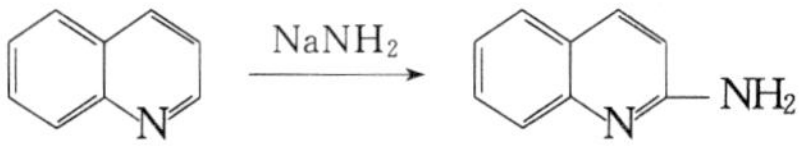

喹啉   2-氨基喹啉

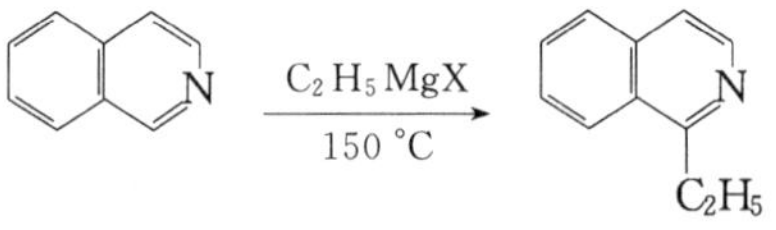

异喹啉   1-乙基异喹啉

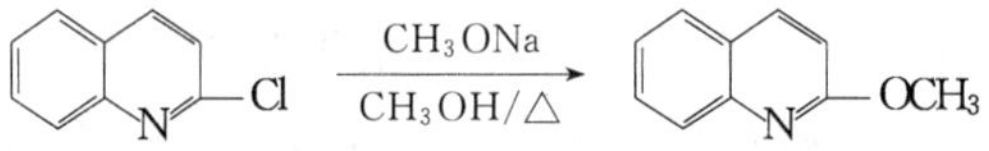

2-氯喹啉   2-甲氧基喹啉

3. 侧链 α 氢的反应

喹啉和异喹啉类似于吡啶，在喹啉 2 位与 4 位侧链及异喹啉 1 位侧链上有活泼的 α 氢，可进行缩合和亲核取代反应。例如：

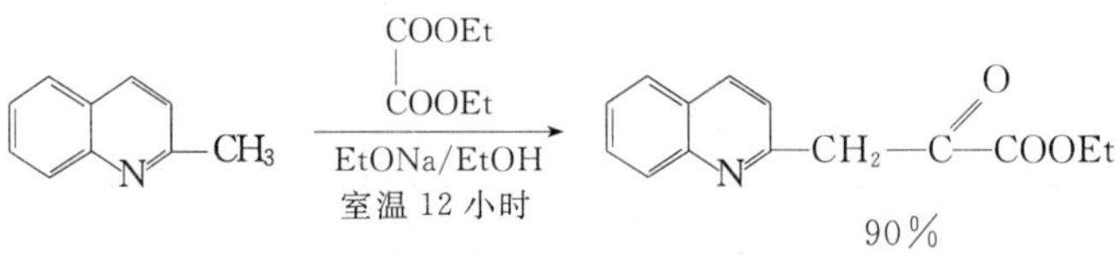

90%

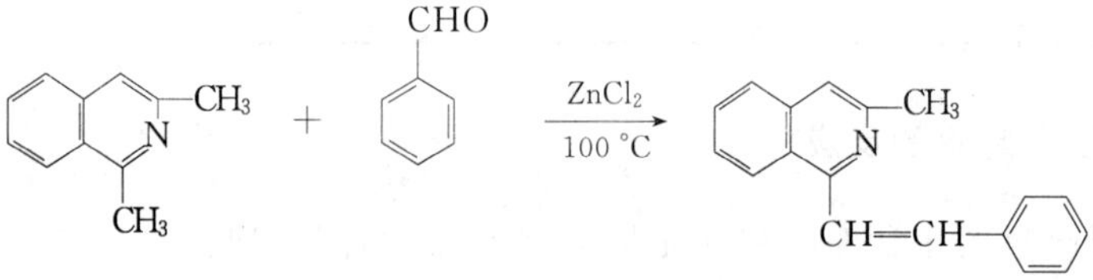

4. 氧化及还原

喹啉氧化时，苯环破裂而吡啶环保持不变，还原时吡啶环被氢化而苯环保持不变，类似于 α-硝基萘。

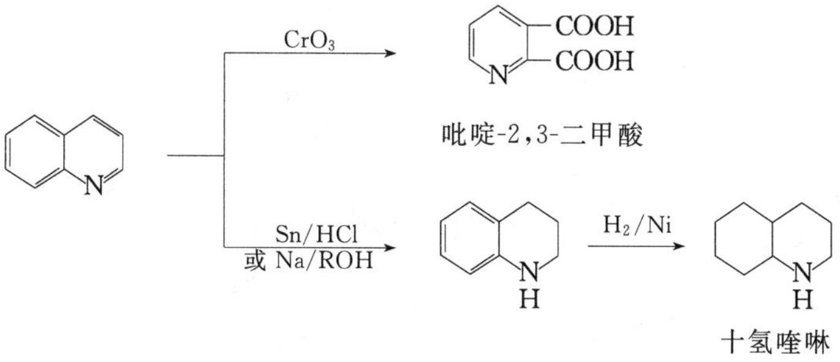

问题20-21 吡啶羧酸$(C_5H_4N)COOH$ 有三种异构体:**D**,熔点 137℃;**E**,熔点 234℃~237℃;**F**,熔点 317℃,它们的结构是通过下列反应证实的:

$$喹啉 \;+\; KMnO_4,OH^- \longrightarrow 一个二元酸(C_7H_5O_4N) \xrightarrow{加热} \textbf{D},熔点\;137℃$$

$$异喹啉 \;+\; KMnO_4,OH^- \longrightarrow 一个二元酸(C_7H_5O_4N) \xrightarrow{加热} \begin{array}{l}\textbf{E},熔点\;234℃\sim237℃\\ 和\;\textbf{F},熔点\;317℃\end{array}$$

D、**E** 和 **F** 应有怎样的结构?

20.6 嘧啶和嘌呤

一、嘧啶

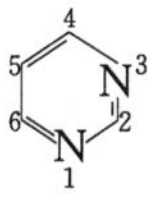

嘧啶

嘧啶是无色结晶,熔点 22℃,易溶于水。嘧啶中的氮是 sp^2 杂化,都以一个 p 电子参与共轭,性质与吡啶类似。由于体系中氮的吸电子作用,碱性比吡啶弱得多,其亲电取代反应比吡啶的困难,亲核取代则比吡啶容易。反应主要发生在氮的邻对位,即 2,4,6 位,例如:

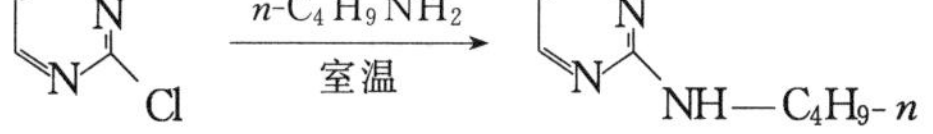

嘧啶环广泛存在于自然界,在新陈代谢中起着重要作用,如用氨基、羟基取代的嘧啶:尿嘧啶、胞嘧啶、胸腺嘧啶是组成核酸的三个碱基:

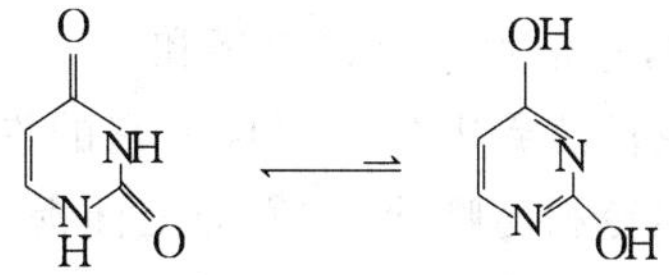

尿嘧啶 uracil

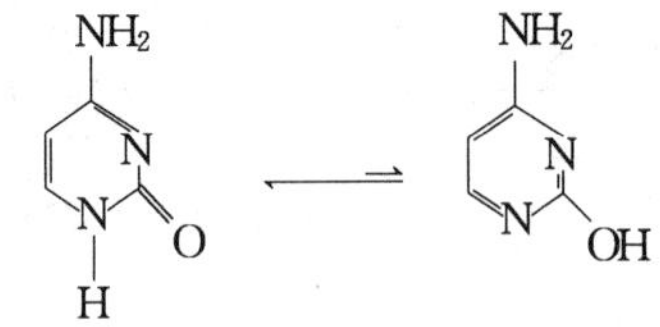

胞嘧啶 cytosine

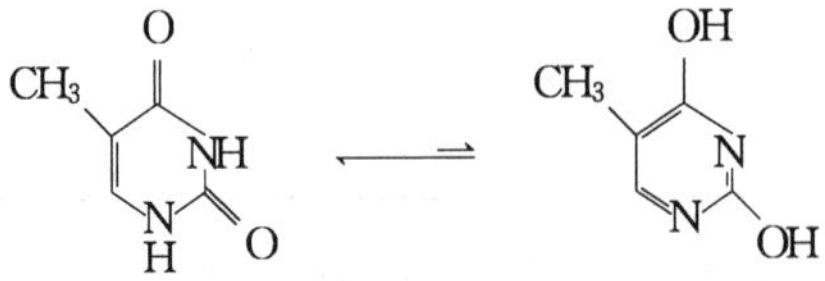

胸腺嘧啶 thymine

维生素及药物中许多含有嘧啶环系,如维生素 B2、磺胺药等。

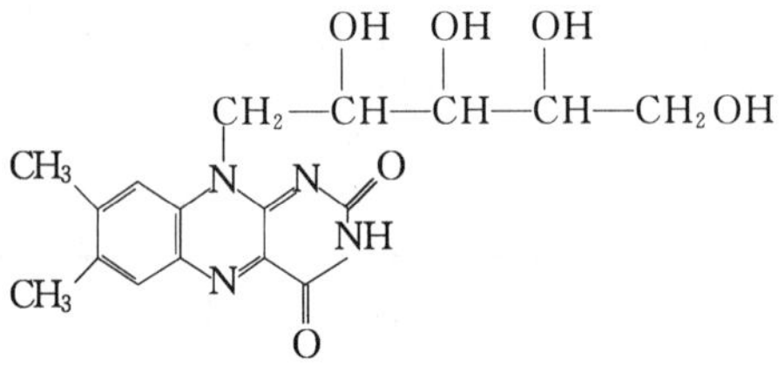

维生素 B2

维生素 B2 又名核黄素,是生物体内氧化还原过程中传递氢及电子的辅酶。体内缺少维生素 B2 会患口腔炎、角膜炎、结膜炎等疾病。维生素 B2 广泛存在于小米、大豆、酵母、绿叶菜、肉、肝、蛋、乳等食物中。

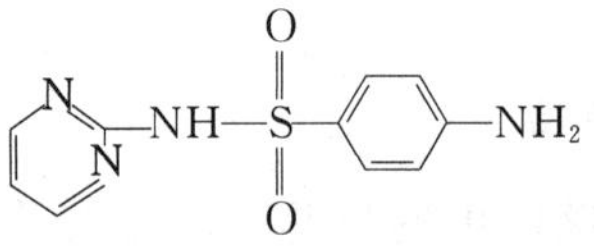

磺胺嘧啶(SD)
(治疗肺炎、脑炎等)

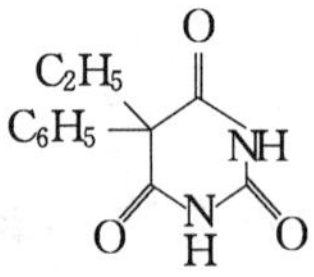

鲁米那
(安眠药)

二、嘌呤

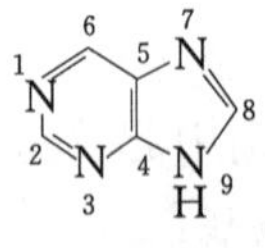

嘌呤

嘌呤是无色晶体,熔点 217℃,它是由一个咪唑环和一个嘧啶环稠合而成。嘌呤本身不存在于自然界中,但它的衍生物却在自然界中分布很广。它的许多氨基和羟基衍生物具有很强的生理活性,其中最重要的是腺嘌呤和鸟嘌呤,它们与前面提到的尿嘧啶、胞嘧啶、胸腺嘧啶组成了生命遗传物质核酸的碱基。

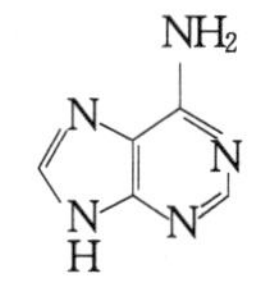

腺嘌呤 adenine，A
m. p. ＞360℃

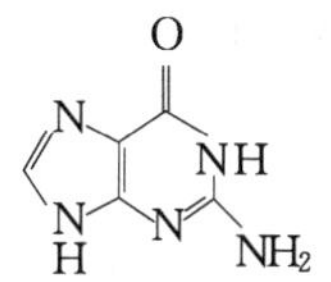

鸟嘌呤 guanine，G
m. p. ＞300℃

除此之外还有常见的茶碱(theophylline)、咖啡碱(caffeine)、可可碱(theobromine)、尿酸(uricacid)等天然化合物也含嘌呤环。

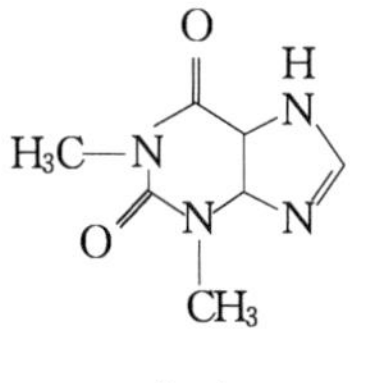

茶碱

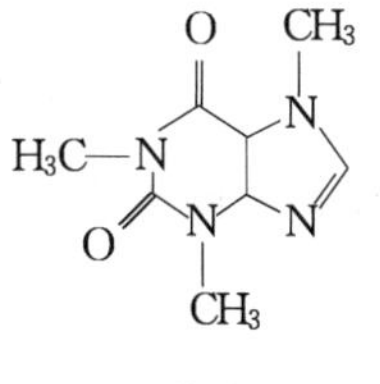

咖啡碱

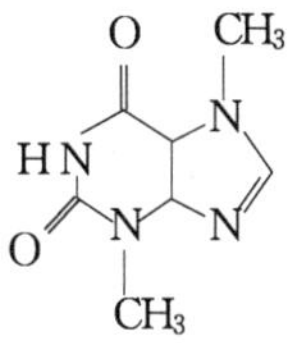

可可碱

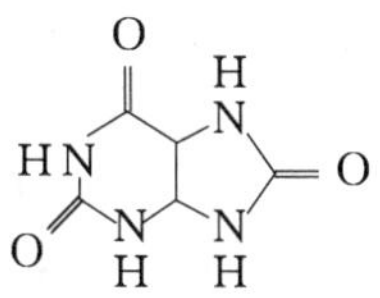

尿酸

20.7 杂环化合物的合成

在自然界中的杂环化合物虽然种类很多，但是它们的资源有限，因此大多数杂环化合物还得靠人工合成。合成杂环化合物的方法很多，一般是将杂环解剖成两部分，用常见的一些加成、缩合等反应，由两个开链化合物合成。杂环所带的取代基，通常是由开链化合物引进，再经转化，这同芳香族化合物的制备有较大的区别。芳香族化合物一般多以芳烃为原料，通过取代等反应引进取代基。下面举几个常见的例子。

一、维生素 B6 中间体的合成

维生素 B6 有抗贫血作用，它是维持蛋白质正常代谢必要的维生素。

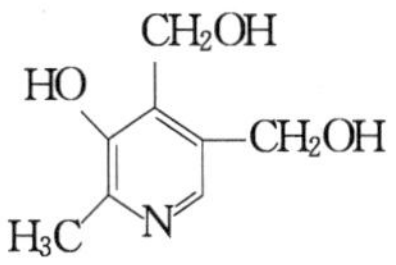

维生素B6

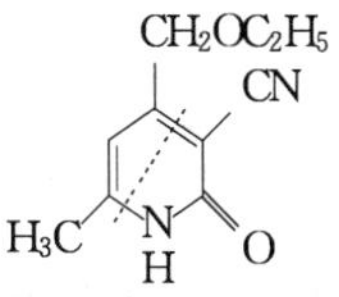

中间体

维生素 B6 是吡啶的衍生物，合成中成环的一步就是利用了 1,3-二羰基化合物与胺的缩合。

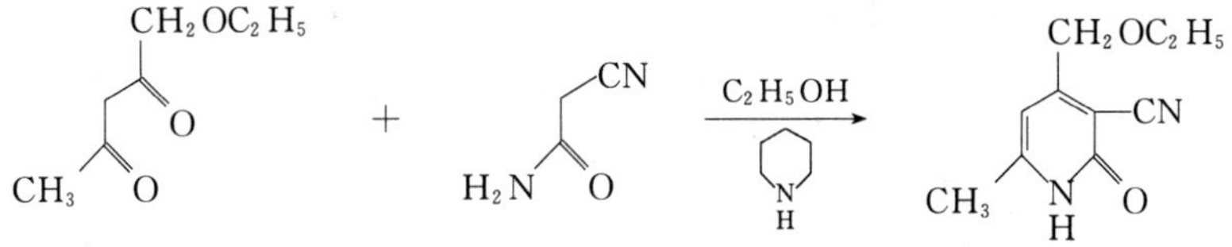

二、2-氨基噻唑的合成

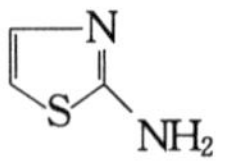

2-氨基噻唑

2-氨基噻唑是由氯乙醛和硫脲缩合而成：

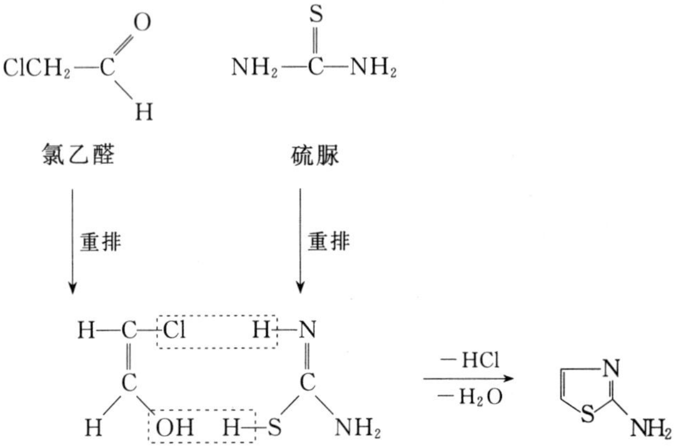

氯乙醛　　　　　　硫脲

2-氨基噻唑是生产磺胺药"ST"（即"消治龙"或磺胺噻唑）的原料，"ST"是一种常用的抗菌消炎药。

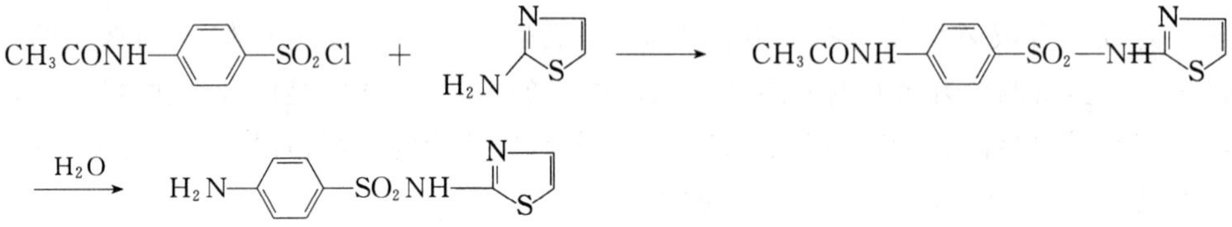

ST

同一类型的化合物根据原料来源的难易也可以采取不同的方法，如 2,5-二甲基噻唑的合成：

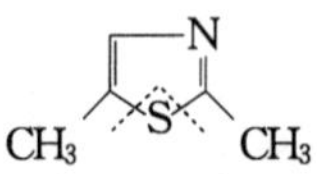

2,5-二甲基噻唑

采用 2,5-二羰基化合物与 P_2S_5 缩合得到。

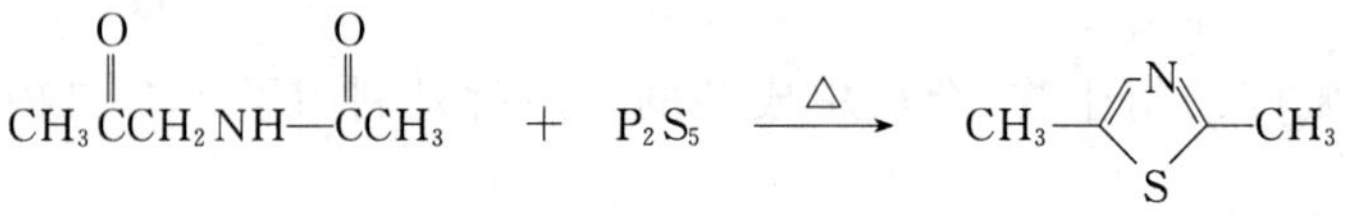

三、3,6-二羟基哒嗪的合成

3,6-二羟基哒嗪是由顺酐和肼缩合环化而成：

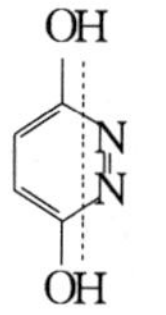

3,6-二羟基哒嗪

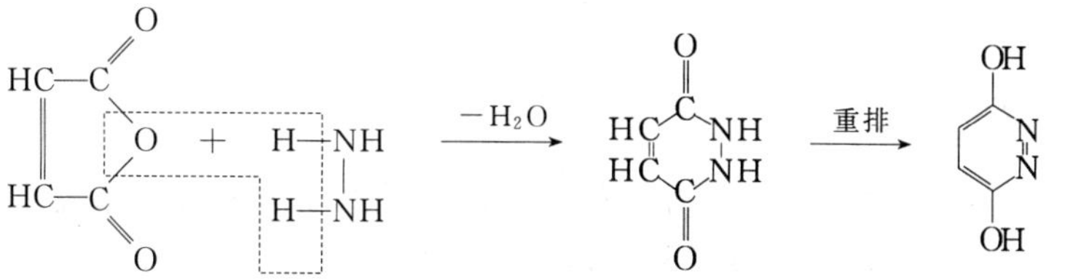

3,6-二羟基哒嗪是生产长效磺胺(SMP)的原料。产物上的官能团是由开链化合物引进经转化得到。

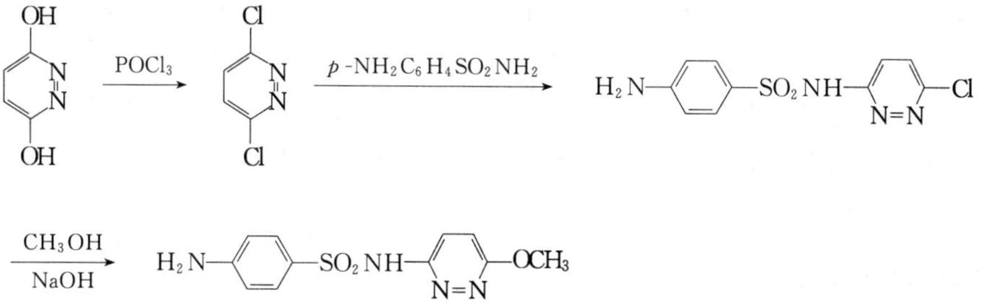

长效磺胺(SMP)

问题20-22 喹啉的另一种合成方法为弗里德兰德(Friedländer)法，它是以邻氨基苯甲醛为基本原料。

(1)从最方便的原料合成它。

(2)以邻氨基苯甲醛为原料合成下列化合物(可用其他必需试剂)。

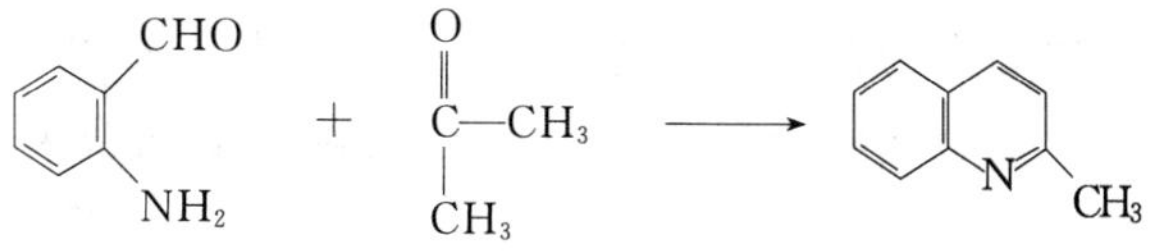

(3)写出下述化合物弗里德兰德合成反应的机理。

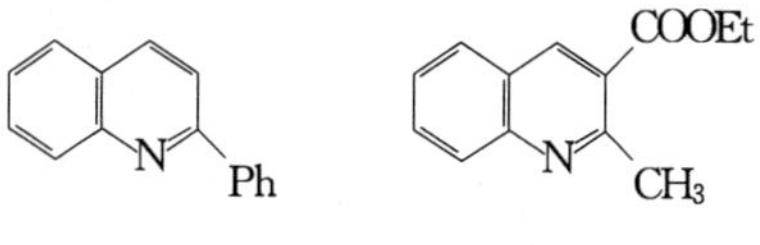

由于邻氨基苯甲醛制备较困难，此法在实际中运用不如斯克柔普法普遍。

问题 20-23 化学发光剂鲁米诺可解剖为：

$$\begin{array}{c} NH_2 \quad O \\ \\ NH \\ NH \\ O \end{array}$$

以

$$\begin{array}{c} NO_2 \quad COOH \\ \\ COOH \end{array}$$

为基本原料，写出合成步骤。

问题 20-24 安眠药 4-丁基巴比妥酸可解剖为：

$$\begin{array}{c} O \\ H \quad NH \\ \\ C_4H_9 \quad O \\ NH \\ O \end{array}$$

试找出适当的原料。

20.8 生物碱

生物碱是一类存在于植物体内，对人和动物有强烈生理作用的含氮碱性有机化合物。生物碱的种类很多，到目前为止，已知结构的就超过了两千种。

生物碱的结构一般比较复杂，具有环状或开链胺的结构。生物碱在植物体内常与有机酸（果酸、柠檬酸、草酸、琥珀酸、醋酸、丙酸、乳酸……）结合成盐而存在，也有与无机酸（磷酸、硫酸、盐酸）结合的。

生物碱在植物体内是由氨基酸转化来的。一种植物可以含有多种生物碱，同一科的植物所含生物碱的结构通常是相似的。生物碱在植物中的含量一般很低，含 1％ 就算比较高的。但也有含量很高的，例如，金鸡纳霜树皮中奎宁含量可达 15％，黄连中的黄连素含量可达 9％。许多中草药的有效成分是生物碱，因此从植物中提取、分离生物碱，测定其结构与药理性能，并进行人工合成是有机化学与医药学重要的一部分。

一、生物碱的鉴定和提取

生物碱可与一些试剂产生颜色反应，常用试剂有：曼德林(Mandelin)试剂(1％钒酸铵的浓硫酸溶液)、弗洛德(Fröhde)试剂(1％钼酸钠的浓硫酸溶液)、马奎斯(Marquis)试剂(少量甲醛的浓硫酸溶液)、浓碘酸、浓硝酸，其颜色随各种生物碱而各有特征，利用它们可鉴别生物碱。

生物碱多为固体，难溶于水，而易溶于乙醇等有机溶剂。生物碱能与无机酸或有机酸结合成盐，这种盐一般易溶于水。这些性质可用于生物碱的提取。生物碱提取一般有两种方法：一种是用有机溶剂提取，得到的生物碱与酸成盐溶于水中，用碱中和，析出产物。另一种用稀酸浸泡或加热提取，所得溶液经过阳离子交换树脂层，生物碱留于交换树脂上，用碱性氢氧化钠溶液洗脱，再用有机溶剂提取。

$$\boxed{聚合物}-SO_3^- \, H^+ \ + \ AH^+ \, HSO_4^- \ \underset{}{\overset{阳离子交换反应}{\rightleftharpoons}} \ \boxed{聚合物}-SO_3^- \, AH^+ \ + \ H_2SO_4$$

阳离子交换树脂　　　生物碱的酸式硫酸盐

$$\boxed{聚合物}-SO_3^- \, AH^+ \ + \ Na^+OH^- \ \rightleftharpoons \ A \ + \ \boxed{聚合物}-SO_3^- \, Na^+ \ + \ H_2O$$

游离生物碱
（用有机溶剂提取）

二、几种重要的生物碱

1.麻黄素

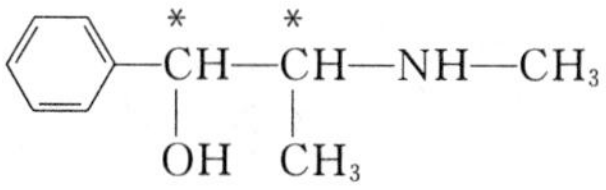

麻黄碱 ephedrine

熔点 38℃   比旋光度$[\alpha]_D = -6.8°$(醇)

麻黄素亦称麻黄碱,结构与肾上腺素的相似,有兴奋交感神经、收缩血管、扩张支气管的作用,用于治疗支气管哮喘症。它的对映体叫假麻黄碱,不仅无药效,实际上还有干扰对映体的作用。

2.烟碱

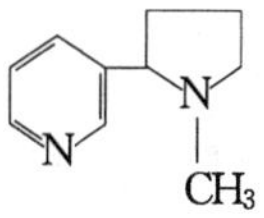

烟碱(尼古丁)

沸点 246.1℃   比旋光度$[\alpha]_D = -169°$

烟碱又名尼古丁,从烟草中提取,天然存在的为左旋体。烟碱有剧毒,少量吸服有兴奋中枢神经、增高血压的作用,大量吸服则抑制中枢神经系统,使心脏麻痹以致死亡。烟碱也可作剧毒农用杀虫剂。

3.黄连素

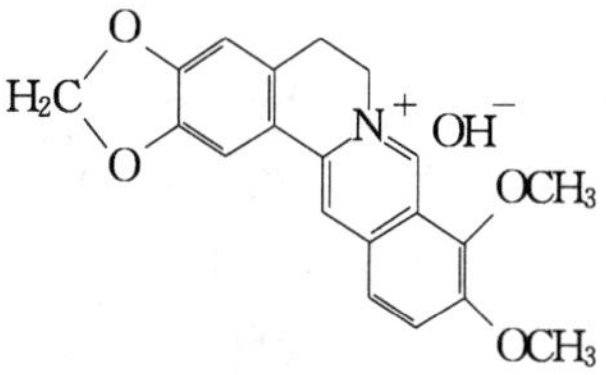

黄连素(小蘗碱)
黄色结晶,熔点145℃

黄连素存在于黄连中,有抑制痢疾杆菌、链球菌及葡萄球菌的作用,用于治疗肠胃炎及细菌性痢疾。我国东北制药总厂已完成了全合成的工作。

4.金鸡纳碱

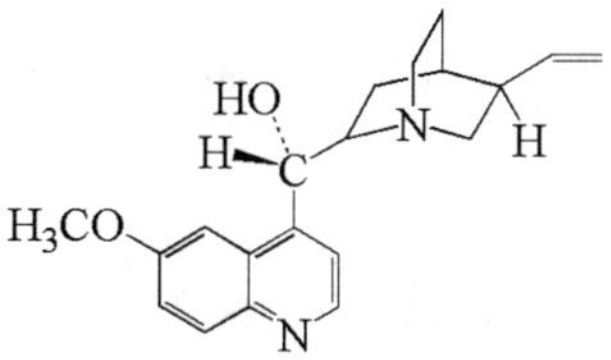

金鸡纳碱(奎宁)quinine
无色晶体

金鸡纳碱又名奎宁,存在于金鸡纳霜树皮中。具有退热的作用,对于某些疟疾原虫具有迅速杀灭的效能。

5. 吗啡碱

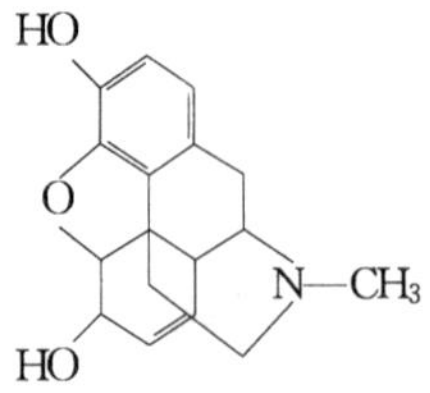

吗啡碱 morphine

熔点 254 ℃　比旋光度$[\alpha]_D^{20}=-130.9°$

吗啡存在于罂粟科植物提出的鸦片中,在鸦片中含量为 0.5%,吗啡有强镇痛效力,但容易成瘾,医药上常用于癌症病人晚期的止痛。

6. 颠茄碱

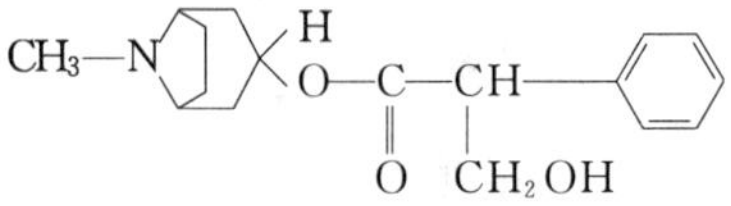

颠茄碱 atropine

熔点 114 ℃~116 ℃

颠茄碱又叫阿托平,存在于茄科植物如颠茄、曼陀罗、天仙子等中。在提取过程中外消旋化。颠茄碱在医药上用作抗胆碱药、能抑制汗腺、唾液、泪腺、胃液等的分泌,并能扩散瞳孔,用于治疗胃痛与肠绞痛,解痉挛,也可用作有机磷与锑剂中毒的解毒剂。

7. 喜树碱

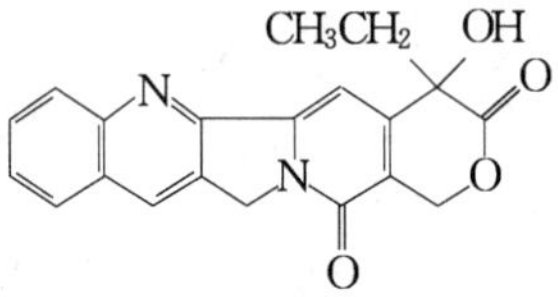

喜树碱

熔点 265 ℃~267 ℃　(分解)

比旋光度$[\alpha]_D=+28°$(乙醇)

喜树碱存在于我国西南及中南地区的喜树中。喜树碱有显著的抗癌活性,是一种抗癌药,可治疗肠癌、胃癌、直肠癌、白血病,但毒性比较大。

习　题

1.写出下列化合物的结构式。

　(1)烟碱　(2)尿嘧啶　(3)胞嘧啶　(4)胸腺嘧啶　(5)哌啶

2.写出吡啶与下列试剂反应的主要产物的结构(若有反应发生)。

　(1)Br_2,300 ℃ 浮石　(2)H_2SO_4,300 ℃　(3)乙酰氯,$AlCl_3$　(4)KNO_3,H_2SO_4,300 ℃

　(5)$NaNH_2$,加热　(6)C_6H_5Li　(7)稀 HCl　(8)稀 NaOH　(9)醋酸酐　(10)苯磺酰氯

　(11)$H_2O_2+CH_3COOH$　(12)$H_2O_2+CH_3COOH$,然后 $HNO_3+H_2SO_4$　(13)H_2,Pt

3.试写出下列诸合成路线中所用的试剂和条件或中间产物的结构。

(1)

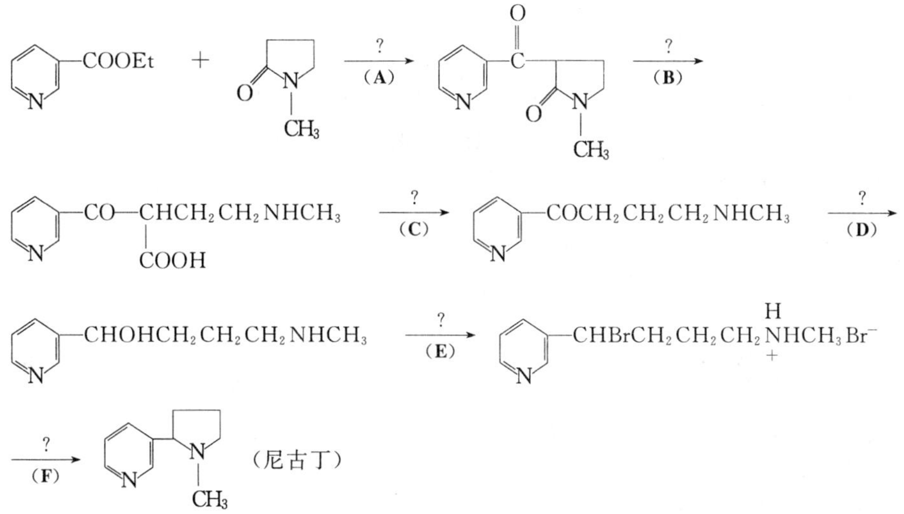

(2)

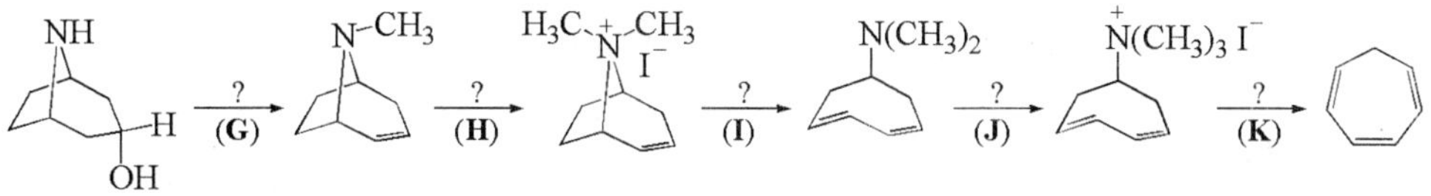

(3)

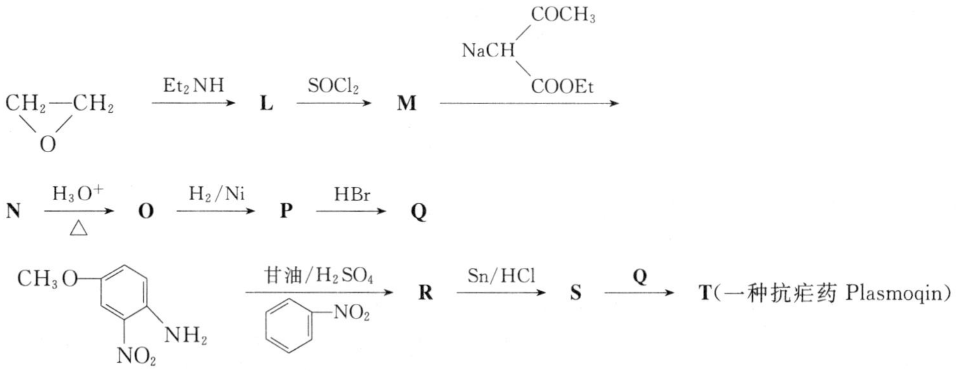

$$CH_2\text{—}CH_2 \xrightarrow{Et_2NH} \mathbf{L} \xrightarrow{SOCl_2} \mathbf{M} \xrightarrow[\substack{NaCH \\ COOEt}]{COCH_3} $$
(epoxide: CH₂—CH₂ with O bridge)

$$\mathbf{N} \xrightarrow[\triangle]{H_3O^+} \mathbf{O} \xrightarrow{H_2/Ni} \mathbf{P} \xrightarrow{HBr} \mathbf{Q}$$

$\xrightarrow[苯酚/NO_2]{甘油/H_2SO_4} \mathbf{R} \xrightarrow{Sn/HCl} \mathbf{S} \xrightarrow{\mathbf{Q}} \mathbf{T}$（一种抗疟药 Plasmoqin）

(4)

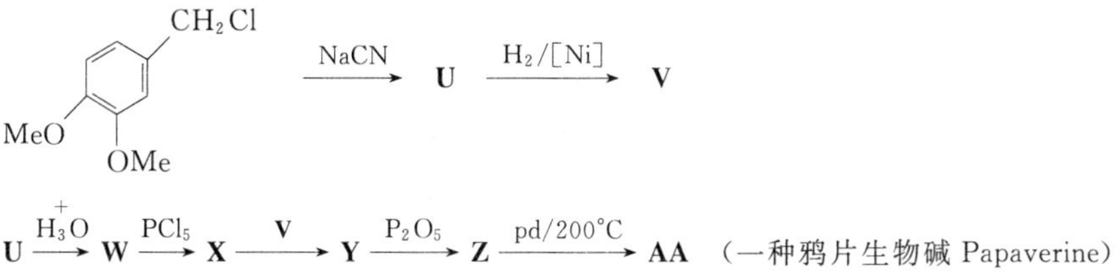

$\xrightarrow{NaCN} \mathbf{U} \xrightarrow{H_2/[Ni]} \mathbf{V}$

$$\mathbf{U} \xrightarrow{H_3O^+} \mathbf{W} \xrightarrow{PCl_5} \mathbf{X} \xrightarrow{\mathbf{V}} \mathbf{Y} \xrightarrow{P_2O_5} \mathbf{Z} \xrightarrow{pd/200℃} \mathbf{AA}$ （一种鸦片生物碱 Papaverine）

4.写出下列杂环合成产物的结构式。

(1)丙二酸二乙酯 ＋ 尿素 $\xrightarrow{碱,加热}$ $C_4H_4O_3N_2$,嘧啶系

(2)2,4-戊二酮 ＋ $H_2N—NH_2$ $\longrightarrow$ $C_5H_8N_2$,吡唑环

(3)邻氨基苯甲酸 ＋ 氯代乙酸 $\longrightarrow$ $C_9H_9O_4N$ $\xrightarrow{碱,强热}$ 吲哚环 C_8H_7ON(3-羟基吲哚)

(4)邻苯二胺 ＋ 甘油 $\xrightarrow{斯克柔普合成}$ $C_{12}H_8N_2$

5.间甲苯胺 ＋ 甘油 $\xrightarrow{斯克柔普合成}$ $\mathbf{G}(C_{10}H_9N)$

(1)$\mathbf{G}$ 可能的结构是什么？

(2)根据下列事实,$\mathbf{G}$ 应有何结构？

$$2,3\text{-二氨基甲苯} \ + \ \text{甘油} \ \xrightarrow{\text{斯克柔普合成}} \ \mathbf{H}(C_{10}H_{10}N_2)$$

$$\mathbf{H} \ + \ NaNO_2 \ + \ HCl;后加 \ H_3PO_2 \ \longrightarrow \ \mathbf{G}$$

6.试将组胺(一种造成许多过敏反应的物质)中的氮原子按照它们预期的碱性排列成序,并予以说明。

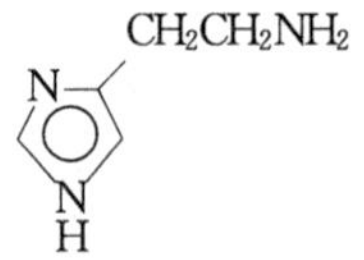

组胺

7.解决下列问题:

(1)除去混在苯中的少量噻吩;

(2)除去混在甲苯中的少量吡啶;

(3)用简单化学试剂区分 N-氧化 2,6-二甲基吡啶和 2,6-二甲基-4-吡啶酮;

(4)用简单化学试剂区分 1-乙基吲哚和 2-乙基吲哚。

8.用箭头表示下列化合物进行指定反应时的位置。

(1) [苯基噻吩结构] 溴化   (2) [3-乙基吡啶结构] 与苯基锂作用

(3) [3-甲基吲哚结构] 溴化   (4) [喹啉 N-氧化物结构] 硝化

9.合成下列化合物。

(1)由噻吩和四个碳以下的有机化合物制备 [2-(2-羟基异丙基)噻吩结构]。

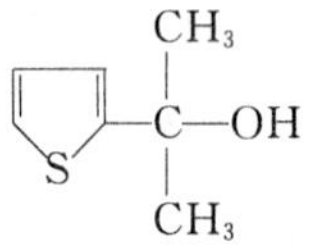

(2)由呋喃及必需的有机及无机试剂制备 [2-(1-羟基环己基)呋喃结构]。

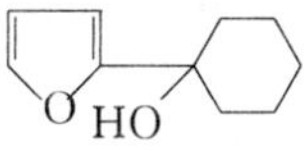

(3)由庚二酸二乙酯及丙酮为原料合成 [2-甲基-4,5,6,7-四氢苯并呋喃结构]。

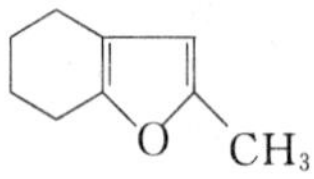

提示:可制备所需的1,4-二酮,然后再在 P_2O_5 的作用下进行分子内缩合反应。

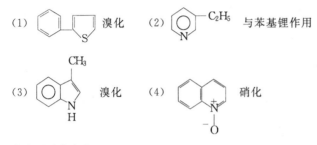

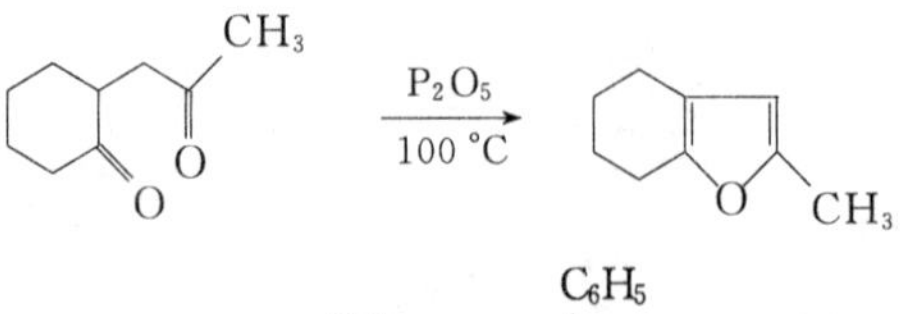

(4)以苯及必需的无机及有机试剂为原料合成 [4-苯基-6-甲基喹啉结构]。

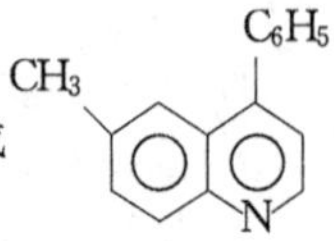

10.罂粟碱可用下列途径合成:

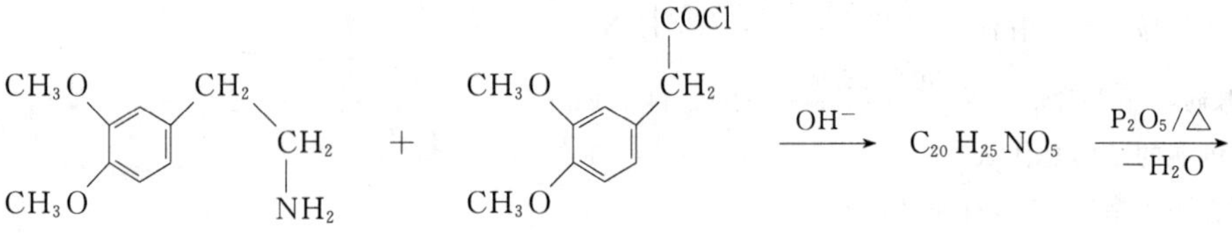

[3,4-二甲氧基苯乙胺结构] $+$ [3,4-二甲氧基苯乙酰氯结构] $\xrightarrow{OH^-} C_{20}H_{25}NO_5 \xrightarrow[-H_2O]{P_2O_5/\triangle}$

二氢罂粟碱 $\xrightarrow[\triangle,-H_2]{Pd}$ 罂粟碱

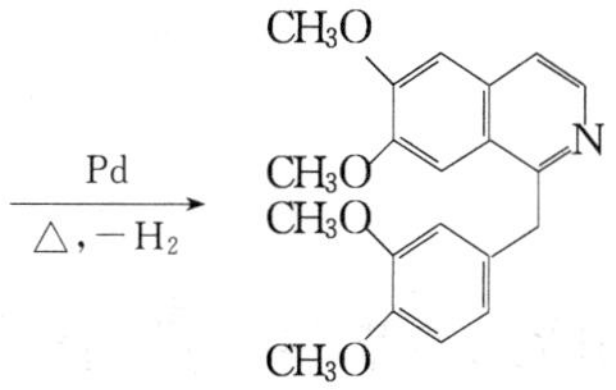

试写出每步反应的产物。

11. 在合成吗啡时有下列重要的一步：

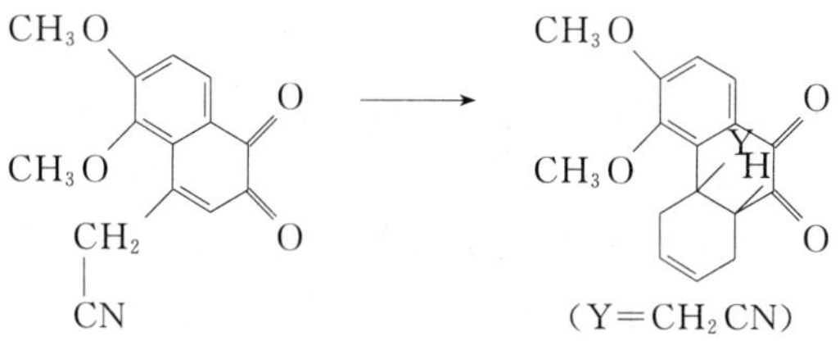

（Y＝CH₂CN）

试写出如何完成此步反应。

12. 试写出下列反应的历程。

（1） 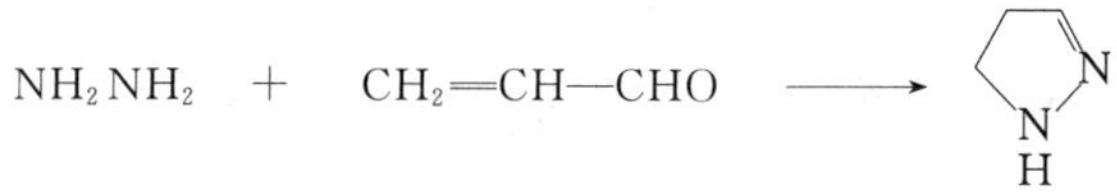　NH_2NH_2　＋　$CH_2=CH-CHO$　$\longrightarrow$

（2）　＋　Ac_2O　$\xrightarrow{NaOAc}$　

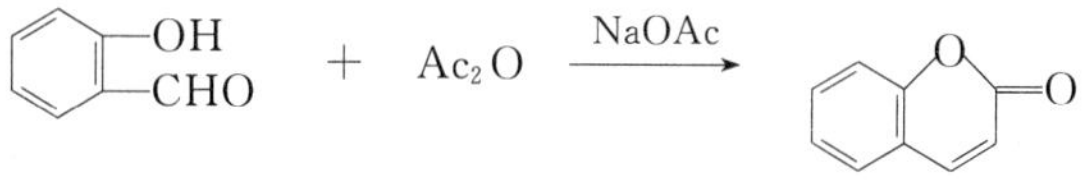

文献题：

写出下列反应的历程。

（1） 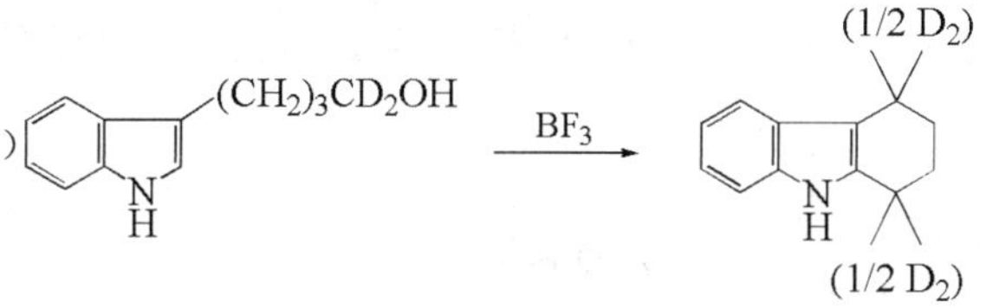　$\xrightarrow{BF_3}$　

（2）　$\xrightarrow[NH_3(l)]{NaNH_2}$ 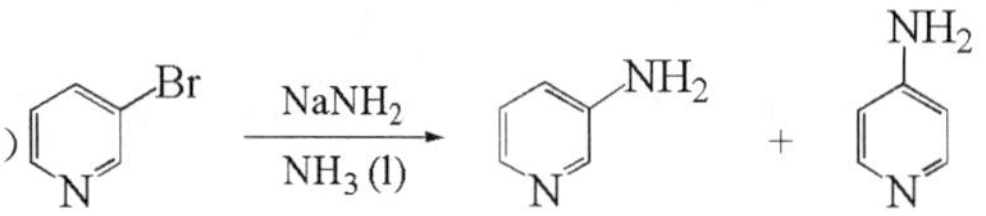　　＋　

来源：

（1）D. W. Clack，A. H. Jackson，N. Prasitpan，P. V. R. Shannon. J. Chem. Soc. Perkin Trans. ，1982，Ⅱ：909.

（2）M. J. Pieterse，H. J. D. Hertog. Recueil，1961，80：1376.

第二十一章 氨基酸、蛋白质和核酸

蛋白质（protein）存在于一切细胞中。它们是构成人体和动植物组织的基本材料，肌肉、毛发、皮肤、指甲、腱、神经、激素、抗体、血清、血红蛋白、酶等都是由不同蛋白质组成的。蛋白质在有机体中承担着多种生物功能，它们能供给机体营养，输送氧气，控制代谢过程，防御疾病、传递遗传信息，负责机械运动，执行保护机能，等等。可以说，蛋白质是生命的物质基础，是参与体内各种生物化学变化最重要的组分。生命的基本特征就是蛋白质的不断自我更新。

从化学上看，蛋白质是氨基酸的高聚物；氨基酸是构成蛋白质的"基石"。因此要讨论蛋白质的结构和性质，首先要了解氨基酸。

在本章介绍与蛋白质有密切关系的另一类生物高分子化合物——核酸。

21.1 氨基酸

一、氨基酸的结构、分类和命名

分子中既含有氨基（—NH_2），又含有羧基（—COOH）的化合物叫氨基酸（amino acids）。根据氨基和羧基的相对位置不同，又可分为 α-，β-，γ-或 δ-氨基酸。组成蛋白质的几乎都是 α-氨基酸。

$$\begin{array}{c} R—CH—COOH \\ | \\ NH_2 \end{array} \qquad \alpha\text{-氨基酸}$$

在自然界存在的 α-氨基酸（亦称天然氨基酸）目前已经知道的有一百多种，但组成蛋白质的氨基酸仅二十多种（见表 21-1）。

表 21-1 蛋白质中的氨基酸 $RCH(NH_2)COOH$

名　称	R	缩写符号	等电点（pI）
甘氨酸	H—	Gly	6.0
丙氨酸	CH_3—	Ala	6.0
缬氨酸*	$(CH_3)_2CH$—	Val	6.0
亮氨酸*	$(CH_3)_2CHCH_2$—	Leu	6.0
异亮氨酸*	$\begin{array}{c}CH_3CH_2CHCH_3\\|\end{array}$	IL	6.0
丝氨酸	$HOCH_2$—	Ser	5.7
苏氨酸*	$CH_3CH(OH)$—	Thr	5.6

名　称	R	缩写符号	等电点(pI)
半胱氨酸	$HSCH_2$—	CysH	5.1
胱氨酸	—CH_2—S—S—CH_2—	Cys-Cys	5.1
蛋氨酸	$CH_3SCH_2CH_2$—	Met	5.7
天门冬氨酸*	$HOOCCH_2$—	Asp	2.8
谷氨酸	$HOOCCH_2CH_2$—	Glu	3.2
天冬酰胺	H_2N—$\underset{\underset{O}{\parallel}}{C}CH_2$—	Asn	5.4
谷酰胺	$H_2N\underset{\underset{O}{\parallel}}{C}CH_2CH_2$—	Gln	5.7
赖氨酸*	$H_2NCH_2CH_2CH_2CH_2$—	Lys	9.8
组氨酸*	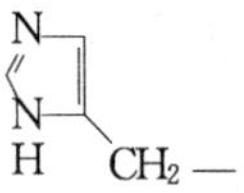 (咪唑环)CH_2—	His	7.6
精氨酸*	H_2N—$\underset{\underset{NH}{\parallel}}{C}$—$NHCH_2CH_2CH_2$—	Arg	10.8
苯丙氨酸*	$C_6H_5CH_2$—	Phe	5.5
酪氨酸	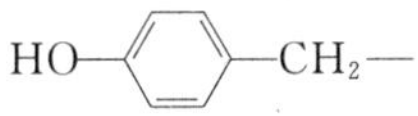 HO—(苯环)—CH_2—	Tyr	5.7
色氨酸*	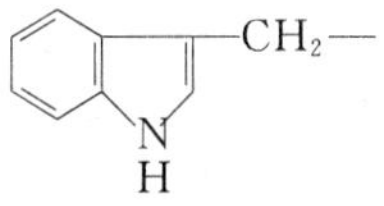 (吲哚环)CH_2—	Trp	5.9
脯氨酸	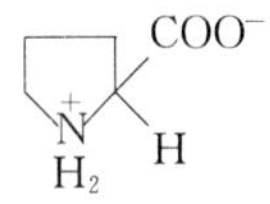 （脯氨酸的完整结构）	Pro	6.3
羟基脯氨酸	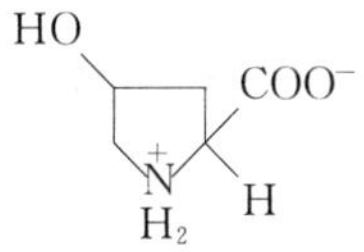 （羟基脯氨酸的完整结构）	Hyp	6.3

*　氨基酸不能在人体内合成,必须从食物中供给,称为必需氨基酸(essential amino acid)。

　　天然氨基酸常使用俗名(根据来源或性质),例如,微具甜味的称为甘氨酸;最初从蚕丝中得到的氨基酸叫丝氨酸;最初由一种叫天门冬的幼苗中发现的称为天门冬氨酸。每种氨基酸都有缩写符号(即英文名称的头三个字母)。

　　从表 21-1 中可以看出,各种氨基酸的差别主要在于 R 基团的不同,而 R 基团的结构是多种多样的。在有些氨基酸的 R 基团中含有羟基、巯基、芳环或杂环,有的氨基酸分子中含有两个氨基或羧基。根据分子中氨基和羧基的数目可将氨基酸分为中性氨基酸(氨基和羧基数目相等);酸性氨基酸(羧基数目大于氨基数);碱性氨基酸(氨基数目大于羧基数)。例如:

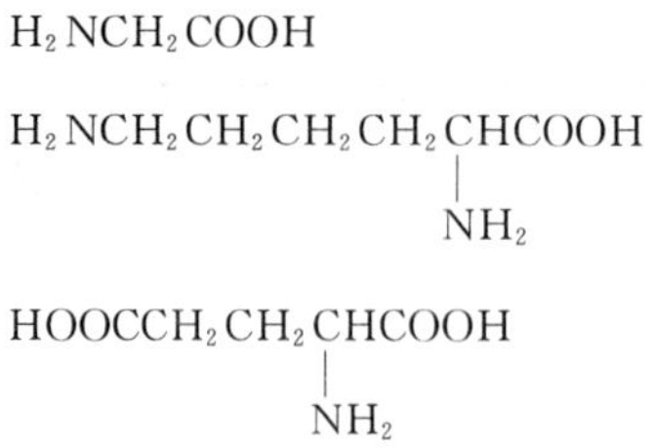

$$H_2NCH_2COOH \qquad\qquad\qquad 甘氨酸（中性氨基酸）$$

$$H_2NCH_2CH_2CH_2CH_2\underset{\underset{NH_2}{|}}{C}HCOOH \qquad 赖氨酸（碱性氨基酸）$$

$$HOOCCH_2CH_2\underset{\underset{NH_2}{|}}{C}HCOOH \qquad\qquad 谷氨酸（酸性氨基酸）$$

天然氨基酸,除甘氨酸外,α 碳原子都有手性,且都是 L 构型。氨基酸的构型是与乳酸相比而确定的(也就是从甘油醛导出来的)。例如,与 L-乳酸相应的 L-丙氨酸的构型是:

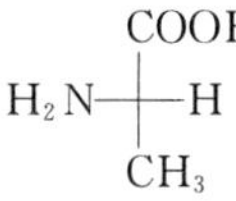

L-丙氨酸 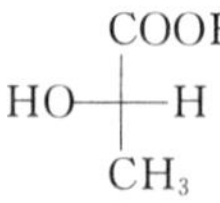 $\qquad\qquad\qquad$ L-乳酸 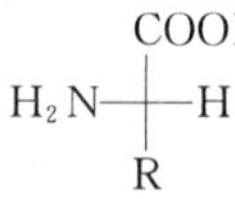 $\qquad\qquad\qquad$ L-氨基酸

正像糖类化合物一样,氨基酸的构型习惯于用 D,L 标记法。如果用 R/S 法标记,那么天然氨基酸大多属于 S 构型。但也有 R 型的,如 L-半胱氨酸为 R 构型。

二、氨基酸的性质

氨基酸是含有氨基和羧基的双官能团化合物,所以它们既具有羧酸的性质,又具有胺类的性质,同时还具有这两种官能团相互影响而赋于它们的某些特性。

1. **两性和等电点**(isoelectric point)

氨基酸既含有碱性基团(—NH_2),又含有酸性基团(—COOH)。它们具有两性,与强酸或强碱作用都能生成盐。

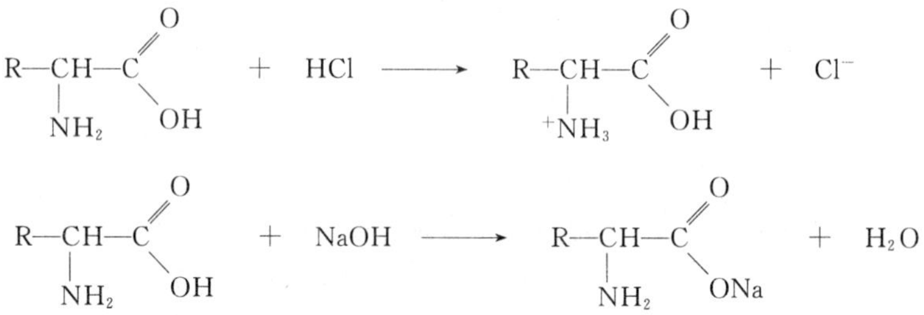

胺与羧酸反应很容易形成铵盐,当氨基和羧基存在于同一分子时,可在分子内发生质子迁移而形成内盐(zwitterion):

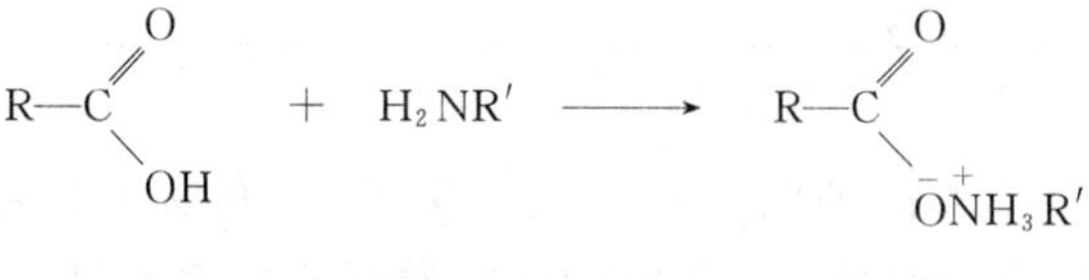

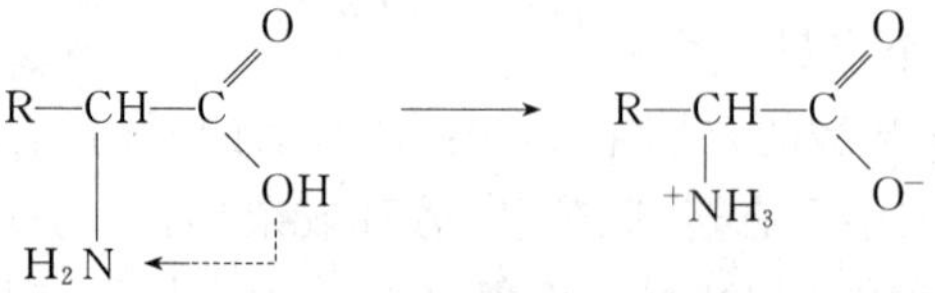

氨基酸的某些物理和光谱性质表明,它们是以偶极离子(dipolar ion)形式存在的,分子中

没有游离的—NH₂ 或—COOH。例如,氨基酸一般在 200 ℃以下不熔化,具有很高的熔点(实际上是分解点)。氨基酸可溶于水,而不溶于苯、醚等有机溶剂。这些都是由偶极离子结构所导致的特性。氨基酸的红外光谱上,没有典型的羧基(—COOH)伸展吸收峰(1 725~1 700cm⁻¹),而只有 COO⁻ 的伸展吸收峰(1 650~1 545cm⁻¹)。

氨基酸偶极离子作为两性物质,既能从一个强酸接受一个质子,又可向强碱给出一个质子。

$$
\begin{array}{ccc}
\underset{\substack{| \\ +NH_3}}{RCHCOOH} & \underset{H^+}{\overset{OH^-}{\rightleftharpoons}} & \underset{\substack{| \\ +NH_3}}{RCHCOO^-} & \underset{H^+}{\overset{OH^-}{\rightleftharpoons}} & \underset{\substack{| \\ NH_2}}{RCHCOO^-}
\end{array}
$$

正离子 **2**　　　　　偶极离子 **1**　　　　　负离子 **3**

若在氨基酸的平衡水溶液中加入酸,则生成正离子 **2**,加碱生成负离子 **3**。当把该溶液置于电场中,在强酸性条件下,氨基酸分子主要以正离子 **2** 存在,应向阴极移动;在强碱性条件下,氨基酸分子主要以负离子 **3** 存在,应向阳极移动。调节 pH 值,使平衡水溶液中的氨基酸分子主要以偶极离子 **1** 存在,其净电荷为零,氨基酸分子既不向阴极也不向阳极移动,此时溶液的 pH 值称为该氨基酸的等电点,简称 pI(isoelectric point)。由于各种氨基酸结构不同,酸、碱性质不同,所以等电点也不尽相同。一般酸性氨基酸约为 3,中性氨基酸约为 6,碱性氨基酸约为 9~11。

氨基酸等电点可由相应氨基酸盐酸盐的 pK_a 值求出。如丙氨酸盐酸盐,可看作一个二元酸,具有两个平衡常数 K_1 和 K_2

$$
\underset{\substack{| \\ \overset{+}{NH_3}}}{CH_3CHCO_2H} \overset{K_1}{\rightleftharpoons} H^+ + \underset{\substack{| \\ +NH_3}}{CH_3CHCO_2^-}
$$

4　　　　　　　　　　　　　　　　**5**

$$
\underset{\substack{| \\ +NH_3}}{CH_3CHCO_2^-} \overset{K_2}{\rightleftharpoons} H^+ + \underset{\substack{| \\ NH_2}}{CH_3CHCO_2^-}
$$

6

$$
K_1 = \frac{[H^+]\left[\underset{\substack{| \\ +NH_3}}{CH_3CHCO_2^-}\right]}{\left[\underset{\substack{| \\ \overset{+}{NH_3}}}{CH_3CHCO_2H}\right]} \qquad K_2 = \frac{[H^+]\left[\underset{\substack{| \\ NH_2}}{CH_3CHCO_2^-}\right]}{\left[\underset{\substack{| \\ \overset{+}{NH_3}}}{CH_3CHCO_2^-}\right]}
$$

用碱调节丙氨酸盐酸盐水溶液 pH 值,当加入 0.5mol 碱时,平衡中氨基酸正离子 **4** 的浓度与偶极离子 **5** 的相同,[**4**]=[**5**]。此时溶液 pH 值等于 pK_1,实际上此溶液中只有 50% 的偶极离子 **5**。当加入 1.5mol 碱时,溶液中氨基酸偶极离子 **5** 的浓度等于负离子 **6**,[**5**]=[**6**]。此时溶液的 pH 值等于 pK_2,溶液中也含 50% 偶极离子 **5**。所以使丙氨酸完全以偶极离子 **5** 存在时,pH 值应为 pK_1 和 pK_2 的平均值,这个 pH 值即为丙氨酸的等电点(pI),$pI=(pK_1+pK_2)/2$。根据表 21-2 数据,丙氨酸盐酸盐的 pK_1 为 2.3、pK_2 为 9.7,可求出丙氨酸等电点为 6.0:

$$
pI = \frac{pK_1+pK_2}{2} = \frac{2.3+9.7}{2} = 6.0
$$

又如赖氨酸的盐酸盐具有三个 pK 值，它的离解平衡可描述如下：

$$\overset{+}{H_3N}-(CH_2)_4-\underset{\underset{+NH_3}{|}}{C}HCO_2H \underset{H^+}{\overset{-H^+}{\rightleftharpoons}} \overset{+}{H_3N}-(CH_2)_4-\underset{\underset{+NH_3}{|}}{C}HCO_2^- \underset{H^+}{\overset{-H^+}{\rightleftharpoons}}$$

$$pK_1=2.2 \qquad\qquad\qquad pK_2=9.0$$

$$\overset{+}{H_3N}-(CH_2)_4-\underset{\underset{NH_2}{|}}{C}HCO_2^- \underset{H^+}{\overset{-H^+}{\rightleftharpoons}} H_2N-(CH_2)_4-\underset{\underset{NH_2}{|}}{C}HCO_2^-$$

偶极离子　$pK_3=10.5$

平衡中第二步离解可生成净电荷为零的偶极离子，它继续离解生成负离子的形式。根据表 21-2 中赖氨酸的 pK 值，可求出赖氨酸等电点（pI）约为 9.8：

$$pI=\frac{pK_2+pK_3}{2}=\frac{9.0+10.5}{2}\approx9.8$$

表 21-2　氨基酸盐酸盐的 pK_a 值

名　称	pK_1	pK_2	pK_3
甘氨酸	2.3	9.6	—
丙氨酸	2.3	9.7	—
缬氨酸	2.3	9.6	—
亮氨酸	2.4	9.6	—
异亮氨酸	2.4	9.6	—
丝氨酸	2.2	9.2	—
苏氨酸	2.1	9.1	—
半光氨酸	2.0	8.2	10.3
蛋氨酸	2.3	9.2	—
天门冬氨酸	1.9	3.9	9.6
谷氨酸	2.2	4.3	9.7
天冬酰胺	2.0	8.8	—
谷酰胺	2.2	9.1	—
赖氨酸	2.2	9.0	10.5
组氨酸	1.8	6.1	9.2
精氨酸	2.2	9.0	12.5
苯丙氨酸	1.8	9.1	—
酪氨酸	2.2	9.1	10.1
色氨酸	2.8	9.4	—
脯氨酸	2.0	10.6	—

等电点是每一种氨基酸的特定常数。在等电点时，氨基酸的水溶解度最小，所以可利用不同氨基酸的等电点来进行分离提纯。用电泳技术分离氨基酸正是基于不同氨基酸具有不同等电点的性质。

问题21-1 写出下列氨基酸在给定 pH 值的离子结构。

(1) 半胱氨酸(pH4.80) 　　(2) 精氨酸(pH10.95)

问题21-2 下列氨基酸在 pH≈6 时,置于电场中,推测其移动方向。

(1) 缬氨酸 　　(2) 谷氨酸 　　(3) 赖氨酸

2. 羧基的反应

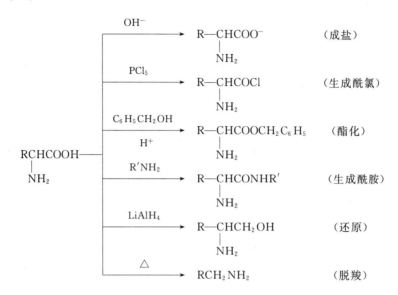

3. 氨基的反应

以上这些反应在化学上和生物体中都很重要,例如,氨基酸和 HNO$_2$ 反应,定量放出氮气,可用来测定—NH_2的含量。氨基酸和甲醛反应可以在用酸碱滴定测羧基的含量时将氨基保护起来,避免干扰。氨基酸与 2,4-二硝基氟苯的反应可用于多肽结构的 N-端分析(见 21.2 节)。氨基酸氧化脱氨生成酮酸的反应在生物体内是在酶的催化下完成的,它是体内蛋白质分解代谢中的重要过程。

4. 与水合茚三酮的反应

α-氨基酸与水合茚三酮在碱性溶液中加热,发生氧化、脱氨、脱羧作用,最终生成蓝紫色物质。其反应过程为:

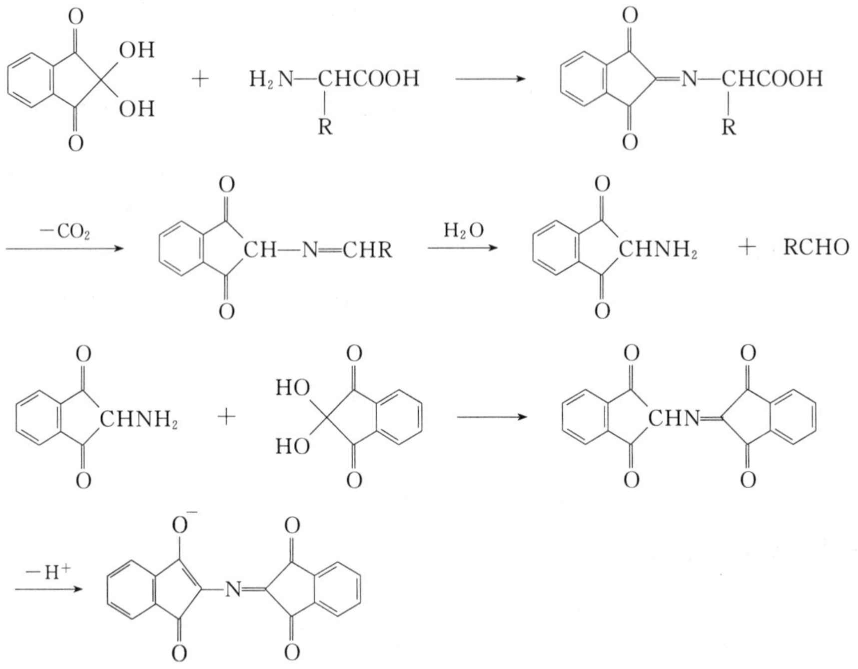

蓝紫

这是检验氨基酸的灵敏方法。与水合茚三酮反应,脯氨酸或羟脯氨酸显黄色。

在生化实验中,常常用纸层析、柱层析或薄层层析法分离氨基酸,当氨基酸分开后,总是利用水合茚三酮的显色来定性或定量测定各种氨基酸。

5. 氨基酸的受热反应

氨基酸的受热反应与相应的羟基酸的极为相似:α-氨基酸加热生成交酰胺或肽(关于肽见 21.2 节);β-氨基酸加热生成 α,β 不饱和酸;γ-氨基酸加热生成内酰胺。

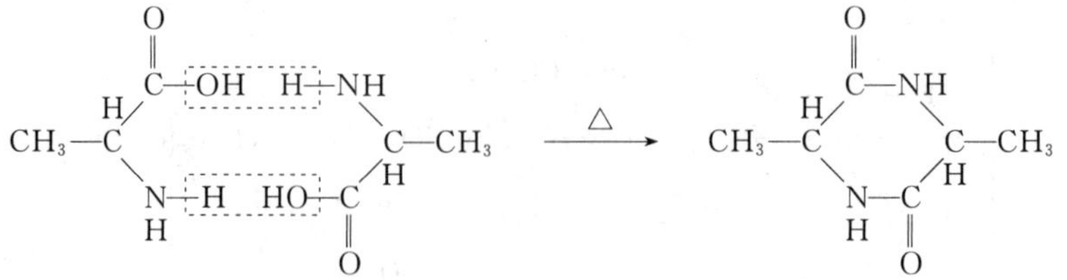

交酰胺

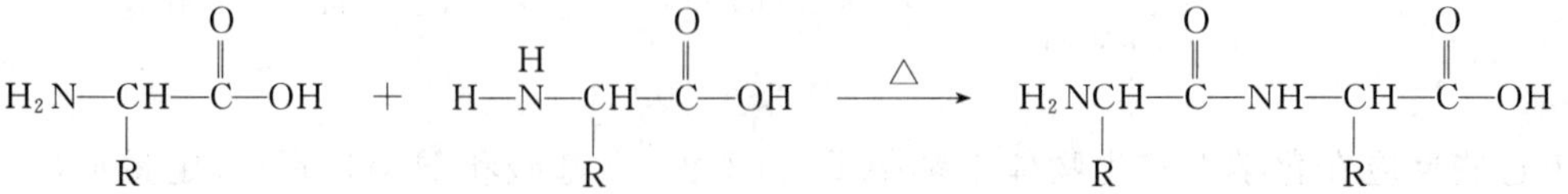

二肽

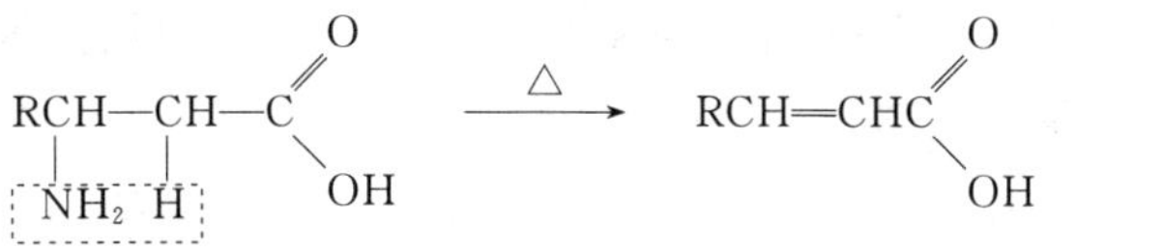

$$\underset{\underset{NH_2\ H}{|\ \ |}}{RCH-CH}-\overset{O}{\overset{\|}{C}}-OH \xrightarrow{\triangle} RCH=CH-\overset{O}{\overset{\|}{C}}-OH \qquad \alpha,\beta\text{不饱和酸}$$

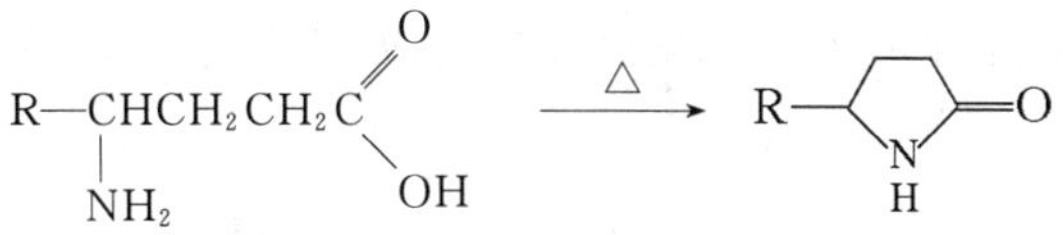

$$\underset{\underset{NH_2}{|}}{R-CHCH_2-CH_2}-\overset{O}{\overset{\|}{C}}-OH \xrightarrow{\triangle} \text{内酰胺}$$

三、氨基酸的来源与合成

氨基酸不仅是组成蛋白质的结构单元,而且它们本身也是人体生长的重要营养物质,具有特殊的生理作用,因此氨基酸的生产和应用早就得到人们的重视。

生产氨基酸主要有以下四条途径:

1. 蛋白质的水解

由蛋白质水解制备氨基酸是从 1820 年开始的,这是一个最古老的方法。味精早期就是由小麦蛋白质——面筋水解得到。胱氨酸、半胱氨酸是由头发水解制得的。

蛋白质水解法的缺点是分离比较困难,因为水解时所得到的总是各种氨基酸的混合物。

2. 微生物发酵法

该法是以糖质原料(如淀粉、果糖、蔗糖)或以石油及其制品(如石蜡油、煤油、乙醇、醋酸)为主要碳源,在其他氮、磷、钾等物质存在下,经过微生物发酵而生成氨基酸。从 1957 年开始用该法生产谷氨酸(味精),目前谷氨酸发酵工艺生产的谷氨酸占世界年总产量(20 万吨)中的大部分。微生物发酵法的原料价廉,在大多数情况下,由于细菌的特异作用,能直接得到 L 型氨基酸,无须再进行外消旋体的拆分。

3. 酶法

在酶的作用下,可将一定原料转化成 L-氨基酸。酶法的特点是酶的催化选择性很强,生产过程简单,周期短,成本低,产率高,副产物少。目前利用酶法生产的氨基酸有 L-丙氨酸,L-天门冬氨酸,L-赖氨酸,L-色氨酸,L-鸟氨酸等。

我国上海味精厂用反丁烯二酸和 $\overset{+}{N}H_4$ 为原料,在天门冬氨酸酶的催化下生产 L-天门冬氨酸。

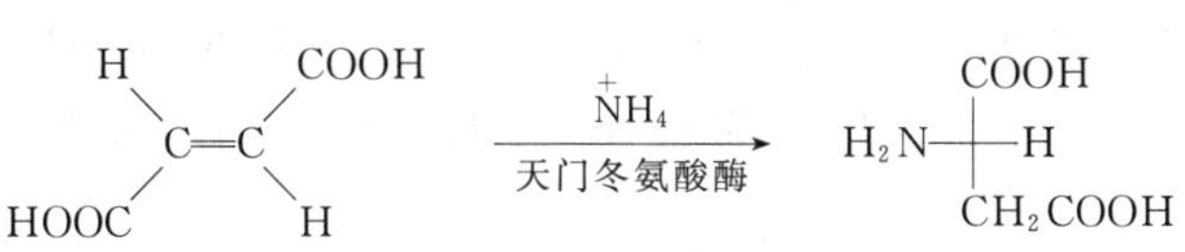

$$\underset{HOOC}{\overset{H}{\diagdown}}C=C\underset{\diagdown H}{\overset{\diagup COOH}{}} \xrightarrow[\text{天门冬氨酸酶}]{\overset{+}{N}H_4} \underset{CH_2COOH}{\overset{COOH}{H_2N-\underset{|}{\overset{|}{C}}-H}}$$

$$L\text{-天门冬氨酸}$$

4. 合成法

为了经济、大量地生产氨基酸,还需要用化学合成法。合成氨基酸的主要方法有以下几种:

(1)α 卤代酸的氨解

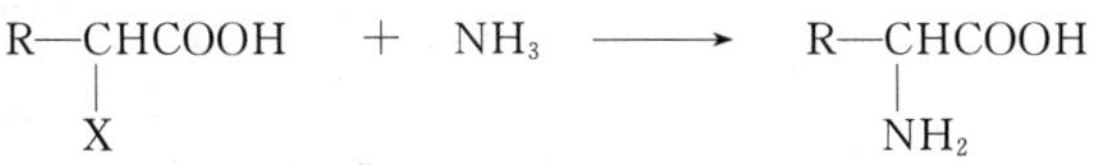

$$\underset{\underset{X}{|}}{R-CHCOOH} + NH_3 \longrightarrow \underset{\underset{NH_2}{|}}{R-CHCOOH}$$

1 ： 60

在这种反应中，常常有仲、叔胺衍生物生成，不易得到纯的产品。但在使用大量过量氨的情况下还是可以得到一定产率的氨基酸。例如：

$$ClCH_2COOH \ + \ NH_3（过量）\ \longrightarrow \ H_2NCH_2COOH \qquad 60\%\sim64\%$$

（2）盖布瑞尔法　α 卤代酸酯和邻苯二甲酰亚胺钾反应，再经水解，可制得产率、纯度较高的氨基酸。

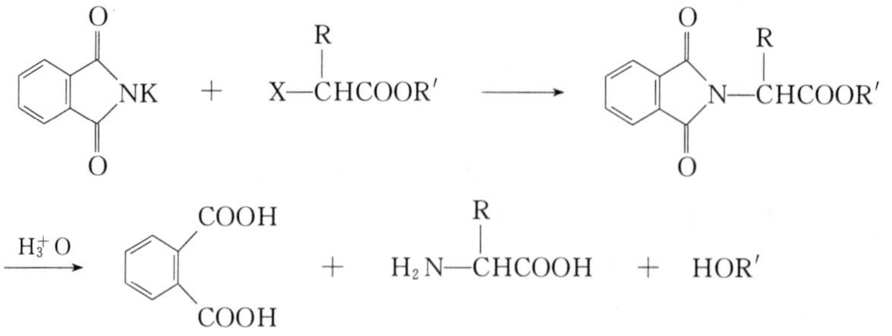

（3）丙二酸酯法　以丙二酸酯为基本原料，可以合成多种结构的氨基酸，该法的应用范围非常广泛。根据合成反应中的重要中间物又可分为以下两种：

A. 邻苯二甲酰亚胺丙二酸酯法

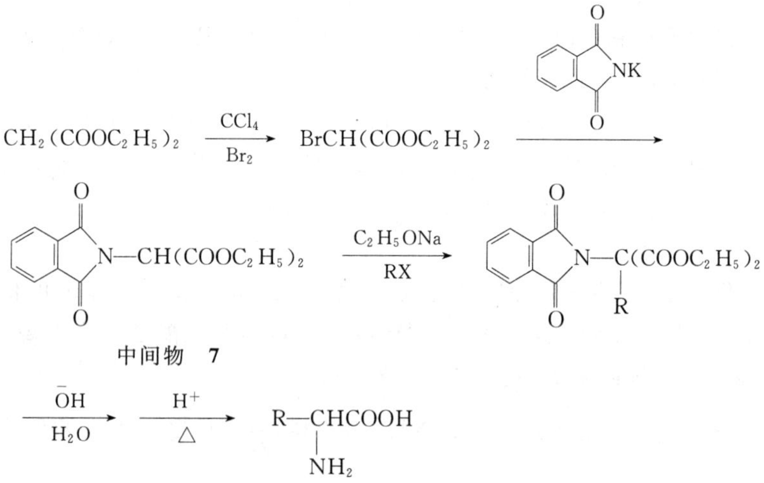

中间物　**7**

在上列反应中，RX 除为一般的伯卤外，还可以为 $ClCH_2COOC_2H_5$、$ClCH_2CH_2SCH_3$ 等多种卤代物。中间物 **7** 也可与 α,β 不饱和酯（酮）进行麦克尔加成，合成各种结构的氨基酸。

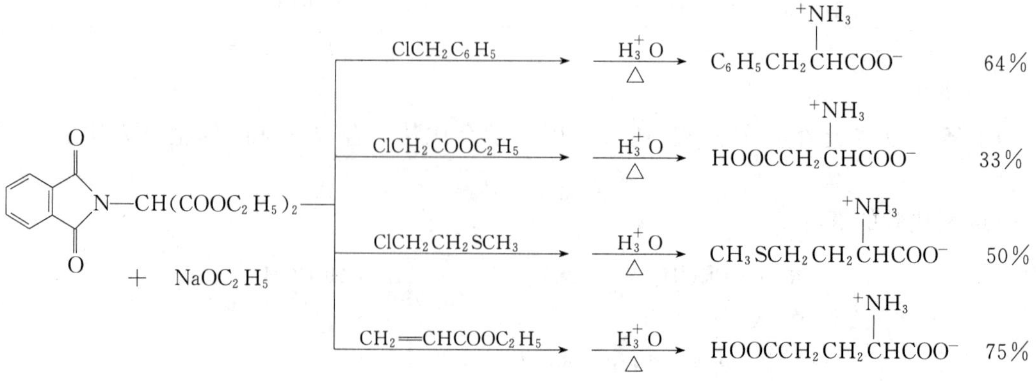

如果用二卤代物反应，则可以合成环氨酸。

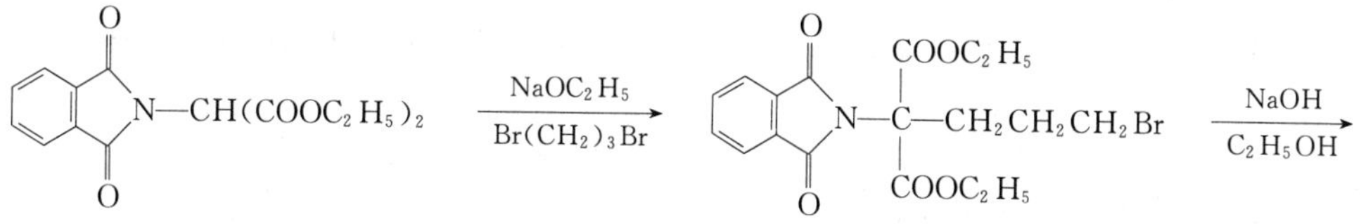

中间物　**7**

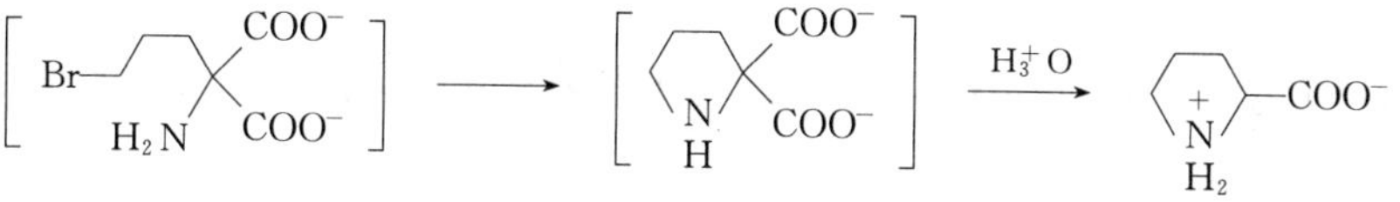

70%

B. 乙酰氨基丙二酸酯法

$$CH_2(COOC_2H_5)_2 \xrightarrow{HNO_2} [O{=}N{-}CH(COOC_2H_5)_2] \longrightarrow HON{=}C(COOC_2H_5)_2$$

$$\xrightarrow[Pt]{H_2} \xrightarrow{(CH_3CO)_2O} CH_3\overset{\overset{\displaystyle O}{\|}}{C}{-}NHCH(COOC_2H_5)_2$$

中间物　**8**

在这里，中间物 **8** 不仅可与卤代烃反应，而且还可与甲醛加成，生成含有羟基的氨基酸。

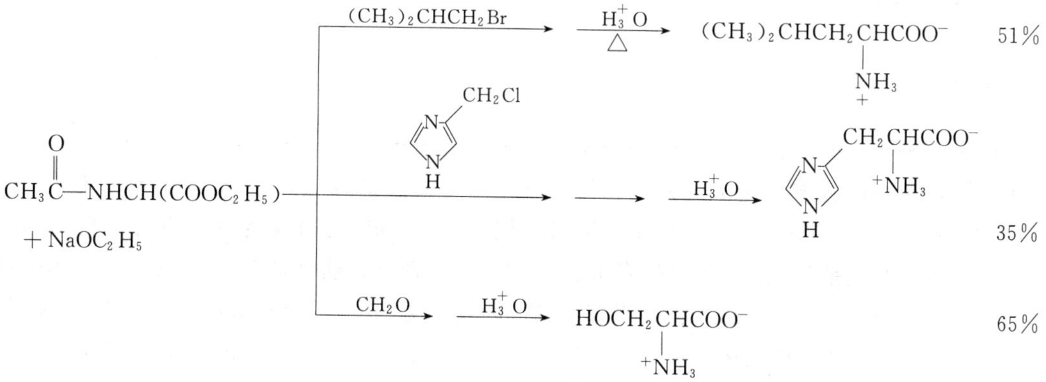

应用丙二酸酯法的关键是如何根据欲合成的氨基酸结构来选择适当的原料（主要是卤代物），剖析方法和一般的丙二酸酯法相同。

（4）斯垂克（Strecker）合成（氰胺水解）　醛与 HCN、NH_3 反应生成氰胺，后者水解即得到氨基酸，该法称为斯垂克合成。

$$RCHO + HCN + NH_3 \longrightarrow \underset{\underset{\displaystyle NH_2}{|}}{RCHCN} \xrightarrow[H_2O]{OH^-} \xrightarrow{H^+} \underset{\underset{\displaystyle {}^+NH_3}{|}}{RCHCOO^-}$$

例如：

$$C_6H_5CH_2CHO \xrightarrow[NH_3]{HCN} \xrightarrow[H_2O]{OH^-} \xrightarrow{H^+} C_6H_5CH_2\underset{\underset{\displaystyle {}^+NH_3}{|}}{CHCOO^-} \quad 74\%$$

(5)斯密特(Schmidt)反应　斯密特反应是以叠氮酸为试剂,将羧基转化成氨基。例如:

$$\text{HOOCCH}_2\text{CH}_2\text{CH}_2\text{CH}_2\text{CHCOOH} \xrightarrow[\text{H}_2\text{SO}_4]{\text{HN}_3} \text{H}_2\text{NCH}_2\text{CH}_2\text{CH}_2\text{CH}_2\text{CHCOOH}$$
$$\underset{\text{NH}_2}{|} \qquad\qquad\qquad\qquad \underset{\text{NH}_2}{|}$$

74%

$$\underset{\underset{\text{COOH}}{|}}{\overset{\overset{\text{COOH}}{|}}{\text{CH}_3\text{CH}_2\text{CH}_2\text{CH}}} + \text{HN}_3 \xrightarrow{\text{H}_2\text{SO}_4} \underset{\underset{\text{NH}_2}{|}}{\text{CH}_3\text{CH}_2\text{CH}_2\text{CHCOOH}}$$

在这里所用的丙二酸可通过一般的丙二酸酯法合成,要注意的是在最后的酸化步骤不要加热,避免脱羧。

$$\text{CH}_2(\text{COOC}_2\text{H}_5)_2 \xrightarrow[\text{CH}_3\text{CH}_2\text{CH}_2\text{Cl}]{\text{NaOC}_2\text{H}_5} \text{CH}_3\text{CH}_2\text{CH}_2\text{CH}(\text{COOC}_2\text{H}_5)_2$$

$$\xrightarrow[\text{H}_2\text{O}]{\text{HO}^-} \xrightarrow{\text{H}^+} \underset{\underset{\text{COOH}}{|}}{\overset{\overset{\text{COOH}}{|}}{\text{CH}_3\text{CH}_2\text{CH}_2\text{CH}}} \qquad \text{(最后要小心酸化)}$$

问题21-3　用适当原料,以丙二酸酯法合成下列氨基酸。

　　(1) 天门冬氨酸　　(2) 亮氨酸　　(3) 脯氨酸　　(4) 色氨酸

问题21-4　斯密特反应可以合成哪种类型的用丙二酸酯法不能合成的氨基酸?举例说明。

问题21-5　以丙烯醛和 CH_3SH 为原料合成蛋氨酸(提示:首先进行1,4加成)。

问题21-6　用两种方法合成

$$\underset{\underset{\text{COO}^-}{|}}{\overset{\overset{\overset{+}{\text{NH}_3}}{|}}{\bigcirc}}$$
。

---

(6)氨基酸手性合成　用上述方法获得的氨基酸都是外消旋体,只有经过拆分才能得到 L 或 D 构型氨基酸。氨基酸不对称合成近年来发展很快,例如,利用膦铑手性络合催化剂可得到 L 或 D 构型的氨基酸,有的光学产率可达100%。最常用的催化剂是 R-1,2-双(二苯基膦基)丙烷和铑的络合物,R-1,2-双(二苯基膦基)丙烷可被叫做 R-prophose,它可作为配基。当用 R-prophose 与降冰片二烯反应后,可生成手性铑络合物,在溶剂(如乙醇)中用氢处理,

$$\underset{(\text{C}_6\text{H}_5)_2\text{P}}{\overset{\overset{\text{H} \ \text{CH}_3}{|\ |}}{\underset{\text{P}(\text{C}_6\text{H}_5)_2}{\text{C}-\text{CH}_2}}}$$

R-1,2-双(二苯基膦基)丙烷
R-prophose

可得到氨基酸不对称合成的手性催化剂,其分子式为 $[\text{Rh}(R\text{-prophose})(\text{H}_2)(\text{C}_2\text{H}_5\text{OH})_2]^+$。当 2-乙酰氨基丙烯酸在这个催化剂存在下氢化,可产生 L-乙酰氨基丙酸,经水解得到 L-丙氨酸。由于催化剂是手性的,加氢过程具有立体选择性,可成功地完成这个不对称合成。

$$\underset{\underset{\text{NH}-\text{COCH}_3}{|}}{\text{H}_2\text{C}=\text{C}-\text{CO}_2\text{H}} \xrightarrow[\text{H}_2]{[\text{Rh}(R\text{-prophose})(\text{H}_2)(\text{C}_2\text{H}_5\text{OH})_2]^+} \underset{\underset{\underset{\text{COCH}_3}{|}}{\text{HN}}}{\overset{\overset{\text{H}_3\text{C}\ \text{H}}{|\ |}}{\underset{}{\text{C}}}}\!\!-\!\!\text{CO}_2\text{H}$$

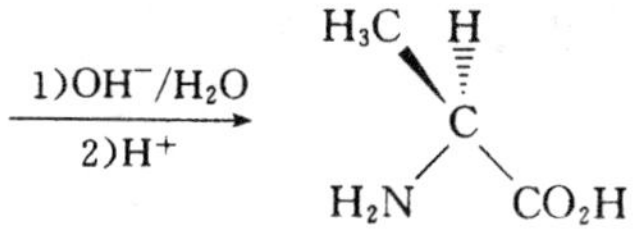

$$\xrightarrow[\text{2)H}^+]{\text{1)OH}^-/\text{H}_2\text{O}}$$

（结构式） *L*-丙氨酸

当采用 3 位有取代基的(*Z*)-乙酰氨基丙烯酸时,利用这个膦铑催化剂的手性诱导作用经上述步骤可合成其他 *L*-氨基酸。

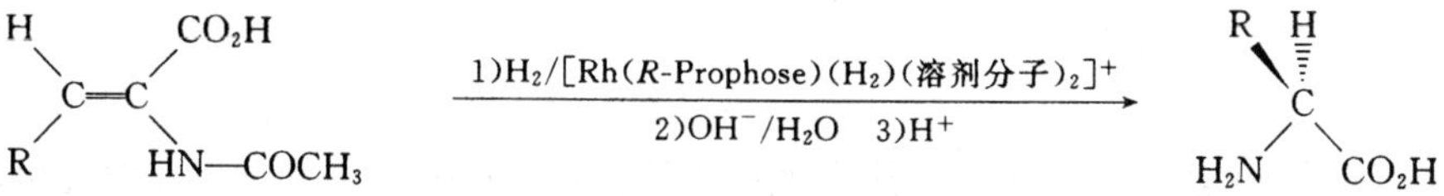

$$\xrightarrow[\text{2)OH}^-/\text{H}_2\text{O} \quad \text{3)H}^+]{\text{1)H}_2/[\text{Rh}(\textit{R}\text{-Prophose})(\text{H}_2)(溶剂分子)_2]^+}$$

Z-构型   *L*-构型

在氨基酸手性合成中贡献最大的科学家之一是 Knowks,他不仅在 1968 年首次合成出了催化氢化的催化剂,并不断地进行改进,设计出 DIPAMP 的催化剂,此催化剂不仅用于氨基酸的合成,也成功地用于抗帕金森病的特效药 L-DOPA 的合成,成为第一个工业上催化手性合成的成功范例。

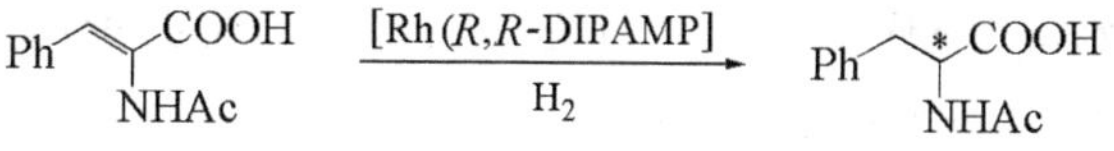

$$\xrightarrow[\text{H}_2]{[\text{Rh}(\textit{R},\textit{R}\text{-DIPAMP}]}$$

ee = 96%

L-乙酰苯丙氨酸

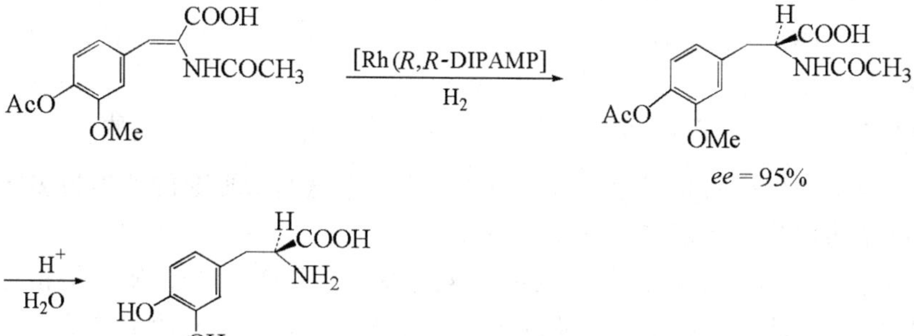

$$\xrightarrow[\text{H}_2]{[\text{Rh}(\textit{R},\textit{R}\text{-DIPAMP}]}$$

ee = 95%

$$\xrightarrow[\text{H}_2\text{O}]{\text{H}^+}$$

L-DOPA

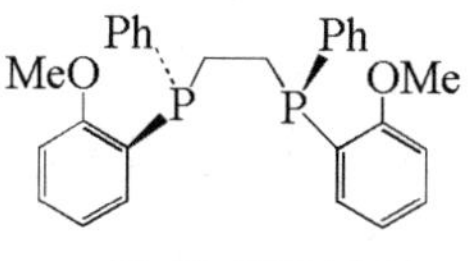

(*R*,*R*)-DIPAMP

由 Noyori 设计合成的具有 C$_2$ 对称的刚性的双膦配体 BINAP 对不对称催化也具有里程碑式的意义,应用十分广泛。

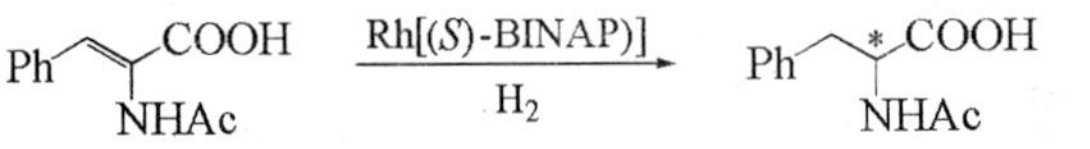

S-乙酰苯丙氨酸

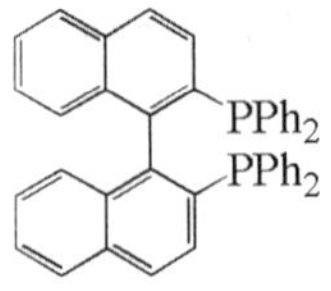

(S)-BINAP

由于他们在催化氢化及在实际应用方面的杰出贡献,2001 年,Knowles、Nogyori 与 Shapless 共同获得诺贝尔化学奖。

21.2　多肽

一、多肽的结构和命名

一分子 α-氨基酸的氨基和另一分子 α-氨基酸的羧基之间缩水所生成的酰胺化合物称为肽(peptide,此名词来自于希腊语"消化",因为肽首先是由部分消化的蛋白质得到的)。肽分子中的酰胺键称为肽键(peptide linkages)。

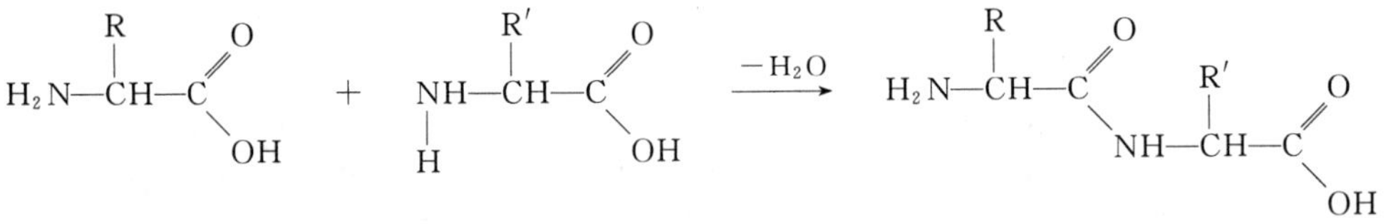

氨基酸 Ⅰ　　　　　氨基酸 Ⅱ　　　　　　二肽

由两个或三个氨基酸形成的肽叫做二肽或三肽。由多个氨基酸形成的肽称为多肽。在肽分子中每个氨基酸结构部分称为氨基酸单位(残基)。

在蛋白质分子中,氨基酸也是通过肽键连接起来的。实际上,蛋白质就是相对分子质量很大(约一万以上)的多肽。所以了解多肽的结构和性质是研究蛋白质的重要基础。

开链状的肽总有两个末端。含游离氨基的一端称为 N 端,通常写在左边;含游离羧基的一端称为 C 端,写在右边。肽的命名是从 N 端开始,由左至右依次将每个氨基酸单位写成"某氨酰",最后一个氨基酸单位的羧基是完整的,写为"某氨酸"。例如:

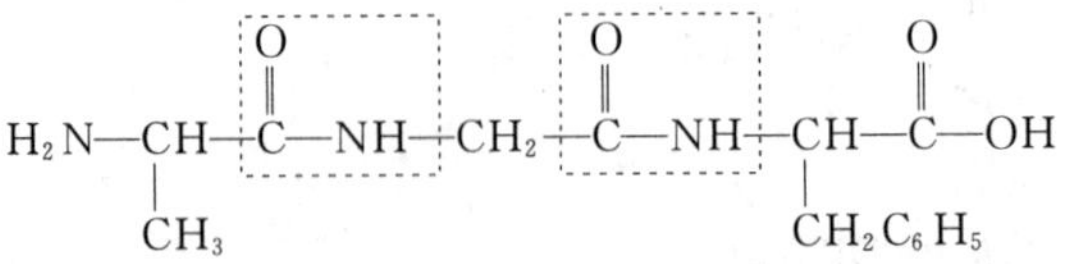

丙氨酰-甘氨酰-苯丙氨酸
(简称:丙-甘-苯丙)

在肽的命名中,还经常用缩写符号来表示氨基酸单位,符号之间用短线隔开。上面的三肽为:Ala-Gly-Phe。

二、多肽结构的测定

多肽(或蛋白质)的结构与其生物功能密切相关。可以打个简单的比喻,多肽与氨基酸的关系相当于英文单词与字母的关系。各种字母(26 个)的特定排列可以得到特定含义的词,各种氨基酸(约二十多种)在肽链中的排列顺序可以决定一个肽(或蛋白质)的生物功能。例如,如果将food(食物)中的字母 d 用 l 代替,该词的含义随之变化(fool,傻子)。类似地,如在催产素(一种 9 肽)中,它的亮氨酸被异亮氨酸代替所形成的肽,则严重丧失刺激乳汁分泌和催产能力。

确定多肽结构是一项非常复杂而细致的工作。英国化学家桑格(F. Sanger)花了十年的时间在 1955 年首次测定出牛胰岛素的氨基酸顺序。[F. Sanger,1918 年出生于英国,在Cambridge大学获博士学位,他的牛胰岛素测定工作获 1958 年 Nobel 化学奖。他又因在含5 375个核苷对的 DNA 测定工作与 P. Berg 和 W. Gilbert 分享 1980 年 Nobel 奖。]桑格的工作为多肽结构测定奠定了基础。近四十多年来,随着分离、分析技术的发展,有许多蛋白质或多肽的结构相继被确定。如:降压素(9 肽)、牛催产素(9 肽)、增压素(10 肽)、核糖核酸酶(124肽)、糜蛋白酶(241 肽)、甘油醛-3-磷酸酯脱氢酶(333 肽)等。

以下仅简单介绍测定多肽结构的一般步骤和方法。确定多肽的结构,应从两方面着手。首先测定组成多肽的氨基酸种类和数目;然后测定这些氨基酸在肽链中排列的顺序。

1. 完全水解

完全水解的目的是为了测定组成多肽的氨基酸种类。将多肽在 6mol/L 的盐酸中,100 ℃~120 ℃温度下加热 10~24 小时,多肽可完全水解成氨基酸。用电泳、层析法或氨基酸自动分析仪将水解混合物进行分离、鉴定,并测定其相对含量。然后根据相对分子质量(用物理化学方法测定)计算出各氨基酸可能的分子数目。

色氨酸在酸性水解时,会发生分解(吡咯环被破坏),但在碱性溶液(2mol/L NaOH,100 ℃)中水解,能够测定色氨酸。测定多肽结构一般都用酸性水解,这是因为碱性水解会使精氨酸、光氨酸、丝氨酸、苏氨酸都遭受破坏,而且其他氨基酸易发生外消旋。

氨基酸在肽链中的排列顺序是多肽结构测定的核心,也是比较棘手的问题,一般可用端基分析和部分水解相结合的方法来完成。

2. 端基分析

所谓端基分析(terminal analysis)就是通过一定的化学方法确定肽链的 N 端或 C 端氨基酸的种类。

(1)N 端分析

测定 N 端的方法较多,主要介绍以下两种:

A. 桑格法(Sanger method)

2,4-二硝基氟苯(DNFB)与肽链 N 端的游离氨基发生反应,生成二硝基苯基(DNP)衍生物 **9**。**9** 在酸中水解时,肽链断裂,但 DNP 键保留,N 端氨基酸转化为 N-二硝基苯基取代的衍生物。后者很容易分离,可用光谱法鉴定。

$$O_2N-\bigcirc\text{\fbox{+ F }} + \text{\fbox{H }}-NH-\underset{\underset{R}{|}}{CH}-\overset{\overset{O}{||}}{C}-NH-\boxed{肽链}-COOH$$

下方标注:NO_2

DNFB

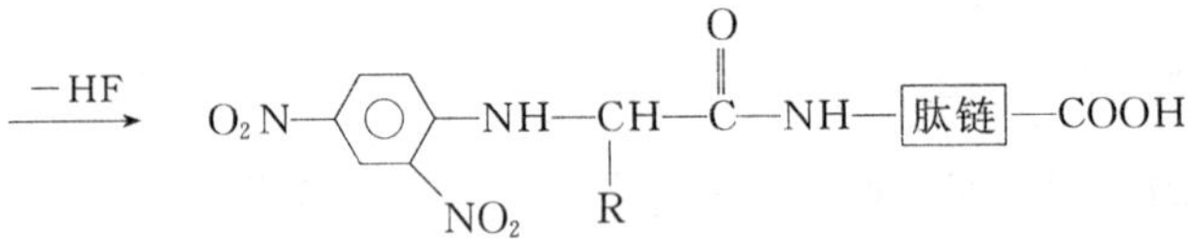

$$\xrightarrow{-HF} \quad O_2N-\underset{NO_2}{\underset{|}{\bigcirc}}-NH-CH-\underset{R}{\underset{|}{C}}\overset{O}{\overset{\|}{}}-NH-\boxed{\text{肽链}}-COOH$$

肽的 DNP 衍生物 **9**

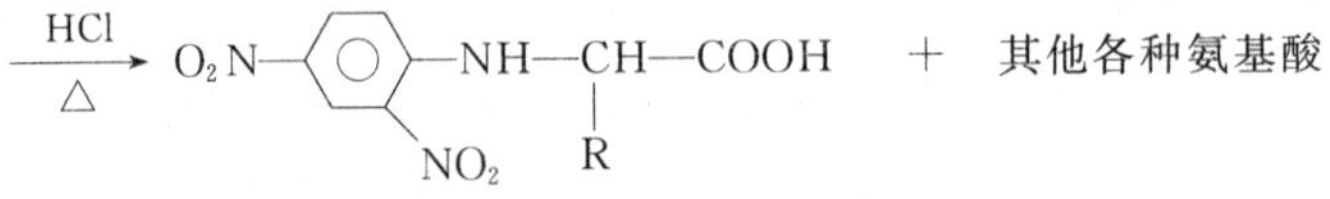

$$\xrightarrow[\triangle]{HCl} \quad O_2N-\underset{NO_2}{\underset{|}{\bigcirc}}-NH-\underset{R}{\underset{|}{CH}}-COOH \quad + \quad 其他各种氨基酸$$

DNP-N-端氨基酸（黄色）

DNFB 不仅可以和 α-NH$_2$ 作用，它也可与氨基酸分子中其他氨基反应，生成相应 DNP 衍生物。

DNFB 是英国化学家桑格 1945 年发现的，因此称为桑格试剂。他首先用于测定牛胰岛素的结构，随后，桑格试剂即成为测定肽链 N 端的重要试剂。桑格法的缺点是在水解时，整个肽链都被破坏，所以在肽链上只能进行一次 N 端分析。

B. 爱德曼（Edman）降解法

异硫氰酸苯酯与 N 端氨基反应生成苯基硫脲衍生物。在有机溶剂中用无水氯化氢处理，N 端氨基酸以咪唑衍生物形式从肽链上断裂下来。可用萃取法分离，用气—液分配色谱法，以标准氨基酸衍生物做参照，进行鉴定。

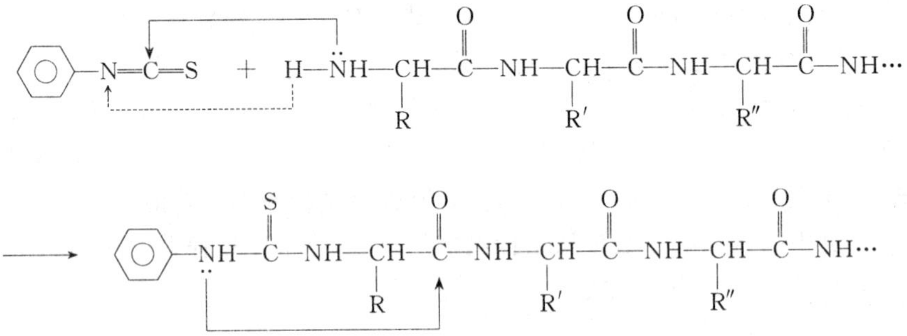

苯基硫脲衍生物

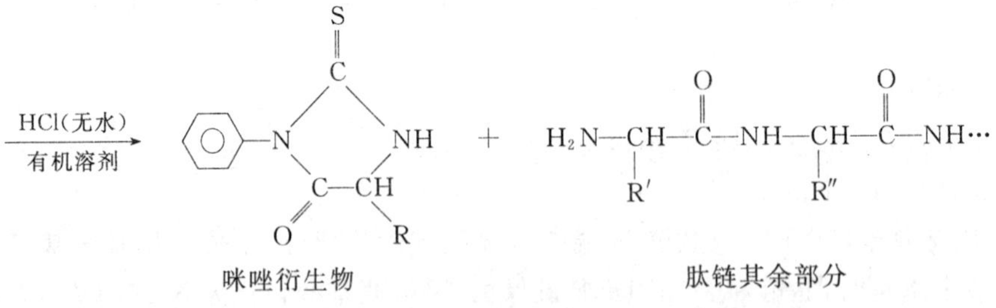

咪唑衍生物　　　　肽链其余部分

由上式可以看出，在用 HCl（无水）处理苯基硫脲衍生物时，肽链的其余部分不受影响而被保留下来，这样又获得了一个新的 N 端氨基。用同样的方法可确定下一个氨基酸组分，如此循环重复，能连续测定从 N 端到 C 端的氨基酸顺序。这种方法是瑞士化学家爱德曼于 1950 年提出来的，因此称为爱德曼降解法。一般情况下，它能有效地鉴定约 40 个端基氨基酸。现在已可用仪器自动进行鉴定。利用这种方法曾在肌红蛋白（153 肽）的结构测定中成功地分析了 N 端的前 60 个氨基酸。

此外还有丹酰氯[5-(二甲氨基)萘-1-磺酰氯]和 N 端游离氨基反应,经水解后所生成的产物能发生荧光,可用纸层析或薄层层析法分离鉴定。

(2)C 端分析

A. 羧肽酶法

羧肽酶(carboxypeplidase)是催化 C 端氨基酸水解的特效酶。也就是说,在羧肽酶作用下,只有靠近游离羧基的那个肽键发生水解,而其他肽键不变。由此可以确定 C 端氨基酸的种类。

$$\cdots \overset{\underset{\|}{O}}{C}-NH-CH-\overset{\underset{\|}{O}}{C}\;\vdots\;NH-CH-COOH \; + \; H_2O \xrightarrow{\text{羧肽酶}}$$

$$\cdots \overset{\underset{\|}{O}}{C}-NH-CH-\overset{\underset{\|}{O}}{C}-OH \; + \; H_2N-CH-COOH$$

余肽　　　新的 C 端　　　　　C 端氨基酸

水解所生成的余肽(肽的剩余部分),在羧肽酶作用下可继续水解。与爱德曼法相似,重复进行,可依次确定 C 端的下一个氨基酸,但这种方法只能重复有限的几次。

羧肽酶水解是 C 端分析的主要方法。

B. 酰肼法

在一般条件下,羧酸与肼不作用,而酰胺与肼反应可生成酰肼。当多肽与肼一起加热时,除 C 端氨基酸外,所有的氨基酸都以它们的酰肼衍生物释放出来。C 端氨基酸可用纸色谱法进行鉴定。

用端基分析法一般只能确定相对分子质量较小的多肽的结构。对于相对分子质量较大的多肽(或蛋白质)还要使用部分水解法,先将多肽水解成若干较小的肽碎片,分别用端基分析法确定这些肽碎片的氨基酸顺序。然后再根据它们彼此重叠部分而"拼搭"出整个肽链的结构。

3. 部分水解

蛋白酶对肽键的水解有催化作用,但每一种蛋白酶只能水解一定类型的肽键,选择性很强。例如:糜蛋白酶(chymotrypsin)只能断开苯丙氨酸、色氨酸及酪氨酸羧基上的肽键;胰蛋白酶(trypsin)只能断开精氨酸及赖氨酸羧基上的肽键;胃蛋白酶(pepsin)只能断开苯丙氨酸、酪氨酸及色氨酸氨基上的肽键。我们正是利用这些特殊蛋白酶的选择性催化作用,使多肽进行部分水解,断裂成若干肽碎片,为多肽结构测定提供一定的信息和方便。

假定有一个多肽,经酸性水解,分离、鉴定水解产物,它含有 8 种氨基酸:丙、亮、赖、苯丙、脯、丝、酪、缬,其含量比都是 1∶1。经相对分子质量测定证明它是由上述 8 种氨基酸组成的八肽。从端基分析知道 N 端为丙,C 端为亮。该肽用糜蛋白酶水解时生成酪氨酸、一个三肽和一个四肽。三肽经端基分析得知 N 端为丙,C 端为苯丙。四肽的 N 端为赖,C 端为亮。三肽在胃蛋白酶作用下水解为苯丙和一个二肽(丙—脯)。四肽在胰蛋白酶作用下水解为赖氨酸和一个三肽,该三肽的 N 端是丝。根据以上测定结果我们可以"拼搭"出该八肽的结构为:

丙—脯—苯丙—酪—赖—丝—缬—亮

请读者自己核对,该结构与上列分析数据是否相符。

问题21-7　用 DNFB 测定多肽的 N 端时,如果有赖氨酸的 DNP 衍生物生成,并不意味着它处于 N 端,为什么?

问题21-8　完全水解短杆菌肽 S,得到五种氨基酸:缬氨酸、亮氨酸、苯丙氨酸、脯氨酸和鸟氨酸 $[H_2NCH_2CH_2CH_2CH(NH_2)COOH]$。这种肽没有 C 端,用异硫氰酸苯酯对它进行端基分析时,不生成咪唑衍生物,但用 DNFB 分析时则有黄色物质生成(DNP 衍生物)。由这些事实,可对 S 的结构提供什么启示? 将该肽进行部分水解可得到以下几种二肽:脯—缬,苯丙—脯,亮—苯丙,缬—鸟,鸟—亮。试推测 S 的可能结构。

三、多肽的合成

确定了多肽(或蛋白质)的结构,对化学家来说所面临的另一个挑战是多肽的合成。多肽的合成主要是基于氨基酸之间脱水形成酰胺键(肽键)的反应。该反应本身并不复杂,但多肽的合成工作却相当困难。即使合成一个最简单的二肽(如甘—丙),也不是那么容易。当甘氨酸和丙氨酸一起反应时,除生成所期望的甘—丙二肽外,还会有丙—甘、甘—甘、丙—丙三种二肽副产物。因为氨基酸是双官能团化合物,甘氨酸、丙氨酸的羧基和氨基可以两两交叉反应。

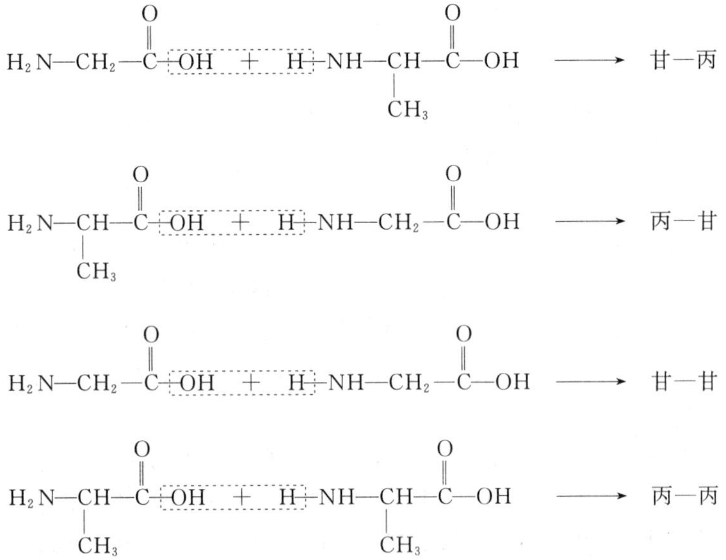

欲从这多种二肽混合物中将少量的甘—丙二肽分离出来是极其困难的。况且生成的二肽分子中仍有游离的羧基和氨基,它们之间还能进一步缩合,生成其他化合物。

由此可以看出,要使氨基酸在指定的羧基和氨基之间形成肽键,以合成所需要的肽,必须把其他氨基和羧基保护(封锁)起来,使它们不参加生成肽键的反应。所用的保护试剂必须满足以下两个条件:(1)它易于接到被保护的基团上去;(2)完成保护任务后,保护基团易于脱掉而不影响肽键。

氨基和羧基的保护是多肽合成的关键。寻找合适的保护剂曾经是化学家的主要难题。现在难题已经得到解答,化学家们陆续找到了一些较好的保护剂,使多肽合成工作得到了很大的发展。

1. 氨基的保护

保护氨基主要用以下两种试剂：

（1）氯甲酰苄酯

上保护基：

$$PhCH_2O-\overset{\overset{O}{\|}}{C}-\boxed{Cl}\ +\ \boxed{H}-NH-CHCOOH \longrightarrow PhCH_2O\overset{\overset{O}{\|}}{C}-NH-CHCOOH$$
$$\qquad\qquad\qquad\qquad\qquad R\qquad\qquad\qquad\qquad\qquad\qquad\qquad\qquad R$$

保护剂

去保护基：

$$PhCH_2O\overset{\overset{O}{\|}}{C}-NH-CHCOOH\ \xrightarrow{H_2,Pd(C)}\ H_2N-CHCOOH\ +\ PhCH_3\ +\ CO_2$$
$$\qquad\qquad\qquad\qquad R\qquad\qquad\qquad\qquad\qquad\qquad R$$

去掉保护基除用氢解外，还可以用 HBr/HOAc 处理。

$$PhCH_2O\overset{\overset{O}{\|}}{C}-NH-CHCOOH\ \xrightarrow[HOAc]{HBr}\ H_2N-CHCOOH\ +\ PhCH_2Br\ +\ CO_2$$
$$\qquad\qquad\qquad\qquad R\qquad\qquad\qquad\qquad R$$

苄氧羰基可简写为 Cbz。氯甲酰苄酯可由苄醇和光气反应制备。

$$PhCH_2O\boxed{H}\ +\ \boxed{Cl}\overset{\overset{O}{\|}}{C}-Cl \longrightarrow PhCH_2O-\overset{\overset{O}{\|}}{C}-Cl$$
$$\qquad\qquad\qquad\qquad\qquad\qquad\qquad\qquad\qquad CbzCl$$

（2）叔丁氧羰基叠氮

上保护基：

$$(CH_3)_3CO-\overset{\overset{O}{\|}}{C}-N_3\ +\ H-NH-CHCOOH\ \xrightarrow{(C_2H_5)_3N}\ (CH_3)_3CO-\overset{\overset{O}{\|}}{C}-NH-CHCOOH$$
$$\qquad\qquad\qquad\qquad\qquad\qquad\qquad R\qquad\qquad\qquad\qquad\qquad\qquad\qquad\qquad R$$

去保护基：

$$(CH_3)_3CO-\overset{\overset{O}{\|}}{C}-NH-CHCOOH\ \xrightarrow[\substack{HOAc\\(溶剂)}]{HCl}\ (CH_3)_3COH\ +\ CO_2\ +\ H_2N-CHCOOH$$
$$\qquad\qquad\qquad\qquad\qquad R\qquad\qquad\qquad\qquad\qquad\qquad\qquad\qquad\qquad R$$

叔丁氧酰基可简写为 Boc。该保护基对催化氢化是稳定的。在多肽合成中，根据具体情况可分别选用 Cbz 或 Boc 两种保护方法。

2. 羧基的保护

羧基可与甲醇、乙醇或苄醇生成酯而得到保护。因为酯的水解比酰胺容易，所以当肽键形成后，可用稀碱在室温下水解去掉保护基。

上保护基：

$$H_2N-\overset{\overset{}{C}H}{\underset{R}{|}}-\overset{\overset{O}{\|}}{C}\diagdown_{OH}\ +\ HOR' \longrightarrow H_2N-\overset{\overset{}{C}H}{\underset{R}{|}}-\overset{\overset{O}{\|}}{C}\diagdown_{OR'}$$

去保护基：

$$H_2N-CH-C(=O)-OR' \xrightarrow[\text{室温}]{\text{稀 OH}^-} H_2N-CH-C(=O)-OH$$

（R 在两结构下方）

如果用苄醇保护，则所生成的苄酯还可用氢解的方法将保护基去掉：

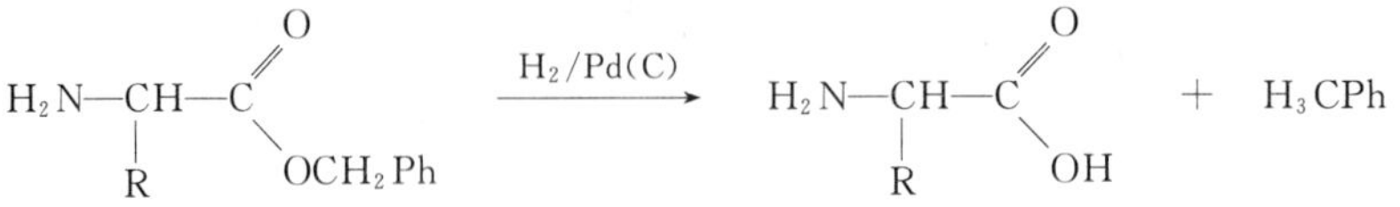

$$H_2N-CH-C(=O)-OCH_2Ph \xrightarrow{H_2/Pd(C)} H_2N-CH-C(=O)-OH + H_3CPh$$

（R 在两结构下方）

3. 肽键的形成

分别将不同的氨基酸中的氨基和羧基进行保护后，就可以按指定顺序合成多肽。为了更有效地形成肽键，还需要对参与形成肽键的羧基进行活化。常用的活化剂是二环己基碳化二亚胺（dicyclohexyl carbo diimide），即 DCC。DCC 与羧基能形成一种活泼的异脲衍生物，后者可立即与第二个已经保护好羧基的氨基酸反应而生成肽键。目前这是应用最广泛的一种活化羧基的方法。下边以合成二肽为例，说明合成的一般步骤。

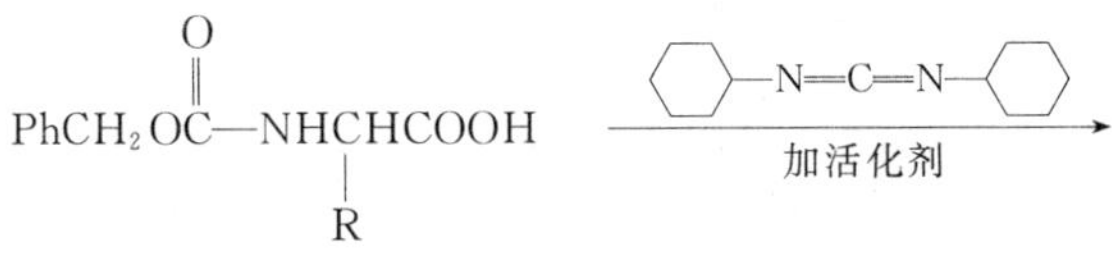

$$PhCH_2OC(=O)-NHCHCOOH \xrightarrow[\text{加活化剂}]{\text{cyclohexyl}-N=C=N-\text{cyclohexyl}}$$

（R 在下方）

已经保护了 NH$_2$ 的氨基酸

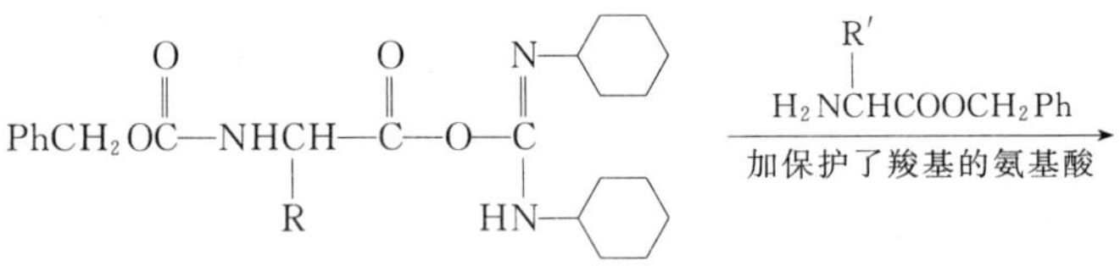

$$PhCH_2OC(=O)-NHC(R)-C(=O)-O-C(=N\text{-cyclohexyl})(HN\text{-cyclohexyl}) \xrightarrow[\text{加保护了羧基的氨基酸}]{H_2NCHCOOCH_2Ph\ (R')}$$

羧基被活化

（箭头推电子机理结构式）

$$PhCH_2OC(=O)-NHCH(R)-\underset{\underset{R'}{|}NHCHCOOCH_2Ph}{C}\cdots O\cdots C(=N\text{-cyclohexyl})-NH\text{-cyclohexyl} \longrightarrow$$

$$PhCH_2OC(=O)-NHCH(R)-C(=O)-NH-CH(R')COOCH_2Ph \quad + \quad \text{cyclohexyl}-NHC(=O)NH-\text{cyclohexyl}$$

$$\downarrow H_2/Pd(C)$$

$$H_2NCH(R)C(=O)-NH-CH(R')COOH$$

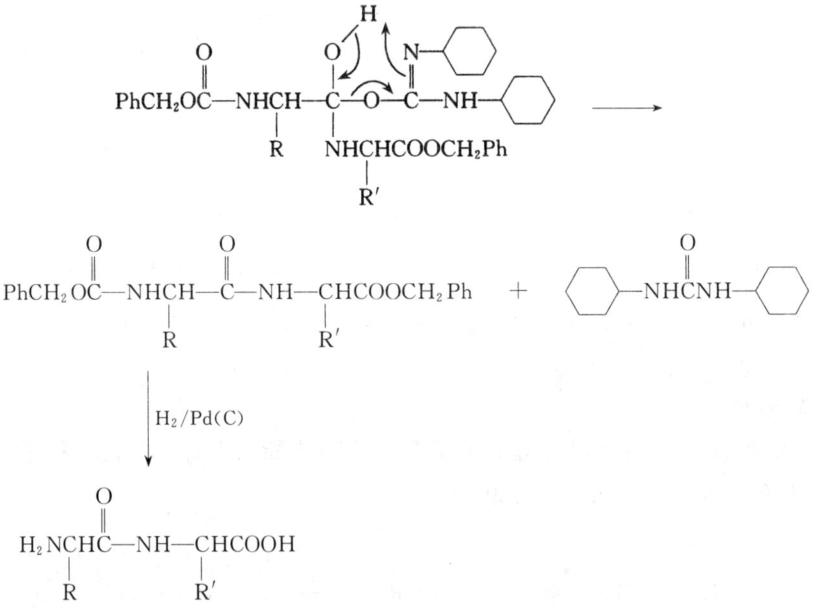

二肽

在这里,当肽键形成后,可以用氢解法同时将 N 保护剂和 C 保护剂去掉。反应中生成的二环己基脲脱水后又可转化为 DCC,继续使用。

如果需要进一步加长肽链,则只把其中一个保护基去掉,形成一种新的含有游离羧基或氨基的化合物。然后按上述方法把特定氨基酸一个个依次连接上去。

以上介绍的仅是多肽合成要考虑的主要问题及其解决方法,实际上在合成中还有很多复杂的问题,特别是保持氨基酸原有构型的问题对所得多肽生理活性至关重要。而在构成肽链或脱去保护基的反应中,常常会发生外消旋化。此外由于合成步骤长,副产物多,在分离提纯方面也有不少的困难。

我国科学工作者经过艰苦努力,于 1965 年首次合成了具有全部生理活性的结晶牛胰岛素(其结构见图 21-1)。这是我国科学史上的重大成就,它标志着我国合成化学水平达到了一定的高度。

胰岛素是动物胰脏分泌出来的激素,它能降低血液葡萄糖的浓度。它是一种 51 肽,含有两个长肽链,A 链(21 个氨基酸单位)和 B 链(30 个氨基酸单位)通过 S—S 键相连。

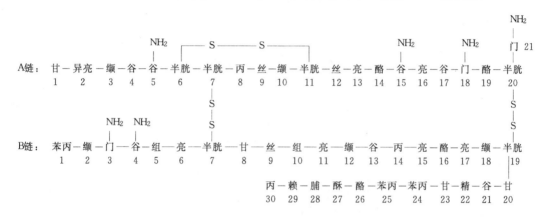

图 21-1　牛胰岛素的结构

4. 多肽的固相合成

在一般多肽合成中,每生成一个肽键,都要经过氨基和羧基的保护,缩合脱水(包括羧基活化),去保护基等步骤。都必须纯化中间体,除去过量的试剂和副产物,操作非常繁杂费时。为简化操作,缩短合成时间,人们进行了多方面探索。1962 年麦里费尔德(Merrifield)提出一种新的合成方法——多肽固相合成(solid-phase synthesis)。[R. B. Merrifield,1921 年出生于美国,在 California 大学获博士学位,任 Rockefeller 大学化学教授。由于他在多肽固相合成上的出色工作获 1984 年Nobel化学奖。]

固相合成的步骤是先将保护好 NH_2 的氨基酸与树脂表面的官能团反应生成酯。这样就把该氨基酸固定在树脂上。去掉 N 保护剂后,再与另一个氨基酸(保护了 NH_2,活化了羧基)反应生成肽键。再去 N 保护剂,接下一个氨基酸,多次重复,直至预期数目的氨基酸都连接上去,最后再将所合成的肽从树脂上解脱下来。由于整个合成反应都在树脂固体表面进行,所以称为固相合成[见多肽合成示意(图 21-2)]。

多肽固相合成的优点是:每接上一个氨基酸都可用适当溶剂洗去过量的试剂和副产物,而肽链始终连在树脂上。这样可以省去重结晶、层析等冗长的分离提纯步骤,使操作简化,缩短了合成时间。现在固相合成已可以自动化进行,并且已有用计算机控制的多肽合成仪商品,能常规地制备各种多肽。1968 年麦里费尔德用自动化多肽合成仪合成了核糖核酸酶(124 肽)，369 个反应，11 391 步操作，只用了 6 个星期。

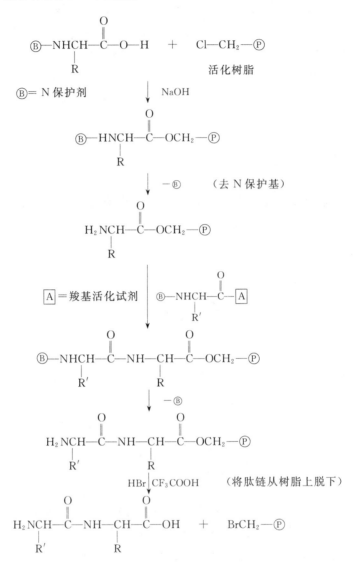

图 21-2　多肽固相合成示意

问题21-9　试写出合成苯丙—甘二肽和甘—丙—苯丙三肽的完整步骤。

问题21-10　氨基酸中的羧基转化成酯基也是活化羧基的一种方法，但在前边介绍的多肽合成中，羧基成酯是保护羧基的方法，为什么？如果把羧基成酯作为活化方法，那多肽合成应如何进行？

21.3　蛋白质

前已提及，蛋白质(proteins)就是相对分子质量很大(一万以上，有的高达数千万)的多肽。实际上蛋白质和多肽之间并没有严格的界线。蛋白质部分水解所得到的都是各种多肽的混合物。21.2 节介绍过的有关多肽结构的测定和合成方法基本上都适合于蛋白质。本节着重介绍蛋白质不同于一般多肽的特点。

一、蛋白质的分类

蛋白质的种类繁多,可以从不同的角度,根据它们不同的特征进行分类。

1. 根据蛋白质的形状分类

(1)纤维蛋白质　如丝蛋白、角蛋白、胶原蛋白等。它们的分子呈细长形,排列成纤维状,一般不溶于水。

(2)球蛋白　如蛋清蛋白、酪蛋白、胰岛素、酶等。它们的分子折叠,卷曲成球形或椭球形,一般能溶于水。

2. 根据蛋白质的化学组成分类

(1)单纯蛋白　仅由氨基酸单位组成的蛋白质。如球蛋白、谷蛋白等。

(2)结合蛋白质　由单纯蛋白质与非蛋白质部分结合而成的。非蛋白质部分称为辅基。按辅基种类不同,结合蛋白质又可分为:

A. 脂蛋白　单纯蛋白质与脂类结合。

B. 糖蛋白　单纯蛋白质与糖类结合。

C. 磷蛋白　单纯蛋白质与磷酸结合。

D. 色蛋白　单纯蛋白质与有色化合物结合。

E. 核蛋白　单纯蛋白质与核酸结合。

F. 血红蛋白　单纯蛋白质与血红素结合。

G. 金属蛋白　单纯蛋白质与金属离子结合。

3. 根据蛋白质在机体的新陈代谢中所起的作用分类

(1)酶　起催化作用。

(2)激素　起调节作用。

(3)抗体　起免疫作用。

(4)输送蛋白　起输送作用。

(5)收缩蛋白　主管机体的运动。

二、蛋白质的结构

蛋白质的物理、化学性质和生物功能都依赖于它们的结构。为了阐明许多生物化学问题和现象,研究、了解蛋白质的结构是十分重要的。

蛋白质的结构相当复杂,通常用一级结构、二级结构、三级结构、四级结构四种不同的层次来描述。蛋白质的二级、三级、四级结构又统称为空间结构,指的是蛋白质分子中原子和基团在三维空间的排列和分布。

1. 蛋白质的一级结构

一级结构表示的是组成蛋白质分子的氨基酸残基排列顺序。各种蛋白质的生物活性首先是由一级结构决定的。

测定多肽氨基酸顺序的技术都可应用于蛋白质。1955 年,桑格首次确定了胰岛素的完整结构后,相继获得了多种蛋白质的一级结构,如胰核糖核酸酶(124 个氨基酸残基,见图 21-3)、糜蛋白酶(241 个氨基酸残基)。γ-球蛋白是一种很复杂的抗体,其氨基酸的顺序也已经被破译。英国人爱德尔曼(G. Edelman)证明此抗体总共含有 1 320 个氨基酸(由四个链组成,两个含 446 个氨基酸,另两个含 214 个氨基酸)。此成就使他获得了 1973 年的诺贝尔奖。

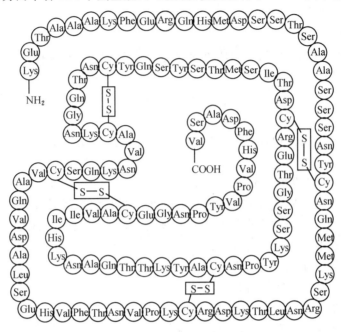

图 21-3　胰核糖核酸酶的一级结构

2. 蛋白质的二级结构

蛋白质的二级结构涉及肽链在空间的优势构象和所呈现的形状。在一个肽链中的 $\diagdown C=O$ 和另一个肽链的 $N-H$ 之间可形成氢键,正是由于这种氢键的存在维持了蛋白质的二级结构。

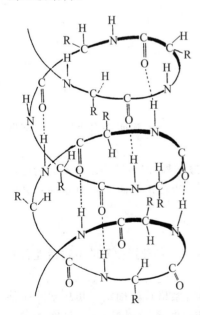

图 21-4　蛋白质的二级结构
——α-螺旋型

氢键

在蛋白质分子中,有两种类型的二级结构:α-螺旋型和 β-折叠型。

(1)α-螺旋型　鲍林(L. Pauling)和考里(E. J. Corey)根据用 X 射线法对纤维状蛋白质分子的研究,首先提出了肽链的 α-螺旋型结构。α-螺旋型结构是由肽链之间的氢键所造成的(图 21-4)。

天然蛋白质的 α-螺旋绝大多数是右螺旋的,每圈中有 3.6 个氨基酸单位。相隔 4 个肽键形成氢键,氢键取向几乎与中心轴平行。氨基酸的侧链 R 伸向外侧,两个螺旋之间的距离大约为 0.54nm。螺旋直径为 1～1.1nm,中间空隙很小,溶剂分子无法进入。

蛋白质的多肽链形成 α-螺旋的难易及螺旋体本身的稳定性与组成蛋白质的一级结构有关。当肽链中存在脯氨酸时,由于脯氨酸的 α-NH 构成肽链后,没有多余的氢原子去形成氢键。所以在肽链中有脯氨酸出现时,α-螺旋就会中断。

α-角蛋白等纤维状蛋白质,大都是 α-螺旋结构。近年来的研究证明,某些球蛋白的一部分肽链也是迂回盘旋的 α-螺旋型结构。

(2)β-折叠型 β-折叠型是肽链的一种伸展结构,在两条肽链,或一条肽链的两段之间形成氢键。两条肽链可以是平行的(N 端到 C 端是同向的),也可以是反平行的。从能量上看,反平行比较稳定。图 21-5 表示的是蛋白质肽链的 β-折叠型结构。

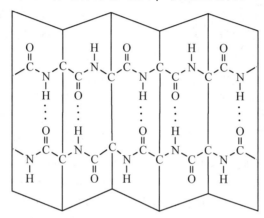

图 21-5　肽链的反平行 β-折叠结构

3. 蛋白质的三级结构

实际上蛋白质分子很少以简单的 α-螺旋或 β-折叠型结构存在,而是在二级结构的基础上进一步卷曲折叠,构成具有特定构象的紧凑结构,称为三级结构。维持三级结构的力来自氨基酸侧链之间的相互作用。主要包括二硫键、氢键、正负离子间的静电引力(离子键)、疏水基团间的亲和力(疏水键)等(图 21-6)。这些作用总称为副键。

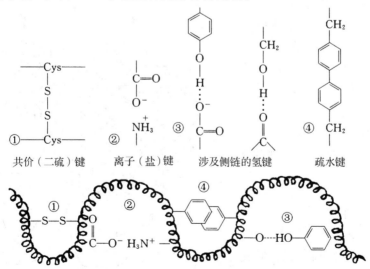

图 21-6　蛋白质三级结构中的相互作用力

二硫键是蛋白质三级结构中惟一的共价键,将其断开约需要 209.3～418.6kJ/mol。其他键都比较弱,较容易受到外界条件(温度、溶剂、pH、盐浓度等)影响而被破坏。

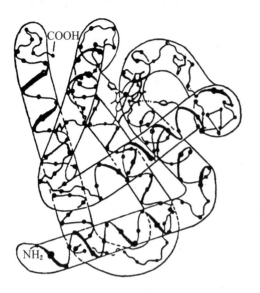

图 21-7　肌红蛋白的三级结构

测定蛋白质的整个三级结构,是一项令人望而生畏的任务,但对化学家来说也不是高不可攀的。1957 年肯笃(J. C. Kendrew)用 X 光衍射技术成功地测定了携氧蛋白质——肌红蛋白(M＝17 800)的三级结构(图 21-7)。使人们第一次看到了一个蛋白质分子内部的立体构象图。在大致相同的时期,更复杂的携氧蛋白质——血红蛋白(M＝64 500)的三级结构图形从珀汝茨(M. F. Perutz)的 20 年蛋白质结构研究工作中出现了。1962 年 J. C. 肯笃和 M. F. 珀汝茨因他们的出色成就而获得了诺贝尔化学奖。从那时起,人们陆续测得了一些蛋白质(包括酶在内)的相当详细的分子结构图形。

肌红蛋白由一条多肽链构成,有 153 个氨基酸残基和一个血红素辅基。在整个分子中有 77％呈螺旋型结构。在拐角处 α-螺旋体受到破坏而出现松散肽链。脯氨酸残基都存在于拐角处。其他一些难以形成 α-螺旋的氨基酸,如亮氨酸、丝氨酸残基也在此处出现。整个分子十分致密结实。分子内部只有一个能容纳四个水分子的空间,辅基血红素垂直地伸出在分子表面。

用 X 光衍射法测定蛋白质晶体的空间结构是近年来分子生物学的重大突破,为此已经颁发了四次诺贝尔奖金。1971～1973 年我国科学工作者也成功地用 X 光衍射法完成了猪胰岛素晶体结构的测定。

4. 蛋白质的四级结构

蛋白质分子作为一个整体所含有的肽链不止一条。由多条肽链(三级结构)聚合而形成特定构象的分子叫做蛋白质的四级结构。其中每一条肽链称为一个亚基。维持四级结构的主要是静电引力,在亚基之间进行聚合时,必须在空间结构上满足镶嵌互补。

血红蛋白是含有两种不同亚基的四聚体,每一个亚基都有一个三级结构的肽链和一个血红素相连,它们是以四面体的方式排列起来的,形成一个非常紧凑的结构(图 21-8)。α_1、α_2,β_1、β_2 分别代表血红蛋白分子中四条肽链,α 链是由 141 个氨基酸组成,

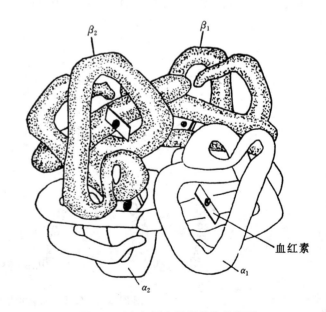

图 21-8　血红蛋白四级结构示意图

β 链由 146 个氨基酸组成,各自都有一定的排列顺序。它们的一级结构相差较大,但三级结构大致相同,类似于肌红蛋白。

三、蛋白质的性质

1. 两性与等电点

蛋白质和氨基酸一样,也是两性物质(在肽链中有 C 端的 COOH,N 端的 NH_2),有它们的等电点。不同蛋白质,其等电点也不相同。在等电点时,蛋白质的溶解度最小,因此可以通过调节溶液的 pH 值,使蛋白质从溶液中析出,达到分离或提纯的目的。

2. 胶体性质

蛋白质在水溶液中形成的颗粒直径在 1～100nm 内,具有胶体性质。所以蛋白质溶液不能通过半透膜(如玻璃纸等)。

3. 蛋白质的沉淀

蛋白质和水所形成的亲水胶体和其他胶体一样,不十分稳定。在各种不同条件的影响下,蛋白质容易以沉淀析出。

如果在蛋白质水溶液中加入大量氯化钠等电解质,蛋白质将会以沉淀析出,这种作用称为盐析。当加入 Hg^{2+}、Pb^{2+} 等重金属离子,或加入酒精、丙酮等对水有较大亲合力的有机溶剂时,都能使蛋白质从水溶液中沉淀出来。

4. 蛋白质的变性

当蛋白质受到物理或化学因素影响时,可使蛋白质二、三级结构的结合力遭受破坏,肽链松散,导致蛋白质在理化和生物性质上的改变,这种现象称为蛋白质的变性。蛋白质变性的表现主要是溶解度降低,粘度变大,难以结晶,容易为酶所水解,丧失生物活性,等等。

一般来说,蛋白质在变性初期,分子构象未遭到深度破坏(只破坏了三级结构,而二级结构未变),那么还有可能恢复原来的结构和性质,即这种变性是可逆的。如变性过度,就会成为不可逆变性,这时二级结构也遭受破坏,无法恢复。

蛋白质的变性,在现实生活中,有时希望它发生,例如医疗器皿用酒精消毒,或在高温、高压下蒸煮都是为了使细菌蛋白质变性而被杀灭。临床上急救重金属盐中毒时,可以给病人吃大量乳品或鸡蛋清,使蛋白质在消化道中与汞盐结合成为变性的不溶解物质,从而阻止有毒的汞离子吸入体内。有时则需要避免变性,例如预防接种的疫苗需储存在冰箱中,以免温度过高,使蛋白质变性而失去生物活性。

5. 蛋白质的颜色反应

(1)水合茚三酮反应　蛋白质与稀的水合茚三酮一起加热呈现蓝色。该反应主要用于纸层析。

(2)缩二脲反应　蛋白质与硫酸铜碱性溶液反应,呈现紫色。称为缩二脲反应(因缩二脲有这种颜色反应而得名)。

(3)蛋白黄反应　含有芳香族氨基酸,特别是酪氨酸,色氨酸残基的蛋白质,遇浓硝酸后产生白色沉淀,加热时沉淀变为黄色。所以称为蛋白黄反应。这实际上就是芳香环上的硝化反应,生成了黄色的硝基化合物。皮肤被硝酸沾污后变黄就是这个道理。

(4)米隆(Millon)反应　蛋白质遇硝酸汞的硝酸溶液时变为红色,这是由于酪氨酸中的酚基与汞形成有色化合物。因大多数蛋白质都含有酪氨酸,所以这种反应带有普遍性。利用该反应可以检验蛋白质中有无酪氨酸存在。

四、蛋白质的代谢

蛋白质的消化从胃中开始,到小肠中继续。消化涉及肽键被一系列蛋白酶水解得到氨基酸,氨基酸通过肠壁被吸收,并经由门静脉运输至肝脏,再经转化可供身体的其他组织使用。体内吸收的氨基酸去向主要决定于身体的需要,绝大多数用于合成新蛋白质(21.4节),过剩的氨基酸一部分用于组成非蛋白含氮化合物,如嘧啶或嘌呤碱,另一部分则通过降解提供能量,如脱氨反应:

$$\underset{\substack{| \\ NH_2}}{RCH}{-}COOH \xrightarrow{\text{氧化酶}} \underset{\substack{\| \\ O}}{RC}{-}COOH \ + \ NH_3$$

$$\alpha\text{-酮酸}$$

脱氨反应所放出的氨转化成尿素排出体外。

另一个分解代谢为转氨反应,即一个氨基从一种氨基酸转至另一种氨基酸分子中:

$$\underset{\substack{| \\ NH_2}}{HO_2CCH_2CH_2CHCOOH} \ + \ \underset{\substack{\| \\ O}}{RCCOOH} \xrightarrow{\text{转氨酶}} \underset{\substack{\| \\ O}}{HO_2CCH_2CH_2CCOOH} \ + \ \underset{\substack{| \\ NH_2}}{RCHCOOH}$$

$$\text{新}\alpha\text{-酮酸} \qquad\qquad \text{新氨基酸}$$

问题21-11 多肽中 α-螺旋发生扭歪或破坏的部分常常是脯、羟脯存在的地方,为什么?

问题21-12 不同等电点的蛋白质混合时常常发生沉淀,例如胰岛素和鱼精蛋白质的 pI 分别为 5.3 和 10 左右,两者混合于纯水中即有沉淀生成,为什么?

问题21-13 说明蛋白质二级结构和三级结构的含义及维持它们的主要作用力。

21.4 酶

一、酶的定义和催化特点

对特定生物化学反应有催化作用的蛋白质叫酶(enzymes),它有单纯酶和结合酶两种类型。结合酶中非蛋白质的部分叫辅酶,蛋白部分叫酶蛋白。辅酶是催化作用不可缺少的部分,如果除去辅酶,则酶会失去活性。

酶的种类很多,在生物体内有数千种不同的酶。按照酶所催化反应的类型可分为:

(1)氧化还原酶 能促进底物氧化—还原反应的酶,如细胞色素氧化酶。

(2)转化酶 催化底物分子中的某一基团转移到另一底物上去,如转氨酶。

(3)水解酶 催化水解反应,如淀粉酶、脂酶、胃蛋白酶。

(4)裂解酶 促进一种化合物分裂为两种化合物或由两种化合物合成一种化合物的反应,如碳酸酐酶。

(5)异构酶 促进异构化反应,如磷酸葡萄糖异构酶。

(6)合成酶　促进两分子连接起来,如谷氨酰胺合成酶等。

由上可以看出,酶常常是根据它们催化作用而定名的。

酶作为生物催化剂有以下几个特点:

(1)反应条件温和　酶一般都在常温、常压、pH 近于 7 的条件下起催化作用。

(2)催化效率高　酶的催化效率比一般化学催化剂高 $10^8 \sim 10^{10}$ 倍。如一个碳酸脱水酶可使三千六百多万个碳酸脱水。

(3)高度的化学区域选择性和立体专一性　一种酶只对具有特定结构的底物键合,并在特定位置起催化作用。酶能清楚地辨认对映体,例如 α-葡萄糖苷酶只能水解 α-葡萄糖苷键,对 β-葡萄糖苷键无效;酵母中的酶只能使 D 构型糖发酵,而对相应 L 构型的糖无影响。

可以说,酶的这种高效特异的催化性能正是有机化学家所梦寐以求的。研究酶的本质、结构和催化机理,仿照酶的作用去寻找适用于实验室或工业上的有效催化剂,一直是生物有机化学领域中最有吸引力的课题之一。其中最核心的问题是酶催化作用的高度专一性。

实验证明,一个酶的相对分子质量虽然很大,结构非常复杂,但与催化作用直接有关的往往是一小部分基团。后者被称为酶的活性中心。如果酶的活性中心在空间上与某种底物一致,它就可以把底物套住,即酶与底物生成复合物,并在特定位置实施催化反应,产物生成后重新释放出酶。按照费歇尔酶作用的"锁—钥匙"假说,酶和底物分子之间有一种特殊的三度空间配合,这种配合类似于锁和钥匙的关系(图 21-9)。酶就像一把钥匙,它只能打开一把锁——特定结构的反应底物,生化反应催化和完成的过程相当于锁被打开的过程。

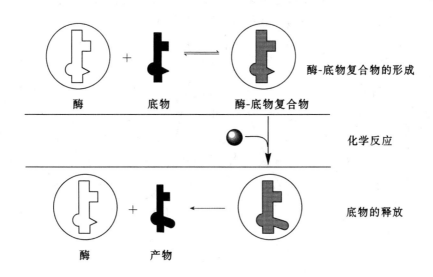

图 21-9　酶催化作用的"锁和钥匙"关系

一般酶的活性中心是手性的,它可识别对映体,这就决定了酶催化反应的立体专一性。若酶可催化带有 A、B、C、D 基团的 S 构型底物反应,而对 R 构型对映异构体则无效。从图 21-10 可以看到酶对反应底物键合位是 B、D 基团,S 构型底物是 C 基团处于酶的反应活化位,实际催化 C 基团反应。而在 R 构型底物与酶的复合物中,A 基团处在酶活化位,应参与反应的 C 基团远离了该位置,所以不被催化反应。

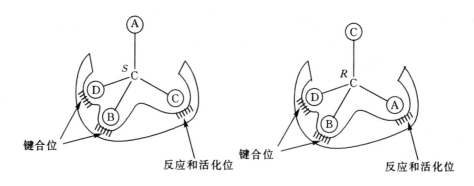

图 21-10　酶催化立体专一性

二、酶催化反应的区域选择性

酶催化反应首先是与底物发生特定的键合,同时使反应官能团处于酶催化的活化位置,这就决定了酶催化反应区域选择性。

例如,胰蛋白酶只能水解精氨酸、赖氨酸羧基上的肽键,这是由于这个具有 254 个氨基酸的酶形状上具有一个囊,肽链第 189 个氨基酸单位是天门冬氨酸,该氨基酸是在囊顶部,它的羧基负离子可与蛋白质(多肽)中精氨酸、赖氨酸侧链上的铵基正离子相互作用发生键合,这样可使蛋白质(多肽)链中的精氨酸、赖氨酸的酰氨基处于酶中 195 位丝氨酸侧链的羟基相互接近,从而发生催化醇解,使蛋白质肽键断裂生成第一个碎片。而后酶链与蛋白质另一片生成的酯水解,分出第二片,完成反应后酶又被重新释放(图 21-11)。

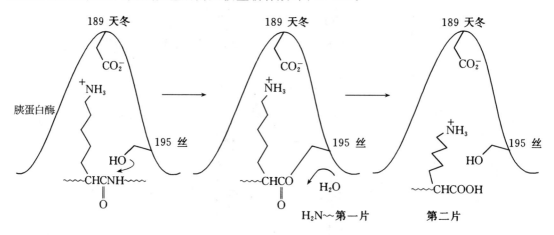

图 21-11　胰蛋白酶催化过程

又如,羧肽酶 A 只催化水解 C 端氨基酸氨基上的肽键,也是由于酶对多肽键合位置和催化位置专一性所决定的。羧肽酶 A 是一个含锌的金属酶,它对多肽链 C 端氨基酸的水解过程可由图 21-12 描述。羧肽酶中 145 位精氨酸和 248 位酪氨酸对 C 端氨基酸羟基络合,C 端氨基酸的侧链可装入酶的非极性袋中。催化反应的主要位置和方式是:69 位组氨酸、72 位谷氨酸和 196 位组氨酸络合的 Zn^{2+} 活化与 C 端氨基酸的氨基成键的羰基,同时 270 位谷氨酸络合水分子增强水的亲核性,使 C 端氨基酸氨基上的肽键容易水解断键。该酶对 C 端为精氨酸或赖氨酸的多肽是不活泼的,这是由于非极性袋不易装入带电荷的侧链。

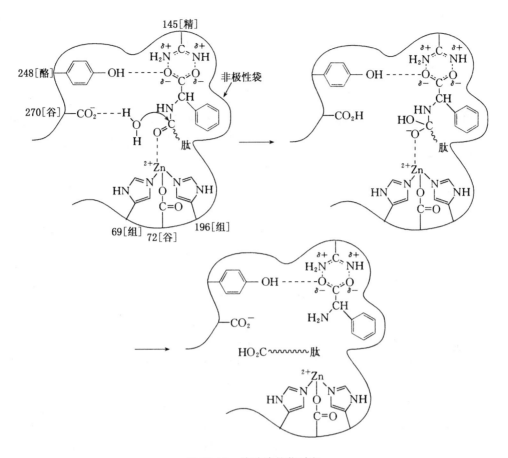

图 21-12　羧肽酶催化过程

三、酶催化反应的立体专一性

酶催化反应另一重要特点是具有高度立体专一性(sterospecificity)。如,外消旋的 α-氟代己酸乙酯在酯酶(lipase)存在下水解,结果只有 S-构型的酯水解生成相应的氟代酸,而 R-构型的酯仍以酯的形式存在。

$$CH_3(CH_2)_3\overset{*}{C}H\text{-}CO_2C_2H_5 \xrightarrow[\text{H}_2\text{O}]{\text{脂酶 (lipase)}} CH_3(CH_2)_3\overset{F}{\underset{CO_2H}{C}}H + CH_3(CH_2)_3\overset{H}{\underset{CO_2C_2H_5}{C}}F$$

外消旋　　　　　　　　　　　　　　　　　S-构型　　　　　　　　　　R-构型

酶不但可区分对映体,还可识别潜手性化合物的特定位置,使发生立体专一性的反应。生物体中酶催化氧化还原反应可作为这方面的例子。生物体中辅酶 NAD^+ 和 $NADH$ 是氧化还原反应酶的重要组分,它可定向转移氢负离子,把醛还原为醇、把醇氧化为醛。反应是在 NAD^+ 和 $NADH$ 烟酰胺上进行的(参阅 21.5 节)。

$$\underset{NAD^+ \text{（氧化态）}}{\text{结构}} + 2H \rightleftharpoons \underset{NAD\text{—}H\text{（还原态）}}{\text{结构}} + H^+$$

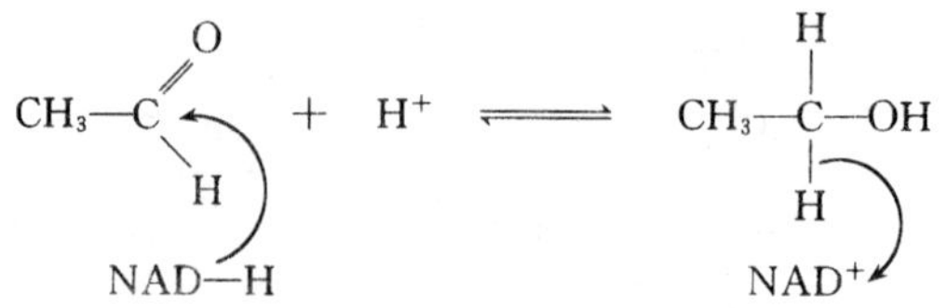

乙醛和乙醇是有潜手性的化合物。如乙醛与一般亲核试剂加成可从醛基平面两侧进攻，得到一对对映体，因此把醛称做具有**对映面**的化合物。这个对映面可按羰基所连基团原子优先顺序（根据顺序规则）定义，若按优到劣旋转为顺时针的一面叫 Re 面，为逆时针的一面叫 Si 面。

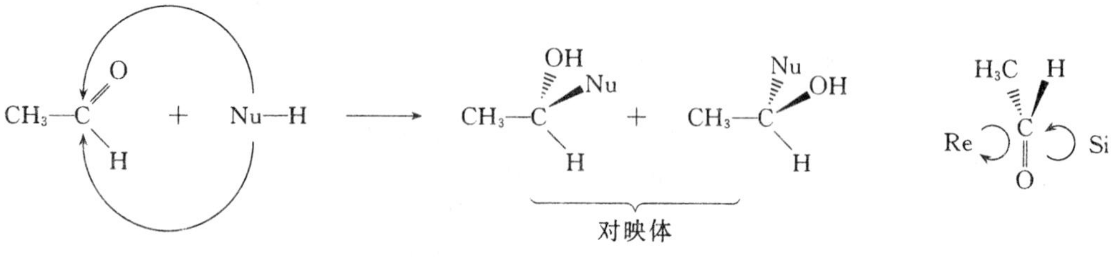

对映体

一般试剂无法区别 Re 面和 Si 面，而 NAD－H 都可清楚地识别并发生定向的立体专一性反应。这种立体专一性可由同位素氘的引入而清晰地表现出来。带有氘的辅酶 NAD－D 还原醛产生 R 构型的氘代乙醇，而带有氘的乙醛被 NAD－H 还原只得 S 构型氘代乙醇，这说明辅酶中氢负离子只从 Re 面进攻从而产生了上述立体专一性的结果。氢负离子对醛 Re 面加成的定向性是由于酶中蛋白质部分对辅酶和反应底物键合位置决定的（图 21-13）。比如酶蛋白对辅酶 NAD－H 键合后阻塞了 NAD－H 的一面——B 面，反应底物（醛）将在辅酶的另一面即 A 面与酶蛋白键合，这就决定了辅酶 NAD－H 只能从一面（A 面）转移氢负离子（转移 H_a 而不是 H_b），乙醛的 Re 面接受这个氢负离子。

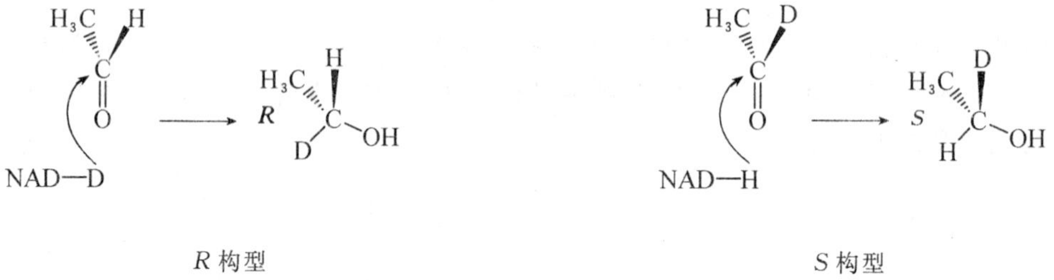

R 构型   S 构型

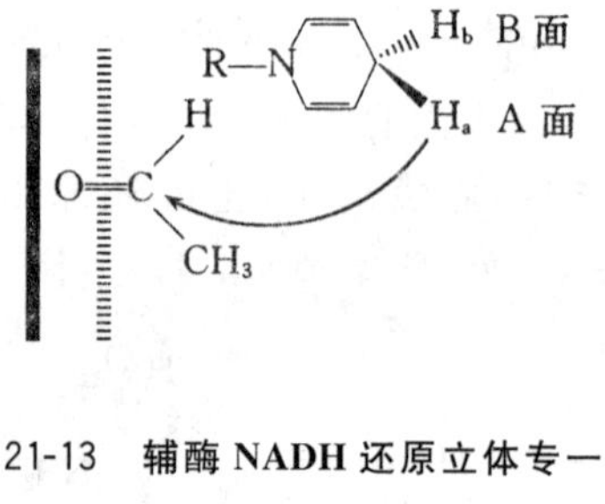

图 21-13 辅酶 NADH 还原立体专一性

同样乙醇也是具有潜手性的化合物。若用同位素氘分别取代乙醇的两个 α 氢，则会产生一对对映体，因此把乙醇看做有**对映配基**的化合物。乙醇中一个 α 氢被氘取代后产生 R 构型,我们把这个氢叫 pro-R 配基,另一个氢被氚取代产生 S 构型,则称做 pro-S 配基。对于一般试剂感受不到这两个氢的不同,而辅酶 NAD^+ 却可识别它们,并能进行立体专一性的反应。带有氚的 R 构型乙醇与 NAD^+ 作用产生的醛无同位素标记,而 S 构型的氚带乙醇与 NAD^+ 作用产生的乙醛中却具有同位素,这说明 NAD^+ 是定向地索取 pro-R 氢。

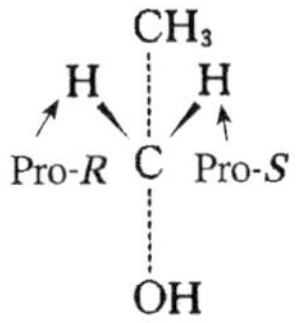

$$\begin{array}{c} CH_3 \\ H \quad\nwarrow \quad \nearrow \quad H \\ \text{Pro-}R \quad C \quad \text{Pro-}S \\ | \\ OH \end{array}$$

$$CH_3 \overset{H}{\underset{D}{\overset{|}{-}C-}} OH \quad NAD^+ \longrightarrow CH_3CHO \qquad CH_3 \overset{D}{\underset{H}{\overset{|}{-}C-}} OH \quad NAD^+ \longrightarrow CH_3CDO$$

21.5 核酸

瑞士生理学家米歇尔(F. Miescher)于 1869 年从细胞核中首次分离到一种具有酸性的新物质,这就是我们现在所称的核酸(nucleic acid)。核酸对遗传信息的储存和蛋白质的合成起着决定性作用,它是一类非常重要的生物高分子化合物。

一、核酸的组成成分

将核酸进行部分水解生成核苷酸和核苷。彻底水解则断裂成最小碎片:戊糖、杂环碱和磷酸。按水解程度的不同依次可生成下列产物:

$$核酸 \xrightarrow{水解} 核苷酸 \xrightarrow{水解} \begin{cases} 磷酸 \\ 核苷 \xrightarrow{水解} \begin{cases} 戊糖 \\ 杂环碱 \end{cases} \end{cases}$$

由此可以看出,核苷是由戊糖和杂环碱组成的,核苷酸是由核苷和磷酸组成的。而核酸则是核苷酸构成的多聚体,因此核酸亦称为多核苷酸。

1. 糖组分

在核酸分子中含有两种糖组分:D-2-去氧核糖和 D-核糖。它们都是以 β-呋喃糖形式存在。

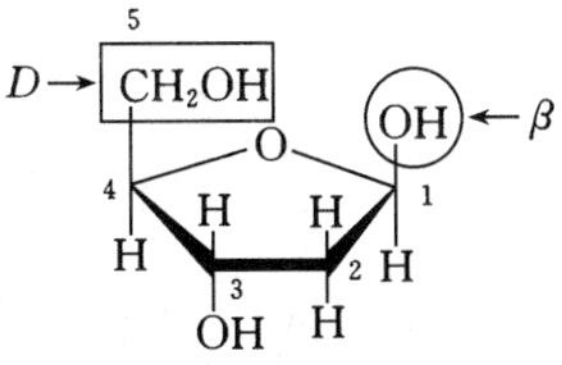

$\beta\text{-}D\text{-}2\text{-去氧核糖}$ $\beta\text{-}D\text{-核糖}$

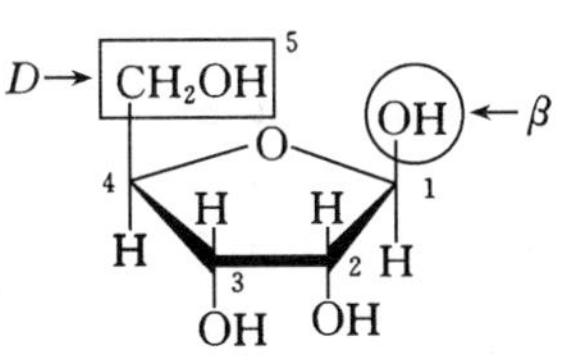

含有 2-去氧核糖的核酸叫做去氧核糖核酸(DeoxyriboNucleic Acid,DNA),含有核糖的核酸称为核糖核酸(RiboNucleic Acid,RNA)。DNA 存在于细胞核中,RNA 主要存在于细胞浆中。

2. 碱基组分

核酸中所含的杂环碱常称为碱基,它们是嘌呤和嘧啶的衍生物,有腺嘌呤、鸟嘌呤、胞嘧啶、胸腺嘧啶和尿嘧啶。其结构式如下:

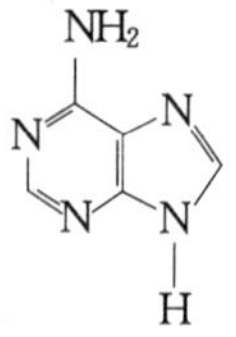

腺嘌呤,A
adenine

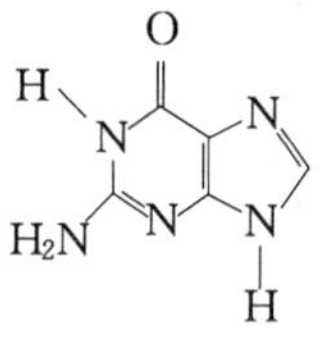

鸟嘌呤,G
guanine

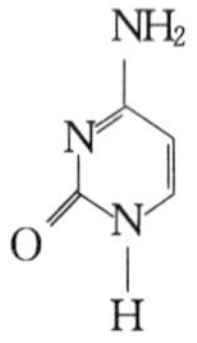

胞嘧啶,C
cytosine

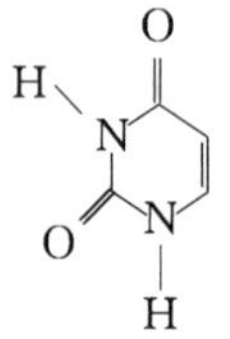

尿嘧啶,U
uracil

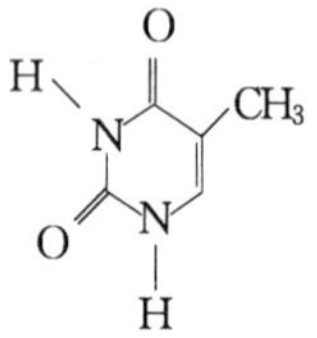

胸腺嘧啶,T
thymine

A、G、C、U、T 分别为这些碱基的代号。

3. 核苷

核苷(nucleoside)是由碱基中嘌呤环 9 位氮原子或嘧啶环 1 位氮原子上的氢与糖的 $1'$ 位上的羟基失水所生成的 β -N-苷。为了区分碱基和糖中原子的位置,糖中原子编号用带撇号码。核苷命名时,如果糖组分是核糖,词尾用"苷"字前面加上碱基名称(如尿苷)。如为去氧核糖,则在词首加上"去氧"(如 $2'$-去氧腺苷)。

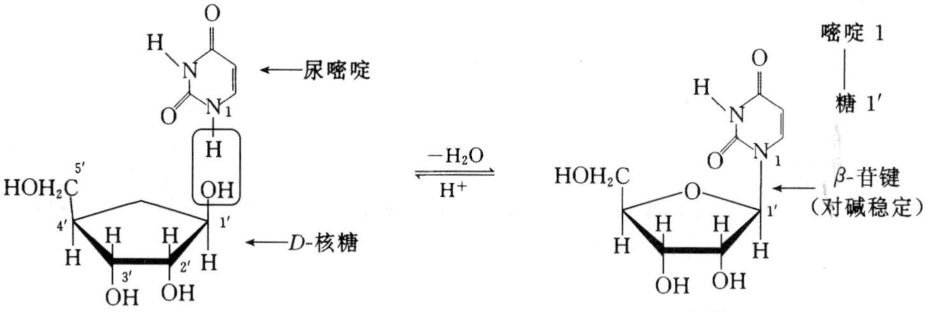

尿嘧啶

D-核糖

$-H_2O$
H^+

嘧啶 1

糖 $1'$

β-苷键
(对碱稳定)

尿苷
uridine

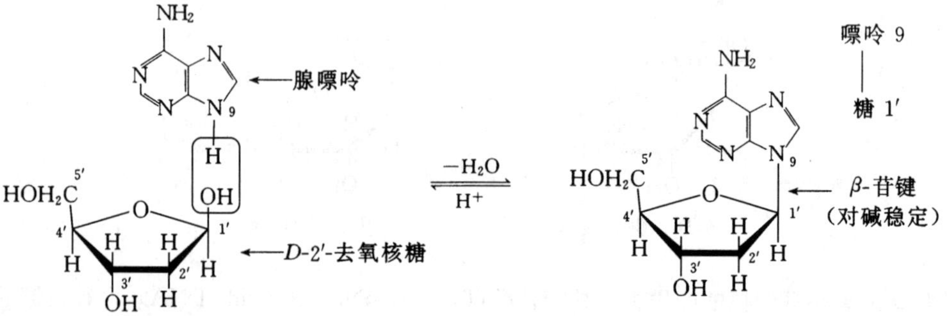

腺嘌呤

D-$2'$-去氧核糖

$-H_2O$
H^+

嘌呤 9

糖 $1'$

β-苷键
(对碱稳定)

$2'$-去氧腺苷
$2'$-deoxyadenosine

714

4. 核苷酸

核苷酸(nucleotide)是核苷 $3'$ 位或 $5'$ 位的羟基和磷酸所生成的酯,例如:

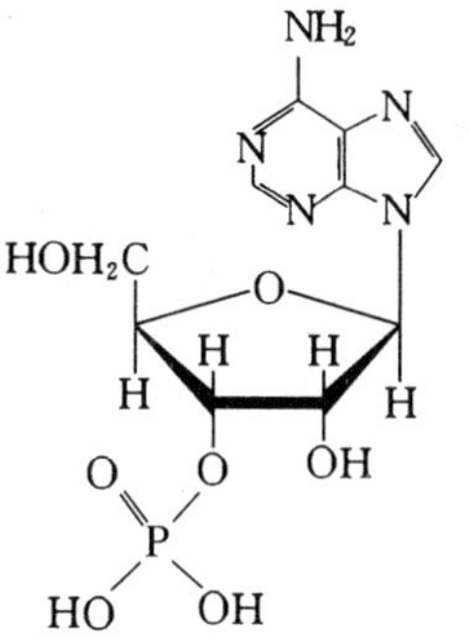

腺苷-$3'$-磷酸　　　　　　　　　　　腺苷-$5'$-磷酸

$3'$-adenylic acid　　　　　　　　　　$5'$-adenylic acid

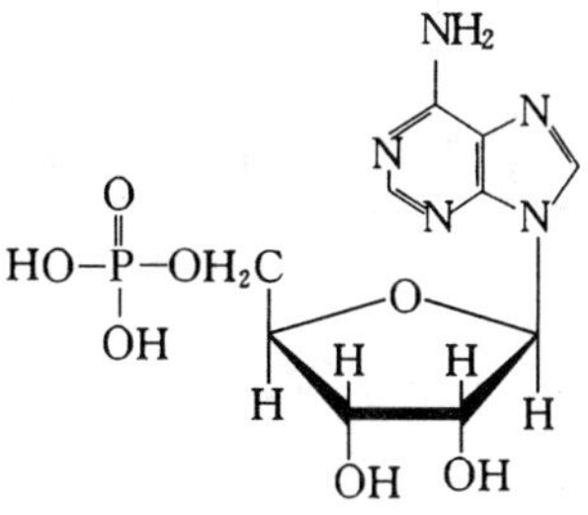

核苷酸除作为构成核酸的基本单位外,它们的某些衍生物还有重要的生物功能。在此仅作简单介绍。

核苷酸的第一个磷酸基上可以通过焦磷酸酯键再加入一个或两个磷酸基。

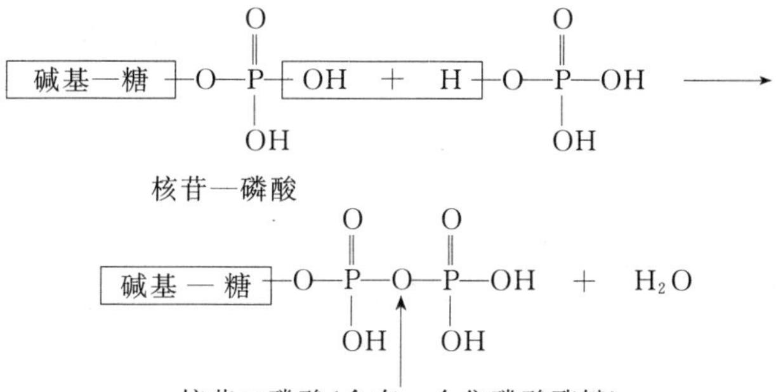

核苷一磷酸

核苷二磷酸(含有一个焦磷酸酯键)

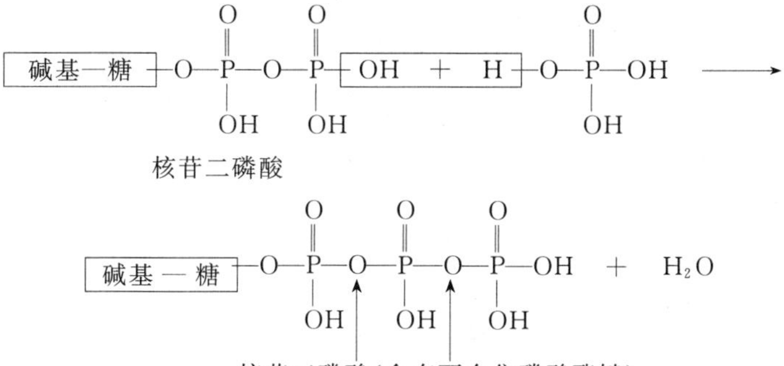

核苷二磷酸

核苷三磷酸(含有两个焦磷酸酯键)

这样形成的分子叫做核苷二磷酸和核苷三磷酸,图 21-14 表示的是两个这种化合物的结构。

ADP、ATP 在细胞代谢中作为高能化合物承担着重要的任务。能量主要集中在焦磷酸酯键中,当焦磷酸酯键水解时,储存的能量被释放,传递给需要能量的反应(如合成肽链的反应)。

有些核苷酸衍生物是重要的辅酶,例如,辅酶 A 在糖、脂肪和氨基酸代谢中是酰基的携带者。辅酶烟酰胺腺嘌呤二核苷酸(NAD^+)在许多生物氧化—还原反应中是不可缺少的物质。NAD^+ 的结构如图 21-15。

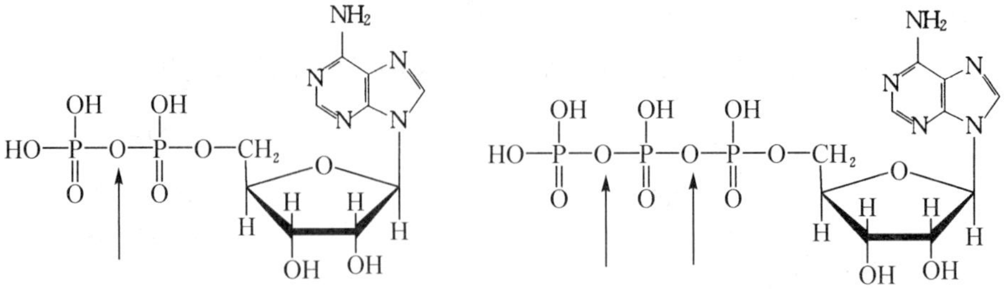

腺苷-5′-二磷酸(ADP)　　　　　　　　腺苷-5′-三磷酸(ATP)

图 21-14　ADP 和 ATP 的结构

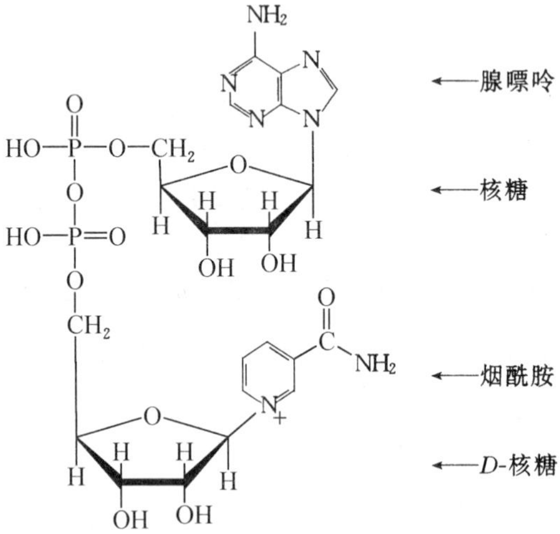

←——腺嘌呤

←——核糖

←——烟酰胺

←——D-核糖

图 21-15　NAD⁺ 的结构

二、核酸的结构

1. 一级结构

在核酸分子中,是通过一个核苷酸的戊糖 3′位羟基和另一个核苷酸戊糖 5′位羟基之间形成的磷酸酯键将核苷酸连接在一起的。分子中各种核苷酸排列的顺序即为核酸的一级结构。图 21-16 和图 21-17 分别表示的是 DNA 和 RNA 的片断结构。

由于书写多核苷酸的结构式比较麻烦,故常用速记法。糖—磷酸酯骨架用封在两条平行线之中的字母 S 和 P 表示,用短横线表示连接糖体和碱基的 β-苷键。磷酸二酯桥的方向用头尾有数字的箭头表示(见图 21-18)。

在 DNA 和 RNA 分子中,除所含糖体不同外,碱基也有差异。DNA 中的碱基是 A、C、G、T,RNA 中的则为 A、C、G、U。

测定核酸一级结构的方法和多肽的相似。一般是将核酸进行部分水解,取得大小合适的核苷酸片段,并测得每一片段的末端碱基,通过逐步降解和分析确定它们的核苷酸排列顺序。最后"搭拼"出核酸的一级结构。

20 世纪 70 年代初,桑格等使用工具酶对 DNA 进行随机切割,为测定核酸中核苷酸顺序作出了卓越的贡献。为此他于 1980 年第二次获得诺贝尔奖金。我国科学工作者在核酸结构测定研究及合成方面也取得了可喜的成绩。20世纪80年代初创造了一种非随机的有序的

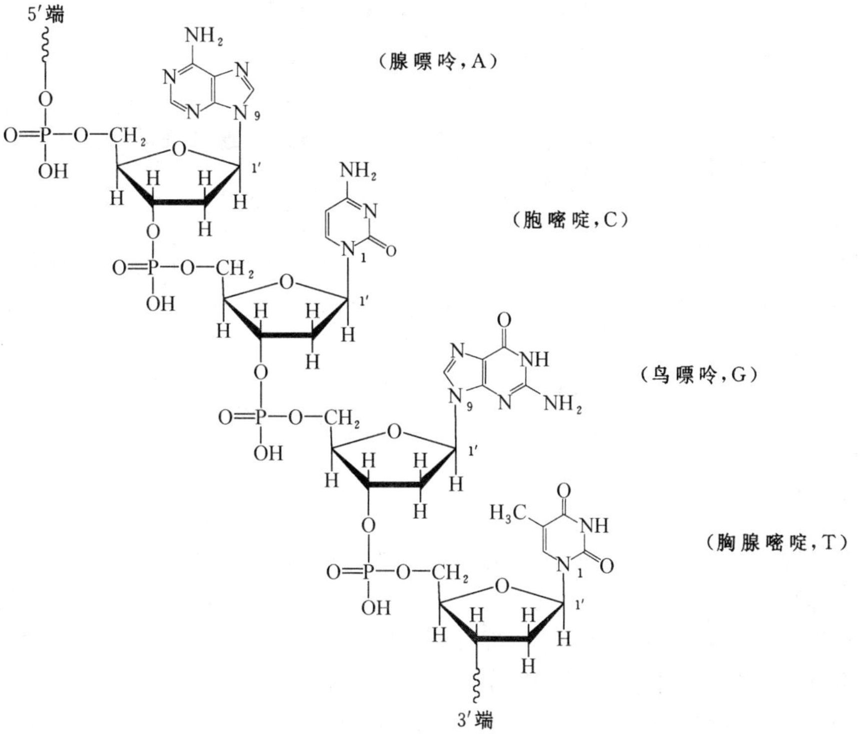

（腺嘌呤，A）

（胞嘧啶，C）

（鸟嘌呤，G）

（胸腺嘧啶，T）

3′端

图 21-16　DNA 的多核苷酸结构

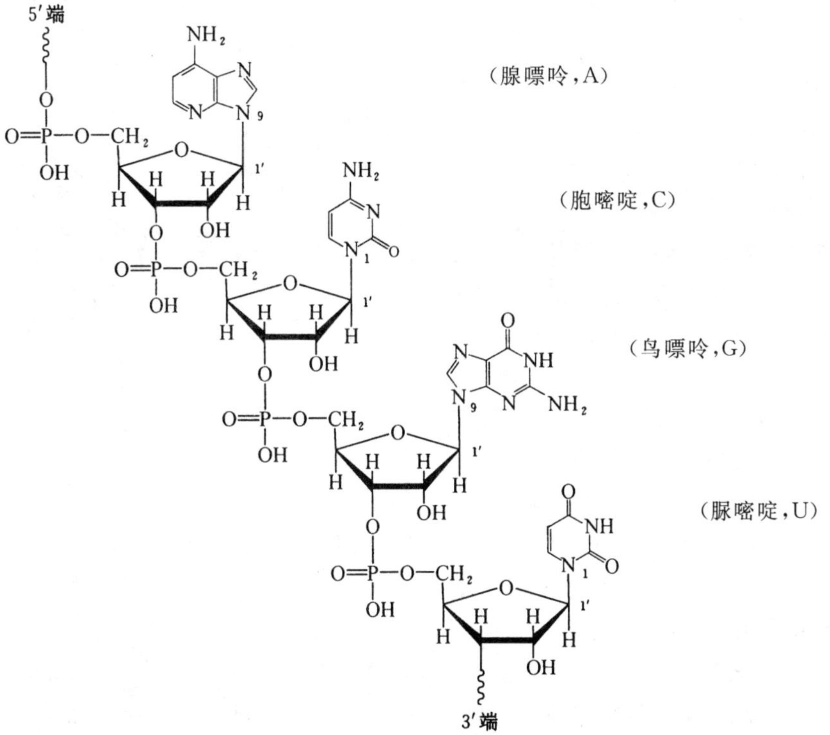

（腺嘌呤，A）

（胞嘧啶，C）

（鸟嘌呤，G）

（脲嘧啶，U）

3′端

图 21-17　RNA 的多核苷酸结构

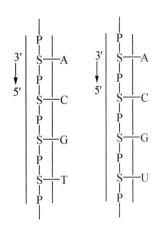

图 21-18　DNA 及 RNA 片断 结构速记符号

DNA 顺序测定法,不需要用切割工具,避免了"随机性",大大缩短了测定时间,具有突出的优越性。1979 年我国科学家用人工方法成功地合成了 41 个核苷酸组成的酵母丙氨酸 *t*RNA 半分子。这些都标志着我国在这方面的研究工作达到了世界先进水平。

2. 二级结构

从 1869 年米歇尔发现 DNA 到前述的多核苷酸结构的导出,大约花费了 70 年。进展比较缓慢的原因主要是当时只有少数科学家对核酸有兴趣。直至 20 世纪 40 年代初,绝大多数科学家还错误地认为,携带遗传特征的是染色体的蛋白质部分。1944 年,阿弗雷(O. T. Avery)为首的一组生物化学家发表了一篇论文,宣布负责一代一代地传递遗传特征的物质是 DNA,而不是染色体的蛋白质部分。他们相继报道了一系列实验证据。阿弗雷的文章掀起了对核酸研究兴趣的浪潮。到 20 世纪 40 年代末,生物化学家一致认为 DNA 是遗传物质。

在正确识别了遗传物质之后,接下来的问题是如何解释 DNA 的遗传作用? 事实上,这个问题只有在阐明了 DNA 分子空间结构的基础上才能得到解答。

认识 DNA 的空间结构也有一定的过程。最初查伽夫(E. Chargaff)及其合作者仔细分析了不同来源的 DNA 碱基的组成。他们发现不管 DNA 是什么来源,腺嘌呤数目总是与胸腺嘧啶数目相等,鸟嘌呤数和胞嘧啶数相等。即 A/T 或 G/C 之比都等于 1。但这些碱基对的数目彼此是不等的。查伽夫的发现对解决 DNA 空间结构起了很大的作用。

DNA 结构研究的另一重要进展是威尔金斯(M. H. F. Wilkins)在英国得到了不同来源 DNA 清晰的 X 射线衍射谱图。数据表明,所有的 DNA 分子有相同的厚度,沿着分子每隔 3.4nm 距离,有同样的图谱重现。

结合查伽夫的发现和威尔金斯的 X 射线衍射数据以及在鲍林宣布蛋白质的 α-螺旋结构的启发和鼓舞下,1953 年华生(Watson)和克里克(Crick)首次提出著名的 DNA 双螺旋(double helix)结构模型。

DNA 是两个多核苷酸链围绕同一个轴盘形成右旋的双螺旋(图 21-19)。两条链以相反方向伸展(即一条是 3′→5′,另一条是 5′→3′)。每条链的突出部分是通过磷酸二酯桥连接的去氧核糖。碱基在螺旋内部,其平面与中心轴垂直,它们平行堆积,很像梯子的阶梯。两条链之间的空间恰好能容纳下一个嘌呤碱和一个嘧啶碱。因此两条链上的碱基是以一种特殊的方式进行配对:一个嘌呤碱和一个嘧啶碱配对(A—T,G—C),这就是"碱基互补"原则。如果是两个嘌呤碱,则因体积太大而容纳不下;如果都是嘧啶碱,则由于碱基距离太远而不能形成氢键。在这里碱基之间形成氢键非常重要,因为两条链主要是靠氢键将它们联系在一起的。也正由于氢键的存在,使两条链之间保持着恒定的距离。

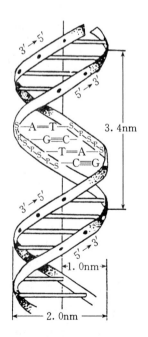

图 21-19　DNA 的双 螺旋结构

从而解释了威尔金斯所观察到的 DNA 分子的相同厚度。为了解释沿着分子每隔3.4nm时,X
射线图谱重现的现象,华生和克里克假设,每3.4nm的距离相当于螺旋完整的一圈(10 个核
苷酸)。

读者或许会问,碱基配对,为什么非得 A 配 T,G 配 C 呢?这是因为 A 和 T 或 G 和 C 在
形成氢键的时候,两两配合得比较默契,它们之间能够最有效地形成氢键(图 21-20),稳定
DNA 的结构。

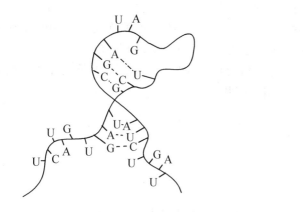

鸟嘌呤,G　　胞嘧啶,C　　　　　腺嘌呤,A　　胸腺嘧啶,T

图 21-20　嘧啶碱和嘌呤碱之间的氢键

RNA 的二级结构不如 DNA 那样有规律,大多数 RNA 分子是由一条弯曲的多核苷酸链
构成的(图 21-21)。在链的某些区域可发生自身回褶而形成双螺旋。其间的碱基也是互补关
系(G−C,A−U),但不垂直于螺旋轴,彼此也不平行。

3. 三级结构

DNA 在双螺旋结构(二级结构)的基础上还进一步缩成闭链环状、开链状或麻花状等形式
的三级结构(图 21-22)。

关于 RNA 的三级结构,近年来也有研究。

图 21-21　RNA 二级结构示意图　　**图 21-22　多瘤病毒 DNA 的三级结构模式图**

问题21-14　RNA 和 DNA 在结构上的主要区别是什么?

问题21-15　画出 RNA 中 A−U 之间的氢键。

三、DNA 碱基序列测定

生物化学研究的一个重要领域是对基因碱基序列的测定。它类似于蛋白质中氨基酸序列

的测定。由于 DNA 分子太大，首先应把它断裂为小的可测定碎片，然后对各碎片碱基序列进行测定，确定交接点，从而确定 DNA 大分子的碱基顺序。

DNA 大分子是在限制性核酸内切酶（restriction endonuclease，简称限制酶）作用下在特定碱基位置断裂。如限制酶 AluI 在它识别的 DNA 序列中只在 G 和 C 碱基之间断裂，而限制酶 PstI 在它识别的 DNA 序列中只在 A 和 G 之间断裂。目前市售的限制酶已达几百种，这为

限制性核酸内切酶	可识别的序列及断裂位置
AluI	A G ┊ C T
	T C ┊ G A
PstI	C T G C A ┊ G
	G ┊ A C G T C

$$5'—C—T—G—C—A—G—3'$$
$$3'—G—A—C—G—T—C—5'$$

DNA 碱基序列测定提供了极大方便。一般限制酶的识别位置是 DNA 双股碱基序列为"回文"结构的地方，即在 DNA 一股上碱基从左到右读和互补的另一股上碱基从右到左读相同碱基序列位。

DNA 碎片碱基排序可通过马克萨姆—吉尔伯特（Maxam-Gilbert）化学排序法或借助酶的桑格排序法完成。前者涉及有机化学，所以在此我们只讨论化学排序法。［W. Gilbert，1932 年出生于美国。他在 Cambridge 大学获物理学博士，1957 年在 Harvard 大学从事分子生物学研究，由于他在 DNA 测定方面的研究成果与 Berg 和 Sanger 分享了 1980 年 Nobel 化学奖。］

首先在断裂的双股 DNA 碎片端基糖体的 $5'$ 位用具有辐射磷（^{32}P）的磷酸基因标记，经处理使之分离并游离出单股碎片。每条单股标记碎片用化学试剂处理，使之在具有特定碱基的糖体 $5'$ 和 $3'$ 位断裂。例如，用氯化钠水溶液和肼处理，可使 DNA 碎片在带有胞嘧啶（C）的糖体处断裂，生成有标记和无标记的更小碎片。然后把上述原始标记 DNA 单股碎片再用其他试剂处理，使在不同的碱基处断裂，获得几组小碎片。

$$^{32}P—AGCACTTAACGGT \xrightarrow[\text{断裂}]{\text{在 C 处}} \begin{array}{l} ^{32}P—AG+ACTTAACGGT \\ ^{32}P—AGCA+TTAACGGT \\ ^{32}P—AGCACTTAA+GGT \end{array}$$

如用硫酸二甲酯和哌啶在温和条件下处理，可获得从 G 碱基糖体处断裂的一组碎片。

$$^{32}P—AGCACTTAACGGT \xrightarrow[\text{断裂}]{\text{在 G 处}} \begin{array}{l} ^{32}P—A+CACTTAACGGT \\ ^{32}P—AGCACTTAAC+GT \\ ^{32}P—AGCACTTAACG+T \end{array}$$

若标记原始 DNA 碎片用肼和哌啶加热处理，则会在 C 和 T 处断裂，若用硫酸二甲酯和哌啶加热处理，可在 A 和 G 处断裂。

把每个实验断裂的小碎片分别放入聚丙烯酰胺凝胶的分离槽道中，即把自 C 处断裂的碎

片放入一个槽道,在 G 处断裂的碎片放入另一个槽道,如此等等。将凝胶置于电场中,带电荷的碎片向阳极移动,较小碎片移动快,较大碎片移动慢,这样可达到分离的目的。分离后把凝胶放在与照像底片相接触的位置,由于 ^{32}P 的辐射作用使相应于标记碎片的位置出现一个暗点,而没有标记的碎片在底片上并不显现,这叫做放射自显影技术。原始 DNA 碎片的碱基序列可由自显影底片中读到。自下而上观察连续的暗点可鉴别出每一个碱基的身份,通过分析可得到这个 DNA 碎片的碱基排列顺序。现在让我们观察分析图 21-23 中的暗点。最下端的暗点出现在 C 栏,所以这个碱基为 C,在 C+T 栏与 C 栏相平行位置也具有暗点,这是 C 碱基的佐证。C+T 栏是既断裂 C 又断裂 T 反映的碎片,C+T 栏中暗点是断裂 C 的碎片还是断裂 T 的碎片要观察 C 栏中相平行位置是否出现暗点,若 C 栏中出现暗点,说明碱基为 C,否则说明碱基为 T。自下而上第二暗点出现在 A+G 栏和 G 栏,说明碱基为 G。第三暗点出现在 A+G 栏,相应位置 G 栏无暗点,说明碱基为 A。依次分析可得到这个 DNA 碎片碱基排列顺序,图 21-23 中左侧即为该 DNA 碎片的碱基排序。

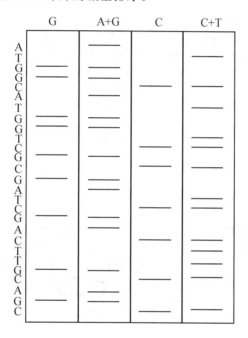

图 21-23　DNA 碎片自动射线照片示意

为什么 DNA 碎片在不同条件下会在不同碱基处断裂,这是由于不同条件下试剂与不同特定碱基发生化学反应的结果。例如硫酸二甲酯可与鸟嘌呤 7 位上的氮作用发生烷基化,从而使之脱去嘌呤环。加入哌啶后,脱去 G 碱基的糖体生成亚胺正离子(**M**),然后另一分子哌啶与较强酸性的 α-H 反应,在 3′位脱去 O—$\boxed{\text{DNA}}$,哌啶催化下脱去 4′位氢和 5′位 O—$\boxed{\text{DNA}}$使原始 DNA 碎片断裂。腺嘌呤的亲核性比鸟嘌呤小,在温和条件下它不与硫酸二甲酯反应,所以在此条件下,原始 DNA 碎片只在带 G 碱基的糖体处断裂。若在较强烈条件下,两个嘌呤环系均与硫酸二甲酯发生反应,使原始 DNA 碎片在 A 和 G 处断裂。

用肼和哌啶加热使 DNA 碎片在 T 和 C 处断裂。在 T 处断裂的化学反应是:肼进攻嘧啶环系发生共轭酮的 1,4 加成,然后进行分子内酰胺肼解,继而呋喃糖环被打开。哌啶参与反应,使之生成与 G 处断裂相同的中间体(**M**),其后的反应步骤与断裂 G 时完全相同。

在 G 处断裂

在 T 处断裂

四、核酸的生物功能

核酸是生物体中不可缺少的物质,它在遗传变异、生长发育和蛋白质合成中起着重要的作用。它能使生命模式代代相传,因此人们称核酸为生命的"蓝图"。

1. DNA 的复制

DNA 作为遗传物质有按照自己的结构精确复制的功能。DNA 复制的过程可简述如下:首先是母体 DNA 中两条链解旋,两股分开后,每一股可作为原声磁带或模板分别进到两个子细胞里。细胞中已经制造好了的各种核苷酸根据碱基互补原则,"各就各位"(即 A 对 T,G 对 C),并与原来每一股上的碱基形成氢键。在酶的催化下,将这些按规定顺序排列的核苷酸逐个连接起来。结果在两个子细胞中就各自形成了一个双螺旋。显然这两个子细胞中的 DNA(一股老的和一股新的)和母细胞中的 DNA 完全一样。遗传信息也就由母代传到了子代。DNA 的复制图解见图 21-24。

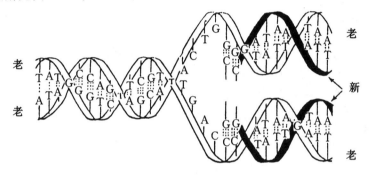

图 21-24　DNA 的复制图解

DNA 的复制机制也是华生和克里克首先提出,并被其他学者通过实验证实。

2. 蛋白质的生物合成

蛋白质的生物合成是按照 DNA 模板,在细胞质中由三种 RNA 来完成的,所以首先介绍这三种 RNA。

(1)信使核糖核酸(mRNA)　存在于细胞核中的 DNA 是通过 mRNA 来传递遗传信息的,所以 mRNA 被称为信使核糖核酸。mRNA 在细胞核中的合成,其机制很像 DNA 的复制。首先 DNA 双螺旋的一段解开,其中一股作为衍生 mRNA 的模板。生成的 mRNA 为单股分子,其碱基顺序由 DNA 控制。与 DNA 复制不同的是在 mRNA 中,以尿嘧啶(U)代替胸腺嘧啶与腺嘌呤互补。在 mRNA 链上按一定顺序排列的碱基,每三个组成一个遗传密码,每个密码代表一种氨基酸。例如 AAA 代表赖氨酸,GUA 代表缬氨酸,UUU 代表苯丙氨酸,等等。20 个氨基酸的密码已经确定,见表 21-3 所示。

测定遗传密码是一项艰巨的任务,该工作主要是由尼伦堡(M. Nirenberg)完成的,为此他获得 1968 年医学生理学诺贝尔奖。

(2)核糖体(rRNA)　核糖体是存在于细胞质中的一种高相对分子质量的球状颗粒,它由大小两个亚基组成,二者结合才有活性。活性核糖体是制造蛋白质的工厂(合成场所)。

(3)转移核糖核酸(tRNA)　tRNA 存在于细胞质中,相对分子质量较小,一般含有 70～90 个核苷酸单位。tRNA 能与激活后的氨基酸结合生成氨基酰 tRNA,具有携带和转运氨基酸的作用,因此称它们为转移核糖核酸。tRNA 的专一性很高,一种 tRNA 只能运送一种氨基酸。在 tRNA 分子中的转折部位有三个核苷酸的碱基没有配对,它们组成一个反密码,决定 tRNA 与哪种氨基酸结合。例如酵母 tRNA 的三个未配对碱基是 GGC,按互补原则,它只能与 CCG 配对,即可与密码为 CCG 的氨基酸(脯氨酸)结合。

表 21-3　mRNA 上的遗传密码

氨基酸	密　码					
甘氨酸	GGU	GGA	GGC	GGG		
丙氨酸	GCU	GCA	GCC	GCG		
缬氨酸	GUA	GUA	GUC	GUG		
亮氨酸	UUA	UUG	CUU	CUA	CUC	CUG
异亮氨酸	AUU	AUA	AUC			
脯氨酸	CCU	CCA	CCC	CCG		
苯丙氨酸	UUU	UUC	UGG			
酪氨酸	UAU	UAC				
色氨酸	UGG					
丝氨酸	UCU	UCA	UCG	UCC	AGC	AGU
苏氨酸	ACU	ACA	ACC	ACG		
天门冬氨酸	GAU	GAC				
谷氨酸	GAA	GAG				
天门冬酰胺	AAU	AAC				
谷氨酰胺	CAA	CAG				
半胱氨酸	UGU	UGC				
蛋氨酸	AUG					
赖氨酸	AAA	AAG				
精氨酸	CGU	GGA	CGA	CGG	AGA	AGG
组氨酸	CAU	CAC				

　　(4)蛋白质的合成过程　　蛋白质在体内的合成过程如图 21-25 所示。首先在细胞核中把 DNA 遗传信息印记在一条信使 mRNA 上,接着 mRNA 透过核膜迁移至细胞质,并嵌进核糖体的两个亚基的槽沟中,像磁带录音机一样,核糖体逐个读译编在 mRNA 上的密码信息。在 mRNA 上表示蛋白质合成开始的密码是 AUG,当 tRNA$_1$ 携带 N-甲酰基蛋氨酸以反密码 UAC 与 mRNA 结合时,蛋白质的肽链合成开始。mRNA 的下一个密码为 AAA(相当于赖氨酸),tRNA$_2$ 带着赖氨酸以它的反密码 UUU 与 mRNA 结合。特定酶使 N-甲酰蛋氨酸与赖氨酸之间形成肽键。tRNA$_1$ 完成它的任务后离去,同时核糖体沿着 mRNA 链移动。下一个密码 GUA(代表缬氨酸)开始作用,相应的 tRNA$_3$ 带着缬氨酸到达指定地点,在另一种酶的作用下,生成一个新的肽键。tRNA$_2$ 离去,核糖体继续往前移动。下一个密码 UUU(代表苯丙氨酸)开始作用,肽链不断增长。当核糖体移至表示蛋白质合成终止的密码时,则脱离 mRNA,合成结束。

　　肽链在合成过程中以特定方式折叠起来,形成有一定构象的蛋白质分子。

　　由此可见,核酸在蛋白质的生物合成中起着重要的作用。rRNA 提供合成场所,tRNA 是载运氨基酸的工具;mRNA 链上的密码决定肽链中氨基酸的顺序。但由于 mRNA 是从 DNA 转录的,所以合成蛋白质的真正模板是 DNA。父母把 DNA 传给子女,有一定结构的 DNA,便可产生一定结构的蛋白质。一定结构的蛋白质将带来一定的生理特性。

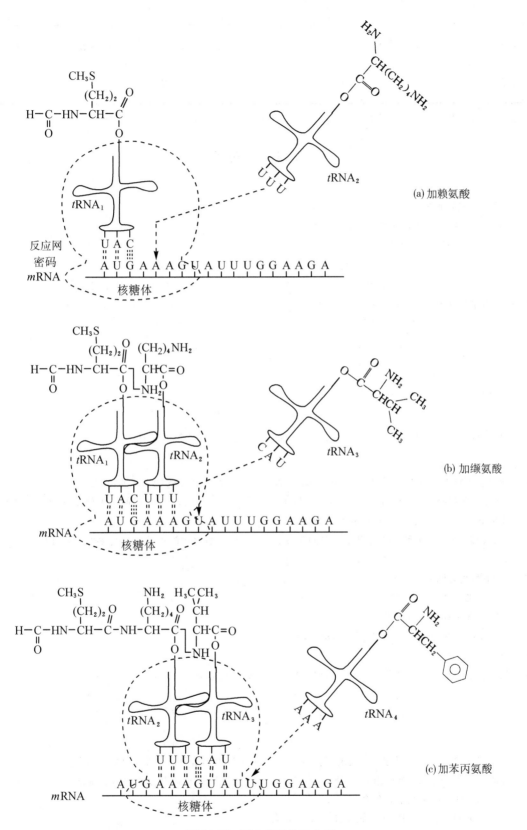

图 21-25 蛋白质的生物合成

问题21-16 mRNA 一般是含有 1 000～10 000 个核苷酸的单股链状结构。如果在它的链上,碱基排列序为 …ACUGACGCCUGGCGCCUG…,那么它被转录的 DNA 中碱基顺序是怎样的?

问题21-17 简述 DNA,mRNA,rRNA,tRNA 在生物合成蛋白质中的作用。

习　题

1. 写出下列氨基酸在 pH＝2、7、12 时的离子结构。
   (1)异亮氨酸　(2)天门冬氨酸　(3)赖氨酸

2. 写出丝氨酸与下列试剂的反应产物。
   (1)茚三酮　(2)DNFB　(3)异硫氰酸苯酯　(4)CH_3OH,HCl　(5)氯甲酰苄酯　(6)邻苯二甲酸酐
   (7)三氟乙酸酐　(8)叔丁氧甲酰氯　(9)(8)的产物＋DCC　(10)(9)的产物加甘氨酸乙酯

3. 以适当原料合成下列氨基酸。

   (1) $CH_3CH_2CH_2CH_2\underset{\underset{NH_2}{|}}{CH}COOH$

   (2) $(CH_3)_3C\underset{\underset{NH_2}{|}}{CH}COOH$

   (3) $CH_3CH_2\underset{\underset{NH_2}{|}}{\overset{\overset{CH_3}{|}}{C}}COOH$

   (4)
   $$\text{(哌啶环)}\underset{H}{N}-CO_2H$$

   (5) $C_6H_5\underset{\underset{NH_2}{|}}{CH}COOH$

   (6) $HOOCCH_2CH_2\underset{\underset{NH_2}{|}}{CH}CO_2H$

4. (1)用 $p\text{-}CH_3C_6H_4OCH_3$ 及其他必要试剂合成酪氨酸;　(2)用 2-丁烯酸合成苏氨酸。

5. 固体氨基酸的红外光谱在近 1 400cm^{-1} 和 1 600cm^{-1} 处有吸收峰。但在低 pH 值的溶液中,发现在 1 720cm^{-1} 处有原来没有的强吸收峰。为什么?

6. (1)为什么 α-氨基酸和乙酐反应比简单的胺慢得多? (2)其酯化比简单的酸慢得多? 怎样才能使反应加速?

7. 写出下列化合物的结构式。
   (1)谷—胱—甘肽　(2)腺苷　(3)2′-去氧尿苷
   (4)胞苷-3′-磷酸　(5)胸腺苷-5′-磷酸
   (6)碱基序列为腺—胞—鸟的三聚(核糖)核苷酸

8. 如何用 DNFB 来区别赖—甘和甘—赖?

9. 当 α-氨基酸进行 N-乙酰化反应时,常易生成下列环状化合物,试写出可能的反应机理。

$$(CH_3CO)_2O \ + \ H_2N-\underset{\underset{R}{|}}{CH}CO_2H \xrightarrow{CH_3CO_2Na} \text{环状化合物}$$

10. 一个五肽完全水解得到:天门冬、组、蛋、缬、苯丙氨酸。运用端基分析和部分水解方法得知所生成的四个二肽为:缬—天门冬,蛋—组,天门冬—蛋,苯丙—缬。试推测该五肽的结构,并加以命名。

11. 用简单化学方法区别下列化合物。

   (1) $HOCH_2\underset{\underset{NH_2}{|}}{CH}COOH$ 和 $CH_3\underset{\underset{OH}{|}}{CH}-\underset{\underset{NH_2}{|}}{CH}COOH$

(2)苯丙氨酰丙氨酸和 N-乙酰基苯丙氨酰丙氨酸

12. 如何分离亮氨酸和赖氨酸？

13. 化合物 $A(C_7H_{13}O_4N_3)$ 在甲醛存在下滴定消耗 1 摩尔的 NaOH。A 用 HNO_2 处理时放出 1 摩尔 N_2 而生成 $C_7H_{12}O_5N_2$（B），B 和稀 NaOH 煮沸后生成乳酸和甘氨酸。试写出 A，B 的可能结构式。

14. 下列 mRNA 将受意合成一个怎样的多肽？写出合成这个 mRNA 的 DNA 碱基序列。

$$m\text{RNA} \quad 5'\text{-AAA-GUU-GGC-UAC-CCC-GGA-AUG-GUG-GUC-}3'$$

第二十二章　油脂、萜、甾族化合物

油脂(lipids)是生物体维持正常生命活动不可缺少的物质。它能提供给生物体生命活动所需的热量,同时还富含对人体必需、但人体自身不能合成、必须通过食物摄取的一些脂肪酸,例如亚油酸、花生四烯酸等。油脂的工业用途也十分广泛,在洗涤用品、合成树脂与橡胶、涂料与油漆、表面活性剂等工业领域都有着重要的用途。油脂主要由生物体细胞或组织通过非极性有机溶剂进行提取而得到。油脂是多种有机化合物组成的混合物,其主要成分为高级脂肪酸酯,在酸性或碱性催化条件下,很容易水解成链脂肪酸和甘油分子。除油脂外,还有一些重要的天然产物,如萜类化合物(terpenes)、甾体化合物(steroids)、前列腺素(prostaglandins)等,这些化合物在动植物生命过程中发挥着重要的生理功能。在本章中将对这几类化合物分别进行叙述。

22.1　油脂

一、高级脂肪酸与高级脂肪酸甘油三酯

油脂的主要成分之一——高级脂肪酸的甘油三酯(triacylglycerols,约占油脂总量的95%),其结构如下所示:

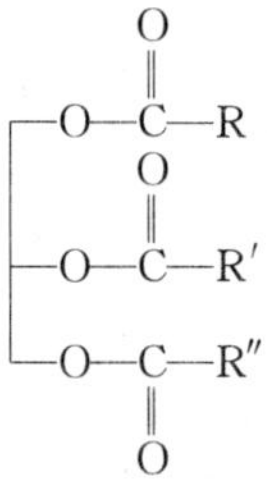

此外还含有少量类脂化合物(如磷脂、蜡、甾醇等,约占油脂总量的5%)。通常将常温下呈液态的植物油,如大豆油、花生油等称为油;而在常温下呈固态或者半固态的动物油脂,如牛脂、羊脂等称为脂。此二者并没有很明显的界限,例如从天然植物可可液块中提取出的油脂称为可可脂,而不是可可油。需要注意的是,矿物油(如煤油、汽油等,主要成分为烃类)和芳香油(如薄荷油、樟脑油等,主要成分为醇、酮等含氧衍生物)虽然称为"油",但其具有与油脂完全不同的化学结构,物理和化学性质也完全不同。

组成甘油三酯的脂肪酸绝大多数是含有偶数碳原子的直链羧酸,目前已分离得到的有$C_4 \sim C_{24}$的饱和脂肪酸,以及$C_{10} \sim C_{24}$的不饱和脂肪酸。在同一个甘油三酯分子中,三个脂肪酸的碳原子数和不饱和程度都不一定相同。通常情况下,动物脂的饱和程度要高于植物油,物

理性质上表现为:前者的熔点较高,而后者的熔点较低。组成甘油三酯的脂肪酸分子均为开链结构,长链脂肪烃基优先延展成为长链结构,使分子与分子之间接触面积增大,饱和长链脂肪酸跟烷烃分子结构类似,在晶体状态下可排列成稳定的锯齿形结构,排列规整,分子间接触面积较大,分子间作用力强,熔点较高;不饱和长链脂肪酸中双键存在顺式或者反式结构,该几何异构的存在使得链状结构不容易排列成规整的锯齿状结构,分子之间接触面积减小,分子间作用力减小,熔点较低。表 22-1 列出了一些常见脂肪羧酸的熔点。

表 22-1　常见脂肪羧酸的熔点

名称	碳原子数	化合物结构	熔点/℃
饱和羧酸			
月桂酸	12	$CH_3(CH_2)_{10}COOH$	44
豆蔻酸	14	$CH_3(CH_2)_{12}COOH$	58
棕榈酸	16	$CH_3(CH_2)_{14}COOH$	63
硬脂酸	18	$CH_3(CH_2)_{16}COOH$	70
花生酸	20	$CH_3(CH_2)_{18}COOH$	75
不饱和酸			
棕榈油酸	16	$CH_3(CH_2)_5CH=CH(CH_2)_7COOH$(顺)	32
油酸	18	$CH_3(CH_2)_7CH=CH(CH_2)_7COOH$(顺)	4
蓖麻油酸	18	$CH_3(CH_2)_5CH(OH)CH_2CH=CH(CH)_7COOH$(顺)	5
亚油酸	18	$CH_3(CH_2)_4CH=CHCH_2CH=CH(CH_2)_7COOH$(顺)	−5
花生四烯酸	20	$CH_3(CH_2)_4(CH=CHCH_2)_4CH_2CH_2COOH$(全顺)	−50

　　组成甘油三酯的饱和脂肪酸中,存在最广的是软脂酸(十六烷酸)和硬脂酸(十八烷酸),在绝大部分油脂中均存在;另外月桂酸(二十烷酸)、豆蔻酸(十四烷酸)和花生酸(二十烷酸)也具有一定的含量;低于 12 个碳原子的饱和脂肪酸种类较少,高于 20 个碳原子的脂肪酸虽然分布范围较广,但含量较少。组成油脂的不饱和脂肪酸,以含有 16 和 18 个碳原子的烯酸最常见,例如油酸(十八碳-9-烯酸)是液体植物油的主要成分,几乎存在于一切天然油脂中;亚油酸(十八碳-9,12-二烯酸)、亚麻酸(十八-9,12,15-三烯酸)在天然植物油脂中也普遍存在;另外棕榈油(十六碳-9-烯酸)在很多的油脂中也微量存在。表 22-2 是常见天然油脂中脂肪酸含量简表。

表 22-2　常见天然油脂中脂肪酸含量简表

来源	饱和羧酸(%)				不饱和羧酸(%)		
	C_{12} 月桂酸	C_{14} 豆蔻酸	C_{16} 棕榈酸	C_{18} 硬脂酸	C_{18} 油酸	C_{18} 亚油酸	C_{18} 蓖麻油酸
动物脂肪							
猪油	—	1	25	15	50	6	—
奶油	21	10	25	10	25	5	—
人体油	1	3	25	8	46	10	—
鲸油	—	8	12	3	35	10	—
植物油							
椰子油	50	18	18	2	6	1	—
玉米油	—	6	6	4	35	45	—
橄榄油	—	1	1	5	80	7	—
花生油	—	—	—	5	60	20	—
亚麻籽油	—	—	—	3	20	20	—
蓖麻籽油	—	—	—	1	8	4	85

与其他羧酸相同,长链脂肪酸主要以双分子氢键缔合的形式存在。晶体结构测试结果表明,长链脂肪酸主要以缔合双分子层形式存在。双分子层中间为羧基与羧基之间的双分子缔合结构,具有较强的氢键结合作用;长链烃基以锯齿状形式向外延展,双分子层两端为烃基的端甲基。一个双分子层的端甲基与另一个双分子层的端甲基之间只有较弱的色散力相互作用,因此双分子层与双分子层之间的结合力较弱,在外力作用下很容易相对滑动,这是脂肪酸呈油腻感的主要原因。

二、油脂的水解反应

与其他酯的水解反应相同,高级脂肪酸甘油三酯也可以用酸或碱催化,在加热条件下发生水解反应,得到甘油与高级脂肪酸的钠盐,该反应即通常所说的皂化反应(saponification reaction),得到的高级脂肪酸钠盐,即我们通常所用肥皂(soaps)的主要成分(见 14.4 节四)。

$$
\begin{array}{c}
\text{O—C—R} \\
\text{O—C—R}' \\
\text{O—C—R}''
\end{array}
+ 3\ \text{NaOH} \xrightarrow[\text{或 OH}^-]{\text{H}^+}
\begin{array}{c}
\text{—OH} \\
\text{—OH} \\
\text{—OH}
\end{array}
+ 3\ \text{RCOONa}
$$

工业上制备肥皂的过程一般是将脂肪和油脂在氢氧化钠水溶液中煮沸,直至水解反应完全,然后向反应体系中加入氯化钠使长链脂肪酸的钠盐沉淀出来,长链脂肪酸钠盐分离出去之后,剩余部分通过蒸馏过程可分离得到甘油。粗品肥皂可通过分散至水中,然后重新沉淀的方法加以提纯。根据应用的需要,还可加入起泡剂、沙子、碳酸钠,或者其他助剂等。

长链高级脂肪酸钠去污的原理如下:高级脂肪酸结构分为两部分,一部分是亲水性的羧酸钠盐,另一部分是疏水性的长链脂肪烃基。肥皂分子溶于水中时,疏水性的长链脂肪烃基通过色散力聚合成球状结构,亲水性的羧酸钠盐则成空间辐射状散布在球体的表面,该结构使得肥皂可以分散于水中,在机械力揉搓作用下,球状结构可被局部打开,当油污与疏水性的长链脂肪烃基接触时,根据相似相溶原理,油污就被溶解吸收到球体内部,而亲水性的羧酸钠盐则依然留在球体表面,在清水冲洗的时候,吸收有油污的球体随清水一起被洗掉,从而达到去污的目的。

三、油脂的氢化

无论是运输还是使用过程中,固体油脂都要比液体油脂更为方便。但是天然的动植物油脂大多为液体状态,在长链脂肪烃基结构中含有或多或少的不饱和键,在工业上可以通过"油脂硬化"的过程,通过在 Pd、Ni、Pt 等催化剂存在下催化加氢,使长链脂肪烃基中的不饱和键催化氢化,从而变成饱和烃基,提高油脂的熔点,使液体油脂固化。与其他简单分子的催化氢化过程相比,油脂的氢化过程更加复杂,尤其是在多个双键或顺反构型同时存在的情况下,有时候在催化氢化的过程中会伴随发生一些双键的位移,顺反异构化等过程。一般来讲,不饱和程度更大的长链烃基首先被氢化;对不饱和程度相同的长链烃基,分子量小的烃基首先被氢化。在食品工业中,有时候会将液体植物油通过部分催化氢化,使之达到半固体状态,从而使其稳定性增加,保存时间加长,因为如果油脂中含有过多的不饱和键,很容易在空气中自发氧化而败坏。在食品工业中，也要避免彻底的催化氢化，因为彻底的催化氢化会使油脂坚硬而且发脆，失去食用油脂的特性。催化过程中的顺反异构化也是一个令人困扰的问题，大多数的天然不饱和油脂倾向于顺式双键排列，但是在催化氢化过程中，有可能有一部分双键异构化成反式结构，这种反式结构使得食用者患心脑血管疾病的几率大大增加。

四、油脂的氧化与酸败反应

油脂在空气中长期放置，或者在加热条件下，很容易发生氧化反应。例如油脂在空气中放置过久，产生的哈喇味；以及在食品煎炸过程中，由于油脂氧化，释放出许多味道好闻的挥发物等等。按照油脂氧化反应机理的不同，可分为以下三种类型：

1. 水解型酸败

含有较多低级脂肪酸的脂肪酸甘油三酯，在水解酶的催化作用下，水解产生低级脂肪酸和甘油，许多的低级脂肪酸都具有难闻的汗臭气味和苦涩滋味。

2. 酮型酸败

油脂水解产生的脂肪酸，在一系列酶促进下氧化，得到降解产物酮酸和甲基酮，这些降解产物往往具有怪味。该氧化作用引起的降解过程主要发生在饱和酸的 α 和 β 碳之间，称为 β-氧化酸败或酮型酸败。

3. 氧化性酸败

油脂在空气中长时间暴露，在光照或者金属催化条件下，容易发生自动氧化，氧化产物随之分解成脂肪酸、醛、酮等，具有令人不愉快的气味。

根据以上酸败过程，油脂的长期保存应注意避光、低温、除去水分及其他微生物杂质等，防止因酶促降解或者自发氧化等过程使油脂被破坏。另外，通过添加五倍子酸酯、丁基羟基甲基苯等抗氧化剂等（添加比例为油脂含量的 $0.01\% \sim 0.02\%$），也可起到很好的抗氧化作用。

五、高级脂肪酸甘油三酯的生理功能

高级脂肪酸甘油三酯最重要的生理功能是储存能量。例如当高级脂肪酸甘油三酯通过代谢过程，转变为二氧化碳和水时，可释放出能量供给人体生理过程的需要。每摩尔高级脂肪酸甘油三酯彻底代谢释放出的能量要比相应的糖类和蛋白质高出两倍还多，这主要是由于高级脂肪酸甘油三酯中含有很大比例的碳—氢键，彻底代谢会释放出更多的能量。在动物体中，有一种特殊的脂肪细胞(adipocytes)，其主要功能是合成及储存脂肪，这类脂肪细胞在腹腔或皮下组织中含量丰富。成年男性一般含有约占体重 21% 的脂肪，而成年女性约含体重 26% 的脂肪，这些脂肪彻底代谢，可使人体在 2～3 个月饥饿的条件下，仍然能有足够的能量维持生理过程。而我们一般认为主要存储能量的人体体内的糖原，只能提供人体 1 天正常生理活动所需的能量。

所有对人体活动必须的饱和脂肪酸甘油三酯和一部分不饱和脂肪酸甘油三酯都可以通过人体摄入的糖或蛋白质在人体内合成得到。有一部分高度不饱和的脂肪酸则必须通过食物摄取而得到。饮食结构中如果脂肪（特别是饱和脂肪）摄入量过多，会增加患心脏病和癌症的几率，因此脂肪的合理摄入已经成为现代人关注的一个问题。

22.2 脂肪酸的生物合成与降解

一、脂肪酸的生物合成

自然界生化过程都是依赖酶的催化,脂肪酸的合成也不例外。乙酸首先与**辅酶 A**(HS—CoA)作用生成乙酰辅酶A(CH$_3$CO—SCoA),乙酰辅酶A的α-H的酸性使其烯醇化后与CO$_2$

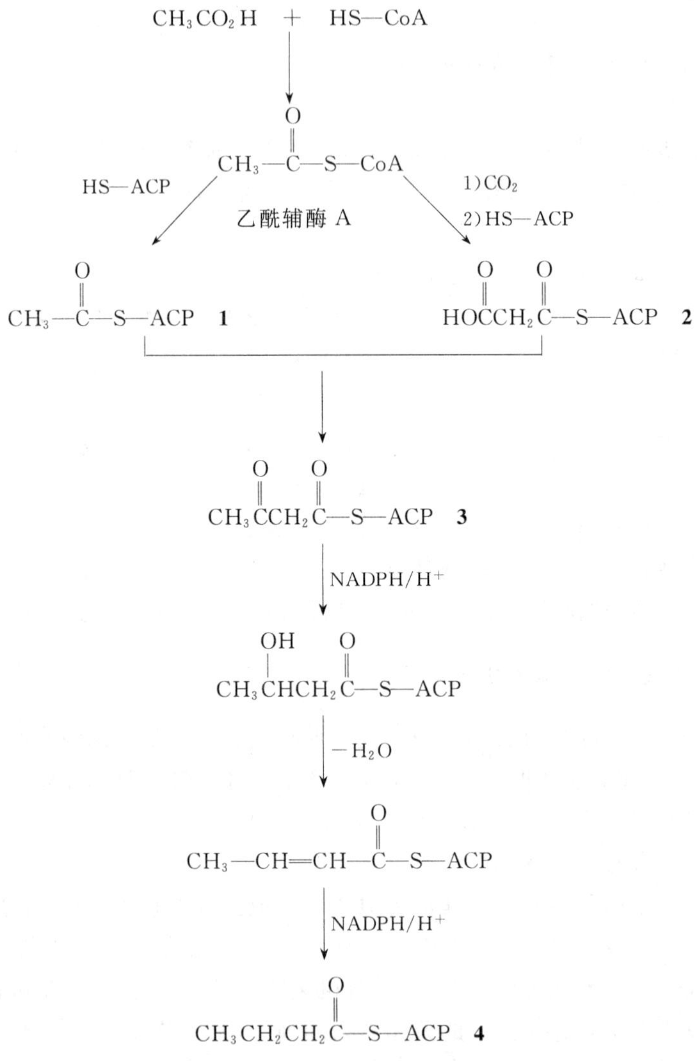

$$CH_3CO_2H \quad + \quad HS—CoA$$

$$CH_3—\overset{\overset{\displaystyle O}{\|}}{C}—S—CoA$$

乙酰辅酶 A

HS—ACP（左）   1)CO$_2$ 2)HS—ACP（右）

$$CH_3—\overset{\overset{\displaystyle O}{\|}}{C}—S—ACP \quad \textbf{1}$$

$$HOCCH_2\overset{\overset{\displaystyle O}{\|}}{C}—S—ACP \quad \textbf{2}$$

$$CH_3\overset{\overset{\displaystyle O}{\|}}{C}CH_2\overset{\overset{\displaystyle O}{\|}}{C}—S—ACP \quad \textbf{3}$$

NADPH/H$^+$

$$CH_3\overset{\overset{\displaystyle OH}{|}}{CH}CH_2\overset{\overset{\displaystyle O}{\|}}{C}—S—ACP$$

$-H_2O$

$$CH_3—CH=CH—\overset{\overset{\displaystyle O}{\|}}{C}—S—ACP$$

NADPH/H$^+$

$$CH_3CH_2CH_2\overset{\overset{\displaystyle O}{\|}}{C}—S—ACP \quad \textbf{4}$$

作用生成丙二酸单酰辅酶 A **2**。乙酰辅酶 A 和丙二酸单酰辅酶 A **2** 分别与酰基搬运蛋白酶(HS—ACP)发生酯交换反应生成乙酰搬运蛋白酶(**1**)和丙二酸单酰搬运蛋白酶(**2**)。**1** 和 **2**作用,发生类似酯缩合的反应并脱羧生成 **3**,**3** 经体内烟酰胺腺嘌呤二核苷磷酸酯(NADPH)的还原、脱水、再还原得到四个碳的羧酸衍生物 **4**。以上是生物合成脂肪酸的一个循环。若 **4**与 **2** 继续作用重复这个循环反应,即可得到高级脂肪酸。

合成中还原反应主要由 NADPH 通过烟酰胺部分提供氢源而完成。

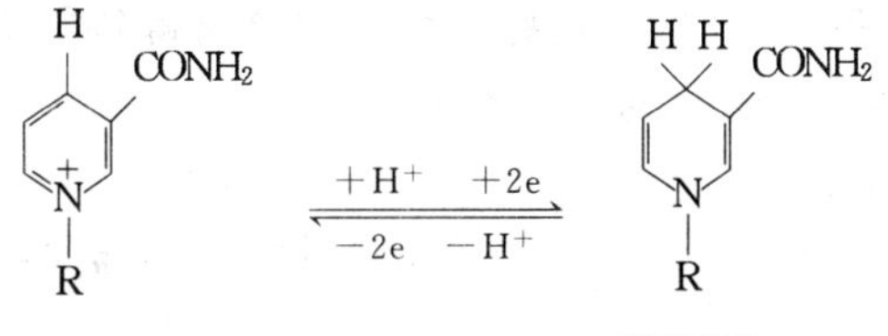

NADP
氧化态

NADPH
还原态

二、脂肪酸在体内的降解

前面介绍脂肪酸在机体内的合成,它是通过两个碳羧酸与辅酶 A(即乙酰辅酶 A)一步步由"合成酶"重复缩合而成的。体内降解过程的正常途径:先把脂肪酸与辅酶 A 结合成活化的

$$RCH_2CH_2CH_2-\overset{O}{\underset{\|}{C}}-S-CoA$$

脂酰辅酶 A,；第二步是经另一辅酶 FAD 氧化而脱去 α、β 位的两个氢。FAD(全名为黄素腺嘌呤二核苷酸)和 NAD 相似,具有氧化还原作用:

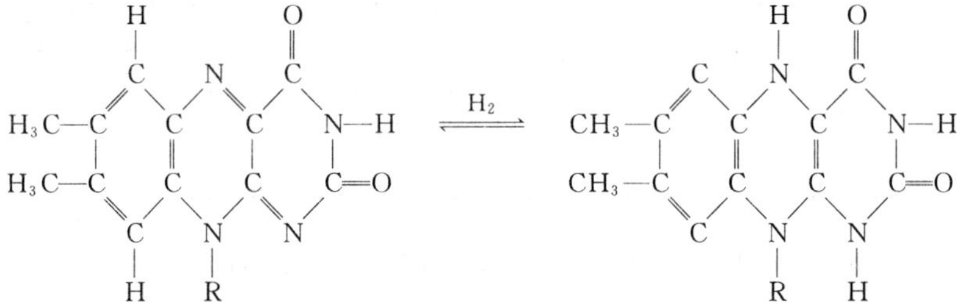

氧化型黄素(FAD)　　　　　　　　还原型黄素(FADH$_2$)

饱和脂肪酸酰辅酶 A 被氧化得反-Δ^2 烯酸辅酶 A,接着水合而得 β-羟基脂酰辅酶 A,然后被 NAD$^+$ 氧化而得 β-羰基脂酰辅酶 A,最后裂解为失去两个碳原子的脂酰辅酶 A:

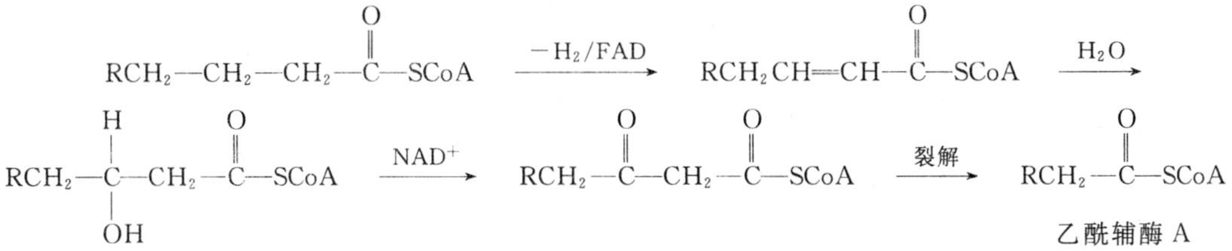

$$RCH_2-CH_2-CH_2-\overset{O}{\underset{\|}{C}}-SCoA \xrightarrow{-H_2/FAD} RCH_2CH=CH-\overset{O}{\underset{\|}{C}}-SCoA \xrightarrow{H_2O}$$

$$RCH_2-\underset{OH}{\overset{H}{C}}-CH_2-\overset{O}{\underset{\|}{C}}-SCoA \xrightarrow{NAD^+} RCH_2-\overset{O}{\underset{\|}{C}}-CH_2-\overset{O}{\underset{\|}{C}}-SCoA \xrightarrow{裂解} RCH_2-\overset{O}{\underset{\|}{C}}-SCoA$$

乙酰辅酶 A

这个过程与脂肪酸合成似是逆过程,升级是两个碳接长的过程,降级就是两个碳裂解的过程,最后得乙酸。乙酸的继续降解经过三羧循环分解为二氧化碳。

在不正常的机体代谢过程中,乙酰辅酶 A 转变为乙酰乙酸、β-羟基丁酸或丙酮,在病理学上称为酮体,从动物的呼出气中会被测出来。严重的糖尿病人由于机体氧化的缺陷,会出现这种情况。

22.3　萜的定义和分类

古代的时候人类就可以通过对某种植物材料加热或蒸气蒸馏,得到一种散发出香味的混合物,称为香精油(essential oils),这类混合物在早期的药物行业和制备香料的过程中得到了很广泛的应用。人们通过各种手段，从这些混合物中分离得到了单一组分，并测定其化学结构，还进一步研究了植物体合成这些混合物的化学过程。

香精油中最重要的组分是萜（terpenes）和萜的含氧衍生物（terpenoids）。萜类结构都是由两个或者两个以上的异戊二烯单元（isoprene units）组成，其结构如下所示：

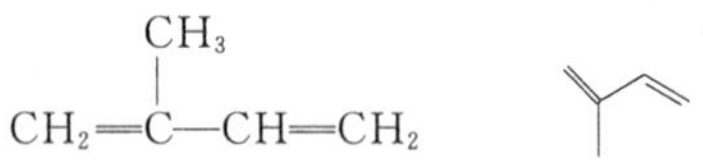

异戊二烯（3-甲基-1,3-丁二烯）结构

异戊二烯单元（异戊烷基）结构

按照萜分子中所含异戊二烯单元的多少，可分为如表 22-3 所示的几类。

表 22-3　萜的分类

含碳原子数	含异戊二烯单元数	萜名称	萜英文名称
10	2	单萜	Monoterpenes
15	3	倍半萜	Sesquiterpenes
20	4	双萜	Diterpenes
30	6	三萜	Triterpenes

1887 年，瓦拉赫（Wallach）首次提出异戊二烯规则，即天然萜类化合物总可以划分为两个或更多的异戊二烯单位，这些异戊二烯单位以头对尾的形式相连接。该规则适用于绝大部分萜类化合物骨架分析，无论是简单还是复杂、开链还是环状的萜结构分析均可应用。

萜可分为开链的和环状的两种，开链萜的代表为月桂烯［myrcene,$(C_5H_{10})_2$］，可以把它剖析出异戊二烯首尾相连的二聚体。

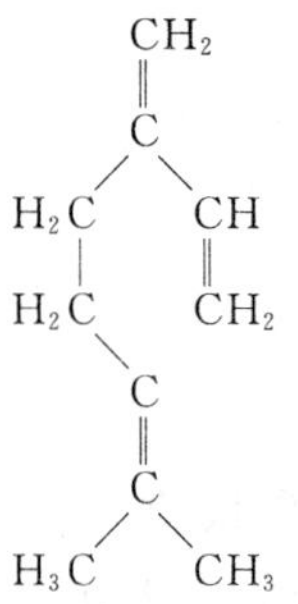

月桂烯

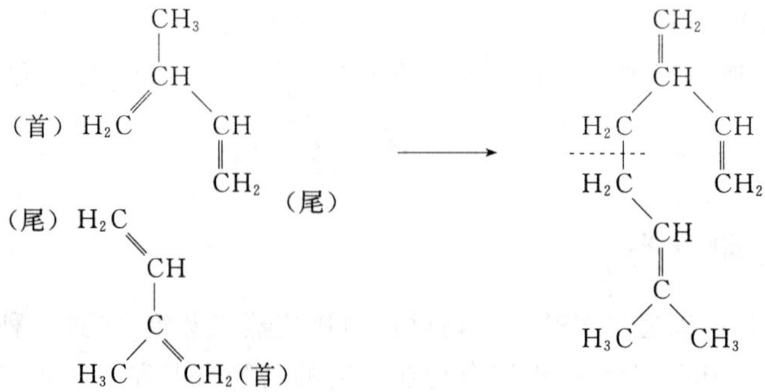

环状萜的代表是柠烯(limonene)：

CH_3
CH
(首) H_2C
CH
CH_2
(尾)
(尾) H_2C
CH
C
H_3C
CH_2(首)
CH_3
C
H_2C
CH
H_2C
CH_2
CH
C
H_3C
CH_2

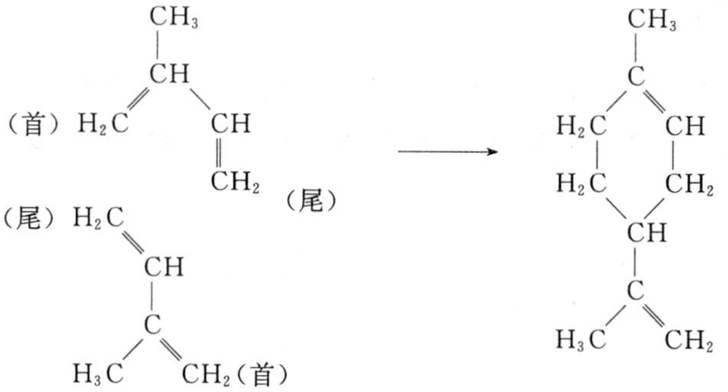

萜类化合物均来源于自然界，通常采用俗名对其进行命名。一些常见的萜类化合物及其异戊二烯单位划分如下：

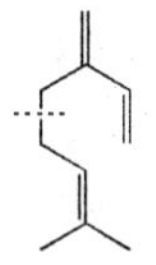

开链单萜
月桂烯(香叶烯)
Myrcene
(从月桂油(桂花油)中分离得到)

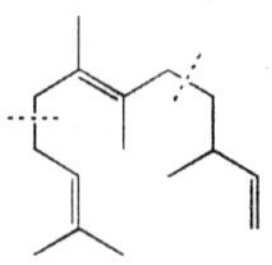

开链倍半萜
α-法尼烯，金合欢烯
α-Farnesene
(从苹果天然包覆层中分离得到)

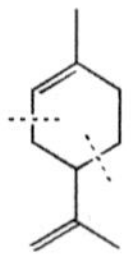

单环单萜
柠檬烯，柠烯
Limonene
(从柠檬油或桔子中分离)

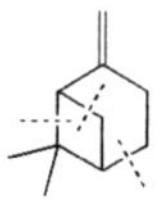

双环单萜
β-蒎烯
β-Pinene
(从松节油、松香水中分离得到)

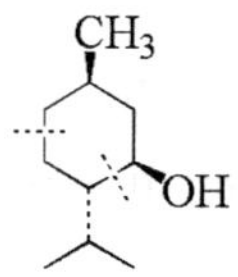

单环单萜醇
薄荷脑，薄荷醇
Menthol
(从薄荷中分离得到)

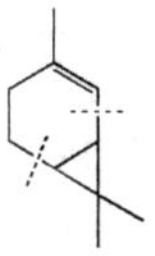

双环单萜
蒈烯
Carene
(存在于松节油等多种精油中)

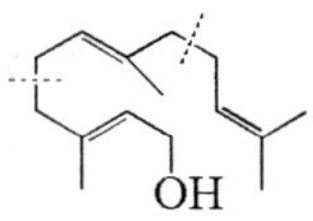

开链倍半萜醇
法尼醇，金合欢醇
Farnesol
(存在于檀香木、柠檬草、金合欢等植物中)

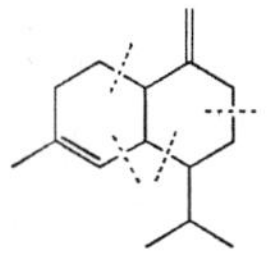

双环倍半萜
杜松烯
Cadinene

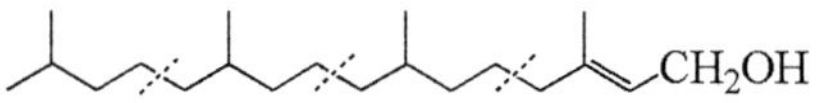

开链双萜醇
植醇
Phytol
(广泛存在于植物中，是叶绿素的组成成分)

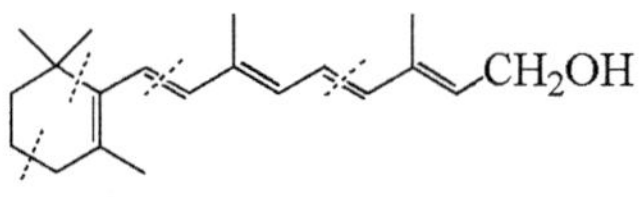

单环双萜醇
视黄醇，维生素 A
Vitamin A
(存在于动物肝脏，血液和眼球的视网膜中)

22.4 萜及其含氧衍生物

单萜是两个异戊二烯聚合而成的烯或其含氧衍生物,它们广泛地存在于植物香精油中。香叶醇和橙花醇是顺、反异构体。同样,柠檬醛也有顺式物(a)和反式物(b)两种。它们有悦人的香气,为天然香料。

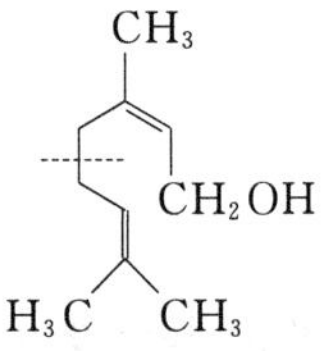

橙花醇	香叶醇	β-柠檬醛	α-柠檬醛
Nerol	Geraniol	(Neral)	(Geranial)
b. p. 227 ℃	b. p. 230 ℃	b. p. 117 ℃/1 330Pa	b. p. 92 ℃/337Pa
$n_D^{20} 1.474\ 6$	$n_D^{20} 1.476 \sim 1.479$	$n_D^{20} 1.486\ 9$	$n_D^{20} 1.489\ 8$
2-反式	2-顺式		

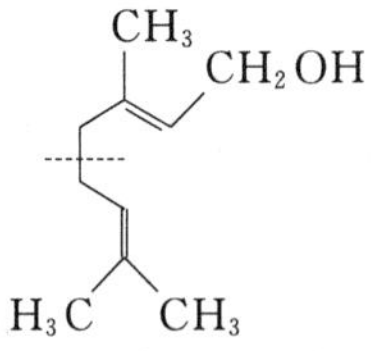

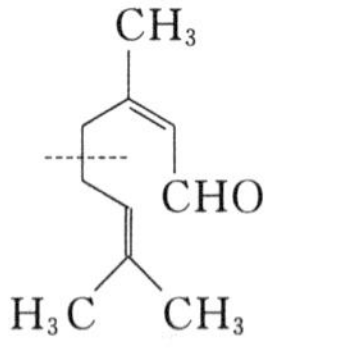

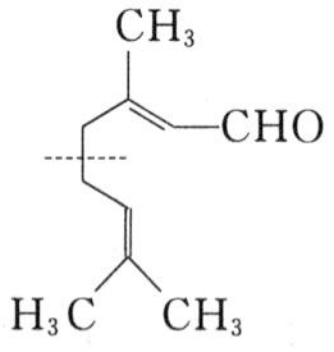

环状单萜又分单环萜和双环萜两种。很多环状单萜分子中有手性碳,存在旋光异构体。

一、单环单萜

母体称为蓋烷(menthane),其不饱和烯为薄荷烯又称柠烯(limonene),含氧物有薄荷醇(menthol)和薄荷酮(menthone):

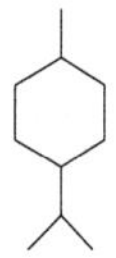

蓋烷	1-薄荷醇	1-薄荷酮
母体	m. p. 40 ℃	b. p. 207 ℃
无天然存在	$n_D^{20} 1.460\ 9$	$n_D^{20} 1.450\ 4$
	$[\alpha]_D^{20} -49.35°$	$[\alpha]_D^{20} -29.6°$

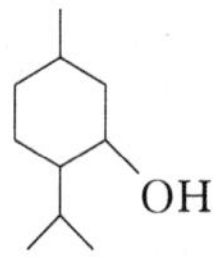

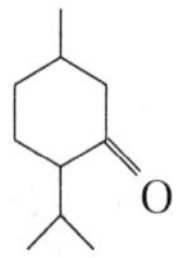

薄荷醇有三个不对称碳原子,四对外消旋体,分别叫做(±)薄荷醇、(±)新薄荷醇、(±)异薄荷醇及(±)新异薄荷醇。自然界存在的是 1-薄荷醇或(-)薄荷醇,它的结构如下式:

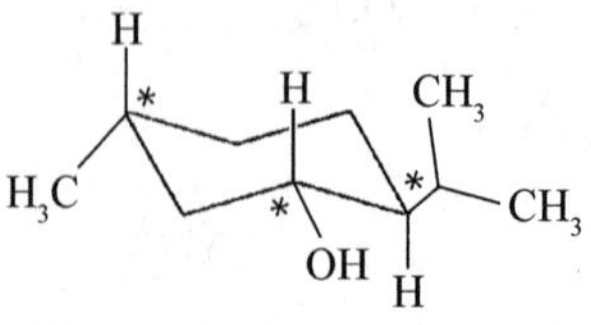

薄荷醇有芳香清凉气味,有止痛效力,是化妆品、医药的添加剂。

二、双环单萜

基本母体有蒎烷(pinane)、莰烷(camphane)、蒈烷(carane)、苧烷(thujane)和莐烷(fenchane)五种。

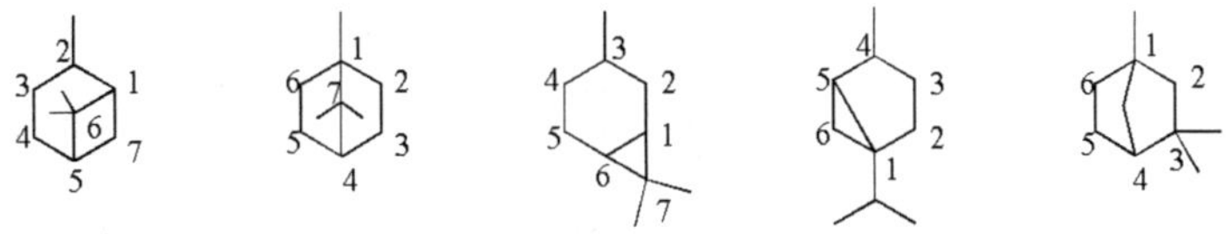

蒎烷　　莰烷　　蒈烷　　苧烷　　莐烷

它们的天然存在物有 α-蒎烯(pinene)、β-蒎烯、2-莰醇(或龙脑)和樟脑(或莰酮):

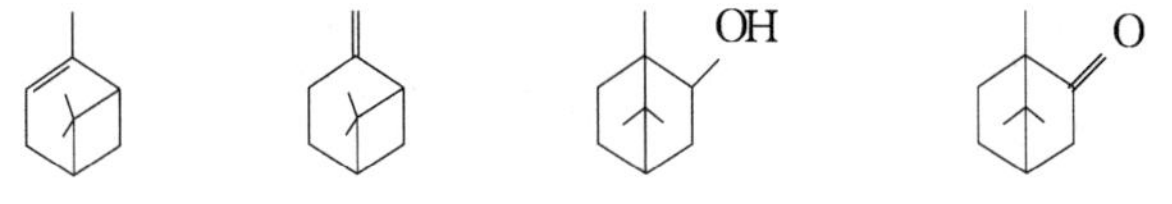

α-蒎烯　　β-蒎烯　　2-莰醇(龙脑)　　樟脑

b. p. 156 ℃　b. p. 164 ℃　m. p. 208 ℃　m. p. 179 ℃

D 体:$[\alpha]_D^{19}+37°$　D 体:$[\alpha]_D^{20}+41°$

蒎烯是松节油中的主要成分,可以经加工制成龙脑或樟脑。樟脑存在于樟木中,它虽有两个不对称碳原子,由于碳桥只能在环的一侧,只能以 D 和 L 对映异构体存在。

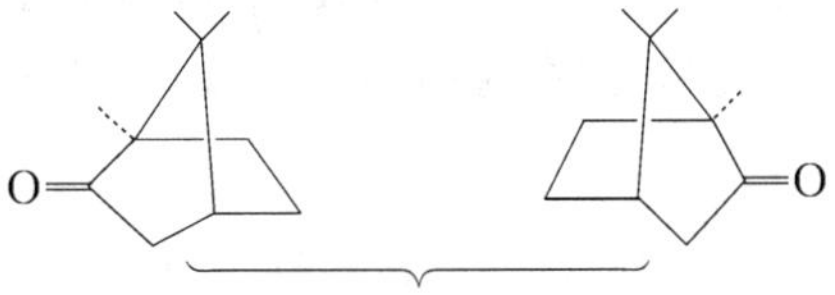

D,L 樟脑

樟脑有防蛀、强心的作用,也是制无烟火药的原料之一。它可以由蒎烯合成。由于樟脑的经济价值高,原料来自稀缺的樟木,因而用人工方法由蒎烯合成具有生产意义。合成通过下述变化:

蒎烯——→莰烯——→异冰片——→樟脑

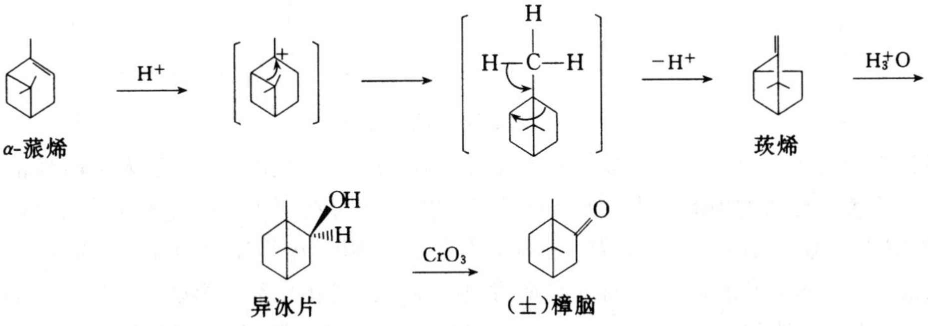

α-蒎烯　　　　　　　　　　　　　　　　　　　莰烯

异冰片　　　　　(±)樟脑

三、倍半萜、双萜等衍生物

倍半萜的含氧衍生物用作香料的有橙花叔醇(nerolidol),它是开链的第二(仲)醇:

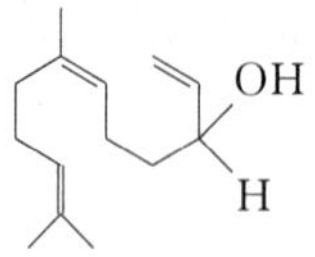

橙花叔醇

D 体:b. p. 276 ℃

n_D^{16} 1.480 2

$[\alpha]_D$ +12.48°

有水果香气,用于调配香料。

双萜的重要代表为维生素 A,它广泛存在于动植物界。

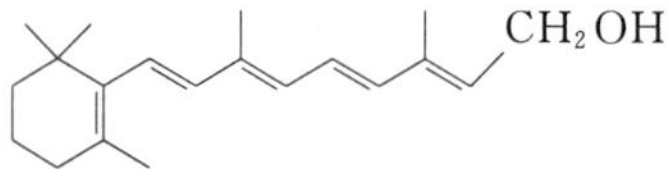

维生素 A

m. p. 64 ℃

维生素 A 为动物生长发育所必需。人体缺乏它,导致夜盲症。食物中含胡萝卜素,可以在体内分解为维生素 A,故胡萝卜素是维生素 A 的前体。

穿心莲具有多种疗效,是目前应用较广的一种抗菌药。穿心莲含有大量苦味质,味道极苦,其有效成分主要为双环二萜穿心莲内酯(andrographolide),此外还含有新穿心莲内酯、14-脱氧穿心莲内酯、14-脱氧-11-氧化穿心莲内酯、14-脱氧-11,12-二氢穿心莲内酯等其他有效成分。

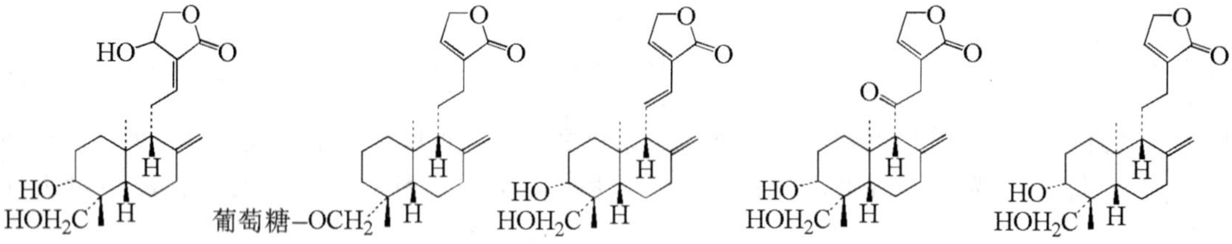

穿心莲内酯　　新穿心莲内酯　　14-脱氧穿心莲内酯　　14-脱氧-11-氧化穿心莲内酯　　14-脱氧-11,12-二氢穿心莲内酯

[来源:龙康侯,《萜类化学》,p200]

银杏为银杏科银杏属多年生落叶乔木,在地球上已存在约 2 亿年,素有"天然活化石"之称。银杏作为药用至今已有 600 多年的历史,我们的祖先很早就将其用于人类防病治疗和保健方面。银杏叶提取物中的银杏内酯及银杏双黄酮是银杏制剂中治疗心脑血管疾病的有效成分,此外银杏内酯 A、B、C 或单独用银杏内酯 B 可以应用于转移癌的治疗。它能提高抗癌化疗剂的效果,减少不良反应,使得耐细胞毒药物的癌细胞对化疗剂更为敏感有效。已知的银杏萜内酯有 6 种,分别为 Ginkgolides A、B、C、J、M 和白果内酯,属于二萜烯类化合物,它们的基

本结构是共同的,不同的银杏内酯之间的差别仅在于羟基的数目与位置的不同。另外还含有一个结构类似的倍半萜内酯成分白果内酯。

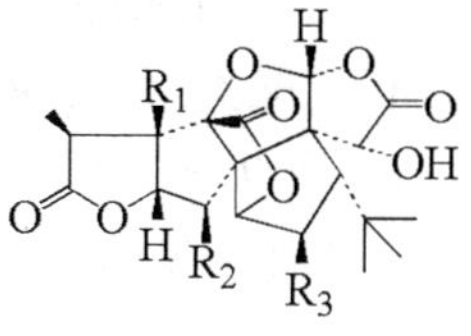

	R_1	R_2	R_3
银杏内酯 A	OH	H	H
银杏内酯 B	OH	OH	H
银杏内酯 C	OH	OH	OH
银杏内酯 J	OH	H	OH
银杏内酯 M	H	OH	OH

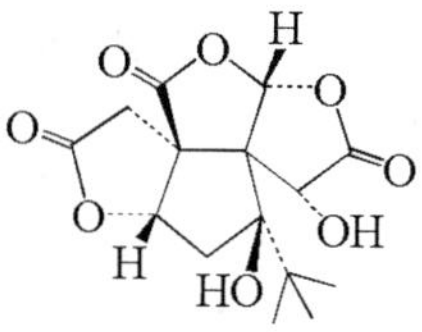

白果内酯

　　紫杉醇(taxol)又称红豆杉醇,最早从太平洋红豆杉(Taxus brevifolia)的树皮中分离得到。1972 年底,美国 FDA 批准上市,临床用于治疗卵巢癌、乳腺癌和肺癌疗效较好。我国是由中国医学科学院药物研究所首先从云南红豆杉树的枝叶中提取分离得到了紫杉醇,经Ⅱ期临床试验证实,国产紫杉醇不但对乳腺癌、卵巢癌有良好的疗效,对其他恶性肿瘤也有一定的治疗效果。目前紫杉醇主要从红豆杉属植物中提取得到,随着紫杉醇需求量的进一步扩大,紫杉醇的全合成、半合成、生物合成等方向成为当今的前沿课题。紫杉醇为二萜类化合物,其结构如下所示:

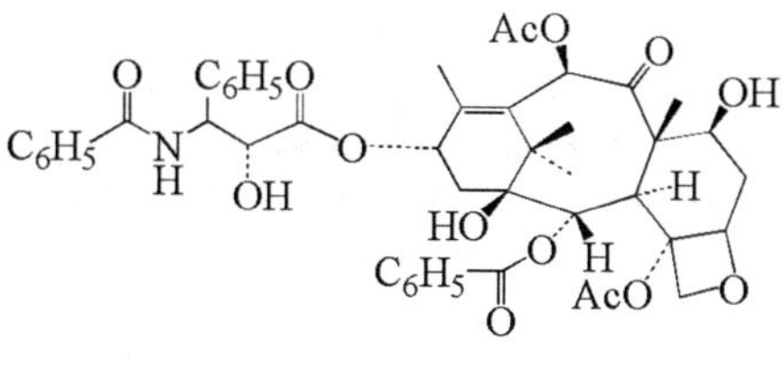

紫杉醇

paclitaxel(taxol)

　　三萜$(C_5H_{10})_6$ 在自然界中也有广泛存在。鲨鱼肝中的角鲨烯是一种开链的六烯,分子中心是两个倍半萜以尾—尾相连的:

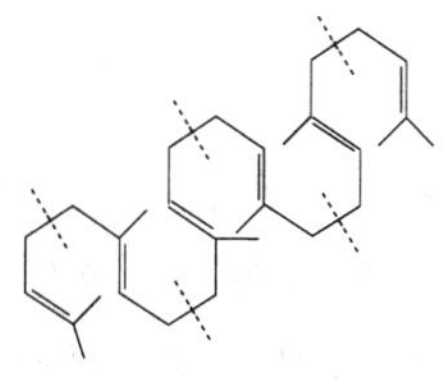

角鲨烯(squalene)

m. p. -75 ℃　b. p. 240 ℃/2 660Pa

n_D^{20} 1.496 5

它有很弱的香气,在生物体内可转化为胆固醇。

灵芝是我国传统中药材,在汉代《神农本草经》上把灵芝列为上品,认为灵芝具有延年益寿的功效。明代《本草纲目》上记载,灵芝能使人聪慧,改善皮肤颜色,长期服用延缓衰老。现代医学研究证明,灵芝含有多种活性物质,其中三萜类化合物是最主要的抗癌物质,在微克数量级就有类似化疗药的作用,而且无毒性。三萜类是导致灵芝具有苦味的主要物质。目前已发现大约有二百多种三萜类存在于灵芝中。其他植物中也含有三萜类,但是灵芝所含有的特殊三萜类(或称灵芝酸),为其他植物所没有。灵芝酸有四环三萜和五环三萜两大类,三萜类灵芝酸具有强烈的药理活性,有护肝、解毒和止痛等功能。下图是几种常见的灵芝酸结构。

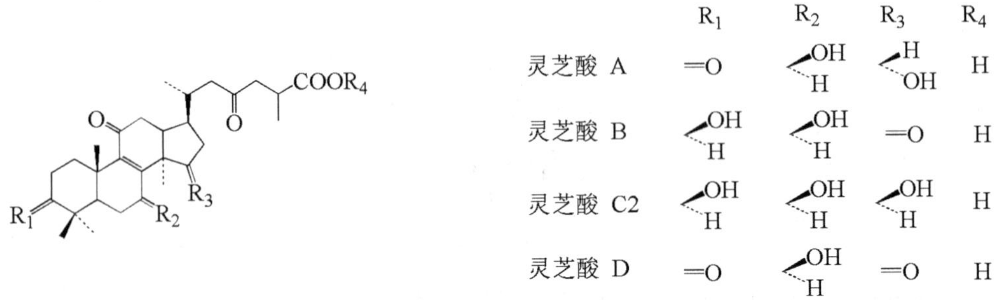

	R_1	R_2	R_3	R_4
灵芝酸 A	=O	OH, H	H, OH	H
灵芝酸 B	OH, H	OH, H	=O	H
灵芝酸 C2	OH, H	OH, H	OH, H	H
灵芝酸 D	=O	OH, H	=O	H

胡萝卜素(carotenes)是四萜的典型代表,它可以看作是两个双萜通过尾对尾的方式连接而成。

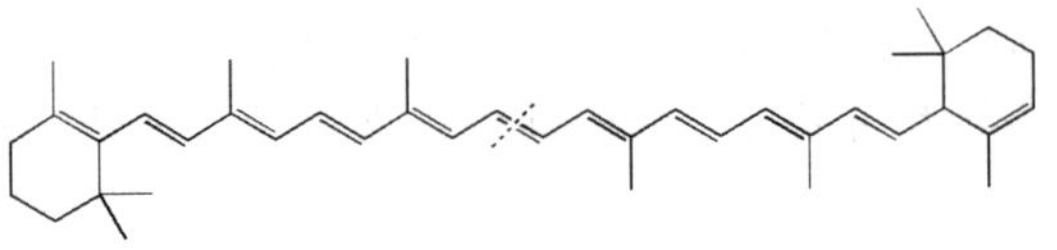

α-carotene

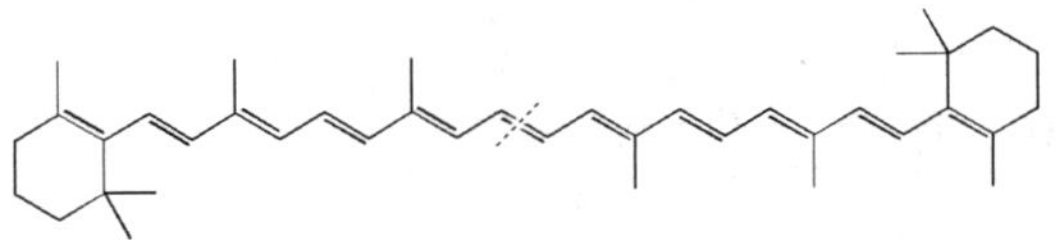

β-carotene

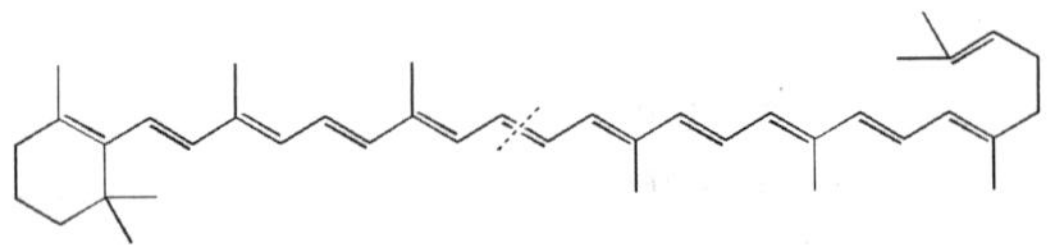

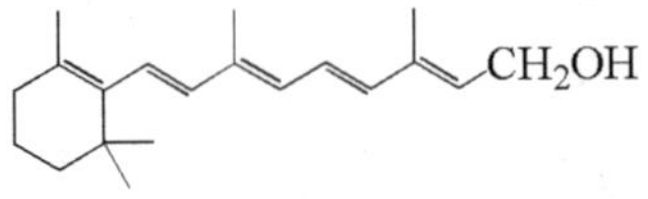

γ-carotene

CH₂OH vitamin A

胡萝卜素几乎存在于所有绿色植物中。动物体食用胡萝卜素后,在肝脏中通过酶促作用,三种胡萝卜素均可以转化为维生素 A。在该转变过程中,一分子 β-胡萝卜素可以转化为两分子维生素 A,而 α-和 γ-胡萝卜素只能转化为一分子的维生素 A。维生素 A 不仅对动物体的视力很重要,而且有着其他许多重要的生理功能。例如,饮食结构中缺乏维生素 A 的动物幼体成长发育缓慢。

天然橡胶可看作是异戊二烯 1,4-加成得到的聚合物,所有的异戊二烯单位均以头对尾的形式相连接,并且所有的双键构型均为顺式。其结构如下图所示:

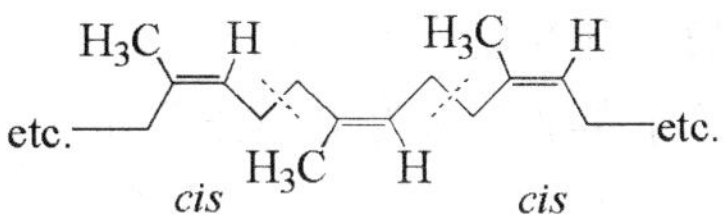

天然橡胶的结构

天然橡胶柔软而且具有胶粘性,为了应用,需要经过一个硫化过程。天然橡胶与硫一起混合加热,则在双键碳原子之间或者烯丙位碳原子之间发生交联化学反应,得到如下结构的硫化橡胶。硫化过程使得橡胶硬度增加,更加适合于应用。

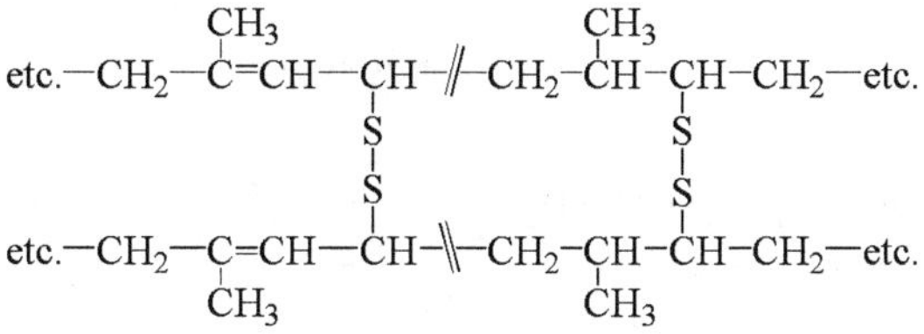

硫化橡胶的结构

22.5　萜类化合物的合成途径

萜类化合物可通过有机分子合成路线设计,由简单小分子化合物制备而得,也可通过生物合成途径,由醋酸起始,在酶的作用下经多步反应制备得到(见 22.7 节)。环状萜类化合物则可从其无环前体化合物起始,经过关环、重排等一系列反应制备得到。

开链单萜柠檬醛(citral)是许多精油的成分,天然柠檬醛是两种几何异构体组成的混和物,α-柠檬醛(香叶醛)为无色油状液体,有柠檬香气;β-柠檬醛(橙花醛)为无色或淡黄色液体。柠檬醛可用于制造柑橘香味食品香料,因其易氧化和聚合变色,只能用于中性介质中,还可用于合成异胡薄荷醇、羟基香茅醛和紫罗兰酮,紫罗兰酮是合成维生素 A 的重要原料。

柠檬醛可通过如下合成路线由异戊醇起始制备得到。

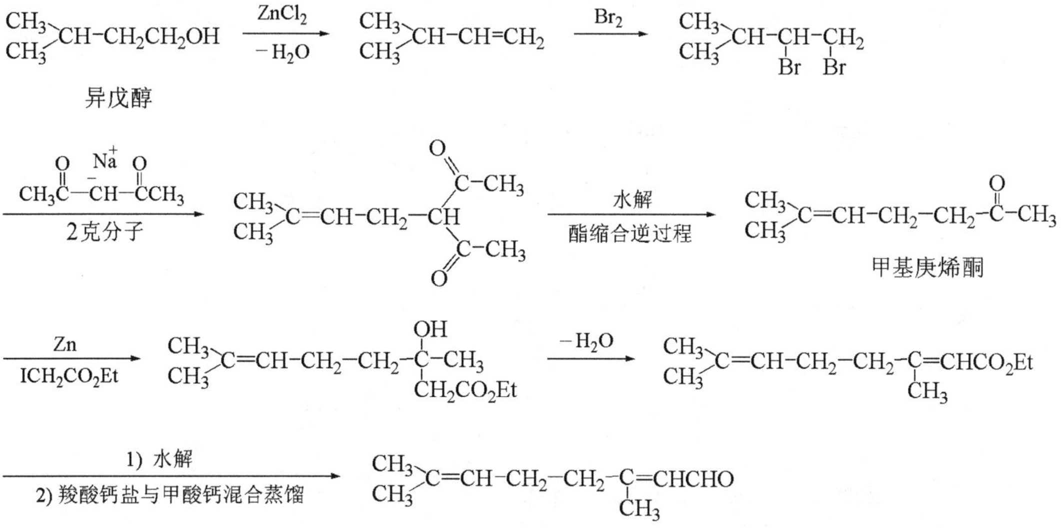

柠檬醛

[来源:A. R. 品德尔,《萜类化学》,p38]

莰烯(camphene)为晶体状的双环萜类衍生物($C_{10}H_{16}$)，其(＋)、(一)及(±)异构体为许多精油的成分。莰烯可通过如下合成路线由简单小分子环戊二烯与丙烯醛制备得到。

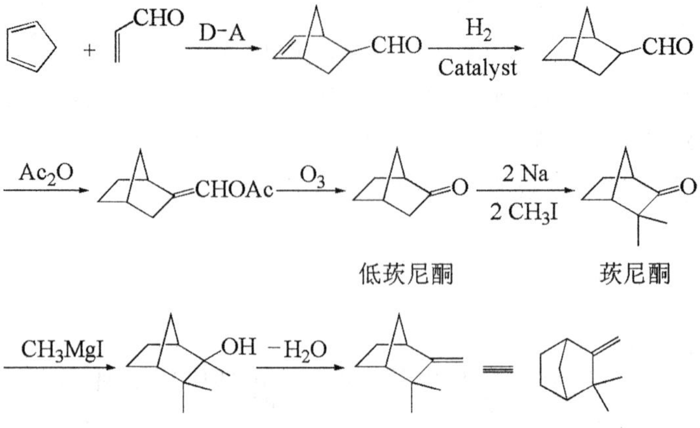

低莰尼酮　　　　莰尼酮

莰烯

［来源：A. R. 品德尔，《萜类化学》，p130］

　　环状萜类化合物可以从其无环前体化合物关环得到，例如以橙花醇为原料制备几种双环单萜衍生物，转变过程中经过了碳正离子中间体。

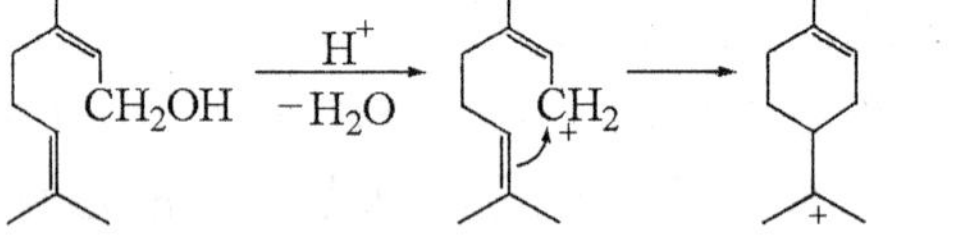

橙花醇　　　　　　　　　　关键中间体

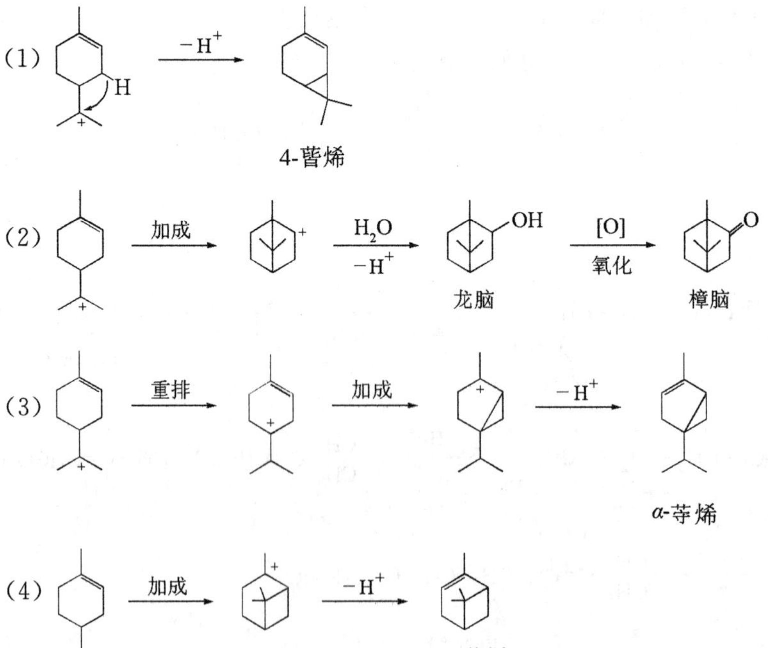

(1)

4-蒈烯

(2)

龙脑　　　　　樟脑

(3)

α-莰烯

(4)

α-蒎烯

［来源：A. R. 品德尔，《萜类化学》，p241］

22.6 甾族化合物

一、定义

甾体是由我国著名有机化学家黄鸣龙先生命名的。甾体化合物的"甾"字是根据该类化合物的结构特点确定的象形字,"甾"字中的"田"表示 A、B、C、D 四个依次并联的环,上面的"巛"表示该类化合物结构中通常含有三个侧链。英文 steroids 与固醇有关,故中文名对有羟基的甾又叫做甾醇,或××固醇。

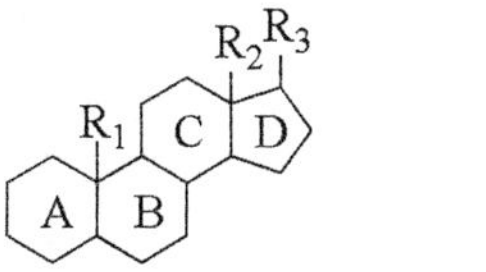

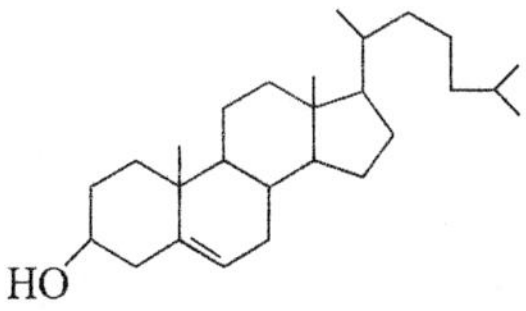

胆固醇

二、结构和位置编号

甾族化合物母体结构有其固定编号

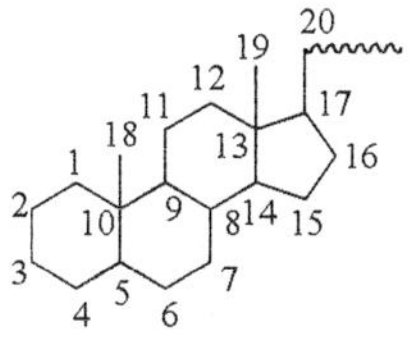

在 C^{10} 和 C^{13} 的位置上通常连有两个甲基,分别编号为 C^{18} 和 C^{19}。在 C^{17} 位置上则连接氢原子或烃基。

甾族化合物有四个环,理论上有六个手性碳原子:即 C^5、C^8、C^9、C^{10}、C^{13}、C^{14}。但天然产甾族化合物现在只发现有两种构型,一种是 A/B 环以反式并联,另一种是 A/B 环以顺式并联,其余三个环之间都是反式相并联的。在平面结构式中只需把 C^{10}/C^5 之间取代基用实线(或钉线)和虚线表示。两个取代基都是实线表示的,意味这两个 A/B 环是顺式的;一个实线(通常为 C^{10} 上的),一个虚线意味 A/B 环是反式并联的。

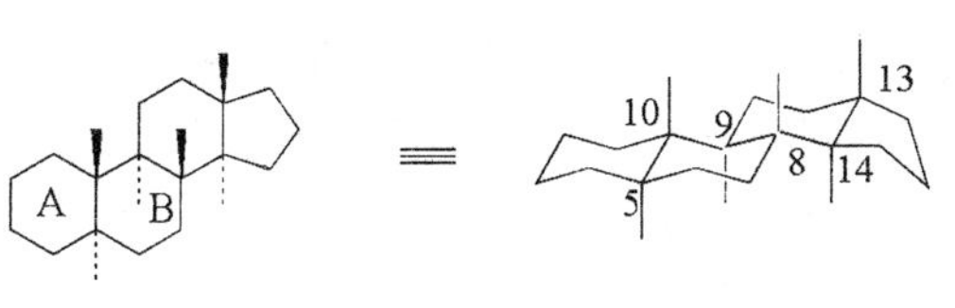

A/B 反式

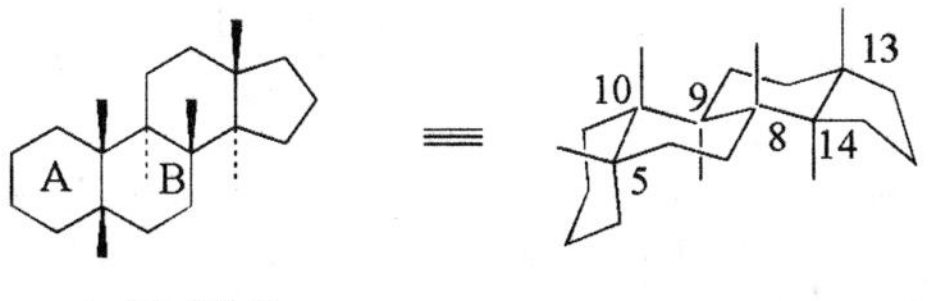

A/B 顺式

在其他位置上的羟基取向与 C^{10} 上取代基处于同面的(用实线表示的)称为 β-醇,与 C^{10} 上取代基反面的称为 α-醇。

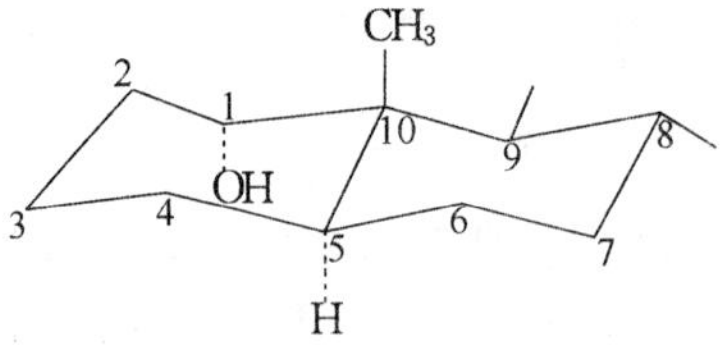

1-α-醇

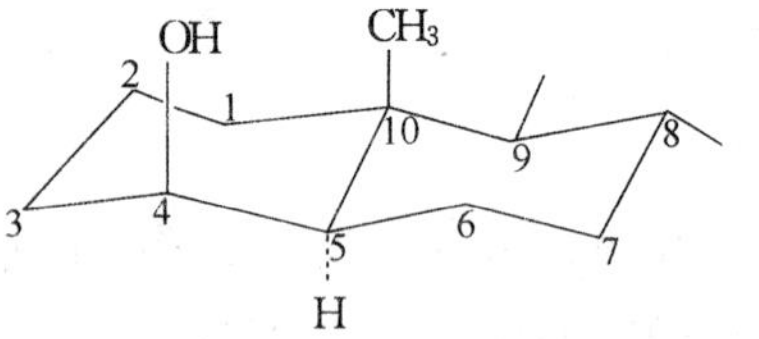

4-β-醇

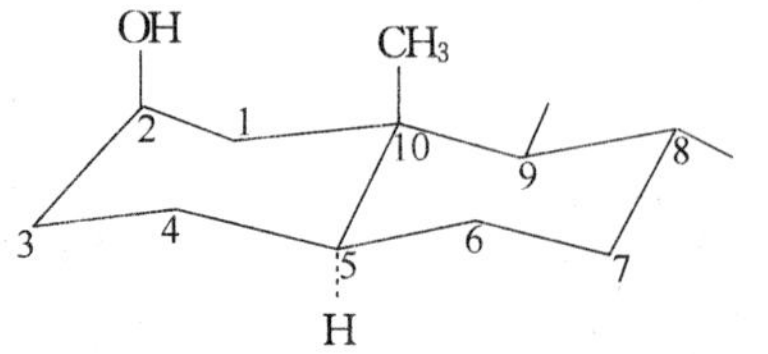

2-β-醇

胆固醇是 A/B 反式并联,在 C^3 位上的羟基指向与 C^{10} 甲基同一面,故为 3-β-醇:

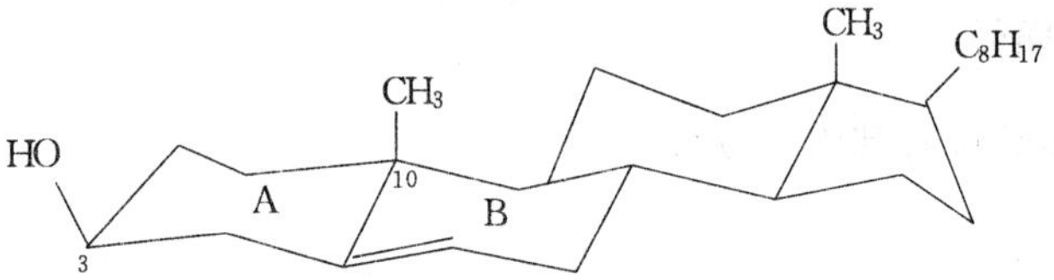

胆固醇
cholesterol
m. p. 148.5 ℃
$[\alpha]_D^{20} -31.5°(c=2,乙醚)$

三、胆固醇

胆固醇虽有八个手性碳原子,但自然界中只有一种,四个环都是反式并联。在 C^3 位上有一个羟基,β 指向,这是惟一的水溶性基团。由于分子其余部分都是水不溶性的,所以胆固醇是微溶于水而易溶于有机溶剂的固体。它是人体中存在的不能皂化的油溶性物质,在血液中存在,也能沉积在胆囊中,成为胆结石的主要组成。它从食物中进入体内,也有部分从脂肪酸变成(见 22.6 节)和由角鲨烯生物合成。

四、性激素

甾族中有一些具有性激素作用,雄性激素如睾丸甾酮(testosterone),雌性激素如雌酮(estrone)、雌二醇(estradiol)及与受孕有关的黄体酮(又名孕甾酮,progesterone)。

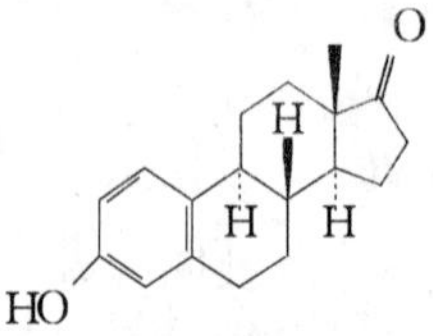

雌酮
m. p. 258 ℃～261 ℃
$[\alpha]_D^{20} +158°$

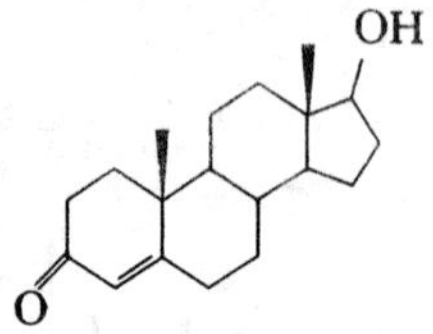

睾丸甾酮
m. p. 155 ℃
$[\alpha]_D^{24} +109°$

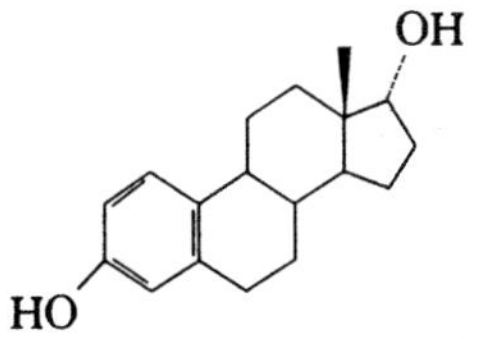

α-雌二醇
m. p. 220 ℃
$[\alpha]_D^{20}+54°$

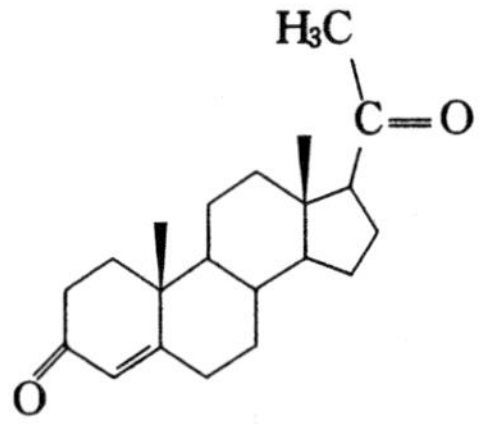

黄体酮
m. p. 127 ℃
$[\alpha]_D^{20}+172°$

性激素给动物以性的特征。现在已有不少人工合成的性激素,有几种用于避孕药。黄体酮具有保胎作用,也有使卵不再受精的避孕作用,故避孕药的结构与之有些相似。

下面是几种性激素的合成路线:

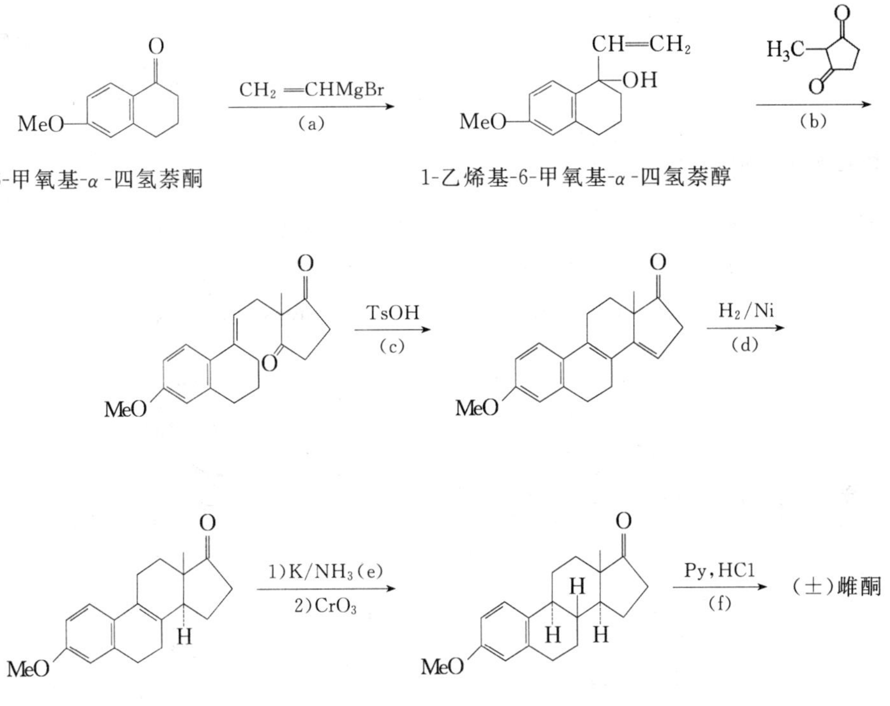

6-甲氧基-α-四氢萘酮

1-乙烯基-6-甲氧基-α-四氢萘醇

(a)格氏反应;(b)烯丙基醇重排缩合;(c)鲁宾逊关环,双键重排;(d)还原一个双键,C/D 环为反式并联;(e)K/NH₃ 反式加氢,羰基也被还原,再用 CrO₃ 把 17 位醇氧化为羰基;(f)3 位醚被酸性断裂为 3 位酚。

d-18-甲基炔诺酮(norgestrel)是常用的短效口服避孕药,也可通过剂型改变用作长效避孕药。还可用于治疗痛经、月经不调等其他不适症状。大部分的甾体药物,包括甾体避孕药均由天然存在的甾体化合物改造而得,而在自然界中不存在的 d-18-甲基炔诺酮则通过如下的全合成路线得到。该合成路线已在工业化生产中得到实际应用。

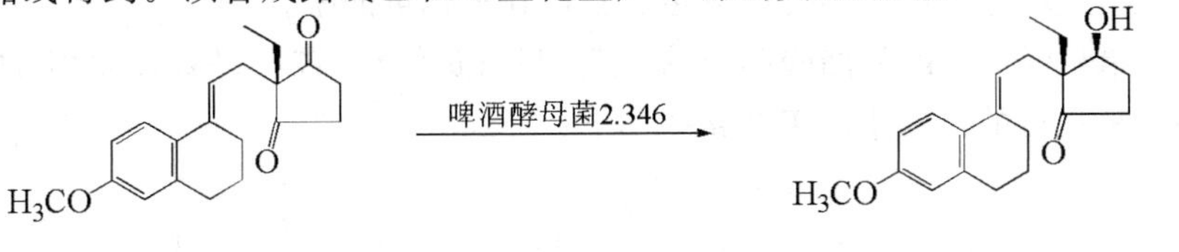

啤酒酵母菌2.346

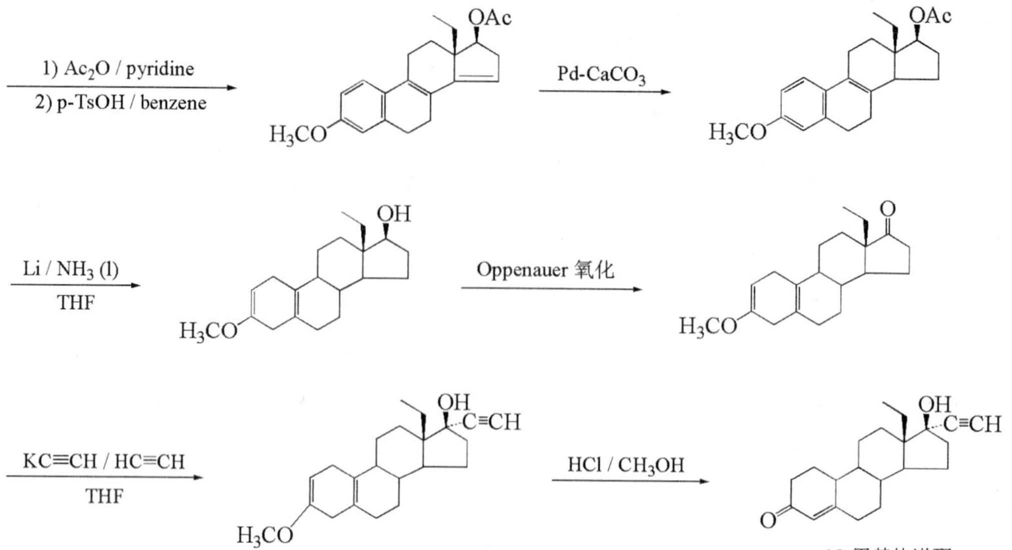

1) Ac₂O / pyridine → ... 2) p-TsOH / benzene

H₃CO (OAc structure) → Pd-CaCO₃ → H₃CO (OAc structure)

Li / NH₃ (l) / THF → H₃CO (OH structure) → Oppenauer 氧化 → H₃CO (O structure)

KC≡CH / HC≡CH / THF → H₃CO (OH, C≡CH structure) → HCl / CH₃OH → (OH, C≡CH structure)

18-甲基炔诺酮

〔来源：周维善,《甾体化学进展》,p195〕

五、肾上腺皮质激素

它是甾族中另一类激素,存在于动物肾上腺皮质中,缺乏它们可引起动物电解质(Na⁺,K⁺,Ca²⁺)紊乱,机能失常,这类激素常用于调节糖类新陈代谢,治疗关节炎、皮肤炎。它们的代表性化合物为皮质甾酮(corticoslerone)、可的松(cortisone),后者是人工合成的。

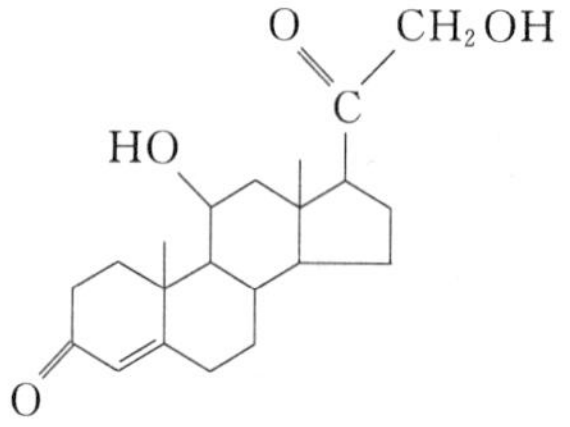

皮质甾酮

m. p. 180 ℃～182 ℃

$[\alpha]_D^{15} +223°(c=1.1,醇)$

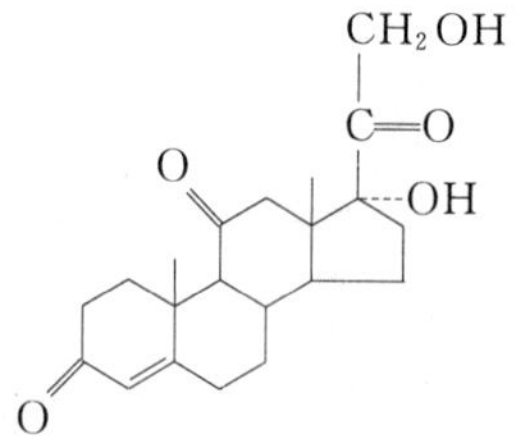

可的松

m. p. 220 ℃～224 ℃

$[\alpha]_D^{25} +209°(c=1.2,醇)$

氢化可的松(hydrocortisone)又称皮质醇(cortisol),为白色或类白色结晶性粉末,开始无味,后持续产生苦味,遇光变质。氢化可的松为肾上腺皮质激素类药物,能影响糖代谢,并具有消炎、抗毒、抗休克及抗过敏作用,临床应用极为广泛。氢化可的松全合成步骤有三十多步,合成路线繁杂。目前国内制备氢化可的松采用半合成的方法,即从具有类似骨架结构的天然产物出发,经过化学结构的改造合成得到。薯芋皂素与氢化可的松骨架相同,且我国薯芋皂素丰富,目前国内主要从薯芋皂素出发,经过半合成途径制备得到氢化可的松。

以薯芋皂素为起始原料经双烯醇酮醋酸酯、16α-17α-环氧黄体酮、17α-羟基黄体酮、醋酸化合物 S 等中间体制取氢化可的松的生产工艺路线如下:

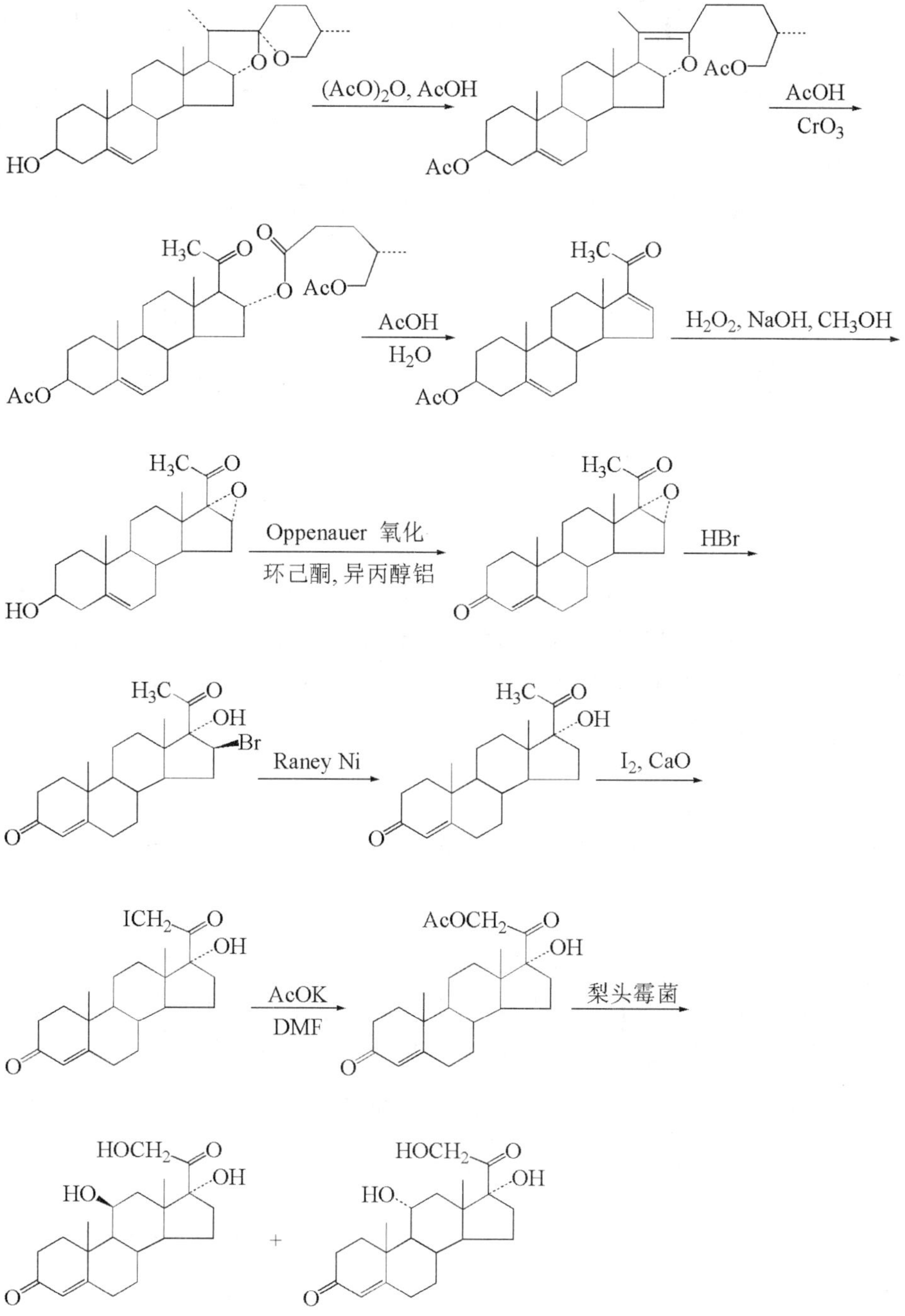

氢化可的松

[来源:计志忠,《化学制药工艺学》,p181]

六、维生素 D 类

维生素 D 已不具备四个环的甾族结构,由于它是从 7-脱氢胆固醇或从麦角固醇在紫外光照射下发生 B 环的开环而得到的,所以在这里一起介绍。从下列反应中可以理解到某些化合物经光照后发生化学变化的典型例子。

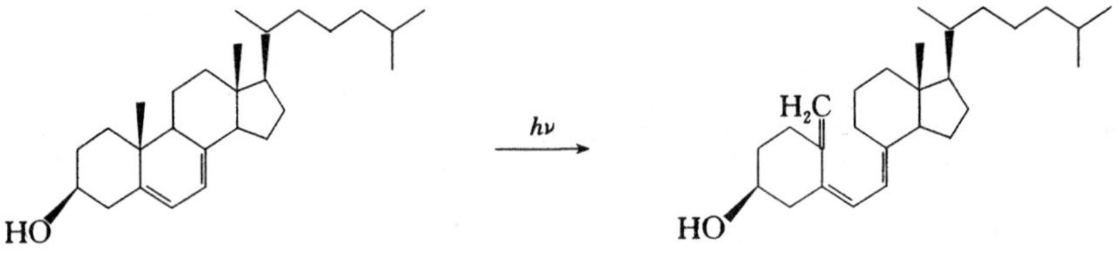

7-脱氢胆固醇

$h\nu$

维生素 D_3
m. p. 82 ℃~83 ℃

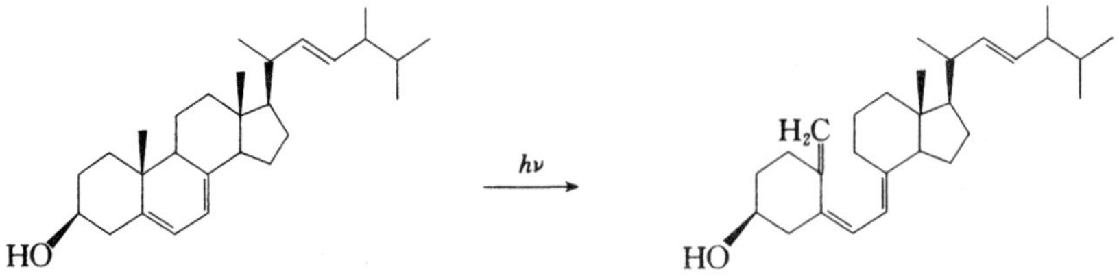

麦角固醇
ergosterol

$h\nu$

维生素 D_2
m. p. 115 ℃~117 ℃

维生素 D 有四种：D_1、D_2、D_3 及 D_4，它们都为 B 环开环，A 环上有一个环外双键的特征，在 C^{17} 上的支链长短不影响其生理作用。它们也存在于鱼肝油中，主要生理作用为使钙的代谢正常化，起到身体造骨的作用，因而缺乏维生素 D，食物中没有其前体，无阳光照射，可以引起小儿佝偻症、成人软骨症。

七、植物皂甙

以配糖基的形式存在于动植物体内，有生理活性或可用于合成可的松的皂甙有如下两例：

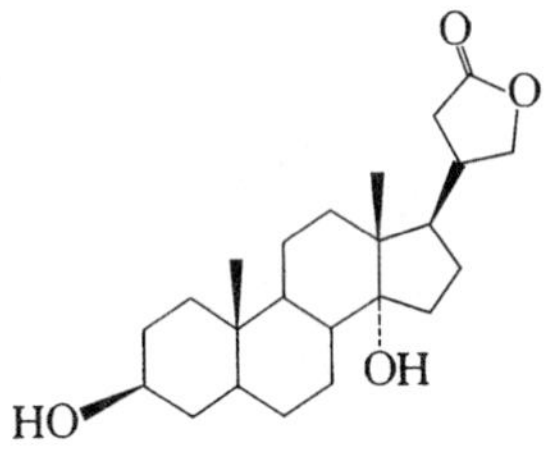

毛地黄素
digitoxigenin
m. p. 253 ℃
$[\alpha]_D^{17} +19.1°(c=13.6,CH_3OH)$

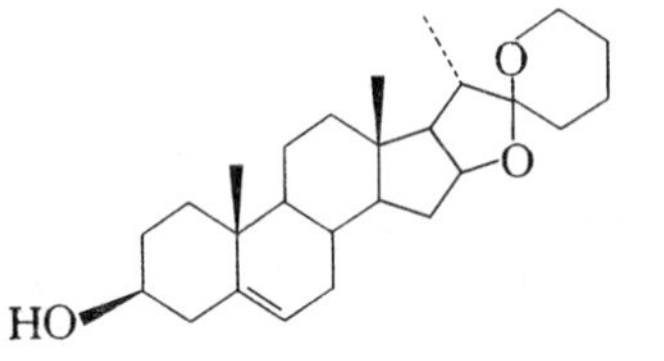

薯芋皂素
diosgenin
m. p. 204 ℃~207 ℃
$[\alpha]_D^{25} -129°(c=1.4,CHCl_3)$

毛地黄素以其与糖的结合物、配糖体，能使心脏跳动减慢，强度增加，在医药上用作强心剂。薯芋皂素是存在于薯芋中的配体，它是合成甾体激素或避孕药的原料，特别是合成可的松类的最方便原料。

22.7　甾族类的生物合成

生物合成是指生物体利用一些有机物在酶的催化作用下合成复杂的有机物，有的是激素、维生素，亦可以是一些代谢物。在酶的作用下许多小分子结合成大分子，其过程往往是实验室所做不到的。

一、醋源合成的生化证明

用标记的醋酸$^{14}CH_3COOH$和$CH_3^{14}COOH$分别放在肝脏切片培养液中，尚未死去的肝脏细胞组织就能用这两种醋酸合成有^{14}C标记的胆固醇，如用 m 代表甲基的^{14}C，c 代表羧基的^{14}C，胆固醇的结构中就有这两种标记的碳：

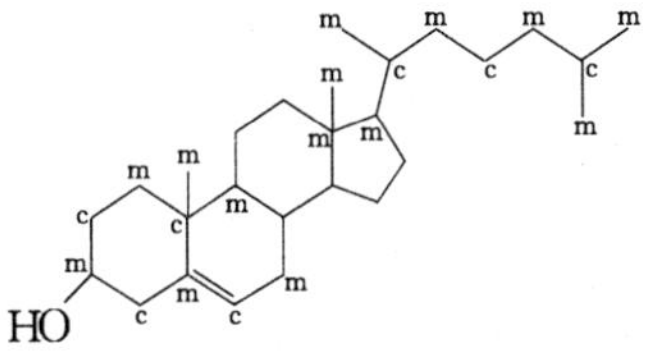

又经生化证明，醋酸经多步可以变成角鲨烯。用标记方法，可以在体外经酶的作用生成它。把角鲨烯写成下列形式，可以看到甾族骨架和它的关系。

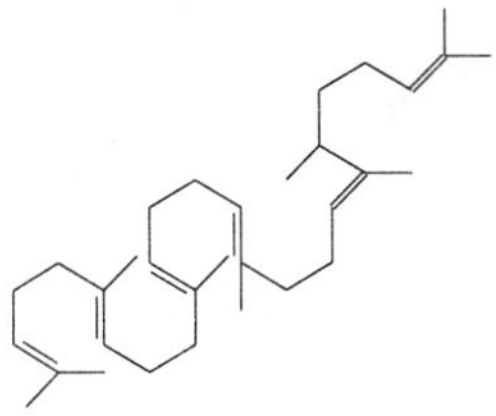

角鲨烯结构

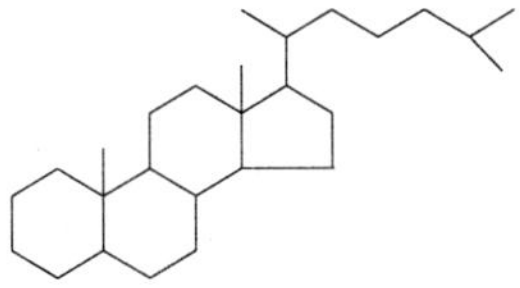

甾烷

从上述线索中可以看到，萜与甾的生物来源是共同的。

二、乙酰辅酶 A 的作用

醋酸怎样变为这样复杂的有机分子呢？它要在体内成为活化的原料，首先它与辅酶 A 结合成乙酰辅酶 A：

$$CH_3COOH \quad + \quad CoASH \xrightarrow{ATP} CH_3COS(CoA)$$

ATP 是三磷酸腺苷(adenosine triphosphate)，它是提供能源的物质。当 ATP ⟶ADP 时，可放出 33～54kJ/mol 能量。乙酰辅酶 A，$CH_3CO{-}S(CoA)$是一个活性很高的反应物，它可进行下面一系列生物变化：

$$2\,CH_3CO{-}S(CoA) \xrightarrow{\text{酯缩合}} CH_3\overset{\overset{O}{\|}}{C}{-}CH_2{-}\overset{\overset{O}{\|}}{C}{-}S(CoA) \xrightarrow{\text{羟醛缩合}}$$

$$CH_3\overset{\overset{OH}{|}}{\underset{\underset{CH_2CO-S(CoA)}{|}}{C}}{-}CH_2{-}\overset{\overset{O}{\|}}{C}{-}S(CoA) \xrightarrow{\text{还原}} \begin{array}{c} CH_3 \quad\;\; OH \\ \diagdown \;\; \diagup \\ C \\ \diagup \;\; \diagdown \\ CH_2 \quad\; CH_2 \\ | \qquad\quad | \\ HO{-}CH_2 \quad COOH \end{array} \xrightarrow{\text{磷酸化}}$$

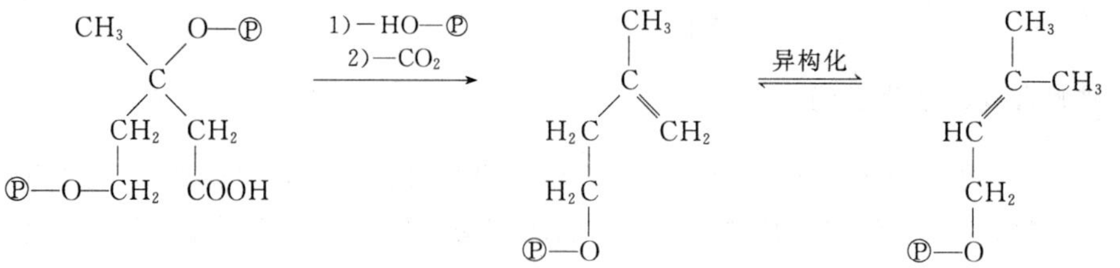

(Ⅰ) (Ⅱ)

异戊二烯焦磷酸酯

(Ⅱ)失去 O—Ⓟ,生成正碳离子(Ⅲ)。

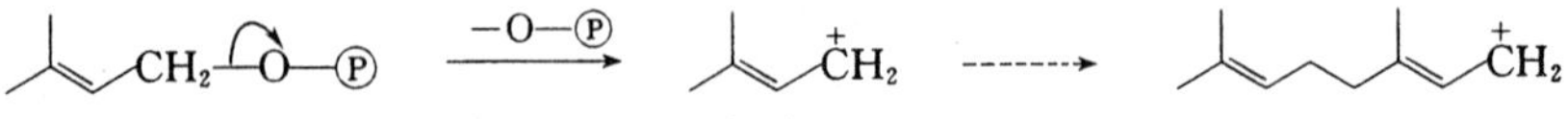

(Ⅲ)

两个(Ⅲ)结合起来成为$(C_5H_{10})_2$ 正离子,重复以上步骤可以得到三萜角鲨烯。

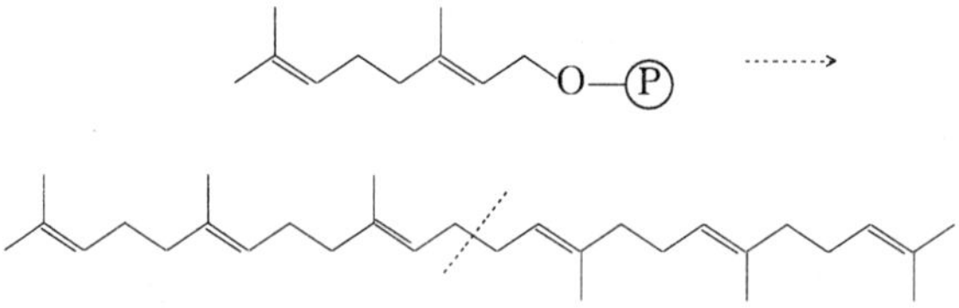

角鲨烯

从角鲨烯经过氧化角鲨烯环化酶(squalene oxide eyclase)的作用可得到一种甾醇。

22.8 前列腺素

前列腺素(prostaglandin)是在前列腺中分离得到的一系列激素,它在动物体内担负着很多功能,例如控制体温、胃酸的分泌、肌肉的收缩和松弛等。它包含一个脂五元环和邻近的两条侧链。它的一般结构和标记如下:

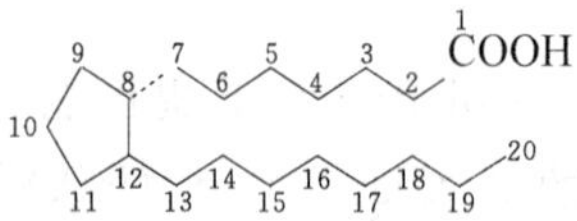

它有六种,即 E、F、A、B、C 及 D。它们都有 20 个碳。根据戊环上的取代基和侧链不饱和程度,其中以 E_1,E_2 和 F_2 研究得较深入。

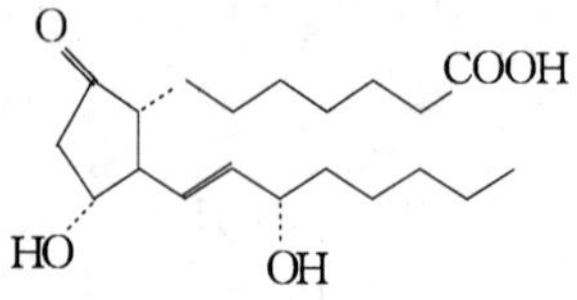

P-E_1

m. p. 115 ℃~116 ℃

$[\alpha]_D$ −61.6°(c=0.56,THF)

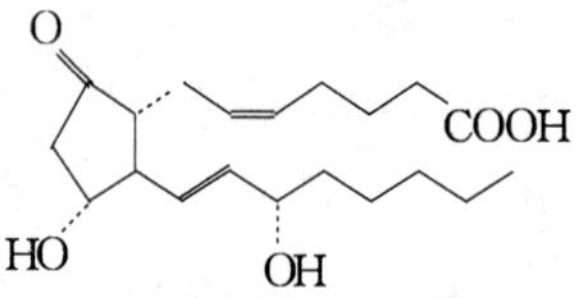

P-E_2

m. p. 66 ℃~68 ℃

$[\alpha]_D^{26}$ −61°(c=1,THF)

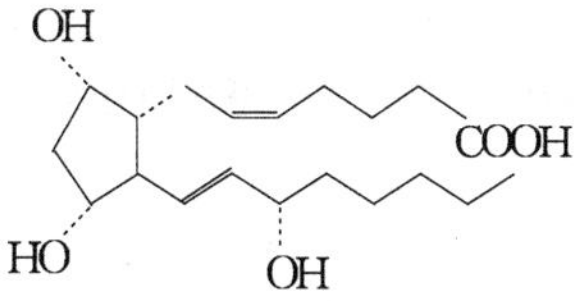

P-F$_2$

m. p. 25 ℃～35 ℃

$[\alpha]_D^{25}+23.5°(c=1,\text{THF})$

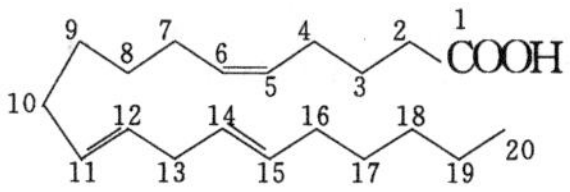

花生四烯酸

已经证明,前列腺素在生物体内是由 20 个碳原子的不饱和脂肪酸如花生四烯酸等经体内酶素作用环化及氧化而生成。

习　题

1. 试以醋源理论或其他生物活性物质说明下列化合物的生物合成途径。

(1) 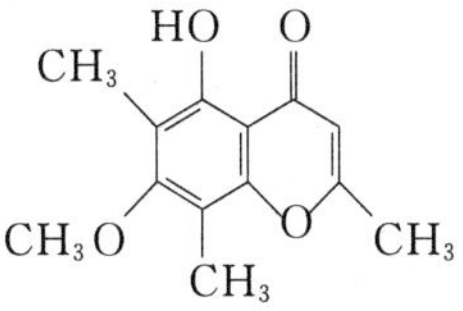　　　　(2) 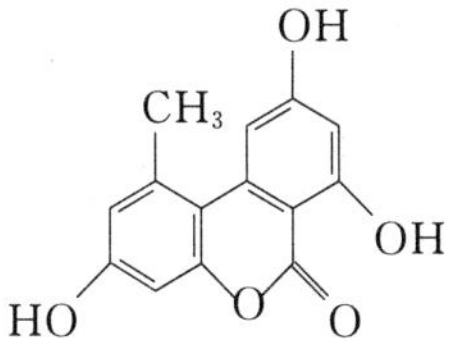　　　　(3)

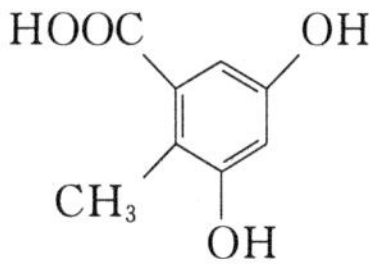

2. 试由自然界存在的氨基酸以生物合成途径合成。

(1)

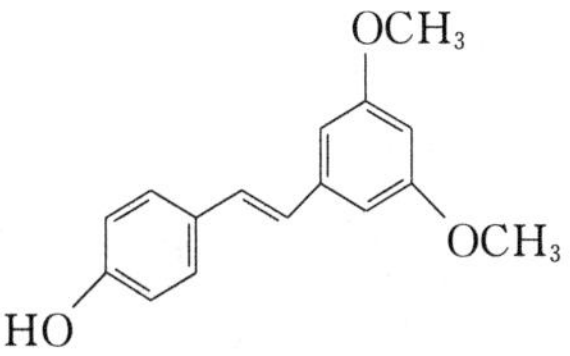

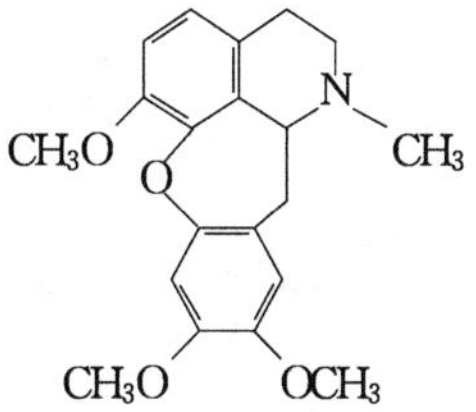

（从酪氨酸）

(2)

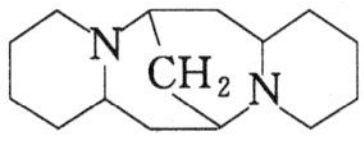

（从赖氨酸）

(3)

（从酪氨酸）

3. 提出下列萜的生化合成路线。

(1)从香叶醇──→薄荷醇　　(2)从金合欢醇──→杜松烯

4. 前列腺素有多种结构,不同的前列腺素有共同的基本骨架,请问它们不同官能团在骨架上在何位置? 你能再说出另外一些前列腺素吗?

5. 脂肪分子有饱和的,也有不饱和的,它们在机体内形成的机制是什么?

6. 软骨病或骨质疏松症需要补钙,为什么需要补充维生素 D 和阳光的照射?

7. 胆固醇和胆酸都是生物体内产生的,它们的来源(或生物源)是否相同? 从结构上予以说明。

8. 小茴香酮(葑酮,fenchone)为双环单萜酮,存在于小茴香油及侧柏木油中,为油状液体,具有与樟脑类似的气味,有与樟脑相似的局部刺激作用,可用作香料和食物调味剂。小茴香酮可通过如下化学合成途径得到。写出反应过程中涉及的中间产物结构或反应条件 A～I。

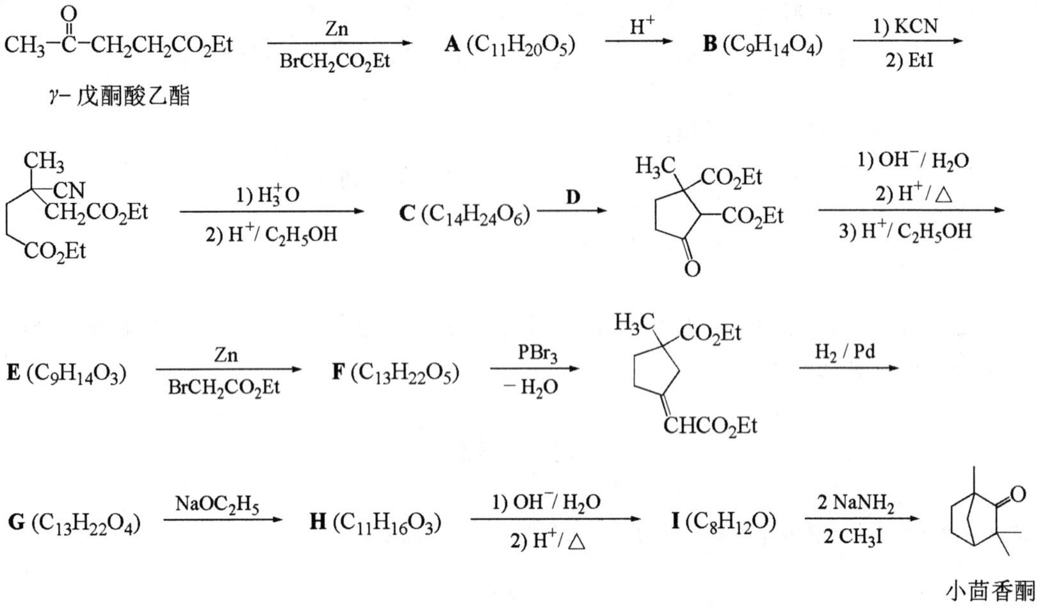

$$CH_3\overset{\overset{\displaystyle O}{\|}}{C}-CH_2CH_2CO_2Et \xrightarrow[BrCH_2CO_2Et]{Zn} \textbf{A}\ (C_{11}H_{20}O_5) \xrightarrow{H^+} \textbf{B}\ (C_9H_{14}O_4) \xrightarrow[2)\ EtI]{1)\ KCN}$$

γ- 戊酮酸乙酯

$$\underset{\underset{CO_2Et}{\overset{\overset{CH_3}{|}}{\underset{|}{\overset{|}{C}}}-\underset{CH_2CO_2Et}{\overset{CN}{|}}}{} \xrightarrow[2)\ H^+/C_2H_5OH]{1)\ H_3^+O} \textbf{C}\ (C_{14}H_{24}O_6) \xrightarrow{\textbf{D}} \underset{O}{\text{(H}_3C,\ CO_2Et,\ CO_2Et\text{ cyclopentanone)}} \xrightarrow[\substack{2)\ H^+/\triangle \\ 3)\ H^+/C_2H_5OH}]{1)\ OH^-/H_2O}$$

$$\textbf{E}\ (C_9H_{14}O_3) \xrightarrow[BrCH_2CO_2Et]{Zn} \textbf{F}\ (C_{13}H_{22}O_5) \xrightarrow[-H_2O]{PBr_3} \underset{CHCO_2Et}{\text{(H}_3C,\ CO_2Et\text{ cyclopentane =CHCO}_2Et)} \xrightarrow{H_2/Pd}$$

$$\textbf{G}\ (C_{13}H_{22}O_4) \xrightarrow{NaOC_2H_5} \textbf{H}\ (C_{11}H_{16}O_3) \xrightarrow[2)\ H^+/\triangle]{1)\ OH^-/H_2O} \textbf{I}\ (C_8H_{12}O) \xrightarrow[2\ CH_3I]{2\ NaNH_2} \text{(bicyclic ketone)}$$

小茴香酮

第二十三章　杂原子及金属有机化合物

23.1　杂原子及金属有机化合物的概念

　　杂原子在有机化合物中指的是非碳原子如硼、硅和磷等,它们与碳成键形成有机化合物。含金属原子与碳成键的化合物称为金属有机化合物,它们近年来被大量合成,一般地说,它们不存在于天然动植物中。

　　1950 年二茂铁被合成出来时,它的结构未曾见过,为两个环戊二烯基夹着一个铁原子,成为夹心结构,而且很稳定,为非苯芳烃(见 6.13 节)以后陆续发现其他金属也可形成夹心结构化合物,如二茂钌、二茂锇⋯⋯。"茂"字代表了五个碳原子成环,部首"艹"意味着芳香性。也有一些与环戊二烯基结合的金属有机化合物不具有芳香性,如二氯二环戊二烯基钛:

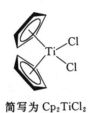

简写为 Cp_2TiCl_2

　　杂原子如硅与碳同族,四价,形成 R_4Si,R_3SiCl,R_2SiCl_2 和 $RSiCl_3$ 可以硅甲烷为母体,称为四烷基硅烷,氯三烷基硅烷,二氯二烷基硅烷和三氯烷基硅烷,它们可从四氯化硅与格氏试剂反应来制得:

$$SiCl_4 \ + \ RMgCl \ \longrightarrow \ R_4Si \ + \ R_3SiCl \ + \ R_2SiCl_2 \ + \ RSiCl_3$$

四氯化锡与格氏试剂同样也可得到类似的氯化锡烷。

　　过渡金属形成的二茂金属有机化合物,利用 d 轨道与 s、p 轨道杂化,如 d^2sp^3 表示 2 个 d 轨道与 1 个 s 轨道和 3 个 p 轨道杂化形成 6 个杂化轨道;dsp^3 表示 5 个杂化轨道。过渡金属有机化合物的金属外层包括 d 电子,如达到惰性元素的 18 个电子,这类化合物比较稳定,例如二茂铁,铁的外层有 8 个电子,两个环戊二烯基的 p 电子共 10 个,加起来共 18 个电子;二氯二环戊二烯基(又称二氯二茂钛)中 2 个氯负离子提供 4 个电子,$(Cp)_2$ 提供 10 个电子,钛有 4 个电子,加起来为 18 个电子,这种金属外层电子在化合物分子中达到 18 时也比较稳定。这种以外层电子数来衡量化合物存在可能的方法称为 18 电子规律,如二苯铬 $(C_6H_6)_2Cr$、六羰基钼、四羰基镍分子中都有 18 个电子围绕金属。过渡金属有 5 个 d 轨道,最多可放进 10 个电子,sp^3 轨道可以填进 8 个电子,像惰性元素外层一样达到 18 个电子,这是它们最稳定的电子构型。

金属与碳原子结合可以看做是有机基团配位在金属原子上，配位在金属原子的方式是很多的，有的是以一个电子与金属成配位键，例如 $RSiCl_3$，R 与 Si 形成共价键，它们之间为单键；有的配体以一对电子与金属配位，如 $Ni(CO)_4$ 中的 CO，似乎 CO 以中性分子与 Ni 配位；有的有机基团可以 4 个电子与金属配位，如环丁二烯 C_4H_4 与 $Fe(CO)_3$ 配位；也有的可以 5 个或 6 个电子与金属配位，如环戊二烯基、中性的苯分子等。

形成的金属有机配位化合物的构型也是很多的，有四面体构型、四方平面型、三角双锥型、八面体型和夹心结构型等。

已知金属是亲核性的，似乎具有提供电子的倾向，配体怎样与金属原子相结合呢？原来 CO 在其 p 轨道上可以接受金属的多余电子，一方面 CO 以一对电子配位在金属空轨道上，金属则以 d 轨道上的电子反馈给 CO；R_3P 分子以 P 原子的一对孤对电子与金属配位，同时 P 的空 d 轨道又可接受金属的电子，也是一种授受关系；乙烯分子可以配位给过渡金属，金属则以其 d 电子反馈到乙烯分子的反键轨道上去。

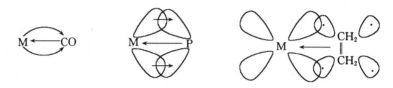

23.2 非过渡杂原子有机化合物

非过渡杂原子有机化合物是指周期系 ⅠA、ⅡA、ⅡB、ⅢA、ⅣA 和 ⅤA 主（副）族元素的杂原子有机化合物。它们可以分为两大类，一类是电正性极强的金属、碱金属和除铍、镁以外的金属有机物，它们与有机烃基以离子键结合，这是因为它们的离解势能低，易于形成正离子，这一趋势随原子序数在同族中增高而愈加明显；同时也应注意当金属离子半径变大时，化合物的晶格能和溶剂化能也变小，电负性较小的配体如 H 或烃基也以负离子状态存在。另一类是离解势高的元素如 Be、B，配体与之结合不易形成离子，它们可以形成共价中性化合物。杂原子外的电子外层总数不到 8，这类化合物倾向于缔合，或与供电子的配体再结合，如氨或胺与三甲基硼配位得 $Me_3B \cdot NH_3$。

在周期系右边的主族元素，可以形成稳定的烃基化合物，其中以硅、磷、硒、碲的有机化合物为重要。四价的锗、锡、铅有应用价值，它们的金属性随原子序数增大而变大。有机锌、镉、汞是二价的金属有机化合物，随着它们电负性趋小而共价性趋大：Zn<Cd<Hg。汞的甲基衍生物很稳定，一旦形成，就不易被破坏，会对环境造成严重污染。这些重金属化合物对生物有毒性，四甲基铅和四乙基铅过去曾被用于汽油添加剂，现在已禁止使用。

一、有机硼化合物

硼是三价的，它的烃基化合物较稳定，有机配体较多，既有饱和的，也有不饱和的。硼化合物和有机物类似，可进行取代、加成反应，它们也有杂原子直接或间接互相成键的，如

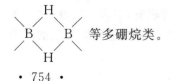 等多硼烷类。

硼的有机衍生物,具有增加配体的倾向,可与含电负性强的 O、N 的基团配位。三烃基硼不溶于水,也不同水反应,但在 180 ℃以上可被水解:

$$Me_3B \ + \ H_2O \ \xrightarrow{180\,{}^{\circ}C} \ Me_2BOH \ + \ CH_4$$

它们可在碱性介质中被氧化为三烃氧基硼:

$$R_3B \ + \ H_2O_2 \ \xrightarrow{\ddot{B}} \ (RO)_3B$$

同卤素在碱性条件下,其分子中有 2 个 R 基与卤素结合,形成烃基硼酸 $RB(OH)_2$:

$$R_3B \ + \ I_2 \ + \ 2\,NaOH \ \longrightarrow \ 2\,RI \ + \ RB(OH)_2 \ + \ 2\,NaI$$

硼的含氢化合物称为硼烷,其中二硼烷(乙硼烷)是较特别的化合物,它的组成似乎相当于乙烷,但是硼原子之间没有键,而是通过氢桥结合起来的:

$$
\begin{array}{ccccc}
H & & H & & H \\
 & \diagdown & | & \diagup & \\
 & B & \cdots & B & \\
 & \diagup & | & \diagdown & \\
H & & H & & H \\
\end{array}
$$

氢桥结构是通过红外光谱测出来的,$B\overset{H}{\diagup\diagdown}B$ 的伸缩频率在 1 500～1 850cm^{-1} 之间,它的端氢 B—H 频率很高,达 2 500～2 600cm^{-1}。

乙硼烷具有很高的反应活性,暴露于空气中可发生爆炸或燃烧。乙硼烷遇水可强烈水解。由于硼原子外层为 6 电子,具有缺电子性,可与路易斯碱发生强烈结合。可作为还原剂,可与烯烃发生平稳加成,进行重要的硼氢化氧化反应。乙硼烷是有机合成中的一种重要试剂,也是制备其他硼氢化物的重要中间物。

$$B_2H_6 \ + \ (CH_3)_2O \ \longrightarrow \ (CH_3)_2O \cdot BH_3$$

$$B_2H_6 \ + \ H_2O \ \longrightarrow \ B(OH)_3 \ + \ H_2 \qquad 水解$$

硼氢化氧化反应

乙硼烷可作为还原剂,但反应选择性较差,通常采用二烃基硼烷来进行还原反应。二烃基硼烷 R_2B—H 由于它只含一个氢,它对 $\diagup\diagdown C{=}CH_2$ 和 $\diagup\diagdown C{=}O$ 只与端基碳或氧进行反应。具有大基团的二烃基硼烷其庞大的烃基位阻效应更大,反应的选择性很大。9-硼杂二环[3.3.1]壬烷(9-BoraBicyclo[3.3.1]-Nonane,俗称 9-BBN)就是按这个要求设计合成的。它可由 1,6-环辛二烯与 BH_3 反应制备:

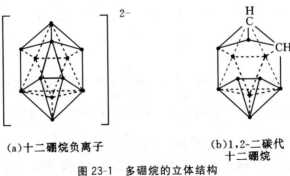

9-硼杂二环[3.3.1]壬烷
(9-BBN)

9-BBN 常用来还原醛、酮,这是由羰基化合物制备醇的好方法,其反应过程如下:

该试剂还原的特点是还原 α、β 不饱和醛、酮时碳碳双键不受影响,这是由于 9-BBN 体积较大,影响了它对碳碳双键的进攻,而只还原羰基。

$$R—CH\!=\!CHC—R \xrightarrow[\text{2) } H_2NCH_2CH_2OH]{\text{1) 9-BBN}} R—CH\!=\!CHCH—R$$

实验室中制备乙硼烷的方法是利用含硼氢化物($NaBH_4$)与酸($AlCl_3$、$HgCl_2$、HCl、H_2SO_4、H_3PO_4)反应,或者用氢化物(NaH、$LiAlH_4$)与含硼的酸(BF_3、BCl_3、$B(OMe)_3$)反应。

$$4\,BF_3 \cdot O(C_2H_5)_2 \;+\; 3\,LiAlH_4 \longrightarrow 2\,B_2H_6 \;+\; 3\,LiAlF_4$$

$$2\,NaBH_4 \;+\; H_2SO_4 \longrightarrow B_2H_6 \;+\; 2\,H_2 \;+\; Na_2SO_4$$

硼原子相互成稳定的 B—B 键是碳以外元素中的一个特性,两个硼以上的多硼烷称为硼簇,它们的多面体具有很稳定的立体结构,例如:$[B_{12}H_{12}]^{2-}$ 是一个二十面体(图 23-1(a)),这个多面体分子中的硼被碳原子取代形成封闭式的 1,2-二碳代十二硼烷 $C_2B_{10}H_{12}$ 也是很稳定的(图 23-1(b))。

(a)十二硼烷负离子

(b)1,2-二碳代十二硼烷

图 23-1 多硼烷的立体结构

· 代表 B—H

碳硼烷是硼簇的一大类,它们分子中有 B—B 键、B—H—B 键。以十氢四硼烷为例,它以不同键型生成蛛网式结构(图 23-2(a))。一些硼簇离子也以以上键型生成不同的空间结构,有封闭式(图 23-2(b))、巢式(单口式)等(图 23-2(c))。

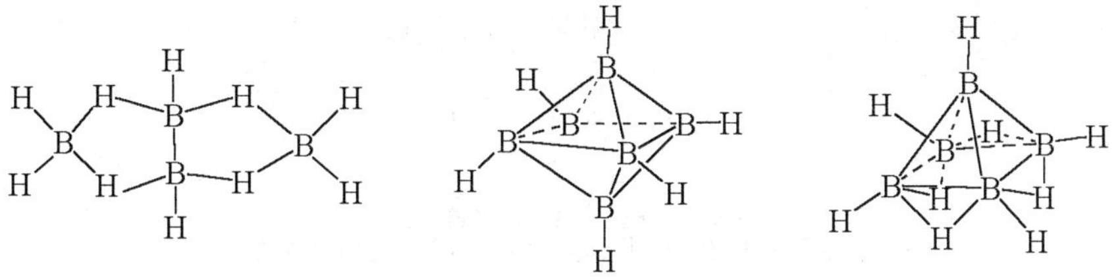

(a)B_4H_{10}(蛛网式)　　(b)$B_6H_6^{2-}$(封闭式)　　(c)$B_5H_9^-$(单口式)

图 23-2　一些硼烷的结构

硼烷的三种结构均为 B—B 成键的原子簇(乙硼烷除外),表 23-1 中列出几个结构代表。

表 23-1　硼烷的三种结构代表

封闭式	巢式(单口)	蛛网式
$B_6H_6^{2-}$	B_6H_{10}	B_6H_{12}
$B_8H_8^{2-}$	B_8H_{12}	B_8H_{14}
$B_9H_9^{2-}$	B_9H_{13}	n-B_9H_{15}
$B_{10}H_{10}^{2-}$	$B_{10}H_{14}$	i-B_9H_{15}
		$B_{10}H_{14}^{2-}$

碳硼烷(carborane)是含碳的硼簇,有各种多面体和几何结构,如分子式 $B_4C_2H_6$,它是两个 BH^- 被 CH 取代的封闭式结构,称二碳杂六硼烷。

二、有机硅化合物

有机硅化合物与有机碳化合物很类似,硅与硅、硅与其他元素之间以四价互相成键。晶体硅与金钢石结构类似,形成正四面体结构的原子晶体,但晶体硅中 Si—Si 键能要比金钢石中的 C—C 键能小。这是由于 Si 和 C 在元素周期表中处于同一主族,形成 Si—Si 或 C—C 键时共用电子对数目相同、结构类似,但碳原子半径比硅原子小,因此 C—C 共价键键长比 Si—Si 键的短,C—C 键能比 Si—Si 键的高。

硅原子电负性(1.8)比碳原子(2.5)小,非金属性比碳弱,与其他非金属形成的化学键比碳原子与相应的非金属原子形成的化学键要强。常见的有机硅化合物中,除 Si—F 键外,Si—O 键键能最高、最稳定,因此 Si—O 键在有机硅化合物中存在最为普遍,常见的有硅烷、硅氧烷(含 Si—O—Si 键)、硅醇,硅硫烷(含 Si—S—Si 键)、硅氮烷(含 Si—N—Si)、硅胺(氨基作为取代基)、硅卤烷、硅聚合物等。一些简单的有机硅化合物命名如下:

$(CH_3)_4Si$　　　　　$(CH_3)_2SiCl_2$　　　　$ClSiH_2\!-\!\underset{\displaystyle C_6H_5}{\overset{\displaystyle Cl}{Si}}\!-\!SiH_2\!-\!C_4H_9$

四甲基硅烷　　　　二甲基二氯硅烷

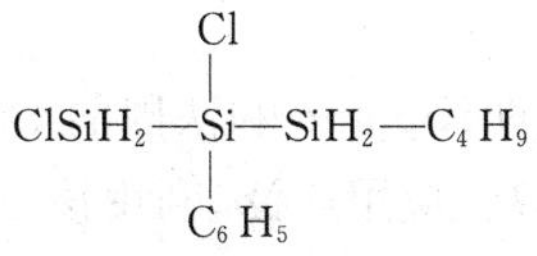

1-丁基-2-苯基-2,3-三硅烷
(参考烷烃系统命名原则)

$$(CH_3)_3SiOSi(CH_3)_3 \qquad (CH_3)_2Si\!-\!O\!-\!Si(CH_3)_2 \qquad (C_2H_5)_3SiOH$$

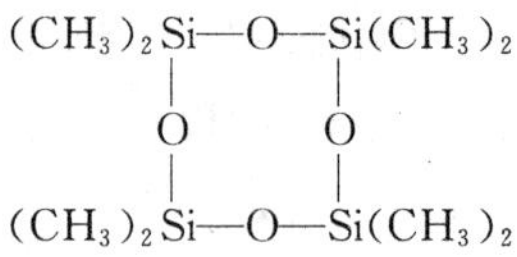

六甲基二硅氧烷 八甲基环四硅氧烷 三乙基硅醇

$$(CH_3)_2Si\!-\!O\!-\!Si(CH_3)_2$$

$$(CH_3)_3SiNHSi(CH_3)_3$$

六甲基二硅氮烷
hexamethyldisilazane(HMDS)
（用于特种有机合成，尤其是药物合成中的甲硅烷基化）

与碳原子相似，硅原子一般也按 sp³ 杂化轨道成键，成正四面体构型。与碳化合物不同的是，硅原子核外有 5 个空的 3d 轨道，在一定条件下，可通过形成 σ 键或 dπ-pπ 配键，得到高配位的硅化合物。

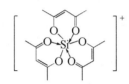

三乙酰丙酮基硅阳离子
六配位构型接近正八面体

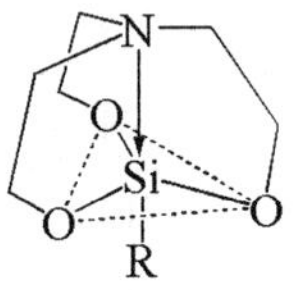

硅杂噁唑烷(silatrane)，硅杂氮三烷
五配位三角双锥结构

1. 硅碳键(Si—C)化合物制备和性质

(1)硅碳键(Si—C)化合物制备

①直接合成法

有机卤化物在高温和催化剂存在下，与硅或硅铜合金反应，可直接得到各种有机卤硅烷的混和物。

$$RX \ + \ Si \ \xrightarrow[\text{catalyst}]{\triangle} \ R_2SiX_2 \ + \ R_3SiX \ + \ RSiX_3 \ + \ etc.$$

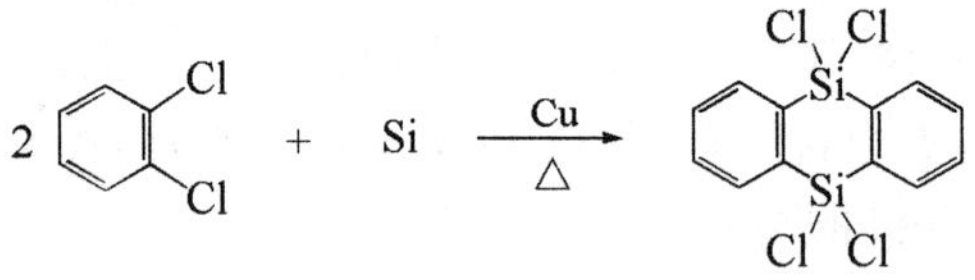

②有机金属合成法

1863 年 Friedel 和 Crafts 首先合成得到四乙基硅烷，这是第一个含 Si—C 键的有机硅化合物。

$$2\,(C_2H_5)_2Zn \ + \ SiCl_4 \ \xrightarrow[160^\circ C]{\text{封管}} \ (C_2H_5)_4Si \ + \ 2\,ZnCl_2$$

1904 年英国的 Kipping 和法国的 Dilthey 同时发现可通过格氏反应合成有机硅化合物，其操作方便、产率高、应用广泛，利用该方法合成了众多结构明确的有机硅化合物。

$$RMgCl \ + \ SiCl_4 \ \longrightarrow \ RSiCl_3 \ + \ R_2SiCl_2 \ + \ R_3SiCl \ + \ R_4Si \ + \ MgCl_2$$

其中的二氯硅烷和三氯硅烷可水解生成硅二醇或硅三醇,它们之间分子间脱水可得到高聚硅醚(聚硅氧烷)。聚硅氧烷可组成有机硅树脂、有机硅聚胶。可制塑成人工喉、人工器官,而在体内无排异性。

$$R_2SiCl_2 + H_2O \xrightarrow{base} -O-SiR_2-O-SiR_2\cdots\cdots O-$$

也可采用其他有机金属化合物,如锂、钠、钾、铝、汞等合成得到有机硅烷。

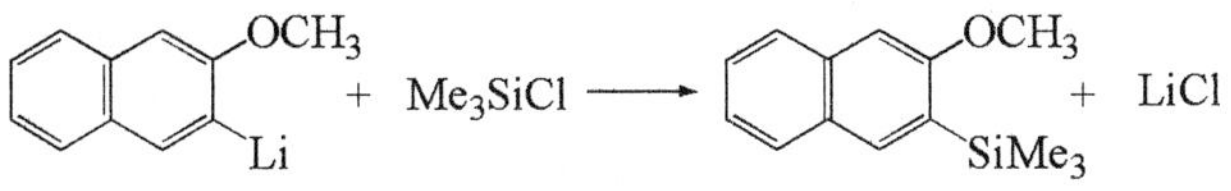

$$Hg(C_6H_5)_2 + SiCl_4 \xrightarrow[300\ ℃]{封管} C_6H_5SiCl_3 + C_6H_5HgCl$$

③还原硅基化法

利用 $R_3SiCl/Mg/HMPA$ 对芳烃、醛、酮、羧酸酯、膦、不饱和烃及多卤代烃进行碳硅基化反应,形成新的有机硅化合物。

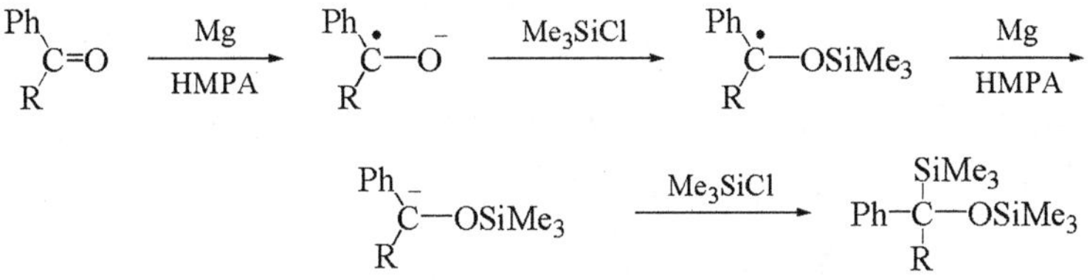

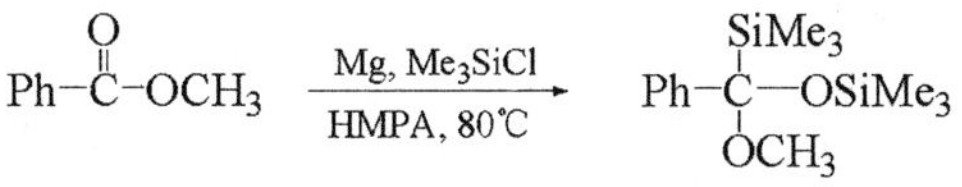

(2)硅碳键(Si—C)化合物的反应

$\overset{\delta+}{Si}—\overset{\delta-}{C}$ 键具有一定的极性,在一定条件下,Si—C 键能够断裂,发生取代、消除等化学反应。

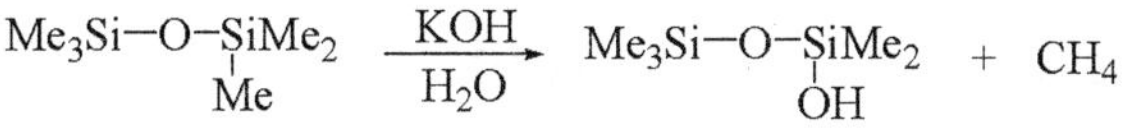

亲核取代

$$Et_4Si + 4AlCl_3 \longrightarrow SiCl_4 + 4EtAlCl_2 \qquad 亲电取代$$

$$Me_3SiPh + I_2 \longrightarrow Me_3SiI + PhI \qquad 亲电取代$$

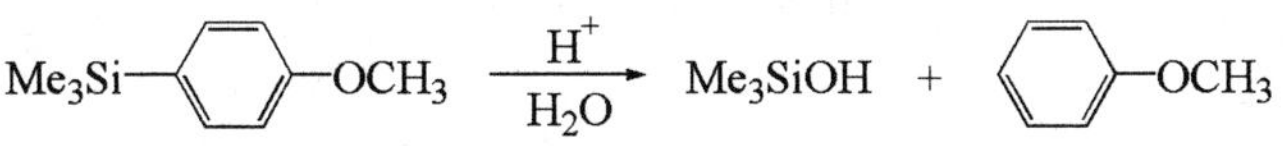

亲电取代

$$Cl_3SiCH_2CH_2Cl + NaOH \longrightarrow CH_2=CH_2 + NaCl + Si(OH)_4 \qquad \beta\text{-消除反应}$$

$$Me_3SiCH_2CH_2Cl \; + \; MeMgBr \longrightarrow Me_4Si \; + \; CH_2{=}CH_2 \; + \; MgBrCl \qquad \beta\text{-消除反应}$$

$$Cl_3SiCH_2CH_2CH_2Cl \; + \; KOH \longrightarrow \triangle \; + \; KCl \; + \; Si(OH)_4 \qquad \gamma\text{-消除反应}$$

2. 硅卤键(Si—X)化合物的制备与性质

Si—X 键可通过如下几种途径制备得到：

· 直接法

$$CH_3Cl \; + \; Si \xrightarrow[265\,℃\sim300\,℃]{Cu,Zn} (CH_3)_2SiCl_2 \; + \; \cdots$$

· 有机硅氢化合物卤代

$$PhSiH_3 \; + \; 3\,Br_2 \longrightarrow PhSiBr_3 \; + \; 3\,HBr$$

· Si—C 键裂解卤代

$$Me_2SiPh_2 \; + \; Br_2 \longrightarrow Me_2SiBr_2 \; + \; 2\,PhBr$$

· Si—O 键裂解卤代

$$Ph_2Si(OEt)_2 \; + \; 2\,PhCOCl \longrightarrow Ph_2SiCl_2 \; + \; 2\,PhCOOEt$$

Si—X 键具有高化学反应活性，CCl_4 在水溶液中稳定，而 $SiCl_4$ 则在水中剧烈反应。Si—X 可发生水解、醇解、醚解、氨解、与金属试剂反应、还原反应等。

$$(CH_3)_3SiCl \; + \; H_2O \longrightarrow (CH_3)_3SiOH \xrightarrow[-H_2O]{HCl} (CH_3)_3SiOSi(CH_3)_3 \qquad 水解$$

$$(CH_3)_2SiCl_2 \; + \; H_2O \longrightarrow (CH_3)_2Si(OH)_2 \xrightarrow[聚合]{HCl} \underset{\substack{| \\ CH_3}}{\overset{\substack{CH_3 \\ |}}{{-}({-}O{-}Si{-})_n}} \qquad 水解$$

聚硅氧烷

$$Et_2SiCl_2 \; + \; 2\,EtOH \xrightarrow{DMAP} Et_2Si(OEt)_2 \quad 91.5\% \quad 醇解$$

$$EtO\underset{\substack{| \\ CH_3}}{\overset{\substack{CH_3 \\ |}}{{-}Si{-}}}Cl \; + \; NaC{\equiv}CH \longrightarrow EtO\underset{\substack{| \\ CH_3}}{\overset{\substack{CH_3 \\ |}}{{-}Si{-}}}C{\equiv}CH \qquad 与有机金属试剂反应$$

$$\overset{}{\underset{O}{\bigcirc}} \; + \; SiCl_4 \xrightarrow{ZnCl_2} Cl_2Si[OCH_2CH_2CH_2CH_2Cl]_2 \qquad 醚解$$

$$Et_3SiCl \; + \; NH_3 \longrightarrow Et_3SiNH_2 \quad 70\% \quad 氨解$$

$$Et_2SiCl_2 \; + \; LiAlH_4 \longrightarrow Et_2SiH_2 \qquad 还原反应$$

3. 硅氧键(Si—O)化合物——硅醚(silyl ethers)的制备及其在有机合成中的应用

硅醚是具有 Si—O—C 链的一类化合物，通式为 $ROSiR'_3$，通常 $R' = —CH_3$。硅醚化合物热稳定性好，可作为衍生物用于化合物的质谱或气相色谱分析。硅醚化合物易于制备，且在温和条件下容易水解，因此又可用于有机合成中羟基的保护。硅醚一般是由醇或醇钠与氯硅烷反应得到。

$$ROH \quad + \quad Me_3SiCl \quad \xrightarrow[25℃]{NEt_3, THF} \quad R—O—SiMe_3$$

脱去硅醚保护的方法通常有如下三种：(1)碱性条件脱保护；(2)酸性条件脱保护；(3)四丁基氟化铵脱保护。根据反应底物的不同，应选用适当的脱保护方式。

$$R—O—SiMe_3 \quad \xrightarrow[0℃]{K_2CO_3, CH_3OH} \quad ROH$$

$$R—O—SiMe_3 \quad \xrightarrow[25℃\sim80℃]{HOAc, H_2O} \quad ROH$$

$$R—O—SiMe_3 \quad \xrightarrow[25℃]{n\text{-}Bu_4N^+F^-, THF} \quad ROH$$

烯醇硅醚(silylenol ethers)是一类特殊的硅醚。由于其结构的特殊性，在有机合成中常用于羰基官能团的保护，或者是作为亲电取代反应中间体，应用于某些用其他方法难以实现的合成，例如某些大环化合物的合成或区域选择性合成。烯醇硅醚通常的制备方法：羰基化合物在非亲核性强碱存在下首先烯醇化，然后与三甲基氯硅烷进行亲核取代反应。根据采用反应底物或碱的结构不同，有可能得到不同区域选择性的烯醇硅醚产物。

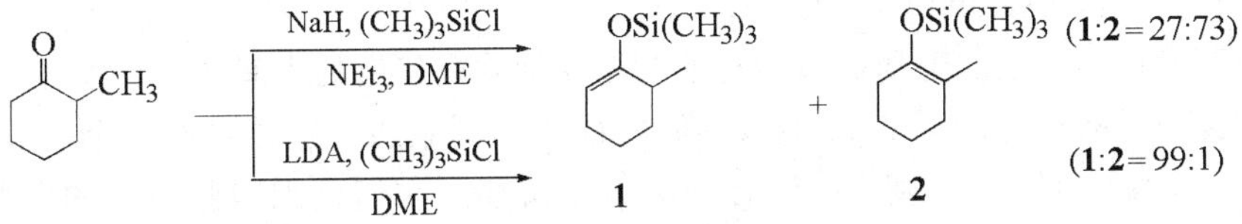

烯醇硅醚可进一步发生 α-烃基化、α-酰基化、羟醛缩合、Michael 加成等各种化学反应，反应条件温和，反应选择性好，在有机合成领域中得到了极为广泛的应用。

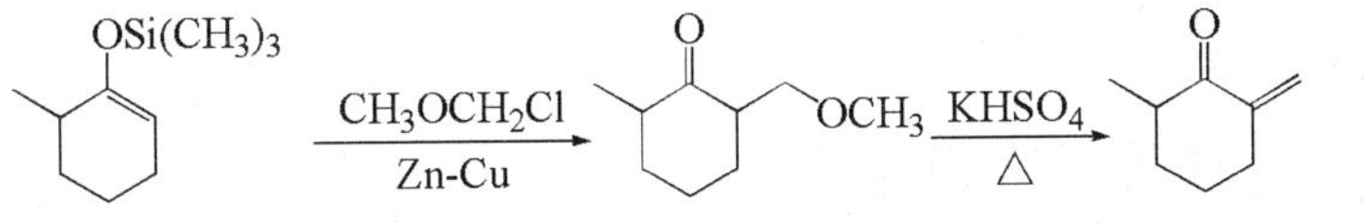

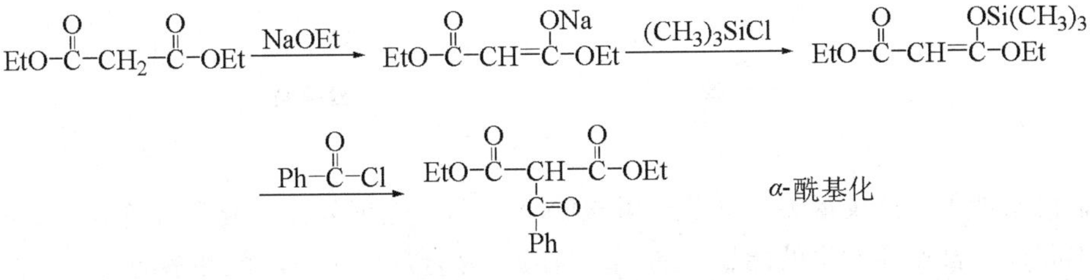

$(H_3C)_3SiO$ ··· Ph
$\xrightarrow[\underset{H_3C-C-CH_3}{O}]{TiCl_4}$
$Ph-C(O)-CH_2-C(CH_3)_2-OH$ 　　　羟醛缩合

$(H_3C)_3SiO$ ··· Ph
$\xrightarrow[]{TiCl_4}$
Michael 加成

三、有机磷化合物

有机磷分为两大类,一类是自然界存在的以磷酸酯 P—OR 形式的化合物,它们在动植物体内广泛存在。ATP 是五价磷的焦性磷酸酐类,ATP 是英文 Adenosine TriPhosphate 的缩称,也可称为腺苷三磷酸(碱基为腺嘌呤)。

$$\text{碱基—核糖—O} \overset{O}{\underset{OH}{P}} \text{—O—} \overset{O}{\underset{OH}{P}} \text{—O—} \overset{O}{\underset{OH}{P}} \text{—OH}$$

如果分子中只有两个磷酸则称为 ADP:

$$\text{碱基—核糖—O} \overset{O}{\underset{OH}{P}} \text{—O—} \overset{O}{\underset{OH}{P}} \text{—OH}$$

所有的核酸为多核苷酸,分子中以磷酸把核苷连接成大分子。碱基有四种:腺嘌呤(A)、胞嘧啶(C)、鸟嘌呤(G)和胸腺嘧啶(T)(见 21.5 节)。

磷酸与葡萄糖结合成的葡萄糖磷酸是葡萄糖在细胞内代谢的中间体。甘油与脂肪酸及磷酸形成的酯称为磷酸酯(phospholipids),它们的性质如同脂肪。磷酸再和一个胆碱(choline)结合则称为卵磷脂;如与 β-氨基乙醇结合则称为脑磷酯。它们是细胞膜组成的主要物质(约 40%)。它们与肥皂分子相似,一头为极性磷酸,一头为非极性烃基,使细胞成为半渗透膜保护的个体,在脑和神经中成为传递电子信息的主体。

$$
\begin{array}{l}
CH_2O-\overset{O}{\underset{\ominus}{P}}\\
\quad\quad OCH_2CH_2\overset{+}{N}(CH_3)_3\\
CH-O-\overset{O}{C}-R\\
CH_2O-\overset{O}{C}-R'
\end{array}
\qquad
\begin{array}{l}
CH_2O-\overset{O}{\underset{\ominus}{P}}\\
\quad\quad OCH_2CH_2\overset{+}{N}H_3\\
CH-O-\overset{O}{C}-R\\
CH_2O-\overset{O}{C}-R'
\end{array}
$$

　　　　　　卵磷脂　　　　　　　　　　　　脑磷脂

细胞代谢过程中涉及烟酰—腺苷—磷酸(NADPH),它能发生氧化还原作用,又是脂肪酸降解的中间体。自然界发生的能量传递、氧化还原、缩合反应都有磷酸酯参与。

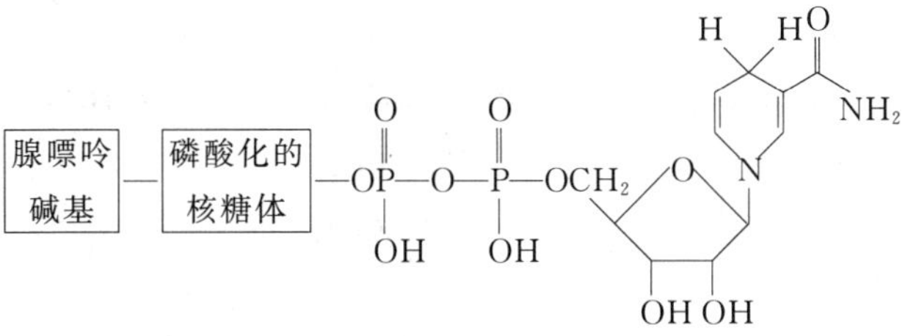

NADPH 分子结构

有机磷另一大部分属于合成的化合物，其中 P—C 键分子可分为三价的有机磷和五价的有机磷。三价有机磷中烃基配位的称为膦，如三甲基膦、三苯基膦。三价磷还有三烷氧基磷、三烷硫基磷等。五价磷较稳定的化合物是环状磷，如二氧磷(V)杂环戊烯，它可由 1,2-二羰基化合物与三烷氧基磷制备。

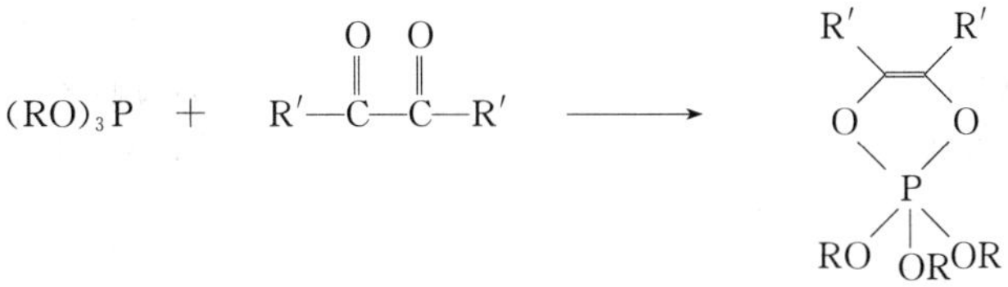

二氧磷(V)杂环戊烯

有机磷化合物在有机合成中担当着重要的角色，特别是三苯基膦，它是由三氯化磷、氯苯和熔融金属钠制备的。三苯基膦中磷原子上具有孤对电子，易发生亲核反应，如与卤代烃发生 SN2 反应紧接着与碱作用生成偶极活性中间体叫叶立德(ylide)，又叫维狄希试剂，该中间体与醛、酮发生反应生成烯，因此成为广泛合成烯烃的方法(参阅 11.3 节)。

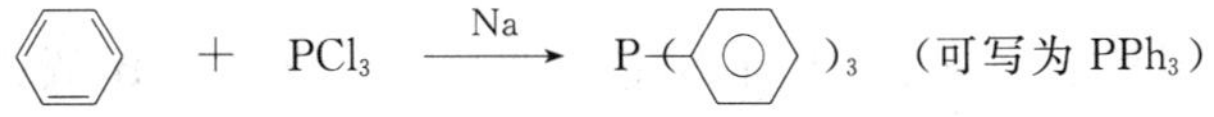

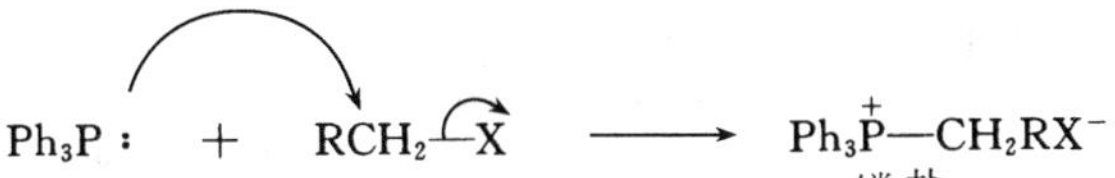

鏻盐

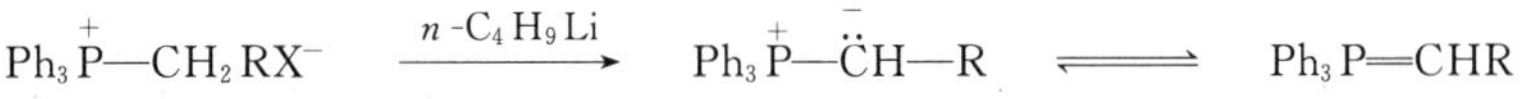

叶立德(ylide)

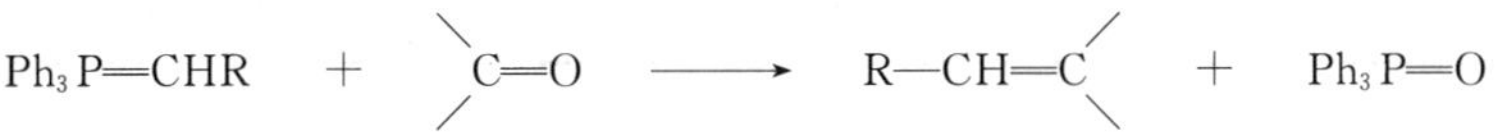

此外，这个磷叶立德还可发生各种亲核反应制备各种化合物，下面是几个例子：

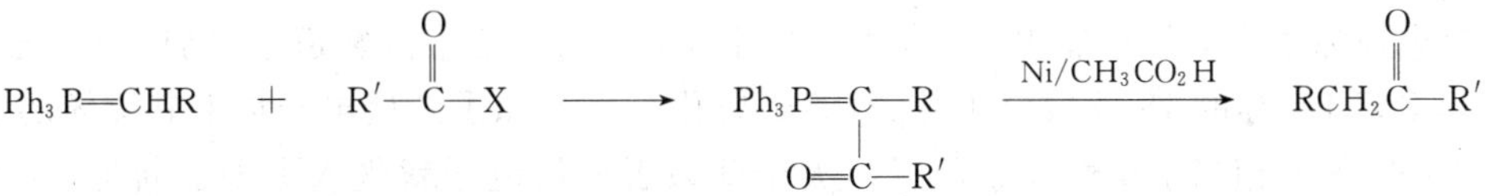

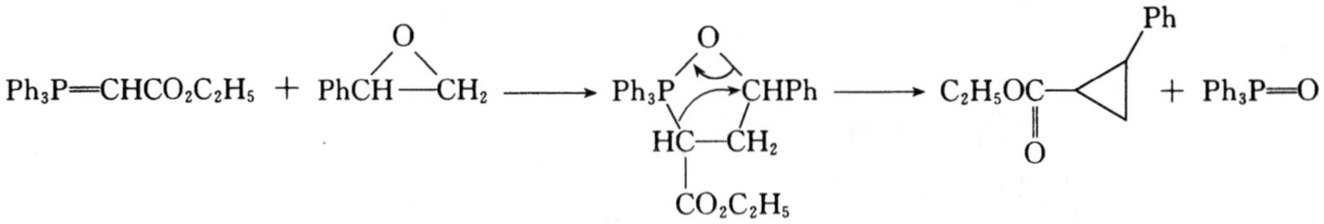

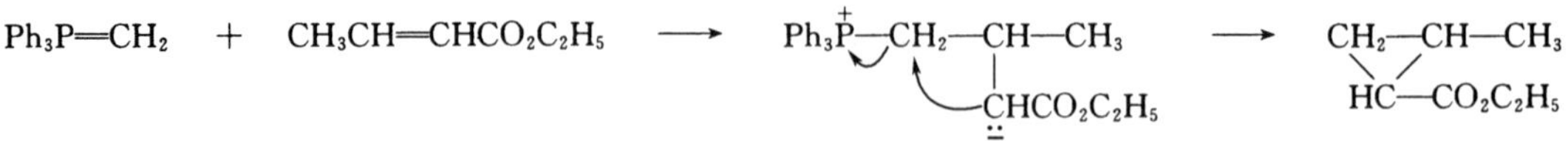

$$Ph_3P{=}CHCO_2C_2H_5 \ + \ PhCH{-}CH_2 \longrightarrow Ph_3P{\cdots}CHPh \longrightarrow C_2H_5OC{-}C \begin{matrix} Ph \\ \triangle \end{matrix} \ + \ Ph_3P{=}O$$

（环氧结构式及中间体 反应式）

$$Ph_3P{=}CH_2 \ + \ CH_3CH{=}CHCO_2C_2H_5 \longrightarrow Ph_3\overset{+}{P}{-}CH_2{-}CH{-}CH_3 \longrightarrow \begin{matrix} CH_2{-}CH{-}CH_3 \\ HC{-}CO_2C_2H_5 \end{matrix}$$

许多有机磷化合物(氨基膦酸、磷(膦)酰胺、磷(膦)酸酯)具有重要的生理活性,如抗癌、抗病毒、除草、杀虫等,在医药和农药领域有着极为广泛的应用。

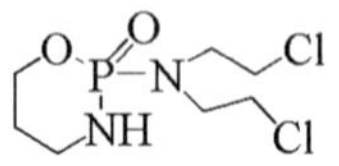

环磷酰胺
（抗肿瘤药）

草甘膦酸
（广谱除草剂）

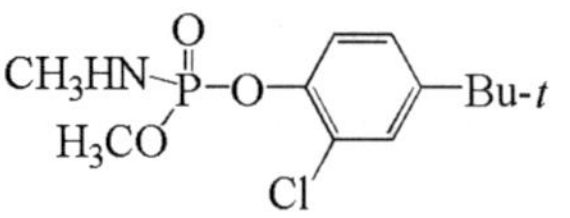

育畜磷
4-叔丁基-2-氯苯基甲基氨盐磷酸酯
（杀虫剂）

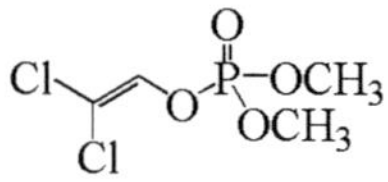

敌敌畏
2,2-二氯乙烯基二甲基磷酸酯
（广泛用于农作物杀虫、家庭灭蚊蝇,毒性很大）

23.3 过渡金属有机化合物

这一类金属在周期表上分属于ⅠB、ⅡB、ⅢB、ⅣB、ⅤB、ⅥB、ⅦB、Ⅷ族,俗称副族。

	ⅢB	ⅣB	ⅤB	ⅥB	ⅦB	Ⅷ			ⅠB	ⅡB
	Sc	Ti	V	Cr	Mn	Fe	Co	Ni	Cu	Zn
	Y	Zr	Nb	Mo	Tc	Ru	Rh	Pd	Ag	Cd
	La系	Hf	Ta	W	Re	Os	Ir	Pt	Au	Hg
价电子数:	3	4	5	6	7	8	9	10	11	12

ⅠB和ⅡB族的d轨道能量与p、s轨道能量差距大,反应时常常不需d电子的参与,所以它们的化合物以一价、二价为主。它们和其他过渡金属有机化合物无论是有机的还是无机的差别较大。

过渡金属原子在d轨道有电子,其最多数目为14。如果在p、s轨道中再加4个电子,就达到惰性元素氪Kr等的18外层电子数,过渡金属化合物的原子外层电子加上其配体的电子数如达到18,原子就相当于惰性元素原子。大于此数者外层电子就进入更外层轨道,而不再是过渡金属的电子构造了,所以 18 电子数成为过渡金属化合物的最稳定电子构造。(小于 18 而稳定的化合物也有,如原子外层电子为 16 的化合物。)

18 电子包括过渡金属原子的 d、p、s 轨道上电子的和,即配体提供成键的电子加金属原子外层 d、p、s 轨道的电子,例如过渡金属羰基化合物 $M(CO)_n$,它们配体的电子是每一个羰基 CO 提供 2 个电子:

$$Cr(CO)_6 \qquad Fe(CO)_5 \qquad Ni(CO)_4$$

电子总数 $6+2\times6=18 \qquad 8+2\times5=18 \qquad 10+2\times4=18$

与金属配位的配体电子数是各不相同的,例如烷基提供一个电子,与其成配价的另一个电子要由金属原子提供;环戊二烯基配体有 5 个电子;苯有 6 个电子。有的与金属成键的属于 σ 键,有的则以 π 键形式与金属配位。键型和键的稳定性可用量子化学和价键理论予以解释。

一、过渡金属有机化合物的反应类型

1. Lewis 酸的缔合—离解(association-dissociation)

如四(三苯基膦)化镍与 HCl 的反应:

反应中 18 电子的四配位镍缔合一个质子而成五配位的镍正离子,其外层电子数仍保持 18。

$[Mn(CO)_5]^-$ 与 CH_3Br 缔合得 $CH_3Mn(CO)_5$,前者以负离子形式与 CH_3Br 反应很像 S_N2 亲核取代,所以我们以 Lewis 碱与亲电的 CH_3Br 相反应来比拟。

2. Lewis 碱的缔合—离解

四羰基镍与三苯基膦的反应,后一反应物 PPh_3 有未共用电子对,是活性的 Lewis 碱,取代产物是 $Ph_3PNi(CO)_3$。该反应可能分两步,第一步是 CO 的离解,第二步是三苯基膦作为碱与 $Ni(CO)_3$ 缔合:

$$Ni(CO)_4 \longrightarrow Ni(CO)_3 + CO$$

$$Ni(CO)_3 + PPh_3 \longrightarrow Ph_3PNi(CO)_3$$

3. 氧化加成—还原消除

过渡金属的氧化态可以变动,一些有大配体的过渡金属如铱可以 16 电子形式存在 $[(Ph_3P)_2IrCO(Cl)]$,它与小分子 $2H^+$ 加成而得 18 电子产物 $[(Ph_3P)_2IrH_2CO(Cl)]$。由于 Ir 由 +1 价变为 +3 价,所以叫氧化加成,其逆反应称还原消除。

4. 插入—反插入(insertion-deinsertion)

这是指过渡金属有机化合物的配体发生互变的反应,反应过程中可能金属的配位数或电子数有变异:

$$CH_3Mn(CO)_5 \rightleftharpoons CH_3COMn(CO)_4$$

过渡金属有机化合物与其他分子或分子内所发生的变化都是由于金属的配位数与外层电

子数可以变异,其更本质的问题是金属与配体结合的化学键与一般有机化合物的化学键性质的不同。

二、过渡金属有机化合物分子中的键型

金属原子与配体成键的形式不仅仅是 σ 键或 π 键,还涉及 σ 反馈键、π 反馈键、多中心电子键等。以羰基金属为例:

$$M—CO$$

羰基以 2 个电子配给 M,而 CO 的 π 空轨道可以接受 M 的 d 轨道反馈的电子,这是由于 M 原子的 d 轨道可以与 CO 的反键 π 轨道交盖(图 23-3)。

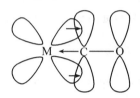

图 23-3   σ-π 反馈键

这种 σ 反馈键对膦配位也是存在的。另一种是 π 反馈键,以烯键与 M 的配位为例:

$M \longleftarrow \overset{CH_2}{\underset{CH_2}{\|}}$,烯键以其 π 电子对给 M 原子的空轨道,M 则以 d 轨道电子反馈给烯键的反馈 π 键轨道(图 23-4):

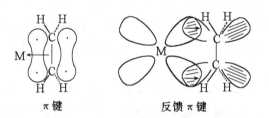

π 键   反馈 π 键

图 23-4   π 键和反馈 π 键

我们可以想像,由于反馈键,从 M 把电子反馈给有机配体,使配体与 M 之间形成较牢固的结合。

二茂金属、苯金属分子中的键更复杂,量子化学已有很好的解释(6.12 节中用环戊二烯基负离子的共轭体系 π 电子数为 6 是解释[C_5H_5]⁻稳定性的另一观点,是不涉及量子化学的另一种说明)。

三、过渡金属有机化合物在合成中的应用

1. 作为亲核试剂的烃基铜锂试剂

R_2CuLi 是一价烃基铜和烃基锂的复合试剂,它是很活泼的亲核取代试剂,用作偶联烃基:

$$(CH_3)_2CuLi \ + \ RI \ \xrightarrow[0\,℃]{ether} \ R—CH_3 \ + \ LiI \ + \ CH_3Cu$$

这种偶联试剂也可用于烯基碘(或溴)或芳基碘,反应可能涉及烃基自由基。

2. 过渡金属有机化合物用于不对称合成

一个最广泛使用的均相催化剂是 Wilkinson 催化剂——$(Ph_3P)_3RhCl$。[G. Wilkinson, 英国著名金属有机化学家,因发现铑催化剂及金属有机化学研究而获 1973 年 Nobel 化学奖。] 该催化质体是铑 14 电子化合物,$(Ph_3P)_2RhCl$ 同 H_2 和烯作用得到的 18 电子的二氢铑络合物 $(Ph_3)_2RhH_2Cl$,氢被顺式加成到烯分子上。Wilkinson 催化剂可用于偶联、去羰基化、重排等反应。

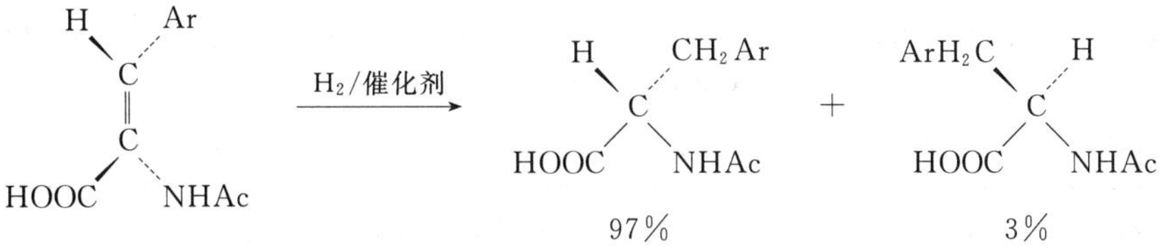

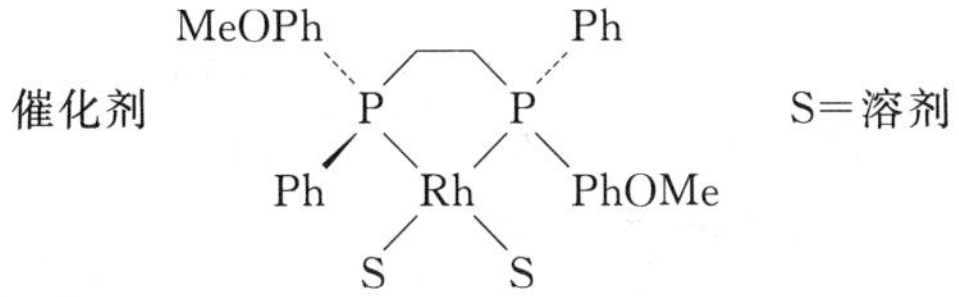

过渡金属有机化合物具有的催化活性是由于它们的变价性和多配位性。周期系中 Ti、Zr、V、Cr、Mo、W、Fe、Ru、Co、Rh、Ni、Pd、Pt 和有机配体结合后可作为氧化—还原、偶联、重排等反应催化剂。由于它们的中间体可以捕捉到,对催化过程机理的阐明增加了透明度。图 23-5是一个 Rh-I 催化甲醇羰基化制乙酸的示意。

$$CH_3OH + CO \xrightarrow[180\,℃]{Rh\text{-}I/I^-} CH_3CO_2H \quad 99\%$$

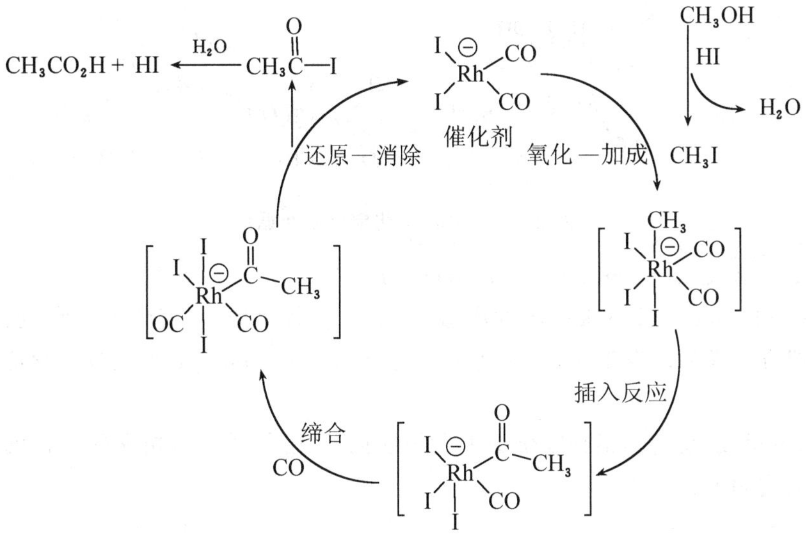

图 23-5　铑催化甲醇羰基化

3. 以钯为氧化还原试剂把乙烯氧化为乙醛的反应

该反应是工业上有极大用处的反应,氯化钯和乙烯首先反应得 π-乙烯钯,乙烯的钯络合物离子呈亲电性,进行羟基化,这时 π 键转化为 σ 键,Pd—C 键断裂,Pd 被还原为 Pd^0。这一系列反应都是在水中完成的，Wacker（沃格）发现如果 Pd^0 被 CuCl$_2$ 氧化则又可恢复氯化钯，于是一种计量反应配合氧化剂CuCl$_2$（CuCl$_2$被还原成CuCl，极容易在HCl中被空气氧化恢复成CuCl$_2$）就成为可持续进行氧化—还原循环（图 23-6）。

从乙烯到乙醛反应所需要的是空气和水，钯和氯化铜在反应中持续地进行氧化—还原，这是一个合成乙醛很经济的工业方法，叫做 Wacker 过程，其中利用了过渡金属钯和乙烯的配位，键从 π 形式转化为 σ 形式，CuCl$_2$ 在 HCl 中进行了氧化—还原过程，用方程式表示为：

$$
\begin{array}{l}
PdCl_2 + CH_2{=}CH_2 + H_2O \longrightarrow CH_3CHO + Pd + HCl \\
\qquad\quad Pd + 2\,CuCl_2 \longrightarrow PdCl_2 + 2\,CuCl \\
2\,CuCl + 2\,HCl + \tfrac{1}{2}O_2 \longrightarrow 2\,CuCl_2 + H_2O
\end{array}
$$

总体：$\qquad C_2H_4 + \tfrac{1}{2}O_2 \longrightarrow CH_3CHO$

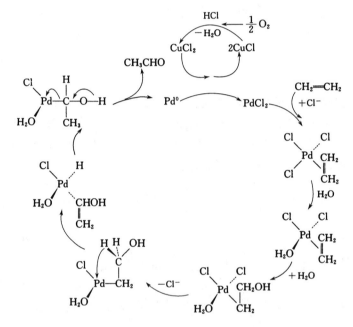

图 23-6　PdCl$_2$ 催化氧化乙烯循环

4. Suzuki 偶联反应（Suzuki-coupling reaction）

Akira Suzuki 是日本 Hokkaido（北海道）大学的著名教授，一直致力于有机合成化学，特别是新的合成方法学的研究工作，以他名字命名的 Suzuki-coupling 反应被广泛应用于药物合成领域。

Suzuki-coupling 反应是指在零价钯配合物催化下，卤代烃与有机硼酸进行的交叉偶联反应。其反应通式如下：

$$R{-}X + R'B(OH)_2 \xrightarrow[\text{base}]{[Pd^0]} R{-}R' + XB(OH)_2$$

（Suzuki，A. Pure Appl. Chem.，1985，57：1749）

Suzuki 偶联反应底物之一的有机硼酸可通过格氏试剂或锂试剂与硼酸酯进行烃基化反应制备，也可通过烯烃或炔烃的硼氢化反应制备。另一反应底物可为各种芳香卤代烃或乙烯型卤代烃,其反应活性 I>Br>Cl>F,其中溴代烃应用最广,氟代烃反应活性极低。另外芳香基或乙烯基的三氟甲磺酸酯或磺酸酯,也能顺利地发生与芳香卤代烃类似的 Suzuki 偶联反应。Suzuki 偶联反应中需要加碱才能使反应顺利进行,加入的碱可为无机碱,例如碳酸钾、碳酸铯、磷酸钾、氟化钾、氢氧化钾等,也可选用胺和醇钠等有机碱。

Suzuki 偶联反应最早采用的催化剂是单齿膦配位的零价钯配合物,如 Pd(PPh₃)₄,但实际操作中经常采用二价钯配合物,在反应过程中,膦配体作为还原剂将二价钯还原为零价钯,如下式所示:

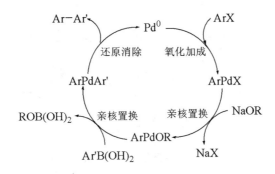

$$\text{Pd(OAc)}_2 \ + \ \text{PPh}_3 \longrightarrow \quad \longrightarrow \quad \text{Pd}^0\text{-PPh}_3 \ + \ \text{Ac}_2\text{O} \ + \ \text{Ph}_3\text{P=O}$$

以下是 Suzuki 偶联反应的两个实例。

Martin 等研究了 Suzuki 偶联反应的机理,如图 23-7 所示。

图 23-7 Suzuki 偶联反应机理

来源:Martin, A. R, Yang, Y. H. Acta Chem. Scand, 1993,47:221.

一般芳香环与芳香环之间形成碳—碳键用其他方法往往准以实现,而 Suzuki 偶联反应提供了一种在温和条件下高产率生成芳香环与芳香环之间碳—碳键的有效途径。Suzuki 反应条件温和,对羧基、醛基、酮羰基、硝基、氰基、氟原子等基团均不影响,而且反应产率高,受空间位阻影响小,立体选择性和区域选择性高,在农用化学品、药物等活性中间体的工业生产中都被广泛应用,如 Novartis 的抗高血压药物 Valsartan、BASF 公司的 Bosealid 杀虫剂、Dow 化学公司的 Lumation 等的生产中都应用了此类反应。

5.金属卡宾催化的烯烃复分解反应

2005 年的诺贝尔化学奖颁给了 3 位在烯烃复分解反应研究方面做出杰出贡献的化学家——伊夫·肖万(Yves Chauvin)、罗伯特·格拉布(Robert H. Grubbs)和理查德·施罗克(Richard R. Schrock)。伊夫·肖万生于 1930 年,法国石油研究所的荣誉所长,法国科学院成员。罗伯特·格拉布,生于 1942 年,美国加州理工学院化学系教授。理查德·施罗克生于 1945 年,美国麻省理工学院化学系教授。

烯烃复分解反应(Olefin Metathesis)是指在金属烯烃络合物(又称金属卡宾)的催化下,不饱和碳碳双键发生断裂,并重新结合,形成新的烯烃化合物的反应,实际上是通过金属卡宾实现碳碳双键两边基团换位的反应。Metathesis(换位)一词来源于希腊文 meta(改变)和 thesis(位置),是指两个化学物质在反应过程中,部分结构发生了交换。例如下面的一个简单的烯烃复分解反应:

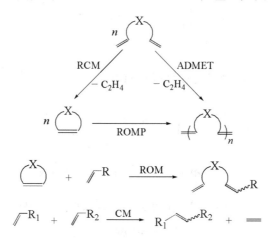

按照反应过程中分子骨架的变化,可以分为五种情况:关环复分解(ring-closing metathesis,RCM)、开环复分解聚合(ring-opening metathesis polymerization,ROMP)、非环二烯复分解聚合(acyclic diene metathesis plymerization,ADMET)、开环复分解(ring-opening metathesis,ROM)以及交叉复分解(cross metathesis,CM)反应。如图 23-8 所示。

图 23-8　烯烃复分解反应的五种类型

以下是烯烃复分解反应的几个简单实例:

早在 20 世纪 50 年代中期,就发现了金属催化的烯烃复分解反应,早期发展的催化剂均为多组分催化剂,如 MoO_3/SiO_2、Re_2O_7/Al_2O_3、WCl_6/Bu_4Sn 等。这些催化体系通常需要苛刻的反应条件和很强的路易斯酸性条件,使得反应对底物容许的功能基团有很大的限制。这些问题促使人们去进一步认识和理解反应进行的机制。1970 年,法国科学家伊夫·肖万发表重要论文,阐明了烯烃复分解反应的反应机制是经过了金属杂环丁烷中间体的过程,如图 23-9 所示。

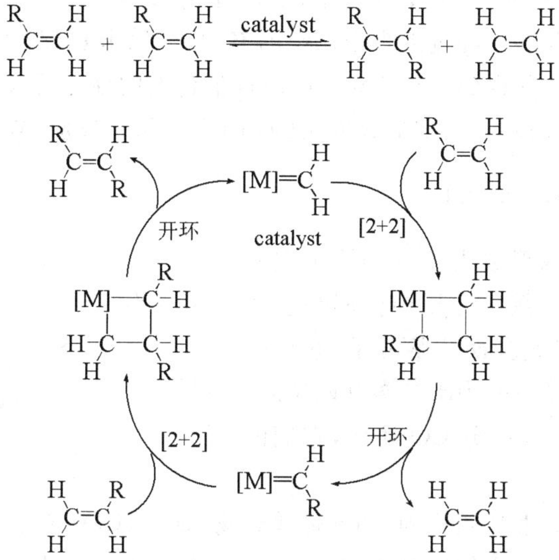

图 23-9　烯烃复分解反应机理

在此基础上,科学家们试图寻找催化性能更优越,适用范围更广的高效催化剂。1990 年,美国科学家理查德·施罗克研究出了第一个实用的烯烃复分解反应催化剂,其结构如下图所示:

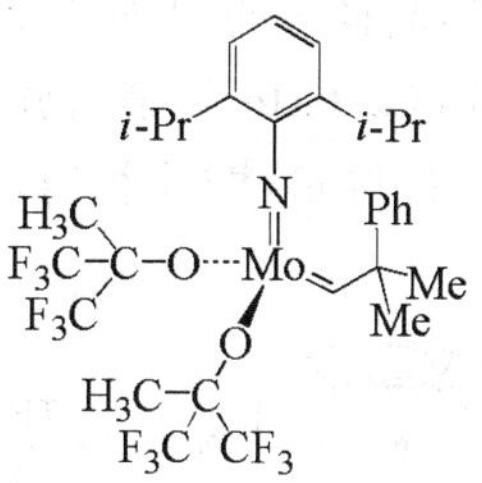

1992 年,美国科学家罗伯特·格拉布报道了钌配合物也可作为烯烃复分解反应的有效催化剂,并对催化剂的结构进行了改进,分别于 1995 年和 1999 年开发出了第一代和第二代 Grubbs 催化剂。这种金属钌催化剂在空气中稳定,选择性高,成为第一种被普遍使用的烯烃复分解催化剂。其结构如下图所示:

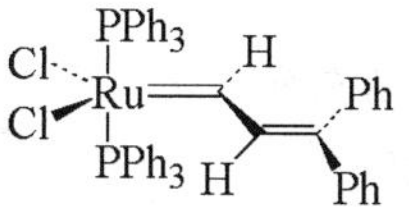

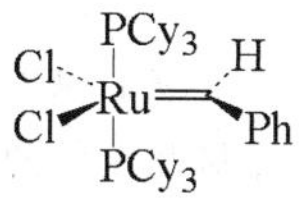

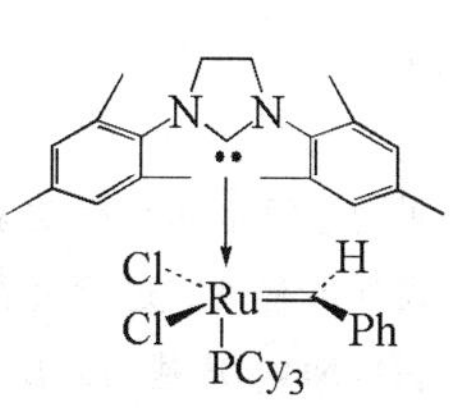

Grubbs,1992

Grubbs,1995
(投放市场的第一代
Grubbs 催化剂)

Grubbs,1999
(投放市场的第二代
Grubbs 催化剂)

由于 Grubbs 催化剂的诞生，使得过去许多有机合成化学家束手无策的复杂分子的合成变得轻而易举。例如烯烃的开环复分解聚合反应已经成功应用于一些特殊功能高分子材料，如亲水性高分子、高分子液晶等的合成。关环复分解反应在许多复杂药物、天然产物以及生理活性化合物合成过程中，表现出了特殊的优越性和高效率。从 20 世纪以来，诺贝尔化学奖共有 5 次颁布给有机合成方法研究成果（1912 年，Grignard 试剂；1950 年，Diels-Alder 反应；1979 年，有机硼、有机磷试剂和反应；2001 年，手性催化；2005 年烯烃复分解反应），从中可看出烯烃复分解反应的重要性。经过近半个世纪的努力，金属卡宾催化的烯烃复分解反应已经发展成为标准的合成方法并得到广泛应用，Grubbs 催化剂的催化反应活性以及对反应底物的适用性，已经可以与传统的碳—碳键形成方法（如 Diels-Alder 反应、Wittig 反应）相媲美。

四、过渡金属原子簇（Cluster）

同类或异类过渡金属形成大于三个原子在一个化合物中称为金属原子簇。分子中金属与金属相互成键，形成四面体状或多面体状分子，它们一般有 CO 或 Cp 配体，最简单的为十二羰基四钴簇，系羰基钴 $[Co(CO)_4]_2$ 失去部分 CO 而成，它们的结构和键型如右。

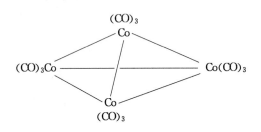

十二羰基四钴簇

金属簇合物的骨架一般比较稳固，四面体簇合物 $FeCo_2(CO)_9(\mu_3 \cdot E)$，这是一个由三个金属原子与一个 E（S 或 Se）组成的四面体，可以与该类络负离子钠盐 $\eta^5\text{-}RC_5H_4Mo(CO)_3Na$ 在 THF 溶液中发生金属的置换反应，在 Fe 和 Co 原子为顶端各接三个羰基之中，谁可被 $CpMo(CO)_3$ 取代呢，考虑到 $[Fe(CO)_3]$ 中 Fe 是以 8 个 d 电子与 3 个 CO 基的 6 个电子成配体，共 14 个电子，因而它在簇中与另外三个顶端原子（各出一个电子）成 17 电子构型；对于 $[Co(CO)_3]$，它比 Fe 原子多一个电子，同样也与另外三个顶端原子成键配合后外层电子数共 18，$[CpMo(CO)_3]^-$ 置换 $Co(CO)_3$ 较容易（Mo 是第六族比 Fe 和 Co 少 2～3 个 d 电子，这个配体中 Mo 的外层电子数 6＋6＋6＝18，与 Co 配体相当）：

这种金属原子加上配体后的原子簇互相置换的反应是常用的。

习　题

1. 非过渡金属与过渡金属在周期系中分属于哪几族？它们原子构造的不同点在何处？
2. 试以方程式列出有机非过渡金属化合物和过渡金属化合物的合成方法各两种。
3. 试画出氰基（N≡C）基团以反馈键的形式与过渡金属成键。
4. 有机硼与(1)水，(2)烯键化合物，(3)氨的反应，以方程式表达之。
5. RLi 与 RMgX 的反应有些相似，也有些不同，你能举出不同之处吗？
6. 有机磷包括 P—OR 和 P—R，它们如何称呼的？

7. 硅和碳的电负性有差别,推测 $(CH_3)_3Si—Cl$ 和 $(CH_3)_3C—Cl$ 与亲核试剂,如 H_2O、HOR、NaOR 的反应产物。

8. 完成下列反应。

(1) 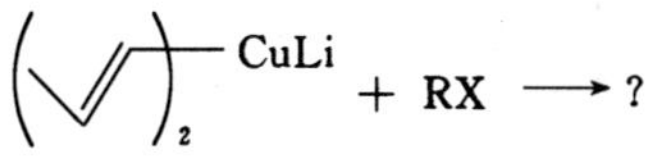 $+$ RX $\longrightarrow$?

(2) 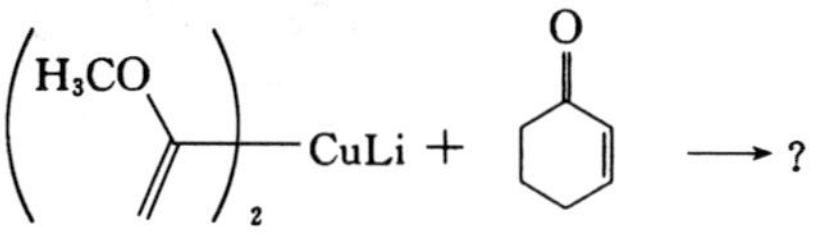 $+$ $\longrightarrow$?

(3) 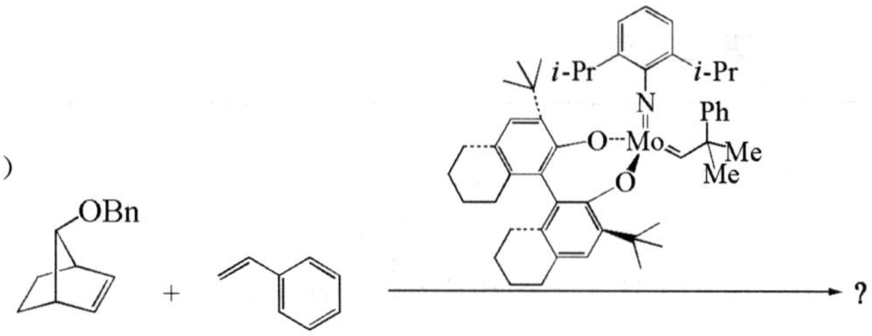 $\longrightarrow$?

(4) 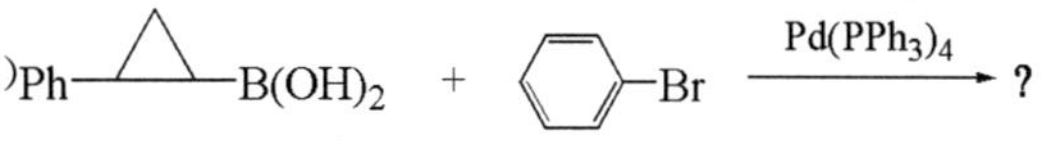 $+$ $\xrightarrow{Pd(PPh_3)_4}$?

(5) 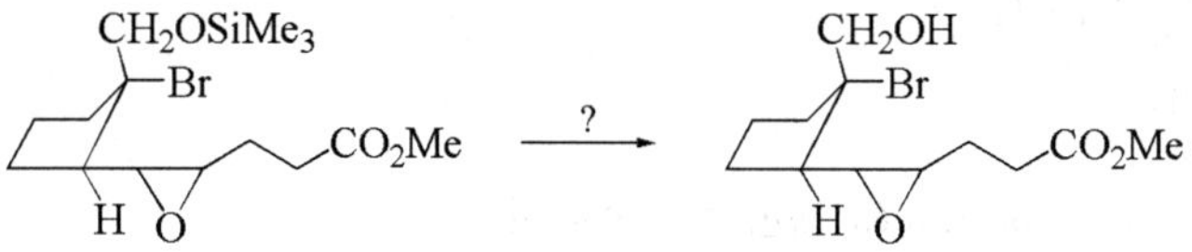 $\xrightarrow{?}$

问 题 参 考 答 案

第 二 章

2-1　(2)(3)(5)同;(4)(6)同

2-2　$CH_3CH_2CH_2CH_2CH_2CH_3$;　　$\underset{CH_3}{\overset{CH_3}{CHCH_2CH_2CH_3}}$;　　$CH_3CH_2\underset{CH_3}{\overset{CH_3}{CHCH_2CH_3}}$;

$CH_3\underset{CH_3}{CH}-\underset{CH_3}{CH}CH_3$;　　$CH_3-\underset{CH_3}{\overset{CH_3}{C}}-CH_2CH_3$

2-3　(1)正己烷,n-hexane;　(2)异己烷,isohexane;　(3)新己烷,neohexane

2-4　(1) $CH_3-\overset{1°}{\underset{3°}{CH}}-\underset{2°}{CH_2}-\overset{\overset{1°}{CH_3}}{\underset{3°}{CH}}-\underset{2°}{CH_2}-\underset{2°}{CH_2}-\overset{3°}{CH}(\underset{2°}{CH_2}\underset{1°}{CH_3})_2$;

　　$\underset{1°}{CH_2}-\underset{2°}{CH_2}-\underset{1°}{CH_3}$

(2) $\overset{1°}{CH_3}-\overset{\overset{1°}{CH_3}}{\underset{3°}{CH}}-\overset{\overset{1°}{CH_3}}{\underset{4°}{C}}-\overset{\overset{1°}{CH_3}}{\underset{4°}{C}}-\overset{1°}{CH_3}$;　　(3)

　　　$\underset{2°}{CH_2}\ \underset{1°}{CH_3}$

　　　$\underset{1°}{CH_3}$

(4) $CH_3-\overset{\overset{1°}{CH_3}}{\underset{3°}{CH}}-\underset{2°}{CH_2}-\underset{2°}{CH_2}-\underset{3°}{CH}\overset{\overset{2°}{CH_2}}{\diagdown\diagup}\underset{2°}{CH_2}$

2-5　(1) $CH_3CH_2-\overset{\overset{CH_2CH_3}{|}}{\underset{\underset{CH_2CH_3}{|}}{C}}-CH_2CH_3$;　　(2) $H_3C-\overset{\overset{CH_3}{|}}{CH}-\overset{\overset{\overset{CH_3}{|}}{\overset{CH}{|}\overset{CH_3}{}}}{C}-\overset{\overset{CH_3}{|}}{CH}-CH_3$;

　　　　　　　　　　　　　　　　　　$\underset{\underset{CH_3}{}\ \underset{CH_3}{}}{CH}$

(3) $CH_3-\underset{\underset{CH_3}{|}}{CH}-CH_2CH_2CH_3$;

(4) $H_3C-CH_2-\overset{}{\underset{\underset{CH_3}{|}}{CH}}-CH_2-\overset{}{\underset{\underset{CH_3}{|}}{CH}}-CH_2-CH_2CH_2CH_3$;

　　　　　　　$\underset{}{CH_2}\ \underset{}{CH_3}-\overset{CH_3}{\underset{CH_3}{C}}-CH_3$

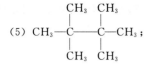

(5) 见上图；　(6) 见上图

2-6　(1) 2,5-二甲基己烷

　　　　2,5-dimethylhexane

　　　(2) 2,6,6-三甲基-3-乙基辛烷

　　　　3-ethyl-2,6,6-trimethyloctane

　　　(3) 3,3,4,5-四甲基-4-乙基庚烷

　　　　4-ethyl-3,3,4,5-tetramethylheptane

　　　(4) 2,6,7-三甲基壬烷　　　　(5) 3,3-二乙基戊烷

　　　　2,6,7-trimethylnonane　　　　3,3-diethylpentane

2-7　ClCH$_2$CH$_2$CH$_2$CH$_2$CH$_3$；　　CH$_3$CHClCH$_2$CH$_2$CH$_3$；　　CH$_3$CH$_2$CHClCH$_2$CH$_3$；

　　　1-氯戊烷　　　　　　　　2-氯戊烷　　　　　　　　3-氯戊烷

　　　ClCH$_2$CH(CH$_3$)CH$_2$CH$_3$；　　(CH$_3$)$_2$CClCH$_2$CH$_3$；　　(CH$_3$)$_2$CHCHClCH$_3$

　　　2-甲基-1-氯丁烷　　　　2-甲基-2-氯丁烷　　　　2-甲基-3-氯丁烷

　　　(CH$_3$)$_2$CHCH$_2$CH$_2$Cl；　　(CH$_3$)$_3$CCH$_2$Cl

　　　3-甲基-1-氯丁烷　　　　2,2-二甲基-1-氯丙烷

2-8

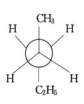　　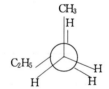　　　　

　　反式交叉式　　　　反错重叠式　　　　邻位交叉式　　　　顺叠重叠式

　　　　　反式交叉式＜邻位交叉式＜反错重叠式＜顺叠重叠式

2-9

　　反式交叉式　　　　　　　　反错重叠式
　　（最稳定）

　　邻位交叉式　　　　　　　　顺叠重叠式

2-10　　　　　戊烷　　己烷　　　庚烷
　　　bp　　36 ℃　　69 ℃　　约 100 ℃

2-11　(1),(6),(7)

2-12 正丁醇能形成分子间的氢键,乙醚却不能,因此正丁醇的沸点高;正丁醇、乙醚都能与水形成分子间氢键,因此它们在水中溶解度相同。

2-13

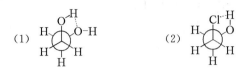

(1)   (2)

2-14 (1)氯光照产生氯自由基 $Cl_2 \xrightarrow{h\nu} 2Cl\cdot$,在黑暗中混和仍能引发自由基反应。

(2)光照产生的氯自由基在黑暗中放置结合成氯分子 $2Cl\cdot \longrightarrow Cl_2$。

(3)甲烷 C—H 键能大为 435 kJ/mol,光照不能使之均裂。

2-15 $\dfrac{伯氢}{仲氢} = 1 : 3.8$

2-16 1.15∶1

2-17 3 种

2-18 CH_3CH_2Cl CH_3CHCl_2 $ClCH_2CH_2Cl$ CH_3CCl_3 $ClCH_2CHCl_2$

　　　 氯乙烷　　　　 1,1-二氯乙烷　　　　 1,2-二氯乙烷　　　　 1,1,1-三氯乙烷　　　　 1,1,2-三氯乙烷

2-19 $C_6H_5CH_2\cdot \approx CH_2=CHCH_2\cdot >$ 叔 $>$ 仲 $>$ 伯 $>$ 甲 $\approx CH_2=CH\cdot$

2-20 $\cdot CH_2CHCH_2CHCH_3$　　　$CH_3\overset{\cdot}{C}CH_2CHCH_3$　　　$CH_3\overset{\cdot}{C}H\overset{\cdot}{C}HCHCH_3$
　　　　　　│　　│　　　　　　　　│　　│　　　　　　　│　　│
　　　　　　CH_3　CH_3　　　　　　　　CH_3　CH_3　　　　　　　CH_3　CH_3

　　　　　　　　　　　　　　　最稳定

第 三 章

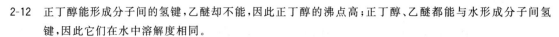

3-1 (1)2-甲基二环[2.2.2]-2-辛烯　2-methylbicyclo[2.2.2]-2-octene

　　(2)1-甲基-3-异丙基环己烷　1-isopropyl-3-methylcyclohexane

　　(3)4-甲基螺[2.4]庚烷　4-methylspiro[2.4]heptane

　　(4)反-1,3-二甲基环丁烷　*trans*-1,3-dimethylcyclobutane

　　(5)1,1-二甲基环丁烷　1,1-dimethylcyclobutane

　　(6)7,7-二甲基二环[2.2.1]庚烷　7,7-dimethylbicyclo[2.2.1]heptane

　　(7)bicyclo[2.2.2]-2-octene

　　(8)bicyclo[1.1.0]butane

　　(9)spiro[4.5]decane

　　(10)camphor

3-2

(1)　$CH_3CH_2CH—CH_3$　　(2)　　　　　　　(3)
　　　　　　　│
　　　　　　　I

3-3　2-戊烯
　　1,2-二甲基环丙烷 $\Bigg\}$ $\xrightarrow{\text{溴水}}$ 颜色消失
　　环戊烷　　　　　　　　　　　　颜色消失 $\Bigg\}$ $\xrightarrow{KMnO_4}$ 颜色消失
　　　　　　　　　　　　　　　　　无变化　　　　　　　　无变化

3-4　(1)反(ee)　　(2)顺(ae)　　(3)反(aa)　　(4)反(ee)

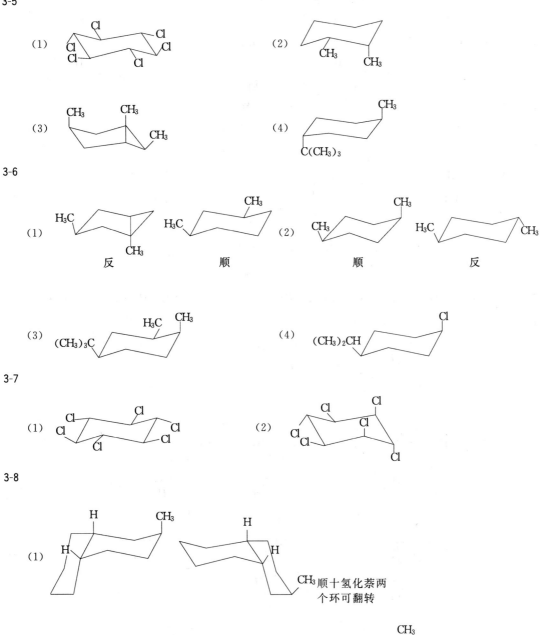

3-5

(1)

(2)

(3)

(4)

3-6

(1) 反　　　顺

(2) 顺　　　反

(3)

(4)

3-7

(1)

(2)

3-8

(1) CH₃顺十氢化萘两
个环可翻转

(2) 反十氢化萘两
个环不能翻转

第 四 章

4-1　(1)(Z)-3,4-二甲基-2-戊烯　(Z)-3,4-dimethyl-2-pentene

　　　(2)顺-2-甲基-3,4-二乙基-3-庚烯　cis-3,4-diethyl-2-methyl-3-heptene

　　　(3)2-甲基-2-丁烯　2-methyl-2-butene

　　　(4)反-2,3-二溴-2-丁烯　trans-2,3-dibromo-2-butene

4-2 (1) $CH_3-\overset{\displaystyle CH_3CH_3}{\underset{}{C}}=C-CH_3$ (2) structure (3) structure

4-3

$CH_2=CH_2 \xrightarrow{Br_2}$ (bromonium ion with Br^-) $\longrightarrow$ $\overset{Br}{\underset{}{CH_2}}-\overset{Br}{\underset{}{CH_2}}$

(bromonium ion with $HOCH_3$) $\longrightarrow$ $\overset{Br}{\underset{}{CH_2}}-CH_2\overset{+}{\underset{H}{O}}CH_3 \xrightarrow{-H^+} BrCH_2-CH_2OCH_3$

4-4 (1) structure (2) $BrCH_2CH_2CH_2Br$ (3) structure (4) structures

4-5 $\langle\text{phenyl}\rangle-CH=CH_2 > (CH_3)_2C=CH_2 \cong (CH_3)_2C=(CH_3)_2 > CH_3CH=CH_2 > H_2C=CH_2$

4-6

4-7 (1) structure (2) $CH_3-\underset{\displaystyle}{\overset{\displaystyle CH_3}{C}H}-\overset{\displaystyle I}{\underset{}{C}H}-CH_3$ (3) $CH_3-\overset{\displaystyle CH_3}{\underset{\displaystyle I}{C}}-CH_2-\overset{\displaystyle CH_3}{\underset{\displaystyle CH_3}{C}H}$

4-8 (1) $CH_3CH=CH_2 \quad\sim\quad CH_3CH=CHCH_3$

$$(2) \quad \begin{matrix} CH_3 \\ | \\ CH_3 \end{matrix} C{=}CH_2 \quad > \quad CH_3CH{=}CHCH_3$$

$$(3) \quad CH_3CH_2{-}\underset{\underset{CH_3}{|}}{C}{=}CH_2 \quad > \quad CH_3CH_2CH_2CH{=}CH_2$$

$$(4) \quad CH_3{-}CH{=}CH_2 \quad > \quad CCl_3CH{=}CH_2$$

4-9　(1) 　　(2) $CH_3COOCH_2CH_3$

4-10　(1) $CH_3\underset{\underset{Cl}{|}}{CH}CH_2I$　(2) $CH_3\overset{\overset{OH}{|}}{CH}{-}CH_2Br$　(3) 　(4)

4-11　(1) $\xrightarrow{B_2H_6}$ $\xrightarrow{H_2O_2/OH^-}$　(2) $\xrightarrow[H_2O]{H_2SO_4}$　(3) $\xrightarrow{Cl_2/H_2O}$ $\xrightarrow[\triangle]{OH^-}$　(4) $\xrightarrow{HBr}$

4-12　(1) 　(2) 　(3) 　(4)

4-13　(1) $CH_3\overset{\overset{OH}{|}}{CH}CH_2CH_3$　(2) $CH_3{-}\underset{\underset{CH_3}{|}}{\overset{\overset{I}{|}}{C}}{-}\overset{\overset{CH_3}{|}}{CH}CH_3$

$$(3) \quad CH_3{-}\overset{\overset{CH_3}{|}}{CH}{-}\underset{\underset{OH}{|}}{CH}{-}CH_3 \qquad (4) \quad CH_3{-}\underset{\underset{CH_3}{|}}{\overset{\overset{OH}{|}}{C}}{-}CH_2Br$$

4-14　

4-15　

$$R\cdot \ + \ Cl{:}CCl_3 \ \longrightarrow \ R{:}Cl \ + \ \cdot CCl_3$$
$$\cdot CCl_3 \ + \ CH_3CH{=}CH_2 \ \longrightarrow \ CH_3\dot{C}HCH_2CCl_3$$
$$CH_3\dot{C}HCH_2CCl_3 \ + \ Cl{:}CCl_3 \ \longrightarrow \ CH_3\underset{\underset{Cl}{|}}{CH}CH_2CCl_3 \ + \ \cdot CCl_3$$

4-16　(1)HBr　　(2)HBr/过氧化物　　(3)Br$_2$/CCl$_4$

4-17　(1) $CH_2{=}CHCN$　　(2) $CH_2{=}CCl_2$　　(3) $CF_2{=}CF_2$

4-18 H_3C—$\overset{\underset{|}{^{\textcircled{6}}CH_3}}{\underset{}{\overset{\textcircled{5}}{C}H}}$—$\overset{\textcircled{4}}{C}H_2$—$\overset{\textcircled{3}}{C}H_2$—$\overset{\textcircled{2}}{C}H$=$\overset{\textcircled{2}}{C}H$—$\overset{\textcircled{1}}{C}H_3$

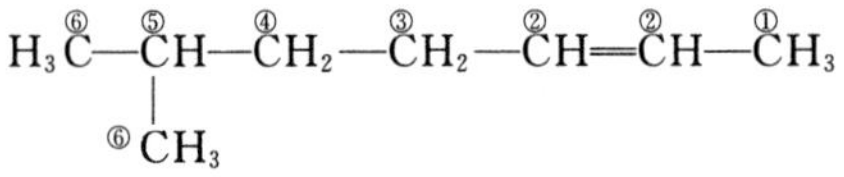

$$\textcircled{3} > \textcircled{1} > \textcircled{5} > \textcircled{4} > \textcircled{6} > \textcircled{2}$$

4-19   其溴代过程如下:

$$Ph(COO)_2 \longrightarrow 2\ Ph\text{—}\overset{\overset{O}{\|}}{C}\text{—}O\cdot \xrightarrow{-\ CO_2} 2\ Ph\cdot$$

$$Ph\cdot \xrightarrow{\ NBS\ } PhBr\ +\ \text{(succinimidyl radical)}$$

(反应机理图示)

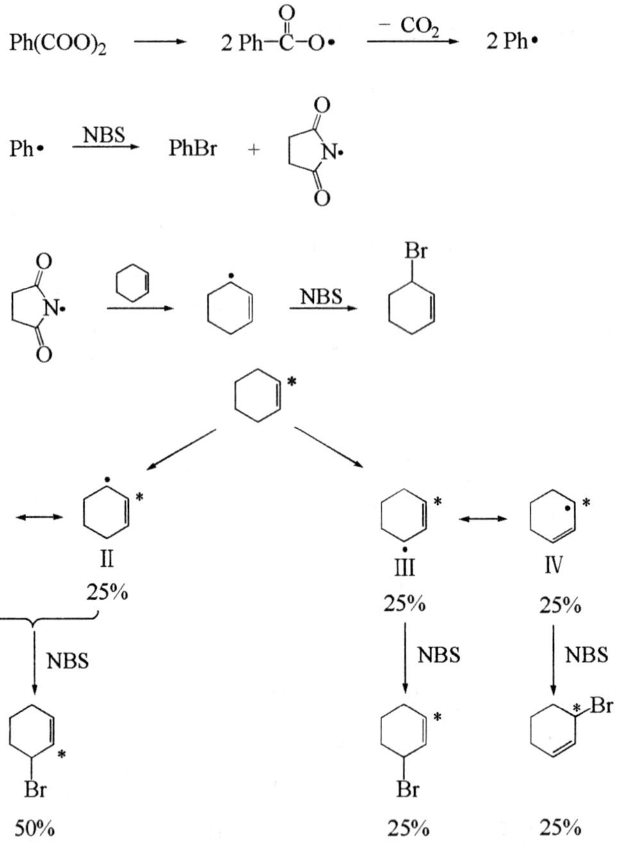

在取代过程中共有 4 种自由基,其中(Ⅰ)与(Ⅱ)相同,得到同一产物占 50%,其余两种得的产物各占 25%。

4-20   (1) $CH_3CH_2CH_2CH=CH_2$ (2) $CH_3CH=CHCH_2CH=CH_2$

(3) $CH_3CH_2CH=CHCH_2CH_3$ (4) 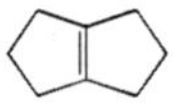 (二氢茚结构式)

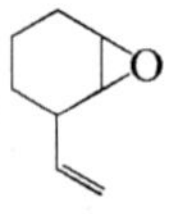

4-21   (1) 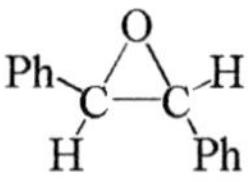 $\overset{\underset{H}{|}}{\underset{}{\overset{Ph}{C}}}\overset{O}{\diagdown\diagup}\overset{\underset{Ph}{|}}{\underset{}{\overset{H}{C}}}   (2) (螺环氧化物结构)   (3) (乙烯基环己烷环氧结构)   (4) (降冰片烷环氧结构)

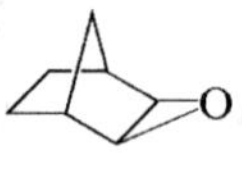

4-22 $CH_3\text{—}\overset{\underset{CH_3}{|}}{\underset{}{\overset{CH_3}{C}}}\text{—}\overset{\underset{OH}{|}}{CH}\text{—}CH_3 \xrightarrow{H^+} CH_3\text{—}\overset{\underset{CH_3}{|}}{\underset{}{\overset{CH_3}{C}}}\text{—}\overset{\underset{^+OH_2}{|}}{CH}CH_3$

$$\xrightarrow{-H_2O} CH_3\text{—}\overset{\underset{CH_3}{|}}{\underset{}{\overset{CH_3}{C}}}\text{—}\overset{\underset{H}{|}}{\overset{+}{C}H}\text{—}CH_2 \xrightarrow{-H^+} CH_3\text{—}\overset{\underset{CH_3}{|}}{\underset{}{\overset{CH_3}{C}}}\text{—}CH=CH_2$$

$$
\underset{\underset{CH_3}{|}}{H_3C-\overset{CH_3}{\overset{|}{C}}{}^{+}-CH-CH_3} \longrightarrow \underset{\underset{H}{|}}{H_2C-\overset{CH_3}{\overset{|}{C}}}\underset{\underset{H}{|}}{-\overset{CH_3}{\overset{|}{C}}{}^{+}-CH_3} \xrightarrow{-H^+} \underset{H_3C}{\overset{H_3C}{}}C=C\underset{CH_3}{\overset{CH_3}{}}
$$

$$\downarrow -H^+$$

$$
CH_2=\overset{CH_3}{\overset{|}{C}}-\overset{CH_3}{\overset{|}{CH}}-CH_3
$$

4-23 (1) $CH_3CH_2CH=CH_2$ $\xrightarrow{HBr}$ $CH_3CH_2\overset{Br}{\overset{|}{C}}HCH_3$ $\xrightarrow[\text{醇}]{NaOH}$ $CH_3CH=CHCH_3$

(2) $CH_3CH_2CH_2CH_2Br$ $\xrightarrow[\text{醇}]{NaOH}$ $CH_3CH_2CH=CH_2$ $\xrightarrow{HBr}$ $CH_3CH_2\overset{Br}{\overset{|}{C}}HCH_3$

(3) ⬡ $\xrightarrow{NBS}$ ⬡—Br $\xrightarrow[\text{醇}]{NaOH}$ ⬡ $\xrightarrow{Br_2}$ ⬡$\overset{Br}{\underset{Br}{}}$

第 五 章

5-1 ① $CH\equiv CCH_2CH_2CH_2CH_3$ 1-己炔(1-hexyne)

② $CH_3C\equiv CCH_2CH_2CH_3$ 2-己炔(2-hexyne)

③ $CH_3CH_2C\equiv CCH_2CH_3$ 3-己炔(3-hexyne)

④ $CH\equiv CCHCH_2CH_3$ 3-甲基-1-戊炔(3-methyl-1-pentyne)
               $\overset{|}{CH_3}$

⑤ $CH\equiv CCH_2CHCH_3$ 4-甲基-1-戊炔(4-methyl-1-pentyne)
                  $\overset{|}{CH_3}$

⑥ $CH_3C\equiv CCHCH_3$ 4-甲基-2-戊炔(4-methyl-2-pentyne)
              $\overset{|}{CH_3}$

⑦ $CH\equiv C-\overset{\overset{CH_3}{|}}{\underset{\underset{CH_3}{|}}{C}}-CH_3$ 3,3-二甲基-1-丁炔(3,3-dimethyl-1-butyne)

5-2 $LiC\equiv CCH_2CH_2CH_2CH_3$ $+$ $CH_3CH_2CH_3\uparrow$ 放出的气体为丙烷

5-3 碱性顺序：NH_2^- $>$ $^-C\equiv CH$ $>$ OH^-

相应的共轭酸的顺序 H_2O $>$ $HC\equiv CH$ $>$ NH_3

5-4 (1)溴水   (2)$Ag^+(NH_3)_2$

5-5 (1) $HC\equiv CNa$ $+$ NH_3 (2) $CH_3CH=CH_2$ $+$ $NaNH_2$

(3) $HC\equiv CMgCl$ $+$ CH_3CH_3

5-6 $CH_3C{\equiv}CCH_3$

$\xrightarrow{H_2/Ni}$ $CH_3CH_2CH_2CH_3$

$\xrightarrow[\substack{H_2 \\ \text{或 P}-2 \\ \text{催化剂}}]{BaSO_4/Pd}$

$\xrightarrow[\text{液氨}]{Na}$

5-7 $\overset{1}{C}H_3\overset{2}{C}H_2\overset{3}{C}{\equiv}\overset{4\ 5}{C}CH_2\overset{6}{C}H_2\overset{7}{C}H_3 \xrightarrow{\substack{Hg^{2+} \\ H_2SO_4}}$

$\xrightarrow{H^+ \text{加在 } C_3 \text{ 上}}$ $CH_3CH_2CH{=}\overset{+}{C}CH_2CH_2CH_3$ $\xrightarrow{H_2O}$ $CH_3CH_2CH_2\overset{O}{\overset{\|}{C}}CH_2CH_2CH_3$

$\xrightarrow{H^+ \text{加在 } C_4 \text{ 上}}$ $CH_3CH_2\overset{+}{C}{=}CHCH_2CH_2CH_3$ $\xrightarrow{H_2O}$ $CH_3CH_2\overset{O}{\overset{\|}{C}}CH_2CH_2CH_2CH_3$

形成几乎同等稳定的烯基碳正离子

5-8 1-戊炔

5-9 (1) $C_2H_5{-}CH_2{-}\overset{O}{\overset{\|}{C}}{-}C_2H_5$

(2) $CH_3(CH_2)_3{-}CH_2{-}\overset{O}{\overset{\|}{C}}H$ ， $CH_3(CH_2)_3{-}\overset{O}{\overset{\|}{C}}{-}CH_3$

5-10 (1) $CH_3CH_2CH_2CH{=}CH_2$ $\xrightarrow{Br_2}$ $CH_3CH_2CH_2\underset{\underset{Br}{|}}{C}H\underset{\underset{Br}{|}}{C}H_2$ $\xrightarrow{NaNH_2}$ $CH_3CH_2CH_2C{\equiv}CH$

(2) $CH_3CH{=}CH_2$ $\xrightarrow{Br_2}$ $\xrightarrow{NaNH_2}$ $CH_3C{\equiv}CH$ $\xrightarrow{NaNH_2}$ $CH_3C{\equiv}CNa$

$\xrightarrow[\substack{\uparrow \\ CH_3CH{=}CH_2 + Cl_2/\text{高温}}]{ClCH_2CH{=}CH_2}$ $CH_3C{\equiv}CCH_2CH{=}CH_2$

(3) CH_3CH_2OH $\xrightarrow[\triangle]{H^+}$ $CH_2{=}CH_2$ $\xrightarrow{Cl_2}$ $\xrightarrow{NaNH_2}$ $CH{\equiv}CH$ $\xrightarrow{Na}$ $NaC{\equiv}CNa$

$\xrightarrow[\substack{\uparrow \\ CH_3CH_2OH + HCl}]{CH_3CH_2Cl}$ $CH_3CH_2C{\equiv}CCH_2CH_3$

5-11

①

(3E)-1,3-己二烯

(3E)-1,3-hexadiene

②

(3Z)-1,3-己二烯

(3Z)-1,3-hexadiene

③

$$\begin{array}{c} CH_3 \\ \diagdown \\ C=C \\ \diagup \quad \diagdown \\ H \qquad\quad C=C \\ \quad\diagup\quad\diagdown \\ \quad H \qquad CH_3 \end{array}$$

(2E,4E)-2,4-己二烯

(2E,4E)-2,4-hexadiene

④

$$\begin{array}{c} CH_3 \qquad H \\ \diagdown\quad\diagup \\ C=C \\ \diagup\quad\diagdown \\ H \qquad\quad C=C \\ \quad\diagup\quad\diagdown \\ \quad H \qquad H \end{array}$$

(2E,4Z)-2,4-己二烯

(2E,4Z)-2,4-hexadiene

⑤

$$\begin{array}{c} H \qquad H \\ \diagdown\quad\diagup \\ C=C \\ \diagup\quad\diagdown \\ CH_3 \qquad CH_3 \\ \qquad\quad C=C \\ \qquad\diagup\quad\diagdown \\ \qquad H \qquad H \end{array}$$

(2Z,4Z)-2,4-己二烯

(2Z,4Z)-2,4-hexadiene

⑥ $CH_2=CH-CH=\overset{\overset{\displaystyle CH_3}{|}}{C}-CH_3$

4-甲基-1,3-戊二烯

4-methyl-1,3-pentadiene

⑦

$$\begin{array}{c} CH_2=CH \qquad H \\ \diagdown\quad\diagup \\ C=C \\ \diagup\quad\diagdown \\ H_3C \qquad CH_3 \end{array}$$

(3E)-3-甲基-1,3-戊二烯

(3E)-3-methyl-1,3-pentadiene

⑧

$$\begin{array}{c} CH_2=CH \qquad CH_3 \\ \diagdown\quad\diagup \\ C=C \\ \diagup\quad\diagdown \\ H_3C \qquad H \end{array}$$

(3Z)-3-甲基-1,3-戊二烯

(3Z)-3-methyl-1,3-pentadiene

⑨

$$\begin{array}{c} CH_3 \\ | \\ CH_2=C \qquad H \\ \diagdown\quad\diagup \\ C=C \\ \diagup\quad\diagdown \\ H \qquad CH_3 \end{array}$$

(3E)-2-甲基-1,3-戊二烯

(3E)-2-methyl-1,3-pentadiene

⑩

$$\begin{array}{c} CH_3 \\ | \\ CH_2=C \qquad CH_3 \\ \diagdown\quad\diagup \\ C=C \\ \diagup\quad\diagdown \\ H \qquad H \end{array}$$

(3Z)-2-甲基-1,3-戊二烯

(3Z)-2-methyl-1,3-pentadiene

⑪ $CH_2=\overset{\overset{\displaystyle CH_2}{\underset{\displaystyle |}{|}}}{\underset{\displaystyle CH_3}{C}}-CH=CH_2$

2-乙基-1,3-丁二烯

2-ethyl-1,3-butadiene

⑫ $CH_2=\overset{\overset{\displaystyle }{|}}{\underset{\displaystyle CH_3}{C}}-\overset{\overset{\displaystyle }{|}}{\underset{\displaystyle CH_3}{C}}=CH_2$

2,3-二甲基-1,3-丁二烯

2,3-dimethyl-1,3-butadiene

5-12 (1)

$$\left[\; H-C\overset{\displaystyle \ddot{\text{O}}:}{\underset{\displaystyle NH_2}{\diagup}} \quad\longleftrightarrow\quad H-C\overset{\displaystyle :\ddot{\text{O}}:^-}{\underset{\displaystyle \overset{+}{N}H_2}{\diagup}} \;\right]$$

无电荷分离，
贡献大

(2)

$$\left[\; H-C\overset{\displaystyle \ddot{\text{O}}:}{\underset{\displaystyle \ddot{C}H_2}{\diagup}} \quad\longleftrightarrow\quad H-C\overset{\displaystyle :\ddot{\text{O}}:^-}{\underset{\displaystyle CH_2}{\diagup}} \;\right]$$

贡献大

(3)

$$\left[\; H-C\overset{\displaystyle \ddot{\text{O}}:}{\underset{\displaystyle :\ddot{N}H}{\diagup}} \quad\longleftrightarrow\quad H-C\overset{\displaystyle :\ddot{\text{O}}:}{\underset{\displaystyle NH}{\diagup}} \;\right]$$

贡献大

5-13 (1)错 (2)对 (3)对 (4)对 (5)对

5-14 氯乙烯

$$\left[\ \overset{\curvearrowleft}{CH_2}=\overset{\curvearrowleft}{CH}\overset{\curvearrowleft}{\ddot{Cl}}\ \longleftrightarrow\ \bar{C}H_2-CH=\overset{+}{Cl}\ \right]$$

$$\quad\quad\quad\quad A\quad\quad\quad\quad\quad\quad\quad\quad B$$

两个共振式 A 较稳定,对共振杂化体贡献较大。B 虽稳定性较差,但仍有贡献,使氯乙烯中碳氯键具有双键性质,较一般 C—Cl 键稳定。

5-15 (1)$CH_3CHClCH_3$ 超共轭效应控制

(2)CH_3CHCl 中间体 $CH_3-\overset{+}{CH}\overset{\curvearrowleft}{\ddot{Cl}} \longleftrightarrow CH_3-CH=\overset{+}{Cl}$ 氯的未共用电子转移到碳正离子空 p 轨道

(3)$CH_3OCHClCH_3$ $CH_3-\overset{+}{CH}\overset{\curvearrowleft}{\ddot{O}}CH_3 \longleftrightarrow CH_3-CH=\overset{+}{O}CH_3$ 形成 8 偶体,由共轭效应控制与

题(2)类似

(4)加成两种可能 $CF_3-\overset{+}{CH}-CH_3$、$CF_3CH_2\overset{+}{CH}_2$ 由于 CF_3 强拉电子作用使第一个中间体不稳定,因此产物为 $CF_3CH_2CH_2Cl$ 表面反马式,由诱导效应控制

(5) ⬡—$CHClCH_2CH_3$ 产物由苯与碳正离子的 p-π 共轭效应决定

5-16 (1) $CH_3CH_2CH=CH-CH=CH_2$

(2) $CH_3-\underset{\underset{Br}{|}}{\overset{\overset{CH_3}{|}}{C}}-CH=CH_2$ + $H_3C-\overset{\overset{CH_3}{|}}{C}=CH-CH_2Br$

(3) $CH_3-\underset{\underset{Br}{|}}{CH}-CH=CH-CH=CH_2$ + $CH_3-CH=CH-CH=CH-CH_2$ 下 Br

+ $CH_3CH=CH-\underset{\underset{Br}{|}}{CH}-CH=CH_2$

(4) $CH_3CH_2-\underset{\underset{Cl}{|}}{CH}-CH=CH-CH_3$ + $CH_3CH_2CH=CH\underset{\underset{Cl}{|}}{CH}CH_3$

5-17 (1) $Ph-\overset{\overset{O}{||}}{C}-O-O-\overset{\overset{O}{||}}{C}-Ph \longrightarrow 2Ph-\overset{\overset{O}{||}}{C}-O\cdot$
链引发

$Ph-\overset{\overset{O}{||}}{C}-O\cdot \longrightarrow Ph\cdot + CO_2$

$Ph\cdot + BrCCl_3 \longrightarrow PhBr + \cdot CCl_3$

$\cdot CCl_3 + CH_2=CH-CH=CH_2$

$\longrightarrow [\ Cl_3C-CH_2-\underset{\cdot}{CH}-CH=CH_2 \longleftrightarrow Cl_3C-CH_2-CH=CH-\underset{\cdot}{CH_2}\ ]$

或　　$Cl_3C-CH_2-\overset{\delta\cdot}{CH}\cdots CH\cdots\overset{\delta\cdot}{CH_2}$ $\xrightarrow{BrCCl_3}$ $Cl_3C-CH_2-\underset{\underset{Br}{|}}{CH}-CH=CH_2$

1,2 加成

$+$　$Cl_3CCH_2-CH=CH-\underset{\underset{Br}{|}}{CH_2}$　$+$　$\cdot CCl_3$

1,4-加成链传递

(2)中间体的稳定性更重要

(3) $CH_2=\underset{\underset{CH_3}{|}}{C}-CH=CH_2$ > $CH_2=CH-CH=CH_2$ > $CH_3CH=CH_2$ > $CH_2=CH_2$

5-18　$\left[\begin{array}{c}-CH_2\qquad H\\ \diagdown C=C \diagup\\ CH_3\qquad CH_2-\end{array}\right]_n$

5-19　$HC\equiv CH$ $\xrightarrow[NH_4Cl]{Cu_2Cl_2}$ $CH_2=CH-C\equiv CH$

$\xrightarrow[H_2]{Pd/BaSO_4}$ $H_2C=CH-CH=CH_2$ $\xrightarrow[CN]{\triangle}$ 〔环己烯-CN〕

$\overset{\uparrow}{丙烯腈}$

HCN $+$ $HC\equiv CH$

5-20 (1) 〔结构式〕 $+$ 〔Cl结构〕　　(2) 〔丁二烯〕 $+$ 〔NC-C=C-CN结构〕

(3) 〔结构〕 $+$ 〔环己烯酮〕　　(4) 〔内酯结构〕

5-21 〔结构〕 $+$ 〔结构〕 $\longrightarrow$ 〔乙烯基环己烯〕

第 六 章

6-1 (1) $\underset{H}{\overset{Ph}{\diagdown}}C=C\underset{H}{\overset{Ph}{\diagup}}$　　(2) 〔苯基环己烷〕　　(3) $Br-$〔苯环〕$-CH=CH_2$

(4) $CH_3-\underset{\underset{CH_3}{|}}{\overset{\overset{CH_3}{|}}{C}}-$〔苯环〕　　(5) 〔邻硝基氯苯 NO_2, Cl〕　　(6) 〔苯环〕$-CH_2-CH_2OH$

(7) 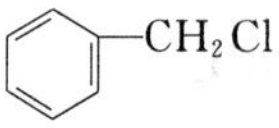 [structure: benzene ring]—CH₂Cl

(8) 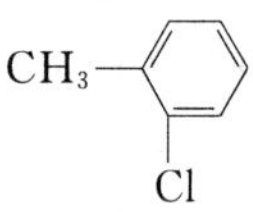 CH₃—[benzene ring]—Cl

6-2 (1)间溴甲苯(*m*-bromotoluene)

(2)1,4-二苯基-1,3-丁二烯　(1,4-diphenyl-1,3-butadiene)

(3)溴化苄(benzyl bromide)

6-3

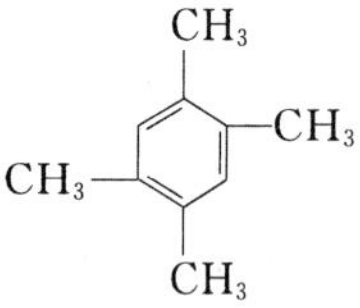

6-4 (1) 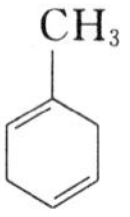 　　(2) 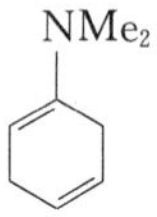 　　(3)

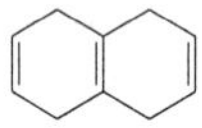

6-5 (1)

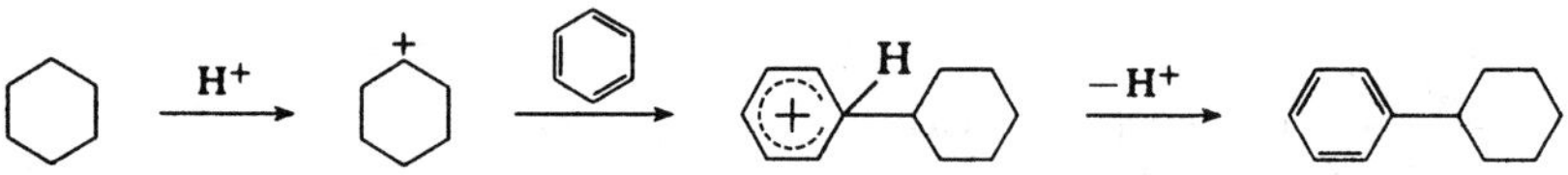

(2)

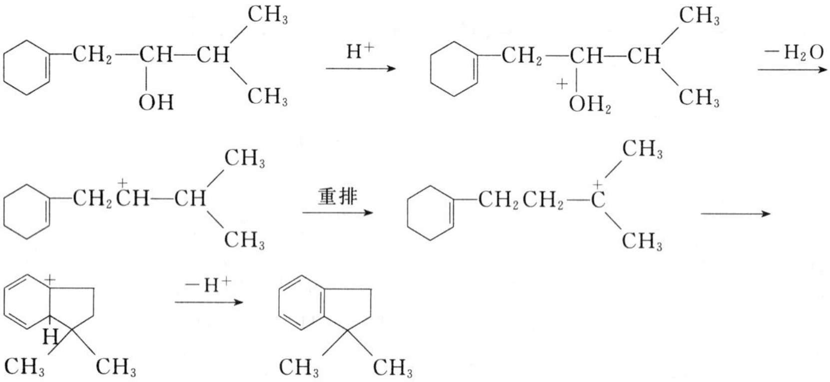

6-6 (1) 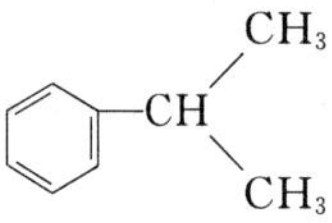 　　(2)

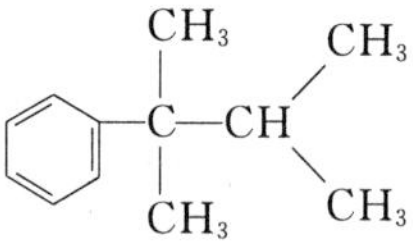

6-7 (1) 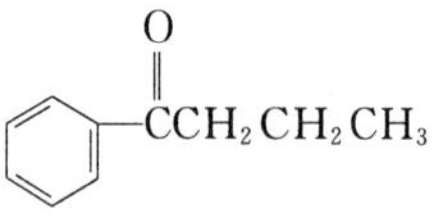 　　(2)

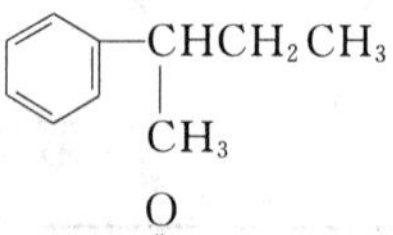

(3) 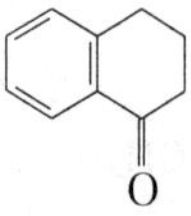 　　(4)

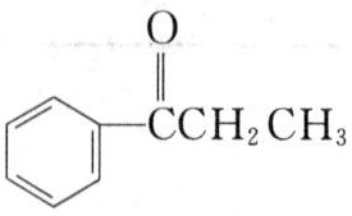

(5) 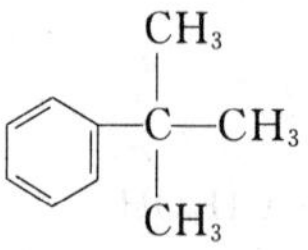 　　(6)

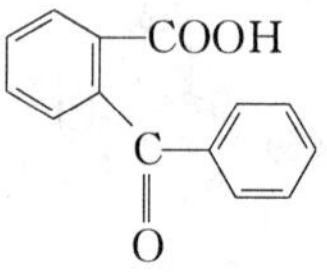

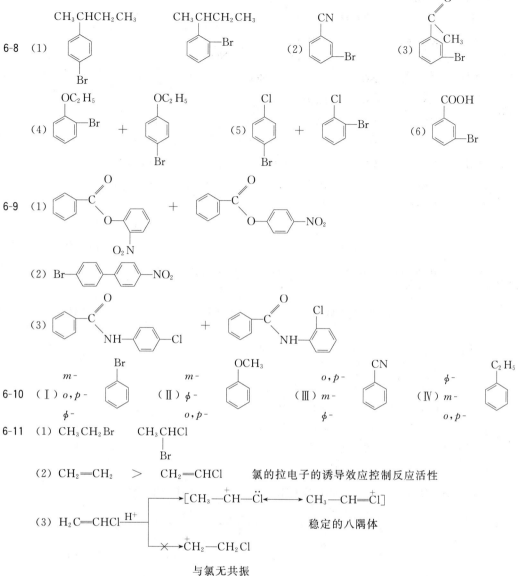

6-8 (1) ... (2) ... (3) ...

6-9 (1) ...

6-10 (Ⅰ) $o, p-$ ... (Ⅱ) $\phi-$ ... (Ⅲ) $m-$ ... (Ⅳ) $m-$ ...

6-11 (1) CH_3CH_2Br CH_3CHCl
                                $|$
                                Br

(2) $CH_2{=}CH_2$ > $CH_2{=}CHCl$ 氯的拉电子的诱导效应控制反应活性

(3) $H_2C{=}CHCl \xrightarrow{H^+}$ →$[CH_3{-}\overset{+}{C}H{-}\overset{\cdot\cdot}{\underset{}{C}l} \longleftrightarrow CH_3{-}CH{=}\overset{+}{C}l]$ 稳定的八隅体
                              ✗→ $\overset{+}{C}H_2{-}CH_2Cl$
                                 与氯无共振
氯共振的给电子效应控制加成取向

6-12 (1) CH_3—⟨⟩ $\xrightarrow[\text{HNO}_3]{\text{H}_2\text{SO}_4}$ ... $\xrightarrow[\text{Fe}]{\text{Cl}_2}$ ...

(2) ⟨⟩ $\xrightarrow[\text{Fe}]{\text{Cl}_2}$ Cl—⟨⟩ $\xrightarrow[\text{AlCl}_3]{}$ ...

(3) ⟨⟩ $\xrightarrow[\text{Fe}]{\text{Cl}_2}$ Cl—⟨⟩ $\xrightarrow[\text{SO}_3]{\text{H}_2\text{SO}_4}$ Cl—⟨⟩—SO_3H

$\xrightarrow[\text{H}_2\text{SO}_4]{\text{HNO}_3}$ ...

6-13 (1)硝基苯 (2)苯

6-14 (1) 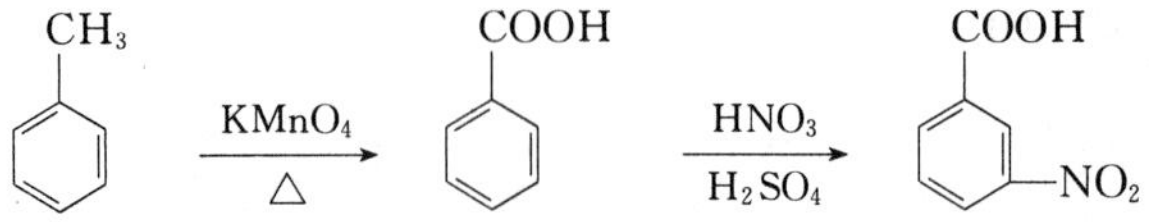

(2) 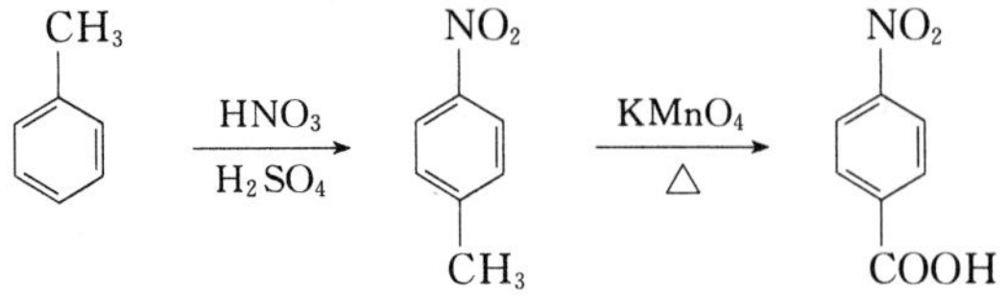

(3) 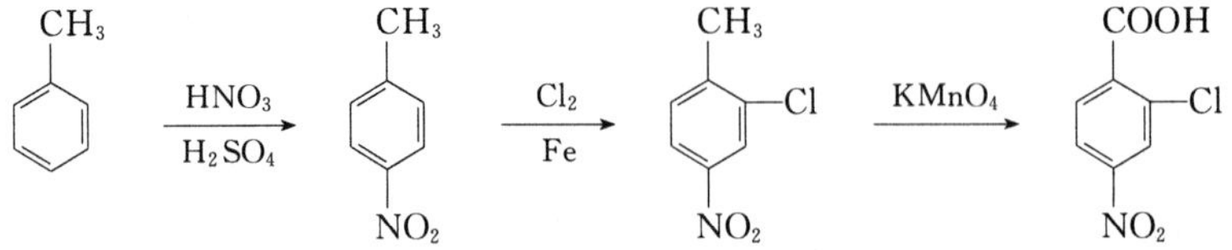

(4) 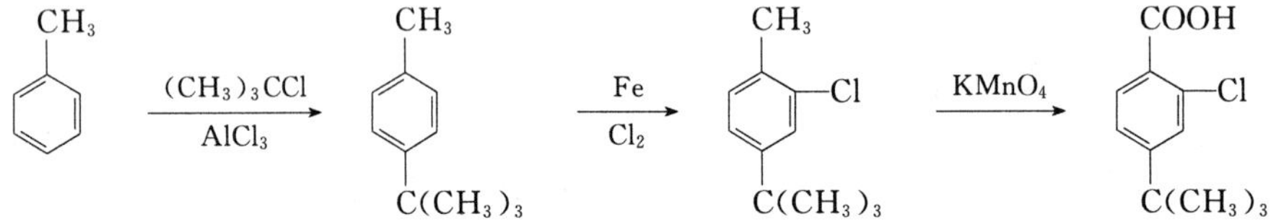

6-15 (1) 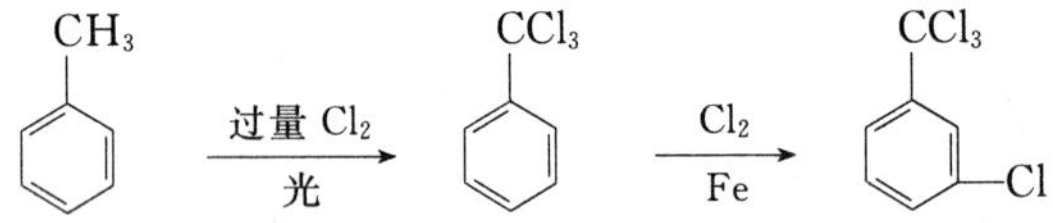

(2) 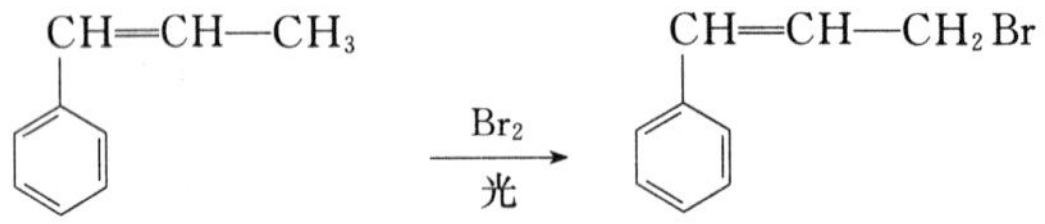

(3) 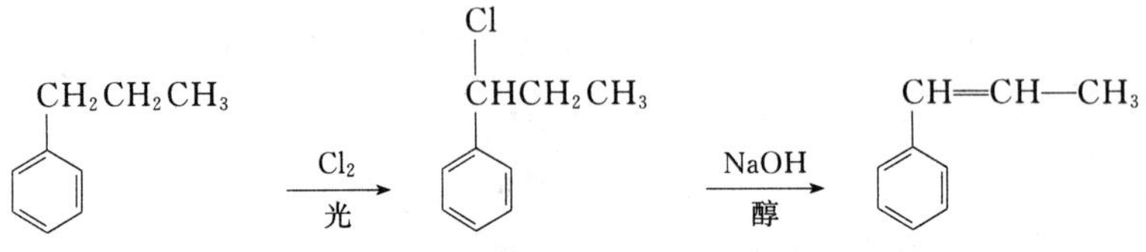

(4) 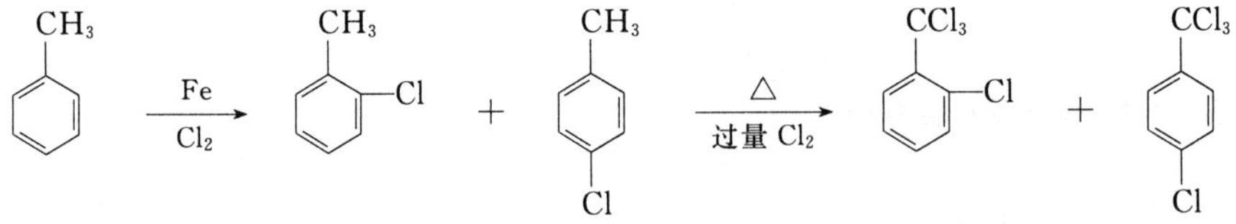

6-16 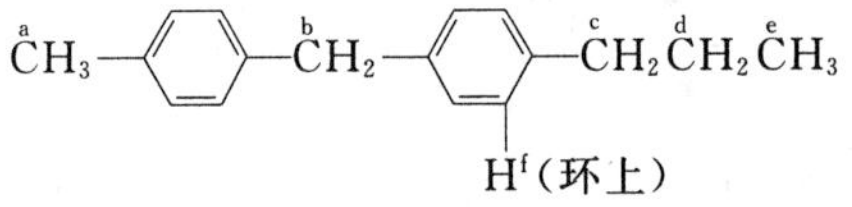

b > c > a > d > e > f

6-17 (1) 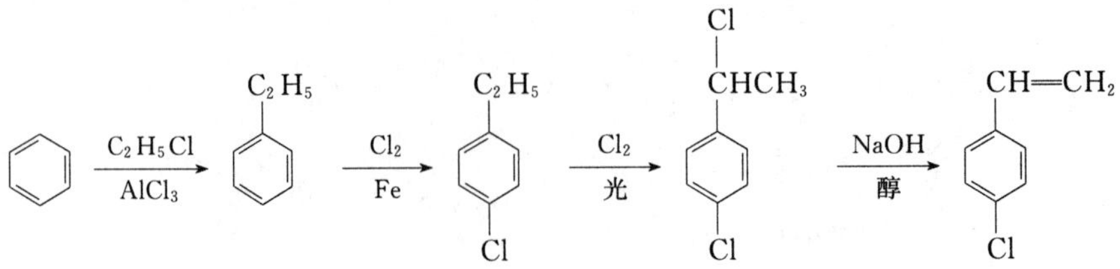

(2)

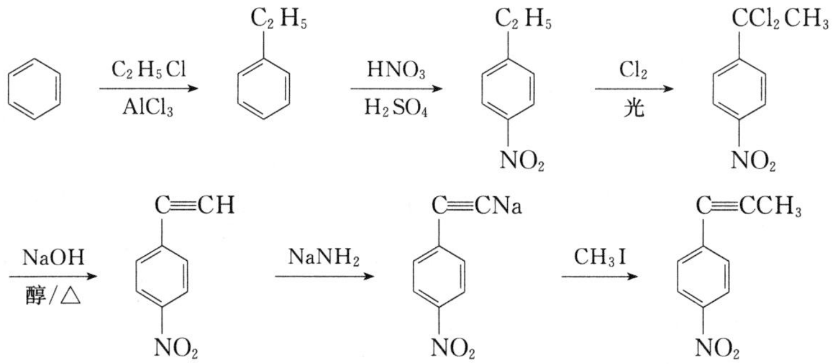

(3)接上题

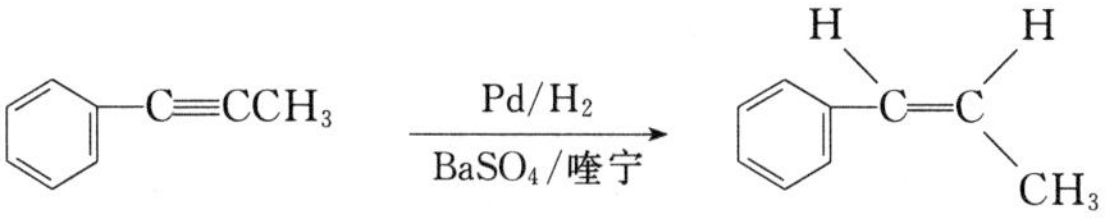

或

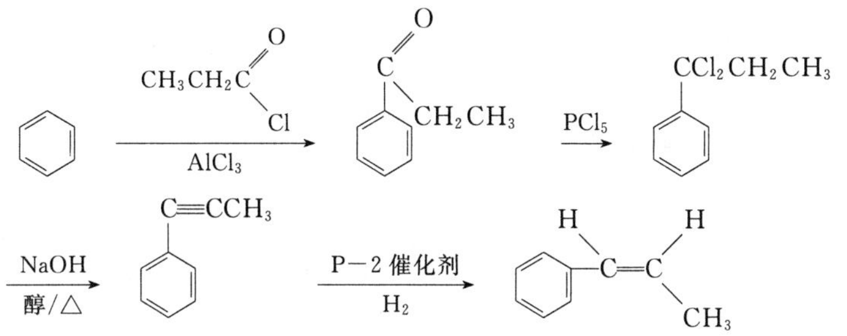

6-18 (1) 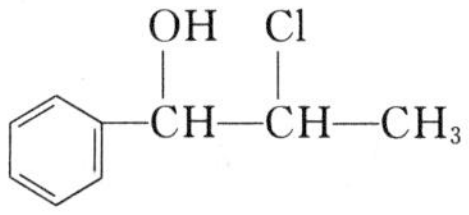 (2)

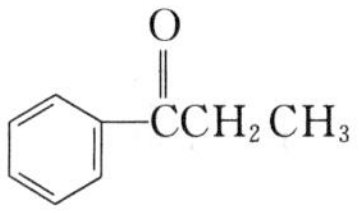

(3) 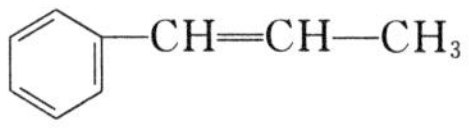 (4)  $+$ CO_2

6-19 (1)

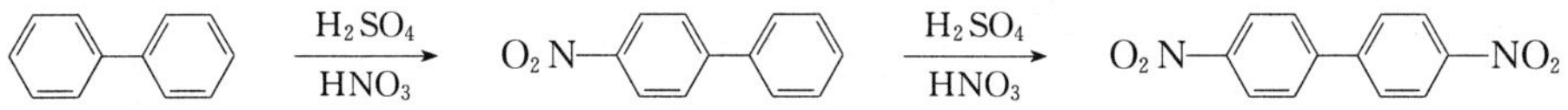

(2)

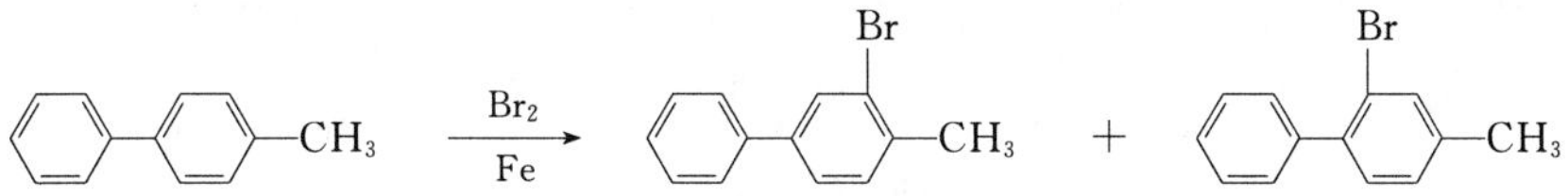

6-20 (1)8-硝基-2-萘磺酸 (2)3-甲基-8-硝基-1-氯萘

6-21 (1) 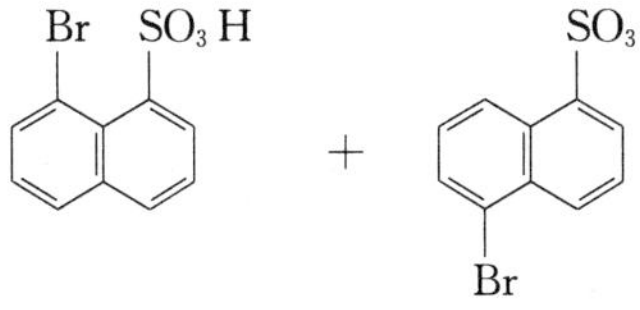 $+$ (2)

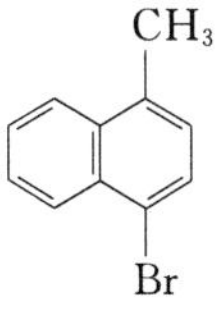

(3) 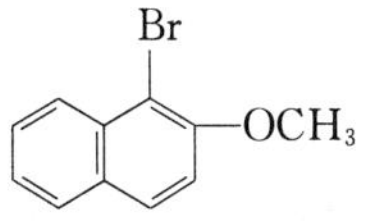 (4) 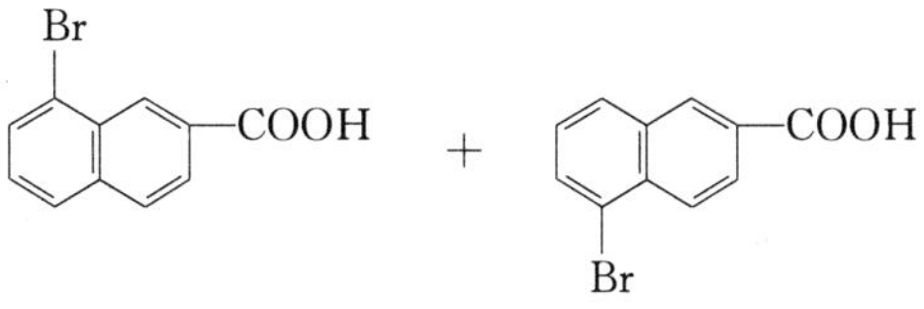 $+$

6-22 (1)

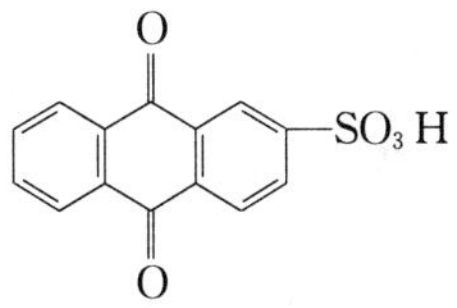

(2) structure: naphthalene with $-C(=O)CH_2CH_2-COOH$ substituent

$(C_2H_2Cl_4)$

structure: phenanthrene-dione type

structure: naphthalene with $-C(=O)CH_2CH_2COOH$

（硝基苯）

structure: anthracene-dione type

structure: phenanthrene-dione type

6-23 structure: anthracene with SO_3H at 2-position　　β位位阻小,热力学控制

6-24 (1) ferrocene with $-C(=O)CH_3$, Fe　　(2) ferrocene with $-NO_2$, Fe　　(3) ferrocene with $-COOH$, Fe

6-25 (1)(2)(3)(4)(6)有芳香性,其中(2)中亚甲基代替了十轮烯中的环内氢,环上碳原子在同一平面。(5) 无芳香性

6-26 structures showing resonance forms of squaric acid with $-H^+$, K_{a1} and $-H^+$, K_{a2}

芳香性

第七章

7-1　略。

7-2　$(1)[\alpha]=\dfrac{\alpha}{1\cdot c}=\dfrac{-1.2°}{0.5(\mathrm{dm})\times0.061\,5(\mathrm{g/mL})}=-39.0°$

(2)旋光度为$-2.4°$　　(3)$-0.6°$

7-3　(1) 1,2-dimethylcyclohexane with two $*$ carbons, CH_3 groups
(2) $\ ^*CHOH$ / $\ ^*CHOH$ with COOH groups: tartaric-type structure with COOH, *CHOH, *CHOH, COOH
(3) $C_6H_5\ ^*CHDCH_3$
(4) $C_6H_5CH_2\ ^*CHC_6H_5$ with Cl
(5) structure: COOH, CH_2, *CHOH, COOH

7-4　(1)无　　(2)无　　(3)有　　(4)有

7-5　(1)R　　(2)R　　(3)R　　(4)R　　(5)S　　(6)S

7-6 (1)≡(3)   (2)≡(4)

7-7

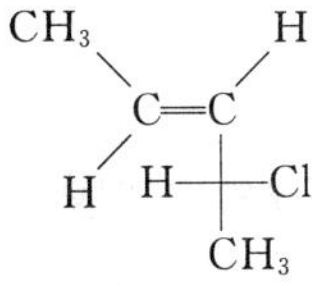

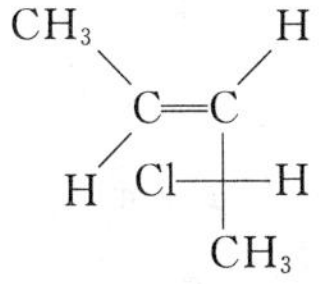

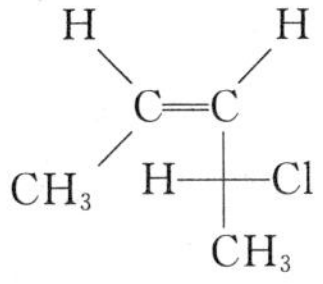

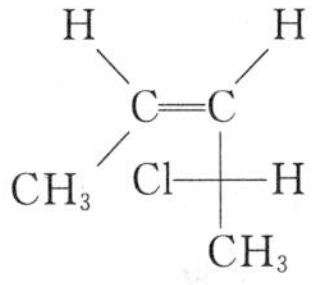

(2E,4R)-4-氯-2-戊烯   (2E,4S)   (2Z,4R)   (2Z,4S)

(2E,4R-4-chloro-2-pentene)

7-8 (1)无(2S,3R)   (2)无(2R,3S)   (3)有(2R,3R)   (4)无(2R,3S)

7-9 (1)(2S,3R)-2,3-二氯丁烷

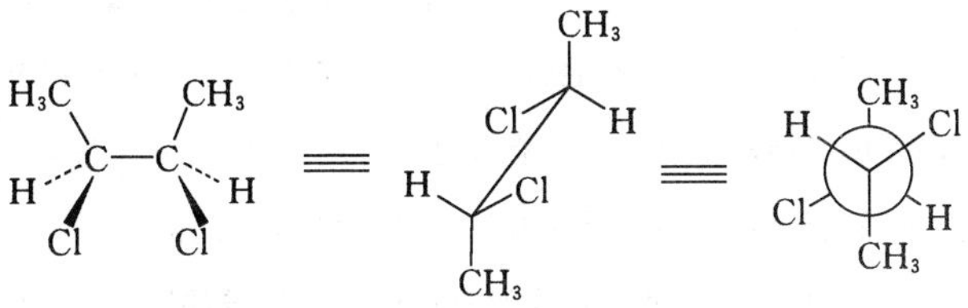

(2)(2S,3S)-2,3-二氯丁烷

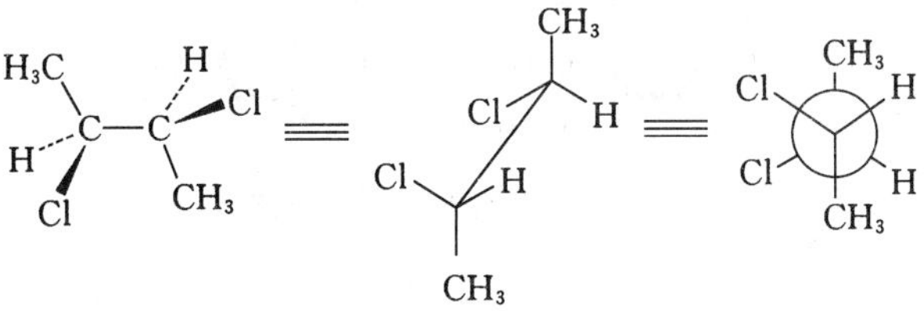

(3)(1R,2S)-2-甲基-1-苯基-1-氯丁烷

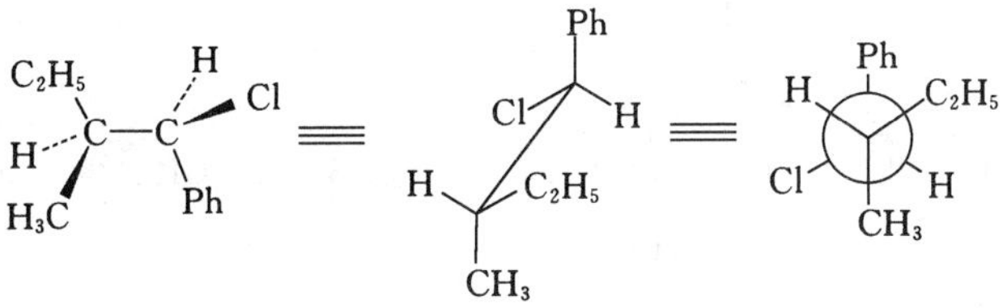

(4)(2R,3R)-3-甲基-2,3-二苯基戊烷

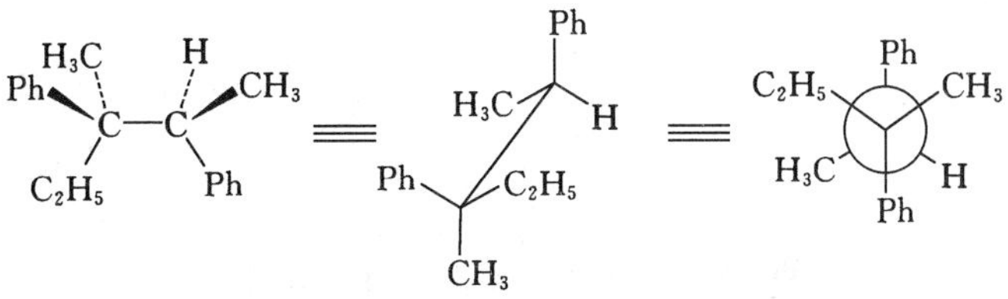

7-10 (1)无   顺-1,3-二甲基环己烷(cis-1,3-dimethylcyclohexane)

(2)有   (1R,3R)-1,3-二甲基环己烷

(3)无   顺-1,4-二甲基环己烷   (4)无   反-1,4-二甲基环己烷

7-11 (1)无   (2)有   H₃C O   O CH₃   (3)无

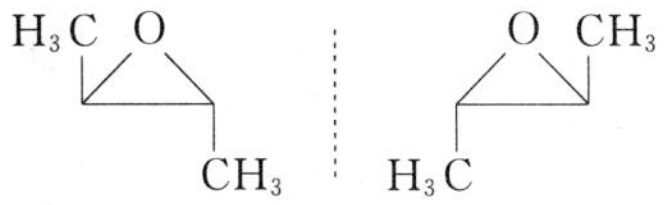

(4)有 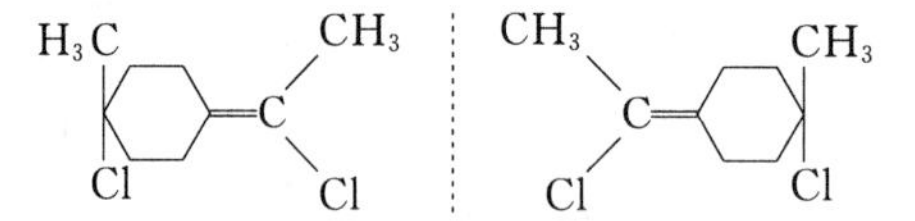
(5)无

7-12 因为成桥的碳键必定在环的同一边即成顺式,不可能成反式,所以只有一半构型异构体,即两个,成一对对映体。

7-13 (1)无   (2)有   (3)无   (4)无   (5)有   (6)无

7-14 (1)该联苯型化合物 2,6 位连接的基团为磺酸基和氢原子,氢原子体积较小,在加热条件下可发生两个苯环之间 键的旋转,发生消旋化。

(2)化合物 B 当 $n＝8$ 时,"提篮"空腔较小,带有羧基的苯基不能在"提篮"内自由旋转,可分离得到一对稳定的异构体。当 $n＝9$ 时,"提篮"空腔较大,带有羧基的苯基有可能在"提篮"内自由旋转,室温条件下,分子热运动提供的能量不足以使带有羧基的苯基旋转,可分离得到一对对映体;加热到100℃时,分子热运动提供的能量足以使带有羧基的苯基旋转,从而发生消旋。当 $n＝10$ 时,"提篮"空腔足够大,位阻很小,带有羧基的苯基可以在"提篮"内自由旋转,因而不能分离得到有旋光性的产物。

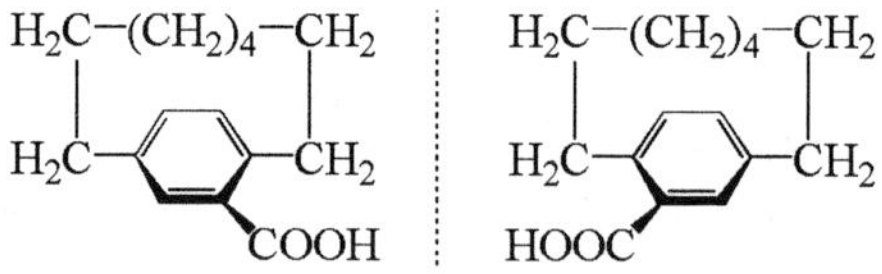

$n＝8$ 时的一对对映体

7-15 (1) 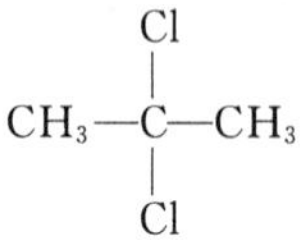 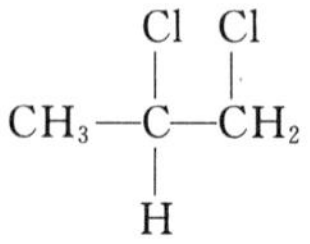
(有) $ClCH_2CH_2CH_2Cl$ $CH_3CH_2CHCl_2$

(2) 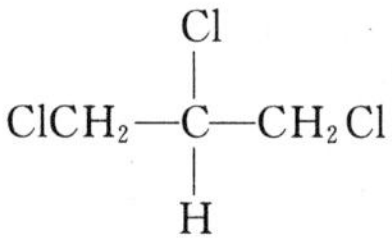 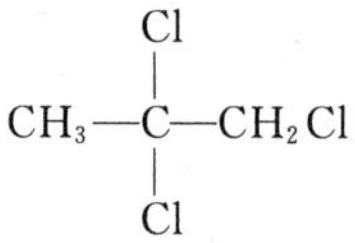 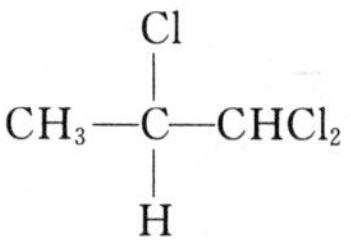
(有)

7-16

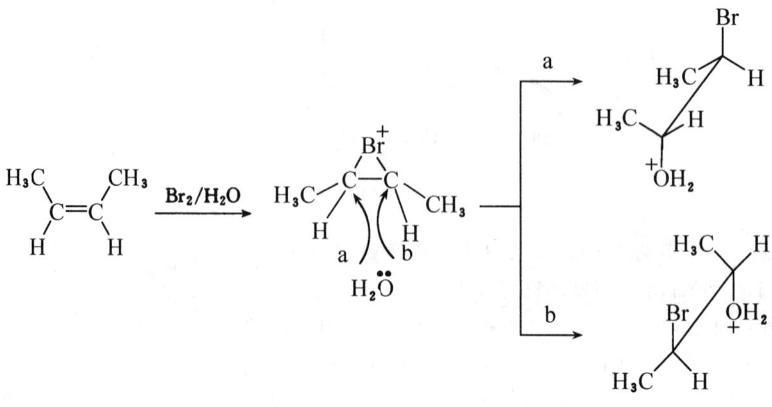

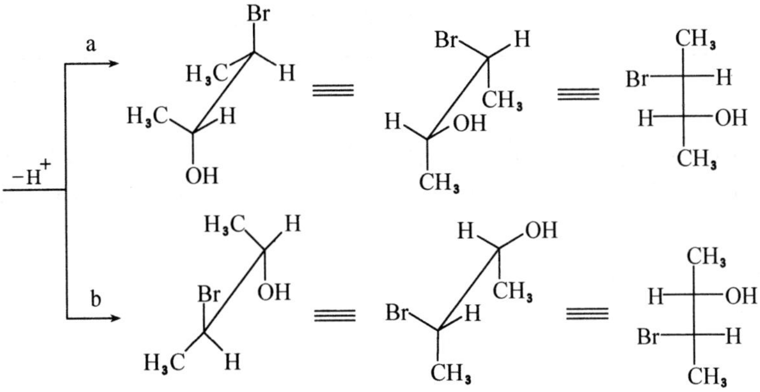

a

b

$-H^+$

为一对对映体

7-17

(1) 　　 ┊ 　　 (2)

(3) 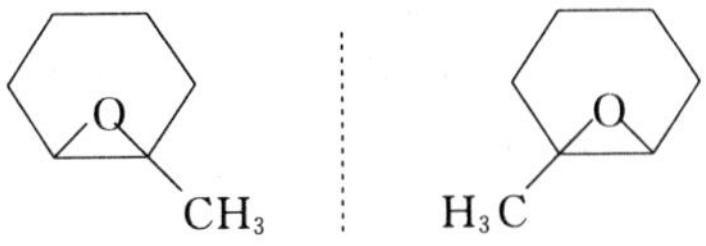 　　 ┊ 　　 (4)  　　 ┊

(5) 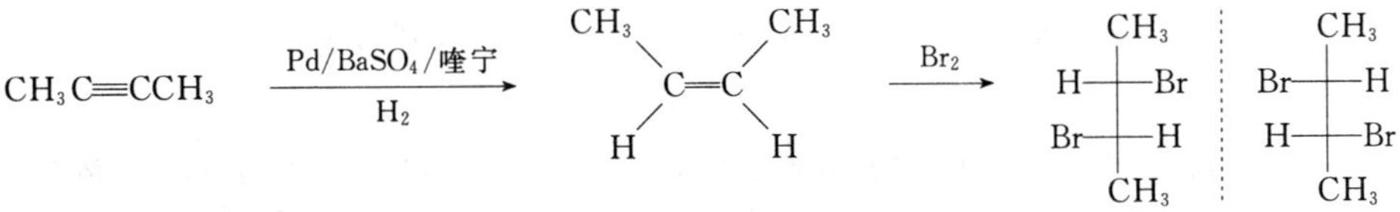 $CH_3C\!\equiv\!CCH_3$ $\xrightarrow[\text{H}_2]{\text{Pd/BaSO}_4/\text{喹宁}}$ 　　 $\xrightarrow{\text{Br}_2}$ 　　 ┊

(6) 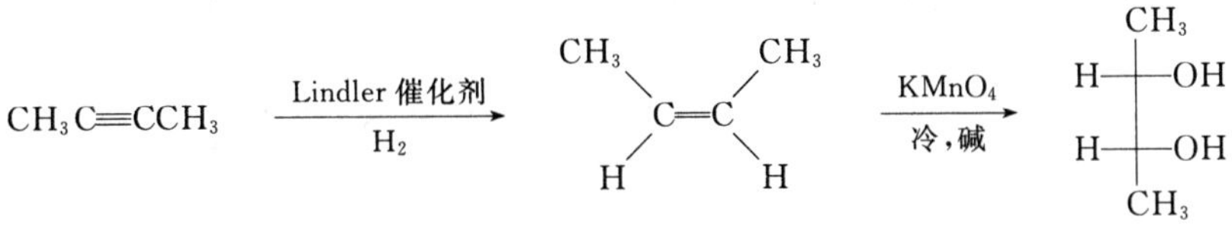 $CH_3C\!\equiv\!CCH_3$ $\xrightarrow[\text{H}_2]{\text{Lindler 催化剂}}$ 　　 $\xrightarrow[\text{冷,碱}]{\text{KMnO}_4}$

7-18

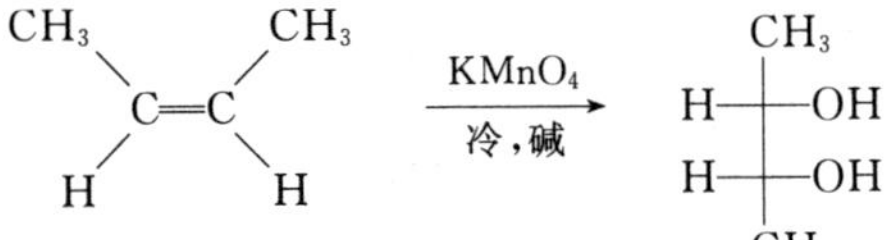

顺-2-丁烯 $\xrightarrow[\text{冷,碱}]{\text{KMnO}_4}$ 　　 内消旋

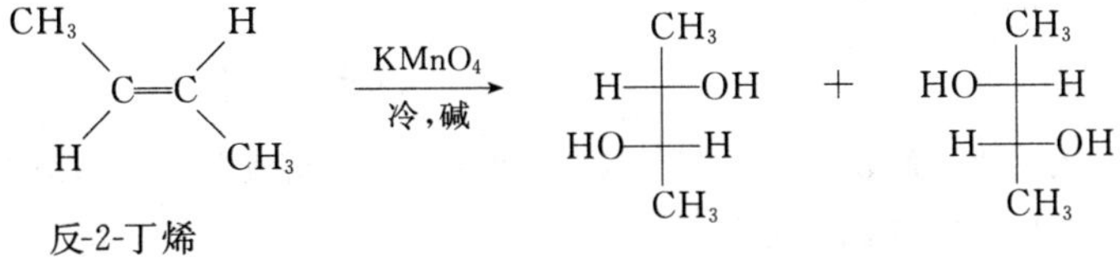

反-2-丁烯 $\xrightarrow[\text{冷,碱}]{\text{KMnO}_4}$ 　　 + 　　 外消旋(可拆分)

第 八 章

8-1　$C_6H_5CH_2Cl$ 属烯丙型, C_6H_5Cl 属乙烯型。

8-2　(1) $CH_3CH_2CH_2OH$　　　　(2) $CH_3CH_2CH_2OCH_2CH_3$　　　　(3) $CH_3CH_2CH_2I$

　　　(4) $CH_3CH_2CH_2NH_2$　　　 (5) $CH_3CH_2CH_2SH$　　　　(6) $CH_3CH_2CH_2C \equiv CCH_3$

　　　(7) $CH_3CH_2CH_2\overset{\displaystyle O}{\overset{\|}{O}}CCH_3$　　　(8) $CH_3CH_2CH_2CN$

8-3　(1) 　　　(2) $C_6H_5CH \!=\! CHCH_2CH_3$

8-4　分别用 Br_2-CCl_4 和 $AgNO_3$ 酒精溶液。

8-5　选活性适当的卤代烃,一般用溴代烃。如太活泼易发生偶联副产物;如活性太低可用 THF 作溶剂。

8-6　(1) $CH_3CH_2CH_2CH_2D$　　　(2) $IMgOCH_2CH_2\overset{\displaystyle O}{\overset{\|}{}}CCH_3$

8-7　(1) $C_6H_5CH_2MgCl$　+　$ClCH_2CH \!=\! CH_2$　$\longrightarrow$

　　　(2) $Br\!-\!\langle \ \rangle\!-\!CH_3$　+　$(CH_3CH_2CH)_2CuLi$　$\longrightarrow$
　　　　　　　　　　　　　　　　　　　　$\underset{\displaystyle CH_3}{|}$

8-8　(1) > (3) > (5) > (2) > (4)

8-9　烯丙型碳正离子较稳定,使它的 S_N1 活性高;其 π 键能稳定 S_N2 反应的过渡态,活性也高。桥卤代烃不易形成平面型碳正离子, S_N1 活性低;桥对亲核试剂进攻有很大的空间障碍, S_N2 活性也低。

8-10　空助作用是一种对反应有促进的空间效应。空间障碍则是对反应不利的空间效应。

8-11　空间障碍使 $(CH_3)_3CO^-$ 的亲核性变低。

8-12　因为 CH_3CH_2OH 是弱亲核试剂,使反应按 S_N1 机理,生成重排产物 $C_2H_5\underset{\displaystyle CH_3}{\overset{\displaystyle CH_3}{\underset{|}{\overset{|}{C}}}}\!-\!O\!-\!C_2H_5$。

8-13　HI 是较强的酸,所以 I^- 是较弱的碱,是好的离去基团。在一般质子性溶剂中, I^- 的溶剂化作用较小,所以 I^- 的亲核性比 Cl^-、Br^-、F^- 都强。在非质子性溶剂中, I^- 的亲核性最小。

8-14　1-溴戊烷与 NaI 反应生成 1-碘戊烷,由于 I^- 是好的离去基团,与 NaCN 的反应速度快。少量 I^- 可以反复起作用。

8-15　不一定,因为发生反应后,手性碳原子上所连基团的优劣顺序可能发生变化。

8-16　(4) > (2) > (1) > (3)

8-17

8-18　在 Ag_2O 的稀 NaOH 溶液中,有 COO^- 的邻基参与,保持构型。在浓 NaOH 溶液中, OH^- 的浓度大,使反应按 S_N2 机理进行, COO^- 参与不上,构型转化。

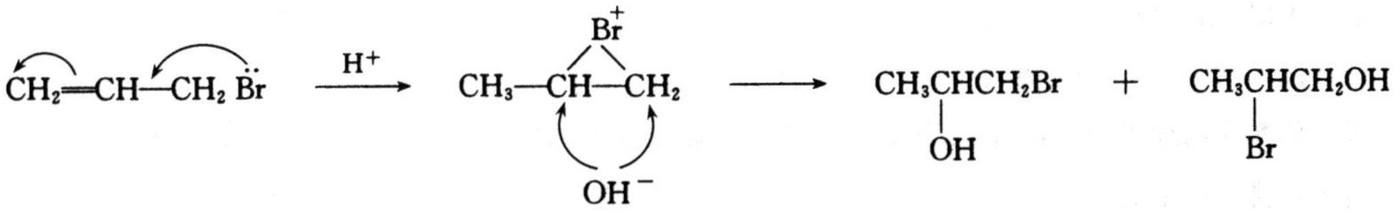

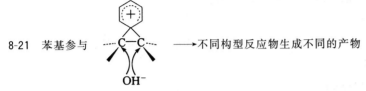

8-20 A、B 水解时分别有 $C_2H_5S:$ 和 $C_2H_5O:$ 的邻基参与。又因 $C_2H_5S:$ 的亲核性较强,参与程度较大,所以 A 的速度比 B 还快。

8-21 苯基参与 ——→ 不同构型反应物生成不同的产物

8-22 该化合物溶剂解时有 $COOC_2H_5$ 的邻基参与,而对位异构体因 $COOC_2H_5$ 距溴原子较远,不能参与,故反应慢。

8-23 (5) > (4) > (3) > (1) > (2)

8-24 (1) 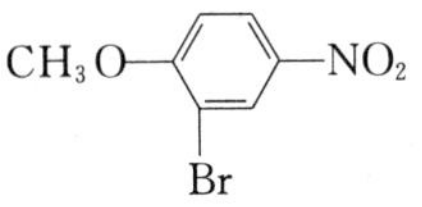 $CH_3O-\bigcirc-NO_2$(Br)   (2) 〔邻位结构〕 + 〔另一结构〕

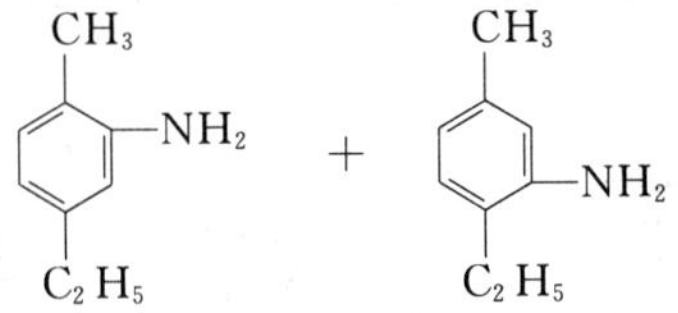

8-25 在 E2 反应中,碱是进攻 β-H,基本上不受中心碳原子(α-C)所连基团的空间障碍影响。并且叔卤的 β-H 较多,所形成的烯烃较稳定,所以 E2 活性也高。

8-26 (3) > (4) > (5) > (2) > (1) > (6)

8-27 不可以。反应过程略。

8-28 (1) > (3) > (2)

8-29 〔六氯环己烷结构式〕

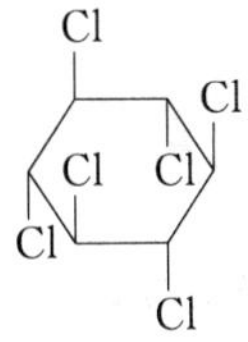

8-30 (1) 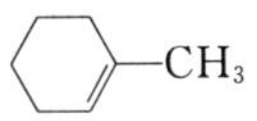 $\bigcirc-CH_3$ (2) $\bigcirc-CH=CHCH_3$ (3) $\bigcirc-CH_2CH_2CHCH_3$(OH)

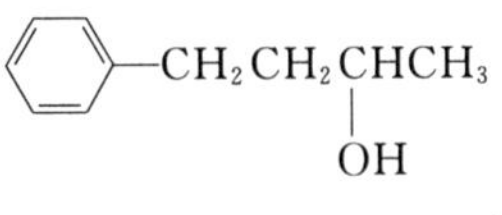

(4) 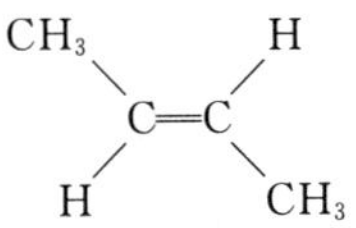 〔CH_3, H / C=C / H, CH_3〕 和 〔CH_3, CH_3 / C=C / H, D〕

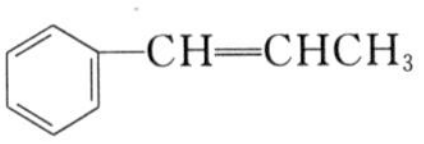

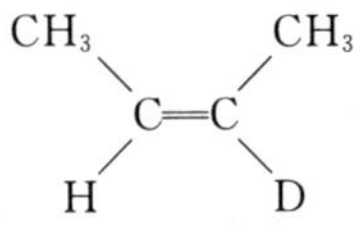

8-31 略。

第 九 章

9-1 (1) 4-甲基-4-戊烯-2-醇   (2) 3-甲基-5-氯环己醇

9-2 不能,因为正丁醇可与 $CaCl_2$ 形成醇合物。

9-3 当烷基与 π 体系相连或直接连在碳正离子上时,是推电子的(超共轭效应)。当烷基连在饱和碳上或负离子上时,则表现为吸电子作用。

9-4 亲核试剂:OH^-＞H_2O;离去基团:H_2O 比 OH^- 好。

9-5 因为伯醇在两种机理的转折处,其 S_N1 和 S_N2 的相对活性都低。

9-6 由于重排而产生的。

9-7 应选 PX_3、PX_5。当用 PCl_3、PCl_5 时,往往有亚磷酸酯或磷酸酯副产物,氯代烃产率低。用 $SOCl_2$ 的副产物是气体,易于分离、纯化,产率较高。

9-8 (1) S(构型转化)　　　　(2) R(构型保持)　　　　(3) R,S(外消旋)

9-9 (1)＞(5)＞(2)＞(3)＞(4)

9-10 因为醇在酸性介质中可质子化,而使 C—O 键易发生断裂。在酸性介质中无强碱拉 β-H,所以只能先断裂 C—O 键,然后甩掉 β-H(E1)。

9-11 (1) 1-戊醇,因为 2-戊醇脱水有两种方向。

　　(2) 用 Al_2O_3,因为用 H_2SO_4 会发生重排。

　　(3) 较高温度,因为较低温度易生成醚。

9-12 直接脱水会发生重排。应先将其变成卤代烃,然后再脱卤化氢。

9-13

9-14 因为不涉及 C—O 键的断裂,E2 机理,利用保持构型和反式消除合成某些特殊结构的化合物。

9-15

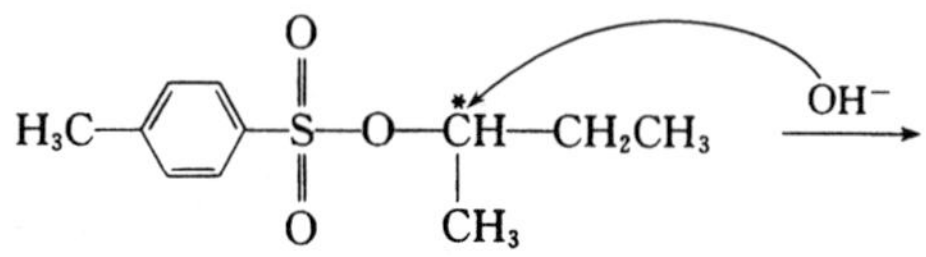

9-16 频哪重排的主要动力是能生成较稳定的镁正离子,且后者易丢掉一个质子而生成稳定的酮。

9-17

(1) 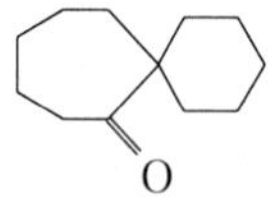　　　　　　　　　　　　(2)

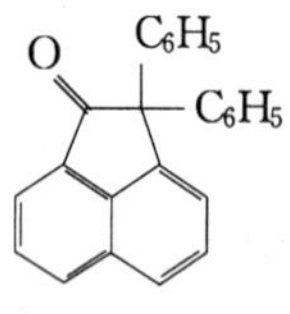

9-18 $Cr_2O_7^{2-}$(黄色)将乙醇氧化而变成 Cr^{3+}(绿色)。

9-19 硼氢化反应的主要特点:反马氏方向的顺式加成,适于制备由烯烃反马式方向加成所生成的伯醇或仲醇。而羟汞化—脱汞适于制备马氏方向加成所生成的醇(仲醇或叔醇)。

9-20

(1) 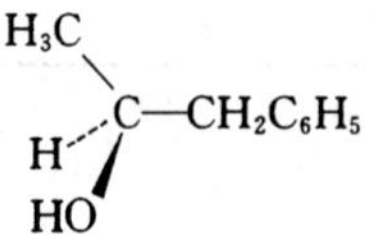　H_3C 及其对映体　　(2) 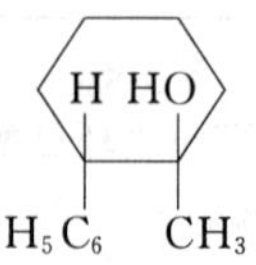　及其对映体

9-21　$C_6H_5\underset{\underset{OCH_3}{|}}{CH}CH_3$

9-22

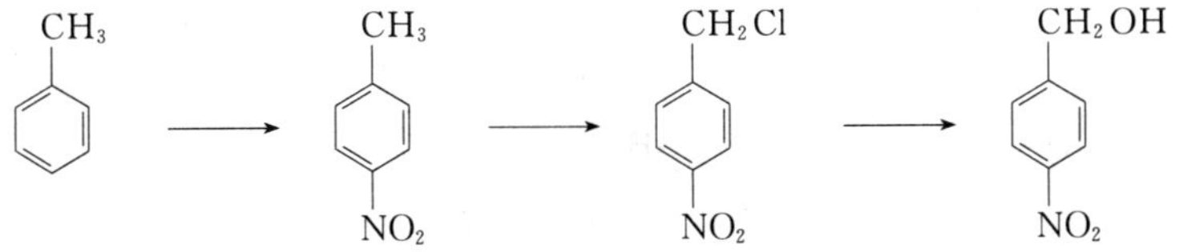

9-23　略。

9-24　(1)

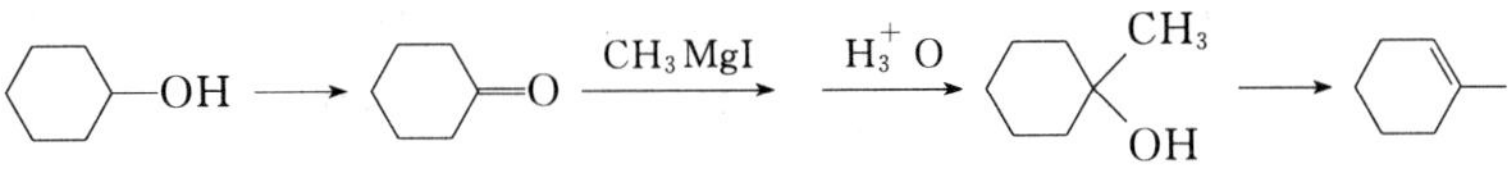

(2)

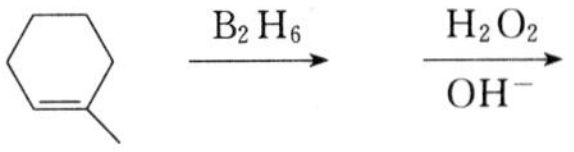

(3)

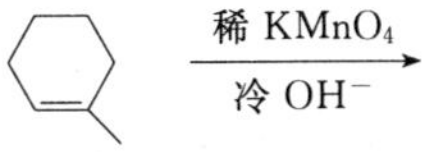

(4) 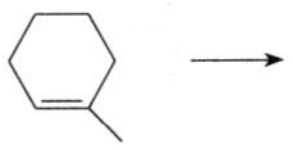　　转化成环氧化物后再水解

(5) 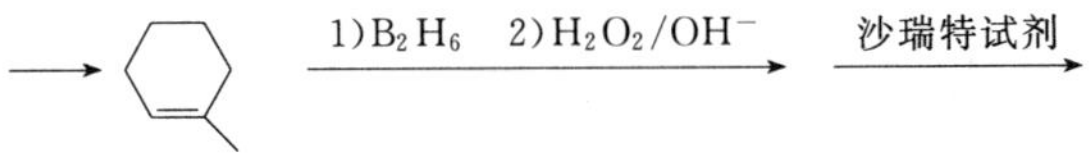　

9-25　(3) > (5) > (4) > (1) > (2)

9-26 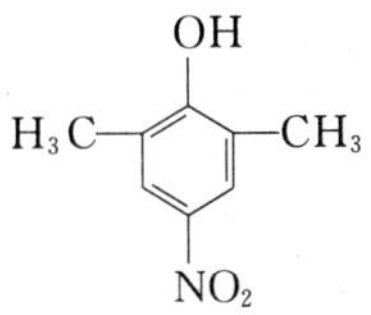　　分子中两个甲基对其酸性影响不大，而在 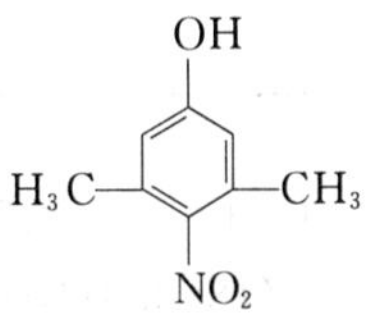　　分子中，两个甲基

的位阻使—NO_2 偏离苯环，难以和苯环共轭，故对苯酚的酸性影响减弱。

9-27　由于羟基氧与苯环的 p-π 共轭，使 C—O 键结合牢固；电子向苯环转移，而降低其亲核性。

9-28　(2) > (1) > (5) > (3) > (4)

9-29　极性溶剂(如水)利于苯酚解离生成 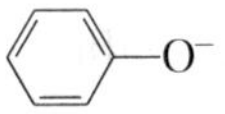 ，后者进行亲电取代的活性特别高，同时极性溶剂也有

利于 Br_2 的极化，故苯酚与 Br_2 反应一下就上三个溴原子。而在低极性溶剂中，其 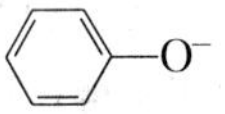 浓度很

低，故可控制生成一溴代苯酚。

9-30　因为易发生氧化。一般是先磺化，增加其抗氧化性，然后再硝化。

9-31　用 AlCl_3 做催化剂，酚直接酰基化效果不好，因为 AlCl_3 与酚羟基可形成络盐而降低催化活性。用
Fries 重排比较方便，产率也较好。

9-32　加 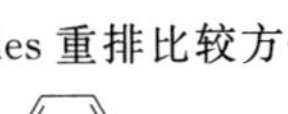 ，分析生成的 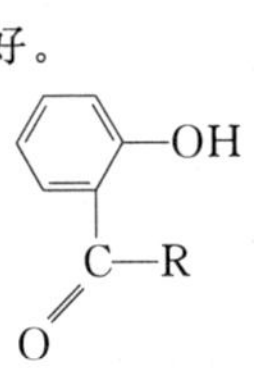 中是否有 ^{18}O。若有，则为分子间重排，若无，则为分子内

重排。

9-33

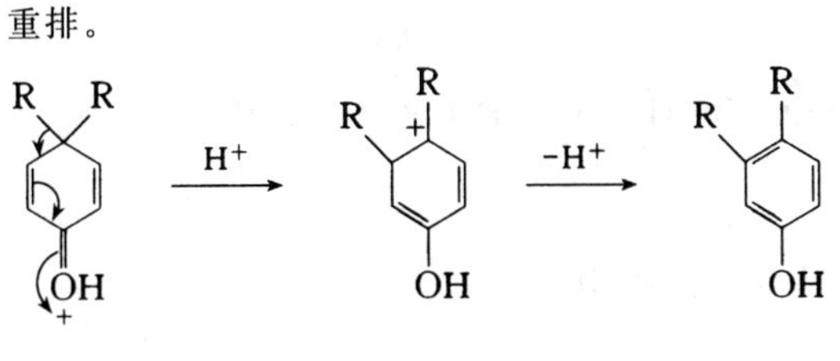

9-34

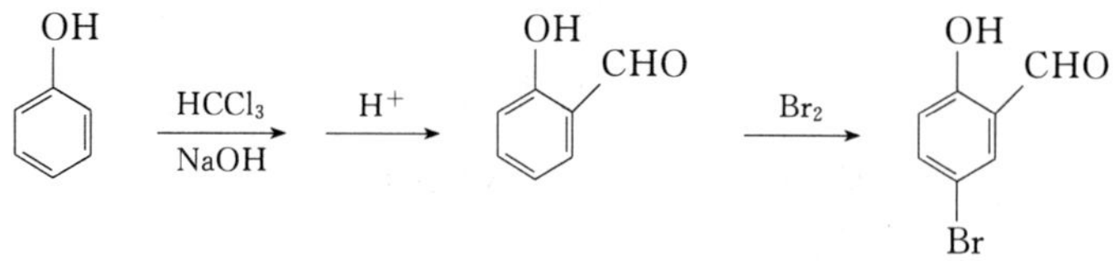

9-35 (1)

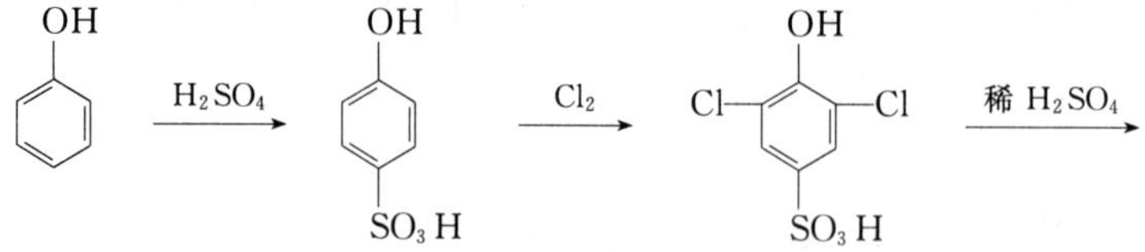

(2)

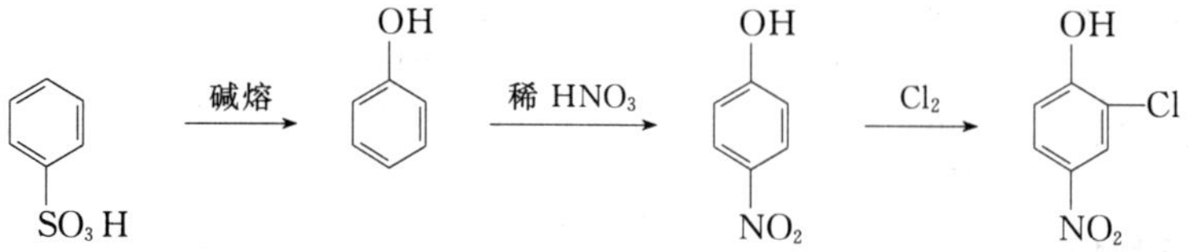

9-36 不可。

9-37 CH_3—⟨ ⟩—SO_3H ⟶ CH_3—⟨ ⟩—OH $\xrightarrow[OH^-]{CH_3I}$ $\xrightarrow[光]{Cl_2}$ $\xrightarrow[乙醚]{Mg}$

$\xrightarrow{CH_3\overset{O}{\overset{\|}{C}}CH_3}$ $\xrightarrow[H^+]{H_2O}$

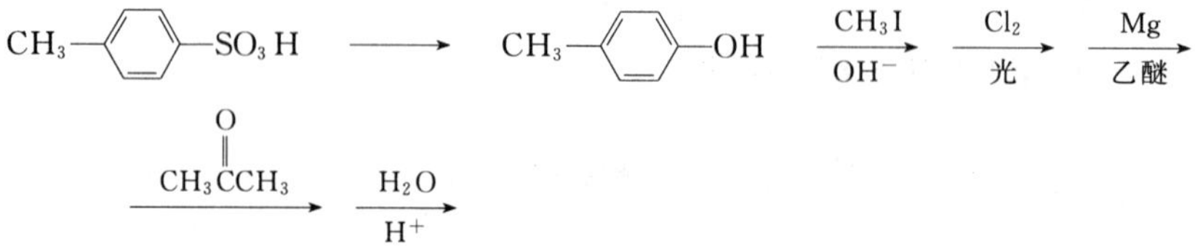

第 十 章

10-1 $(CH_3)_3C$—O—C_2H_5，S_N1 机理，首先生成 $(CH_3)_3C^+$，然后与空间位阻较小的 C_2H_5OH 反应。

10-2 (1) $C_6H_5CH_2CH_2ONa$ 和 $BrCH_2CH_3$ (2) $C_6H_5CH_2Cl$ 和 $NaOCH(CH_3)_2$

(3) $CH_3CH_2CH_2Br$ 和 NaO—⟨ ⟩—CH_3 (4) $(CH_3)_2CHONa$ 和 Cl—⟨ ⟩—NO_2

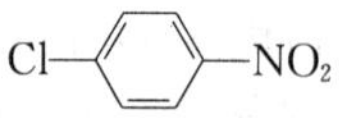

10-3 CH_3—O—$\underset{\underset{O}{\|}}{\overset{\overset{O}{\|}}{S}}$—O—$CH_3$ 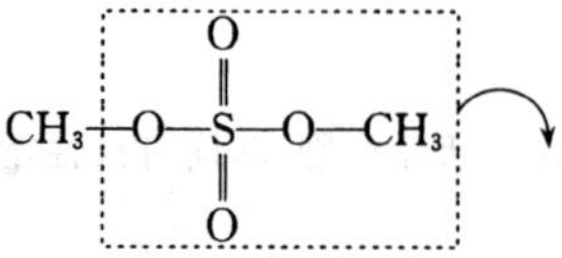 这是一个好的离去基团

10-4 由于叔醇(或仲醇)的空间位阻大，所以加到双键碳上的是亲核试剂 CH_3COO^-，生成醋酸酯。而用三氟醋酸(强酸)时，由于 CF_3COO^- 的亲核性很弱，加到双键碳上的只能是叔醇分子(虽然空间位阻大)，从而生成醚。

10-5 (1) $C_6H_5CH{=}CH_2$ $\xrightarrow[(CH_3)_3COH]{Hg(O\overset{O}{\overset{\|}{C}}CF_3)_2}$ C_6H_5—$\underset{\underset{CH_3}{|}}{CH}$—$OC(CH_3)_3$

(2) CH_3—⟨ ⟩—ONa + Cl—⟨ ⟩—NO_2 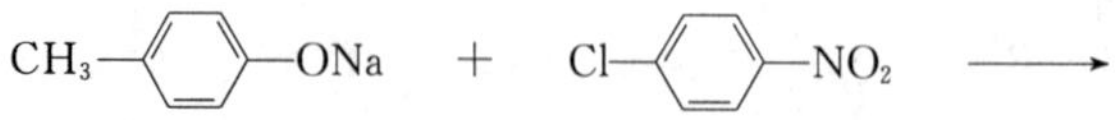 ⟶

10-6 因为反应按 S_N2 机理进行，涉及手性碳的仲碳氧键没有断裂

10-7 (1) $CH_3\overset{O}{\overset{\|}{C}}CH_2CH_3$ (2) C_6H_5OH + CH_3CH_2I

(3) $CH_3CH_2CH_2CH_2OH$ ＋ ICH_3　　　　(4)

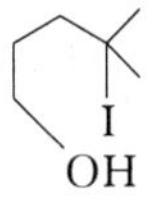

10-8　脂肪乙烯基烯丙醚重排后没有质子迁移步骤。

10-9　(1) 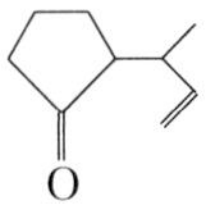 　　　(2) $C_6H_5CH-CHO$
　　　　　　　　　　　　　　　　　　$CH_3CH-CH=CH_2$

10-10　(1)

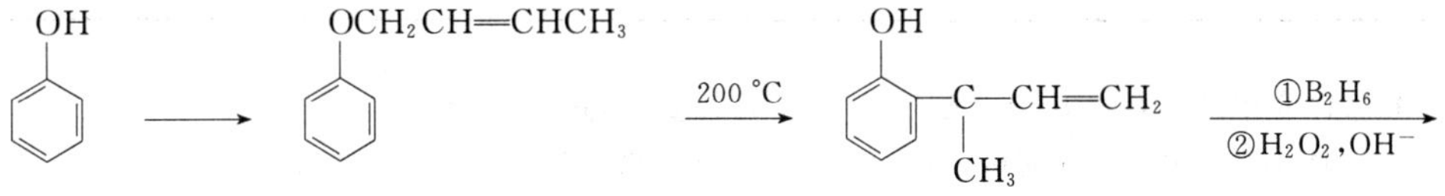

(2)

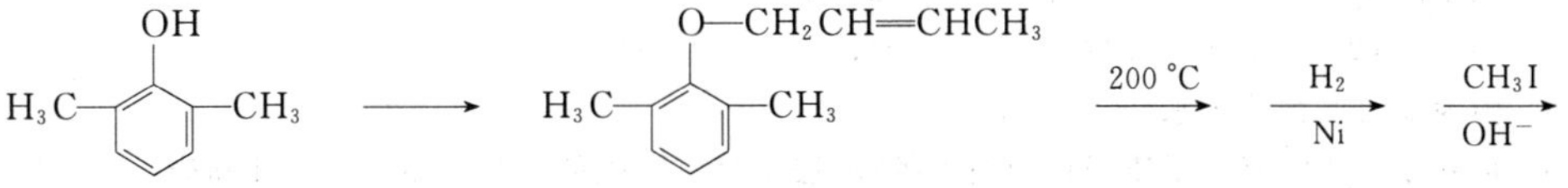

(3) $CH_3CH=CH_2$ $\xrightarrow[H_2O]{Cl_2}$ CH_3CHCH_2Cl $\longrightarrow$ 保护羟基后做成格氏试剂与乙醛加成。
　　　　　　　　　　　　　　　　　OH

10-11　酸性开环的动力是质子化环氧化合物的 C—O 键易发生断裂;碱性开环的动力是有强的亲核试剂进攻。

10-12

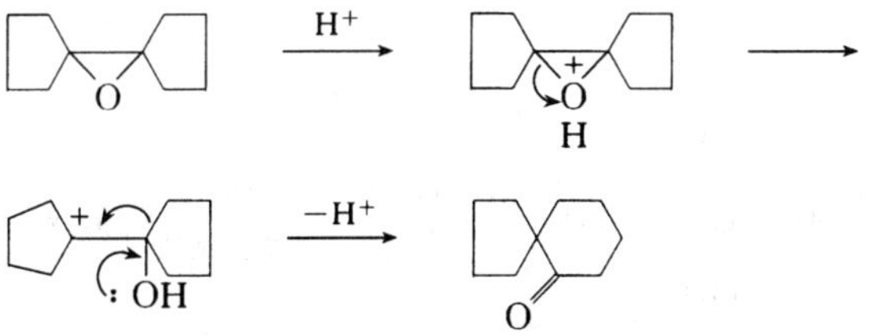

10-13　CH_2-CH_2 存在于酸性介质中,而 $C_6H_5O^-$ 存在于碱性介质中,二者不能共存。
　　　　　　O
　　　　　　H

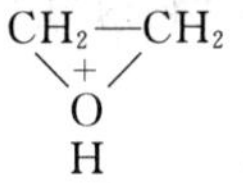

10-14　碱性开环方向决定于亲核试剂进攻时的空间位阻;酸性开环方向决定于哪一个 C—O 键易发生断裂。

10-15　(1) CH_3CH-CH_2OH　　(2) $CH_3CH-CHC_6H_5$　　(3) $CH_3CHCH_2OC_2H_5$
　　　　　　　OCH_3　　　　　　　　　OH OC_6H_5　　　　　　　OH

(4) $CH_3-CH-\overset{\overset{\displaystyle CH_3}{|}}{C}-CH_3$　　(5) $CH_3CH-CH_2CH_3$
　　　　　　NH_2 OH　　　　　　　　　OH

10-16

(1) 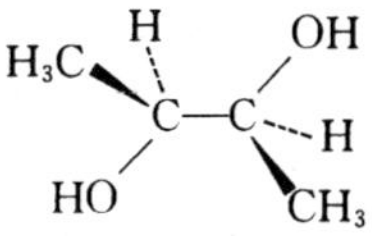 　及其对映体　　(2) 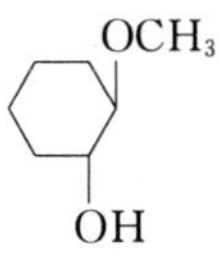 　及其对映体

10-17　(1) $C_6H_5CH_2CH_3 \longrightarrow C_6H_5CH\!=\!CH_2 \longrightarrow C_6H_5\underset{O}{CH\!-\!CH_2} \xrightarrow[\text{HOC}_2\text{H}_5]{\text{NaOC}_2\text{H}_5}$

(2) $C_6H_5\!-\!\underset{O}{CH\!-\!CH_2} \xrightarrow[\text{H}^+]{\text{C}_2\text{H}_5\text{OH}}$

第 十 一 章

11-1　(1) 6-甲基-5-氯-3-庚烯-2-酮　　　　(2) 3-己烯-2,5-二酮

(3) 3,7-二甲基-6-辛烯醛　　　　(4) 丁烯二醛

11-2　羰基的偶极吸引力大于醚,但分子间无氢键。

11-3　(3)＞(2)＞(1)＞(8)＞(7)＞(4)＞(5)＞(6)

11-4　因为加成产物溶于水;S 是六价。

11-5　稀酸使缩醛的氧原子质子化而被水解;一般醚只有在强的浓酸作用下醚键才断裂。

11-6　A 属于缩醛类型,稀酸处理生成 [邻苯二酚结构 OH, OH] 和 CH_2O。

11-7　(1) [环己基-CHO, OH] ＋ C_2H_5OH　　(2) $C_6H_5\underset{O}{CCH_3}$ ＋ $HOCH_2CH_2OH$

(3) [四氢吡喃 O—OC_2H_5] ; [环己基 CHO, OH]

11-8　$CH_3\underset{O}{CCH_3}$ ＋ $NaC\!\equiv\!CH \longrightarrow CH_3\!-\!\underset{OH}{\overset{CH_3}{\underset{|}{\overset{|}{C}}}}\!-\!C\!\equiv\!CH \xrightarrow[\triangle]{\text{H}_2\text{SO}_4} \xrightarrow[\text{林德拉试剂}]{\text{H}_2} $ 异戊二烯

11-9　$CH_3\underset{O}{C}$[苯环] $\xrightarrow[\text{Fe}]{\text{Br}_2} CH_3\underset{O}{C}$[苯环-Br] $\longrightarrow$ 保护羰基,做成格氏试剂后再向丙酮加成。

11-10　环己酮的亲核加成速度比苯甲醛快,但苯甲醛的加成产物比较稳定(共轭结构)。前者为速度控制产物,后者为平衡控制产物。

11-11　因为 H^+ 可使羰基质子化,提高活性;但酸性过强使—NH_2 变成—$\overset{+}{N}H_3$ 而失去亲核性。

11-12　因为酸催化由烯醇稳定性决定卤代位置,即向着生成取代较多的方向烯醇化。

11-13　(1),(3),(5),(6),(8)

11-14　(1) C_6H_5CHO ＋ [环己酮]=O $\xrightarrow{\text{OH}^-} \xrightarrow{\text{H}_2}{\text{Ni}}$

(2) $2C_6H_5CHO$ ＋ $CH_3\underset{O}{CCH_3} \xrightarrow{\text{OH}^-} \xrightarrow{\text{H}_2}{\text{Ni}}$

11-15　(1) [环戊烯, C_2H_5, CHO]　　(2) [双环结构 CHO] ＋ [双环结构 CHO]

(3)   (4)

11-16 在碱作用下生成烯醇式,再转化成酮式时主要得到较稳定的反式异构体。

11-17

11-18 消旋化主要借助于烯醇式,前者涉及到手性中心相连的键,而后者则否。

11-19 略。

11-20 C_6H_5CHO + $CH_3CH_2CH_2CHO$ $\xrightarrow{OH^-}$ $C_6H_5CH=\underset{C_2H_5}{C}-CHO$ $\xrightarrow{\text{吐伦试剂}}$

11-21 (1)   (2)

11-22 不可以。因为叔丁基上无 α-H,不能提供 H^-。

11-23 (1) $\xrightarrow{OH^-}$ $\xrightarrow[\text{异丙醇铝}]{\text{异丙醇}}$ (2) + $CH_3CH_2\overset{O}{\overset{\|}{C}}C_6H_5$ $\xrightarrow{OH^-}$ $\xrightarrow[\text{控制}]{H_2,Ni}$

11-24 (1) $CH_3\overset{O}{\overset{\|}{C}}CH_3$ $\xrightarrow[\text{苯}]{Mg}$ $\xrightarrow{H_3^+O}$ $\xrightarrow{H_2SO_4}$ $\xrightarrow[NaOH]{X_2}$ $\xrightarrow{H^+}$

(2) + $CH_3\overset{O}{\overset{\|}{C}}Cl$ $\xrightarrow{AlCl_3}$ $\xrightarrow{Mg}$ $\xrightarrow{H_3^+O}$ $\xrightarrow{H_2SO_4}$

(3) $\xrightarrow{Mg}$ $\xrightarrow{H_3^+O}$ $\xrightarrow{H_2SO_4}$ $\xrightarrow[\text{浓 HCl},\triangle]{Zn(Hg)}$

(4) $\longrightarrow$ $\xrightarrow[\text{浓 HCl},\triangle]{Zn(Hg)}$ $\xrightarrow[Fe]{Br_2}$ $\xrightarrow[\text{乙醚}]{Mg}$ $\xrightarrow{CH_3CHO}$ $\xrightarrow[H^+]{H_2O}$

(5) $CH_3CH_2CH_2OH$ $\xrightarrow{[O]}$ CH_3CH_2CHO $\xrightarrow{CH_2O(\text{过量}),Ca(OH)_2}$

11-25 歧化:(1),(2);羟醛缩合:(3),(4)。

11-26

11-27 $\left\{\begin{array}{l} C_6H_5CHO \\ XCH_2CH=CHCH=CH_2 \end{array}\right.$; $\left\{\begin{array}{l} C_6H_5CH=CHCHO \\ XCH_2CH=CH_2 \end{array}\right.$; $\left\{\begin{array}{l} C_6H_5CH=CHCH=CHCHO \\ XCH_3 \end{array}\right.$;

$\left\{\begin{array}{l} CH_2=CHCHO \\ C_6H_5CH=CHCH_2X \end{array}\right.$; $\left\{\begin{array}{l} CH_2=CHCH=CHCHO \\ C_6H_5CH_2X \end{array}\right.$; $\left\{\begin{array}{l} CH_2O \\ C_6H_5CH=CHCH=CHCH_2X \end{array}\right.$

11-28 (1) (2) $(CH_3)_2N$—

(3) —CHO + HOCH$_3$

11-29 NaBH$_4$ 选择扭张力较小的方向进攻,生成构象较稳定的平伏式醇。

11-30

11-31 $CH_2=CHCHO$ + H_2NNH_2 $\xrightarrow{\text{1,4-加成}}$ $\xrightarrow{-H_2O}$

11-32 (1) C_6H_5CHO + $CH_3\overset{O}{\overset{\|}{C}}CH_3$ $\xrightarrow{OH^-}$

(2) C_6H_5CHO + $CH_3\overset{O}{\overset{\|}{C}}C_6H_5$ $\xrightarrow{OH^-}$ $\xrightarrow{(CH_3)_2CuLi}$ $\xrightarrow{H_2O}$

(3) $C_6H_5\overset{O}{\overset{\|}{C}}CH_3$ + CH_3CH_2CHO $\xrightarrow{OH^-}$ $\xrightarrow{CH_3Li}$ $\xrightarrow{H_2O}$

11-33 (1) —— C_2H_5——NO_2 —— $HC\equiv C$——NO_2 $\xrightarrow{NaNH_2}$

$\xrightarrow{BrCH_2CH_2CH_3}$ $\xrightarrow[H_2SO_4]{HgSO_4}$ $CH_3CH_2CH_2\overset{}{\underset{O}{C}}$——$NO_2$

(2) $\xrightarrow[AlCl_3]{\text{丁二酸酐}}$ $\xrightarrow[\text{浓 HCl},\triangle]{Zn(Hg)}$ $\xrightarrow{PCl_3}$ $\xrightarrow{AlCl_3}$ $\xrightarrow{Ph_3P=CH-\bigcirc-CH_3}$

$(CH_3$— $\xrightarrow{\text{氯甲基化}}$ CH_3——CH_2Cl —— ——

$Ph_3P=CH$——$CH_3)$

(3) A. CH_3— —— CH_3——$C(CH_3)_3$ $\xrightarrow[\text{醋酐}]{CrO_3}$

B. —— $(CH_3)_3C$— $\xrightarrow[AlCl_3,Cu_2Cl_2]{CO+HCl}$

(4)

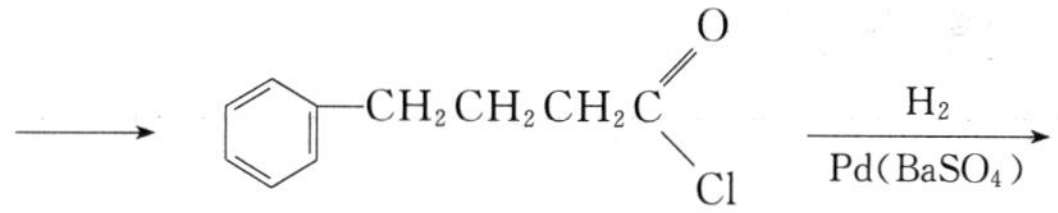

(5)

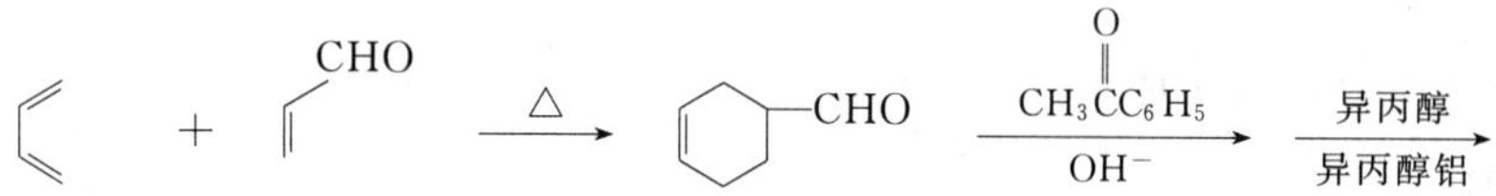

第 十 二 章

12-1　$2.1×60=126$ Hz，　$2.1×100=210$ Hz，　δ 2.1 ppm

12-2　(1) b＞a＞c　　(2) c＞e＞d＞b＞a

12-3　(1) 3 组，$(CH_3)_3C$—$\overset{\overset{\displaystyle O}{\|}}{C}$—$CH_2$—$CH_3$
　　　　　　　　　　　单峰　　　四重峰　三重峰

　　　(2) 3 组，$(CH_3\!-\!\!-\!CH_2\!-\!\!-\!CH_2)_2O$
　　　　　　　　三重峰　多重峰　三重峰

12-4　C

12-5　$HC{\equiv}C\!-\!\overset{\overset{\displaystyle OH}{|}}{CH}\!-\!CH_3$

12-6　(1) 2 个峰　　(2) 1 个峰　　(3) 4 个峰

12-7　C_1 和 C_4 δ 值为 $-2.6+9.1+9.4-2.5=13.4$ ppm
　　　C_2 和 C_3 δ 值为 $-2.6+9.1×2+9.4=25$ ppm

12-8　$CH_3O\!-\!\!\langle\!\bigcirc\!\rangle\!-\!OH$

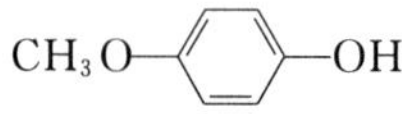

12-9

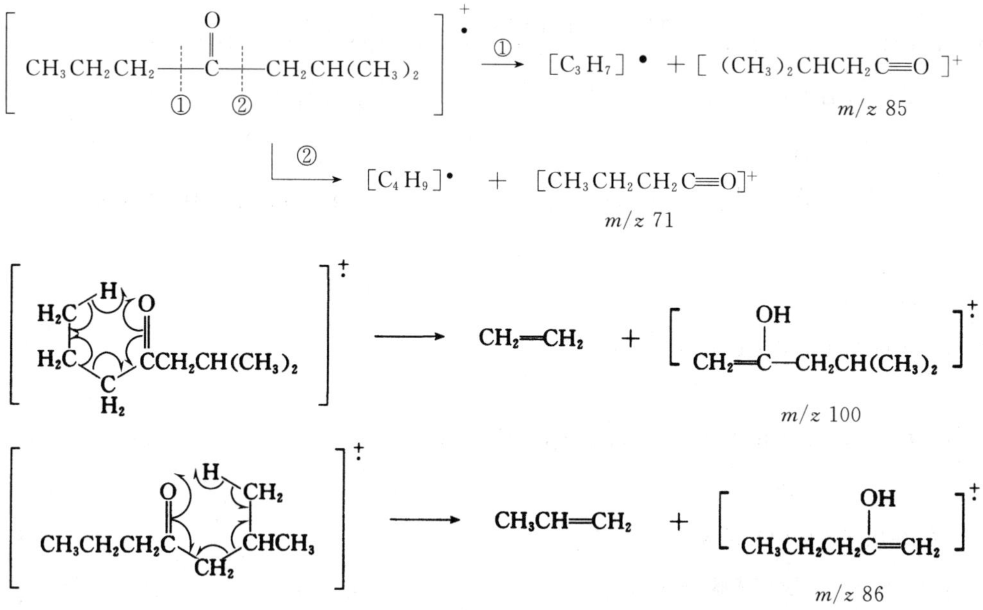

$$\left[CH_3CH_2CH_2 \underset{①}{\overset{\overset{\displaystyle O}{\|}}{\underset{|}{C}}} \underset{②}{\vert} CH_2CH(CH_3)_2 \right]^{+\cdot} \xrightarrow{①} [C_3H_7]^{\cdot} + [\,(CH_3)_2CHCH_2C{\equiv}O\,]^+$$
　　　　　　　　　　　　　　　　　　　　　　　　　　　　　　　　m/z 85

$$\xrightarrow{②} [C_4H_9]^{\cdot} + [CH_3CH_2CH_2C{\equiv}O]^+$$
　　　　　　　　　　　　　　　　　　m/z 71

CH₂=CH₂ + [CH₂=$\overset{\overset{\displaystyle OH}{|}}{C}$—CH₂CH(CH₃)₂]⁺·
　　　　　　　　　　　　　m/z 100

CH₃CH=CH₂ + [CH₃CH₂CH₂$\overset{\overset{\displaystyle OH}{|}}{C}$=CH₂]⁺·
　　　　　　　　　　　　m/z 86

第 十 三 章

13-1 A. 酮   B. 醇   C. 酰卤

13-2 含有 〈苯环〉 ，—NO₂，—CHO

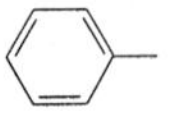

13-3

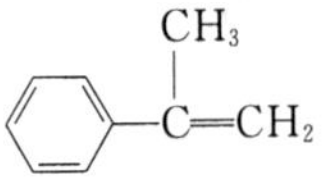

13-4

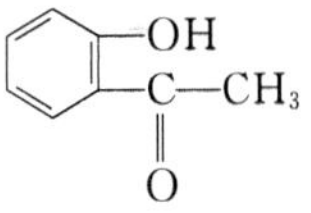

13-5 234nm

第 十 四 章

14-1 (1) 4 ＞ 3 ＞ 1 ＞ 2   (2) 4 ＞ 1 ＞ 3 ＞ 2

14-2

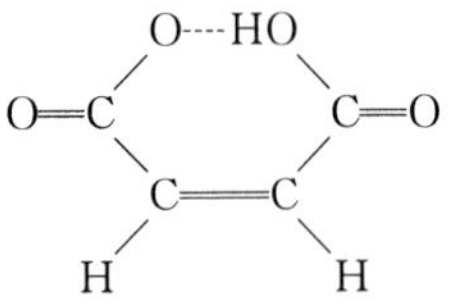

顺丁烯二酸离解后产生的负离子可与
另一羧基中羟基氢形成分子内氢键

14-3 (1)

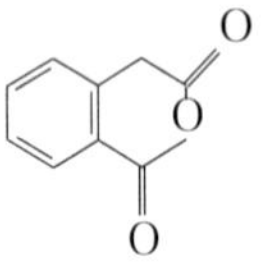

(2) LiAlH₄   (3) H₂/Pt

14-4

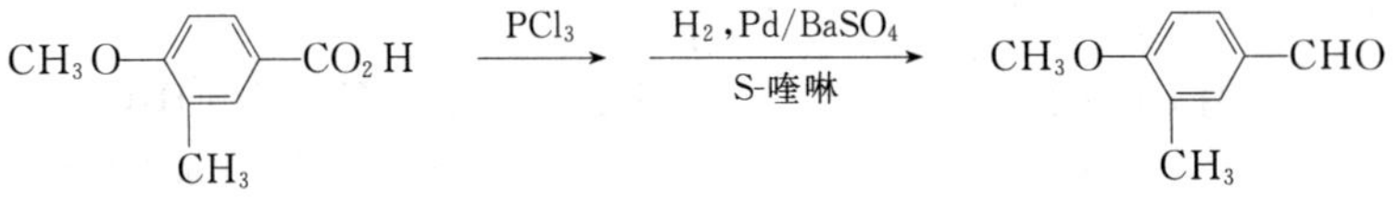

$$CH_3O-\langle\rangle-CO_2H \xrightarrow{PCl_3} \xrightarrow[\text{S-喹啉}]{H_2,Pd/BaSO_4} CH_3O-\langle\rangle-CHO$$

14-5 (1)

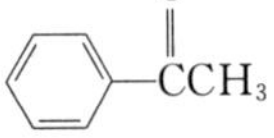

(2)

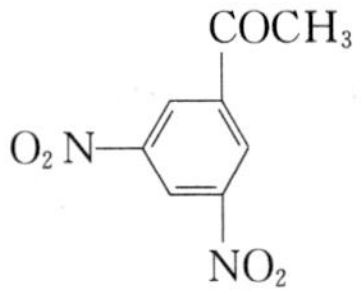

(3) HO₂CCH₂CH₂CH₂CN

14-6 (1) CH₃OCCH₂CH₂CH₂Br   (2)

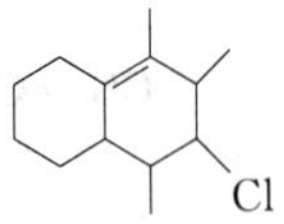

14-7 (1)和(4) C₆H₅CHCO₂H ，(2)和(3) C₆H₅CHCOBr
            | |
            Br   Br

14-8 (1) 格氏试剂与 CO₂ 反应

(2) NaCN 与之反应成腈,水解

(3) NaCN 与之反应成腈,水解

14-9 (1) $\xrightarrow{CrO_3/H^+}$ (CH₃)₂CHCH₂CHO $\xrightarrow{HCN}$ $\xrightarrow{H^+/H_2O}$

(2) $\xrightarrow{\text{CrO}_3/\text{H}^+}$ [2-methylcyclohexanone structure] $\xrightarrow{\text{RCO}_3\text{H}}$ $\xrightarrow{\text{OH}^-/\text{H}_2\text{O}}$ $\xrightarrow{\text{H}^+}$

第 十 五 章

15-1　(1) $CH_2[CO_2C(CH_3)_3]_2$　　(2) $H_2NCCH_2CH_2CO_2^-\ NH_4^+$ (with O double bond on first C)

(3) C_6H_5COCl，$C_6H_5COCCH_3$ (with two C=O)　　(4) [4-methyl-2-piperidinone structure with CH_3, N–H, C=O]

15-2　[phenol with OH] $+$ CO_2 $\xrightarrow[\text{压力}]{\triangle}$ [benzene ring with CO_2H and OH] $\xrightarrow[\text{吡啶}]{\text{醋酐}}$ 阿斯匹林

15-3　$-NO_2 > -Cl > -CH_3$

15-4

[mechanism structures]

$C_6H_5C-CCl_3$ (with C=O) $+$ $\ddot{O}H^-$ $\longrightarrow$ $C_6H_5-\overset{\ddot{\ :O^-}}{\underset{OH}{C}}-CCl_3$

$\longrightarrow$ $C_6H_5CO_2H$ $+$ $:CCl_3$ $\longrightarrow$ $C_6H_5CO_2$ $+$ $HCCl_3$

15-5　(1) $CH_3CH_2COC_6H_5$　　(2) $CH_3CH_2COCH_2CH_2COCH_2CH_3$

15-6　甲酸乙酯～第二醇,碳酸二乙酯～第三醇

$C_2H_5O-C-OC_2H_5$ (with C=O) $+$ $RMgX$ $\longrightarrow$ $C_2H_5O-\overset{\ \ -O:}{\underset{R}{C}}-OC_2H_5$ $\longrightarrow$

$R-C-OC_2H_5$ (with C=O) $\xrightarrow{RMgX}$ $R-C-R$ (with C=O) $\xrightarrow{RMgX}$ R_3C-OH

15-7　(1) $LiAlH_4$　(2) $LiAlH_4$　(3) H_2/Ni　(4) H_2,$Pd/BaSO_4$,S-喹啉

第 十 六 章

16-1　(1) $HOCH_2CH_2OC-CHCO_2C_2H_5$ (with C=O and CH_3 on the CH)

(2) $C_6H_5C-CHCH_2CO_2C_2H_5$ (with C=O and $CO_2C_2H_5$)，　$C_6H_5CCH_2CH_2CO_2H$ (with C=O)

(3)

[cyclopentane ring structure with $C_2H_5O_2C$, $CO_2C_2H_5$, and two O]

16-2　(1)　$2C_2H_5O\overset{O}{\overset{\|}{C}}CH_2CH_2\overset{O}{\overset{\|}{C}}OC_2H_5$

(2)　$C_2H_5O\overset{O}{\overset{\|}{C}}OC_2H_5$　$+$　$CH_3CH_2CO_2C_2H_5$

(3)　$C_2H_5O\overset{O}{\overset{\|}{C}}{-}\overset{O}{\overset{\|}{C}}OC_2H_5$　$+$　$C_2H_5O\overset{O}{\overset{\|}{C}}{-}(CH_2)_4{-}\overset{O}{\overset{\|}{C}}OC_2H_5$

16-3　(1)　$(C_2H_5O_2C)_2CHCH(CO_2C_2H_5)_2$　　(2)　$CH_3COCH_2CH_2CO_2H$

16-4　$CH_2(CO_2C_2H_5)_2 \xrightarrow{\text{NaOC}_2\text{H}_5} \xrightarrow{CH_3CH_2CH_2Cl} CH_3CH_2CH_2CH(CO_2C_2H_5)_2 \xrightarrow{\text{NaOC}_2\text{H}_5}$

$\xrightarrow{ICH_3} CH_3CH_2CH_2\overset{CH_3}{\underset{}{\overset{|}{C}}}(CO_2C_2H_5)_2 \xrightarrow{OH^-/H_2O} \xrightarrow{H^+/\triangle}$ 产物

16-5　$C_6H_5\overset{}{\underset{\overset{|}{CO_2C_2H_5}}{\overset{|}{C}H}}\overset{O}{\overset{\|}{C}}{-}CH_3$，　$C_6H_5\overset{O}{\overset{\|}{C}}CH_2\overset{O}{\overset{\|}{C}}CH_3$

16-6　$CH_3\overset{O}{\overset{\|}{C}}CH_2CO_2C_2H_5 \xrightarrow{\text{NaOC}_2\text{H}_5} CH_3\overset{O}{\overset{\|}{C}}{-}\underset{\overset{..}{\ominus}}{CH}{-}CO_2C_2H_5 \xrightarrow{BrCH_2CH_2CH_2Br}$

$BrCH_2CH_2CH_2{-}\overset{}{\underset{\overset{|}{CO_2C_2H_5}}{\overset{|}{C}H}}\overset{O}{\overset{\|}{C}}CH_3 \xrightarrow{\text{NaOC}_2\text{H}_5}$ $\longrightarrow$

16-7　(1)　$C_6H_5CH_2Cl$ 和 C_2H_5Cl　　(2)　$ClCH_2CO_2C_2H_5$ 和 CH_3I

16-8　$C_6H_5CH_2{-}\overset{C_6H_5}{\underset{C_6H_5}{\overset{|}{\underset{|}{C}}}}{-}CN$

16-9　$C_6H_5CO_2C_2H_5$　$+$　$CH_3CH_2CH_2CO_2C_2H_5 \xrightarrow{\text{NaOC}_2\text{H}_5} C_6H_5COCHCO_2C_2H_5 \atop \quad\quad\quad\quad\quad |\ CH_2CH_3$

$\xrightarrow{OH^-/H_2O} \xrightarrow{H^+/\triangle} C_6H_5COCH_2CH_2CH_3$

16-10　CH_3CO_2H　$+$　$HOCH_2\overset{CH_3}{\underset{CH_3}{\overset{|}{\underset{|}{C}}}}{-}NH_2 \longrightarrow$ $\xrightarrow{CH_3(CH_2)_3Li}$

$\xrightarrow{CH_3I}$ $\xrightarrow{CH_3(CH_2)_3Li} \xrightarrow{CH_3I}$

$\xrightarrow[H_2O]{H_2SO_4} (CH_3)_2CHCO_2H$

16-11　$CH_3CH_2CO_2H \xrightarrow{2LiN[CH(CH_3)_2]_2} \xrightarrow{CH_3CH_2Cl} CH_3CH_2\overset{CH_3}{\underset{}{\overset{|}{C}}HCO_2^-} \xrightarrow{LiN[CH(CH_3)_2]_2}$

$$\xrightarrow{CH_3I} \xrightarrow{H_2O} CH_3CH_2\overset{\overset{\displaystyle CH_3}{|}}{\underset{\underset{\displaystyle CH_3}{|}}{C}}CO_2H$$

16-12 $CH_3CH_2CH_2CH_2OH \xrightarrow{PBr_3} \xrightarrow{NaCN} CH_3(CH_2)_3CN \xrightarrow[2)C_6H_5SeBr]{1)LDA/THF} \xrightarrow{H_2O_2}$

     $CH_3CH_2CH=CHCN$

16-13   (1) $CH_2=CHCO_2C_2H_5$ 和 $(CH_3)_2CHNO_2$

     (2) $C_6H_5CH=CHCOC_6H_5$ 和 $C_6H_5CH_2CO_2C_2H_5$

16-14   A. $C_2H_5O_2CCOCH_2CO_2C_2H_5$ B. $C_2H_5O_2C\overset{\overset{\displaystyle OH}{|}}{\underset{\underset{\displaystyle CH_2CO_2C_2H_5}{|}}{C}}CH_2CO_2C_2H_5$ C. $HO_2C\overset{}{C}=CHCO_2H$ 其中 $\underset{\underset{\displaystyle CH_2CO_2H}{|}}{}$

16-15   (1) Perkin 反应或 Reformatsky 反应   (2) Reformatsky 反应

第 十 七 章

17-1   (1) $\xrightarrow[H_2SO_4]{HNO_3}$ $\xrightarrow{Fe/HCl}$ $\xrightarrow{2CH_3I}$ 产物

     (2) $\xrightarrow[醋酐]{HNO_3}$ $\xrightarrow[NaOH]{Zn}$ $\xrightarrow{H^+}$ 产物

17-2   (1)

     (2)

17-3   (1) 还原氨化   (2) 通过酰胺还原   (3) 通过腈的还原

17-4   (1)   (2)

17-5 $\xrightarrow{KMnO_4}$ $HO_2C(CH_2)_4CO_2H$ $\xrightarrow{PCl_3}$ $\xrightarrow{NH_3}$ $H_2N\overset{\overset{\displaystyle O}{\|}}{C}(CH_2)_4\overset{\overset{\displaystyle O}{\|}}{C}NH_2$ $\xrightarrow{Br_2/OH^-}$

     $H_2NCH_2CH_2CH_2CH_2NH_2$

17-6   (1) $1 > 2$ (2) $2 > 1 > 3$

17-7   苯胺与 N,N-二甲基苯胺的苯环都能与氮上孤对电子所占 p 轨道发生共轭,而 2,4,6-三硝基-N,N-二甲基苯胺受 2,6 位两个硝基体积效应影响使氮上孤对电子所占 p 轨道不能与苯环共轭(氮的 p 轨道与苯环碳的 p 轨道垂直),氮上电子就不容易向芳环分散。因此碱性强。

17-8   (1)   (2)   (3) $+ CH_3OH$

17-9

17-10

$$CH_3\text{-}\overset{\overset{\displaystyle CH_3}{|}}{\underset{\underset{\displaystyle HO}{|}}{C}}\text{-}\overset{\overset{\displaystyle CH_3}{|}}{\underset{\underset{\displaystyle NH_2}{|}}{\overset{\centerdot}{C}}}\text{-}CH_3 \xrightarrow[\text{HCl}]{NaNO_2} CH_3\text{-}\overset{\overset{\displaystyle CH_3}{|}}{\underset{\underset{\displaystyle HO}{|}}{C}}\text{-}\overset{\overset{\displaystyle CH_3}{|}}{\underset{\underset{\displaystyle N_2^+}{|}}{C}}\text{-}CH_3 \xrightarrow{-N_2} CH_3\text{-}\overset{\overset{\displaystyle OH}{|}}{C}\text{-}\overset{\overset{\displaystyle CH_3}{|}}{\underset{\underset{\displaystyle CH_3}{|}}{\overset{+}{C}}}\text{-}CH_3$$

$$\longrightarrow CH_3\overset{+OH}{\underset{}{C}}\text{-}\overset{\overset{\displaystyle CH_3}{|}}{\underset{\underset{\displaystyle CH_3}{|}}{C}}\text{-}CH_3 \xrightarrow{-H^+} CH_3\text{-}\overset{O}{\underset{}{C}}\text{-}\overset{\overset{\displaystyle CH_3}{|}}{\underset{\underset{\displaystyle CH_3}{|}}{C}}\text{-}CH_3$$

17-11 用 HNO_2 处理，乙胺放 N_2，二乙胺生成不溶于酸的油状物，三乙胺无上述反应。

17-12

17-13 $CH_3CH_2\overset{O}{\underset{}{C}}CH_2CH_3$ + $\xrightarrow{H^+} \xrightarrow{CH_3COCl} \xrightarrow{H^+/H_2O}$ 产物

17-14 （1） $\xrightarrow[\text{醋酐}]{HNO_3} \xrightarrow[\text{OH}^-]{Zn} \xrightarrow{H^+} \xrightarrow[\text{HCl}]{NaNO_2} \xrightarrow{H_3PO_2}$

（2） $\xrightarrow[H_2SO_4]{HNO_3} \xrightarrow[\text{HCl}]{Fe} \xrightarrow[\text{HCl}]{NaNO_2} \xrightarrow{Cu_2CN_2} \xrightarrow[H^+]{H_2O}$

（3） $\xrightarrow[H_2SO_4]{HNO_3} \xrightarrow[\text{Fe}]{Cl_2} \xrightarrow[\text{HCl}]{Fe} \xrightarrow[H_2SO_4]{NaNO_2} \xrightarrow[H_2SO_4]{H_2O}$

（4） $\xrightarrow[\text{HCl}]{NaNO_2} \xrightarrow{NaOH}$

17-15

17-16 $\xrightarrow{CH_2N_2（过量）} \xrightarrow{Ag_2O/H_2O}$

第 十 八 章

18-1　(1) $h\nu$,

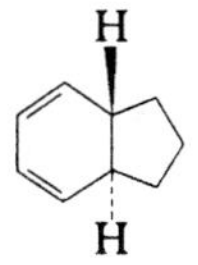

(2)

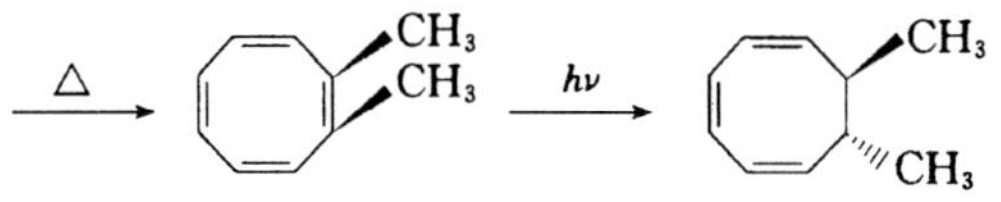

$$\xrightarrow{\triangle} \text{（八元环 CH}_3\text{, CH}_3\text{）} \xrightarrow{h\nu} \text{（八元环 CH}_3\text{, CH}_3\text{）}$$

18-2　[4+2]环加成及其逆反应，

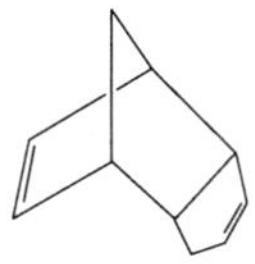

18-3

(1) 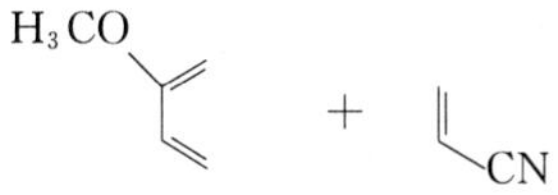　H_3CO—（二烯）　＋　（$CH_2=CH-CN$）　(2)　（环辛二烯）

18-4　(1) 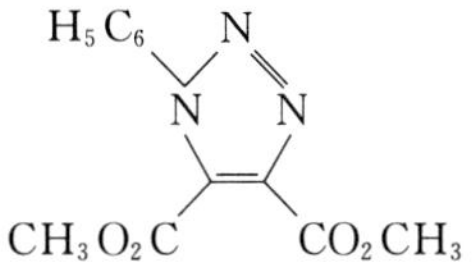　H_5C_6—N—N=N 环（CH_3O_2C, CO_2CH_3）

(2) 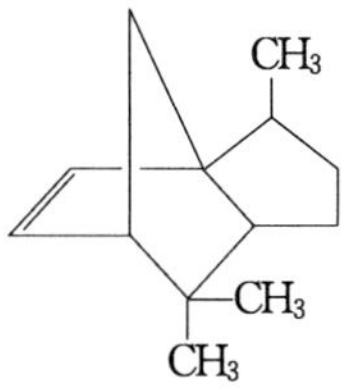　（双环结构 CH_3, CH_3, CH_3）

(3)　（笼状结构 O, $OCCH_3$）

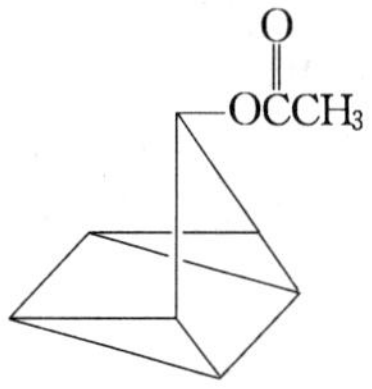

(4) 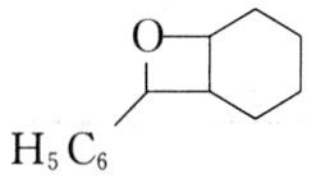　H_5C_6—（并环结构，O）

18-5　(1) 1,5-H 迁移　　(2) 1,7-D 迁移　　(3) 3,3-C 迁移

18-6　(1) 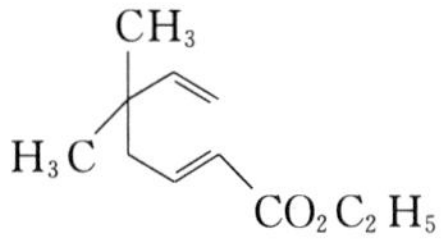　H_3C—C（CH_3）—CH=CH—CH_2—$CO_2C_2H_5$

(2)　（双环戊烷 CH_2, CH_2）

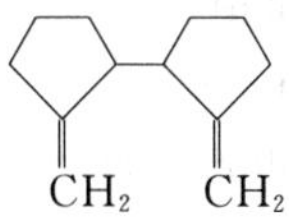

第 十 九 章

19-1　(1)　HO, CH_2OH, HO, OH, OH （吡喃糖结构）

(2) 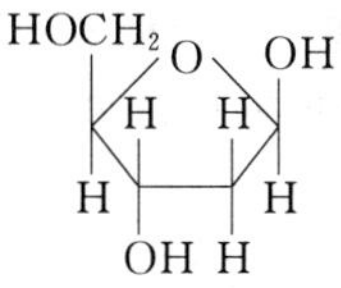　$HOCH_2$, O, OH, H, H, H, H, OH, H （呋喃糖结构）

19-2

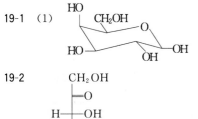

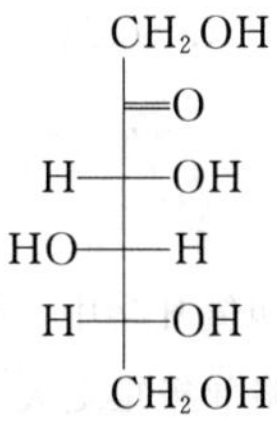

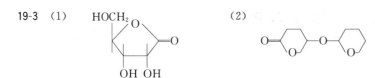

19-3 (1) [structure] (2) [structure]

19-4 阿洛糖,半乳糖

19-5 [structure] HO—[pyran ring]—OCH₃, HO, OH

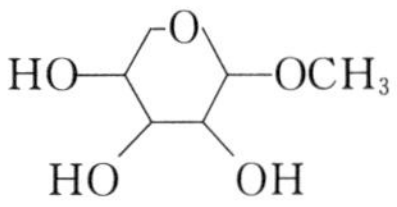

19-6

A
CHO
HO—|—H
H—|—OH
H—|—OH
CH₂OH

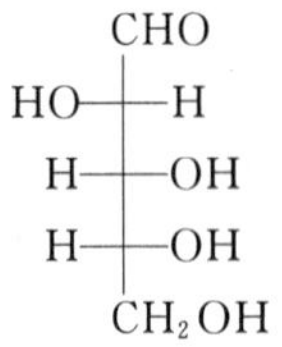

19-7

A [disaccharide structure]
HOCH₂, OH, O, O, OH, HO, OH HO, HO

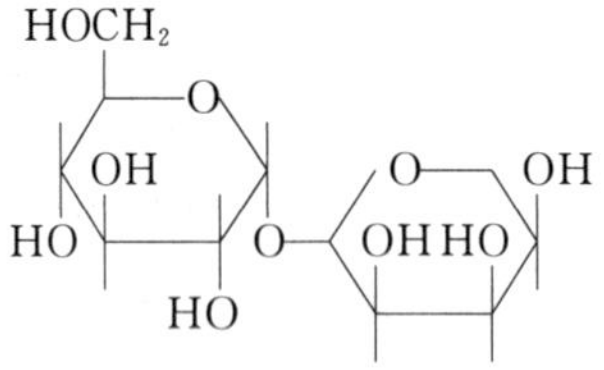

第 二 十 章

20-1　(1) 2-硝基-4-溴呋喃　　　(4-bromo-2-nitrofuran)

　　　(2) 4-甲基噻唑　　　　　　(4-methylthiazole)

　　　(3) 3-甲基吡啶　　　　　　(3-methylpyridine)

　　　(4) 2-噻吩磺酸　　　　　　(2-thiophenesulfonic acid)

　　　(5) 3-甲基-5-氯喹啉　　　(5-chloro-3-methylquinoline)

　　　(6) β-吲哚乙酸　　　　　　(β-indoleacetic acid)

　　　(7) 6-氨基-8-羟基嘌呤　　(6-amino-8-hydroxylpurine)

　　　(8) 1,4-二甲基异喹啉　　　(1,4-dimethylisoquinoline)

　　　(9) 3-吡啶甲酸　　　　　　(3-pyridinecarboxylic acid)

20-2

(1) 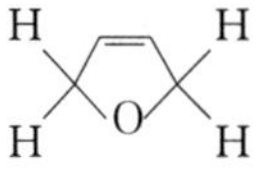 [structure] (2) 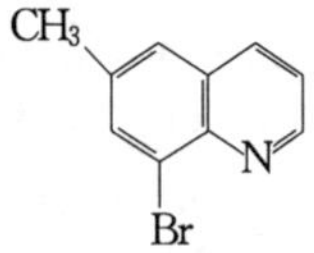 [structure] CH₃, Br (3) 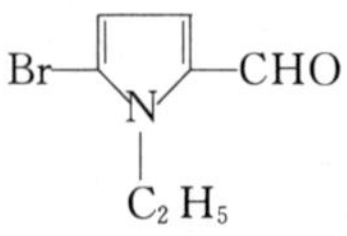 [structure] Br—[pyrrole]—CHO, C₂H₅ (4) 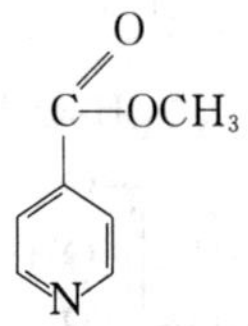 [structure] O, C—OCH₃

20-3　吡咯中氮以一对 p 电子参与环闭合的共轭体系,电子由杂原子向环上移动,而在四氢吡咯中,氮起诱导的拉电子作用,因此二者偶极矩方向相反。共轭效应比诱导效应作用大,因此吡咯偶极矩更大。

20-4 (1) thiophene-SO_3H (2) thiophene-$\overset{O}{\underset{}{C}}CH_3$ (2-acetylthiophene)   (3) thiophene-COOH

(4) Br-thiophene-NO_2 (5) thiophene(CH_3)-NO_2 (6) O_2N-thiophene(NO_2)-CH_3

(7) Br-thiophene-COOH   (8) pyrrole(NH)-N=N-benzene-SO_3H

20-5 (1) pyrrolidinium N^+-Cl^-, N, H   (2) pyrrolidine N-$\overset{O}{\underset{}{C}}$-$CH_3$

(3) pyrrolidinium $\overset{H}{N^+}$-CH_3 ; pyrrolidine N-CH_3 (4) butadiene

20-6
$$CH_3\overset{O}{\underset{}{C}}CH_2\overset{O}{\underset{}{C}}OC_2H_5 \xrightarrow[\text{BrCH}_2\overset{O}{C}CH_3]{\text{NaOC}_2H_5} \xrightarrow[H_2O]{\text{NaOH}} \xrightarrow[\triangle]{H^+} CH_3\overset{O}{\underset{}{C}}CH_2CH_2\overset{O}{\underset{}{C}}CH_3$$

20-7
$$\text{Ph}\overset{O}{\underset{}{C}}OC_2H_5 + CH_3\overset{O}{\underset{}{C}}OC_2H_5 \xrightarrow{\text{NaOC}_2H_5} \text{Ph}\overset{O}{\underset{}{C}}CH_2\overset{O}{\underset{}{C}}OC_2H_5$$

$$2\ \text{Ph}\overset{O}{\underset{}{C}}CH_2\overset{O}{\underset{}{C}}OC_2H_5 \xrightarrow{\text{NaOC}_2H_5} \xrightarrow{I_2} \xrightarrow[H_2O/\triangle]{\text{NaOH}}$$

$$\xrightarrow[\triangle]{H^+} \text{Ph}\overset{O}{\underset{}{C}}CH_2CH_2\overset{O}{\underset{}{C}}\text{Ph} \xrightarrow{P_2O_5} \text{Ph}-\text{furan}-\text{Ph (2,5-diphenylfuran)}$$

20-8 (1) furan-$CH=CH-\overset{O}{\underset{}{C}}-CH_3$

(2) furan-$CH=CH-\overset{O}{\underset{}{C}}-OC_2H_5$

(3) Cl-furan-CHO ; Cl-furan-CH_2OH + Cl-furan-COOH

(4) O_2N-furan-CHO ; O_2N-furan-$CH=CH-COOC_2H_5$

20-9 这是因为唑上的两个氮,只有一个氮上的 p 电子参与共轭,而氮的电负性比碳大,另一个氮不仅不给电子,还要吸电子,使环变稳定,与咪唑相比,吡咯上氮的 p 电子参与共轭,起了给电子作用,因此咪唑比吡咯稳定,亲电取代反应活性低。

20-10 异噻唑亲电取代中间体：

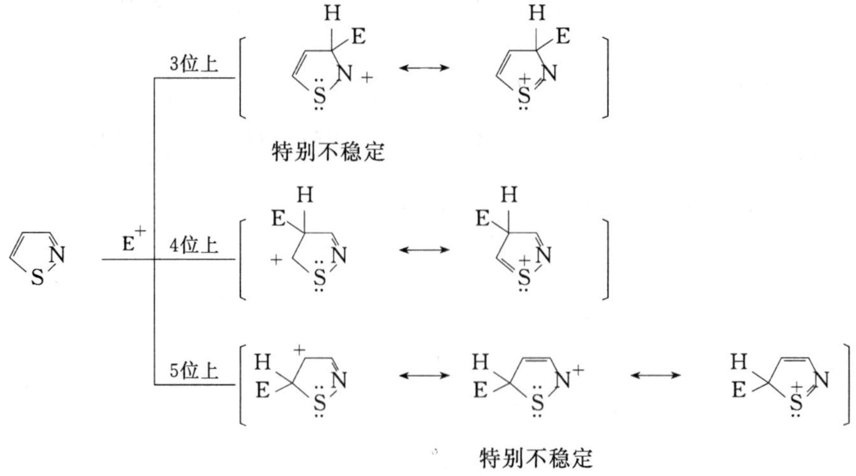

3位上

特别不稳定

4位上

5位上

特别不稳定

在 4 位取代的中间体没有特别不稳定的六电子氮正离子的结构，所以在 4 位取代的碳正离子是比较稳定的，取代定位在 4 位。

20-11 吡啶环上的氮是吸电子的，具有碱性，与路易斯酸 FeBr₃ 结合后，氮的吸电子作用更为加强，反应变慢。

20-12

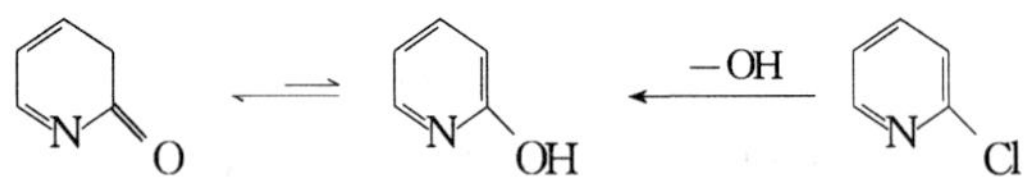

互变异构

20-13

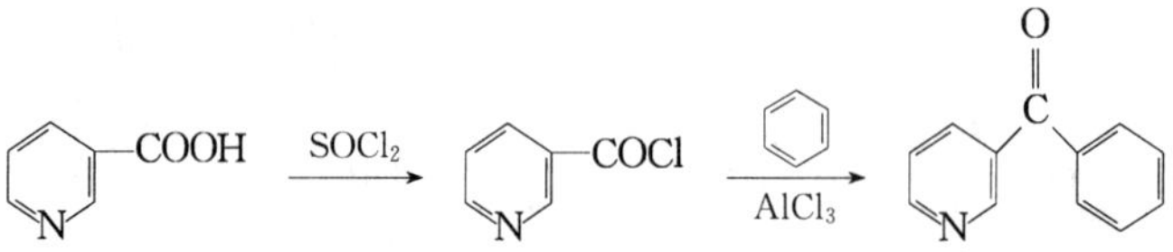

20-14 (1) (2)

(3) (4)

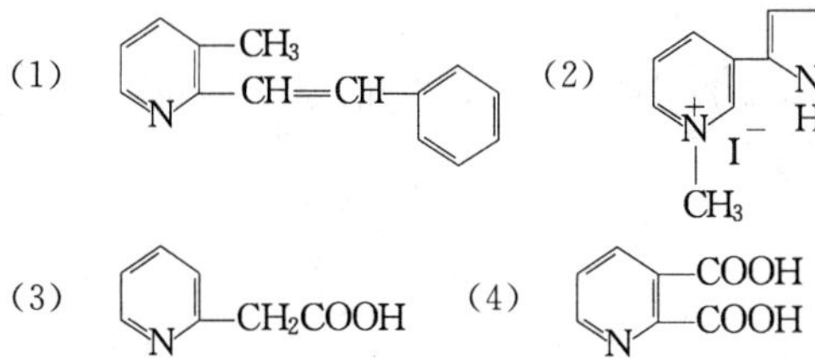

20-15 吡啶环上氮为 sp^2 杂化，六氢吡啶环上的氮为 sp^3 杂化。相比之下吡啶环上的氮对未共用电子束缚紧，因此碱性小。

20-16 α-溴代吡啶亲核取代离去基团为碱性小的溴负离子（Br^-），而吡啶离去基团为碱性大的氢负离子（H^-）。

20-17 吡啶在间位硝化所得中间体正离子由于氮的吸电子影响是很不稳定的，所以反应进行较困难。

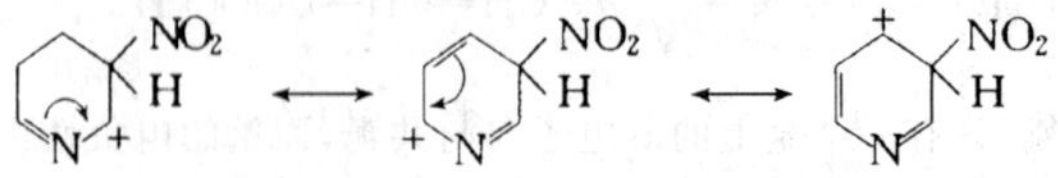

但吡啶 N-氧化物在邻对位取代的中间体可以形成全部满足八电子稳定的氮正离子共振式，说明中间体较稳定，所以这个反应容易进行。

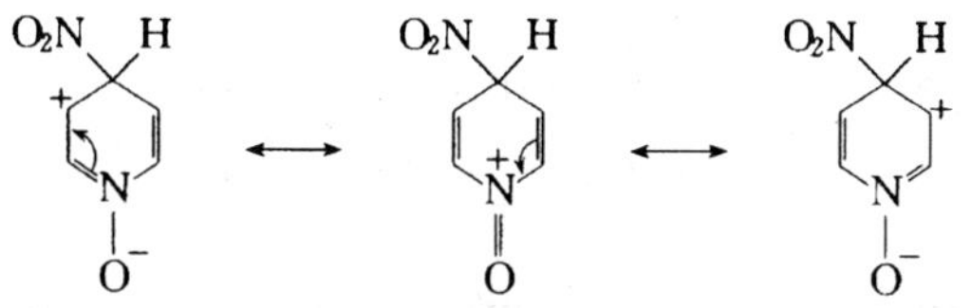

全部满足八电子的氮正离子很稳定

20-18

(1)

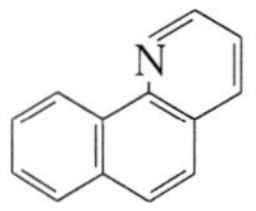

(2) 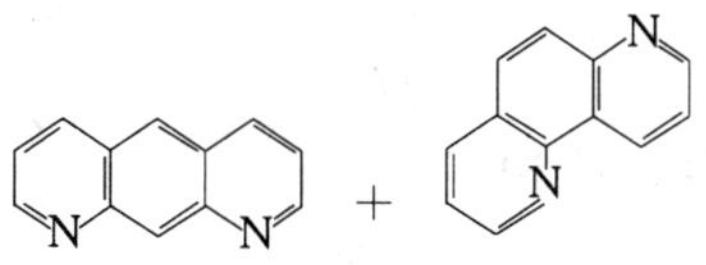 +

(3) 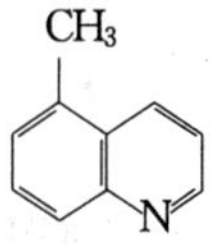 或

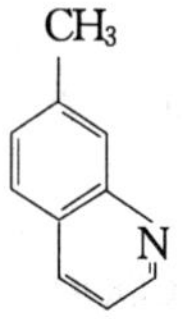

(4)

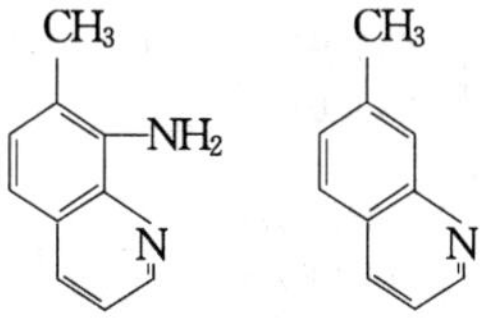

20-19 (1)

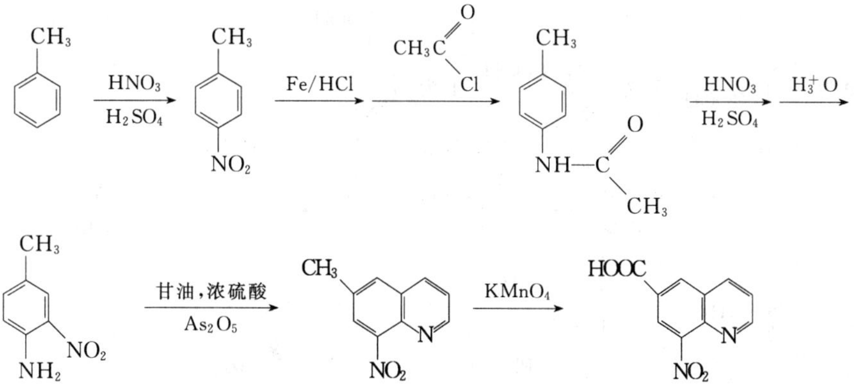

(2)

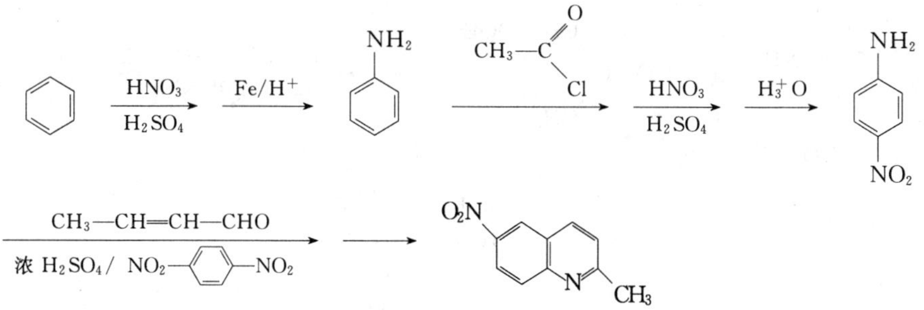

(3)

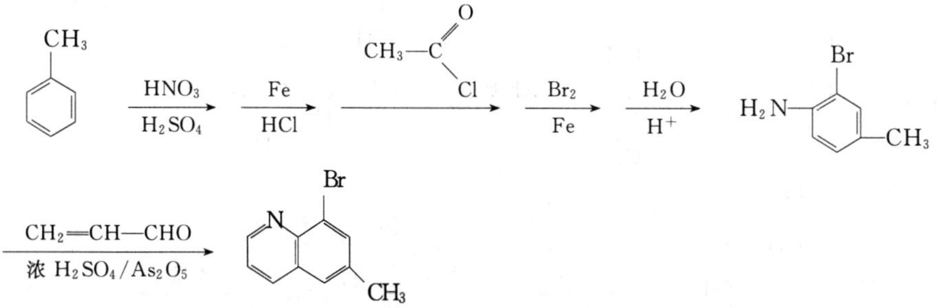

(4)

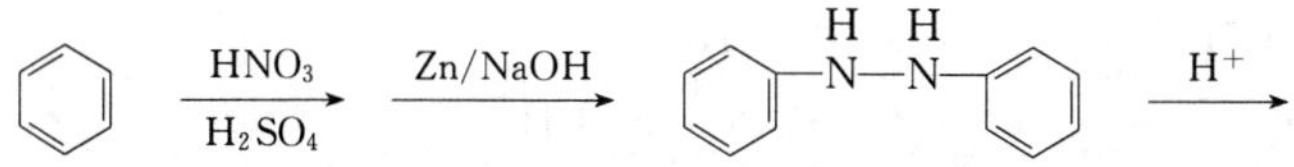

20-20

$H_2N-\bigcirc\!\!-\!\!\bigcirc-NH_2$ $\xrightarrow[H_2SO_4/\ \bigcirc\!\!-NO_2]{CH_2=CH-CHO}$ (biquinoline structure)

$\bigcirc\!\!-CH_3$ $\xrightarrow[\text{光}]{Cl_2}$ $\bigcirc\!\!-CH_2Cl$ $\xrightarrow{NaCN}$ $\bigcirc\!\!-CH_2CN$ $\xrightarrow[Ni]{H_2}$ $\bigcirc\!\!-CH_2CH_2NH_2$

$\xrightarrow{CH_3-\overset{O}{\overset{\|}{C}}-Cl}$ $\bigcirc\!\!-CH_2CH_2NHC\overset{O}{\overset{\|}{}}CH_3$

20-21

(quinoline) $\xrightarrow{KMnO_4}$ $\underset{N}{\bigcirc}\overset{COOH}{\underset{COOH}{}}$ $\xrightarrow[\triangle]{-CO_2}$ $\underset{N}{\bigcirc}-COOH$ 或 $\underset{N}{\bigcirc}-COOH$ **E** 为其中之一

(isoquinoline) $\xrightarrow{KMnO_4}$ $\underset{N}{\bigcirc}\overset{COOH}{\underset{COOH}{}}$ $\xrightarrow[\triangle]{-CO_2}$ $N\bigcirc-COOH$ 或 $N\bigcirc-COOH$

D 为 $\underset{N}{\bigcirc}-COOH$ **E** 为 $\underset{N}{\bigcirc}-COOH$ **F** 为 $\underset{N}{\overset{COOH}{\bigcirc}}$

20-22 （1） $\underset{NO_2}{\overset{CH_3}{\bigcirc}}$ $\xrightarrow[H_2SO_4]{Ac_2O,CrO_3}$ $\underset{NO_2}{\overset{CH(OAc)_2}{\bigcirc}}$ $\xrightarrow[\triangle]{HCl}$ $\underset{NO_2}{\overset{CHO}{\bigcirc}}$ $\xrightarrow[NH_4OH]{FeSO_4}$ $\underset{NH_2}{\overset{CHO}{\bigcirc}}$

（2） $\underset{NH_2}{\overset{CHO}{\bigcirc}}$ + $\underset{Ph}{\overset{CH_3}{\overset{O}{\|}}C}$ $\longrightarrow$ $\underset{N}{\bigcirc}-Ph$

$\underset{NH_2}{\overset{CHO}{\bigcirc}}$ + $\underset{CH_3}{\overset{CH_2COOEt}{\overset{O}{\|}}C}$ $\longrightarrow$ $\underset{N}{\overset{COOEt}{\bigcirc}}-CH_3$

$\underset{NH_2}{\overset{CHO}{\bigcirc}}$ + $\underset{O}{\bigcirc}$ $\xrightarrow[C_2H_5OH]{NaOH}$ (tetrahydroacridine structure)

（3） $\underset{NH_2}{\overset{O}{\overset{\|}{C}H}\bigcirc}$ + $\underset{CH_3}{\overset{CH_3}{\overset{O}{\|}}C}$ $\xrightarrow{\text{亲核加成}}$ $\underset{\overset{+}{N}H_2}{\overset{O}{\overset{\|}{C}H}\bigcirc}\overset{CH_3}{\underset{CH_3}{\overset{}{C}-O^-}}$ $\rightleftharpoons$

$\underset{NH}{\overset{O}{\overset{\|}{C}H}\bigcirc}\overset{CH_3}{\underset{CH_3}{C-OH}}$ $\xrightarrow[\text{消除}]{-H_2O}$ $\underset{N=}{\overset{O}{\overset{\|}{C}H}\bigcirc}\overset{H}{\underset{CH_3}{\overset{CH_3}{C}}}$ $\xrightarrow{\text{重排}}$

$$\xrightarrow{\text{亲核加成}} \qquad \xleftrightarrow{\ \text{H}_2\text{O}\ }$$

$$\xleftrightarrow{\ \text{OH}^-\ } \qquad \xrightarrow{-\text{OH}^-}$$

20-23

$$\text{（3-硝基邻苯二甲酸）} + \begin{array}{c}\text{H}_2\text{N}\\ \text{H}_2\text{N}\end{array} \xrightarrow[-\text{H}_2\text{O}]{\triangle} \xrightarrow{\text{Na}_2\text{S}_2\text{O}_4}$$

20-24

$$\text{C}_4\text{H}_9-\text{CH} \Big\langle \begin{array}{c}\text{COOC}_2\text{H}_5\\ \text{COOC}_2\text{H}_5\end{array} + \begin{array}{c}\text{H}_2\text{N}\\ \\ \text{H}_2\text{N}\end{array}\!\!\text{C}=\text{O} \xrightarrow[\text{C}_2\text{H}_5\text{OH}]{\text{C}_2\text{H}_5\text{ONa}}$$

第 二 十 一 章

21-1 （1）$\underset{+\text{NH}_3}{\text{HSCH}_2-\text{CHCOOH}}$ 　　　　（2）$\underset{\text{NH}}{\text{H}_2\text{N}-\text{C}}-\text{NHCH}_2\text{CH}_2\text{CH}_2\underset{\text{NH}_2}{\text{CHCOO}^-}$

21-2 （1）不动　　（2）正极　　（3）负极

21-3 （1）$\text{CH}_2(\text{COOC}_2\text{H}_5)_2 \xrightarrow[\text{Br}_2]{\text{CCl}_4} \xrightarrow{\text{邻苯二甲酰亚胺钾}} \xrightarrow[\text{ClCH}_2\text{COOC}_2\text{H}_5]{\text{NaOC}_2\text{H}_5} \longrightarrow$

（2）$\text{CH}_2(\text{COOC}_2\text{H}_5)_2 \longrightarrow \xrightarrow[(\text{CH}_3)_2\text{CH}_2\text{CH}_2\text{Cl}]{\text{NaOC}_2\text{H}_5} \longrightarrow \longrightarrow$

（3）$\text{CH}_2(\text{COOC}_2\text{H}_5)_2 \longrightarrow \xrightarrow[\text{BrCH}_2\text{CH}_2\text{CH}_2\text{Br}]{\text{NaOC}_2\text{H}_5} \longrightarrow \longrightarrow$

（4）$\text{CH}_2(\text{COOC}_2\text{H}_5)_2 \longrightarrow \xrightarrow[\quad]{\text{NaOC}_2\text{H}_5} \longrightarrow \longrightarrow$

21-4 在 α 位上连有二个烃基的氨基酸,即 $\underset{\text{R}}{\overset{\text{R}'}{\text{C}}}\!\!\!\big\langle\begin{array}{c}\text{—COOH}\\ \text{NH}_2\end{array}$ 。

21-5 $\text{CH}_2\!\!=\!\!\text{CHCHO} + \text{CH}_3\text{SH} \longrightarrow \text{CH}_3\text{SCH}_2\text{CH}_2\text{CHO} \xrightarrow[\text{NH}_3]{\text{HCN}}$

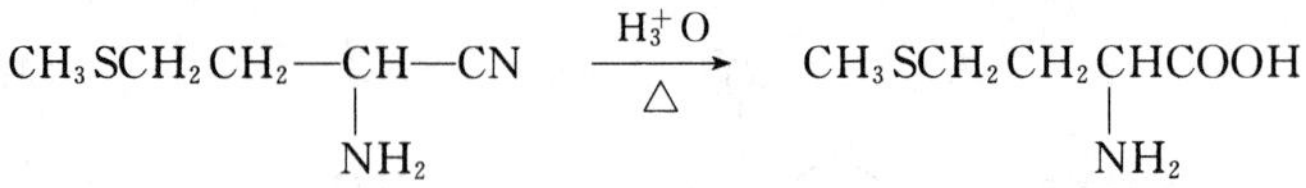

$$CH_3SCH_2CH_2-\underset{\underset{NH_2}{|}}{CH}-CN \xrightarrow[\triangle]{H_3^+O} CH_3SCH_2CH_2\underset{\underset{NH_2}{|}}{CH}COOH$$

21-6　A.

$$\xrightarrow[NH_3]{HCN}$$

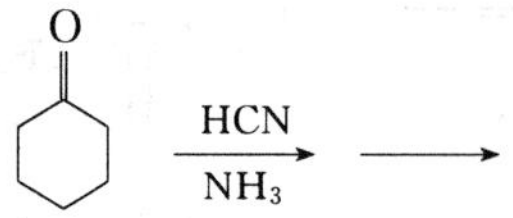

B. $CH_2(COOC_2H_5)_2 \xrightarrow{2NaOC_2H_5} \bar{C}(COOC_2H_5)_2 \xrightarrow{Br(CH_2)_5Br} \xrightarrow[(小心)]{H^+}$

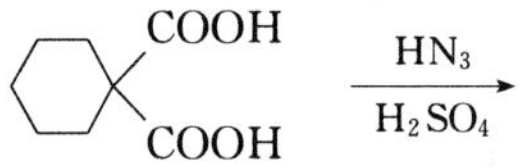

$$\xrightarrow[H_2SO_4]{HN_3}$$

21-7　因为赖氨酸的末端 NH_2 也可与 DNFB 反应生成 ω-DNP 衍生物。

21-8　S 是环状结构：

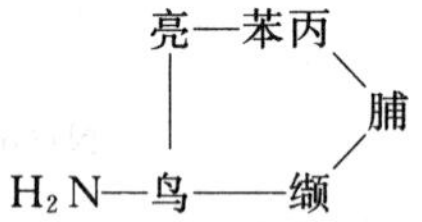

21-9　略。

21-10　因为用于合成肽键的 COOH 一般用 DCC 活化,成酯的 COOH 不参与反应而受到保护。如果用成酯的方法来活化羧基,那么另一个羧基则应是游离状态(生成肽键时,酯基比游离羧基活泼)。

21-11　略(见书中有关部分)。

21-12　不同等电点的蛋白质混合发生沉淀。pH＝7 时,胰岛素以阴离子形式存在,鱼精蛋白质则以阳离子形式存在,两种相反电荷的离子结合成难溶于水的复合物而沉淀出来。

21-13　略。

21-14　糖体不同,所含碱基不完全相同。

21-15　同 DNA 中的 A—T。

21-16　TGACTGCGGACCGCGGAC

21-17　略。

名 词 索 引

人 名 索 引